T0192604

Lothar Issler · Hans Ruoß · Peter Häfele

Festigkeitslehre - Grundlagen

2. Auflage

Mit 500 Abbildungen

Professor Dr.-Ing. Peter Häfele
Professor Dr.-Ing. Lothar Issler
Professor Dr.-Ing. Hans Ruoß
Fachhochschule Esslingen
Hochschule für Technik
Kanalstraße 33
73728 Esslingen

Additional material to this book can be downloaded from http://extras.springer.com.
Statt der im Buch beschriebenen Diskette liegt diesem Nachdruck eine inhaltlich identische CD-ROM bei.

2. Auflage 1997, Nachdruck in veränderter Ausstattung 2003,
korr. Nachdruck 2004, korr. Nachdruck 2006
ISBN-10 3-540-40705-7 Springer-Verlag Berlin Heidelberg New York
ISBN-13 978-3-540-40705-7

Bibliografische Information Der Deutschen Bibliothek.
Die Deutsche Bibliothek verzeichnet diese Publikationen in der Deutschen Nationalbibliografie; detaillierte bibliografische Daten sind im Internet über http://dnb.ddb.de abrufbar.

Springer-Verlag ist ein Unternehmen von Springer Science+Business Media
Springer.de

Einband-Entwurf: Design & Production, Heidelberg
Satz: Reproduktionsfertige Vorlage der Autoren
Gedruckt auf säurefreiem Papier 7/3141 /YL - 54321 0

Äußerungen eines Brückenbau-Experten gegenüber dem schwäbischen Ingenieur Max Eyth über die Auslegung der Tay-Brücke in Schottland, bei der erstmalig Grauguß als Konstruktionswerkstoff für Brückenpfeiler verwendet wurde und die am 28. Dezember 1878 einstürzte:

> *Die Festigkeitsfrage, die Kostenberechnung überließ er mir, wie es damals seine Art war, und, bei Gott, Eyth, ich habe ehrlich gerechnet und manche lange Nacht durchgesessen, um mir selber über die Sache völlig klar zu werden. Aber schließlich beruht doch alles mögliche auf Annahmen, auf Theorien, die noch kein Mensch völlig durchschaut und die vielleicht in zehn Jahren wie ein Kartenhaus zusammenfallen. Ein Holzbalken mit seinen Fasern ist noch verhältnismäßig menschlich verstehbar. Aber weißt du, wie es einem Block Gußeisen zumute ist, ehe er bricht, wie und warum in seinem Innern die Kristalle aneinander hängen; ob ein hohles Rohr, das du biegst, auf der einen Seite zuerst reißt oder auf der andern vorher zusammenknickt, ehe es in Stücken am Boden liegt? ...*
>
> *In den letzten Tagen in denen die Berechnungen zum Abschluß kamen, auf denen das ganze Brückenprojekt aufgebaut ist, hatte ich noch einen lebhaften Kampf mit mir selber. Welchem Sicherheitskoeffizienten darf ich trauen? Nicht bloß das Brükkenprojekt, auch was ich damals für mein höchstes Erdenglück hielt und was es geworden ist, hing an der Antwort. Wenn ich so rechnete, daß Bruce die Sache annehmbar fand, konnte ich die Hand nach Ellen ausstrecken. Gott verzeih uns beiden! Sie küßte mich in einen niederen Sicherheitskoeffizienten hinein. Am folgenden Tag waren wir ein Brautpaar.*

Max Eyth: *Hinter Pflug und Schraubstock, Skizzen aus dem Taschenbuch eines Ingenieurs*. Kapitel 15, Berufstragik. Stuttgart: Deutsche Verlags-Anstalt (1917), S. 472–474. Neuauflage Stuttgart: Deutsche Verlags-Anstalt (1974)

Vorwort

Die Gewährleistung der Sicherheit und der Verfügbarkeit technischer Konstruktionen bei gleichzeitiger Berücksichtigung der Wirtschaftlichkeit ist eine unverzichtbare Forderung in sämtlichen Ingenieurdisziplinen. Aus diesem Grund kommt der Festigkeitsberechnung in Lehre, Forschung und Industrie eine große Bedeutung zu. Die Beschäftigung mit der Festigkeitslehre und ihre kontinuierliche Weiterentwicklung ist daher eine Herausforderung für Wissenschaft und Praxis. Kennzeichnend für das Studium der Festigkeitslehre ist, daß es sich um ein interdisziplinäres Fachgebiet handelt, das über die mathematischen und physikalischen Grundlagen hinaus Kenntnisse aus zahlreichen anderen Fachgebieten, vor allem der Technischen Mechanik und der Werkstofftechnik erfordert. Während es zur Mechanik und zur Werkstoffkunde eine Vielzahl von Lehr- und Fachbüchern gibt, trifft dies nach unserer Einschätzung und Erfahrung nicht in gleicher Weise für die Festigkeitslehre zu.

Der Grundgedanke des vorliegenden Buchs ist es, diese Lücke durch die für eine Festigkeitsberechnung und Sicherheitsanalyse wesentliche ganzheitliche Betrachtung der Reaktion des Werkstoffs und des Bauteils auf die mechanische und thermische Belastung zu schließen. Diese Konzeption äußert sich beispielsweise in der Einbeziehung von Themen wie Werkstoffprüfung, Kerbwirkung, Versagensmechanismen, Auslegung mit begrenzter plastischer Verformung und der ausführlichen Behandlung des Schwingfestigkeitsnachweises. Ein besonderes Merkmal dieser Vorgehensweise ist die Einbeziehung der Zähigkeit in den Festigkeitsnachweis, da die Sicherheit von Bauteilen nicht nur durch die Spannungsbegrenzung allein gewährleistet werden kann, sondern in hohem Maße durch die vorhandene Verformungsreserve.

Das gewählte Konzept wird stark vom beruflichen Hintergrund der Autoren geprägt, welche über jahrzehntelange Erfahrung in der praxisnahen Ausbildung von Ingenieurstudenten und vielfältiger Tätigkeit im Rahmen von Industrie- und Forschungsvorhaben verfügen. Nicht zuletzt geht diese Art der Betrachtungsweise auf die Tätigkeit an der Staatlichen Materialprüfungsanstalt (MPA) Universität Stuttgart zurück, der sie viel verdanken.

Das Buch in der vorliegenden Form hätte ohne die wertvolle Mitarbeit zahlreicher Studenten und Absolventen der Fachhochschule für Technik Esslingen nicht entstehen können. Unser herzlicher Dank für die Umsetzung des Manuskripts in die druckreife Vorlage gilt daher den Herren cand. mach. Gerald Graf, Daniel Kohr, Heiko Kraft sowie den Herren Dipl.-Ing. (FH) Markus Paule, Thomas Schultheiß, Alexander Schwarz und Lutz Staiger. Weiterhin danken wir Herrn Dr.-Ing. Frank Melzer für die Beratung in Fragen der Textverarbeitung und des Layouts sowie Herrn Werner Hommel für die Erstellung der Cartoons. Unser besonderer Dank gilt Herrn Dipl.-Ing. (FH) Elmar Hahn für die sorgfältige Umsetzung ausgewählter Festigkeitsprobleme in die Rechnerprogramme. Einen herausragenden Anteil an der Entstehung des Manuskriptes haben Frau cand. mach. Monika Strobel, Herr Dipl.-Ing. Ralf Nothdurft und Herr cand. mach. Gunther Bauer, die uns von Anfang an durch wesentliche fachliche und gestalterische Beiträge unterstützt haben.

Schließlich danken wir Herrn Dr. Dietrich Merkle vom Springer-Verlag für das uns entgegengebrachte Vertrauen und die gute Zusammenarbeit.

Esslingen, im Januar 1995

L. Issler, H. Ruoß, P. Häfele

Vorwort zur 2. Auflage

Aufgrund der guten Nachfrage wurde bereits nach zwei Jahren eine Neuauflage erforderlich. Dieser Erfolg, in Verbindung mit den zahlreichen positiven Reaktionen aus dem Leserkreis, bestätigt das gewählte fachliche und didaktische Konzept.

Für die zweite Auflage wurden die wenigen Fehler korrigiert. Der fachliche Inhalt wurde durch eine konzeptionelle Darstellung der Sicherheitskonzepte und der zwischenzeitlich erschienenen FKM-Richtlinie zum rechnerischen Festigkeitsnachweis für Maschinenbauteile ergänzt.

Für die Mitarbeit bei der Erstellung der zweiten Auflage danken wir unseren bewährten Mitarbeitern Dipl.-Ing. (FH) Gunther Bauer und Gregor Muschik. Ein besonderer Dank gilt Frau Dipl.-Ing. Brigitte Reynders für das außerordentlich sorgfältige Korrekturlesen.

Esslingen, im Juli 1997

L. Issler, H. Ruoß, P. Häfele

Inhaltsverzeichnis

Anhang

A Ergänzende Grundlagen 445

Formelzeichen

Nachfolgend finden sich die im Text, den Gleichungen und in den Bildern verwendeten Fomelzeichen, Indizes und Abkürzungen, welche erst dem lateinischen, dann dem griechischen Alphabet folgen. Bei den einzelnen Buchstaben werden die Großbuchstaben vor den Kleinbuchstaben aufgeführt. Die Formelzeichen mit gleicher Dimension werden dabei innerhalb einer Buchstabengruppe hintereinander angeordnet. Die Abschnitts- und Gleichungsnummern beziehen sich in der Regel auf die erste Erwähnung des Formelzeichens.

Zeichen	*Bedeutung*	*Dimension*	*Abschnitt*	*Gleichung*
Lateinische Buchstaben				
A	Querschnittsfläche	[mm^2]		
A_B	Bruchquerschnitt	[mm^2]	6.1.2	6.11
A_B	Bauteilquerschnitt	[mm^2]	11.7.2	11.47
A_P	Bezugsfläche Probe	[mm^2]	11.7.2	11.47
A_k	Kerbquerschnitt	[mm^2]	8.2	8.2
A_{0r}	Ausgangsfläche Flachprobe	[mm^2]	6.1.1	6.1
A_0	Ausgangsquerschnitt	[mm^2]	6.1.1	6.3
A_s	maßgebende Fläche bei Scherbeanspruchung	[mm^2]	5.5	5.32
A_v	Kerbschlagarbeit	[J]	10.5.5	
A_g	Gleichmaßdehnung	[-]	6.1.2	6.10
A_r	Bruchdehnung nicht genormte Probe	[-]	6.1.2	6.12, 6.13
A_5	Bruchdehnung (kurzer Proportionalstab)	[-]	6.1.2	6.9
a	Auslastung (FKM)	[-]	A15.8	A15.27
a	Temperaturleitzahl	[mm^2/s]	9.4.4	
a	große Ellipsenhalbachse	[mm]	8.3, A10.2	A10.19

a	Koeffizient für variables Wechselfestigkeitsverhältnis	[-]	11.10.6	11.114
a	Rißlänge	[mm]	9.32	
a	werkstoffspezifische Konstante	[mm]	11.8	11.64
a_M	werkstoffspezifischer Faktor für Mittelspannungsempfindlichkeit (FKM)	[-]	A15.3	A15.12
B	Beanspruchung		1.3	
B_{zul}	zulässige Beanspruchung		1.4	1.5
b	kleine Ellipsenhalbachse	[mm]	8.3, A10.2	A10.19
b	Koeffizient für variables Wechselfestigkeitsverhältnis	[-]	11.10.6	11.114
b_M	werkstoffspezifischer Faktor für Mittelspannungsempfindlichkeit (FKM)	[-]	A15.3	A15.12
C	Werkstoffkonstante im Ramberg-Osgood-Gesetz	[MPa]	9.1	9.12
C_L	Werkstoffkonstante im Ludwik-Gesetz	[MPa]	9.1	9.11
C	Einflußfaktor für Wechselfestigkeitsamplitude	[-]	11.9	11.68
C_G	Größeneinflußfaktor	[-]	11.7.2	11.46
$C_{G\,sm}$	spannungsmechanischer Größeneinflußfaktor	[-]	11.7.2	11.46
$C_{G\,st}$	statistischer Größeneinflußfaktor	[-]	11.7.2	11.46
C_O	Oberflächenfaktor	[-]	11.7.1	11.42
C_W	Korrelationsfaktor Wechselfestigkeit	[-]	11.5	11.28
C_{ges}	Gesamteinflußfaktor für Wechselfestigkeitsamplitude	[-]	11.9	11.68
c	spezifische Wärmekapazität	[J/kgK]	9.4.4	
c_α, c_β	Konstante in Hencky-Gleichungen		A13.3	A13.28
D, d	Durchmesser	[mm]		
d_0	Ausgangsdurchmesser	[mm]	6.1.1	6.1
E	Elastizitätsmodul (Young's Modul)	[MPa]	4.1	4.1
E^*	modifizierter Elastizitätsmodul für EDZ und ESZ	[MPa]	A9.9	A9.61
$\underline{E}$	Einheitsmatrix		A4	A4.2
e	Exzentrizität	[mm]	8.2	
e	Eulersche Zahl (=2,71828)	[-]		
e_V	Volumendehnung	[-]	2.3	2.13, 2.14

$\underline{e}_x, \underline{e}_y, \underline{e}_z$	Einheitsvektoren in Richtung der kartesischen Achsen	[-]	3.3	
$\underline{F}$	Kraftvektor	[N]	3.6	3.22
F_F	Fließlast	[N]	6.1.2	6.6
F_l	Längskraft	[N]		
F_{max}	Höchstlast	[N]	6.1.2	6.5
F_{pl}	Last im plastischen Bereich	[N]	9.2	9.9
F_s	Scherkraft	[N]	5.5	5.32
F_{vpl}	Kollapslast unter Zug	[N]	9.3	9.43
F_{vplk}	Kollapslast Kerbstab	[N]	9.3	9.44
F_{vplg}	Kollapslast glatter Stab	[N]	9.3	9.44
F_x	Normalkraft	[N]	3.6	3.26
F_y, F_z	Querkräfte	[N]	3.6	3.27
F_Θ	Ähnlichkeitszahl	[-]	11.7.2	11.50
f	maximale Durchbiegung	[mm]	6.3	
f	Schwingungsfrequenz	[1/s]	11.3	11.1
f	Fließfunktion		A8.2	A8.6
G	Schubmodul (Gleitmodul)	[MPa]	4.1.3	4.6, 4.7
G	Energiefreisetzungsrate	[MPa·mm]	11.11	
g	Erdbeschleunigung	[m/s^2]	A9	A9.1
$\underline{H}$	Matrix für Hookesches Gesetz	[MPa]	A7	A7.7
$\underline{H}^{-1}$	Inverse Matrix für Hookesches Gesetz	[MPa]	A7	A7.54
I_p	Polares Flächenmoment 2. Ordnung	[mm^4]	5.4.2	5.19, Tab. 5.2
I_y, I_z	Axiale Flächenmomente bezüglich der y- bzw. z-Achse	[mm^4]	5.3.2	5.9, 5.10, Tab. 5.1
I_1, I_2, I_3	Grundinvarianten des Spannungstensors		A4	A4.5-A4.7
I_1^0, I_2^0, I_3^0	Invarianten des hydrostatischen Anteils des Spannungstensors		A8.1	Tab. A8.1
$I'_1 I'_2, I'_3$	Invarianten des Spannungsdeviators		A8.1	Tab. A8.1
J	J-Integral	[MPa·mm]	11.11	
j_D	Sicherheitsfaktor gegen Dauerbruch (FKM)	[-]	A15.7	
j_E	Teilsicherheitsfaktor (FKM)	[-]	A15.7	

K_A	Anisotropiefaktor (FKM)	[-]	A15.3	A15.6
K_{AK}	Mittelspannungsfaktor (FKM)	[-]	A15.5	A15.16
$K_{BK,S}$	Betriebsfestigkeitsfaktor (FKM)	[-]	A15.6	A15.18
K_F	Oberflächenrauheitsfaktor (FKM)	[-]	A15.4	A15.14
K_{Fr}	Frequenzeinflußfaktor (FKM)	[-]	A15.3	A15.10
K_I	Spannungsintensitätsfaktor (Mode I)	$[MPa \cdot mm^{1/2}]$	11.11	
K_{IC}	Bruchzähigkeit (kritische Spannungs-intensität)	$[MPa \cdot m^{1/2}]$	11.11	
K_{SM}	Faktor für Fließbehinderung (FKM)	[-]	A15.4	A15.14
K_T	Temperatureinflußfaktor (FKM)	[-]	A15.3	A15.6
K_{WK}	Konstruktionsfaktor für die Wechsel-festigkeit (FKM)	[-]	A15.4	A15.14
ΔK	Schwingbreite der Spannungsintensität	$[MPa \cdot m^{1/2}]$	11.11	
K_f	Kerbwirkungszahl	[-]	11.8	11.52
K^*_f	korrigierte Kerbwirkungszahl	[-]	11.9	11.71
$K_{f\sigma}$	Kerbwirkungszahl Normalspannnungen	[-]	11.8	11.67
$K_{f\tau}$	Kerbwirkungszahl Schubspannnungen	[-]	11.8	11.67
$K_{f,W}$	Faktor für nicht verschweißten Nahtquerschnitt (FKM)	[-]	A15.4	A15.14
K_d	technologischer Größenfaktor (FKM)	[-]	A15.3	A15.6
K_t	Formzahl	[-]	8.3	8.5
K_{tb}	Formzahl bei Biegung	[-]	8.3	8.6
K_{th}	Schwellenwert der Spannungsintensität	$[MPa \cdot m^{1/2}]$	11.11	
K_{tt}	Formzahl bei Torsion	[-]	8.3	8.6
K_{tz}	Formzahl bei Zug	[-]	8.3	8.6
$K_{t\sigma}$	Formzahl für Normalspannnungen	[-]	11.8	11.67
$K_{t\tau}$	Formzahl für Schubspannnungen	[-]	11.8	11.67
K_v	Randschichtfaktor (FKM)	[-]	A15.4	A15.14
K_ε	Dehnungsformzahl	[-]	9.2	9.26
K_σ	Spannungsformzahl	[-]	9.2	9.27
$K_{\sigma'}$	Gestalteinflußfaktor	[-]	11.7.2	11.49
k	Krümmung des Biegestabes	[1/mm]	5.3.2	5.12
k	Werkstoffkonstante in Fließbedingung		A8.2	A8.6
k	k-Faktor für DMS	[-]	2.4	2.15, 2.18
k	Schubüberhöhungsfaktor	[-]	5.5	5.33, Tab. 5.3
k	Neigungsexponent der Wöhlerlinie	[-]	11.4	11.12
k	Weibull-Exponent	[-]	11.7.2	11.47
k_f	Formänderungsfestigkeit	[MPa]	A12.3	A12.8

L	Constraint-Faktor	[-]	9.3	9.44
l	Länge vor Verformung	[mm]	2.1.2	2.1
l_B	Meßlänge nach Bruch	[mm]	6.1.2	6.9
l_g	Meßlänge am Höchstlastpunkt	[mm]	6.1.2	6.10
l^*	Länge nach Verformung	[mm]	2.1.2	2.1
M	Mittelpunkt des Mohrschen Kreises		2.2.2	
M	Höchstlastpunkt		6.1.2	
$\underline{M}$	Momentenvektor	[Nmm]	3.6	3.23
M_b	Biegemoment	[Nmm]	5.3	5.8, 5.11
M_{bB}	Biegemoment bei Bruch	[Nmm]	6.3	6.15
M_{bF}	Biegemoment bei Fließbeginn	[Nmm]	6.3	6.14
M_{bel}	Biegemoment aus elastischem Bereich	[Nmm]	A11	A11.2
M_{bpl}	Biegemoment im plastischen Bereich	[Nmm]	9.2	9.17
M_{bvpl}	Biegemoment im vollplastischen Bereich (Kollapslast)	[Nmm]	9.2	9.19
M_{bvplo}	obere Schranke Kollaps-Biegemoment	[Nmm]	A14	A14.9
M_{bvplu}	untere Schranke Kollaps-Biegemoment	[Nmm]	A14	A14.10
M_{by}, M_{bz}	Biegemoment bzgl. *y*- bzw. *z*-Achse	[Nmm]	5.3	5.8, 5.11
M_t	Torsionsmoment	[Nmm]	5.4	5.21
M_{tB}	Torsionsbruchmoment	[Nmm]	6.4.2	
M_{tF}	Torsionsfließmoment	[Nmm]	6.4.1	6.16
M_{tmax}	maximales Torsionsmoment	[Nmm]	6.4.1	6.18
M_{tpl}	Torsionsmoment im plastischen Bereich	[Nmm]	9.2.2	
M_{tvpl}	Kollapslast unter Torsion	[Nmm]	9.3	9.47
M_x	Drehmoment bezüglich der kartesischen Koordinatenachsen	[Nmm]	3.6	3.28
M_y, M_z	Biegemomente bzgl. *y*- bzw. *z*-Achse	[Nmm]	3.6	3.29
M	Mittelspannungsempfindlichkeit	[-]	11.6	11.35
M'	Geradensteigung DFS	[-]	11.6.1	11.38
M_{ei}	Eigenspannungsempfindlichkeit	[-]	11.7.4	
m	Masse	[kg]		
m	Koeffizient für Mittelspannungseinfluß	[1/MPa²]	11.10.6	11.114
m	Faktor bei biaxialer Beanspruchung	[-]	8.3	
m	Probenanzahl	[-]	11.4	11.19
m	biaxialer Belastungsfaktor	[-]	A10	A10.17
m	Rißfortschrittsexponent	[-]	11.11	
m_σ	Mittelspannungsfaktor für			

	Normalspannungen	[-]	11.10.5	11.83
m_τ	Mittelspannungsfaktor für Schubspannungen	[-]	11.10.5	11.84
N	Schwingspielzahl	[-]	11.3	11.7
N_A	Schwingspielzahl bis Anriß	[-]	11.9	11.75
N_B	Schwingspielzahl bis Bruch	[-]	11.9	11.75
N_D	Grenzschwingspielzahl (Abknickpunkt der Wöhlerlinie)	[-]	11.4	11.14
N_G	Grenzschwingspielzahl	[-]	11.4	
N_{PA}	Bruchschwingspielzahl für Ausfallwahrscheinlichkeit P_A	[-]	11.4	11.23
N_{50}	Mittelwert für Bruchschwingspielzahl	[-]	11.4	11.20
n	Koeffizient für Mittelspannungseinfluß	[1/MPa]	11.10.6	11.114
n	Werkstoffkonstante im Ramberg-Osgood-Gesetz	[-]	9.1	9.12
n_{EOL}	Schwingspielzahl bis end of life	[-]	11.9	11.75
n_L	Verfestigungsexponent in Ludwik-Gleichung	[-]	9.1	9.11
n_{pl}	Stützziffer (Stützzahl)	[-]	9.2	9.14
n_{vpl}	Stützziffer für vollplastischen Zustand	[-]	9.3	9.48
n_χ	dynamische Stützziffer	[-]	11.8	11.58
$\underline{n}$	Normaleneinheitsvektor Schnittebene	[-]	3.1	3.2
$\underline{n}_H$	Normaleneinheitsvektor in Hauptspannungsrichtung	[-]	3.5	3.19
$\underline{n}_{Hydr}$	Normaleneinheitsvektor in Richtung der hydrostatischen Achse	[-]	A8.4	A8.38
O	Kugeloberfläche der Einheitskugel	[mm^2]	A8.4	A8.47
P_x, P_y	Punkte auf dem Mohrschen Kreis mit Bezugsrichtung x bzw. y		2.2.2, 3.4.2	
P^*, P^{**}	Punkte auf Mohrschem Kreis mit extremaler Schiebung oder Schubspannung		2.2.4, 3.4.3	
P_φ	Punkt auf dem Mohrschen Kreis mit Bezugsrichtung φ		2.2.2, 3.4.2	
P_A	Ausfallswahrscheinlichkeit	[-]	11.4	11.24
$P_ü$	Überlebenswahrscheinlichkeit	[-]	11.4	11.24
p	Kollektivbeiwert	[-]	A15	
p_A	Dichteverteilung	[-]	11.4	Tab. 11.2

p_i	Innendruck	[MPa]		
Q	Bauteilpunkt			
q, q^*	Querschnitt DMS-Meßdraht vor und nach Dehnung	[mm^2]	2.4	
q	Mehrachsigkeitskoeffizient	[-]	7.9	7.41
q	zähigkeitsabhängiger Faktor (FKM)	[-]	A15.2	A15.4
q_{krit}	kritischer Mehrachsigkeitskoeffizient	[-]	7.9	7.42
q_1, q_2	Kerbempfindlichkeiten	[-]	11.8	11.56, 11.57
R	Bruchpunkt		6.1.2	
R	Widerstandsfähigkeit		1.3	1.1
R_{erf}	erforderliche Widerstandsfähigkeit		1.4	1.6
R, R_1-R_4	elektrischer Widerstand eines DMS		2.4	
R	Radius des Krümmungskreis bei Balkenbiegung	[mm]	5.3	
R	Kreisradius	[mm]	5.4	
R_z	gemittelte Rauhtiefe	[mm]	11.7	11.44
R_e	Streckgrenze	[MPa]	6.1.2	6.6
R_{eH}	obere Streckgrenze	[MPa]	6.1.2	
R_{eL}	untere Streckgrenze	[MPa]	6.1.2	
R_m	Zugfestigkeit	[MPa]	6.1.2	6.5
R^*_m	Achsenabschnitt	[MPa]	11.6	Tab. 11.5
R_{mk}	Kerbzugfestigkeit	[MPa]	9.3, 10.5.5	10.15
$R_{m,N}$	Zugfestigkeit der Normprobe (FKM)	[MPa]	A15.3	A15
R_N	Festigkeitskennwert der Normprobe (FKM)	[MPa]	A15.3	A15.6
$R_{p0,2}$	0,2 %-Dehngrenze	[MPa]	6.1.2	6.7
$R_{p0,01}$	Technische Elastizitätsgrenze	[MPa]	6.1.2	
$\overline{R}$	Kollapskennwert (Flow Stress)	[MPa]	9.3	9.42
R	Spannungsverhältnis	[-]	11.3	11.3
R	Bauteilkennwert (FKM)	[MPa]	A15.3	A15.6
R_σ	Werkstoffkennwert für Normalspannung (FKM)	[MPa]	A15.2	
R_τ	Schubfestigkeit (FKM)	A15.3		
r_{H1}, r_{H2}	Richtung im Lageplan zu den Hauptrichtungen		2.2.4	
r_x, r_y	Richtung im Lageplan mit Bezugsrichtung x bzw. y		2.2.2	
r_α	Richtung zur α-Gleitrichtung		A13.3	

r_φ	Richtung im Lageplan mit Bezugsrichtung unter Winkel φ zur x-Richtung		2.2.2	
r^*, r^{**}	Richtungen extremaler Schiebung oder Schubspannung		2.2.4, 3.4.3	
r	radialer Abstand von Drehachse	[mm]	5.4	
r	Verhältnis aus Schubwechselfestigkeit zu Zug-Druck-Wechselfestigkeit	[-]	A15.2	A15.4
$\underline{S}$	Spannungsmatrix (Spannungstensor)	[MPa]	3.3	3.5, 3.8
$\underline{S}_H$	Spannungsmatrix (Spannungstensor) der Hauptspannungen	[MPa]	3.5	3.21
$\underline{S}^0$	Hydrostatischer Anteil des Spannungstensors	[MPa]	A8.1	A8.3
$\underline{S}_H{}^0$	Hydrostatischer Anteil des Hauptspannungstensors	[MPa]	A8.2	A8.13
$\underline{S}_H{}'$	Deviatorischer Anteil des Hauptspannungstensors	[MPa]	A8.2	A8.13
$\underline{S}'$	Spannungsdeviator	[MPa]	A8.1	A8.4
S	Sekantenmodul	[MPa]	9.2	9.37
S	Bauteilsicherheit gegen Versagen	[-]	1.3	1.2
S	Normalnennspannung (FKM)	[MPa]	A15	
S_{AK}	Bauteildauerfestigkeit (FKM)	[MPa]	A15.5	A15.16
S_B	Sicherheit gegen Bruch	[-]	10.2, 10.3.3	10.2, 10.10
S_{BK}	Bauteilbetriebsfestigkeit (FKM)	[MPa]	A15.5	A15.18
S_D	Sicherheit gegen Dauerbruch	[-]	11.9	11.73
S_F	Sicherheit gegen Fließen	[-]	10.3.1	10.4, 10.5
S_N	Schwingspielzahlsicherheit	[-]	11.9	11.75
S_{WK}	Bauteilwechselfestigkeit (FKM)	[MPa]	A15.4	A15.13
S_a	Normalnennspannungsamplitude (FKM)	[MPa]	A15.8	A15.22
S_{pl}	Sicherheit gegen Fließen mit begrenzter plastischer Verformung	[-]	10.3.2	10.7
S_v	Vergleichsspannung (FKM)	[MPa]	A15.2	A15.5
$S_{v,GH}$	Vergleichsspannung nach der GH (FKM)	[MPa]	A15.2	A15.1
$S_{v,NH}$	Vergleichsspannung nach der NH (FKM)	[MPa]	A15.2	A15.2
S_{50}	mittlere Sicherheit	[-]	1.4	1.9
$\hat{S}$	Sicherheitsbeiwert (-faktor)	[-]	1.3	1.4
$_B$	Sicherheitsbeiwert gegen Bruch	[-]	10.4	Tab. 10.1

$\hat{S}_D$	Sicherheitsbeiwert gegen Dauerbruch	[-]	11.9	11.74
$\hat{S}_F$	Sicherheitsbeiwert gegen Fließen	[-]	10.4	Tab. 10.1
$\hat{S}_F$	zähigkeitsabhängiger Sicherheits-beiwert gegen Fließen	[-]	10.4	10.12, 10.13
$\hat{S}_{max}$	Obergrenze für Sicherheitsbeiwert	[-]	1.3	
$\hat{S}_{pl}$	Sicherheitsbeiwert gegen Fließen mit begrenzter plastischer Verformung	[-]	10.4	Tab. 10.1
s	Standardabweichung für Bruchschwingspielzahlen	[-]	11.4	11.21
s	Wanddicke	[mm]		
s_v	bezogene Vergleichsspannung (FKM)	[-]	A15.8	A15.24
$\underline{s}$	Spannungsvektor	[MPa]	3.2	3.1, 3.8
$\underline{s}_H$	Hauptspannungsvektor	[MPa]	3.5	3.19
$\underline{s}_n$	Normalspannungsvektor	[MPa]	3.2	3.2
$\underline{s}_{okt}$	Spannungsvektor in Oktaederebene	[MPa]	A8.4	A8.38
$\underline{s}_t$	Tangentialspannungsvektor	[MPa]	3.2	3.2
$\underline{s}_{\vartheta\varphi}$	Spannungsvektor auf der $(\vartheta\varphi)$-Ebene der Einheitskugel	[MPa]	A8.4	A8.44
s_α	Kurvenkoordinate entlang α-Gleitlinie	[-]	A13.3	
s_β	Kurvenkoordinate entlang β-Gleitlinie	[-]	A13.3	
T	Tangentenmodul	[MPa]	9.2	9.39
T	Schwingungsdauer	[s]	11.3	11.1
T	Schubnennspannung (FKM)	[MPa]	A15	
T_N	Streuspanne im Zeitfestigkeitsbereich	[-]	11.4	11.25
T_S	Streuspanne im Dauerfestigkeitsbereich	[-]	11.4	11.27
T_a	Schub-Nennspannungsamplitude (FKM)	[MPa]	A15.8	A15.23
t	Zeit	[s]		
t	Kerbtiefe	[mm]	8.3	Tab. 8.1
t_G	Tiefenbereich große Probe mit $0{,}9\ \sigma_{max}$	[mm]	11.7.2	
t_K	Tiefenbereich kleine Probe mit $0{,}9\ \sigma_{max}$	[mm]	11.7.2	
U	elektrische Spannung	[V]	2.4	
U_M	Ausgangsmeßspannung einer Wheatstoneschen Brückenschaltung	[V]	2.4	2.17, 2.18
U_S	Speisespannung einer Wheatstoneschen Brückenschaltung	[V]	2.4	2.17, 2.18
U	Arbeitsaufnahme	[J]	10.5	

U_B	Arbeitsaufnahme bis Bruch	[J]	10.5	
U	Airysche Spannungsfunktion	[-]	A9.8	A9.49
U_0	Airysche Spannungsfunktion für Platte ohne Bohrung	[-]	A10.1	A10.4
$\underline{u}$	Verschiebungsvektor	[mm]	2.1.1	
u_r, u_z, u_θ	Verschiebungskomponenten in Zylinderkoordinaten	[mm]	A9.2	A9.25, A9.26
u_x, u_y, u_z	Verschiebungskomponenten in kartesichen Koordinaten	[mm]	A9.2	A9.23, A9.24
u	Sicherheitsspanne	[-]	11.4	11.22
u, v, w	Substitutionsvariablen	[-]	2.4.3	
V	Volumen des unverformten Körpers	[mm³]	2.3	2.13
V^*	Volumen des verformten Körpers	[mm³]	2.3	2.13
V_B	Bezugsvolumen Bauteil	[mm³]	11.7	11.48
V_P	Probenvolumen	[mm³]	11.7	11.48
$V_{90\%}$	mit mehr als 90 % der maximalen Spannung beanspruchtes Volumen	[mm³]	11.7.2	
$\underline{v}$	Volumenkraftvektor	[N/mm³]	A9.1	A9.14
v_x, v_y, v_z	Volumenkräfte kartesische Koordinaten	[N/mm³]	A9.1	A9.1
v_{pl}	Verschwächungsfaktor	[N/mm³]	10.3.2	10.9
v_r, v_θ, v_z	Volumenkräfte in Zylinderkoordinaten	[N/mm³]	A9.1	A9.13
v_α	Geschwindigkeitskomponente entlang α-Gleitlinie	[m/s]	A13	A13.32
v_β	Geschwindigkeitskomponente entlang β-Gleitlinie	[m/s]	A13	A13.33
v_σ, v_τ	Werkstoffkonstante	[-]	11.7.2	11.51
W	Formänderungsarbeit	[J]	A8.4	
W_σ	Formänderungsarbeit Normalspannung	[J]	A8.4	A8.26
W_τ	Formänderungsarbeit Schubspannung	[J]	A8.4	A8.27
W_{by}, W_{bz}	Widerstandsmoment gegen Biegung bzgl. der y- bzw. z-Achse	[mm³]	5.3.2	5.15, Tab. 5.1
W_t	Widerstandsmoment gegen Torsion	[mm³]	5.4.2	5.23,Tab. 5.2
W_{vpl}	Widerstandsmoment für vollplastischen Zustand	[mm³]	9.3	9.48
W_{bvpl}	Widerstandsmoment gegen Biegung bei vollplastischem Zustand	[mm³]	9.3	

W_{tvpl}	Widerstandsmoment gegen Torsion bei vollplastischem Zustand	[mm^3]	9.3	
w	spezifische Formänderungsarbeit	[J/mm^3]	A8.4	A8.28
w_V	spezifische Volumenänderungsarbeit	[J/mm^3]	A8.4	A8.31
w_G	spezifische Gestaltänderungsarbeit	[J/mm^3]	A8.4	A8.32
w_σ	spezifische Formänderungsarbeit einer Normalspannung	[J/mm^3]	A8.4	A8.26
w_τ	spezifische Formänderungsarbeit einer Schubspannung	[J/mm^3]	A8.4	A8.27
x, y, z	kartesische Koordinaten			
y_F	Grenze zwischen elastischem und plastischem Bereich	[mm]	9.2	9.17
Z	Brucheinschnürung	[-]	6.1.2	6.11
z	Abstand von der neutralen Faser	[mm]	5.3	
z_{max}	maximaler Abstand von der neutralen Faser	[mm]	5.3	5.7

Griechische Buchstaben

α	linearer Wärmeausdehnungskoeffizient	[1/K]	4.5	4.25
α	Winkel zur hydrostatischen Achse	[rad]	7.3	
α_k	Formzahl	[-]	8.3	
α_0	Anstrengungsverhältnis mit zulässigen Spannungen	[-]	11.10.7	11.121
α_0'	Anstrengungsverhältnis mit Werkstoffkennwerten	[-]	11.10.7	11.123
α_0^*	Anstrengungsverhältnis in Handbüchern	[-]	11.10.7	11.125
β	Neigungswinkel Verfestigungsgerade	[rad]	9.2	9.38
β_k	Kerbwirkungszahl	[-]	11.8	
χ	Spannungsgradient	[MPa/mm]	11.8	
χ^*	bezogener Spannungsgradient	[1/mm]	11.8	11.61
Δ	Laplace-Operator	[-]	A9.7	A9.36
ΔA	Schnittflächeninhalt	[mm^2]	3.1	3.1

$\Delta \underline{F}$	Schnittkraftvektor	[N]	3.1	3.1
ΔR	Widerstandsänderung eines DMS	[Ω]	2.4	2.15
ΔV	Volumenänderung	[mm^3]	2.3	2.13
Δa	Längenänderung einer Würfelkante	[mm]	4.5	4.25
Δl	Längenänderung	[mm]	2.1.2	2.1
Δl_B	Bruchverlängerung	[mm]	10.5.2	
Δl_{bl}	bleibende Verformung	[mm]	4.1	
Δu	Verschiebung in x-Richtung	[mm]	A1	A1.2
Δv	Verschiebung in y-Richtung	[mm]	A1	A1.2
Δt	Zeitintervall	[s]	11.3	11.7
$\Delta \vartheta$	Temperaturänderung	[K]	4.5	4.25
$\Delta \sigma$	Schwingbreite	[MPa]	11.3	11.2
δ	Phasenwinkel	[rad]	11.3	11.9
δ	Kerbradius	[mm]	11.8	11.64
δW_a	virtuelle äußere Arbeit	[J]	A14	A14.3
δW_i	virtuelle innere Arbeit	[J]	A14	A14.3
$\delta \omega$	virtueller Biegewinkel	[rad]	A14	A14.4
$\delta \sigma_x$	Normalspannungsänderung in x-Richtung	[MPa]	A9.1	A9.2
ε	Dehnung	[-]	2.1.2	2.1
$\underline{\varepsilon}$	Vektor der Verformungsgrößen	[-]	A7	A7.2
$\underline{\varepsilon}_H$	Vektor der Hauptdehnungen	[-]	A7	A7.8
$\varepsilon_a, \varepsilon_b, \varepsilon_c$	Dehnungen in den DMS-Richtungen *a, b, c*	[-]	2.4.3	
ε_{bl}	bleibende Dehnung	[-]	9.1	9.4
ε_{blmax}	maximale bleibende Dehnung	[-]	9.4	9.53
ε_{eff}	effektive Dehnung	[-]	2.4	
ε_{el}	elastische Dehnung	[-]	9.1	9.3
ε_F	Fließdehnung	[-]	9.1	9.1
ε_{ges}	Gesamtdehnung	[-]	9.1	9.2
ε_{gesmax}	maximale Gesamtdehnung	[-]	9.4	9.53
$\varepsilon_{H1}, \varepsilon_{H2}$	Hauptdehnungen	[-]	2.2.4	2.9, 2.10
ε_{id}	ideelle Dehnung	[-]	9.4	9.51
ε_{idmax}	maximale ideelle Dehnung	[-]	9.4	
ε_l	Längsdehnung	[-]	4.1.2	4.3
ε_{max}	maximale Dehnung	[-]	9.2	
ε_{mech}	Dehnung durch mechanische Belastung	[-]	2.4	

ε_n	Nenndehnung	[-]	9.2	9.25
ε_{pl}	plastische Dehnung	[-]	9.1	9.2
ε_q	Querdehnung	[-]	4.1.2	4.3
$\varepsilon_r, \varepsilon_z, \varepsilon_\theta$	Dehnungen in Zylinderkoordinaten	[-]	A9.2	A9.25, A9.26
ε_v	Vergleichsdehnung	[-]	7.7	7.27
ε_{vGH}	Vergleichsdehnung nach der GH	[-]	7.7	7.34–7.36
ε_{vNH}	Vergleichsdehnung nach der NH	[-]	7.7	7.28–7.30
ε_{vSH}	Vergleichsdehnung nach der SH	[-]	7.7	7.31–7.233
ε_w	wirkliche Dehnung	[-]	9.4	9.51
$\varepsilon_x, \varepsilon_y, \varepsilon_z$	Dehnungen in Richtung der kartesischen Koordinaten	[-]	2.1.3	
ε_0	Nenndehnung	[-]	6.1.1	6.2
ε_φ	Dehnung unter Winkel φ zur x-Richtung	[-]	2.1.3	2.3
ε_α	Dehnung entlang α-Gleitlinie	[-]	A13	
ε_β	Dehnung entlang β-Gleitlinie	[-]	A13	
ε_ϑ	Dehnung durch thermische Belastung	[-]	2.4	
ε	mittlere Bruchdehnung	[-]	6.1.2	
Φ	Winkel von r_X zur β-Gleitrichtung	[rad]	A13.3	A13.17
ϕ	Winkel von r_X zur α-Gleitrichtung	[rad]	A13.3	A13.16
Γ	Rand	[-]	A9.5	A9.32
γ	Winkelverzerrung (Schiebung)	[-]	2.1.2	2.2
γ_F	Winkelverzerrung bei Fließbeginn	[-]	9.2	9.22
γ_{max}	maximale Winkelverzerrung	[-]	2.2.4	2.12
$\gamma_{r\theta}, \gamma_{z\theta}, \gamma_{rz}$	Winkelverzerrung in Zylinderkoordinaten	[-]	A9.2	A9.25, A9.26
γ_r	Winkelverzerrung bei Torsion	[-]	5.4.1	5.18
γ_{xy}	Winkelverzerrung mit Bezugsrichtung x	[-]	2.1.3	
$\gamma_{\alpha\beta}$	Winkelverzerrung längs Gleitlinien	[-]	A13	
γ_φ	Winkelverzerrung mit Bezugsrichtung φ	[-]	2.1.3	2.4
η	Spannungsamplitudenverhältnis für normierte Wöhlerlinie	[-]	11.4	11.19
η_k	Kerbempfindlichkeitsziffer (Kerbempfindlichkeitszahl)	[-]	11.8	11.63
η_i	Faktoren für Kollapslast	[-]	9.3	Tab. 9.2

ϑ	Temperatur	[K]	4.5	
ϑ	Kugelkoordinate (Breitenkreis)	[rad]	A8.4	A8.43
φ	Verdrehwinkel bei Torsion	[rad]	5.4.4	5.27
φ	Kugelkoordinate (Längskreis)	[rad]	A8.4	A8.43
φ_{H1}	Winkel zur Hauptdehnung bzw. Hauptspannung	[rad]	2.2.4, 3.4.3	2.11, 3.17
φ^*, $\varphi_{\tau max}$	Winkel zur maximalen Schubpannung	[rad]	3.4.3	
φ	wahre Dehnung	[-]	9.1	9.9
φ_{pl}	plastische Dehnung	[-]	9.1	9.11
φ	Faktor für Anstrengungsverhältnis α_0*	[-]	11.10.7	11.125
κ	Spannungsverhältnis	[-]	11.3	
κ	Gewichtungsfaktor für kombinierte Zug- und Biegebelastung	[-]	11.10	11.81
λ	Wärmeleitzahl	[J/mmsK]	9.4.4	
λ	Proportionalitätsfaktor in den Lévy-von Mises-Gleichungen	[1/MPa]	A13	A13.1
μ	Querkontraktionszahl (Poisson-Zahl)	[-]	4.1.2	4.4
μ_{el}	Querkontraktionszahl im elastischen Bereich	[-]	9.2	9.40
μ_{pl}	Querkontraktionszahl im plastischen Bereich	[-]	9.2	9.41
μ^*	modifizierte Querkontraktionszahl für EDZ und ESZ	[-]	A9.9	A9.62
ν	Querkontraktionszahl (Poisson-Zahl)	[-]	4.1.2	
Π	Deviatorebene, Oktaederebene	[-]	A8.2	
π	Archimedische Zahl (=3,14159)	[-]		
θ	Zylinderkooordinate	[rad]	A9.1	
ρ	Kerbradius	[mm]	8.3	Tab. 8.1
ρ_a	Kerbradius	[mm]	A12	A12.2
ρ	Krümmungskreisradius einer Ellipse	[mm]	A10.2	A10.22
ρ	Dichte	[kg/dm^3]	4.1.1, B1	
ρ, ρ^*	elektrische Leitfähigkeit eines DMS vor und nach Dehnung	[Ωmm^2/mm]	2.4	

σ	Normalspannung	[MPa]	3.2	3.3
$\underline{\sigma}$	Vektor der Spannungen	[MPa]	A7	A7.3
$\underline{\sigma}_H$	Vektor der Hauptspannungen	[MPa]	A7	A7.9
σ_A	ertragbare Spannungsamplitude für bestimmte Schwingspielzahl	[MPa]	11.4	
$\sigma_A{}'$	modifizierte ertragbare Normalspannungsamplitude	[MPa]	11.10.5	11.102
$\sigma_A{}^*$	korrigierte ertragbare Normalspannungsamplitude	[MPa]	11.9	11.70
σ_{AB}	ertragbare Spannungsamplitude für das Bauteil	[MPa]	11.7	11.45
σ_{AD}	dauerfest ertragbare Spannungsamplitude	[MPa]	11.4	11.14
σ_{Ag}	ertragbare Zeitfestigkeits-Spannungsamplitude für glattes Bauteil	[MPa]	11.8	11.55
σ_{Ak}	ertragbare Zeitfestigkeits-Spannungsamplitude für gekerbtes Bauteil	[MPa]	11.8	11.55
σ_{AO}	ertragbare Spannungsamplitude für bestimmte Oberfläche	[MPa]	11.7	11.42
σ_{AP}	ertragbare Spannungsamplitude Probe	[MPa]	11.7	11.45
σ_{Apol}	ertragbare Spannungsamplitude für polierte Oberfläche	[MPa]	11.7	11.49
σ_a	Normalspannung in axialer Richtung			
σ_a	Spannungsamplitude	[MPa]	11.3	11.5
$\sigma_{a,b}$	Normalspannungsamplitude aus Biegung (FKM)	[MPa]	A15.2	
σ_{amax}	maximale Normalspannungsamplitude im Kerbgrund	[MPa]	11.8	11.67
σ_{an}	Nennspannungsamplitude	[MPa]	11.8	11.67
σ_{ank}	Nennspannungsamplitude im Kerbgrund	[MPa]	11.8	
$\sigma_{a,zd}$	Normalspannungsamplitude aus Zug-Druck-Beanspruchung (FKM)	[MPa]	A15.2	
σ_{Biege}	Biegespannung	[MPa]	10.1	10.1
σ_b	maximale Biegespannung	[MPa]	5.3.2	5.7, 5.16
σ_{bA}	ertragbare Amplitude bei Biegebelastung	[MPa]	11.10	11.84
σ_{ba}	Biegespannungsamplitude	[MPa]	11.10	11.82
σ_{bB}	Biegefestigkeit	[MPa]	6.3	6.15
σ_{bF}	Biegefließgrenze	[MPa]	6.3	6.14
σ_{bmax}	maximale Biegespannung im Kerbquerschnitt	[MPa]	8.3	8.7

σ_{bnk}	Biegenennspannung im Kerbquerschnitt	[MPa]	8.2	
σ_{bSch}	Biegeschwellfestigkeit	[MPa]	11.5.2	
σ_{bW}	Biegewechselfestigkeit	[MPa]	11.5	11.31
σ_{Dg}	Dauerfestigkeitsnennspannung des glatten Stabes	[MPa]	11.8	11.52
σ_{Dk}	Dauerfestigkeitsnennspannung des gekerbten Stabes	[MPa]	11.8	11.52
σ_{d}	Drucknormalspannung	[MPa]	5.2	
σ_{dB}	Druckbruchfestigkeit	[MPa]	6.2.2	
σ_{dF}	Druckfließgrenze	[MPa]	6.2.1	
σ_{dsch}	Druckschwellfestigkeit	[MPa]	11.6.1	
σ_{ei}	Eigenspannung	[MPa]	9.4	9.49
$\sigma_{ei\ max}$	maximale Eigenspannung	[MPa]	9.4	9.54
σ_{Eigen}	Eigenspannung	[MPa]	10.1	
σ_{F}	Fließspannung	[MPa]	9.1	9.1
σ_{H}	Hauptspannung (Eigenwerte)	[MPa]	3.5	3.19
σ_{H1}, σ_{H2} σ_{H3}	Hauptspannung (nicht nach algebraischer Größe geordnet)	[MPa]	3.4.3	3.15, 3.16
σ'_{H1}, σ'_{H2} σ'_{H3}	Deviatorhauptspannungen	[MPa]	A8.5	A8.59
σ_{id}	ideelle Spannung	[MPa]	9.4	
$\sigma_{id\ max}$	maximale ideelle Spannung	[MPa]	9.4	9.50
σ_{krit}	kritische Normalspannung			
σ_{Last}	Lastspannung	[MPa]	9.4	9.60
σ_{LastB}	Lastspannung bei Bruch	[MPa]	9.4	9.61
σ_{LastF}	Lastspannung bei Fließbeginn	[MPa]	9.4	9.62
$\sigma_{Membran}$	Membranspannung	[MPa]	10.1	10.1
σ_{m}	Mittelspannung	[MPa]	11.3	11.4
σ_{m}	hydrostatische Mittelspannung	[MPa]	7.9, A8.1	7.39, A8.2
σ_{max}	maximale Normalspannung	[MPa]	7.3	7.10
σ_{mmax}	maximale Normalmittelspannung im Kerbgrund	[MPa]	11.8	11.67
$\sigma_{m,b}$	Normalmittelspannung aus Biegung (FKM)	[MPa]	A15.2	
σ_{min}	minimale Normalspannung	[MPa]	7.3	7.10
$\sigma_{m,zd}$	Normalmittelspannung aus Zug-Druck-Beanspruchung (FKM)	[MPa]	A15.2	
σ_{n}	Nennspannung	[MPa]	9.2	9.26
σ^*_{nA}	abgeminderte ertragbare Nenn-			

	spannungsamplitude im Kerbgrund	[MPa]	11.9	11.70, 11.72
σ_{nB}	Bruchnennspannung	[MPa]	10.5.2	
σ_{nF}	Nennspannung bei Fließbeginn	[MPa]	9.2	9.12
σ_{nk}	Nettonennspannung im Kerbquerschnitt	[MPa]	8.2	8.2
$\sigma_{nLastvpl}$	Nennspannung vollplastischer Zustand	[MPa]	9.4	9.62
σ_{npl}	Nennspannung plastischer Zustand	[MPa]	9.2	9.14
σ_{nvplg}	Nennspannung bei vollplastischem Zustand des glatten Stabs	[MPa]	9.3	9.43
σ_{nvplk}	Nennspannung bei vollplastischem Zustand des gekerbten Stabs	[MPa]	9.3	9.43
σ_o	Oberspannung	[MPa]	11.3	11.2
σ_{okt}	Oktaedernormalspannung	[MPa]	A8.4	A8.39
σ_{pl}	Spannung im plastischen Gebiet	[MPa]	9.1	9.3
$\sigma_{Primär}$	Primärspannung	[MPa]	10.3.3	
σ_q	Quernormalspannung	[MPa]	9.3	9.42
σ_{qn}	Nenn-Quernormalspannung	[MPa]	9.3	9.42
σ_r	Radialspannung in Zylinderkoordinaten	[MPa]	A9.1	A9.13
σ_r	Normalspannung in radialer Richtung	[MPa]	A9.1	A9.13
σ_S	Strukturspannung	[MPa]	11.11	
σ_{Sch}	Schwellfestigkeit	[MPa]	11.5.2	
$\sigma_{Sekundär}$	Sekundärspannung	[MPa]	10.1	10.1
σ_{Spitze}	Spitzenspannung	[MPa]	10.1	10.1
σ_{stat}	statische Normalspannung	[MPa]	11.10.7	11.130
σ_T	Trennfestigkeit	[MPa]	6.1.3	
σ_t	Normalspannung tangentiale Richtung	[MPa]		
σ_u	Unterspannung	[MPa]	11.3	11.2
σ_v	Vergleichsspannung	[MPa]	7.1	7.1
σ_{va}	Vergleichsspannungsamplitude	[MPa]	11.10	11.82
σ_{vazul}	zulässige Vergleichsspannungsamplitude	[MPa]	11.10	11.112
σ_{vGH}	Vergleichsspannung nach der GH	[MPa]	7.4	7.17
σ_{vNH}	Vergleichsspannung nach der NH	[MPa]	7.2	7.4
σ_{vSH}	Vergleichsspannung nach der SH	[MPa]	7.3	7.12
σ_{vk}	Vergleichsspannung im Kerbgrund	[MPa]	10.2	10.3
σ_{vmax}	maximale Vergleichsspannung	[MPa]	10	
σ_{vpl}	Kollapsspannung	[MPa]	9.3	
σ_{vpl}*	Kollapsspannung für EDZ	[MPa]	9.3.3	
$\sigma_{vPrimär}$	Vergleichsspannung aus Primärspannungen	[MPa]	10.3.3	10.10

$\sigma_{vPrimärSH}$	Vergleichsspannung aus den Primärspannungen nach der SH	[MPa]	10.3.3	10.11
$\sigma_{v\alpha o}$	Vergleichsspannungsamplitude mit Anstrengungsverhältnis	[MPa]	11.10.7	11.118
σ_W	Wechselfestigkeit	[MPa]	11.5	11.28
σ_W	Wechselfestigkeit des glatten Bauteils (FKM)	[MPa]	A15.3	A15.10
σ^*_W	korrigierte Wechselfestigkeit	[MPa]	11.9	11.68
$\sigma_{W,b}$	Biegewechselfestigkeit (FKM)	[MPa]	A15	
$\sigma_{W,b,N}$	Biegewechselfestigkeit der Normprobe (FKM)	[MPa]	A15.3	A15.8
$\sigma_{W,N}$	Wechselfestigkeit der Normprobe (FKM)	[MPa]	A15.3	A15.10
σ_{WO}	Wechselfestigkeit für bestimmte Oberfläche	[MPa]	11.7	11.43
σ_{Wpol}	Wechselfestigkeit für polierte Oberfläche	[MPa]	11.7	11.43
$\sigma_{W,zd}$	Zug-Druck-Wechselfestigkeit (FKM)	[MPa]	A15	A15.7
$\sigma_{W,zd,N}$	Zug-Druck-Wechselfestigkeit der Normprobe (FKM)	[MPa]	A15.3	A15.8
σ_w	wahre Spannung	[MPa]	9.1	9.7
σ_{wmax}	maximale wahre Spannung	[MPa]	9.4	9.54
σ_x, σ_y, σ_z	Normalspannungen in Richtung der kartesischen Koordinaten	[MPa]	3.3	
σ'_x, σ'_y, σ'_z	Deviatornormalspannungen	[MPa]	A13.1	A13.1
σ_{xk}, σ_{yk}	Normalspannungen im Kerbgrund in Richtung der kartesischen Koordinaten	[MPa]	10.2	10.3
σ_z	Axialspannung in Zylinderkoordinaten	[MPa]	A9.1	A9.13
σ_{zA}	ertragbare Amplitude bei Zugbelastung	[MPa]	11.10	11.84
σ_{za}	Zugspannungsamplitude	[MPa]	11.10	11.82
σ_{zdW}	Zug-Druck-Wechselfestigkeit	[MPa]	11.5	11.29, Tab. 11.4
σ_{zmax}	maximale Zugspannung im Kerbquerschnitt	[MPa]	8.3	8.7
σ_{znk}	Zugnennspannung im Kerbquerschnitt	[MPa]	8.2	
σ_{zSch}	Zugschwellfestigkeit	[MPa]	11.5.2	
σ_{zug}	Zugnormalspannung	[MPa]	5.1	5.1
σ_0	Nennnormalspannung	[MPa]	6.1.1	6.3
σ_0	Bruttonennspannung	[MPa]	8.2	8.1
σ_1, σ_2, σ_3	Hauptspannung (nach algebraischer Größe geordnet)	[MPa]	7.2	7.3

σ_{1k}, σ_{2k}	Hauptspannung im Kerbgrund (nach algebraischer Größe geordnet)	[MPa]	10	10.3, 10.6
$\sigma_{1Primär}$	maximale Primär-Hauptspannung	[MPa]	10.3.3	10.11
$\sigma_{3Primär}$	minimale Primär-Hauptspannung	[MPa]	10.3.3	10.11
$\sigma_{\vartheta\varphi}$	Normalspannung auf der ($\vartheta\varphi$)-Ebene der Einheitskugel	[MPa]	A8.4	A8.45
σ_{φ}	Normalspannung in Richtung φ	[MPa]	3.4.1	3.9
σ_{θ}	Tangentialnormalspannung	[MPa]	A9.1	A9.9
$\sigma_{\theta max}$	maximale Tangentialspannung	[MPa]	A10.1	A10.17
$\sigma_{\Theta min}$	minimale Tangentialspannung	[MPa]	A10.1	
τ	Schubspannung	[MPa]	3.2	3.4
τ^*_A	abgeminderte ertragbare Schubspannungsamplitude	[MPa]	11.9	
τ_A'	modifizierte ertragbare Schubspannungsamplitude	[MPa]	11.10.5	11.103
$\tau_{W,s,N}$	Schubwechselfestigkeit der Normprobe (FKM)	[MPa]	A15.3	A15.9
τ_{aB}	Scherfestigkeit	[MPa]	6.5	6.22, 6.23
τ_{amax}	maximale Schubspannungsamplitude im Kerbgrund	[MPa]	11.8	11.67
τ_{an}	Nennschubspannungsamplitude	[MPa]	11.8	11.67
$\tau_{a,t}$	Schubspannungsamplitude aus Torsion (FKM)	[MPa]	A15.2	
τ_B	Bruchschubspannung	[MPa]	6.1.2	
τ_F	Fließschubspannung	[MPa]	6.1.2	6.8
τ_{krit}	kritische Schubspannung			
τ_{max}	maximale Schubspannung	[MPa]	3.4.3	3.18
τ_{max}	maximale Schubspannung bei Scherbeanspruchung	[MPa] [MPa]	5.5	5.32
τ_{mmax}	maximale Schubmittelspannung im Kerbgrund	[MPa]	11.8	11.67
τ_{mn}	Nennschubmittelspannung	[MPa]	11.8	11.67
$\tau_{m,t}$	Schubmittelspannung aus Torsion (FKM)	[MPa]	A15.2	
τ_{nk}	Schubnennspannung im Kerbquerschnitt	[MPa]	8.3	
τ_{okt}	Oktaederschubspannung	[MPa]	A8.4	A8.40
τ_{red}	reduzierte Schubspannung	[MPa]	7.9	7.38
τ_{redF}	reduzierte Fließschubspannung	[MPa]	7.9	7.40
τ_{red0}	reduzierte Bruchschubspannung	[MPa]	7.9	

τ_s	mittlere Schubspannung bei Scherbeanspruchung	[MPa]	5.5	5.32, 5.33
τ_{Sch}	Schwellfestigkeit für Schubspannungen	[MPa]	11.6.1	11.35
τ_{stat}	statische Schubspannung	[MPa]	11.10.7	11.127
τ_t	maximale Torsionsschubspannung	[MPa]	5.4.2	5.23, 5.25
τ_{tB}	Torsionsfestigkeit	[MPa]	6.4	6.18, 6.20
τ_{tF}	Torsionsfließgrenze	[MPa]	6.4	6.16, 6.19
τ_{tmax}	maximale Schubspannung im Kerbquerschnitt	[MPa]	8.3	8.7
τ_{tnk}	Schubnennspannung im Kerbquerschnitt	[MPa]	8.3	
τ_{tSch}	Torsionsschwellfestigkeit	[MPa]	11.5.2	
τ_{tW}	Torsionswechselfestigkeit	[MPa]	11.5	11.32, 11.33
τ^*_W	korrigierte Wechselfestigkeit	[MPa]	11.9	11.69
$\tau_{W,s}$	Schubwechselfestigkeit (FKM)	[MPa]	A15	A15.3
$\tau_{xz}, \tau_{yz}, \ldots$	Schubspannungen in Richtung der kartesischen Koordinaten	[MPa]	3.3	
$\tau_{xyk} \ldots$	Schubspannung im Kerbgrund	[MPa]	10.2	10.3
τ_φ	Schubspannung in Richtung φ	[MPa]	3.4.1	3.10
$\tau_{\vartheta\varphi}$	Schubspannung auf der $(\vartheta\varphi)$-Ebene der Einheitskugel	[MPa]	A8.4	A8.46
$\tau_{\theta r}, \tau_{zr}, \tau_{\theta z}$	Schubspannungen in Zylinderkoordinaten	[MPa]	A9.1	A9.13
τ^2	Schubspannungsintensität	[MPa]	A8.4	A8.47
ω	(rechter) Winkel eines unverformten Winkelelements	[rad]	2.1.2	2.2
ω^*	Winkel verformtes Winkelelement	[rad]	2.1.2	2.2
ω	Kreisfrequenz	[1/s]	11.3	11.8
ω	bezogene mittlere Normalspannung	[-]	A13.3	A13.22
$\dot{\omega}$	Winkelgeschwindigkeit	[1/s]	A14.1	
∂	partiell			
∇^2	Laplace-Operator		A9.7	A9.36
$\underline{\nabla}$	Nabla-Operator		A9.1	A9.17

Indizes

A	ertragbare Amplitude
a	axial, außen
a	Amplitude
a, b, c	Bezugsrichtungen
B	Bruchgröße
B	Bauteil
b	Biegung
bl	bleibend
D	dauerfest
d, druck	Druck
dyn	dynamisch
el	elastisch
erf	erforderlich
ei, Eigen	Eigenspannung
F	Fließgröße
G	Grenze
G	Größe
g	Gleichmaß
ges	gesamt
H1, H2, H3	Größen bezüglich des *H1-H2-H3* Hauptachsensystems (nicht geordnet nach der algebraischen Größe)
Hydr	hydrostatisch
i	innen
id	ideell
k	Kerbe, Kerbgrund
krit	kritisch
l	längs
m	Mittel
max	maximal
mech	mechanisch
min	minimal
NDT	nil ductility transition
n	normal
O	Oberfläche
okt	Oktaeder
P_A	Ausfallwahrscheinlichkeit
p	polar
pl	plastisch
pol	poliert
q	quer
r	radial
red	reduziert
Sch	Schwell
s	Scherung, Schub
sm	spannungsmechanisch
st	statistisch
stat	statisch
t	Torsion, tangential
th	thermisch
V	Volumen
v	Vergleich
vpl	vollplastisch
W	Wechsel
w	wirklich, wahr
x, y, z	kartesische Koordinaten
z, zug	Zug
zd	Zug-Druck
zul	zulässig
α	α-Gleitlinie
β	β-Gleitlinie
φ	Winkel zur Bezugsrichtung
0	Ausgangsgröße, Nenngröße
1, 2, 3	Größen bezüglich des *1-2-3* nach der algebraischen Größe)
5	kurzer Proportionalstab [%] $l_0/d_0=5$
10	langer Proportionalstab [%] $l_0/d_0 = 10$
50, 95	Prozentzahlen

Abkürzungen für Festigkeitshypothesen

ENH	Erweiterte Normalspannungshypothese
GH	Gestaltänderungsenergiehypothese
HSA	Hypothese der spezifischen Anstrengung
MGH	Modifizierte Gestaltänderungsenergiehypothese
MNH	Modifizierte Normalspannungshypothese
NH	Normalspannungshypothese
SH	Schubspannungshypothese
SIH	Schubspannungsintensitätshypothese

Sonstige Abkürzungen

AD	Arbeitsgemeinschaft Druckbehälter
ASME	American Society of Mechanical Engineers
ASTM	American Society for Testing and Materials
BEM	Boundary-Elemente-Methode (Randelementmethode)
BOL	begin of life
COD	crack opening displacement
CT	compact tension
CTOD	Rißspitzenöffnung (Crack Tip Opening Displacement)
DFS	Dauerfestigkeitsschaubild
DMS	Dehnungsmeßstreifen
DIN	Deutsches Institut für Normierung e.V.
DWT	drop weight test
det	Determinante
diag	Diagonalmatrix
div	Divergenz
EDZ	ebener Dehnungszustand
EHT	Einhärtetiefe
EN	Europäische Norm
EOL	end of life
ESZ	ebener Spannungszustand
FEM	Finite-Elemente-Methode
FKM	Forschungskuratorium Maschinenbau
GG	Grauguß
GGG	Sphäroguß
GT	Glühtemperatur
HCF	high cycle fatigue
HV	Vickers-Härte
ISO	International Standard Organisation
kfz	kubisch-flächenzentriert
krz	kubisch-raumzentriert
LBF	Fraunhofer-Institut für Betriebsfestigkeit LBF Darmstadt
LCF	low cycle fatigue
MPA	Staatliche Materialprüfungsanstalt Stuttgart
max	Maximum
min	Minimum
NDT	nil ductility transition
NE	Nichteisen
REM	Rasterelektronenmikroskop
RT	Raumtemperatur
SAG	Spannungsarmglühen
TGL	Technische Güte- und Lieferbedingungen
TRD	Technische Regeln Dampfkessel
VDEh	Verein deutscher Eisenhüttenleute
VDI	Verein deutscher Ingenieure
WEZ	Wärmeeinflußzone
WIG	Wolfram Inert Gas
ZTU	Zeit-Temperatur-Umwandlung

Hinweise zur Programmdiskette

Auf der Innenseite des Rückumschlags befindet sich eine MS DOS-Diskette (3,5 Zoll, 1,44 MByte) mit einer Festigkeitsprogrammsammlung FEST zu verschiedenen Kapiteln des Buches. Die einzelnen Programme von FEST tragen eine Kurzbezeichnung, aus der die Kapitelnummer ersichtlich ist. So bezeichnet beispielsweise „P11_2" das zweite Programm im Kapitel 11. In einem besonderen Abschnitt *Rechnerprogramme* unmittelbar nach dem Abschnitt Zusammenfassung jedes Kapitels werden die zugehörigen Programme kurz beschrieben. Außerdem wird im laufenden Text auf entsprechende Programme hingewiesen. Des weiteren ist es möglich, über das Sachverzeichnis unter verschiedenen Hauptstichwörtern Programme zu finden.

Es wird empfohlen, vor der Installation des Programmpakets FEST, eine Kopie der Originaldiskette anzulegen und die Implementierung mit dem Duplikat vorzunehmen. Unter den in der Auslieferung enthaltenen Dateien befindet sich auch die Textdatei README mit Hinweisen zur Installation und Benutzung von FEST. Diese Datei kann mit jedem Editor, so z. B. mit dem DOS-Editor EDIT, gelesen werden. Ebenso kann README mit dem DOS-Kommando PRINT ausgedruckt werden. Es wird empfohlen, die in README enthaltenen Installationshinweise vor Beginn der Implementierung zu lesen.

Die Installation besteht im wesentlichen aus dem Anlegen eines beliebigen Installationsverzeichnisses auf der Festplatte, dem Kopieren des Disketteninhalts in das Verzeichnis und dem Eintragen eines Pfads zu diesem Verzeichnis in die Kommandos PATH, SET und APPEND der System-Startprozedur AUTOEXEC.BAT. Die Implementierung kann sowohl automatisch mit dem Installationsprogramm als auch manuell vorgenommen werden. Im letzteren Fall ist der in README enthaltenen Anleitung zu folgen. Der Installationsvorgang wird mit der Eingabe von „A:INSTALL<return>" bzw. „B:INSTALL<return>" eingeleitet, je nachdem in welchem Laufwerk sich die Installationsdiskette befindet. Der weitere Dialog ist selbsterklärend und auch in README beschrieben. Die Installation ist mit einem Neustart des Systems zu beenden.

Ein gewünschtes Programm aus dem Programmpaket FEST kann aus jedem beliebigen Verzeichnis durch Eingabe von „FEST<return>" und Anwählen der entsprechenden Programmkurzbezeichnung gestartet werden.

Die FEST-Programme können auch aus WIN 3.X und WIN 95 gestartet werden. Genauere Angaben dazu sind in README enthalten.

Bedeutung der Randsymbole

Wichtiger Sachverhalt

Vorsicht!

Beispiel (Anfang)

Beispiel (Fortsetzung)

Kapitel-Zusammenfassung

Rechnerprogramme

Verständnisfragen

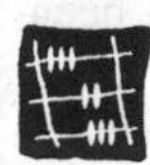

Musterlösungen

1

KAPITEL

Einleitung

In diesem einleitenden Kapitel wird der Begriff Festigkeitslehre definiert sowie die Aufgabe und das Prinzip der Festigkeitsberechnung erläutert. Außerdem wird auf die Bedeutung des Sicherheitsfaktors und auf die wichtigsten Versagensarten von Bauteilen eingegangen.

1.1 Definition der Festigkeitslehre

Festigkeitslehre

Unter *Festigkeitslehre* (oft auch mit Festigkeitsberechnung, Festigkeitsnachweis oder Traglastberechnung bezeichnet) versteht man eine technisch-wissenschaftliche Disziplin, die sich mit der Vorherbestimmung der optimalen Werkstoffe und Bauteilabmessungen sowie der Beurteilung und Gewährleistung der Sicherheit von Bauteilen beschäftigt. Hierbei ist zu beachten, daß – entgegen dem Sprachgebrauch – unter dem Begriff Festigkeit nicht nur die Festigkeitseigenschaften des Werkstoffs, sondern die Betriebsbewährung der gesamten Konstruktion zu verstehen ist.

1.2 Aufgabe der Festigkeitslehre

Sicherheit

Wirtschaftlichkeit

Durch die festigkeitsgerechte Auslegung von technischen Gesamtsystemen (z. B. Kraftwerke, Fahrzeuge, Maschinen) oder einzelnen Bauteilen (z. B. Wellen, Behälter, Gehäuse) soll in erster Linie deren *Sicherheit* und Verfügbarkeit während der gesamten Betriebszeit gewährleistet werden. Gleichzeitig soll eine wirtschaftliche, d. h. kostengünstige und zeitsparende Herstellung der Bauteile ermöglicht werden. Die Erfüllung der Forderung nach Sicherheit und *Wirtschaftlichkeit* kann zu einer gewissen Konfliktsituation für den Konstrukteur führen, da einerseits eine Überdimensionierung mit dem Ziel der Sicherheitserhöhung eine Konstruktion unwirtschaftlich machen kann, andererseits kann eine Überbetonung der Wirtschaftlichkeit die Betriebssicherheit gefährden. Außerdem können durch zu große Bauteildimensionen spezifische Probleme, wie z. B. fertigungstechnische Schwierigkeiten oder ungünstige Werkstoffeigenschaften, entstehen. Diese Konfliktsituation wird durch die Entwicklung der Technik zu ständig steigenden Leistungsanforderungen (Drücke, Temperaturen, Geschwindigkeiten usw.) bei gleichzeitiger Forderung nach Leichtbau (hochfeste Werkstoffe, neue Konstruktions- und Fertigungsverfahren) sowie durch den Druck des Wettbewerbs zunehmend verschärft.

Eine weitere wichtige Aufgabe der Festigkeitslehre besteht darin, neue Berechnungsmethoden zu entwickeln, falls die vorhandenen Verfahren auf Grund neuer Gegebenheiten und Erkenntnisse (z. B. neue Werkstoffe, Hochleistungsrechner, Berücksichtigung von Fehlern in Bauteilen) nicht mehr ausreichen.

Die Festigkeitsberechnung im weiteren Sinne beinhaltet jedoch nicht nur die Dimensionierung des Bauteils, sondern auch die Auswahl von optimalen Werkstoffen und Verarbeitungsmethoden sowie die Optimierung und Kontrolle der Betriebsabläufe und der Qualitätssicherung. In der Festigkeitslehre werden allerdings in erster Linie jene Aspekte der Auslegung behandelt, die sich auf die Gewährleistung der Festigkeit und die Begrenzung der Verformung beziehen. Häufig spielen darüber hinaus noch zahlreiche weitere Faktoren, wie Korrosion, Verschleiß, Instandhaltung und Design eine wichtige Rolle bei der Konstruktion.

Bei der Festigkeitslehre handelt es sich um ein komplexes, interdisziplinäres Fachgebiet. Im wesentlichen stellt sie ein Bindeglied zwischen der Technischen Mechanik und der Werkstofftechnik dar. Eine besondere Bedeutung kommt der Werkstoff- und Bauteilprüfung zu, welche historisch die Grundlage des Festigkeitsnachweises im Bauwesen und im Maschinenbau darstellt, siehe z. B. Timoshenko [184].

1.3 Prinzip der Festigkeitsberechnung

Der grundsätzliche Ablauf einer Festigkeitsberechnung ist in Bild 1.1 schematisch dargestellt.

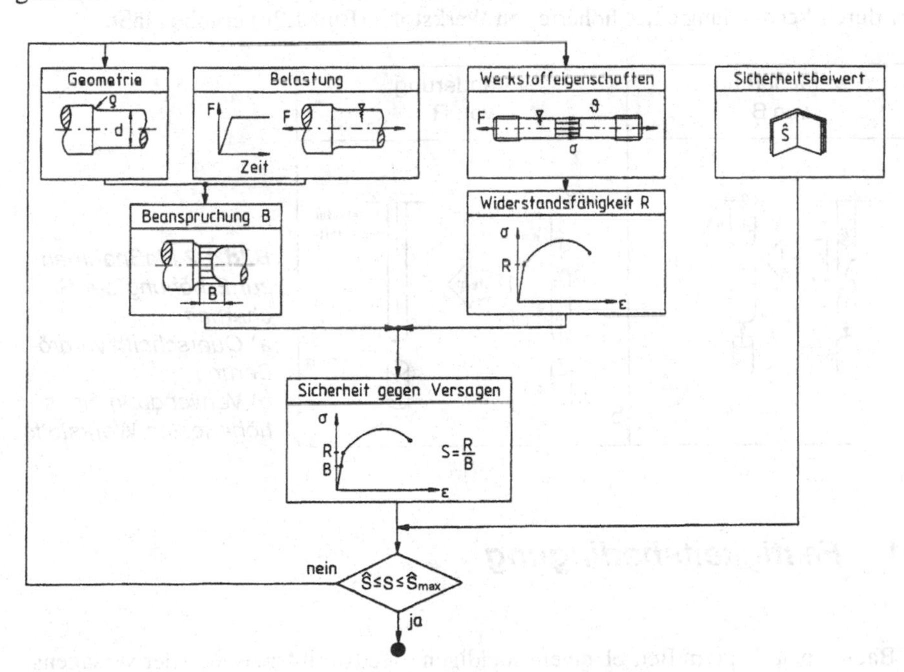

Bild 1.1 *Ablauf einer Festigkeitsberechnung*

Aus diesem Ablaufschema ist das Grundprinzip der Festigkeitsberechnung erkennbar:

- Aus der Bauteilgeometrie (Abmessungen, Form) und den auf das Bauteil einwirkenden Belastungen (Kräfte, Momente, Temperaturdifferenzen) wird eine *Beanspruchungsgröße B* berechnet.

Beanspruchungsgröße

Widerstandsfähigkeit

- Aus Versuchen an Proben aus dem Bauteilwerkstoff oder aus Versuchen am Bauteil werden unter Berücksichtigung der Umgebungsbedingungen (Temperatur ϑ, korrosives Medium, energiereiche Strahlung) die Versagensgrenzen ermittelt. Diese kennzeichnen die *Widerstandsfähigkeit R* (Beanspruchbarkeit).

Sicherheit gegen Versagen

- Aus dem Vergleich der Beanspruchungsgröße mit der Widerstandsfähigkeit – die natürlich dieselbe physikalische Dimension aufweisen müssen – leitet sich die *Sicherheit S gegen Versagen* für das Bauteil ab, welche für die zugrundeliegenden Geometrie-, Belastungs- und Werkstoffzustände gilt.

Sicherheitsbeiwert

- Die Bauteilsicherheit S darf einen vorgegebenen *Sicherheitsbeiwert* $\hat{S}$, der auch mit *Sicherheitsfaktor* bezeichnet wird, nicht unterschreiten. Aus Gründen der Wirtschaftlichkeit (Überdimensionierung) sollte S aber auch eine Obergrenze $\hat{S}_{max}$ nicht überschreiten. Abhängig vom Vergleich S mit $\hat{S}$ werden meist Modifikationen an den Bauteilabmessungen oder am Werkstoff vorgenommen und gegebenenfalls eine neue Berechnung durchgeführt. Der in Bild 1.1 wiedergegebene Ablauf ist daher als iterativer Prozeß zu verstehen.

In Bild 1.2 ist an einem einfachen Beispiel eines gewichtsbelasteten Stabs gezeigt, wie sich die Sicherheit durch Vergrößern des Querschnitts von A auf $2 \cdot A$ (Bild 1.2a) und/oder durch Verwendung eines höherfesten Werkstoffs (Bild 1.2b) erhöhen läßt.

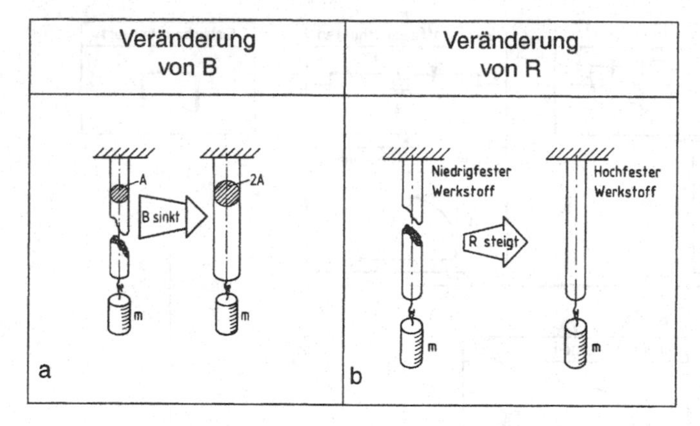

Bild 1.2 *Maßnahmen zur Erhöhung der Sicherheit*
a) Querschnittsvergrößerung
b) Verwendung eines höherfesten Werkstoffs

1.4 Festigkeitsbedingung

Ein Bauteil unterliegt im Betrieb einem ständigen „Wettstreit“ zwischen der versagensfördernden Wirkung der Beanspruchung B und der versagenshemmenden Wirkung der Widerstandsfähigkeit R. Dieser Sachverhalt ist im Titelbild dieses Kapitels dargestellt. Rein formal betrachtet ist ein Bauteil dann richtig dimensioniert, wenn sichergestellt ist, daß die Beanspruchung zu jedem Zeitpunkt kleiner ist als die Widerstandsfähigkeit.

Allgemeine Festigkeitsbedingung

Dies führt zur *allgemeinen Festigkeitsbedingung*:

$$B < R \tag{1.1}$$

Zur Abdeckung unvermeidlicher Unsicherheiten bei der Auslegung muß jedoch ein genügend großer Sicherheitsabstand zwischen der rechnerischen Beanspruchung und der Widerstandsfähigkeit bestehen, der in Sicherheitsbeiwerten seinen Ausdruck findet. Solche Unsicherheiten gehen vor allem auf folgende Umstände zurück:

- Streuung der Werkstoffeigenschaften (Chargenunterschiede, Inhomogenitäten, Fehlstellen, Gefügeanomalien)
- Bandbreite der Betriebsbelastung (Spitzenwerte, Störfälle, Zusatzlasten)
- Geometrische Abweichungen vom Sollzustand (Nennabmessungen, Kerbgeometrie)
- Nicht exakt definierte und nicht berücksichtigte Randbedingungen (Einspann- und Lagerverhältnisse, Oberflächenzustand, Eigenspannungen)
- Unsicherheiten bei der Ermittlung der Werkstoffdaten (z. B. Maschineneinflüsse, Meßungenauigkeit) und der Beanspruchung (z. B. unzulängliche Rechenmodelle, Näherungslösungen)
- Lücken und Ungenauigkeiten in den Übertragungsfunktionen zwischen Probe und Bauteil (z. B. Größeneinflüsse, Festigkeitshypothesen, Schadensakkumulation)
- Menschliche Unzulänglichkeiten und Grenzen des Wissens.

Bauteilsicherheit

Die *Sicherheit eine Bauteils* wird in der Regel als Quotient der Widerstandsfähigkeit R und der Beanspruchung B definiert:

$$S \equiv \frac{R}{B} \quad . \tag{1.2}$$

In seltenen Fällen (z. B. Zeitsicherheiten, Temperatursicherheiten) wird die Bauteilsicherheit auch aus der Differenz ($S = R - B$) gebildet. Mit Hilfe von S läßt sich ebenfalls eine Festigkeitsbedingung wie in Gleichung (1.1) formulieren:

$$S > 1 \quad . \tag{1.3}$$

Zur Gewährleistung der Bauteilsicherheit im Betrieb darf die Sicherheit S einen Mindestsicherheitsbeiwert, der hier mit $\hat{S}$ bezeichnet wird, nicht unterschreiten:

$$S \geq \hat{S} \quad . \tag{1.4}$$

Sicherheitsbeiwert

In der Auslegungsrechnung wird ein vorgegebener *Sicherheitsbeiwert* $\hat{S}$ verwendet, der einen Erfahrungswert darstellt und der für bestimmte Anwendungen in Normen und technischen Regelwerken vorgeschrieben ist. Mit dem Sicherheitsbeiwert kann sowohl die *zulässige Beanspruchung*

Zulässige Beanspruchung

$$B_{zul} = \frac{R}{\hat{S}} \tag{1.5}$$

als auch die *erforderliche Widerstandsfähigkeit*

Erforderliche Widerstandsfähigkeit

$$R_{erf} = B \cdot \hat{S} \tag{1.6}$$

berechnet werden.

Die Festigkeitsbedingung (1.4) kann damit auch wie folgt formuliert werden:

$$B \leq B_{zul} \tag{1.7}$$

$$R \geq R_{erf} \quad . \tag{1.8}$$

Es ist ohne weiteres einsichtig, daß beispielsweise ein Wert $\hat{S} = 1,1$ in der Regel nicht alle Unwägbarkeiten der Herstellung und des Betriebs abdecken kann. Aus diesem Grund wäre eine Bezeichnung wie z. B. „Auslegungsfaktor" für $\hat{S}$ eigentlich zutreffender, da ein hoher Sicherheitsfaktor in der Auslegung nicht notwendigerweise auch eine hohe Betriebssicherheit bedeutet.

Probabilistische Ansätze

Eine nicht zu unterschätzende Problematik bei der Festigkeitsberechnung besteht darin, daß sowohl für die Beanspruchung als auch für die Widerstandsfähigkeit strenggenommen keine deterministische Angabe möglich ist, sondern *probabilistische Ansätze* erforderlich sind. Für beide Größen sind Dichteverteilungen der Häufigkeit nach einem bestimmten Verteilungsgesetz anzunehmen, die durch ihre Mittelwerte und Streubreiten gekennzeichnet sind, Bild 1.3. Bei Kenntnis der Verteilungsfunktionen können die zugehörigen Beanspruchungen bzw. Widerstandsfähigkeiten für vorgegebene Eintrittswahrscheinlichkeiten angegeben werden. So bedeutet z. B. B_{95}, daß 95 % aller Beanspruchungen unter diesem Wert liegen und R_5, daß nur 5 % der Werkstoffkennwerte diesen Wert unterschreiten.

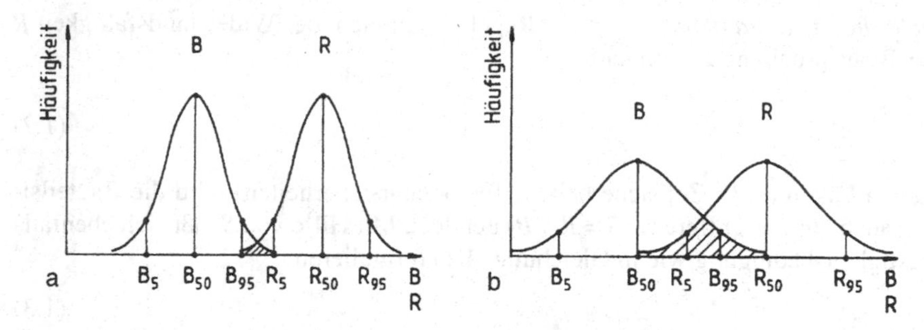

Bild 1.3 *Einfluß der Streubreite von B und R auf die Versagenswahrscheinlichkeit bei gleicher mittlerer Sicherheit a) kleine Streuung b) große Streuung*

Wie aus Bild 1.3 hervorgeht, ist bei gleicher mittlerer Sicherheit $S_{50} = R_{50}/B_{50}$ bei kleiner Streuung (Bild 1.3a) ein Versagen (schraffierter Bereich) sehr unwahrscheinlich, während bei großer Streubreite (Bild 1.3b) eine ungleich höhere Versagenswahrscheinlichkeit besteht. Um einen sicheren Betrieb und eine hohe Verfügbarkeit zu gewährleisten, müssen beispielsweise für die Auslegung die Werte B_{95} und R_5 herangezogen und die Sicherheit gegen Versagen folgendermaßen berechnet werden:

$$S = \frac{R_5}{B_{95}} \quad . \tag{1.9}$$

Die Berechnung der Bauteilsicherheit nach Gleichung (1.9) ergibt bei kleiner Streuung (Bild 1.3a) einen Wert $S > 1$ und bei großer Streuung (Bild 1.3b) einen Wert $S < 1$. Durch Erhöhung der mittleren Sicherheit S_{50} in Bild 1.3b ließe sich die Versagenswahrscheinlichkeit ebenfalls auf das Ausmaß wie in Bild 1.3a verringern. Dieses Vorgehen ist in aller Regel jedoch unwirtschaftlicher (z. B. hochfeste Werkstoffe, größere Abmessungen) als eine Verringerung der Streuung, was beispielsweise durch hohe Werkstoffqualität, strikte Qualitätskontrolle und Maßnahmen zur Belastungsbegrenzung zu erreichen ist.

Die Höhe des erforderlichen Sicherheitsfaktors hängt einerseits ab vom Ausmaß der zugrundeliegenden Unsicherheiten, andererseits jedoch auch von den Konsequenzen des Versagens (z. B. Höhe der Sachschäden, Zerstörung der Umwelt, Gefährdung von Menschenleben), die wiederum – wie später gezeigt – entscheidend vom Verformungsvermögen des Bauteils bestimmt werden.

1.5 Versagen

Versagen

Unter *Versagen* versteht man üblicherweise den Verlust der Funktionsfähigkeit des Bauteils. Das Bauteil ist dann nicht mehr in der Lage, die an es gestellte Aufgabe zu erfüllen. Versagen kann durch unzureichende und ungünstige Werkstoffwahl, falsche Herstellung und Dimensionierung, aber auch durch unberücksichtigte Betriebseinflüsse kurz- oder langfristig eintreten.

Ein Bauteil versagt im Sinne der Festigkeitslehre, wenn entweder die Beanspruchung B bis zur Widerstandsfähigkeit R ansteigt oder wenn die Widerstandsfähigkeit auf den Wert der Beanspruchung abfällt. Mit den Gleichungen (1.1) und (1.2) tritt demnach rein formal Versagen ein, wenn gilt:

$$B = R \quad \text{bzw.} \quad S = 1 \quad . \tag{1.10}$$

Versagensarten

Für die Festigkeitsberechnung sind in erster Linie folgende *Versagensarten* bedeutsam:

- unzulässig große Verformung (elastisch, plastisch), Bild 1.4a und Bild 1.5
- Bruch, Bild 1.4b und Bild 1.6
- Instabilität (Knicken, Kippen, Beulen), Bild 1.4c und Bild 1.7

Versagensarten			Vorstufen	
unzulässige Verformungen	Bruch	Instabilität	Anriß	Korrosion/ Verschleiß
F	F	F	F F	F F
a	b	c	d	e

Bild 1.4 *Versagensarten und Vorstufen des Versagens, schematisch*

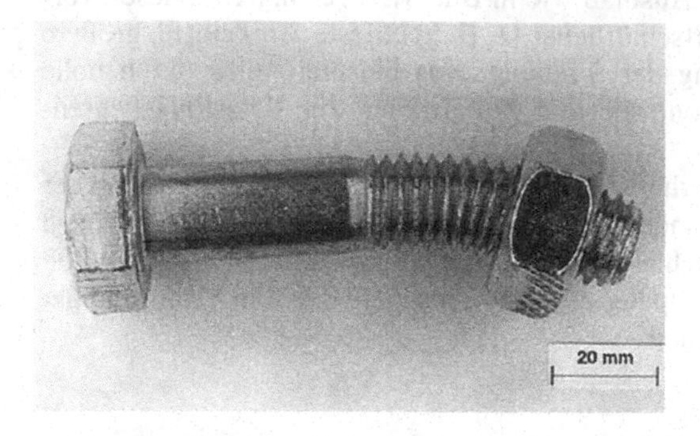

Bild 1.5 *Plastische Verformung einer Schraube aus Vergütungsstahl durch überhöhte Biegebelastung*

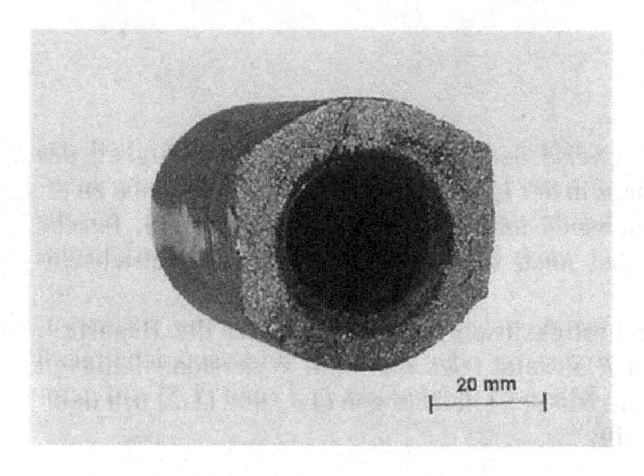

Bild 1.6 *Sprödbruch einer Hülse aus Temperguß*

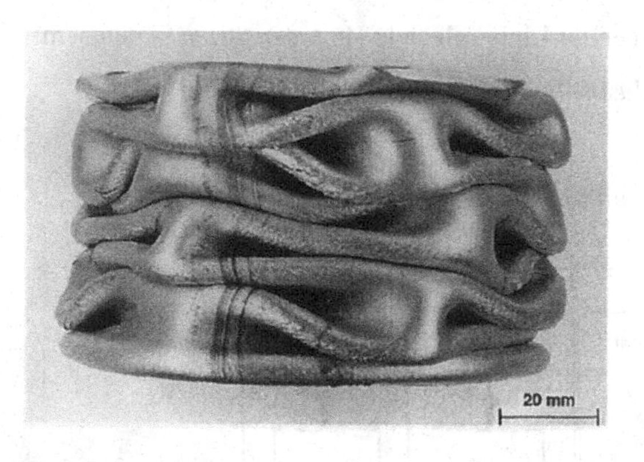

Bild 1.7 *Faltenbildung durch Beulen eines Rohres aus Al-Legierung bei einem Crash-Simulations-Versuch*

Vorstufen des Versagens

Dem Bruch können (müssen aber nicht!) unterschiedliche *Vorstufen* vorausgehen, wie

- Anriß, Bild 1.4d und Bild 1.8
- Werkstoffabtrag durch Verschleiß- oder Korrosionseinwirkung, Bild 1.4e und Bild 1.9.
- plastische Verformung, Bild 1.4a und Bild 1.5.

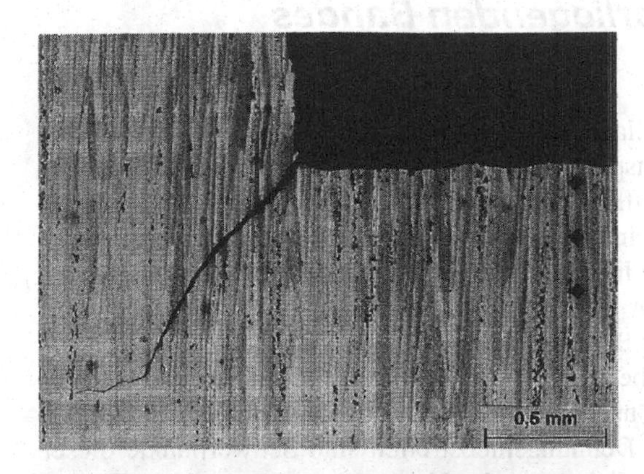

Bild 1.8 Schwingriß am scharfkantigen Querschnittsübergang einer Welle

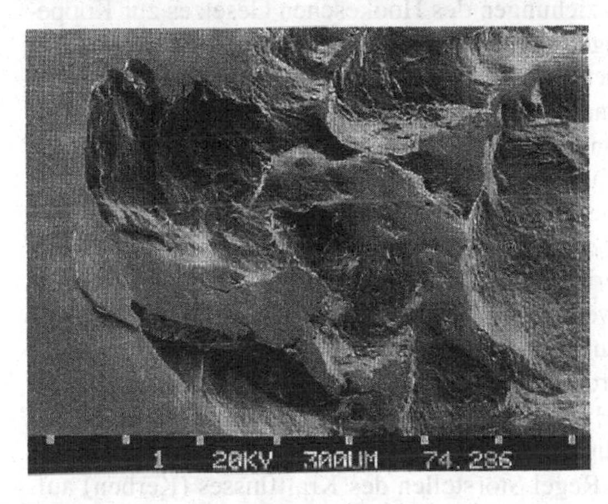

Bild 1.9 Grübchenbildung (Pittings) am Innenring eines Kugellagers (REM-Aufnahme)

Welches Stadium des Versagens als nicht mehr tolerierbar angesehen werden kann, muß von Fall zu Fall entschieden werden und ist vom Verwendungszweck, dem Bauteilverhalten, von Art und Qualität der Überwachung und wiederum von den Konsequenzen des möglichen Bruches abhängig.

Zeitabhängigkeit von B und R

Bei der Auslegung muß eine mögliche *Zeitabhängigkeit von B und R* berücksichtigt werden. Für die Analyse von Schadensfällen und für die Maßnahmen für eine Vermeidung zukünftiger Schäden ist es von Bedeutung, ob der Schaden durch Anstieg der Beanspruchung *B* (z. B. zunehmende Fluchtungsfehler eines Lagers) oder durch einen Abfall der Widerstandsfähigkeit *R* (z. B. Gefügeveränderung durch hohe Temperatur) eingetreten ist, da nur so die Verantwortlichkeit zu klären ist und geeignete Abhilfemaßnahmen festgelegt werden können.

Zwischen Festigkeitslehre und Schadenskunde besteht in sofern eine Wechselwirkung, als einerseits zur Klärung von Schadensfällen die Methoden der Festigkeitslehre anzuwenden sind, andererseits die Treffsicherheit der Verfahren der Festigkeitsberechnung anhand eingetretener Schadensfälle kritisch überprüft werden muß, siehe weiterführende Literatur zur Schadenskunde, ASM [200], VDI-Richtlinie 3822 [230], Lange [21], Grosch [70].

1.6 Gliederung des vorliegenden Bandes

Der vorliegende Band über die Grundlagen der Festigkeitslehre soll die fundamentalen Kenntnisse zur Berechnung der Beanspruchung einfach gestalteter Bauteile sowie zur Ermittlung der wichtigsten Werkstoffkennwerte und zum Festigkeitsnachweis unter statischer und zeitlich regelmäßig veränderlicher Belastung vermitteln. Der prinzipielle Aufbau des Bandes und die zugrunde liegende Struktur ist in Bild 1.10 dargestellt.

Die *Kapitel 2* und *3* beschäftigen sich mit dem elementaren Verformungs- und Spannungszustand, vor allem mit der Berechnung von Dehnungen, Schiebungen, Normal- und Schubspannungen in einer beliebigen Körperrichtung. Die grafische Darstellung mit Hilfe der Mohrschen Kreise und die experimentelle Ermittlung der Bauteilbeanspruchung durch Anwendung von Dehnungsmeßstreifen sind Schwerpunkte dieser beiden Kapitel. Die fundamentalen Beziehungen des Hookeschen Gesetzes zur Koppelung der Verformungen und Spannungen für linear-elastisches Werkstoffverhalten bei allgemeinem Spannungszustand schließen sich als *Kapitel 4* an. Mitbehandelt werden Verformungsbehinderungen bei mechanischen und thermischen Belastungen.

In *Kapitel 5* wird auf die Berechnung der Verformungen und Spannungen in Stäben für die elementaren Grundbelastungsfälle Zug, Druck, Biegung, Torsion und Scherung eingegangen. Exemplarisch werden hier nur Stäbe mit einfachen Querschnitten behandelt. Die experimentelle Bestimmung der Basis-Werkstoffkennwerte in der Werkstoffprüfung an zähen und spröden Materialien vor allem im Zugversuch, aber auch im Druck-, Biege-, Torsions- und Scherversuch, ist Gegenstand von *Kapitel 6*. Der Vergleich des mehrachsigen Spannungszustands im Bauteil mit den im einachsigen Zugversuch bestimmten Kennwerten erfordert die Anwendung von Festigkeitshypothesen. In *Kapitel 7* werden die wichtigsten Hypothesen für sprödes und zähes Verhalten und ihre Anwendung bei statischer Belastung beschrieben.

Technische Bauteile weisen in der Regel Störstellen des Kraftflusses (Kerben) auf. Die Konsequenzen der Kerbwirkung und die Quantifizierung der theoretischen Spannungsspitzen im linear-elastischen Bereich mit Hilfe der Formzahl bildet den Inhalt von *Kapitel 8*. Zur optimalen Ausnutzung der Verformungsreserven eines zähen Werkstoffs wird zunehmend eine begrenzte plastische Verformung an hochbeanspruchten Bauteilbereichen in die Festigkeitsberechnung mit einbezogen. An den Beispielen des glatten Biegestabs und des gekerbten Zugstabs wird in *Kapitel 9* die Bestimmung von Bauteilfließkurven behandelt. Die mit diesem Sachgebiet eng verbundenen Themenkreise der vollplastischen Grenzbelastung und der Eigenspannungen werden ebenfalls in diesem Kapitel beschrieben.

Als vorläufiger Abschluß des elementaren Festigkeitsnachweises bei statischer Beanspruchung erfolgt in *Kapitel 10* eine zusammenfassende Darstellung der Festigkeitsberechnung von ruhend und unterhalb der Kristallerholungstemperatur belasteten Bauteilen. Die Ausführungen beziehen sich auf die Absicherung gegen Sprödbruch, Fließbeginn, begrenzte plastische Verformung und Zähbruch. Da die Sicherheit eines Bauteils – über die Begrenzung der Spannungen hinaus – in hohem Maße vom Verformungsvermögen des Bauteils bestimmt wird, ist in *Kapitel 10* ein Abschnitt dem Zusammenhang zwischen Zähigkeit und Sicherheit gewidmet.

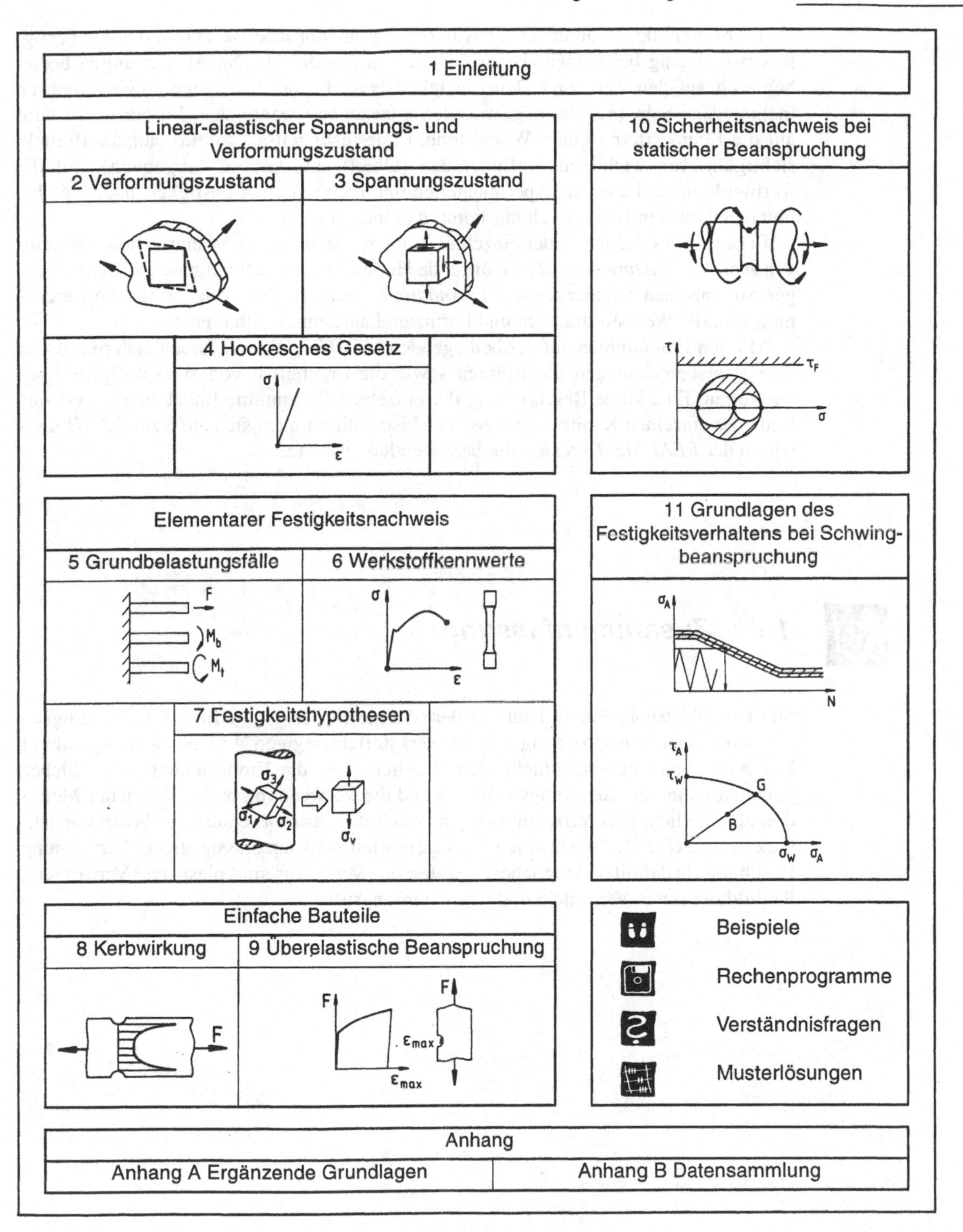

***Bild 1.10** Gliederung des Buchs „Festigkeitslehre Grundlagen"*

Den Abschluß des Grundlagenbands bildet die ausführliche Beschreibung der Festigkeitsberechnung bei Schwingbeanspruchung in *Kapitel 11*. Die Ausführungen beziehen sich auf den Zeit- und Dauerfestigkeitsbereich und einachsige sowie synchron mehrachsige Schwingbelastung zwischen konstanten Lastgrenzen. Im einzelnen wird auf die Kennwertermittlung (Wöhlerlinie, Dauerfestigkeitsschaubild), auf die Berücksichtigung von wichtigen Einflußgrößen (Oberfläche, Größe, Umgebung), auf die Kerbwirkung und auf den experimentellen und rechnerischen Festigkeitsnachweis bei unterschiedlichen Beanspruchungskombinationen eingegangen.

Ergänzt wird der Inhalt der einzelnen Kapitel durch einen umfangreichen zweiteiligen Anhang. *Anhang A* enthält ergänzende Herleitungen und tiefergehende Betrachtungen zu einzelnen Themenkreisen. In *Anhang B* sind Arbeitsunterlagen für die Berechnungspraxis (Werkstofftabellen und Formzahldiagramme) enthalten.

Mit den Programmen auf der beiliegenden *MS-DOS-Diskette* lassen sich praktische Festigkeitsberechnungen durchführen sowie die Ergebnisse von Werkstoffprüfungen auswerten. Eine kurze Beschreibung der einzelnen Programme findet sich jeweils am Ende der einzelnen Kapitel. Hinweise zur Installation finden sich auf Seite XXXIX sowie in der *README-Datei* auf der beiliegenden Diskette.

1.7 Zusammenfassung

Die Festigkeitsberechnung baut auf dem Vergleich der geometrie- und belastungsbedingten Bauteilbeanspruchung mit der werkstoffabhängigen Widerstandsfähigkeit auf. Zur Abdeckung unvermeidlicher Unsicherheiten ist die Einbeziehung eines Sicherheitsfaktors in der Auslegungsrechnung und die Verwendung probabilistischer Methoden erforderlich. Das Versagen tritt ein, wenn die Beanspruchung die Widerstandsfähigkeit erreicht. Die wichtigsten Versagensarten sind unzulässig große Verformung, Bruch und Instabilität. Mögliche Vorstufen des Versagens sind plastische Verformung, Rißbildung sowie Verschleiß und Korrosionsangriff.

1.8 Verständnisfragen

1. Worin besteht die Aufgabe der Festigkeitsberechnung?
2. Beschreiben Sie das prinzipielle Vorgehen bei der Festigkeitsberechnung.
3. Erklären Sie den Unterschied zwischen der Bauteilsicherheit S und dem Sicherheitsfaktor $\hat{S}$.
4. Wie kann die Festigkeitsbedingung formuliert werden?
5. Wie kann ein Bauteil versagen? Welche Vorstufen gibt es?
6. Wie wirken sich die Streubreiten der Beanspruchung und Widerstandsfähigkeit auf die Versagenswahrscheinlichkeit aus?
7. Warum kann trotz einer rechnerischen Sicherheit $S > 1$ unter Umständen Versagen eintreten?

Verformungszustand

Ein Bauteil reagiert auf eine äußere Belastung durch Verformung, d. h. durch eine Veränderung seiner geometrischen Abmessungen. In der Festigkeitslehre wird der Verformungszustand vorwiegend durch Dehnungen und Schiebungen beschrieben. In diesem Kapitel wird die Definition dieser Größen, ihre Berechnung in beliebiger Bauteilrichtung sowie ihre meßtechnische Ermittlung durch Dehnungsmeßstreifen behandelt.

2.1 Verformungsgrößen

2.1.1 Verschiebungsfeld

Verschiebungsvektor
Verschiebungsfeld

Unter Last verschieben sich die (meisten) Punkte eines Bauteils in eine andere Lage. Dies ist in Bild 2.1 am Beispiel eines Kragträgers mit Einzellast F am freien Ende gezeigt. Die gerichteten Strecken $\underline{AA}^* = \underline{u}(A)$, $\underline{BB}^* = \underline{u}(B)$ nennt man *Verschiebungsvektoren*. Die Gesamtheit der Verschiebungsvektoren aller Körperpunkte heißt *Verschiebungsfeld* des Körpers.

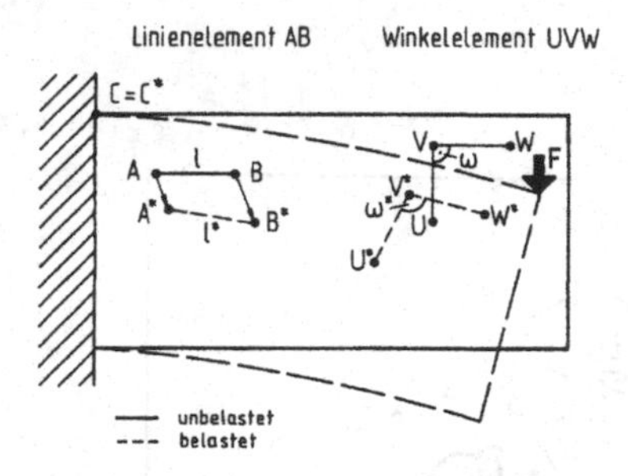

Bild 2.1 *Verformung eines Kragträgers unter Einzellast*

Körperpunktverschiebungen können durch Translation, Rotation und Verformung bewirkt werden. Diese unterschiedlichen Ursachen sind in Tabelle 2.1 zusammengestellt.

Tabelle 2.1 *Ursachen von Körperpunktverschiebungen*

Ursache der Körperpunktsverschiebung	zugehöriges Verschiebungsfeld
Translation des ganzen Bauteils	A, A*, B, B*
Rotation des ganzen Bauteils	B*, B, A, A*
Verformung des Bauteils unter Last	F, A, A*

— vor / --- nach Verschiebung

Im Falle von festen Einspannungen und Lagerungen wird die Rotation und Translation des gesamten Bauteils verhindert. Für die Festigkeitsberechnung ist nur die Verformung des Bauteils von Interesse, da nur sie zu einer inneren Beanspruchung führt.

2.1.2 Dehnungen und Schiebungen

Linienelement

Dehnung

Um die Verformungen erfassen zu können, betrachtet man die relative Lage benachbarter Körperpunkte vor und nach der Belastung des Bauteils. Dadurch werden der Translations- und Rotationsanteil an der Gesamtverschiebung eliminiert. Man nennt die geradlinige Verbindung zweier Punkte ein *Linienelement*. Mit den Längen l und l^* vor und nach der Verformung, siehe Bild 2.1, wird die *Dehnung* als die auf die Ausgangslänge bezogene Längenänderung definiert:

$$\varepsilon \equiv \frac{l^* - l}{l} = \frac{\Delta l}{l} \quad . \tag{2.1}$$

Die Einheit der Dehnung ist m/m bzw. mm/mm. Häufig wird ε in $\mu m/m$ angegeben. Außerdem ist die Angabe in Promille (‰) oder in Prozent (%) gebräuchlich.

Beispiel 2.1 Dehnung eines Stabes

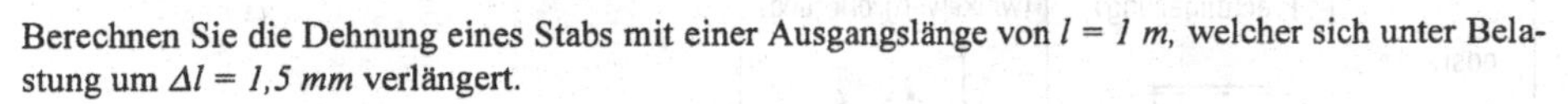

Berechnen Sie die Dehnung eines Stabs mit einer Ausgangslänge von $l = 1\ m$, welcher sich unter Belastung um $\Delta l = 1{,}5\ mm$ verlängert.

Lösung

Nach Gleichung (2.1) gilt:

$$\varepsilon = \frac{\Delta l}{l} = 1{,}5 \cdot 10^{-3}\,\frac{m}{m} = 1500\,\frac{\mu m}{m} = 1{,}5\,‰ = 0{,}15\,\% \quad .$$

Winkelelement

Winkelverzerrung

Bilden drei benachbarte Punkte U, V und W im unbelasteten Zustand einen rechten Winkel mit Scheitel V, siehe Bild 2.1, so nennt man UVW ein *Winkelelement*. Unter Last entsteht daraus das verzerrte Winkelelement $U^*V^*W^*$. Sind $\omega = \angle(UVW) = \pi/2$ und $\omega^* = \angle\,(U^*V^*W^*)$ die Winkel des ursprünglichen bzw. verschobenen Winkelelements, so definiert man als *Winkelverzerrung* (*Schiebung*) des Winkelelements:

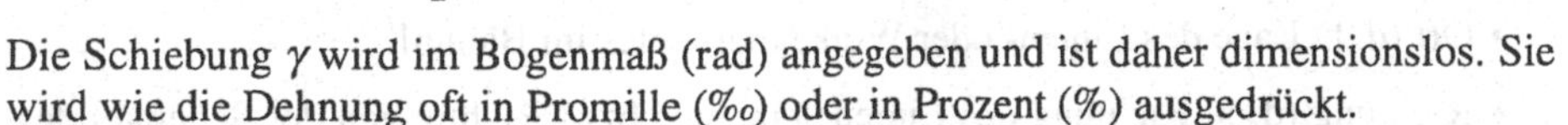

$$\gamma \equiv \omega^* - \omega = \omega^* - \frac{\pi}{2} \quad . \tag{2.2}$$

Die Schiebung γ wird im Bogenmaß (rad) angegeben und ist daher dimensionslos. Sie wird wie die Dehnung oft in Promille (‰) oder in Prozent (%) ausgedrückt.

***Beispiel 2.2** Winkelverzerrung eines Winkelelements*

An einem Winkelelement eines belasteten Bauteils wird ein Winkel $\omega^* = 90{,}1°$ festgestellt. Berechnen Sie die Winkelverzerrung.

Lösung

Aus Gleichung (2.2) ergibt sich:

$$\gamma = \omega^* - \frac{\pi}{2} = 90{,}1^o \cdot \frac{\pi}{180^o} - \frac{\pi}{2} = 1{,}75 \cdot 10^{-3}\ \text{rad} = 1{,}75\ ‰ = 0{,}175\ \%\quad .$$

Vorzeichenfestlegung

Die Vorzeichen der Dehnungen und Schiebungen ergeben sich aus den Gleichungen (2.1) und (2.2). Demnach gilt für die Verformungsgrößen die *Vorzeichenfestlegung* nach Tabelle 2.2.

***Tabelle 2.2** Vorzeichenregelung für Verformungen*

Vorzeichen	Dehnung ε	Schiebung γ
positiv	$l^* > l$ (Verlängerung)	$\omega^* > \pi/2$ (Winkelvergrößerung)
negativ	$l^* < l$ (Stauchung)	$\omega^* < \pi/2$ (Winkelverkleinerung)

—— unbelastet
--- belastet

Die Verlängerung eines Linienelements führt demnach zu einer positiven Dehnung, eine Verkürzung zu einem negativen Dehnungswert. Die Schiebung ist positiv, wenn sich der ursprüngliche rechte Winkel des Winkelelements vergrößert, bei Winkelverkleinerung wird sie negativ.

Einflußgrößen

Die Verformungswerte eines Bauteils hängen im wesentlichen von folgenden *Einflußgrößen* ab:

- Ort (d. h. Lage des Linien- oder Winkelelementes im Bauteil)
- Richtung (d. h. Richtung des Linienelementes bzw. Richtungen der Schenkel des Winkelelementes)
- Bauteilbelastung (Angriffspunkt, Art und Größe)
- Bauteilgestalt (Geometrie)

- Einspannverhältnisse
- Werkstoffeigenschaften des Bauteilmaterials.

Da die Verformungen in Bauteilen häufig ungleichmäßig verteilt sind, hängen die festgestellten Verformungen auch von den Längen der gewählten Linienelemente ab. Bild 2.2 zeigt schematisch, daß sich bei großen Bezugslängen (*AB*) ein Mittelwert der tatsächlichen Dehnungsverteilung ergibt, während bei sehr kleinen Bezugslängen (*CD*) lokale Verformungen ermittelt werden, vgl. auch Bild 6.11.

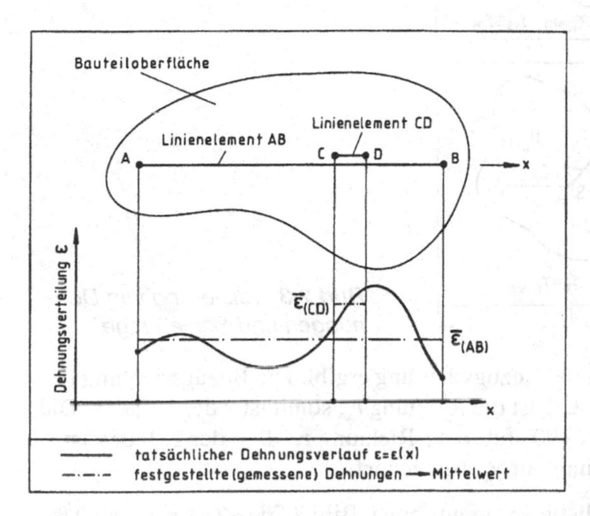

***Bild 2.2** Zusammenhang zwischen Dehnung und Bezugslänge*

2.1.3 Indizierung der Verformungsgrößen

Üblicherweise werden die Verformungsgrößen nach der Richtung des Linienelementes im unbelasteten Bauteil bezeichnet (Bezugsrichtung). Dies geschieht über Indizes, welche Koordinatenrichtungen oder Winkel angeben. Bild 2.3 gibt eine Übersicht der für die Verformungsgrößen ε und γ festgelegten Indizes. Dementsprechend werden die *Dehnungen* ε mit einem Index versehen, der die Bezugsrichtung im unbelasteten Zustand (x, y oder allgemein φ) angibt. Der Winkel $\varphi = \angle(r_x, r_\varphi)$ ist bei mathematisch positiver Drehung, also entgegen dem Uhrzeigersinn, positiv. Beispielsweise zeigt das Linienelement *AB* in Bild 2.3a im unbelasteten Zustand in Richtung r_x, die festgestellte Dehnung wird demnach mit ε_x bezeichnet. Die Dehnung des unter 25° zur x-Achse orientierten Linienelements in Bild 2.3b erhält beispielsweise die Bezeichnung ε_{25}.

Dehnungsindizierung

Die Indizierung der Winkelverzerrungen γ hängt ebenfalls von der Lage des Linienelementes bezüglich der Koordinatenachsen ab. Dabei können zwei Fälle unterschieden werden:

Indizierung der Winkelverzerrung

- Die Schenkel des Winkelelementes liegen parallel zu den Koordinatenachsen, Bild 2.3c. Die Winkelverzerrungen erhalten dann einen Doppelindex, wobei der 1. Index die Bezugsrichtung bezeichnet. Der 2. Index gibt die Richtung an, die sich durch eine Drehung um +90° im mathematisch positiven Sinn (d. h. entgegen dem

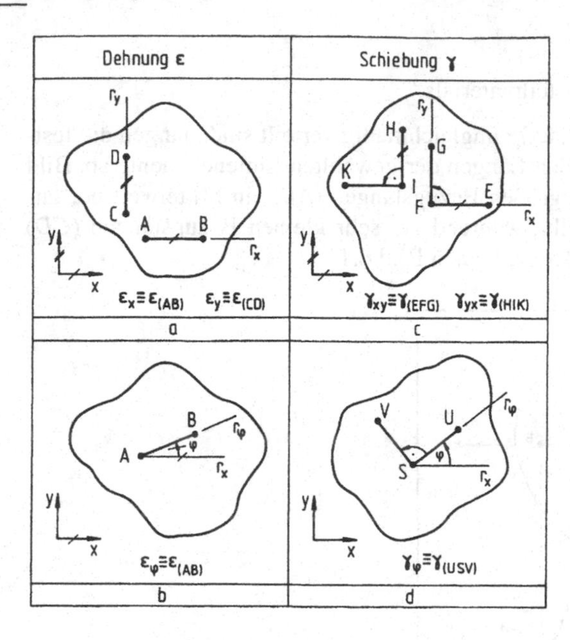

***Bild 2.3** Indizierung von Dehnungen und Schiebungen*

Uhrzeigersinn) ausgehend von der Bezugsrichtung ergibt. Die Bezugsrichtung des Winkelelementes *EFG* in Bild 2.3c ist die Richtung r_x, somit ist x der 1. Index. Die Drehung des Schenkels *FE* um +90° führt zur Richtung r_y, d. h. der 2. Index ist y. Damit wird die Winkelverzerrung mit γ_{xy} bezeichnet.

- Das Winkelelement liegt in beliebiger Orientierung, Bild 2.3d ($\angle(r_x, r_\varphi) = \varphi$). Üblicherweise wird dann nur die Bezugsrichtung φ als Index angegeben, d. h. der 2. Index $\varphi+\pi/2$ entfällt im allgemeinen. Der Drehwinkel φ ist positiv, wenn die Drehung im Gegenuhrzeigersinn (mathematisch positiv) erfolgt. Die Schiebung des unter 40° liegenden Winkelelements *USV* in Bild 2.3d wird demnach mit γ_{40} bezeichnet.

2.2 Verformungsgrößen und Bezugsrichtungen

Für die Festigkeitsberechnung ist es von entscheidender Bedeutung, den Verformungszustand in jeder Richtung des Bauteils zu kennen. Im Hinblick auf das Versagen interessiert jedoch in erster Linie Größe und Richtung der maximalen Verformung. Wie nachfolgend gezeigt wird, kann bei Kenntnis des Zusammenhangs zwischen Verformungsgrößen und Bauteilrichtung die Verformung in einer beliebigen Bauteilrichtung rechnerisch oder experimentell (z. B. mit Dehnungsmeßstreifen) bestimmt und dann auf die Richtung und die Höhe der Maximalbeanspruchung geschlossen werden.

2.2.1 Verformungen in beliebiger Richtung

Die folgenden Betrachtungen beziehen sich auf ein ebenes Problem in der x-y-Ebene. Sind in einem Punkt die drei Verformungsgrößen ε_x, ε_y, γ_{xy} bekannt, so können in diesem Punkt für jede andere Richtung der x-y-Ebene die Verformungsgrößen ermittelt werden. Für das in Bild 2.3b und d um den Winkel φ gegenüber r_x gedrehte Linienelement *AB* bzw. das Winkelelement *USV* gilt allgemein für die Dehnung ε_φ und die Winkelverzerrung γ_φ:

$$\varepsilon_\varphi = \varepsilon_\varphi(\varepsilon_x, \varepsilon_y, \gamma_{xy}, \varphi)$$
$$\gamma_\varphi = \gamma_\varphi(\varepsilon_x, \varepsilon_y, \gamma_{xy}, \varphi)\,.$$

Anhang A1

Wie im *Anhang A1* hergeleitet wird, ergeben sich folgende Beziehungen für die Dehnung bzw. Schiebung in Richtung φ zur Bezugsachse:

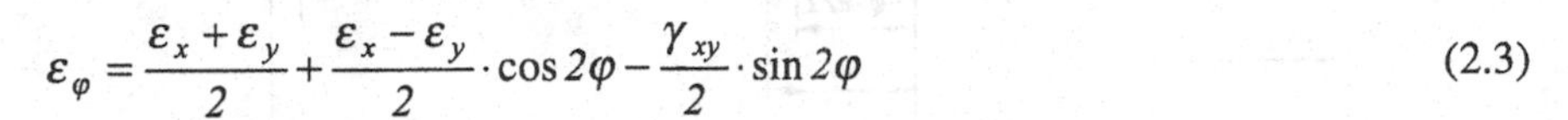

$$\varepsilon_\varphi = \frac{\varepsilon_x + \varepsilon_y}{2} + \frac{\varepsilon_x - \varepsilon_y}{2} \cdot \cos 2\varphi - \frac{\gamma_{xy}}{2} \cdot \sin 2\varphi \qquad (2.3)$$

$$\frac{\gamma_\varphi}{2} = \frac{\varepsilon_x - \varepsilon_y}{2} \cdot \sin 2\varphi + \frac{\gamma_{xy}}{2} \cdot \cos 2\varphi \quad . \qquad (2.4)$$

2.2.2 Mohrscher Verformungskreis

Eliminiert man in den Gleichungen (2.3) und (2.4) den Winkel φ, so erhält man die Beziehung:

$$\left(\varepsilon_\varphi - \frac{\varepsilon_x + \varepsilon_y}{2}\right)^2 + \left(\frac{\gamma_\varphi}{2}\right)^2 = \left(\frac{\varepsilon_x - \varepsilon_y}{2}\right)^2 + \left(\frac{\gamma_{xy}}{2}\right)^2 \quad . \qquad (2.5)$$

Diese Beziehung beschreibt in einem ε-$\gamma/2$-Koordinatensystem einen Kreis mit Mittelpunkt auf der ε-Achse. Für dessen Mittelpunkt M und Radius r gilt:

$$M\left(\frac{\varepsilon_x + \varepsilon_y}{2} \mid 0\right), \; r = \sqrt{\left(\frac{\varepsilon_x - \varepsilon_y}{2}\right)^2 + \left(\frac{\gamma_{xy}}{2}\right)^2} \;.$$

Mohrscher Verformungskreis
Lageplan
Bildplan

Nach dem deutschen Ingenieur Mohr (1835–1918) [139] wird dafür die Bezeichnung *Mohrscher Verformungskreis* verwendet, siehe Bild 2.4.

Man bezeichnet die Meßstelle S mit den Bezugsrichtungen am Bauteil auch als *Lageplan*, den Mohrschen Verformungskreis als *Bildplan*. Jedem Winkelelement mit der Bezugsrichtung r_φ der Meßstelle S des Bauteils ist eindeutig ein Punkt P_φ (ε_φ / $\gamma_\varphi/2$) auf dem Mohrschen Verformungskreis zugeordnet. Zwischen Lage- und Bildplan gelten gemäß Bild 2.4 die in Tabelle 2.3 gegebenen Zuordnungen.

Konstruktion

Sind die drei Verformungsgrößen ε_x, ε_y, γ_{xy} bekannt, so läßt sich der Mohrsche Verformungskreis folgendermaßen konstruieren, siehe Bild 2.4:

- Eintragen des Punktes P_x (ε_x / $\frac{\gamma_{xy}}{2}$) im ε-$\frac{\gamma}{2}$-System.
- Eintragen des Punktes P_y (ε_y / $\frac{\gamma_{yx}}{2}$) = P_y (ε_y /- $\frac{\gamma_{xy}}{2}$) .

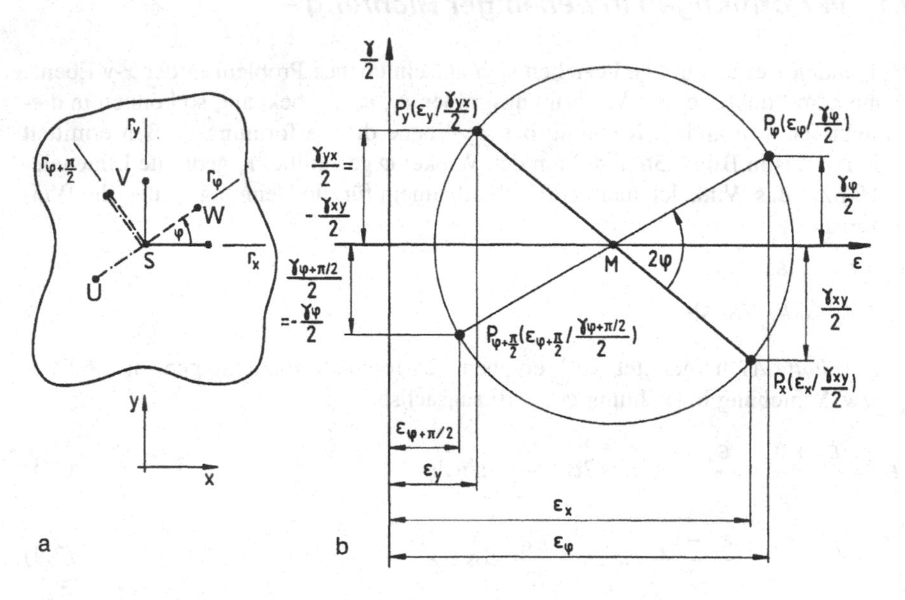

__Bild 2.4__ Mohrscher Verformungskreis
a) Meßstelle S (Lageplan) b) Kreiskonstruktion (Bildplan)

Lageplan	Bildplan
Meßrichtung r_x	Bildpunkt $P_x\,(\varepsilon_x \mid \gamma_{xy}/2)$
Meßrichtung r_y	Bildpunkt $P_y(\varepsilon_y \mid \gamma_{yx}/2) = P_y(\varepsilon_y \mid -\gamma_{yx}/2)$
Meßrichtung r_φ	Bildpunkt $P_\varphi(\varepsilon_\varphi \mid \gamma_\varphi/2)$
$\varphi = \angle(r_x, r_\varphi)$	$2\varphi = \angle(MP_x, MP_\varphi)$
$90^\circ = \angle(r_x, r_y)$	$180^\circ = \angle(MP_x, MP_y)$

***Tabelle 2.3** Zuordnung von Lage- und Bildplan im Mohrschen Verformungskreis*

- Strecke $\overline{P_xP_y}$ schneidet ε-Achse im Kreismittelpunkt M (M halbiert $\overline{P_xP_y}$).
- Kreis um M durch P_x und P_y ist der Mohrsche Verformungskreis.

Die Verformungsgrößen ε_φ und γ_φ werden am Kreis folgendermaßen ermittelt:

- Feststellen des Winkels $\varphi = \angle(r_x, r_\varphi)$ im Lageplan.
- Drehung der Strecke MP_x um M mit dem doppelten Winkel 2φ im Bildplan, Drehsinn entsprechend Lageplan.
- Endpunkt der gedrehten Strecke entspricht P_φ und liefert die gesuchten Koordinatenwerte ε_φ und $\gamma_\varphi/2$.

Programm P2_1

Das *Programm P2_1* zur Darstellung des Mohrschen Verformungskreises wird in Abschnitt 2.6.1 beschrieben.

2.2.3 Folgerungen aus dem Mohrschen Verformungskreis

Aus der Kreiseigenschaft lassen sich nachstehende Folgerungen ableiten:

- Die Bildpunkte zweier zueinander senkrechter Bauteilrichtungen liegen auf einem Kreisdurchmesser.
- Die Summe der Dehnungen in zueinander senkrechten Bauteilrichtungen ist konstant:

$$\varepsilon_x + \varepsilon_y = \varepsilon_\varphi + \varepsilon_{\varphi+\frac{\pi}{2}} = const \quad . \tag{2.6}$$

- Die Winkelverzerrungen zweier Winkelelemente, die sich zu 180° ergänzen sind entgegengesetzt gleich groß, siehe Winkelelement *USV* und *VSW* in Bild 2.4 *(Zugeordnete Schiebungen)*:

Zugeordnete Schiebungen

$$\gamma_{\varphi+\frac{\pi}{2}} = -\gamma_\varphi \; ; \; \gamma_{yx} = -\gamma_{xy} \quad . \tag{2.7}$$

- Die Verformungsgrößen zweier unter 180° zueinander liegenden Bauteilrichtungen sind identisch:

$$\varepsilon_{\varphi+\pi} = \varepsilon_\varphi \quad , \quad \gamma_{\varphi+\pi} = \gamma_\varphi \quad . \tag{2.8}$$

- Für jeden Punkt eines Körpers existieren zwei ausgezeichnete, zueinander senkrechte Richtungen, in welchen die Winkelverzerrungen Null werden und gleichzeitig die Dehnungen Extremwerte annehmen.
- Unter ±45° im Lageplan zu diesen ausgezeichneten Richtungen treten die betragsmäßig größten Winkelverzerrungen auf.

2.2.4 Hauptdehnungen

Wie aus Bild 2.5 ersichtlich ist, ergeben sich die ausgezeichneten Richtungen mit extremen Dehnungen im Bildplan als Schnittpunkte P_{H1} und P_{H2} des Mohrschen Verformungskreises mit der ε-Achse. Man bezeichnet die extremalen Dehnungen als *Hauptdehnungen* ε_{H1} und ε_{H2}, die zugehörigen Richtungen als *Haupt(dehnungs-)richtungen* r_{H1} und r_{H2}.

Hauptdehnungen

Der Mohrsche Verformungskreis ist somit durch seine beiden Hauptdehnungen ε_{H1} und ε_{H2} vollständig bestimmt. Da im Bildplan die Hauptdehnungen unter einem Winkel von $2\varphi = \angle(MP_{H1}, MP_{H2}) = 180°$ gegeneinander erscheinen, stehen die Hauptdehnungsrichtungen stets senkrecht aufeinander. Größe und Richtung der Hauptdehnungen können sowohl zeichnerisch als auch rechnerisch ermittelt werden.

Die *zeichnerische Lösung* erfolgt mit Bild- und Lageplan nach Bild 2.5:

Zeichnerische Lösung

- Die Bildpunkte P_{H1} und P_{H2} der Hauptdehnungen ergeben sich durch Schnitt des Mohrschen Verformungskreises mit der ε-Achse.

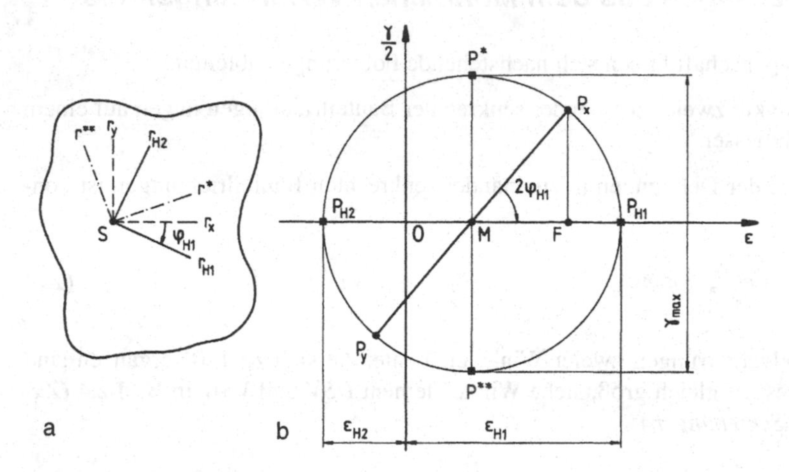

Bild 2.5 *Hauptdehnungen und maximale Schiebung im Mohrschen Verformungskreis a) Meßstelle S (Lageplan) b) Kreiskonstruktion (Bildplan)*

- Die Größe der Hauptdehnungen ε_{H1} und ε_{H2} erhält man durch Abmessen von OP_{H1} und OP_{H2} unter Beachtung des Vorzeichens und des Maßstabes.
- Der Winkel der ersten Hauptdehnungsrichtung $2\varphi_{H1}=\angle(MP_x, MP_{H1})$ (in Bild 2.5 negativ) ergibt sich aus dem Bildplan.
- Die Richtung r_{H1} folgt durch Abtragen des Winkels $\varphi_{H1}=\angle(r_x, r_{H1})$ im gleichen Drehsinn im Lageplan.
- Die zweite Hauptrichtung r_{H2} steht auf r_{H1} senkrecht und geht durch positive Drehung aus ihr hervor.

Berechnung der Hauptdehnungen

Rechnerisch ergeben sich die Hauptdehnungen durch Addition bzw. Subtraktion der Strecke OM und des Radius $r \equiv MP_x$ oder aus Gleichung (2.5) mit $\gamma_\varphi = 0$:

$$\varepsilon_{H1} = \frac{\varepsilon_x + \varepsilon_y}{2} + \sqrt{\left(\frac{\varepsilon_x - \varepsilon_y}{2}\right)^2 + \left(\frac{\gamma_{xy}}{2}\right)^2} \tag{2.9}$$

$$\varepsilon_{H2} = \frac{\varepsilon_x + \varepsilon_y}{2} - \sqrt{\left(\frac{\varepsilon_x - \varepsilon_y}{2}\right)^2 + \left(\frac{\gamma_{xy}}{2}\right)^2} \; . \tag{2.10}$$

Hauptdehnungsrichtung

Der Winkel zwischen der x-Richtung und der *Hauptdehnungsrichtung* r_{H1} kann aus dem rechtwinkligen Dreieck MFP_x (Bild 2.5) oder aus Gleichung (2.4) mit $\gamma_\varphi = 0$ bestimmt werden:

$$\varphi_{H1} = \frac{1}{2}\arctan\left(\frac{-\gamma_{xy}}{\varepsilon_x - \varepsilon_y}\right) \; . \tag{2.11}$$

Bei der Anwendung von Gleichung (2.11) muß wegen der π-Periodizität der Tangens-Funktion die Lage des Bezugspunktes P_x berücksichtigt werden, insbesondere ist der Fall zu beachten, daß der Nenner (ε_x-ε_y) Null werden kann. Die möglichen Fälle bei der Ermittlung des Winkels φ_{H1} sind in Tabelle 2.4 zusammengestellt.

Fall	ε_x-ε_y	γ_{xy}	ω_1	$\varphi_{H1}= \angle(r_x,r_{H1})$
1	+	0	0	
2	+	+	$\frac{1}{2}\arctan\left(\frac{-\gamma_{xy}}{\varepsilon_x-\varepsilon_y}\right)$	ω_1
3	0	+	-45°	
4	–	+	$\frac{1}{2}\arctan\left(\frac{-\gamma_{xy}}{\varepsilon_x-\varepsilon_y}\right)$	ω_1–90°
5	–	0	0	
6	–	–	$\frac{1}{2}\arctan\left(\frac{-\gamma_{xy}}{\varepsilon_x-\varepsilon_y}\right)$	ω_1+90°
7	0	–	45°	
8	+	–	$\frac{1}{2}\arctan\left(\frac{-\gamma_{xy}}{\varepsilon_x-\varepsilon_y}\right)$	ω_1

Tabelle 2.4 *Ermittlung des Hauptdehnungswinkels φ_{H1}*

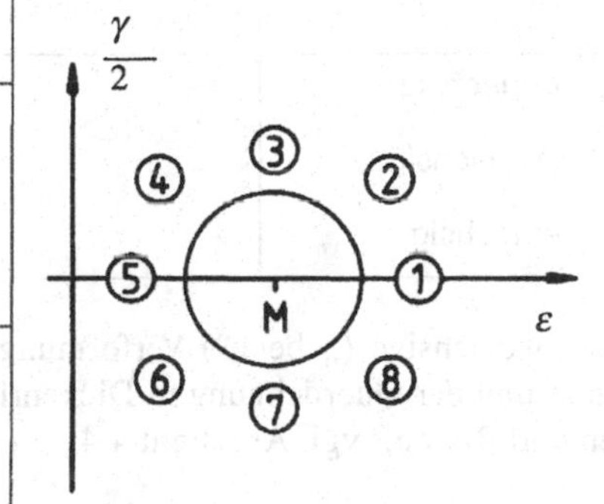

Beispiel 2.3 *Berechnung des Hauptdehnungswinkels*

Für den Verformungszustand mit $\varepsilon_x= 1{,}5$ ‰, $\varepsilon_y= 2{,}5$ ‰, $\gamma_{xy} =1{,}0$ ‰ ist der Hauptdehnungswinkel φ_{H1} gesucht.

Lösung

Mit (ε_x-ε_y) < 0 und $\gamma_{xy} > 0$ ergibt sich aus Tabelle 2.4 der Fall 4:

$$\omega_1 = \frac{1}{2}\arctan\left(\frac{-1}{1{,}5-2{,}5}\right) = 22{,}5°$$

$$\varphi_{H1} = \omega_1 - 90° = -67{,}5° \quad .$$

Die Winkelverzerrungen nehmen unter den Winkeln ±45° zu den Hauptrichtungen Extremwerte an (Punkte P^* und P^{**} in Bild 2.5, zugehörige Richtungen r^* und r^{**}). Die

Maximale Winkelverzerrung

maximale Winkelverzerrung entspricht dem Kreisdurchmesser des Mohrschen Verformungskreises und ergibt sich aus den Gleichungen (2.9) und (2.10) zu:

$$\gamma_{\max} = \pm 2\sqrt{\left(\frac{\varepsilon_x - \varepsilon_y}{2}\right)^2 + \left(\frac{\gamma_{xy}}{2}\right)^2} = \pm(\varepsilon_{H1} - \varepsilon_{H2}) \tag{2.12}$$

Verformungszustand

An einem belasteten Bauteil gibt es stets drei Hauptdehnungen, die sich mit einem Dreibein in die orthogonalen Richtungen r_{H1}, r_{H2} und r_{H3} beschreiben lassen. Mit Hilfe der Hauptdehnungen (ε_{H1}, ε_{H2}, ε_{H3}) wird der *Verformungszustand* im Hinblick auf seine „Mehrachsigkeit" durch die Anzahl der von Null verschiedenen Hauptdehnungen definiert, Tabelle 2.5 (vgl. auch Tabelle 3.2):

Tabelle 2.5 Definition des Verformungszustandes

Verformungszustand	Zahl der von Null verschiedenen Hauptdehnungen
dreiachsig	3
zweiachsig	2
einachsig	1

Der zweiachsige („ebene") Verformungszustand ist vor allem bei vollkommener Behinderung der Querdehnung in Dickenrichtung von Bedeutung (z. B. an scharfen Kerben und Rissen), vgl. Abschnitt 4.4.

2.3 Volumendehnung

Volumendehnung

In Abschnitt 2.1.2 wurde die relative Längenänderung (Dehnung) eines Linienelements gemäß Gleichung (2.1) als das Verhältnis von Längenänderung zu Ausgangslänge eingeführt. Entsprechend kann man die relative Volumenänderung e_V (*Volumendehnung*) als das Verhältnis von Volumenänderung zu Ausgangsvolumen definieren:

$$e_V \equiv \frac{V^* - V}{V} = \frac{\Delta V}{V} \quad . \tag{2.13}$$

Dabei ist V das Volumen des unverformten und V^* das Volumen des verformten Körpers.

Im folgenden soll der Zusammenhang zwischen der Volumendehnung ε_V nach Gleichung (2.13) und den Dehnungen in den Koordinatenrichtungen x, y, z hergeleitet werden. Betrachtet man dazu das in Bild 2.6 dargestellte infinitesimale Volumenelement im unbelasteten und im belasteten Zustand, so gilt für die Volumina vor bzw. nach der Verformung:

$V = dx\, dy\, dz$ $\qquad$ $V^* = dx^* dy^* dz^*$

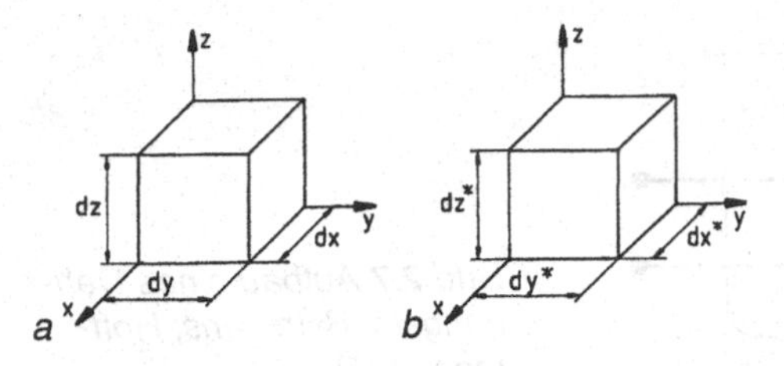

Bild 2.6 *Infinitesimales Volumenelement a) vor Verformung b) nach Verformung*

Der Zusammenhang zwischen den Kantenlängen und den Dehnungen lautet mit Gleichung (2.1):

$$dx^* = dx\,(1 + \varepsilon_x),\ dy^* = dy\,(1 + \varepsilon_y),\ dz^* = dz\,(1 + \varepsilon_z)\,.$$

Eingesetzt in Gleichung (2.13) erhält man:

$$e_V = (\varepsilon_x + \varepsilon_y + \varepsilon_z)(\varepsilon_x\varepsilon_y + \varepsilon_y\varepsilon_z + \varepsilon_z\varepsilon_x + \varepsilon_x\varepsilon_y\varepsilon_z)\ .$$

Unter der Voraussetzung kleiner Verformungen (ε_x, ε_y, $\varepsilon_z \ll 1$) ergibt sich daraus unter Vernachlässigung von Gliedern höherer Ordnung die Volumendehnung als Summe der Dehnungen in den drei Koordinatenrichtungen:

$$e_V = \varepsilon_x + \varepsilon_y + \varepsilon_z\ . \qquad (2.14)$$

2.4 Dehnungsmessung mit Dehnungsmeßstreifen

Zur experimentellen Ermittlung der Verformungsgrößen an belasteten Bauteilen stehen unterschiedliche Verfahren zur Verfügung, die auf mechanischen, optischen, elektrischen und röntgenografischen Prinzipien beruhen. Die wichtigste Methode in der Festigkeitslehre stellt die Dehnungsmessung mit Dehnungsmeßstreifen (DMS) dar. Das Verfahren ist – wie auch die übrigen – auf die Messung an der Oberfläche beschränkt, was meist keinen Nachteil darstellt, weil die höchstbeanspruchten Stellen eines Bauteils im Regelfall an den Bauteiloberflächen liegen.

2.4.1 Aufbau und Wirkungsweise eines DMS

Dehnungsmeßstreifen

Ein DMS besteht aus einem dünnen mäanderförmig gelegten Meßdraht oder einer Meßfolie, die in einem Kunststoffträger eingebettet sind, Bild 2.7. An den Drahtenden befinden sich elektrische Anschlüsse. Der DMS wird an der gewünschten Stelle und in der gewünschten Meßrichtung auf die vorbehandelte Bauteiloberfläche (geschliffen, gereinigt) aufgeklebt, bei Hochtemperaturmeßstreifen auch aufgeschweißt.

Der DMS-Meßdraht erfährt bei korrekter Applizierung dieselbe Dehnung wie die Strecke der Bauteiloberfläche, die unter dem Meßdraht liegt. Somit entspricht ein DMS

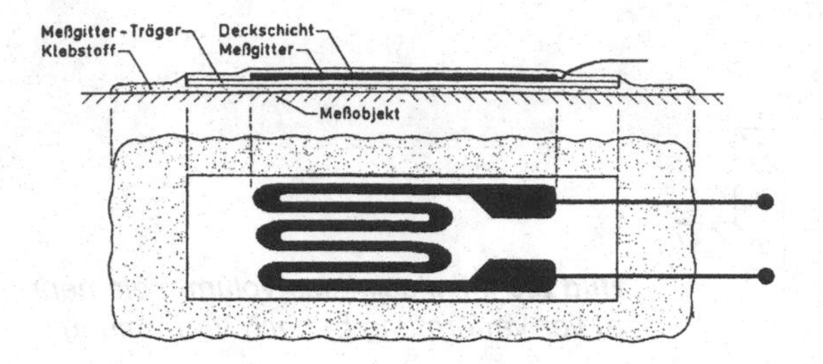

Bild 2.7 *Aufbau eines Dehnungsmeßstreifens, Hoffmann [88]*

einem Linienelement, aus dessen Längenänderung sich die Dehnung ermitteln läßt. Übliche Meßlängen von DMS liegen zwischen 1 mm und 5 mm. Das Meßprinzip ist in Bild 2.8 schematisch dargestellt.

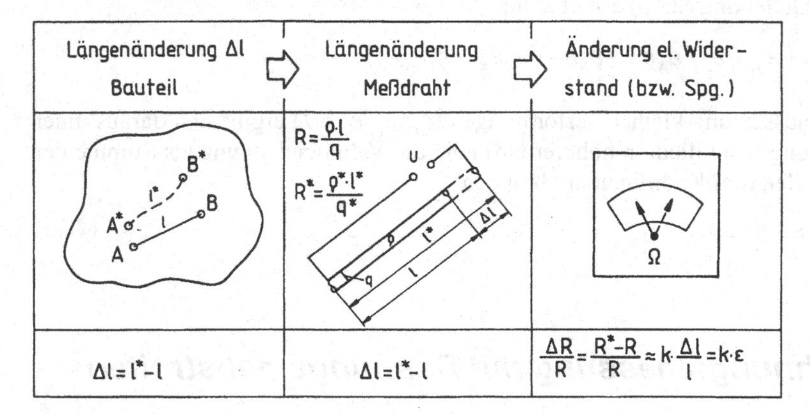

Bild 2.8 *Meßprinzip eines Dehnungsmeßstreifens (schematisch)*

Durch die am Meßdraht angelegte elektrische Spannung U stellt der DMS einen stromdurchflossenen Leiter mit Widerstand R (handelsüblich meist 120 Ω) dar, dessen Längenänderung Δl zu einer proportionalen Änderung ΔR des elektrischen Widerstandes führt:

$$\frac{\Delta R}{R} = k \cdot \frac{\Delta l}{l} = k \cdot \varepsilon \quad . \tag{2.15}$$

k-Faktor

Die Konstante k ist der sogenannte *k-Faktor*, der die Empfindlichkeit des DMS bestimmt und vom Hersteller angegeben wird. Für den üblicherweise verwendeten Drahtwerkstoff Konstantan nimmt der k-Faktor Werte um 2,0 an.

DMS-Rosetten

Außer dem in Bild 2.7 dargestellten Einzelstreifen werden häufig unter definierten Winkeln zueinander aufgebrachte Meßstreifen (*DMS-Rosetten*) verwendet, siehe Beispiele in Bild 2.9, mit welchen die Dehnungen in zwei oder drei unterschiedlichen exakt definierten Richtungen bestimmt werden. Außerdem sind Vielfach-DMS auf einer Folie erhältlich, mit denen die Dehnungsverteilung bestimmt werden kann.

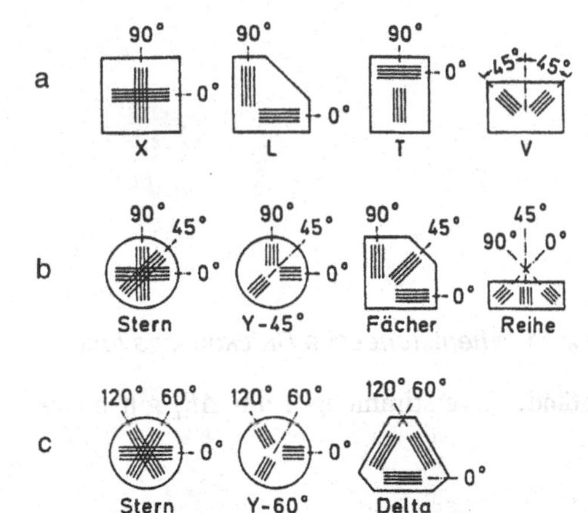

***Bild 2.9** Beispiele von DMS-Rosetten*
a) 0°-90°-Rosetten
b) 0°-45°-90°-Rosetten
c) 0°-120°-240°-Rosetten
Hoffmann [88]

In Bild 2.10 ist ein Beispiel für eine mit einer DMS-Rosette instrumentierte Gebißprothese dargestellt.

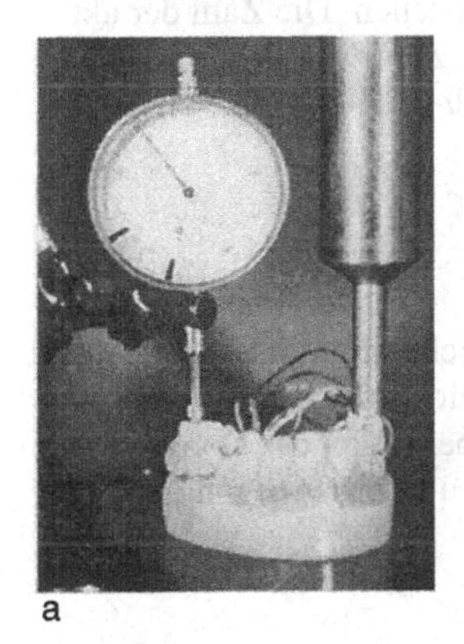

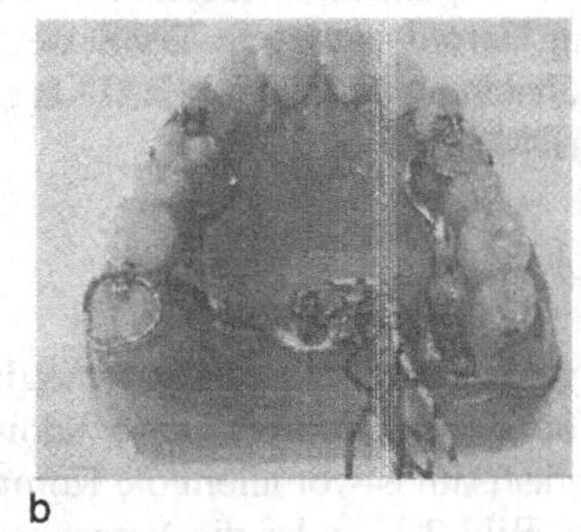

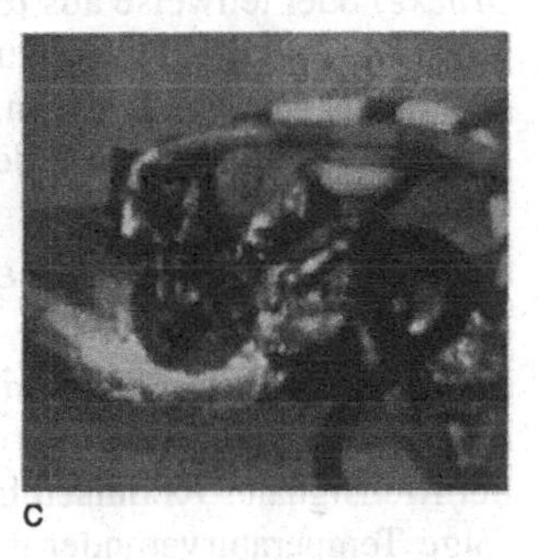

a b c

***Bild 2.10** Verformungsanalyse an einer Gebißteilprothese*
a) Belastungsstempel mit Wegmessung
b) Instrumentierte Gebißteilprothese
c) 0°-45°-90°-DMS-Rosette auf Gaumenbügel

2.4.2 Wheatstonesche Brückenschaltung

Wheatstonesche Brückenschaltung

Die *Wheatstonesche Brückenschaltung* eignet sich zur genauen Messung relativer Widerstandsänderungen und wird daher für die DMS-Technik eingesetzt. Die Schaltung besteht aus vier Zweigen mit den Widerständen R_1 bis R_4, siehe Bild 2.11. Die Brücke wird mit einer Gleich- oder Wechselspannung U_S über eine Diagonale gespeist und liefert in der anderen Diagonalen das Ausgangssignal U_M. Das Ausgangssignal ist Null, d. h. die Brücke ist abgeglichen, solange gilt:

$$\frac{R_1}{R_2} = \frac{R_4}{R_3} \quad . \tag{2.16}$$

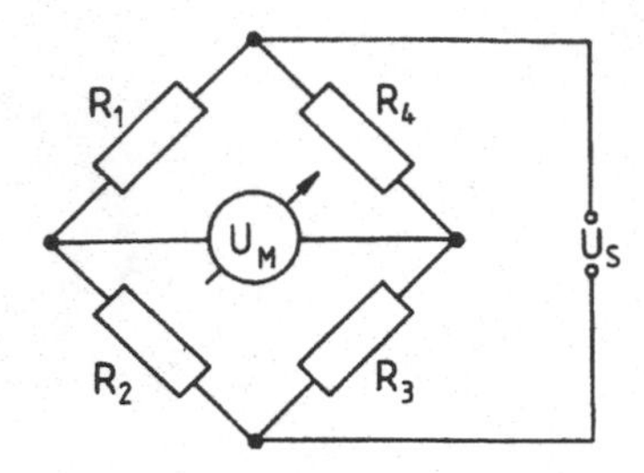

Bild 2.11 *Wheatstonesche Brückenschaltung*

Bei einer Veränderung der Brückenwiderstände („Verstimmung") um ΔR_i gilt näherungsweise:

$$\frac{U_M}{U_S} = \frac{1}{4}\left(\frac{\Delta R_1}{R_1} - \frac{\Delta R_2}{R_2} + \frac{\Delta R_3}{R_3} - \frac{\Delta R_4}{R_4}\right) . \tag{2.17}$$

Vollbrücke
Halbbrücke
Viertelbrücke

Die vier Widerstände der Brückenschaltung können entweder nur aus DMS (*Vollbrücke*) oder teilweise aus festen Ergänzungswiderständen bestehen. Die Zahl der aktiven DMS legt die Bezeichnung *Viertelbrücke* (ein DMS) oder *Halbbrücke* (zwei DMS) fest. Unter Verwendung von Gleichung (2.15) und (2.17) ergibt sich für die Vollbrücke unter Beachtung der Lage der DMS in Bild 2.11:

$$\frac{U_M}{U_S} = \frac{k}{4}(\varepsilon_1 - \varepsilon_2 + \varepsilon_3 - \varepsilon_4) . \tag{2.18}$$

Die Vorzeichen der Dehnungen in Gleichung (2.18) ermöglichen bei geschickter Anordnung der DMS innerhalb der Brücke entweder eine Addition oder eine Subtraktion der Meßsignale. Technisch bedeutsam ist vor allem die Kompensation der Dehnung infolge Temperaturveränderung, Bild 2.12, oder die Vergrößerung des Ausgangssignals z. B. bei Meßaufnehmern, Bild 2.13.

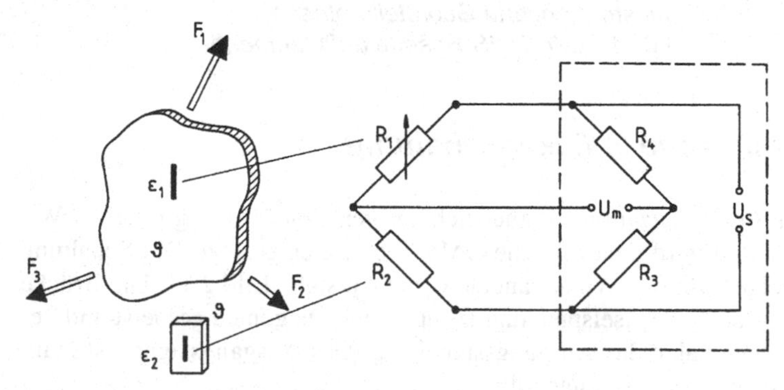

$$\varepsilon_{eff} = \varepsilon_1 - \varepsilon_2 = (\varepsilon_{mech} + \varepsilon_\vartheta) - \varepsilon_\vartheta = \varepsilon_{mech}$$

Bild 2.12 *Kompensation von Temperaturdehnungen in der DMS-Technik*

Kompensation von Temperaturdehnungen

Um die durch Temperaturänderung bedingten Dehnungen zu *kompensieren*, wird neben dem aktiven Streifen auf dem Bauteil (ε_1) ein weiterer passiver DMS (ε_2) auf einen unbelasteten Kompensationsblock aufgebracht, der dieselbe Wärmedehnung und Temperatur aufweist wie das Bauteil. Durch Subtraktion der Dehnungen in der Wheatstoneschen Brücke verschwindet – wie in Bild 2.12 gezeigt – die Temperaturdehnung ε_ϑ.

Signalverstärkung

Eine *Signalverstärkung* an einem Zugstab wird nach Bild 2.13 durch geschickte Anordnung der Längs- und Querstreifen in der Wheatstoneschen Vollbrücke erreicht, da die Längs- ε_l und Querdehnungen ε_q unterschiedliche Vorzeichen besitzen, siehe auch Abschnitt 4.1.2.

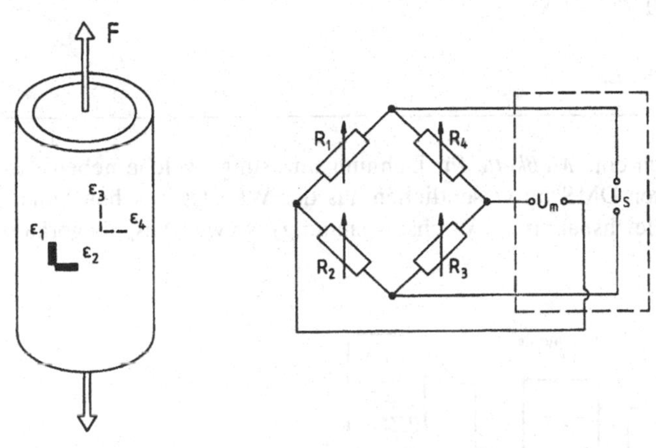

$$\varepsilon_{eff} = \varepsilon_1 - \varepsilon_2 + \varepsilon_3 - \varepsilon_4 = 2 \cdot \varepsilon_l - 2 \cdot \varepsilon_q = 2(\varepsilon_l + \mu \cdot \varepsilon_l) = 2\varepsilon_l(1+\mu)$$

***Bild 2.13** Verstärkung des DMS-Signals bei zug- oder druckbeanspruchten Meßaufnehmern*

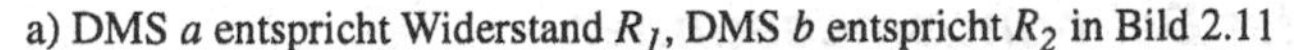

***Beispiel 2.4** Schaltung von DMS*

An den DMS des in Bild 2.14 gezeigten Stabs werden die Dehnungen $\varepsilon_a=1{,}2$ ‰, $\varepsilon_b=-1{,}2$ ‰ gemessen. Die DMS werden als Halbbrücke geschaltet. Berechnen Sie das Ausgangssignal U_M für die beiden Fälle ($k=2, U_S=5\ V$) unter folgenden Voraussetzungen:

a) DMS *a* entspricht Widerstand R_1, DMS *b* entspricht R_2 in Bild 2.11
b) DMS *a* entspricht Widerstand R_1, DMS *b* entspricht R_3 in Bild 2.11.

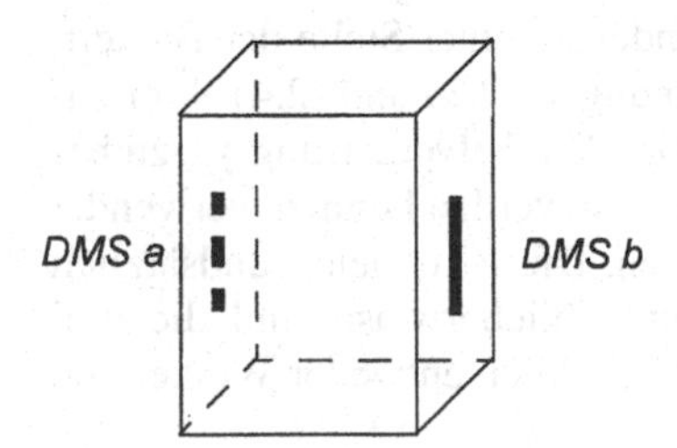

***Bild 2.14** Stab mit DMS*

Lösung

a) Mit $\varepsilon_1 = \varepsilon_a$ und $\varepsilon_2 = \varepsilon_b$ erhält man das Ausgangssignal aus Gleichung (2.18) zu

$$U_M = 5\ V \cdot \frac{2}{4}\left(1{,}2 - (-1{,}2)\right) \cdot 10^{-3} = 6\ mV \quad ,$$

d. h. die Meßsignale verstärken sich.

b) Für $\varepsilon_1 = \varepsilon_a$ und $\varepsilon_3 = \varepsilon_b$ ergibt sich aus Gleichung (2.18)

$$U_M = 5\ V \cdot \frac{2}{4}\left(1{,}2 + (-1{,}2)\right) \cdot 10^{-3} = 0\ V \quad ,$$

d. h. die Meßsignale löschen sich aus.

Meßkette

Bild 2.15 zeigt schematisch eine *Meßkette* für Dehnungsmessung, welche neben den auf dem Bauteil applizierten DMS im wesentlichen aus der Wheatstoneschen Schaltung und Verstärkern (Gleichspannung, Wechselspannung) sowie Ausgabegeräten (analog, digital) besteht.

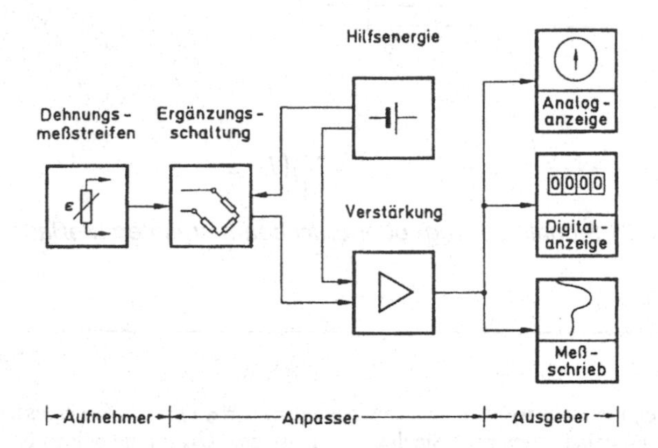

Bild 2.15 *Schematische Darstellung einer Meßkette für Dehnungsmessung, Hoffmann [88]*

2.4.3 Auswertung der Dehnungsmessungen

Zur vollständigen Bestimmung des Verformungszustandes an einer Stelle der Bauteiloberfläche wären im allgemeinen Fall nach den Gleichungen (2.3) und (2.4) zwei zueinander senkrechte Dehnungen ε_x, ε_y und die zugehörige Winkelverzerrung γ_{xy} zu bestimmen. Da Winkelverzerrungen mit DMS nicht gemessen werden können, verwendet man in der Praxis im allgemeinsten Fall drei Meßstreifen. Diese können grundsätzlich unter beliebigen Winkeln zueinander angeordnet sein. Üblicherweise sind die drei Meßstreifen als Rosette in einer Trägerfolie integriert und bilden entweder Winkel von 45° oder (seltener) 120° zueinander, siehe Bild 2.9.

Rechnerisches Verfahren

Werden drei Dehnungen ε_a, ε_b, ε_c in den Richtungen r_a, r_b, r_c, unter den Winkeln α, β, γ zur Bezugsrichtung r_x gemessen, Bild 2.16 , so führt die Verwendung von Gleichung (2.3) zu einem linearen Gleichungssystem mit den drei Unbekannten ε_x, ε_y und γ_{xy}:

$$\begin{aligned}
\varepsilon_a &= \frac{\varepsilon_x+\varepsilon_y}{2}+\frac{\varepsilon_x-\varepsilon_y}{2}\cos 2\alpha-\frac{\gamma_{xy}}{2}\sin 2\alpha \\
\varepsilon_b &= \frac{\varepsilon_x+\varepsilon_y}{2}+\frac{\varepsilon_x-\varepsilon_y}{2}\cos 2\beta-\frac{\gamma_{xy}}{2}\sin 2\beta \\
\varepsilon_c &= \frac{\varepsilon_x+\varepsilon_y}{2}+\frac{\varepsilon_x-\varepsilon_y}{2}\cos 2\gamma-\frac{\gamma_{xy}}{2}\sin 2\gamma \quad .
\end{aligned} \tag{2.19}$$

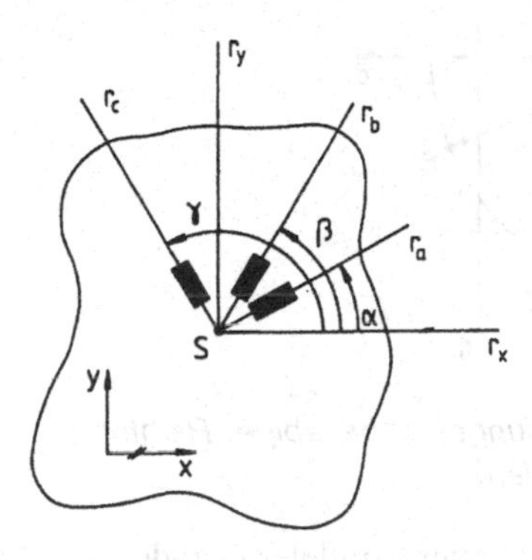

Bild 2.16 *Beliebige Meßrichtungen für DMS-Rosette*

Mit der Substitution

$$u=\frac{\varepsilon_x+\varepsilon_y}{2};\quad v=\frac{\varepsilon_x-\varepsilon_y}{2};\quad w=-\frac{\gamma_{xy}}{2}$$

geht das Gleichungssystem (2.19) über in eine Matrizengleichung der Form :

$$\underline{A}\cdot\underline{x}=\underline{b} \quad \text{bzw.} \quad \begin{bmatrix} 1 & \cos 2\alpha & \sin 2\alpha \\ 1 & \cos 2\beta & \sin 2\beta \\ 1 & \cos 2\gamma & \sin 2\gamma \end{bmatrix} \cdot \begin{bmatrix} u \\ v \\ w \end{bmatrix} = \begin{bmatrix} \varepsilon_a \\ \varepsilon_b \\ \varepsilon_c \end{bmatrix} \quad . \tag{2.20}$$

Nach Lösung dieses Gleichungssystems erhält man aus u, v und w die gesuchten Verformungen zu:

$$\varepsilon_x = u+v\,,\qquad \varepsilon_y = u-v\,,\qquad \gamma_{xy} = -2w \tag{2.21}$$

Das *Programm P2_2* zur Auswertung von DMS-Rosetten mit drei beliebigen Meßrichtungen wird in Abschnitt 2.6.2 beschrieben.

Programm P2_2

Konstruktion des Verformungskreises

Konstruktion aus drei Dehnungen

Aus den drei gemessenen Dehnungen ε_a, ε_b, ε_c unter den Winkeln α, β und γ zur x-Richtung läßt sich auch ein Mohrscher Verformungskreis konstruieren. Bei dieser *zeichnerischen Auswertung* wird wie folgt vorgegangen, siehe Bild 2.17:

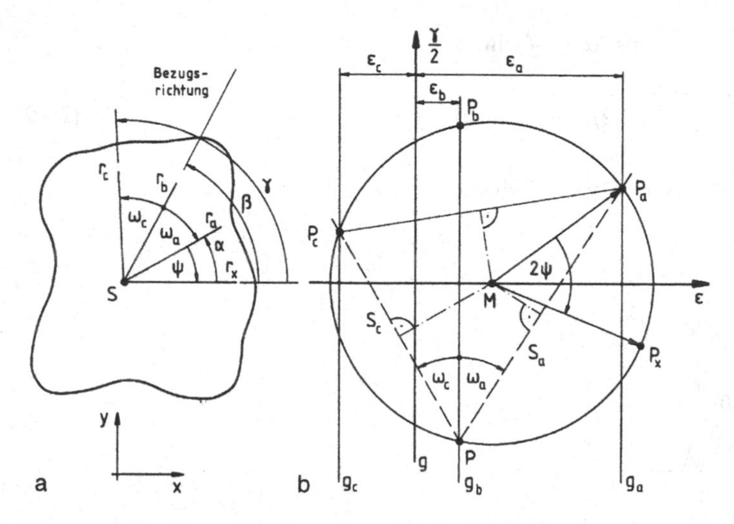

Bild 2.17 *Mohrscher Verformungskreis aus drei Dehnungen in beliebiger Richtung a) Meßstelle S (Lageplan) b) Kreiskonstruktion (Bildplan)*

- Zeichnen der $\gamma/2$-Achse (nicht der ε-Achse!) und dreier paralleler Geraden g_a, g_b und g_c im Abstand ε_a, ε_b und ε_c zur Achse unter Beachtung der Vorzeichen der Dehnungen und des gewählten Maßstabes.
- Wählen eines beliebigen Bezugspunktes P auf einer der drei Parallelen (z. B. Bezugsgerade g_b in Bild 2.17.
- Bestimmen der Zwischenwinkel der beiden übrigen Meßrichtungen zur gewählten Bezugsrichtung (hier r_b, Zwischenwinkel ω_a, ω_c) im Lageplan.
- Abtragen der (nicht verdoppelten!) Zwischenwinkel im Bildplan in P an der Bezugsgeraden, Drehrichtung entsprechend Lageplan (hier in P an g_b).
- Freie Schenkel der Zwischenwinkel (hier s_a und s_c) schneiden die entsprechenden Geraden (hier g_a und g_c) in den Bildpunkten (hier P_a und P_c).
- Die beiden Bildpunkte und der Bezugspunkt P sind Punkte des Verformungskreises. Konstruktion des Mittelpunktes M durch Mittelsenkrechten.
- Zweiter Schnittpunkt der Bezugsgeraden mit dem Kreis ist der dritte Bildpunkt (hier P_b).
- Die ε-Achse ist das Lot auf der $\gamma/2$-Achse durch M.
- Der Bildpunkt P_x ergibt sich aus dem Winkel der x-Richtung zu einer der Meßrichtungen (hier $\psi = \angle(r_a, r_x)$) und dessen Übertragung als doppelter Winkel in den Bildplan (hier $2\psi = \angle(MP_a, MP_x)$).

Als Kontrolle ist zu prüfen, ob die Winkellage der Bildpunkte mit den entsprechenden Meßrichtungen im Lageplan sowohl im Umlaufsinn als auch dem Betrag nach (2:1) übereinstimmt.

Auswertung der 0°-45°-90°-Rosette

Für die meistverwendete 0°-45°-90°-Rosette (Bild 2.9b) lassen sich direkt einfache Beziehungen für den Verformungszustand angeben. Aus den in beliebiger Richtung unter 45° zueinander gemessenen Dehnungen ε_a, ε_b, ε_c kann nach Bild 2.18 aus den schraffierten kongruenten rechtwinkligen Dreiecken folgende Beziehung abgeleitet werden:

$$\frac{\gamma_{ac}}{2} = \varepsilon_M - \varepsilon_b = \frac{\varepsilon_a + \varepsilon_c}{2} - \varepsilon_b \quad .$$

Die gesuchte Winkelverzerrung γ_{ac} läßt sich somit aus den drei Dehnungen berechnen:

$$\gamma_{ac} = \varepsilon_a + \varepsilon_c - 2\varepsilon_b \quad . \tag{2.22}$$

Somit kann aus den Größen ε_a, ε_c, und γ_{ac} der Gesamtverformungszustand, wie in Abschnitt 2.2 gezeigt, bestimmt werden.

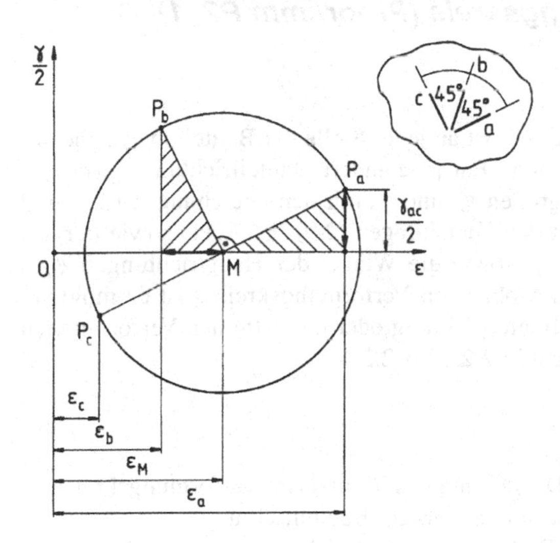

***Bild 2.18** Bestimmung der Schiebung γ_{ac} aus drei unter 45° zueinander gemessenen Dehnungen*

2.5 Zusammenfassung

Ein Bauteil reagiert auf eine äußere Belastung durch Verformung.

- Es gibt zwei Arten von Verformungsgrößen: Dehnungen ε und Winkelverzerrungen γ.
- Dehnungen werden durch Längenänderungen von Linienelementen, Winkelverzerrungen durch Winkeländerungen von (rechtwinkligen) Winkelelementen defi-

niert. Die Bezugsrichtungen sind aus den Indizes der beiden Verformungsgrößen erkennbar.

- An der Oberfläche eines Bauteils lassen sich aus drei bekannten Verformungsgrössen die Verformungen für jede andere Meßrichtung rechnerisch oder zeichnerisch ermitteln.
- Es gibt ausgezeichnete Richtungen, in denen die Dehnungen Extremwerte annehmen (Hauptdehnungen). Unter ±45° zu diesen Hauptrichtungen erreichen die Winkelverzerrungen ihre Größtwerte.
- Zur experimentellen Ermittlung des Verformungszustandes an Bauteiloberflächen werden üblicherweise Einzel-Dehnungsmeßstreifen (DMS) oder DMS-Rosetten eingesetzt.

2.6 Rechnerprogramme

2.6.1 Mohrscher Verformungskreis (Programm P2_1)

Grundlagen

Mit den drei Verformungsgrößen ε_x, ε_y, γ_{xy} ist an jeder Stelle der Bauteiloberfläche der Verformungszustand vollständig bestimmt. Für jede andere Bauteilrichtung r_φ ($\varphi = \angle (r_x, r_\varphi)$) lassen sich die Verformungsgrößen ε_φ und γ_φ mit den Gleichungen (2.3) und (2.4) ermitteln. Weiterhin können mit den Gleichungen (2.9) bis (2.11) sowie der Tabelle 2.4 die Hauptdehnungen ε_{H1}, ε_{H2} sowie die Winkel der Hauptrichtungen φ_{H1}, φ_{H2} berechnet werden. Mit Hilfe des Mohrschen Verformungskreises ist es möglich, die Verformungen für eine beliebige Bauteilrichtung oder die extremen Verformungen auch grafisch zu ermitteln, siehe Abschnitt 2.2.2 bis 2.2.4.

Programmbeschreibung

Zweck des Programms:	Grafische Darstellung des Mohrschen Verformungskreises Verformungen in beliebiger Bauteilrichtung Größe und Richtung der Hauptdehnungen
Programmstart:	«FEST» und Auswahl von «P2_1»
Eingabedaten:	Verformungen ε_x, ε_y, γ_{xy} Winkel φ für auszuwertende Bauteilrichtung Zeichenmaßstab für Verformungskreis
Ergebnisse:	Mohrscher Verformungskreis (siehe Bild 2.19) Verformungen ε_φ und γ_φ Hauptdehnungen ε_{H1}, ε_{H2} Winkel der Hauptrichtungen φ_{H1}, φ_{H2}

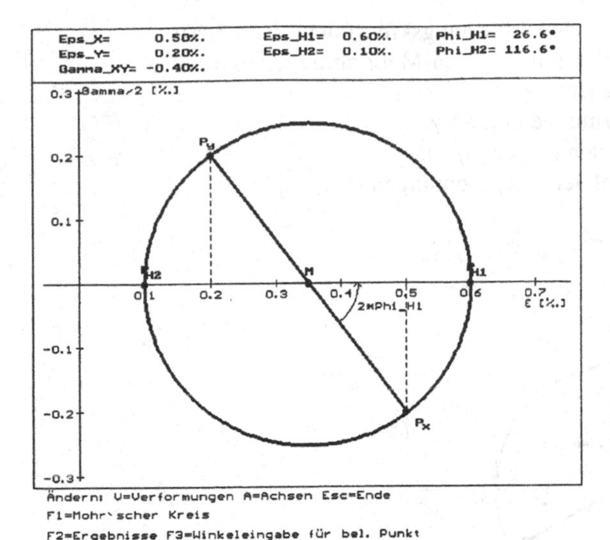

***Bild 2.19** Beispiel einer Auswertung mit Programm P2_1 (Mohrscher Verformungskreis aus drei Verformungsgrößen)*

2.6.2 Auswertung einer DMS-Rosette (I) (Programm P2_2)

Grundlagen

Will man den Verformungszustand an einer Stelle der Bauteiloberfläche vollständig bestimmen, so verwendet man eine DMS-Rosette mit drei integrierten Meßstreifen, siehe Abschnitt 2.4.3. Aus den gemessenen Dehnungen ε_a, ε_b, ε_c und den zugehörigen Meßrichtungen α, β, γ gewinnt man durch Lösung des linearen Gleichungssystems (2.20) mit Gleichung (2.21) die Verformungsgrößen ε_x, ε_y, γ_{xy} und daraus schließlich mit den Gleichungen (2.9) bis (2.11) sowie Tabelle 2.4 die Hauptdehnungen ε_{H1}, ε_{H2} und die Winkel der Hauptrichtungen φ_{H1}, φ_{H2}. Der prinzipielle Lösungsweg zur Ermittlung des Verformungszustands durch Auswerten einer DMS-Rosette ist im Ablaufschema der Musterlösung 2.8.2 dargestellt.

Programmbeschreibung

Zweck des Programms:	Auswerten einer beliebigen DMS-Rosette Darstellung im Mohrschen Verformungskreis Größe und Richtung der Hauptdehnungen
Programmstart:	«FEST» und Auswahl von «P2_2»
Eingabedaten:	Dehnungen einer 0°-45°-90°-DMS-Rosette bzw. Dehnungen einer 0°-60°-120°-DMS-Rosette bzw. Meßrichtungen und Dehnungen einer beliebigen Rosette Zeichenmaßstab für Verformungskreis

Ergebnisse: Mohrscher Verformungskreis (siehe Bild 2.20)
Lageplan mit Rosetten-Meßrichtungen und Hauptrichtungen
Verformungen ε_x, ε_y, γ_{xy}
Hauptdehnungen ε_{H1}, ε_{H2}
Winkel der Hauptrichtungen φ_{H1}, φ_{H2}

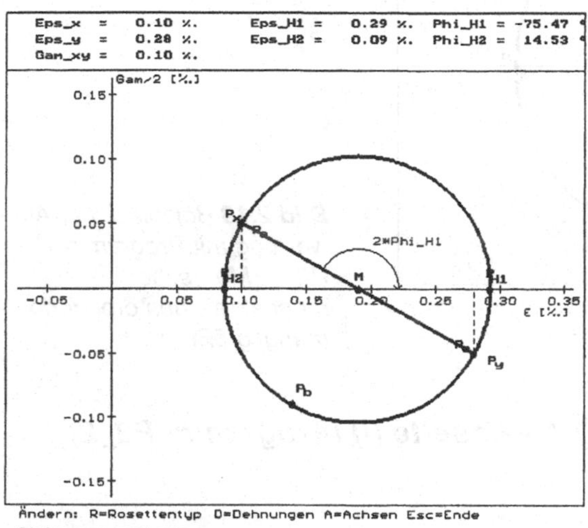

Bild 2.20 *Beispiel einer Auswertung mit Programm P2_2 (Mohrscher Verformungskreis aus drei Dehnungen)*

2.7 Verständnisfragen

1. Ist folgende Überlegung richtig? „Sind die Verschiebungspfeile verschiedener Körperpunkte unterschiedlich, so treten im Körper auf jeden Fall Verformungen auf ".
2. Welche beiden Verformungsgrößen gibt es, wie sind sie definiert?
3. Welche Richtung in bezug auf ein x-y-System hat ein Linienelement, dessen Dehnung mit ε_{200} bezeichnet wird?
4. Zeichnen Sie in Bezug auf ein x-y-System ein Winkelelement an der Meßstelle S, das die Winkelverzerrung γ_{yx} anzeigt.
5. An der Meßstelle S an der Oberfläche eines Bauteils ergibt eine Dehnungsmessung in drei Richtungen zur x-Achse folgende Ergebnisse: ε_{15} = 0,426 ‰, ε_{58} = -0,142 ‰, ε_{120} = 0,253 ‰. Ermitteln Sie rechnerisch und zeichnerisch ε_x, ε_y, γ_{xy} sowie ε_{H1}, ε_{H2}, $\varphi_{H1} = \angle(r_x, r_{H1})$.
6. Unter welchen Bedingungen treten in keiner Meßrichtung Winkelverzerrungen auf? Wie groß sind dann die Dehnungen?

7. Ein Zugstab hat im unbelasteten Zustand eine Länge von $l=750$ mm. Seine Länge unter Last beträgt 750,17 mm. Geben Sie die Längsdehnungen des Stabes in m/m, μm/m, in Prozent und in Promille an.

8. An der Stelle S an der Bauteiloberfläche sind bekannt: $\varepsilon_x = -0{,}25$ ‰, $\varepsilon_y = 0{,}16$ ‰, $\gamma_{xy} = -0{,}14$ ‰. Welche Längenänderung erfährt ein ursprünglich 4 mm langes Linienelement, das unter einem Winkel von -62° zur x-Richtung liegt? Wie groß ist die Verzerrung eines Winkelelementes mit derselben Bezugsrichtung? Sind Linienelemente denkbar, deren Länge unverändert bleibt? Wenn ja, welche?

9. Weisen Sie durch Elimination von φ nach, daß die Gleichungen (2.3) und (2.4) einen Kreis nach Gleichung (2.5) darstellen.

10. Weisen Sie unter Verwendung des Mohrschen Kreises die Richtigkeit der Gleichungen (2.6) bis (2.11) nach.

11. Welchen Zweck hat der Mohrsche Verformungskreis?

12. Welcher Winkelverzerrung in Grad entspricht die Angabe $\gamma = 0{,}45$ ‰?

13. Erläutern Sie Aufbau, Meßprinzip und Anwendungszweck einer DMS-Rosette.

14. Wie lautet die Beziehung, die den Zusammenhang zwischen der relativen Widerstandsänderung eines DMS und der Dehnung angibt?

15. An der Meßstelle S einer Bauteiloberfläche werden mit einer 0°-45°-90° -DMS-Rosette, deren 0° -Richtung mit der x-Richtung einen Winkel von 22° einschließt ($\angle(r_x, r_0) = +22°$), folgende Meßwerte aufgenommen: $\varepsilon_0 = -0{,}251$ ‰, $\varepsilon_{45} = -0{,}410$ ‰, $\varepsilon_{90} = 0{,}368$ ‰. Ermitteln Sie rechnerisch und zeichnerisch ε_x, ε_y, γ_{xy}, ε_{H1}, ε_{H2}, φ_{H1}, φ_{H2}, γ_{max}.

16. Eine Dehnungsmessung an der Stelle S eines Rohres mit einer 0°-120°-240°-DMS-Rosette bringt folgendes Ergebnis: $\varepsilon_0 = 0{,}206$ ‰, $\varepsilon_{120} = 0{,}327$ ‰, $\varepsilon_{240} = -0{,}419$ ‰. Die Meßrichtung 120° war parallel zur Bezugsrichtung r_x. Ermitteln Sie die Winkelelemente, welche die betragsmäßig größten Winkelverzerrungen aufweisen. Geben Sie diese Winkeländerungen in Promille und Grad an.

17. Leiten Sie die Gleichung (2.22) aus Gleichung (2.20) her.

2.8 Musterlösungen

2.8.1 Verformungszustand eines Oberflächenelements

Ein quadratisches Element auf der Oberfläche eines belasteten Bauteils verformt sich entsprechend Bild 2.21.

a) Berechnen Sie die Dehnungen in x- und y-Richtung.

b) Wie groß sind die Winkelverzerrungen und der Winkel ω_2* ?

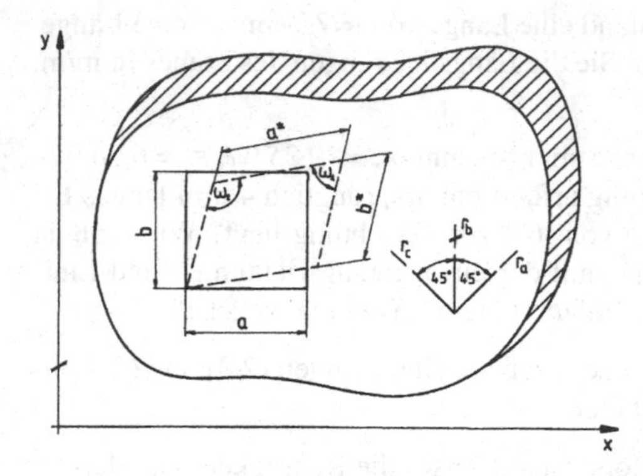

$a = 100\ mm$
$b = 100\ mm$
$a^* = 100{,}2\ mm$
$b^* = 99{,}9\ mm$
$\omega_1^* = 89{,}8°$

Bild 2.21 *Ausschnitt aus Bauteiloberfläche*

c) Zeichnen Sie den Mohrschen Verformungskreis für das Oberflächenelement.

d) Ermitteln Sie zeichnerisch und rechnerisch die mit einer gemäß obiger Abbildung aufgebrachten 0°-45°-90°-Rosette gemessenen Dehnungen ε_a, ε_b, ε_c (r_a unter 45° zur x-Richtung).

e) Bestimmen Sie Größe und Richtung der maximalen Bauteildehnung.

f) In welchen Richtungen treten die größten Schiebungen auf? Wie groß sind diese Schiebungen?

Lösung

a) Mit Gleichung (2.1) und der Indizierung entsprechend Bild 2.3 gilt:

$$\varepsilon_x = \frac{a^*-a}{a} = \frac{100{,}2-100}{100} = \frac{0{,}2}{100} = 0{,}002 = 2\ ‰$$

$$\varepsilon_y = \frac{b^*-b}{b} = \frac{99{,}9-100}{100} = -\frac{0{,}1}{100} = -0{,}001 = -1\ ‰ \quad .$$

b) Mit Gleichung (2.2) und Indizierung gemäß Bild 2.3 folgt für die Winkelverzerrung:

$$\gamma_{xy} = \frac{\pi}{180^o}\omega_1^*\,[grad] - \frac{\pi}{2} = \pi\left(\frac{89{,}8^o}{180^o} - \frac{1}{2}\right) = -0{,}00349 = -3{,}49\ ‰ \quad .$$

- Die Winkelverzerrung des den Winkel ω_2 einschließenden Winkelelements berechnet sich mit Gleichung (2.7) zu:

$$\gamma_{yx} = -\gamma_{xy} = 0{,}00349 \quad .$$

Den Winkel ω_2* erhält man mit Gleichung (2.2) zu:

$$\omega_2{}^* = \frac{\pi}{2} + \gamma_{yx} = 1{,}574 = 90{,}2^o$$

c) Der Mohrsche Verformungskreis ist in Bild 2.22 dargestellt.

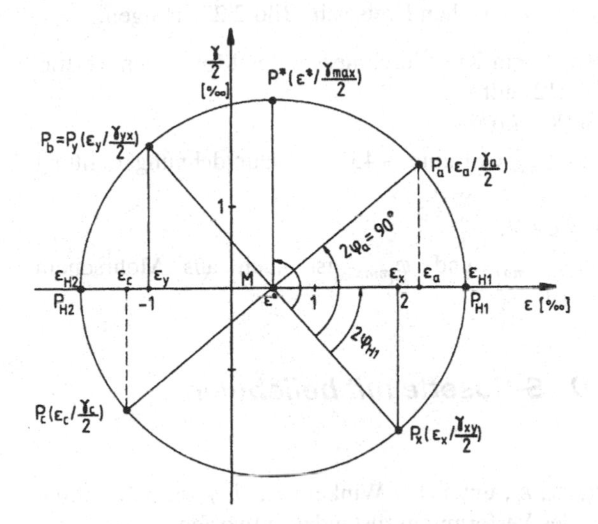

Bild 2.22 *Mohrscher Verformungskreis*

d) Rechnerische Lösung mit Gleichung (2.3):

$$\varepsilon_a = \varepsilon(\varphi_a = 45°) = \left(\frac{2-1}{2} + \frac{2+1}{2}\cos 90^o + \frac{3{,}49}{2}\sin 90^o\right) ‰ = 2{,}24\ ‰$$

$$\varepsilon_b = \varepsilon_y = -1{,}0\ ‰$$

$$\varepsilon_c = \varepsilon\left(\varphi_c = 135^o\right) = -1{,}24\ ‰ \quad .$$

Zeichnerische Lösung: siehe Mohrscher Verformungskreis in Bild 2.22.

e) Die maximalen Bauteildehnungen findet man mit den Gleichungen (2.9) und (2.10)
$\varepsilon_{H1} = 0{,}0005 + 0{,}0023 = 2{,}8\ ‰$
$\varepsilon_{H2} = 0{,}0005 - 0{,}0023 = -1{,}8\ ‰.$

Zur Kontrolle kann die Beziehung Gleichung (2.6) herangezogen werden:

$$\varepsilon_x + \varepsilon_y = \varepsilon_\varphi + \varepsilon_{\varphi+\frac{\pi}{2}} = \varepsilon_{H1} + \varepsilon_{H2} = \varepsilon_a + \varepsilon_b$$

$(2 - 1)\ ‰ = (2{,}8 - 1{,}8)\ ‰ = (2{,}24 - 1{,}24)\ ‰$.

Die Berechnung des Winkels φ_{H1} der Hauptdehnung ε_{H1} erfolgt mit Gleichung (2.11) unter Berücksichtigung von Tabelle 2.4 (ε_x-$\varepsilon_y > 0$ und $\gamma_{xy} < 0$ => Fall 8):

$$\varphi_{H1} = \frac{1}{2}\arctan\left(\frac{-\gamma_{xy}}{\varepsilon_x - \varepsilon_y}\right) = \frac{1}{2}\arctan\left(\frac{3{,}49}{3}\right) = 24{,}6^o \quad .$$

Hinweis: Die Bestimmung der Hauptdehnungen und Hauptdehnungswinkel kann ebenfalls zeichnerisch mit Hilfe des Mohrschen Kreises in Bild 2.22 erfolgen.

f) Die maximale Schiebung entspricht dem Kreisdurchmesser des Mohrschen Verformungskreises. Nach Gleichung (2.12) gilt:
$\gamma_{max} = \varepsilon_{H1} - \varepsilon_{H2} = 0{,}0028 + 0{,}0018 = 4{,}6$ ‰.
Die maximale positive Schiebung γ_{max} tritt unter +45° zur Hauptdehnungsrichtung auf, siehe Bild 2.22:
$\varphi_{\gamma max} = \varphi_{H1} + 45^o = 24{,}6^o + 45^o = 69{,}6^o$.
Hinweis: Die Bestimmung von γ_{max} und $\varphi_{\gamma max}$ ist auch aus Mohrschem Verformungskreis Bild 2.22 möglich.

2.8.2 Auswertung einer DMS-Rosette mit beliebigen Meßrichtungen

Bei drei gegebenen Dehnungen ε_a, ε_b, ε_c, unter den Winkeln α, β, γ zur x-Richtung soll ein Rechenschema zur Analyse des Verformungszustandes entworfen werden.

a) Erstellen Sie ein Ablaufschema zur Lösung der Matrizengleichung (2.20) und bestimmen Sie damit aus Gleichung (2.21) die Verformungsgrößen ε_x, ε_y, γ_{xy}. Beachten Sie dabei auch Sonderfälle wie z. B. Nulldivisionen.

b) Erweitern Sie das Ablaufschema aus a) zur Berechnung der Hauptdehnungen ε_{H1}, ε_{H2} und der Hauptrichtungswinkel φ_{H1}, φ_{H2}. Beachten Sie dabei die Problematik bei Verwendung von Gleichung (2.11).

c) Berechnen Sie ε_x, ε_y, γ_{xy}, ε_{H1}, ε_{H2}, φ_{H1}, φ_{H2} für die folgenden Zahlenwerte:

$$\varepsilon_a = 0{,}53 ‰,\ \varepsilon_b = 0{,}28 ‰,\ \varepsilon_c = -0{,}32 ‰,\ \alpha = -20^o,\ \beta = 15^o,\ \gamma = 140^o.$$

Lösung

a) und b): Siehe Struktogramm in Tabelle 2.6.

c) Zur Lösung kann entweder ein selbstentwickeltes Programm oder das Programm P2_2 der beigelegten Diskette verwendet werden:

$\varepsilon_x = 0{,}68$ ‰ $\quad \varepsilon_{H1} = 0{,}72$ ‰ $\quad \varphi_{H1} = -6{,}2^\circ$
$\varepsilon_y = -2{,}61$ ‰ $\quad \varepsilon_{H2} = -2{,}64$ ‰ $\quad \varphi_{H2} = 83{,}8^\circ$
$\gamma_{xy} = 0{,}73$ ‰.

Hinweis: Die Funktion arctan*(y,x) ermittelt Winkel abhängig von y und x für alle vier Quadranten.

***Tabelle 2.6** Struktogramm zur Analyse des Verformungszustandes*

Eingabe: ε_a, ε_b, ε_c, α, β, γ

ANZSCHL = 0
METHODE = 1
LOESUNG = FALSE

ANZSCHL < 2 ODER KEINE LOESUNG

- METHODE = 1
  - ja: $c_{11} = \cos 2\alpha - \cos 2\gamma$, $c_{12} = \sin 2\alpha - \sin 2\gamma$, $r_1 = \varepsilon_a - \varepsilon_c$
  - nein: $c_{11} = \cos 2\alpha - \cos 2\beta$, $c_{12} = \sin 2\alpha - \sin 2\beta$, $r_1 = \varepsilon_a - \varepsilon_b$
- $c_{21} = \cos 2\beta - \cos 2\gamma$, $c_{22} = \sin 2\beta - \sin 2\gamma$, $r_2 = \varepsilon_b - \varepsilon_c$
- $c_{11} <> 0$
  - nein: METHODE = 2
  - ja:
    - $dn = c_{12} \cdot c_{21} - c_{11} \cdot c_{22}$
    - $dn <> 0$
      - nein: METHODE = 2
      - ja:
        - $w = (r_1 \cdot c_{21} - r_2 \cdot c_{11}) / dn$
        - $v = (r_1 - c_{12} \cdot w) / c_{11}$
        - $u = \varepsilon_a - v \cdot \cos 2\alpha - w \cdot \sin 2\alpha$
        - LOESUN G = TRUE
- ANZSCHL = ANZSCHL + 1

LOESUNG

- nein: Ausgabe: Rosettenwinkel falsch
- ja:
  - $\varepsilon_x = u + v$, $\varepsilon_y = u - v$, $\gamma_{xy} = -2w$
  - Ausgabe: ε_x, ε_y, γ_{xy}
  - ① Ermittlung Hauptdehnungen

① Ermittlung Hauptdehnungen etc.

$\varepsilon_r = \sqrt{v^2 + w^2}$, $\varepsilon_{H1} = u + \varepsilon_r$, $\varepsilon_{H2} = u - \varepsilon_r$

Ausgabe: $\varepsilon_{H1}, \varepsilon_{H2}$

$v = 0$ UND $w = 0$

- ja: Ausgabe: Hauptdehnungsrichtung nicht definiert
- nein:
  - $\varphi_{H1} = \frac{1}{2} \arctan^*(w, v)$; $\varphi_{H2} = \varphi_{H1} + 90°$
  - Ausgabe: $\varphi_{H1}, \varphi_{H2}$

KAPITEL 3

Spannungszustand

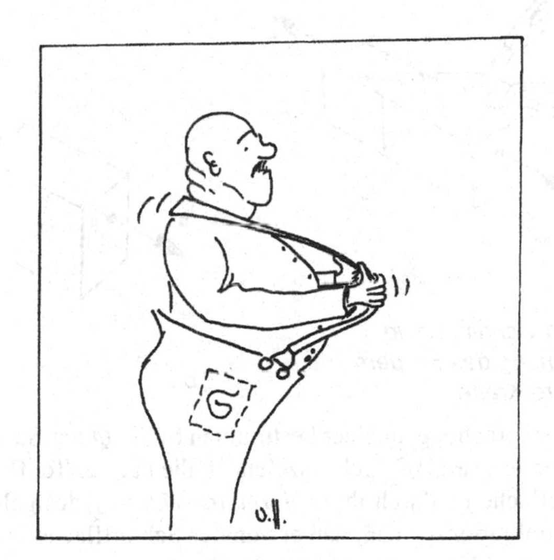

Die an einem Bauteil wirkende äußere Belastung führt neben Verformungen auch zu inneren Kräften, welche durch Spannungen beschrieben werden. In diesem Kapitel werden die Begriffe Normal- und Schubspannung und ihre Berechnung für beliebige Bauteilebenen behandelt. Eingeführt werden die Hauptspannungen, welche den Spannungszustand charakterisieren und eine wesentliche Grundlage für den Festigkeitsnachweis bilden.

3.1 Schnittprinzip

Schnittprinzip

Um die inneren Kräfte eines belasteten Bauteils freizulegen, schneidet man gemäß dem *Schnittprinzip* das Bauteil in einem Gedankenmodell auf, wie in Bild 3.1 modellartig gezeigt ist. An beiden Schnittufern werden dann entgegengesetzt gleichgroße Schnittkräfte (actio = reactio) frei, die im allgemeinen ungleichmäßig über der Schnittfläche verteilt sind. Die inneren Kräfte bilden sich dabei so aus, daß jeder Teilkörper für sich wieder im Gleichgewicht ist.

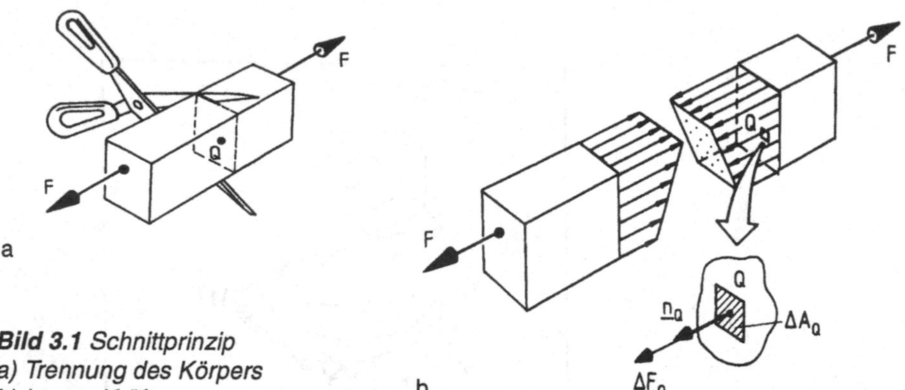

Bild 3.1 *Schnittprinzip*
a) Trennung des Körpers
b) Innere Kräfte

Normalenvektor

Die Beanspruchung an einer bestimmten Stelle Q der Schnittfläche wird durch die dort angreifende Kraft $\Delta \underline{F}_Q$ gekennzeichnet, die auf der Teilfläche ΔA_Q wirkt. Die Richtung der Teilfläche ist durch ihren *Normalenvektor* $\underline{n}_Q$ festgelegt. Für den Normalenvektor $\underline{n}_Q$ gilt definitionsgemäß, daß er von der Schnittfläche weg weist und die Länge 1 hat, d. h. $|\underline{n}_Q| = 1$ (Normaleneinheitsvektor).

Größe und Richtung der Schnittkraft $\Delta \underline{F}_Q$ hängen von folgenden Parametern ab: Bauteilbelastung und Bauteilgestalt, Ort des Schnitts (Schnittstelle Q), Richtung des Schnitts (Richtung $\underline{n}_Q$ senkrecht zur Schnittebene), Größe des Schnitts (Schnittflächeninhalt ΔA_Q), Werkstoffeigenschaften.

Die Schnittkraft $\Delta \underline{F}_Q$ ist die gemittelte resultierende Kraft einer über der Schnittfläche ungleichmäßigen Kraftverteilung. Wird die Schnittfläche zu groß gewählt, so läßt sich keine genaue Aussage über die örtliche Beanspruchung an der Stelle Q machen. Um den Einfluß der Schnittflächengröße auszuschalten, wählt man daher ΔA_Q möglichst klein und führt als Beanspruchung in Q den Quotienten $\Delta \underline{F}_Q / \Delta A_Q$ ein.

3.2 Spannungsvektor

Die auf einen kleinen Querschnitt ΔA_Q bezogene Schnittkraft $\Delta \underline{F}_Q$ bezeichnet man als *Spannungsvektor* $\underline{s}$:

Spannungsvektor

$$\underline{s} = \frac{\Delta \underline{F}_Q}{\Delta A_Q} \quad . \tag{3.1}$$

Die Richtungen von $\underline{s}$ und $\Delta \underline{F}_Q$ sind identisch. Im allgemeinen steht der Spannungsvektor nicht senkrecht auf der Schnittfläche. Er läßt sich dann nach Bild 3.2 in eine senkrechte und eine tangentiale Komponente zerlegen.

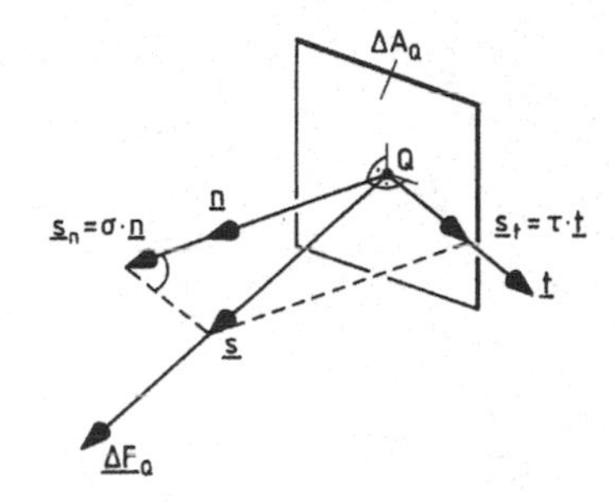

***Bild 3.2** Vektorielle Aufspaltung des Spannungsvektors*

Die Normalspannungskomponente $\underline{s}_n$ erhält man durch senkrechte Projektion von $\underline{s}$ auf $\underline{n}_Q$. Entsprechend ergibt sich die Tangentialspannungskomponente $\underline{s}_t$ durch senkrechte Projektion von $\underline{s}$ in die Schnittebene. Demnach gilt für die „natürliche" Zerlegung des Spannungsvektors mit $|\underline{n}|=1$ und $|\underline{t}|=1$:

$$\underline{s} = \underline{s}_n + \underline{s}_t = \sigma \cdot \underline{n} + \tau \cdot \underline{t} \quad . \tag{3.2}$$

Die Streckungsfaktoren σ in Normalenrichtung und τ in Tangentialrichtung werden als Normalspannung und Schubspannung bezeichnet. Die *Normalspannung* σ ergibt sich als Skalarprodukt aus $\underline{s}$ und $\underline{n}$:

Normalspannung

$$\sigma = \underline{s}^T \cdot \underline{n} \quad . \tag{3.3}$$

Die *Schubspannung* τ berechnet sich nach Pythagoras, siehe Bild 3.2, zu

Schubspannung

$$\tau = \sqrt{|\underline{s}|^2 - \sigma^2} \quad . \tag{3.4}$$

Unter einer Normalspannung versteht man demnach die auf die Schnittfläche bezogene Kraftkomponente senkrecht zur Schnittfläche. Die Schubspannung ist die auf die Schnittfläche bezogene, in der Schnittebene liegende Kraftkomponente.

Die *Einheit der Spannung* im MKS-System ist Pascal Pa, wobei $1\ Pa = 1\ N/m^2$. Üblicherweise werden die Spannungen jedoch in N/mm² bzw. in MPa (Megapascal) oder GPa (Gigapascal) angegeben:

Einheit der Spannung

$$1\ MPa = 1\ N/mm^2 = 10^6\ Pa$$
$$1\ GPa = 10^3\ MPa = 10^9\ Pa.$$

3.3 Schnittspannungen am Würfelelement

Räumliche Schnittspannungen

Der Spannungszustand an einer Stelle Q des Bauteils ist durch drei zueinander senkrechte Schnitte mit den dabei frei werdenden Spannungen vollständig festgelegt. Solche Schnitte entstehen z. B., wenn man um Q einen kleinen Würfel ausschneidet, dessen Kanten zu den Koordinatenachsen parallel sind, siehe *Würfelelement* in Bild 3.3.

Würfelelement

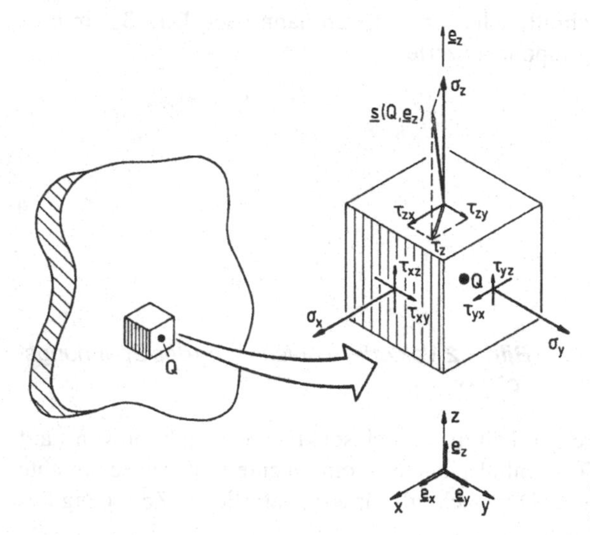

Bild 3.3 *Würfelelement mit räumlichen Schnittspannungen*

Es genügt, drei der sechs Schnittflächen zu betrachten, da paarweise Parallelität vorliegt. Die Beanspruchung an jeder dieser drei Flächen wird durch den dort wirksamen Spannungsvektor $\underline{s}$ gekennzeichnet, der im allgemeinen Fall schief zur Schnittfläche steht. Die Zerlegung der Spannungsvektoren führt zu Normal- und Schubspannungen (z. B. σ_z und τ_z in Bild 3.3). Zerlegt man die Schubspannungen weiter parallel zu den Achsrichtungen (z. B. τ_z in τ_{zx} und τ_{zy}), so erhält man für jede Schnittfläche drei Schnittspannungen, für das Würfelelement also insgesamt neun Spannungskomponenten:

3 Normalspannungen => $\sigma_x, \sigma_y, \sigma_z$
6 Schubspannungen => $\tau_{xy}, \tau_{yx}; \tau_{yz}, \tau_{zy}; \tau_{zx}, \tau_{xz}$.

Demnach wird der Spannungszustand in einem Punkt Q des Bauteils im allgemeinsten Fall durch neun Spannungskomponenten eindeutig charakterisiert. Man nennt das quadratische Schema dieser Komponenten *Spannungsmatrix*[1]:

Spannungsmatrix

[1]Die korrekte Bezeichnung ist Spannungstensor. Tensoren sind mathematische Gebilde, welche bestimmten Transformationseigenschaften genügen. Bei dem in Gleichung (3.5) dargestellten Zahlenschema aus neun Spannungen handelt es sich um einen Tensor 2. Stufe, welcher sich als 3×3 -Matrix darstellen läßt.

$$\underline{S} = \begin{bmatrix} \sigma_x & \tau_{xy} & \tau_{xz} \\ \tau_{yx} & \sigma_y & \tau_{yz} \\ \tau_{zx} & \tau_{zy} & \sigma_z \end{bmatrix} \quad . \tag{3.5}$$

Indizierung der Spannungskomponenten

Indizierung

Durch die *Indizierung* der Spannungskomponenten wird ihre Lage am Würfelelement eindeutig festgelegt. Dazu wird ein Doppelindex verwendet, wobei der 1. Index die Richtung der Schnittebenennormalen und der 2. Index die Richtung der Spannungskomponente angibt. Diese Doppelindizierung ist für die Schubspannungen üblich. Beispielsweise liegt die Schubspannungskomponente τ_{zy} in Bild 3.3 in einer Schnittfläche, deren Normalenvektor in z-Richtung zeigt, d. h. der 1. Index ist z, die Schubspannung zeigt in y-Richtung, was aus dem 2. Index hervorgeht. Da bei den Normalspannungen die Richtung der Ebenennormalen und der Spannung übereinstimmen, müßten sie genaugenommen durch zwei identische Indizes (z. B. σ_{xx}) gekennzeichnet werden. Üblicherweise wird jedoch für die Normalspannungen nur ein Index verwendet (z. B. σ_x anstatt σ_{xx}).

Zugeordnete Schubspannungen

Zugeordnete Schubspannungen

Schubspannungen, die sich lediglich durch vertauschte Indizes unterscheiden, heißen *zugeordnet*. Aus einer Betrachtung des Momentengleichgewichts an dem Punkt Q des Elementarwürfels in Bild 3.4 folgt:

$$\sum M_{iQ} = 0: \quad +2\tau_{xy} \cdot \Delta y \cdot \Delta z \cdot \frac{\Delta x}{2} - 2\tau_{yx} \cdot \Delta x \cdot \Delta z \cdot \frac{\Delta y}{2} = 0 \quad .$$

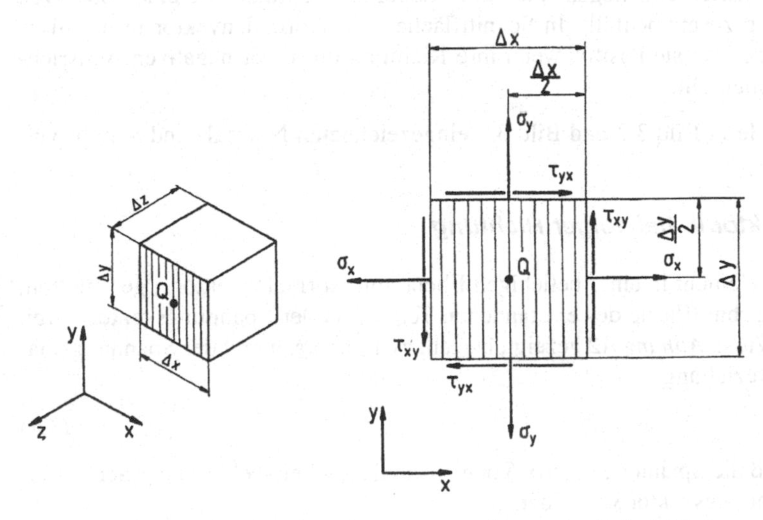

***Bild 3.4** Spannungen am Würfelelement auf x- und y-Schnittfläche*

Somit wird:

$$\tau_{xy} = \tau_{yx} \qquad \text{oder allgemein:} \quad \tau_{ij} = \tau_{ji} \quad . \tag{3.6}$$

Aus Gleichung (3.6) folgt das Gesetz der zugeordneten Schubspannungen:

Zugeordnete Schubspannungen liegen in zwei zueinander senkrechten Würfelebenen. Sie sind betragsmäßig gleich groß und zeigen entweder beide auf die gemeinsame Würfelkante zu oder von ihr weg.

Aus der Spannungsmatrix in Gleichung (3.5) und der Gleichheit der zugeordneten Schubspannungen nach Gleichung (3.6) ergibt sich, daß zur vollständigen Beschreibung des Spannungszustandes in einem bestimmten Bauteilpunkt bereits die Angabe der sechs voneinander unabhängigen Spannungskomponenten σ_x, σ_y, σ_z, τ_{xy}, τ_{xz}, τ_{yz} genügt. Die Spannungsmatrix in Gleichung (3.5) ist somit symmetrisch:

$$\underline{S} = \begin{bmatrix} \sigma_x & \tau_{xy} & \tau_{xz} \\ \tau_{xy} & \sigma_y & \tau_{yz} \\ \tau_{xz} & \tau_{yz} & \sigma_z \end{bmatrix} \quad . \tag{3.7}$$

Vorzeichen der Spannungen am Würfelelement

Für die Vorzeichen der Spannungen am Würfelelement gelten folgende Regelungen:

- Normalspannungen sind positiv, wenn sie in Richtung des Normalenvektors der Schnittfläche (von ihr weg) zeigen.
- Schubspannungen sind positiv, wenn sie in Schnittflächen mit Normalenvektor in positiver Achsrichtung liegen und ihre Richtung ebenfalls mit einer positiven Achsrichtung zusammenfällt. In Schnittflächen mit Normalenvektor in negativer Achsrichtung sind sie positiv, wenn ihre Richtung mit einer negativen Achsrichtung zusammenfällt.

Demnach sind alle in Bild 3.3 und Bild 3.4 eingezeichneten Normal- und Schubspannungen positiv.

Spannungsvektor in beliebiger Richtung

Anhang A2

Wird das Würfelelement in einer beliebigen Ebene mit Normalenvektor $\underline{n}$ geschnitten, so wird auf der Schnittfläche des entstandenen Tetraeders der Spannungsvektor $\underline{s}$ frei, siehe Bild 3.5. Wie in *Anhang A2* gezeigt, besteht zwischen $\underline{s}$, $\underline{n}$ und der Spannungsmatrix $\underline{S}$ folgende Beziehung:

$$\underline{s} = \underline{S} \cdot \underline{n} \quad . \tag{3.8}$$

Das bedeutet, daß die Spannungsmatrix $\underline{S}$ den Normaleneinheitsvektor $\underline{n}$ der Schnittfläche auf den Spannungsvektor $\underline{s}$ abbildet.

Programm P3_1

Mit dem *Programm P3_1* läßt sich Gleichung (3.8) auswerten, siehe Abschnitt 3.8.1.

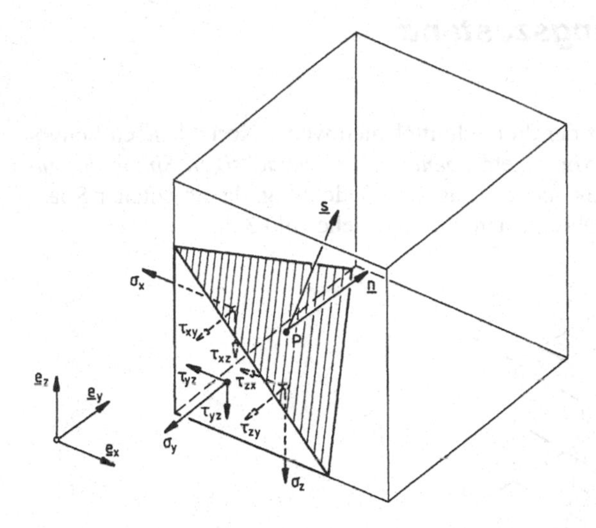

Bild 3.5 *Spannungsvektor s bei beliebiger Schnittrichtung*

Beispiel 3.1 *Ermittlung des Spannungszustandes*

Der Spannungszustand in einem Punkt Q eines Bauteils ist gegeben durch die Spannungsmatrix:

$$\underline{S}_Q = 10 \cdot \begin{bmatrix} 7 & -5 & 0 \\ -5 & 3 & 1 \\ 0 & 1 & 2 \end{bmatrix} MPa \quad .$$

Berechnen Sie den auf der Schnittfläche mit Normalenvektor $\underline{n}=[3\ 6\ 2]^T$ wirkenden Spannungsvektor, sowie die Beträge der Normal- und der Schubspannung.

Lösung

Der Spannungsvektor berechnet sich mit Gleichung (3.8) unter Beachtung der Normierungsbedingung $|\underline{n}| = 1$ zu

$$\underline{s}_Q = \underline{S}_Q \cdot \underline{n} = \begin{bmatrix} 70 & -50 & 0 \\ -50 & 30 & 10 \\ 0 & 10 & 20 \end{bmatrix} \cdot \frac{1}{7} \begin{bmatrix} 3 \\ 6 \\ 2 \end{bmatrix} = \frac{10}{7} \begin{bmatrix} 21-30 \\ -15+18+2 \\ 6+4 \end{bmatrix} = \frac{10}{7} \begin{bmatrix} -9 \\ 5 \\ 10 \end{bmatrix} MPa \quad .$$

Für die Normal- und die Schubspannung erhält man mit den Gleichungen (3.3) und (3.4) unter Beachtung von $|\underline{n}| = 1$:

$$\sigma = \frac{10}{7}[-9 \quad 5 \quad 10] \cdot \frac{1}{7} \begin{bmatrix} 3 \\ 6 \\ 2 \end{bmatrix} = 4{,}7 \ MPa$$

$$\tau = \sqrt{420{,}4 - 4{,}7^2} = 20{,}0 \ MPa \quad .$$

3.4 Ebener Spannungszustand

Ebener Spannungszustand

Treten am Würfelelement in einer der drei Schnittebenen weder Normal- noch Schubspannungen auf, so spricht man von einem *ebenen oder zweiachsigen Spannungszustand.* Dieser Fall hat in der Praxis eine überragende Bedeutung, da ein solcher Spannungszustand an allen lastfreien Oberflächen vorliegt, siehe Bild 3.6.

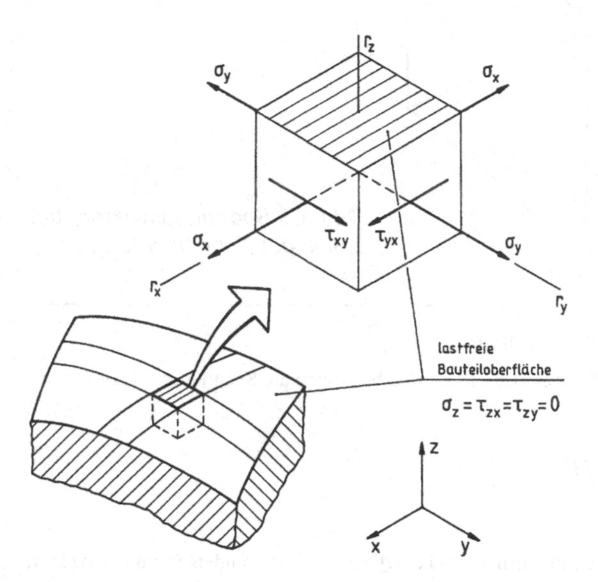

Bild 3.6 *Ebener Spannungszustand an einer lastfreien Oberfläche*

Der ebene Spannungszustand ist vollständig durch drei Spannungsgrößen bestimmt, z. B. in der x-y-Ebene durch die Spannungskomponenten σ_x, σ_y, τ_{xy} ($|\tau_{yx}| = |\tau_{xy}|$).

3.4.1 Spannungen in beliebiger Schnittrichtung

Für die Festigkeitsberechnung ist die Bestimmung der Schnittspannungen in beliebigen Schnittrichtungen von großer Bedeutung. Wird das Würfelelement senkrecht zur x-y-Ebene geschnitten, so daß der Normalenvektor $\underline{n}_\varphi$ mit der positiven Richtung r_x den Winkel φ einschließt, so entstehen in der Schnittebene des entstandenen Prismas in Bild 3.7 die beiden Schnittspannungen σ_φ und τ_φ. Für diese Schnittspannungen gilt allgemein:

$$\sigma_\varphi = \sigma_\varphi\,(\sigma_x, \sigma_y, \tau_{xy}, \varphi)$$
$$\tau_\varphi = \tau_\varphi\,(\sigma_x, \sigma_y, \tau_{xy}, \varphi).$$

Anhang A3

Wie in *Anhang A3* gezeigt, ergeben sich aus der Betrachtung des Kräftegleichgewichts am Prisma die Beziehungen:

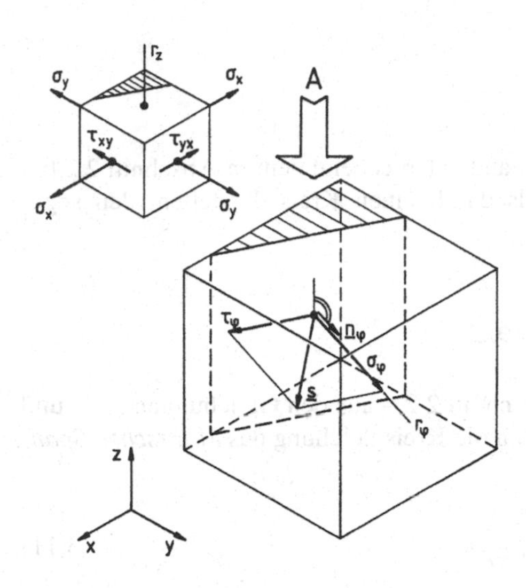

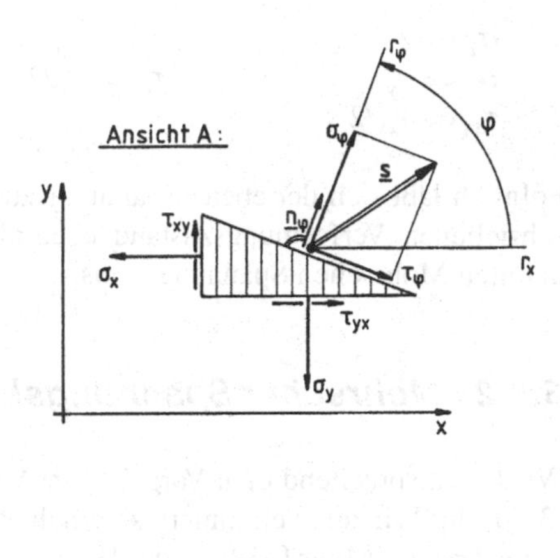

***Bild 3.7** Schnittspannungen bei ebenem Spannungszustand*

$$\sigma_\varphi = \frac{\sigma_x + \sigma_y}{2} + \frac{\sigma_x - \sigma_y}{2} \cos 2\varphi - \tau_{xy} \sin 2\varphi \tag{3.9}$$

$$\tau_\varphi = \frac{\sigma_x - \sigma_y}{2} \sin 2\varphi + \tau_{xy} \cos 2\varphi \quad . \tag{3.10}$$

Bei Anwendung dieser Beziehungen ist es zweckmäßig (siehe Abschnitt 3.4.2) für die *Vorzeichen der Schubspannungen* – abweichend zu der für den räumlichen Spannungszustand getroffenen Festlegung – folgende Regelung zu treffen:

Vorzeichenfestlegung der Schubspannungen

Eine Schubspannung ist positiv, wenn bei Blickrichtung in Richtung der Schubspannung die Schnittfläche rechts von der Schubspannung liegt.

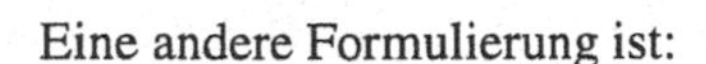

Eine andere Formulierung ist:

Eine Schubspannung ist positiv, wenn sie für einen Bezugspunkt innerhalb des Schnittelements ein Moment erzeugt, das im mathematisch negativen Drehsinn (mit dem Uhrzeigersinn) wirkt.

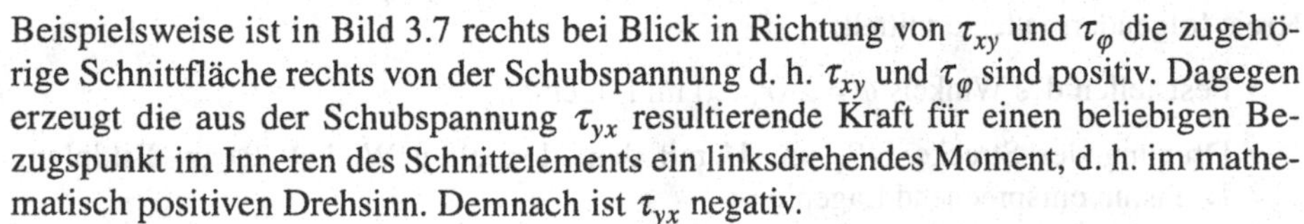

Beispielsweise ist in Bild 3.7 rechts bei Blick in Richtung von τ_{xy} und τ_φ die zugehörige Schnittfläche rechts von der Schubspannung d. h. τ_{xy} und τ_φ sind positiv. Dagegen erzeugt die aus der Schubspannung τ_{yx} resultierende Kraft für einen beliebigen Bezugspunkt im Inneren des Schnittelements ein linksdrehendes Moment, d. h. im mathematisch positiven Drehsinn. Demnach ist τ_{yx} negativ.

Vergleicht man die Gleichungen (3.9) und (3.10) mit den Gleichungen (2.3) und Gleichung (2.4), so erkennt man einen analogen Aufbau mit folgenden Entsprechungen:

$\sigma_x \Leftrightarrow \varepsilon_x$ $\qquad$ $\sigma_\varphi \Leftrightarrow \varepsilon_\varphi$

$\sigma_y \Leftrightarrow \varepsilon_y$ $\qquad$ $\tau_\varphi \Leftrightarrow \gamma_\varphi/2$

$\tau_{xy} \Leftrightarrow \gamma_{xy}/2$

Folglich läßt sich der ebene Spannungszustand entsprechend dem in Abschnitt 2.2 beschriebenen Verformungszustand ebenfalls durch einen Kreis darstellen, den sogenannten Mohrschen Spannungskreis.

3.4.2 Mohrscher Spannungskreis

Mohrscher Spannungskreis

Wird – entsprechend dem Vorgehen in Abschnitt 2.2 – aus den Gleichungen (3.9) und (3.10) der Winkel φ eliminiert, so erhält man die Kreisgleichung des *Mohrschen Spannungskreises*, Mohr [139], in der Form:

$$\left(\sigma_\varphi - \frac{\sigma_x + \sigma_y}{2}\right)^2 + \tau_\varphi{}^2 = \left(\frac{\sigma_x - \sigma_y}{2}\right)^2 + \tau_{xy}{}^2 \quad . \tag{3.11}$$

In einem σ-τ-Koordinatensystem wird durch Gleichung (3.11) ein Kreis beschrieben für dessen Mittelpunkt M und Radius r gilt:

$$M\left(\frac{\sigma_x + \sigma_y}{2} \middle| 0\right), \; r = \sqrt{\left(\frac{\sigma_x - \sigma_y}{2}\right)^2 + \tau_{xy}{}^2} \quad .$$

Konstruktion des Kreises

Zur *Konstruktion des Kreises* aus gegebenen Spannungen σ_x, σ_y und τ_{xy} ist die in Abschnitt 3.4.1 getroffene Vereinbarung für das Vorzeichen der Schubspannungen anzuwenden. Die Bauteilrichtungen r_x und r_y bilden sich nur dann auf gegenüberliegenden Punkten ab, wenn zugeordnete Schubspannungen unterschiedliche Vorzeichen erhalten. Sind die drei Spannungskomponenten σ_x, σ_y, τ_{xy} bekannt (Lageplan), so läßt sich der Mohrsche Spannungskreis (Bildplan) nach Bild 3.8 folgendermaßen konstruieren:

- Eintragen des Punktes P_x (σ_x/τ_{xy}) im σ-τ-System
- Eintragen des Punktes P_y $(\sigma_y/\tau_{yx}) = P_y(\sigma_y/-\tau_{xy})$
- Strecke $\overline{P_xP_y}$ schneidet σ-Achse im Kreismittelpunkt M (M halbiert $\overline{P_xP_y}$)
- Kreis um M durch P_x bzw. P_y ist der Mohrsche Spannungskreis.

Die Spannungskomponenten in einer beliebigen Richtung r_φ werden im Mohrschen Kreis folgendermaßen ermittelt:

- Feststellen des Winkels $\varphi = \angle(r_x, r_\varphi)$ im Lageplan
- Drehung der Strecke MP_x um M mit dem doppelten Winkel 2φ im Bildplan, Drehsinn entsprechend Lageplan
- Endpunkt der gedrehten Strecke entspricht P_φ, welcher die gesuchten Koordinatenwerte σ_φ und τ_φ liefert.

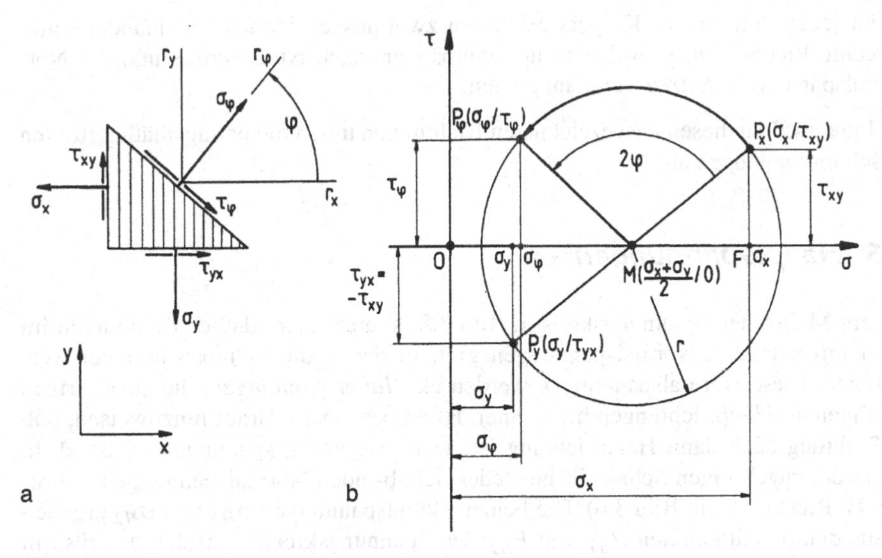

***Bild 3.8** Mohrscher Spannungskreis a) Lageplan b) Bildplan*

Das *Programm P3_2* erlaubt die Darstellung des Mohrschen Spannungskreises für den ebenen Spannungszustand, siehe Abschnitt 3.8.2.

Programm P3_2

Folgerungen aus dem Mohrschen Spannungskreis

Aus der Kreiseigenschaft können nachstehende Folgerungen abgeleitet werden:

- Die Bildpunkte zweier zueinander senkrechter Schnittrichtungen liegen auf einem Kreisdurchmesser.
- Die Summe der Normalspannungen in zueinander senkrechten Schnittrichtungen ist konstant:

$$\sigma_x + \sigma_y = \sigma_\varphi + \sigma_{\varphi+\pi/2} = const. \tag{3.12}$$

- Die einander zugeordneten Schubspannungen sind entgegengesetzt gleich groß:

$$\tau_{\varphi+\pi/2} = -\tau_\varphi \quad \text{speziell gilt} \quad \tau_{yx} = -\tau_{xy} \quad . \tag{3.13}$$

  Der scheinbare Widerspruch von Gleichung (3.6) und Gleichung (3.13) erklärt sich aus den unterschiedlichen Vorzeichendefinitionen für die Schubspannungen in Abschnitt 3.3 (Gesetz der zugeordneten Schubspannungen) und der Definition in Abschnitt 3.4.1 für den Mohrschen Spannungskreis.

- Die Spannungskomponenten zweier unter 180° zueinander liegenden Schnittrichtungen (Drehrichtung im Mohrschen Kreis 360°) sind identisch:

$$\sigma_{\varphi+\pi} = \sigma_\varphi \, , \; \tau_{\varphi+\pi} = \tau_\varphi \tag{3.14}$$

- Für jeden Punkt eines Körpers existieren zwei ausgezeichnete, zueinander senkrechte Richtungen, in welchen die Schubspannungen Null werden und die Normalspannungen *Extremwerte* annehmen.
- Unter ±45° zu diesen ausgezeichneten Richtungen treten die betragsmäßig größten Schubspannungen auf.

3.4.3 Hauptspannungen

Hauptspannungen

Aus dem Mohrschen Spannungskreis in Bild 3.8 ist abzulesen, daß es Richtungen im Bauteil mit extremen Normalspannungen gibt, in denen die Schubspannungen verschwinden. Diese Normalspannungen werden als *Hauptspannungen*, die zugehörigen Richtungen als Hauptrichtungen bezeichnet. Es ist besonders darauf hinzuweisen, daß eine Richtung auch dann Hauptrichtung ist, wenn sie völlig spannungsfrei ist, d. h. wenn in der zugehörigen Schnittfläche weder Schub- noch Normalspannungen auftreten (z. B. Richtung r_z in Bild 3.6). Die beiden Hauptspannungen σ_{H1} und σ_{H2} ergeben sich aus den Schnittpunkten P_{H1} und P_{H2} des Spannungskreises mit der σ-Achse in Bild 3.9, da in diesen Richtungen die Schubspannungen τ_{H1H2} und τ_{H2H1} zu Null werden.

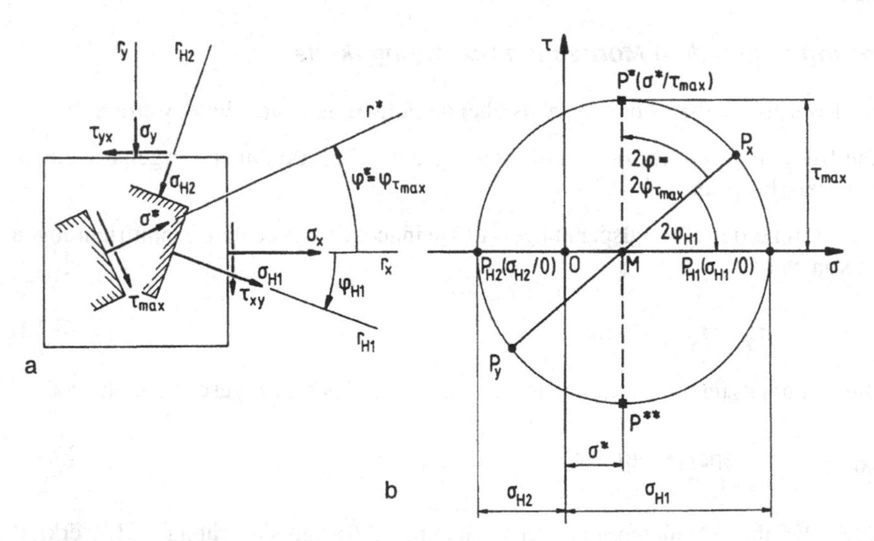

Bild 3.9 *Hauptspannungen im Mohrschen Spannungskreis*
a) Lageplan b) Bildplan

Die Richtung r_{H1} der ersten Hauptspannung im Bauteil kann mit Hilfe des Spannungskreises durch Entnahme des Winkels $2\varphi_{H1} = \angle(MP_x, MP_{H1})$ und Abtragen des Winkels $\varphi_{H1} = \angle(r_x, r_{H1})$ im gleichen Drehsinn im Lageplan ermittelt werden. Die zweite Hauptspannungsrichtung r_{H2} steht auf r_{H1} senkrecht, siehe Bild 3.9.

Rechnerisch ergeben sich die Hauptspannungen durch Addition bzw. Subtraktion der Strecke *OM* und des Radius $r \equiv MP_x$:

$$\sigma_{H1} = \frac{\sigma_x + \sigma_y}{2} + \sqrt{\left(\frac{\sigma_x - \sigma_y}{2}\right)^2 + \tau_{xy}{}^2} \tag{3.15}$$

$$\sigma_{H2} = \frac{\sigma_x + \sigma_y}{2} - \sqrt{\left(\frac{\sigma_x - \sigma_y}{2}\right)^2 + \tau_{xy}{}^2} \;. \tag{3.16}$$

Für isotropes Werkstoffverhalten stimmen die Hauptdehnungsrichtungen mit den Hauptspannungsrichtungen überein. Der Winkel zur *Hauptspannungsrichtung* r_{H1} kann aus dem rechtwinkligen Dreieck MFP_x in Bild 3.8 oder aus Gleichung (3.10) mit $\tau_\varphi = 0$ bestimmt werden:

Hauptspannungsrichtung

$$\varphi_{H1} = \frac{1}{2}\arctan\left(\frac{-2\tau_{xy}}{\sigma_x - \sigma_y}\right) , \tag{3.17}$$

mit $\varphi_{H1} = \angle(r_x, r_{H1})$. Analog zur Gleichung (2.11) und Tabelle 2.4 sind bei Anwendung der Gleichung (3.17) verschiedene Fälle zu unterscheiden, die entsprechend Tabelle 3.1 zu behandeln sind.

Tabelle 3.1 *Ermittlung des Winkels φ_{H1} der ersten Hauptrichtung*

Fall	σ_x-σ_y	τ_{xy}	ω_1	$\varphi_{H1} = \angle(r_x, r_{H1})$
1	+	0	0	
2	+	+	$\frac{1}{2}\arctan\left(\frac{-2\tau_{xy}}{\sigma_x-\sigma_y}\right)$	ω_1
3	0	+	-45°	
4	–	+	$\frac{1}{2}\arctan\left(\frac{-2\tau_{xy}}{\sigma_x-\sigma_y}\right)$	ω_1–90°
5	–	0	0	
6	–	–	$\frac{1}{2}\arctan\left(\frac{-2\tau_{xy}}{\sigma_x-\sigma_y}\right)$	ω_1+90°
7	0	–	45°	
8	+	–	$\frac{1}{2}\arctan\left(\frac{-2\tau_{xy}}{\sigma_x-\sigma_y}\right)$	ω_1

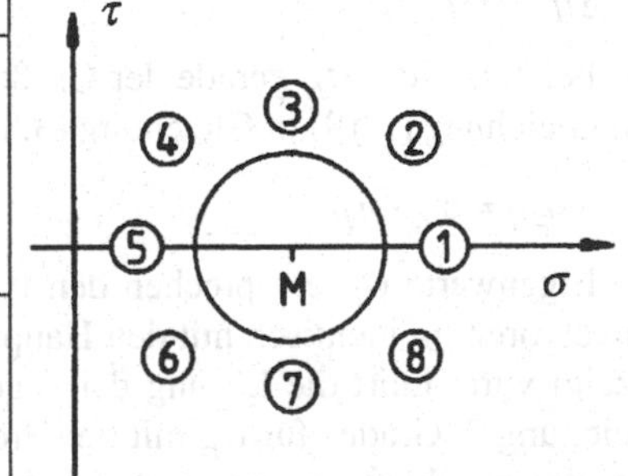

Maximale Schubspannungen

Die betragsmäßig *größten Schubspannungen* (im Bildplan in Bild 3.9 festgelegt durch P^* und P^{**}) entsprechen dem Kreisradius und ergeben sich somit aus Gleichungen (3.15) und (3.16) zu:

$$\tau_{\max} = \pm\sqrt{\left(\frac{\sigma_x - \sigma_y}{2}\right)^2 + \tau_{xy}{}^2} = \pm\left(\frac{\sigma_{H1} - \sigma_{H2}}{2}\right) \quad . \tag{3.18}$$

Es ist darauf hinzuweisen, daß die Gleichungen (3.9) bis (3.18) auch für den allgemeinen Fall gelten, bei dem in Richtung r_z eine Hauptspannung $\sigma_{H3} = \sigma_z \neq 0$ wirkt, siehe Bild 3.6.

Spannungskreis aus drei Normalspannungen

Sind die in einer Ebene liegenden drei Spannungen σ_a, σ_b und σ_c unter den Winkeln α, β und γ zur Richtung r_x gegeben, so läßt sich daraus der Mohrsche Spannungskreis durch analoges Vorgehen zur Konstruktion des Mohrschen Verformungskreises, vgl. Abschnitt 2.4.3, Bild 2.17, zeichnerisch bestimmen.

3.5 Allgemeiner Spannungszustand

3.5.1 Hauptspannungen

Liegt ein allgemeiner dreiachsiger oder räumlicher Spannungszustand entsprechend Bild 3.3 vor, so können die Hauptspannungen nicht wie in Abschnitt 3.4 bestimmt werden. Die Bestimmung der Hauptspannungsrichtungen führt auf das Problem, eine Schnittebene nach Bild 3.5 so zu ermitteln, daß in dieser Schnittebene keine Schubspannungen wirken. Folglich steht der Hauptspannungsvektor $\underline{s} = \underline{s}_H$ hier senkrecht auf der Schnittfläche, d. h. $\underline{s}_H$ ist ein skalares Vielfaches des Normalenvektors $\underline{n} = \underline{n}_H$. Mathematisch ausgedrückt bedeutet dies:

$$\underline{s}_H = \sigma_H \cdot \underline{n}_H \quad . \tag{3.19}$$

Hierbei entspricht σ_H gerade der Größe der gesuchten Hauptspannung. Das Einsetzen von Gleichung (3.19) in Gleichung (3.8) führt auf das *Eigenwertproblem*:

Eigenwertproblem

$$\underline{S} \cdot \underline{n}_H = \sigma_H \cdot \underline{n}_H \quad . \tag{3.20}$$

Die Eigenwerte σ_H entsprechen den Hauptspannungen, während die zugehörigen Eigenvektoren $\underline{n}_H$ identisch mit den Hauptspannungsrichtungen sind. Wie im *Anhang A4* gezeigt wird, führt die Lösung der Eigenwertaufgabe nach Gleichung (3.20) auf eine Gleichung 3. Grades für σ_H mit den drei reellen Lösungen σ_{H1}, σ_{H2} und σ_{H3}, woraus sich die zugehörigen zueinander orthogonalen Hauptspannungsrichtungen $\underline{n}_{H1}$, $\underline{n}_{H2}$ und $\underline{n}_{H3}$ ermitteln lassen.

Anhang A4

3.5.2 Darstellung des räumlichen Spannungszustandes

Es gibt zwei Möglichkeiten, den allgemeinen Spannungszustand für eine Stelle im Bauteil eindeutig festzulegen:

a) Im *x-y-z*-Koordinatensystem durch die sechs wesentlichen Spannungskomponenten der Spannungsmatrix nach Gleichung (3.7).

b) Wird zur Darstellung der Spannungsmatrix das aus den zueinander orthogonalen Hauptspannungsrichtungen (= Eigenvektoren von $\underline{S}$) aufgebaute *H1-H2-H3*-Hauptachsensystem zugrunde gelegt, so verschwinden die Schubspannungen. Die Spannungsmatrix $\underline{S}_H$ hat dann Diagonalgestalt, wobei die Hauptspannungen in der Hauptdiagonalen stehen:

$$\underline{S}_H = \begin{bmatrix} \sigma_{H1} & 0 & 0 \\ 0 & \sigma_{H2} & 0 \\ 0 & 0 & \sigma_{H3} \end{bmatrix} . \quad (3.21)$$

Im zum *x-y-z*-System gedrehten *H1-H2-H3*-Hauptachsensystem genügen somit die drei Hauptspannungen zur Festlegung des Spannungszustandes, siehe Bild 3.10.

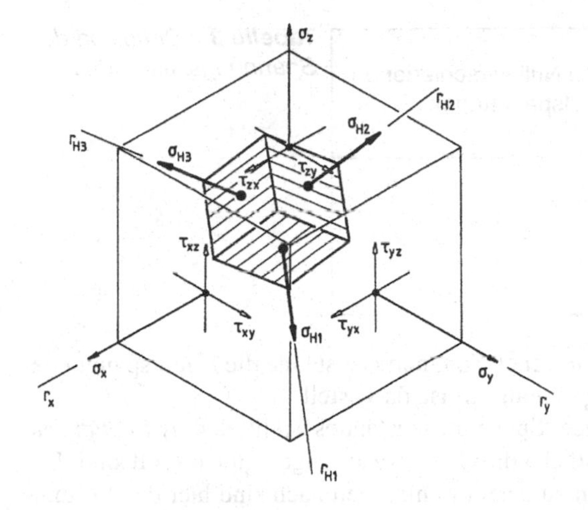

Bild 3.10 *Hauptspannungs-Würfelelement bei allgemeinem Spannungszustand*

Für das Hauptspannungs-Würfelelement kann durch Kombination der drei Spannungskreise für die Ebenen (r_{H1}, r_{H2}), (r_{H2}, r_{H3}), (r_{H3}, r_{H1}) der Beanspruchungszustand zeichnerisch dargestellt werden (Bild 3.11). Die für jede andere Schnittrichtung frei werdenden Spannungskomponenten σ und τ sind im Bildplan durch den Punkt *P* festgelegt. Für jede beliebige Schnittrichtung muß *P*, wie im *Anhang A5* gezeigt, innerhalb der in Bild 3.11 schraffierten, sichelförmigen Fläche liegen. Die zeichnerische Ermittlung der Schnittspannungen für eine beliebige Schnittrichtung im allgemeinen Fall wird ebenfalls im Anhang A5 vorgestellt.

Anhang A5

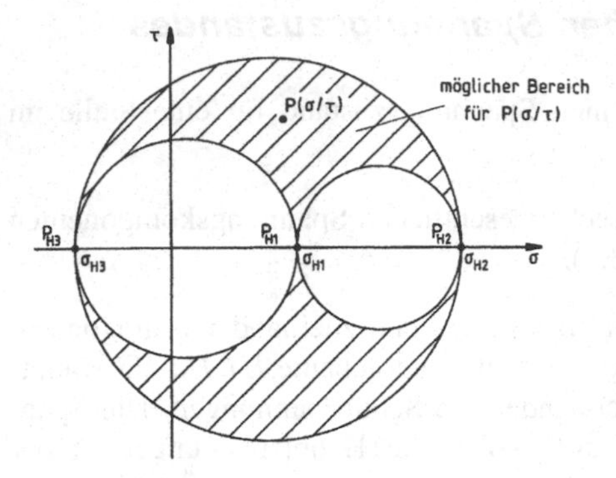

Bild 3.11 *Mohrsche Spannungskreise für den allgemeinen Spannungszustand mit Bereich möglicher Schnittspannungen (schraffiert)*

3.5.3 Definition des Spannungszustandes

Mit Hilfe der Hauptspannungen (und nur mit diesen!) läßt sich die „Mehrachsigkeit" des Spannungszustands an jeder Stelle des Bauteils festlegen. Man definiert den einachsigen, zweiachsigen und dreiachsigen Spannungszustand nach der Anzahl der von Null verschiedenen Hauptspannungen, siehe Tabelle 3.2 (vgl. auch Tabelle 4.2):

Tabelle 3.2 *Definition des Spannungszustandes*

Spannungszustand	Zahl der von Null verschiedenen Hauptspannungen
dreiachsig	3
zweiachsig	2
einachsig	1

In Tabelle 3.3 sind für die drei verschiedenen Spannungszustände die Hauptspannungs-Würfelelemente und Beispiele für Spannungskreise dargestellt.

Hydrostatischer Spannungszustand

Einen Sonderfall des dreiachsigen Spannungszustandes stellt der *hydrostatische Spannungszustand* dar, bei dem sämtliche drei Hauptspannungen gleich groß sind. Die drei Mohrschen Kreise entarten dann zu einem Punkt. Demnach sind hier die Normalspannungen in jeder Schnittebene gleich groß und die Schubspannungen verschwinden.

Für den technisch besonders wichtigen Fall des *zweiachsigen Spannungszustandes* (lastfreie Oberfläche) kann die größte Schubbeanspruchung grundsätzlich nicht allein aus dem durch P_{H1} und P_{H2} festgelegten Spannungskreis beurteilt werden. Hierzu ist die weitere Hauptspannung $\sigma_{H3} = 0$ (Punkt P_{H3}) heranzuziehen. Beispielsweise tritt in Tabelle 3.3 (mittlere Zeile) die größte Schubbeanspruchung nicht in der r_{H1}-r_{H2}-Ebene, sondern in der r_{H1}-r_{H3}-Ebene auf. Diese Tatsache ist bei der in Abschnitt 7.3 behandelten Schubspannungshypothese von großer Bedeutung.

Tabelle 3.3 *Hauptspannungswürfelelemente und Beispiele für Mohrsche Spannungskreise für unterschiedliche Spannungszustände*

Spannungszustand	Hauptspannungs-würfelelement	Mohrsche Spannungskreise
dreiachsig	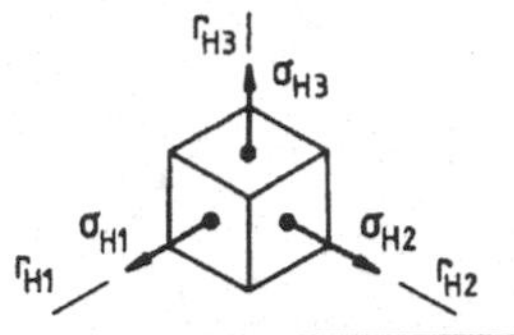	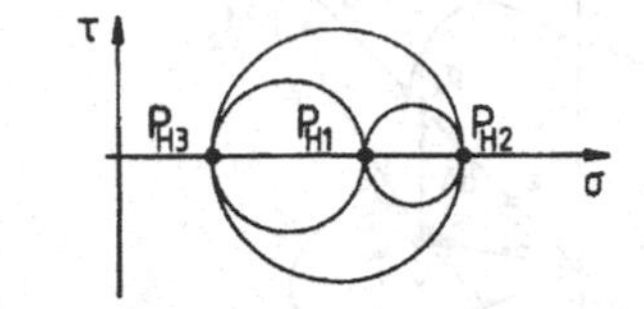
zweiachsig	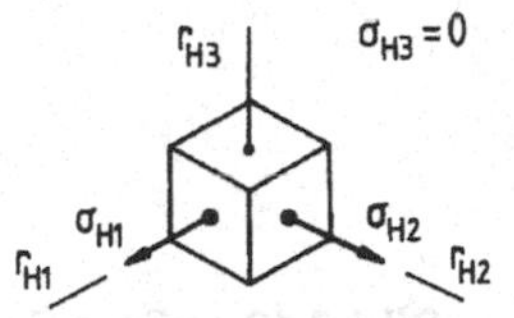	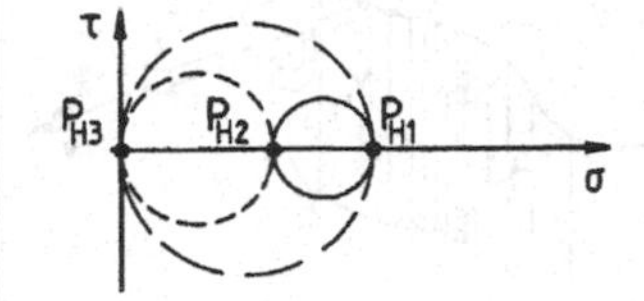
einachsig	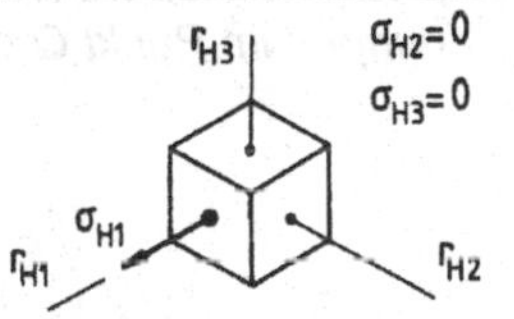	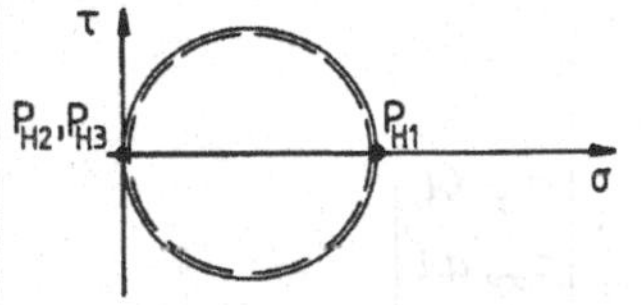

3.6 Zusammenhang zwischen Schnittspannungen und äußerer Belastung

Da die Schnittspannungen in einem Bauteil von der äußeren Belastung hervorgerufen werden und dieser das Gleichgewicht halten, können bei bekanntem Schnittspannungsverlauf die zugehörigen Lastkomponenten rechnerisch ermittelt werden. Im Punkt Q einer Bauteilschnittfläche A, siehe Bild 3.12, ist der Zusammenhang zwischen dem differentiellen Schnittkraftvektor $d\underline{F}$, dem Spannungsvektor $\underline{s}$ und dem Flächenelement dA entsprechend Gleichung (3.1) gegeben durch die Vektorgleichung

$$d\underline{F} = \underline{s}\; dA \quad . \tag{3.22}$$

Die Momentenwirkung von $d\underline{F}$ bezüglich des Ursprungs O berechnet sich mit dem Ortsvektor $\underline{r}_Q$ aus dem Kreuzprodukt:

$$d\underline{M} = \underline{r}_Q \times d\underline{F} \quad . \tag{3.23}$$

Die gesamte äußere Belastung, d. h. die integralen Schnittgrößen, erhält man durch Integration der Gleichungen (3.22) und (3.23) über die Schnittfläche A. In Komponentenschreibweise ergibt sich:

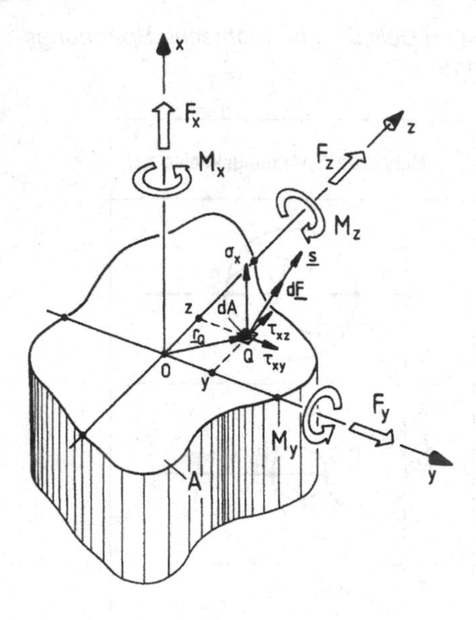

Bild 3.12 *Äußere Belastung und Spannungen im Punkt Q einer Schnittfläche A*

$$\begin{bmatrix} F_x \\ F_y \\ F_z \end{bmatrix} = \int_A \begin{bmatrix} \sigma_x \, dA \\ \tau_{xy} \, dA \\ \tau_{xz} \, dA \end{bmatrix} \tag{3.24}$$

und

$$\begin{bmatrix} M_x \\ M_y \\ M_z \end{bmatrix} = \int_A \begin{bmatrix} 0 \\ y \\ z \end{bmatrix} \times \begin{bmatrix} \sigma_x \, dA \\ \tau_{xy} \, dA \\ \tau_{xz} \, dA \end{bmatrix} = \int_A \begin{bmatrix} y \cdot \tau_{xz} \, dA - z \cdot \tau_{xy} \, dA \\ z \cdot \sigma_x \, dA \\ -y \cdot \sigma_x \, dA \end{bmatrix} . \tag{3.25}$$

Aus den Vektorgleichungen (3.24) und (3.25) ergeben sich die folgenden skalaren Beziehungen für die äußeren Belastungsgrößen:

- Normalkraft

$$F_x = \int_A \sigma_x \, dA \tag{3.26}$$

- Querkräfte

$$F_y = \int_A \tau_{xy} \, dA \, , \quad F_z = \int_A \tau_{xz} \, dA \tag{3.27}$$

- Drehmoment

$$M_x = \int_A \left(y \cdot \tau_{xz} - z \cdot \tau_{xy} \right) dA \tag{3.28}$$

- Biegemomente

$$M_y = \int_A z \cdot \sigma_x \, dA \,, \quad M_z = -\int_A y \cdot \sigma_x \, dA \tag{3.29}$$

Eine Anwendung dieser Gleichungen wird in Musterlösung 3.10.2 gezeigt.

3.7 Zusammenfassung

- Spannungen sind auf die (meist kleine) Schnittfläche bezogenen Schnittkräfte.
- Der senkrecht auf der Schnittfläche wirkende Anteil einer Spannung heißt Normalspannung σ.
- Der in der Schnittfläche wirkende Anteil einer Spannung heißt Schubspannung τ.
- Der allgemeine Spannungszustand ist durch drei Normalspannungen und sechs Schubspannungen (bzw. drei voneinander unabhängige Schubspannungen) gekennzeichnet.
- Es gibt drei zueinander senkrechte Richtungen, in denen die Normalspannungen Extremwerte annehmen (Hauptspannungen) und die Schubspannungen verschwinden. Die Schubspannungen erreichen unter ±45° zu diesen Richtungen ihre Extremwerte.
- Die Spannungskomponenten für jede Richtung mit Normalenvektor in dieser Ebene lassen sich rechnerisch oder zeichnerisch mit Hilfe des Mohrschen Spannungskreises bestimmen.

3.8 Rechnerprogramme

3.8.1 Schnittspannungen am Würfelelement (Programm P3_1)

Grundlagen

Liegt ein allgemeiner räumlicher Spannungszustand vor (Spannungsmatrix $\underline{S}$), so gewinnt man für eine beliebige Schnittrichtung $\underline{n}$ den Spannungsvektor $\underline{s}$ aus dem Produkt $\underline{S} \cdot \underline{n}$, siehe Gleichung (3.8). Der Spannungsvektor $\underline{s}$ läßt sich in seine natürlichen

Komponenten $\underline{s}_n$ und $\underline{s}_t$ zerlegen, Gleichung (3.2) bis (3.4). Im räumlichen Fall gibt es drei ausgezeichnete, zueinander orthogonale Schnittebenen mit Normalenvektoren $\underline{n}_{H1}$, $\underline{n}_{H2}$ und $\underline{n}_{H3}$, in denen die Schubspannungen verschwinden und die Normalspannungen die Extremwerte σ_{H1}, σ_{H2} und σ_{H3} erreichen, siehe Anhang A4.

Programmbeschreibung

Zweck des Programms: Schnittspannungen am Würfelelement
Berechnung der Hauptspannungen und -richtungen

Programmstart: «FEST» und Auswahl von «P3_1»

Eingabedaten: Sämtliche Spannungskomponenten der Spannungsmatrix $\underline{S}$
Komponenten des (nicht normierten) Normalenvektors $\underline{n}$ einer Schnittebene

Ergebnisse (Bild 3.13): Spannungsvektor $\underline{s}$
Natürliche Komponenten $\underline{s}_n$ und $\underline{s}_t$ des Spannungsvektors
Hauptspannungen σ_{H1}, σ_{H2} und σ_{H3}
Normalenvektoren der Hauptrichtungen $\underline{n}_{H1}$, $\underline{n}_{H2}$ und $\underline{n}_{H3}$

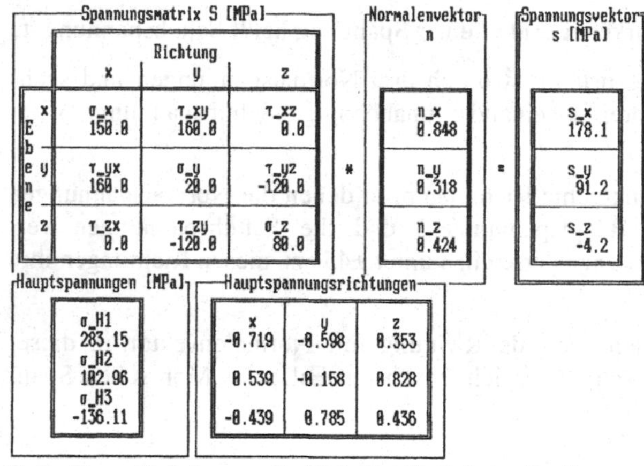

Bild 3.13 *Beispiel einer Auswertung mit Programm P3_1 (Räumliche Schnittspannungen und Hauptspannungen)*

3.8.2 Mohrscher Spannungskreis (Programm P3_2)

Grundlagen

Mit den drei Spannungskomponenten σ_x, σ_y, τ_{xy} ist ein (in x-y) ebener Spannungszustand (wie er an lastfreien Bauteiloberflächen auftritt) vollständig bestimmt. Für jede andere Schnittrichtung r_φ ($\varphi = \angle(r_x, r_\varphi)$) lassen sich die Schnittspannungen σ_φ und τ_φ mit den Gleichungen (3.9) und (3.10) ermitteln. Weiterhin kann man mit den Gleichungen (3.15) bis (3.17) und Tabelle 3.1 die Hauptspannungen σ_{H1}, σ_{H2} sowie die Winkel der Hauptrichtungen φ_{H1}, φ_{H2} berechnen. Mit Hilfe des Mohrschen Spannungskreises ist es möglich, die Spannungskomponenten für eine beliebige Schnittrichtung oder die extremen Spannungen auch grafisch zu gewinnen, siehe Abschnitt 3.4.2.

Programmbeschreibung

Zweck des Programms:	Mohrscher Spannungskreis Spannungen in beliebiger Schnittrichtung Größe und Richtung der Hauptspannungen
Programmstart:	«FEST» und Auswahl von «P3_2»
Eingabedaten:	Spannungskomponenten σ_x, σ_y, τ_{xy} Winkel φ für beliebige Schnittrichtung r_φ Zeichenmaßstab für Spannungskreis
Ergebnisse:	Mohrscher Spannungskreis (siehe Bild 3.14) Spannungen σ_φ und τ_φ Hauptspannungen σ_{H1}, σ_{H2} Winkel der Hauptrichtungen φ_{H1}, φ_{H2}

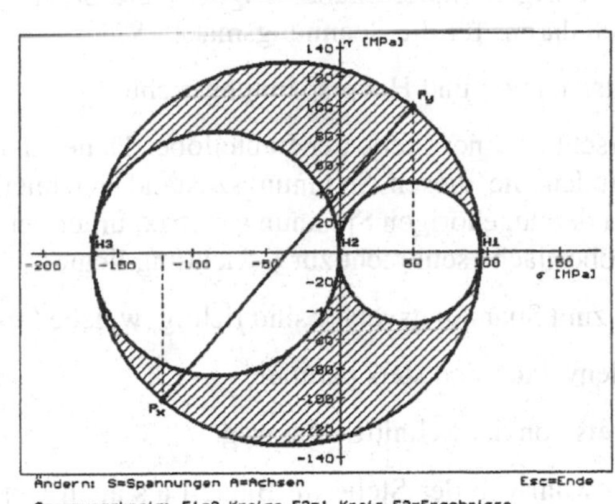

Bild 3.14 *Beispiel einer Auswertung mit Programm P3_2 (Mohrscher Spannungskreis)*

3.9 Verständnisfragen

1. Welche beiden Spannungsarten gibt es und wie sind sie festgelegt?

2. Weshalb ist nicht die Schnittkraft, sondern der Spannungsvektor ein Maß für die Beanspruchung an einer Schnittstelle?

3. An einer Schnittstelle Q wurde ein kleiner Schnitt mit $\Delta A_Q = 0{,}25\ mm^2$ geführt. Die Richtung der Schnittebene ist durch den Normaleneinheitsvektor $\underline{n}_Q = [0{,}5345;\ -0{,}8018;\ -0{,}2673]^T$ definiert. Berechnen Sie den Spannungsvektor und ermitteln Sie daraus Schub- und Normalspannung, wenn $\Delta \underline{F}_Q = [5;\ -8;\ 15]^T$ N ist.

4. Zeigen Sie an einem Würfelelement die Lage der Spannungskomponenten τ_{yz}, τ_{xy} und σ_y.

5. Ist eine vektorielle Addition der drei Spannungskomponeten τ_{yx}, τ_{yz}, σ_y möglich? Wenn ja, wie läßt sich der erhaltene Summenvektor bei bekannter Spannungsmatrix $\underline{S}$ berechnen?

6. Kennzeichnen Sie an einem Würfelelement einander zugeordnete Schubspannungen durch gleiche Farben. Welche Eigenschaften haben zugeordnete Schubspannungen? Welche Folge ergibt sich daraus für die Spannungsmatrix $\underline{S}$?

7. Erläutern Sie die Begriffe Hauptspannung und Hauptspannungsrichtung.

8. Welcher Spannungszustand herrscht an einer Stelle der Bauteiloberfläche, an der keine Last eingeleitet wird? Stellen Sie diesen Spannungszustand zeichnerisch dar. Beschreiben Sie den Aufbau der zugehörigen Spannungsmatrix, unter der Annahme, daß die lastfreie Bauteiloberfläche senkrecht zur y-Richtung liegt.

9. Welche der folgenden Aussagen zum Spannungsvektor sind richtig, welche falsch?
   - Spannungsvektor und Normalenvektor sind stets parallel
   - Der Spannungsvektor weist stets von der Schnittfläche weg.
   - Der Spannungsvektor hängt sowohl von der Stelle im Bauteil als auch von der gewählten Schnittrichtung ab.
   - Liegen bei einer bestimmten Schnittrichtung Spannungsvektor und Normalenvektor parallel, so ist damit die Bauteilebene mit der maximalen Schubbeanspruchung gefunden.
   - An einer Bauteiloberfläche herrsche ein ebener Spannungszustand. Die beiden Schnittebenen, in welchen die betragsmäßig größten Schubspannungen wirken, werden unter den Winkeln $\varphi^* = +20°$ und $\varphi^{**} = -70°$ zur x-Richtung festgestellt. Behauptung: Die Schnittebene unter -25° zur x-Richtung ist schubspannungsfrei. (Hinweis: Verwenden Sie zur Lösung den Mohrschen Spannungskreis).

10. An einer Schnittstelle Q herrscht ein ebener Spannungszustand mit $\sigma_x = 30\ MPa$, $\sigma_y = 100\ MPa$ und $\tau_{yx} = -75\ MPa$. Ermitteln Sie rechnerisch und zeichnerisch die Hauptspannungen und die Hauptspannungsrichtungen sowie die größte Schub-

spannung. Welche Spannungen treten in einer Schnittebene mit einer Normalen unter dem Winkel von 77° zur y-Richtung auf?

11. Weisen Sie durch Elimination von φ nach, daß die Gleichungen (3.9) und (3.10) einen Kreis mit dem unter Gleichung (3.11) angegebenen Mittelpunkt und Radius darstellen.

12. Ein Spannungszustand in (x, y) ist festgelegt durch:

$\sigma_x = 70\ MPa$ $\quad$ $\sigma_y = -50\ MPa$

$\tau_{xy} = -30\ MPa$ $\quad$ $\sigma_z = 60\ MPa$

$\tau_{zx} = \tau_{zy} = 0.$

Ermitteln Sie die drei Hauptspannungen σ_{H1}, σ_{H2}, σ_{H3}. Wie liegen die Schnittflächen des Hauptspannungswürfels? Charakterisieren Sie den Spannungszustand durch Zeichnen der drei Mohrschen Spannungskreise.

13. Die Spannungsmatrix in einem Punkt Q ist gegeben durch

$$\underline{S} = \begin{bmatrix} 35 & 20 & -10 \\ 20 & -20 & 5 \\ -10 & 5 & 40 \end{bmatrix} MPa \quad .$$

Bestimmen Sie den Spannungsvektor auf der durch Q gehenden Ebene, die parallel zur Fläche ABC in Bild 3.15 ist. Ermitteln Sie die Normal- und Schubspannungskomponenten des Spannungsvektors.

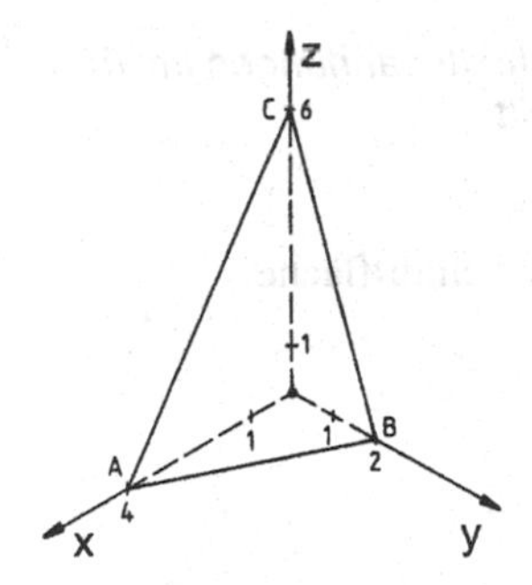

Bild 3.15 *Schnittebene*

14. Ein Spannungszustand ist definiert durch die Spannungsmatrix

$$\underline{S} = \begin{bmatrix} \sigma_x & \tau_{xy} & \tau_{xz} \\ \tau_{yx} & \sigma_y & \tau_{yz} \\ \tau_{zx} & \tau_{zy} & \sigma_z \end{bmatrix} = \begin{bmatrix} 50 & 20 & 15 \\ 20 & 20 & -45 \\ 15 & -45 & -30 \end{bmatrix} MPa \quad .$$

a) Ermitteln Sie die Hauptspannungen σ_{H1}, σ_{H2}, σ_{H3}.
b) Geben Sie die Einsvektoren $\underline{n}_{H1}$, $\underline{n}_{H2}$ und $\underline{n}_{H3}$ der drei Hauptrichtungen an.

c) Stellen Sie die Spannungsmatrix $\underline{S}$ in Koordinaten des aus den Hauptrichtungsvektoren $\underline{n}_{H1}$, $\underline{n}_{H2}$ und $\underline{n}_{H3}$ aufgebauten Hauptachsensystems dar.

d) Ermitteln Sie den Normaleinheitsvektor $\underline{n}^*$ der Schnittebene in der die größte Schubspannung τ_{max} liegt, und berechnen Sie τ_{max}. Hinweis: Beachten Sie Anhang A4.

15. Im rechteckigen Querschnitt eines Trägers ($b = 30\ mm$, $h = 50\ mm$) treten die Schnittspannungen σ_x, τ_{xy}, τ_{xz} auf, Bild 3.16. Die Verteilung dieser Spannungen wird beschrieben durch die Beziehungen

$$\tau_{xz}(y,z) = 400\ MPa \cdot \frac{z}{50\ mm}\left(1 - \frac{z}{50\ mm}\right), \quad \tau_{xy}(y,z) = 300\ MPa \cdot \frac{z}{30\ mm}\left(1 - \frac{z}{30\ mm}\right)$$

$$\sigma_x(y,z) = 50\ MPa\left(5 + 3 \cdot \frac{y}{30\ mm} - 10 \cdot \frac{z}{50\ mm}\right).$$

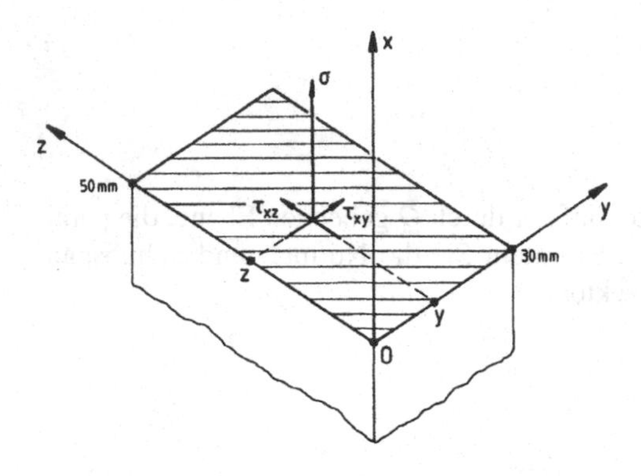

Bild 3.16 *Schnittspannungen im Trägerquerschnitt*

a) Skizzieren Sie die Spannungsverteilungen.

b) Ermitteln Sie durch Integration die Reaktionen in der Schnittfläche.

3.10 Musterlösungen

3.10.1 Schnittspannungen bei ebenem Spannungszustand

Der ebene Spannungszustand eines Bauteils ist entsprechend Bild 3.17 durch die Spannungskomponenten σ_x, σ_y, τ_{xy} festgelegt.

a) Zeichnen Sie den dazugehörigen Mohrschen Spannungskreis.

b) Bestimmen Sie rechnerisch und zeichnerisch die Hauptspannungen und die zugehörigen Hauptspannungsrichtungen.

c) Geben Sie Größe und Richtung der größten Schubspannungen an.

d) Zeichnen Sie lagerichtig den Hauptspannungswürfel und den Würfel mit der größten Schubbeanspruchung mit den angreifenden Spannungen.

e) Wie groß sind die Schnittspannungen unter $\varphi = 30°$ zur x-Richtung (zeichnerische und rechnerische Lösung)?

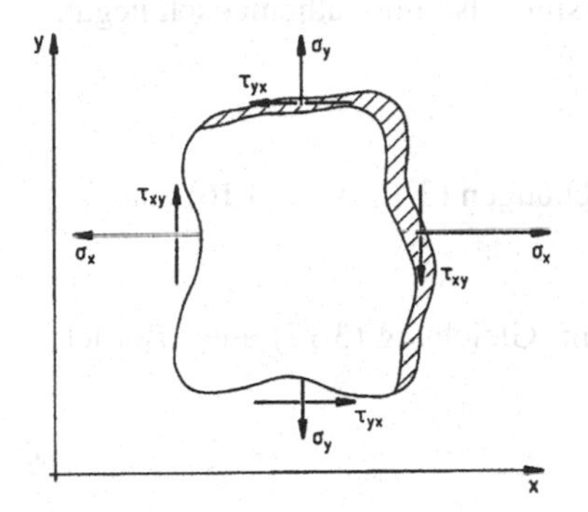

$\sigma_x = 120$ MPa
$\sigma_y = 40$ MPa
$\tau_{xy} = 80$ MPa

Bild 3.17 *Schnittelement unter ebenem Spannungszustand*

Lösung

a) Der Mohrsche Spannungskreis wird nach Abschnitt 3.4.2 konstruiert und ist in Bild 3.18 dargestellt.

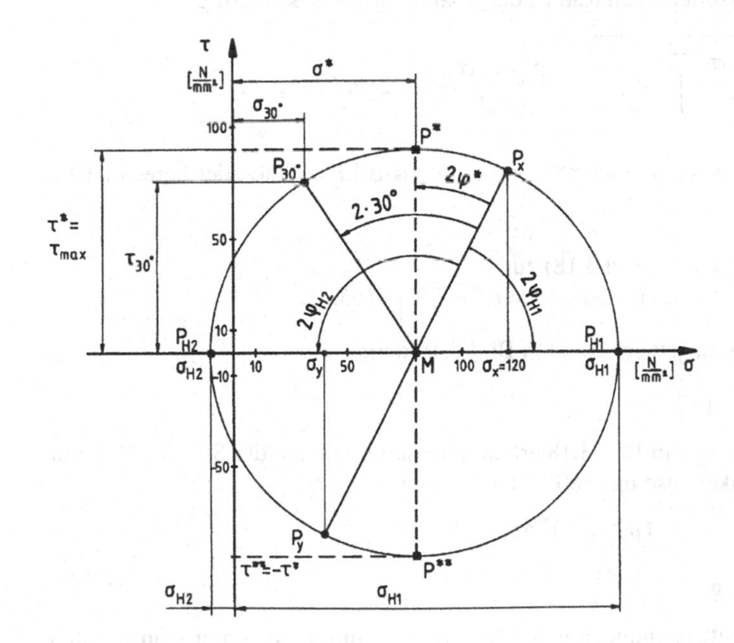

Bild 3.18 *Mohrscher Spannungskreis*

b) Zeichnerische Lösung:

Aus dem Mohrschen Spannungskreis in Bild 3.18 liest man ab:

$\sigma_{H1} = 170\ MPa$ $\varphi_{H1} = -31{,}5°$,
$\sigma_{H2} = -9{,}5\ MPa$ $\varphi_{H2} = 58{,}5°$.

Der Winkel φ_{H1} von der Richtung r_x zur Richtung der Hauptspannungen σ_{H1} ist negativ, da die Drehung von r_x zu r_{H1} im Uhrzeigersinn, also im mathematisch negativen Drehsinn erfolgt.

Rechnerische Lösung:

Die Hauptspannungen ergeben sich mit den Gleichungen (3.15) und (3.16) zu:

$\sigma_{H1} = 169{,}4\ MPa,$ $\sigma_{H2} = -9{,}4\ MPa$.

Die Hauptspannungsrichtungen berechnet man mit Gleichung (3.17) unter Berücksichtigung von Tabelle 3.1 (Fall 2) zu:

$$\varphi_{H1} = \omega_1 = \frac{1}{2}\arctan(-2) = -31{,}7°$$

Mit $\varphi_{H2} = \varphi_{H1} + 90°$ erhält man $\varphi_{H2} = 58{,}3°$.

c) Die größte Schubspannung τ_{max} und die zugehörigen Richtungen können erneut zeichnerisch aus Bild 3.18 als auch rechnerisch bestimmt werden. Die maximale Schubspannung entspricht dem Radius des Spannungskreises, somit gilt:

$$\tau_{\max} = \pm\sqrt{\left(\frac{\sigma_x - \sigma_y}{2}\right)^2 + \tau_{xy}^{\ 2}} = \pm\frac{\sigma_{H1} - \sigma_{H2}}{2} = \pm 89{,}4\ MPa \quad .$$

Die zugehörigen Winkel φ^* und φ^{**} liest man aus Bild 3.18 ab oder berechnet sie aus

$2\varphi^* = 2\varphi_{H1} + 90°$ (siehe Bild 3.18) zu
$\varphi^* = (-31{,}7° + 45°) = 13{,}3°$ und $\varphi^{**} = \varphi^* + 90° = 103{,}3°$.

d) Die gesuchten Spannungswürfel sind in Bild 3.19 dargestellt.

e) Zeichnerische Lösung:

Den Punkt P_{30} (σ_{30}/τ_{30}) in Bild 3.18 erhält man durch Drehen der Strecke MP_x mit dem doppelten Winkel, also um +60°. Man liest ab:

$\sigma_{30} = 31\ MPa,$ $\tau_{30} = 75\ MPa.$

Rechnerische Lösung:

Die gesuchten Schnittspannungen unter 30° zur x-Richtung bestimmt man mit den Gleichungen (3.9) und (3.10) zu:

$\sigma_{30} = 30{,}7\ MPa,$ $\tau_{30} = 74{,}6\ MPa$.

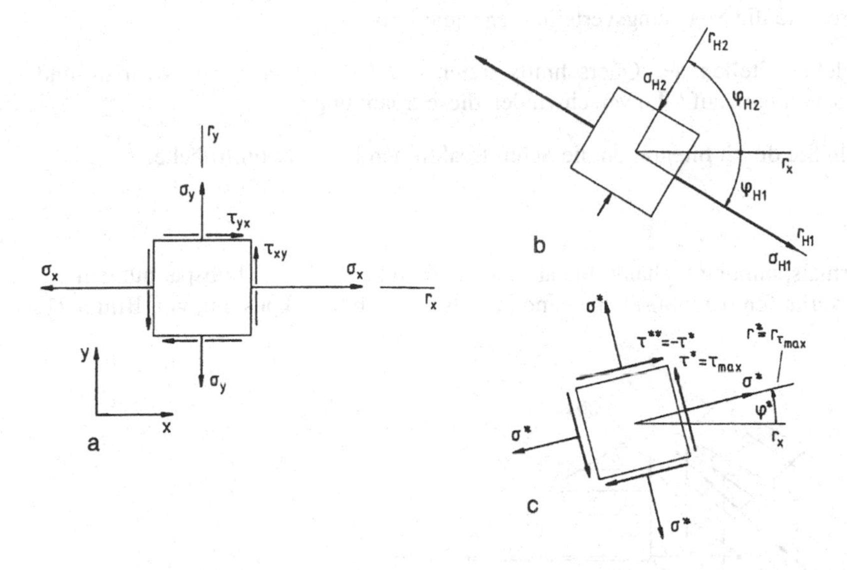

***Bild 3.19** Schnittspannungen an unterschiedlichen Würfelelementen*
a) x-y-Element b) Hauptspannungselement c) Element maximaler Schubspannungen

3.10.2 Schnittreaktionen in einem Balkenquerschnitt

In der Schnittfläche A eines belasteten Balkens mit Rechteckquerschnitt ($b = 50\ mm$, $h = 30\ mm$), vgl. Bild 3.20, lassen sich die Spannungsverläufe der Normal- und Schubspannungen wie folgt beschreiben:

$$\sigma_x(y,z) = (60 + 6\,\frac{1}{mm}\cdot z - 1{,}04\,\frac{1}{mm}\cdot y)\ MPa$$

$$\tau_{xz}(y,z) = 75\left[1-\left(\frac{z}{h/2}\right)^2\right] MPa\ ,\ \tau_{xy}(y,z) = 50\left[1-\left(\frac{y}{b/2}\right)^2\right] MPa$$

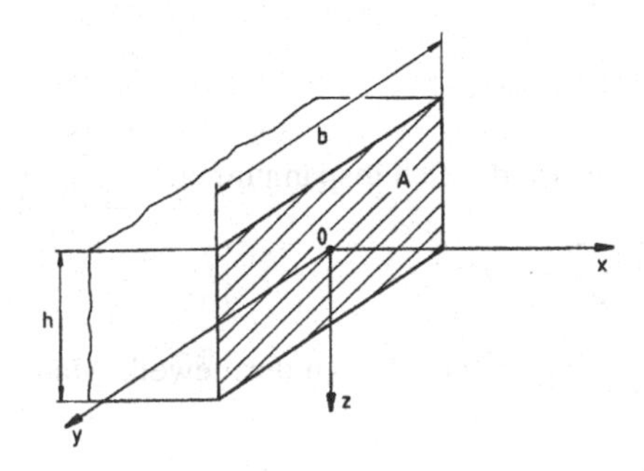

***Bild 3.20** Schnittfläche des Balkens mit Rechteckquerschnitt*

a) Skizzieren Sie die Spannungsverteilungen (qualitativ).

b) An welchen Stellen des Querschnitts treten die Extremwerte der Normal- und Schubspannungen auf? Wo verschwinden diese Spannungen?

c) Ermitteln Sie durch Integration die Schnittreaktionen in der Schnittfläche.

Lösung

a) Die Normalspannung σ_x hängt linear von y und von z ab. Die Schubspannungen τ_{xy} und τ_{xz} verlaufen parabolisch und sind jeweils über z bzw. y konstant, vgl. Bild 3.21.

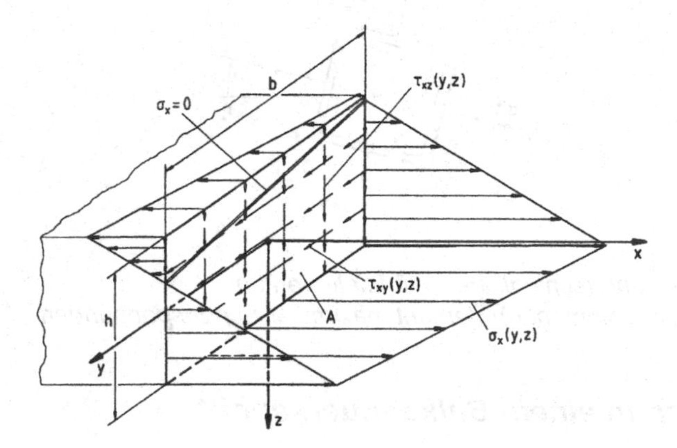

***Bild 3.21** Schnittspannungen in der Schnittfläche A*

b) Wegen der Linearität von σ_x bezüglich y und z können Extremwerte der Normalspannung nur an den Eckpunkten, d. h. für $y = \pm h/2$, $z = \pm b/2$ auftreten. Einsetzen in die Bestimmungsgleichung für σ_x liefert:

$$\sigma_{x\min} = \sigma_x\left(y = +\frac{b}{2}, z = -\frac{h}{2}\right) = -56\ MPa,$$

$$\sigma_{x\max} = \sigma_x\left(y = -\frac{b}{2}, z = +\frac{h}{2}\right) = +176\ MPa\quad .$$

Für den geometrischen Ort verschwindender Normalspannungen erhält man aus der Bedingung $\sigma_x = 0$ die Geradengleichung, siehe Bild 3.21:

$$z = \frac{1}{6}(1{,}04y - 60)\quad .$$

Aus den notwendigen Bedingungen für Extremwerte der Schubspannungen

$$\frac{d}{dz}\tau_{xz} = -150 \cdot \frac{z}{h/2} = 0 \quad , \quad \frac{d}{dy}\tau_{xy} = -100 \cdot \frac{y}{h/2} = 0$$

erhält man $z = y = 0$. Da $d^2\tau_{xz}/dx^2 < 0$ und $d^2\tau_{xy}/dy^2 < 0$ ist, liegen dort jeweils Maximalwerte vor:

$$\tau_{xz\max} = \tau_{xz}(z=0) = 75\ MPa,\ \tau_{xy\max} = \tau_{xy}(y=0) = 50\ MPa\quad .$$

Die Minimalwerte der Schubspannungen an den Rändern sind mit den Nullstellen identisch:

$$\tau_{xz\min} = \tau_{xz}(z = \pm h/2) = 0\ MPa\ ,\ \tau_{xy\min} = \tau_{xy}(y = \pm b/2) = 0\ MPa\ .$$

c) Die Reaktionen in der Schnittfläche ergeben sich durch Integration der Schnittspannungen über die Schnittfläche gemäß den Gleichungen (3.26) bis (3.29):

Kräfte:

$$F_x = \int_{z=-h/2}^{h/2} \int_{y=-b/2}^{b/2} \left(60 + 6\frac{1}{mm}z - 1{,}04\frac{1}{mm}y\right) MPa\ dy\ dz = \int_{z=-h/2}^{h/2} (60\,b + 6\,bz)\,dz = 90\ kN$$

$$F_y = \int_{y=-b/2}^{+b/2} \tau_{xy}(y)\,h\,dy = \int_{y=-b/2}^{+b/2} 50\left[1 - \left(\frac{y}{b/2}\right)^2\right] MPa \cdot h\,dy = 50\ kN$$

$$F_z = \int_A \tau_{xz}(y,z)dA = 75\ kN$$

Momente:

$$M_x = \int_A \tau_{xz} \cdot y\ dA - \int_A \tau_{xy} \cdot z\ dA = 0$$

$$M_y = \int_{z=-h/2}^{+h/2} \int_{y=-b/2}^{+b/2} (60 + 6z + 1{,}04\,y)\,z\,d\,y\ dz = \int_{z=-h/2}^{+h/2} \left(60\,bz + 6\,bz^2\right) dz = 675\ Nm$$

$$M_z = \int_{z=-h/2}^{+h/2} \int_{y=-b/2}^{+b/2} (60 + 6z + 1{,}04\,y)\,y\ dy\ dz = +\int_{z=-h/2}^{+h/2} 1{,}04\,\frac{2}{3}\frac{b^3}{8}\,dz = 325\ Nm\quad .$$

KAPITEL 4

Linear-elastisches Werkstoffverhalten

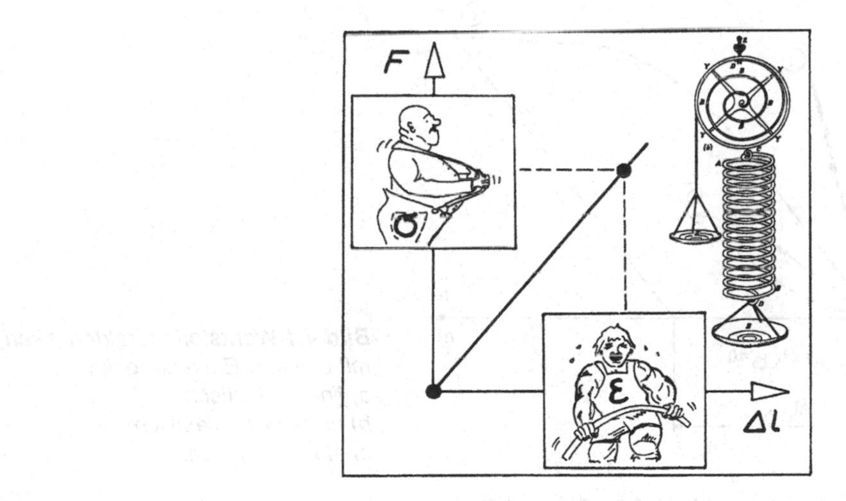

Werkstoffverhalten

Unter *Werkstoffverhalten* versteht man die Art und Weise wie ein Werkstoff auf eine von außen aufgebrachte Belastung reagiert. Als Folge der äußeren Belastung kommt es einerseits zu einer Verformung des Werkstoffs, andererseits entstehen im Werkstoff Spannungen, also innere Beanspruchungen. Die Zusammenhänge zwischen diesen in den beiden vorherigen Kapiteln beschriebenen Größen, den Verformungen und den Spannungen im linear-elastischen Bereich, sollen in diesem Kapitel beschrieben werden.

4.1 Hookesches Gesetz für den einachsigen Spannungszustand

In Bild 4.1 sind einige typische Last-Verlängerungs- bzw. Spannungs-Dehnungs-Verläufe bei einachsiger Beanspruchung dargestellt. Dieser Zusammenhang wird mit Werkstoffgesetz oder Werkstoffcharakteristik bezeichnet.

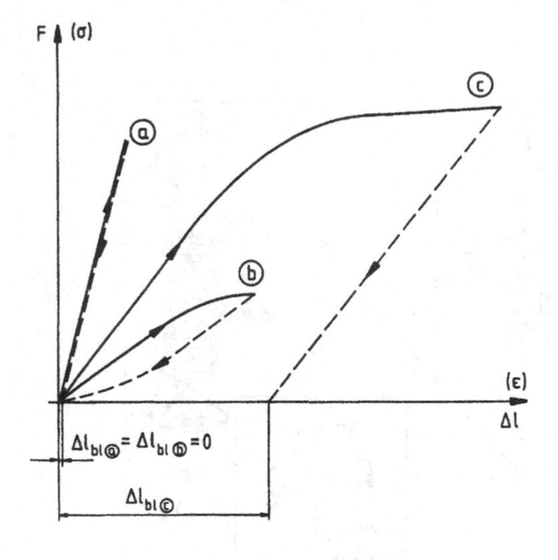

Bild 4.1 *Werkstoffcharakteristiken mit Be- und Entlastungslinie*
a) linear-elastisch
b) nichtlinear-elastisch
c) elastisch-plastisch

Entsprechend dem Verlauf der Be- und Entlastungskurve unterscheidet man bei Metallen

- elastisches Werkstoffverhalten
- elastisch-plastisches Werkstoffverhalten.

Beim elastischen Verhalten geht die Verformung nach vollständiger Entlastung auf Null zurück (Fälle a und b in Bild 4.1), während beim elastisch-plastischen Verhalten nach Entlastung eine bleibende Verformung Δl_{bl} auftritt (Fall c).

Von besonderer Bedeutung für die Festigkeitsberechnung ist Fall a, bei welchem Be- und Entlastungslinie linear und identisch sind. Weist ein Werkstoff dieses Verhalten auf, so spricht man von einem *linear-elastischen Werkstoffverhalten*, welches sich dadurch auszeichnet, daß in jeder Beanspruchungsphase Spannungen und Verformungen zueinander proportional sind, d. h. $F \sim \Delta l$ bzw. $\sigma \sim \varepsilon$.

Linear-elastisches Werkstoffverhalten

Dieser Zusammenhang wurde erstmals 1676 von dem englischen Physiker Robert Hooke (1635–1693) als Anagramm mit der Lösung „ut tensio sic vis" veröffentlicht [89], siehe auch Baumann [44]. Die Originalanordnung von Hooke ist im Titelbild zu diesem Kapitel dargestellt, Timoshenko [184].

Führt man als Proportionalitätskonstante E ein, ergibt sich das *Hookesche Gesetz* für den einachsigen Spannungszustand:

Hookesches Gesetz

$$\sigma = E \cdot \varepsilon \quad . \tag{4.1}$$

4.1.1 Elastizitätsmodul

Die Proportionalitätskonstante E in Gleichung (4.1) heißt *Elastizitätsmodul* oder kurz E-Modul. Nach dem englischen Physiker, Arzt und Ägyptologen Young (1773–1829) [192] wird, besonders in der angelsächsischen Literatur, auch der Begriff *Young´s Modulus* verwendet. Der E-Modul besitzt die Dimension einer Spannung. Er kennzeichnet den Zusammenhang $\sigma(\varepsilon)$ zwischen Dehnung und Spannung im linear-elastischen Bereich. Der Elastizitätsmodul entspricht der in bezogenen Größen ausgedrückten Federkonstanten des elastisch beanspruchten Werkstoffs. Geometrisch läßt er sich gemäß Bild 4.2 als Steigung der (Hookeschen) Geraden im σ-ε-Diagramm interpretieren und wird demnach wie folgt definiert:

Elastizitätsmodul

Young´s Modulus

$$E \equiv \frac{\Delta\sigma_{el}}{\Delta\varepsilon_{el}} \quad . \tag{4.2}$$

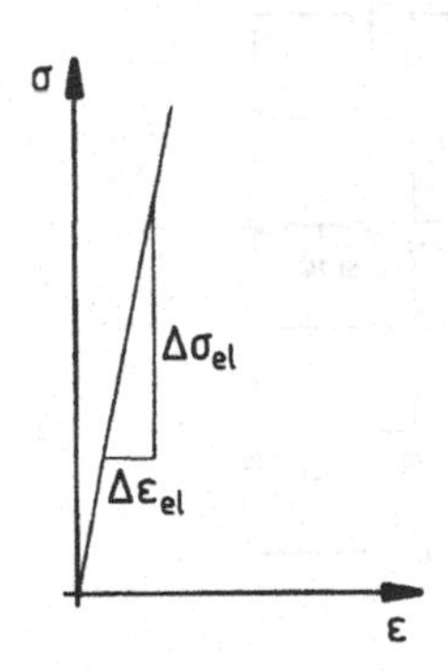

Bild 4.2 *E-Modul als Steigung der Hookeschen Geraden*

Der E-Modul ist eine werkstoffspezifische Größe. Seine experimentelle Ermittlung im Zugversuch wird in Abschnitt 6.1 beschrieben. Der Elastizitätsmodul wird primär durch die Bindungskräfte und die Art des Atomgitters bestimmt und ist für eine Werkstoffgruppe nur unwesentlich vom Werkstoffzustand (Gefüge) abhängig. Daher werden E-Moduln für die einzelnen Werkstoffgruppen meist pauschal angegeben. In Tabelle 4.1 sind für einige wichtige metallische Werkstoffe die E-Moduln (zusammen mit der

Dichte und der Querkontraktionszahl) enthalten. Eine umfassende Zusammenstellung findet sich in *Anhang B1*.

Anhang B1

***Tabelle 4.1** Dichte ρ, Elastizitätsmodul E und Querkontraktionszahl μ für einige wichtige metallische Werkstoffe*

Werkstoff	Dichte ρ [kg/dm³]	E [GPa]	μ [-]
Stähle	7,85	190–210	0,30
Aluminium/ Al-Legierungen	2,7	70–75	0,33
Titan/ Ti-Legierungen	4,6	110–125	0,36
Grauguß	7,2	80–120	0,25

Die Bandbreiten der E-Moduln in Tabelle 4.1 ergeben sich einerseits durch werkstoffbedingte Besonderheiten, andererseits durch die mit steigender Spannung zunehmenden plastischen Verformungen im Mikrobereich, die sich in einer Abnahme des E-Moduls äußern (z. B. Grauguß).

Der E-Modul nimmt bei den meisten Metallen mit zunehmender Temperatur ab. Bei Stählen sinkt er beispielsweise bei einer Temperaturerhöhung auf 500° C um ungefähr 20 % gegenüber Raumtemperatur, siehe Bild 4.3a. Weitere – wenn auch geringere – Einflußgrößen sind die Legierungszusammensetzung, die Wärmebehandlung und der Kaltumformgrad, siehe Gleichung (9.9), Bild 4.3b.

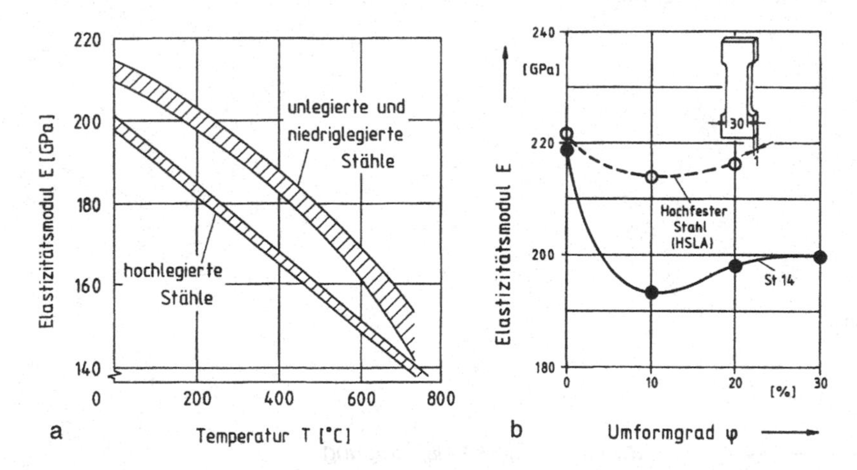

***Bild 4.3** Beispiele für Einflußgrößen auf den E-Modul von Stählen*
a) Temperatur, Richter [164] b) Kaltverformung

Die überragende Bedeutung des Hookeschen Gesetzes besteht darin, daß sich mit Hilfe des E-Moduls bei bekannten Belastungen bzw. Spannungen die resultierende Verformung berechnen läßt, siehe Beispiel 4.1. Umgekehrt kann aus den Verformungen (z. B. durch Dehnungsmessung) auf die Spannungen, bzw. auf die angreifenden Lasten geschlossen werden.

Beispiel 4.1 *Anwendung des Hookeschen Gesetzes: Stahldraht*

An einem $l_0 = 10\ m$ langen Stahldraht (Durchmesser $d = 5\ mm$) hängt eine Masse von $m = 1000\ kg$. Welche Verlängerung erfährt der Draht? Wie groß ist sein Federkoeffizient?

Lösung

Die Dehnung ergibt sich mit Gleichung (4.1) und Tabelle 4.1 zu

$$\varepsilon = \frac{\sigma}{E} = \frac{F}{A \cdot E} = \frac{m \cdot g}{A \cdot E} = \frac{1000 \cdot 9{,}81 \cdot 4}{\pi \cdot 5^2 \cdot 2{,}1 \cdot 10^5} = 2{,}38\ ‰ \quad .$$

Für die Drahtverlängerung findet man mit Gleichung (2.1)

$$\Delta l = \varepsilon \cdot l_0 = 23{,}8\ mm \quad .$$

Der Federkoeffizient c wird:

$$c = \frac{F}{\Delta l} = \frac{1000 \cdot 9{,}81\ N}{23{,}8\ mm} = 412\ \frac{N}{mm} \quad .$$

4.1.2 Querkontraktionszahl

Bei Beanspruchung eines Körpers verformt sich dieser nicht nur in Beanspruchungsrichtung, sondern auch quer zur Beanspruchungsrichtung. Die Vorzeichen der Längs- und Querverformung sind verschieden, d. h. eine Zugbelastung führt zu einem Querzusammenziehen (Kontraktion), bei Drucklängsbelastung tritt eine Querausdehnung (Expansion) ein.

Im linear-elastischen Bereich ist die Querdehnung ε_q proportional der Längsdehnung ε_l. Nach Einführen der Proportionalitätskonstante μ folgt daraus das sogenannte *Poissonsche Gesetz*, welches nach dem französischen Mathematiker Poisson (1781–1840) [158] benannt ist:

Poissonsches Gesetz

$$\varepsilon_q = -\mu \cdot \varepsilon_l \quad . \tag{4.3}$$

Die dimensionslose Proportionalitätskonstante μ heißt *Querkontraktionszahl* oder *Poissonzahl*. Sie vermittelt den Zusammenhang zwischen Quer- und Längsdehnung bei einachsigem Spannungszustand:

Querkontraktionszahl (Poissonzahl)

$$\mu \equiv -\frac{\varepsilon_q}{\varepsilon_l} \quad . \tag{4.4}$$

Insbesondere in der angelsächsischen Literatur wird häufig auch das Formelzeichen ν verwendet. Experimentell läßt sich μ im Zugversuch mit Querdehnungsaufnehmern bestimmen, siehe Abschnitt 6.1.2 (Bild 6.8b). Die Querkontraktionszahl μ nimmt

Werte zwischen 0,25 für vollkommen isotrop elastisches Verhalten und 0,5 bei vollplastischem Zustand an. Für Metalle liegen die μ-Werte bei linear-elastischem Verhalten zwischen 0,25 und 0,40, siehe Tabelle 4.1. Die Querkontraktionszahl nimmt mit der Temperatur geringfügig zu. Für Stähle liegt sie bei 500°C ca. 10 % über dem Wert bei Raumtemperatur.

Volumenkonstanz

Wie im folgenden Beispiel gezeigt wird, leitet sich der Wert $\mu = 0{,}5$ für den vollplastischen Zustand aus der Tatsache ab, daß hier – und nur hier – eine Verformung unter *Volumenkonstanz* erfolgt. Der von 0,5 abweichende μ-Wert bedeutet, daß die elastische Verformung unter Zug eine – wenn auch sehr kleine – Volumenvergrößerung bewirkt, was ebenfalls im Beispiel 4.2 hergeleitet wird.

Beispiel 4.2 *Volumenänderung am Zugstab*

Ermitteln Sie für den in Bild 4.4 dargestellten Zugstab das Verhältnis der Volumina vor und nach der Verformung.

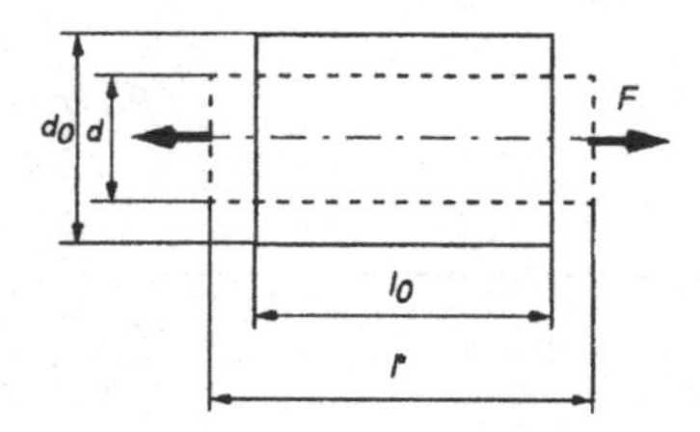

Bild 4.4 *Unverformter und verformter Zugstab*

Lösung

Für die Geometrie des Zugstabes gilt bei einachsigem Spannungszustand mit den Gleichungen (2.1) und (4.4):

$$\frac{d^*}{d_0} = \frac{d_0 + \Delta d}{d_0} = 1 + \frac{\Delta d}{d_0} = 1 + \varepsilon_q = 1 - \mu\,\varepsilon_l$$

$$\frac{l^*}{l_0} = \frac{l_0 + \Delta l}{l_0} = 1 + \frac{\Delta l}{l_0} = 1 + \varepsilon_l \quad .$$

Für das gesuchte Verhältnis ergeben sich damit für $\varepsilon_l \ll 1$ unter Vernachlässigung von Gliedern höherer Ordnung

$$\frac{V^*}{V_0} = \left(\frac{d^*}{d_0}\right)^2 \frac{l^*}{l_0} = 1 + (1 - 2\mu)\,\varepsilon_l \quad ,$$

d. h. es gilt für $\varepsilon_l > 0$:

$$\frac{V^*}{V_0} = \begin{cases} > 1 & \text{für } \mu < 0{,}5 \\ = 1 & \text{für } \mu = 0{,}5 \\ < 1 & \text{für } \mu > 0{,}5 \end{cases} \quad .$$

Mit elastizitätstheoretischen Betrachtungen[1] läßt sich zeigen, daß es keinen Werkstoff gibt mit $\mu > 0{,}5$. Zusammenfassend kann gefolgert werden:

- Volumenkonstanz im plastischen Zustand ergibt $\mu = 0{,}5$,
- Verformungen im elastischen Bereich unter Zugbelastung sind wegen $\mu < 0{,}5$ mit (sehr kleinen) Volumenvergrößerungen verbunden.

So ergibt sich z. B. für die Volumenänderung des Stahldrahts unter Zugbelastung aus Beispiel 4.1:

$$\frac{\Delta V}{V_0} = \left(\frac{V^*}{V_0} - 1\right) = (1 - 2\mu)\frac{\Delta l}{l_0} = (1 - 2 \cdot 0{,}3)\frac{23{,}8}{10 \cdot 10^3} = 0{,}000952 = 0{,}0952\ \% \quad .$$

4.1.3 Schubmodul

Elastizitätsgesetz für Schubbeanspruchung

Zwischen der Schubspannung τ und der Winkelverzerrung (Schiebung) γ besteht im linear-elastischen Bereich ein proportionaler Zusammenhang, welcher durch das *Elastizitätsgesetz für Schubbeanspruchung* beschrieben wird:

$$\tau = G \cdot \gamma \quad . \tag{4.5}$$

Schubmodul G

Der Proportionalitätsfaktor G wird *Schub- oder Gleitmodul* genannt. Er besitzt wie der E-Modul die Einheit einer Spannung und nimmt einen werkstoffabhängigen Wert an. Wie in Bild 4.5 gezeigt, stellt der Schubmodul G die Steigung der Geraden im linear-elastischen Bereich im τ-γ-Diagramm dar:

$$G \equiv \frac{\Delta \tau_{el}}{\Delta \gamma_{el}} \quad . \tag{4.6}$$

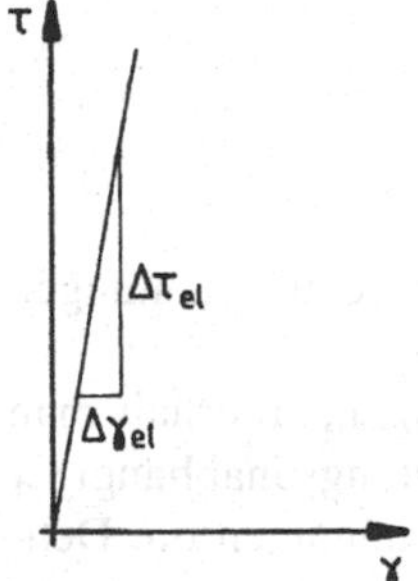

***Bild 4.5** Schubmodul als Steigung der Geraden im linear-elastischen Bereich im τ-γ-Diagramm*

Der Schubmodul kann im Torsionsversuch experimentell bestimmt werden, siehe Abschnitt 6.4.1. Meist wird er jedoch aus E und μ berechnet, siehe Abschnitt 4.1.4.

[1]Die positive Definitheit der Formänderungsenergie führt zur Forderung der positiven Definitheit des Elastizitätstensors, woraus folgt: $-1 < \mu < 0{,}5$.

4.1.4 Zusammenhang zwischen den elastizitätstheoretischen Konstanten

Anhang A6

Wie in den vorangegangenen Abschnitten ausgeführt, wird das linear-elastische Werkstoffverhalten durch die drei elastizitätstheoretischen Konstanten E, μ und G beschrieben. In *Anhang A6* wird für den ebenen Spannungszustand gezeigt, daß von den drei elastizitätstheoretischen Werkstoffkonstanten bei isotropem Material nur zwei voneinander unabhängig sind. Zwischen den Werkstoffkonstanten besteht der Zusammenhang:

$$G = \frac{E}{2(1+\mu)} \quad . \tag{4.7}$$

Der Schubmodul für Stahl berechnet sich beispielsweise unter Verwendung von $E = 210\ GPa$ und $\mu = 0{,}3$ mit Gleichung (4.7) zu $G = 80{,}8\ GPa$. Für Al-Legierungen liegt der Schubmodul bei etwa 27,5 GPa.

4.2 Hookesches Gesetz für den allgemeinen Spannungszustand

Die Normalspannungs-Dehnungs-Beziehungen für den allgemeinen Spannungszustand lassen sich durch Überlagerung (Superposition) aller durch die drei Normalspannungen σ_x, σ_y und σ_z hervorgerufenen Längs- und Querdehnungen in x, y- und z-Richtung ermitteln. So ergibt sich beispielsweise die Gesamtdehnung in x-Richtung als Summe der direkten aus der Spannung σ_x verursachten Dehnung und den Querdehnungen aus den Spannungen σ_y und σ_z in x-Richtung:

$$\varepsilon_x = \varepsilon_x(\sigma_x) + \varepsilon_x(\sigma_y) + \varepsilon_x(\sigma_z) = \frac{1}{E}\left[\sigma_x - \mu\left(\sigma_y + \sigma_z\right)\right] \quad .$$

Die *Winkelverzerrungen* ergeben sich aus den ihnen entsprechenden Schubspannungen nach Gleichung (4.5).

Überträgt man dieses Vorgehen auf die drei Koordinatenrichtungen, so erhält man für den allgemeinsten Fall nach Bild 4.6 unter der Annahme richtungsunabhängiger elastizitätstheoretischer Konstanten aus den Normal- und Schubspannungen die Dehnungen und Schiebungen, das *verallgemeinerte Hookesche Gesetz*:

Verallgemeinertes Hookesches Gesetz

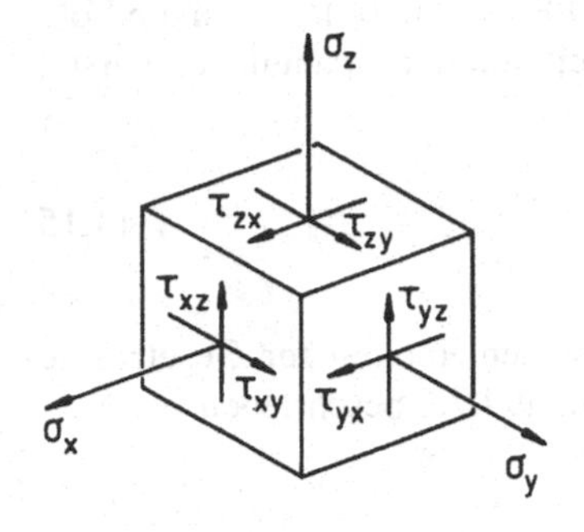

Bild 4.6 *Schnittspannungen für allgemeinen Spannungszustand*

- Dehnungen:

$$\varepsilon_x = \frac{1}{E}\left[\sigma_x - \mu\left(\sigma_y + \sigma_z\right)\right] \tag{4.8}$$

$$\varepsilon_y = \frac{1}{E}\left[\sigma_y - \mu\left(\sigma_z + \sigma_x\right)\right] \tag{4.9}$$

$$\varepsilon_z = \frac{1}{E}\left[\sigma_z - \mu\left(\sigma_x + \sigma_y\right)\right] \tag{4.10}$$

- Schiebungen:

$$\gamma_{xy} = \frac{1}{G}\cdot\tau_{xy} \quad ; \quad \gamma_{yz} = \frac{1}{G}\cdot\tau_{yz} \quad ; \quad \gamma_{zx} = \frac{1}{G}\cdot\tau_{zx} \quad . \tag{4.11}$$

Umgekehrt ergeben sich aus den Verformungen die Spannungen unter Verwendung der Volumendehnung $e_V = \varepsilon_x+\varepsilon_y+\varepsilon_z$ nach Gleichung (2.14):

- Normalspannungen

$$\sigma_x = \frac{E}{1+\mu}\cdot\left[\varepsilon_x + \frac{\mu}{1-2\mu}\cdot\left(\varepsilon_x + \varepsilon_y + \varepsilon_z\right)\right] = \frac{E}{1+\mu}\left[\varepsilon_x + \frac{\mu}{1-2\mu}e_V\right] \tag{4.12}$$

$$\sigma_y = \frac{E}{1+\mu}\cdot\left[\varepsilon_y + \frac{\mu}{1-2\mu}\cdot\left(\varepsilon_x + \varepsilon_y + \varepsilon_z\right)\right] = \frac{E}{1+\mu}\left[\varepsilon_y + \frac{\mu}{1-2\mu}e_V\right] \tag{4.13}$$

$$\sigma_z = \frac{E}{1+\mu}\cdot\left[\varepsilon_z + \frac{\mu}{1-2\mu}\cdot\left(\varepsilon_x + \varepsilon_y + \varepsilon_z\right)\right] = \frac{E}{1+\mu}\left[\varepsilon_z + \frac{\mu}{1-2\mu}e_V\right] \tag{4.14}$$

- Schubspannungen

$$\tau_{xy} = G\cdot\gamma_{xy}\ ;\ \tau_{yz} = G\cdot\gamma_{yz}\ ;\ \tau_{zx} = G\cdot\gamma_{zx} \quad .$$

Mit Hilfe des Hookeschen Gesetzes der Gleichungen (4.8) bis (4.10) läßt sich die Volumendehnung e_V nach Gleichung (2.14) in Abhängigkeit von den Spannungen darstellen:

$$e_V = \varepsilon_x + \varepsilon_y + \varepsilon_z = \frac{1}{E}(1-2\mu)(\sigma_x + \sigma_y + \sigma_z) \quad . \tag{4.15}$$

Anhang A7
Programm P4_1

In *Anhang A7* wird die Matrizendarstellung des allgemeinen Hookeschen Gesetzes gezeigt. Ein entsprechendes *Programm P4_1* ist in Abschnitt 4.7.1 beschrieben.

4.3 Hookesches Gesetz für den ebenen Spannungszustand

Für den besonders wichtigen Fall des ebenen Spannungszustandes, Bild 4.7, der an allen lastfreien Oberflächen vorliegt, berechnen sich die Verformungen und Spannungen aus den Gleichungen (4.8) bis (4.14). Für diesen Sonderfall gilt $\sigma_z = \tau_{zx} = \tau_{zy} = 0$ (ebener Spannungszustand in x, y).

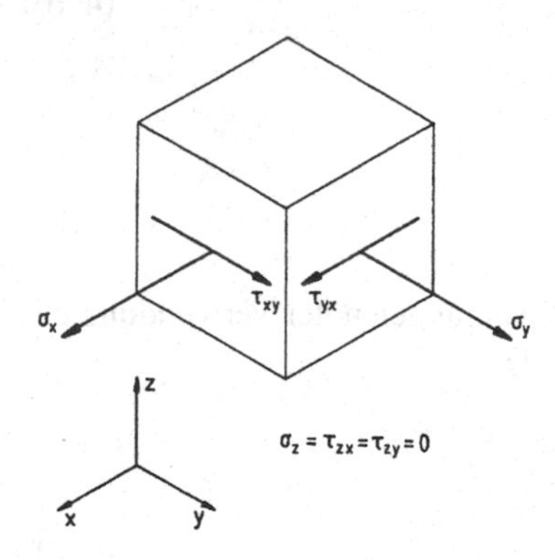

Bild 4.7 *Schnittspannungen für ebenen Spannungszustand in x, y*

- Verformungen:

$$\varepsilon_x = \frac{1}{E}\left(\sigma_x - \mu \cdot \sigma_y\right) \tag{4.16}$$

$$\varepsilon_y = \frac{1}{E}\left(\sigma_y - \mu \cdot \sigma_x\right) \tag{4.17}$$

$$\varepsilon_z = -\frac{\mu}{E}\left(\sigma_x + \sigma_y\right) \tag{4.18}$$

$$\gamma_{xy} = \frac{1}{G} \cdot \tau_{xy} \tag{4.19}$$

• Spannungen:

$$\sigma_x = \frac{E}{1-\mu^2}\left(\varepsilon_x + \mu \cdot \varepsilon_y\right) \tag{4.20}$$

$$\sigma_y = \frac{E}{1-\mu^2}\left(\varepsilon_y + \mu \cdot \varepsilon_x\right) \tag{4.21}$$

$$\tau_{xy} = G \cdot \gamma_{xy} \quad . \tag{4.22}$$

Die Gleichungen (4.20) bis (4.22) haben eine besondere Bedeutung bei der Auswertung von Dehnungsmessungen an lastfreien Oberflächen. Das *Programm P4_2* zur experimentellen Spannungsanalyse, ausgehend von einer Dehnungsmessung mit einer Rosette mit beliebigen DMS-Richtungen, ist in Abschnitt 4.7.2 beschrieben.

Programm P4_2

4.4 Dehnungsbehinderung

In Bauteilen tritt häufig der Fall auf, daß die Querdehnungen teilweise oder vollständig behindert werden. Solche *Dehnungsbehinderungen* stellen sich beispielsweise bei großen Querschnitten durch Materialzwängungen, durch starre Einspannung, aber auch durch extreme Spannungsgradienten, besonders an Kerbstellen, ein. Durch Querdehnungsbehinderung entsteht auch bei einachsiger äußerer Belastung ein mehrachsiger Spannungszustand.

Dehnungs-behinderung

Die Querdehnungsbehinderung ist in Bild 4.8 am Beispiel eines einseitig gekerbten Flachstabes unter Zugbelastung gezeigt.

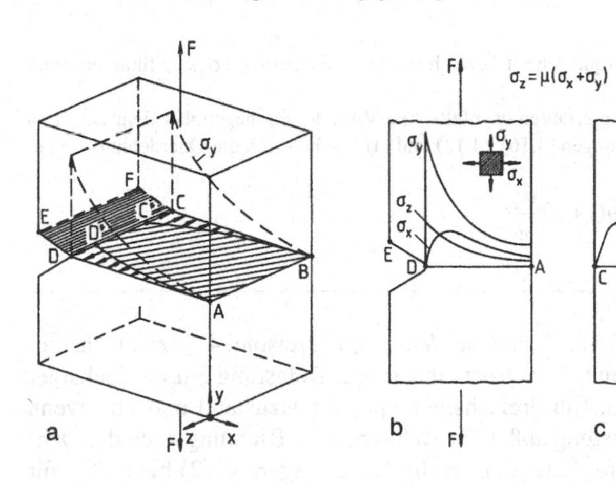

***Bild 4.8** Dehnungsbehinderung am einseitig gekerbten Flachstab*
a) Übersicht
b) Seitenansicht
c) Frontansicht

Die Überhöhung der Spannung σ_y im Kerbgrund *CD* führt zu einem von der Kerbschärfe abhängigen Spannungsgradienten. Die großen Längsdehnungen im Kerbgrund würden eine hohe Querkontraktion bedingen. Bei unbehinderter Querverformung würde der Kerbquerschnitt *ABCD* in die Form *ABC*D** übergehen. Durch die steifen und gering beanspruchten Werkstoffbereiche im Spannungsschatten der Kerbflanken wird die Querverformung im Kerbgrund größtenteils behindert. Diese Zwangssituation führt zum Aufbau einer Zugspannung in z-Richtung, welche vom Ausmaß der Dehnungsbehinderung (Bauteildicke, Kerbtiefe und -schärfe) abhängig ist. Ähnliche Verhältnisse liegen in x-Richtung vor, wodurch es zu den dargestellten Spannungsverläufen kommt. Im Kerbgrund herrscht an der Oberfläche ein zweiachsiger Spannungszustand ($\sigma_x = 0$), im Innern des Stabes liegt ein dreiachsiger Zugspannungszustand vor.

***Beispiel 4.3** Querdehnungsbehinderung am zugbeanspruchten Flachstab*

Ermitteln Sie die durch die vollständige Verformungsbehinderung in y-Richtung des in Bild 4.9 dargestellten Zugstabs hervorgerufene Querspannung und die Dehnungen in x- und z-Richtung.

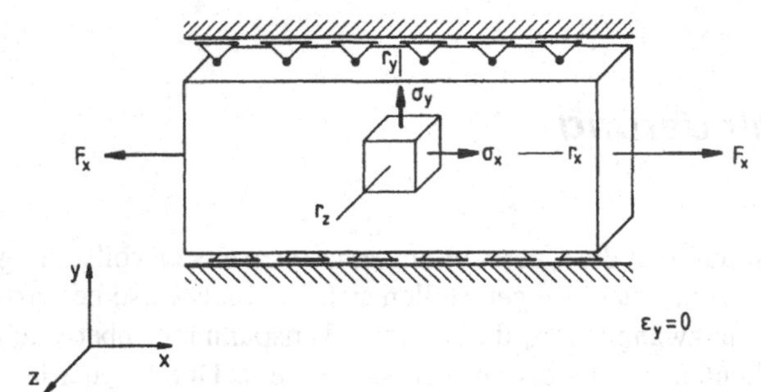

***Bild 4.9** Einseitig dehnungsbehinderter Zugstab*

Lösung

Die Verträglichkeitsbedingung $\varepsilon_y = 0$ ergibt mit Gleichung (4.17) die Querzugspannung

$$\sigma_y = \mu \sigma_x \ , \tag{a}$$

mit $\sigma_x = F_x / A$, wobei A den Rechteckquerschnitt bezeichnet. Ein Längsdruck ($\sigma_x < 0$) führt zu einer Querdruckspannung ($\sigma_y < 0$).

Die Dehnungen in x- und z-Richtung erfahren ebenfalls eine Veränderung gegenüber dem einachsigen Spannungszustand. Mit den Gleichungen (4.16), (4.18) und (a) ergeben sich die Querdehnungen zu

$$\varepsilon_x = \left(1 - \mu^2\right) \frac{\sigma_x}{E} \quad \text{und} \quad \varepsilon_z = -\mu (1 + \mu) \frac{\sigma_x}{E} \ .$$

Vollkommene Querdehnungsbehinderung

Durch die einseitig *vollkommen behinderte Querdehnung* in Beispiel 4.3 (zweiachsiger oder ebener Formänderungszustand) wird trotz einachsiger Belastung ein zweiachsiger Spannungszustand hervorgerufen. Ein dreiachsiger Spannungszustand entsteht, wenn im Falle der einachsigen Zugbelastung außer der Dehnung in y-Richtung auch die Dehnung in z-Richtung behindert wird. Setzt man in die Gleichungen (4.12) bis (4.14) für den allgemeinen Spannungszustand die Randbedingung $\varepsilon_y = \varepsilon_z = 0$ ein, so ergeben sich die Querspannungen und die Querdehnungen aus Gleichung (4.8) zu:

$$\sigma_y = \sigma_z = \frac{\mu}{1-\mu} \cdot \sigma_x \tag{4.23}$$

$$\varepsilon_x = \frac{(1+\mu)\cdot(1-2\mu)}{1-\mu} \cdot \frac{\sigma_x}{E} \quad . \tag{4.24}$$

Der Einfluß unterschiedlicher Querdehnungsbehinderungen auf den Spannungs- und Formänderungszustand bei Zugbelastung ist in Tabelle 4.2 zusammenfassend dargestellt. Bei Stahl ($\mu = 0{,}3$) ergibt sich bei Behinderung in einer Richtung die Querspannung als das 0,3-fache der Längsspannung. Bei Behinderung in beiden Richtungen ist das Verhältnis der Querspannung zur Längsspannung 0,43.

4.5 Wärmedehnungen und Wärmespannungen

Neben den bisher beschriebenen Beanspruchungen aus mechanischen Belastungen treten auch Formänderungen und Spannungen durch Temperaturänderungen auf. Ein Würfel der Kantenlänge a erfährt – wenn keine Verformungsbehinderung auftritt – bei einer allmählichen, gleichmäßigen Temperaturänderung $\Delta\vartheta$ eine Längenänderung aller Würfelkanten um

$$\Delta a = \alpha \cdot \Delta\vartheta \cdot a \, .$$

Hierbei ist α [1/K] der (lineare) Wärmeausdehnungskoeffizient (Werte siehe *Anhang B1*, Tabelle B1.1). Die *Wärmedehnungen* der Würfelkanten betragen demnach

Anhang B1

Wärmedehnungen

$$\varepsilon_x(\vartheta) = \varepsilon_y(\vartheta) = \varepsilon_z(\vartheta) = \frac{\Delta a}{a} = \alpha \cdot \Delta\vartheta \quad . \tag{4.25}$$

Winkelverzerrungen treten bei Temperaturänderungen nicht auf ($\gamma_{xy}(\vartheta) = \gamma_{yz}(\vartheta) = \gamma_{zx}(\vartheta) = 0$).

Beim Zusammenwirken von mechanischen Belastungen und langsamen Temperaturänderungen müssen zu den Dehnungen aus der mechanischen Beanspruchung, Gleichungen (4.8) bis (4.10), die Wärmedehnungen nach Gleichung (4.25) addiert werden:

$$\varepsilon_x = \frac{1}{E} \cdot \left[\sigma_x - \mu\left(\sigma_y + \sigma_z\right)\right] + \alpha \cdot \Delta\vartheta \tag{4.26}$$

$$\varepsilon_y = \frac{1}{E} \cdot \left[\sigma_y - \mu\left(\sigma_x + \sigma_z\right)\right] + \alpha \cdot \Delta\vartheta \tag{4.27}$$

$$\varepsilon_z = \frac{1}{E} \cdot \left[\sigma_z - \mu\left(\sigma_x + \sigma_y\right)\right] + \alpha \cdot \Delta\vartheta \quad . \tag{4.28}$$

Für die Schiebung gilt Gleichung (4.11) unverändert.

Wird die Wärmedehnung nicht behindert, entstehen keine inneren Spannungen infolge Temperaturänderung. Eine Behinderung der freien Wärmedehnung führt jedoch zu Spannungen. Grundsätzlich können *Wärmespannungen* bei homogener Erwärmung

Wärmespannungen

Tabelle 4.2 *Unterschiedliche Dehnungsbehinderung am zugbelasteten Stab*

Dehnungsbehinderung	keine	in y-Richtung vollkommen behindert	in y- und z-Richtung vollkommen behindert
Beispiel	F, F, x, z, y	F, F, x, z, y	F, z, x, y
Verformungszustand	dreiachsig	zweiachsig	einachsig
Spannungszustand	einachsig	zweiachsig	dreiachsig
Dehnungen ε_x	$\frac{\sigma_x}{E}$	$\left(1-\mu^2\right)\frac{\sigma_x}{E}$	$\frac{(1+\mu)(1-2\mu)}{(1-\mu)}\frac{\sigma_x}{E}$
ε_y	$-\mu\frac{\sigma_x}{E}$	0	0
ε_z	$-\mu\frac{\sigma_x}{E}$	$-(1+\mu)\mu\frac{\sigma_x}{E}$	0
Spannungen σ_x	σ_x	σ_x	σ_x
σ_y	0	$\mu\sigma_x$	$\frac{\mu}{1-\mu}\sigma_x$
σ_z	0	0	$\frac{\mu}{1-\mu}\sigma_x$
Verformungskreis	$\gamma/2$, P_x, ε, $P_y=P_z$	$\gamma/2$, P_z, P_y, P_x, ε	$\gamma/2$, P_x, ε, $P_y=P_z$
Spannungskreis	τ, P_x, σ, $P_y=P_z$	τ, P_z, P_y, P_x, σ	τ, P_x, σ, $P_y=P_z$

durch Behinderung von außen (z. B. Einspannung, Fall a in Tabelle 4.3) oder von innen (z. B. Werkstoffe mit unterschiedlichem α, Fall b) entstehen. Eine inhomogene Temperaturverteilung (Temperaturgradient, Fall c) verursacht ebenfalls Wärmespannungen, die sich jedoch gegenseitig ausgleichen müssen, d. h. ihre inneren Kraft- und Momentenwirkungen müssen sich nach außen hin aufheben, siehe Beispiel 4.4.

Die Ermittlung der Wärmespannungen für diese verschiedenen Fälle wird im folgenden gezeigt, wobei der Einfachheit halber statt einer stetigen Temperaturverteilung eine sprunghaft sich ändernde Temperaturverteilung angenommen ist. Zur Berechnung der bei Erwärmung aufgrund äußerer Verformungsbehinderungen entstehenden Wärmespannungen sind in den Gleichungen (4.26) bis (4.28) die entsprechenden Dehnungs- bzw. Spannungswerte Null zu setzen (*Verträglichkeitsbedingung*). Bei dem in Tabelle 4.3a dargestellten Fall ist die Dehnung in x-Richtung vollkommen behindert, während in y- und z-Richtung keine Behinderung auftritt. Das Einsetzen der Verträglichkeitsbedingungen $\varepsilon_x = 0$, $\sigma_y = \sigma_z = 0$ in Gleichung (4.26) ergibt für die gesuchte Wärmespannung:

$$\sigma_x = -E \cdot \alpha \cdot \Delta\vartheta \quad . \tag{4.29}$$

Die beiden Querdehnungen berechnen sich mit den Gleichungen (4.27) bis (4.29) zu

$$\varepsilon_y = \varepsilon_z = -\frac{\mu \cdot \sigma_x}{E} + \alpha \cdot \Delta\vartheta = (1+\mu) \cdot \alpha \cdot \Delta\vartheta \quad . \tag{4.30}$$

Die infolge Temperaturänderung sich einstellenden Dehnungen und Spannungen hängen davon ab, ob und in wieviel Richtungen die Wärmedehnungen von außen behindert werden. Bei vollkommener Behinderung der Wärmedehnungen in x- und y-Richtung entstehen in diesen Richtungen zwei gleich große Spannungen

$$\sigma_x = \sigma_y = -\frac{E\alpha \cdot \Delta\vartheta}{1-\mu} \quad . \tag{4.31}$$

Bei Behinderung in allen drei Richtungen treten drei Spannungen auf:

$$\sigma_x = \sigma_y = \sigma_z = -\frac{E\alpha \cdot \Delta\vartheta}{1-2\mu} \tag{4.32}$$

Es ist darauf zu achten, daß es sich bei den Größen E und μ in den Gleichungen (4.26) bis (4.32) um temperaturabhängige Größen handelt.

Die Berechnung der Wärmespannungen aufgrund innerer Verformungsbehinderungen wird im Beispiel 4.4 gezeigt.

Beispiel 4.4 *Berechnung von Wärmespannungen*

Berechnen Sie die Wärmespannungen bei einer sprunghaft sich ändernden Temperatur über den Querschnitt (Fall c in Tabelle 4.3). Die Temperatur des Stabes ändere sich in der Mitte auf $\vartheta_i = \vartheta_1 + \Delta\vartheta_i$ und außen auf $\vartheta_a = \vartheta_1 + \Delta\vartheta_a$.

Lösung

Die notwendigen Gleichungen erhält man aus der Kräftegleichgewichtsbedingung und der Verträglichkeitsbedingung der Verformung (Index i = *innen*, a = *außen*, siehe Tabelle 4.3c):

$$\sigma_{xi}A_i + \sigma_{xa}A_a = 0$$

$$\varepsilon_{xi} - \varepsilon_{xa} = 0 \ .$$

Außerdem gilt nach dem erweiterten Hookeschen Gesetz nach Gleichung (4.26) ($\sigma_y = \sigma_z = 0$):

$$\varepsilon_{xi} = \frac{1}{E}\sigma_{xi} + \alpha \cdot \Delta\vartheta_i \ ; \ \varepsilon_{xa} = \frac{1}{E}\sigma_{xa} + \alpha \cdot \Delta\vartheta_a$$

somit ergeben sich die Wärmespannungen zu

$$\sigma_{xa} = \frac{E \cdot \alpha \cdot (\Delta\vartheta_i - \Delta\vartheta_a)}{1 + \frac{A_a}{A_i}} \ ; \quad \sigma_{xi} = -\frac{E \cdot \alpha \cdot (\Delta\vartheta_i - \Delta\vartheta_a)}{1 + \frac{A_i}{A_a}} \ .$$

Obiges Vorgehen läßt sich in formal gleicher Weise auf den Fall b, Tabelle 4.3, anwenden, wobei $\Delta\vartheta = \Delta\vartheta_i = \Delta\vartheta_a$ zu setzen und zwischen E_i und E_a bzw. A_i und A_a zu unterscheiden ist. Als Lösung ergibt sich:

$$\sigma_{xa} = \frac{E_i \cdot (\alpha_i - \alpha_a) \cdot \Delta\vartheta}{\frac{E_i}{E_a} + \frac{A_a}{A_i}} \ ; \quad \sigma_{xi} = \frac{E_a \cdot (\alpha_a - \alpha_i) \cdot \Delta\vartheta}{\frac{E_a}{E_i} + \frac{A_i}{A_a}} \ .$$

4.6 Zusammenfassung

- Der Zusammenhang zwischen Spannungs- und Verformungsgrößen ist abhängig vom Werkstoff, aus dem das Bauteil hergestellt ist.
- Die Werkstoffkonstanten Elastizitätsmodul E und Querkontraktionszahl μ werden experimentell ermittelt. Der Gleitmodul G kann bei isotropem Werkstoffverhalten daraus berechnet werden.
- Technische Bauteile werden meist im linear-elastischen Bereich beansprucht. Für linear-elastisches Verhalten gilt:

  - die Spannungen sind proportional zu den Verformungen
  - nach Wegnahme der Last sind die Verformungen wieder Null.
- Materialien mit $\mu = 0,5$ erleiden bei Belastung keine Volumenänderung, sie sind inkompressibel.
- Im Rahmen der linearen Theorie können bei mehrachsiger Beanspruchung die verschiedenen Anteile der Dehnungen in den unterschiedlichen Richtungen überlagert werden (Superpositionsprinzip).

Tabelle 4.3 *Wärmespannungen durch Verformungsbehinderung*

Verformungs-behinderung	homogene Temperaturverteilung		inhomogene Temperaturverteilung
	äußere Einspannung	unterschiedliche Werkstoffe	Temperaturgradient
Ausgangszustand	ϑ_1; $\sigma_x = 0$; x, y	$\vartheta_1 = const$; E_a, α_a; $\sigma_x = 0$; E_i, α_i; E_a, α_a	$\vartheta_1 = const$; ϑ_i; $\sigma_x = 0$
Zustand bei unbehinderter Wärmedehnung	$\vartheta_2 = \vartheta_1 + \Delta\vartheta > \vartheta_1$; $\sigma_x = 0$	$\vartheta_2 = \vartheta_1 + \Delta\vartheta$; $\sigma_x = 0$; $\sigma_x = 0$; $\sigma_x = 0$	$\sigma_x = 0$; ϑ_a; $\sigma_x = 0$; ϑ_i; $\sigma_x = 0$; ϑ_a
Zustand bei behinderter Wärmedehnung	ϑ_2; σ_x; σ_x; σ_x	ϑ_2; σ_{xa}; σ_{xa}; σ_{xi}; σ_{xi}	σ_{xa}; $\frac{A_a}{2}$; σ_{xa}; ϑ_a; σ_{xi}; σ_{xi}; ϑ_i; A_i; $\frac{A_a}{2}$
Fall	a	b	c

- Im Falle linear-elastischen Verhaltens lassen sich die experimentellen Befunde in drei Ergebnisse fassen:
  - die Abhängigkeit der Spannungen und Dehnungen $\sigma = \sigma(\varepsilon)$ wird vermittelt durch das Hookesche Gesetz: *Normalspannungen erzeugen Dehnungen.*
  - die Abhängigkeit von Schubspannungen und Schiebungen $\tau = \tau(\gamma)$ wird vermittelt durch das Elastizitätsgesetz für Schubbeanspruchungen: *Schubspannungen erzeugen Schiebungen* (*Winkelverzerrungen*).
  - die Abhängigkeit von Längs- und Querdehnungen ist durch das Poissonsche Gesetz gegeben: *Längsdehnungen erzeugen Querdehnungen.*
- Querdehnungsbehinderung führt bei „einachsiger Belastung" zu einem mehrachsigen Spannungszustand.
- Temperaturveränderungen bewirken (Wärme-) Dehnungen. Eine äußere oder innere Behinderung der freien Wärmedehnungen führt zu Wärmespannungen.

4.7 Rechnerprogramme

4.7.1 Hookesches Gesetz für allgemeinen Spannungszustand (Programm P4_1)

Grundlagen

Für einen räumlichen Spannungszustand läßt sich das Hookesche Gesetz allgemein in Matrizenschreibweise formulieren. Wenn man die sechs Spannungskomponenten σ_x, σ_y, σ_z, τ_{xy}, τ_{yz}, τ_{zx} zu einem Vektor der Spannungen $\underline{\sigma}$ und die sechs Verformungskomponenten ε_x, ε_y, ε_z, γ_{xy}, γ_{yz}, γ_{zx} zu einem Vektor der Verformungsgrößen $\underline{\varepsilon}$ zusammenfaßt, so kann das Hookesche Gesetz mit der Matrizengleichung $\underline{\sigma} = \underline{H} \cdot \underline{\varepsilon}$ geschrieben werden, siehe Gleichung (A7.6) in Anhang A7. Die 6x6-Matrix $\underline{H}$, deren Komponenten vom Elastizitätsmodul E und der Querkontraktionszahl μ bestimmt sind, ist nach Gleichung (A7.7), ihre Inverse $\underline{H}^{-1}$ nach Gleichung (A7.4) zu bilden.

Programmbeschreibung

Zweck des Programms:	Ermittlung der Verformungen aus den Spannungen bzw. der Spannungen aus den Verformungen mit dem allgemeinen Hookeschen Gesetz
Programmstart:	«FEST» und Auswahl von «P4_1»
Eingabedaten:	Elastizitätsmodul E, Querkontraktionszahl μ Sechs Komponenten des Vektors der Spannungen $\underline{\sigma}$ bzw. Sechs Komponenten des Vektors der Verformungsgrößen $\underline{\varepsilon}$

Ergebnisse: Vektor $\underline{\varepsilon}$ der Verformungsgrößen (Bild 4.10) bzw.
Vektor $\underline{\sigma}$ der Spannungen (Bild 4.10)
Matrix $\underline{H}$
Inverse Matrix $\underline{H}^{-1}$

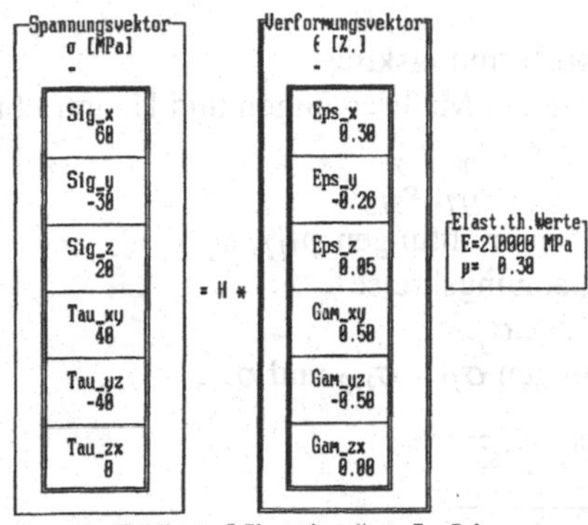

Bild 4.10 *Beispiel einer Auswertung mit Programm P4_1 (Komponenten des Spannungs- und Verformungsvektors)*

4.7.2 Auswertung einer DMS-Rosette (II) (Programm P4_2)

Grundlagen

Will man den Spannungszustand an einer Stelle der Bauteiloberfläche vollständig bestimmen, so verwendet man eine DMS-Rosette mit drei integrierten Meßstreifen, siehe Abschnitt 2.4.3. Aus den gemessenen Dehnungen ε_a, ε_b, ε_c und den zugehörigen Meßrichtungen α, β, γ gewinnt man durch das Lösen des linearen Gleichungssystems, Gleichungen (2.20) und (2.21), die Verformungsgrößen ε_x, ε_y, γ_{xy} und daraus schließlich mit den Gleichungen (2.9) bis (2.11) sowie Tabelle 2.4 die Hauptdehnungen ε_{H1}, ε_{H2} sowie die Winkel der Hauptrichtungen φ_{H1}, φ_{H2}. Bei bekanntem Elastizitätsmodul und Querkontraktionszahl lassen sich aus den Verformungskomponenten ε_x, ε_y, γ_{xy} mit Hilfe des Hookeschen Gesetzes für den ebenen Spannungszustand, Gleichungen (4.20) bis (4.22), die Spannungskomponenten σ_x, σ_y, τ_{xy} und schließlich mit den Gleichungen (3.15) und (3.16) die Hauptspannungen σ_{H1}, σ_{H2} gewinnen.

Für den noch allgemeineren Fall, daß in z-Richtung eine Normalspannung $\sigma_z = \sigma_{H3} \neq 0$ bekannt ist, geht man entsprechend vor, wendet aber das Hookesche Gesetz für den räumlichen Spannungszustand an, Gleichungen (4.8) bis (4.10) bzw. Gleichungen (4.12) bis (4.14). Man erhält dann alle drei Hauptspannungen σ_{H1}, σ_{H2} und σ_{H3}. Der Spannungszustand läßt sich zeichnerisch durch drei kombinierte Spannungskreise darstellen, vgl. Abschnitt 3.5.2 und Anhang A5.

Programmbeschreibung

Zweck des Programms: Beanspruchungsanalyse mit einer beliebigen DMS-Rosette
Darstellung der Mohrschen Spannungskreise

Programmstart: «FEST» und Auswahl von «P4_2»

Eingabedaten:

Dehnungen einer 0°-45°-90°-DMS-Rosette bzw.
Dehnungen einer 0°-60°-120°-DMS-Rosette bzw.
Meßrichtungen und Dehnungen einer beliebigen Rosette
Elastizitätstheoretische Konstanten E und μ
Spannung σ_z

Ergebnisse (Bild 4.11):

Mohrscher Verformungskreis
Lageplan Rosetten-Meßrichtungen und Hauptrichtungen
Verformungen ε_x, ε_y, γ_{xy}
Hauptdehnungen ε_{H1}, ε_{H2}
Winkel der Hauptrichtungen φ_{H1}, φ_{H2}
Mohrsche Spannungskreise
Spannungen σ_x, σ_y, τ_{xy}
Hauptspannungen σ_{H1}, σ_{H2} und σ_{H3}

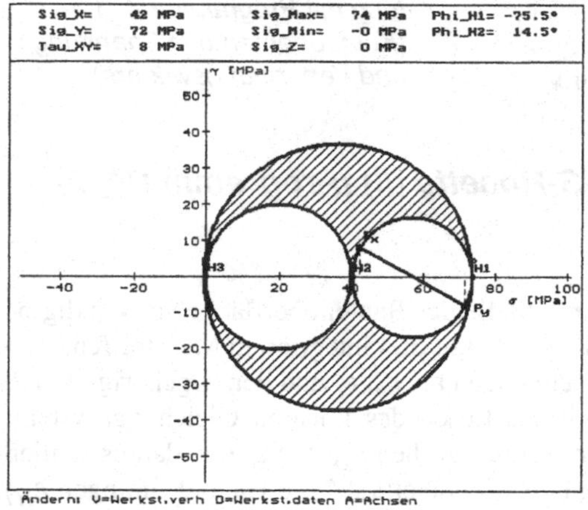

Bild 4.11 *Beispiel einer Auswertung mit Programm P4_2 (Mohrscher Spannungskreis aus Dehnungsmessung mit Rosette)*

4.8 Verständnisfragen

1. Nachfolgendes Anagramm stellt ein grundlegendes Gesetz der Festigkeitslehre dar:

   c - e - i - i - i - n - o - s - s - s - t - t - u - v

   Was verbirgt sich hinter diesem Rätsel?

2. Welchen Zusammenhang beschreibt das Hookesche Gesetz?
3. Definieren Sie die elastizitätstheoretischen Konstanten E, μ und G.

4. Beschreiben Sie einen Versuch zur experimentellen Ermittlung von E und μ. Welche Werte müssen Sie dazu meßtechnisch ermitteln? Läßt sich daraus auch der Gleitmodul G bestimmen?

5. Die Deutsche Bahn AG verlegt bei sommerlichen Temperaturen von 30°C auf einer Neubaustrecke die Schienen so, daß keine inneren Kräfte auftreten. Berechnen Sie die im nächsten Winter bei -20°C auftretenden Spannungen, wenn angenommen wird, daß die Schiene ($E = 210\ GPa$, $\alpha = 12 \cdot 10^{-6}\ 1/°C$) keine Längenänderung erleiden kann.

6. An einem Elementarwürfel ($E=2 \cdot 10^5\ MPa$, $\mu = 0{,}3$) nach Bild 4.12 wirken die Spannungskomponenten $\sigma_x = 100\ MPa$, $\sigma_y = 70\ MPa$, $\tau_{xy} = -20\ MPa$. Berechnen Sie ε_x, ε_y, ε_z und γ_{xy}. Geben Sie die Dehnung der Diagonalen AC an.

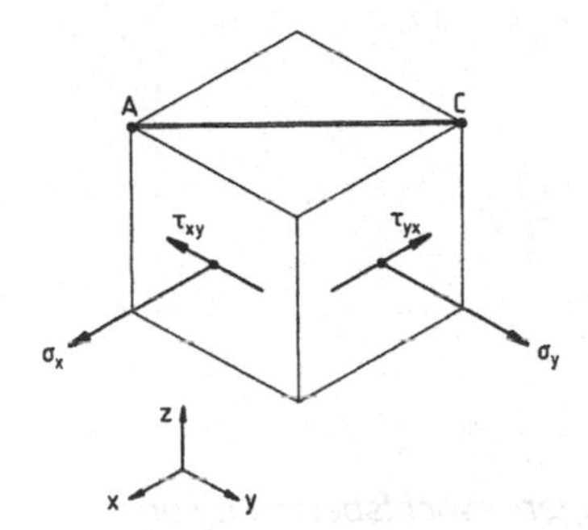

Bild 4.12 *Ebener Spannungszustand am Würfelelement*

7. An einem Flachstab (Bild 4.13) sind zwei Meßstreifen a und b angebracht. Bei einer Last von $F = 39\ kN$ zeigen die DMS die Dehnungen $\varepsilon_a = 0{,}379$ ‰, $\varepsilon_b = -0{,}118$ ‰ an. Ermitteln Sie daraus die drei elastizitätstheoretischen Konstanten E, μ und G.

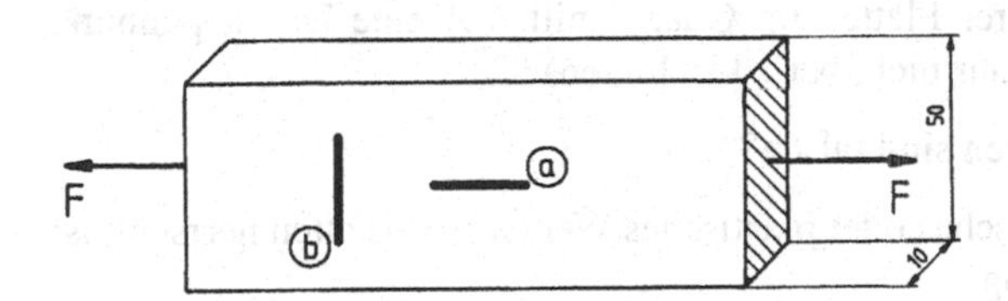

Bild 4.13 *Flachstab mit DMS a und b*

8. In einen Sockel mit ideal starren Wänden nach Bild 4.14 wird eine genau passende elastische Scheibe der Ausgangshöhe h eingesetzt. Die Stirnseite der Scheibe wird durch die Kraft F belastet. Um welchen Betrag Δh verschiebt sich der rechte Rand R der Scheibe unter der Annahme, daß die Kraft F zu einer gleichmäßig über den Querschnitt verteilten Spannungsverteilung führt und die Scheibe an den seitlichen Berandungen reibungsfrei gleiten kann? Wie lauten die obigen Lösungen, wenn die Dehnung in der dritten Richtung ebenfalls behindert ist? ($h = 1m$, $a = 0{,}5\ m$, $b = 0{,}2m$).

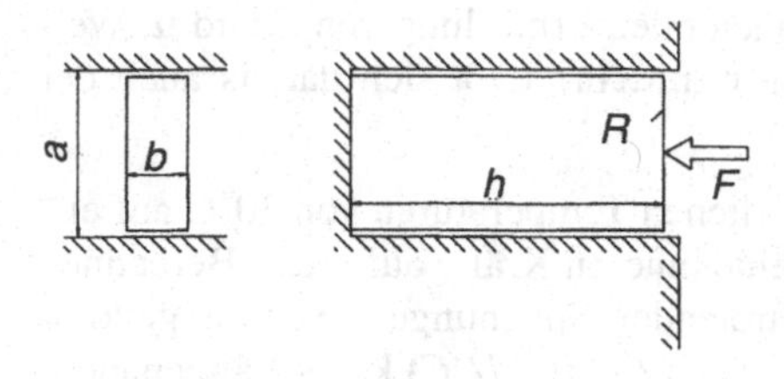

***Bild 4.14** Dehnungsbehinderte Scheibe unter Druckbelastung*

9. Ein Stab mit der Ausgangslänge l und der Dichte ρ wird bei $x = 0$ zwischen zwei Platten mit dem Abstand a ($a > l$) aufgehängt (Bild 4.15).

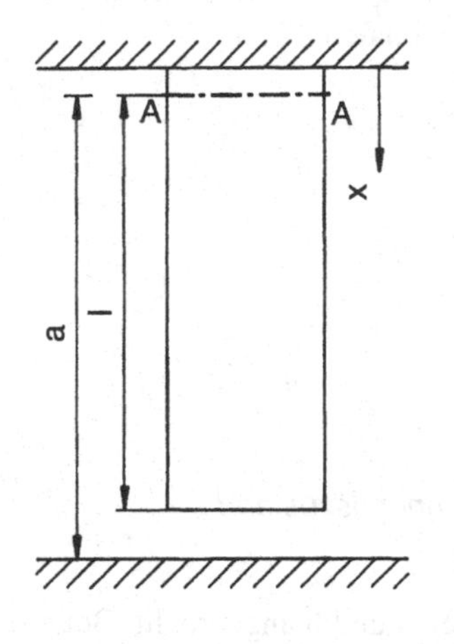

Gegeben:
$E = 2{,}1 \cdot 10^5\ MPa$
$\alpha = 12 \cdot 10^{-6}\ 1/K$
$a = 100{,}2\ mm$
$l = 100{,}0\ mm$
$\rho = 7{,}9\ kg/dm^3$

***Bild 4.15** Stab unter Eigengewichtsbelastung und Wärmedehnung*

a) Um wieviel Grad $\Delta\vartheta_1$ muß der Stab unter der Annahme gleichmäßiger Erwärmung erhitzt werden, damit er gerade den Boden berührt (Eigengewicht berücksichtigen)?

b) Für welches $\Delta\vartheta_2$ herrscht bei Berücksichtigung des Eigengewichts und unter der Annahme ideal starrer Platten im Querschnitt *A-A* eine Druckspannung von 100 MPa (Knickgefahr nicht berücksichtigen)?

10. Welche der folgenden Aussagen sind falsch?

- Ob an einem Bauteil elastisches oder plastisches Werkstoffverhalten herrscht, ist von der Belastung abhängig.
- Ein Werkstoff weist folgendes Verhalten auf: Nach Belastung und anschließender Entlastung wird keine bleibende Dehnung festgestellt. Der Zusammenhang zwischen Spannungen und Dehnungen kann dann grundsätzlich mit dem Hookeschen Gesetz bestimmt werden.
- In einem Tabellenwerk finden Sie folgende Angaben: $E = 186\ GPa$, $G = 55\ 000\ MPa$. Es liegt mit Sicherheit ein Druckfehler vor.
- Eine „einachsige" äußere Belastung erzeugt grundsätzlich auch einen einachsigen Spannungszustand.

• Ein Bauteil wird einer „einachsigen“ Druckbeanspruchung in y-Richtung unterworfen. Die zugehörigen Verformungs- und Spannungskreise sind in Bild 4.16 dargestellt.

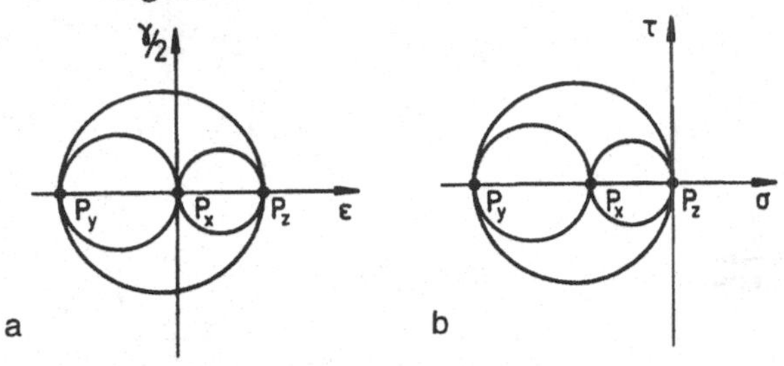

Bild 4.16 *Verformungs- und Spannungszustand des druckbelasteten Bauteils*
a) Verformungskreise
b) Spannungskreise

4.9 Musterlösungen

4.9.1 Hookesches Gesetz für zweiachsigen Spannungszustand

An einer Bauteiloberfläche ($E = 2{,}05 \cdot 10^5$ MPa, $\mu = 0{,}3$) herrsche ein ebener Spannungszustand. Bekannt sind die Verformungsgrößen: $\varepsilon_x = 1{,}81$ ‰, $\varepsilon_y = -1{,}23$ ‰, $\gamma_{xy} = -3{,}79$ ‰.

a) Ermitteln Sie die Hauptdehnungen ε_{H1} und ε_{H2} sowie die Hauptrichtungswinkel φ_{H1} und φ_{H2}.

b) Wie groß sind die Schnittspannungen in x- und y-Richtung?

c) Berechnen Sie mit dem Hookeschen Gesetz die Hauptspannungen σ_{H1} und σ_{H2}.

d) Zeichnen Sie den Mohrschen Verformungskreis und Spannungskreis. Was entnehmen Sie daraus für die Hauptspannungsrichtungen (qualitative Antwort)?

Lösung

a) Mit den Gleichungen (2.9) und (2.10) ergibt sich für die Hauptdehnungen

$$\varepsilon_{H1} = 2{,}72 \text{ ‰} \qquad \varepsilon_{H2} = -2{,}14 \text{ ‰}.$$

Aus Gleichung (2.11) für die Hauptrichtungswinkel

$$\varphi_{1/2} = \frac{1}{2}\arctan\left(\frac{-\gamma_{xy}}{\varepsilon_x - \varepsilon_y}\right) = \frac{1}{2}\arctan\left(\frac{3{,}79}{1{,}81 + 1{,}23}\right)$$

erhält man die zwei Lösungen $\varphi_1 = 25{,}6°$, $\varphi_2 = 115{,}6°$. Die entsprechende Zuordnung ergibt sich aus einer Skizze des Verformungskreises (Bild 4.17):

$\varphi_{H1} = \varphi_1 = 25{,}6°$ $\quad\quad \varphi_{H2} = \varphi_2 = 115{,}6°$.

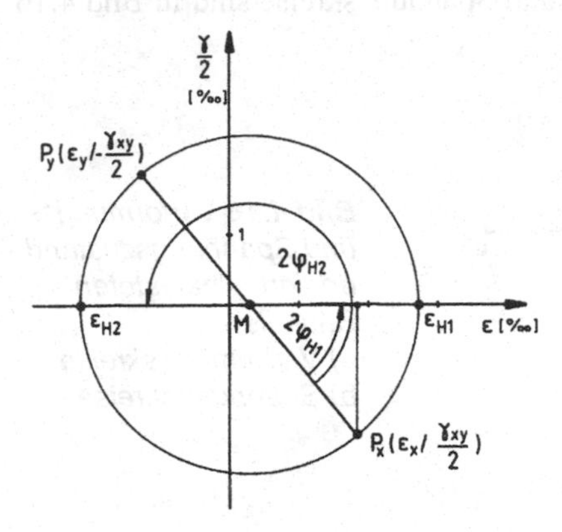

Bild 4.17 *Mohrscher Verformungskreis*

b) Das Hookesche Gesetz für den ebenen Spannungszustand, Gleichungen (4.20) bis (4.22), liefert:

$$\sigma_x = \frac{2{,}05 \cdot 10^5}{1-0{,}3^2}(1{,}81 + 0{,}3 \cdot (-1{,}23)) \cdot 10^{-3} = 324{,}6 \ MPa$$

$$\sigma_y = \frac{2{,}05 \cdot 10^5}{0{,}91}(-1{,}23 + 0{,}3 \cdot 1{,}81) \cdot 10^{-3} = -154{,}8 \ MPa \quad .$$

Für den Schubmodul gilt nach Gleichung (4.7)

$$G = \frac{E}{2(1+\mu)} = \frac{2{,}05 \cdot 10^5}{2(1+0{,}3)} \ MPa = 78846 \ MPa \quad .$$

Damit findet man für die Schubspannung nach Gleichung

$$\tau_{xy} = 78846 \cdot (-3{,}79) \cdot 10^{-3} \ MPa = -298{,}8 \ MPa \quad .$$

c) Sind die Hauptdehnungen bekannt, so können mit dem Hookeschen Gesetz, Gleichungen (4.20) und (4.21), unmittelbar die Hauptspannungen berechnet werden:

$$\sigma_{H1} = \frac{E}{1-\mu^2}[\varepsilon_{H1} + \mu \cdot \varepsilon_{H2}] = 468{,}0 \ MPa$$

$$\sigma_{H2} = \frac{E}{1-\mu^2}[\varepsilon_{H2} + \mu \cdot \varepsilon_{H1}] = -298{,}2 \ MPa \quad .$$

d) Aus dem Mohrschen Kreis für den Verformungs- und Spannungszustand (Bild 4.18) entnimmt man, was man auch rechnerisch nachweisen kann, daß die Hauptspannungen unter den gleichen Winkeln zur x-Achse wie die Hauptdehnungen auftreten.

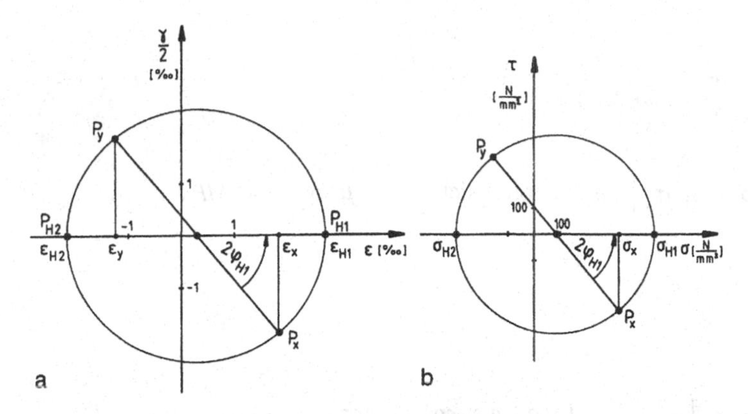

Bild 4.18 *Verformungs- und Spannungszustand*
a) Verformungskreis b) Spannungskreis

4.9.2 Querdehnungsbehinderte Scheibe

Eine in y-Richtung reibungsfrei bewegliche, in x-Richtung ideal starr gelagerte Stahlscheibe wird durch die Zugkraft $F = 400\ kN$ belastet (Bild 4.19).

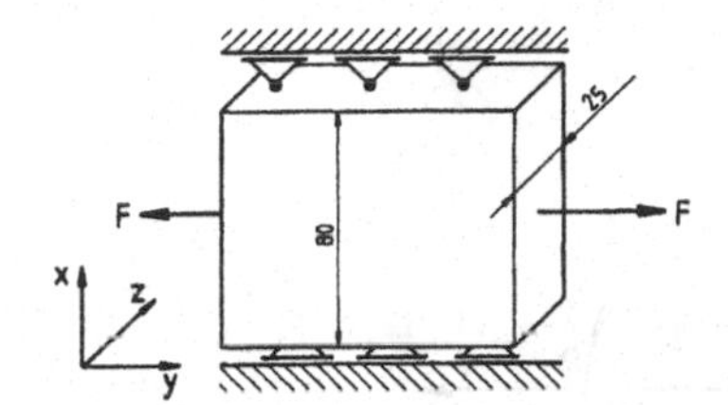

Bild 4.19 *Querdehnungsbehinderte zugbeanspruchte Scheibe*

a) Ermitteln Sie die Spannungs- und Dehnungswerte in x-, y- und z-Richtung.

b) Zeichnen Sie die Mohrschen Spannungs- und Verformungskreise.

c) Welches Fazit bezüglich Beanspruchungs-,Verformungs- und Spannungszustand läßt sich daraus ziehen? Welche Ergebnisse wären bei gleichem Beanspruchungszustand ohne Querdehnungsbehinderung zu erwarten gewesen (qualitative Antwort)?

Lösung

a) Dem Aufgabentext sind der vorherrschende Spannungs- und Verformungszustand zu entnehmen:

- keine Spannungen in z-Richtung $\Rightarrow$ ebener Spannungszustand ($\sigma_z = 0$)
- keine Dehnungen in x-Richtung $\Rightarrow$ ebener Dehnungszustand ($\varepsilon_x = 0$)
- Aufgrund der symmetrischen Beanspruchung wirken keine Schubspannungen in den zur x- und y-Richtung senkrechten Ebenen
  $\Rightarrow$ σ_x und σ_y sind Hauptspannungen

Spannungen:

$$\sigma_y = \frac{F}{A} = \frac{400 \cdot 10^3}{25 \cdot 80} = 200\ MPa$$

Aus $\varepsilon_x = \frac{1}{E}\left[\sigma_x - \mu \cdot \sigma_y\right] = 0$ ergibt sich $\sigma_x = \mu \cdot \sigma_y = 60\ MPa$

$$\sigma_z = \tau_{xy} = 0$$

Verformungen:

$$\varepsilon_y = \frac{1}{E}\left[\sigma_y - \mu \cdot \sigma_x\right] = \frac{1}{2{,}1 \cdot 10^5}\left[200 - 0{,}3 \cdot 60\right] = 0{,}867\ ‰$$

$$\varepsilon_z = \frac{1}{E}\left[0 - \mu\left(\sigma_x + \sigma_y\right)\right] = \frac{1}{2{,}1 \cdot 10^5}\left[-0{,}3(60 + 200)\right] = -0{,}371\ ‰$$

$$\varepsilon_x = \gamma_{xy} = 0$$

b) Die Spannungs- und Verformungskreise sind in Bild 4.20 dargestellt.

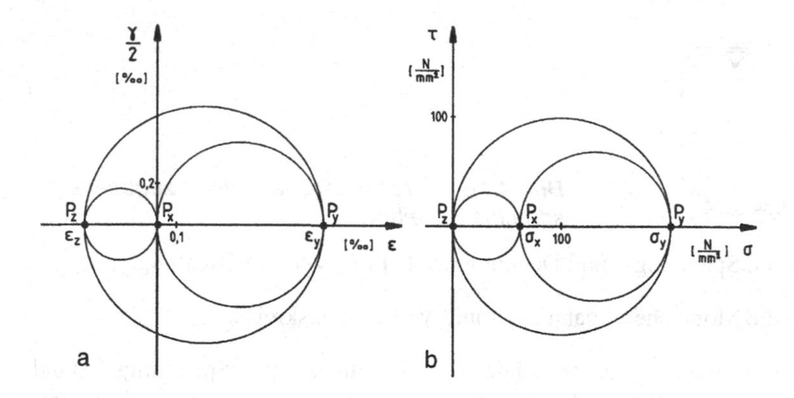

***Bild 4.20** a) Verformungskreis b) Spannungskreis*

c) Die Querdehnungsbehinderung (in x-Richtung) führt bei einachsiger Beanspruchung zu einem zweiachsigen Spannungs- und Verformungszustand. Eine einachsige Beanspruchung ohne Dehnungsbehinderung hätte einen einachsigen Spannungszustand und einen dreiachsigen Verformungszustand zur Folge gehabt.

KAPITEL 5

Grundbelastungsfälle

Grundbelastungsfälle

Die Beanspruchung von Bauteilen geht auf die äußere Belastung durch mechanische, thermische und chemische Einwirkungen zurück. Zusätzlich sind, wie im Kapitel 9 gezeigt wird, auch innere Beanspruchungen ohne äußere Belastung (Eigenspannungen) zu berücksichtigen. In diesem einführenden Kapitel werden die *Grundbelastungsfälle* bei mechanischer Belastung Zug, Druck, Biegung, Torsion und Scherung für Stäbe mit einfachen Querschnitten behandelt. Die Ermittlung der Werkstoffkennwerte unter diesen Belastungsarten wird in Kapitel 6 beschrieben. Die Überlagerung der Lastfälle ist Gegenstand des Kapitel 7. Weitergehende Ausführungen zur erweiterten Biegung und Torsion finden sich in einem späteren Band.

Bild 5.1 enthält eine Gliederung der Grundbelastungsarten sowie eine schematische Darstellung der verformten Körper.

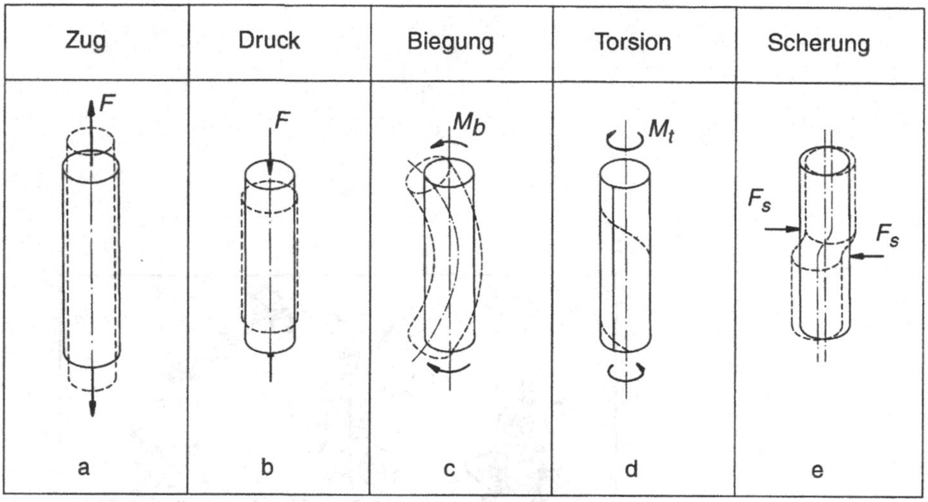

Zug	Druck	Biegung	Torsion	Scherung
F	F	M_b	M_t	F_s, F_s
a	b	c	d	e

Bild 5.1 *Grundbelastungsfälle bei mechanischer Belastung*

Stab

Die Beanspruchungsanalyse zur Ermittlung der Spannungen und Verformungen wird in den einzelnen Abschnitten jeweils exemplarisch am Beispiel des geraden prismatischen Stabes durchgeführt. Unter dem Begriff *Stab* ist in diesem Zusammenhang ein Körper zu verstehen, dessen Länge groß gegenüber seinen Querschnittsabmessungen ist. Gerade bedeutet, daß die Stabachse nicht oder nur sehr schwach gekrümmt ist, während das Wort prismatisch ausdrückt, daß sich der Stabquerschnitt über die Stablänge nicht ändern soll.

Die Grundbelastungsfälle leiten sich aus den in Bild 3.12 gezeigten Schnittlasten in einem Stabquerschnitt ab. Demnach verursacht die zentrische Axialkraft F_x eine Zug- bzw. Druckbeanspruchung, die beiden Querkräfte F_y und F_z eine Scherbeanspruchung, das Drehmoment M_x eine Torsionsbeanspruchung und die Biegemomente M_y und M_z eine Biegebeanspruchung um die entsprechenden Achsen.

5.1 Zug

5.1.1 Spannungen

Eine zentrische Axialbelastung von glatten Stäben mit symmetrischem Querschnitt führt bei vernachlässigbarer Querdehnungsbehinderung zu einer einachsigen Zugbeanspruchung, Bild 5.1a. Bei Stäben mit nichtsymmetrischem Querschnitt liegt dann eine reine Zugbeanspruchung vor, wenn die Wirkungslinie der resultierenden Zugkraft durch den Flächenschwerpunkt des Querschnitts geht. Die Zugspannungen sind über dem Querschnitt gleichmäßig verteilt, sofern ein ungestörter Kraftlinienverlauf vorliegt. Dies gilt für prismatische Stäbe oder näherungsweise für solche, die eine allmähliche Querschnittsveränderung aufweisen. Typische zugbeanspruchte Bauteile sind beispielsweise Seile, Schrauben, Behälter und Scheiben, siehe Beispiel in Bild 5.2.

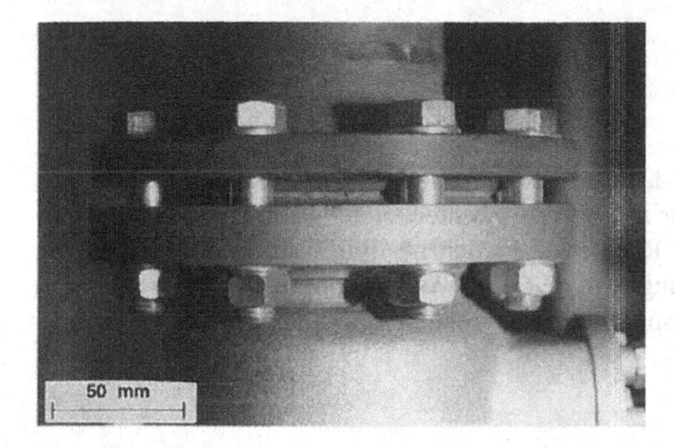

Bild 5.2 *Beispiel für ein zugbeanspruchtes Bauteil: Schrauben eines Rohrflansches*

In Bild 5.3 sind die maßgeblichen Schnittspannungen am Zugstab und der Mohrsche Kreis für einachsige Zugbeanspruchung dargestellt.

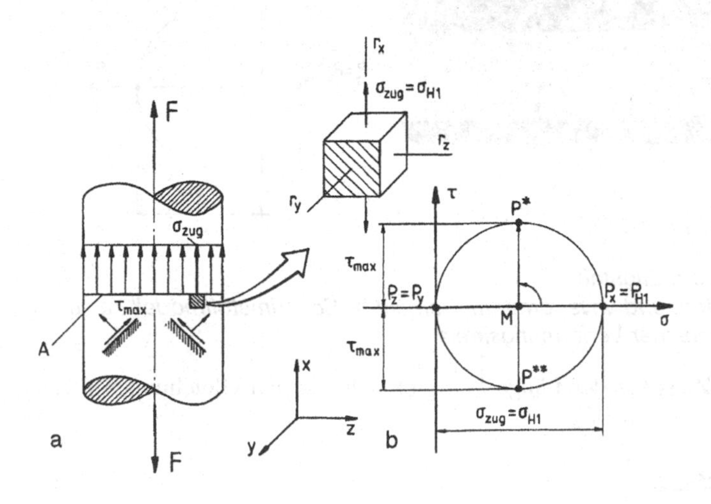

Bild 5.3 *Spannungen am Zugstab*
a) Spannungsverteilung und Hauptspannungswürfel
b) Mohrscher Spannungskreis

Zugnormalspannung

Wie in Bild 5.3a dargestellt, wird jede Stelle des Querschnitts A durch eine *Zugnormalspannung*

$$\sigma_{zug} = \frac{F}{A} \tag{5.1}$$

beansprucht. Da in Schnittebenen senkrecht zur Kraftrichtung keine Schubspannungen auftreten, ist die Normalspannung $\sigma_x = \sigma_{zug}$ gleichzeitig Hauptspannung σ_{H1}. Tritt keine Dehnungsbehinderung in den beiden Querrichtungen y und z auf, so sind die beiden übrigen Hauptspannungen $\sigma_y = \sigma_z = 0$. Der Spannungszustand ist demnach einachsig mit der größten Hauptspannung σ_{zug}, siehe Mohrscher Kreis in Bild 5.3b.

Maximale Schubspannungen

Die *maximalen Schubspannungen* $\pm\tau_{max}$ im Zugstab treten unter ±45° zur Beanspruchungsrichtung auf (vgl. Bildpunkte P^* und P^{**} im Mohrschen Kreis):

$$\tau_{\max} = \pm\frac{\sigma_{zug}}{2} \tag{5.2}$$

5.1.2 Verformungen

Die Verformung des Zugstabs ist dadurch gekennzeichnet, daß aus einem quadratischen Oberflächenelement in Stabrichtung ein Rechteckelement entsteht, siehe Bild 5.4a und b. Die Kantenlängen des Rechtecks werden bestimmt durch die Längsdehnung $\varepsilon_l = \Delta l_l / l_0$ und die Querdehnungen $\varepsilon_q = \Delta l_q / l_0$, welche sich aus den Beziehungen (4.1) und (4.3) für einachsige Beanspruchung (Querdehnung unbehindert) ergeben:

$$\varepsilon_l = \frac{\sigma_{zug}}{E} \quad \text{und} \quad \varepsilon_q = -\mu \cdot \varepsilon_l \quad . \tag{5.3}$$

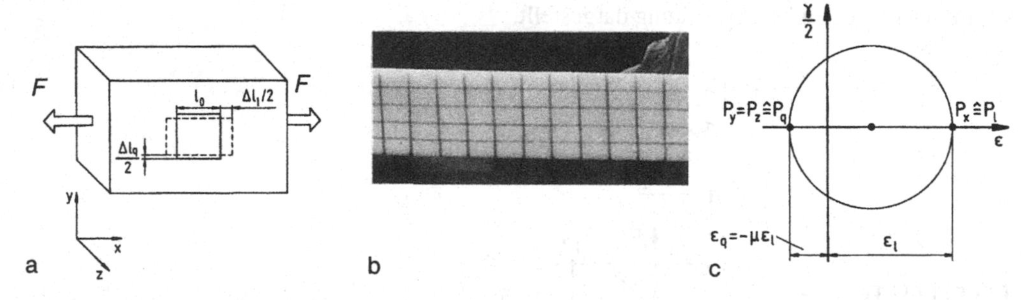

***Bild 5.4** Verformungen am Zugstab*
a) Zugstab mit verformtem und unverformtem Element b) Schaumstoffmodell im verformten Zustand c) Mohrscher Verformungskreis

Die Verlängerung des Zugstabs der Länge l_0 ergibt sich aus den Gleichungen (2.1), (5.1) und (5.3):

$$\Delta l = l_0 \cdot \varepsilon_l = l_0 \cdot \frac{\sigma_{zug}}{E} = \frac{F \cdot l_0}{A \cdot E} \quad . \tag{5.4}$$

5.2 Druck

Eine an einem Stab zentrisch angreifende Druckkraft führt zu einer Druckspannung im Querschnitt, Bild 5.1b. Beispiele für druckbeanspruchte Bauteile sind Stützen, Pleuel und Stangen, siehe Beispiel in Bild 5.5. Druckbeanspruchung erfahren auch thermisch beanspruchte dehnungsbehinderte Teile wie z. B. temperaturbeaufschlagte Rohrleitungssysteme.

***Bild 5.5** Beispiel für ein druckbeanspruchtes Bauteil: Stützfuß einer Autobetonpumpe (Putzmeister AG, Aichtal)*

Die Voraussetzungen und die Folgerungen entsprechen formal denen der Zugbeanspruchung in Abschnitt 5.1. Es liegt demnach ebenfalls eine einachsige Beanspruchung vor. Wird die Zugnormalspannung durch die *Drucknormalspannung* σ_d ersetzt und die Kraft F negativ eingesetzt, behalten die Gleichungen (5.1) bis (5.4) ihre Gültigkeit. Ein druckbeanspruchter Stab mit Spannungsverteilung und Mohrschem Spannungskreis ist in Bild 5.6 dargestellt.

Drucknormalspannung

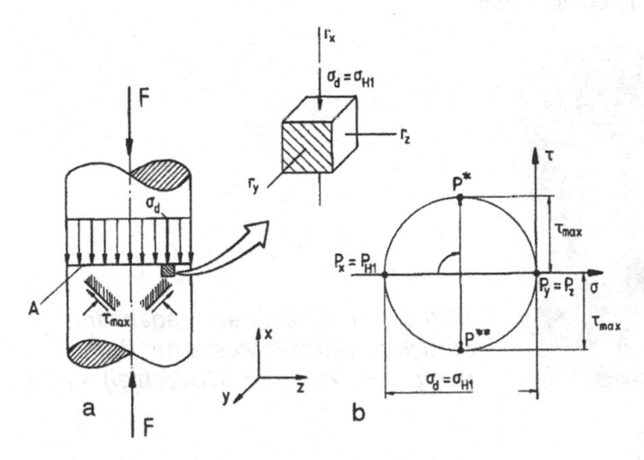

***Bild 5.6** Spannungen am Druckstab*
a) Spannungsverteilung und Hauptspannungswürfel
b) Mohrscher Spannungskreis

Die Verformungen am Druckstab sind in Bild 5.7 gezeigt. Es liegt eine Kompression in Längsrichtung und eine Expansion in Querrichtung vor.

Es ist besonders darauf hinzuweisen, daß bei der Festigkeitsberechnung druckbeanspruchter Bauteile dem Versagen durch Instabilität (Knicken, Beulen) besondere Beachtung geschenkt werden muß.

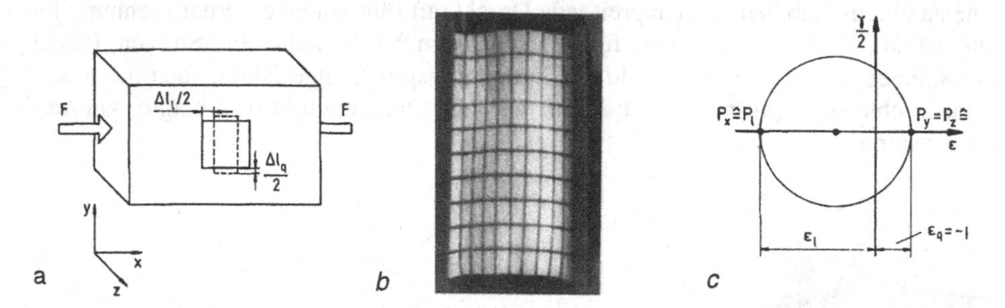

Bild 5.7 *Verformungen am Druckstab*
a) Druckstab mit verformtem und unverformtem Element b) Schaumstoffmodell im verformten Zustand c) Mohrscher Verformungskreis

5.3 Gerade Biegung

Gerade Biegung

Die Biegebeanspruchung von Bauteilen hat in der Technik eine überragende Bedeutung. Biegebeanspruchte Komponenten sind beispielsweise Achsen, Wellen, Träger und Platten, siehe Beispiel in Bild 5.8. Unter *gerader Biegung* wird hier die Biegung eines geraden Balkens mit mindestens einer Symmetrieachse verstanden, wobei das Biegemoment in der Symmetrieebene oder senkrecht dazu wirkt. Auf die schiefe Biegung wird in einem späteren Band eingegangen.

Bild 5.8 *Beispiel für ein biegebeanspruchtes Bauteil: Mast einer Betonpumpe (Putzmeister AG, Aichtal)*

5.3.1 Verformungen

Ein durch ein Biegemoment M_b belasteter Stab nach Bild 5.1c und Bild 5.9 erfährt eine Krümmung. Setzt man beim prismatischen Stab ein über die Länge konstantes Biegemoment voraus, so kann aus Plausibilitätsgründen für die Krümmung ein Kreisbogen angesetzt werden.

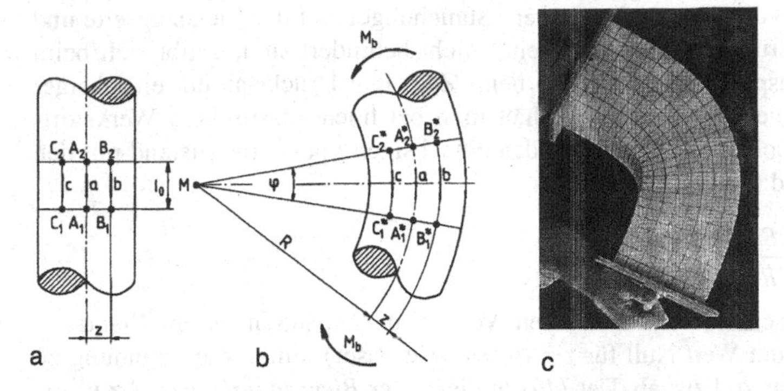

***Bild 5.9** Verformungen bei reiner Biegung eines Stabes*
a) Biegestab mit unverformten Linienelementen b) Biegestab mit verformten Linienelementen c) Schaumstoffmodell

Aus der Bedingung der reinen Biegung (Längskraft gleich Null) läßt sich zeigen, daß die durch den Flächenschwerpunkt gehende *neutrale Faser* keine Dehnung erfährt, siehe Linienelement $A_1{}^*A_2{}^*$ in Bild 5.9b. Die in bezug auf die neutrale Faser vom Krümmungsmittelpunkt M entfernt liegenden Werkstoffbereiche erfahren Zugdehnungen (siehe Linienelement $B_1{}^*B_2{}^*$), während die auf der Seite des Krümmungsmittelpunktes liegenden Werkstoffbereiche Stauchungen aufweisen (Linienelement $C_1{}^*C_2{}^*$). Aus dem Längenvergleich des Linienelementes auf der neutralen Faser

Neutrale Faser

$$\overline{A_1 A_2} = \overline{A_1^* A_2^*} = l_0 = R \cdot \varphi$$

(R = Radius des Krümmungskreises der neutralen Faser) mit dem Linienelement im Abstand z von der neutralen Faser

$$\overline{B_1^* B_2^*} = l_0 + \Delta l = (R + z) \cdot \varphi$$

folgt für die *Biegedehnung* im Abstand z von der Balkenachse:

Biegedehnung

$$\varepsilon(z) = \frac{\overline{B_1^* B_2^*} - \overline{B_1 B_2}}{\overline{B_1 B_2}} = \frac{\Delta l}{l_0} = \frac{(R+z)\varphi - R\varphi}{R\varphi}$$

oder

$$\varepsilon(z) = \frac{z}{R} \quad . \tag{5.5}$$

Die Dehnung ist nach Gleichung (5.5) über dem Querschnitt linear veränderlich. Die Durchbiegung von Biegeträgern ist neben dem E-Modul, den Querschnittsabmessungen und der Trägerlänge vor allem von den unterschiedlichen Lagerungsbedingungen abhängig. Auf die Verformung des Biegeträgers wird ausführlich in einem weiteren Band im Zusammenhang mit der Biegelinie eingegangen.

5.3.2 Spannungen

Setzt man voraus, daß die Querverformungen (Stauchungen auf der Biegezugseite und Dehnungen auf der druckbeanspruchten Seite) nicht behindert sind, ergibt sich beim Stab unter Biegebeanspruchung wie schon beim Zug- und Druckstab ein einachsiger Spannungszustand. Die *Biegespannung* erhält man bei linear-elastischem Werkstoffverhalten aus dem Hookeschen Gesetz für den einachsigen Spannungszustand mit den Gleichungen (4.1) und (5.5) zu

Biegespannung

$$\sigma(z) = E \cdot \varepsilon(z) = \frac{E}{R} \cdot z \quad . \tag{5.6}$$

Diese Beziehung beschreibt einen linearen Verlauf der Spannungen im Stabquerschnitt. Ausgehend vom Wert Null für $z = 0$ (neutrale Faser) nimmt die Spannung zu den Rändern hin linear zu bzw. ab. Der *Maximalwert der Biegespannung* σ_b bzw. $-\sigma_b$ am Rand ergibt sich mit dem maximalen Randabstand z_{max} (Bild 5.10a):

Maximalwert der Biegespannung

$$\sigma_b = \sigma(z_{\max}) = \frac{E}{R} \cdot z_{\max} \quad . \tag{5.7}$$

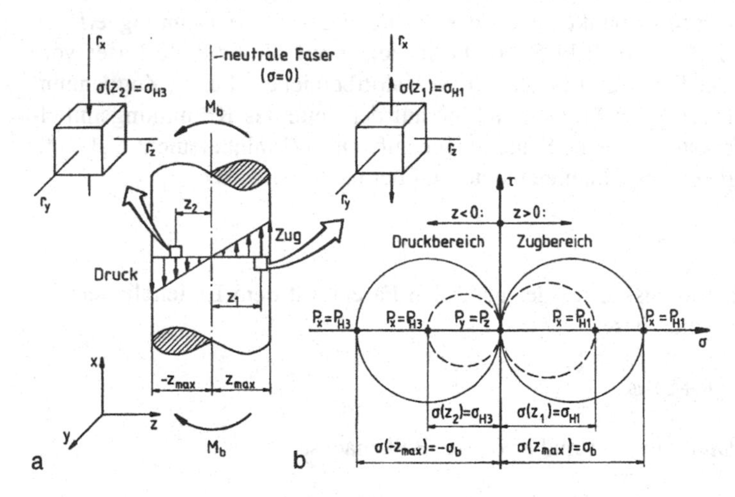

***Bild 5.10** Spannungen am Biegestab*
a) Spannungsverteilung und Hauptspannungswürfel b) Mohrsche Spannungskreise

Es ist zu beachten, daß die Randspannungen nur für Querschnittsformen, die symmetrisch zur Biegeachse (neutrale Faser) sind, betragsmäßig gleich groß werden, da nur in diesem Fall die Randabstände zur Biegeachse von gleichem Betrag sind. Entsprechend der Spannungsverteilung nach Gleichung (5.6) erhält man für die Mohrschen Spannungskreise (einachsig) über dem Stabquerschnitt eine Darstellung gemäß Bild 5.10b. Die Anwendung der Gleichung (5.7) ist in Beispiel 5.1 an einem Sägeblatt gezeigt.

Beispiel 5.1 *Biegebeanspruchung eines Sägeblatts*

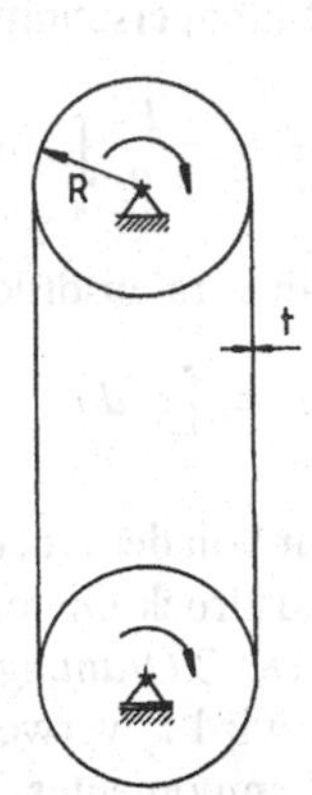

Bild 5.11 *Bandsäge*

Berechnen Sie die Biegedehnung und die Biegespannung an der Außenseite des Sägeblattes in Bild 5.11. Das Blatt besteht aus Stahl mit der Dicke $t = 3$ mm. Es ist über eine Scheibe mit Radius $R = 600\ mm$ gelegt ist (ohne Zugvorspannung).

Lösung

Biegedehnung an der Außenseite aus Gleichung (5.5):

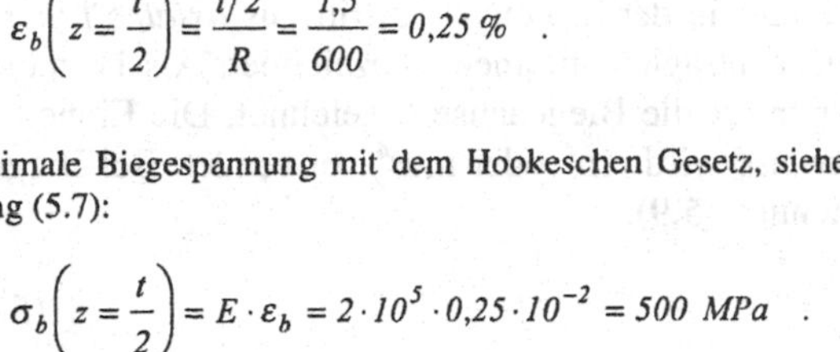

$$\varepsilon_b\left(z = \frac{t}{2}\right) = \frac{t/2}{R} = \frac{1{,}5}{600} = 0{,}25\ \% \quad .$$

Maximale Biegespannung mit dem Hookeschen Gesetz, siehe auch Gleichung (5.7):

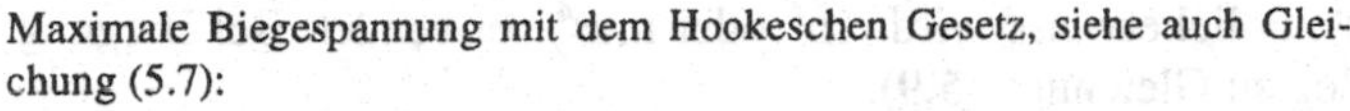

$$\sigma_b\left(z = \frac{t}{2}\right) = E \cdot \varepsilon_b = 2 \cdot 10^5 \cdot 0{,}25 \cdot 10^{-2} = 500\ MPa \quad .$$

Da eine Berechnung der Spannungen mit Gleichung (5.6) wegen des schwierig zu ermittelnden Krümmungsradius R bei Balken und Trägern im allgemeinen nicht möglich ist, soll nun ein Zusammenhang zwischen der äußeren Belastung und den Spannungen im Bauteil gefunden werden. Als Belastung wird ein Biegemoment um die y-Achse M_{by} angenommen. Das Biegemoment M_{by} ist positiv, wenn es auf der positiven z-Seite Zugspannungen hervorruft. Der gesuchte Zusammenhang ergibt sich aus dem Momentengleichgewicht um die y-Achse der Schnittspannungen σ_z und der äußeren Belastung M_{by} des geschnittenen Biegebalkens in Bild 5.12.

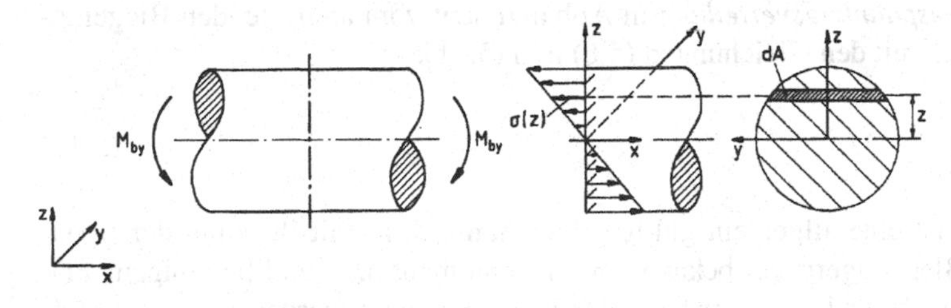

Bild 5.12 *Schnittspannungen am Biegestab*

Mit dem differentiellen Teilmoment

$$dM_{by} = \underbrace{\sigma(z) \cdot dA}_{\text{Teilkraft}} \cdot \underbrace{z}_{\text{Hebelarm}}$$

und Gleichung (5.6) erhält man für das gesamte Schnittmoment nach Integration über den Stabquerschnitt A:

$$M_{by} = \frac{E}{R} \cdot \int_A z^2 dA \quad . \tag{5.8}$$

Der Integralausdruck in Gleichung (5.8)

$$I_y \equiv \int_A z^2 dA \tag{5.9}$$

Axiales Flächenmoment 2.Ordnung

ist nur von der Querschnittsgeometrie und der Lage der Biegeachse abhängig. Der Integralausdruck Gleichung (5.9) wird, da z in der 2. Potenz auftritt, als *axiales Flächenmoment 2.Ordnung* (häufig mit Flächenträgheitsmoment) bezeichnet. Als Formelzeichen wird I_y verwendet, wobei der Index die Biegeachse bezeichnet. Die Einheit des Flächenmomentes ist m^4, üblicherweise wird cm^4 oder mm^4 verwendet. Bei Biegung um die z-Achse gilt analog zu Gleichung (5.9):

$$I_z \equiv \int_A y^2 dA \quad . \tag{5.10}$$

Die Anwendung der beiden Integralausdrücke wird in Beispiel 5.2 gezeigt. Werte für I_y und I_z für technisch wichtige Querschnitte finden sich in Tabelle 5.1.

Das Biegemoment um die y-Achse läßt sich mit den Gleichungen (5.8) und (5.9) auch schreiben als:

$$M_{by} = \frac{E}{R} \cdot I_y \quad . \tag{5.11}$$

Krümmung

Mit Gleichung (5.11) läßt sich die *Krümmung k* der Stabachse, welche als Kehrwert des Krümmungskreisradius definiert ist, berechnen:

$$k \equiv \frac{1}{R} = \frac{M_{by}}{E \cdot I_y} \quad . \tag{5.12}$$

Biegespannungsverteilung

Die gesuchte *Biegespannungsverteilung* in Abhängigkeit vom angreifenden Biegemoment M_b ergibt sich mit den Gleichungen (5.6) und (5.11):

$$\sigma(z) = \frac{M_{by}}{I_y} \cdot z \quad . \tag{5.13}$$

Gleichung (5.13) ist eine allgemein gültige Beziehung, d. h. mit ihr kann der Spannungsverlauf in Biegeträgern bei bekanntem Biegemoment M_{by} und beliebigem Flächenmoment I_y im Abstand z von der neutralen Faser bestimmt werden.

Maximale Biegespannungen

Wie bereits oben erwähnt, treten die *größten Biegespannungen* σ_b an den Stellen des Querschnittes auf, die den größten Abstand z_{max} zur Biegeachse (auf der Zug- oder auf der Druckseite) haben, siehe Bild 5.10. Nach Gleichung (5.13) gilt damit

$$\sigma_b = \pm\sigma(z_{\max}) = \pm \frac{M_{by}}{I_y} \cdot z_{\max} \quad . \tag{5.14}$$

Für den Festigkeitsnachweis ist es häufig ausreichend, die größte auftretende Spannung zu kennen. Bei *symmetrischen Querschnitten* ist es üblich, in Gleichung (5.14) die beiden Größen z_{max} und I_y, die beide nur von der Querschnittsgeometrie abhängen, zusammenzufassen zum *Widerstandsmoment gegen Biegung*:

Widerstandsmoment gegen Biegung

$$W_{by} \equiv \frac{I_y}{z_{\max}} \quad . \tag{5.15}$$

Die Dimension von W_b ist m^3 (bzw. cm^3, mm^3), der Index *b* steht für Biegung, während der 2. Index die Biegeachse bezeichnet. Damit erhält man die für die Berechnung der *maximalen Biegespannungen* wichtige Beziehung

$$\sigma_b = \frac{M_b}{W_b} \quad . \tag{5.16}$$

Das Widerstandsmoment sollte nur für bezüglich der Biegeachse symmetrische Querschnitte verwendet werden. Ebenso wie das Flächenmoment kann auch das Widerstandsmoment für technisch wichtige Querschnitte den einschlägigen Tabellen in Nachschlagewerken wie z. B. Dubbel [12], Hütte [18], Roark [25] entnommen werden. Die W_b-Werte für den Kreis-, Kreisring- und Rechteckquerschnitt finden sich in Tabelle 5.1. Die Herleitung dieser Größen ist in Beispiel 5.2 für den Rechteckquerschnitt gezeigt

Wie aus den Beziehungen für den Kreisring in Tabelle 5.1 hervorgeht, dürfen Flächenmomente addiert und subtrahiert werden, Widerstandsmomente jedoch nicht.

Tabelle 5.1 *Axiale Flächenmomente 2. Ordnung I_y und I_z und Widerstandsmomente gegen Biegung W_{by} und W_{bz} für einfache Querschnitte*

Profil	Axiales Flächenmoment I_y bzw. I_z	Widerstandsmoment gegen Biegung W_{by}, W_{bz}
Kreis (D; y, z)	$I_y = I_z = \frac{\pi}{64} \cdot D^4$	$W_{by} = W_{bz} = \frac{\pi}{32} \cdot D^3$
Kreisring (D, d; y, z)	$I_y = I_z = \frac{\pi}{64} \cdot \left(D^4 - d^4\right)$	$W_{by} = W_{bz} = \frac{\pi}{32} \cdot \frac{D^4 - d^4}{D}$
Rechteck (h, b; y, z)	$I_y = \frac{b\,h^3}{12}$ $I_z = \frac{h\,b^3}{12}$	$W_{by} = \frac{b\,h^2}{6}$ $W_{bz} = \frac{h\,b^2}{6}$

***Beispiel 5.2** Axiale Flächenmomente und Widerstandsmomente gegen Biegung für den Rechteckquerschnitt*

Berechnen Sie die Flächenmomente I_y und I_z sowie die Widerstandsmomente gegen Biegung W_{by} und W_{bz} des in Bild 5.13 dargestellten Rechteckquerschnitts mit Breite b und Höhe h und vergleichen Sie das Ergebnis mit den in Tabelle 5.1 angegebenen Werten.

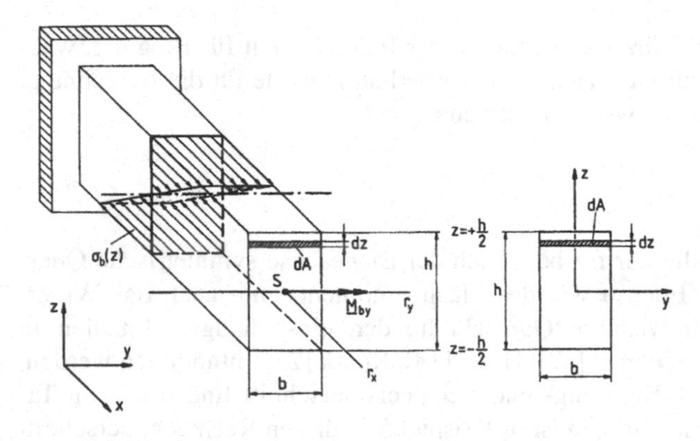

***Bild 5.13** Biegung eines Rechteckstabs um die y-Achse.*

Lösung

Bei Biegung um die y-Achse erhält man I_y aus Gleichung (5.9) mit $dA = bdz$, siehe Bild 5.13, zu

$$I_y = \int_{z=-h/2}^{+h/2} bz^2 dz = \frac{b \cdot h^3}{12} \quad .$$

Daraus berechnet sich W_{by} nach Gleichung (5.15) mit $z_{max}=h/2$, siehe Bild 5.13:

$$W_{by} = \frac{bh^3}{12(h/2)} = \frac{bh^2}{6} \quad .$$

Für das axiale Flächenmoment I_z und das Widerstandsmoment W_{bz} bei Biegung um die z-Achse findet man mit den Gleichungen (5.10) und (5.15) sowie $dA = hdy$ und $y_{max} = b/2$:

$$I_z = \int_{y=-b/2}^{+b/2} hy^2 dy = \frac{h \cdot b^3}{12} \quad ; \quad W_{bz} = \frac{I_z}{y_{max}} = \frac{hb^3}{12(b/2)} = \frac{hb^2}{6} \quad .$$

Satz von Steiner

Die Berechnung von axialen Flächenmomenten für zusammengesetzte Querschnitte erfolgt mit dem *Satz von Steiner*. Mit den Teilflächeninhalten A_i, den Abständen z_{Si} und der Teilflächenschwerpunkte S_i von der Biegeachse ergibt sich das gesamte Flächenmoment:

$$I_y = \sum_i I_{ySi} + \sum_i z_{Si}^2 \cdot A_i \quad . \tag{5.17}$$

5.4 Torsion gerader Stäbe mit Kreisquerschnitt

Die Einleitung eines Drehmomentes M_t in einen Stab führt zu einer Torsionsbeanspruchung, siehe Bild 5.1d. Typische torsionsbeanspruchte Bauteile sind vor allem Wellen, z. B. Kurbelwellen, Getriebewellen und Antriebswellen, siehe Beispiel in Bild 5.14.

***Bild 5.14** Beispiel für ein torsionsbeanspruchtes Bauteil: Kardanwelle*

5.4.1 Verformungen

Die Torsionsbeanspruchung äußert sich in einer Verdrehung zweier Querschnitte gegeneinander. Mantellinien, die im unbelasteten Zustand parallel zur Stabachse lagen, werden demnach schraubenlinienförmig verformt, siehe Bild 5.15.

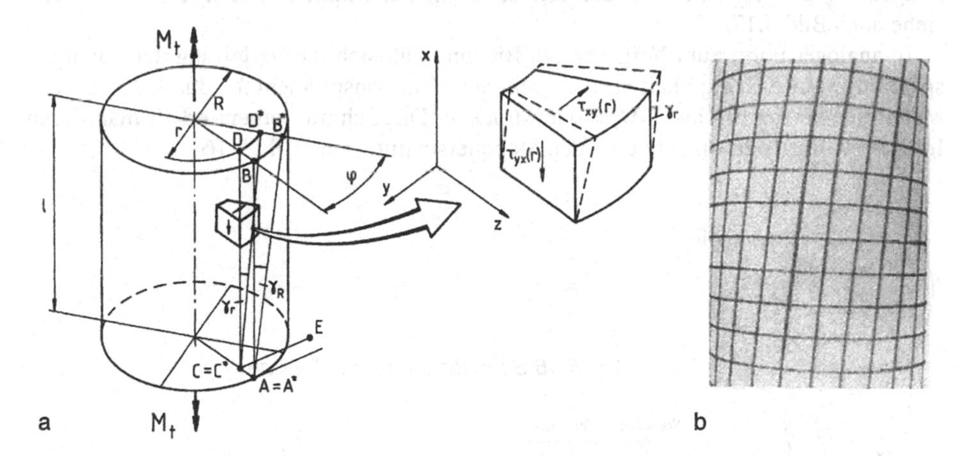

***Bild 5.15** Rundstab unter Torsion*
a) Verdrehung zweier Querschnitte mit Spannungssegment b) Schaumstoffmodell im verformten Zustand

Winkelverzerrung bei Torsion

Eine Verdrehung zweier Querschnitte im Abstand l um den Drehwinkel φ führt die Gerade CD im Abstand r von der Drehachse in eine Schraubenlinie C^*D^* über. Das ursprünglich rechtwinklige Winkelelement ECD erfährt eine Winkeländerung γ_r (*Schiebung*). Für kleine *Winkelverzerrungen* gilt:

$$\gamma_r = \frac{\overline{DD^*}}{\overline{CD}} = \frac{\overline{DD^*}}{l} \quad \text{und} \quad \varphi = \frac{\overline{DD^*}}{r} \quad ,$$

woraus sich folgender Zusammenhang ergibt:

$$\gamma_r = \frac{\varphi}{l} \cdot r \quad . \tag{5.18}$$

Gemäß dieser Beziehung nimmt die Winkelverzerrung ausgehend vom Wert Null in der Drehachse mit dem Radius linear bis zum Maximalwert an der Staboberfläche zu.

5.4.2 Spannungen

Als Schnittspannungen an einem parallel zur Stabachse im Abstand r herausgeschnittenen Würfelelement (vgl. Bild 5.15) wirken bei reiner Torsion nur die einander zugeordneten Schubspannungen $\tau(r) = |\tau_{xy}(r)| = |\tau_{yx}(r)|$. Bei linear-elastischem Werkstoffverhalten ist der Zusammenhang zwischen Schubspannung und Schiebung durch Gleichung (4.5) gegeben. Mit Gleichung (5.18) ergibt sich:

$$\tau(r) = G \cdot \gamma_r = \frac{G \cdot \varphi}{l} \cdot r \quad . \tag{5.19}$$

Entsprechend der linearen Zunahme der Schiebung mit r nehmen auch die Schubspannungen τ_{xy} und τ_{yx} linear zu und erreichen auf der Mantelfläche ihre Höchstwerte, siehe auch Bild 5.17.

In analoger Form zum Vorgehen bei Biegung läßt sich die Verteilung der Torsionsspannungen in Abhängigkeit vom angreifenden Torsionsmoment M_t durch Ansatz des Momentengleichgewichts $\Sigma M_t = 0$ ausdrücken. Das Schnittmoment erhält man durch Integration der Teilmomente über den Stabquerschnitt, siehe Bild 5.16:

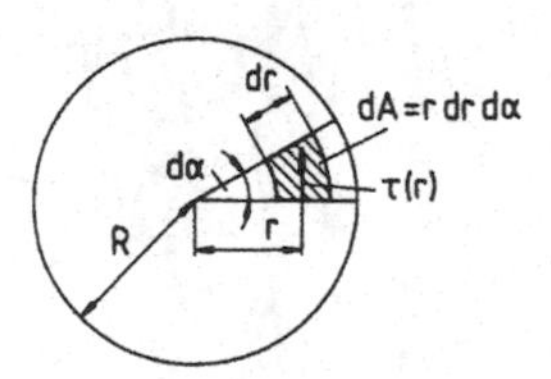

Bild 5.16 *Schnittelement für Torsion*

$$M_t = \int_{\alpha=0}^{2\pi} \int_{r=0}^{R} \underbrace{r}_{\text{Hebelarm}} \cdot \underbrace{\overbrace{\tau(r)}^{\text{Spannung}} \cdot \overbrace{r\,dr\,d\alpha}^{\text{Teilfläche}}}_{\text{Teilkraft}} \quad .$$

Mit Gleichung (5.19) entsteht

$$M_t = \frac{G \cdot \varphi}{l} \underbrace{\int_{\alpha=0}^{2\pi} \int_{r=0}^{R} r^2 \cdot \underbrace{r \cdot dr\, d\alpha}_{dA}}_{I_p} = \frac{G \cdot \varphi}{l} \underbrace{\int_A r^2\, dA}_{I_p} \quad .$$

Den Integralausdruck

$$I_p \equiv \int_A r^2 dA \tag{5.20}$$

nennt man *polares Flächenmoment 2. Ordnung*, es besitzt die Dimension m^4 (bzw. cm^4, mm^4). Das Torsionsmoment berechnet sich damit zu

Polares Flächenmoment 2. Ordnung

$$M_t = \frac{G \cdot \varphi}{l} \cdot I_p \quad . \tag{5.21}$$

Die polaren Flächenmomente für den Kreis- und Kreisringquerschnitt sind in Tabelle 5.2 zusammengestellt. Die Herleitung für den Kreisquerschnitt findet sich in Beispiel 5.3.

Beispiel 5.3 *Polares Flächenmoment für Kreisquerschnitt*

Berechnen Sie das polare Flächenmoment für einen Kreisquerschnitt und vergleichen Sie das Ergebnis mit Tabelle 5.2.

Lösung

Mit Gleichung (5.20) und den Beziehungen aus Bild 5.16 ergibt sich

$$I_p = \int_{\alpha=0}^{2\pi} \int_{r=0}^{R} r^3 \, dr \, d\alpha = \int_{\alpha=0}^{2\pi} \left[\frac{1}{4} r^4 \right]_{r=0}^{R} d\alpha = \frac{\pi}{2} R^4 = \frac{\pi}{32} D^4 \quad .$$

Der *Schubspannungsverlauf* ergibt sich aus den Gleichungen (5.19) und (5.21) zu:

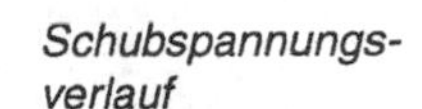

Schubspannungsverlauf

$$\tau(r) = \frac{M_t}{I_p} \cdot r \quad . \tag{5.22}$$

Gleichung (5.22) entspricht in ihrem Aufbau der für den Normalspannungsverlauf bei Biegung gefundenen Beziehung (5.13). Die Torsionsschubspannung bei kreisförmigem Querschnitt nimmt ausgehend vom Wert Null in der Stabmitte linear zum Außenrand zu, siehe Bild 5.17.

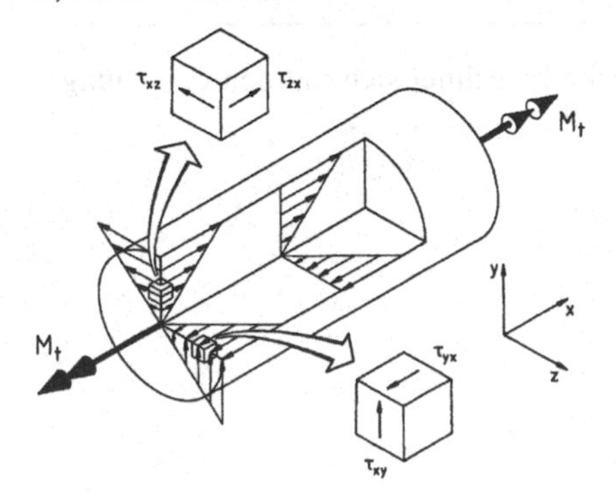

Bild 5.17 *Verteilung der Schubspannungen bei Torsionsbeanspruchung eines Stabes mit Kreisquerschnitt*

Nach dem Gesetz der zugeordneten Schubspannungen Gleichung (3.6) treten – wie in Bild 5.17 gezeigt – in Stablängsrichtung betragsmäßig gleich große Schubspannungen wie im Stabquerschnitt auf. Diese Spannungen äußern sich einerseits bei einer Torsionsbeanspruchung offener Querschnitte in einer starken Längsverschiebung, andererseits versagen Werkstoffe mit einer ausgeprägten Anisotropie (z. B. Werkstoffe mit Faserlängsstrukturen, wie z. B. Holz) bei Verdrehung in der schwächeren Richtung.

Maximale Schubspannungen

Die *maximalen Schubspannungen* an der Außenoberfläche, die auch mit τ_t bezeichnet werden, erhält man aus Gleichung (5.22) mit $r = R$:

$$\tau(R) = -\tau_{xy}(R) = \tau_{\max} = \tau_t = \frac{M_t}{I_p} \cdot R \quad . \tag{5.23}$$

Widerstandsmoment gegen Torsion

Für *Kreisquerschnitte* faßt man meist die beiden Größen I_p und R zum *Widerstandsmoment gegen Torsion* mit der Dimension m³, bzw. mm³ zusammen:

$$W_t \equiv \frac{I_p}{R} = \frac{I_p}{D} \cdot 2 \tag{5.24}$$

Die W_t-Werte für den Kreis- und Kreisringquerschnitt können Tabelle 5.2 entnommen werden.

***Tabelle 5.2** Polare Flächenmomente I_p und Widerstandsmomente gegen Torsion W_t bei Kreis- und Kreisringquerschnitt*

Profil	Polares Flächenmoment I_p	Widerstandsmoment gegen Torsion W_t
Kreis (D)	$\frac{\pi}{32} D^4$	$\frac{\pi}{16} D^3$
Kreisring (d, D)	$\frac{\pi}{32}\left(D^4 - d^4\right)$	$\frac{\pi}{16}\left(\frac{D^4 - d^4}{D}\right)$

Die maximale Schubspannung an der Oberfläche berechnet sich mit den Gleichungen (5.23) und (5.24) zu

$$\tau_t = \frac{M_t}{W_t} \quad . \tag{5.25}$$

5.4.3 Mohrscher Spannungskreis

Beim kreis- bzw. rohrförmigen Torsionstab tritt die maximale Beanspruchung τ_t an jeder Stelle der Außenoberfläche auf. In Bild 5.18 ist für ein solches Oberflächen-Würfelelement der zugehörige Mohrsche Spannungskreis mit eingezeichnet. Da in den Schnittebenen mit Normalenrichtungen r_x und r_y keine Normalspannungen auftreten, liegen die Bildpunkte $P_x(0, -\tau_t)$ und $P_y(0, \tau_t)$ auf der τ-Achse. Demnach handelt es sich beim Mohrschen Spannungskreis für reine Torsion um einen Ursprungskreis.

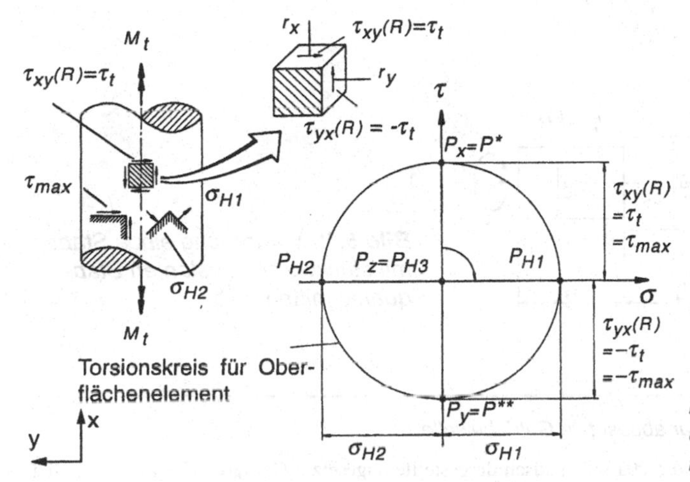

Bild 5.18 *Mohrscher Spannungskreis für reine Torsion*

Demnach treten die beiden Hauptspannungen unter ± 45° zur Stablängsachse auf, sie sind entgegengesetzt gleich groß und betragsmäßig gleich der maximalen Schubspannung τ_t:

$$\sigma_{H1} = -\sigma_{H2} = \tau_t \ . \tag{5.26}$$

Die dritte Hauptspannung verschwindet ($\sigma_z = \sigma_{H3} = 0$), reine Torsion führt demnach zu einem zweiachsigen Spannungszustand. Die größten Schubspannungen τ_t wirken in Stablängs- und Stabquerrichtung und werden nach Gleichung (5.25) berechnet, siehe auch Spannungswürfel in Bild 5.18.

5.4.4 Verdrehwinkel

Verdrehwinkel

Der *Verdrehwinkel* φ für einen geraden Stab der Länge l mit *konstantem Querschnitt* läßt sich aus Gleichung (5.21) bestimmen:

$$\varphi = \frac{M_t \cdot l}{G \cdot I_p} \, [\text{rad}] \ . \tag{5.27}$$

Beachte: φ ergibt sich im Bogenmaß. Die Umrechnung ins Gradmaß erfolgt mit

$$\varphi^\circ = \frac{180^\circ}{\pi} \cdot \varphi \, [rad] \ .$$

Der Verdrehwinkel eines geraden Stabes aus unterschiedlichen Werkstoffen, sprunghaft sich ändernden Querschnitten oder Momenten (Bild 5.19), berechnet sich aus der Summe der Einzelverdrehwinkel φ_i. Bezeichnet man mit n die Anzahl der Balkenabschnitte mit konstanten Werkstoff, Querschnitt oder Moment, ergibt sich mit Gleichung (5.27)

$$\varphi = \sum_{i=1}^{n} \varphi_i = \sum_{i=1}^{n} \frac{M_{ti} \cdot l_i}{G_i \cdot I_{pi}} \quad . \tag{5.28}$$

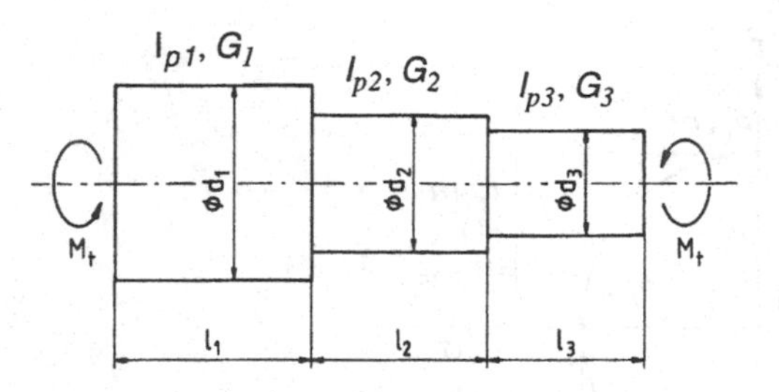

Bild 5.19 Verdrehung eines Stabes mit stückweise konstanten Stabquerschnitten

Beispiel 5.4 *Drehwinkel für abgesetzte Getriebewelle*

Berechnen Sie für die in Bild 5.20a schematisch dargestellte abgesetzte Getriebewelle mit sprunghaft sich änderndem Drehmoment nach Bild 5.20b den Verlauf des Drehwinkels über der Wellenlänge.

Lösung

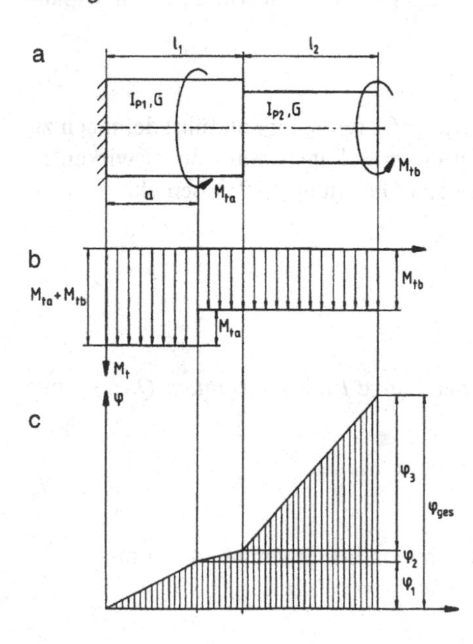

Bild 5.20 Getriebewelle
a) Wellengeometrie
b) Drehmomentenverlauf
c) Verdrehwinkelverlauf

Der Drehwinkel ergibt sich nach Gleichung (5.28) zu:

$$\varphi_{ges} = \varphi_1 + \varphi_2 + \varphi_3 \quad ,$$

wobei gilt:

$$\varphi_1 = \frac{(M_{ta} + M_{tb}) \cdot a}{G \cdot I_{p1}} \qquad \varphi_2 = M_{tb} \frac{(l_1 - a)}{G \cdot I_{p1}} \qquad \varphi_3 = M_{tb} \frac{l_2}{G \cdot I_{p2}} \quad .$$

Der Verlauf des Drehwinkels über der Wellenlänge ist in Bild 5.20c dargestellt.

Die Beziehungen (5.27) und (5.28) gelten nur für Stäbe mit (zumindest stückweise) konstanten Querschnittseigenschaften. Bei stetig *veränderlichen Eigenschaften* über der Stablänge (Querschnitt, Werkstoff, Moment) kann Gleichung (5.27) als Näherung für den infinitesimal kleinen Verdrehwinkel $d\varphi$ eines Stabelements der Länge dx verwendet werden. Dies ergibt die Differentialgleichung für den Verdrehwinkel in der Form:

$$d\varphi = \frac{M_t(x)}{G(x)} \cdot \frac{dx}{I_p(x)} \quad . \tag{5.29}$$

Den Verdrehwinkel der beiden Endquerschnitte erhält man daraus durch Integration über die Stablänge zu

$$\varphi = \int_0^l d\varphi = \int_0^l \frac{M_t(x)}{G(x) \cdot I_p(x)} dx \quad . \tag{5.30}$$

Konischer Stab

Für einen *konischen Stab* mit Länge l unter konstantem Moment M_t mit den Endradien R und r ergibt sich als Verdrehwinkel der Endquerschnitte aus Gleichung (5.30) mit $I_p(x)$ aus Tabelle 5.2:

$$\varphi = \frac{2\, M_t\, l}{3\pi\, G(R-r)} \left[\frac{1}{r^3} - \frac{1}{R^3} \right] \quad . \tag{5.31}$$

Abschließend sei nochmals darauf hingewiesen, daß die abgeleiteten Formeln, insbesondere Gleichung (5.21) und Gleichung (5.22) nur für Bauteile mit Vollkreis- oder Kreisringquerschnitt gelten. Auf die Spannungsberechnung für andere Querschnittsformen, die im allgemeinen sehr viel komplexer ist, soll hier nicht näher eingegangen werden.

5.5 Scherung

Zwei senkrecht zur Stabachse wirkende Kräfte F_s, deren Wirkungslinien sich nicht decken (Bild 5.1e), führen zu einer *Scherbeanspruchung* des Stabquerschnitts zwischen den beiden Wirkungslinien. Solche Scherbelastungen sind bei gedrungenen Stäben wie kurzen Biegebalken, Schrauben, Nieten, Bolzen, aber auch bei Überlappstößen bei Klebe- und Schweißverbindungen in der Festigkeitsberechnung zu berücksichtigen, siehe Beispiel in Bild 5.21. Das infolge des endlichen Abstandes der Wirkungslinien von F_s vorhandene Kräftepaar verursacht zusätzlich eine Biegebeanspruchung.

Bild 5.21 *Beispiel für ein scherbeanspruchtes Bauteil: Tragzapfen*

Die Beanspruchung des Querschnitts *ABCD* in Bild 5.22 besteht aus Schubspannungen τ_{xz}, die eine ungleichmäßige Verteilung in z-Richtung aufweisen. In die Darstellung des Würfelelementes sind auch die in Längsrichtung des Stabes wirkenden zugeordneten Schubspannungen τ_{zx} eingetragen. Der Spannungszustand bei Scherung entspricht demnach dem der reinen Torsionsbeanspruchung (vgl. Mohrscher Kreis in Bild 5.18). Bei nicht rechteckigen Querschnitten sind außerdem Schubspannungen τ_{xy} in y-Richtung wirksam, die sich in ihrer Kraftwirkung aufheben.

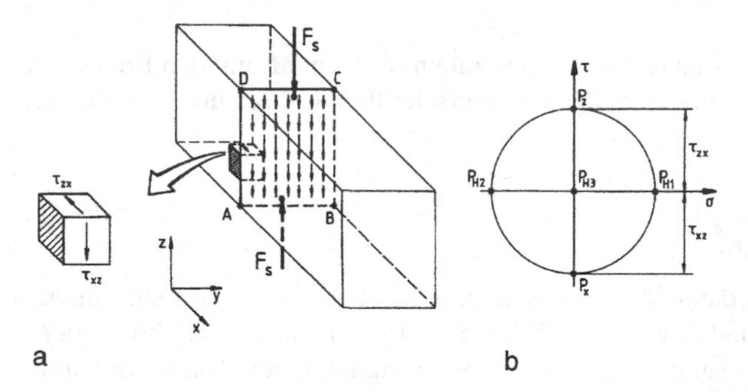

Bild 5.22 *Reine Scherbeanspruchung a) Spannungsverteilung, Spannungswürfel b) Mohrscher Spannungskreis*

Verteilung der Schubspannungen

Da es sich bei *AB* und *CD* um Kanten an lastfreien Oberflächen handelt, können dort keine Schubspannungen auftreten. Die *Verteilung der Schubspannungen* ist demnach durch den Wert Null an den Krafteinleitungskanten und einem Maximum im Inneren des Querschnittes (Schwereachse) gekennzeichnet. In der Praxis wird häufig vereinfachend eine gleichmäßig verteilte *mittlere Schubspannung* $\tau_s = \tau_{xzm}$ angesetzt, die eine integrale Mittelung über den auf Scherung beanspruchten Querschnitt *ABCD* mit Flächeninhalt A_s darstellt und sich errechnet zu:

Mittlere Schubspannung

$$\tau_s = \frac{F_s}{A_s} \quad . \tag{5.32}$$

Die wirkliche und die gemittelte Schubspannungsverteilung ist in Bild 5.23 schematisch dargestellt.

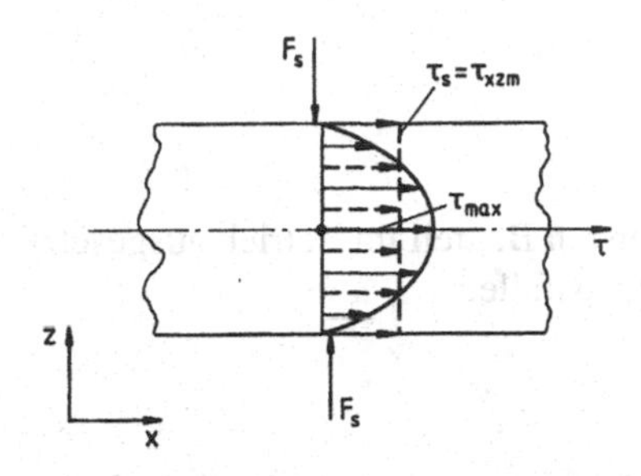

Bild 5.23 *Reale und vereinfachte Schubspannungsverteilung (in x-z-Ebene geklappt, siehe Bild 5.22) bei Scherung*

Die maximale Schubspannung in der neutralen Faser kann aus der mittleren Schubspannung mit einem *Schubüberhöhungsfaktor k* berechnet werden, der für einige einfache Profile in Tabelle 5.3 aufgeführt ist:

Schubüberhöhungsfaktor

$$\tau_{max} = k \cdot \tau_s \quad . \tag{5.33}$$

Tabelle 5.3 *Schubüberhöhungsfaktoren k für einfache Querschnitte*

	Rechteck	Kreis	Dünnwandiges Rohr
$k = \frac{\tau_{max}}{\tau_s}$	1,5	1,33	2,0

Es ist zu beachten, daß in Gleichung (5.32) als Fläche A_S nur die Fläche einzusetzen ist, in der nennenswerte Scherspannungen in Richtung der Scherkraft wirken. Dies ist in Bild 5.24 am Beispiel eines I-Trägers gezeigt, bei welchem nur die schraffiert gezeichnete Fläche A_S des Längsstegs, nicht aber die Gurtflächen, einzusetzen sind. Bei Rechteck- und Kreisquerschnitten wird die gesamte Fläche eingesetzt.

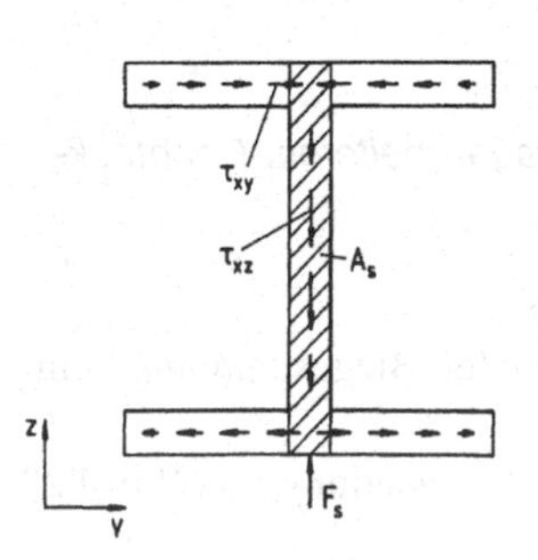

Bild 5.24 *Schubfluß im I-Träger mit maßgebender Scherfläche A_S*

Abschließend ist darauf hinzuweisen, daß eine weitere Vereinfachung bei Scherbelastung darin besteht, daß die infolge der Flächenpressung der Scherkräfte F_s entstehenden Druckspannungen im Krafteinleitungsbereich (Kontaktspannungen) vernachlässigt werden.

5.6 Zusammenfassung

Die verschiedenen mechanischen Belastungen, denen ein Bauteil im Betrieb ausgesetzt sein kann, werden unterteilt in die fünf Grundbelastungsfälle:

Zug, Druck, Biegung, Torsion, Scherung.

In Tabelle 5.4 sind die Lastspannungen und die Hauptspannungen für diese Belastungsfälle zusammenfassend dargestellt.

5.7 Verständnisfragen

1. Welche Grundbelastungsfälle kennen Sie? Geben Sie zu jedem Grundbelastungsfall mindestens ein technisches Bauelement an, welches (hauptsächlich) durch diese Belastungsart beansprucht wird.
2. Aus einem Rundmaterial mit Durchmesser d ist ein Bauteil herzustellen, mit welchem ein Biegemoment M_{by} übertragen werden kann. Zwei mögliche Profile sollen untersucht werden, siehe Bild 5.25.

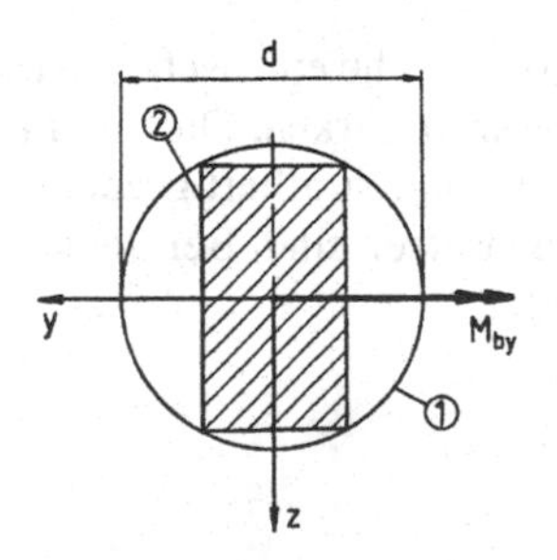

Profil 1 : Kreisquerschnitt mit Durchmesser d.
Profil 2 : Rechteckprofil, welches aus dem gegebenen Rundstab hergestellt werden soll und bei Belastung mit M_{by} möglichst gering beansprucht wird.

***Bild 5.25** Rundstab mit herausgearbeitetem Rechteckprofil*

a) Ermitteln Sie die Abmessungen des Rechteckprofils.
b) Berechnen Sie die prozentuale Änderung der maximalen Biegespannung beim Rechteckprofil gegenüber dem Kreisprofil.
c) Um wieviel Prozent verringert sich das Gewicht bei Verwendung von Profil 2?

Tabelle 5.4 *Überblick über die Grundbelastungsfälle*

Grund-belastungsfall	Spannungs-verteilung	Last-spannung	Mohrscher Spannungskreis	Haupt-spannungs-würfel	Extremale Haupt-spannungen	Extremale Schub-spannungen
Zug	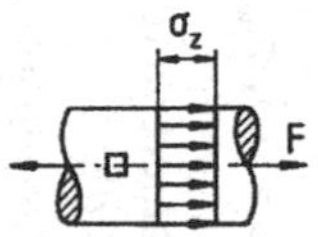	$\sigma_z = \frac{F}{A}$	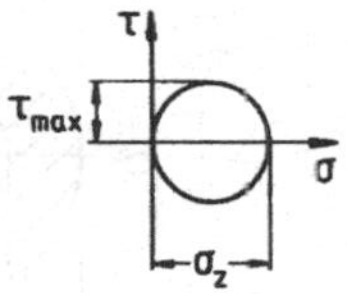	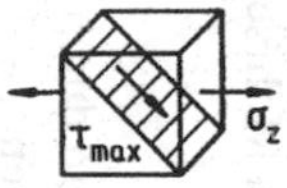	$\sigma_1 = \sigma_z$ $\sigma_3 = 0$	$\tau_{max} = \pm\frac{\sigma_z}{2}$
Druck	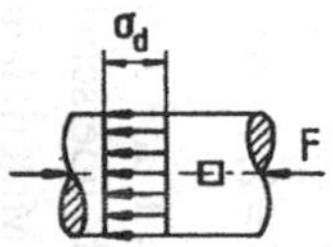	$\sigma_d = \frac{F}{A}$	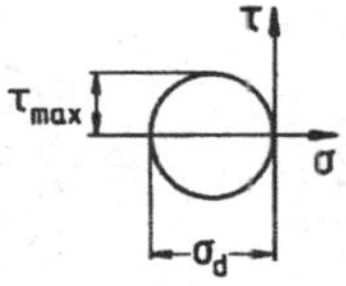	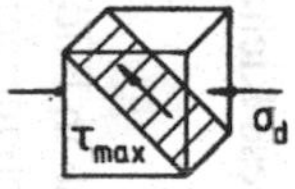	$\sigma_1 = 0$ $\sigma_3 = \sigma_d$	$\tau_{max} = \pm\frac{\sigma_d}{2}$
Biegung	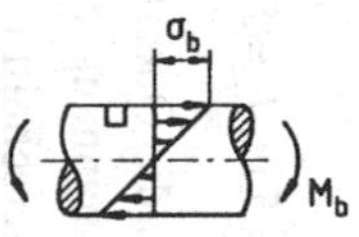	$\sigma_b = \frac{M_b}{W_b}$	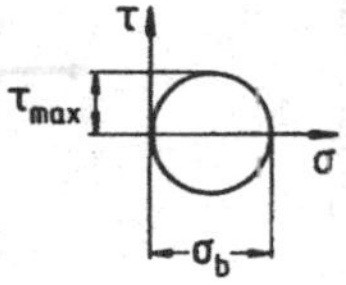	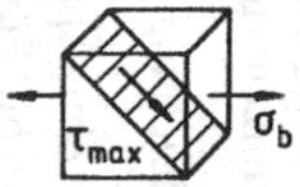	$\sigma_1 = \sigma_b$ $\sigma_3 = 0$	$\tau_{max} = \pm\frac{\sigma_b}{2}$
Torsion	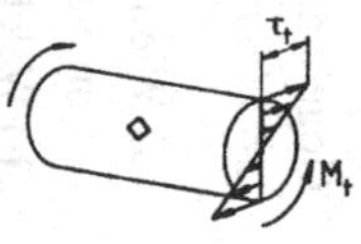	$\tau_t = \frac{M_t}{W_t}$	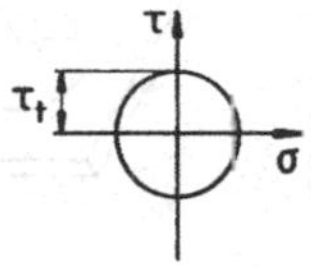		$\sigma_1 = \tau_t$ $\sigma_3 = -\tau_t$	$\tau_{max} = \pm\tau_t$
Scherung	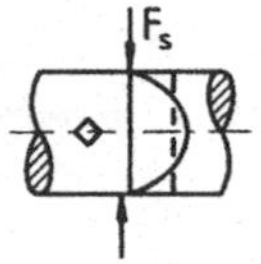	$\tau_s = \frac{F_s}{A_s}$	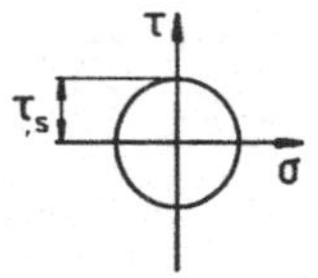		$\sigma_1 = \tau_S$ $\sigma_3 = -\tau_S$	$\tau_{max} = \pm k\tau_s$

3. Zeichnen Sie die Normalspannungsverteilung in dem dreieckigen Querschnitt eines Stabs, welcher durch reine Biegung belastet ist. Markieren Sie die neutrale Faser sowie den Zug- und Druckspannungsbereich. Skizzieren Sie qualitativ in einem σ-τ-Koordinatensystem die zu vier verschiedenen Querschnittspunkten gehörenden Spannungskreise (je zwei Punkte im Zug und Druckbereich).
4. Definieren Sie den Begriff Widerstandsmoment gegen Biegung und geben Sie eine wichtige Anwendung dieser Größe an.
5. Ein Balken aus Holz ($E = 10\ GPa$) mit einem Rechteckquerschnitt ($b = 30\ mm$, $h = 40\ mm$) weist im belasteten Zustand bei Biegung um die hohe Kante eine Kreisbogenform mit $R = 20\ m$ auf. Berechnen Sie Randdehnungen und Randspannungen und zeichnen Sie die Zusammenhänge $\varepsilon_x(z)$ sowie $\sigma_x(z)$.
6. Gegeben sei ein Stab mit Kreisquerschnitt unter reiner Torsionsbelastung. Zeichnen Sie die lagerichtigen Würfelelemente für die maximale Normalspannungsbeanspruchung. Kennzeichnen Sie diese Richtungen im Mohrschen Spannungskreis.
7. Leiten Sie die Gleichung (5.31) her.
8. Der einseitig fest eingespannte Stab in Bild 5.26a wird durch ein Kräftepaar auf Torsion beansprucht. Für den Stabquerschnitt stehen zwei verschiedene Querschnitte zur Verfügung, siehe Bild 5.26b.

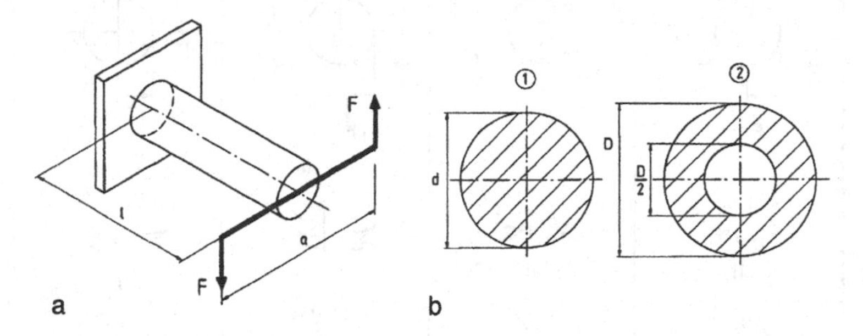

Bild 5.26 *Torsionsstab a) Geometrie und Belastung b) Querschnitte 1 und 2*

Gegeben:
$a = 200\ mm$, $l = 5\ m$, $F = 5\ kN$, $E = 2{,}1 \cdot 10^5\ MPa$, $\mu = 0{,}3$, $\tau_{zul} = 150\ MPa$

a) Wie müssen die Querschnitte 1 und 2 dimensioniert werden, damit die zulässige Schubspannung τ_{zul} nicht überschritten wird?
b) Welcher Querschnitt ist vom Materialaufwand her am günstigsten?
c) Berechnen Sie für beide Querschnitte die Verdrehungen des Endquerschnittes. Welcher der beiden Querschnitte weist somit die größere Verdrehsteifigkeit auf?

9. Für die in Bild 5.27 dargestellte Welle mit Kreisquerschnitt aus einer Al-Legierung ist der Verdrehwinkel der beiden Endquerschnitte zu berechnen, falls die Welle mit dem Torsionsmoment M_t belastet wird.

Gegeben:
$M_t = 200\ Nm,\ d = 50\ mm,\ l_1 = 2\ m,\ l_2 = 3\ m,\ l_3 = 1\ m,\ l_4 = 1{,}5\ m$

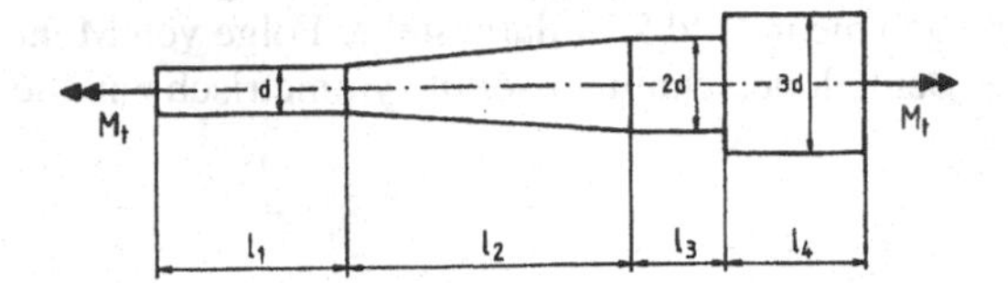

Bild 5.27 Abgesetzte Welle unter Torsionsbelastung

10. Zwei Rohrverbindungen (Bild 5.28) sollen bezüglich ihrer maximal ertragbaren Zugkraftbelastung F untersucht werden.

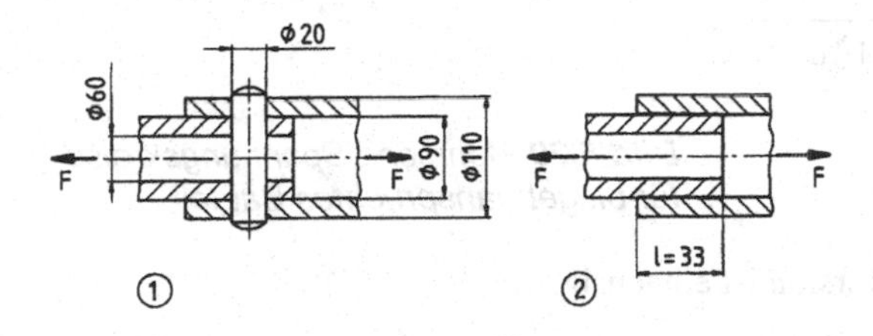

Bild 5.28 Rohrverbindungen, Variante 1 und 2

a) Die Rohre werden durch einen Scherstift gehalten. Wie groß darf F mit Rücksicht auf Abscheren höchstens werden ($\tau_{zul} = 250\ MPa$)?

b) Die beiden Rohre werden über eine Länge von $l = 33\ mm$ miteinander verklebt. Mit welcher Zugkraft kann die Rohrverbindung jetzt belastet werden, wenn die Klebeschicht eine zulässige Schubspannung von $\tau_{zul} = 10\ MPa$ aufweist (Annahme: gleichmäßige Schubspannungsverteilung über die Klebelänge)?

11. Aus einem Blech mit der Dicke t sollen Kreisringe mit Außendurchmesser $D = 40\ mm$ und Innendurchmesser $d = 20\ mm$ gestanzt werden. Das Stanzwerkzeug erlaubt eine maximale Preßkraft von $F = 500\ kN$. Welche Blechdicke t darf höchstens gewählt werden, wenn angenommen wird, daß zum Durchtrennen des Werkstoffs eine mittlere Schubspannung von $300\ MPa$ benötigt wird?

12. Berechnen Sie für den Breitflanschträger IPB100 DIN 1025 mit Höhe $H = 100\ mm$, Breite $b = 100\ mm$, Stegbreite $b_S = 6\ mm$ und Gurtbreite $b_G = 10\ mm$, vgl. Bild 5.24, die mittlere Schubspannung unter der Querkraft $F_s = 50\ kN$. Wie groß ist der Fehler, wenn fälschlicherweise die gesamte Querschnittsfläche eingesetzt wird?

13. Welche der folgenden Aussagen sind wahr, welche sind falsch?

- Der Flächenschwerpunkt S eines geraden Stabes mit unsymmetrischem, über die Stablänge gleichbleibenden Querschnitt kann in einem Festigkeitslabor experimentell wie folgt ermittelt werden: An drei verschiedenen Stellen der Staboberfläche werden DMS in Richtung der Stabachse angebracht. Der Stab wird dann an verschiedenen Querschnittspunkten mit einer parallel zur Stabachse wirkenden Zugkraft belastet, bis die drei DMS gleiche Dehnungswerte anzeigen.

- Ein Bauteil ist durch reine Biegung beansprucht. Eine Spannungsermittlung über dem Bauteilquerschnitt ergab die in Bild 5.29 dargestellte Folge von Mohrschen Spannungskreisen. Der Bauteilquerschnitt ist somit symmetrisch zur Biegeachse (neutrale Faser).

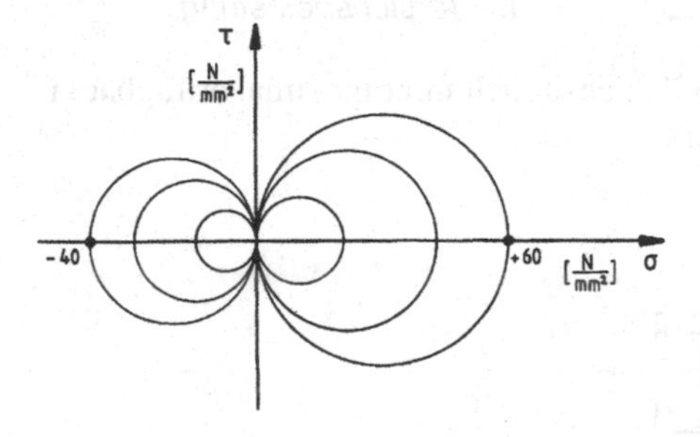

Bild 5.29 *Mohrsche Spannungskreise für biegebeanspruchtes Bauteil*

- Der Spannungszustand bei Torsion ist einachsig.
- Bei einem durch reine Torsion beanspruchten Bauteil treten die höchsten Schubspannungen an der Oberfläche auf.

5.8 Musterlösungen

5.8.1 Biegung eines Hochsprungstabs

Ein Stabhochspringer (Bild 5.30a) verwendet für seinen Sprung einen Stab mit kreisförmigem Querschnitt vom Durchmesser d und der Länge L. Zum Zeitpunkt der stärksten Stabdurchbiegung (Sportler sei momentan in Ruhe) macht ein Sportfotograf eine Aufnahme, welche nach Bild 5.30b angenähert werden kann.

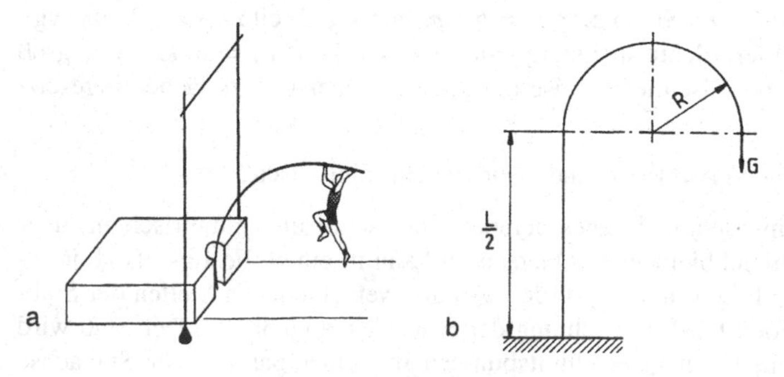

Bild 5.30 *Biegebelastung des Stabs a) Stabhochspringer b) Stab bei maximaler Durchbiegung (schematisch)*

Gegeben: $E = 2{,}0 \cdot 10^4\ MPa$; $L = 5\ m$; $d = 31\ mm$

a) Bestimmen Sie die Masse des Stabhochspringers.

b) Zeichnen Sie einen Schnitt durch die höchstbeanspruchte Stelle des Stabes mit maßstäblichem Spannungsverlauf.

c) Zeichnen Sie für die Stelle der höchsten Biege-Zugbeanspruchung den Mohrschen Spannungskreis.

d) Um Gewicht zu sparen, werden Versuche mit Stäben mit Kreisringquerschnitt durchgeführt. Der Stabaußendurchmesser wird dazu auf $D = 35\ mm$ erhöht. Welche Wandstärke s muß der neue Stabquerschnitt mindestens aufweisen, damit der Betrag der höchsten Spannung $400\ MPa$ nicht übersteigt (Annahme: gleiche Biegemomentenbelastung wie in a) bis c)?

e) Wieviel Prozent beträgt die Gewichtsersparnis gegenüber dem Vollstab?

Lösung

a) Mit dem Biegemoment

$$M_b = G \cdot 2 \cdot R = m \cdot g \cdot 2 \cdot R \tag{a}$$

lautet Gleichung (5.11)

$$mg2R = \frac{E}{R} I_y \ . \tag{b}$$

Der Radius berechnet sich zu

$$R = \frac{L}{2\pi} = 796\ mm \ .$$

Mit I_y aus Tabelle 5.1 ergibt sich die gesuchte Masse aus Gleichung (b) zu:

$$m = \frac{\pi}{128 \cdot g} \frac{E d^4}{R^2} = \frac{\pi \cdot 2 \cdot 10^4\ MPa \cdot 31^4\ mm^4}{128 \cdot 9{,}81 \frac{m}{s^2} \cdot 796^2\ mm^2} = 72{,}9\ kg \ .$$

Für das Biegemoment findet man mit Gleichung (a)

$$M_b = 1{,}1 \cdot 10^6\ Nmm \ .$$

b) Die Spannung im geraden Stabteil setzt sich additiv zusammen aus der über dem Stabquerschnitt konstanten Druckspannung und der linear veränderlichen Biegespannung. Die Druckspannung $\sigma_D = mg/A = 0{,}9\ MPa$ kann gegenüber der Biegespannung vernachlässigt werden. Mit den Gleichungen (5.13) und (5.14) ergibt sich für die Biegespannungsverteilung und die maximale Randzugspannung, siehe Bild 5.31a:

$$\sigma(z) = 24{,}3 \cdot z \; MPa \; ; \; \sigma_b = \sigma\left(\frac{d}{2}\right) = 376 \; MPa \; .$$

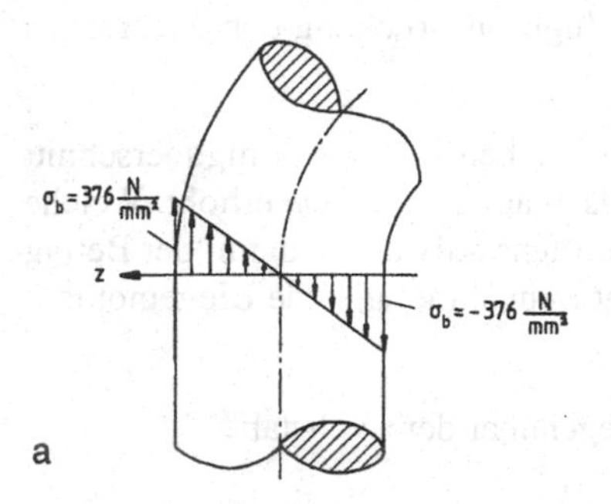

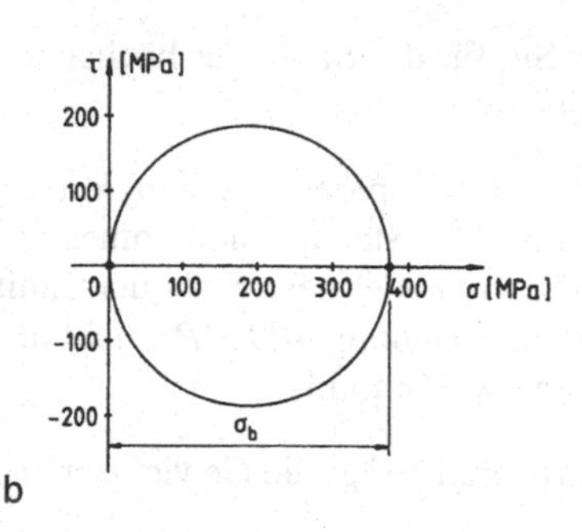

Bild 5.31 *Biegebeanspruchung des Stabs*
a) Spannungsverlauf an der höchstbeanspruchten Stelle
b) Mohrscher Spannungskreis an der Stelle maximaler Zugbeanspruchung

c) Siehe Mohrscher Spannungskreis in Bild 5.31b.

d) Das erforderliche Widerstandsmoment gegen Biegung findet man mit Gleichung (5.16):

$$W_{b\,erf} = \frac{M_b}{\sigma_{b\,zul}} = \frac{1{,}1 \cdot 10^6 \; Nmm \; mm^2}{400 \; N} = 2{,}75 \cdot 10^3 \; mm^3 \; .$$

Mit W_b aus Tabelle 5.1 berechnet sich der Innendurchmesser d zu:

$$d = \left(D^4 - \frac{32}{\pi} W_{berf} \, D\right)^{\frac{1}{4}} = \left(35^4 - \frac{32}{\pi} \cdot 2{,}75 \cdot 10^3 \cdot 35\right)^{\frac{1}{4}} mm = 26{,}8 \; mm \; .$$

Erforderliche Mindestwanddicke:

$$s = \frac{D-d}{2} = \frac{35-26{,}8}{2} mm = 4{,}1 \; mm \; .$$

e) Querschnittsflächen

$$A_{Kreis} = \frac{\pi}{4} \cdot 31^2 \; mm^2 = 754{,}8 \; mm^2$$

$$A_{Kreisring} = \frac{\pi}{4}\left(35^2 - 26{,}8^2\right) mm^2 = 398{,}0 \; mm^2$$

Prozentuale Gewichtsersparnis:

$$\frac{\Delta A}{A_{Kreis}} = \frac{754{,}8 - 398{,}0}{754{,}8} \cdot 100\ \% = 47{,}3\ \%\ .$$

5.8.2 Torsionsbeanspruchung einer Schweißkonstruktion

Ein Rundstab aus St 37 (S235J2G3) ist gemäß Bild 5.32 mit einem Gehäuse durch eine Kehlnaht der Dicke $a = 3\ mm$ verschweißt.

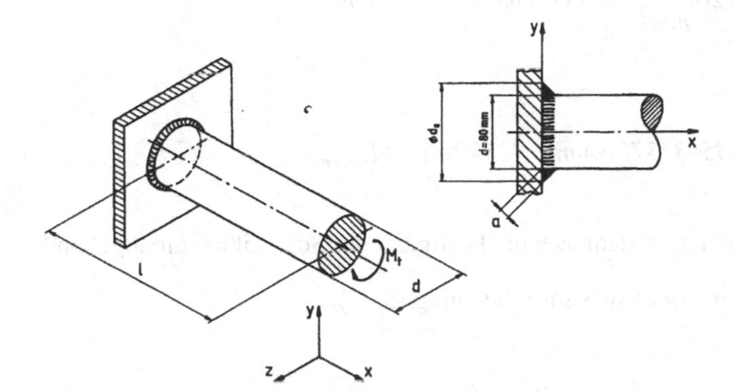

***Bild 5.32** Schweißkonstruktion unter Torsion*

a) Welches äußere Torsionsmoment ist höchstens zulässig, wenn die Schubspannungen im Stab den Wert $\tau_{zul} = 120\ MPa$ nicht überschreiten dürfen und das Schweißgut mit höchstens 135 MPa auf Scherung beansprucht werden darf?

b) Berechnen Sie die maximale Stablänge l_{max} für die in a) berechnete äußere Belastung, wenn der Verdrehwinkel zwischen den beiden Endquerschnitten aus konstruktiven Gründen den Wert $\varphi_{zul} = 0{,}40°$ nicht überschreiten darf.

c) Zeichnen Sie für die jeweils höchstbelastete Stelle des Stabs und der Schweißnaht den Mohrschen Spannungskreis mit dem in a) ermittelten Torsionsmoment.

Lösung

a) Die maximalen Schubspannungen treten sowohl beim Stab als auch bei der kreisringförmigen Schweißnaht am Außendurchmesser d bzw. d_s auf. Die polaren Widerstandsmomente gegen Torsion berechnen sich mit Tabelle 5.2:

Bauteil:

$$W_{tB} = \frac{\pi}{16} d^3 = \frac{\pi}{16} \cdot 80^3 = 100531 mm^3$$

Schweißnaht:

$$W_{tS} = \frac{\pi}{16}\frac{(d+2a)^4 - d^4}{d+2a} = \frac{\pi}{16}\frac{86^4 - 80^4}{86} mm^3 = 31372 mm^3 \quad .$$

Damit zulässiges Torsionsmoment aus Gleichung (5.25):

Bauteil:

$$M_{t\,zul\,B} = \tau_{zul} \cdot W_{tB} = 120 \frac{N}{mm^2} \cdot 100531 mm^3 = 12064\ Nm$$

Schweißnaht:

$$M_{t\,zul\,S} = \tau_{zul} \cdot W_{tS} = 135 \cdot 31372\,Nmm = 4235\ Nm < M_{t\,zul\,B} \quad .$$

Für die zulässige Belastung ist demnach die Festigkeit der Schweißnaht maßgebend.

b) Die maximale Stablänge ergibt sich aus Gleichung (5.27):

$$l_{\max} = \varphi_{\max} \cdot \frac{G \cdot I_p}{M_t} \tag{a}$$

Der Schubmodul G berechnet sich mit Gleichung (4.7) und $E = 210\ GPa$, $\mu = 0{,}3$ aus Tabelle 4.1:

$$G = \frac{E}{2(1+\mu)} = 80769\ \ MPa \quad .$$

Für I_p gilt nach Tabelle 5.2:

$$I_p = \frac{\pi}{32} d^4 = \frac{\pi}{32} \cdot 80^4 = 4{,}0212 \cdot 10^6\ mm^4 \quad .$$

Umrechnen von φ ins Bogenmaß:

$$\varphi = \frac{\varphi° \cdot \pi}{180°} = \frac{0{,}4 \cdot \pi}{180} = 0{,}007\ \ rad \quad .$$

Damit aus Gleichung (a):

$$l_{\max} = 0{,}007 \cdot \frac{80769 \dfrac{N}{mm^2} \cdot 4{,}0212 \cdot 10^6\ mm^4}{4235 \cdot 10^3\ Nmm} = 0{,}54\ m \quad .$$

c) Maximale Schubspannungen mit $M_t = 4235 \cdot 10^3\ Nmm$ in Stab und Schweißnaht:

Stab:

$$\tau_{tB} = \frac{M_t}{W_{tB}} = \frac{4235 \cdot 10^3\ Nmm}{100531\ mm^3} = 42{,}1\ MPa$$

Schweißnaht:

$$\tau_{tS} = \frac{M_t}{W_{tS}} = \frac{4235 \cdot 10^3\ Nmm}{31372\ mm^3} = 135\ MPa \quad .$$

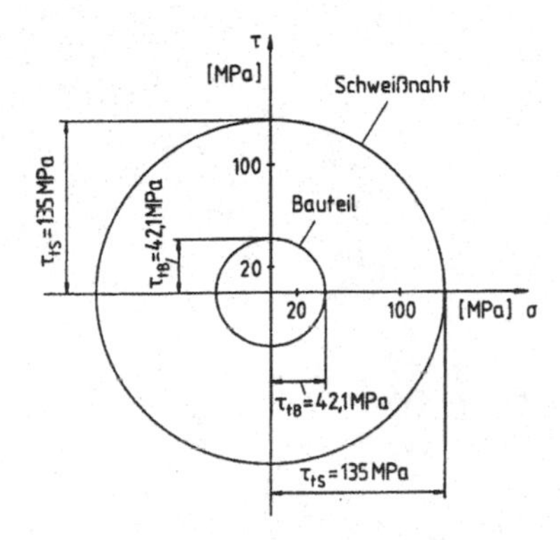

Bild 5.33 *Mohrsche Spannungskreise für Bauteil und Schweißnaht*

Werkstoffkennwerte bei zügiger Belastung

Die bisherigen Kapitel hatten die Ermittlung der Bauteilbeanspruchungen B, d. h. der Spannungen und Verformungen zum Inhalt. Wie bereits in Kapitel 1 (vgl. Bild 1.1) ausgeführt, ist dies nur ein Teil der Festigkeitsberechnung. Der andere Teil des Festigkeitsnachweises besteht in der Ermittlung der Widerstandsfähigkeit R. Grundsätzlich wäre die Bestimmung von R am realen *Bauteil* unter den vorliegenden Betriebsbedingungen notwendig. Gegen ein solches Vorgehen sprechen aber folgende Gründe:

Bauteilversuch

- In der Auslegungsphase ist oft noch kein Bauteil oder Prototyp vorhanden.
- Ein Bauteilversuch ist insbesondere bei großen Bauteilen sehr aufwendig, zeitraubend und kostspielig.
- Bei Änderungen der Bauteilgeometrie und der Einsatzbedingungen muß streng genommen jedesmal ein neuer Bauteilversuch durchgeführt werden, sofern die Übertragungsgesetze zwischen Probe und Bauteil nicht bekannt sind.

In der Praxis werden daher die Werkstoffeigenschaften meist an einfachen Probekörpern bestimmt. Bei dieser Vorgehensweise muß aus den an kleinen Proben ermittelten Werkstoffkennwerten die Widerstandsfähigkeit des Bauteils berechnet werden. Dazu müssen zum einen die Einflußgrößen auf die Widerstandsfähigkeit und zum anderen deren Übertragungsfunktionen von der Probe auf das Bauteil bekannt sein. Während die einzelnen *Einflußgrößen auf R* weitestgehend bekannt sind, vgl. Bild 6.1, ist die mathematische Formulierung dieser Übertragungsgesetze und deren experimentelle Verifikation immer noch Gegenstand intensiver Forschung.

Einflußgrößen

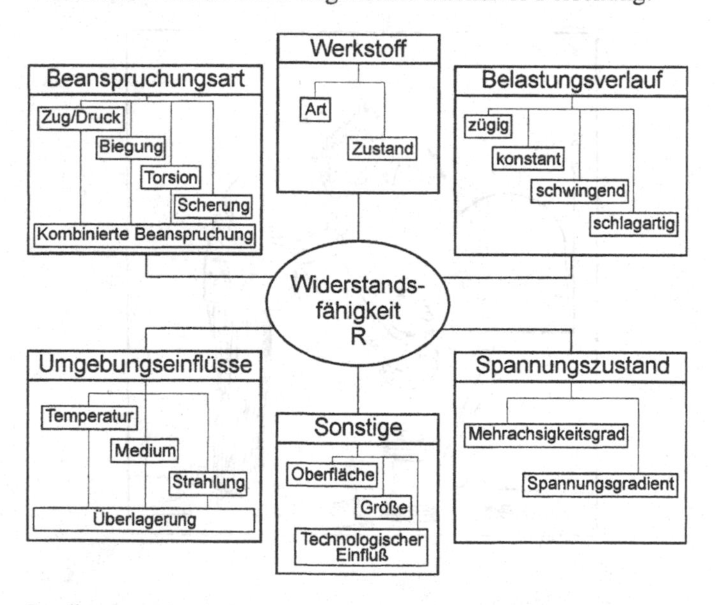

***Bild 6.1** Wichtigste Einflußgrößen auf die Widerstandsfähigkeit R*

In diesem Abschnitt wird die Ermittlung der Widerstandsfähigkeit R in Form von Werkstoffkennwerten an glatten Proben bei *zügiger Beanspruchung* für die Belastungsfälle Zug, Druck, Biegung, Torsion und Scherung behandelt. Zügig bedeutet in diesem Zusammenhang eine Steigerung der Belastung mit relativ kleiner Geschwindigkeit bis zum Erreichen der Versagensgrenze. Somit ist ein Einfluß der Belastungsgeschwindig-

Zügige Beanspruchung

keit weitestgehend ausgeschlossen. Die Kennwertermittlung bei schwingender Beanspruchung wird in Kapitel 11 beschrieben.

6.1 Zugversuch

6.1.1 Grundlagen

Der Zugversuch dient der Ermittlung von Festigkeits- und Verformungskennwerten unter zügiger Belastung an glatten Proben, d. h. bei einachsigem Spannungszustand. Dieser Versuch ist in DIN EN 10 002 [219] (früher DIN 50125 [216]) genormt und ist der wichtigste und grundlegendste Versuch im Bereich der Werkstoffprüfung.

Probenformen

Als Prüfkörper werden meist zylindrische *Proben*, in einigen Fällen auch Flachproben (z. B. bei dünnen Blechen) verwendet. Die erhaltenen Meßergebnisse sollten grundsätzlich von den Probenabmessungen unabhängig sein, was jedoch nicht immer (z. B. bei der Bruchdehnung) uneingeschränkt gilt. Um eine Vergleichbarkeit der Ergebnisse zu gewährleisten, sind daher die Proportionen der Proben in den Regelwerken genormt. Beispiele für genormte Probenformen sind in Bild 6.2 dargestellt.

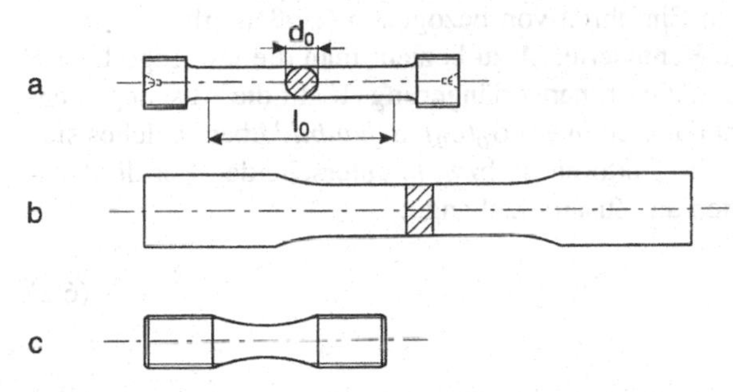

***Bild 6.2** Beispiele für genormte Zugproben a) Rundprobe mit Gewindeköpfen b) Flachprobe mit Köpfen für Spannkeile c) Rundprobe für Grauguß (DIN EN 10002 [219])*

Meßlänge des Proportionalstabs

Die kennzeichnenden Größen des Rundstabes sind der Ausgangsdurchmesser d_0 und die Meßlänge l_0. Üblich sind Stabdurchmesser $d_0 = 4$ bis *20 mm*, meist wird ein Durchmesser um 10 mm gewählt. Die *Meßlänge* l_0 beträgt normalerweise das 5-fache des Ausgangsdurchmessers d_0 (kurzer Proportionalstab), seltener das 10-fache (langer Proportionalstab). Bei Flachproben wird die Rechteckfläche $A_{0r} = a_0 \cdot b_0$ in eine äquivalente Kreisfläche umgerechnet, was bei 5-facher Meßlänge zur Beziehung führt:

$$l_0 = 5 \cdot d_0 = 5 \cdot \sqrt{\frac{4}{\pi} A_{0r}} \approx 5{,}65\sqrt{A_{0r}} \quad . \tag{6.1}$$

Versuchsanordnung

Zur *Versuchsdurchführung* wird die Probe in eine Zugprüfmaschine (Bild 6.3) eingespannt und mit konstanter, nicht allzu großer Abzugsgeschwindigkeit mit zunehmender Zugkraft belastet. Üblicherweise wird die Belastung auf (servo-) hydraulischem (siehe Bild 11.16) oder elektromechanischem Weg (umlaufende Spindel) aufgebracht.

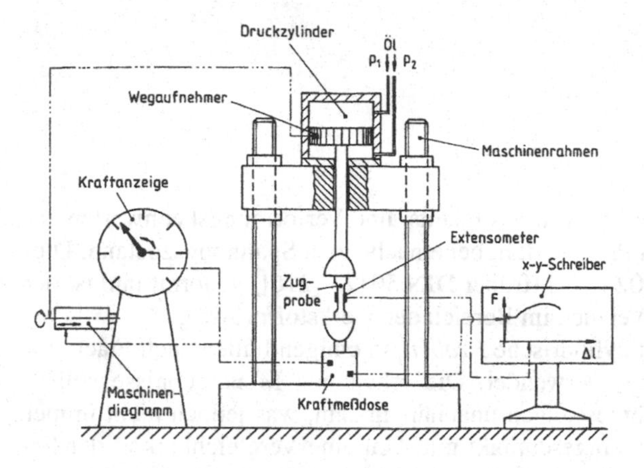

Bild 6.3 *Schematische Darstellung einer hydraulischen Zugprüfeinrichtung*

Kraft-Verlängerungs-Diagramm

Spannungs-Dehnungs-Diagramm

Während des Versuchs wird die Zugkraft F in Abhängigkeit von der Probenverlängerung Δl registriert. Das so ermittelte *$F(\Delta l)$-Schaubild* (Maschinendiagramm) hängt von den Probenabmessungen ab. Durch Einführen von bezogenen Größen erhält man von der Probengeometrie unabhängige Kennwerte. Dazu bezieht man die jeweilige Last F auf den Ausgangsquerschnitt A_0 und die Probenverlängerung Δl auf die Ausgangsmeßlänge l_0. Das $F(\Delta l)$-Schaubild geht dadurch in ein *$\sigma_0(\varepsilon_0)$–Schaubild* über, welches sich lediglich in den Maßstäben durch die Faktoren A_0 bzw. l_0 unterscheidet. Für die Dehnung ε_0 und die Spannung σ_0 gelten die Zusammenhänge:

$$\varepsilon_0 = \frac{\Delta l}{l_0} \tag{6.2}$$

$$\sigma_0 = \frac{F}{A_0} \quad . \tag{6.3}$$

Da die jeweilige Last F und die Probenverlängerung Δl auf den Ausgangsquerschnitt A_0 bzw. auf die Ausgangsmeßlänge l_0 und nicht auf den aktuellen Stabquerschnitt A bzw. die aktuelle Stablänge l bezogen werden, handelt es sich bei den nach Gleichung (6.2) und (6.3) berechneten Werten um fiktive Werte, d. h. um Nennwerte und nicht um Effektivwerte. Dies ist insbesondere bei größeren Dehnbeträgen (z. B. > 3 %) zu beachten (siehe Abschnitt 9.1).

Werkstoffverhalten im Zugversuch

Der Verlauf des Spannungs-Dehnungs-Diagramms ist werkstoffspezifisch und legt das sogenannte *Werkstoffverhalten im Zugversuch* fest. Entsprechend dem Verlauf läßt sich pauschal eine Einteilung in Werkstoffe treffen, die sich im Zugversuch zäh oder spröd verhalten. Der Übergang zwischen zähem und sprödem Verhalten ist allerdings fließend. Allerdings stellt die Bestimmung der Zähigkeitskennwerte im Zugversuch keine ausreichend scharfe Prüfung dar, siehe Ausführungen zum Kerbschlagbiegeversuch in Abschnitt 10.5.5.

6.1.2 Zähes Werkstoffverhalten

Bei zähem Werkstoffverhalten ergibt sich das in Bild 6.4 schematisch dargestellte σ_0-ε_0-Diagramm, welches in verschiedene Bereiche eingeteilt werden kann.

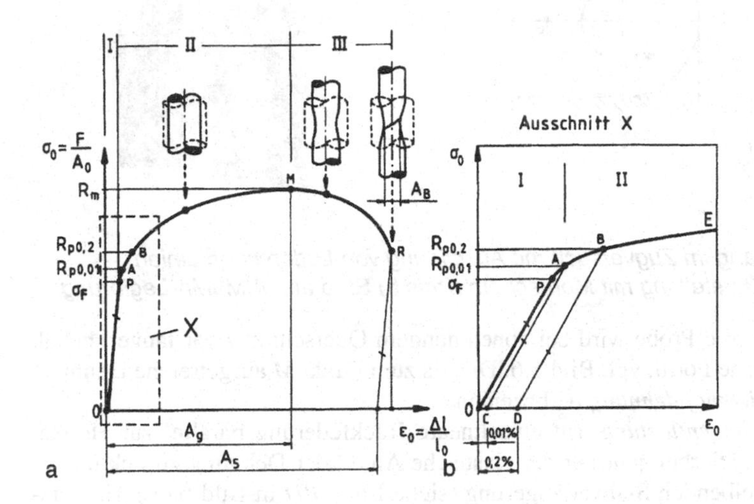

***Bild 6.4** Schematisches Spannungs-Dehnungs-Schaubild für zähes Werkstoffverhalten a) Gesamtdiagramm b) Ausschnitt X mit Darstellung der Dehngrenzen*

Linear-elastischer Bereich

Zu Beginn der Lastaufbringung erhält man einen steilen linearen Anstieg der $\sigma_0(\varepsilon_0)$-Kurve. Dieser Bereich (*I* in Bild 6.4) zeichnet sich dadurch aus, daß Spannungen σ_0 und Dehnungen ε_0 zueinander proportional sind. Demnach gilt hier das in Abschnitt 4.1 eingeführte Hookesche Gesetz, welches an die Voraussetzung $\sigma_0 \sim \varepsilon_0$ gebunden ist. Dieser Abschnitt wird daher auch als *Hookescher Bereich* bezeichnet. Die Gerade *OP* nennt man *Hookesche Gerade.* In diesem Bereich verhält sich der Werkstoff linear-elastisch, d. h. nach einer vollständigen Entlastung verschwindet die Verformung, vgl. Bild 4.1.

Hookesche Gerade

Verfestigungsbereich

Bei einer Laststeigerung über den Hookeschen Bereich hinaus (*II* in Bild 6.4) erfolgt der Anstieg der $\sigma_0(\varepsilon_0)$-Kurve nicht mehr linear. Der Werkstoff fließt, er wird plastisch verformt. *Fließen* tritt durch Abgleitvorgänge von Gitterebenen infolge von Schubspannungen ein. An polierten Oberflächen sind diese Abgleitvorgänge durch Gleitbänder, den *Lüderschen Linien,* erkennbar, welche in Richtung der maximalen Schubbeanspruchung, also unter ±45° zur Stabachse verlaufen, siehe Bild 6.5.

Fließen

Lüdersche Linien

Mit zunehmender plastischer Verformung werden die Abgleitvorgänge durch Aufstau der infolge der plastischen Verformung sich ständig neu bildenden Versetzungen behindert. Die daraus resultierende Lastzunahme wird als *Werkstoffverfestigung* bezeichnet. Die auftretende Dehnung verteilt sich in diesem Bereich gleichmäßig über

Werkstoffverfestigung

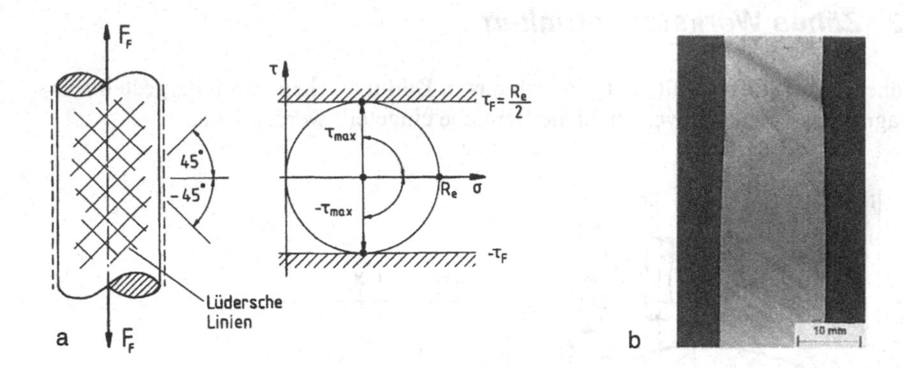

Bild 6.5 *Fließvorgang im Zugversuch mit Ausbildung von Lüderschen Linien a) Schematische Darstellung mit Mohrschem Kreis b) Stab aus AlMgMn-Legierung*

die Stablänge, d. h. die Probe wird bei abnehmendem Querschnitt zwar länger, behält aber ihre prismatische Form, vgl. Bild 6.6. Die bis zum Punkt *M* aufgetretene Dehnung wird daher als *Gleichmaßdehnung* A_g bezeichnet.

Gleichmaßdehnung

Bei einer *Zwischenentlastung* tritt eine lineare Rückfederung parallel zur Hookeschen Geraden auf. Hierbei geht nur der elastische Anteil der Dehnung zurück und es kommt zu einer bleibenden Stabverlängerung (siehe Linie *BD* in Bild 6.4b). Eine anschließende Wiederbelastung verläuft entlang dem Kurvenzug *DBE.*

Einschnürbereich

Höchstlastpunkt

Bei weiter zunehmender Belastung erschöpft sich das Verfestigungsvermögen des Werkstoffs immer mehr. Im *Höchstlastpunkt M* hat sich der Verfestigungsbereich über die gesamte Stablänge ausgedehnt. Die Kraft-Verlängerungs-Kurve verläuft horizontal, d. h. der Stab ist nicht mehr in der Lage, eine größere Kraft aufzunehmen. Man kann den Höchstlastpunkt als den Zeitpunkt des Zugversuchs deuten, bei dem die Verfestigung des Werkstoffs die zunehmende Querschnittsabnahme nicht mehr ausgleichen kann. Der Probestab beginnt sich nun an der (zufällig) schwächsten Stelle einzuschnüren, siehe Bild 6.6.

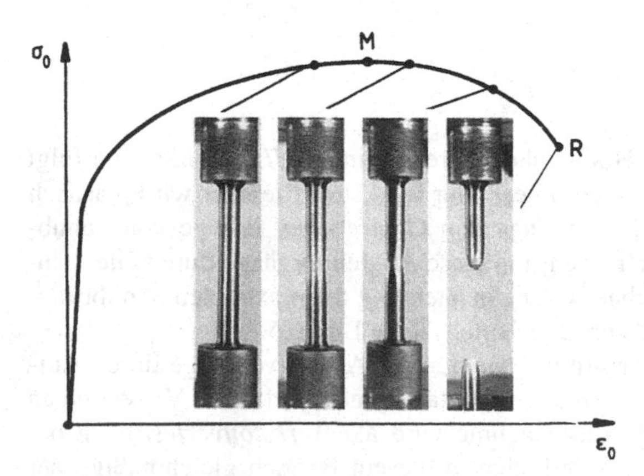

Bild 6.6 *Schematisches Spannungs-Dehnungs-Schaubild mit Darstellung des Einschnürvorgangs an einer Rundprobe aus C 45 N*

Die dadurch bedingte rasche Abnahme des tragenden Querschnitts führt zu einer entsprechenden Abnahme der ertragbaren Kraft (Bereich *III* in Bild 6.4), welche im *Bruchpunkt R* schließlich nicht mehr aufgenommen werden kann und zum Werkstoffversagen durch Trennung des Werkstoffzusammenhalts führt. Die Dehnung vom Höchstlastpunkt *M* bis zum Bruchpunkt *R* wird als *Einschnürdehnung* bezeichnet. Die Einschnürung führt zu einer Querdehnungsbehinderung und folglich zu einem dreiachsigen Zugspannungszustand im Probeninneren. Auf diese Zusammenhänge wird später näher eingegangen.

Bruchpunkt

Einschnürdehnung

Ferner ist noch zu bemerken, daß sich der in Bild 6.4 dargestellte Verlauf nur dann einstellt, sofern – was meist zutrifft – eine Prüfmaschine verwendet wird, welche die Probe verschiebungskontrolliert verlängert. Der nach *M* zu beobachtende Kraftabfall geht in diesem Fall auf die Einschnürung der Probe zurück, welche zu einer Steifigkeitsabnahme führt. Bei Versuchsdurchführung mit konstanter Kraftanstiegsgeschwindigkeit verläuft der Kurvenzug im Bereich *III* waagerecht, d. h. ab dem Punkt *M* wird der Stab bei konstanter Last schlagartig bis zum Bruch gezogen.

Werkstoffkennwerte

Dem Spannungs-Dehnungs-Diagramm des Zugversuchs können drei Gruppen von *Werkstoffkennwerten* entnommen werden:

a) Elastizitätstheoretische Kennwerte

Die elastizitätstheoretischen Kennwerte können nur mittels Dehnungsmessung bestimmt werden. Hierzu ist am prismatischen Probenquerschnitt ein Feindehnungsmeßgerät aufzubringen, das mit sehr hoher Genauigkeit die Längsdehnung der Probe und, falls erforderlich, auch die Querdehnung mißt, siehe Bild 6.8b. Auf Grundlage dieser Messung lassen sich im linear-elastischen Bereich *OP* die beiden Kennwerte E und μ bestimmen. Der *Elastizitätsmodul E* ergibt sich mit der Definition nach Gleichung (4.2) als Steigung der Hookeschen Geraden *OP* in Bild 6.4b:

Elastizitätsmodul

$$E = \frac{\sigma_0}{\varepsilon_0} \quad . \tag{6.4}$$

Bestimmt man neben der Längsdehnung $\varepsilon_l = \Delta l / l_0$ mit speziellen Querdehnungs-Meßaufnehmern noch die Durchmesseränderung Δd des Probestabes und daraus die Querdehnung $\varepsilon_q = \Delta d / d_0$, läßt sich die *Querkontraktionszahl* μ mit Gleichung (4.4) gemäß $\mu = -\varepsilon_q / \varepsilon_l$ berechnen.

Querkontraktionszahl

b) Festigkeitskennwerte

Aus dem $\sigma_0(\varepsilon_0)$-Diagramm lassen sich folgende Festigkeitskennwerte bestimmen:

Zugfestigkeit

- Die *Zugfestigkeit* R_m kennzeichnet das maximale Tragvermögen im Stab, das sich aus dem Höchstbelastungspunkt *M* ergibt, siehe Bilder 6.4a und 6.7. Der Wert R_m berechnet sich aus der Höchstlast F_{max} und der Ausgangsfläche A_0 zu

$$R_m = \frac{F_{max}}{A_0} \quad . \tag{6.5}$$

Streckgrenze

- Die *Streckgrenze* R_e charakterisiert das Ende des linear-elastischen Werkstoffzustandes und beschreibt damit das Versagen durch Fließen, d. h. durch einsetzende plastische Verformungen, siehe Bild 6.7. Mit der Fließlast F_F berechnet sich R_e zu

$$R_e = \frac{F_F}{A_0} \quad . \tag{6.6}$$

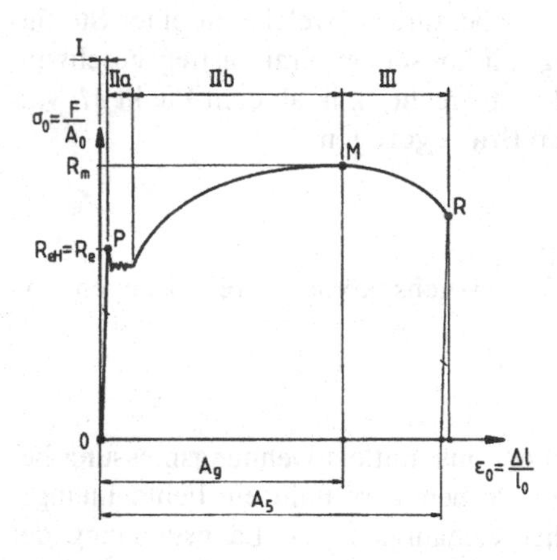

Bild 6.7 *Schematisches Spannungs-Dehnungs-Diagramm eines Werkstoffs mit ausgeprägtem Fließverhalten*

Ausgeprägte Streckgrenze

Bei vielen Baustählen schließt sich an den linear-elastischen Bereich ein *ausgeprägter Fließbereich* mit einer Dehnung von 1–3 % an (Bereich IIa in Bild 6.7), welcher sich dadurch auszeichnet, daß sich der Stab zunächst ohne weitere Spannungserhöhung verlängert. Die für die Festigkeitsberechnung maßgebliche Streckgrenze wird bei diesen Werkstoffen durch die Spannung R_{eH} (*obere Streckgrenze*) am Endpunkt der Hookeschen Geraden vor dem ersten deutlichen Lastabfall festgelegt. Der Kleinstwert, der sich während des ausgeprägten Fließens (ohne Einschwingerscheinungen) einstellt, wird mit *unterer Streckgrenze* R_{eL} bezeichnet.

Obere Streckgrenze

Untere Streckgrenze

Liegt ein Werkstoffverhalten mit allmählichem Übergang zwischen elastischem und plastischem Bereich wie in Bild 6.4 skizziert vor, so wird Fließen durch eine Dehngrenze bei einer festgelegten bleibenden Dehnung beschrieben. Üblich ist die *0,2%-Dehngrenze* $R_{p0,2}$ als Ersatzstreckgrenze. Der Index *0,2* drückt aus, daß eine Entlastung von $R_{p0,2}$ (Punkt *B*) zu einer bleibenden Dehnung von 0,2 % (Punkt *D*) führt:

0,2%-Dehngrenze

$$R_{p0,2} = \frac{F_{0,2}}{A_0} \quad . \tag{6.7}$$

Die absolute Gesamtdehnung am Punkt *B* beträgt somit:

$$\varepsilon_{gesB} = 0{,}2 \cdot 10^{-2} + \frac{R_{p0,2}}{E} \quad .$$

Während die ausgeprägte Streckgrenze direkt aus dem Kraft-Verlängerungs-Diagramm (Maschinendiagramm) bestimmt werden kann, muß zur Ermittlung der Ersatzstreckgrenze eine Feindehnungsmessung – wie auch zur Bestimmung des *E*-Moduls – durchgeführt werden. In Bild 6.8 ist das aus einer solchen Feindehnungsmessung erhaltene σ-ε-Diagramm einer AlCuMg-Legierung und das verwendete Meßgerät dargestellt.

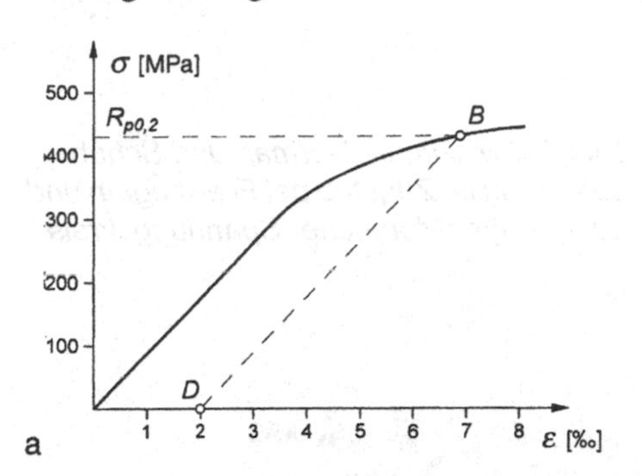

Bild 6.8 *Bestimmung der 0,2%-Dehngrenze mittels Feindehnungsmessung*
a) Spannungs-Dehnungs-Diagramm einer ausgehärteten AlCuMg-Legierung
b) Längenänderungsmeßgerät mit kombiniertem Breitenänderungssensor (UTS, Ulm)

Technische Elastizitätsgrenze

Das Ende des Hookeschen Bereichs *I* wird durch die *Technische Elastizitätsgrenze* $R_{p0,01}$ festgelegt. Eine völlige Entlastung von der Spannung $R_{p0,01}$ führt definitionsgemäß im Probestab zu einer bleibenden Dehnung von 0,01 % (Punkt *A* in Bild 6.4). In der Festigkeitsberechnung findet jedoch meist die 0,2%-Dehngrenze $R_{p0,2}$ Verwendung.

Die Festigkeitskennwerte R_e bzw. $R_{p0,2}$ und R_m sind die im Zugstab zum Zeitpunkt des Versagens wirkenden Normalspannungen. Da bei zähen Werkstoffen das Fließversagen durch Schubspannungen verursacht wird, müßten eigentlich konsequenterweise als Kennwerte die zum Versagen führenden Schubspannungen verwendet werden. Wenn auch das zuletzt genannte Vorgehen werkstoffmechanisch sinnvoller wäre, hat sich die historisch gewachsene Verwendung von Normalspannungen durchgesetzt. Letztendlich sind beide Vorgehensweisen für einachsige Beanspruchung insofern formal gleichwertig, als sich die σ- und τ-Kennwerte einfach ineinander überführen lassen. Unter der Voraussetzung, daß die im Zugstab auftretende maximale Schubspannung das Fließen verursacht, gilt im Mohrschen Spannungskreis für Fließen im einachsigen Zugversuch, Bild 6.9:

$$R_e = 2\tau_F \quad . \tag{6.8}$$

Fließschubspannung

Die *Fließschubspannung* τ_F ist die unter ±45° zur Stabachse wirkende maximale Schubspannung zum Zeitpunkt des Fließens, siehe Bild 6.9.

Bruchschubspannung

Dieses Schubspannungskriterium gilt sinngemäß auch für den Scherbruch ohne nennenswerte Einschnürung, siehe Bild 6.10. Dieser tritt auf, wenn τ_{max} die *Bruchschubspannung* τ_B erreicht, d. h. es gilt rein formal:

$$R_m = 2\tau_B \quad .$$

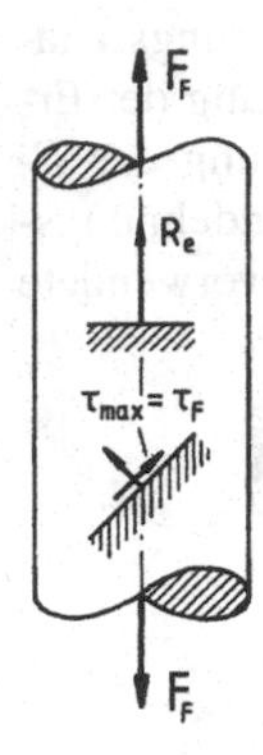

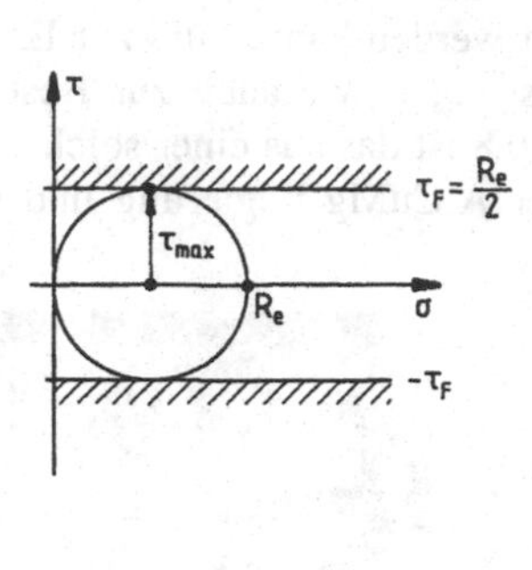

Bild 6.9 *Maximale Normal- und Schubspannung im Zugstab bei Fließbeginn und zugehöriger Mohrscher Spannungskreis*

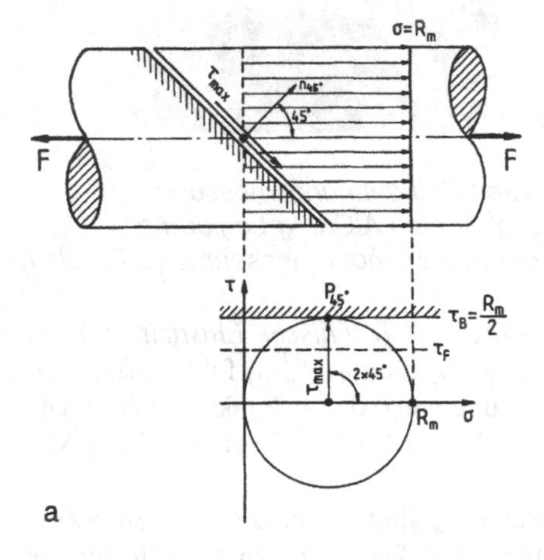

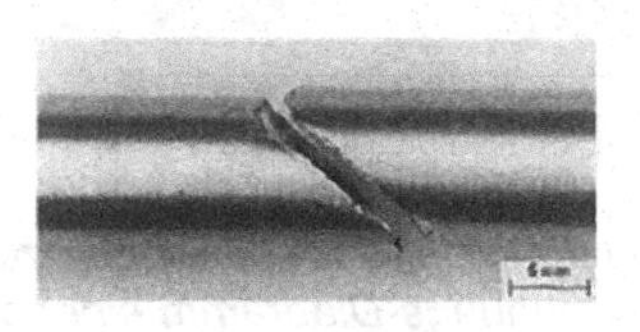

Bild 6.10 *Scherbruch im Zugversuch ohne Einschnürung der Probe*
a) Darstellung mit Mohrschem Kreis
b) Stab aus AlCuMg-Legierung

c) Verformungskennwerte

Das Verformungsverhalten zäher Werkstoffe im Zugversuch wird durch die nach dem Bruch vorhandene bleibende Verlängerung sowie durch die Querschnittsabnahme an der Bruchstelle charakterisiert. Als Kennwerte werden folgende Größen definiert (Ausgangsmeßlänge l_0, Meßlänge am Höchstlastpunkt l_g, Meßlänge nach dem Bruch l_B, Ausgangsquerschnitt A_0, Bruchquerschnitt A_B):

Bruchdehnung

Bruchdehnung (bleibende Dehnung nach dem Bruch)

$$A_5 = \frac{l_B - l_0}{l_0} \cdot 100\,[\%] \tag{6.9}$$

Gleichmaßdehnung

Gleichmaßdehnung (Dehnung bei Höchstlast)

$$A_g = \frac{l_g - l_0}{l_0} \cdot 100\,[\%] \tag{6.10}$$

Brucheinschnürung (größte prozentuale Änderung des Querschnitts)

Brucheinschnürung

$$Z = \frac{A_0 - A_B}{A_0} \cdot 100\,[\%] \quad . \qquad (6.11)$$

Die Dehnungswerte können nach Norm als Gesamtdehnung (Parallele zur Ordinate) oder als bleibende Dehnung (Parallele zur Hookeschen Gerade) definiert sein. Der Index „5" bei der Bruchdehnung A_5 bedeutet, daß der Kennwert an einem Probestab mit Länge $l_0 = 5 \cdot d_0$ (kurzer Proportionalitätsstab) ermittelt wurde. Die *Kennzeichnung der Meßlänge* ist für die Bruchdehnung erforderlich, da der Wert der Bruchdehnung von der Meßlänge abhängt. Bei extrem kurzen Proben erstreckt sich der Einschnürbereich über einen großen Bereich der Meßlänge, während bei langen Proben die Einschnürzone nur einen kleinen Anteil der Meßlänge ausmacht, siehe Bild 6.11. Da die gemessene Bruchdehnung einen Mittelwert $\bar{\varepsilon}$ der Dehnungsverteilung liefert, führt dies bei der kurzen Probe im Vergleich zur langen Probe zu einer unverhältnismäßig hohen Bruchdehnung.

Einfluß der Meßlänge

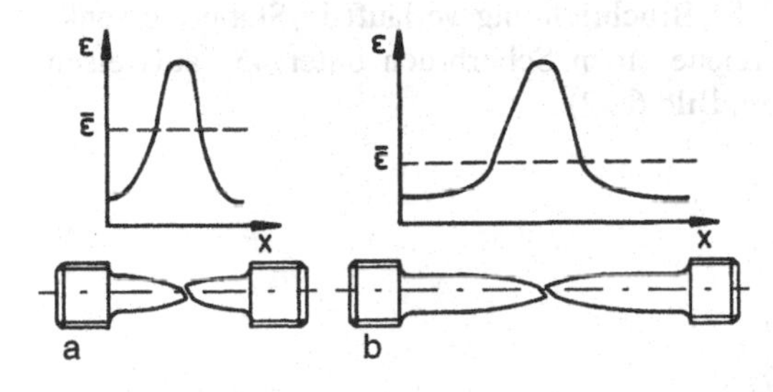

***Bild 6.11** Abhängigkeit der (mittleren) Bruchdehnung $\bar{\varepsilon}$ von der Probenlänge*
a) kurze Meßlänge
b) lange Meßlänge

In neueren ISO-Regelwerken ist eine Umrechnung des genormten Stabs mit Meßlänge nach Gleichung (6.1) auf andere Meßlängen vorgesehen. Für un- und niedriglegierte Stähle im Zugfestigkeitsbereich zwischen 300 und 700 MPa (nicht Vergütungsstähle) gilt nach ISO 2566-1 [222]:

$$A_r = 2 \cdot A \cdot \left(\frac{\sqrt{A_0}}{l_0} \right)^{0,4} \quad . \qquad (6.12)$$

Für austenitische Stähle ist in ISO 2566-2 [223] folgende Formel enthalten:

$$A_r = 1,25 \cdot A \cdot \left(\frac{\sqrt{A_0}}{l_0} \right)^{0,127} \quad . \qquad (6.13)$$

Hierin bedeuten A_0 und l_0 die Fläche und Meßlänge der Normprobe, A ist die Bruchdehnung der Normprobe und A_r ist die Bruchdehnung der nicht genormten Probe.

Bruchdehnung und Brucheinschnürung gehen nicht direkt in die Festigkeitsberechnung ein. Sie kennzeichnen jedoch die Verformungseigenschaften eines Werkstoffs bei zügiger Belastung und lassen sich somit zur Beurteilung für die Werkstoffzähigkeit heranziehen. Da die Verformungsfähigkeit des Werkstoffs eine bedeutsame Sicherheitsreserve darstellt, sind die Verformungskennwerte (zumindest die Bruchdehnung) Bestandteil der Werkstoffabnahme. Darüberhinaus gibt es Vorschläge, den Sicherheitsfaktor an das Zähigkeitsniveau anzupassen, siehe Gleichung (10.12).

Da im Zugversuch jedoch nicht sämtliche zähigkeitsrelevanten Parameter verwirklicht werden (z. B. Geschwindigkeit, Spannungszustand), beschreiben die Bruchdehnung und -einschnürung das Zähigkeitsverhalten des Bauteils nicht konservativ (siehe Abschnitt 10.5).

Bruchverhalten

Scherbruch

Der Bruch zäher Werkstoffe im Zugversuch tritt als *Scherbruch* unter der Wirkung der maximalen Schubspannung τ_{max} ein. Als Versagensrichtung ist – wie auch beim Fließen – die ±45°-Richtung zur Stabachse zu erwarten. Dies trifft für solche dünne Flachproben und für Rundproben zu, die keine oder nur eine geringe Einschnürung an der Bruchstelle aufweisen, siehe Bild 6.10. Der Bruch der stark eingeschnürten Rundprobe tritt dagegen als *Mischbruch* auf, d. h. die Bruchrichtung verläuft in Stabmitte senkrecht zur Achse, während die Randbereiche einen Scherbruch unter 45° aufweisen (Tellertassenbruch, cup and cone fracture, Bild 6.12).

Mischbruch

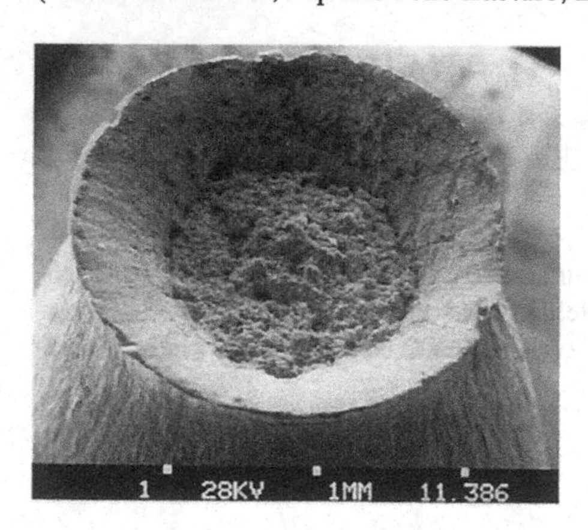

***Bild 6.12** Rasterelektronenmikroskopische Aufnahme eines Tellertassenbruches an einer Rundzugprobe aus St 37 (S235J2G3)*

Ursache für dieses Verhalten ist die behinderte Querverformung im dünnsten Querschnitt, welche aus den steifen weniger beanspruchten Nachbarbereichen resultiert, vgl. Bild 4.8. Hierdurch entstehen neben den Axialspannungen positive Radial- und Tangentialspannungen, die parabolisch über dem Stabquerschnitt verteilt sind, siehe Bild 6.13.

Durch den dreiachsigen Zugspannungszustand in Stabmitte kann es zu einer Trennung des Werkstoffzusammenhangs infolge der größten Axialspannung – also senkrecht zur Stabachse – kommen, bevor die Schubbruchbedingungen erfüllt sind, siehe Mohrsche Darstellung in Bild 6.13a. Allerdings ist darauf hinzuweisen, daß es sich bei dieser Werkstofftrennung um ein zähes Versagen mit Wabenstruktur handelt, siehe Bild 10.9. Am Rand hingegen liegt ein zweiachsiger Spannungszustand ($\sigma_r = 0$) vor, so daß die Schubbruchbedingung erfüllt ist und das Versagen als umlaufender Scherbruch konisch unter 45° erfolgt.

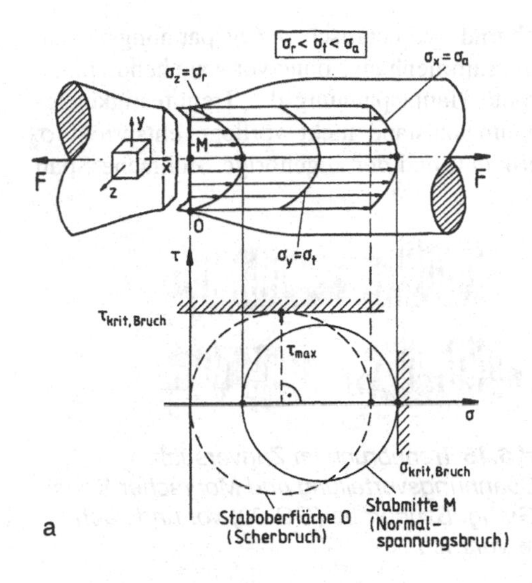

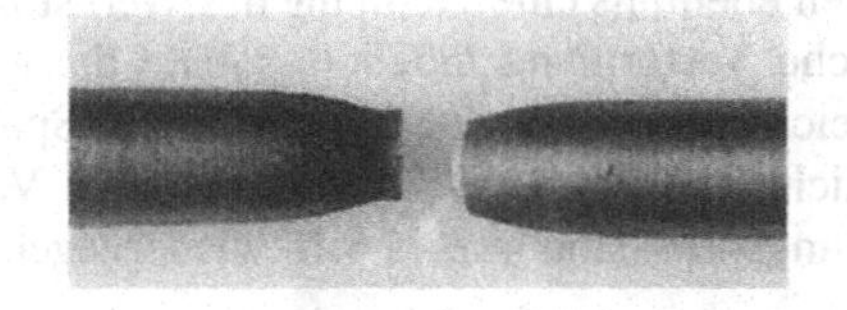

b

Bild 6.13 *Erklärung des Tellertassenbruches durch unterschiedliche Spannungszustände in Probenmitte und am Probenrand*
a) Mohrsche Darstellung
b) gebrochene Zugprobe aus Baustahl

6.1.3 Sprödes Werkstoffverhalten

In Bild 6.14 ist das Spannungs-Dehnungs-Diagramm eines Werkstoffs mit ideal sprödem Verhalten schematisch dargestellt.

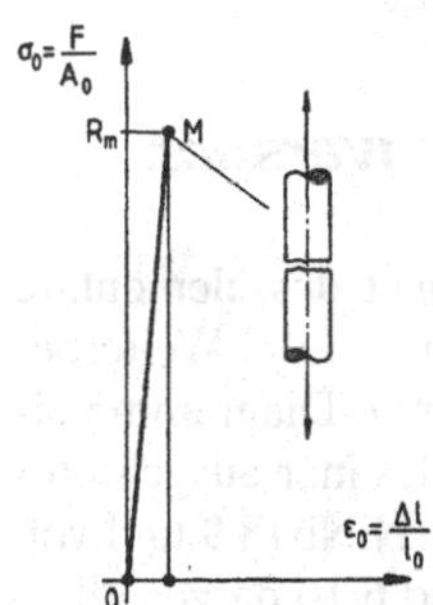

Bild 6.14 *Schematisches Spannungs-Dehnungs-Diagramm für ideal sprödes Werkstoffverhalten*

Das Spannungs-Dehnungs-Verhalten ist in diesem extremen Fall bis zum Bruch linear-elastisch. Es zeigt sich keine Streckgrenze und es treten keine plastischen Verformungen auf. Bruchdehnung A_5 und Brucheinschnürung Z sind Null. Im Zugversuch läßt sich somit, außer dem Elastizitätsmodul nach Gleichung (6.4) und der Querkontraktionszahl, nur ein Kennwert aus der Höchstlast F_{max} und dem Ausgangsquerschnitt A_0, nämlich die Zugfestigkeit R_m nach Gleichung (6.5) ermitteln.

Spröder Gewaltbruch

Trennfestigkeit

Bei ideal sprödem Werkstoffverhalten tritt das Versagen durch *spröden Gewaltbruch* ohne vorausgehende plastische Verformung ein. Versagensursache ist das Erreichen der *Trennfestigkeit* σ_T des Werkstoffs durch Überschreiten der atomaren Bindungskräfte, siehe auch Bild 10.8. Unter der Trennfestigkeit σ_T versteht man diejenige Hauptspannung, bei der ein Bruch ohne vorausgegangene plastische Verformung eintritt. Hieraus folgt, daß bei ideal sprödem Werkstoffverhalten die Trennfestigkeit σ_T mit der Zugfestigkeit R_m identisch ist.

Bei zähem Werkstoffverhalten ist bei annähernd hydrostatischen Zugspannungszuständen ebenfalls eine Trennung des Werkstoffzusammenhangs ohne vorausgehende plastische Verformung möglich, sobald die größte Hauptspannung die Trennfestigkeit erreicht. Da beim Zugversuch dieser Spannungszustand nicht vorliegt, entspricht σ_T nicht R_m. Die *Bruchform* bei sprödem Verhalten und der zugehörige Mohrsche Spannungskreis sind in Bild 6.15 wiedergegeben.

Bruchform

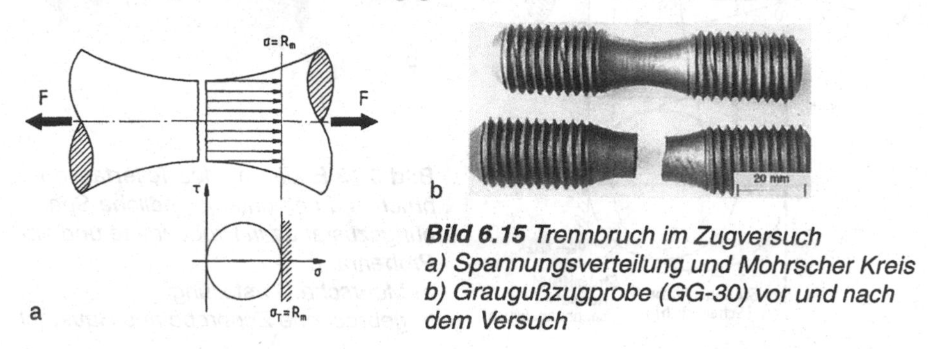

Bild 6.15 *Trennbruch im Zugversuch*
a) Spannungsverteilung und Mohrscher Kreis
b) Graugußzugprobe (GG-30) vor und nach dem Versuch

Das oben beschriebene Verhalten trifft für vollkommen spröde Werkstoffe, also z. B. für Mineralien und keramische Werkstoffe zu, bei denen Bruchdehnung und Brucheinschnürung tatsächlich Null sind. Spröde metallische Werkstoffe wie Grauguß und (martensitisch) gehärtete Stähle versagen entsprechend, sie weisen jedoch noch geringe plastische Bruchverformungen auf.

6.1.4 Beispiele für das Werkstoffverhalten im Zugversuch

Das Spannungs-Dehnungs-Diagramm des Zugversuchs kennzeichnet das elementare Werkstoffverhalten. Es wird in erster Linie durch den *Werkstofftyp* und die Weiterbehandlung des Werkstoffs bestimmt. Kennzeichnende Beispiele der σ-ε-Diagramme eines Baustahls St 37 (S235J2G3), eines Vergütungsstahls 42 CrMo4, einer ausgehärteten Aluminiumlegierung AlCuMg, eines austenitischen Stahls X 5CrNiNb18 9 und von Grauguß GG-20 (als Vertreter eines spröden Werkstoffs) sind in Bild 6.16 dargestellt.

Werkstofftyp

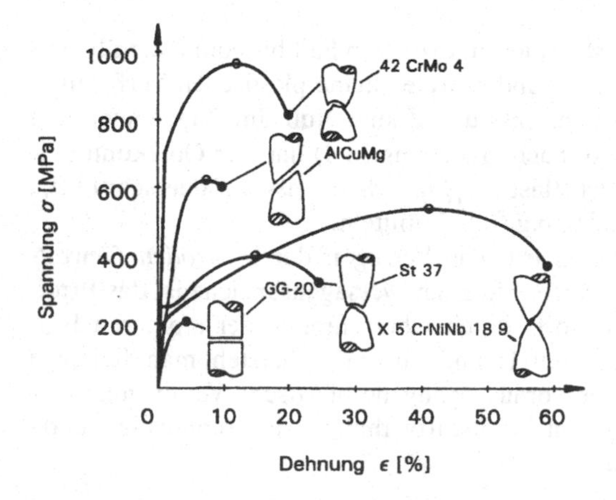

Bild 6.16 *Beispiele für Spannungs-Dehnungs-Diagramme und Bruchformen für unterschiedliche Werkstoffe*

Die Werkstoffe unterscheiden sich – neben ihrer absoluten Festigkeit und Zähigkeit – durch das Streckgrenzenverhältnis R_e/R_m und das Ausmaß der Brucheinschnürung, das wiederum die Bruchform beeinflußt.

Ein Beispiel für den Einfluß des *Kohlenstoffgehalts* auf die Zugversuchs-Kennwerte unlegierter Stähle zeigt Bild 6.17.

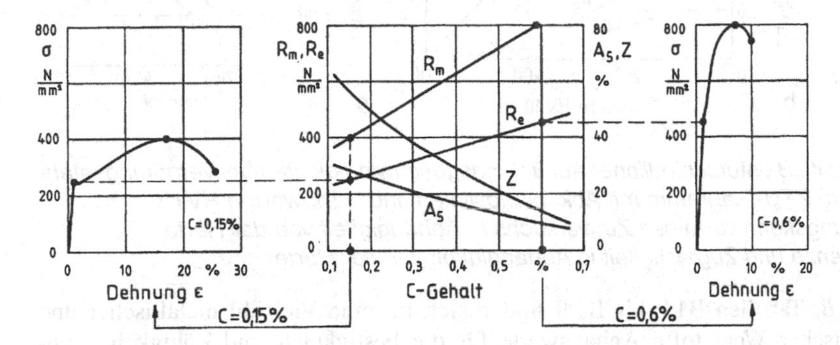

Bild 6.17 *Einfluß des C-Gehalts auf die Zugversuchskennwerte unlegierter Stähle*

Der hier gezeigte Zusammenhang ist kennzeichnend für die Wechselwirkung von Festigkeit und Zähigkeit. Von wenigen Ausnahmen abgesehen (z. B. Feinkornbildung), geht eine Erhöhung der Festigkeit immer mit einer Erniedrigung des Verformungsvermögens einher. Dies ist in Bild 6.18 am Beispiel des Zusammenhangs zwischen Streckgrenze und Bruchdehnung unterschiedlicher metallischer Werkstoffgruppen gezeigt.

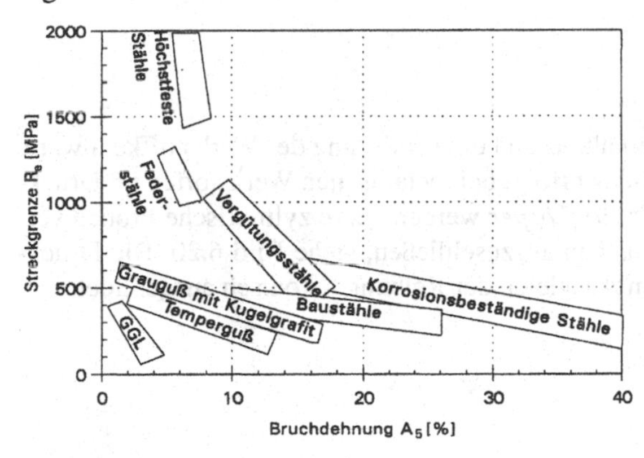

Bild 6.18 *Zusammenhang zwischen Streckgrenze (bei Grauguß: Zugfestigkeit) und Bruchdehnung für einige Werkstoffgruppen*

Abkühlungsgeschwindigkeit

Als Beispiel für den Einfluß der Weiterverarbeitung auf die Festigkeits- und Zähigkeitskennwerte ist in Bild 6.19 die Auswirkung einer *Abkühlung* mit unterschiedlicher Geschwindigkeit aus Austenitisierungstemperatur für einen Vergütungsstahl im Zeit-Temperatur-Umwandlungs (ZTU)-Diagramm exemplarisch wiedergegeben. Mit steigender Abkühlungsgeschwindigkeit (Luft, Öl, Wasser) erhöhen sich die Härte und die Festigkeitskennwerte, während die Verformungsfähigkeit wiederum absinkt.

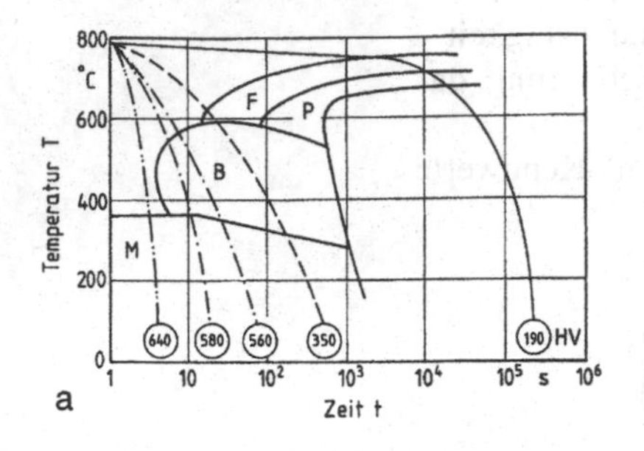

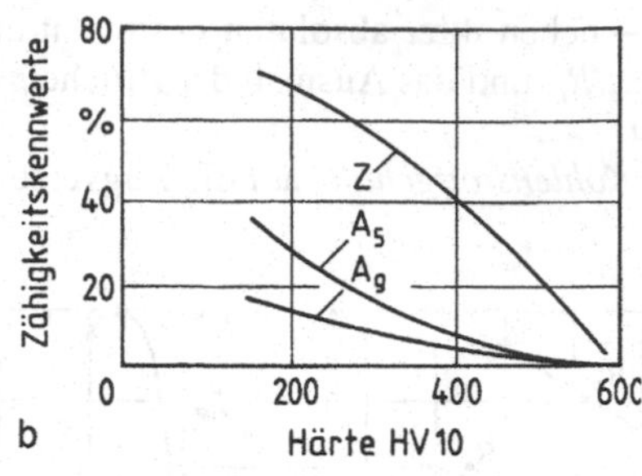

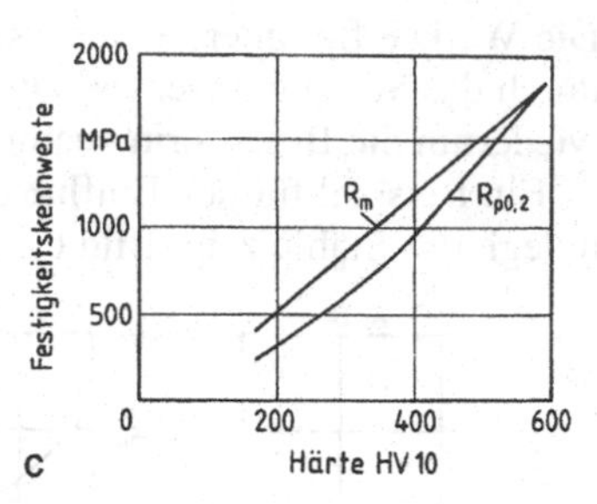

Bild 6.19 *Einfluß unterschiedlicher Abkühlungsgeschwindigkeiten bei Vergütungsstahl 42 CrMo 4 a) ZTU-Diagramm mit Abkühlungslinien und Härtewerten HV10 b) Verformungskennwerte des Zugversuchs in Abhängigkeit von der Härte c) Streckgrenze und Zugfestigkeit in Abhängigkeit von der Härte*

Anhang B1

In *Anhang B*, Tabellen B1.2 bis B1.9 finden sich für eine Vielzahl metallischer und nichtmetallischer Werkstoffe Anhaltswerte für die Festigkeits- und Zähigkeitskennwerte des Zugversuchs.

Programm P6_1

Programm P6_2

Die Auswertung des Zugversuchs nach DIN EN 10002 ist mit dem *Programm P6_1* möglich, siehe Abschnitt 6.7.1. Eine weiterführende Auswertung des Zugversuchs mit Feindehnungsmessung und Bestimmung des *E*-Moduls, der Ersatzdehngrenzen und der Fließkurve erlaubt *Programm P6_2*, siehe Abschnitt 6.7.2 und Abschnitt 9.1.

6.2 Druckversuch

Probenform

Die Untersuchung des Werkstoffverhaltens und die Ermittlung der Werkstoffkennwerte unter einachsiger Druckbeanspruchung erfolgt bei metallischen Werkstoffen im Druckversuch nach DIN 50106 [211]. Als *Prüfkörper* werden kurze zylindrische Proben verwendet, um ein Versagen durch Knicken auszuschließen, siehe Bild 6.20. Die Druckplatten sind planparallel oder – zum Ausgleich der Reibung – konisch ausgebildet.

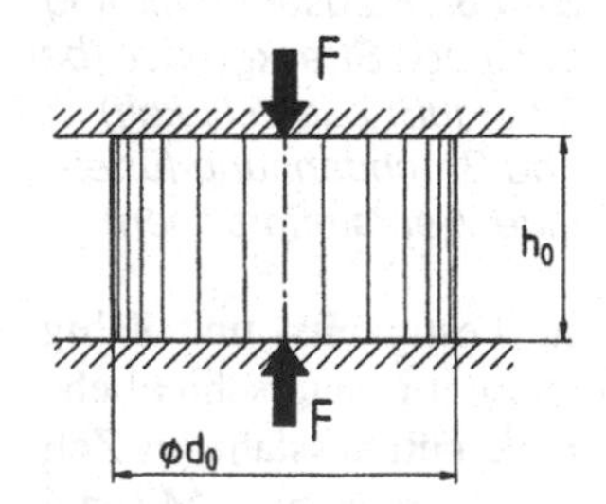

Bild 6.20 *Unverformte Druckprobe*

6.2.1 Zähes Werkstoffverhalten

Spannungs-Stauchungs-Diagramm

Das Verhalten von zähen Werkstoffen im Druckversuch ist schematisch im *Spannungs-Stauchungs-Diagramm* in Bild 6.21 dargestellt. Zum Vergleich ist zusätzlich das Diagramm des Zugversuchs eingezeichnet.

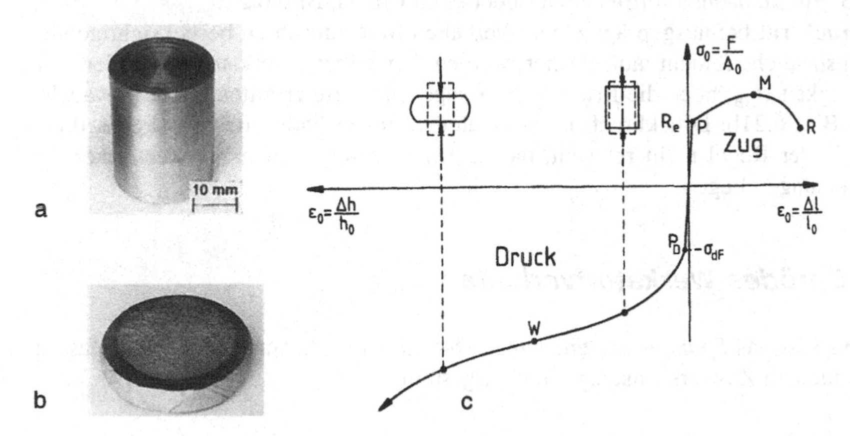

Bild 6.21 *Gegenüberstellung des Druck- und Zugversuchs für zähes Werkstoffverhalten, Aufnahmen: Druckproben aus St 37 (S235J2G3), a) unverformt b) verformt c) Spannungs-Dehnungs-Diagramm*

Druckfließgrenze

Der σ-ε-Kurvenzug verläuft zunächst bis zum Erreichen der *Druckfließgrenze* σ_{dF} (Punkt P_D), die das Ende des elastischen Bereichs darstellt, genauso wie im Zugversuch, nur mit umgekehrten Vorzeichen von Spannung und Dehnung. Die Druckfließgrenze σ_{dF} ist meist etwas höher als die im Zugversuch ermittelte Streckgrenze R_e. Die elastizitätstheoretischen Konstanten E und μ sind etwa gleich wie unter Zugbelastung.

Der *Fließbeginn* wird durch die Druckfließgrenze σ_{dF} gekennzeichnet und durch die maximalen Schubspannungen $\tau_{max} = \tau_F = \sigma_{dF}/2$ unter ±45° zur Beanspruchungsrichtung verursacht (Bild 6.22). In Bild 6.22 wird angenommen, daß die Druckfließgrenze σ_{dF} betragsmäßig gleich der Streckgrenze R_e ist.

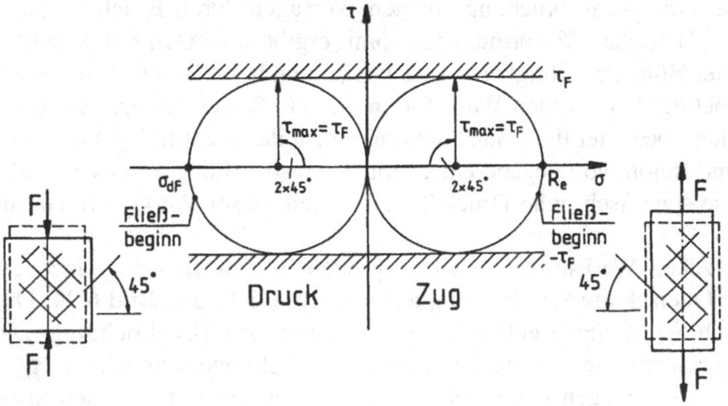

Bild 6.22 *Gegenüberstellung des Fließbeginns im Zug- und Druckversuch*

Im Verfestigungsbereich weicht das Druckversuchsschaubild zunehmend von dem Zugversuchsschaubild ab. Kennzeichnend für den Druckversuch an zähen Werkstoffen ist das Auftreten eines Wendepunkts W im σ-ε-Verlauf, der seine Ursache in der progressiv zunehmenden Verfestigung und Querschnittsvergrößerung hat, siehe Bild 6.21. Ähnlich wie beim Zugversuch äußern sich die Abgleitvorgänge von Gitterblöcken in unter ±45° zur Stabachse auftretenden Lüderschen Linien, Bild 6.22.

Ein *Bruch* tritt bei ausgeprägt zähem Verhalten in technisch zu berücksichtigenden Spannungsbereichen nicht auf. Daher werden bei zähen Werkstoffen weder eine Druckfestigkeit σ_{dB}, noch die Bruchverformungskennwerte ermittelt, siehe gestauchte Probe in Bild 6.21b. Druckbruch ist in Bauteilen aus Gründen des Versagens durch Knicken in der Regel nicht relevant, da die Knickspannungen meist weit unter den Bruchspannungen liegen.

6.2.2 Sprödes Werkstoffverhalten

Spannungs-Stauchungs-Diagramm

In Bild 6.23 ist das *Spannungs-Stauchungs-Diagramm* eines spröden Werkstoffes zusammen mit dem Zugversuchsdiagramm dargestellt.

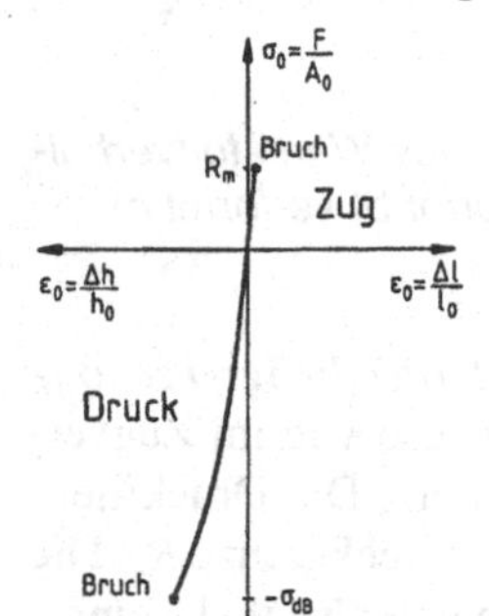

Bild 6.23 *Gegenüberstellung des Spannungs-Dehnungs-Diagramms von Druck- und Zugversuch für sprödes Werkstoffverhalten*

Der E-Modul und die Querkontraktionszahl μ sind auch bei spröden Werkstoffen im Zug- und im Druckversuch etwa gleich, was sich durch die identischen Steigungen im Anfangsbereich äußert.

Druckbruchfestigkeit

Während bei Zugbeanspruchung der Bruch praktisch ohne plastische Verformung eintritt, kommt es bei Druckbeanspruchung vor dem Versagen durch Bruch zu mehr oder weniger großen plastischen Verformungen. Somit ergibt sich auch ein wesentlicher Unterschied in der Höhe der ertragbaren Druckspannung beim Bruch. Die *Druckbruchfestigkeit* σ_{dB} beträgt bei spröden Werkstoffen ein Vielfaches der Zugfestigkeit R_m. Für die Anwendung bedeutet dies, daß Konstruktionsteile aus spröden Werkstoffen, z. B. Grauguß und Beton, vorwiegend einer Druckbeanspruchung ausgesetzt werden sollten, um so die spezifisch hohe Druck-Tragfähigkeit dieser Werkstoffe auszunutzen.

Bruchschubspannung

Im Gegensatz zu zähen Werkstoffen tritt bei spröden Werkstoffen nur eine vergleichsweise geringe Querschnittsvergrößerung auf, vgl. Bild 6.21 und Bild 6.24. Das Versagen erfolgt durch *Schiebungsbruch* unter ungefähr ±45° zur Druckrichtung. Die Bruchebene ist demnach mit der Ebene der maximalen Schubbeanspruchung τ_{max} identisch, Bild 6.24. Das Versagen tritt durch Abscheren ein, wenn τ_{max} einen kritischen Wert, die *Bruchschubspannung* τ_B erreicht.

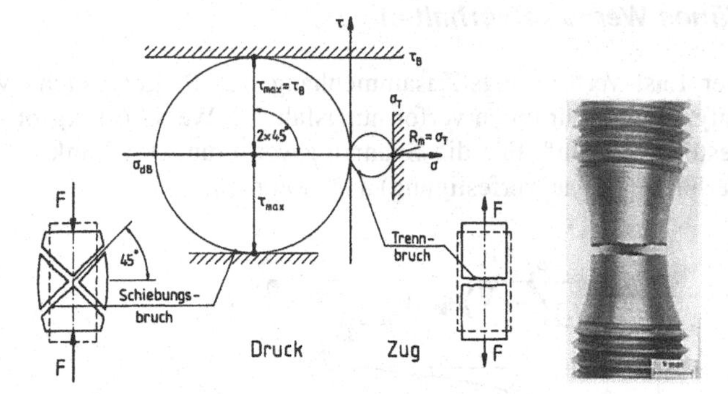

***Bild 6.24** Sprödbruchversagen im Druckversuch und im Zugversuch*

Wie ebenfalls aus Bild 6.24 ersichtlich wird, besteht folgender Zusammenhang zwischen der beim Bruch wirkenden Druckspannung, der Druckbruchfestigkeit -σ_{dB} und der Bruchschubspannung τ_B:

$$\sigma_{dB} = 2 \cdot \tau_B \quad .$$

Einen entsprechenden Zusammenhang zwischen der Versagensschubspannung und der beim Versagen wirkenden Normalspannung gab es bereits beim Versagen durch Fließen bzw. Bruch beim Zugversuch, vgl. Gleichung (6.8).

6.3 Biegeversuch

Bei den Grundbelastungsfällen Zug und Druck wurden das Werkstoffverhalten und damit die Werkstoffkennwerte bei der jeweiligen Beanspruchungsart mit dem genormten Zug- bzw. Druckversuch ermittelt. Bei Biegebeanspruchung kann in analoger Weise ein Biegeversuch durchgeführt werden. Da jedoch bei zähem Werkstoffverhalten der Fließbeginn aus den Zugversuchskennwerten entnommen werden kann und zudem unter Biegung bei zähen Proben kein Bruch eintritt, ist der Biegeversuch nur für spröde Werkstoffe üblich, siehe Bild 6.25. Für zähe Werkstoffe sind technologische Biegeversuche (Faltversuche) an Grundwerkstoffen (DIN 50 111 [213]) und Schmelzschweißverbindungen (DIN 50 121 [215]) standardisiert.

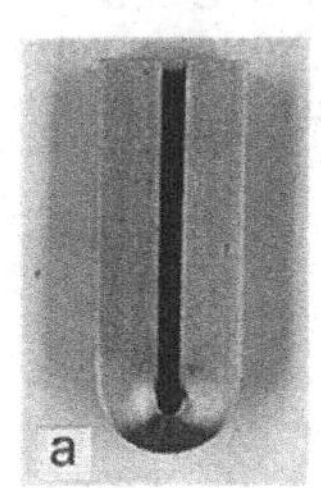

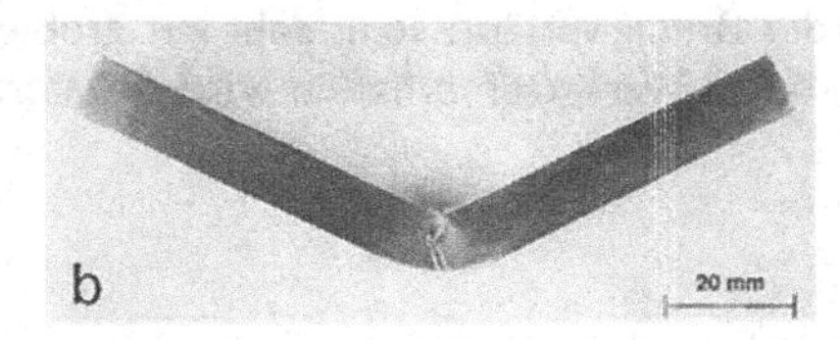

***Bild 6.25** Biegeprobe nach dem Versuch, a) zäher Baustahl b) Stahl mit geringem Verformungsvermögen*

Zähes Werkstoffverhalten

Der Last-Verformungs-Zusammenhang des Biegeversuchs wird im M_b-f-Diagramm aufgetragen. Für einen verformungsfähigen Werkstoff ergibt sich der in Bild 6.26 dargestellte Verlauf. Für die Spannungsverteilung im Punkt M wurde ideal-plastisches Verhalten (keine Verfestigung) angenommen.

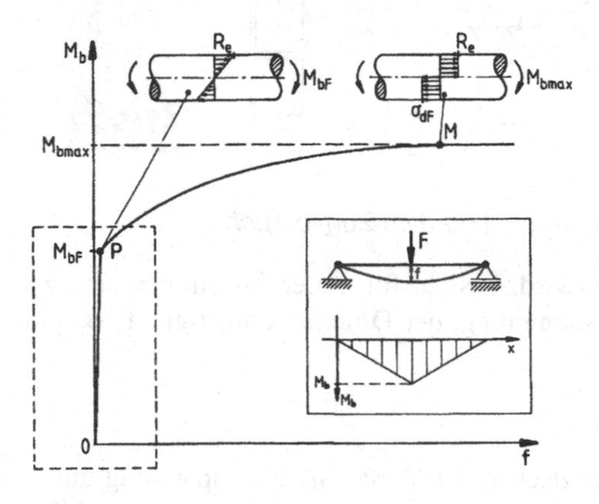

***Bild 6.26** Zusammenhang zwischen Biegemoment M_b und maximaler Durchbiegung f*

Der Verlauf ist gekennzeichnet durch den linear-elastischen Anstieg OP, einsetzendes Fließen bei Punkt P und den Bereich PM mit degressivem Anstieg des Biegemomentes. Im Höchstlastpunkt M ist der vollplastische Werkstoffzustand erreicht, was sich in einem horizontalen Verlauf der Kurve äußert.

Biegefließgrenze

Erreicht die maximale Biegerandspannung den Wert R_e bzw. σ_{dF}, beginnt der Werkstoff am Außenrand zu fließen, Punkt P in Bild 6.26. Der zugehörige Werkstoffkennwert, die *Biegefließgrenze* läßt sich mit Gleichung (5.16) definieren als:

$$\sigma_{bF} \equiv \frac{M_{bF}}{W_b} \quad . \tag{6.14}$$

Dabei ist M_{bF} das Biegemoment bei Fließbeginn und W_b das Widerstandsmoment gegen Biegung des Prüfquerschnitts.

Sprödes Werkstoffverhalten

Biegefestigkeit

Bild 6.27 gibt den Belastungs-Durchbiegungsverlauf bei sprödem Werkstoffverhalten wieder. Der Bruch tritt nach kleinen plastischen Verformungen ein. Das Versagen geht von der Biegezugseite aus und der Bruch verläuft senkrecht zur größten Normalspannung. Die *Biegefestigkeit* bei sprödem Werkstoffverhalten wird definiert als

$$\sigma_{bB} \equiv \frac{M_{bB}}{W_b} \quad . \tag{6.15}$$

Bei ideal sprödem Werkstoffverhalten, d. h. linear-elastischem Kennlinienverlauf bis zum Bruch, entspricht die Biegefestigkeit σ_{bB} der Zugfestigkeit R_m, da der Trennbruch in diesem Fall dann eintritt, wenn die Randspannung auf der Zugseite σ_b die Zugfestigkeit R_m erreicht, Bild 6.28.

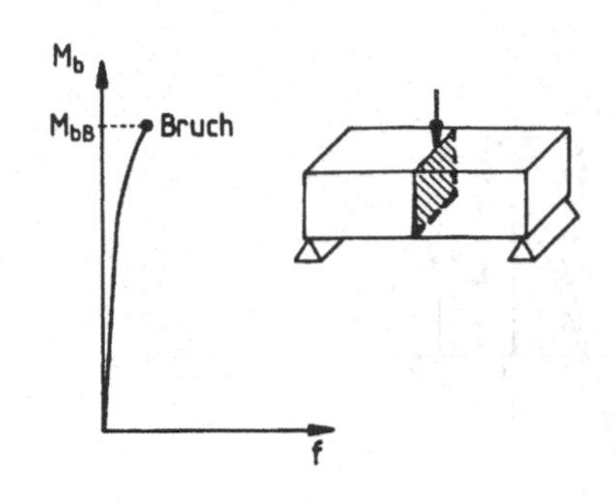

Bild 6.27 *Zusammenhang zwischen Biegemoment M_b und maximaler Durchbiegung f für sprödes Werkstoffverhalten, Dreipunktbiegeprobe mit Versagensquerschnitt*

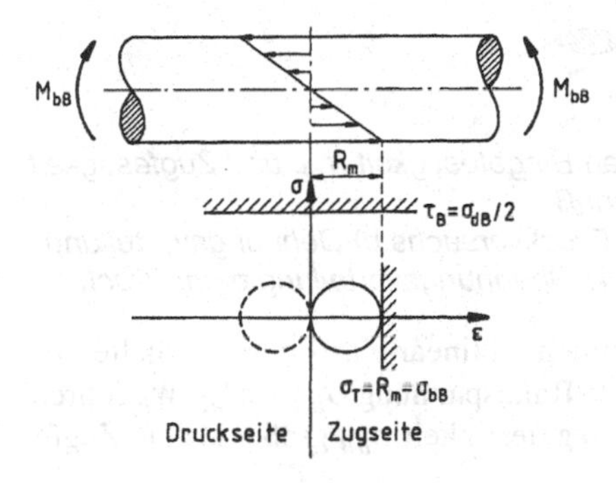

Bild 6.28 *Versagen durch Trennbruch im Biegeversuch bei ideal sprödem Werkstoffverhalten*

Für metallische Werkstoffe, die ein sprödes Werkstoffverhalten aufweisen, liegt die Biegefestigkeit σ_{bB} meist deutlich über der Zugfestigkeit R_m. So kann beispielsweise für Grauguß die Umrechnung $\sigma_{bB} = (2 \ldots 2{,}5) \cdot R_m$ angesetzt werden. Der Grund liegt darin, daß diese Werkstoffe wegen des beschriebenen Plastifizierungsvermögens auf der Druckseite eine *Zug-Druck-Anisotropie* aufweisen, vgl. Bild 6.29a.

Zug-Druck-Anisotropie

Geht man, wie in Bild 6.29b dargestellt, von einer linearen Dehnungsverteilung aus, so ergibt sich aufgrund der Zug-Druck-Anisotropie ein nicht punktsymmetrischer Spannungsverlauf *ED* über dem Stabquerschnitt *AC*, Bild 6.29c. Für diese Spannungsverteilung ist jedoch die Kräftegleichgewichtsbedingung für die Längskraft

$$F_l = \int_A \sigma_l \, dA = 0$$

nicht erfüllt. Die Forderung nach Kräftegleichgewicht in Längsrichtung bedingt eine Verschiebung der Spannungsverteilung nach *E'D'*. Dies führt zu einer Verschiebung der beanspruchungsfreien neutralen Faser um den Wert Δr. In Bild 6.29d ist die Spannungsverteilung zum Versagenszeitpunkt dargestellt, d. h. die maximale Biegezugspannung entspricht R_m. Das zugehörige Biegemoment M_{bB} ergibt sich zu

$$M_{bB} = \int_A \sigma_l(r) \cdot r \, dA \quad .$$

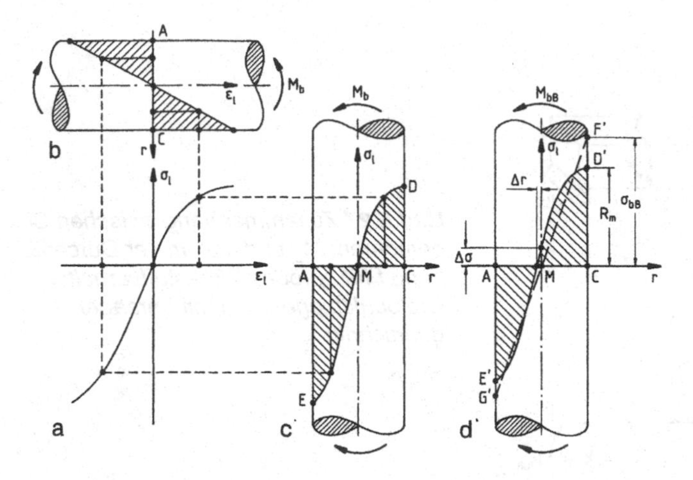

Bild 6.29 *Erklärung des Unterschieds zwischen Biegefestigkeit σ_{bB} und Zugfestigkeit R_m durch die Zug-Druck-Anisotropie bei Grauguß*
a) Spannungs-Dehnungs-Diagramm des Zug-Druckversuchs b) Dehnungsverteilung c) Spannungsverteilung d) Wirkliche und ideelle Spannungsverteilung beim Bruch

Das gleiche Biegemoment würde bei angenommenem linear-elastischen Verhalten bis zum Bruch zum Spannungsverlauf $F'G'$ mit der Randspannung $\sigma_{bB} = M_{bB}/W_b$ führen. Demnach ist die so ideal-elastisch errechnete Biegefestigkeit σ_{bB} größer als die Zugfestigkeit R_m.

6.4 Torsionsversuch

Die Ermittlung von Kennwerten im Torsionsversuch ist (wie auch beim Druckversuch) nicht sehr verbreitet, da spezielle Versuchs- und Meßeinrichtungen erforderlich sind und eine Korrelation der Kennwerte aus dem Zugversuch möglich ist, siehe Abschnitt 6.4.2.

6.4.1 Kennwerte

Drehmoment-Drehwinkel-Diagramm

Zur Ermittlung der Werkstoffkennwerte bei Torsionsbeanspruchung wird der Last-Verformungs-Zusammenhang als Drehmoment-Drehwinkel-Diagramm aufgenommen, siehe Bild 6.30.

Torsionsfließgrenze

Das am Probestab angreifende Torsionsmoment M_t stellt hierbei die Lastgröße dar, die Verformungsgröße ist der Verdrehwinkel φ. Entsprechend dem bisherigen Vorgehen wird bei zähen Werkstoffen der Kennwert gegen Fließen – die *Torsionsfließgrenze* τ_{tF} – aus der Lastgröße bei Fließbeginn (Torsionsfließmoment M_{tF}) und dem Widerstandsmoment W_t gegen Torsion nach Gleichung (5.25) bestimmt:

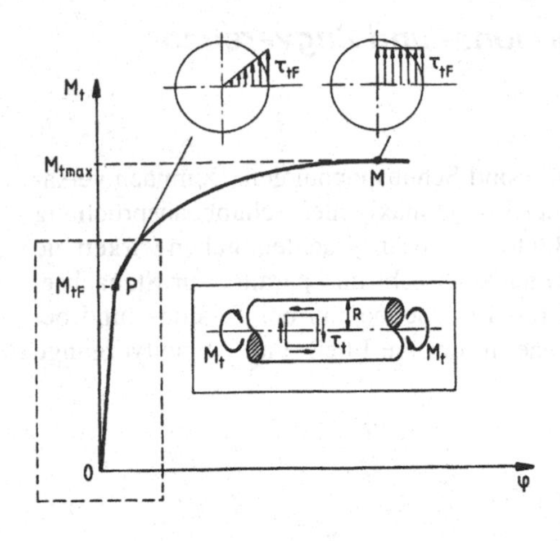

Bild 6.30 *Schematisches Drehmoment-Drehwinkel-Diagramm des Torsionsversuchs*

$$\tau_{tF} \equiv \frac{M_{tF}}{W_t} \quad . \tag{6.16}$$

Bei Torsion wird als Ersatzdehngrenze eine 0,4 %-Torsionsdehngrenze (besser Schiebungsgrenze) definiert:

$$\tau_{t0,4} \equiv \frac{M_{t0,4}}{W_t} \quad .$$

Man versteht darunter die Torsionsspannung, die nach Entlastung zu 0,4 % bleibender Winkelverzerrung führt (entsprechend 0,2 % bleibender Dehnung).

Die Schiebung γ erhält man nach Gleichung (5.18) aus dem Drehwinkel φ unter Verwendung des Stabradius R und der Stablänge l nach folgender Beziehung:

$$\gamma = \frac{R}{l} \cdot \varphi \quad . \tag{6.17}$$

Der Gleitmodul G läßt sich entsprechend dem in Abschnitt 4.1.3 gezeigten Vorgehen als Steigung der linear-elastischen Geraden nach Gleichung (4.6) im τ-γ-Diagramm bestimmen, siehe Bild 4.5.

Torsionsfestigkeit

Die *Torsionsfestigkeit* τ_{tB} berechnet sich mit dem maximal ertragbaren Torsionsmoment M_{tmax}, siehe Bild 6.30:

$$\tau_{tB} \equiv \frac{M_{t\max}}{W_t} \quad . \tag{6.18}$$

Die nach Gleichung (6.18) berechnete Torsionsfestigkeit stellt eine fiktive Spannung dar, da W_t fiktiv als linear-elastisches Widerstandsmoment gegen Torsion eingesetzt wird, das unter der Voraussetzung einer linear-veränderlichen Torsionsspannung über dem Querschnitt hergeleitet wird.

6.4.2 Versagensgrenzen im Torsions- und Zugversuch

Zähes Werkstoffverhalten

Ursächlich für das Versagen zäher Werkstoffe sind Schubspannungen. Demnach versagen beim Zugversuch zähe Werkstoffe in der Ebene maximaler Schubbeanspruchung unter ±45 zur Stabachse, Abschnitt 6.1.2. Bei torsionsbeanspruchten Stäben wirken die maximalen Schubspannungen in Querschnitten senkrecht und parallel zur Stabachse. In Bild 6.31 ist der Mohrsche Spannungskreis für Fließbeginn bei Torsions- und bei Zugbeanspruchung sowie die jeweilige Ebene, in der die Fließ- und Abgleitvorgänge stattfinden, skizziert.

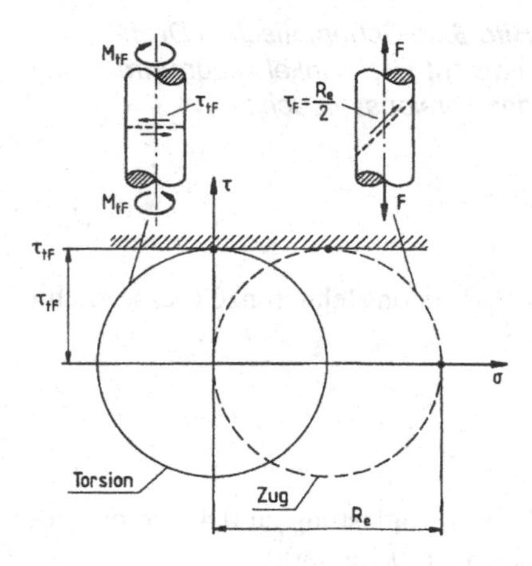

Bild 6.31 *Fließbeginn im Torsions- und im Zugversuch in Mohrscher Darstellung und Versagensebenen*

Bild 6.31 entnimmt man den Zusammenhang zwischen Streckgrenze R_e und Torsionsfließgrenze τ_{tF}:

$$\tau_{tF} = \frac{R_e}{2} \tag{6.19}$$

Der Bruch zäher Werkstoffe im Torsionsversuch tritt in der Regel quer zur Stabachse ein, wenn die im Querschnitt wirkende Schubspannung die Torsionsfestigkeit τ_{tB} erreicht, siehe Bild 6.32.

Der Zusammenhang $\tau_{tB} = R_m/2$ gilt hier nicht mehr, da ein unterschiedliches Verfestigungsverhalten im Zug- und Torsionsversuch vorliegt. Aus dem Vergleich von Zug- und Torsionsversuchen wurden empirische Zusammenhänge zwischen der Zugfestigkeit R_m und der Torsionsfestigkeit τ_{tB} entwickelt. Für zähe Werkstoffe wird häufig $\tau_{tB} \sim (0{,}6 \div 0{,}9)R_m$ verwendet. Für zähe Stähle mit $R_m < 1800\ MPa$ gilt näherungsweise die Beziehung nach einer Auswertung von Huhnen [93]:

$$\tau_{tB} = 0{,}5 \cdot R_m + 140\ MPa \quad . \tag{6.20}$$

Sprödes Werkstoffverhalten

Bei ideal sprödem Werkstoffverhalten (vgl. Abschnitt 6.1.3) erfolgt die Trennung des Werkstoffzusammenhangs senkrecht zur größten Normalspannung σ_{max}. Bei reiner

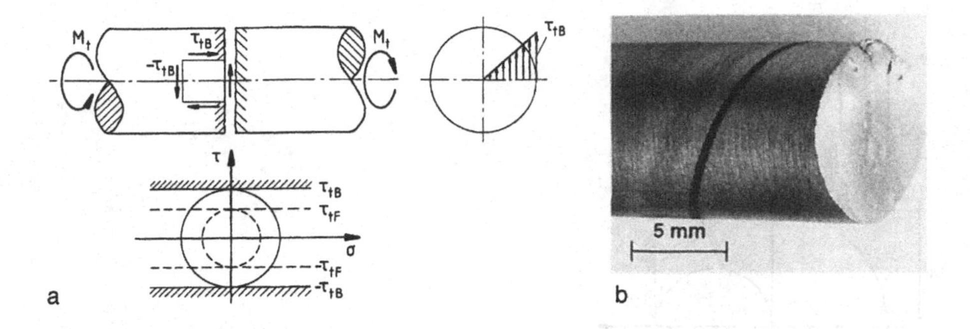

Bild 6.32 *Schiebungsbruch im Torsionsversuch bei zähem Werkstoffverhalten*
a) Schnittspannungen und Mohrscher Kreis
b) Probe aus St 37 nach dem Versuch

Torsionsbeanspruchung wirkt σ_{max} in einer unter 45° zur Stabachse geneigten Ebene, siehe Bild 6.33.

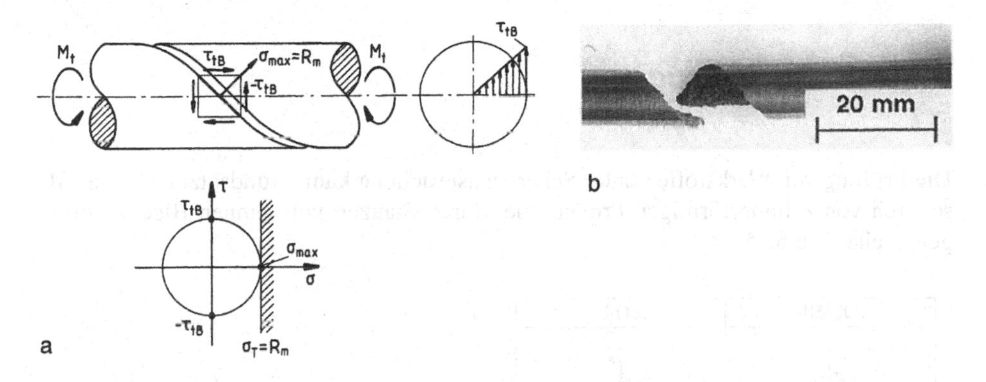

Bild 6.33 *Sprödbruch im Torsionsversuch a) Schnittspannungen und Mohrscher Kreis*
b) Graugußprobe nach dem Versuch

Bruch tritt ein, wenn σ_{max} die Trennfestigkeit σ_T und damit die Zugfestigkeit R_m erreicht. Die im Stabquerschnitt wirkenden Schubspannungen entsprechen dann gerade der Torsionsfestigkeit τ_{tB}, d. h. es gilt der Zusammenhang

$$\tau_{tB} = \sigma_T = R_m \quad . \qquad (6.21)$$

Diese Beziehung wird auch aus Bild 6.34 deutlich, in welchem die Mohrschen Spannungskreise für Bruch sowie die zugehörigen Bruchformen für Zug- und Torsionsbeanspruchung dargestellt sind.

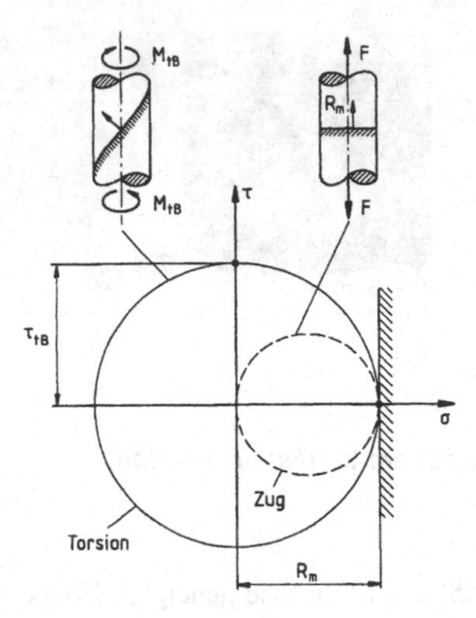

Bild 6.34 *Bruch im Torsionsversuch und im Zugversuch bei sprödem Werkstoffverhalten*

6.5 Scherversuch

Die Prüfung von Werkstoffen unter Scherbeanspruchung kann grundsätzlich durch Abscheren von zylinderförmigen Proben oder durch Stanzen von dünnen Blechen erfolgen, siehe Bild 6.35.

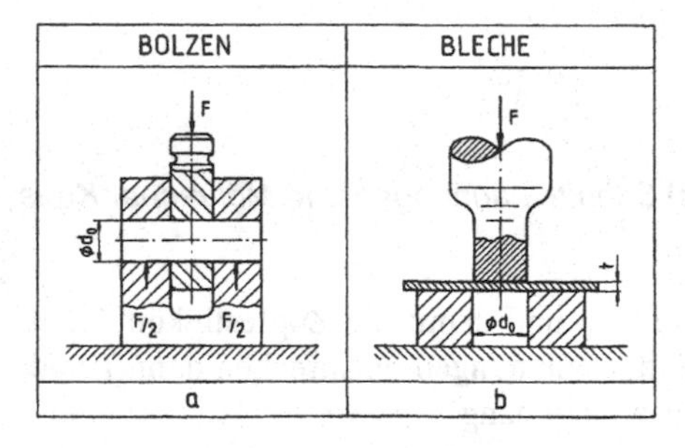

Bild 6.35 *Scherversuch a) an Bolzen b) an Blechen*

Scherfestigkeit

Der Scherversuch ist für metallische Werkstoffe in DIN 50141 [217] für Probendurchmesser zwischen 2 und 25 mm genormt. Als Kennwert wird die *Scherfestigkeit* τ_{aB} bestimmt die sich bei Bolzen folgendermaßen berechnet (siehe Bild 6.35a):

$$\tau_{aB} = \frac{F_{\max} / 2}{A_0} \quad . \tag{6.22}$$

Hierbei ist F_{max} die Höchstlast und $A_0 = \pi/4 \cdot d_0^2$ der Scherquerschnitt. Bei Versuchsdurchführung nach Bild 6.36b berechnet sich die Scherfestigkeit zu:

$$\tau_{aB} = \frac{F_{max}}{A_0} \quad , \tag{6.23}$$

wobei $A_0 = \pi \cdot d_0 \cdot t$ wiederum den Scherquerschnitt bezeichnet.

Die Scherfestigkeit kann in erster Näherung gleich der Torsionsfestigkeit τ_{tB} gesetzt werden. Für den Zusammenhang zwischen der Scherfestigkeit τ_{aB} und der Zugfestigkeit R_m kann demnach bei zähen Werkstoffen ebenfalls $\tau_{aB} = 0{,}6 \cdot R_m$ (hochfeste Werkstoffe) bis $0{,}9 \cdot R_m$ (niedrigfeste Werkstoffe) bzw. für Stähle die Gleichung (6.20) verwendet werden.

6.6 Zusammenfassung

Inhalt dieses Abschnittes ist die Ermittlung der Werkstoffkennwerte, d. h. der Grenzwerte, die das Versagen charakterisieren. Bei statischer Belastung kann dieses Versagen hervorgerufen werden durch unzulässig große plastische Verformungen (Fließen) und durch Bruch. Bei Druckbeanspruchung ist zudem auf die Knick- und Beulgefahr zu achten.

Zur experimentellen Ermittlung der Kennwerte wird die Reaktion des Werkstoffs auf die eingeprägte Belastung gemessen. Hierzu wird der Last-Verformungszusammenhang ermittelt. Das Werkstoffverhalten hängt sowohl vom Werkstoff selbst (zäh/spröd) als auch von der Beanspruchungsart ab.

Bei bekannter Bauteilbeanspruchung läßt sich mit dem maßgebenden Werkstoffkennwert eine Aussage über die Bauteilsicherheit machen. In Tabelle 6.1 sind die Formeln zur Spannungsberechnung und die maßgebenden Werkstoffkennwerte für die Grundbelastungsfälle zusammengestellt.

***Tabelle 6.1** Werkstoffkennwerte bei statischer Beanspruchung unterhalb der Rekristallisationstemperatur, siehe auch Tabelle 5.4*

Grundbelastungsfall	Charakt. Spannung	Werkstoffkennwert			
		Bezeichnung	Zeichen	Versagensart	Werkstofftyp
Zug	$\sigma_z = \frac{F}{A}$	Streckgrenze (0,2%-Dehngrenze) Zugfestigkeit	R_e $R_{p0,2}$ R_m	Fließen Fließen Bruch	zäh zäh zäh/spröd
Druck	$\sigma_d = \frac{F}{A}$	Druckfließgrenze Druckfestigkeit	σ_{dF} σ_{dB}	Fließen Bruch	zäh spröd
Biegung	$\sigma_b = \frac{M_b}{W_b}$	Biegefließgrenze 0,2%-Biegedehngrenze Biegefestigkeit	σ_{bF} $\sigma_{b0,2}$ σ_{bB}	Fließen Fließen Bruch	zäh zäh spröd
Torsion	$\tau_t = \frac{M_t}{W_t}$	0,4%-Torsionsdehngrenze Torsionsfestigkeit	$\tau_{t0,4}$ τ_{tB}	Fließen Bruch	zäh zäh/spröd
Scherung	$\tau_s = \frac{F_s}{A_s}$	Scherfestigkeit	τ_{aB}	Bruch	zäh/spröd

6.7 Rechnerprogramme

6.7.1 Zugversuch (DIN EN 10002) (Programm P6_1)

Grundlagen

Der Zugversuch dient der Ermittlung von Festigkeits- und Verformungskennwerten unter zügiger Belastung an glatten Proben, d. h. bei einachsigem Spannungszustand. Mit dem Programm P6_1 werden die Zugfestigkeit R_m, die Streckgrenze R_e, die Bruchdehnung A und die Brucheinschnürung Z bestimmt und protokolliert. Als Grundlage für die Berechnungen dienen die Gleichungen (6.5) bis (6.11). Wird der Versuch mit mehreren gleichartigen Proben wiederholt, so können aus den Kennwerten Mittelwerte berechnet und ebenfalls protokolliert werden.

Programmbeschreibung

Zweck des Programms: Auswertung eines Zugversuchs nach DIN EN 10002

Programmstart: «FEST» und Auswahl von «P6_1»

Eingabedaten: Probenabmessungen d_0 und l_0 vor Versuchsbeginn
Probenabmessungen d_B und l_B nach Bruch
Streckgrenzenlast F_e und Maximallast F_m

Ergebnisse: Zugfestigkeit R_m, Streckgrenze R_e
Bruchdehnung A, Brucheinschnürung Z, Bild 6.36
Protokolldatei mit Eingabedaten und Ergebnissen

```
                       Kommentare
1. Kommentarzeile       Versuch 24
                       Ergebnisse
                     Zugversuch  1

Meßwerte:    Ausgangsdurchmesser      [mm]:     12.00
             Ausgangslänge            [mm]:     60.00
             Streck-Last              [kN]:     25.00
             Maximal-Last             [kN]:     41.00
             Bruchdurchmesser         [mm]:      9.30
             Bruchlänge               [mm]:     71.00

Ergebnisse:  Zugfestigkeit           [MPa]:       363
             Streckgrenze            [MPa]:       221
             Bruchdehnung              [%]:        18
             Brucheinschnürung         [%]:        40
```

Bild 6.36 *Beispiel einer Auswertung mit Programm P6_1 (Zugversuch)*

6.7.2 Feindehnungsmessung beim Zugversuch (P6_2)

Grundlagen

Zur Ermittlung des Elastizitätsmoduls und der Ersatz-Dehngrenzen führt man einen Zugversuch mit Feindehnungsmessung aus. Dabei erhält man eine Werkstofffließkurve mit deutlich besserer Auflösung der Dehnung als im normalen Maschinendiagramm. Das Programm P6_2 nähert den σ-ε-Zusammenhang bei drei gegebenen Stützpunkten für nicht allzu große Gesamtverformungen nach den Ansätzen von Ludwik bzw. Ramberg-Osgood an, siehe Abschnitt 9.1. Dabei muß der erste Stützwert bei Ramberg-Osgood noch auf der Hookeschen Geraden liegen, während die beiden anderen Stützwerte schon den Verfestigungsbereich beschreiben. Beim Ludwik-Ansatz muß der erste Stützpunkt den Fließbeginn beschreiben. Der E-Modul wird nach Gleichung (6.4) aus dem ersten Stützpunkt ermittelt.

Programmbeschreibung

Zweck des Programms: Näherungsgleichung der Werkstofffließkurve Ermittlung des E-Moduls und der Ersatz-Dehngrenzen

Programmstart: «FEST» und Auswahl von «P6_2»

Eingabedaten: Drei Stützpunkte $P_1(\varepsilon_1/\sigma_1)$, $P_2(\varepsilon_2/\sigma_2)$, $P_3(\varepsilon_3/\sigma_3)$ der Werkstofffließkurve

Ergebnisse: Grafische Darstellung der Werkstofffließkurve (Bild 6.37)
Parameter nach Ludwik bzw. Ramberg-Osgood
Elastizitätsmodul E
0,2%-Dehngrenze $R_{p0,2}$
0,01%-Dehngrenze $R_{p0,01}$

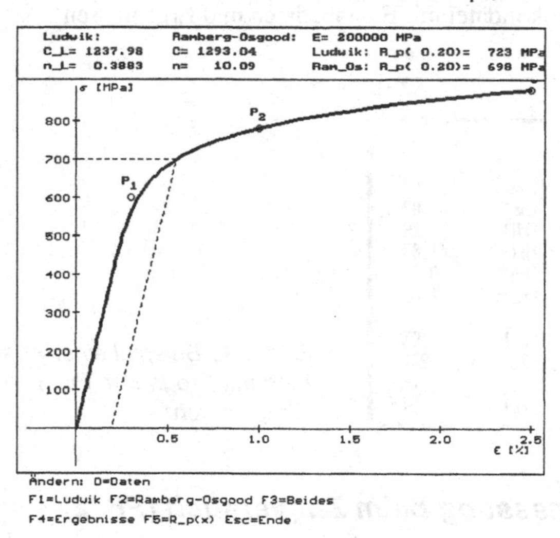

***Bild 6.37** Beispiel einer Auswertung mit Programm P6_2 (Werkstofffließkurve)*

6.8 Verständnisfragen

1. Welche Bedeutung haben die Werkstoffkennwerte bei einer Festigkeitsberechnung?
2. Welche Argumente sprechen für, welche gegen eine Bestimmung der Widerstandsfähigkeit R direkt am Bauteil?
3. Warum kann das Bauteilverhalten unter Umständen erheblich von dem an der Probe festgestellten Verhalten abweichen?

4. Für zähes Werkstoffverhalten gibt es im σ_0-ε_0-Zugversuchsdiagramm zwei grundsätzliche Verläufe.

   a) Erklären Sie anhand einer Skizze die wesentlichen Unterschiede.

   b) Welche Konsequenz ergibt sich daraus für die Definition der Werkstoffkennwerte?

5. Welche Verformungskennwerte im Zugversuch kennen Sie? Beschreiben Sie die Ermittlung dieser Kennwerte (Versuch, Probestab, Werkstofftyp, Meßgrößen) und deren Aussagekraft für das Bauteil.

6. Mit einem zylindrischen Probestab aus Baustahl wird ein Zugversuch durchgeführt und das Kraft-Verlängerungsschaubild nach Bild 6.38 aufgezeichnet. Bekannt sind folgende Daten:

Ausgangsdurchmesser:	$d_0 = 12{,}0\ mm$	Verlängerungen:	$\Delta l_1 = 15{,}1\ mm$
Bruchdurchmesser:	$d_B = 6{,}7\ mm$		$\Delta l_2 = 20{,}5\ mm$
Ausgangslänge:	$l_0 = 60\ mm$	Kräfte:	$F_e = 25{,}1\ kN$
			$F_m = 42{,}3\ kN$

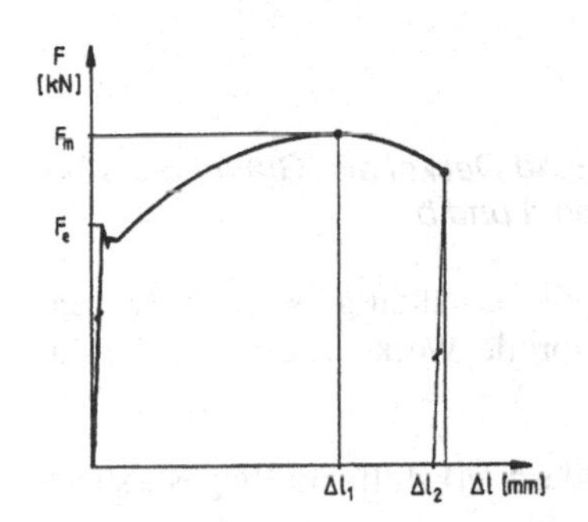

Bild 6.38 *Kraft-Verlängerungs-Schaubild eines Baustahls*

   a) Handelt es sich um einen kurzen- oder langen Proportionalstab?

   b) Berechnen Sie folgende Kennwerte: Streckgrenze, Zugfestigkeit, Bruchdehnung, Brucheinschnürung und Gleichmaßdehnung.

   c) Ist der Zugstab aus St 37 (S235J2G3) oder aus St 52 (S355J2G3)?

7. Ein Zugversuch führte zu dem in Bild 6.39 dargestellten Spannungs-Dehnungs-Diagramm.

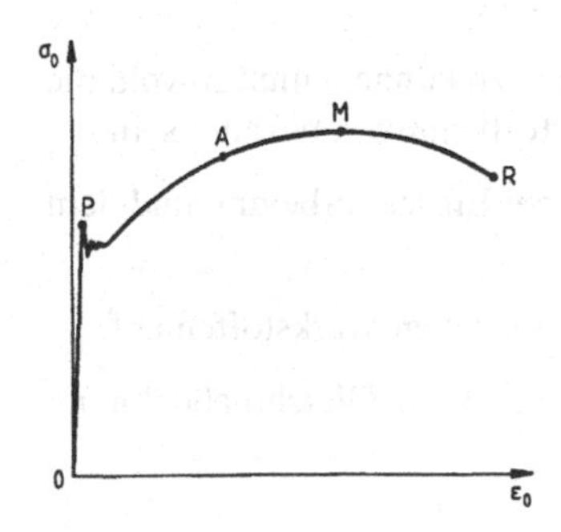

Bild 6.39 *Spannungs-Dehnungs-Diagramm*

a) Mit welchem Werkstofftyp wurde der Zugversuch durchgeführt?

b) Beschreiben Sie den Verlauf der Spannungs-Dehnungs-Kurve.

c) Ergänzen Sie das Diagramm durch Eintragen folgender Größen: Streckgrenze, Zugfestigkeit, Gleichmaßdehnung, Bruchdehnung.

d) Im Punkt A wird der Probestab vollständig entlastet. Tragen Sie die zugehörige Entlastungslinie sowie die Gesamtdehnung ε_{Ages}, die plastische Dehnung ε_{Apl} und die elastische Dehnung ε_{Ael} ein.

8. Vergleichen Sie das Werkstoffverhalten eines a) zähen Werkstoffs b) spröden Werkstoffs im Zugversuch mit dem im Druckversuch (E-Modul, Querkontraktionszahl, Verlauf der Spannungs- Dehnungskurve, Versagensverhalten, Werkstoffkennwerte).

9. Zu einem unter Innendruck stehenden Behälter soll ein Deckel aus Grauguß konstruiert werden. Es stehen zwei Lösungsvarianten zur Auswahl, Bild 6.40.

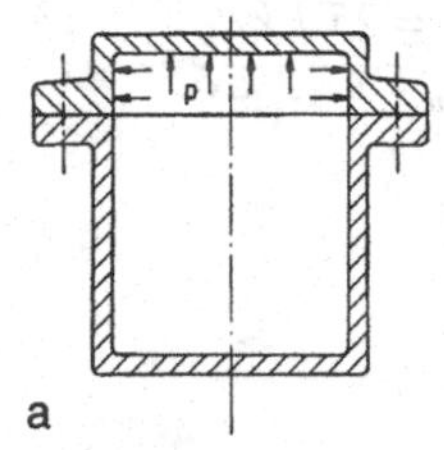

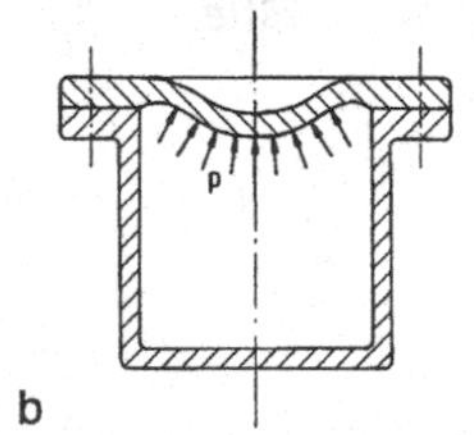

Bild 6.40 *Deckel aus Grauguß als Varianten a und b*

Welche Variante ist im Hinblick auf das Festigkeitsverhalten günstiger? Begründung! Welche allgemeine Gestaltungsregel für spröde Werkstoffe leiten Sie daraus ab?

10. Wie äußert sich eine Zug-Druck-Anisotropie spröder Werkstoffe im Biegeversuch?

11. Skizzieren Sie das aus dem Torsionsversuch eines zähen Werkstoffs erhaltene τ_t-γ-Schaubild. Durch welche Eigenschaft wird der anfängliche lineare Anstieg gekennzeichnet? Welche elastizitätstheoretische Konstante läßt sich im Torsionsversuch ermitteln?

12. Durch welche Hauptversagensfälle kann ein Bauteil seine Funktionsfähigkeit bei statischer Belastung verlieren?

13. Prüfen Sie folgende Aussagen auf ihren Wahrheitsgehalt:

- Um eine Aussage über die Bauteilsicherheit machen zu können, muß sowohl die Beanspruchung als auch der entsprechende Werkstoffkennwert bekannt sein.
- Die Streckgrenze R_e wird berechnet aus der Last bei Einschnürbeginn und dem Ausgangsquerschnitt.
- Lüdersche Linien treten nur bei verformungsfähigen, zähen Werkstoffen auf.
- Im Zugversuch eines zähen Werkstoffs ist im Bereich der Gleichmaßdehnung die Spannung proportional zur Dehnung.

- Bei unlegierten C-Stählen kann die Verformungsfähigkeit durch Erhöhung des C-Gehaltes gesteigert werden.
- Bei sprödem Werkstoffverhalten erfolgt der Bruch stets senkrecht zur Richtung der betragsmäßig größten Normalspannung.
- Ein Probestab aus St 37 (S235J2G3) weist im Zugversuch einen Bereich ausgeprägten Fließens auf. Wird mit dem gleichen Stab ein Biegeversuch durchgeführt und das $M_b(f)$-Schaubild ermittelt, so tritt nach Erreichen des Biegefließmoments M_{bF} ebenfalls ausgeprägtes Fließen auf.
- Ein mit einem Torsionsmoment belastetes Bauteil wird überelastisch beansprucht. Um den bleibenden Verdrehwinkel klein zu halten, wählt man eine kleine Bauteillänge.
- Zwei Probestäbe 1 und 2 mit identischen geometrischen Abmessungen ($d_1 = d_2$, $l_1 = l_2$) aus verschiedenen Werkstoffen werden durch ein Torsionsmoment $M_t < M_{tF}$ belastet. Der Verdrehwinkel φ_1 von Stab 1 ist größer als φ_2. Folglich ist der Gleitmodul G_1 kleiner als G_2.

14. Beurteilen Sie die in Bild 6.41 dargestellten Spannungs-Dehnungs-Diagramme bezüglich folgender Merkmale:

Versuchsart, Werkstofftyp, ermittelbare Werkstoffkennwerte, Versagensart, Bruchart, typische Werkstoffvertreter.

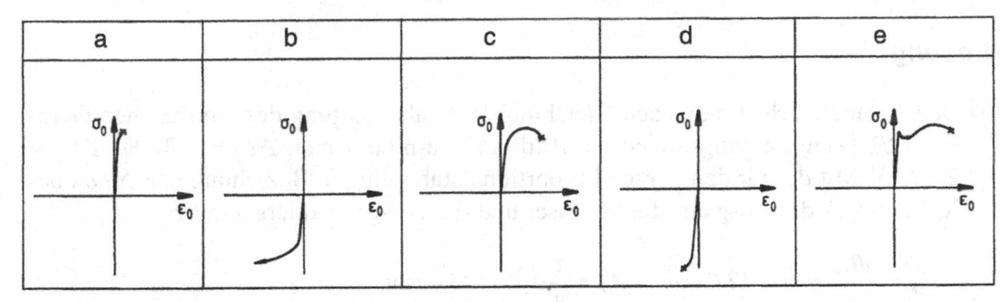

Bild 6.41 *Unterschiedliche Spannungs-Dehnungs-Diagramme*

6.9 Musterlösungen

6.9.1 Zugversuch an einer Al-Legierung

Für eine AlMgCu-Legierung sollen die wesentlichen Werkstoffdaten im Zugversuch ermittelt werden. Man verwendet dazu einen kurzen Proportionalstab mit einer Ausgangsmeßlänge von $l_0 = 60\ mm$. Zunächst wird eine Feindehnungsmessung durchgeführt.

a) Bestimmen Sie aus dem Kraft-Dehnungsschaubild der Feindehnungsmessung im Bild 6.42a den E-Modul, die technische Elastizitätsgrenze $R_{p0,01}$ und die 0,2%-Dehngrenze $R_{p0,2}$.

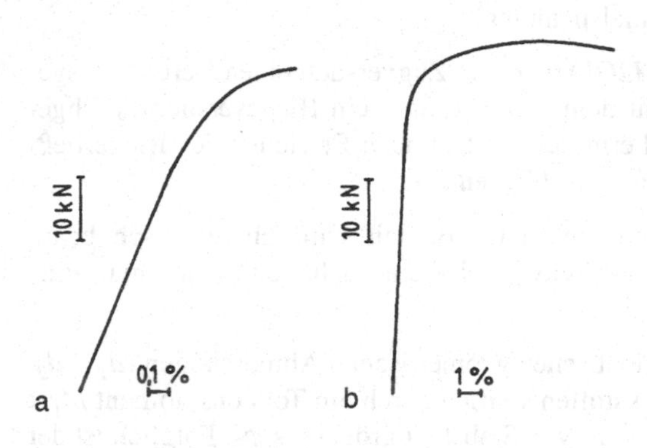

Bild 6.42 *Kraft-Dehnungs-Diagramm*
a) Feindehnungsmessung
b) Maschinendiagramm

b) Die anschließende Weiterbelastung bis zum Bruch ergibt ein Kraft-Dehnungs-Schaubild nach Bild 6.42b. Die Meßlänge nach Bruch beträgt $l_B = 66,0\ mm$, der Durchmesser an der Bruchstelle $d_B = 11,15\ mm$. Berechnen Sie die Zugfestigkeit R_m. Wie groß ist die Bruchdehnung und die Brucheinschnürung?

c) Zeichnen Sie die zum Fließbeginn und zum Bruch gehörenden Mohrschen Spannungskreise sowie die Bruchform.

Lösung

a) Den E-Modul erhält man nach Gleichung (6.4) als Steigung der Hookeschen Geraden OP. Dem Steigungsdreieck in Bild 6.43 entnimmt man $\Delta\varepsilon_0 = 0,27\ \%$, $\Delta F_0 = 22,3\ kN$. Mit der für den kurzen Proportionalstab gültigen Beziehung $l_0 = 5 \cdot d_0$ berechnen sich der Ausgangsdurchmesser und der Ausgangsquerschnitt zu:

$$d_0 = \frac{60,0}{5}\ mm = 12,0\ mm \qquad A_0 = \frac{\pi}{4} d_0^2 = 113,1\ mm^2 \quad .$$

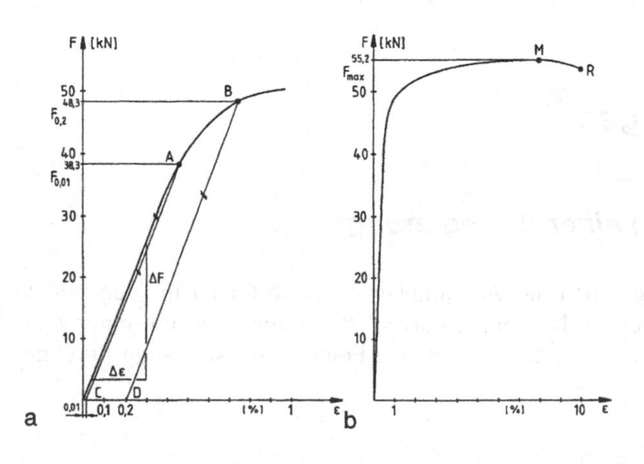

Bild 6.43 *Auswertung des Kraft-Dehnungs-Schaubilds*
a) Feindehnungsmessung
b) Gesamtschaubild

Die Spannungsdifferenz und den E-Modul erhält man damit zu :

$$\Delta\sigma_0 = \frac{\Delta F_0}{A_0} = \frac{22{,}3 \cdot 10^3\ N}{113{,}1\ mm^2} = 197{,}2\ MPa$$

$$E = \frac{\Delta\sigma_0}{\Delta\varepsilon_0} = \frac{197{,}2}{0{,}27} \cdot 100\ \frac{N}{mm^2} = 73{,}0 \cdot 10^3\ MPa \quad .$$

Die technische Elastizitätsgrenze $R_{p0,01}$ erhält man aus der Definition, wonach eine völlige Entlastung von der Spannung $R_{p0,01}$ zu einer bleibenden Dehnung von 0,01% führt. Die Entlastungslinie AC (Bild 6.43a) parallel zur Hookeschen Geraden ergibt die zugehörige Kraft $F_{0,01} = 38{,}3\ kN$, damit:

$$R_{p0,01} = \frac{F_{0,01}}{A_0} = \frac{38{,}3 \cdot 10^3\ N}{113{,}1\ mm^2} = 338{,}6\ MPa \quad .$$

Entsprechendes gilt für die 0,2%-Dehngrenze $R_{p0,2}$ nach Gleichung (6.7). Die zu einer bleibenden Dehnung von 0,2% führende Entlastungslinie DB liefert die Kraft $F_{0,2} = 48{,}3\ kN$:

$$R_{p0,2} = \frac{F_{0,2}}{A_0} = \frac{48{,}3 \cdot 10^3\ N}{113{,}1\ mm^2} = 427{,}1\ MPa \quad .$$

b) Die Zugfestigkeit R_m ergibt sich nach Gleichung (6.5) aus der maximal ertragbaren Zugkraft $F_{max} = 55{,}2\ kN$ am Höchstlastpunkt M, siehe Bild 6.43b:

$$R_m = \frac{F_{max}}{A_0} = \frac{55{,}2 \cdot 10^3\ N}{113{,}1\ mm^2} = 488{,}1\ MPa \quad .$$

Bruchdehnung nach Gleichung (6.9):

$$A_5 = \frac{l_B - l_0}{l_0} \cdot 100\ \% = \frac{66{,}0 - 60{,}0}{60{,}0} \cdot 100\ \% = 10{,}0\ \% \quad .$$

Brucheinschnürung nach Gleichung (6.11):

$$Z = \frac{A_0 - A_B}{A_0} \cdot 100\ \% = \frac{d_0^2 - d_B^2}{d_0^2} \cdot 100\ \% = \frac{12{,}0^2 - 11{,}15^2}{12{,}0^2} \cdot 100\ \% = 13{,}7\ \% \quad .$$

c) Die Mohrschen Kreise für Fließbeginn und Bruch sind in Bild 6.44 dargestellt.

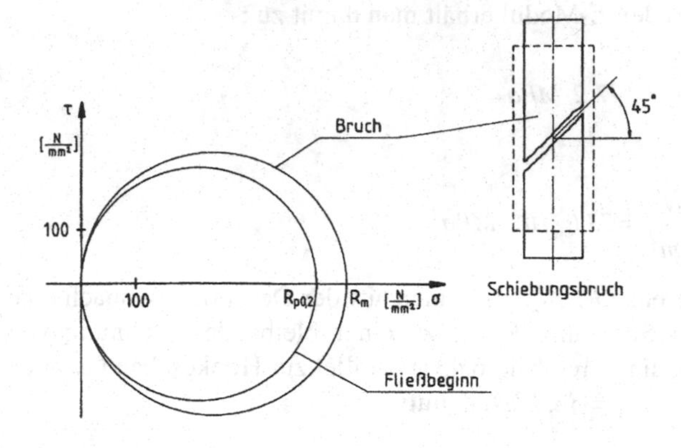

Bild 6.44 *Mohrsche Spannungskreise für Fließbeginn und Bruch*

Festigkeitshypothesen

7.1 Problemstellung und Lösungsweg

Die Werkstoffkennwerte werden an glatten Proben unter einem definierten Spannungszustand ermittelt. Meist handelt es sich um einachsige Beanspruchungen im Zug- oder Biegeversuch, siehe Kapitel 6. Da ein Bauteil im Betrieb in der Regel einem beliebigen mehrachsigen Spannungszustand unterliegt, ist ein Vergleich zwischen Bauteilbeanspruchung und den Werkstoffkennwerten nicht ohne weiteres möglich. Es sind daher Übertragungsfunktionen notwendig, welche den mehrachsigen Spannungszustand in einen äquivalenten einachsigen Spannungszustand überführen. Diese Übertragungsfunktionen sind die *Festigkeitshypothesen*, mit welchen eine sogenannte *Vergleichsspannung* σ_v berechnet wird. Diese Vergleichspannung repräsentiert den Gesamtspannungszustand, also die Beanspruchung B und erlaubt einen unmittelbaren Vergleich mit dem Werkstoffkennwert R des Zugversuchs, siehe Bild 7.1.

Festigkeits-hypothesen

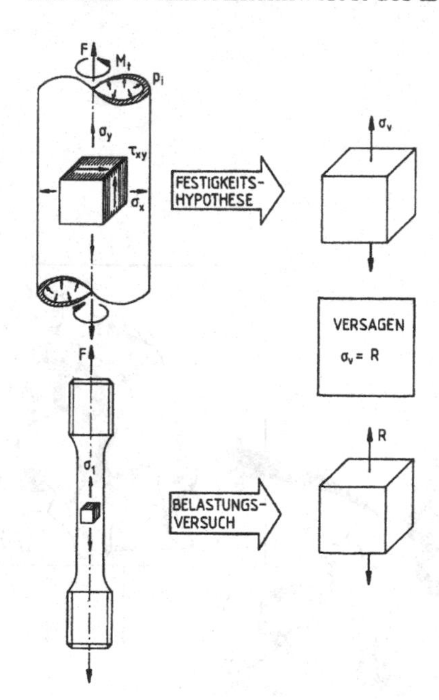

Bild 7.1 *Prinzip des Festigkeitsnachweises*

Die Versagensbedingung lautet somit (vgl. Gleichung (1.10)):

$$\sigma_v = R \quad . \tag{7.1}$$

Für die Sicherheit gegen Versagen ergibt sich mit Gleichung (1.2):

$$S = \frac{R}{\sigma_v} \quad . \tag{7.2}$$

Vergleichsspannung

Das grundsätzliche Vorgehen bei der Bildung der *Vergleichsspannung* ist in Bild 7.2 dargestellt.

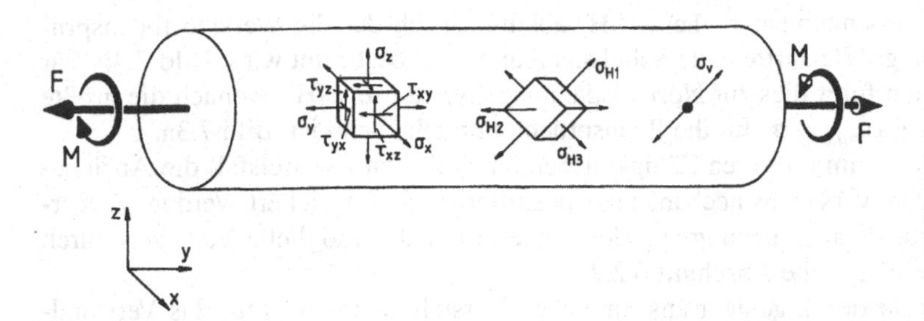

Bild 7.2 *Vorgehen bei der Bildung der Vergleichsspannung*

Aus der äußeren Belastung (*F*, *M*) werden die Lastspannungen im *x*-*y*-*z*-Koordinatensystem bestimmt, welche wiederum auf die drei Hauptspannungen σ_{H1}, σ_{H2} und σ_{H3} reduziert werden können. Aus den Hauptspannungen – oft auch direkt aus den Lastspannungen – wird die Vergleichsspannung σ_v gebildet. Diese ist im Bild 7.2 als vektorielle Größe dargestellt, was von der physikalischen Bedeutung her auch richtig ist. In der Praxis wird allerdings σ_v als nicht vorzeichenbehaftete, skalare Größe verwendet, was einen Informationsverlust bedeutet, da aus richtungsbehafteten Größen ein Skalar gebildet wird. Das ist immer dann zu beachten und wird immer dann zu einer unvertretbaren Fehlinterpretation des wirklichen Festigkeitsverhaltens führen, wenn nichtsynchrone Schwingbelastungen mit nichtkörperfesten Hauptachsensystemen auftreten, siehe Bild 11.73.

Die Herleitung und Anwendung der Festigkeitshypothesen geht von einem bestimmten *Versagensmechanismus* aus, dessen maßgebende Spannungen durch die Vergleichsspannung und durch den Werkstoffkennwert gleichermaßen beschrieben werden. Daher müssen die Festigkeitshypothesen auf die Art des Versagens, d. h. auf das Werkstoffverhalten – bei welchem meist pauschal in zäh und spröd unterschieden wird – abgestimmt sein. Dies bedeutet, daß eine Gruppe von Festigkeitshypothesen das Versagen zäher Werkstoffe infolge Gleitbeanspruchung, d. h. kritischer Schubspannungen ($\tau_{max} = \tau_{krit}$) oder Schiebungen ($\gamma_{max} = \gamma_{krit}$) beschreibt, siehe Bild 7.3b. Eine zweite Gruppe nimmt hingegen ein Versagen spröder Werkstoffe bei Erreichen einer Trennbeanspruchung, d. h. kritischen Normalspannungen ($\sigma_{max} = \sigma_{krit}$), oder Dehnungen ($\varepsilon_{max} = \varepsilon_{krit}$) an, Bild 7.3a.

Versagensmechanismus

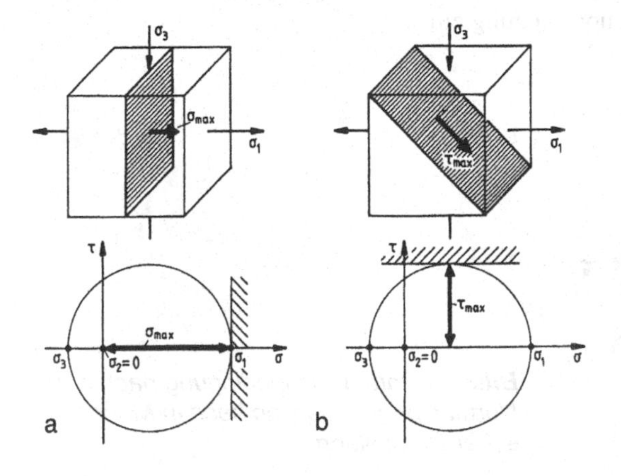

Bild 7.3 *Versagensmodelle für unterschiedliches Werkstoffverhalten*
a) Versagen durch Normalspannungen (sprödes Werkstoffverhalten)
b) Versagen durch Schubspannungen (zähes Werkstoffverhalten)

Aus diesen werkstoffmechanischen Vorstellungen läßt sich für zähes Verhalten unmittelbar die Schubspannungshypothese (SH) ableiten, nach der die Werkstoffbeanspruchung durch die größte auftretende Schubspannung τ_{max} bestimmt wird, Bild 7.3b. Für sprödes Verhalten führt dies zur Normalspannungshypothese (NH), wonach die größte Normalspannung $\sigma_{max} = \sigma_I$ für die Beanspruchung maßgebend ist, Bild 7.3a.

Bei Werkstoffen im mittleren Zähigkeitsbereich sollte im Zweifelsfall die Absicherung nach beiden Versagensmechanismen postuliert und abgesichert werden. Außerdem ist bei Druckbeanspruchung spröder Bauteile auf das mögliche Versagen durch Abgleiten zu achten, siehe Abschnitt 6.2.2.

Trotz dieser für den Ingenieur anschaulichen Vorstellungen ist es für das Verständnis und die kritische Anwendung der Festigkeitshypothesen entscheidend, daß diese lediglich Hypothesen, d. h. Unterstellungen oder Annahmen sind, mit denen sich die experimentellen Ergebnisse mehr oder weniger gut erklären lassen. Diese Tatsache wird auch durch die vielfältigen physikalischen Interpretationen deutlich, die einige Festigkeitshypothesen zulassen. Dies wird im *Anhang A8* am Beispiel der Gestaltänderungsenergiehypothese (GH) erläutert, die das statische Verhalten und das Ermüdungsverhalten verformungsfähiger Werkstoffe am treffendsten beschreibt.

Anhang A8

In den folgenden Abschnitten werden die drei wichtigsten Festigkeitshypothesen, die Normalspannungs-, Schubspannungs- und Gestaltänderungsenergiehypothese, ausführlich beschrieben. Außer diesen Hypothesen sind noch zahlreiche weitere Ansätze bekannt, z. B. Größtdehnungshypothese und Formänderungsenergiehypothese, siehe z. B. Dietmann [57] und Zenner [193], welche jedoch im Maschinenbau seltener Verwendung finden.

7.2 Normalspannungshypothese

Die Normalspannungshypothese (NH), die erstmalig 1861 von dem schottischen Ingenieur und Physiker Rankine (1820–1872) [163] formuliert wurde, gilt für sprödes Werkstoff- bzw. Bauteilverhalten. Nach der NH tritt bei statischer Belastung ein Versagen durch *Trennbruch* ein, wenn die größte Normalspannung $\sigma_{max} = \sigma_I$ die Trennfestigkeit σ_T des Werkstoffes erreicht, siehe Bild 7.4 und Abschnitt 6.1.3. Der Sprödbruch tritt senkrecht zur größten Hauptspannung ein.

Trennbruch

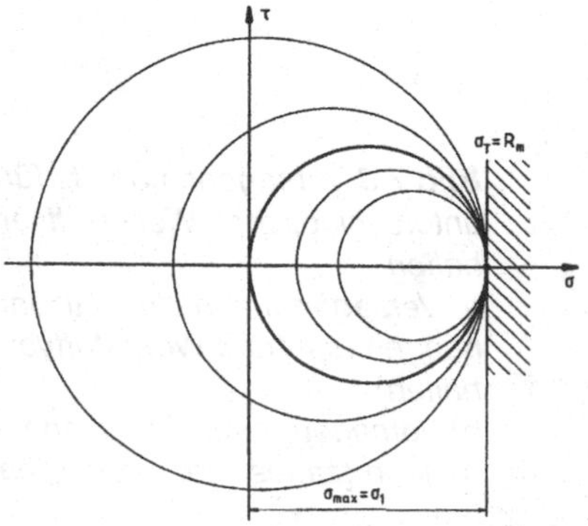

τ

$\sigma_T = R_m$

σ

$\sigma_{max} = \sigma_I$

Bild 7.4 *Sprödbruchbedingung nach der Normalspannungshypothese in Mohrscher Darstellung*

Für die Formulierung der Festigkeitshypothesen erweist es sich als zweckmäßig, die drei Hauptspannungen σ_{H1}, σ_{H2} und σ_{H3} nach ihrer algebraischen Größe zu ordnen:

$$\begin{aligned} \sigma_1 &= \max(\sigma_{H1}, \sigma_{H2}, \sigma_{H3}) \\ \sigma_3 &= \min(\sigma_{H1}, \sigma_{H2}, \sigma_{H3}) \quad . \end{aligned} \tag{7.3}$$

Vergleichsspannung NH

Somit ist σ_1 die *Vergleichsspannung nach der NH*. Die Trennfestigkeit entspricht bei ideal spröden Werkstoffen der Zugfestigkeit R_m, da das Versagen ohne plastische Verformung erfolgt. Die *Versagensbedingung* (7.1) *für die NH* lautet demnach:

Versagensbedingung NH

$$\sigma_{vNH} \equiv \sigma_1 = R_m \quad . \tag{7.4}$$

Da eine Trennung des Werkstoffzusammenhangs nur unter Zugspannungen erfolgen kann, muß in Gleichung (7.4) $\sigma_1 > 0$ sein.

Für den technisch wichtigen Sonderfall der zweiachsigen Beanspruchung ($\sigma_3 = 0$) kann die Vergleichsspannung direkt mit Gleichung (3.15) angegeben werden:

$$\sigma_{vNH} = \sigma_1 = \frac{\sigma_x + \sigma_y}{2} + \sqrt{\left(\frac{\sigma_x - \sigma_y}{2}\right)^2 + \tau_{xy}^2} \quad (> 0) \quad . \tag{7.5}$$

Grenzlinien der NH

Bild 7.5 zeigt die *Grenzlinien nach der NH* in verschiedenen Koordinatensystemen.

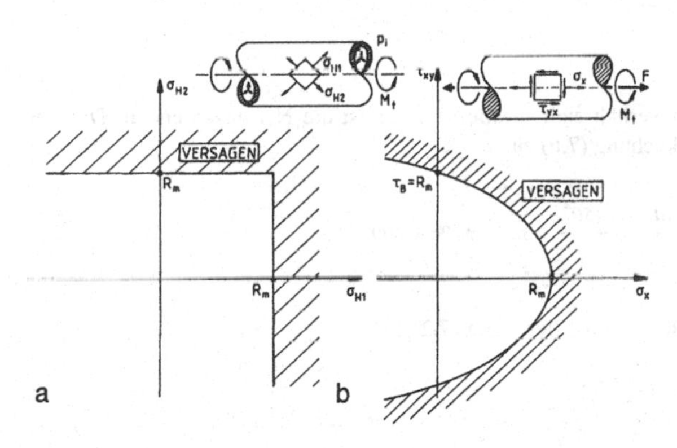

Bild 7.5 *Grenzlinien der NH bei zweiachsigem Spannungszustand a) in Hauptspannungen b) für kombinierte Biege- (Zug) und Torsionsbeanspruchung*

In Bild 7.5a ist die Grenzkurve der NH im Hauptspannungssystem eingetragen, welche für isotropes Verhalten nach Gleichung (7.4) im 1. Quadranten ein Quadrat in den Grenzen R_m bildet und zur Druckseite hin offen ist. Die Erweiterung dieser Darstellung auf den Druckbereich findet sich im Abschnitt 7.6, Bild 7.24. Für den Lastfall der kombinierten Biege- (Zug-) und Torsionsbelastung, dem große Bedeutung bei Wellen zukommt, läßt sich die Grenzkurve im σ_x-τ_{xy}-Schaubild herleiten. Mit den Gleichungen (7.4) und (7.5) ergibt sich die Versagensbedingung mit $\sigma_y = 0$:

$$\sigma_{vNH} = \sigma_1 = \frac{\sigma_x}{2} + \sqrt{\frac{\sigma_x^2}{4} + \tau_{xy}^2} = R_m \quad , \tag{7.6}$$

bzw. aufgelöst nach $\tau_{xy}(\sigma_x)$:

$$\tau_{xy} = \sqrt{R_m(R_m - \sigma_x)} \quad . \tag{7.7}$$

Grenzparabel

Die Grenzkurve stellt demnach im σ_x-τ_{xy}-Koordinatensystem die in Bild 7.5b gezeigte nach links geöffnete *Parabel* mit Scheitel $S\ (R_m\ /\ 0)$ und Achsenabschnitt $\tau_B = R_m$ dar. Bei Betriebspunkten (σ_x/τ_{xy}) innerhalb der Grenzkurve ist nicht mit Versagen zu rechnen, während die Punkte auf und außerhalb der Kurve Sprödbruchversagen anzeigen.

Programme P7_1 und P7_2

Die Berechnung der Sicherheit mit der NH für spröde Bauteile ist mit *Programm P7_1* (allgemeiner Spannungszustand) und *P7_2* (DMS-Rosette III) möglich, siehe Abschnitt 7.11.

Beispiel 7.1 *Anwendung der NH (gehärteter Bolzen unter Zug und Torsion)*

Ein martensitisch gehärteter Bolzen aus 41 Cr 4 mit einer Härte von 650 HV1 bzw. einer Zugfestigkeit von 2000 MPa unterliegt einer kombinierten Zug- und Torsionsbeanspruchung mit $\sigma_{zug} = \sigma_x = 450$ MPa, $\tau_t = \tau_{xy} = 300$ MPa, siehe Bild 7.6. Führen Sie eine rechnerische und eine grafische Sicherheitsanalyse im σ_x-τ_{xy}-Diagramm, in der Mohrschen Darstellung und im σ_{H1}-σ_{H2}-Diagramm durch.

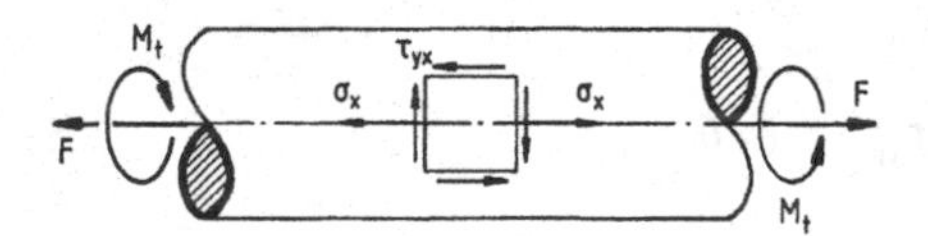

Bild 7.6 *Gehärteter Bolzen unter Zug und Torsion*

Lösung

1. Rechnerisch:

Der martensitisch gehärtete Werkstoff verhält sich spröde, d. h. es ist die NH anzuwenden. Die Vergleichsspannung berechnet sich mit Gleichung (7.6) zu

$$\sigma_{vNH} = \frac{\sigma_x}{2} + \sqrt{\frac{\sigma_x^2}{4} + \tau_{xy}^2} = \frac{450}{2} + \sqrt{\frac{450^2}{4} + 300^2}\ MPa = 600\ MPa \quad .$$

Die Sicherheit gegen Sprödbruch erhält man mit Gleichung (7.2) zu

$$S_B = \frac{R_m}{\sigma_{vNH}} = \frac{2000}{600} = 3{,}3 \quad .$$

2. Zeichnerisch:

- σ_x-τ_{xy}-Diagramm:
  Der Betriebspunkt $B(\sigma_x, \tau_{xy})$ und die parabolische Grenzkurve nach Gleichung (7.7) sind in Bild 7.7a gezeigt. Die Gleichung der Grenzlinie lautet:

$$\tau_{xy} = \sqrt{2000\,(2000 - \sigma_x)}\ MPa \quad .$$

Der Betriebspunkt B ist durch die Koordinaten $\sigma_x = 450\ MPa$ und $\tau_{xy} = 300\ MPa$ gegeben. Bei proportionaler Erhöhung der Zug- und Torsionsbeanspruchung tritt Sprödbruch im Versagenspunkt G ein. Die Sicherheit ergibt sich somit aus dem Streckenverhältnis:

$$S_B = \frac{\overline{OG}}{\overline{OB}} = 3{,}3 \quad .$$

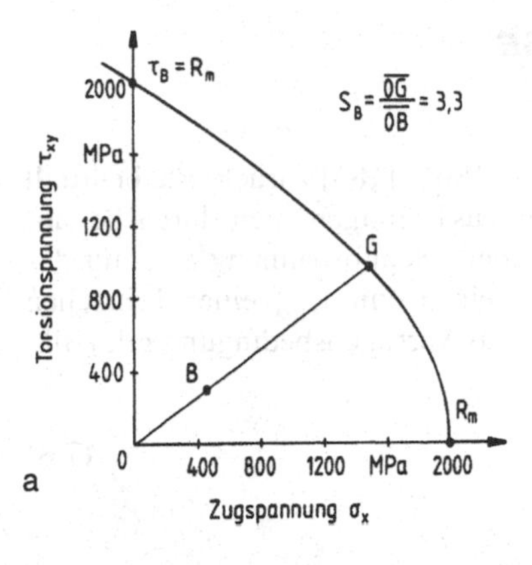

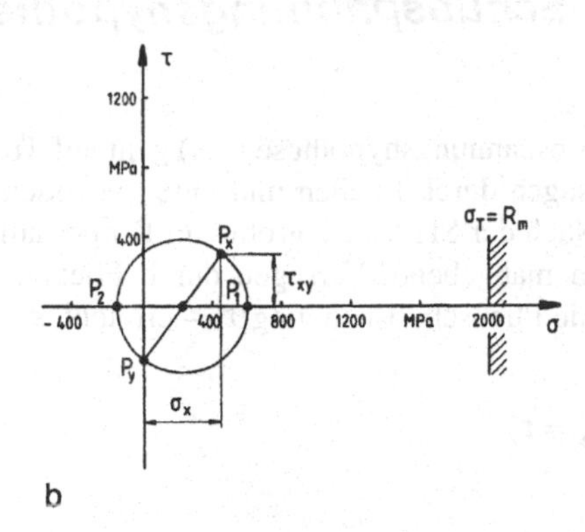

***Bild 7.7** Grafische Sicherheitsanalyse für Bolzen mit Bruchpunkt B und Versagenspunkt G a) Grenzparabel b) Mohrsche Darstellung*

- Mohrsche Darstellung:
  Der Mohrsche Spannungskreis und die Grenzlinie für Versagen durch Trennbruch $\sigma = \sigma_T = R_m$ sind in Bild 7.7b dargestellt. Die Sicherheit für Versagen durch Sprödbruch ergibt sich zu

$$S_B = \frac{\sigma_T}{\sigma_I} = \frac{2000}{600} = 3{,}3 \quad .$$

- σ_{H1}-σ_{H2}-Diagramm:
  In Bild 7.8 ist die Grenzkurve nach der NH im σ_{H1}-σ_{H2}-Diagramm dargestellt.

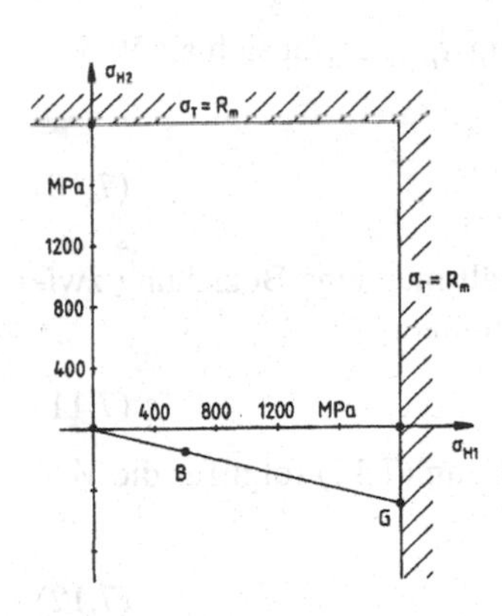

***Bild 7.8** Grenzkurve nach der NH im σ_{H1}- σ_{H2}-Schaubild mit Betriebspunkt B und Versagenspunkt G*

Der Betriebspunkt *B* ist durch die zwei Hauptspannungen σ_{H1} und σ_{H2} festgelegt, welche sich aus Bild 7.7b zu $\sigma_1 = 600$ *MPa und* $\sigma_2 = -150$ *MPa* ergeben. Eine proportionale Steigerung von σ_x und τ_{xy} führt zum Grenzpunkt *G* und damit zur Sicherheit:

$$S_B = \frac{\overline{OG}}{\overline{OB}} = 3{,}3 \quad .$$

7.3 Schubspannungshypothese

Die Schubspannungshypothese (SH) geht auf Tresca (1868) [186] zurück. Sie beurteilt das Versagen durch Fließen und unter gewissen Voraussetzungen auch durch Schubbruch. Nach der SH ist die größte im Körper auftretende Schubspannung τ_{max} für das Versagen maßgebend. Versagen durch Fließen tritt ein, wenn τ_{max} einen kritischen Wert – die Fließschubspannung τ_F – erreicht, so daß als Versagensbedingung gilt (Bild 7.9):

$$\tau_{\max} = \tau_F \quad . \tag{7.8}$$

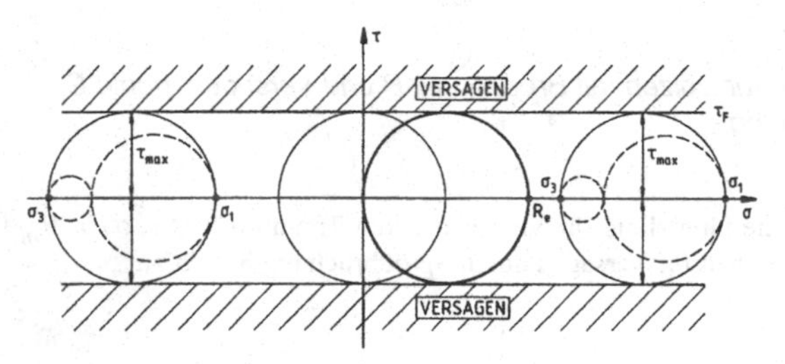

***Bild 7.9** Fließbeginn nach der Schubspannungshypothese in Mohrscher Darstellung*

Fließschubspannung

Die *Fließschubspannung* kann direkt im Torsionsversuch oder aber im Zugversuch über die Beziehung (6.8)

$$\tau_F = \frac{R_e}{2} \tag{7.9}$$

ermittelt werden, siehe Bild 7.9. Die größte Schubspannung τ_{max} ergibt sich als Radius des größten Mohrschen Kreises:

$$\tau_{\max} = \frac{\sigma_{\max} - \sigma_{\min}}{2} = \frac{\sigma_1 - \sigma_3}{2} \quad . \tag{7.10}$$

Durch Gleichsetzen der Gleichungen (7.9) und (7.10) erhält man eine Beziehung zwischen der Streckgrenze und den maßgebenden Hauptspannungen:

$$\sigma_{\max} - \sigma_{\min} = \sigma_1 - \sigma_3 = R_e \quad . \tag{7.11}$$

Versagensbedingung nach der SH

Durch Vergleich der Versagensbedingung (7.1) mit Gleichung (7.11) folgt für die *Vergleichsspannung* und die *Versagensbedingung* nach der SH:

$$\sigma_{vSH} = \sigma_{\max} - \sigma_{\min} = \sigma_1 - \sigma_3 = R_e \quad . \tag{7.12}$$

Sind die Hauptspannungen nicht gemäß Gleichung (7.3) nach ihrer algebraischen Größe geordnet, so ergibt sich σ_{vSH} als größte Hauptspannungsdifferenz in den drei Hauptebenen:

$$\sigma_{vSH} = \max\{|\sigma_{H1} - \sigma_{H2}|, |\sigma_{H2} - \sigma_{H3}|, |\sigma_{H3} - \sigma_{H1}|\} \quad . \tag{7.13}$$

So ist die SH beispielsweise im amerikanischen ASME-Code III [201] formuliert. Gleichung (7.13) läßt sich deuten als die Abfrage nach der größten der drei *Haupt-*

schubspannungen, welche in den Diagonalebenen des Hauptspannungswürfelelementes liegen, siehe Bild 7.10.

Hauptschubspannungen

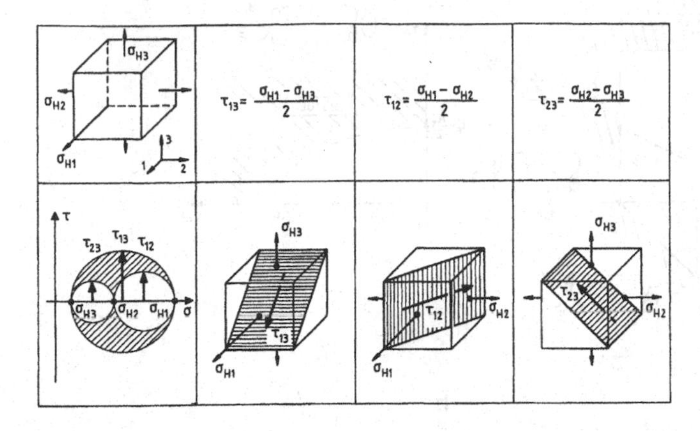

***Bild 7.10** Hauptschubspannungen und Ebenen maximaler Schubbeanspruchung am Hauptspannungs-Würfelelement*

Bei zweiachsigem Spannungszustand muß bei der Ermittlung der größten Hauptspannungsdifferenz nach Gleichung (7.13) beachtet werden, daß die verschwindende Hauptspannung mit dem Wert Null als größte (Bild 7.11c) oder kleinste (Bild 7.11b) Hauptspannung berücksichtigt werden muß.

	Mohrsche Spannungskreise	τ_{max}
a	τ, τ_{max}, $\sigma_{H2}=\sigma_3$, $\sigma_{H3}=\sigma_2$, $\sigma_{H1}=\sigma_1$, σ	$\tau_{max}=\frac{\sigma_{H1}-\sigma_{H2}}{2}=\frac{\sigma_1-\sigma_3}{2}$
b	τ, τ_{max}, $\sigma_{H3}=\sigma_3$, $\sigma_{H2}=\sigma_2$, $\sigma_{H1}=\sigma_1$, σ	$\tau_{max}=\frac{\sigma_{H1}-\sigma_{H3}}{2}=\frac{\sigma_1-\sigma_3}{2}=\frac{\sigma_{H1}}{2}=\frac{\sigma_1}{2}$
c	τ, τ_{max}, $\sigma_{H2}=\sigma_2$, $\sigma_{H3}=\sigma_1$, $\sigma_{H1}=\sigma_3$, σ	$\tau_{max}=\frac{\sigma_{H3}-\sigma_{H1}}{2}=\frac{\sigma_1-\sigma_3}{2}=-\frac{\sigma_{H1}}{2}=-\frac{\sigma_3}{2}$

***Bild 7.11** Hauptschubspannungen τ_{max} bei unterschiedlichen zweiachsigen Spannungszuständen*

Grenzlinien der SH

Im Hauptspannungsdiagramm des Bildes 7.12a stellt die *Grenzlinie der SH* einen Polygonzug dar, der im 1. und 3. Quadranten durch die Streckgrenze R_e begrenzt wird und im 2. und 4. Quadranten die Verbindungslinie der R_e-Punkte darstellt. Mit eingezeichnet sind die Belastungsfälle reiner Zug, positive und negative Torsion sowie Belastung eines dünnwandigen Rohres durch Innendruck, bei der die Längsspannung halb so groß ist wie die Umfangsspannung.

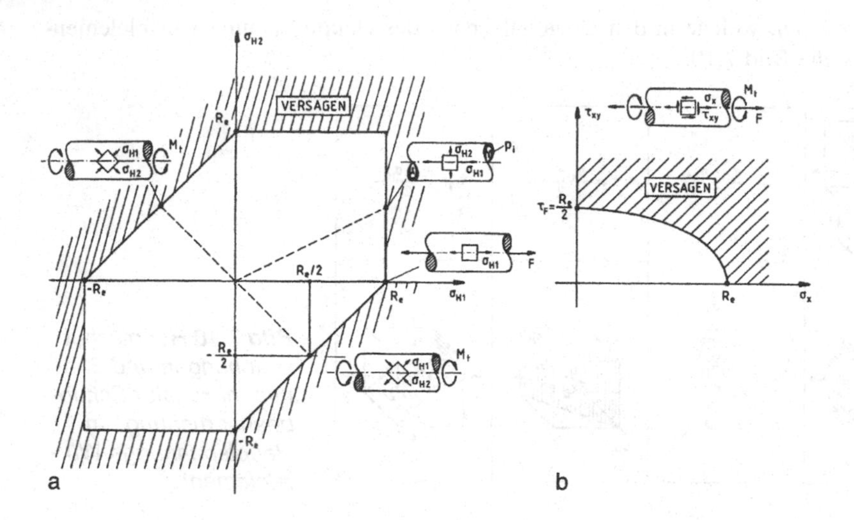

***Bild 7.12** Grenzlinien der SH für zweiachsigen Spannungszustand*
a) für Hauptspannungen (Tresca-Sechseck)
b) für kombinierte Biege- (Zug-) und Torsionsbeanspruchung σ_x, τ_{xy}

Ebener Spannungszustand

Für den allgemeinen *ebenen Spannungszustand* im *x-y*-System berechnet sich die Vergleichsspannung nach der SH mit den Gleichungen (3.15), (3.16) und (7.12) zu:

$$\sigma_{vSH} = \sqrt{(\sigma_x - \sigma_y)^2 + 4\tau_{xy}{}^2} \quad . \tag{7.14}$$

Die Verwendung von Gleichung (7.14) ist problematisch, da sie nur unter der Voraussetzung gilt, daß die beiden Hauptspannungen nach den Gleichungen (3.15) und (3.16) unterschiedliches Vorzeichen haben, vgl. Fall a in Bild 7.11. In den Fällen b und c von Bild 7.11 entspricht die Vergleichsspannung dem Betrag der betragsmäßig größten Hauptspannung. Da demnach die Verwendung von Gleichung (7.14) die Kenntnis der Hauptspannungen voraussetzt, liegt es nahe, die Vergleichsspannung aus den Hauptspannungen gemäß Gleichung (7.13) zu berechnen.

Biege- und Torsionsbeanspruchung

Für *biege-* und *torsionsbeanspruchte* Bauteile ($\sigma_y = 0$) wird aus Gleichung (7.14):

$$\sigma_{vSH} = \sqrt{\sigma_x{}^2 + 4\tau_{xy}{}^2} \quad . \tag{7.15}$$

Im Gegensatz zur allgemeinen zweiachsigen Beanspruchung weisen bei diesem Sonderfall die beiden Hauptspannungen stets unterschiedliche Vorzeichen auf (Fall a, Bild 7.17), so daß Gleichung (7.15) ohne Einschränkung gilt. Die Grenzkurve im σ_x-τ_{xy}-Schaubild läßt sich mit den Gleichungen (7.12) und (7.15) herleiten:

$$\left(\frac{\sigma_x}{R_e}\right)^2 + \left(\frac{\tau_{xy}}{R_e / 2}\right)^2 = 1 \quad . \tag{7.16}$$

Grenzellipse

Gleichung (7.16) beschreibt eine *elliptische Grenzkurve* im σ_x-τ_{xy}-Schaubild mit den Scheiteln R_e und $\tau_F = R_e/2$, siehe Bild 7.12b.

Die Grenzlinie in Bild 7.12a stellt die Durchdringung eines regelmäßigen sechseckigen Prismas mit der σ_1-σ_2-Ebene dar, Bild 7.13. Dieses Prisma, dessen Achse mit den drei Hauptachsen denselben Winkel $\alpha = 54{,}7°$ einschließt (*hydrostatische Achse*), ist der *Fließkörper nach Tresca*, siehe *Anhang A8.5*.

Hydrostatische Achse
Tresca-Fließkörper
Anhang A8

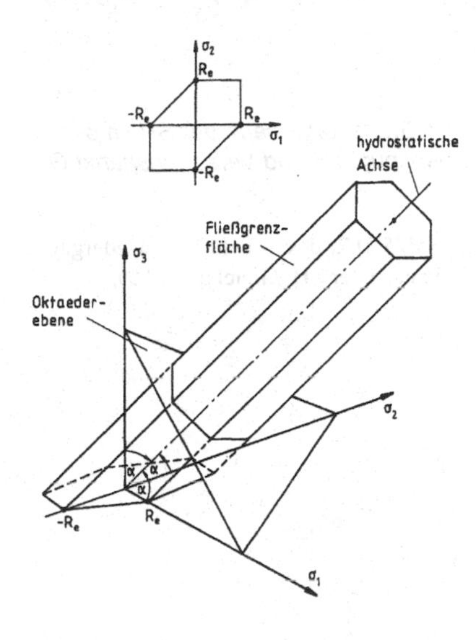

Bild 7.13 *Fließgrenze nach der Schubspannungshypothese (Fließkörper nach Tresca)*

Beispiel 7.2 *Anwendung der SH (vergüteter Bolzen unter Zug und Torsion)*

An dem gehärteten Bolzen aus Beispiel 7.1 wird nachträglich eine Anlaßbehandlung zur Erzielung eines zäheren Werkstoffzustandes durchgeführt. Der so entstandene Vergütungsstahl (mit der Härte 280 HV1) hat die Kennwerte $R_m = 940\ MPa$, $R_e = 700\ MPa$. Führen Sie für die Beanspruchung aus Beispiel 7.1 ($\sigma_x = 450\ MPa$, $\tau_{xy} = 300\ MPa$) eine rechnerische und zeichnerische Sicherheitsanalyse durch.

Lösung

1. Rechnerisch: Da nach der Anlaßbehandlung ein verformungsfähiger Werkstoff vorliegt, kann die Vergleichsspannung nach der SH berechnet werden. Nach Gleichung (7.15) gilt:

$$\sigma_{vSH} = \sqrt{450^2 + 4 \cdot 300^2}\ MPa = 750\ MPa \quad .$$

Für die Sicherheit gegen Fließen folgt mit den Gleichungen (7.2) und (7.12):

$$S_F = \frac{R_e}{\sigma_{vSH}} = \frac{700}{750} = 0{,}93 \quad ,$$

d. h. der Werkstoff fließt in der Randzone.

2. Zeichnerisch:
   - σ_x-τ_{xy}-Diagramm:
     In Bild 7.14 ist der Betriebspunkt B ($\sigma_x = 450\ MPa$, $\tau_{xy} = 300\ MPa$) und die elliptische Grenzkurve nach Gleichung (7.16) eingetragen. Die Sicherheit ergibt sich zu:

$$S_F = \frac{\overline{OG}}{\overline{OB}} = 0{,}93 \quad .$$

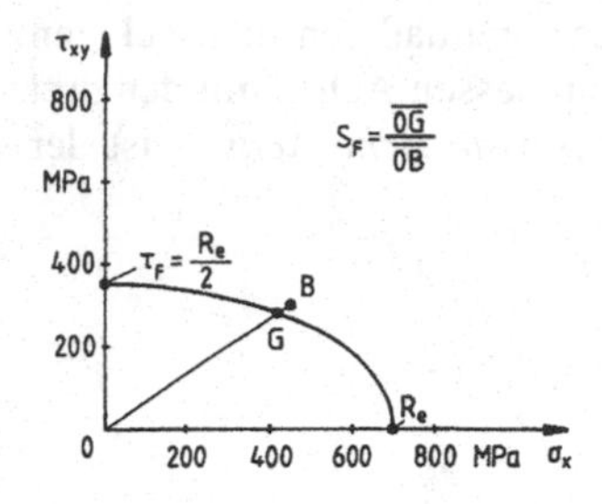

Bild 7.14 *Elliptische Grenzkurve nach der SH im σ-τ-Schaubild mit Betriebspunkt B und Versagenspunkt G*

- Mohrsche Darstellung:
  Aus dem Vergleich der maximalen Schubspannung τ_{max} = *375 MPa* des in Bild 7.15 wiedergegebenen Mohrschen Spannungskreises mit der Fließgrenzlinie nach der SH, Gleichung (7.9), $\tau = \tau_F = R_e/2$, folgt für die Sicherheit gegen Fließen:

$$S_F = \frac{\tau_F}{\tau_{max}} = \frac{350}{375} = 0{,}93 \quad .$$

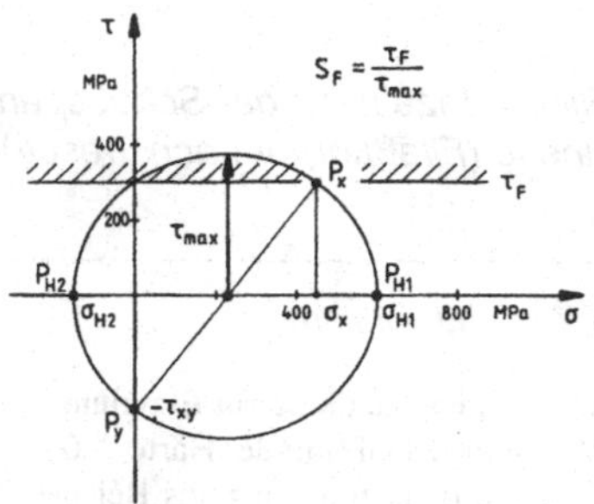

Bild 7.15 *Mohrscher Spannungskreis mit Fließgrenzlinie nach der SH*

- σ_{H1}-σ_{H2}-Diagramm:
  Die Hauptspannungen ergeben sich aus dem in Bild 7.15 dargestellten Mohrschen Spannungskreis zu σ_{H1} = *600 MPa* und σ_{H2} = *-150 MPa*. Damit kann der Betriebspunkt *B* in das in Bild 7.16 dargestellte Grenzliniendiagramm nach der SH eingezeichnet werden.

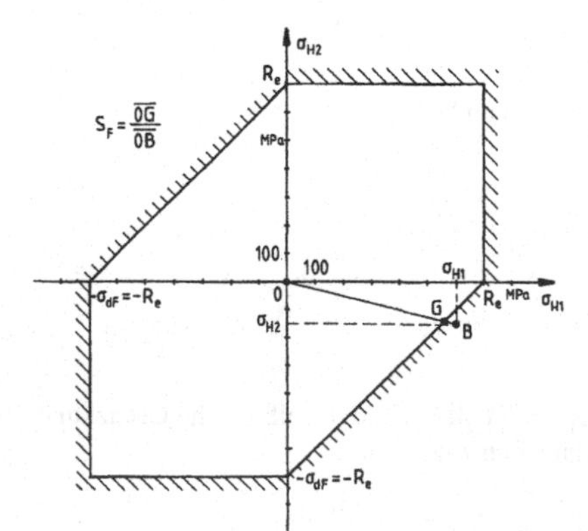

Bild 7.16 *Grenzkurve nach der SH im Hauptspannungs-Schaubild mit Betriebspunkt B und Versagenspunkt G*

Für die Sicherheit erhält man

$$S_F = \frac{\overline{OG}}{\overline{OB}} = 0{,}93 \quad .$$

7.4 Gestaltänderungsenergiehypothese

7.4.1 Fließbedingung

Die Gestaltänderungsenergiehypothese (GH) leitet sich ursprünglich von der Fließbedingung nach von Mises (1913) [136] ab, wonach das Fließen beim isotropen Körper von der Lage des Koordinatensystems unabhängig (invariant) sein muß und der hydrostatische Spannungszustand keinen Beitrag zum Fließen liefert. Die *Misessche Fließbedingung*, die in *Anhang A8* hergeleitet ist, lautet mit der Fließschubspannung τ_F:

Misessche Fließbedingung Anhang A8

$$\frac{1}{6}\left[(\sigma_1-\sigma_2)^2+(\sigma_2-\sigma_3)^2+(\sigma_3-\sigma_1)^2\right]=\tau_F^{\,2} \quad . \tag{7.17}$$

Gleichung (7.17) stellt im Hauptachsensystem die Mantelfläche eines Kreiszylinders (*Fließzylinder nach von Mises*) mit Radius $R=\sqrt{2/3}\cdot R_e=\sqrt{2}\tau_F$ dar, dessen Achse mit der hydrostatischen Achse (Raumdiagonale) identisch ist, siehe Bild 7.17.

Fließzylinder nach von Mises

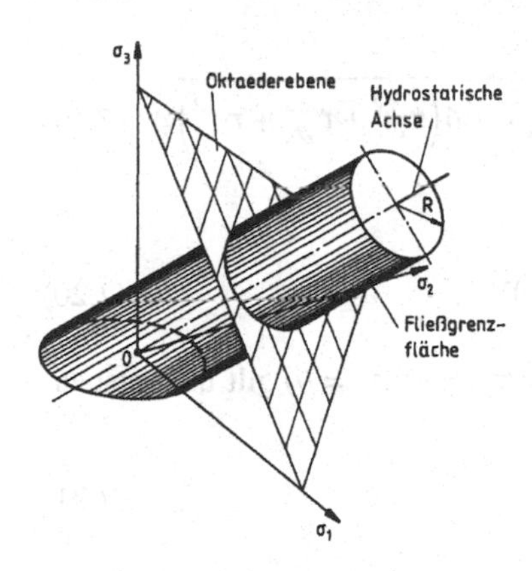

Bild 7.17 *Fließzylinder und Fließgrenzfläche nach von Mises im Hauptachsensystem*

Aus dieser anschaulichen Darstellung lassen sich folgende Erkenntnisse ableiten:

- Kombinationen von Hauptspannungen, welche auf der Zylindermantelfläche (Fließgrenzfläche) oder außerhalb liegen, führen zum Fließen. Innerhalb des Zylinders liegende Spannungspunkte verursachen elastische Beanspruchungen.

- Dem hydrostatischen Spannungszustand ($\sigma_1 = \sigma_2 = \sigma_3$) entsprechen Spannungspunkte auf der hydrostatischen Achse, d. h. unter diesem Spannungszustand kann auch bei beliebig großen Spannungen kein Versagen durch Fließen eintreten. Allerdings tritt bei hydrostatischer Zugbeanspruchung in solchen Fällen ein Versagen durch Trennbruch ein, wenn die Spannungen die Trennfestigkeit σ_T erreichen (obere Bodenfläche des Zylinders).

Oktaederebene

- Die Fließgrenzfläche durchdringt die zu ihr senkrechte *Oktaederebene* (Normalenvektor ist gleich hydrostatische Achse) in einem Kreis. Die Durchdringung mit der σ_1-σ_2-Ebene bildet eine Ellipse mit Halbachsen unter 45° zu den Hauptachsen (vgl. auch Bild 7.18a).

Physikalische Interpretationen Anhang A8

Die abstrakt formulierte Misessche Fließbedingung wurde im Laufe der Zeit durch *physikalische Interpretationen* gedeutet, welche in ihrer Aussage für die Festigkeitsberechnung gegen Fließen gleichwertig sind, siehe *Anhang A8*:

- Gestaltänderungsenergie (Hencky 1924 [83], Huber 1904 [90])
- Oktaederschubspannung (Nádai 1933/1950 [141][143])
- Schubspannungsintensität (Novozhilov 1952/1961 [150][151])

7.4.2 Praktische Anwendung der GH

Versagensbedingung GH

Nach der GH – wie auch der SH – tritt *Versagen* durch Fließen ein, wenn die Vergleichsspannung den Wert der Streckgrenze R_e erreicht:

$$\sigma_{vGH} = R_e \ . \tag{7.18}$$

Dreiachsiger Spannungszustand

Die *Vergleichspannung nach der GH* lautet in allgemeiner Formulierung (siehe Anhang A8, Gleichung (A8.36)):

$$\sigma_{vGH} = \frac{1}{\sqrt{2}}\sqrt{\left(\sigma_x-\sigma_y\right)^2+\left(\sigma_y-\sigma_z\right)^2+\left(\sigma_z-\sigma_x\right)^2+6\left(\tau_{xy}{}^2+\tau_{yz}{}^2+\tau_{zx}{}^2\right)} \ . \tag{7.19}$$

In Hauptspannungen ausgedrückt ergibt sich daraus:

$$\sigma_{vGH} = \frac{1}{\sqrt{2}}\sqrt{(\sigma_1-\sigma_2)^2+(\sigma_2-\sigma_3)^2+(\sigma_3-\sigma_1)^2} \ . \tag{7.20}$$

Zweiachsiger Spannungszustand

Für den *zweiachsigen Spannungszustand* ($\sigma_z = \tau_{xz} = \tau_{zy} = 0$; $\sigma_3 = 0$) gilt in Lastspannungen

$$\sigma_{vGH} = \sqrt{\sigma_x{}^2+\sigma_y{}^2-\sigma_x\sigma_y+3\tau_{xy}{}^2} \tag{7.21}$$

oder in Hauptspannungen

$$\sigma_{vGH} = \sqrt{\sigma_1{}^2-\sigma_1\sigma_2+\sigma_2{}^2} \ . \tag{7.22}$$

Gleichung (7.22) stellt die bereits in Abschnitt 7.4.1 erwähnte Ellipse als Durchdringung des Fließzylinders in der σ_1-σ_2-Ebene dar, siehe Bild 7.18a und Bild 7.17.

Die Ellipse mit der großen Halbachse der Länge $\sqrt{2}\cdot R_e$ und der kleinen Halbachse mit der Länge $\sqrt{2/3}\cdot R_e$ schneidet die Hauptachsen (einachsiger Spannungszustand) in R_e. Weitere elementare Lastfälle sind in Bild 7.18 eingetragen. Bemerkens-

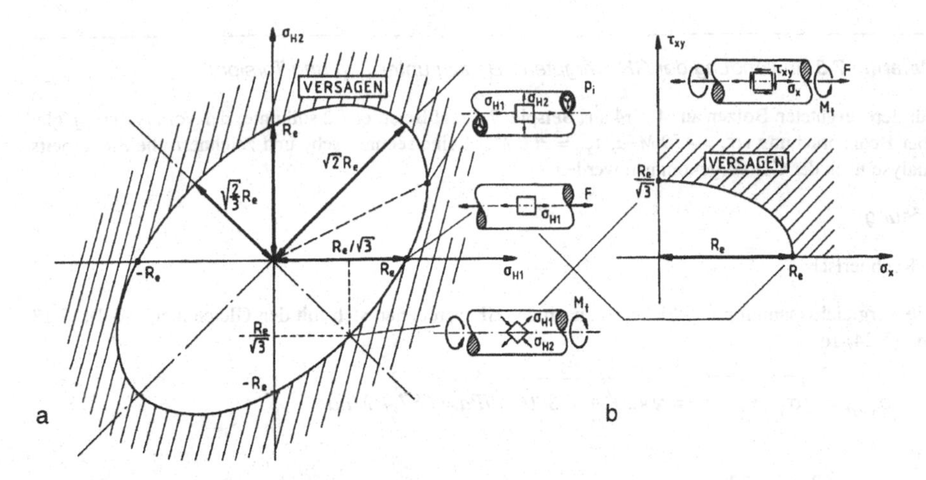

Bild 7.18 *Grenzlinien der GH a) für Hauptspannungen b) für Biege- (Zug-) und Torsionsbeanspruchung*

wert ist der Fall $\sigma_2/\sigma_1 = 0{,}5$ (z. B. dünnwandiges Rohr unter Innendruck), bei dem nach der GH entsprechend Gleichungen (7.18) und (7.22) erst Fließen eintritt, wenn die Umfangsspannung σ_1 das 1,15-fache der Streckgrenze erreicht.

Torsions-fließspannung

Fließen unter Torsion tritt ein, wenn die Schubspannung die *Torsionsfließspannung* τ_{tF} erreicht. Der Zusammenhang zwischen τ_{tF} und R_e nach der GH weicht von dem nach der SH erhaltenen Verhältnis Gleichung (7.9) ab und ergibt sich aus den Gleichungen (7.18) und (7.21):

$$\tau_{tF} = \frac{R_e}{\sqrt{3}} = 0{,}577 \cdot R_e \quad . \tag{7.23}$$

Biege- und Torsions-beanspruchung

Für den technisch wichtigen Fall einer zweiachsigen Beanspruchung, nämlich der *kombinierten Biegung* (bzw. Zug/Druck) und *Torsion* liefert Gleichung (7.21) mit $\sigma_y = 0$ die Beziehung:

$$\sigma_{vGH} = \sqrt{\sigma_x^{\,2} + 3\tau_{xy}^{\,2}} \quad . \tag{7.24}$$

Zusammen mit der Versagensbedingung Gleichung (7.18) beschreibt Gleichung (7.24) im σ_x-τ_{xy}-Koordinatensystem eine elliptische Grenzkurve für Fließen, Bild 7.18b, mit der Gleichung:

$$\left(\frac{\sigma_x}{R_e}\right)^2 + \left(\frac{\tau_{xy}}{R_e/\sqrt{3}}\right)^2 = 1 \quad . \tag{7.25}$$

Eine Anpassung der GH an ein von Gleichung (7.23) abweichendes Fließgrenzenverhältnis wird in Abschnitt 7.6 gezeigt.

Beispiel 7.3 *Anwendung der GH (vergüteter Bolzen unter Zug und Torsion)*

Für den vergüteten Bolzen aus 41Cr4 aus Beispiel 7.1 und Beispiel 7.2 soll unter der Voraussetzung gleicher Beanspruchung ($\sigma_x = 450\ MPa$, $\tau_{xy} = 300\ MPa$) eine rechnerische und zeichnerische Sicherheitsanalyse nach der GH vorgenommen werden.

Lösung

1. Rechnerisch:

Die Vergleichsspannung und Sicherheit nach der GH berechnen sich mit den Gleichungen (7.2), (7.18) und (7.24) zu

$$\sigma_{vGH} = \sqrt{\sigma_x^{\ 2} + 3\tau_{xy}^{\ 2}} = \sqrt{450^2 + 3 \cdot 300^2}\ MPa = 687{,}4\ MPa \quad .$$

$$S_F = \frac{R_e}{\sigma_{vGH}} = \frac{700}{687{,}4} = 1{,}02 \quad .$$

Vergleicht man dieses Ergebnis mit der in Beispiel 7.2 nach der SH berechneten Sicherheit, $S_F = 0{,}93$, so sieht man, daß die SH eine konservative Hypothese ist, d. h. mit einer Auslegung nach der SH liegt man zwar auf der sicheren Seite, nützt jedoch den Werkstoff unter Umständen nicht vollständig aus, siehe Abschnitt 7.5.

2. Zeichnerisch:

- σ_x-τ_{xy}-Diagramm
  In Bild 7.19 ist die elliptische Grenzkurve für Fließen nach Gleichung (7.25) sowie der Betriebspunkt B (σ_x, τ_{xy}) und der Versagenspunkt G eingetragen.

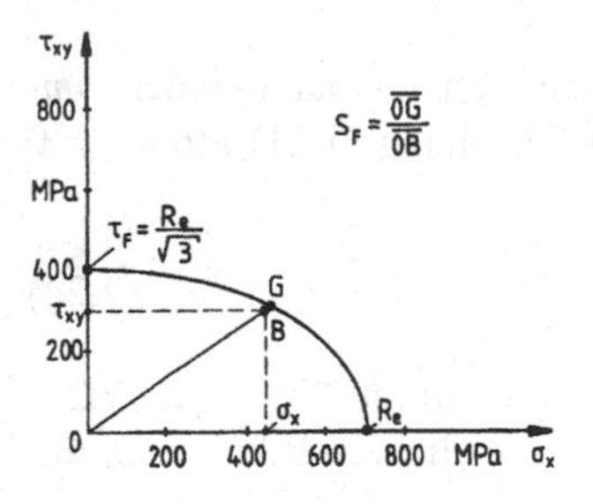

Bild 7.19 *Elliptische Grenzkurve nach der GH im σ-τ-Schaubild mit Betriebspunkt B und Versagenspunkt G*

Für die Sicherheit gegen Fließen erhält man

$$S_F = \frac{\overline{OG}}{\overline{OB}} = 1{,}02 \quad .$$

- σ_{H1}-σ_{H2}-Diagramm
  Der Betriebspunkt B (600 MPa / -150 MPa) aus Beispiel 7.2 und die sich nach der GH ergebende elliptische Grenzkurve (Gleichungen (7.18), (7.22) und Bild 7.18a) sind in Bild 7.20 eingetragen.

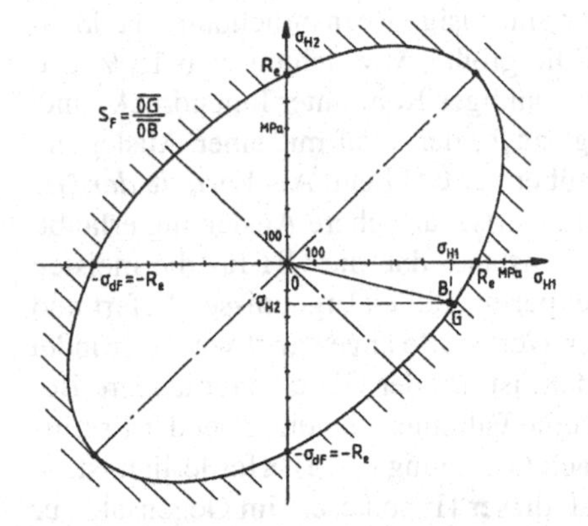

Bild 7.20 *Elliptische Grenzkurve nach der GH im Hauptspannungs-Schaubild mit Betriebspunkt B und Versagenspunkt G*

Unter der Annahme proportionaler Lasterhöhung berechnet sich die Sicherheit gegen Fließen zu

$$S_F = \frac{\overline{OG}}{\overline{OB}} = 1{,}02 \quad .$$

7.5 Vergleich von SH und GH

Die SH und GH beschreiben beide das Versagen verformungsfähiger Werkstoffe durch Fließen. Somit ist grundsätzlich bei diesen Werkstoffen die Wahl der einen oder anderen Hypothese möglich. Allerdings wird oft in technischen Regelwerken die Verwendung einer der beiden Hypothesen vorgeschrieben. Einen anschaulichen Vergleich liefert die Darstellung der Fließgrenzlinien für den zweiachsigen Spannungszustand in der Hauptspannungs-Darstellung, Bild 7.21.

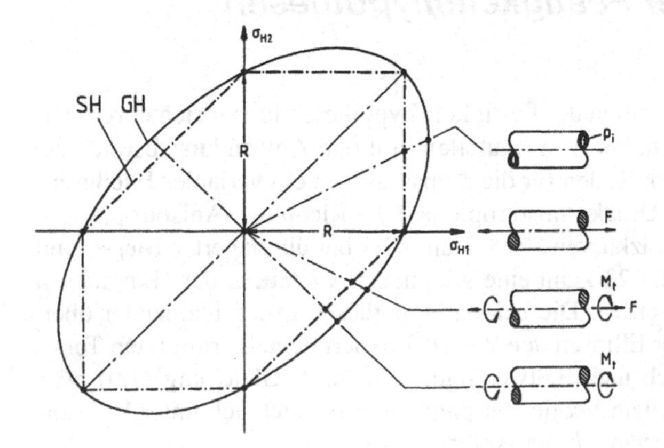

Bild 7.21 *Grenzlinien im Hauptspannungs-Koordinatensystem für SH und GH*

Selbstverständlich ergeben beide Hypothesen für einachsige Beanspruchung eine identische Vergleichsspannung $\sigma_{vSH} = \sigma_{vGH} = R_e$. Die größte Abweichung von 15 % tritt für die Spannungsverhältnisse $\sigma_2/\sigma_1 = 0{,}5$ (dünnwandiges Rohr unter Innendruck) und $\sigma_2/\sigma_1 = -1$ (Torsion) ein. Die Darstellung zeigt auch, daß man mit einer Auslegung nach der SH immer auf der sicheren Seite gegenüber der GH liegt. Als *Vorteile der GH* sind zu nennen, daß die *Verwendung der GH* eine wirtschaftlichere Auslegung erlaubt. Auf dieser Tatsache – in Verbindung mit dem Umstand, daß die GH für die meisten Werkstoffe eine bessere Übereinstimmung mit experimentellen Ergebnissen liefert und vor allem auch bei Schwingbeanspruchung zäher Werkstoffe angewandt wird – gründet die große Bedeutung dieser Hypothese. Außerdem ist mit der GH eine einfachere Berechnung der Vergleichsspannung möglich, da keine Fallunterscheidung bei der Ermittlung der größten Hauptspannungsdifferenzen nach Gleichung (7.13) erforderlich ist.

Vorteile der GH

Vorteile der SH

Als gewisser *Vorteil der SH* ist zu nennen, daß dieser Hypothese – im Gegensatz zur GH – ein anschauliches Versagensmodell mit einer vektoriellen Größe als Vergleichsspannung, der maximalen Schubspannung τ_{max} und einer Versagensebene zugrunde liegt, vgl. Bild 7.10. Auf dieser Tatsache baut auch die grafische Lösung für das Versagen in der Mohrschen Darstellung auf.

Der Vergleich der elliptischen Grenzkurven nach der SH und GH für den Fall der überlagerten Biegung und Torsion geht aus der Darstellung in Bild 7.23 hervor. Wiederum zeigt sich, daß die SH das Versagen konservativ beschreibt und die größte Abweichung von 15 % für den Fall der reinen Torsion vorliegt.

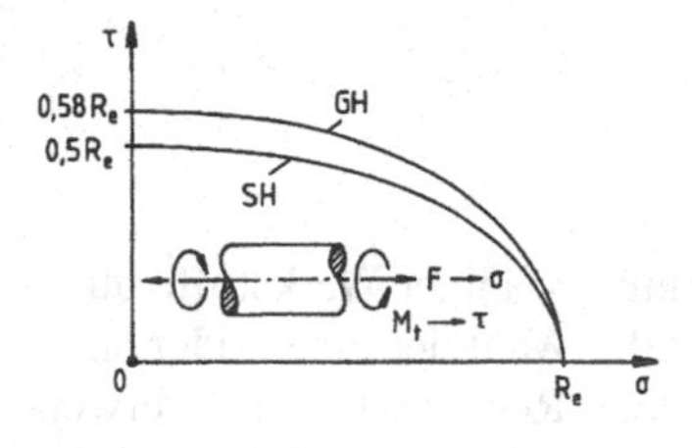

***Bild 7.22** Fließgrenzlinien für überlagerte Biege- und Torsionsbelastung nach der SH und GH*

7.6 Anpassung der Festigkeitshypothesen

Die relativ starren Rechenvorschriften der Festigkeitshypothesen lassen sich durch Anpassung an spezifische Eigenschaften von Bauteilen in ihrem Anwendungsbereich erweitern. Gezeigt wird dies im folgenden für die Anpassung an ein variables Fließgrenzenverhältnis sowie an die Zug-Druck-Anisotropie und die Richtungs-Anisotropie.

Aus der Darstellung der Grenzkurven für SH und GH bei überlagerter Biege- und Torsionsbeanspruchung in Bild 7.23 kann eine wichtige Erweiterung der Hypothesen für diesen Lastfall abgeleitet werden. Die beiden Hypothesen gehen ineinander über, wenn man als Nebenscheitel der Ellipsen den Wert der experimentell ermittelten Torsionsfließgrenze einsetzt, der sich nicht notwendigerweise nach Gleichung (7.9) oder Gleichung (7.23) ergeben muß. Die Vergleichsspannung errechnet sich unter Verwendung eines beliebigen *Fließgrenzenverhältnisses* τ_F/R_e zu:

Fließgrenzenverhältnis

$$\sigma_v = \sqrt{\sigma_x^{\ 2} + \left(\frac{R_e}{\tau_F} \cdot \tau_{xy}\right)^2} \quad . \tag{7.26}$$

Diese Anpassung an das reale Verhältnis des Schubspannungs- zum Normalspannungskennwert hat große Bedeutung in der Schwingfestigkeit und wird in Kapitel 11 behandelt.

Ein ähnliches Vorgehen ist für sprödes Werkstoffverhalten bei Anwendung der NH möglich, wobei hier in Gleichung (7.6) das Verhältnis R_m/τ_B eingesetzt wird:

$$\sigma_v = \frac{\sigma_x}{2} + \sqrt{\frac{\sigma_x^{\ 2}}{4} + \left(\frac{R_m}{\tau_B} \cdot \tau_{xy}\right)^2} \quad . \tag{7.27}$$

Bei richtungsabhängigen Werkstoffkennwerten (Werkstoffanisotropie) und bei Unterschieden in den Zug-Druck-Kennwerten (Beanspruchungsanisotropie) werden die Achsenabschnitte der Versagensgrenzlinie an die tatsächlichen Festigkeitskennwerte angepaßt. In Bild 7.23 ist eine solche Anpassung der Grenzkurve für das Beispiel der GH gezeigt. Die Korrektur der Grenzkurve entspricht einer affinen Abbildung, wobei der Abbildungsmaßstab durch das Verhältnis der richtungsabhängigen Kennwerte gebildet wird.

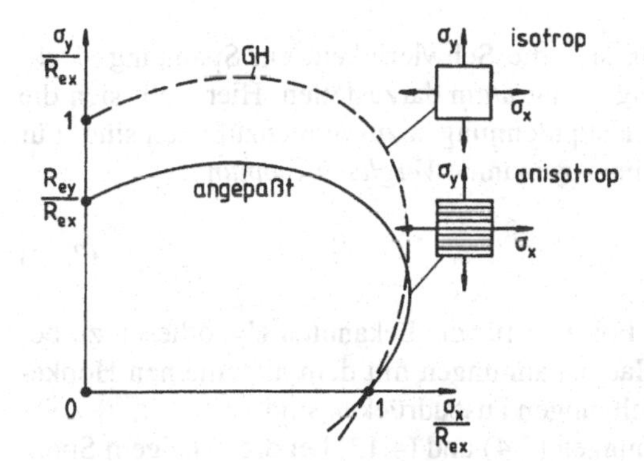

***Bild 7.23** Anpassung der Grenzlinie nach der GH an richtungsabhängige Streckgrenzen, Issler [98]*

Bei spröden Werkstoffen besteht eine wichtige Anpassung in der Berücksichtigung der dort vorliegenden starken Zug-Druck-Anisotropie. Diese besteht einerseits in den erheblich höheren Festigkeiten unter Druck- gegenüber Zugbelastung, vgl. Bild 6.23, andererseits im unterschiedlichen Versagensmechanismus, siehe Bild 6.24. Das Versagen durch Trennbruch auf der Zugseite ist durch die NH, das Gleitbruchversagen auf der Druckseite durch die SH zu beschreiben. Dies führt auf die in Bild 7.24 dargestellte modifizierte Grenzlinie für den Bruch spröder Werkstoffe, die durch die Zugfestigkeit R_m und die Druckfestigkeit σ_{db} – welche durch Gleitbruch bestimmt wird – festgelegt ist.

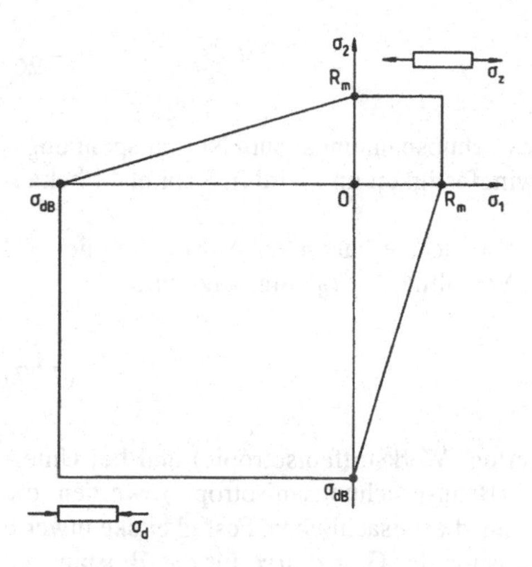

Bild 7.24 *Grenzlinien für Bruchversagen für spröde Werkstoffe, schematisch*

7.7 Vergleichsdehnung

Bei mehrachsiger Beanspruchung ergibt sich die Schwierigkeit, ein Spannungs-Dehnungs-Diagramm bzw. ein Last-Dehnungs-Diagramm darzustellen. Hier stellt sich die Frage, wie im allgemeinen Fall die drei Hauptdehnungen zusammenzufassen sind. Für solche Fälle definiert man rein formal eine sogenannte *Vergleichsdehnung*:

Vergleichsdehnung

$$\varepsilon_v \equiv \frac{\sigma_v}{E} \quad . \tag{7.28}$$

Die Vergleichsspannung σ_v ist mit den Formeln für die bekannten Hypothesen zu berechnen, wobei die dabei enthaltenen Hauptspannungen mit dem allgemeinen Hookeschen Gesetz (Abschnitt 4.2) in Hauptdehnungen auszudrücken sind.

NH

Dies führt bei der *NH* mit den Gleichungen (7.4) und (4.12) bei dreiachsigem Spannungszustand zu folgender Vergleichsdehnung:

$$\varepsilon_{vNH} = \frac{1}{1+\mu}\left[\varepsilon_1 + \frac{\mu}{1-2\mu}(\varepsilon_1+\varepsilon_2+\varepsilon_3)\right] \quad . \tag{7.29}$$

Mit Gleichung (4.20) findet man bei zweiachsigem Spannungszustand:

$$\varepsilon_{vNH} = \frac{1}{1-\mu^2}(\varepsilon_1+\mu\varepsilon_2) \qquad \text{für} \quad \sigma_3 = 0 \tag{7.30}$$

$$\varepsilon_{vNH} = \frac{1}{1-\mu^2}(\varepsilon_1+\mu\varepsilon_3) \qquad \text{für} \quad \sigma_2 = 0 \quad . \tag{7.31}$$

Bei der Anwendung der *SH* nach Gleichung (7.12) ergibt sich mit den Gleichungen (4.12) und (4.14) für den dreiachsigen Spannungszustand:

SH

$$\varepsilon_{vSH} = \frac{1}{1+\mu}(\varepsilon_1 - \varepsilon_3) \quad . \tag{7.32}$$

Bei zweiachsigem Spannungszustand erhält man unter Verwendung von Gleichung (4.20):

$$\varepsilon_{vSH} = \frac{1}{1-\mu^2}(\varepsilon_1 + \mu\varepsilon_2) \qquad \text{für} \quad \sigma_3 = 0 \tag{7.33}$$

$$\varepsilon_{vSH} = \frac{1}{1+\mu}(\varepsilon_1 - \varepsilon_3) \qquad \text{für} \quad \sigma_2 = 0 \quad . \tag{7.34}$$

Analoges Vorgehen führt mit den Gleichungen (7.20), (7.28) und (4.12) bis (4.14) für die *GH* bei dreiachsigem Spannungszustand zu:

GH

$$\varepsilon_{vGH} = \frac{1}{\sqrt{2}(1+\mu)}\sqrt{(\varepsilon_1-\varepsilon_2)^2+(\varepsilon_2-\varepsilon_3)^2+(\varepsilon_3-\varepsilon_1)^2} \quad . \tag{7.35}$$

Bei zweiachsigem Spannungszustand mit $\sigma_3 = 0$ gilt:

$$\varepsilon_{vGH} = \frac{1}{1-\mu^2}\sqrt{(1+\mu^2-\mu)(\varepsilon_1^2+\varepsilon_2^2)-(1+\mu^2-4\mu)\varepsilon_1\varepsilon_2} \quad . \tag{7.36}$$

Bei zweiachsigem Spannungszustand mit $\sigma_2 = 0$ gilt:

$$\varepsilon_{vGH} = \frac{1}{1-\mu^2}\sqrt{(1+\mu^2-\mu)(\varepsilon_1^2+\varepsilon_3^2)-(1+\mu^2-4\mu)\varepsilon_1\varepsilon_3} \quad . \tag{7.37}$$

Beispiel 7.4 *Vergleichsdehnung nach SH und GH bei Querdehnungsbehinderung*

Berechnen Sie für den querdehnungsbehinderten Flachstab aus Stahl ($E = 200\ GPa$, $\mu = 0.3$) des Beispiels 4.3 die

a) drei Hauptdehnungen
b) Vergleichsdehnungen

nach der SH und GH für eine Längsspannung $\sigma_x = 100\ MPa$.

Lösung

a) Die Hauptdehnungen ergeben sich aus Tabelle 4.2 zu:

$$\varepsilon_x = \varepsilon_1 = \left(1-\mu^2\right)\frac{\sigma_x}{E} = 0{,}455\,‰$$

$$\varepsilon_y = \varepsilon_2 = 0$$

$$\varepsilon_z = \varepsilon_3 = -\mu\left(1-\mu^2\right)\frac{\sigma_x}{E} = -0{,}195\,‰ \quad .$$

b) Für die Vergleichsdehnungen gilt nach

- SH (nach Gleichung (7.32))

$$\varepsilon_{vSH} = \frac{1}{1+\mu}(\varepsilon_1 - \varepsilon_3) = 0{,}5\,‰$$

- GH (nach Gleichung (7.35))

$$\varepsilon_{vGH} = \frac{1}{\sqrt{2}(1+\mu)}\sqrt{(\varepsilon_1-\varepsilon_2)^2+(\varepsilon_2-\varepsilon_3)^2+(\varepsilon_3-\varepsilon_1)^2} = 0{,}444\,‰ \quad .$$

7.8 Erweiterte Schubspannungshypothese (Mohrsche Hypothese)

In Abschnitt 7.1 und 7.2 wurden die Normalspannungs- und die Schubspannungshypothese getrennt behandelt. Während nach der NH Versagen durch Trennbruch eintritt, wenn die größte auftretende Normalspannung σ_1 einen Wert σ_{krit} erreicht, tritt nach der SH Versagen unter Wirkung der maximalen Schubspannung τ_{max} ein, wenn diese einen Wert τ_{krit} erreicht, Bild 7.25.

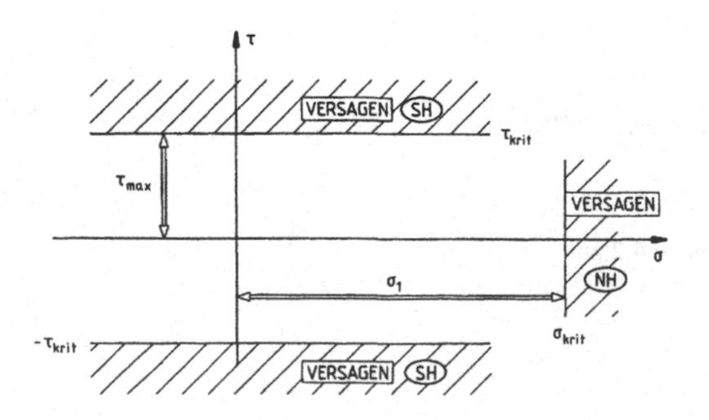

***Bild 7.25** Versagenslinien nach der NH und der SH in Mohrscher Darstellung*

Die Vorstellung der SH, daß diese kritische Schubspannung τ_{krit} konstant, d. h. insbesondere unabhängig von der auf die Gleitebene wirkende Normalspannung σ_m ist, führt dazu, daß ein Versagen selbst bei beliebig großen hydrostatischen Spannungszuständen nicht möglich wäre. Mit der hauptsächlich für spröde Werkstoffe angewandten NH läßt sich andererseits nicht die Tatsache erklären, daß ein spröder Werkstoff unter Druck durch Abgleiten versagt (vgl. Abschnitt 6.2). Mohr [139] hat daher versucht, beide Hypothesen zusammenzufassen und damit zu einer allgemein anwendbaren Hypothese zu kommen, mit welcher sich beide Versagensarten – der normalspannungsbedingte Trennbruch, als auch der durch unzulässig große Schubspannungen verursachte Schiebungsbruch – erklären lassen.

Man geht dabei von der Vorstellung aus, daß – im Gegensatz zur SH – die Höhe der maximal ertragbaren Schubspannung τ_{krit}, bei der ein Abgleiten von Gitterebenen bzw. Zähbruch eintritt, von der gleichzeitig auf die Gleitebene wirkenden Normalspannung σ_m im Sinne einer inneren Reibung beeinflußt wird. Die Versagenslinien lassen sich dann nicht mehr wie in Bild 7.25 durch einfache Geraden (σ_{krit} = const., τ_{krit} = const.) darstellen, sondern durch eine Funktion

$$\tau_{krit} = \tau_{krit}(\sigma_m) \quad \text{mit} \quad \sigma_m = \frac{\sigma_{max} + \sigma_{min}}{2} \quad . \tag{7.38}$$

Damit läßt sich die Tatsache berücksichtigen, daß Drucknormalspannungen den Gleitwiderstand und damit die Schubfestigkeit erhöhen, während er durch Zugnormalspannungen herabgesetzt wird. Dies führt beispielsweise zu einem parabolischen Zusammenhang, der ***Mohrschen Hüllparabel***, Bild 7.26. Die nach links geöffnete Parabel mit dem Scheitel S (σ_T /0) schneidet die τ-Achse in T (0/τ_{tkrit}).

Mohrsche Hüllparabel

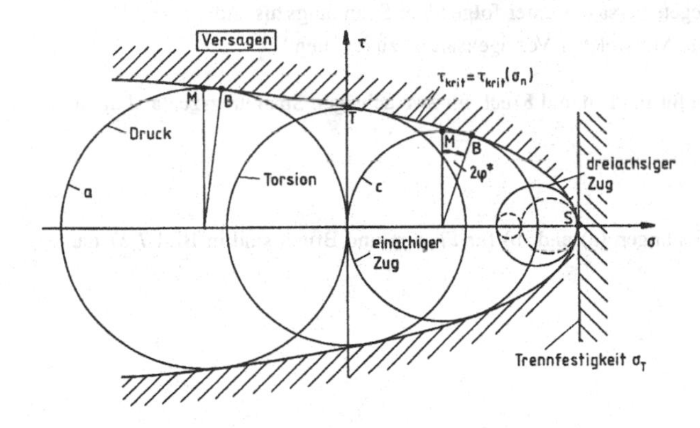

Bild 7.26 *Mohrsche Hüllparabel*

In Bild 7.26 sind in die Mohrsche Hüllkurve exemplarisch die Mohrschen Spannungskreise einiger spezieller Beanspruchungszustände eingezeichnet. Der Ansatz berücksichtigt, daß die Druckfestigkeit eines Werkstoffes im allgemeinen größer ist als die Zugfestigkeit (Kreise a, c). Außerdem ergibt sich aus dem geneigten Verlauf von τ_{krit}, daß die Versagenspunkte, welche durch die Berührpunkte *B* der Mohrschen Kreise mit der Grenzlinie gegeben sind, nicht mehr unter 90° (Punkte *M*) zur σ_I-Richtung liegen, sondern geringfügig um den Winkel φ^* in Richtung σ_I verschoben sind. Dies bedeutet, daß die kritische Versagensebene im Bauteil unter weniger als 45° zur Richtung von σ_I liegt. Dies stimmt mit experimentellen Befunden überein.

Bestimmt man die Mohrschen Hüllparabeln für Werkstoffe mit unterschiedlichem Verformungsvermögen, so zeigt sich, daß bei zähen Werkstoffen die Öffnung relativ klein ist, während bei spröden Werkstoffen weit geöffnete Parabeln vorliegen.

Die Mohrsche Hüllparabel eignet sich gut zur qualitativen Veranschaulichung des Werkstoffverhaltens. Da ihr genauer Verlauf schwierig zu ermitteln ist, ist sie jedoch nur bedingt als quantitatives Versagenskriterium in der praktischen Festigkeitsberechnung brauchbar.

Beispiel 7.5 *Mohrsche Hüllparabel*

Die Grenzkurve für Bruchversagen eines Feinkornbaustahls ist in der Mohrschen Darstellung gegeben durch die Beziehung (mit $\tau_{BO} = 270\ MPa$, $\sigma_T = 1500\ MPa$):

$$\tau_B = \tau_{B0}\sqrt{1 - \frac{\sigma_m}{\sigma_T}} \tag{a}$$

Fließen wird beschrieben durch (mit $\tau_{FO} = 200\ MPa$, $\sigma_{FO} = 4000\ MPa$):

$$\tau_F = \tau_{F0}\left(1 - \frac{\sigma_m}{\sigma_{FO}}\right) \tag{b}$$

a) Bestimmen Sie für diesen Werkstoff zeichnerisch die folgenden Kennwerte: Streckgrenze R_e, Torsionsfließgrenze τ_F, Druckfließgrenze σ_{dF}, Zugfestigkeit R_m, Torsionsfestigkeit τ_B, Druckfestigkeit σ_{dB}.

b) Beurteilen Sie die Sicherheit gegen Versagen unter folgendem Spannungszustand: $\sigma_1 = 1300\ MPa$, $\sigma_2 = 1200\ MPa$, $\sigma_3 = 1050\ MPa$. Mit welcher Versagensart ist zu rechnen?

c) Konstruieren Sie die Grenzkurve für Fließen und Bruch für zweiachsigen Spannungszustand in einem σ_1–σ_2-Diagramm.

Lösung

a) Die Grenzkurven nach den Gleichungen (a) und (b) für Fließen und Bruch sind in Bild 7.27 dargestellt.

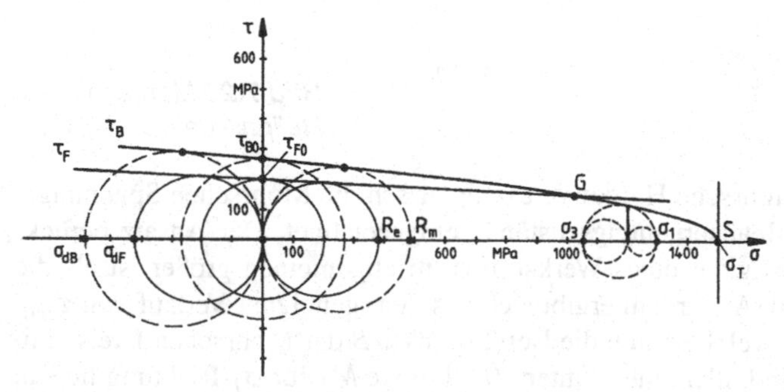

Bild 7.27 *Mohrsche Hüllparabel mit verschiedenen Versagenskreisen*

Dem Bild entnimmt man folgende Kennwerte: $R_e = 380\ MPa$, $\tau_F = \tau_{FO} = 200\ MPa$, $\sigma_{dF} = -420\ MPa$, $R_m = 485\ MPa$, $\tau_B = \tau_{BO} = 270\ MPa$, $\sigma_{dB} = -585\ MPa$.

b) Die zeichnerische Lösung ist in Bild 7.27 dargestellt. Tangieren von Kreis und Hüllparabel bedeutet Versagen ($S_B = 1$). Der Berührpunkt liegt im Bereich GS, welcher dadurch gekennzeichnet ist, daß Versagen durch Bruch eintritt, ehe der Werkstoff fließt, d. h. es liegt ein verformungsarmer Schubbruch vor.

Rechnerische Lösung:

Größte Schubspannung im Bauteil:

$$\tau_{\max} = \frac{\sigma_1 - \sigma_3}{2} = 125 \ MPa \quad .$$

Normalspannung in der Versagensebene nach Gleichung (7.38):

$$\sigma_m = \frac{\sigma_1 + \sigma_3}{2} = 1175 \ MPa \quad .$$

Kritische Bruchschubspannung für $\sigma_m = 1175 \ MPa$ aus Gleichung (a):

$$\tau_B = 270\sqrt{1 - \frac{1175}{1500}} \ MPa = 126 \ MPa \quad .$$

Kritische Fließspannung aus Gleichung (b):

$$\tau_F = 200\left(1 - \frac{1175}{4000}\right) = 141 \ MPa \quad .$$

Da die maximale Schubspannung τ_{max} gerade die Bruchschubspannung τ_B erreicht und die Fließschubspannung höher liegt, tritt Versagen durch einen verformungslosen Schubbruch ein.

c) Die in a) ermittelten Kennwerte R_e, R_m, σ_{dF} und σ_{dB} liefern die Achsenabschnitte der Grenzkurven im σ_1-σ_2-Diagramm, vgl. Bild 7.28.

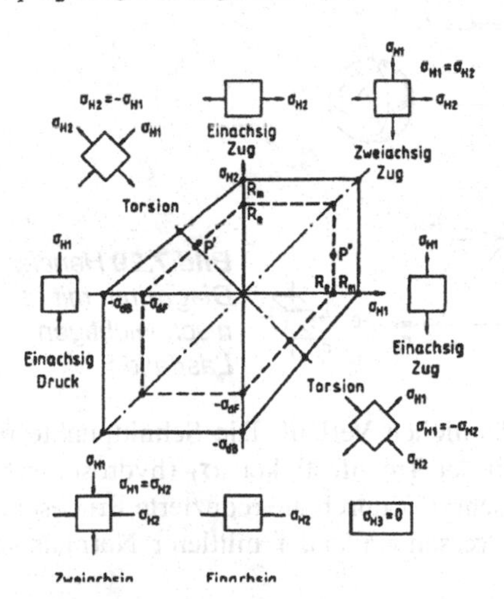

Bild 7.28 *Grenzlinien nach der SH für Fließen und Bruch im Hauptspannungs-Diagramm*

Die Grenzkreise für Torsion liefern weitere Kurvenpunkte auf der 2. Winkelhalbierenden ($\sigma_2 = -\sigma_1$). Die Grenzlinien im 1. und 3. Quadranten sind achsenparallele Geradenstücke, siehe auch Grenzlinien für die SH in Bild 7.12.

7.9 Hencky-Diagramm

Im vorherigen Abschnitt wurde deutlich, daß die Art des Versagens (Fließen, Zähbruch, Sprödbruch) neben dem Werkstoffverhalten auch vom Spannungszustand im Bauteil abhängt. Dies wird in der Mohrschen Hypothese einerseits durch die Form der Hüllparabel, andererseits durch die Lage der Spannungskreise deutlich, vgl. Bild 7.26. Eine andere Form der Darstellung dieses Sachverhaltes bietet das *Hencky-Diagramm*.

Hencky-Diagramm

Im Hencky-Diagramm [84] wird der Fließparameter τ_{red} über der mittleren Normalspannung σ_m (hydrostatische Spannung) aufgetragen. Die *reduzierte Schubspannung* τ_{red} ist gleich der Wurzel der zweiten Invarianten I'_2 des Spannungsdeviators (siehe Anhang A8, Tabelle A8.1). Sie ist damit gemäß Gleichung (A8.40) der Oktaederschubspannung τ_{okt} proportional und berechnet sich zu:

Reduzierte Schubspannung

$$\tau_{red} = \sqrt{-I'_2} = \frac{1}{\sqrt{6}}\sqrt{(\sigma_1-\sigma_2)^2+(\sigma_2-\sigma_3)^2+(\sigma_3-\sigma_1)^2} \quad . \tag{7.39}$$

Mittlere Normalspannung

Die mittlere Normalspannung σ_m entspricht der Oktaedernormalspannung σ_{okt} (vgl. Anhang A8, Gleichung (A8.2) und (A8.39)):

$$\sigma_m = \frac{1}{3}(\sigma_1+\sigma_2+\sigma_3) = \frac{1}{3}(\sigma_x+\sigma_y+\sigma_z) \quad . \tag{7.40}$$

Das Hencky-Diagramm ist in Bild 7.29 dargestellt.

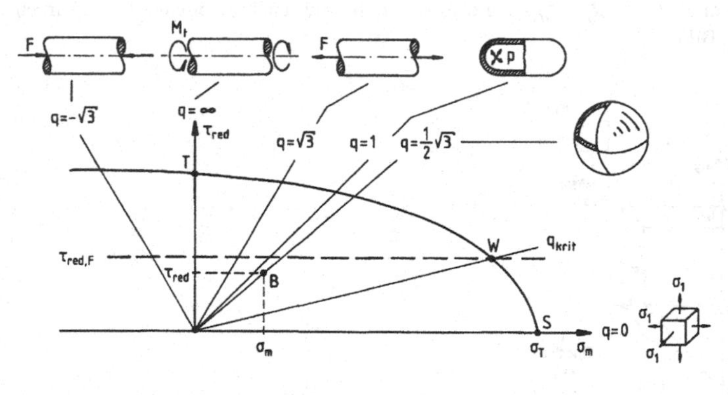

Bild 7.29 *Hencky-Diagramm mit technisch wichtigen Lastfällen*

Die Grenzlinie für Bruch hat einen parabelähnlichen Verlauf. Die Schnittpunkte mit den Achsen werden durch den Scheitel *S* mit der Trennfestigkeit σ_T (hydrostatischer Spannungszustand) und durch den Achsenabschnitt *T* durch die reduzierte Bruchscherspannung τ_{red0} für Spannungszustände mit verschwindender mittlerer Normalspannung bestimmt.

Zusätzlich ist in das Hencky-Diagramm das Versagen durch Fließen mit einer zur σ_m-Achse parallelen Geraden

$$\tau_{red} = \tau_{red\,F} = \frac{R_e}{\sqrt{3}} \tag{7.41}$$

eingezeichnet, welche die Bruchlinie im Punkt W schneidet. Punkte auf der Parabel links von W entsprechen einem Versagen durch Zähbruch nach vorangegangenem Fließen. Demgegenüber bezeichnet der Parabelbereich zwischen W und S den Bruch ohne vorangegangenes Fließen.

Ein vorliegender Spanungszustand im Bauteil wird im Hencky-Diagramm durch den Betriebspunkt B (σ_m/τ_{red}) gekennzeichnet, Bild 7.29. Setzt man voraus, daß die Hauptspannungen der Last proportional sind, so wandert der Betriebspunkt bei Laständerung auf einer Ursprungsgeraden. Die Steigung q dieser Geraden ist gegeben durch den Ausdruck:

$$q = \frac{\tau_{red}}{\sigma_m} \quad . \tag{7.42}$$

Mehrachsigkeitsquotient

Mißverständlicherweise wird q in der Literatur als *Mehrachsigkeitsquotient* bezeichnet. Die q-Werte für einige technisch wichtige Lastfälle sind in Bild 7.29 angegeben. Die Ursprungsgerade durch den Punkt W legt den kritischen q-Wert q_{krit} fest. Mit Sprödbrüchen ist daher – auch bei zähen Werkstoffen – immer dann zu rechnen, wenn sich ein Spannungszustand einstellt, für dessen Mehrachsigkeitsquotient q gilt:

$$0 \leq q \leq q_{krit} \quad . \tag{7.43}$$

***Beispiel 7.6** Analyse von Querdehnungsbehinderungen im Hencky-Diagramm*

Gegeben sei ein kaltverformtes in x-Richtung zugbelastetes Stahlbauteil mit folgenden Kenngrößen:
$q_{krit} = 0,8$; $\mu_{el} = 0,3$; $\mu_{vpl} = 0,5$.

Beurteilen Sie, ob bei folgenden Verformungsbehinderungen die Gefahr eines Sprödbruchversagens besteht:

a) unbehinderte Querdehnung

b) Behinderung in einer Querrichtung

c) Behinderung in beiden Querrichtungen

Lösung

a) Bei unbehinderter Querdehnung liegt ein einachsiger Spannungszustand vor. Mit $\sigma_x = \sigma_1$, $\sigma_2 = \sigma_3 = 0$ folgt aus Gleichung (7.39)

$$\tau_{red} = \frac{1}{\sqrt{3}} \cdot \sigma_x \quad .$$

Für die mittlere Normalspannung σ_m erhält man mit Gleichung (7.40)

$$\sigma_m = \frac{1}{3} \cdot \sigma_x \quad .$$

Der q-Wert berechnet sich mit Gleichung (7.42) zu

$$q = \frac{\tau_{red}}{\sigma_m} = \sqrt{3} = 1,73 \quad .$$

Die Beurteilung eines Sprödbruchversagens erfolgt nach Gleichung (7.43). Da $q > q_{krit}$, ist keine Sprödbruchgefahr gegeben.

b) Bei Behinderung in einer Querrichtung liegt ein zweiachsiger Spannungszustand vor. Für die Hauptspannungen gilt nach Tabelle 4.2: $\sigma_x = \sigma_1$, $\sigma_y = \mu \cdot \sigma_1 = \sigma_2$ und $\sigma_z = \sigma_3 = 0$.
Daraus ergeben sich folgende Werte:

$$\tau_{red} = \frac{1}{\sqrt{6}} \cdot \sqrt{\sigma_1^2 \cdot (1-\mu)^2 + \sigma_1^2 + \mu^2 \cdot \sigma_1^2} = \frac{1}{\sqrt{3}} \sqrt{1 - \mu + \mu^2} \cdot \sigma_1$$

$$\sigma_m = \frac{1}{3} \cdot \sigma_1 \cdot (1 + \mu)$$

$$q = \sqrt{3} \cdot \frac{\sqrt{1 - \mu + \mu^2}}{1 + \mu} \quad .$$

Da über die Höhe der im Bauteil wirkenden Spannungen keine Aussagen gemacht sind, wird der q-Wert sowohl für elastisches als auch für plastisches Verhalten berechnet:

- elastisch ($\mu_{el} = 0{,}3$): $q_{el} = 1{,}2$
- vollplastisch ($\mu_{vpl} = 0{,}5$): $q_{vpl} = 1{,}0$.

In beiden Fällen ist der q-Wert größer als q_{krit}, d. h. es besteht keine Sprödbruchgefahr.

c) Bei beidseitiger Querdehnungsbehinderung herrscht ein dreiachsiger Spannungszustand mit den Hauptspannungen aus Tabelle 4.2:

$$\sigma_x = \sigma_1 \quad ; \quad \sigma_y = \sigma_z = \sigma_2 = \sigma_3 = \frac{\mu}{1-\mu} \cdot \sigma_1 \quad .$$

Damit wird:

$$\tau_{red} = \frac{\sigma_1}{\sqrt{3}} \cdot \frac{1 - 2 \cdot \mu}{1 - \mu} \quad ; \quad \sigma_m = \frac{\sigma_1}{3} \cdot \frac{1 + \mu}{1 - \mu} \quad ; \quad q = \frac{\tau_{red}}{\sigma_m} = \sqrt{3} \cdot \frac{1 - 2 \cdot \mu}{1 + \mu}$$

Wiederum wird der q-Wert für beide μ-Werte berechnet:

- elastisch ($\mu_{el} = 0{,}3$): $q_{el} = 0{,}53$
- vollplastisch ($\mu_{vpl} = 0{,}5$): $q_{vpl} = 0$.

Bei vollkommener Querdehnungsbehinderung ist demnach im vorliegenden Fall mit Sprödbruchversagen zu rechnen. Dies bedeutet, daß zur Abschätzung der Wert q_{el} herangezogen werden muß.

Das Beispiel zeigt nochmals, daß die Sprödbruchgefahr bei zähen Werkstoffen mit steigender Mehrachsigkeit zunimmt. Dies ist vor allem bei Bauteilen mit scharfen Kerben und bei Eigenspannungen in dickwandigen Bauteilen zu beachten.

7.10 Zusammenfassung

Die Festigkeitshypothesen sind die Grundlage der Festigkeitsberechnung bei mehrachsiger Beanspruchung.

- Mit Hilfe der Festigkeitshypothesen kann man aus den einzelnen Spannungskomponenten eines mehrachsigen Spannungszustands einen einzigen Spannungswert – die Vergleichsspannung σ_v – berechnen.
- Da diese Vergleichsspannung hinsichtlich der Schädigung der einachsigen Beanspruchung äquivalent ist, kann sie für eine Sicherheitsbetrachtung unmittelbar mit den Werkstoffkennwerten des Zugversuchs verglichen werden.
- Abgestimmt auf die Versagensmechanismen Trennen und Gleiten gibt es Festigkeitshypothesen für sprödes und zähes Werkstoffverhalten. Die gebräuchlichsten Hypothesen sind:
  - Normalspannungshypothese zur Beschreibung des Trennbruchs bei sprödem Verhalten.
  - Schubspannungshypothese, welche den Fließbeginn und den Zähbruch beschreibt.
  - Gestaltänderungsenergiehypothese, welche bei zähen Bauteilen hauptsächlich für die Beschreibung des Fließbeginns und des Dauerbruchversagens bei Schwingbeanspruchung herangezogen wird.
- In Tabelle 7.1 sind die Berechnungsformeln für die Vergleichsspannungen nach den einzelnen Hypothesen für drei- und zweiachsige Spannungszustände zusammengestellt.
- Die Mohrsche Hüllparabel ist eine Grenzkurve, welche sämtliche ohne Bruch ertragbaren Spannungszustände einschließt. Sie stellt somit eine erweiterte Schubspannungshypothese dar, welche die Tatsache berücksichtigt, daß die kritische Schubspannung von der auf der Gleitebene wirkenden Normalspannung abhängt. Außerdem wird der Sonderfall des Versagens durch Trennbruch mit berücksichtigt.
- Das Versagen durch Zäh- und Sprödbruch läßt sich mit Hilfe des Mehrachsigkeitsquotienten im Hencky-Diagramm beurteilen.

***Tabelle 7.1** Vergleichsspannungen für verschiedene Spannungszustände*

<table>
<tr><th rowspan="3"></th><th colspan="3">Spannungszustand</th></tr>
<tr><th rowspan="2">dreiachsig</th><th colspan="2">zweiachsig</th></tr>
<tr><th>allgemeiner Fall</th><th>Spezialfall</th></tr>
<tr><td>Würfelelement</td><td>σ_{H1}, σ_{H2}, σ_{H3}</td><td>σ_x, σ_y, τ_{xy}, τ_{yx}
$\sigma_{H3} = 0,$
$\sigma_z = \tau_{xz} = \tau_{yz} = 0$</td><td>$\sigma_x$, τ_{xy}, τ_{yx}
$\sigma_{H3} = 0,$
$\sigma_z = \sigma_y = \tau_{xz} = \tau_{yz} = 0$</td></tr>
<tr><td rowspan="2">Hauptspannungen</td><td>σ_{H1}, σ_{H2}, σ_{H3} gegeben</td><td>$\sigma_{H3} = 0$
$\sigma_{H1} = \frac{\sigma_x + \sigma_y}{2} + \sqrt{\left(\frac{\sigma_x - \sigma_y}{2}\right)^2 + \tau_{xy}^2}$
$\sigma_{H2} = \frac{\sigma_x + \sigma_y}{2} - \sqrt{\left(\frac{\sigma_x - \sigma_y}{2}\right)^2 + \tau_{xy}^2}$</td><td>$\sigma_{H3} = 0$
$\sigma_{H1} = \frac{\sigma_x}{2} + \sqrt{\frac{\sigma_x^2}{4} + \tau_{xy}^2}$
$\sigma_{H2} = \frac{\sigma_x}{2} - \sqrt{\frac{\sigma_x^2}{4} + \tau_{xy}^2}$</td></tr>
<tr><td colspan="3">$\sigma_1 = \max(\sigma_{H1}, \sigma_{H2}, \sigma_{H3})$; $\sigma_3 = \min(\sigma_{H1}, \sigma_{H2}, \sigma_{H3})$;
$\sigma_2 =$ .. übrigbleibende Hauptspannung</td></tr>
<tr><td>Normalspannungs-hypothese</td><td colspan="3">$\sigma_v = \sigma_1$ (nur sinnvoll, wenn $\sigma_1 > 0$)</td></tr>
<tr><td rowspan="2">Schubspannungs-hypothese</td><td colspan="3">$\sigma_v = \sigma_1 - \sigma_3$</td></tr>
<tr><td colspan="2"></td><td>$\sigma_v = \sqrt{\sigma_x^2 + 4 \cdot \tau_{xy}^2}$</td></tr>
<tr><td rowspan="2">Gestaltänderungs-energiehypothese</td><td colspan="3">$\sigma_v = \frac{1}{\sqrt{2}} \sqrt{(\sigma_1 - \sigma_2)^2 + (\sigma_2 - \sigma_3)^2 + (\sigma_3 - \sigma_1)^2}$</td></tr>
<tr><td></td><td>$\sigma_v = \sqrt{\sigma_x^2 + \sigma_y^2 - \sigma_x \cdot \sigma_y + 3 \cdot \tau_{xy}^2}$</td><td>$\sigma_v = \sqrt{\sigma_x^2 + 3 \cdot \tau_{xy}^2}$</td></tr>
</table>

7.11 Rechnerprogramme

7.11.1 Festigkeitshypothesen (Programm P7_1)

Grundlagen

Ein allgemeiner räumlicher Spannungszustand (σ_x, σ_y, σ_z, τ_{xy}, τ_{yz}, τ_{zx}) läßt sich durch drei kombinierte Mohrsche Spannungskreise darstellen. Trägt man in dieses Schaubild die Versagensgrenzlinien nach der SH oder der NH mit ein (bei zähem Werkstoff die Linien τ_F und τ_B, bei sprödem Werkstoff R_m und τ_B), so können aus der Lage des größten Kreises zu den Versagenslinien Aussagen über die Sicherheiten gegen Fließen, Scherbruch bzw. Trennbruch gewonnen werden.

Ein rechnerisches Verfahren wäre die Ermittlung der Hauptspannungen wie im Anhang A4 dargestellt, eine Berechnung der Vergleichsspannung σ_{vGH} nach Gleichung (7.20) beim Rechnen gegen Fließen oder der Vergleichsspannung σ_{vSH} nach Gleichung (7.12) beim Rechnen gegen Fließen oder Scherbruch bzw. der Vergleichsspannung σ_{vNH} beim Rechnen gegen Trennbruch nach Gleichung (7.4). Die Sicherheiten ließen sich dann aus dem Vergleich mit den Kennwerten R_e (Fließen), $2\tau_B$ (Scherbruch) bzw. R_m (Trennbruch) gewinnen.

Für den Sonderfall eines Spannungszustands, bei dem nur die beiden Komponenten σ_x und τ_{xy} von Null verschieden sind, läßt sich die Beanspruchung durch einen Betriebspunkt B (σ_x/τ_{xy}) in einem σ-τ-Schaubild darstellen, in das auch die Versagensgrenzkurve für Fließen (bei zähem Werkstoff) bzw. für Trennbruch (bei sprödem Werkstoff) eingetragen ist. Die Fließgrenzlinien werden wahlweise nach der SH, GH oder einer modifizierte Hypothese für ein anderes R_e/τ_F-Verhältnis berechnet. Für die Trennbruch-Grenzlinienberechnung wird die NH zugrunde gelegt. Mit eingezeichnet wird auch der Grenzpunkt G und die festgestellte Sicherheit.

Programmbeschreibung

Zweck des Programms:	Anwendung von Festigkeitshypothesen Sicherheit gegen Versagen
Programmstart:	«FEST» und Auswahl von «P7_1»
Eingabedaten:	Werkstofftyp (zäh oder spröd) Werkstoffkennwerte R_e, R_m, τ_B abhängig vom Werkstofftyp Spannungen σ_x, σ_y, σ_z, τ_{xy}, τ_{yz}, τ_{zx}
Ergebnisse:	Spannungszustand in Mohrscher Darstellung mit Versagenslinien, siehe Bild 7.30a Hauptspannungen σ_{H1}, σ_{H2} und σ_{H3} und Sicherheiten Betriebspunkt B für den Sonderfall σ_x, τ_{xy}, siehe Bild 7.30b Versagenslinien nach verschiedenen Hypothesen für Sonderfall σ_x, τ_{xy} Grenzpunkt und Sicherheit

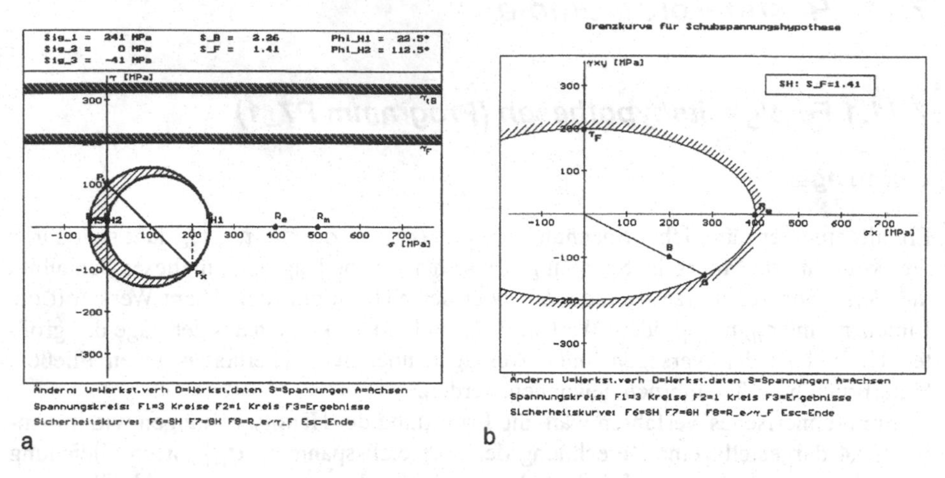

Bild 7.30 *Beispiel einer Auswertung mit Programm P7_1 (Sicherheitsberechnung mit Festigkeitshypothesen) a) Mohrscher Kreis b) Grenzellipse*

7.11.2 Auswertung einer DMS-Rosette (III) (Programm P7_2)

Grundlagen

Soll auf der Basis einer Dehnungsmessung an der Bauteiloberfläche ein Sicherheitsnachweis für die Meßstelle erbracht werden, so verwendet man eine DMS-Rosette mit drei integrierten Meßstreifen, siehe Abschnitt 2.4.3. Aus den gemessenen Dehnungen ε_a, ε_b, ε_c und den zugehörigen Meßrichtungen α, β, γ gewinnt man durch das Lösen des linearen Gleichungssystems, Gleichungen (2.20) und (2.21), die Verformungsgrößen ε_x, ε_y, γ_{xy} und daraus schließlich mit den Gleichungen (2.9) bis (2.11) sowie Tabelle 2.4 die Hauptdehnungen ε_{H1}, ε_{H2} sowie die Winkel der Hauptrichtungen φ_{H1}, φ_{H2}. Bei bekanntem Elastizitätsmodul und Querkontraktionszahl lassen sich aus den Verformungskomponenten ε_x, ε_y, γ_{xy} mit Hilfe des Hookeschen Gesetzes für ebenen Spannungszustand, Gleichungen (4.20) bis (4.22), die Spannungskomponenten σ_x, σ_y, τ_{xy} und schließlich mit den Gleichungen (3.15) und (3.16) die Hauptspannungen σ_{H1}, σ_{H2} gewinnen.

Für den noch etwas allgemeineren Fall, daß in z-Richtung eine Normalspannung $\sigma_z = \sigma_{H3} \neq 0$ bekannt ist, geht man entsprechend vor, wendet aber das Hookesche Gesetz für den räumlichen Spannungszustand an, Gleichungen (4.8) bis (4.10) bzw. Gleichungen (4.12) bis (4.14). Man erhält dann alle drei Hauptspannungen σ_{H1}, σ_{H2} und σ_{H3}.

Der Spannungszustand läßt sich zeichnerisch durch drei kombinierte Spannungskreise darstellen, vgl. Abschnitt 3.5.2 und Anhang A5. Bei bekanntem Werkstofftyp (zäh oder spröd) und ebenfalls bekannten Werkstoffkennwerten können der Spannungszustand den Versagensgrenzlinien gegenübergestellt und die Sicherheiten ermittelt werden.

Programmbeschreibung

Zweck des Programms: Festigkeitsnachweis auf der Basis einer Dehnungsmessung mit einer DMS-Rosette

Programmstart: «FEST» und Auswahl von «P7_2»

Eingabedaten:
Dehnungen einer 0°-45°-90°-DMS-Rosette bzw.
Dehnungen einer 0°-60°-120°-DMS-Rosette bzw.
Meßrichtungen und Dehnungen einer beliebigen Rosette
Elastizitätstheoretische Konstanten E und μ
Spannung σ_z
Werkstofftyp (zäh oder spröd)
Werkstoffkennwerte R_e, R_m, τ_B abhängig vom Werkstofftyp

Ergebnisse:
Mohrscher Verformungskreis
Lageplan mit Rosetten-Meß- und Hauptrichtungen
Verformungen ε_x, ε_y, γ_{xy}
Hauptdehnungen ε_{H1}, ε_{H2}
Winkel der Hauptrichtungen φ_{H1}, φ_{H2}
Spannungen σ_x, σ_y, τ_{xy}
Hauptspannungen σ_{H1}, σ_{H2} und σ_{H3} mit Sicherheiten
Spannungszustand in Mohrscher Darstellung mit Versagenslinien, siehe Bild 7.31.

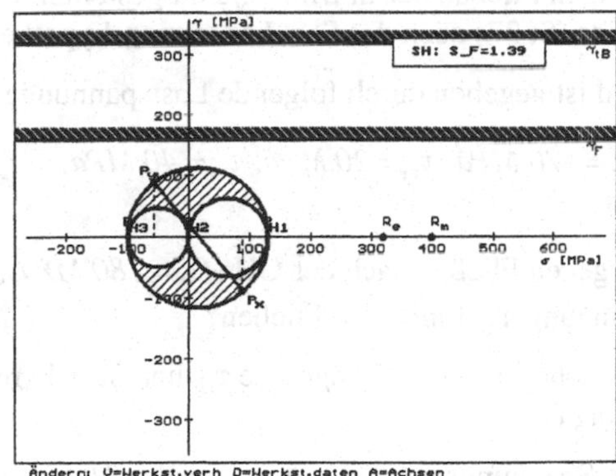

Bild 7.31 *Beispiel einer Auswertung mit Programm P7_2, Mohrscher Spannungskreis*

7.12 Verständnisfragen

1. Wozu werden Festigkeitshypothesen benötigt?
2. Weshalb wurden mehrere Festigkeitshypothesen entwickelt?
3. Welcher Versagensmechanismus liegt der NH und der SH zugrunde?
4. Ein Bauteil aus GG 30 wird durch drei verschiedene Belastungsfälle beansprucht. Die zugehörigen Mohrschen Spannungskreise sind in Bild 7.32 dargestellt. Ordnen Sie die Belastungsfälle den vorgegebenen Sicherheiten $S = 2{,}0;\ 1{,}1$ und $4{,}1$ zu.

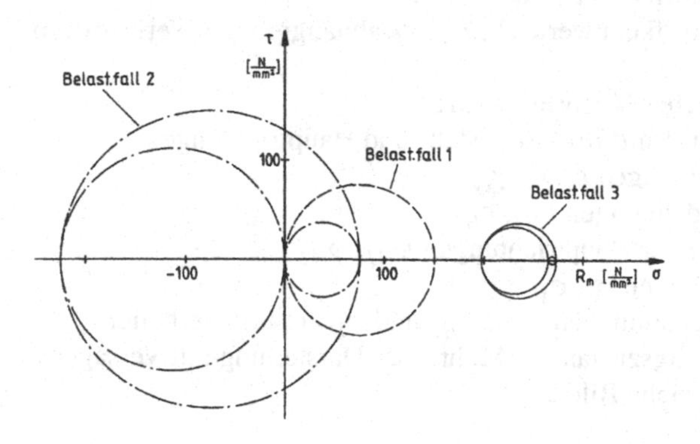

Bild 7.32 *Belastungsfälle in Mohrscher Darstellung (sprödes Werkstoffverhalten)*

5. Beurteilen Sie die Sicherheiten gegen Fließen der in Bild 7.32 dargestellten Belastungsfälle eines zähen Werkstoffes (St 37) nach der Schubspannungshypothese.
6. Ein räumlicher Spannungszustand ist gegeben durch folgende Lastspannungen:

   $\sigma_x = 50\ MPa,\ \sigma_y = 20\ MPa,\ \sigma_z = -70\ MPa,\ \tau_{xy} = 20\ MPa,\ \tau_{yz} = 40\ MPa,$
   $\tau_{zx} = 0\ MPa.$

   a) Berechnen Sie die Sicherheit gegen Fließen nach der GH ($R_e = 180\ MPa$).
   b) Welche zusätzliche Schubspannung τ_{zx} führt zum Fließen?
7. Leiten Sie den Zusammenhang zwischen Torsionsfließgrenze τ_{tF} und Streckgrenze R_e nach der GH her (vgl. Gleichung (7.23)).
8. Leiten Sie für einen zweiachsigen Spannungszustand den maximalen Unterschied der nach der SH und der GH berechneten Vergleichsspannungen her, siehe Abschnitt 7.5.
9. Es soll für einen Werkstoff experimentell überprüft werden, welche Hypothese das Versagen am besten beschreibt. Welche einfachen Versuche bieten sich dazu an und nach welchen Beziehungen erfolgt die Beurteilung?
10. Welche Gründe sprechen für die Verwendung der GH anstelle der SH?

11. Warum ist der Belastungsfall 3 in Bild 7.32 besonders gefährlich? Welcher zusätzliche Sicherheitsnachweis ist erforderlich? Nach welchen Methoden kann dieser Nachweis erfolgen?

12. Welcher Grundgedanke liegt der erweiterten Festigkeitshypothese nach Mohr zugrunde?

13. Welche der folgenden Aussagen sind falsch?
   - Mit Hilfe der Festigkeitshypothesen wird ein einachsiger Spannungszustand in einen mehrachsigen Spannungszustand überführt.
   - Wegen unterschiedlichem Werkstoffverhalten und verschiedenen Versagensmechanismen müssen verschiedene Hypothesen für den Festigkeitsnachweis verwendet werden.
   - Die NH wird ausschließlich für spröde Werkstoffe angewandt.
   - In einem Bauteil aus St 37 (S235J2G3) herrscht der in Bild 7.33 dargestellte Spannungszustand vor. Da ein zäher Werkstoff vorliegt, wird die für das Versagen maßgebende Vergleichsspannung nach der SH bzw. GH berechnet.

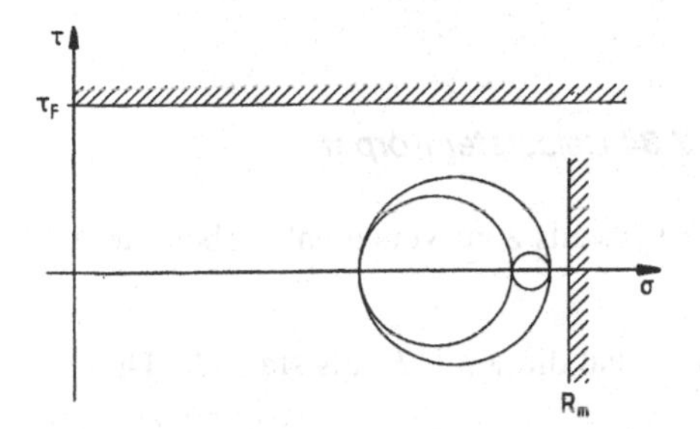

***Bild 7.33** Spannungszustand in Mohrscher Darstellung*

   - Die Vergleichsspannung nach der SH ist unabhängig von der mittleren Hauptspannung σ_2.
   - Mit der Schubspannungshypothese liegt man stets auf der „sicheren Seite".

14. Berechnen Sie für eine biege- und torsionsbeanspruchte Welle ($\sigma_b = 120\ MPa$, $\tau_t = 80\ MPa$) die Sicherheit gegen Fließen nach der SH und GH, wenn ein Werkstoff mit einer Streckgrenze $R_{p0,2} = 400\ MPa$ verwendet wird. Überprüfen Sie die rechnerische Lösung durch die zeichnerische Lösung im σ_b-τ_t-Koordinatensystem.

15. Interpretieren Sie das Titelbild des vorliegenden Kapitels.

7.13 Musterlösungen

7.13.1 Sicherheitsnachweis für mehrachsig beanspruchte Bauteile aus Feinkornbaustahl und Grauguß

Ein quaderförmiger Körper wird durch eine statische Vorspannkraft $F_x = 450\ kN$ beansprucht, Bild 7.34. Im Betrieb treten zusätzliche Belastungen auf. Beantworten Sie nachfolgende Fragen unter der Voraussetzung, daß der Körper

1. aus Feinkornbaustahl S690QL ($R_{p0,2} = 690\ MPa$)
2. aus Grauguß GG-30 ($R_m = 300\ MPa$, $\sigma_{dB} = 1000\ MPa$)

hergestellt ist.

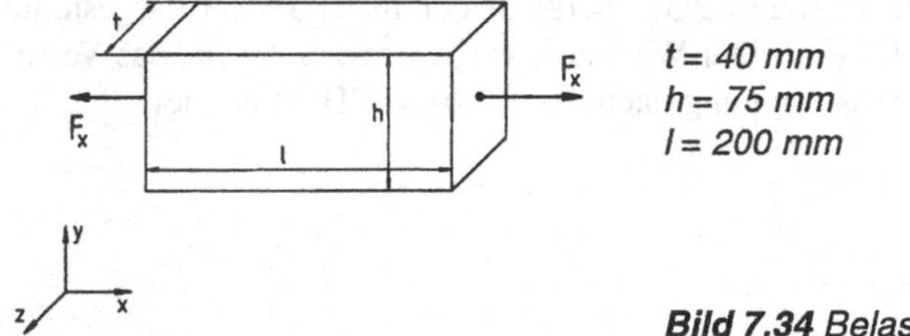

Bild 7.34 *Belasteter Körper*

a) Welche zusätzliche statische Zugkraft F_y führt jeweils zum Versagen? Geben Sie Art und Richtung des Versagens an.

b) Beantworten Sie Frage a) unter der Annahme, daß die Kraft F_y als statische Druckkraft wirkt.

c) Der Quader wird durch die Kräfte $F_x = 450\ kN$ und $F_y = -400\ kN$ und die Querkraft $F_{xy} = 300\ kN$ belastet. Beurteilen Sie die Sicherheit gegen Versagen unter der Annahme einer gleichmäßig über den Querschnitt verteilten Schubspannung τ_{xy}. Geben Sie die Ebene maximaler Beanspruchung und die darin wirkenden Schnittspannungen an.

Lösung

a) 1. Feinkornbaustahl:
Da ein zäher Werkstoff vorliegt, kann die Vergleichsspannung grundsätzlich nach der SH oder der GH berechnet werden:

- *SH:*

Da F_x und F_y Zugkräfte sind, ist $\sigma_{min} = \sigma_z = 0$, d. h. für die Versagensbedingung (7.12) gilt

$$\sigma_{vSH} = \max(\sigma_x, \sigma_y) = R_{p0,2}. \tag{a}$$

Die Zugspannung in x-Richtung

$$\sigma_x = \sigma_{H1} = \frac{F_x}{A_x} = \frac{F_x}{h \cdot t} = \frac{450 \cdot 10^3 N}{3000\ mm^2} = 150\ MPa$$

ist konstant und führt nicht zum Versagen, d. h. σ_y ist für das Versagen maßgebend. Damit aus Gleichung (a)

$$\sigma_{vSH} = \sigma_y = \frac{F_y}{A_y} = R_{p0,2}$$

oder $F_y = R_{p0,2} \cdot l \cdot t = 690 \cdot 8000\ N = 5{,}52\ MN.$

Dem Mohrschen Spannungskreis für den Versagensfall, siehe P^* in Bild 7.35a, entnimmt man, daß der Normalenvektor $\underline{n}^*$ der Versagensebene in der y-z-Ebene liegt und mit der y-Richtung einen Winkel von 45° bildet, Bild 7.35b. Das Versagen tritt durch Fließen aufgrund der Schubspannung $\tau_{max} = \tau_F = R_{p0,2}/2$ ein.
Anmerkung: Eine weitere, gleich hoch beanspruchte Versagensebene liegt dazu senkrecht und wird durch den Punkt P^{**} repräsentiert.

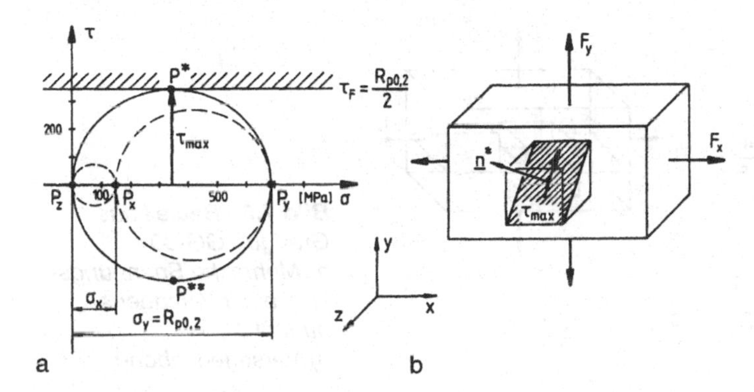

***Bild 7.35** Bauteil aus Feinkornbaustahl S690QL*
*a) Mohrsche Spannungskreise mit Versagenspunkt P**
b) Versagensebene

- *GH:*

Die Spannungen σ_y erhält man aus den Gleichungen (7.18) und (7.21) mit $\tau_{xy} = 0$:

$$\sigma_{y1,2} = \frac{\sigma_x \pm \sqrt{4 R_{p0,2}^{\ 2} - 3\sigma_x^{\ 2}}}{2} \quad \text{(a)}$$

$\sigma_{y1} = 752{,}7\ MPa,\ \sigma_{y2} = -602{,}7\ MPa.$

Für die Zugkraft F_y findet man

$F_y = \sigma_{y1} \cdot A_y = 752{,}7 \cdot 8000\ N = 6{,}02\ MN,$

d. h. die SH ergibt erwartungsgemäß ein konservativeres Ergebnis.

2. Grauguß GG-30:

Für den spröden Werkstoff GG-30 muß die Vergleichsspannung nach der NH berechnet werden. Da σ_x und σ_y Zugspannungen und gleichzeitig Hauptspannungen sind, gilt für die Versagensbedingung nach Gleichung (7.4):

$$\sigma_{v\,NH} = \max(\sigma_x, \sigma_y) = R_m.$$

Die Spannung $\sigma_x = 150\ MPa$ (vgl. a)) führt noch nicht zum Versagen, d. h. Versagen tritt unter der zusätzlichen Zugkraft F_y ein. Diese erhält man aus der Versagensbedingung:

$$\sigma_{vNH} = \sigma_y = \frac{F_y}{A_y} = R_m \quad .$$

Daraus: $F_y = 300 \cdot 8000\ N = 2{,}4\ MN.$

Dem Mohrschen Spannungskreis für den Versagensfall, Bild 7.36a, entnimmt man, daß die Platte durch einen Trennbruch senkrecht zur y-Richtung versagt, Bild 7.36b.

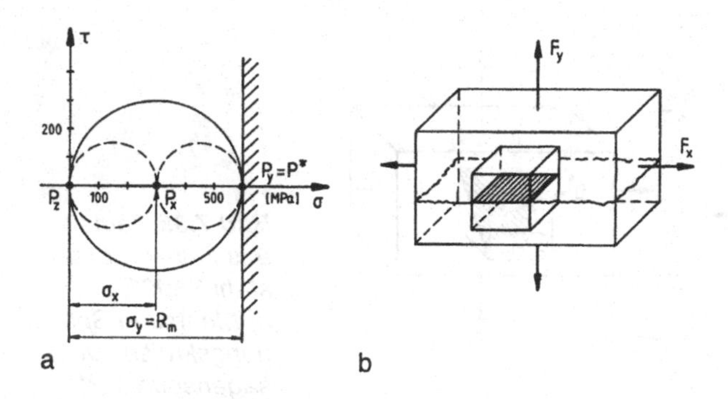

***Bild 7.36** Bauteil aus Grauguß GG-30*
*a) Mohrsche Spannungskreise mit Versagenspunkt P**
b) Versagensebene

b) 1. Feinkornbaustahl

• *SH*:

Die Versagensbedingung Gleichung (7.12) lautet mit $\sigma_{max} = \sigma_x = 150\ MPa$

$$\sigma_{vSH} = 150\ MPa - \sigma_y = 690\ MPa \quad .$$

Die Druckkraft F_y berechnet sich daraus zu

$$F_y = \sigma_y \cdot A_y = -540 \cdot 8000\ N = -4{,}32\ MN.$$

Dem Mohrschen Spannungskreis für den Versagensfall, Bild 7.37a, entnimmt man, daß der Normalenvektor $\underline{n}^*$ der Versagensebene in der x-y-Ebene liegt und mit der x-Richtung einen Winkel von 45° einschließt. Das Versagen tritt durch Fließen infolge der Schubspannung $\tau_{max} = \tau_F = R_{p0,2}/2$ ein, Bild 7.37b. Die um 90° gedrehte Ebene (Punkt P^{**} in Bild 7.37a) ist eine weitere mögliche Versagensebene.

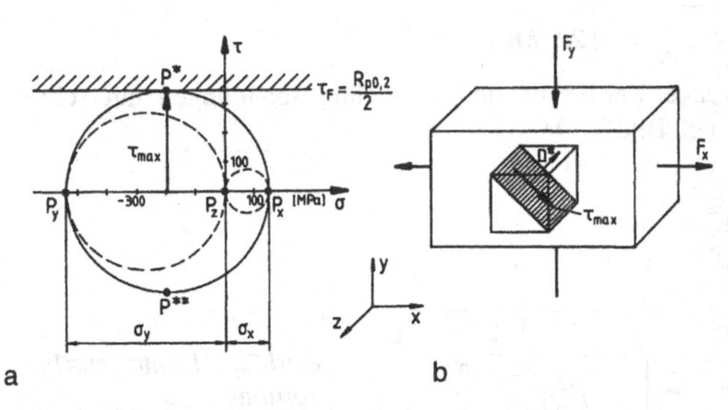

Bild 7.37 *Feinkornbaustahl S690QL*
a) Mohrsche Spannungskreise mit Versagenspunkt P (bzw. P**)*
b) Versagensebene (für Punkt P)*

- *GH*:

Die Versagensspannung σ_y wurde bereits im Aufgabenteil a) als 2. Lösung der quadratischen Gleichung (b) berechnet zu $\sigma_y = -602{,}7\ MPa$. Die Druckkraft F_y ergibt sich damit zu $F_y = -4{,}82\ MN$. Nach der GH ist erneut der Betrag der zusätzlichen, zum Versagen führenden Kraft größer als nach der SH.

2. Grauguß GG-30
Da spröde Werkstoffe unter Druckbelastung durch einen Schiebungsbruch versagen, ist die SH anzuwenden. Der für das Versagen maßgebende Kennwert ist die Druckfestigkeit σ_{dB}. Aus der Versagensbedingung Gleichung (7.12) folgt

$$\sigma_{vSH} = 150\ MPa - \sigma_y = 1000\ MPa \quad .$$

Für die Druckkraft erhält man $F_y = \sigma_y \cdot A_y = -6{,}8\ MN$. Der Werkstoff versagt durch Schiebungsbruch unter der größten Schubspannung τ_{max}, Bild 7.38.

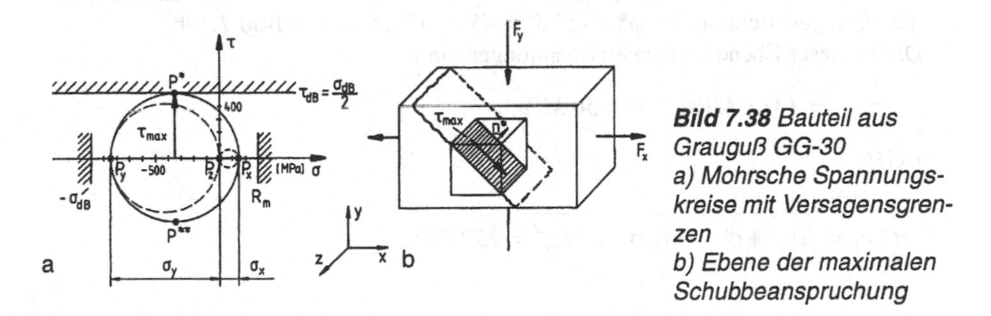

Bild 7.38 *Bauteil aus Grauguß GG-30*
a) Mohrsche Spannungskreise mit Versagensgrenzen
b) Ebene der maximalen Schubbeanspruchung

c) Aus der vorgegebenen Belastung berechnet man die Spannungen

$\sigma_x = 150\ MPa,\ \sigma_y = -50\ MPa,\ \tau_{xy} = F_{xy}/A_x$

1. Feinkornbaustahl

- *SH*:

$$\sigma_{vSH} = \sqrt{(\sigma_x - \sigma_y)^2 + 4 \cdot \tau_{xy}^{\,2}} = 282{,}8 \ MPa \quad .$$

Diese Formel kann verwendet werden, da die beiden Hauptspannungen unterschiedliche Vorzeichen haben, vgl. Bild 7.39a.

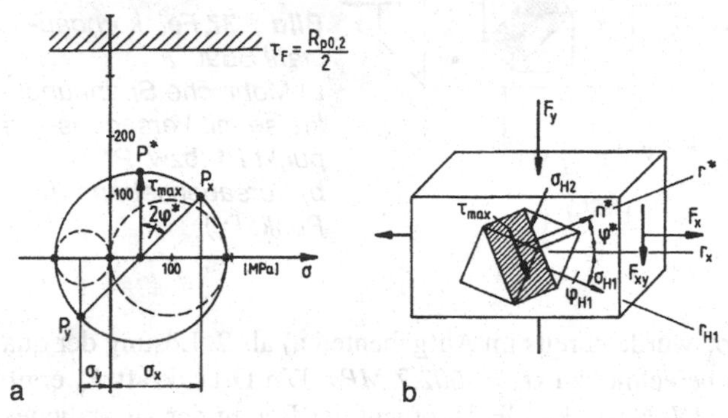

***Bild 7.39** Bauteil aus Feinkornbaustahl*
a) Mohrsche Spannungskreise mit Versagensgrenze
b) Ebene der maximalen Schubbeanspruchung

Sicherheit gegen Fließen:

$$S_F = \frac{R_{p0,2}}{\sigma_{vSH}} = \frac{690}{282{,}8} = 2{,}44 \quad .$$

Der Winkel zwischen r_x und r_{H1} berechnet sich nach Gleichung (3.17) zu:

$$\varphi_{H1} = \frac{1}{2} \arctan\left(-\frac{2\tau_{xy}}{\sigma_x - \sigma_y} \right) = -22{,}5^\circ \quad .$$

Der Normalenvektor n^* der Ebene maximaler Schubbeanspruchung bildet mit r_{H1} einen Winkel von 45°. Damit ergibt sich für den gesuchten Winkel zwischen r_x und der Versagensrichtung r^*: $\varphi^* = -22{,}5^\circ + 45^\circ = +22{,}5^\circ$, siehe Bild 7.39b.
Die in dieser Ebene wirkenden Spannungen sind:

$$\tau_{max} = 141{,}4 \ MPa; \qquad \sigma = 50 \ MPa.$$

• *GH:*

$$\sigma_{vGH} = \sqrt{\sigma_x^{\,2} + \sigma_y^{\,2} - \sigma_x \, \sigma_y + 3\tau_{xy}^{\,2}} = 250 \ MPa$$

Sicherheit gegen Fließen:

$$S_F = \frac{R_{p0,2}}{\sigma_{vGH}} = 2{,}76$$

2. Grauguß

$$\sigma_{vNH} = \frac{\sigma_x + \sigma_y}{2} + \sqrt{\left(\frac{\sigma_x - \sigma_y}{2}\right)^2 + \tau_{xy}^2} = 191{,}4\ MPa$$

• *NH:*

Sicherheit gegen Sprödbruch:

$$S_B = \frac{R_m}{\sigma_{v(NH)}} = 1{,}57$$

Der Normalenvektor $\underline{n}^*$ der Ebene maximaler Normalbeanspruchung bildet mit der x-Achse den Winkel $\varphi_{H1} = \varphi^* = -22{,}5°$, siehe Bild 7.40. In dieser Ebene wirkt die Spannung $\sigma_{max} = \sigma_{H1} = 191{,}4\ MPa$.

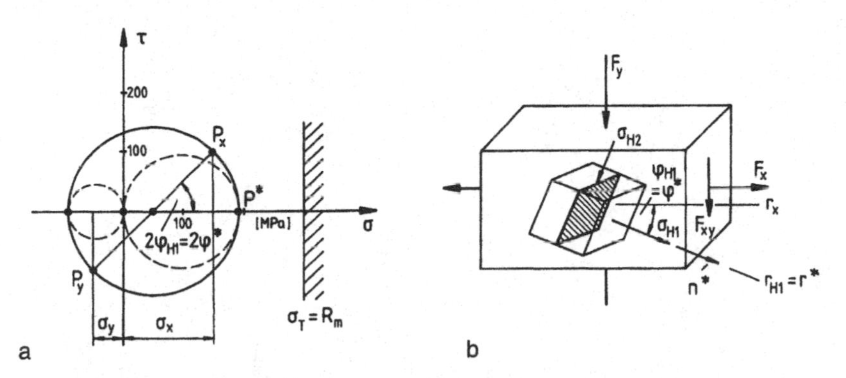

***Bild 7.40** Bauteil aus Grauguß*
a) Mohrsche Spannungskreise mit Versagenslinie
b) Ebene maximaler Normalbeanspruchung

KAPITEL 8

Kerbwirkung

In den bisherigen Kapiteln wurden Kerben in Bauteilen nicht berücksichtigt. Glatte, kerbfreie Bauteile gibt es jedoch in der Technik praktisch nicht. Der Kerbwirkung kommt in der Festigkeitsberechnung eine überragende Bedeutung zu, da Kerbstellen meist die Stellen maximaler Beanspruchung darstellen und demnach dort mit Versagen gerechnet werden muß.

In diesem Kapitel werden zunächst Kerben definiert, ihre phänomenologischen Auswirkungen beschrieben und einige Berechnungsverfahren zur Quantifizierung der Kerbwirkung vorgestellt. Der Festigkeitsnachweis von gekerbten Bauteilen unter statischer Beanspruchung wird in den Kapitel 9 und 10, der Nachweis bei schwingender Beanspruchung in den Abschnitten 11.8 und 11.9 behandelt.

8.1 Definition von Kerben

Störstellen für den Kraftfluß

Im Sinne der Festigkeitslehre versteht man unter Kerben *Störstellen für den Kraftfluß*. Eine Störung des Kraftlinienfeldes tritt in erster Linie bei einer Änderung der inneren oder äußeren Bauteilkontur auf, Bild 8.1.

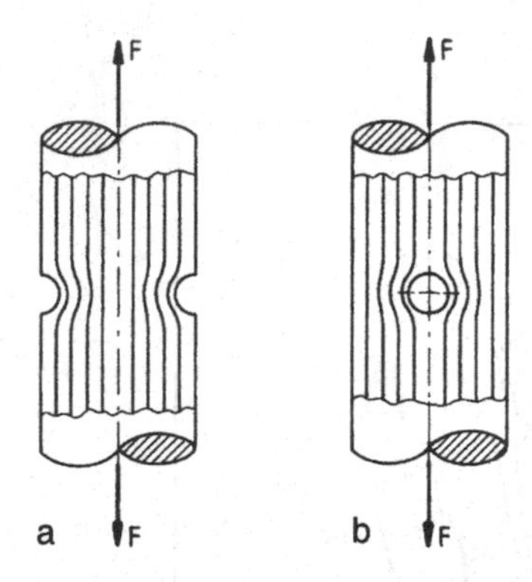

Bild 8.1 *Kraftlinienfluß im gekerbten Zugstab*
a) Außenkerbe
b) Innenkerbe

Konstruktive Kerben

Solche Änderungen der Kontur infolge *konstruktiver Kerben* entstehen z. B. durch Absätze, Nuten, Gewinde, Querbohrungen und Querschnittsübergänge an Gehäusen. Beispiele für solche konstruktive Kerben an Wellen sind in Bild 8.2 dargestellt. Besondere Bedeutung kommt der Kerbwirkung an *Fügestellen*, wie z. B. an Schweißnähten, Nietungen, Klebungen und Lötungen sowie an Schraub- und Preßverbindungen zu, siehe Beispiele in Bild 8.3. Als Kerben wirken jedoch auch Oberflächenrauheiten und Oberflächenfehler (z. B. Riefen, Anrisse) sowie innere *Fehlstellen*, wie z. B. Poren, Risse und Einschlüsse. Beispiele für Kerben durch Schleifriefen an einem Sägeblatt und für Bindefehler in einer Schweißnaht sind in Bild 8.4 gezeigt. Die Aufnahmen lassen erkennen, daß sich Kerben besonders bei Schwingbelastung festigkeitsmindernd auswirken (siehe Kapitel 11).

Fügestellen

Fehlstellen

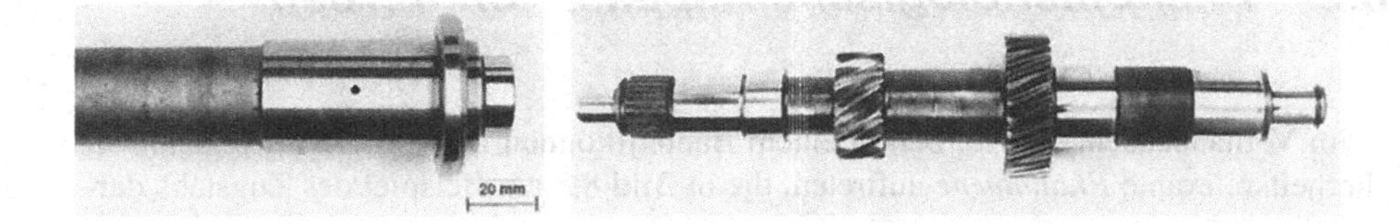

Bild 8.2 *Beispiele für konstruktive Kerben an Wellen (Daimler-Benz AG, Stuttgart)*

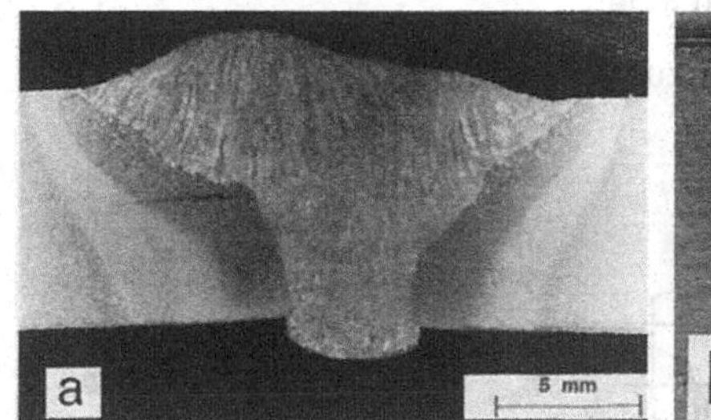

Bild 8.3 *Kerbwirkung an Fügestellen*
a) Querschliff durch eine Stumpfnaht
b) Dauerbruch an genieteter Aluminium-Stahl-Verbindung

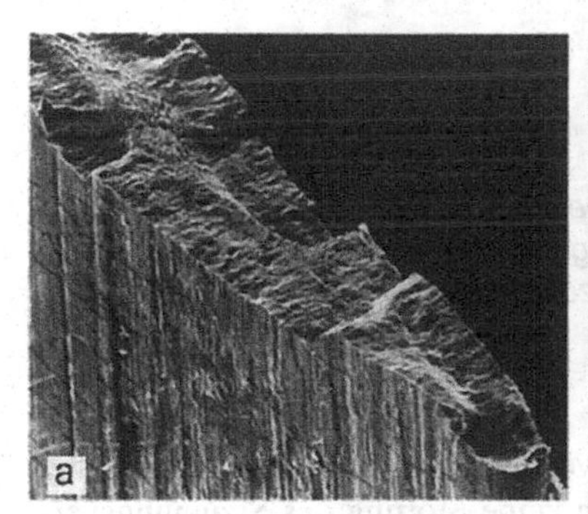

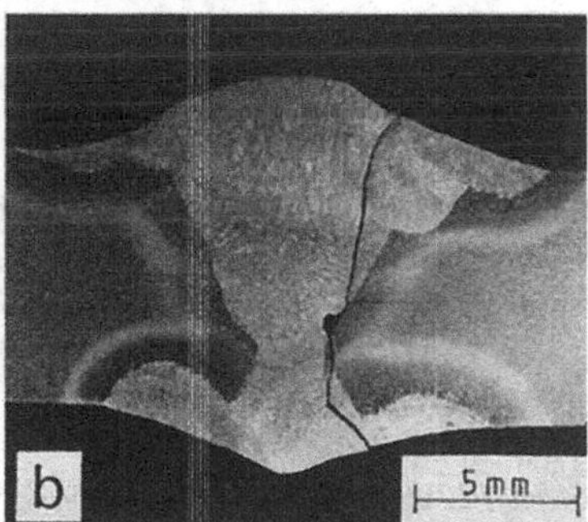

Bild 8.4 *Kerbwirkung durch Fehlstellen*
a) Bruch eines Sägeblatts ausgehend von Schleifriefen
b) Dauerbruch ausgehend von einem Bindefehler einer Stumpfnaht (mit WIG-Dressing des Nahtübergangs)

8.2 Phänomenologische Aspekte von Kerben

Kerbphänomene

Beim Vorhandensein von Kerben in einem Bauteil können im Kerbgrund folgende sicherheitsrelevante *Phänomene* auftreten, die in Bild 8.5 am Beispiel des Zugstabs dargestellt sind:

- Erhöhung der Nennspannung, Bild 8.5a
- Entstehung von sekundären (Biege-)Spannungen, Bild 8.5b
- Spannungsüberhöhung im Kerbgrund, Bild 8.5c
- Ausbildung eines mehrachsigen Spannungszustands, Bild 8.5d.

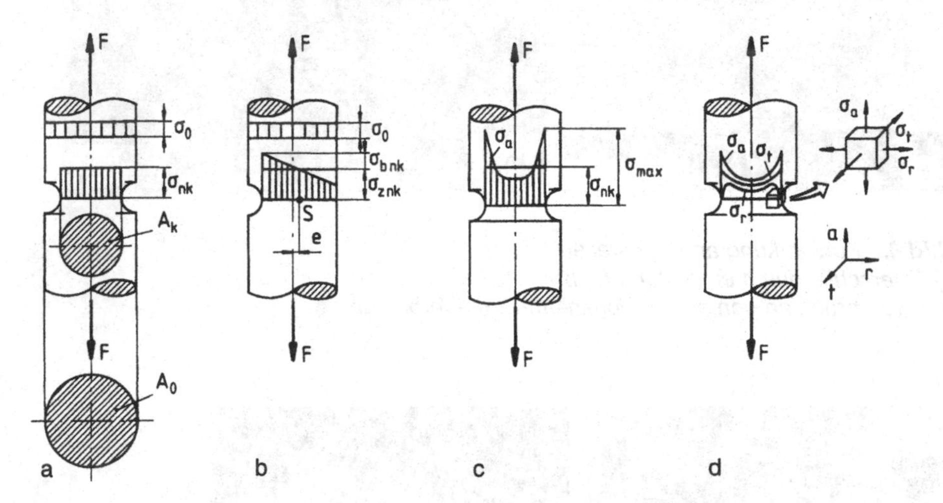

Bild 8.5 *Phänomenologische Auswirkung von Kerben dargestellt am Beispiel des Zugstabs a) Nennspannungserhöhung b) Überlagerung von Sekundärspannungen c) Spannungsspitzen d) Mehrachsiger Spannungszustand*

Erhöhung der Nennspannung

Nennspannung

Unter einer *Nennspannung* in einem Querschnitt versteht man die fiktive Spannung, die sich in dem Querschnitt einstellen würde, wenn keine Störung des Spannungsverlaufs vorliegen würde. Sie wird mit den Beziehungen der elementaren Festigkeitstheorie berechnet. Der Nennspannungsverlauf in einem Querschnitt des Zugstabs ist demnach konstant, während er bei Biegung und Torsion linear veränderlich ist, siehe Tabelle 5.4. Wie in Bild 8.5a skizziert, führt die Zugkraft F im ungekerbten Bereich mit der Querschnittsfläche A_0 zur *Bruttonennspannung*:

Bruttonennspannung

$$\sigma_0 = \frac{F}{A_0} \quad . \tag{8.1}$$

Nettonennspannung

Im Kerbquerschnitt mit der Fläche A_k läßt sich formal in analoger Weise eine *Nettonennspannung* berechnen:

$$\sigma_{nk} = \frac{F}{A_k} \quad . \tag{8.2}$$

Für die im Kerbquerschnitt vorliegende Nennspannung gilt demnach bei Zugbeanspruchung mit den Gleichungen (8.1) und (8.2):

$$\sigma_{nk} = \sigma_0 \frac{A_0}{A_k} \quad . \tag{8.3}$$

Entstehung von Sekundärspannungen

Wird durch die Kerbe die Symmetrie des Bauteils gestört, z. B. durch eine einseitige Kerbung (Bild 8.5b), entstehen im Kerbquerschnitt *Biegesekundärspannungen* σ_{bnk}, welche sich der Zugnennspannung σ_{znk} überlagern. Dies ist darauf zurückzuführen, daß die Wirkungslinie der Kraft nicht mehr durch den Flächenschwerpunkt S des Kerbquerschnitts geht, sondern um die Exzentrität e verschoben ist.

Biegesekundärspannungen

Spannungsüberhöhung im Kerbbereich

Die durch die Kerbe verursachte Zusammendrängung der Kraftlinien, siehe Bild 8.1, führt zu einer Spannungsüberhöhung im Kerbbereich mit der *Spannungsspitze* σ_{max}, Bild 8.5c. Das Ausmaß der Spannungsüberhöhung ist proportional der Kraftliniendichte, d. h. die Spannungsüberhöhung ist umso größer, je tiefer und schärfer die Kerbe ist. Stellt man sich die Kraftlinien als Strömungslinien vor, so ist die Spannungsspitze proportional der Strömungsgeschwindigkeit (Strömungsanalogie). Der tatsächliche Verlauf der Axialspannung σ_a im Kerbquerschnitt bildet sich so aus, daß die resultierende Schnittkraft der äußeren Belastung F das Gleichgewicht hält. Dasselbe gilt für die Nennspannung, womit gilt:

Spannungsspitzen

$$F = \int_{A_k} \sigma_a \, dA = \sigma_{nk} \cdot A_k \quad . \tag{8.4}$$

Aus Gleichung (8.4) folgt, daß die Spannungsüberhöhung im Kerbgrund zu einem Absinken der wirklichen Spannung im Stabinnern unter die Nennspannung führen muß, siehe Bild 8.5c.

Wie später gezeigt wird, hängt das Festigkeitsverhalten bei statischer und schwingender Belastung nicht nur von der Spannungsüberhöhung, sondern auch vom *Spannungsgradienten* im Kerbgrund ab, d. h. der Steigung $(d\sigma/dx)$ der Längsspannung im Kerbgrund, siehe Bild 11.57. Mit zunehmender Kerbschärfe nimmt der Spannungsgradient zu, womit das hochbeanspruchte Volumen im Kerbbereich abnimmt. Dies wird in der Festigkeitsberechnung durch die statische Stützwirkung (Abschnitt 9.2) und die dynamische Stützwirkung (Abschnitt 11.7.2 und Abschnitte 11.8) berücksichtigt.

Spannungsgradient

Ausbildung eines dreiachsigen Spannungszustands

In Abschnitt 4.4 wurde anhand des Bildes 4.8 beschrieben, daß die *Querdehnungsbehinderung* im Bereich des Kerbgrunds zu einem dreiachsigen Spannungszustand führt, siehe Bild 8.5d. Mit dieser sogenannten *Constraint*-Wirkung ist insbesondere bei dik-

Querdehnungsbehinderung

ken Bauteilen und scharfen Kerben (Rissen) zu rechnen. Dies führt bei zähen Werkstoffen zu einer Laststeigerung und damit auch zu einem verminderten Verformungsvermögen des Bauteils (Versprödung durch Spannungszustand), siehe Abschnitte 9.3 und 10.5.4.

8.3 Formzahl

Die Formzahl (Kerbformzahl) ist ein dimensionsloser Faktor, welcher die Spannungsüberhöhung im Kerbgrund gegenüber der Nennspannung im Kerbquerschnitt angibt. Die Anwendung der Formzahl ist auf den linear-elastischen Bereich beschränkt.

8.3.1 Definition

Formzahl

Die *Formzahl* K_t (oft auch mit α_k bezeichnet) ist definiert als Quotient aus der Spannungsspitze im Kerbgrund σ_{max} bzw. τ_{max} und der Nennspannung im Kerbquerschnitt σ_{nk} bzw. τ_{nk}, siehe Bild 8.6:

$$K_t \equiv \frac{\sigma_{max}}{\sigma_{nk}} \quad \text{bzw.} \quad K_t \equiv \frac{\tau_{max}}{\tau_{nk}} \quad . \tag{8.5}$$

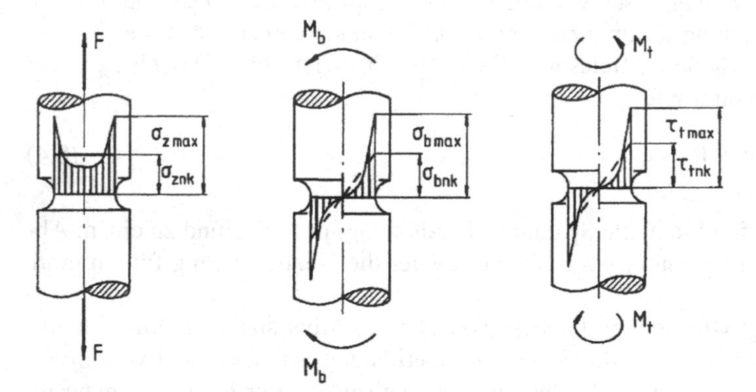

***Bild 8.6** Definition der Formzahl für Zug-, Biege- und Torsionsbeanspruchung*

Die Formzahl ist in erster Linie von der Geometrie, aber auch von der Belastungsart (Zug, Biegung oder Torsion) abhängig und wird zweckmäßigerweise durch einen entsprechenden Index (*z*, *b* oder *t*) gekennzeichnet. Für die Höhe der Formzahl gilt für viele Kerbformen die Ungleichung

$$K_{tz} > K_{tb} > K_{tt} \quad . \tag{8.6}$$

Aus der Beziehung (8.6) folgt, daß die Formzahl für Zugbeanspruchung als konservative Abschätzung für die beiden übrigen Belastungsarten verwendet werden kann.

Maximalspannungen im Kerbgrund

Mit Gleichung (8.5) berechnen sich die *Maximalspannungen im Kerbgrund* für die einzelnen Belastungsarten zu, siehe auch Bild 8.6:

$$\begin{aligned} \sigma_{zmax} &= K_{tz} \cdot \sigma_{znk} \\ \sigma_{bmax} &= K_{tb} \cdot \sigma_{bnk} \\ \tau_{tmax} &= K_{tt} \cdot \tau_{tnk} \quad . \end{aligned} \tag{8.7}$$

Bei zusammengesetzter, mehrachsiger Beanspruchung sind zur Berechnung der Vergleichsspannung die Maximalspannungen nach Gleichung (8.7) in die Gleichungen der Tabelle 7.1 einzusetzen.

Berücksichtigung der Querspannung

Die durch die Querdehnungsbehinderung verursachte *Querspannung* im Kerbgrund muß ebenfalls berücksichtigt werden. Diese Spannung ist allerdings selbst für die einfachen Kerbfälle nur durch relativ aufwendige numerische Berechnungsverfahren (z. B. FEM) zu ermitteln. Bei den übrigen Berechnungsmethoden wird die Querspannung nicht berücksichtigt. Dieses Vorgehen ist zumindest bei zähen Werkstoffen vertretbar, da die Querspannung (z. B. σ_t in den Bildern 8.5d und 8.7) stets kleiner ist als die verursachende Längsspannung (z. B. σ_a) und das gleiche Vorzeichen besitzt. Eine Vergleichsspannungsberechnung nach der SH oder GH ohne Berücksichtigung der Querspannung führt zum selben oder einem höheren Wert als mit deren Berücksichtigung und stellt somit eine konservative Berechnung der Sicherheit gegen Fließen dar, siehe Beispiel 8.1. Bei sprödem Werkstoffverhalten führt die Vernachlässigung der Querspannung bei Anwendung der NH unter Umständen zu einer Unterschätzung der tatsächlichen Beanspruchung. Der dadurch verursachte Fehler ist für die Auslegung allerdings ebenfalls meist nicht maßgebend, siehe Beispiel 8.1.

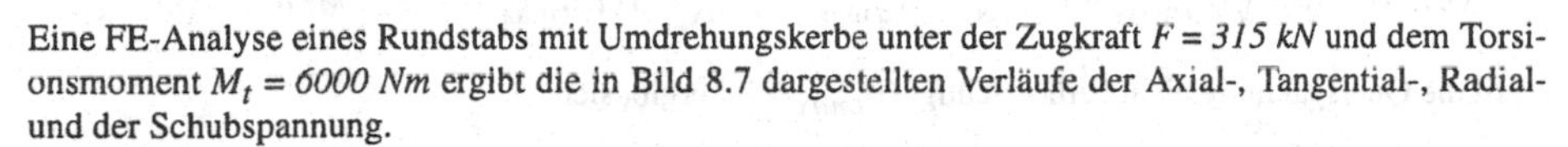

Beispiel 8.1 *Einfluß der Querspannung auf die Vergleichsspannung beim Rundstab mit Umdrehungskerbe*

Eine FE-Analyse eines Rundstabs mit Umdrehungskerbe unter der Zugkraft $F = 315\ kN$ und dem Torsionsmoment $M_t = 6000\ Nm$ ergibt die in Bild 8.7 dargestellten Verläufe der Axial-, Tangential-, Radial- und der Schubspannung.

a) Ermitteln Sie aus der Spannungsverteilung die Formzahlen K_{tz} für Zug und K_{tt} für Torsion.

b) Berechnen Sie die Vergleichsspannung im Kerbgrund nach der *NH* und der *GH* jeweils mit und ohne Berücksichtigung der Tangentialspannung (Querspannung).

Lösung

a) Die Nennspannungen im Kerbgrund ergeben sich mit den Gleichungen (8.2) und (5.25) zu

$$\sigma_{znk} = \frac{F}{A_k} = 40{,}1\ MPa\,; \quad \tau_{tnk} = \frac{M_t}{W_{tk}} = 30{,}6\ MPa \quad .$$

Die Formzahlen berechnen sich mit Hilfe der maximalen Axialspannung σ_{amax} bzw. τ_{atmax} aus Bild 8.7 und Gleichung (8.5):

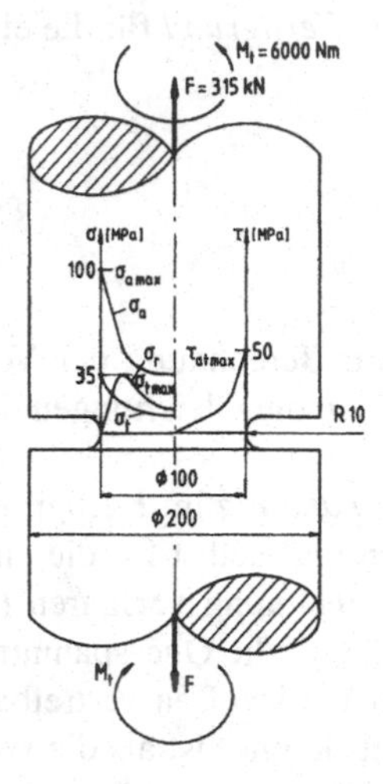

Bild 8.7 *Spannungsverteilung in einem zug- und torsionsbelasteten Rundstab mit Umdrehungskerbe*

$$K_{tz} = \frac{\sigma_{a\max}}{\sigma_{nk}} = \frac{100{,}0}{40{,}1} = 2{,}49\,; \quad K_{tt} = \frac{\tau_{at\max}}{\tau_{tnk}} = \frac{50{,}0}{30{,}6} = 1{,}63 \quad .$$

b) Die Vergleichsspannungen im Kerbgrund ermittelt man mit den in Tabelle 7.1 angegebenen Beziehungen für den zweiachsigen Spannungszustand mit $\sigma_x = \sigma_{amax}$, $\sigma_y = \sigma_{tmax}$, $\tau_{xy} = \tau_{atmax}$. Mit Berücksichtigung der Tangentialspannung findet man dafür:

$$NH:\ \sigma_{vNH} = \frac{\sigma_{a\max} + \sigma_{t\max}}{2} + \sqrt{\left(\frac{\sigma_{a\max} - \sigma_{t\max}}{2}\right)^2 + \tau_{at\max}^{\ 2}} = 127{,}1\ MPa$$

$$GH:\ \sigma_{vGH} = \sqrt{\sigma_{a\max}^{\ 2} + \sigma_{t\max}^{\ 2} - \sigma_{a\max} \cdot \sigma_{t\max} + 3 \cdot \tau_{at\max}^{\ 2}} = 123{,}4\ MPa \quad .$$

Wird die Querspannung nicht berücksichtigt ($\sigma_{tmax} = 0$), ergibt sich

$$\sigma_{vNH} = 120{,}7\ MPa$$
$$\sigma_{vGH} = 132{,}3\ MPa \quad .$$

Bei Vernachlässigung der Querspannung tritt in beiden Fällen eine Abweichung in der Größenordnung von rund 6 % auf. Bei spröden Werkstoffen wird dabei die tatsächliche Beanspruchung geringfügig unterschätzt, während sie bei zähen Werkstoffen mit der GH überschätzt wird.

Statt des früher üblichen und heute noch gebräuchlichen Formelzeichens α_k für die Formzahl wird zunehmend die Bezeichnung K_t verwendet. Der Index t steht für „theoretisch". Dies drückt korrekterweise aus, daß es sich bei der Formzahl um eine rein elastizitätstheoretische Größe handelt. Sie ist hauptsächlich von der Kerbgeometrie, aber auch von der Beanspruchungsart, jedoch nicht vom Werkstoff abhängig. Ihre Verwendung in der Festigkeitsberechnung in Bezug auf deren Relevanz für statischen Bruch und Dauerbruch erfordert daher Modifikationen, siehe Abschnitte 9.3, 10.5.5 und 11.8.

8.3.2 Ermittlung

Zur Ermittlung der Formzahl muß die Spannungsspitze σ_{max} bzw. τ_{max} bestimmt und gemäß Gleichung (8.5) auf die Nennspannung bezogen werden. Die Maximalspannung kann grundsätzlich durch eine geschlossene theoretische Lösung, durch numerische Methoden oder durch experimentelle Verfahren gefunden werden.

Geschlossene Lösung

Elementare Lösungen Anhang A9

Anhang A10

Grundlage der geschlossenen Lösungen zur Berechnung der Spannungsverteilung im Kerbquerschnitt sind die im *Anhang A9* enthaltenen *elementaren Beziehungen* der Elastizitätstheorie. Grundsätzlich muß eine an die Geometrie und die Randbedingungen angepaßte Spannungsfunktion U gefunden werden, aus welcher sich die Spannungen, siehe Anhang A9.8, berechnen lassen. Im *Anhang A10* wird diese Vorgehensweise exemplarisch am Beispiel einer unendlich großen Platte mit kreisförmigem Loch gezeigt. Geschlossene Lösungen können nur für einfache Geometrien gefunden werden. Zwei Beispiele für die Ergebnisse von geschlossenen Lösungen sind in Tabelle 8.1 enthalten, siehe auch Neuber [22].

Tabelle 8.1 *Beispiele für geschlossene Lösungen für die Formzahl K_t bei einfachen Kerbformen*

Unendlich große Platte unter zweiachsigem Zug mit elliptischer Öffnung	Flache Außenkerbe am Zugstab
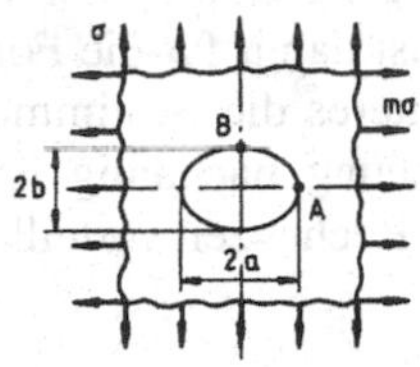 σ, mσ, B, A, 2b, 2a	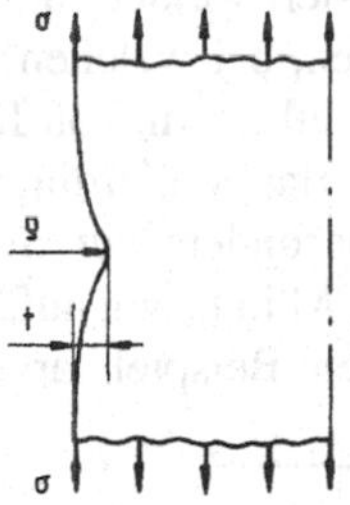 σ, g, t, σ
$K_{tB} = (m-1) + m \cdot \frac{2b}{a}$ $K_{tA} = (1-m) + \frac{2a}{b}$	$K_t = 3 \cdot \sqrt{\frac{t}{2 \cdot \rho}} - 1 + \frac{4}{2 + \sqrt{\frac{t}{2 \cdot \rho}}}$

Ellipsoidischer Hohlraum

Die Formzahl für einen Hohlraum in Form eines *Ellipsoids* in einer unendlich großen Platte ist in Bild 8.8 dargestellt . Dieses Bild enthält als Sonderfälle die Lösung für die Kugel ($a = b = c$, $K_t = 2{,}0$) und für die Bohrung ($a/b = 0$, $c/b = 1{,}0$, $K_t = 3{,}0$). Außerdem ist ersichtlich, daß größere rißartige Fehlstellen ($c/b < 0{,}1$) sehr hohe Formzahlen im Bereich $K_t > 20$ ergeben.

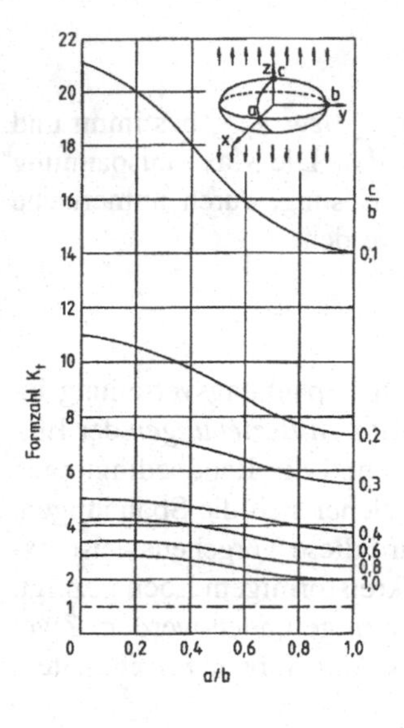

Bild 8.8 *Formzahlen für einen ellipsoidischen Hohlraum in einer unendlich großen Platte unter Zugbelastung*

Numerische Lösungen

Da sich für viele der technisch wichtigen Kerbfälle keine geschlossene Lösung finden läßt, ist man auf numerische Näherungslösungen angewiesen. Als wichtigste numerische Verfahren werden die Finite-Elemente-Methode (FEM) und die Boundary-Elemente-Methode (*BEM, Randelementmethode*) eingesetzt. Bei der FEM muß eine Diskretisierung des gesamten Werkstücks vorgenommen werden, während bei der BEM nur dessen Kontur diskretisiert werden muß. Die BEM läßt sich besonders effektiv bei Problemstellungen einsetzen, bei welchen nur der Spannungszustand an der Oberfläche, nicht aber der im Bauteilinnern, von Interesse ist. Sie ist damit für die Formzahlberechnung gut geeignet, erlaubt allerdings nicht ohne weiteres die Bestimmung des Spannungsgefälles, was besonders bei Schwingbeanspruchung nachteilig ist, siehe Abschnitt 11.8. Daß die BEM in bezug auf Konvergenz und Rechenzeit vorteilhaft sein kann, ist in Bild 8.9 an einem Beispiel dargestellt.

Finite Elemente
Boundary Elemente

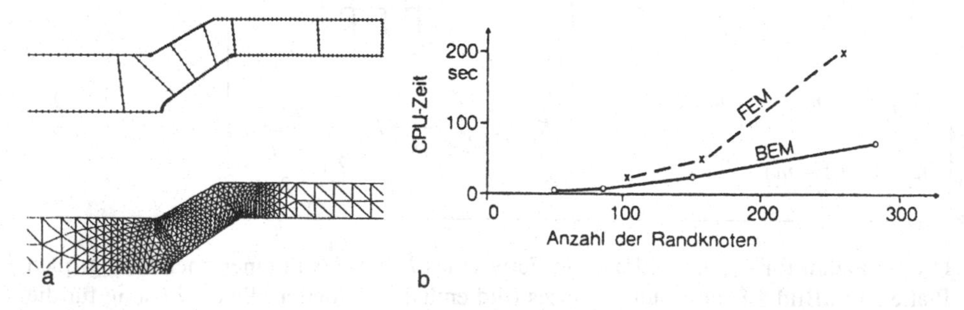

Bild 8.9 *Vergleich der FEM und der BEM an einem zugbelasteten Bremsband a) Modellierung der Struktur mit BEM (oben) und mit FEM (unten) b) Rechenzeitvergleich, Bausinger und Kuhn [45]*

Experimentelle Methoden

Zur experimentellen Ermittlung der Formzahl finden in der Praxis vorwiegend die Spannungsoptik und die DMS-Technik Anwendung. In Bild 8.10 sind beide Verfahren am Beispiel des gekerbten Flachstabs dargestellt. Bild 8.10a zeigt die Isochromaten eines Kunststoffmodells des Flachstabs mit Außenkerben unter Zugbelastung, während in Bild 8.10b ein im Kerbgrund eines entsprechend gekerbten Flachstabs applizierter DMS gezeigt ist.

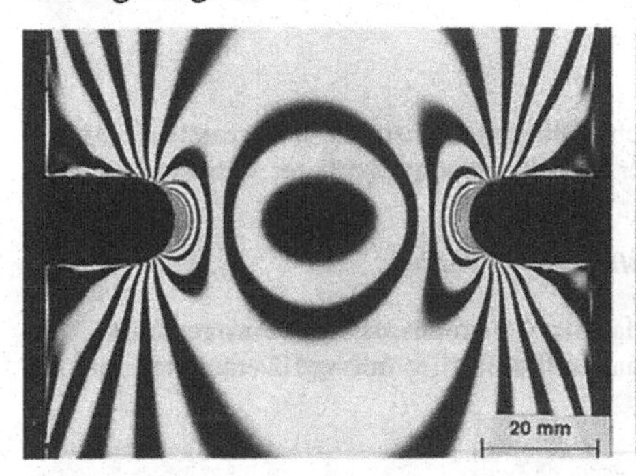

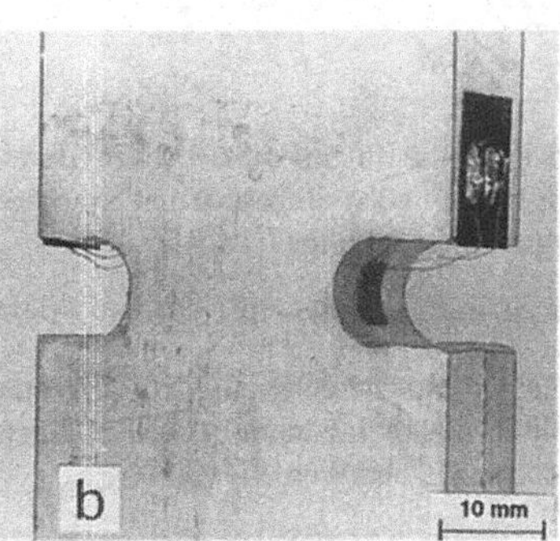

***Bild 8.10** Experimentelle Formzahlermittlung*
a) Isochromaten an einem Kerbmodell unter Zugbelastung
b) DMS-Applikation im Kerbgrund eines zugbelasteten Flachstabs mit Außenkerbe

---

***Beispiel 8.2** Experimentelle Ermittlung der Formzahl eines beidseitig gekerbten Flachstabs unter Zugbelastung mit DMS*

Bei dem in Bild 8.11 dargestellten Flachstab werden bei einer Zugkraft $F = 40\ kN$ im Kerbgrund die Längsdehnung $\varepsilon_l = 1{,}7$ ‰ und die Querdehnung $\varepsilon_q = -0{,}34$ ‰ gemessen. Ermitteln Sie daraus die Formzahl und vergleichen Sie das Ergebnis mit dem Wert des Formzahldiagramms in Anhang B, Bild B2.1.

Gegeben: $b = 50\ mm$, $B = 80\ mm$, $s = 10\ mm$, $r = 25\ mm$

Werkstoff: Al-Legierung mit $R_{p0,2} = 220\ MPa$, $E = 70\ GPa$, $\mu = 0{,}33$.

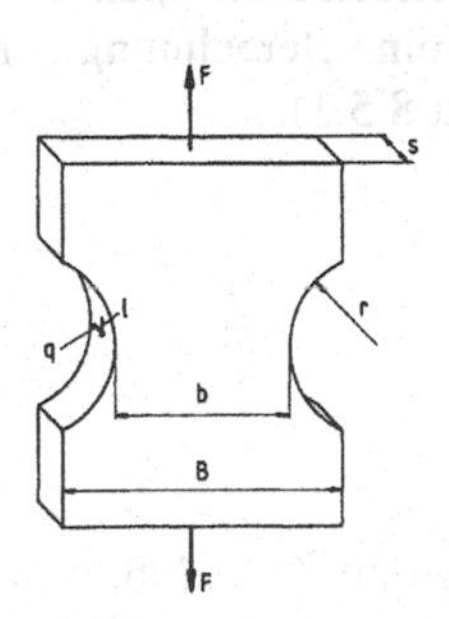

***Bild 8.11** Zugbelasteter gekerbter Flachstab mit DMS-Rosette im Kerbgrund*

Lösung

Zur Berechnung der Formzahl K_t mit Gleichung (8.5) wird die maximale Längsspannung σ_{max} im Kerbgrund sowie die Nennspannung σ_{nk} im Kerbquerschnitt benötigt. Für σ_{max} ergibt sich bei zweiachsigem Spannungszustand mit Gleichung (4.20):

$$\sigma_{\max} = \frac{E}{1-\mu^2}(\varepsilon_l + \mu \cdot \varepsilon_q) = 124{,}7\ MPa \quad .$$

Die Nennspannung berechnet sich mit Gleichung (8.2) zu

$$\sigma_{nk} = \frac{F}{s \cdot b} = 80{,}0\ MPa \quad .$$

Mit Gleichung (8.5) erhält man

$$K_t = \frac{124{,}7}{80} = 1{,}56 \quad .$$

Da die Formzahl K_t nur im linear-elastischen Bereich Gültigkeit besitzt, ist sicherzustellen, daß im Kerbgrund noch kein Fließen eingesetzt hat. Nach der Schubspannungshypothese ergibt sich als Vergleichsspannung nach Gleichung (7.12):

$$\sigma_{vSH} = \sigma_{\max} - \sigma_{\min} = \sigma_l - \sigma_q = (124{,}7 - 0)\ MPa = 124{,}7\ MPa \quad .$$

Ein Vergleich mit der Ersatzstreckgrenze $R_{p0,2}$ zeigt, daß der Kerbgrund elastisch beansprucht ist.

Vergleich mit Formzahldiagramm: Aus dem Diagramm, Bild B2.1 in Anhang B2 entnimmt man mit $b/B = 0{,}625$ und $r/t = 1{,}5$ den Wert $K_t = 1{,}52$.

8.3.3 Formzahldiagramme

Formzahldiagramme

Die nach den in Abschnitt 8.3.2 beschriebenen Methoden ermittelten Formzahlen stehen für die praktische Anwendung in Form empirischer Gleichungen und/oder *Formzahldiagrammen* zur Verfügung. Aus diesen lassen sich für wichtige Kerbgeometrien und Grundbelastungsfälle die Formzahlen bestimmen. Solche Unterlagen finden sich in einer Vielzahl von Fachbüchern, wie beispielsweise in Dubbel [12], Peterson [156], Roark [25], Roloff/Matek [27], FKM-Richtlinie [65] sowie Wellinger und Dietmann [35]. Im *Anhang B2* finden sich für eine Anzahl technisch wichtiger Kerbfälle die Formzahldiagramme sowie die Gleichungen für die zugrundeliegenden Nennspannungen. Auf Grundlage dieser Beziehungen ist mit *Programm P8_1* eine Berechnung der Formzahlen von Wellen möglich (siehe Beschreibung in Abschnitt 8.5.1).

Anhang B2

Programm P8_1

8.4 Zusammenfassung

Technische Bauteile weisen in den meisten Fällen Störstellen für den Kraftfluß, d. h. Kerben, auf. Im Kerbquerschnitt muß mit folgenden Phänomenen gerechnet werden:

- Erhöhung der Nennspannung
- Entstehung von Sekundärspannungen
- Spannungsüberhöhung im Kerbgrund

• Ausbildung eines dreiachsigen Spannungszustands.

Die Kerbschärfe wird durch die (theoretische) Formzahl K_t welche auch mit α_k bezeichnet wird, quantifiziert. Dieser dimensionslose Überhöhungsfaktor ist definiert als Quotient aus Maximalspannung im Kerbgrund und Nennspannung im Kerbquerschnitt. Die Formzahl K_t ist nur im linear-elastischen Bereich gültig. Sie hängt ab von der Bauteilgeometrie und der Belastungsart, nicht jedoch vom Werkstoff. Die Formzahl bzw. die Maximalspannung im Kerbgrund können durch analytische, numerische oder experimentelle Methoden ermittelt werden. Für viele technisch wichtige Lastfälle stehen empirische Gleichungen und Formzahldiagramme zur Formzahlbestimmung zur Verfügung, siehe Anhang B2.

8.5 Rechnerprogramme

8.5.1 Formzahlen (Programm P8_1)

Grundlagen

Für die Kerbformen Absatz, U-Kerbe und V-Kerbe des Konstruktionselements Welle werden für die Belastungsarten Zug, Biegung und Torsion die Formzahlen K_t nach Näherungsformeln von Roark [25] berechnet. Formzahldiagramme für diese und weitere Kerbformen finden sich im Anhang B2.

Programmbeschreibung

Zweck des Programms: Ermittlung der Formzahlen von Wellen

Programmstart: «FEST» und Auswahl von «P8_1»

Eingabedaten: Kerbart und Kerbradius
Großer und kleiner Durchmesser
Flankenwinkel (nur bei V-Kerbe)

Ergebnisse: Formzahlen für Zug, Biegung, Torsion, Beispiel in Bild 8.12

Geometrie

Kerbradius [mm] ?	0.50
groBer ø [mm] ?	80
kleiner ø [mm] ?	60

berechnete K_t-Werte

Welle mit Absatz

Zug/Druck	Biegung	Torsion
3.851	3.735	3.074

Bild 8.12 Beispiel einer Auswertung mit Programm P8_1 (Berechnung von Formzahlen für Wellen)

8.6 Verständnisfragen

1. Benennen und skizzieren Sie fünf technische Bauteile mit Kerben.
2. Zu welchen Auswirkungen kann es beim Vorhandensein von Kerben grundsätzlich kommen?
3. Skizzieren Sie qualitativ die Spannungsverläufe, falls der gekerbte Probestab in Bild 8.5 nicht durch Zug, sondern durch Biegung beansprucht wird.
4. Was versteht man unter einer Nennspannung im Kerbquerschnitt?
5. Berechnen und zeichnen Sie quantitativ den Nennspannungsverlauf im Kerbquerschnitt für die drei in Bild 8.13 dargestellten Kerbfälle.

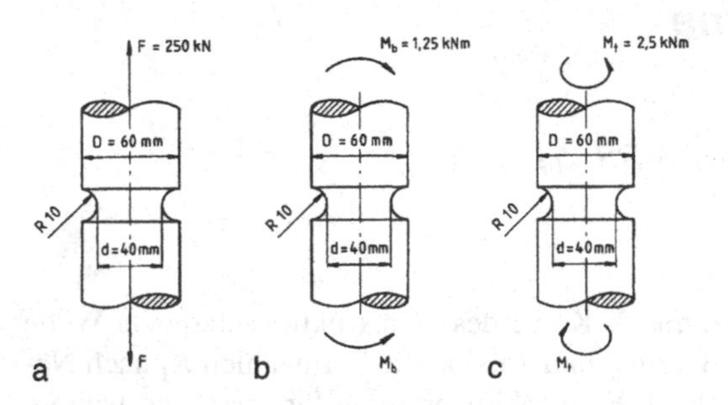

Bild 8.13 *Rundstab mit Umdrehungskerbe*
a) Zug
b) Biegung
c) Torsion

Bestimmen Sie die Formzahlen K_{tz}, K_{tb} und K_{tt} für die Kerbstäbe. Vergleichen Sie das Ergebnis mit Beziehung (8.6). Zeichnen Sie damit den Spannungsverlauf im Kerbquerschnitt zusammen mit dem Nennspannungsverlauf.

6. Mit einem im Kerbgrund des in Bild 8.14 dargestellten mittig gelochten Flachstabs aus S355J2G3 ($E = 2{,}1 \cdot 10^5$ *MPa*) applizierten Dehnungsmeßstreifen wird die Längsdehnung $\varepsilon_l = 1{,}02$ ‰ gemessen. Berechnen Sie daraus die Formzahl und vergleichen Sie das Ergebnis mit dem aus dem Formzahldiagramm in Anhang B2 erhaltenen Wert.

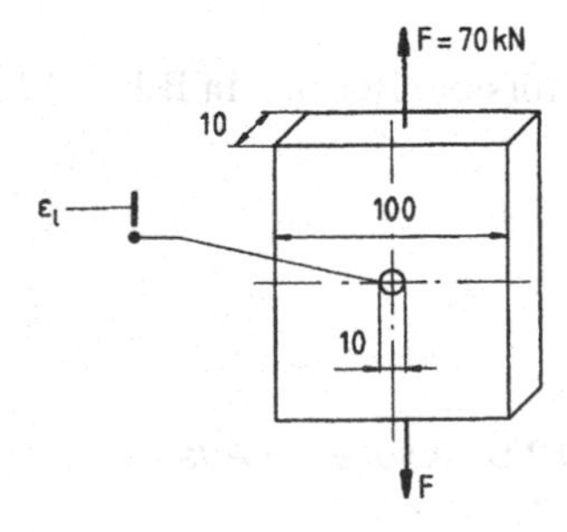

Bild 8.14 *Gelochter Zugstab*

7. Wie ist die Formzahl K_t definiert? Erklären Sie die Bedeutung des Index *t*.

8. Von welchen Einflußfaktoren hängt die Formzahl ab?

9. In einem Laborversuch wurden an einem Rundstab mit Umdrehungsrille die Formzahlen für verschiedene Kerbgeometrien, Belastungsarten und Werkstoffe experimentell ermittelt. Durch unsachgemäße Protokollführung ging die Zuordnung der gemessenen Formzahlen zu den zugehörigen Proben verloren. Ordnen Sie, zunächst ohne Rechnung, die Kerbfälle a bis f von Bild 8.15 folgenden Formzahlen zu: $K_t = 1{,}2$; *1,5*; *1,2*; *1,9*; *1,1*; *1,9*. Überprüfen Sie anschließend Ihr Ergebnis mit den Formzahldiagrammen in Anhang B2.

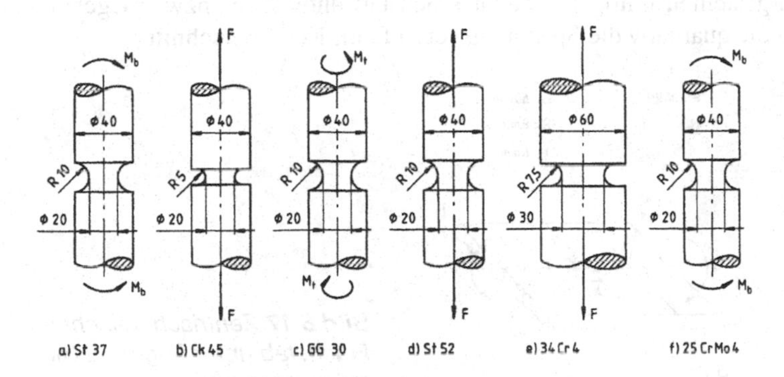

Bild 8.15 *Rundproben mit Umdrehungsrille*

10. Beschreiben Sie einen Versuch zur experimentellen Ermittlung der Formzahlen in Aufgabe 9. Welche anderen Möglichkeiten zur Bestimmung von K_t kennen Sie?

11. Welche der folgenden Aussagen sind wahr, welche sind falsch?
   - Das Vorhandensein einer Kerbe in einem belasteten Bauteil führt zu einer Störung des Kraftlinienflusses.
   - Die in Bild 8.16 dargestellten Spannungsverläufe im Kerbquerschnitt des gekerbten Zugstabs sind qualitativ richtig.

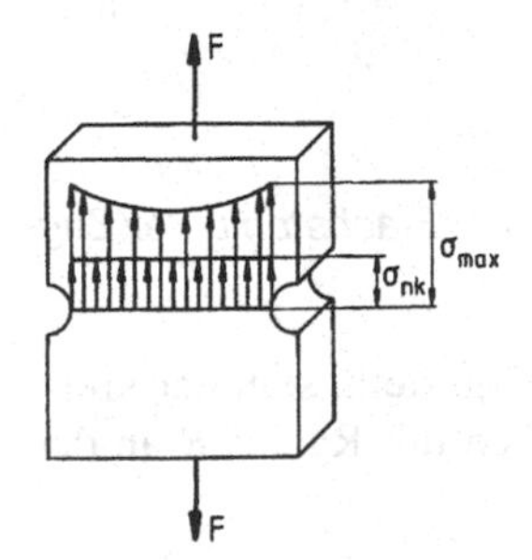

Bild 8.16 *Spannungsverläufe im Kerbquerschnitt*

   - Die Formzahl K_t ist nur für den linear-elastischen Bereich definiert.
   - Die Formzahl K_t hängt vom Werkstoffzustand ab.

8.7 Musterlösungen

8.7.1 Spannungsverläufe im gekerbten Flachstab

An einem Flachstab aus S235J2G3 (R_e = *240 MPa*) sollen die Auswirkungen von unterschiedlichen Kerbgeometrien und Belastungsarten untersucht werden.

a) Berechnen Sie die Nennspannung und die Maximalspannung an der Stelle *A* für den in Bild 8.17 dargestellten mittig gelochten Flachstab unter Zug- bzw. Biegebelastung. Zeichnen Sie qualitativ die Spannungsverläufe im Kerbquerschnitt.

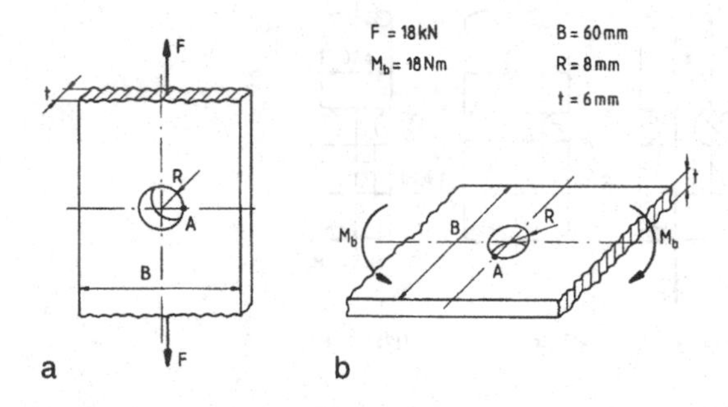

Bild 8.17 *Zentrisch gelochter Flachstab unter Zug- und Biegebeanspruchung*

b) Durch einen Fertigungsfehler wird die Bohrung entsprechend Bild 8.18 außermittig angebracht. Berechnen Sie zunächst aus dem Kräfte- und Momentengleichgewicht den linearen Spannungsverlauf im Kerbquerschnitt unter Vernachlässigung der Kerbwirkung. Ermitteln Sie die Spannungsüberhöhung im Kerbgrund und zeichnen Sie qualitativ den Spannungsverlauf ohne und mit Berücksichtigung der Kerbwirkung.

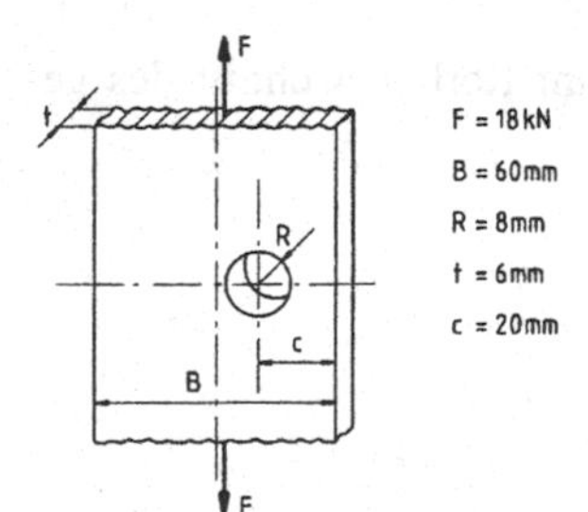

Bild 8.18 *Exzentrisch gelochter Flachstab unter Zugbeanspruchung*

c) Wie ändern sich die Verhältnisse, wenn wie in Bild 8.19 dargestellt, statt der kreisförmigen Kerbe mit Radius *R* zwei halbkreisförmige Kerben mit Radius *R* an den Stabaußenseiten angebracht werden?

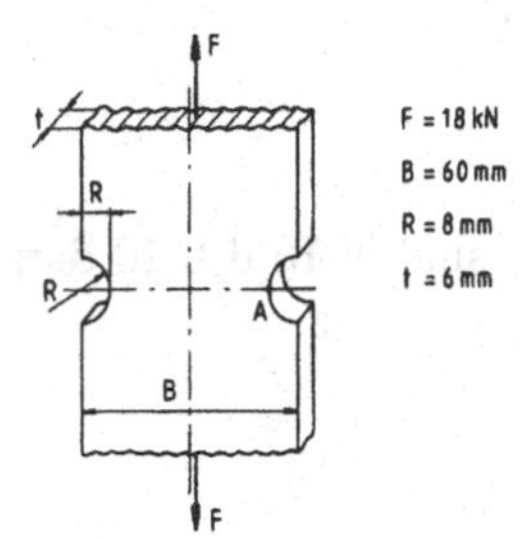

***Bild 8.19** Beidseitig gekerbter Flachstab unter Zugbelastung*

Lösung

a) Zug:

Für die Nennspannung bei Zugbelastung findet man mit Gleichung (8.2) bzw. Bild B2.1 in Anhang B2:

$$\sigma_{znk} = \frac{F}{A_k} = \frac{F}{t(B-2R)} = 68{,}2 \ MPa \quad .$$

Die Formzahl ergibt sich für $2R/B = 0{,}267$ aus Anhang B2, Bild B2.8, oder mit der in Roark [25] angegebenen empirischen Formel zu:

$$K_{tz} = 3 - 3{,}13 \cdot \left(\frac{2R}{B}\right) + 3{,}66 \cdot \left(\frac{2R}{B}\right)^2 - 1{,}53 \cdot \left(\frac{2R}{B}\right)^3 = 2{,}4 \quad .$$

Damit berechnet sich die Maximalspannung bei Zugbelastung im Kerbgrund mit Gleichung (8.7) zu:

$$\sigma_{z\max} = \sigma_{znk} \cdot K_{tz} = 163{,}7 \ MPa \quad .$$

Ein Vergleich mit der Streckgrenze R_e zeigt, daß der Kerbgrund elastisch beansprucht ist, die ermittelte Formzahl besitzt demnach Gültigkeit.

Biegung:

Die Nennspannung an der Staboberfläche im Kerbquerschnitt bei Biegebeanspruchung ergibt sich mit Bild B2.9 zu:

$$\sigma_{bnk} = \frac{6\,M_b}{t^2(B-2R)} = 68{,}2 \ MPa \quad .$$

Für die Formzahl K_{tb} findet man in Roark [25] mit $2R/B = 0{,}267$ und $2R/t = 2{,}67$

$$K_{tb} = \left[1{,}79 + \frac{0{,}25}{0{,}39 + (2R/t)} + \frac{0{,}81}{1 + (2R/t)^2} - \frac{0{,}26}{1 + (2R/t)^3}\right] \cdot \left[1 - 1{,}04 \cdot \left(\frac{2R}{B}\right) + 1{,}22 \cdot \left(\frac{2R}{B}\right)^2\right] = 1{,}58 \quad .$$

Die Maximalspannung bei Biegung berechnet sich damit zu:

$$\sigma_{bmax} = \sigma_{bnk} \cdot K_{tb} = 107{,}8\ MPa \quad .$$

Die qualitativen Spannungsverläufe im Kerbquerschnitt sind in Bild 8.20 dargestellt.

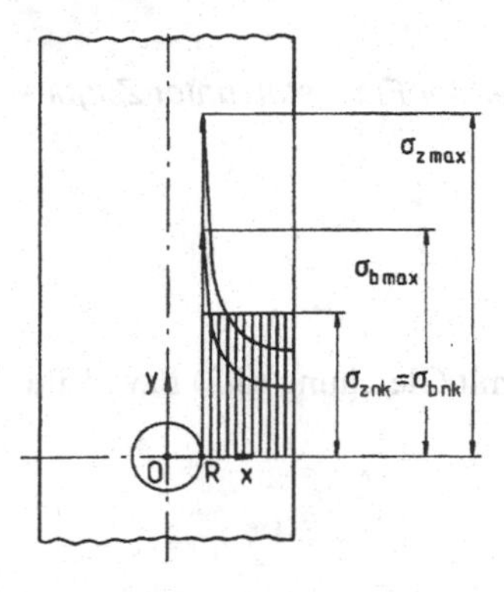

Bild 8.20 *Qualitative Verläufe der Nennspannung sowie der Kerbspannungen im Kerbquerschnitt bei Zug- und Biegebelastung*

b) Spannungsverlauf im Kerbquerschnitt

- Ohne Kerbwirkung

Für den linearen Spannungsverlauf unter Vernachlässigung der Kerbwirkung gilt:

$$\sigma_y(x) = \begin{cases} ax+b & \\ 0 & \text{für} \\ ax+b & \end{cases} \begin{matrix} -30 \le x \le 2 \\ 2 < x < 18 \\ 18 \le x \le 30 \end{matrix} \tag{a}$$

Die Parameter a und b ermittelt man aus dem Kräfte- und Momentengleichgewicht:

Kräftegleichgewicht:

$$F = \int_{A_k} \sigma_y(x)\, dA_k = 6\left\{ \int_{x=-30}^{2} (ax+b)\, dx + \int_{x=18}^{30} (ax+b)\, dx \right\} = -960\,a + 264\,b \tag{b}$$

Momentengleichgewicht (um O):

$$M_z = \int_{A_k} \sigma_y(x) \cdot x\, dA_k = 0$$

$$3011\,a - 30\,b = 0 \tag{c}$$

Aus den Gleichungen (a) und (b) erhält man $a = 0{,}705$, $b = 70{,}7$. Damit kann der lineare Nennspannungsverlauf nach Gleichung (a) gezeichnet werden, siehe Bild 8.21.

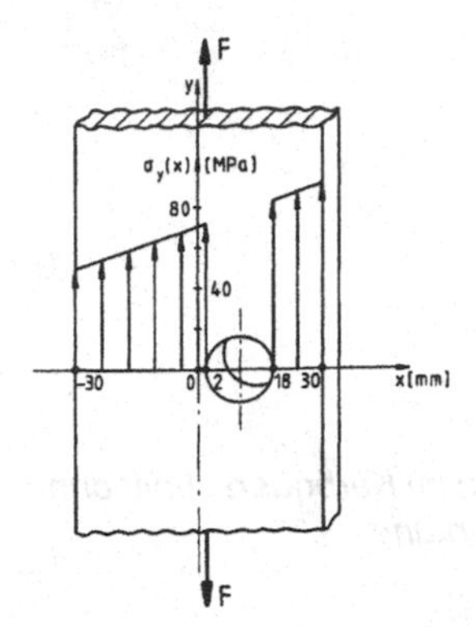

***Bild 8.21** Linearer Spannungsverlauf im exzentrisch gelochten Flachstab*

- Mit Kerbwirkung

Für die Nennspannung σ_{nk} findet man in Roark [25] mit $R/c = 0{,}4$ und $c/B = 0{,}33$

$$\sigma_{nk} = \frac{F}{B \cdot t} \cdot \frac{\sqrt{1-(R/c)^2}}{1-(R/c)} \cdot \frac{1-(c/B)}{1-(c/B) \cdot \left[2-\sqrt{1-(R/c)^2}\right]} = 79{,}7 \ MPa \quad .$$

Die Formzahl berechnet sich zu:

$$K_t = 3 - 3{,}13 \cdot \left(\frac{R}{c}\right) + 3{,}66 \cdot \left(\frac{R}{c}\right)^2 - 1{,}53 \cdot \left(\frac{R}{c}\right)^3 = 2{,}2 \quad .$$

Damit ergibt sich mit Gleichung (8.7) die Maximalspannung im Kerbgrund zu:

$$\sigma_{max} = 175{,}3 \ MPa \quad .$$

Die Spannungsverläufe mit und ohne Berücksichtigung der Kerbwirkung sind in Bild 8.22 dargestellt.

c) Die Formzahl für die beidseitige halbkreisförmige Kerbe findet man mit Anhang B2, Bild B2.1, zu $K_t = 2{,}2$. Die Nennspannung im Kerbquerschnitt ist identisch mit der in Teilaufgabe a) berechneten Spannung $\sigma_{nk} = 68{,}2 \ MPa$. Die Maximalspannung im Kerbgrund $\sigma_{max} = K_t \cdot \sigma_{nk} = 150{,}0 \ MPa$ ist etwas kleiner als der in a) berechnete Spannungshöchstwert bei dem mittig gelochten Flachstab.

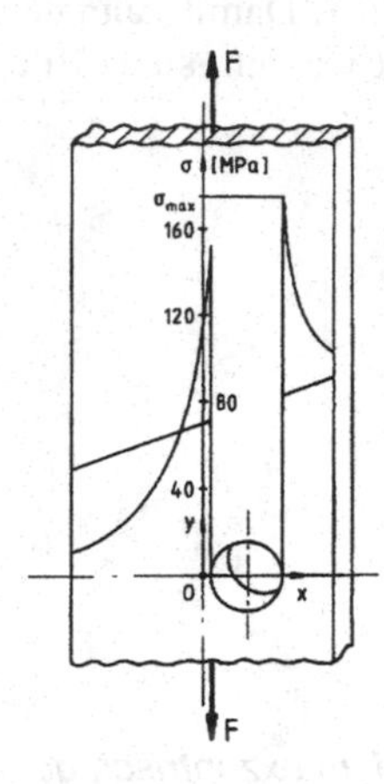

Bild 8.22 *Verlauf der Längsspannung im Kerbquerschnitt ohne und mit Berücksichtigung der Kerbwirkung*

KAPITEL 9

Überelastische Beanspruchung

In diesem Kapitel werden die Grundlagen der Berechnung von zähen Bauteilen, die örtlich über die Streckgrenze hinaus beansprucht sind, behandelt. Eine solche überelastische Beanspruchung von eng begrenzten Bauteilbereichen kann gezielt in der Auslegung vorgesehen werden, um die Verformungsreserven des zähen Werkstoffes optimal auszunutzen, was insbesondere für Konstruktionen in Leichtbauweise wesentlich ist. Außerdem kann es bei beabsichtigten kontrollierten Überlastungen (z. B. Autofrettage von Druckbehältern) oder ungewollten Überlastungen (z. B. Stör- oder Unfälle) wichtig werden, die Konsequenzen für die Betriebsbewährung des Bauteils nachträglich zu analysieren.

Die Ausführungen in diesem Kapitel beziehen sich auf das Verhalten von glatten Biege- und Torsionsstäben sowie auf gekerbte Bauteile unter statischer Belastung, wobei das Versagen durch Erreichen des vollplastischen Zustands (Kollaps) mit berücksichtigt ist. Da die Entstehung von Eigenspannungen eng mit überelastischer Verformung verknüpft ist, wird dieser Themenkreis ebenfalls hier behandelt. Auf plastische Wechselverformungen infolge zyklischer Belastung (Low Cycle Fatigue LCF) wird nicht in dem vorliegenden Grundlagenband nicht eingegangen.

9.1 Werkstofffließkurve

Werkstofffließkurve

Zur Analyse des überelastischen Verhaltens ist die Kenntnis des Spannungs-Dehnungs-Zusammenhangs (*Werkstofffließkurve*) für den Werkstoff erforderlich. Dieser Zusammenhang wird im linear-elastischen Bereich durch das Hookesche Gesetz beschrieben. Die Werkstofffließkurve wird üblicherweise im Zugversuch an glatten Kleinproben ermittelt, siehe Abschnitt 6.1. Seltener werden die Zusammenhänge im Biegeversuch (Abschnitt 6.3) oder Torsionsversuch (Abschnitt 6.4) bestimmt. Für die Anwendung in der Festigkeitslehre werden die erforderlichen Informationen entweder aus den auf die Ausgangsgrößen A_0 und l_0 bezogenen Spannungen und Dehnungen oder aus den wahren Spannungen und Dehnungen entnommen. Der Unterschied ist bei großen plastischen Verformungen wichtig, er kann allerdings bei den in der Auslegung üblicherweise zugelassenen örtlichen Dehnungen ($<1\,\%$) vernachlässigt werden.

Fließgrenze
Fließdehnung

Für die nachfolgenden Ausführungen sind einige Begriffsdefinitionen für Dehnungen bei überelastischer Be- und Entlastung erforderlich. Dies soll anhand des in Bild 9.1 dargestellten σ-ε-Verlaufs erfolgen. Bei nicht ausgeprägter Streckgrenze tritt Fließen bei der *Fließgrenze* σ_F und der *Fließdehnung*

$$\varepsilon_F = \frac{\sigma_F}{E} \tag{9.1}$$

Plastische Dehnung

ein (Punkt A). Die weitere Belastung in den plastischen Bereich (Punkt B) führt zur Spannung σ_{pl}, der Gesamtdehnung ε_{ges} und der *plastischen Dehnung* ε_{pl}, wobei gilt:

$$\varepsilon_{ges} = \varepsilon_F + \varepsilon_{pl} \ . \tag{9.2}$$

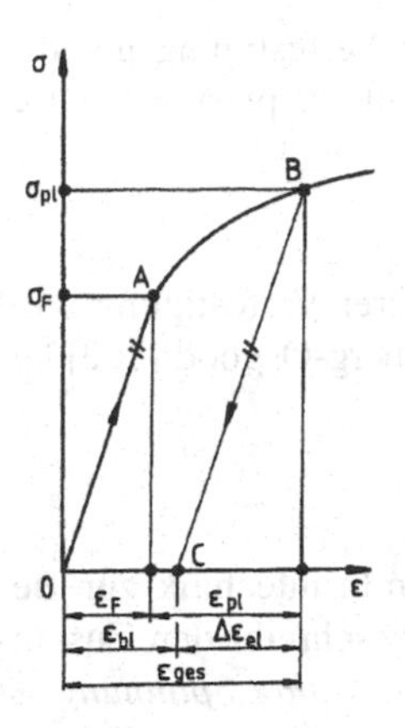

Bild 9.1 *Be- und Entlastungsverlauf im Spannungs-Dehnungs-Diagramm mit unterschiedlichen Dehnungsanteilen*

Die vollständige Entlastung (Punkt *C*) verursacht eine Rückfederung parallel zur elastischen Anstiegsgeraden um die elastische Dehnung

$$\Delta\varepsilon_{el} = \frac{\sigma_{pl}}{E} \tag{9.3}$$

Bleibende Dehnung

Die *bleibende Dehnung* ε_{bl} beträgt

$$\varepsilon_{bl} = \varepsilon_{ges} - \Delta\varepsilon_{el} \ . \tag{9.4}$$

Stoffgesetze

Als *Stoffgesetze* im Bereich kleiner plastischer Verformungen werden meist die in Bild 9.2 dargestellten σ-ε-Zusammenhänge herangezogen.

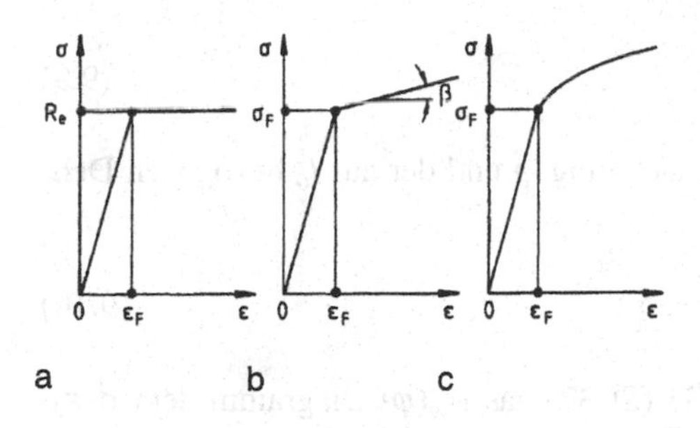

Bild 9.2 *Spannungs-Dehnungsverhalten bei*
a) linearelastisch-idealplastischem Verhalten
b) linearelastisch-plastisch mit linearem Verfestigungsverlauf
c) linearelastisch-plastisch mit nichtlinearem Verfestigungsverlauf

Demnach werden für die analytische Beschreibung des Spannungs-Dehnungs-Zusammenhangs des Werkstoffs im plastischen Bereich ($\varepsilon > \varepsilon_F$) folgende Beziehungen verwendet:

- Ideal-plastisches Verhalten (Bild 9.2a)

$$\sigma = R_e = const. \tag{9.5}$$

- Lineare Verfestigungskurve (Bild 9.2b)

$$\sigma = \sigma_F + T(\varepsilon - \varepsilon_F) \tag{9.6}$$

Mit $T = \tan\beta$, siehe Gleichung (9.39), wird die Steigung der Verfestigungsgeraden bezeichnet. T entspricht einem konstanten Tangentenmodul im plastischen Bereich (vgl. Bild 9.21).

- Nichtlineare Verfestigungskurve (Bild 9.2c)

  Der Verlauf der Fließkurve des Zugversuchs bei nichtlinearer Verfestigung wird meist mit den Gesetzen nach Ludwik [126] oder nach Ramberg-Osgood [162] beschrieben.

Ludwik-Gleichung

Wahre Spannung

Das Gesetz nach Ludwik [126] findet insbesondere in der Umformtechnik zur Beschreibung großer Formänderungen Verwendung. Das Gesetz beschreibt den Zusammenhang zwischen wahrer Spannung und wahrer Dehnung. Die *wahre Spannung* ist definiert als Quotient aus Kraft F und tatsächlicher Fläche A:

$$\sigma_w = \frac{F}{A} = \frac{F}{A_0} \cdot \frac{A_0}{A} = \sigma_0 \cdot \frac{l}{l_0} = \sigma_0 \cdot \left(1 + \frac{\Delta l}{l_0} \right) \quad . \tag{9.7}$$

Mit Gleichung (2.1) erhält man:

$$\sigma_w = \sigma_0 \cdot (1 + \varepsilon) \quad . \tag{9.8}$$

Bei der Herleitung von Gleichung (9.7) wird von der Volumenkonstanz bei vollplastischer Verformung Gebrauch gemacht ($A_0 \cdot l_0 = A \cdot l$).

Wahre Dehnung

Die *wahre Dehnung* φ (*Umformgrad*) entsteht durch Integration der auf die momentane Länge l bezogenen differenziellen Längenänderung dl:

$$\varphi = \int_{l_0}^{l} \frac{dl}{l} = \ln \frac{l}{l_0} \quad . \tag{9.9}$$

Der Zusammenhang zwischen der wahren Dehnung φ und der auf l_0 bezogenen Dehnung ε lautet somit:

$$\varphi = \ln\left(1 + \frac{\Delta l}{l_0} \right) = \ln(1 + \varepsilon) \quad . \tag{9.10}$$

In Bild 9.3 ist für den Werkstoff S235J2G3 (St 37) das $\sigma_w(\varphi)$-Diagramm dem $\sigma(\varepsilon)$-Schaubild des Zugversuchs gegenübergestellt.

Die wahre Kurve entfernt sich mit zunehmender Verformung vom σ-ε-Diagramm. Der Höchstlastpunkt M stellt den Wendepunkt M^* im σ_w-φ-Schaubild dar. Im Einschnürbereich weichen die beiden Kurven stark voneinander ab, da einerseits die Bezugsfläche abnimmt und andererseits eine Fließbehinderung aus dem dreiachsigen Spannungszustand vorliegt, siehe Bild 6.13.

Ludwik-Gleichung

Unter Verwendung der Werkstoffkonstanten C_L und n_L (Verfestigungsexponent) lautet die *Ludwik-Gleichung*:

$$\sigma_w = \sigma_F + C_L \cdot \varphi_{pl}^{\ n_L} \quad . \tag{9.11}$$

Der Wert φ_{pl} ist nach Gleichung (9.10) unter Verwendung der plastischen Dehnung ε_{pl} zu errechnen.

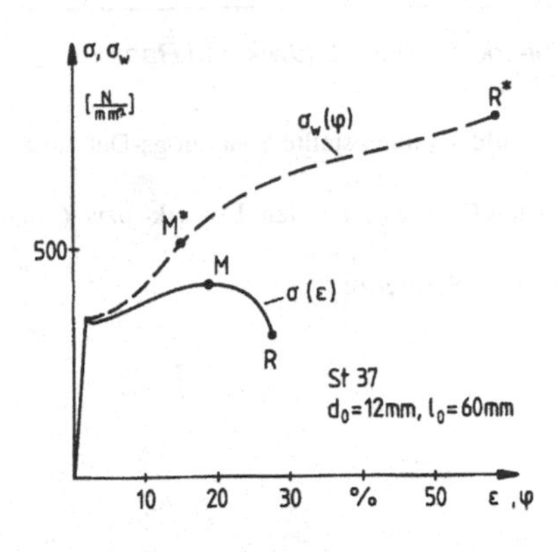

***Bild 9.3** Gegenüberstellung des wahren Spannungs-wahren Dehnungs-Schaubilds und des auf die Ausgangsgrößen bezogenen Spannungs-Dehnungs-Diagramms des Zugversuchs (Werkstoff S235J2G3)*

Ramberg-Osgood-Gleichung

Neuzeitliche Festigkeitskonzepte verwenden zur Beschreibung der begrenzten plastischen Verformung als Spannungs-Dehnungs-Beziehung zumeist die Formulierung nach *Ramberg-Osgood* [162]:

Ramberg-Osgood-Gleichung

$$\varepsilon = \Delta\varepsilon_{el} + \varepsilon_{bl} = \frac{\sigma}{E} + \left(\frac{\sigma}{C}\right)^n . \tag{9.12}$$

Die Werkstoffkonstanten C und n werden durch Einsetzen der Koordinaten zweier Punkte im Verfestigungsbereich des σ-ε-Schaubilds bestimmt (siehe Beispiel 9.1). Die Exponenten n und n_L sind dimensionslos. Die Konstanten C und C_L haben die Dimension einer Spannung. Im Ramberg-Osgood-Gesetz kann C als der Spannungswert interpretiert werden, der einer bleibenden Dehnung $\varepsilon_{bl}=1$ *(100 %)* entspricht. Die 0,2%-Dehngrenze läßt sich durch Einsetzen des bleibenden Dehnungsanteils von 0,2 % aus Gleichung (9.12) errechnen:

$$\varepsilon_{bl} = \left(\frac{R_{p\,0,2}}{C}\right)^n = 0{,}2 \cdot 10^{-2} .$$

Aufgelöst nach $R_{p0,2}$ ergibt sich:

$$R_{p0,2} = C\left(0{,}2 \cdot 10^{-2}\right)^{\frac{1}{n}} . \tag{9.13}$$

Die Auswertung der Fließkurve nach der Ludwik- und der Ramberg-Osgood-Gleichung ist in *Programm P6_2* (Abschnitt 6.7.2) enthalten. Im nachfolgenden Beispiel wird die Werkstofffließkurve eines Vergütungsstahls im Bereich kleiner plastischer Dehnungen mit dem Ludwik-Gesetz und dem Ramberg-Osgood-Gesetz beschrieben.

Programm P6_2

Weitere Ausführungen zur Werkstofffließkurve mit Bestimmung der Fließspannung k_f sind im *Anhang A12* enthalten.

Anhang A12

Beispiel 9.1 *Analytische Beschreibung der Werkstofffließkurve nach Ludwik und Ramberg-Osgood*

Bei einem Zugversuch an einem Vergütungsstahl wird das in Bild 9.4 dargestellte Spannungs-Dehnungs-Diagramm ermittelt.

a) Bestimmen Sie den Elastizitätsmodul E sowie die Konstanten C_L und n_L mit dem Ludwik- bzw. C und n mit dem Ramberg-Osgood-Ansatz.

b) Ermitteln Sie aus der Ramberg-Osgood-Gleichung die 0,2%-Dehngrenze.

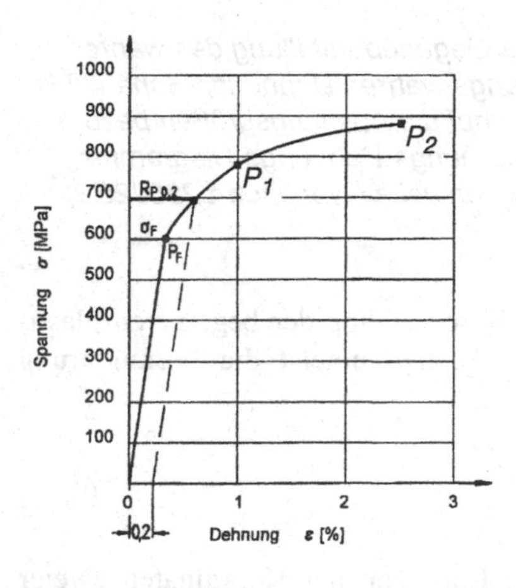

Bild 9.4 *Spannung-Dehnungs-Diagramm eines Vergütungsstahls mit Stützpunkten P_1 und P_2 sowie 0,2%-Dehngrenze $R_{p0,2}$*

Lösung

a) Der Elastizitätsmodul ergibt sich als Steigung der Hookeschen Geraden. Mit dem Punkt $P_F(\varepsilon_F/\sigma_F)$, und den Werten $\varepsilon_F = 0{,}3\ \%$ und $\sigma_F = 600\ MPa$ gilt:

$$E = \frac{\sigma_F}{\varepsilon_F} = 200\ GPa\ .$$

Zur Ermittlung von C und n werden folgende Stützwerte gewählt, Bild 9.4:

$P_1(\varepsilon_1/\sigma_1)$ mit $\varepsilon_1 = 1\ \%$ und $\sigma_1 = 780\ MPa$

$P_2(\varepsilon_2/\sigma_2)$ mit $\varepsilon_2 = 2{,}5\ \%$ und $\sigma_2 = 880\ MPa$.

- Konstanten im Ludwik-Gesetz, Gleichung (9.11):
  Punktprobe mit P_1 und P_2 und Auflösen nach n_L führt zu:

$$n_L = \frac{\lg\left(\dfrac{\sigma_1 - \sigma_F}{\sigma_2 - \sigma_F}\right)}{\lg\left(\dfrac{\varphi_{pl1}}{\varphi_{pl2}}\right)} = \frac{\lg\left(\dfrac{180}{280}\right)}{\lg\left(\dfrac{0{,}00697}{0{,}02176}\right)} = 0{,}3883\ .$$

Der Parameter C_L ergibt sich aus Punktprobe mit P_1:

$$C_L = \frac{\sigma_1 - \sigma_F}{\varphi_{pl1}^{\ n_L}} = \frac{180}{0{,}00697^{0{,}3883}} = 1238\ MPa\ .$$

- Konstanten im Ramberg-Osgood-Gesetz, Gleichung (9.12):
  Mit der Abkürzung

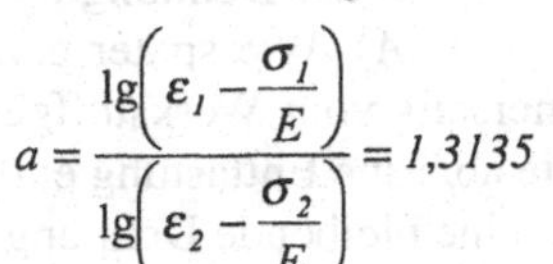

$$a = \frac{\lg\left(\varepsilon_1 - \frac{\sigma_1}{E}\right)}{\lg\left(\varepsilon_2 - \frac{\sigma_2}{E}\right)} = 1{,}3135$$

berechnet sich C zu

$$C = 10^{\frac{a\,\lg\sigma_2 - \lg\sigma_1}{a-1}} = 1293\ MPa\ .$$

Der Verfestigungsexponent ergibt sich aus Gleichung (9.12) durch Punktprobe mit P_1:

$$n = \frac{\lg\left(\varepsilon_1 - \frac{\sigma_1}{E}\right)}{\lg\left(\frac{\sigma_1}{C}\right)} = 10{,}1\ .$$

b) Für die 0,2%-Dehngrenze findet man mit Gleichung (9.13):

$$R_{p0,2} = C \cdot \left(0{,}2 \cdot 10^{-2}\right)^{\frac{1}{n}} = 698\ MPa\ .$$

9.2 Bauteilfließkurve

Bauteilfließkurve

Die *Bauteilfließkurve* ist das grundlegende Diagramm für die Auslegung teilplastisch beanspruchter Bauteile. Sie stellt den Zusammenhang zwischen der äußeren Belastung bzw. der Nennspannung und der Dehnung ε_{max} an der höchstbeanspruchten Stelle („Hot Spot") dar, siehe Bild 9.5.

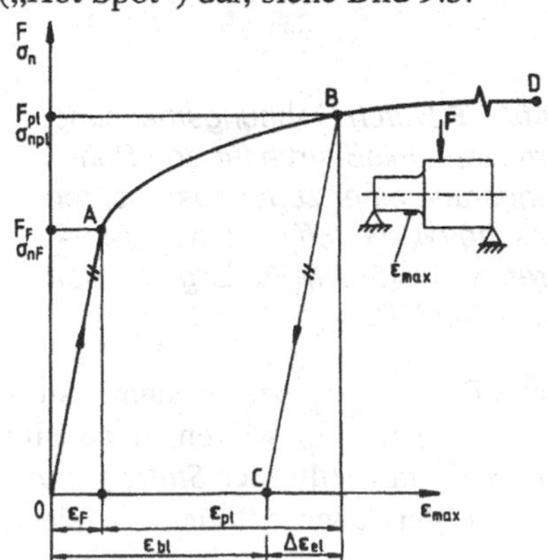

Bild 9.5 *Last-(Nennspannungs-) Maximaldehnungs-Verlauf bei überelastischer Beanspruchung eines Bauteils (Fließkurve)*

Wie auch das σ-ε-Diagramm besteht die Fließkurve aus einem linear-elastischen Bereich $0A$ und einem überelastischen Bereich AD. Fließen tritt bei der Dehnung ε_F und der Fließlast F_F (bzw. der Fließnennspannung σ_{nF}) ein (Punkt A). Wie später gezeigt wird, hängt der weitere Verlauf der Bauteilfließkurve einerseits vom Werkstoffgesetz (Verfestigung), andererseits von der Querschnittsgeometrie ab. Eine Entlastung entlang BC erfolgt parallel zur Anstiegsgeraden $0A$ und verursacht eine bleibende Dehnung ε_{bl}. Die Wiederbelastung verläuft entlang dem Linienzug CBD.

Bei sehr hohen Dehnungen nimmt die Fließkurve einen horizontalen Verlauf an, was bedeutet, daß keine weitere Verfestigung möglich ist. Dies ist darauf zurückzuführen, daß sich die plastische Zone über den gesamten Querschnitt ausgebreitet hat. Die Erschöpfung der Traglastreserve bei Erreichen der plastischen Grenzlast wird mit *Kollaps* bezeichnet, siehe Abschnitt 9.3.

Die Fließkurve kann experimentell oder analytisch ermittelt werden. Falls ein Prototyp eines Bauteils verfügbar ist, bietet sich die experimentelle Bestimmung der Fließkurve z. B. durch Dehnungsmessungen an. Dies setzt jedoch die Kenntnis der hochbeanspruchten Bauteilzonen voraus, welche mit DMS oder DMS-Rosetten zu instrumentieren sind. Allerdings muß es möglich sein, die DMS im höchstbeanspruchten (Kerb-) Bereich zu applizieren. Bei komplexen Belastungs- und Geometriesituationen muß die höchstbeanspruchte Stelle des Bauteils entweder durch eine Finite-Elemente-Rechnung oder durch experimentelle Überprüfung mehrerer in Frage kommender Stellen ermittelt werden.

Die Dehnungen werden bei monoton ansteigender Belastung und ein- oder mehrfacher Entlastung registriert. Bei mehrachsiger Beanspruchung wird aus den Einzeldehnungen eine Vergleichsdehnung ε_v errechnet, siehe Abschnitt 7.7, die über der Belastungsgröße aufgetragen wird. Ein Beispiel für eine Fließkurve ist in Bild 9.6 für einen gelochten Flachstab wiedergegeben.

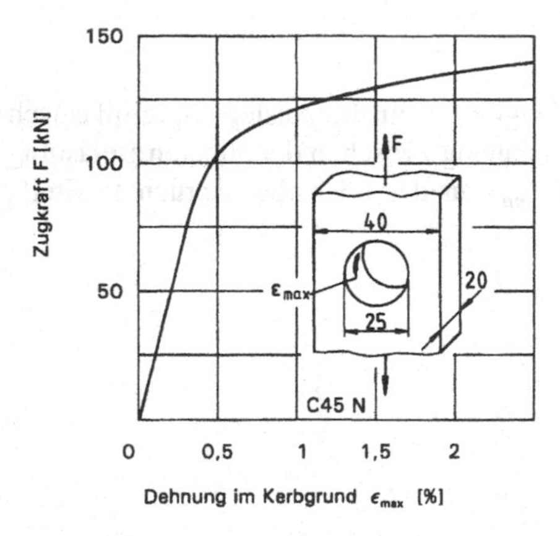

***Bild 9.6** Durch Dehnungsmessung ermittelte Fließkurve für den Bohrungsrand einer zugbeanspruchten Lasche (Werkstoff C 45 N, Streckgrenze R_e =550 MPa, Zugfestigkeit R_m =760 MPa)*

Läßt man bei der Auslegung eine örtliche plastische Dehnung ε_{pl} zu, so kann als ertragbare Last, anstelle der Kraft F_F bei Fließbeginn, die Kraft F_{pl} wirken, siehe Bild 9.5. Diese Auslegung über den Fließbeginn hinaus wird mit Hilfe der *Stützziffer* n_{pl} (sprachlich besser „Stützzahl") quantifiziert, die folgendermaßen definiert ist (siehe Bild 9.5):

Stützziffer

$$n_{pl} \equiv \frac{F_{pl}}{F_F} = \frac{\sigma_{npl}}{\sigma_{nF}} \ . \tag{9.14}$$

Bei bekannter Stützzahl kann die ertragbare Betriebslast aus Gleichung (9.14) gemäß

$$F_{pl} = n_{pl} \cdot F_F \quad \text{oder} \quad \sigma_{npl} = n_{pl} \cdot \sigma_{nF} \tag{9.15}$$

berechnet werden.

In den folgenden Abschnitten wird die analytische Ermittlung der Fließkurve für den glatten Biege- und Torsionsstab sowie den Kerbstab gezeigt.

9.2.1 Glatter Biegestab

Die Ermittlung der Fließkurve M_b (ε_{max}) für den bezüglich der Biegeachse symmetrischen teilplastisch beanspruchten Biegestab ist in Bild 9.7 dargestellt.

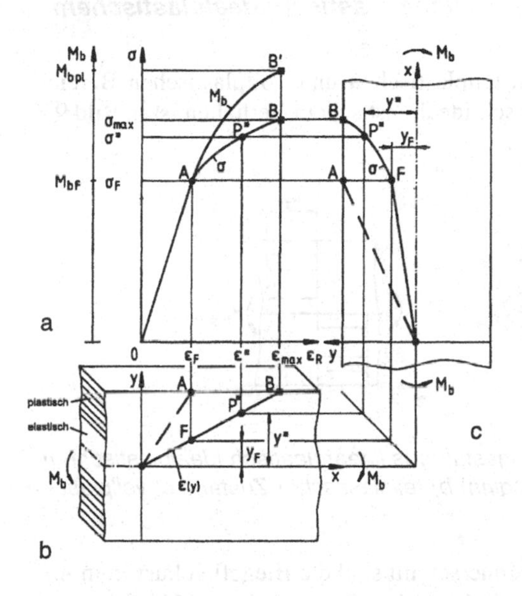

Bild 9.7 *Fließkurve eines glatten Biegestabs*
a) Last- und Spannungs-Dehnungs-Verlauf
b) Dehnungsverteilung
c) Spannungsverteilung

Bis zum Fließbeginn am Außenrand (Punkt A) ist der Dehnungs- und der Spannungsverlauf linear (gestrichelte Linie). Fließen tritt ein, wenn die Biegespannung an der Außenseite die Fließgrenze σ_F bzw. die Randdehnung die Fließdehnung

$$\varepsilon_F = \frac{\sigma_F}{E}$$

erreicht. Das Biegemoment bei Fließbeginn M_{bF} errechnet sich mit Gleichung (5.16):

$$M_{bF} = \sigma_F \cdot W_b \ .$$

Bei weiterer Steigerung des Biegemoments vergrößert sich die Randdehnung auf ε_{max}, wobei der Dehnungsverlauf in dem hier betrachteten Bereich kleiner Dehnungen über dem Querschnitt weiter linear bleibt. Der Dehnung ε_{max} am Außenrand kann über das

Werkstoffgesetz $\sigma(\varepsilon)$, Gleichung (9.11) oder (9.12), der Biegespannung σ_{max} an der Stabaußenseite zugeordnet werden (Punkt *B*). Dieses Vorgehen ist für jede Stabfaser im Abstand y^* anwendbar, was schließlich zum gekrümmten Spannungs-Dehnungsverlauf im plastifizierten Bauteil führt, siehe Konstruktion des Punkts P^* in Bild 9.7. Die Grenze zwischen dem elastisch verbleibenden Innenbereich und der plastifizierten Außenzone des Stabs (y_F) ist durch die Fließdehnung ε_F bestimmt (Punkt *F*), welcher die örtliche Spannung σ_F zugeordnet wird.

Das Biegemoment erhält man aus der Spannungsverteilung $\sigma(y)$ und der Gleichgewichtsbedingung zwischen äußerem und innerem Biegemoment (siehe Abschnitt 3.6):

$$M_b = \int_A \sigma(y)\, y\, dA \; . \tag{9.16}$$

Der Punkt B' ($\varepsilon_{max}/M_{bpl}$) auf der gesuchten Fließkurve ergibt sich demnach durch Integration des Spannungsverlaufs über den gesamten Stabquerschnitt.

Biegestab mit Rechteckquerschnitt bei linearelastisch-idealplastischem Werkstoffverhalten

Die Spannungsverteilung im elastischen, teilplastischen und vollplastischen Bereich für den Biegestab aus Werkstoff mit elastisch-idealplastischem Verhalten ist in Bild 9.8 dargestellt.

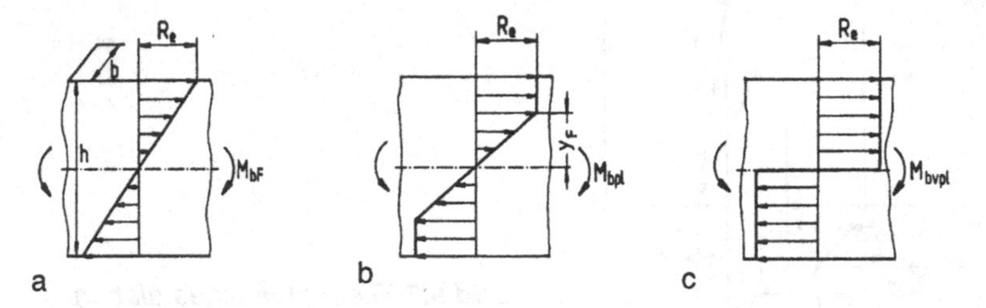

***Bild 9.8** Spannungsverteilung für den Biegestab aus linearelastisch-idealplastischem Werkstoff a) elastischer Zustand (Fließbeginn) b) teilplastischer Zustand c) vollplastischer Zustand*

Anhang A11

Für den Sonderfall des Stabs mit Rechteckquerschnitt sind die Biegefließkurven in *Anhang A11* hergeleitet. Demnach liegt im teilplastischen Zustand (Bild 9.8b) folgender Zusammenhang zwischen Biegemoment M_{bpl} und der Grenze y_F zwischen dem elastischen Innenbereich und der plastifizierten Außenzone vor:

$$M_{b\,pl} = R_e \cdot b \left(\frac{h^2}{4} - \frac{{y_F}^2}{3} \right) . \tag{9.17}$$

Für den Sonderfall $y_F = h/2$ (Bild 9.8a) ergibt sich aus Gleichung (9.17) die Lösung für elastischen Zustand und das Biegemoment bei Fließbeginn, vgl. Gleichung (5.16) und Tabelle 5.1:

$$M_{bF} = R_e \cdot \frac{b\,h^2}{6} = R_e \cdot W_b \; . \tag{9.18}$$

Für $y_F = 0$ erhält man die vollplastische Spannungsverteilung (Bild 9.8c) mit

$$M_{b\,vpl} = R_e \cdot \frac{b\,h^2}{4} = 1{,}5 \cdot M_{b\,F} \quad . \tag{9.19}$$

Das zum vollplastischen Zustand führende Biegemoment beträgt demnach beim Biegestab mit Rechteckquerschnitt das 1,5-fache des Moments bei Fließbeginn.

Durch weitere Umformung von Gleichung (9.17) ergibt sich folgende Beziehung für die Grenze zwischen elastischem und plastischem Bereich des Querschnitts bei Belastung durch M_{bpl}:

$$\frac{y_F}{h/2} = \sqrt{2\left(1{,}5 - \frac{M_{b\,pl}}{M_{bF}}\right)} \quad . \tag{9.20}$$

Wie im Anhang A11 gezeigt, besteht folgender Zusammenhang zwischen dem Biegemoment und der Randdehnung ε_{max} (bezogene Fließkurve):

$$\frac{M_{b\,pl}}{M_{bF}} = 1{,}5 - 0{,}5\left(\frac{\varepsilon_F}{\varepsilon_{\max}}\right)^2 \quad . \tag{9.21}$$

Mit dieser Berechnung läßt sich bei vorgegebener überelastischer Randdehnung ε_{max} das zugehörige Biegemoment M_{bpl} errechnen, was eine Auslegung mit kontrollierter plastischer Randverformung erlaubt.

***Beispiel 9.2** Fließkurve für Biegebalken mit Rechteckquerschnitt*

Ein Balken mit Rechteckquerschnitt (Breite $b = 25\ mm$, Höhe $h = 60\ mm$) wird mit einem Biegemoment M_b belastet. Der Biegebalken mit zähem Werkstoffverhalten besitzt das in Bild 9.9a dargestellte Spannungs-Dehnungs-Diagramm mit linearer Verfestigungskurve.

a) Berechnen Sie das Biegemoment bei Fließbeginn und zeichnen Sie maßstäblich den Spannungs- und den Dehnungs-Verlauf über dem Querschnitt.

b) Der Balken wird bis zu einer Randdehnung von $\varepsilon_{max} = 4$ ‰ belastet. Welches Biegemoment ist hierzu erforderlich? Vergleichen Sie die Lösung mit derjenigen für das linearelastisch-idealplastische Werkstoffverhalten.

c) Zeichnen Sie die Fließkurve für den Balken bis $\varepsilon_{max} = 4$ ‰.

d) Wie groß ist die Stützzahl für $\varepsilon_{pl} = 2$ ‰?

Lösung

a) Fließen tritt bei einer Randbiegespannung $\sigma_b = \sigma_F = 400\ MPa$ (siehe Bild 9.9a) ein. Die zugehörige Randdehnung beträgt nach Gleichung (9.1)

$$\varepsilon_F = \frac{\sigma_F}{E} = 2 \cdot 10^{-3} = 2\ ‰ \quad .$$

Der Elastizitätsmodul wurde aus Bild 9.9a zu $E = 200\ GPa$ bestimmt.

Die linear veränderlichen Spannungs- und Dehnungsverteilungen über dem Querschnitt sind in Bild 9.9b und Bild 9.9c gestrichelt eingetragen. Das Fließ-Biegemoment ergibt sich mit Gleichung (9.18) zu

$$M_{bF} = R_e \cdot W_b = R_e\,\frac{b\,h^2}{6} = 400\,\frac{25 \cdot 60^2}{6}\,Nmm = 6\ kNm \quad .$$

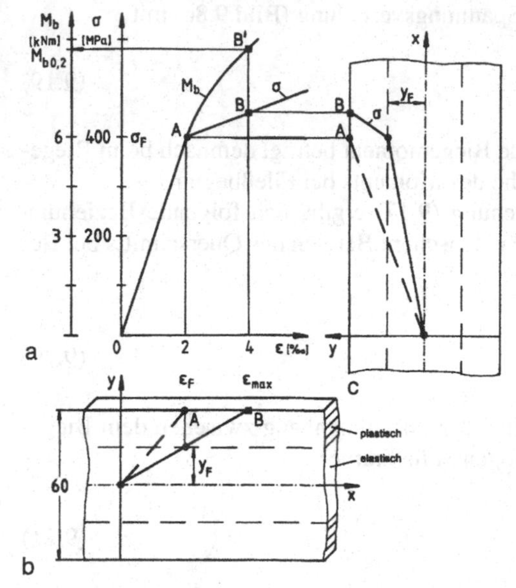

Bild 9.9 *Biegebalken mit Rechteckquerschnitt*
a) Lastverlauf, Spannungs-Dehnungs-Kurve des Werkstoffs und Fließkurve des Balkens
b) Dehnungsverlauf
c) Spannungsverlauf

b) Die überelastische Beanspruchung mit ε_{max}= *4 ‰* führt gemäß dem σ-ε-Diagramm in Bild 9.9a zu einer Randspannung von σ_{max}= *450 MPa* (Punkt *B*). Aus dem Dehnungsverlauf in Bild 9.9b wird deutlich, daß die Fließdehnung ε_F bei y_F = *15 mm* erreicht wird. Der Spannungsverlauf auf der Zugseite wird demnach durch zwei Geraden beschrieben, siehe Bild 9.9c:

- Elastischer Bereich

$$0 \le y \le 15\,mm: \quad \sigma_{el}(y) = \frac{\sigma_F}{y_F}\, y = \frac{400}{15}\, y = 26{,}67\; y$$

- Plastischer Bereich

$$15 \le y \le 30\,mm: \quad \sigma_{pl}(y) = 350 + \frac{50}{15}\, y = 350 + 3{,}33\; y$$

Das Gesamtbiegemoment ergibt sich aus der Spannungsverteilung $\sigma_{el}(y)$ und $\sigma_{pl}(y)$:

$$M_{b\,ges} = M_{b\,el} + M_{b\,pl} \quad .$$

- Elastischer Anteil des Biegemoments:

$$\begin{aligned} M_{bel} &= 2 \int_{y=0}^{15} \sigma_{el}(y)\, y\, b\, dy = 2b \cdot 26{,}67 \cdot \int_{y=0}^{15} y^2 dy \\ &= \frac{2}{3} b \cdot 26{,}67 \left[y^3 \right]_{y=0}^{15} \\ &= 444 \left[15^3 \right] = 1{,}5\; kNm \quad . \end{aligned}$$

Kontrolle mit Gleichung (9.18) und Tabelle 5.1 (Dicke des elastischen Kerns $b_{el} = 2 \cdot y_F = 30\; mm$):

$$M_{bF} = M_{bel} = \sigma_b \cdot W_b = \sigma_F \frac{b(2\,y_F)^2}{6} = 400\frac{25 \cdot 30^2}{6} Nmm = 1{,}5\ kNm$$

- Plastischer Anteil des Biegemoments

$$M_{b\,pl} = 2 \int_{y=15}^{30} \sigma_{pl}(y)\, y\, b\, dy = 2b \int_{y=15}^{30} (350 + 3{,}33y)\ y\ dy$$

$$= 2b\left[\frac{350}{2}y^2 + \frac{3{,}33}{3}y^3\right]\Bigg|_{y=15}^{30}$$

$$= 7{,}218\ kNm$$

- Gesamtbiegemoment (Punkt B' in Bild 9.9a):

$$M_{b\,ges} = M_{b\,el} + M_{b\,pl} = 1{,}5 + 7{,}218 = 8{,}718\ kNm$$

Vergleich mit linearelastisch-idealplastischem Verhalten:
Aus Gleichung (9.21) erhält man:

$$M_b = M_{bF}\left(1{,}5 - 0{,}5\left(\frac{\varepsilon_F}{\varepsilon_{\max}}\right)^2\right) = 6\left(1{,}5 - 0{,}5\left(\frac{2}{4}\right)^2\right) = 8{,}25\ kNm\ .$$

Durch die lineare Verfestigung des Werkstoffs wird also gegenüber dem nichtverfestigenden Werkstoff ein Zusatzmoment von etwa *0,5 kNm* aufgenommen.

Die Plastifizierungsgrenze bei linearelastisch-idealplastischem Werkstoffverhalten ist, wie aus dem Dehnungsverlauf in Bild 9.9 hervorgeht, ebenfalls $y_F = 15\ mm$. Dies bestätigt auch die Nachrechnung nach Gleichung (9.20):

$$y_F = \frac{h}{2}\sqrt{2\left(1{,}5 - \frac{M_b}{M_{bF}}\right)} = 30\sqrt{2\left(1{,}5 - \frac{8{,}25}{6}\right)} = 15\ mm\ .$$

Die Erhöhung der Dehnung am Außenrand von *2 ‰* auf *4 ‰* führt demnach zu einer Steigerung des Biegemoments von *6 kNm* auf *8,718 kNm* beim verfestigenden bzw. auf *8,25 kNm* beim ideal-plastischen Werkstoff.

c) Zur Ermittlung der Fließkurve $M_b = f(\varepsilon_{max})$ wird das in b) beschriebene Vorgehen wird für weitere Randdehnungen wiederholt, was zu dem in Bild 9.9a eingetragenen M_b-ε_{max}-Zusammenhang führt.

d) Aus der Fließkurve $M_b = f(\varepsilon_{max})$ in Bild 9.9a entnimmt man die Stützzahl, vgl. Gleichung (9.14):

$$n_{0,2} = \frac{M_{b0,2}}{M_{bF}} = \frac{8{,}718}{6} = 1{,}45\ .$$

Der Einfluß der Querschnittsform auf die bezogene Fließkurve von Biegeträgern mit ausgeprägter Streckgrenze geht exemplarisch aus Bild 9.10 hervor. Der Stützeffekt im plastischen Bereich wird demnach umso größer, je höher der um die Biegeachse konzentrierte Flächenanteil ist (z. B. Kreisquerschnitt). Er ist umso niedriger, je mehr Flächenanteil an die Randfaser verlagert ist (z. B. Doppel-T-Träger).

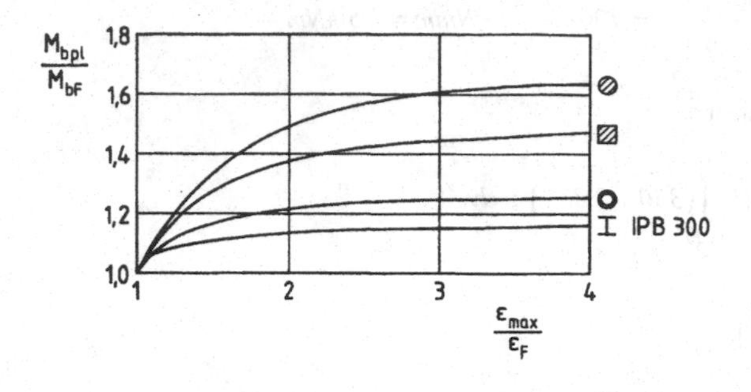

Bild 9.10 Fließkurve in bezogener Form für Biegestäbe mit unterschiedlichen Querschnitten, Werkstoffe mit ausgeprägter Streckgrenze, Dietmann [56], siehe auch Wellinger und Dietmann [35]

Programm P9_1

Die Berechnung der Fließkurven $M_b = f(\varepsilon_{max})$ für Stäbe mit symmetrischen Querschnitten mit *Rechenprogramm P9_1* ist in Abschnitt 9.6.1 beschrieben. In diesem Programm ist das ideal-plastische Verhalten keine Voraussetzung, sondern es können beliebige σ-ε-Zusammenhänge vorgegeben und nach Ludwik angenähert werden.

9.2.2 Glatter Torsionsstab mit Kreisquerschnitt

Für die Analyse des überelastischen Verhaltens des Torsionsstabs gelten analoge Zusammenhänge wie beim Biegestab, wobei hier als Werkstoffgesetz das Torsionsspannungs-Schiebungs-Diagramm $\tau_t(\gamma)$ zugrunde zu legen ist. In Bild 9.11 ist für den Stab mit Kreisquerschnitt eine dem Bild 9.7 vergleichbare Darstellung enthalten.

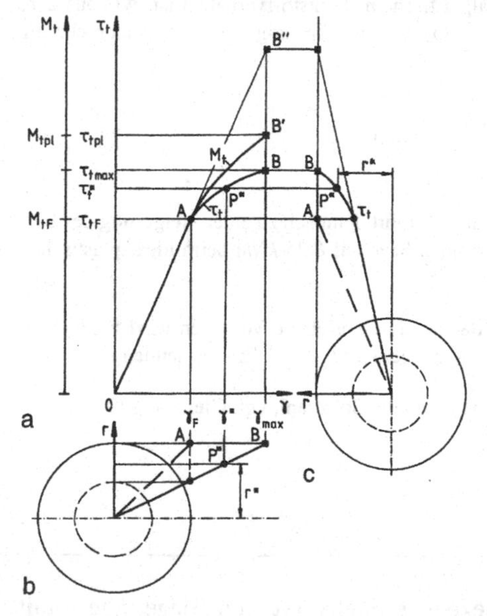

Bild 9.11 Ermittlung der Fließkurve für den glatten Torsionsstab mit Kreisquerschnitt
a) Last- und Schubspannungs-Schiebungs-Diagramm
b) Schiebungsverteilung
c) Schubspannungsverteilung

Fließen tritt beim Torsionsstab ein (Punkt A), wenn die Torsionsspannung am Außenrand die Torsions-Fließgrenze τ_{tF} und die Schiebung die Fließ-Schiebung

$$\gamma_F = \frac{\tau_{tF}}{G} \tag{9.22}$$

erreicht. Das Fließ-Torsionsmoment ergibt sich mit Gleichung (5.25) zu:

$$M_{tF} = \tau_{tF} \cdot W_t \quad .$$

Die weitere Belastung in den teilplastischen Bereich führt zur Schiebung γ_{max}, der über den τ_t-γ-Zusammenhang die Spannung τ_{tmax} zugeordnet wird (Punkt B). Erfolgt die Zuordnung für jede Werkstoffaser (z. B. Radius r^* in Bild 9.11), so erhält man die dem Schiebungsverlauf entsprechende Schubspannungsverteilung. Die Gleichgewichtsbedingung zwischen äußerem und innerem Torsionsmoment führt zur Beziehung

$$M_t = \int_A \tau_t(r) r \, dA \quad . \tag{9.23}$$

Aus dieser Gleichung kann das zugehörige Torsionsmoment M_{tpl} bestimmt werden (Punkt B').

9.2.3 Zugbeanspruchter Kerbstab

Wie schon in den vorherigen Abschnitten gezeigt, können Bauteile aus verformungsfähigen Werkstoffen sehr wirtschaftlich ausgelegt werden, wenn man das Bauteil nicht gegen Fließbeginn absichert, sondern ein begrenztes Maß an plastischer Verformung zuläßt. Diese Auslegung erfordert auch beim Kerbstab, der hier als Modell für ein Bauteil steht, die Kenntnis der Fließkurve des Bauteils.

Fließkurve

In Bild 9.12 ist die Fließkurve eines gekerbten Zugstabs dem Spannungs-Dehnungs-Diagramm des Werkstoffs gegenübergestellt.

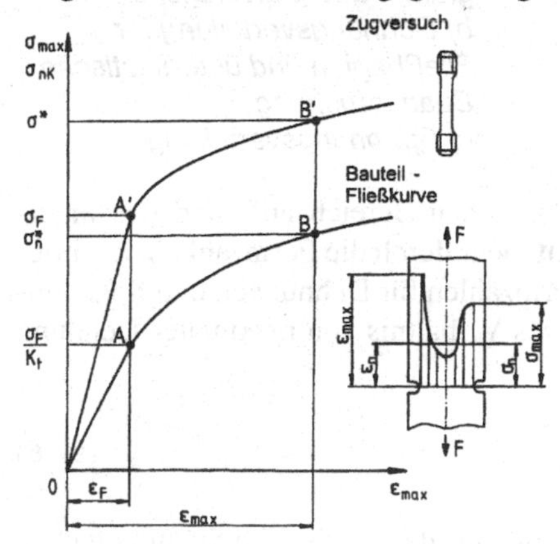

***Bild 9.12** Spannungs-Dehnungs-Diagramm des Zugversuchs und Nennspannungs-Fließkurve für den Kerbquerschnitt des Bauteils*

Eine den Bildern 9.7 und 9.11 analoge Darstellung des Fließverhaltens beim Kerbstab findet sich in Bild 9.37.

Bei einachsiger Beanspruchung tritt Fließen ein, wenn die Spannung σ_{max} im Kerbgrund die Fließspannung σ_F bzw. die Dehnung im Kerbgrund die Fließdehnung $\varepsilon_F = \sigma_F/E$ erreicht. Der Fließbeginn auf der Fließkurve (Punkt A) ist demnach durch die Fließbedingung

$$\sigma_{\max} = \sigma_{nF} \cdot K_t = \sigma_F$$

festgelegt. Die Nennspannung bei Fließbeginn erhält man demnach zu:

$$\sigma_{nF} = \frac{\sigma_F}{K_t} \quad . \tag{9.24}$$

Die Last bei Fließbeginn berechnet sich zu

$$F_F = \sigma_{nF} \cdot A_k = \frac{\sigma_F}{K_t} \cdot A_k \quad . \tag{9.25}$$

Neuber-Formel

Bei überelastischer Beanspruchung geht die Proportionalität zwischen Spannung und Dehnung bzw. zwischen Last und Dehnung verloren, außerdem verliert die Formzahl K_t ihre Gültigkeit. Aufgrund des σ-ε-Zusammenhangs des Werkstoffs ist davon auszugehen, daß die Dehnung im plastischen gegenüber dem linear-elastischen Bereich überproportional, die Spannung unterproportional zunimmt, siehe Bild 9.13.

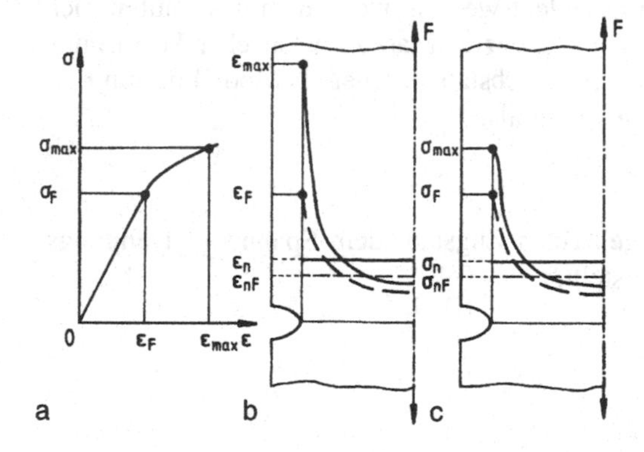

Bild 9.13 Überelastisch beanspruchter gekerbter Zugstab
a) Spannungs-Dehnungs-Diagramm des Zugversuchs
b) Dehnungsverteilung für Fließbeginn und überelastische Beanspruchung
c) Spannungsverteilung

Die Kerbgrundbeanspruchung kann im überelastischen Bereich aufgrund des unterschiedlichen Spannungs-Dehnungsverlaufs nicht mehr durch die Formzahl K_t beschrieben werden, sondern man benötigt getrennte Formzahlen für Dehnungen und Spannungen. Die *Dehnungsformzahl* wird definiert als das Verhältnis von maximaler Dehnung im Kerbgrund ε_{max} zur Nenndehnung ε_n:

Dehnungsformzahl

$$K_\varepsilon \equiv \frac{\varepsilon_{\max}}{\varepsilon_n} \quad . \tag{9.26}$$

Spannungsformzahl

Analog läßt sich eine *Spannungsformzahl* als Verhältnis der maximalen Spannung σ_{max} im Kerbgrund zur Nennspannung σ_n einführen:

$$K_\sigma \equiv \frac{\sigma_{\max}}{\sigma_n} \ . \qquad (9.27)$$

Zwischen der Nenndehnung und der Nennspannung besteht unter der Voraussetzung, daß die Nennbeanspruchung im elastischen Bereich liegt und ein einachsiger Spannungszustand vorliegt, der Zusammenhang (vgl. Bild 9.13)

$$\varepsilon_n = \frac{\sigma_n}{E} \ . \qquad (9.28)$$

Zwischen den drei Formzahlen gilt die Ungleichung (vgl. Bild 9.14):

$$K_\sigma \leq K_t \leq K_\varepsilon \ . \qquad (9.29)$$

Neuber-Beziehung

Wie *Neuber* [146] am schubbelasteten Prisma mit nutförmiger Seitenkerbe gezeigt hat, können die Spannungs- und Dehnungsformzahl mit der linear-elastischen Formzahl durch die Beziehung

$$K_\varepsilon \cdot K_\sigma = K_t^2 \qquad (9.30)$$

gekoppelt werden. Es hat sich gezeigt, daß Gleichung (9.30) auch zur Berechnung von Bauteilfließkurven unter anderen Belastungsarten herangezogen werden kann. Der Verlauf der Formzahlen nach Gleichung (9.30) über der auf die Fließdehnung bezogenen Kerbgrunddehnung ist in Bild 9.14 beispielhaft für eine Formzahl $K_t = 4$ aufgetragen.

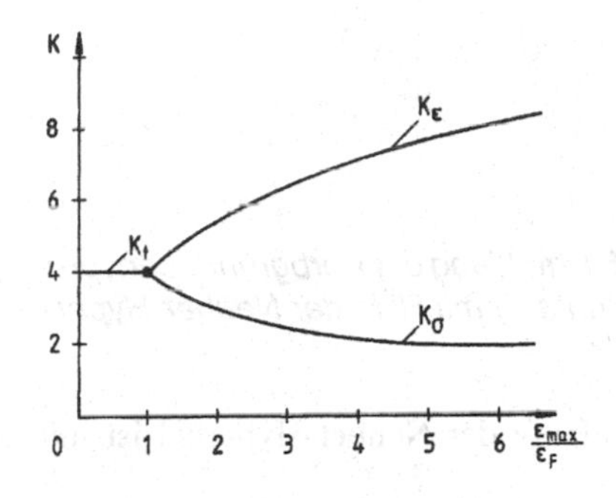

Bild 9.14 *Verlauf der Spannungs- und Dehnungsformzahl über der auf die Fließdehnung bezogenen Kerbgrunddehnung für K_t=4 nach der Neuber-Formel, Gleichung (9.30)*

Durch Einsetzen der Gleichungen (9.26) und (9.27) in Gleichung (9.30) erhält man:

$$\frac{\varepsilon_{\max}}{\varepsilon_n} . \frac{\sigma_{\max}}{\sigma_n} = K_t^2 \ . \qquad (9.31)$$

Mit Gleichung (9.28) ergibt sich:

$$\varepsilon_{\max} \cdot \sigma_{\max} = K_t^2 \cdot \frac{\sigma_n^2}{E} \ . \qquad (9.32)$$

Auf der linken Seite der Gleichung (9.32) steht die Kerbgrundbeanspruchung als Produkt aus Kerbgrunddehnung und -spannung, die rechte Seite wird durch den Werkstoff (E), die Kerbgeometrie (K_t) und die Beanspruchungshöhe (σ_n) festgelegt. Gleichung

(9.32) gilt natürlich auch für den linear-elastischen Sonderfall, da hier $\varepsilon_{max} = \sigma_{max}/E$ und $\sigma_{max} = K_t \cdot \sigma_n$ wird.

Zur Ermittlung der Kerbgrundbeanspruchung steht neben Gleichung (9.32) zusätzlich der $\sigma(\varepsilon)$-Zusammenhang aus dem Zugversuch zur Verfügung. Denkt man sich im Kerbgrund einen glatten Zugstab, welcher die Kerbgrundbeanspruchung erfährt (Bild 9.12), so gilt auch für den Zugstab die Beziehung (9.32). Damit reduziert sich die Problemlösung darauf, denjenigen Punkt des σ-ε-Diagramms des Zugversuchs zu finden, dessen Produkt aus Spannung und Dehnung die rechte Seite der Gleichung (9.32) ergibt, der also folgende Bedingung erfüllt:

$$\sigma \cdot \varepsilon = \frac{K_t^{\ 2} \cdot \sigma_n^{\ 2}}{E} \ .$$

Neuber-Hyperbel

Die rechte Seite dieser Gleichung ist für eine vorgegebene Belastung konstant. Damit stellt Gleichung (9.32) bei konstanter Belastung im σ-ε-Diagramm eine Hyperbel, die sogenannte *Neuber-Hyperbel,* dar. Grafisch bedeutet dies, daß sich die Kerbgrundbeanspruchung (ε_{max}, σ_{max}) aus dem Schnittpunkt der Neuber-Hyperbel mit dem σ-ε-Diagramm des Zugversuchs ergibt, siehe Punkt *K* in Bild 9.15.

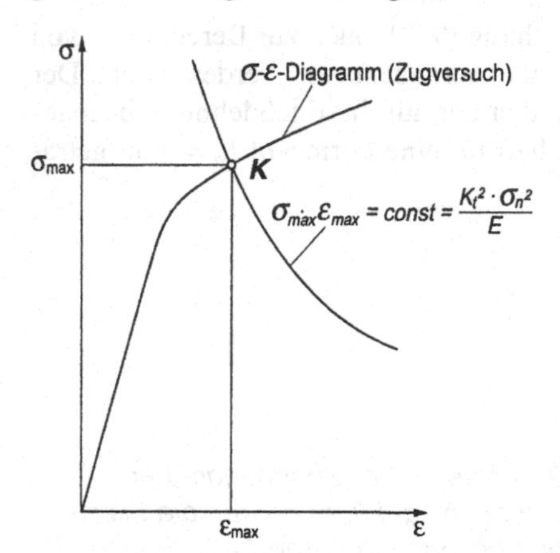

Bild 9.15 *Ermittlung der Kerbgrundbeanspruchung (Punkt K) mit Hilfe der Neuber-Hyperbel*

Programm P9_2

Die Ermittlung der Kerbgrundbeanspruchung mit Hilfe der Neuber-Hyperbel ist mit *Programm P9_2* (Abschnitt 9.6.2) möglich.

Beispiel 9.3 *Bestimmung der Kerbgrundbeanspruchung mit Hilfe der Neuber-Hyperbel*

Ein Kerbstab mit Formzahl $K_t = 2{,}5$ wird durch eine Zugkraft belastet. Am Werkstoff S690QL wurde das in Bild 9.16 dargestellte σ-ε-Diagramm im Zugversuch bestimmt.

a) Bei welcher Nennspannung tritt Fließen ein?

b) Ermitteln Sie die Kerbgrundbeanspruchung für die Nennspannung $\sigma_n = 300\ MPa$.

Lösung

a) Die Nennspannung bei Fließbeginn erhält man aus Gleichung (9.24)

$$\sigma_{nF} = \frac{\sigma_F}{K_t} = \frac{600}{2{,}5} = 240\ MPa \ .$$

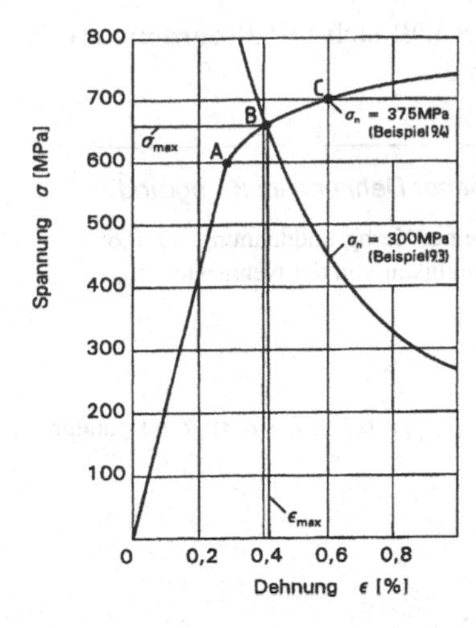

Bild 9.16 *Ermittlung der Kerbgrundgrößen ε_{max} und σ_{max} mit Hilfe der Neuber-Hyperbel*

b) Die konstante rechte Seite in Gleichung (9.32) berechnet sich zu

$$\sigma_{max} \cdot \varepsilon_{max} = c = \frac{K_t^2 \cdot \sigma_n^2}{E} = \frac{2{,}5^2 \cdot 300^2}{210 \cdot 10^3} = 2{,}678\ MPa\ .$$

Über die aus Gleichung (9.32) folgende Beziehung

$$\sigma_{\max} = \frac{c}{\varepsilon_{\max}} = \frac{2{,}678}{\varepsilon_{\max}}\ MPa$$

wurde die in Bild 9.16 eingetragene Hyperbel konstruiert. Der Schnittpunkt der Neuber-Hyperbel mit dem Zugversuchsdiagramm ergibt die Kerbgrundbeanspruchung (Punkt *B*) mit den Koordinaten:

$\varepsilon_{max} = 0{,}41\ \%$

$\sigma_{max} = 653\ MPa.$

Als Kontrolle muß das Produkt $\varepsilon_{max} \cdot \sigma_{max} = 2{,}677\ MPa$ der Konstanten *c* entsprechen.

Fließkurve mit der Neuber-Formel

In der Auslegungsphase stellt sich häufig die Frage, welche Belastung einer vorgegebenen Kerbgrunddehnung zuzuordnen ist. In diesem Fall muß nicht auf die grafische Lösung mit der Neuber-Hyperbel nach Bild 9.15 zurückgegriffen werden. Aus Gleichung (9.32) läßt sich die Fließkurve des Kerbstabs, d. h. die zu einer Dehnung ε_{max} im Kerbgrund zugehörige Nennspannung σ_n direkt ermitteln:

$$\sigma_n = \frac{\sqrt{E \cdot \varepsilon_{\max} \cdot \sigma_{\max}}}{K_t} = \frac{\sqrt{E \cdot \varepsilon_{\max} \cdot \sigma(\varepsilon_{\max})}}{K_t}. \tag{9.33}$$

Die Spannung im Kerbgrund $\sigma(\varepsilon_{max})$ in Gleichung (9.33) wird aus dem σ-ε-Diagramm beim Dehnungswert ε_{max} entnommen bzw. gemäß Gleichung (9.11) oder (9.12) errech-

Programm P9_2

net. Die Fließkurve auf Grundlage der Neuber-Formel läßt sich mit *Programm P9_2* berechnen und grafisch darstellen (siehe Abschnitt 9.6.2).

Beispiel 9.4 *Berechnung der Nennspannung bei vorgegebener Dehnung im Kerbgrund*

a) Welche Nennspannung führt im Kerbstab von Beispiel 9.3 zu einer Kerbgrunddehnung von 0,6 %?
b) Zeichnen Sie die Spannungs- und Dehnungsformzahl in Abhängigkeit von der Nennspannung.
c) Zeichnen Sie maßstäblich die Bauteilfließkurve des Kerbstabs.

Lösung

a) Aus dem σ-ε-Diagramm für StE 690 (Bild 9.16) liest man für $\varepsilon_{max} = 0{,}6\ \%$ die Kerbgrundspannung $\sigma_{max} = 700\ MPa$ ab. Somit gilt nach Gleichung (9.33):

$$\sigma_n = \frac{\sqrt{210 \cdot 10^3 \cdot 0{,}6 \cdot 10^{-2} \cdot 700}}{2{,}5}\ MPa = 375\ MPa \quad .$$

Der Wert ist in Bild 9.16 auf der Fließkurve eingetragen (Punkt *C*).

b) Das Schaubild in Bild 9.17 wird entsprechend Bild 9.14 konstruiert:

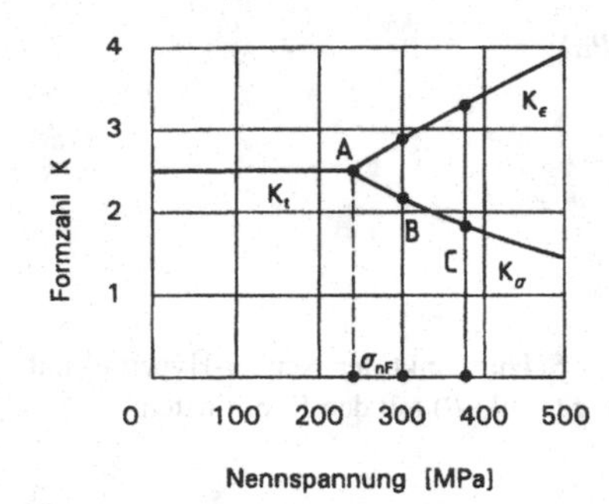

Bild 9.17 *Formzahl-Nennspannungs-Schaubild für den gekerbten Zugstab*

- Elastischer Bereich ($\sigma_n \leq \sigma_{nF}$):

$$\sigma_{nF} = 240\ MPa \qquad K_t = 2{,}5$$

- Überelastischer Bereich:

Mit den Werten aus Beispiel 9.3 Teil b) findet man für die Nennspannung $\sigma_n = 300\ MPa$:

$$K_\varepsilon = \frac{\varepsilon_{max}}{\varepsilon_n} = \frac{\varepsilon_{max} \cdot E}{\sigma_n} = \left(\frac{0{,}41 \cdot 10^{-2} \cdot 210 \cdot 10^3}{300}\right) = 2{,}87$$

$$K_\sigma = \frac{\sigma_{max}}{\sigma_n} = \frac{653}{300} = 2{,}18 \quad .$$

Für $\sigma_n = 375\ MPa$ ergibt sich mit den Werten des Beispiel 9.4 Teil a):

$$K_e = \frac{\varepsilon\,(}{\varepsilon_n} = \left(\frac{0{,}6 \cdot 10^{-2} \cdot 210 \cdot 10^3}{375}\right) = 3{,}36$$

$$K_s = \frac{\sigma\,(}{\sigma_n} = \frac{700}{375} = 1{,}87 \quad .$$

c) Die Bauteilfließkurve in Bild 9.18 wird mit den in Bild 9.16 eingetragenen Nennspannungen und den zugehörigen Kerbgrunddehnungen konstruiert.

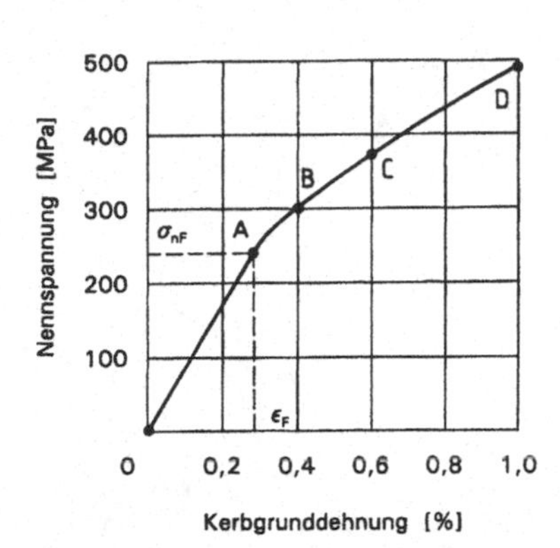

Bild 9.18 *Bauteilfließkurve des Kerbstabs*

Für den Sonderfall der *Werkstoffe mit ausgeprägter Streckgrenze* ist in Gleichung (9.33) für Kerbgrunddehnungen $\varepsilon_{max} > \varepsilon_F$ der Wert $\sigma_{max} = R_e = const.$ einzusetzen, womit sich

$$\sigma_n = \frac{\sqrt{E\,\varepsilon_{\max}\,R_e}}{K_t} \tag{9.34}$$

ergibt. Durch Verwendung der auf die Werte bei Fließbeginn bezogenen Größen σ_n/R_e und $\varepsilon_{max}/\varepsilon_F$ kann Gleichung (9.34) in

$$\frac{\sigma_n}{R_e} = \frac{\sqrt{\dfrac{\varepsilon_{\max}}{\varepsilon_F}}}{K_t} \tag{9.35}$$

umgeformt werden. Dieser Zusammenhang ist im unteren Teil von Bild 9.19 für unterschiedliche Formzahlen K_t in Form von bezogenen Fließkurven aufgetragen.

Fließen ($\varepsilon_{max}/\varepsilon_F = 1$) tritt ein für

$$\frac{\sigma_{nF}}{R_e} = \frac{1}{K_t} \quad . \tag{9.36}$$

Die Stützziffer nach Gleichung (9.14) berechnet sich mit Gleichung (9.35) zu:

$$n_{pl} = \frac{\sigma_{npl}}{\sigma_{nF}} = \frac{\sigma_{npl}}{R_e / K_t} = \sqrt{\frac{\varepsilon_{\max}}{\varepsilon_F}} \quad . \tag{9.37}$$

Dieser Zusammenhang ist in Bild 9.19 (oben) dargestellt. Gleichung (9.37) ist nicht mehr von der Formzahl, sondern nur von der bezogenen Kerbgrunddehnung $\varepsilon_{max}/\varepsilon_F$ abhängig. Typische Werte für die in der Auslegung vorgesehenen bezogenen Kerbgrunddehnungen von $\varepsilon_{max}/\varepsilon_F = (2 \div 3)$ führen nach Bild 9.19 oben zu Stützzahlen $n_{pl} = 1{,}4$ bis $1{,}7$.

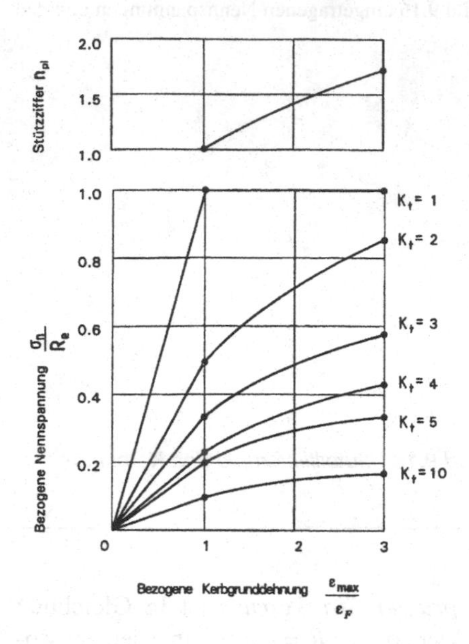

Bild 9.19 *Fließkurve in bezogener Form (unten) und Stützziffer (oben) berechnet nach der Neuber-Formel, Gleichung (9.35), für Werkstoffe mit ausgeprägter Streckgrenze*

Zulässige Kerbgrunddehnung

Bei der Auslegung von Bauteilen mit begrenzter plastischer Verformung stellt sich einerseits die Frage, welche der in Bild 9.1 dargestellten Dehnungen als Grenzwert einzusetzen sind, andererseits welcher Dehnungsbetrag an der höchstbeanspruchten Stelle toleriert werden kann. Üblicherweise (z. B. bei Anwendung von Stützziffern) legt man der Auslegung eine begrenzte plastische Dehnung zugrunde. Allerdings gibt es auch Vorschläge, die bleibende Dehnung oder die Gesamtdehnung zu begrenzen, Dietmann [59]. Für die Verwendung der Gesamtdehnung spricht, daß dann wie in Bild 9.20 am Beispiel einiger Stähle gezeigt, bei höherfesten Werkstoffen eine stärkere Begrenzung des plastischen Dehnungsanteils gewährleistet ist. Dies kann erforderlich sein, da solche Werkstoffe ein höheres Streckgrenzenverhältnis aufweisen (siehe Bild 10.6) und ein geringeres Verformungsvermögen besitzen (siehe Bild 6.18).

Die Frage, welcher Dehnungsbetrag im konkreten Anwendungsfall einzusetzen ist, kann nicht generell beantwortet werden. Einerseits kann dies vom Verformungsvermögen des Werkstoffs (z. B. Bruchdehnung) bzw. des Bauteils abhängig sein, andererseits müssen oft weitere Aspekte (z. B. Maßhaltigkeit, Korrosionsanfälligkeit) beachtet werden. In jedem Fall ist zu überprüfen, ob neben der begrenzten plastischen Verformung genügend Sicherheit gegen Bruch und – bei wiederholten Belastungen – gegen Dauerschwingbruch bzw. Dehnungswechselermüdung vorhanden ist.

Als Anhaltswert für die Auslegung verformungsfähiger Metalle kann eine maximale Dehnung im Kerbgrund von $\varepsilon_{ges} = 0{,}5\ \%$ dienen (vgl. Bild 9.20). Bei extrem zähen Werkstoffen, z. B. bei austenitischen Stählen, werden Kerbgrunddehnungen von $\varepsilon_{ges} = 1\ \%$ vorgeschlagen, Dietmann [59].

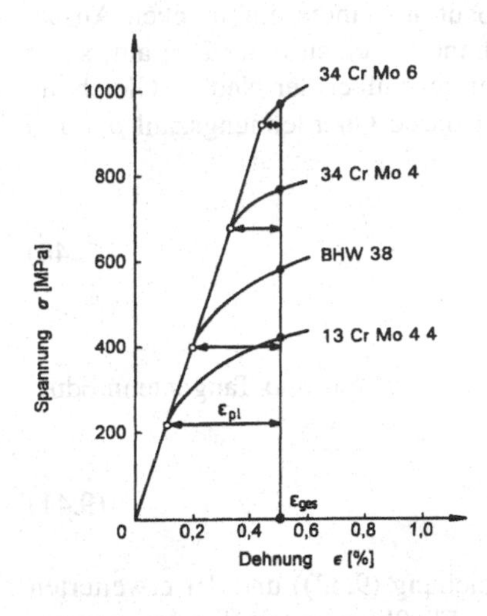

***Bild 9.20** Spannungs-Dehnungs-Diagramm verschiedener Stähle im Bereich des Fließbeginns mit Begrenzung der Gesamtdehnung auf 0,5 % (Vorschlag Dietmann [56])*

Weitere Beziehungen für Fließkurven

Neben der elementaren Neuber-Formel (9.33) finden sich in der Literatur zahlreiche weitere Ansätze zur analytischen Beschreibung der Fließkurve von Bauteilen. Weitere Berechnungsverfahren für Fließkurven von gekerbten Bauteilen gehen auf Bollenrath und Troost [51], Dietmann [56], Hardrath und Ohman [79], Kühnapfel [113], Saal [165] sowie Seeger und Mitarbeiter [169] [171] zurück. Teilweise wird in diesen Beziehungen der Sekantenmodul S und der Tangentenmodul T verwendet, deren Definitionen aus Bild 9.21 ersichtlich sind:

Sekantenmodul

- *Sekantenmodul:*

$$S \equiv \left(\frac{\sigma_{max}}{\varepsilon_{max}}\right)_P \equiv \tan\alpha \tag{9.38}$$

Tangentenmodul

- *Tangentenmodul:*

$$T \equiv \left(\frac{d\sigma}{d\varepsilon}\right)_P \equiv \tan\beta \tag{9.39}$$

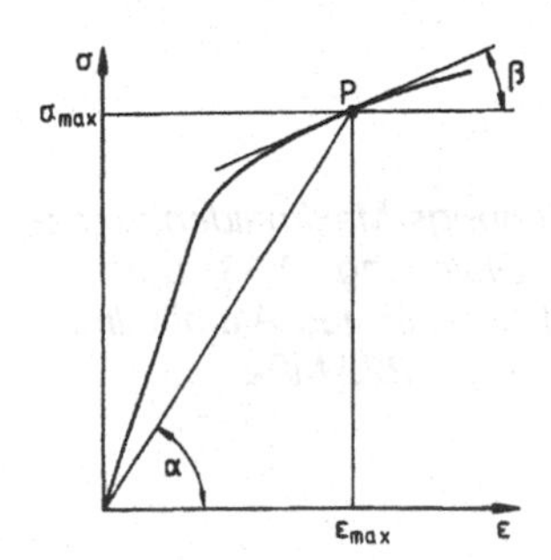

***Bild 9.21** Zur Definition des Sekantenmoduls S und des Tangentenmoduls T im Punkt P*

Ein Beispiel für eine weitere Fließkurvenformel baut auf einem empirischen Ansatz von Dixon und Strannigan [61] für rißbehaftete dünne Scheiben unter Zug auf, siehe auch Kühnapfel [113]. Diese Beziehung verwendet gegenüber der Neuber-Gleichung (9.33) einen Korrekturterm im Nenner, der die elastische Querdehnungszahl μ_{el} und die plastische Querdehnungszahl μ_{pl} enthält:

$$\sigma_n = \frac{\sqrt{E\,\varepsilon_{max}\,\sigma_{max}}}{K_t\left[\dfrac{1+\mu_{el}}{1+\mu_{pl}}\right]} \quad . \tag{9.40}$$

Die plastische Querdehnungszahl wird mit Hilfe des Sekanten- und Tangentenmoduls errechnet:

$$\mu_{pl} = \frac{1}{2}\left[1-(1-2\mu_{el})\frac{S}{E}\right] \quad . \tag{9.41}$$

In Bild 9.22 sind die nach der ursprünglichen (Gleichung (9.33)) und der erweiterten Neuber-Formel nach Gleichung (9.40) berechneten Fließkurven mit den Versuchsergebnissen an einem gekerbten Zugstab aus einer Aluminiumlegierung verglichen. Beide Beziehungen beschreiben die experimentellen Ergebnisse bis etwa *1 %* Kerbgrunddehnung gut und konservativ. Bei größeren Dehnungsbeträgen deutet sich allerdings eine Überschätzung des Traglastverhaltens bei Anwendung der Gleichung (9.40) an.

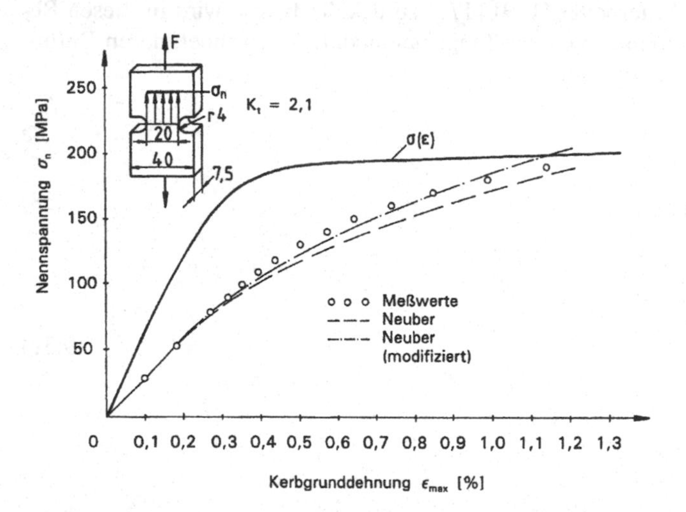

Bild 9.22 *Vergleich des experimentell ermittelten Nennspannungs-Maximaldehnungs-Zusammenhangs mit Fließkurvenansätzen nach Neuber, Gleichung (9.33) und der modifizierten Neuber-Formel, Gleichung (9.40) für einen Kerbstab aus Aluminiumlegierung AlMgSi 0,5 F22 (σ_F = 160 MPa , $R_{p0,2}$ = 190 MPa , R_m = 222 MPa)*

9.3 Vollplastische Grenzbelastung (Kollaps)

9.3.1 Phänomenologie

Bei Bauteilen aus sehr verformungsfähigen Werkstoffen ist die maximale Belastung durch Erreichen des vollplastischen Zustands gegeben. Diese Versagensart wird auch mit *Kollaps* bezeichnet. Wie in Bild 9.23a gezeigt, vergrößert sich die plastische Zone (schraffiert) vom Kerbgrund ausgehend mit zunehmender Belastung und erstreckt sich schließlich über den gesamten Querschnitt, siehe Bild 9.23b. Das Traglastvermögen der Struktur ist damit erschöpft, was sich durch den waagrechten Verlauf der Last-Verformungs-Kurve äußert, siehe Punkt M in Bild 9.23a. Dieser Zustand findet sich auch im Zugversuch im Höchstlastpunkt M und im Wendepunkt M^* des wahren Spannung-Dehnungs-Schaubilds, siehe Bild 9.3.

Kollaps

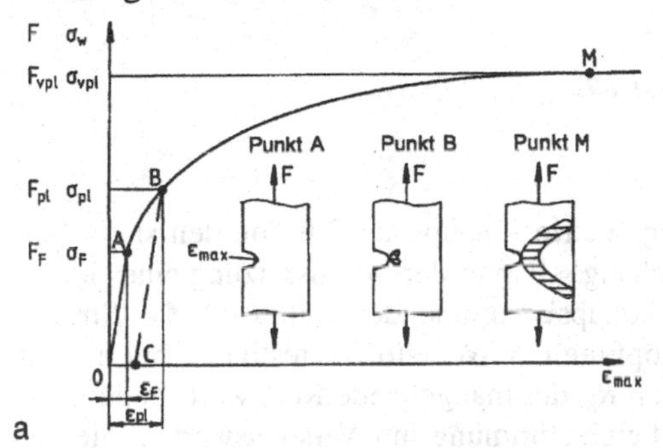

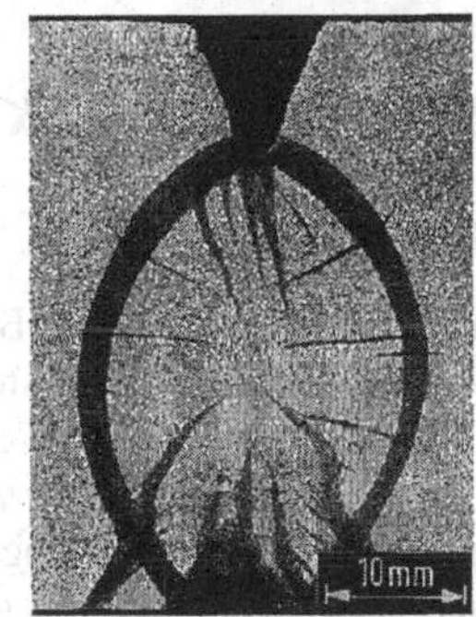

***Bild 9.23** Kollaps am Kerbstab a) Zunehmende plastische Zone und Kollapspunkt M b) Plastisches Gelenk einer Kerbbiegeprobe, Werkstoff TU St 42-1, Fry-Ätzung [116]*

Der Versagensmechanismus ist eine Form von Instabilität, die dadurch zustande kommt, daß das Bauteil nicht mehr in der Lage ist, die zunehmende äußere Belastung durch Erhöhung oder Umlagerung der inneren Spannungen auszugleichen. Die Kollapssituation läßt sich auch so formulieren, daß es keine Möglichkeit gibt, von einem Lastangriffspunkt zum anderen zu gelangen, ohne den plastischen Bereich zu durchschreiten, siehe plastische Zone im Punkt M in Bild 9.23a und Bild 9.23b.

Ein weiteres Merkmal für das Kollapsverhalten ist, daß die im elastischen Zustand vorhandenen Spannungsspitzen durch Fließen und Spannungsumlagerung vollständig abgebaut worden sind. Dies bedeutet, daß über den gesamten Querschnitt eine konstante Vergleichsspannung herrscht, die im ideal-plastischen Fall unter ESZ gleich der Streckgrenze R_e ist, siehe Punkt M in Bild 9.23 und 9.24.

Die Dehnungen im Kerbgrund wachsen entsprechend dem σ-ε-Zusammenhang überproportional an und erreichen beim Kollaps sehr hohe Werte. Dies bedeutet, daß nur bei Werkstoffen mit hohem Verformungsvermögen die Kollapslast erreicht werden kann, ohne daß vorher ein Anriß oder Bruch eintritt. Bei einer Vielzahl von Bauteilen kann demzufolge die Kollapsrechnung zu einer unkonservativen Aussage führen. Dies gilt besonders dann, wenn die im Abschnitt 10.5.4 genannten Einflußgrößen sich ungünstig auf die Zähigkeit auswirken.

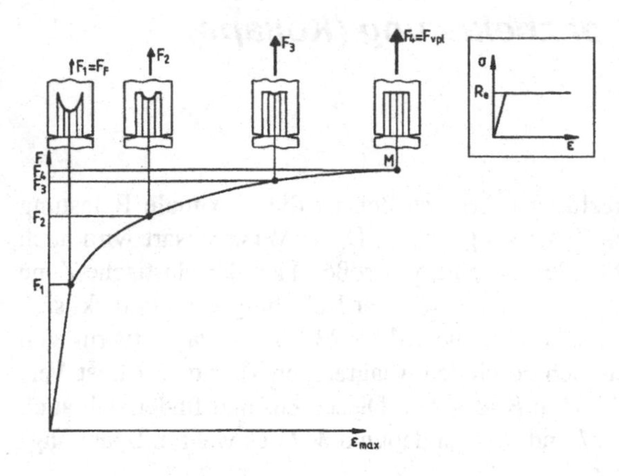

***Bild 9.24** Bauteilfließkurve eines Kerbstabs mit Spannungsverteilung bei unterschiedlichen Lasten, linear-elastisch-idealplastisches Werkstoffverhalten*

9.3.2 Berechnung der Kollapslast

Kollapskennwert

Die Kollapslast ist – neben der Bauteilgeometrie – hauptsächlich von den statischen Festigkeitskennwerten des Werkstoffes abhängig. Unter der Voraussetzung eines idealplastischen Werkstoffverhaltens ist als kollapsbestimmender Kennwert die Streckgrenze R_e anzusetzen. Bei voller Ausschöpfung der Werkstoffverfestigung bei hohem Verformungsvermögen ist die Zugfestigkeit R_m der maßgebende Kennwert. In der Praxis wird als *Kollapskennwert*, in guter Übereinstimmung mit Versuchswerten, die gemittelte Spannung (Flow Stress)

Kollapskennwert

$$\overline{R} = \frac{R_e + R_m}{2} \tag{9.42}$$

verwendet. Nachfolgend wird als Kennwert für die Kollapsrechnung der Wert $\overline{R}$ als Platzhalter für R_e, R_m oder für den Mittelwert aus R_e und R_m nach Gleichung (9.42) eingesetzt. Falls die Voraussetzungen für Kollaps erfüllt sind, führt die Verwendung von R_e meist zu einer konservativen Rechnung, bei Verwendung von R_m kann das Traglastverhalten allerdings überschätzt werden.

Analytische Methoden

Die Berechnung der Kollapslast kann auf verschiedene Arten erfolgen. Eine Methode ist die Ermittlung der Grenzlast durch *Integration* über die maßgebende Lastspannung (z. B. Längsspannung bei Zug- und Biegestab). Der Spannungsverlauf kann mit analytischen und numerischen Methoden ermittelt werden. Die vollständige analytische Lösung mit Hilfe der Prandtl-Reuß- oder Lévy-von Mises-Beziehungen, siehe Anhang A13, Gleichung (A13.2), ist in den seltensten Fällen möglich. Eine Anwendung der Integrationsmethode ist in *Anhang A12* am Beispiel des schwach gekerbten Zugstabs gezeigt.

Anhang A12

Durch Idealisierungen läßt sich eine analytische Lösung für die Kollapslast mit Hilfe der *Gleitlinientheorie* gewinnen. Voraussetzung für die Gleitlinientheorie ist starr-ideal-plastisches Werkstoffverhalten, bei welchem die elastischen Anteile und die Werkstoffverfestigung vernachlässigt werden. Eine weitere Voraussetzung ist der ebene Formänderungszustand. Grundlagen dieser Methoden bilden *Gleitlinienfelder*, welche aus zwei zueinander orthogonalen Kurvenscharen bestehen, die an jedem Punkt die Richtung der Fließschubspannung τ_F und damit die Richtung der Abgleitvorgänge angeben. In Bild 9.25 ist ein von Gleitlinien umschlossenes Würfelelement mit dem zugehörigen Mohrschen Kreis dargestellt, an dem die Schubspannungen $\tau_{max} = \tau_F$ und die mittlere Normalspannung σ_m wirken. Die Gleitlinien werden üblicherweise mit α und β bezeichnet. Die Schubspannung τ_{max} wird nach Gleichung (7.10), die mittlere Normalspannung nach den Gleichungen (7.40) oder (A8.2) berechnet. Die Grundlagen der Gleitlinientheorie sind im *Anhang A13* zusammengestellt.

Gleitlinientheorie

Gleitlinienfeld

Anhang A13

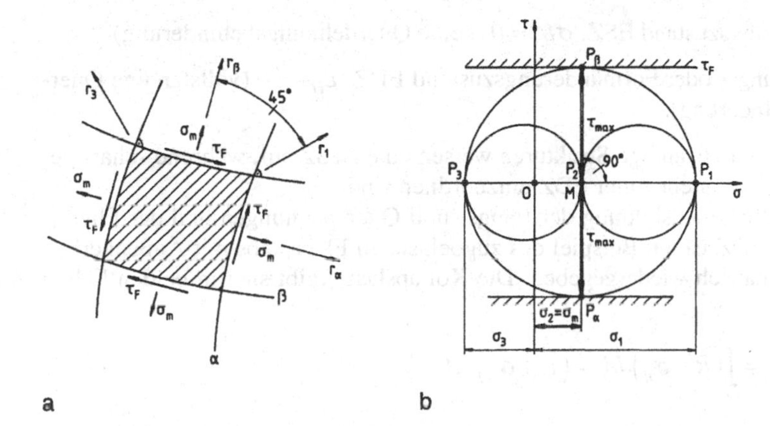

Bild 9.25 *Gleitlinien*
a) Von Gleitlinien begrenztes Element b) Zugehöriger Mohrscher Spannungskreis

Eine weitere Lösung ist durch Verwendung von *Energiemethoden* oder Arbeitsprinzipien der Mechanik möglich. Ein Beispiel, bei dem die Kollapslast eines einseitig gekerbten Biegestabs durch Energiebetrachtungen hergeleitet wird, findet sich in *Anhang A14*. Diese Lösung führt zu einer oberen Schranke für die Kollapslast. Im gleichen Anhang wird mit der unteren Schrankenlösung verglichen, welche sich auch aus der vollplastischen Spannungsverteilung für ESZ ergibt (siehe Herleitung in Anhang A11).

Anhang A14

Eine Eingrenzung der tatsächlichen Traglast durch obere und untere Schranken ist immer dann bedeutsam, wenn keine exakt analytischen oder keine numerische Lösungen zur Verfügung stehen. Im Sinne einer genauen Abschätzung der tatsächlichen Lösung soll der Abstand zwischen oberer und unterer Schranke möglichst gering sein. In der Ingenieurspraxis ist man an einer auf der sicheren Seite liegenden Abschätzung interessiert. Die Traglast eines Bauteils wird daher mit der unteren Schranke abgesichert, während beispielsweise die Dimensionierung von umformtechnischen Anlagen auf Grundlagen von oberen Schranken erfolgt.

Untere Schranke

Eine *untere Schranke* ergibt sich, wenn der Berechnung ein statisch zulässiges Spannungsfeld statt des tatsächlichen unbekannten Spannungsfeldes zugrundegelegt wird. Ein statisch zulässiges Spannungsfeld erfüllt die Fließbedingung sowie die Gleichgewichts- und die Spannungsrandbedingungen.

Obere Schranke

Eine *obere Schranken* erhält man bei Verwendung eines kinematisch zulässigen (Formänderungs-) Geschwindigkeitsfeldes. Ein solches erfüllt die Bedingung der Volumenkonstanz und die Randbedingungen für die Formänderungen. Weitere Ausführungen finden sich z. B. bei Johnson und Mellor [101].

Einfluß des Spannungszustandes

Die Spannungsverteilung und die Form des Gleitlinienfelds ist vom Spannungszustand (Grad der Mehrachsigkeit) abhängig. Zur näherungsweisen Berechnung von Kollapslasten trifft man die Einteilung in

- ebener Spannungszustand ESZ, $\sigma_{H3} = 0$ (keine Querdehnungsbehinderung)
- ebener Dehnungs- oder Formänderungszustand EDZ, $\varepsilon_{H3} = 0$ (vollständige Querdehnungsbehinderung).

Schwach gekerbte, dünnwandige Strukturen weisen einen ESZ auf, während scharf gekerbte, dickwandige Bauteile unter EDZ einzuordnen sind.

Die unterschiedliche Ausbildung der Längs- und Querspannungen und der Fließlinien bei ESZ und EDZ ist am Beispiel des zugbelasteten Flachstabs mit Außenkerben in Bild 9.26 schematisch wiedergegeben. Die Kollapslast ergibt sich in beiden Fällen durch:

$$F_{vpl} = \int_A \sigma_l dA = \int_A \left(\overline{R} + \sigma_q\right) dA = \left(\overline{R} + \sigma_q\right) \cdot A \quad . \tag{9.43}$$

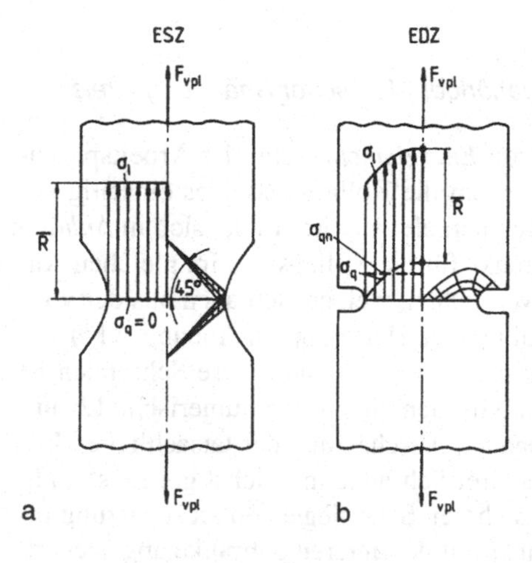

Bild 9.26 *Spannungsverteilung und Fließlinienfeld am Beispiel des gekerbten Zugstabs (schematisch)*
a) ebener Spannungszustand
b) ebener Dehnungszustand

Aus der Kollapslast wird eine Kollaps-Nennspannung σ_{nvpl} gebildet, die sich auf die Netto-, seltener auch auf die Bruttofläche bezieht. Die Kollapslast bei EDZ ist demnach wegen $\sigma_{qn} > 0$ – abhängig vom Verlauf der Querspannung – höher als die bei ESZ

($\sigma_{qn}=0$). Die Steigerung der Kollapslast F_{vplk} des querdehnungsbehinderten Kerbstabs gegenüber dem glatten Stab (F_{vplg}) mit demselben tragenden Nettoquerschnitt wird durch den *Constraint-Faktor L* ausgedrückt:

Constraint-Faktor

$$L \equiv \frac{F_{vpl\,k}}{F_{vpl\,g}} = \frac{\sigma_{nvpl\,k}}{\sigma_{nvpl\,g}} \quad . \tag{9.44}$$

Das Wort Constraint bedeutet wörtlich übersetzt Zwang. Da eine Querdehnungsbehinderung bei zähen Bauteilen im allgemeinen zu einer Erhöhung der Traglast führt, wird L auch als Laststeigerungsfaktor bezeichnet. Der Constraint-Faktor liegt (bei Verwendung des Misesschen Fließkriteriums) zwischen 1 und 3 (eigentlich 2,97), siehe Gleichung (A13.48) in Anhang A13. Der Wert 3 wird bei extrem tiefen und scharfen beidseitigen Kerben (Schlitzen) oder Rissen (mehr als 90 % Kerbtiefe, siehe auch Bild 9.29b) erreicht. In diesen Fällen kann, allerdings nur bei sehr zähen Werkstoffen, von einer Kollaps- bzw. Bruch-Nennspannung im Kerbquerschnitt von $3 \cdot R$ ausgegangen werden. Es wird ausdrücklich darauf hingewiesen, daß sich die Laststeigerung durch Constraint auf die Nettospannung bezieht. In keinem Fall kann durch Querschnittsverminderung eine Steigerung der äußeren Kollapslast erreicht werden, siehe Beispiel 9.5.

***Beispiel 9.5** Kollapslast am tiefgekerbten Rundstab*

Ein Studierender versucht seinen Professor zu überzeugen, daß er durch eine Reduktion des Durchmessers eines Rundstabs aus zähem Werkstoff mittels eines scharfen Einstichs auf 50 % des ursprünglichen Querschnitts die Traglast des Stabs verbessern kann. Wie beurteilen Sie sein Ansinnen?

Lösung

Die Kollapslast des glatten Rundstabs ergibt sich mit Gleichung (9.43) ($\sigma_q=0$):

$$F_{vpl\,g} = \overline{R} \cdot A_0 \quad .$$

Für die Kollapslast des gekerbten Stabs gilt nach Gleichung (9.44):

$$F_{vpl\,k} = L \cdot \overline{R} \cdot A_k \quad .$$

Das Verhältnis der Kollapslasten wird

$$\frac{F_{vpl\,k}}{F_{vpl\,g}} = \frac{L \cdot \overline{R} \cdot A_k}{\overline{R} \cdot A_0} = L \cdot \left(\frac{d_k}{d_0}\right)^2 \quad .$$

Setzt man den maximal erreichbaren Constraint-Faktor $L = 3$ ein, so wird

$$\frac{F_{vpl\,k}}{F_{vpl\,g}} = 3 \cdot 0{,}25 = 75\ \% \quad .$$

Fazit: Durch Kerbung kann die Belastbarkeit auf keinen Fall gesteigert werden und der Studierende sollte vor der nächsten Festigkeitslehre-Prüfung das vorliegende Buch gründlich durcharbeiten!

Einfache Fälle unter ESZ

Besonders einfach gestaltet sich die Berechnung der Kollapslast, wenn keine Querdehnungsbehinderung auftritt oder wenn sie vernachlässigbar klein ist. In diesem Fall ist bei Anwendung der SH die größte Hauptspannung, welche über dem Querschnitt konstant ist, die Kollapsspannung. Dies gilt für die wichtigen Lastfälle Zug und Biegung an Kerbstäben, bei denen sich die Kollapslast aus der Integration über der konstanten Längsspannung ergibt (siehe Bild 9.27a und b):

- Zug

$$F_{vpl} = \overline{R} \cdot A_k \tag{9.45}$$

- Biegung

$$M_{bvpl} = \int_{A_k} \sigma_x \, dA \tag{9.46}$$

mit

$$\sigma_x = -\overline{R} \text{ für } y \geq 0 \quad \text{und} \quad \sigma_x = +\overline{R} \text{ für } y < 0 \quad .$$

Ein vollplastischer Zustand am Torsionsstab führt zu einer konstanten Verteilung der Schubspannung entsprechend Bild 9.27c, aus der sich das Kollaps-Drehmoment berechnen läßt:

- Torsion

$$M_{tvpl} = \int_{A_k} \overline{\tau}_F r \, dA \quad . \tag{9.47}$$

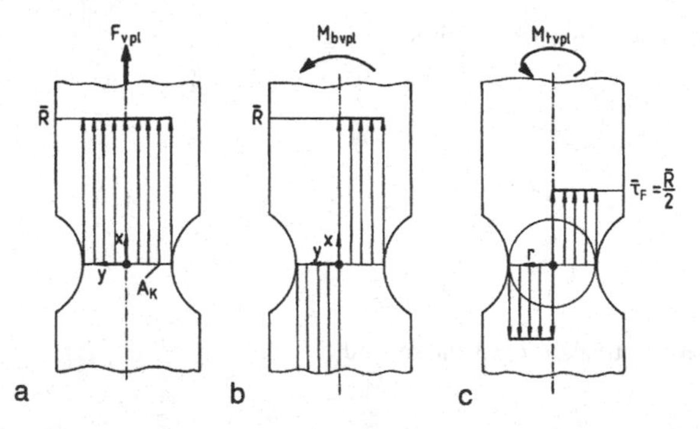

***Bild 9.27** Spannungsverteilung in vollplastisch beanspruchten Stäben bei ebenem Spannungszustand*
a) Zugstab
b) Biegestab
c) Torsionsstab

Stützzahlen für vollplastischen Zustand

Die Lösungen nach den Gleichungen (9.46) und (9.47) werden manchmal entsprechend den Gleichungen (5.16) und (5.25) in der Form $M_{bvpl} = R \cdot W_{bvpl}$ bzw. $M_{tvpl} = \tau_F \cdot W_{tvpl}$ dargestellt. Die Widerstandsmomente für vollplastischen Zustand werden als Vielfaches des Widerstandsmoments bei elastischer Spannungsverteilung angegeben und entsprechen somit den *Stützzahlen für vollplastischen Zustand*:

$$n_{vpl} = \frac{W_{vpl}}{W_{el}} = \frac{M_{vpl}}{M_F} \quad . \tag{9.48}$$

In Tabelle 9.1 sind Stützzahlen für den vollplastischen Zustand einiger wichtiger Querschnitte für Biegung und Torsion zusammengestellt.

Querschnitt	Stützzahl n_{vpl}	
	Biegung	Torsion
	$1{,}5$	-
	$1{,}7$	$1{,}33$
d, D	$1{,}7 \cdot \dfrac{1-\left(\frac{d}{D}\right)^3}{1-\left(\frac{d}{D}\right)^4}$	$1{,}33 \cdot \dfrac{1-\left(\frac{d}{D}\right)^3}{1-\left(\frac{d}{D}\right)^4}$

***Tabelle 9.1** Stützzahlen für vollplastischen Zustand für Biege- und Torsionsstäbe unterschiedlichen Querschnitts*

***Beispiel 9.6** Kollaps an einem exzentrisch belasteten Zugstab bei ESZ*

Ein Rechteckstab mit den Abmessungen $b = 10\ mm$, $h = 50\ mm$ wird durch eine exzentrisch angreifende Einzellast F auf Zug belastet. Der Werkstoff besitzt eine Streckgrenze $R_e = 500\ MPa$ und eine Zugfestigkeit $R_m = 700\ MPa$. Der Stab beginnt bei $F_F = 160\ kN$ zu fließen.

a) Berechnen Sie die Exzentrizität e.

b) Bei welcher Kraft erwarten Sie den vollplastischen Zustand des Stabs?

Lösung

a) Bedingungen für Fließbeginn, siehe Bild 9.28a:

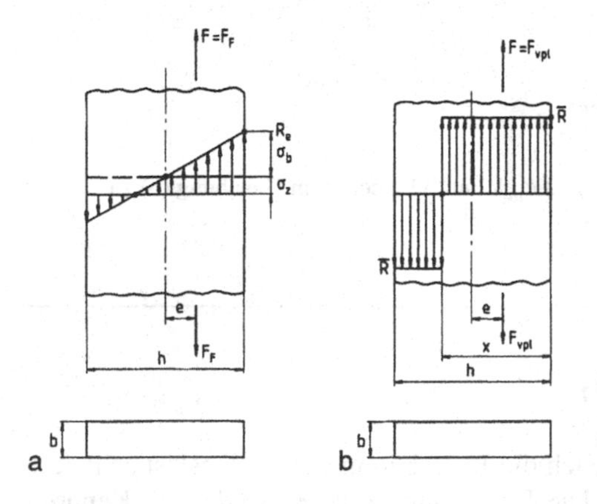

***Bild 9.28** Spannungsverläufe am exzentrisch belasteten Zugstab*
a) elastischer Zustand
b) vollplastischer Zustand

$$\sigma_{max} = \sigma_z + \sigma_b = R_e \tag{a}$$

Zugspannung

$$\sigma_z = \frac{F}{A}$$

Biegespannung

$$\sigma_b = \frac{M_b}{W_b} = \frac{F \cdot e}{W_b}$$

Die Fließbedingung nach Gleichung (a) läßt sich damit schreiben als

$$\sigma_{max} = \frac{F_F}{A} + \frac{F_F \cdot e}{W_b} = R_e$$

woraus sich die Exzentrität ergibt zu

$$e = \frac{W_b}{F_F}\left(R_e - \frac{F_F}{A}\right) \quad .$$

Mit

$$W_b = \frac{b\,h^2}{6} \quad , \quad A = b\,h \quad \text{und} \quad F_F = 160\,kN$$

ergibt sich

$$e = 4{,}7\,mm \quad .$$

b) Die Spannungsverteilung im vollplastischen Zustand ist schematisch in Bild Bild 9.28b dargestellt. Das Kräfte- und Momentengleichgewicht lautet mit der Kollapsspannung nach Gleichung (9.45):

$$F_{vpl} = \overline{R}\,b(2x - h) \tag{b}$$

$$\sum M_b = F_{vpl}(e + x - \frac{h}{2}) - \overline{R}\frac{x^2}{2}b - \overline{R}\frac{(h-x)^2}{2}b = 0 \quad . \tag{c}$$

Einsetzen von Gleichung (b) in (c) liefert

$$x = \frac{h - 2e \pm \sqrt{(h-2e)^2 + 4eh}}{2} = 45{,}8\,mm \quad .$$

Die gesuchte Kollapslast findet man mit $\overline{R} = (R_e + R_m)/2$ nach Einsetzen in Gleichung (b) zu

$$F_{vpl} = 249\,kN \quad .$$

Lösungen für geschlitzte Scheiben

Bei ebenem Dehnungszustand gestaltet sich die Berechnung der Kollapslast schwieriger als bei ebenem Spannungszustand. Die Berechnung setzt entweder die Kenntnis der Spannungsverläufe – insbesondere der Radialspannung, die den Constraint verursacht – oder der Ausbildung des Fließlinienfelds voraus. Bei Kenntnis des Constraint-Faktors (z. B. aus Versuchen, siehe Abschnitt 9.3.3) läßt sich die Kollapslast für EDZ aus der Kollapslast nach Gleichung (9.44) bestimmen. Die Berechnung der Traglast für gekerbte Bauteile unter EDZ mit Hilfe der Gleitlinientheorie ist in *Anhang A13* anhand einiger Beispiele gezeigt.

Anhang A13

In Tabelle 9.2 sind einige Lösungen für die Kollapslast geschlitzter Bauteile unter ESZ und EDZ zusammengestellt. Unter einem *Schlitz* versteht man eine sehr scharfe Kerbe, deren Flanken parallel sind und deren Kerbradius gegen Null geht. Diese Lösungen gelten demnach vor allem auch für rißartige Defekte, bei denen eine hohe Constraintwirkung vorliegt. Die Kollapslast der Schlitzproben stellt eine obere Grenze dar und deckt somit weniger scharf gekerbte Bauteile nicht unbedingt ab.

Schlitz

Mit Ausnahme des beidseitig gekerbten Zugstabs (Tabelle 9.2b) unterscheiden sich die Kollapslasten für ESZ und EDZ durch einen konstanten Faktor. Dieser Faktor beträgt beim Zugstab mit Mittelschlitz (a) *1,155*, bei allen übrigen Strukturen (c–f) ist der Faktor *1,358*. Für den beidseitig tiefgeschlitzten Zugstab erhält man für eine relative Schlitztiefe $a/W > 0,9$ und bei Verwendung der Misesschen Fließbedingung den maximal erreichbaren Constraintfaktor $L = 2,97$, siehe *Anhang A13.4*, Gleichung (A13.48). In Bild 9.29a bis c sind die auf R bezogenen Brutto-Kollapsspannungen für Zugstäbe über der relativen Schlitztiefe aufgetragen. Die Darstellung zeigt, daß die Kollapslast mit einem ESZ-Ansatz konservativ abgesichert werden kann. Die tatsächliche Kollapslast liegt häufig zwischen der Lösung für ESZ und EDZ.

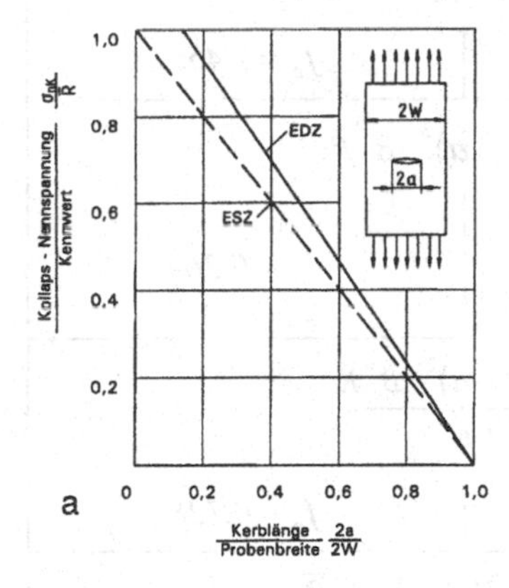

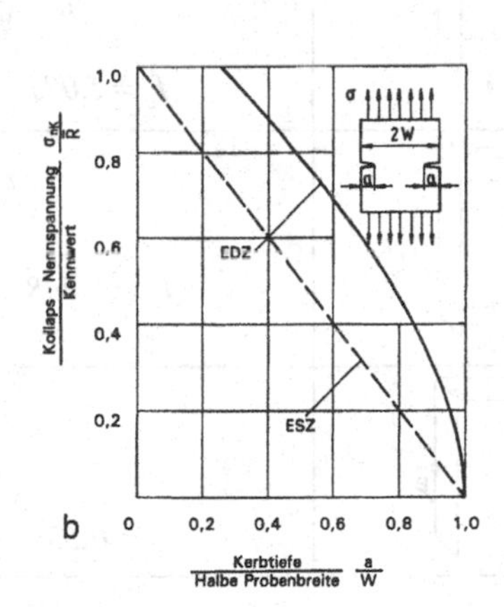

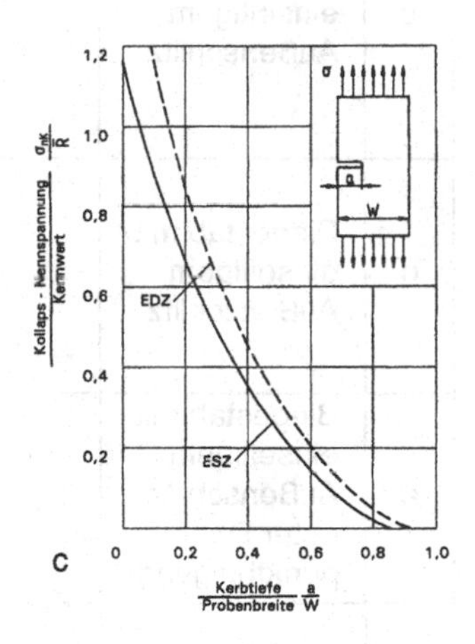

Bild 9.29 *Brutto-Kollapsnennspannung für zugbeanspruchte Scheiben*
a) Mittelschlitz b) beidseitiger Außenschlitz c) einseitiger Außenschlitz, Lösungen nach Kumar et al. [115], vgl. Tabelle 9.2, siehe auch Kußmaul und Issler [116]

Abschließend ist auf den wichtigen Umstand hinzuweisen, daß von einem Erreichen der Kollapslast nur dann ausgegangen werden kann, wenn das Bauteil hohe Zähigkeit aufweist. Andernfalls ist vorher mit einem Anreißen im Kerbgrund durch die hohen lokalen Dehnungen zu rechnen. Versuche an Großproben aus niedriglegierten Stählen haben gezeigt, daß zur Erreichung der Kollapslast unter EDZ-Bedingungen infolge der verschärften Bedingungen durch den dreiachsigen Zugspannungszustand beispielsweise Kerbschlagarbeiten von über *60 J* erforderlich sind, Kußmaul und Issler [116].

***Tabelle 9.2** Kollapslasten für geschlitzte Scheiben unter ebenem Spannungszustand (ESZ) und ebenem Dehnungszustand (EDZ), Kumar et al. [115]*

Fall	Struktur	Kollapslast F_{vpl} oder M_{bvpl}	
		Ebener Spannungszustand	Ebener Dehnungszustand
a	Zugstab mit Mittelschlitz	$f_a \cdot 2 \cdot (W-a) \cdot B \cdot \overline{R}$ $f_a = 1$	$f_a \cdot 2 \cdot (W-a) \cdot B \cdot \overline{R}$ $f_a = \frac{2}{\sqrt{3}} = 1{,}155$
b	Zugstab mit beidseitigen Außenschlitzen	$f_b \cdot 2 \cdot (W-a) \cdot B \cdot \overline{R}$ $f_b = 1$	$f_b \cdot \eta_b \cdot W \cdot B \cdot \overline{R}$ η_b, siehe 1) $f_b = \frac{2}{\sqrt{3}} = 1{,}155$
c	Zugstab mit einseitigem Außenschlitz	$f_c \cdot \eta_c \cdot W \cdot B \cdot \overline{R}$ $\eta_c = \sqrt{1 + \left(\frac{a}{W-a}\right)^2} - \frac{a}{W-a}$ $f_c = 1{,}071$	$f_c \cdot \eta_c \cdot W \cdot B \cdot \overline{R}$ $\eta_c = \sqrt{1 + \left(\frac{a}{W-a}\right)^2} - \frac{a}{W-a}$ $f_c = 1{,}455$
d	Biegestab mit einseitigem Außenschlitz	$f_d \cdot (W-a)^2 \cdot B \cdot \overline{R}$ $f_d = 0{,}268$	$f_d \cdot (W-a)^2 \cdot B \cdot \overline{R}$ $f_d = 0{,}364$
e	Biegestab mit einseitigem Außenschlitz unter Dreipunktbiegung	$\frac{f_e \cdot (W-a)^2 \cdot B \cdot \overline{R}}{L}$ $f_e = 0{,}536$	$\frac{f_e \cdot (W-a)^2 \cdot B \cdot \overline{R}}{L}$ $f_e = 0{,}728$
f	Compact Tension (CT-) Probe	$f_f \cdot \eta_f \cdot (W-a) \cdot B \cdot \overline{R}$ $\eta_f = \sqrt{\left(\frac{2 \cdot a}{W-a}\right)^2 + 2 \cdot \left(\frac{2 \cdot a}{W-a}\right) + 2} - \left(\frac{2 \cdot a}{W-a} + 1\right)$ $f_f = 1{,}071$	$f_f \cdot \eta_f \cdot (W-a) \cdot B \cdot \overline{R}$ $\eta_f = \sqrt{\left(\frac{2 \cdot a}{W-a}\right)^2 + 2 \cdot \left(\frac{2 \cdot a}{W-a}\right) + 2} - \left(\frac{2 \cdot a}{W-a} + 1\right)$ $f_f = 1{,}455$

1)

$$\eta_b = 0{,}9996 - 0{,}3862 \cdot \frac{a}{W} - 1{,}3063 \cdot \left(\frac{a}{W}\right)^2 + 7{,}6419 \cdot \left(\frac{a}{W}\right)^3 - 22{,}2409 \cdot \left(\frac{a}{W}\right)^4 + 26{,}9698 \cdot \left(\frac{a}{W}\right)^5 - 11{,}6752 \cdot \left(\frac{a}{W}\right)^6$$

9.3.3 Experimentelle Bestimmung

Die experimentelle Bestimmung der Kollapslast für ein Bauteil erfordert einen Belastungsversuch unter Betriebsbedingungen am Originalbauteil oder einem bauteilähnlichen Modell. Beim Versuch wird ein Last-Verformungsdiagramm aufgezeichnet, aus dem sich aus dem Höchstlastpunkt die Kollapslast ergibt, siehe z. B. Bild 9.23a und 9.30. Aus der Maximallast kann mit den Abmessungen des Bauteils eine Kollaps-Nennspannung errechnet werden.

In Bild 9.30 sind Kraft-Verlängerungsdiagramme für ESZ und EDZ schematisch dargestellt. Das Verhalten bei EDZ zeichnet sich gegenüber ESZ durch eine höhere Kollapsnennspannung aus ($\sigma_{vpl}^* > \sigma_{vpl}$). Das Verformungsvermögen bei EDZ ist gegenüber ESZ geringer, vgl. beispielsweise Bruchpunkt R^* mit R. Für die Steigerung der Traglast bei gleichem Nettoquerschnitt und den Verlust an Verformungsfähigkeit ist der Aufbau der Umfangs- (σ_t^*) und Radialspannung (σ_r^*) durch Querdehnungsbehinderung verantwortlich, was zu einem dreiachsigen Zugspannungszustand im Innern des Kerbquerschnitts führt, siehe Bild 9.30b, vgl. auch Bild 10.11b.

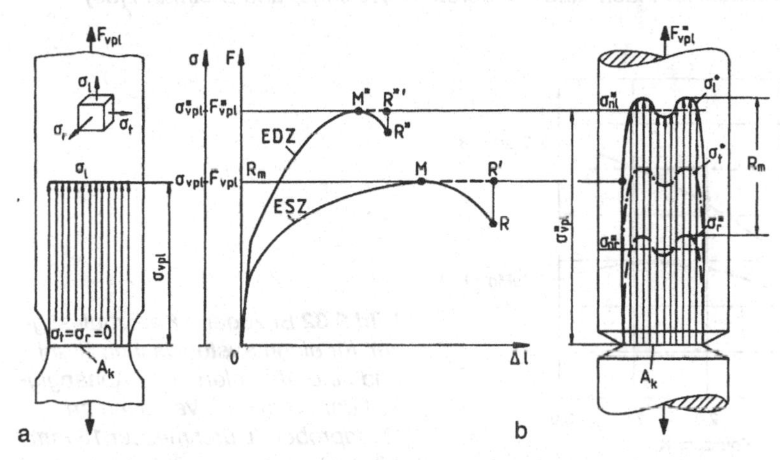

***Bild 9.30** Plastisches Grenzlastversagen (Kollaps) für einen Kerbstab*
a) Ebener Spannungszustand b) Ebener Dehnungszustand

Das Ergebnis systematischer Zugversuche an gekerbten Probestäben wird in sogenannten Kerbzugfestigkeits-Diagrammen aufgetragen. In diesen ist die erreichte Bruchnennspannung (hier auch mit *Kerbzugfestigkeit* R_{mk} bezeichnet) über der Formzahl K_t dargestellt. In Bild 9.31 sind für un- und niedriglegierte Stähle unterschiedlicher Festigkeit und Zähigkeit die bezogenen Kerbzugfestigkeiten R_{mk}/R_m über der Formzahl K_t wiedergegeben. Erwartungsgemäß liegen die Versuchsergebnisse an dünnen Flachproben (mit ebenem Spannungszustand) im Bereich $R_{mk} \approx R_m$. Allerdings deutet sich an, daß eine weiter zunehmende Kerbschärfe und eine erhöhte Festigkeit (oder besser ein vermindertes Verformungsvermögen) einen leichten Abfall der bezogenen Kerbzugfestigkeit bewirken. Eine entsprechende Darstellung findet sich in Bild 9.32 für einen austenitischen Stahl und eine Al-Knetlegierung. Der hochzähe Stahl erreicht erwartungsgemäß hohe Constraint-Werte. Der maximale Constraint-Faktor der Al-Legierung liegt bei 1,4.

Kerbzugfestigkeit

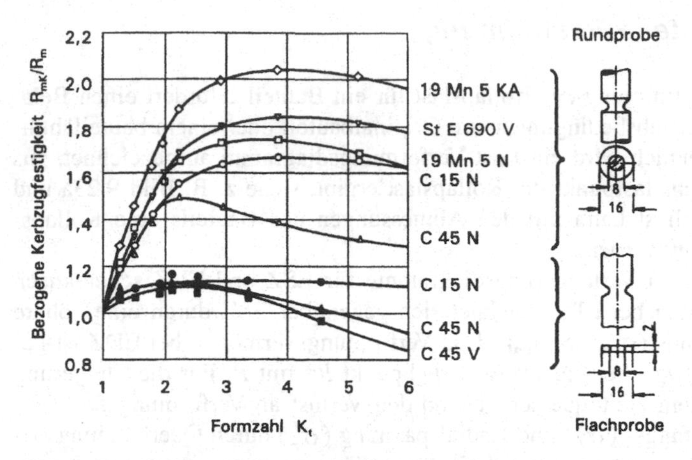

***Bild 9.31** Bezogene Kerbzugfestigkeit für un- und niedriglegierte Stähle in Abhängigkeit von der Formzahl für Flach- und Rundproben, Wellinger und Dietmann [35]*

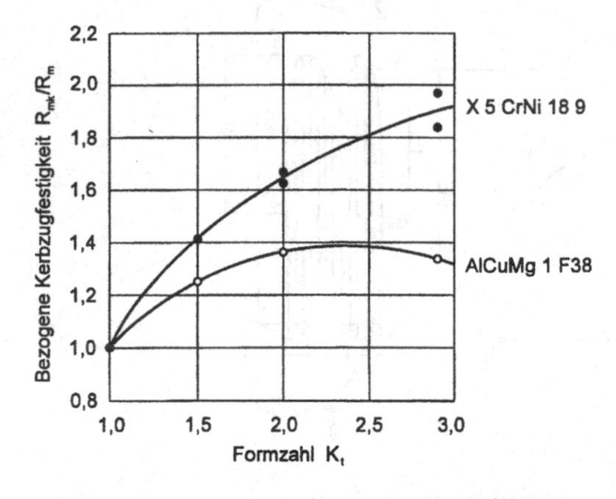

***Bild 9.32** Bezogene Kerbzugfestigkeit für einen austenitischen Stahl und eine Al-Legierung in Abhängigkeit der Formzahl, Versuche an Rundproben (Durchmesser 18 mm / 10 mm)*

Der dreiachsige Zugspannungszustand bei den Rundproben führt zu der erwarteten deutlichen Steigerung der Kerbzugfestigkeit gegenüber den Flachproben. Der Einfluß der Werkstoffzähigkeit ist hier noch deutlicher ausgeprägt, was sich in einer Spanne der bezogenen Kerbzugfestigkeiten zwischen 1,3 und 2,1 ausdrückt. Geht man davon aus, daß alle Proben vollplastischen Zustand erreichen würden, entspräche die bezogene Kerbzugfestigkeit R_{mk}/R_m dem Constraint-Faktor L. In diesem Fall gäbe es keinen Werkstoffeinfluß. Die unterschiedlichen Kurven zeigen, daß nicht in allen Fällen der vollplastische Zustand erreicht wird, da bei den weniger zähen Werkstoffen der dreiachsige Spannungszustand zu einem vorzeitigen Bruch führt.

9.4 Eigenspannungen

In diesem Abschnitt wird das Wesen, die rechnerische Ermittlung und die experimentelle Bestimmung von Eigenspannungen als Folge örtlich überelastischer Beanspruchung beschrieben. Außerdem wird ihr Einfluß auf das Festigkeitsverhalten bei statischer Beanspruchung behandelt. Auf den Einfluß der Eigenspannungen auf die Schwingfestigkeit wird in den Abschnitten 11.7.4 und 11.7.5 eingegangen. Außerdem ist auf die Auslösung bzw. Begünstigung des Korrosionsangriffs (z. B. Spannungsrißkorrosion) durch Zugeigenspannungen und auf die erhöhte Knickgefahr hinzuweisen.

Da Eigenspannungen in praktisch allen Bauteilen auftreten, sind diese streng genommen mit in die Auslegungsrechnung und Sicherheitsanalyse einzusetzen. Wenn dies in der Regel nicht geschieht, ist dies darauf zurückzuführen, daß sie nicht in jedem Fall sicherheitsrelevant sind, daß ihre Größe und Verteilung in der Praxis meist nicht bekannt sind und daß die Auswirkung von Eigenspannungen auf das Festigkeitsverhalten noch nicht abschließend und flächendeckend untersucht ist.

Welchen schwerwiegenden Einfluß die Eigenspannungen – besonders bei dickwandigen und spröden Bauteilen – auf die Herstellungsqualität und die Betriebsbewährung haben können, beweisen Schäden an Schweißverbindungen, gehärteten Komponenten, kaltverformten Bauteilen und Grauguß-Konstruktionen, siehe Beispiel in Bild 9.33.

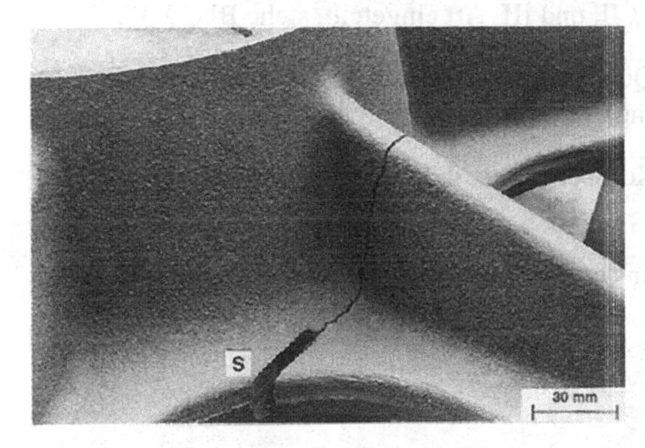

Bild 9.33 *Bruch einer Graugußscheibe infolge Eigenspannungen (Rißauslösung durch Sägeschnitt S)*

Auf der anderen Seite ist auf den festigkeitssteigernden Einfluß von (Druck-) Eigenspannungen hinzuweisen. Diese werden daher sinnvollerweise gezielt innerhalb der Fertigungskette an hochbeanspruchten Oberflächen und Kerbstellen erzeugt, z. B. durch Rollen, Kugelstrahlen, Nitrieren und gezielte Zugüberlastung.

9.4.1 Definition

Eigenspannung

Unter *Eigenspannungen* σ_{ei} versteht man Spannungen, die in einem äußerlich unbelasteten Bauteil vorhanden sind. Entsprechend dem Kräftegleichgewicht zwischen äußerer und innerer Belastung muß demnach gelten:

$$F = \int_A \sigma_{ei}\, dA = 0 \quad . \qquad (9.49)$$

Ebenso müssen die aus den Eigenspannungen resultierenden Biege- und Torsionsmomente verschwinden (vgl. Abschnitt 3.6).

Da die Kraft- und Momentenwirkungen aus Eigenspannungen intern ausgeglichen sind, müssen sich die Kraft- und Momentenwirkung aus Zug- und Druckeigenspannungen über einen Querschnitt aufheben. Dies kann, wie in Bild 9.34 gezeigt, durch ein Federmodell veranschaulicht werden, bei dem sich die Kräfte der Zug- und Druckfeder das Gleichgewicht halten, so daß das äußerlich unbelastete Modell innerlich verspannt im Gleichgewicht ist.

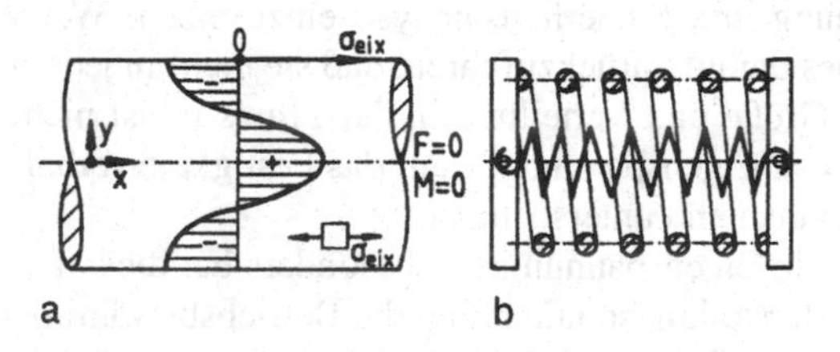

***Bild 9.34** Gleichgewicht bei Eigenspannungen*
a) Verteilung im Bauteil
b) Federmodell

Üblicherweise werden Eigenspannungen nach ihrer Verteilung im Makro- und Mikrobereich eines Bauteilquerschnitts in I., II. und III. Art eingeteilt, siehe Bild 9.35:

I. Art: Verteilung über größere Querschnittsbereiche, d. h. einer Vielzahl von Körnern (Makroeigenspannung) σ'

II. Art: Wirksam innerhalb von Kornbereichen, d. h. über einzelne Körner (Mikroeigenspannung) σ''

III. Art: Homogen innerhalb kleinster Werkstoffbereiche (im atomaren Bereich) σ'''

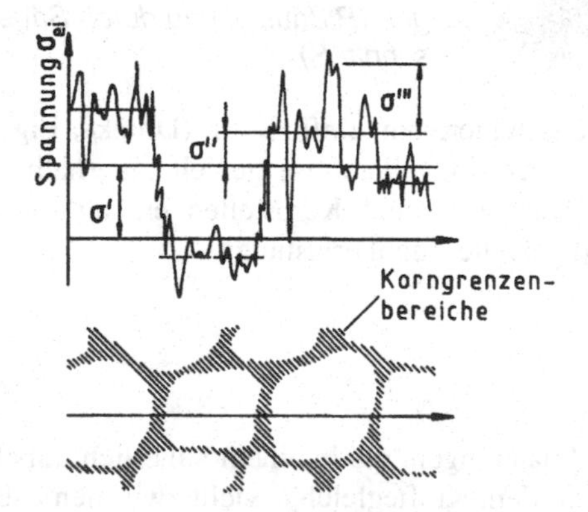

***Bild 9.35** Definition von Eigenspannungen I., II. und III. Art, Macherauch und Wohlfahrt [128]*

Für die ingenieurmäßige Anwendung in der Festigkeitsberechnung sind vor allem die Makroeigenspannungen (I. Art) von Bedeutung, weshalb diese hier bevorzugt behandelt werden.

9.4.2 Voraussetzungen für die Entstehung

Eigenspannungen können durch metallurgische, thermische oder mechanische Werkstoffbeanspruchungen entstehen, die eine Folge von Herstellungsprozessen (Gießen, Umformen, Bearbeiten, Wärmebehandeln, Fügen) und mechanischen oder thermischen Betriebsbelastungen sind. Die hierdurch verursachten inhomogenen elastisch-plastischen Verformungen können nach Entlastung zu Eigenspannungen führen, wenn gleichzeitig folgende zwei Voraussetzungen erfüllt sind:

- Die Belastung muß eine ungleichmäßige Dehnungs- oder Spannungsverteilung bewirkt haben
- Die Belastung muß zu einer örtlichen Plastifizierung geführt haben.

Wie in Tabelle 9.3 dargestellt, können diese beiden Voraussetzungen auch so gedeutet werden, daß unter Belastung ein unterschiedlicher Dehnungs- und Spannungsverlauf über dem Querschnitt vorlag, d. h., daß nicht an jeder Stelle des Querschnitts das Verhältnis ε/σ konstant war. So treten nach Entlastung des Zugstabs (Tabelle 9.3a) und des elastisch beanspruchten Biegestabs (b) keine Eigenspannungen auf, während im Falle des überelastisch beanspruchten Biege- (c) und Kerbstabs (d) mit Eigenspannungen zu rechnen ist.

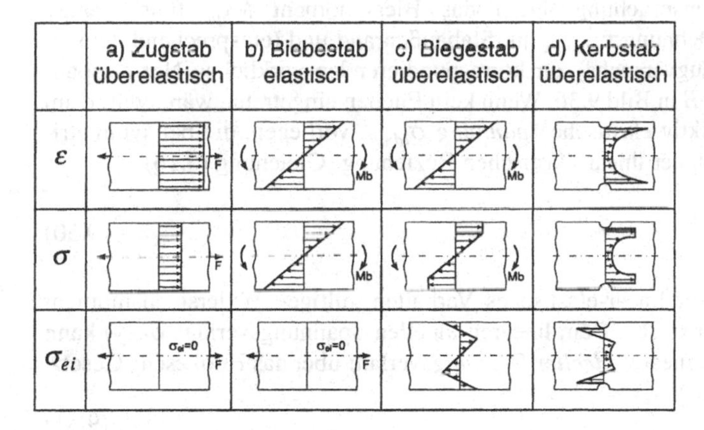

	a) Zugstab überelastisch	b) Biebestab elastisch	c) Biegestab überelastisch	d) Kerbstab überelastisch
ε	F	Mb	Mb	
σ	F	Mb	Mb	
σ_{ei}	$\sigma_{ei}=0$ F	$\sigma_{ei}=0$ F		

Tabelle 9.3 Beispiele für mechanisch belastete Bauteile ohne und mit Eigenspannungen

9.4.3 Einfache Beispiele

Die Entstehung von Eigenspannungen durch mechanische Belastung wird nachfolgend am Beispiel des Biege- und des Kerbstabes gezeigt. Außerdem wird der Aufbau von Eigenspannungen durch Abschrecken eines Werkstücks erläutert.

Biegestab

Die Ermittlung und Berechnung der Eigenspannungen soll am Beispiel des überelastisch beanspruchten Biegestabs in Bild 9.36 erläutert werden, (vgl. auch Bild 9.7).

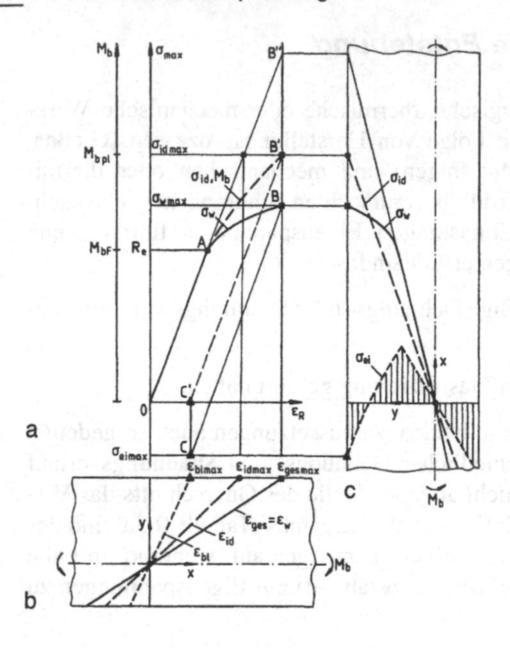

Bild 9.36 *Entstehung von Eigenspannungen im überelastisch beanspruchten Biegestab*
a) Last- und Spannungs-Dehnungs-verlauf
b) Dehnungsverteilung
c) Spannungsverteilung

Die überelastische Beanspruchung durch das Biegemoment M_{bpl} führt gemäß Abschnitt 9.2.1 zu der Dehnung ε_{gesmax} am Stabaußenrand und (entsprechend dem σ-ε-Zusammenhang des Zugversuchs) zur korrespondierenden wirklichen Normalspannung σ_{wmax}, siehe Punkt B in Bild 9.36. Wenn kein Fließen eingetreten wäre, würde am Außenrand die *ideelle* fiktiv elastische *Spannung* σ_{idmax} vorliegen, die bei symmetrischen Querschnitten nach der linear-elastischen Beziehung (Gleichung (5.16))

Ideelle Spannung

$$\sigma_{id\,max} = \frac{M_{bpl}}{W_b} \tag{9.50}$$

unter Verwendung des für linear-elastisches Verhalten gültigen Widerstandsmoment W_b zu berechnen ist (Punkt B'). Dem linearen ideellen Spannungsverlauf $\sigma_{id}(y)$ kann rein formal ein ebenfalls linearer *ideeller Dehnungs*verlauf über das Hookesche Gesetz

Ideelle Dehnung

$$\varepsilon_{id}(y) = \frac{\sigma_{id}(y)}{E} \tag{9.51}$$

zugeordnet werden. Bei Entlastung federn sowohl das Biegemoment als auch die wahre Spannung parallel zur elastischen Anstiegsgeraden zurück. Dies führt am Außenrand zu einer positiven *bleibenden Dehnung* ε_{blmax} (Punkt C') und zu einer negativen (Eigen-) Spannung am Außenrand σ_{eimax} (Punkt C). Die bleibende Dehnung ε_{bl} ergibt sich entsprechend der Konstruktion in Bild 9.36 als Differenz der wirklichen und der ideellen Dehnung zu:

Bleibende Dehnung

$$\varepsilon_{bl}(y) = \varepsilon_w(y) - \varepsilon_{id}(y) \ . \tag{9.52}$$

Die wahre Dehnung ε_w entspricht der Gesamtdehnung ε_{ges}.

Entsprechend ergeben sich die Eigenspannungen $\sigma_{ei}(y)$ ebenfalls als Differenz der wirklichen Spannung $\sigma_w(y)$ und der ideellen Spannung $\sigma_{id}(y)$:

$$\sigma_{ei}(y) = \sigma_w(y) - \sigma_{id}(y) \ . \tag{9.53}$$

Aus den Gleichungen (9.52) und (9.53) wird auch deutlich, daß immer dann Eigenspannungen entstehen, wenn die wirklichen und die fiktiv elastischen Dehnungs- und Spannungsverläufe nicht identisch sind, siehe Tabelle 9.3c und d. Kennzeichnend für Eigenspannungen ist auch, daß eine Zugüberlastung an der höchstbeanspruchten Stelle zu einer Druckeigenspannung und eine Drucküberlastung zu einer Zugeigenspannung führt (*Vorzeichenregel für Eigenspannungen*).

Vorzeichenregel für Eigenspannungen

Am Stabaußenrand ergeben sich mit den Gleichungen (9.50) bis (9.53) die Maximalwerte der bleibenden Dehnung und der Eigenspannung:

$$\varepsilon_{bl\,max} = \varepsilon_{ges\,max} - \frac{\sigma_{id\,max}}{E} = \varepsilon_{ges\,max} - \frac{M_{b\,pl}}{W_b \cdot E} \tag{9.54}$$

$$\sigma_{ei\,max} = \sigma_{w\,max} - \sigma_{id\,max} = \sigma_{w\,max} - \frac{M_{b\,pl}}{W_b} \ . \tag{9.55}$$

Kerbstab

Das dem Biegestab entsprechende Vorgehen ist in Bild 9.37 für das Beispiel des zugbelasteten Kerbstabs gezeigt.

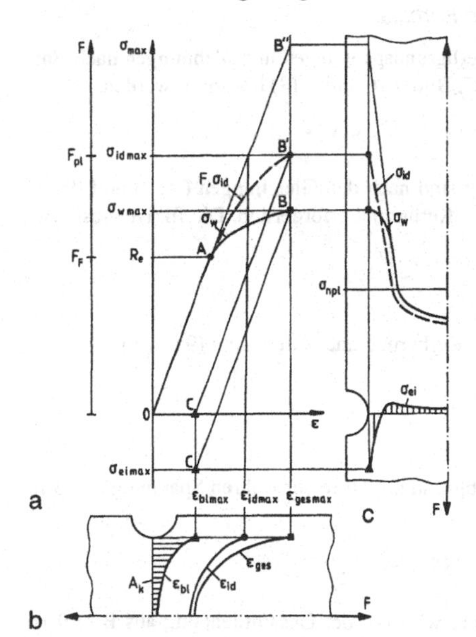

Bild 9.37 Entstehung von Eigenspannungen im überelastisch beanspruchten gekerbten Zugstab
a) Last- und Spannungs-Dehnungsverlauf
b) Dehnungsverteilung
c) Spannungsverteilung

Die überelastische Beanspruchung mit F_{pl} bzw. σ_{npl} führt im Kerbgrund des Stabs mit der Kerbfläche A_k zur Dehnung ε_{gesmax} und zur wahren Spannung σ_{wmax} (Punkt B), die über die σ-ε-Beziehung des Zugversuchs gekoppelt sind. Dieselbe Zugkraft F_{pl} hätte – wäre der Stab nicht geflossen – im Kerbgrund die ideelle fiktiv elastische Spannung

$$\sigma_{idmax} = K_t \cdot \sigma_{n\,pl} = K_t \cdot \frac{F_{pl}}{A_k} \qquad (9.56)$$

hervorgerufen (Punkt B'). Die beiden Ordinatenwerte in Bild 9.37 verhalten sich demnach wie $\sigma_{idmax} / F_{pl} = K_t / A_k$.

Die völlige Entlastung des Stabs ($F = 0$) führt an der Stabaußenseite zur bleibenden Dehnung ε_{blmax} und zur Spannung σ_{eimax}, die nach den Gleichungen (9.54) und (9.55) (vorderer Teil) zu berechnen sind. Wendet man diese beiden Beziehungen auf jede Stabfaser an, so ergibt sich die in Bild 9.37b und 9.37c gezeigte Verteilung der bleibenden Dehnung und der Eigenspannung. Der zugüberlastete Kerbgrund weist nach Entlastung nach der Vorzeichenregel für Eigenspannungen wiederum Druckeigenspannungen und eine positive bleibende Dehnung auf. Die Maximalwerte im Kerbgrund ergeben sich zu:

$$\varepsilon_{bl\,max} = \varepsilon_{ges\,max} - \frac{\sigma_{id\,max}}{E} = \varepsilon_{ges\,max} - \frac{K_t \cdot \sigma_{npl}}{E} \qquad (9.57)$$

$$\sigma_{ei\,max} = \sigma_{wmax} - \sigma_{id\,max} = \sigma_{wmax} - K_t \cdot \sigma_{npl} \quad . \qquad (9.58)$$

Beispiel 9.7 *Eigenspannungen am zugüberlasteten Kerbstab*

An dem Kerbstab der Beispiele 9.3 und 9.4 sollen die Kerbgrundspannungen und -dehnungen nach Entlastung von einer Nennspannung σ_n = 375 MPa (Punkt C, Bild 9.16 und 9.18) bestimmt werden.

Lösung

Die entstehende Eigenspannung und bleibende Dehnung sind nach den Gleichungen (9.57) und (9.58) zu berechnen. Hierzu sind die fiktiv elastischen Werte im Kerbgrund erforderlich. Die fiktive elastische Spannung wird nach Gleichung (9.56):

$$\sigma_{id\,max} = K_t \cdot \sigma_n = 2{,}5 \cdot 375\ MPa = 938\ MPa \quad .$$

Hieraus errechnet sich die maximale ideelle Dehnung im Kerbgrund nach Gleichung (9.51) zu:

$$\varepsilon_{id\,max} = \frac{\sigma_{id\,max}}{E} = \frac{938}{2{,}1 \cdot 10^5} = 4{,}47 \cdot 10^{-3} \quad .$$

Daraus erhält man die maximale Eigenspannung im Kerbgrund mit Hilfe der wahren Spannung aus Bild 9.16:

$$\sigma_{ei\,max} = \sigma_{wmax} - \sigma_{id\,max} = (700 - 938)\,MPa = -238\ MPa \quad .$$

Der Maximalwert der bleibenden Dehnung im Kerbgrund wird mit der Gesamtdehnung aus Bild 9.16 und Gleichung (9.54):

$$\varepsilon_{bl\,max} = \varepsilon_{ges\,max} - \varepsilon_{id\,max} = 0{,}6 - 0{,}447\ \% = 0{,}153\ \% \quad .$$

Die Konstruktion der Eigenspannungen und bleibenden Dehnung ist im Spannungs-Dehnungs-Diagramm in Bild 9.38 dargestellt. Außerdem sind die Spannungsverteilungen im Kerbstab vor und nach Entlastung eingetragen.

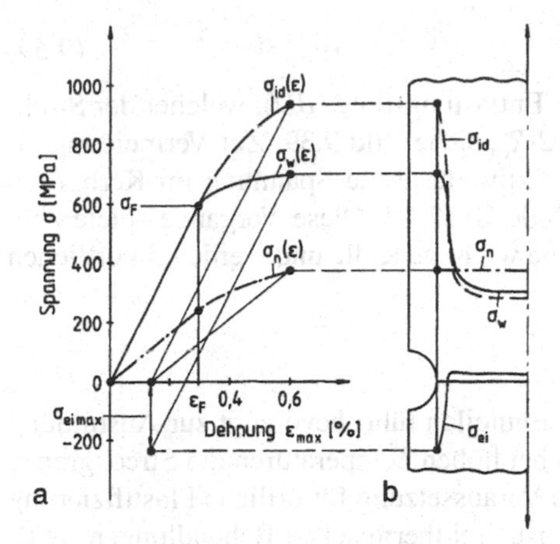

Bild 9.38 *Überelastisch beanspruchter gekerbter Zugstab*
a) Spannungs-Dehnungs-Zusammenhang
b) Spannungsverlauf im Kerbquerschnitt vor und nach Entlastung

Rückplastifizierung

Übersteigt bei ideal-plastischem Werkstoffverhalten die ideelle Spannung örtlich den doppelten Betrag der Streckgrenze R_e, so kommt es bei der Entlastung zu einer *Rückplastifizierung*, da die bei Entlastung sich aufbauende Eigenspannung die Druckstreckgrenze erreicht, Punkt C' in Bild 9.39.

Rückplastifizierung

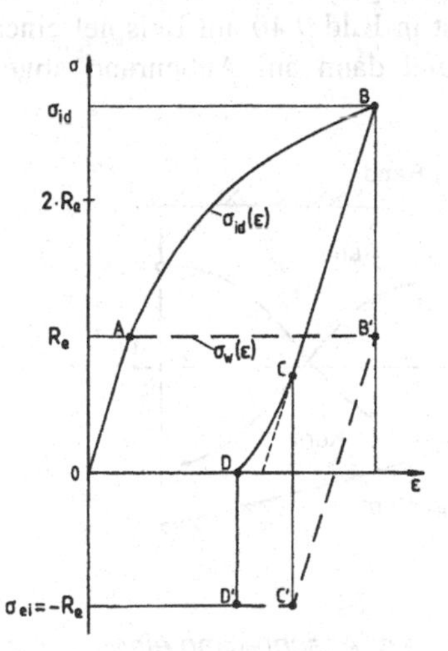

Bild 9.39 *Rückplastifizierung im Kerbgrund beim Entlasten eines Bauteils aus einem Werkstoff mit ausgeprägter Streckgrenze*

Dies ergibt sich unmittelbar aus den Gleichungen (9.55) und (9.58), wonach sich als Bedingung für beginnende Rückplastifizierung formulieren läßt ($\sigma_{wmax} = R_e$):

$$\sigma_{ei\,max} = R_e - \sigma_{id\,max} = -R_e = \sigma_{dF} \; .$$

Rückplastifizierung ist demgemäß bei einer ideellen Spannung

$$\sigma_{id\,max} > 2 \cdot R_e \tag{9.59}$$

zu erwarten. Der elastische Bereich (*BC*) der Entlastungslinie (*BD*), welcher der Strecke *B'C'* entspricht, erstreckt sich dann über $2{\cdot}R_e$, siehe Bild 9.39. Zur Vermeidung einer Wechselplastifizierung ist demnach die fiktiv elastische Spannung im Kerbgrund auf $2{\cdot}R_e$ zu begrenzen, siehe z. B. ASME-Code III [201]. Diese Vorgänge spielen bei überelastischer zyklischer Beanspruchung eine wichtige Rolle und werden im örtlichen Konzept berücksichtigt Abschnitt 11.11.

Thermische Beanspruchung

Eine inhomogene thermische Belastung von Bauteilen führt bevorzugt zur Ausbildung von Eigenspannungen. Dies rührt daher, daß bei hohen Temperaturen die Streckgrenze auf sehr niedrige Werte absinkt, d. h., daß die Voraussetzung für örtliche Plastifizierung selbst bei geringen Beanspruchungen erfüllt ist. Bei thermischen Behandlungen, z. B. beim Schweißen, Härten, Warmumformen, sind zwei Entstehungsursachen für Eigenspannungen zu berücksichtigen. Zum einen entstehen Wärmespannungen und thermisch bedingte Eigenspannungen durch die Behinderung der freien Wärmedehnung unterschiedlich hoch erhitzter Bereiche. Zum anderen treten möglicherweise *Umwandlungseigenspannungen* auf, die durch die örtliche Volumenänderung bei der Gefügeumwandlung verursacht werden. Als Beispiel für umwandlungsbedingte Eigenspannungen ist das Schweißen von Baustählen zu nennen, bei dem nur die schweißnahtnahen Bereiche über Austenitisierungstemperatur erhitzt werden und beim Abkühlen eine γ-α-Phasenumwandlung mit Volumenvergrößerung erfahren.

Umwandlungsspannungen

Der Aufbau von Wärme- und Eigenspannungen ist in Bild 9.40 am Beispiel eines zylindrischen Stabs gezeigt, der homogen erhitzt und dann am Außenrand abgeschreckt wird.

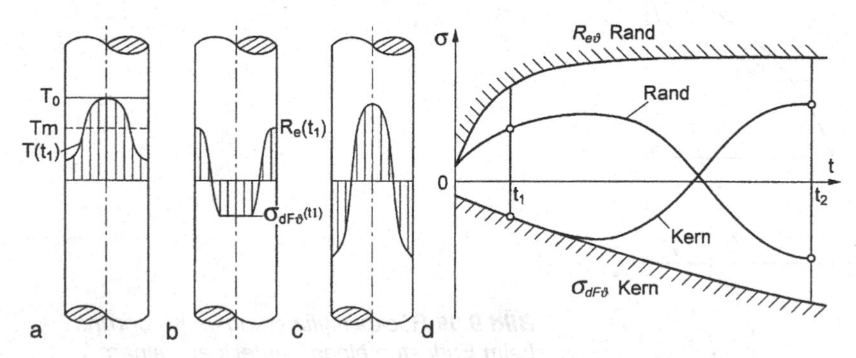

***Bild 9.40** Aufbau von Wärme- und Eigenspannungen beim Abschrecken eines erhitzten Rundstabs, schematisch (ohne Umwandlungsspannungen)*
a) Temperaturverteilung beim Abschrecken b) Wärmespannungen zum Zeitpunkt t_1 c) Eigenspannungen zum Zeitpunkt t_2 d) Verlauf der Warmstreckgrenzen $R_{e\vartheta}$ und $\sigma_{dF\vartheta}$ sowie Spannungs-Zeitverlauf für Rand und Kern

Die plötzliche Abkühlung führt zu dem in Bild 9.40a dargestellten Temperaturverlauf und durch die Behinderung der freien Verformung zu Zugwärmespannungen an der Außenseite und Druckspannungen im Kern, Bild 9.40b. Diese Spannungen führen örtlich zum Fließen im Kernbereich, da dieser auf Grund der noch höheren Temperatur eine geringere Warmfließgrenze σ_{dF} besitzt. Die Druckspannungen werden durch die zu diesem Zeitpunkt vorliegende Warmstreckgrenze begrenzt. Da keine äußere mechanische Belastung wirkt, muß die Wärmespannung nach Gleichung (9.49) ebenfalls in sich ausgeglichen sein.

Die Eigenspannungen bauen sich mit dem weiteren Verlauf der Abkühlung mit der zunehmenden Streckgrenze auf (Bild 9.40c). Die nach Temperaturausgleich durch die Plastifizierung entstandenden Eigenspannungen sind, entsprechend der Regel der Vorzeichenumkehr, entgegengesetzt den Wärmespannungen. Demnach sind am Außenrand Druckeigenspannungen, im Kern Zugeigenspannungen entstanden.

Einer der wichtigsten Anwendungsbereiche, in denen Eigenspannungen große Bedeutung haben, ist neben der Härterei- und Gießereitechnik die Schweißtechnik. Beim *Schweißen* treten örtlich und zeitlich inhomogene Temperaturfelder auf, die der Verteilung in Bild 9.40a vergleichbar sind. Im hocherhitzten Nahtbereich entstehen, wie in der Stabmitte in Bild 9.40b, infolge Dehnungsbehinderung Druckwärmespannungen, wodurch es in jedem Fall aufgrund der Aufheizung in den Bereich der Schmelztemperatur (Streckgrenze Null) zu erheblichen Stauchungen und beim Abkühlen zu Zugeigenspannungen kommt. In Bild 9.41 ist die schematische Verteilung der Eigenspannungen in Längs- und Querrichtung an einer geschweißten Platte mit Stumpfnaht (ohne Umwandlungsspannungen) wiedergegeben. Das Kräftegleichgewicht muß nach Gleichung (9.49) für die Längsspannungen im Querschnitt I-I und für die Querspannungen im Längsschnitt II-II erfüllt sein. Der Nahtbereich steht unter positiven Längs- und Querspannungen. Bei dicken Nähten ist zusätzlich mit positiven Eigenspannungen in Wanddickenrichtung zu rechnen, was die Gefahr eines Sprödbruchs durch den dreiachsigen Zugspannungszustand erhöht, siehe Bild 10.11b.

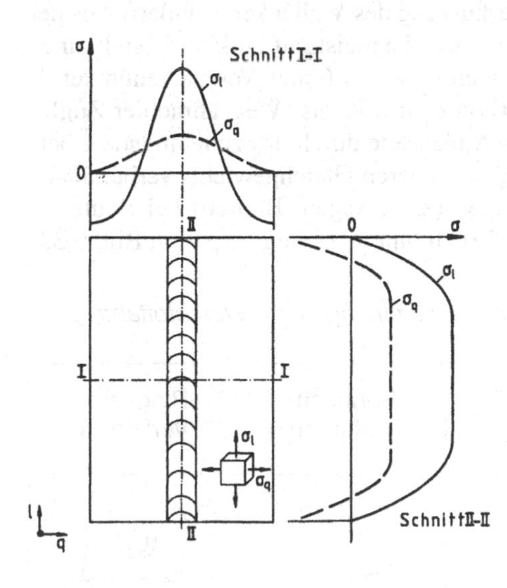

Bild 9.41 *Schematischer Verlauf der Längs- und Quereigenspannungen an einer Platte mit Stumpfnaht (ohne Umwandlungsspannungen)*

9.4.4 Bestimmung von Eigenspannungen

Eigenspannungen werden in der Regel auf experimentellem Weg – viel seltener durch numerische Berechnung – bestimmt. Der rechnerischen Bestimmung stehen vor allem die Vielzahl der (temperaturabhängigen) Eingangsparameter, der hohe numerische Aufwand (elastisch-plastisch, instationär) und die teilweise noch unzureichende Kenntnis der komplexen Zusammenhänge entgegen.

Experimentelle Verfahren

Die experimentellen Verfahren können in folgende Methoden untergliedert werden:

- Verformungsmessung während eines Werkstoffabtrags zur Störung des inneren Gleichgewichts
- Messung der Abstände des Metallgitters durch Röntgen- oder Neutronendiffraktion
- Messung des Effekts von Eigenspannungen auf bestimmte physikalische Eigenschaften der Werkstoffe (Ultraschallverfahren oder magnetische Methoden, z. B. Barkhausen-Rauschen)

Die am häufigsten angewandten Verfahren sind die Messung der Verformungen mit Dehnungsmeßstreifen und die Röntgendiffraktometrie. Die DMS-Verfahren sind mehr oder weniger zerstörend, während die Messung mit Röntgenstrahlen eine zerstörungsfreie Methode darstellt.

Die wichtigsten zerstörenden Verfahren sind in Tabelle 9.4 zusammengestellt. Allen Verfahren ist gemeinsam, daß durch einen Schnitt oder Werkstoffabtrag das innere Gleichgewicht des eigenspannungsbehafteten Bauteils gestört wird. Das Bauteil reagiert auf diese Störung durch Verformungen. So führt z. B. ein Abdrehen der Welle in Bild 9.34 (Wegnehmen der Druckfeder im Modell) zu einem Übergewicht der Zugfeder im Kern, was sich in einer elastischen Verkürzung des Wellenkerns äußert. Aus der Messung der elastischen Reaktionsverformung, welche meist mit DMS erfolgt, können die Eigenspannungen mit Hilfe des Hookeschen Gesetzes (unter Vorzeichenumkehr!) berechnet werden. Umgekehrt führt das Ausbohren des Kerns (Wegnahme der Zugfeder in Bild 9.34b) zu einer Verlängerung der Außenseite durch das zunehmende Übergewicht der Druckfeder. Die mit der Störung des inneren Gleichgewichts verbundenen Verformungen können bei Werkstofftrennungen (z. B. Sägen, Bohren) bei Bauteilen mit niedriger Zähigkeit zu einem Anriß oder Bruch führen, siehe Beispiel in Bild 9.33.

Tabelle 9.4 *Meßverfahren zur Eigenspannungsbestimmung durch Werkstoffabtrag*

Stäbchen-zerlege-verfahren	Biegepfeil-verfahren	Aufbohr-/Abdreh-verfahren	Klötzchen-zerlege-verfahren	Bohrloch-verfahren	Ringkern-verfahren
DMS Sägeschnitt	Abtragen DMS				

Das handelsüblich angebotene *Bohrlochverfahren* ist aufgrund der kleinen Bohrung und der geringen Bohrtiefe (wenige mm) als quasi zerstörungsfrei zu bezeichnen. Durch die Bohrungen entstehen freie Oberflächen, was zu einer Auslösung der Eigenspannungen und zu Verformungen führt, die mit einer DMS-Rosette gemessen werden. Aus den in drei Richtungen ermittelten Dehnungen können die Haupteigenspannungen und deren Richtung berechnet werden,vgl. Abschnitt 2.4.3. Die Bohrlochmethode wird in jüngster Zeit auch kombiniert mit der Moiré-Technik zur Verformungsmessung, wobei die Auswertung zunehmend auf Basis der Finite-Elemente-Methode durchgeführt wird.

Bohrlochverfahren

Die zerstörungsfreie Messung von Eigenspannungen mit monochromatischen *Röntgenstrahlen* beruht auf der Beugung der Strahlen am Metallgitter. Aus den Interferenzen kann auf die Netzebenenabstände des Gitters geschlossen werden, welche sich durch die Eigenspannungen verändern. Bei Anwendung der röntgenografischen Methode zur Eigenspannungsbestimmung werden nur die oberflächennahen Randschichten bis zu einer maximalen Tiefe von *10* μm erfaßt. Allerdings kann auch hier die Oberfläche sukzessiv abgearbeitet werden, was eine Ermittlung der Tiefenverteilung der Eigenspannungen erlaubt. Die Neutronen-Diffraktometrie eignet sich zur Untersuchung von Eigenspannungszuständen in größerer Tiefe.

Röntgendiffraktometrie

Weitergehende Ausführungen über experimentelle Verfahren zur Eigenspannungsbestimmung finden sich z. B. bei Hoffmann [88], Radaj [23] und Rohrbach [26].

Rechnerische Verfahren

Die meßtechnische Ermittlung der Eigenspannungen ist oft mit einem hohen Aufwand verknüpft, erfordert spezielle Erfahrungen und ist an das Vorhandensein des Bauteils gebunden. Zudem führen einige Prüfverfahren zu einer Zerstörung des Bauteils. Außerdem erfassen die zerstörungsfreien Meßverfahren meist nur den Spannungszustand an der Bauteiloberfläche. Die zerstörenden Verfahren geben den vollständigen dreidimensionalen Spannungszustand im Bauteilinnern nur ungenau wieder und erfordern einen großen Aufwand. Es wird daher in zunehmendem Maße versucht, die Eigenspannungsverteilung rechnerisch zu ermitteln. Die Berechnung kann dabei sowohl auf analytischem als auch numerischem Wege erfolgen, wobei bei letzterem meist die Finite-Elemente-Methode verwendet wird. Nachfolgend werden kurz die Grundzüge und die Problematik einer rechnerischen Eigenspannungsermittlung besprochen.

Um die Komplexität dieser Aufgabe etwas abzumindern, hat es sich bewährt, die in Bild 9.42 dargestellte Entkopplung der Eigenspannungsentstehungsmechanismen in thermodynamische, gefügeverändernde und mechanische Vorgänge vorzunehmen. Die dick dargestellten Pfeile bedeuten eine starke Wechselwirkung, während die dünnen Pfeile auf eine geringere, evtl. vernachlässigbare Beeinflussung hinweisen. Für ein einfaches Modell genügt die additive Überlagerung der aus den einzelnen Ursachen entstandenen Eigenspannungen, während zur vollständigen Beschreibung die Wechselwirkung der einzelnen Prozesse berücksichtigt werden muß.

Ausgangspunkt ist die Berechnung des Temperaturfeldes, d. h. der örtlichen und zeitlichen Temperaturänderung mit Hilfe der Feldgleichung der Wärmeleitung. Die in dieser instationären Differentialgleichung enthaltenen Werkstoffkennwerte (Wärmeleitzahl λ, spezifische Wärmekapazität c, Dichte ρ, Temperaturleitzahl a) sind abhängig vom Werkstoff, dem Gefügezustand und der Temperatur. Für den stationären Fall reduziert sich diese Gleichung auf die Laplacesche Differentialgleichung, siehe Glei-

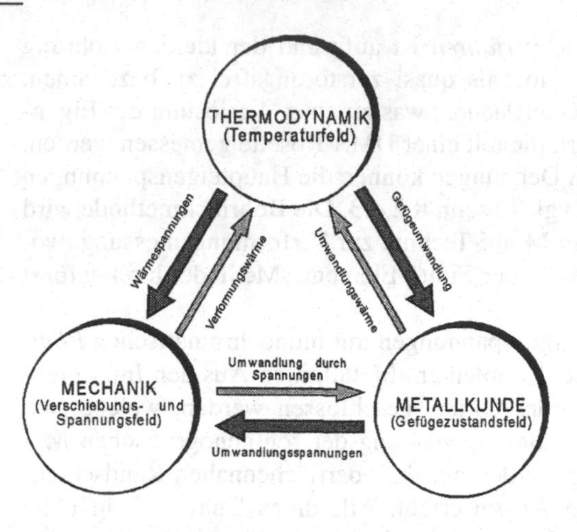

***Bild 9.42** Entkopplung der Eigenspannungsentstehungsursachen und deren Wechselwirkung, Karlsson [103]*

chung (A9.46). Allerdings ist zu beachten, daß Schweiß- und Härtetemperaturfelder stark instationär sind.

Mit bekanntem Temperaturfeld lassen sich die temperaturabhängigen Phasenumwandlungen auf Grundlage des Zustandsdiagramms des Werkstoffs berechnen, aus welchen bei Kenntnis der komplexen Gefügeumwandlungsvorgänge die Gefügeeigenspannungen ermittelt werden können. Dabei ist zu beachten, daß die freiwerdende Umwandlungswärme sich wiederum auf das Temperaturfeld auswirkt. Die Kenntnis der Temperaturverteilung erlaubt die Berechnung der Wärmedehnungen, woraus sich unter Berücksichtigung der Verformungsbehinderung durch die benachbarten kälteren Zonen und der temperaturabhängigen elastizitätstheoretischen und Festigkeits-Kennwerte die Wärmespannungen ergeben, siehe Abschnitt 4.5. Dabei muß beachtet werden, daß beide Spannungsfelder stark nichtlinear und inelastisch sind.

Vereinfachungen

Um das anspruchsvolle Problem der Eigenspannungsberechnung lösen zu können, müssen eine Reihe von *Vereinfachungen* in der Modellbildung vorgenommen werden. Dabei hängt der Grad der Vereinfachung auch davon ab, ob die Lösung auf analytischem oder numerischem Weg erfolgen soll. Bei der numerischen Lösung z. B. mit der FEM sind wesentlich komplexere Systeme lösbar, wobei die Grenze häufig durch die Wirtschaftlichkeit gegeben ist. Bei der Modellierung der Geometrie wird das räumliche Problem häufig auf eine zweidimensionale (Scheibe) oder eindimensionale (Stab) Betrachtung reduziert, instationäre Vorgänge können durch quasistationäre angenähert werden. Statt mit temperaturabhängigen Kennwerten kann mit gemittelten Werten gerechnet werden. Beim Schweißen kann die Wärmequelle als Punkt- oder Linienquelle idealisiert werden. Mit einer linear-elastischen Rechnung lassen sich keine Eigenspannungen ermitteln, da diese eine Plastizifierung voraussetzen. Lösungen unter der Annahme eines elastischen Werkstoffverhaltens können daher lediglich Anhaltspunkte dafür liefern, wo mit der Entstehung von Eigenspannungen zu rechnen ist.

Im Zuge der stetigen Zunahme der Rechnerleistungen wurden eine Vielzahl numerischer Verfahren zur Eigenspannungsberechnung entwickelt. Entsprechende FE-Programme berücksichtigen Wärmeabstrahlungen, instationäre Temperaturfelder und Gefügeumwandlungen und berechnen die zugehörigen Deformationen sowie Spannungs- und Dehnungsfelder. Mit einbezogen werden ebenfalls die Temperaturänderungen durch die freiwerdende latente Umwandlungswärme und Änderungen der temperaturabhängigen Werkstoffkennwerte. Die Übertragung auf dreidimensionale Fälle oder die Verwendung adaptiver Netze, um nur einige Beispiele zu nennen, wird ebenfalls bereits durchgeführt.

Die Modellierung und die Ergebnisse einer FE-Eigenspannungsberechnung für eine Doppel-V-Stumpfnaht aus S235J2G3 (St 37) sind zusammen mit Versuchsergebnissen in Bild 9.43 dargestellt. Die Längs- und Quereigenspannungen wurden sowohl mit als auch ohne Berücksichtigung der Gefügeumwandlung zum Martensit in der Wärmeeinflußzone berechnet.

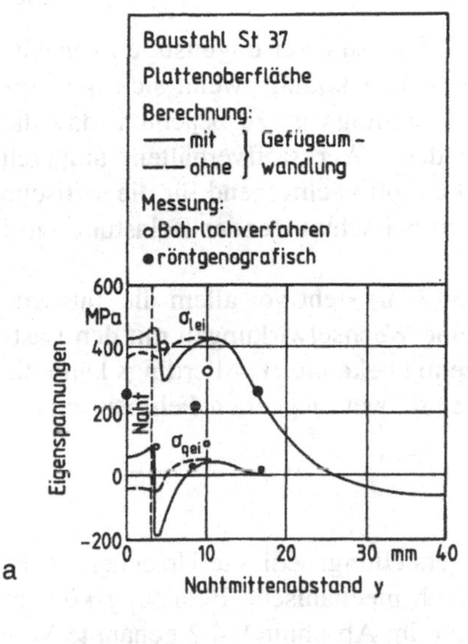

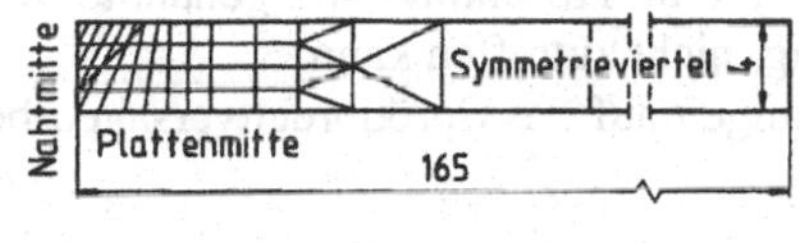

***Bild 9.43** Eigenspannungsberechnung mit FE für eine geschweißte Doppel-V-Stumpfnaht aus S235J2G3, Argyris et al. [39]*
a) Berechnete und gemessene Längs- und Quereigenspannungen mit und ohne Berücksichtigung der Gefügeumwandlung
b) Finite-Elemente-Netz

Zusammenfassend läßt sich sagen, daß die Berechnung der Eigenspannungen deren meßtechnische Ermittlung nicht ersetzen, jedoch als Ergänzung dazu dienen kann. Die bei der Modellbildung notwendigen Vereinfachungen müssen sorgfältig durchgeführt werden. Eine zu starke Vereinfachung ergibt eine unvertretbare Abweichung von der Realität. Bei einer zu komplexen Modellierung sind zum einen zu viele Prozeß- und Werkstoffparameter unbekannt, zum anderen nimmt die Rechenzeit stark zu, wodurch eine Wirtschaftlichkeit der Berechnung nicht mehr gegeben ist. Es ist weiter anzumerken, daß eine Rechnung im Sinne eines numerischen Experiments nur die Lösung für eine spezielle Problemstellung liefert, jedoch keine allgemeingültige Aussage zuläßt. Für eine zuverlässige Eigenspannungsberechnung müssen die fehlenden Kennwerte ermittelt und die Lösungsalgorithmen an die immer leistungsfähiger werdenden Rechner angepaßt werden.

9.4.5 Auswirkung von Eigenspannungen bei statischer Beanspruchung

Eigenspannungen bedeuten eine Vorbeanspruchung des noch nicht durch Betriebslasten beanspruchten Bauteils. Bei der Beurteilung der Betriebsbewährung eines Bauteils sind die Eigenspannungen σ_{ei} den Lastspannungen σ_{Last} zu überlagern, so daß sich die Gesamtspannung in einer Körperrichtung φ gemäß

$$\sigma_{ges}(\varphi) = \sigma_{ei}(\varphi) + \sigma_{Last}(\varphi) \tag{9.60}$$

ergibt. Grundsätzlich kann man davon ausgehen, daß es zu einer ungünstigen Auswirkung von Eigenspannungen auf das Festigkeitsverhalten kommt, wenn sich die Vergleichsspannung eigenspannungsbedingt erhöht. Allerdings ist zu beachten, daß die Konsequenzen von Eigenspannungen bei sprödem Werkstoffverhalten ungleich schwerwiegender sind als bei zähem Verhalten. Dies soll nachfolgend für die statische Belastung erläutert werden. Auf die Auswirkungen bei schwingender Belastung wird in den Abschnitten 11.7.4 und 11.7.5 eingegangen.

Der konsequenten Anwendung von Gleichung (9.60) steht vor allem die Tatsache entgegen, daß der Eigenspannungszustand und seine Wechselwirkungen mit den Lastspannungen in der Regel nicht oder nicht genau genug bekannt ist. Allerdings kann die Vernachlässigung – wie schon erwähnt – zu einer schwerwiegenden Fehlbeurteilung des Festigkeitsverhaltens führen.

Sprödes Werkstoffverhalten

Eigenspannungen in spröden Bauteilen sind auf herstellungsbedingte Ursachen (z. B. Gießen, Schweißen, Härten) zurückzuführen. Durch mechanische Belastung können hier keine Eigenspannungen I. Art entstehen, da die im Abschnitt 9.4.2 genannte Voraussetzung für die Entstehung, die Plastifizierung, nicht zutreffen kann.

In Bild 9.44 ist der Einfluß von Eigenspannungen auf das Sprödbruchversagen bei einachsiger Beanspruchung gezeigt.

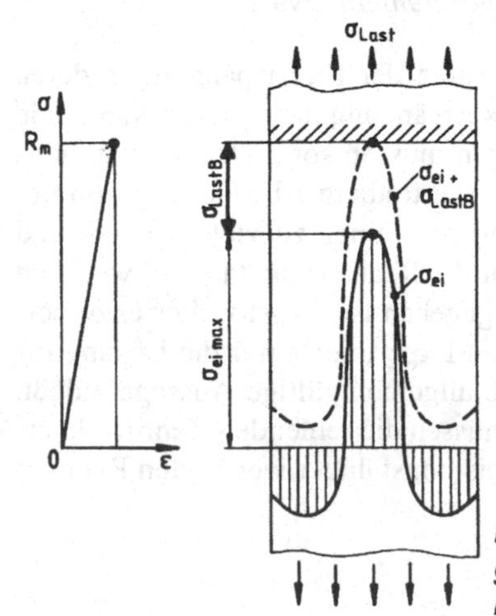

***Bild 9.44** Sprödbruch durch Überlagerung von Eigen- und Lastspannungen am Beispiel einer zugbelasteten Scheibe*

Bruch des ideal spröden Körpers tritt unter einachsiger Beanspruchung ein, wenn am höchstbeanspruchten Körperpunkt die Gesamtspannung nach Gleichung (9.60) die Zugfestigkeit des Werkstoffs erreicht. Die im Betrieb zum Bruch führende Lastspannung errechnet sich nach Bild 9.44 zu:

$$\sigma_{Last\,B} = R_m - \sigma_{ei\,max} \quad . \tag{9.61}$$

Bruch bei niedriger Nennspannung

Gleichung (9.61) erklärt das Versagen spröder eigenspannungsbehafteter Bauteile unter *niedrigen Nennspannungen*, d. h. Bruchspannungen, die weit unter der Zugfestigkeit liegen, siehe Bild 9.47. In spröden Bauteilen (z. B. Graugußteile, martensitisch gehärteter Stahl, extrem hoch aufgehärtete Wärmeeinflußzone in Schweißnähten) kann es daher bei Vorhandensein von Eigenspannungen schon bei geringen Zusatzbelastungen zum Anriß oder Bruch kommen, vergleiche auch Beispiel in Bild 9.33.

Bei mehrachsiger Beanspruchung eigenspannungsbehafteter spröder Bauteile ist die Normalspannungshypothese anzuwenden, wobei die Vergleichsspannung σ_{vNH} nach Gleichung (7.4) oder (7.5) unter Anwendung von Gleichung (9.60) auf die Richtung der größten Hauptspannung φ_1, gebildet aus Last- und Eigenspannungen, anzuwenden ist.

Zähes Bauteilverhalten

Bei zähen Bauteilen ist zur Berücksichtigung der Eigenspannungen ebenfalls Gleichung (9.60) anzuwenden, solange die Gesamtspannung im elastischen Bereich bleibt. Fließen tritt hier am höchstbeanspruchten Körperpunkt ein, wenn die aus Eigen- und Lastspannungen gebildete Vergleichsspannung die Streckgrenze erreicht. Bei einachsiger Beanspruchung gilt für die zum Fließen führende Lastspannung, Bild 9.45:

$$\sigma_{Last\,F} = R_e - \sigma_{ei\,max} \quad . \tag{9.62}$$

Da das Fließen jedoch aufgrund der starken Inhomogenität der Eigenspannungen auf enge Bereiche begrenzt ist, ist dies äußerlich kaum festzustellen und bei ausreichendem Verformungsvermögen auch nicht sicherheitsrelevant.

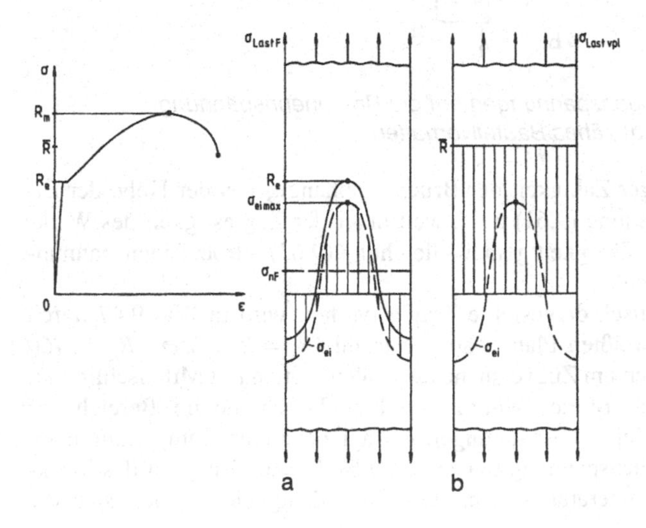

Bild 9.45 *Einachsige Beanspruchung einer eigenspannungsbehafteten Scheibe mit Spannungs-Dehnungs-Diagramm und Spannungsverteilung bei*
a) Fließbeginn
b) Kollaps

Wird die Last nach Fließbeginn weiter gesteigert, ist eine zunehmende Plastifizierung der höherbeanspruchten Bereiche und eine Begrenzung der Gesamtspannungen in Höhe der Streckgrenze R_e (bei elastisch-idealplastischem Werkstoffverhalten) bzw. der Zugfestigkeit R_m (bei Berücksichtigung der Verfestigung) festzustellen. Bei ausreichendem Verformungsvermögen breitet sich der Fließbereich über den gesamten Querschnitt aus (Bild 9.45b), wodurch die Eigenspannungen vollkommen abgebaut sind. Demnach ist keine Auswirkung der Eigenspannungen auf den Kollaps bzw. Zähbruch festzustellen. Die zum vollplastischen Versagen führende Nennspannung errechnet sich ohne Berücksichtigung des Constraint-Effekts in allgemeiner Form gemäß

$$\sigma_{Last\,vpl} = \overline{R} \quad , \tag{9.63}$$

wobei R den Kollapskennwert nach Gleichung (9.42) bezeichnet.

Traglastverhalten

Der schwerwiegende Traglastabfall durch Eigenspannungen bei sprödem Verhalten und die vernachlässigbare Auswirkung auf das Zähbruchversagen ist im Traglastdiagramm in Bild 9.46 nochmals zusammenfassend dargestellt.

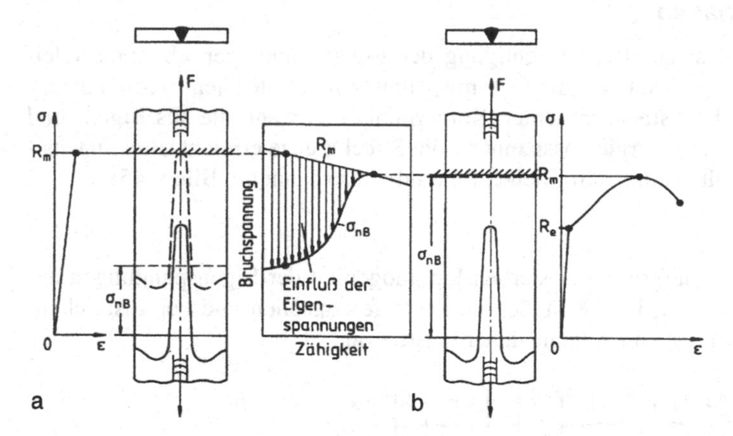

***Bild 9.46** Auswirkung von Eigenspannungen auf die Bruchnennspannung a) sprödes Bauteilverhalten b) zähes Bauteilverhalten*

Während im Bereich niedriger Zähigkeit der Bruch – abhängig von der Höhe der Eigenspannungen – nach Gleichung (9.61) u. U. weit unter der Zugfestigkeit des Werkstoffs eintritt, wird bei hoher Zähigkeit gemäß Gleichung (9.63) – trotz Eigenspannungen – die Zugfestigkeit erreicht.

Der in Bild 9.46 schematisch dargestellte Traglastverlauf wird in Bild 9.47 durch Ergebnisse an stumpfgeschweißten Platten aus Baustahl (*R_e = 280 MPa, R_m = 460 MPa*) bestätigt. Es handelt sich um Zugversuche an großen Platten mit Mittelschlitz mit 25 mm Dicke und 500 mm Breite (*Wide-Plate-Test*). Durch die im Bereich der Schweißnaht vorhandenen Zugeigenspannungen beträgt bei tiefen Temperaturen im ungeglühten Zustand die Bruchspannung nur etwa 20 % der Zugfestigkeit des Werkstoffs. Mit zunehmender Temperatur – d. h. steigender Zähigkeit – nähert sich die

Wide-Plate-Test

Bruchspannung der Zugfestigkeit an. Konsequenterweise führt ein Abbau der Eigenspannungen durch Spannungsarmglühen (SAG), siehe Abschnitt 9.4.6, zu steigendem Traglastvermögen vor allem im Bereich der verringerten Zähigkeit.

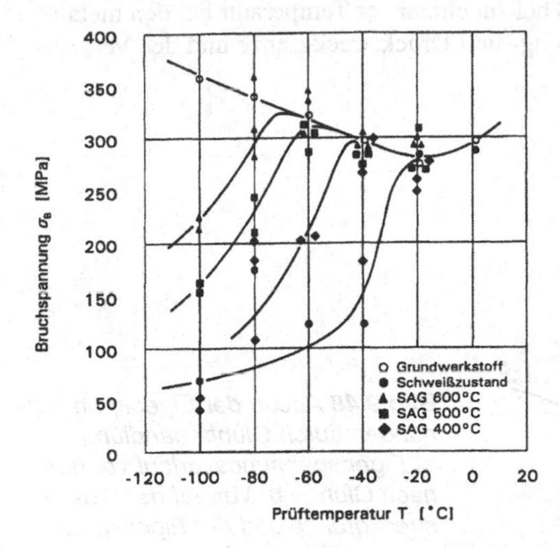

Bild 9.47 *Bruchnennspannung geschweißter Stahlverbindungen mit und ohne Spannungsarmglühung (SAG), Ergebnisse von Wide-Plate-Versuchen, Toyooka und Terai [185]*

Ein besonderes Problem für die Sicherheit eines Bauteils stellt der bei dickwandigen Bauteilen möglicherweise vorhandene *dreiachsige Zugeigenspannungszustand* dar. Dieser kann beispielsweise durch Härten von Bauteilen mit großen Querschnitten oder durch Schweißen dickwandiger Werkstücke entstehen. Bei Überlagerung des dreiachsigen Zugspannungszustands mit betrieblichen Lastspannungen kann es in diesen Fällen auch bei zähen Werkstoffen zu einem Sprödbruch durch Fließbehinderung infolge des Spannungszustands kommen, siehe Bilder 7.26 und 10.11b. Aus diesem Grund ist ein Abbau der Eigenspannungen besonders bei dickwandigen Bauteilen durch geeignete Maßnahmen unbedingt erforderlich.

9.4.6 Abminderung von Eigenspannungen

Eigenspannungszustände lassen sich nicht vollständig beseitigen, sie können jedoch durch folgende Methoden mehr oder weniger abgebaut werden:

- Thermische Verfahren
- Gezielte mechanische Überlastung
- Kombinierte thermisch/mechanische Verfahren.

Allen Verfahren ist gemeinsam, daß die Eigenspannungen durch örtliche Plastifizierung erniedrigt werden, wobei dies bei den thermischen Verfahren durch Absenken der Warmstreckgrenze, bei den mechanischen Verfahren durch Anheben des Eigenspannungsniveaus geschieht.

Thermisches Entspannen

Spannungsarmglühen

Die größte Bedeutung in der Technik kommt den thermischen Verfahren zu (Anlassen, *Spannungsarmglühen SAG*). Der Abbau der Eigenspannungen durch Wärmebehandlung leitet sich aus dem Umstand ab, daß bei zunehmender Temperatur bei den metallischen Werkstoffen meist ein Abfall der Zug- und Druckstreckgrenze und des Verfestigungsvermögens erfolgt, siehe Bild 9.48.

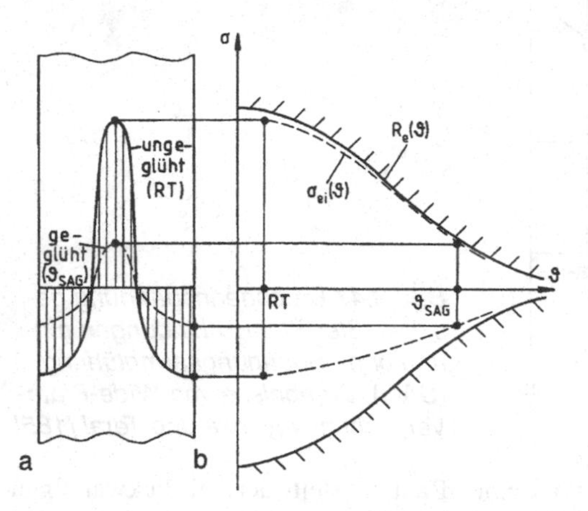

Bild 9.48 *Abbau der Eigenspannungen durch Glühbehandlung a) Eigenspannungsverlauf vor und nach Glühen b) Verlauf der Warmstreckgrenze und der Eigenspannungen über der Temperatur*

Die bei Raumtemperatur *RT* bis zur Streckgrenze R_e heranreichenden Eigenspannungen werden mit zunehmender Glühtemperatur ϑ durch Plastifizierung auf den Betrag der jeweiligen Warmstreckgrenze begrenzt. Die Wahl der Glühtemperatur hängt somit vom Verlauf der Warmstreckgrenze $R_e(\vartheta)$ der einzelnen Werkstoffe ab. Die SAG-Temperatur liegt in der Regel im Bereich der Rekristallisationstemperatur des Werkstoffs (bei Baustählen um 600°C). Höheren Temperaturen stehen die geringe Formstabilität der Bauteile durch die niedrigen Festigkeitswerte und wirtschaftliche Gründe entgegen. Bei der Wahl der Glühtemperatur ist auch auf kritische Temperaturbereiche mit Werkstoffsensibilisierung zu achten (z. B. interkristalline Korrosion bei nichtstabilisierten austenitischen Stählen).

Relaxation

Der Mechanismus des Spannungsabbaus wird als *Relaxation* bezeichnet. Relaxation bedeutet eine Umwandlung von elastischen Dehnungen in plastische Dehnungen bei konstanter Gesamtdehnung. Dies kann mit dem in Bild 9.49 dargestellten Feder-Reibelement-Modell veranschaulicht werden. Eine Absenkung der Streckgrenze von R_{eRT} auf R_{eSAG} durch Glühen entspricht im Modell einer Verringerung der Reibkraft im Reibelement. Dies führt zu einer Entspannung der Feder, d. h. zu einem Abfall der elastischen Verspannung, die proportional der elastischen Dehnung ist.

Die beim Relaxationsvorgang entstehenden plastischen Dehnungen müssen vom Werkstoff aufgenommen werden. In Werkstoffbereichen mit niedriger Zähigkeit kann es demzufolge zu Rißbildungen kommen, wenn die entstehenden Relaxationsdehnungen die Bruchdehnung dieser Werkstoffbereiche erreichen. Ein Beispiel hierfür sind *Relaxationsrisse* in der Wärmeeinflußzone von Schweißverbindungen niedriglegierter Cr-Mn-V-Baustähle.

Relaxationsrisse

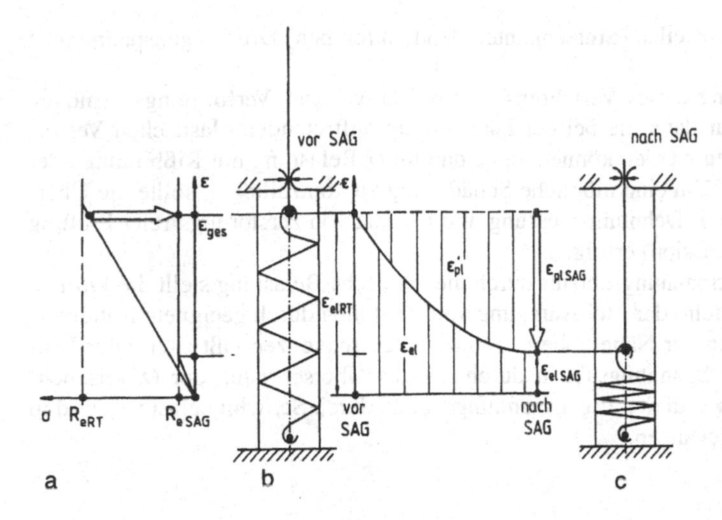

Bild 9.49 *Feder-Reibelement-Modell zur Veranschaulichung des Abbaus von Eigenspannungen durch Relaxationsvorgänge beim Glühen*
a) Spannungs-Dehnungs-Diagramm des Werkstoffs bei RT und SAG
b) Modell vor SAG
c) Modell nach SAG

Mechanische Überlastung

Das Prinzip der Minderung von Eigenspannungen in zähen Bauteilen durch gezielte mechanische Überlastung ist in Bild 9.50 dargestellt.

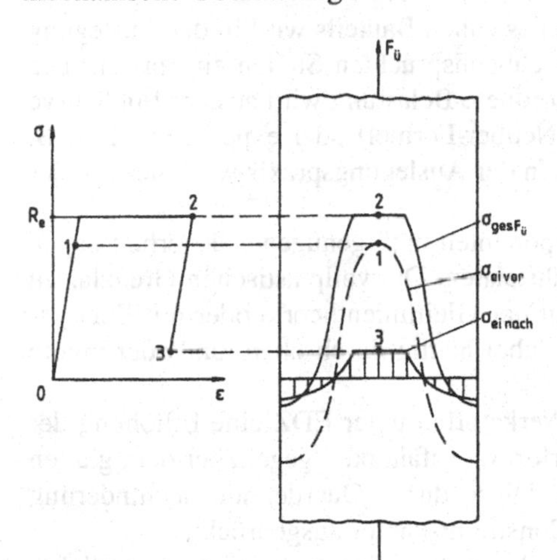

Bild 9.50 *Reduzierung von Eigenspannungen durch gezielte mechanische Überlastung*

Zur Reduzierung der Zugeigenspannungen wird eine Zugspannung durch plastische Reckung des Bauteils aufgebracht. In den Bauteilbereichen mit maximalen Eigenspannungen (Punkt 1) tritt frühzeitig Fließen und eine zunehmende Verbreiterung der plastischen Zone durch Spannungsumlagerung ein (Punkt 2). Bei Wegnahme der Last tritt eine elastische Rückfederung dieser Bereiche auf, was nach dem Grundsatz der Vorzeichenumkehr (siehe Abschnitt 9.4.3) zu einer Reduzierung auf $\sigma_{ei\ nach}$ der vorher vorhandenen Eigenspannung $\sigma_{ei\ vor}$ führt (Punkt 3).

Eine wichtige Anwendung dieser Art des Eigenspannungsabbaus ist die Überdruckbelastung von geschweißten Druckbehältern (*Autofrettage*), da hier einerseits die Zugeigenspannungen in den Schweißnähten abgebaut werden, andererseits an den pla-

Autofrettage

stisch verformten Kerbstellen (Stutzenkanten, Bodenkrempen) Druckeigenspannungen aufgebaut werden.

Für die Anwendung dieses Verfahrens ist ein relativ hohes Verformungsvermögen Voraussetzung, da nur dann die bei der Überlastung auftretenden plastischen Verformungen aufgenommen werden können, ohne daß unter Belastung mit Rißbildung oder Bruch zu rechnen ist. Um eine mögliche Schädigung zu kontrollieren, sollte die Überlastung mit begleitender Dehnungsmessung und Einsatz von zerstörungsfreier Prüfung (Ultraschall, Schallemission) erfolgen.

Vibrationsentspannen

Eine Variante des Spannungsabbaus durch mechanische Belastung stellt die *Vibrationsentspannung* (Rütteln) dar. Bei Anregung von Bauteilen durch geeignete Rüttelvorrichtungen (Shaker) in der Nähe höherer Bauteileigenfrequenzen läßt sich unter Umständen ein örtlicher Spannungsabbau durch lokales Überschreiten der (zyklischen) Fließgrenze erreichen. Auf den Eigenspannungsabbau durch Schwingbelastung wird in Abschnitt 11.7.4 eingegangen.

9.5 Zusammenfassung

Zur Ausnutzung der Verformungsreserven eines zähen Bauteils wird in der Auslegung eine begrenzte plastische Verformung an hochbeanspruchten Stellen zugelassen. Die einer bestimmten plastischen Dehnung zugeordnete Belastung wird aus der Fließkurve entnommen, die theoretisch (z. B. mit der Neuber-Formel) oder experimentell (z. B. durch Dehnungsmessung) zu bestimmen ist. In der Auslegungspraxis wird dies mit der Stützziffer berücksichtigt.

Die Auslegung verformungsfähiger Komponenten muß genügend Sicherheit gegen den vollplastischen Zustand (Kollaps) gewährleisten. Die vollplastischen Grenzlasten lassen sich aus der Spannungsverteilung, mit der Gleitlinientheorie oder mit Energieprinzipien berechnen. Die Kollapslast wird dabei häufig durch obere und/oder untere Schranken eingegrenzt.

Bei gekerbten Bauteilen tritt bei zähen Werkstoffen unter EDZ eine Erhöhung der Traglast bei gleichzeitiger Abnahme der Verformungsfähigkeit gegenüber dem glatten Bauteil mit gleichem Nettoquerschnitt ein. Diese durch Querdehnungsbehinderung verursachte Laststeigerung wird durch den Constraint-Faktor ausgedrückt.

Nach Entlastung aus dem teilplastischen Bereich stellen sich bei veränderlicher Dehnungsverteilung Eigenspannungen und bleibende Dehnungen ein. Bei Zugüberlastung kommt es an den höchstbeanspruchten Bereichen zu Druckeigenspannungen (und umgekehrt). Eigenspannungen können infolge mechanischer, insbesondere jedoch bei thermischer Beanspruchung entstehen, wobei auch Phasenumwandlungen des Gefüges zu beachten sind. Eigenspannungen lassen sich theoretisch oder (meist) experimentell ermitteln. Bei spröden Bauteilen mit örtlich hohen Zugeigenspannungsanteilen kann es zu Sprödbrüchen niedriger Nennspannung kommen. Bei zähen Bauteilen ist zu beachten, daß mehrachsige Eigenspannungszustände die Sprödbruchgefahr begünstigen. Eigenspannungen wirken sich vor allem bei vermindertem Verformungsvermögen nachteilig auf das Festigkeitsverhalten aus. Sie können durch mechanische oder thermische Maßnahmen abgebaut werden.

9.6 Rechnerprogramme

9.6.1 Fließkurven glatter Biegeträger

Grundlagen

Zur Ermittlung der Bauteilfließkurve $M_b(\varepsilon_{max})$ eines glatten Biegeträgers wird in diesem Programm angenommen, daß die y-Achse die Biegeachse ist, der Querschnitt symmetrisch zur z- und y-Achse ist und die Dehnung $\varepsilon(z)$ auch bei überelastischer Belastung einen linearen Verlauf über den Querschnitt aufweist. Als Stoffgesetz muß die Werkstofffließkurve bekannt sein, welche im vorliegenden Fall durch die Ludwik-Gleichung (9.11) mit den Werten E, R_e, C_L und n_L beschrieben wird. Der halbe Trägerquerschnitt (über der y-Achse) wird näherungsweise durch n verschieden breite Rechteckstreifen äquidistanter Höhe Δz dargestellt. Zur Berechnung des Biegemoments aus der Spannungsverteilung $\sigma(z)$ wird die Integration durch eine Addition der Teilmomente bezüglich dieser schmalen Rechtecke ersetzt, woraus unmittelbar folgt, daß die Anzahl der Rechteckstreifen nicht zu klein gewählt werden sollte.

Programmbeschreibung

Zweck des Programms:	Ermittlung der Bauteilfließkurve eines Biegestabes
Programmstart:	«FEST» und Auswahl von «P9_1»
Eingabedaten:	Halbe Querschnittshöhe ($z_{max} = h/2$) Breiten b_i von n Rechtecken i äquidistanter Höhe $dz = (h/2)/n$, welche den Querschnitt annähern Elastizitätsmodul E und Streckgrenze R_e Ludwik-Parameter C_L und n_L größte Randdehnung ε_{max}
Ergebnisse:	Werkstofffließkurve nach Ludwik Darstellung des halben Querschnitts mit Spannungs- und Dehnungsverteilung, Bild 9.51a Querschnittsdaten (Widerstandsmoment etc.) größte Biegespannung σ_{max} Biegemoment M_{bF} für Fließbeginn Biegemoment M_{bmax} für Randdehnung Fließkurve des Biegeträgers (bis ε_{max}), Bild 9.51b

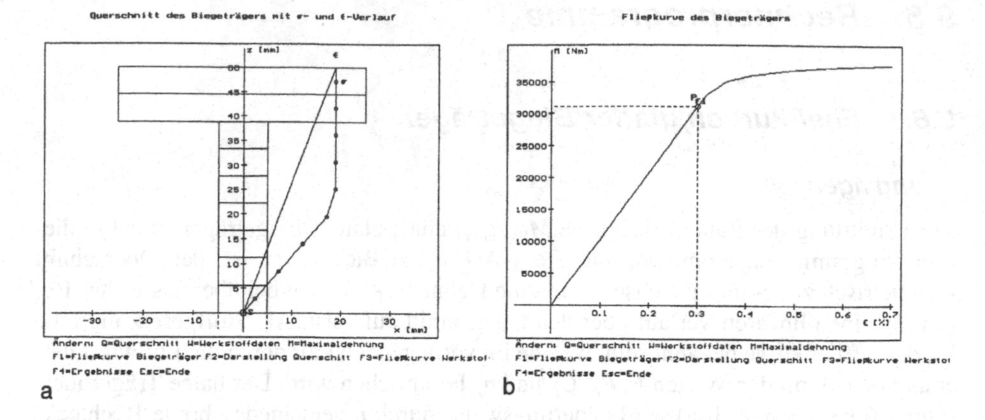

Bild 9.51 *Beispiel einer Auswertung mit Programm P9_1 a) Dehnungs- und Spannungsverlauf über den Balkenquerschnitt b) Fließkurve des Biegeträgers*

9.6.2 Fließkurve gekerbter Bauteile

Grundlagen

Auf der Basis der Neuber-Formel zwischen Spannungsformzahl, Dehnungsformzahl und linear-elastischer Formzahl, Abschnitt 9.2.3, Gleichung (9.30), läßt sich bei bekannter Werkstofffließkurve (z. B. Ramberg-Osgood-Gleichung (9.12)) ein Zusammenhang $\sigma_n(\varepsilon_{max})$ zwischen der äußeren Belastung des gekerbten Bauteils (entspricht der Nennspannung) und der maximalen Kerbgrunddehnung herstellen, Gleichung (9.33). Die Formzahl K_t wird als bekannt vorausgesetzt.

Programmbeschreibung

Zweck des Programms:	Ermittlung der Fließkurve eines gekerbten Bauteils nach Neuber
Programmstart:	«FEST» und Auswahl von «P9_2»
Eingabedaten:	Ramberg-Osgood-Parameter C und n der Fließkurve Elastizitätsmodul E Formzahl K_t Maximaldehnung ε_{max}
Ergebnisse:	Werkstofffließkurve $\sigma(\varepsilon)$ (nach Ramberg-Osgood) Bauteilfließkurve $\sigma_n(\varepsilon_{max})$ Spannungs- und Dehnungsformzahl abhängig von der Nennspannung $K_\sigma(\sigma_n)$ und $K_\varepsilon(\sigma_n)$, Bild 9.52 Nennspannung σ_n bei Maximaldehnung ε_{max}

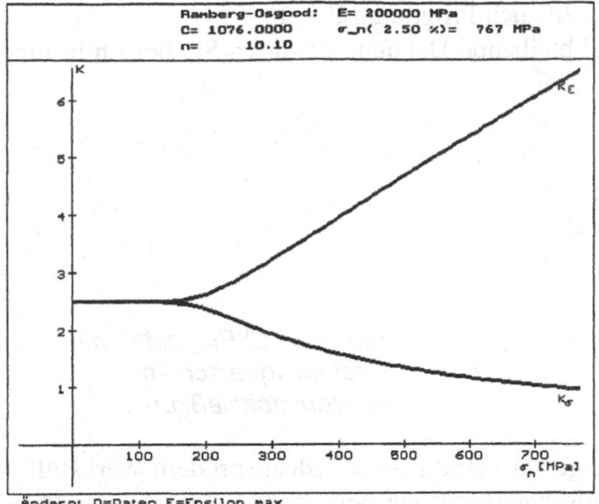

***Bild 9.52** Beispiel einer Auswertung mit Programm P9_2 (Spannungs- und Dehnungsformzahl als Funktion der Nennspannung im Kerbgrund)*

9.7 Verständnisfragen

1. Definieren Sie anhand einer Skizze die Begriffe „plastische Dehnung“ und „bleibende Dehnung“.
2. Welche Gesetze gibt es zur Beschreibung der Werkstofffließkurve? Wie lauten sie?
3. Was versteht man unter der Fließkurve eines Bauteils? Welche Informationen für die Auslegung kann man ihr entnehmen?
4. Bestimmen Sie für den in Bild 9.6 dargestellten gelochten Flachstab aus C 45 N die rechnerische Fließkurve unter der Annahme einer ausgeprägten Streckgrenze.
5. Konstruieren Sie die Fließkurve für einen zugbeanspruchten Flachstab aus Stahl (Querschnitt *50* x *10 mm*) mit ausgeprägter Streckgrenze (R_e = *300 MPa*) und Bohrung mit 2 mm Durchmesser.
6. Konstruieren Sie für den Flachstab in Aufgabe 4 die Neuber-Hyperbel für $F = 100$ *kN* und ermitteln sie daraus die Beanspruchung im Kerbgrund.
7. Ein Biegestab mit Rechteckquerschnitt und Breite $b = 20$ *mm* wird über die hohe Kante $h = 60$ *mm* gebogen. Der Werkstoff weist das in Bild 9.53 dargestellte Spannungs-Dehnungs-Schaubild auf.

   a) Bestimmen Sie die Gleichung des σ-ε-Diagramms mit dem Ludwik-Gesetz. Vergleichen Sie das Ergebnis mit Programm P 6_2.
   b) Konstruieren Sie die Fließkurve für den Biegestab bis $\varepsilon_b = 0{,}8$ %, verwenden Sie dazu auch Programm P 6_2.
   c) Ermitteln Sie die Spannungs-Dehnungs-Verteilung über den Stabquerschnitt für

$M_b = 7000\ Nm$, verwenden Sie dazu auch Programm P 9_1.
d) Welche Eigenspannungen und bleibende Dehnung erwarten Sie bei Entlastung von $M_b = 7000\ Nm$?

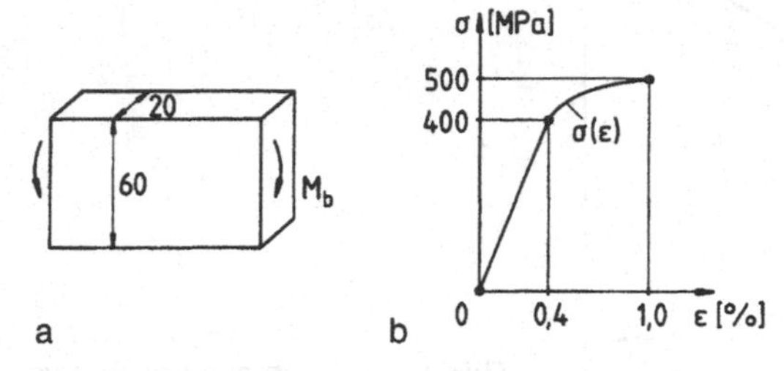

Bild 9.53 *a) Biegestab mit Rechteckquerschnitt*
b) Werkstofffließkurve

8. Ein Biegestab mit den Abmessungen aus Bild 9.54 aus ideal sprödem Werkstoff (σ_{bB} $=1000\ MPa$) bricht bei statischer Belastung bei einem Biegemoment M_b = $2{,}5\ kNm$. Welche Eigenspannungen vermuten Sie an der höchstbeanspruchten Oberseite?

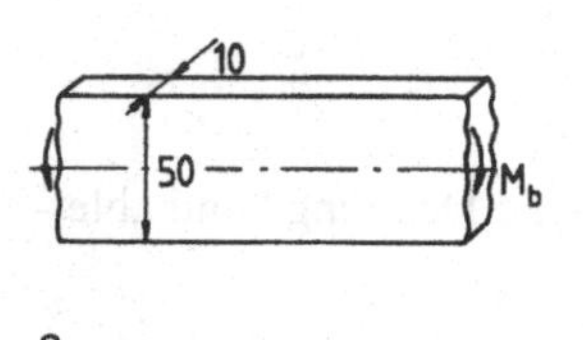

Bild 9.54 *a) Biegestab mit Rechteckquerschnitt*
b) Werkstoffcharakteristik

9. Warum tritt bei einem zähen Rundstab mit Umlaufkerbe das Versagen im Kerbquerschnitt bei höherer Bruchnennspannung als die Zugfestigkeit ein?

10. Was versteht man unter dem Constraint-Faktor?

11. Zeigen Sie, daß für einen Biegestab mit Kreisquerschnitt aus Werkstoff mit ausgeprägter Streckgrenze die Bauteilfließkurve durch folgende Gleichung beschrieben wird:

$$\frac{M_b}{M_{bF}} = \frac{4}{\pi} \cdot \left[\frac{\eta}{2} \cdot \arcsin\frac{1}{\eta} + \frac{1}{3} \cdot \left(\frac{5}{2} - \frac{1}{\eta^2} \right) \cdot \sqrt{1 - \frac{1}{\eta^2}} \right]$$

mit $\eta \equiv \varepsilon_{max} / \varepsilon_F$ für $\eta \geq 1$.

Ansatz ähnlich wie in Anhang A11 für Rechteckquerschnitt gezeigt.

12. Eine Achse mit Kreisquerschnitt ($l = 400\ mm$, $d = 25\ mm$) wird mit einem über der Länge konstanten Biegemoment M_b belastet. Nach Entlastung weist die Achse in der Mitte eine bleibende Durchbiegung $f = 2{,}6$ mm auf.
Werkstoff: Baustahl mit ausgeprägter Fließgrenze, $R_e = 280\ MPa$, $E = 204\ GPa$.
a) Welcher Belastung M_b war die Achse ausgesetzt?

b) Zeichnen Sie maßstäblich die Verteilung der Eigenspannungen nach vollständiger Entlastung.

13. An welche Voraussetzungen ist die Gleitlinientheorie gebunden? Welche Eigenschaften weisen die Gleitlinien auf?

14. Welche Aussagen sind richtig?

- Die bleibende Dehnung ist stets größer als die plastische Dehnung.
- Die Beziehung $W_b = \pi \cdot d^3/32$ gilt auch zur Berechnung der wirklichen Spannung bei plastischer Beanspruchung.
- Die bleibende Dehnung kann über die Berechnung $\varepsilon_{bl} = \sigma_{ei}/E$ errechnet werden.
- Die in Bild 9.55 gezeichnete Eigenspannungsverteilung ist korrekt:

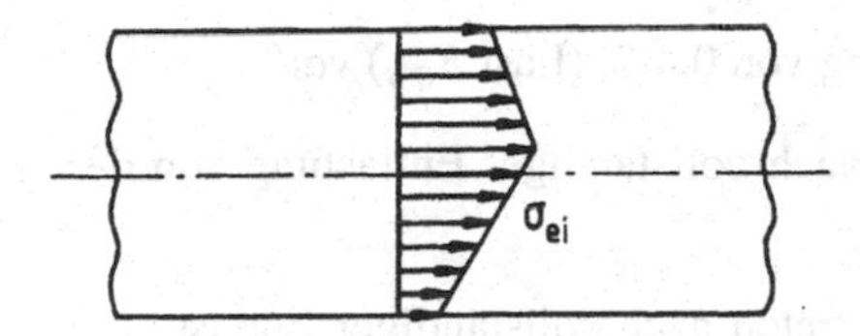

Bild 9.55 *Eigenspannungsverteilung im Flachstab*

- Die Beziehung $K_\sigma \cdot K_\varepsilon = K_t^2$ gilt auch im elastischen Bereich.
- Bei extrem zähen Bauteilen läßt sich durch Einbringen von scharfen Kerben die Traglast erhöhen.
- Gleitlinien verlaufen in Richtung der maximalen (Fließ-) Schubspannung und stehen senkrecht aufeinander.

9.8 Musterlösungen

9.8.1 Überelastisch zugbeanspruchtes Doppelkammerrohr

Ein Doppelkammerrohr ist entsprechend Bild 9.56 ausgebildet. Der Rohrverbund wird über eine ideal starre Platte durch die Zugkraft F belastet. Das innere Rohr (1) ist aus der Titanlegierung TiAl6V4, das äußere Rohr (2) ist aus Baustahl S235J2G3 (St 37). Für beide Werkstoffe kann ein elastisch-idealplastisches Werkstoffverhalten angenommen werden, wobei die Druckfließgrenze gleich der Streckgrenze ist, Kennwerte siehe Bild 9.56.

Konstruieren Sie die Fließkurve $F = f(\varepsilon)$ des Rohrverbundes und beantworten Sie folgende Fragen:

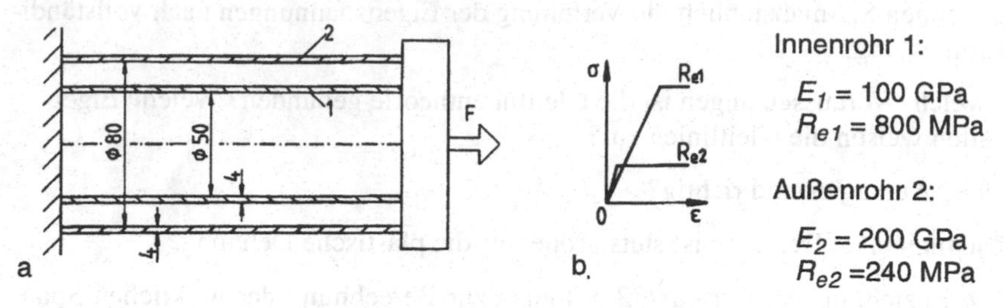

***Bild 9.56** Doppelkammerrohr a) Abmessungen b) Spannungs- Dehnungs-Diagramme der Werkstoffe*

a) Bei welcher Last und Dehnung tritt Fließen ein?

b) Welche Last und Dehnung führt zu vollplastischem Zustand?

c) Welche Stützziffer liegt bei einer Dehnung von 0,4 % (Last $F_{0,4}$) vor?

d) Welche bleibende Dehnung ergibt sich nach vollständiger Entlastung von der Last $F_{0,4}$?

e) Welche Dehnung und Eigenspannungen treten nach vollständiger Entlastung von $\varepsilon = 1\ \%$ auf?

Lösung

Der Last-Dehnungs-Verlauf (Fließkurve) für den Rohrverbund und die Spannungs-Dehnungs-Diagramme der Einzelrohre sind im Bild 9.57 dargestellt.

a) Beide Rohre erfahren dieselbe Verlängerung (verschiebungskontrollierte Belastung):

$$\Delta l_1 = \Delta l_2 \quad .$$

Da beide Rohre gleiche Länge aufweisen, gilt auch:

$$\varepsilon_1 = \varepsilon_2 \quad .$$

Im linear-elastischen Bereich bedeutet dies bei einachsiger Beanspruchung:

$$\frac{\sigma_1}{E_1} = \frac{\sigma_2}{E_2} \quad \text{bzw.} \quad \sigma_2 = \frac{E_2}{E_1} \cdot \sigma_1 = \frac{200}{100} \cdot \sigma_1 \quad .$$

Rohr 2 weist die doppelte Spannung von Rohr 1 auf, außerdem besitzt es die niedrigere Streckgrenze. Fließbeginn ist demnach im höherbeanspruchten, niedrigfesten Außenrohr 2 zu erwarten. Die Spannungen bei Fließbeginn betragen:

- in Rohr *2* : $\sigma_2 = R_{e2} = 240\ MPa$
- in Rohr *1* : $\sigma_1 = \frac{\sigma_2}{2} = 120\ MPa$.

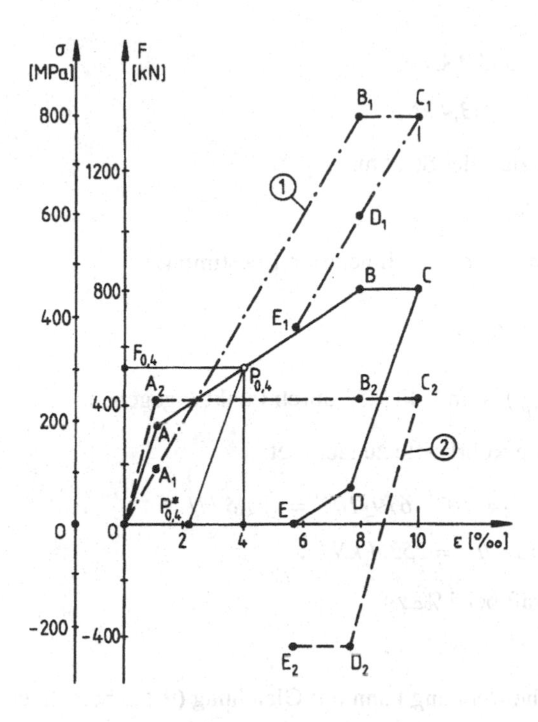

***Bild 9.57** Kraft-Dehnungs-Verlauf (Fließkurve) für den Rohrverbund und Spannungs-Dehnungs-Diagramme der Einzelrohre*

Mit den Kreisringflächen

$$A_1 = \frac{\pi}{4}\left(D_1^2 - d_1^2\right) = 679\ mm^2$$

$$A_2 = \frac{\pi}{4}\left(D_2^2 - d_2^2\right) = 1056\ mm^2$$

ergeben sich die Kräfte in den Rohren bei Fließbeginn.

$$F_{1F} = \sigma_1 \cdot A_1 = 120 \cdot 679 \cdot 10^{-3} = 81{,}5\ kN$$

$$F_{2F} = \sigma_2 \cdot A_2 = 240 \cdot 1056 \cdot 10^{-3} = 253{,}4\ kN \quad .$$

Die Fließlast der Struktur wird somit

$$F_F = F_{1F} + F_{2F} = 334{,}9\ kN \quad .$$

Die Fließdehnung wird durch die Fließbedingung von Rohr 2 bestimmt:

$$\varepsilon_2 = \varepsilon_1 = \varepsilon_F = \frac{R_{e2}}{E_2} = \frac{240}{200 \cdot 10^3} = 1{,}2\ ‰ \quad .$$

Durch die Fließlast F_F und die Fließdehnung ε_F ist der Punkt A in Bild 9.57 festgelegt.

b) Der vollplastische Zustand tritt ein, wenn beide Rohre ihre ausgeprägte Streckgrenze erreicht haben. Die Einzelkräfte in den Rohren berechnen sich zu:

$$F_{1vpl} = R_{e1} \cdot A_1 = 800 \cdot 679 \cdot 10^{-3} = 543{,}2\ kN$$

$$F_{2vpl} = R_{e2} \cdot A_2 = 240 \cdot 1056 \cdot 10^{-3} = 253{,}4\ kN \quad .$$

Somit wird die vollplastische Grenzlast der Struktur:

$$F_{vpl} = F_{1vpl} + F_{2vpl} = 796{,}6\ kN \quad .$$

Die Kollapsdehnung wird durch das höherfeste Innenrohr 1 bestimmt:

$$\varepsilon_{vpl} = \varepsilon_1 = \varepsilon_2 = \frac{R_{e1}}{E_1} = \frac{800}{100 \cdot 10^3} = 8\ ‰ \quad .$$

Der vollplastische Zustand ($\varepsilon_{vpl}/F_{vpl}$) ist in Bild 9.57 durch Punkt B gegeben.

c) Der Dehnung $\varepsilon = 4$ ‰ sind folgende Rohrkräfte zugeordnet:

$$F_1 = \sigma_1 \cdot A_1 = E_1 \cdot \varepsilon_1 \cdot A_1 = 100 \cdot 10^3 \cdot 4 \cdot 10^{-3} \cdot 679 \cdot 10^{-3} = 271{,}6\ kN$$

$$F_2 = \sigma_2 \cdot A_2 = R_{e2} \cdot A_2 = 240 \cdot 1056 \cdot 10^{-3} = 253{,}4\ kN \quad .$$

Demnach ergibt sich die Gesamtkraft bei 4 ‰ zu

$$F_{0,4} = F_1 + F_2 = 525{,}0\ kN \quad .$$

Die Stützziffer für 0,28 % plastische Dehnung kann mit Gleichung (9.14) berechnet werden:

$$n_{0,28} = \frac{F_{0,4}}{F_F} = \frac{525{,}0}{334{,}9} = 1{,}57 \quad .$$

d) Die Entlastung des Verbundes von $P_{0,4}$ auf $P_{0,4}^*$ tritt parallel zum elastischen Anstieg $0A$ ein. Dieser läßt sich durch den idellen E-Modul beschreiben:

$$E_{id} = \frac{\sigma_{idF}}{\varepsilon_F} = \frac{F_F}{A_{ges} \cdot \varepsilon_F} = \frac{334{,}9 \cdot 10^3}{1735 \cdot 1{,}2 \cdot 10^{-3}} = 160{,}9\ GPa \quad .$$

Die elastische Rückfederungsdehnung beträgt somit:

$$\varepsilon_{id0,4} = \frac{\sigma_{id0,4}}{E_{id}} = \frac{F_{0,4}}{A_{ges} \cdot E_{id}} = \frac{525 \cdot 10^3}{1735 \cdot 160{,}9} = 1{,}88\ ‰ \quad .$$

Als bleibende Dehnung ergibt sich (Punkt $P_{0,4}^*$):

$$\varepsilon_{bl0,4} = \varepsilon_{w0,4} - \varepsilon_{id0,4} = (4 - 1{,}88)\ ‰ = 2{,}12\ ‰ \quad .$$

e) Die weitere Verlängerung der Rohre von $\varepsilon_{vpl} = 0{,}8$ % auf $\varepsilon^* = 1$ % erfolgt mit konstanter Kraft $F_{vpl} = 795{,}6\ kN$, siehe Punkt C in Bild 9.57.
Die ideelle Spannung im vollplastischen Zustand errechnet sich aus:

$$\sigma_{id} = \frac{F_{vpl}}{A_{ges}} = \frac{796{,}6 \cdot 10^3}{1735} = 459{,}1 \ MPa \quad .$$

Die Rückfederung des Rohres von C_2 parallel zur Anstiegsgeraden OA_2 zeigt, daß bei Punkt D_2 Rückplastifizierung eintritt, siehe Bild 9.39. Die elastische Rückfederung des Rohrverbundes bis zur beginnenden Rückplastifizierung beträgt:

$$\Delta\varepsilon_r = \frac{2R_{e2}}{E_2} = \frac{2 \cdot 240}{2 \cdot 10^5} = 2{,}4 \text{‰} \quad .$$

Dies entspricht einer elastischen Rückfederungskraft (Punkt D) des Verbundes von:

$$\Delta F_r = \Delta\sigma_{id} \cdot A_{ges} = E_{id} \cdot \Delta\varepsilon_r \cdot A_{ges}$$
$$= 160{,}9 \cdot 10^3 \cdot 2{,}4 \cdot 10^{-3} \cdot 1735 \cdot 10^{-3} = 670{,}0 \ kN \quad .$$

Die Restkraft des Verbundes am Punkt D ist somit:

$$F_r = F_{vpl} - \Delta F_r = 796{,}6 - 670{,}0 = 126{,}6 \ kN \quad .$$

Die elastische Rückfederung von Rohr 1 von Punkt D nach Punkt E berechnet sich:

$$\Delta\varepsilon_{DE1} = \frac{\Delta\sigma_{DE1}}{E_1} = \frac{F_r}{E_1 \cdot A_1} = \frac{126{,}6 \cdot 10^3}{100 \cdot 10^3 \cdot 679} = 1{,}86 \text{‰} \quad .$$

Die gesamte elastische Rückfederungsspannung von Rohr 1 ergibt sich damit zu:

$$\Delta\sigma_{CE1} = E_1(\Delta\varepsilon_r + \Delta\varepsilon_{DE1})$$
$$= 100 \cdot 10^3 (2{,}4 + 1{,}86) \cdot 10^{-3} = 426 \ MPa \quad .$$

Nach vollständiger Entlastung liegt bei Rohr 1 eine Zugeigenspannung von

$$\sigma_{ei1} = R_{e1} - \Delta\sigma_{CE1} = 800 - 426 = 374 \ MPa$$

an. Die Druckeigenspannung in Rohr 2 entspricht der Druckfließgrenze:

$$\sigma_{ei2} = \Delta\sigma_{dF2} = -R_{e2} = -240 \ MPa \quad .$$

Zur Kontrolle kann das Kräftegleichgewicht im Rohrverbund herangezogen werden:

$$\sum_{i=1}^{2} F_{eii} = \sigma_{ei1} \cdot A_1 + \sigma_{ei2} \cdot A_2$$
$$= 374 \cdot 679 - 240 \cdot 1056 \approx 0 \quad .$$

Die bleibende Dehnung wird aus der elastischen Rückfederung von Rohr 1 berechnet:

$$\varepsilon_{bl} = \varepsilon^* - (\Delta\varepsilon_r + \Delta\varepsilon_{DE}) = (10 - (2{,}4 + 1{,}86)) \text{‰} = 5{,}74 \text{‰} \quad .$$

Sicherheitsnachweis bei statischer Beanspruchung

Im vorliegenden Kapitel werden die Grundlagen für die konventionelle Festigkeitsberechnung von statisch beanspruchten Bauteilen zusammengefaßt. Hierbei wird vor allem auf das Kapitel 7 (*Festigkeitshypothesen*) Bezug genommen, wobei die Kapitel 8 (*Kerbwirkung*) und Kapitel 9 (*Überelastische Beanspruchung*) mit eingearbeitet sind.

Eingeführt werden zunächst die verschiedenen Spannungskategorien, mit denen sich Art und Verteilung der Spannungen in der Auslegung berücksichtigen lassen. Hauptbestandteil des Kapitels ist der Sicherheitsnachweis bei sprödem und zähem Bauteilverhalten.

Ein weiterer Gegenstand von Kapitel 10 ist eine Erörterung der Bedeutung der Zähigkeit bei der Auslegung und Sicherheitsbeurteilung von Bauteilen. Mit den Ausführungen wird ein sehr vielschichtiges Problem behandelt, wonach die Sicherheit eines Bauteils nicht nur durch die Spannungsbegrenzung gewährleistet wird, sondern in hohem Maße auch durch sein Verformungsvermögen.

10.1 Spannungskategorien

Spannungskategorien

Bewertet man die Spannungen in einem Bauteilquerschnitt im Hinblick auf ihre Versagensrelevanz, so ist eine Unterteilung in sogenannte *Spannungskategorien* erforderlich, welche sich aus folgenden Fragestellungen ergibt:

Primärspannung

Sekundärspannung

- Wird die Spannung direkt von der äußeren mechanischen Belastung verursacht und steigt sie demnach bei Laststeigerung bis zum Versagen an (*Primärspannung*) oder ist sie nicht von dieser Belastung abhängig, demnach in sich ausgeglichen und selbstbegrenzend (*Sekundärspannung*)?
- Welcher Querschnittsanteil ist durch plastische Verformung betroffen, wenn die Fließlast überschritten wird? Das Ausmaß der Plastifizierung hängt vom Spannungsverlauf über dem Querschnitt – genauer gesagt vom Spannungsgradienten an der höchstbeanspruchten Stelle – ab und führt zur Einteilung in Membran-, Biege- und Spitzenspannungen.

In Bild 10.1 sind die Spannungskategorien am einseitig gekerbten Zugstab gezeigt.

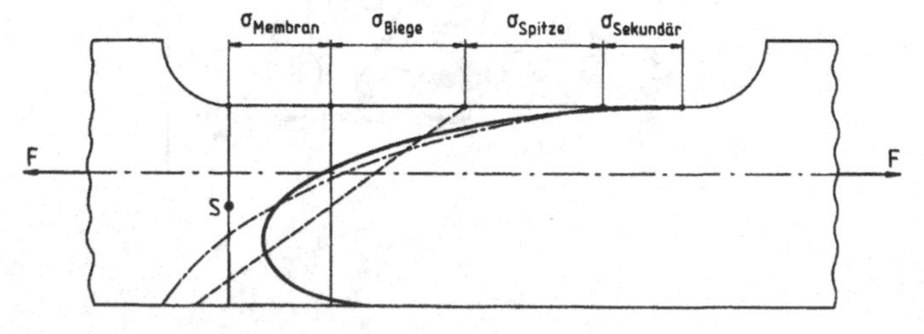

***Bild 10.1** Spannungskategorien am gekerbten Zugstab*

Primärspannungen sind die aus den Grundbelastungsfällen resultierenden Nennspannungen. Unter Sekundärspannungen $\sigma_{Sekundär}$ versteht man in erster Linie Wärme- und Eigenspannungen sowie Spannungen infolge Formausgleich (z. B. Sekundärbiegung einer Bodenkrempe eines Behälters unter Innendruck).

Unter der *Membranspannung* $\sigma_{Membran}$ versteht man die über dem Querschnitt gemittelte Grundspannung mit konstanter Verteilung. *Biegespannungen* σ_{Biege} (bzw. Torsionsspannungen) weisen einen linear veränderlichen Verlauf auf, während *Spitzenspannungen* σ_{Spitze} einen nichtlinearen Verlauf mit mehr oder weniger steilen Spannungsgradienten durch Störung des Kraftflusses im Kerbbereich zeigen. Definitionsgemäß handelt es sich bei Spitzenspannungen nicht um den Maximalwert der Spannung, sondern um die Überhöhung der Membran- und Biegespannungen, d. h. beim Kerbstab um den Wert $(K_t-1)\cdot\sigma_n$, vgl. auch Bild 11.56.

Membranspannung
Biegespannungen
Spitzenspannungen

Im linear-elastischen Bereich ergibt sich die Gesamtspannung durch Addition der beschriebenen Spannungen in einer bestimmten Schnittebene φ, Bild 10.1:

$$\sigma_{\varphi} = \sigma_{Membran,\varphi} + \sigma_{Biege,\varphi} + \sigma_{Spitze,\varphi} + \sigma_{Sekundär,\varphi} \quad . \tag{10.1}$$

Bei mehrachsigem Spannungszustand ist aus den Spannungsanteilen eine Vergleichsspannung mit Hilfe der in Kapitel 7 beschriebenen Festigkeitshypothesen zu bilden. Die Spannungskategorien bilden im Prinzip die Grundlage für die heute übliche Einteilung der Festigkeitskonzepte, siehe Abschnitt 11.11.

10.2 Sprödes Bauteilverhalten

Versagen eines (ideal) spröden Bauteils tritt ein, wenn in irgendeiner Bauteilrichtung die nach der NH gebildete maximale Vergleichsspannung σ_{vmaxNH} die Zugfestigkeit R_m des Werkstoffs erreicht. Die *Sicherheit gegen Sprödbruch* ergibt sich demnach zu:

Sicherheit gegen Sprödbruch

$$S_B = \frac{R_m}{\sigma_{vmaxNH}} \quad . \tag{10.2}$$

Die maximale Vergleichsspannung tritt in der Regel in einem Kerbquerschnitt auf, siehe Bild 10.2.

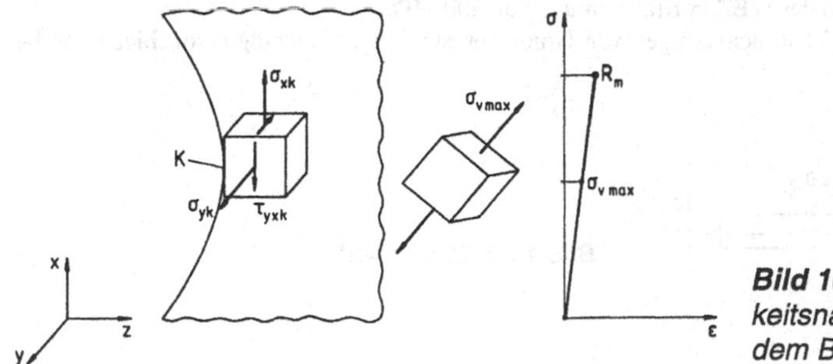

Bild 10.2 *Prinzip des Festigkeitsnachweises bei sprödem Bauteilverhalten*

Der Spannungszustand im Kerbgrund *K* ist meist zweiachsig, da es sich um eine lastfreie Oberfläche handelt. Mit den Maximalwerten der Spannungskomponenten σ_{xk}, σ_{yk} und τ_{xyk} berechnet sich die Vergleichsspannung im Kerbgrund nach der NH gemäß Gleichung (7.5) zu:

$$\sigma_{v\max NH} = \sigma_{vk} = \sigma_{1k} = \frac{\sigma_{xk} + \sigma_{yk}}{2} + \sqrt{\left(\frac{\sigma_{xk} - \sigma_{yk}}{2}\right)^2 + \tau_{xyk}^{\;2}} \;(>0) \quad . \qquad (10.3)$$

Da es sich im Falle des ideal spröden Verhaltens um ein Versagen im linear-elastischen Zustand handelt, gilt das Superpositionsprinzip. Demnach sind sämtliche Spannungen, unabhängig von ihrer Entstehungsursache und ihrer Verteilung, in vollem Umfang zu berücksichtigen. Dies bedeutet, daß die drei Komponenten σ_{xk}, σ_{yk}, τ_{xyk} in Gleichung (10.3) jeweils entsprechend Gleichung (10.1) als Summe der einzelnen Spannungskategorien zu bilden sind.

Sicherheitsfaktor gegen Sprödbruch

Die *Sicherheit* S_B gegen Sprödbruch in Gleichung (10.2) sollte den Wert $\hat{S}_B = 3$ nicht unterschreiten. Häufig muß sogar mit Sicherheitsfaktoren deutlich über 3 gerechnet werden. Der relativ hohe Sicherheitsfaktor erklärt sich aus der oben beschriebenen Tatsache, daß sämtliche Spannungskategorien nach Gleichung (10.1) in gleicher Weise zum Versagen beitragen. Da Sekundärspannungen oft einer Berechnung nur schwer zugänglich sind und somit häufig der örtliche Spannungszustand nicht genau zu erfassen ist, z. B. überlagerte Biegespannungen durch Formausgleich oder örtliche Spitzenspannungen durch Fehlstellen und Eigenspannungen, können diese nur pauschal über einen entsprechend hohen Sicherheitsfaktor abgedeckt werden. Weitere Gründe für den hohen Sicherheitsfaktor liegen darin, daß bei sprödem Verhalten die Spannungsspitzen nicht durch Plastifizierung abgebaut werden können, das Versagen ohne Vorwarnung aus dem elastischen Bereich eintritt und der Sprödbruch katastrophale Folgen durch Primär- und Sekundärschäden nach sich ziehen kann, siehe auch Abschnitt 10.5.

***Beispiel 10.1** Sicherheit gegen Sprödbruch einer Schweißverbindung*

Eine Stumpfnaht an einem 10 mm dicken und 50 mm breiten Blech aus Feinkornbaustahl S690QL (StE 690) wird gemäß Bild 10.3 im Betrieb durch eine statische Zugkraft $F = 120\ kN$ beansprucht. Die Kraft greift – infolge eines Winkelverzugs der Naht – mit einer Exzentrizität $e = 1\ mm$ gegenüber der Plattenmitte an. Der Nahtübergang mit einer Formzahl $K_{tz} = K_{tb} = 2{,}2$ liegt in der unzulässig hoch aufgehärteten Wärmeeinflußzone (WEZ) mit einer Härte von 550 HV1.

Berechnen Sie die Sicherheit gegen Sprödbruch unter der Voraussetzung

- vollständiger Eigenspannungsfreiheit der Naht
- einer Eigenspannung in der WEZ in Kraftrichtung von 600 MPa.

Das mögliche Fließen und Zähbruchversagen von Grundwerkstoff und Schweißgut soll hier nicht berücksichtigt werden.

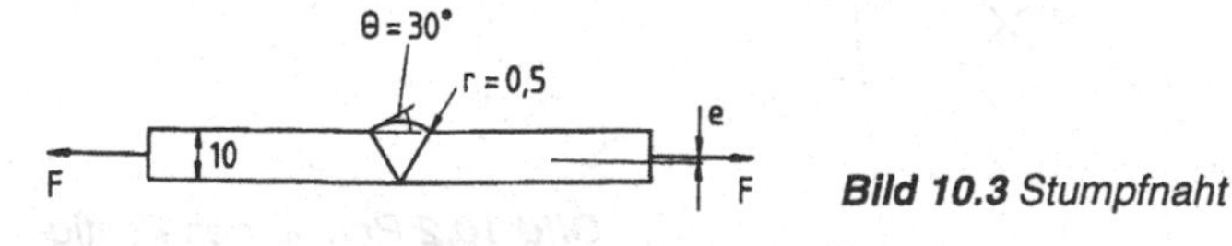

***Bild 10.3** Stumpfnaht*

Lösung

Die Sicherheit gegen Sprödbruch berechnet sich nach Gleichung (10.2). Die Zugfestigkeit R_m ergibt sich durch Umwertung aus der Härte nach DIN 50 150 [218]. Die Härte 550 HV1 entspricht demnach einer Zugfestigkeit von etwa 1810 MPa.

Die maximale Spannung im Kerbgrund errechnet sich aus den drei Spannungsanteilen:

$$\sigma_{v\,max} = K_{tz} \cdot \sigma_{Membran} + K_{tb} \cdot \sigma_{Biege} + \sigma_{Eigen} \quad .$$

Für die Membranspannung aus der Zugbeanspruchung gilt:

$$\sigma_{Membran} = \frac{F}{A} = \frac{120 \cdot 10^3}{10 \cdot 50} MPa = 240\ MPa \ .$$

Für die aus dem exzentrischen Kraftangriff resultierende Biegespannung gilt:

$$\sigma_{Biege} = \frac{M_b}{W_b} = \frac{120 \cdot 10^3 \cdot 1}{\frac{50 \cdot 10^2}{6}} MPa = 144\ MPa \ .$$

Die maximale Spannung im Kerbgrund berechnet sich aus der Formzahl K_t ohne Eigenspannungen zu:

$$\sigma_{v\,max} = 2{,}2(240 + 144) MPa = 845\ MPa \ .$$

Mit Eigenspannnungen ergibt sich:

$$\sigma_{v\,max} = 2{,}2(240 + 144) + 600\ MPa = 1445\ MPa \ .$$

Für die Sicherheiten gegen Sprödbruch gilt demnach mit Gleichung (10.2):
-ohne Eigenspannungen:

$$S_B = \frac{1810}{845} = 2{,}14$$

-mit Eigenspannungen:

$$S_B = \frac{1810}{1445} = 1{,}25 \ .$$

Beide Sicherheiten sind für einen sicheren Betrieb der Schweißverbindung zu niedrig ($\hat{S}_B > 3$).

10.3 Zähes Bauteilverhalten

Die bestimmungsgemäße Auslegung eines zähen Bauteils soll in erster Linie verhindern, daß an der höchstbeanspruchten Stelle eine zu hohe plastische Verformung durch Fließen eintritt. Falls eine begrenzte überelastische Verformung zugelassen wird, ist sicherzustellen, daß sich die plastische Verformung nicht über größere Querschnittsbereiche ausbreitet. Zusätzlich ist zu überprüfen, ob ausreichende Sicherheit gegen Zähbruch vorhanden ist.

10.3.1 Fließbeginn

Ein Bauteil beginnt zu fließen, wenn die maximale Vergleichsspannung σ_{vmax} die Streckgrenze R_e erreicht. Der Fließbeginn wird bei den meisten zähen Werkstoffen und Bauteilkonfigurationen in guter Übereinstimmung mit Experimenten durch die GH, konservativ mit der SH, beschrieben. Um jegliche plastische Verformung auszuschließen, ist in der Berechnung die Streckgrenze R_e (ausgeprägtes Fließen) bzw. die Fließgrenze σ_F oder die 0,01%-Dehngrenze $R_{p0,01}$ (nicht ausgeprägtes Fließen) einzusetzen. Somit ergibt sich die *Sicherheit gegen Fließen* zu:

Sicherheit gegen Fließen

$$S_F = \frac{R_e}{\sigma_{v\max}} \quad \text{bzw.} \quad \frac{R_{p0,01}}{\sigma_{v\max}} \ . \tag{10.4}$$

Bei zähen Werkstoffen mit nicht ausgeprägter Streckgrenze wird jedoch meist die 0,2%-Dehngrenze $R_{p0,2}$ eingesetzt:

$$S_F = \frac{R_{p0,2}}{\sigma_{v\max}} \ . \tag{10.5}$$

Mit Fließbeginn ist wiederum meist an einer Kerbstelle K zu rechnen, siehe Bild 10.4.

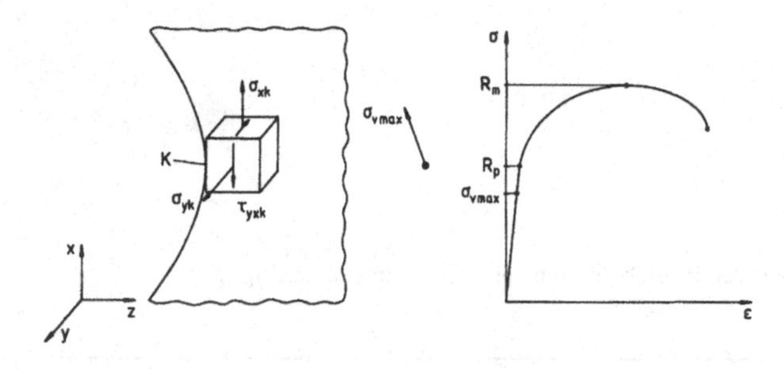

***Bild 10.4** Prinzip des Festigkeitsnachweises bei zähem Bauteilverhalten*

Für den dort vorhandenen zweiachsigen Spannungszustand ergibt sich die maximale Vergleichspannung nach der GH (Gleichungen (7.20) und 7.21):

$$\sigma_{v\max GH} = \sigma_{vk} = \sqrt{\sigma_{xk}^2 + \sigma_{yk}^2 - \sigma_{xk}\,\sigma_{yk} + 3\tau_{xyk}^2} = \sqrt{\sigma_{Ik}^2 - \sigma_{Ik}\sigma_{2k} + \sigma_{2k}^2} \ . \tag{10.6}$$

Auch hier sind die Anteile aus den einzelnen Spannungskategorien (getrennt nach verschiedenen Spannungskomponenten) gemäß Gleichung (10.1) zu überlagern. Im Gegensatz zur Rechnung gegen Sprödbruch wirkt sich hier allerdings eine Überschreitung des Kennwerts bei weitem nicht so schwerwiegend aus. Lediglich unzulässig hohe Membranspannungen führen zum Fließen über den gesamten Querschnitt und können somit größere Bauteilbereiche bleibend deformieren. Unter dem Einfluß von Biegespannungen beschränkt sich die Fließzone anfänglich auf die maximal beanspruchten Randbereiche, die durch die elastisch verbliebenen Innenbereiche gestützt werden. Bei Spitzen- und Sekundärspannungen sind die vom Fließen betroffenen Zonen wegen der steilen Gradienten auf kleinste Bauteilbereiche beschränkt, was makroskopisch nicht in Erscheinung tritt. Aus diesen Gründen muß die Maximalspannung hier nicht unbedingt auf die Streckgrenze begrenzt werden.

Aus dem oben beschriebenen Sachverhalt ist verständlich, daß der erforderliche Sicherheitsbeiwert $\hat{S}_F$ gegen Fließen davon abhängt, welche Spannungskategorien in der Spannungsberechnung berücksichtigt sind. Aufgrund der bis zum Zähbruchversagen verbleibenden relativ großen Sicherheitsreserve kann die erforderliche Sicherheit in Gleichung (10.4) nur wenig über 1 angesetzt werden. Zur Verhinderung größerer bleibender Verformungen wird die Membranspannung beispielsweise durch $\hat{S}_F = 1{,}5$ begrenzt. Bei überlagerter Zug- und Biegebelastung kann die Maximalspannung im Kerbgrund bis an die Streckgrenze heranreichen ($\hat{S}_F = 1{,}0 \div 1{,}2$). Zur Vermeidung von Rückplastifizierung bei Entlastung wird bei der Auslegung (z. B. nach ASME-Code III [201]) die fiktiv elastische Gesamtspannung auf $2 \cdot R_e$ begrenzt, siehe auch Bild 9.39.

Es ist anzumerken, daß die bisherige Betrachtung auf Grundlage von Gleichung (10.4) den wirklichen Fließbeginn im Werkstoffkennwert R_e bzw. $R_{p0,01}$ berücksichtigt. Bei Werkstoffen mit nicht ausgeprägter Streckgrenze wird in der Praxis meist die 0,2%-Dehngrenze $R_{p0,2}$ verwendet. In diesem Fall ist bei einem großen Verhältnis $R_{p0,2}/R_{p0,01}$ (wie z. B. bei austenitischen Stählen) bei üblichen Sicherheiten gegen Fließen eine plastische Verformung an hochbeanspruchten Stellen nicht auszuschließen.

10.3.2 Begrenzte plastische Verformung

Sicherheit bei begrenzter plastischer Verformung

Die Auslegung mit *begrenzter plastischer Verformung* baut auf der Fließkurve des Bauteils und der daraus entnommenen Stützzahl auf, siehe Abschnitt 9.2. Mit der Stützzahl n_{pl}, Gleichung (9.14), für eine zulässige plastische Dehnung ε_{pl} ergibt sich die *Sicherheit* des Bauteils nach Gleichung (10.4) in abgewandelter Form:

$$S_{pl} = \frac{n_{pl} \cdot R_e}{\sigma_{v\max}} \quad . \tag{10.7}$$

Für die Streckgrenze R_e kann ersatzweise auch $R_{p0,01}$ eingesetzt werden. Die Vergleichsspannung σ_{vmax} wird nach der SH oder nach der GH nach Gleichung (10.6) berechnet. Für die Größe des erforderlichen Sicherheitsfaktors $\hat{S}_{pl}$ gelten die Ausführungen des Abschnitts 10.3.1 entsprechend.

Im Behälter- und Rohrleitungsbau ist es üblich, anstelle der Maximalspannung mit Nennspannungen zu arbeiten. Die Gleichung (10.7) lautet unter Verwendung der Formzahl K_t mit $\sigma_{vmax} = K_t \cdot \sigma_{vn}$:

$$S_{pl} = \frac{n_{pl} \cdot R_e}{K_t \cdot \sigma_{vn}} \quad . \tag{10.8}$$

Verschwächungsfaktor

Den Quotienten n_{pl}/K_t nennt man *Verschwächungsfaktor* v_{pl} (Verschwächungsbeiwert):

$$v_{pl} \equiv \frac{n_{pl}}{K_t} \quad . \tag{10.9}$$

Für wichtige Komponenten des Behälterbaus können die Verschwächungsfaktoren aus Diagrammen in Abhängigkeit von der Geometrie entnommen werden, siehe Beispiel in Bild 10.5.

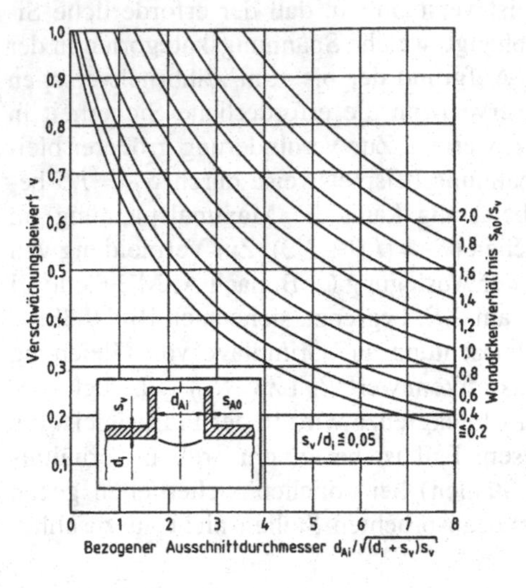

***Bild 10.5** Verschwächungsfaktoren für Abzweigstücke ($s_V/d_i \leq 0{,}05$) basierend auf 0,2 % bleibender Dehnung nach TRD 301 [227], siehe auch Schwaigerer [29]*

***Beispiel 10.2** Sicherheit einer Schweißverbindung gegen zähes Versagen*

Für die in Beispiel 10.1 gezeigte Stumpfnaht soll eine Festigkeitsnachweis unter der Voraussetzung erfolgen, daß die Naht ausreichendes Verformungsvermögen mit den Kennwerten $R_e = 720\ MPa$ und $R_m = 950\ MPa$ aufweist.
Berechnen Sie die Sicherheit gegen
- Fließbeginn im Kerbgrund
- begrenzte plastische Verformung mit $\varepsilon_{pl} = 2$ ‰ (ausgeprägte Streckgrenze angenommen).

Lösung

Aus Beispiel 10.1 ergibt sich als
- Membranspannung $\sigma_{Membran} = 240\ MPa$
- Biegespannung $\sigma_{Biege} = 144\ MPa$.

Für die Sicherheit gegen Fließbeginn gilt nach Gleichung (10.4):

$$S_F = \frac{R_e}{\sigma_{v\max}} = \frac{720}{2{,}2(240+144)} = 0{,}85 \quad .$$

Demzufolge ist mit Fließen im Kerbgrund zu rechnen.
Bei Auslegung mit begrenzter plastischer Verformung ist Gleichung (10.8) heranzuziehen:

$$S_{pl} = \frac{n_{pl} \cdot R_e}{\sigma_{v\max}} \quad .$$

Läßt man eine plastische Dehnung von $\varepsilon_{pl} = 0{,}2$ % zu, so kann zur Berechnung der Stützziffer bei ausgeprägter Streckgrenze Gleichung (9.37) angesetzt werden (siehe auch Bild 9.19):

$$n_{pl} = \sqrt{\frac{\varepsilon_{max}}{\varepsilon_F}} = \sqrt{\frac{\varepsilon_F + \varepsilon_{pl}}{\varepsilon_F}} = \sqrt{1 + \frac{\varepsilon_{pl}}{\varepsilon_F}} = \sqrt{1 + \frac{2 \cdot 10^{-3}}{\frac{720}{2 \cdot 10^5}}} = \sqrt{1{,}55} = 1{,}25 \quad .$$

Somit wird die Sicherheit gegen Auftreten von 0,2 % plastischer Verformung:

$$S_{pl} = \frac{1{,}25 \cdot 720}{2{,}2 \cdot (240 + 144)} = 1{,}06 \quad .$$

10.3.3 Zähbruch

Die Rechnung gegen Zähbruch ergänzt die Auslegung gegen Fließbeginn und gegen begrenzte plastische Verformung. Sie baut auf den in Abschnitt 9.3 enthaltenen Kollapsformeln auf. Da Spannungsspitzen und Sekundärspannungen bei ausreichendem Verformungsvermögen durch Fließen abgebaut werden, sind bei der Zähbruchabsicherung - hohes Verformungsvermögen vorausgesetzt - nur die Primärspannungen aus der äußeren Belastung zu berücksichtigen. Die *Sicherheit gegen Zähbruch* berechnet sich demnach mit der Kollapsspannung σ_{vpl} unter Verwendung des Constraint-Faktors L und des Kollaps-Kennwerts R zu:

Sicherheit gegen Zähbruch

$$S_B = \frac{\sigma_{v\,pl}}{\sigma_{v\,Primär}} = \frac{L \cdot \overline{R}}{\sigma_{v\,Primär}} \quad . \qquad (10.10)$$

Die Vergleichsspannungsberechnung wird oft nach der SH durchgeführt, da Zähbruch in besserer Übereinstimmung mit Versuchsergebnissen durch die SH anstelle der GH beschrieben wird:

$$\sigma_{v\,PrimärSH} = \sigma_{1\,Primär} - \sigma_{3\,Primär} \quad . \qquad (10.11)$$

Die Sicherheitsfaktoren $\hat{S}_B$ gegen Zähbruch sollten im Bereich zwischen 2 und 3 liegen.

Konsequenterweise muß beim zähen Bauteil sowohl gegen Fließbeginn als auch gegen Zähbruch (Kollaps) abgesichert werden. Die zulässige (Vergleichs-) Spannung ist daher eigentlich mit dem kleineren Wert aus der zulässigen Spannung gegen Fließbeginn und der zulässigen Spannung gegen Zähbruch zu vergleichen. Durch diese Auslegungspraxis können Werkstoffe mit niedrigem *Streckgrenzenverhältnis* (z. B. niedrigfeste Baustähle mit $R_e/R_m \approx 0{,}6$) bis knapp an die Streckgrenze beansprucht werden, siehe Bild 10.6a, während die zulässigen Spannungen bei Werkstoffen mit hohem Streckgrenzenverhältnis (z. B. Federstähle mit $R_e/R_m \approx 0{,}9$) auf Werte deutlich unter der Streckgrenze begrenzt bleiben, Bild 10.6b.

Zusammenhang mit Streckgrenzenverhältnis

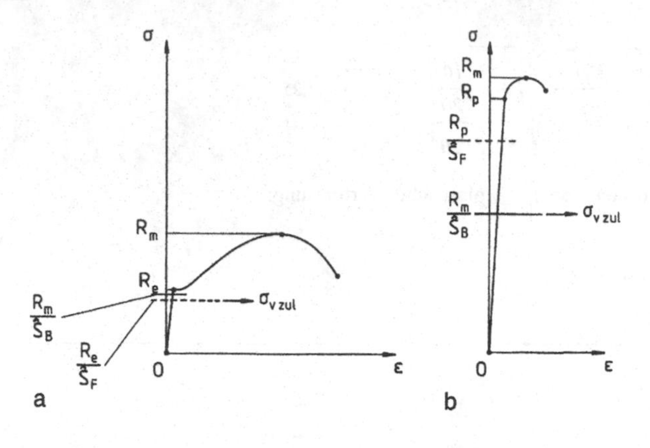

Bild 10.6 *Zulässige Spannung bei Werkstoffen mit a) niedrigem Streckgrenzenverhältnis b) hohem Streckgrenzenverhältnis*

10.4 Sicherheitsbeiwerte

Eine allgemeingültige Angabe von Sicherheitsfaktoren $\hat{S}$, die der Festigkeitsrechnung zugrunde zu legen sind, ist nicht möglich. Der zu verwendende Sicherheitsfaktor hängt in erster Linie von folgenden Randbedingungen ab (siehe auch Tabelle A15.4):

- Spektrum der Betriebsbelastungen und des in der Rechnung berücksichtigten Maximalwerts (vgl. Bild 1.3)
- Zuverlässigkeit und Streuung der eingesetzten Werkstoffkennwerte (vgl. Bild 1.3)
- Treffsicherheit des verwendeten Rechenmodells bzw. der Berechnungsvorschrift
- Versagensart, die der Auslegungsrechnung zugrunde liegt, insbesondere Ausmaß der Werkstoffzähigkeit
- Umfang und Art der Qualitätssicherung während der Herstellung und der Kontrollmaßnahmen während des Betriebs
- Art und Umfang der eingebauten Redundanzen
- Konsequenzen des Versagens
- Wirtschaftliche Zwänge.

Regelwerke

In vielen *Regelwerken* sind unmittelbar zulässige Spannungen für Grundwerkstoffe, Bauelemente und Verbindungsmittel (z. B. Schrauben, Niete, Schweißungen) angegeben. Dies gilt beispielsweise für DIN 18 800 (Stahlbau) [209], DIN 15 018 (Kranbau) [208] und DIN 4113 (Aluminiumkonstruktionen) [206] sowie für das TRD-Regelwerk [227] und AD-Merkblätter [198]. In diesen zulässigen Spannungen sind manchmal schon Beiwerte zur Berücksichtigung schädlicher Betriebseinflüsse (z. B. Übertemperatur, Verschleiß, Korrosion) enthalten.

Auf der Seite der Beanspruchung hängt die Wahl des Sicherheitsfaktors auch davon ab, ob sämtliche realistische Betriebsvorgänge in die Auslegungsrechnung mit einbezogen werden. Beispielsweise müssen stoßartige Belastungen durch *Betriebsfaktoren* berücksichtigt werden, welche die quasistatische Belastung multiplikativ erhöhen. Bei sehr starken Stößen liegen die Betriebsfaktoren bei 3 und darüber, siehe z. B. Roloff/ Matek [27].

Betriebsfaktoren

Im werkstoffmechanischen Sinne muß der Sicherheitsfaktor an die Bauteilzähigkeit und an die Spannungskategorien angepaßt werden. Der Sicherheitsfaktor kann umso niedriger gewählt werden, je größer das Verformungsvermögen und je steiler der Spannungsgradient ist.

Um die in der Zähigkeit begründete Sicherheitsreserve in der Auslegung zu berücksichtigen, gibt es in der Literatur Ansätze, einen *zähigkeitsabhängigen Sicherheitsfaktor* $\hat{S}_F$ anzugeben. Als kennzeichnende Größe für die Zähigkeit kann beispielsweise die Bruchdehnung A_5, die Brucheinschnürung Z oder das Streckgrenzenverhältnis R_e/R_m herangezogen werden. In der VDI-Richtlinie 2226 [228] findet sich beispielsweise der Ansatz:

Zähigkeitsabhängiger Sicherheitsfaktor

$$\hat{S}_F = 2 - \sqrt{\frac{A_5\,[\%]}{50}} \quad (> 1{,}25) \quad . \tag{10.12}$$

Eine weitere Beziehung ist:

$$\hat{S}_F = 2 \cdot \left(\frac{R_e}{R_m}\right) \quad (\geq 1{,}2) \quad . \tag{10.13}$$

Wie in Abschnitt 10.5.5 ausgeführt, ist die Einbeziehung der Kerbschlagarbeit zur Beurteilung der Zähigkeit eigentlich vorzuziehen.

In Tabelle 10.1 sind zusammenfassend die Grundgleichungen zur Ermittlung der Bauteilsicherheit S und Anhaltswerte für Mindestsicherheitsbeiwerte $\hat{S}$ angegeben. Es ist ausdrücklich darauf hinzuweisen, daß es sich bei den aufgeführten Sicherheitsfaktoren lediglich um Angaben für eine grobe Orientierung handelt, da – wie oben ausgeführt – in jedem Fall eine spezifische Anpassung entsprechend den Erfordernissen und Erfahrungen notwendig ist.

***Tabelle 10.1** Anhaltswerte für Sicherheitsfaktoren bei statischer Beanspruchung unterhalb der Kristallerholungstemperatur*

Versagensart	Maßgebende Spannungen	Bauteilsicherheit	Mindestsicherheitsbeiwert
Sprödbruch	Membranspannung +Biegespannung +Spitzenspannung +Sekundärspannung	$S_B = \frac{R_m}{\sigma_{v\max NH}}$	$\hat{S}_B = 3{,}0$
Fließbeginn und begrenzte plastische Verformung	Membranspannung	$S_F = \frac{R_e}{\sigma_{v\max SH/GH}}$	$\hat{S}_F = 1{,}5$
	Membranspannung +Biegespannung		$\hat{S}_F = 1{,}0$
	Membranspannung +Biegespannung +Spitzenspannung		$\hat{S}_{pl} = \frac{\hat{S}_F}{n_{pl}}$
Zähbruch	Membranspannung	$S_B = \frac{L \cdot \overline{R}}{\sigma_{v\max SH}}$	$\hat{S}_B = 2{,}5$
	Membranspannung +Biegespannung		$\hat{S}_B = 2{,}0$

10.5 Bedeutung der Zähigkeit

Die Auslegung von statisch belasteten Bauteilen baut primär auf den Festigkeitskennwerten des Zugversuchs, d. h. Streckgrenze und Zugfestigkeit, auf. Die Zähigkeitskennwerte gehen meist nicht explizit in die Auslegungsrechnung ein. Allerdings hängen die Rechenvorschriften häufig davon ab, ob zähes oder sprödes Verhalten vorliegt. Dies gilt beispielsweise für die Wahl der Festigkeitshypothesen (Kapitel 7) oder für die Berechnung der Kerbzugfestigkeit (Abschnitt 9.3.3 und Abschnitt 10.5.5).

Die Sicherheit des Bauteils wird allerdings – weit über die auf Spannungsbegrenzung ausgerichtete Auslegung hinaus – in hohem Maße vom Verformungsvermögen bestimmt. Die Problematik bei der Festigkeitsberechnung mit reiner Spannungsbegrenzung geht aus Bild 10.7 hervor. Der Auslegungspunkt A ist für das zähe Bauteil (Bild 10.7a) und das spröde Bauteil (Bild 10.7b) formal mit ausreichender Sicherheit gegen Fließen (zäh) bzw. Bruch (spröd) festgelegt. Der grundlegende Unterschied zwischen dem zähen und spröden Verhalten besteht darin, daß jede über die Auslegung hinausgehende Beanspruchung (z. B. durch stoßartige Belastung oder Eigenspannungen) beim zähen Verhalten durch plastische Verformung ohne Bruch aufgefangen wird, während beim spröden Verhalten mit Sprödbruch zu rechnen ist.

Um der großen Bedeutung der Zähigkeit in der Festigkeitsberechnung gerecht zu werden, sollen nachfolgend die Modelle des Spröd- und Zähbruchversagens, die Definition und die Sicherheitsrelevanz der Zähigkeit sowie die Einflüsse auf das Verformungsvermögen und die Bestimmung der Zähigkeitskennwerte beschrieben werden.

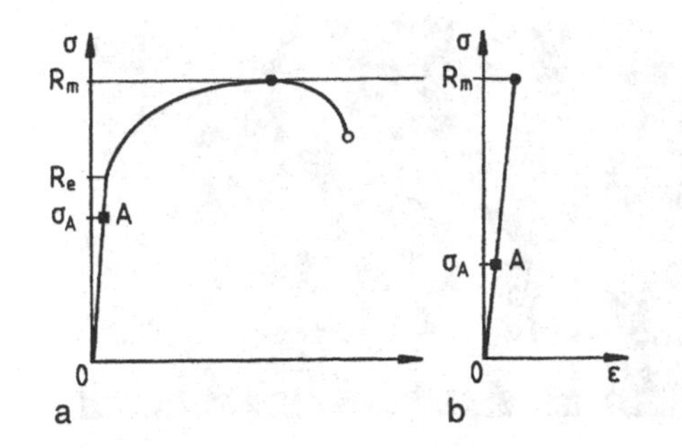

Bild 10.7 *Formal korrekte festigkeitsgerechte Auslegung (Auslegungspunkt A) gegen*
a) Fließen und Zähbruch
b) Sprödbruch

10.5.1 Metallkundliche Modelle des Spröd- und Zähbruchversagens

Der Bruch eines Bauteils bedeutet die teilweise oder vollständige Trennung des festen Körpers in zwei oder mehrere Teile. Die Vorstufe des Bruchs stellt der Anriß dar, der einer lokalen Werkstofftrennung gleichkommt. Durch Erweiterung eines vorhandenen Anrisses kann es zum Bruch kommen, wobei bei statischer Belastung in *stabile Rißerweiterung* (Riß erweitert sich nur bei weiter ansteigender Last) und *instabile Rißerweiterung* (Riß erweitert sich ohne Lastanstieg) unterschieden wird. Entsprechend dem Werkstoff- bzw. Bauteilverhalten ist bei Gewaltbrüchen in Spröd- und Zähbruch zu unterscheiden, wobei Übergangsformen festzustellen sind (Mischbruch).

Stabile/ Instabile Rißerweiterung

Sprödbruch

Ein Modell für die Entstehung eines *Sprödbruchs* ist aus Bild 10.8a ersichtlich. Der Bruch, der makroskopisch verformungslos auftritt, setzt Mikroplastizität zur Bruchentstehung voraus. Der Versagensablauf läßt sich in folgende Phasen gliedern:

Sprödbruchmodell

- Beginnende mikroskopische plastische Deformation durch die Schubspannungen τ_{max} mit Bildung von Versetzungen und Versetzungsbewegungen
- Aufstau der Versetzungen an Hindernissen (harte Phasen, Korngrenzen, nichtmetallische Einschlüsse usw.)
- Entstehung eines Mikrorisses im Bereich eines oder mehrerer Versetzungsaufstaus
- Instabile Erweiterung des Mikrorisses und spröder Bruch des Bauteils.

Makroskopisch äußert sich der Sprödbruch als Trennung senkrecht zur größten Normalspannung (siehe z. B. Bild 1.6). Mikroskopisch verläuft er entlang der kristallographischen Ebenen (Spaltbruch, *trans-* oder *intrakristalliner Bruch*), Bild 10.8b und Bild 10.12, oder auch entlang der Korngrenzen als *interkristalline Trennung*, sofern diese eine Schwachstelle darstellen (Korngrenzenausscheidungen, interkristalline Korrosion) siehe Bild 10.8c. Der metallografische Befund des Sprödbruchs im Lichtmikroskop ist durch verformungslose intra- oder interkristalline Trennung der Körner ohne Anzeichen plastischer Verformungen im Bruchbereich gekennzeichnet.

Transkristalliner Bruch
Interkristalliner Bruch

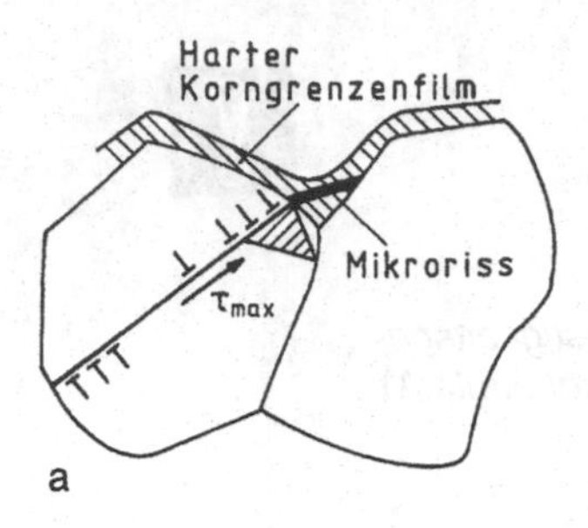

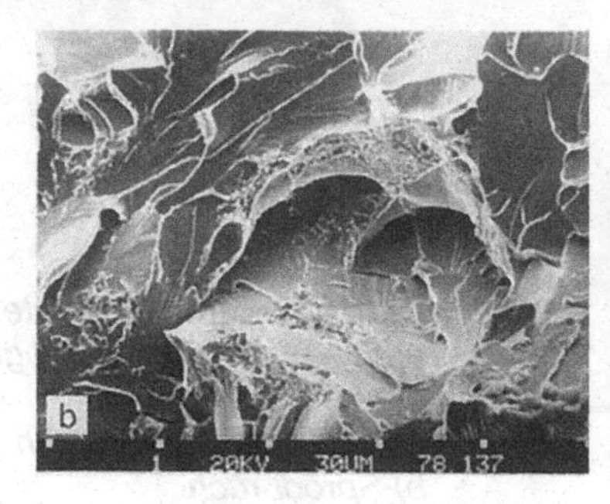

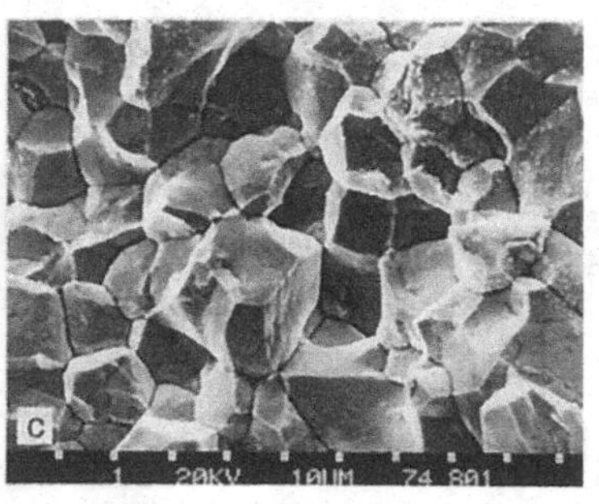

Bild 10.8 *Mechanismus des Sprödbruchs a) Modell der Mikrorißbildung in harten Korngrenzbereichen, Smith [177] b) REM-Aufnahme eines Spaltbruchs (Cleavage) c) REM-Aufnahme eines interkristallinen Bruches*

Kennzeichnend für den Sprödbruch ist seine rasche Ausbreitungsgeschwindigkeit im Bauteil, die mit Schallgeschwindigkeit in Festkörpern (bei Stahl etwa 5000 m/s) erfolgt.

Zähbruch

Zähbruchmodell

Die Stadien des *Zähbruchversagens* sind in Bild 10.9a dargestellt:

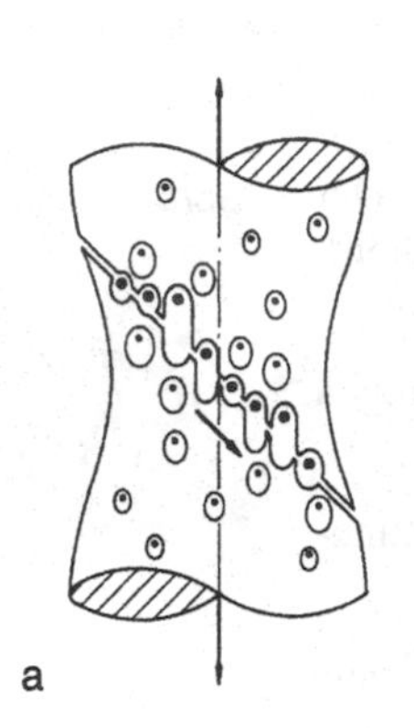

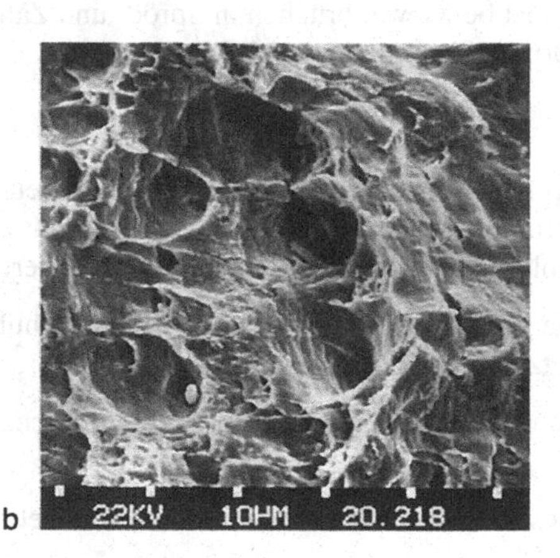

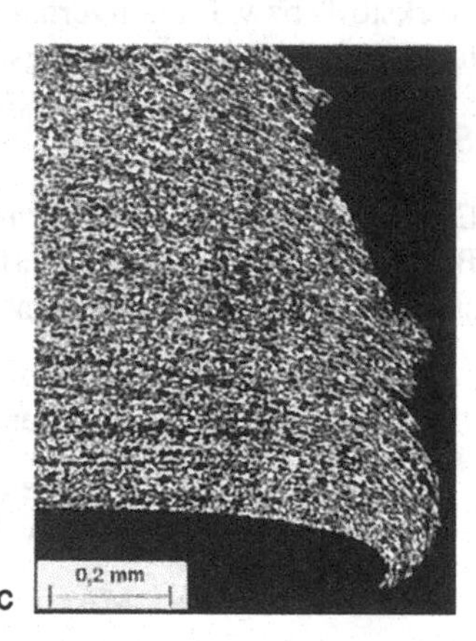

Bild 10.9 *Mechanismus des Verformungsbruchs a) Bildung von Voids um harte Partikel und Abscheren durch τ_{max} b) Wabenstruktur im REM (Dimples) c) Schliff am Bruchrand*

- Zunehmende plastische Deformation führt zur Erschöpfung der Aufnahmefähigkeit für Versetzungen und folglich zur Bildung von Mikroporen (Voids) um eingelagerte harte Einschlüsse (z. B. Sulfide, Karbide, Oxide)
- Erweiterung der Poren mit zunehmender Belastung, innere Einschnürung und Vereinigung der Hohlräume (Koaleszenz)
- Zähes Abscheren der dünnen Werkstoffbrücken zwischen den Hohlräumen in Richtung der größten Schubspannung.

Wabenstruktur (Dimples)

Im REM-Bild zeigt der Zähbruch folglich eine *Wabenstruktur* (*Dimples*), wobei die harten Einschlüsse teilweise noch innerhalb der Waben erkennbar sind, Bild 10.9b. Im Lichtmikroskop ist der Schliff am zähen Bruchrand durch die typischen Anzeichen der plastischen Verformung (langgestreckte kaltverformte Körner) und ausgezogene Werkstoffbereiche gekennzeichnet, Bild 10.9c.

Makroskopisch ist der Zähbruch durch Einschnürung und (zumindest im Randbereich) einer Bruchrichtung parallel zur größten Schubspannung gekennzeichnet, siehe z. B. Bild 6.12 und Bild A12.3.

10.5.2 Definition der Zähigkeit

Die Werkstoff- bzw. Bauteilzähigkeit läßt sich entsprechend dem in Abschnitt 10.5.1 beschriebenen mikroskopischen und makroskopischen Bruchbefund definieren. Für die ingenieurmäßige Betrachtung und die Sicherheitskonsequenzen ist jedoch letztlich die unterschiedliche Reaktion des Bauteils auf die Belastung bis zum Bruch entscheidend. Diese Reaktion wird aus dem Last-Verformungs-Diagramm des Bauteils deutlich. Allerdings läßt sich auch auf Grundlage dieses Diagramms keine einheitliche und eindeutige Definition der Zähigkeit angeben. Folgende Größen werden zur Quantifizierung der Zähigkeit eines Werkstoffs bzw. Bauteils herangezogen, siehe Bild 10.10:

	Kriterium	Typischer Lastfall	Zähes Verhalten	Sprödes verhalten
a	Bruchnenn-spannung σ_{nB}	 F	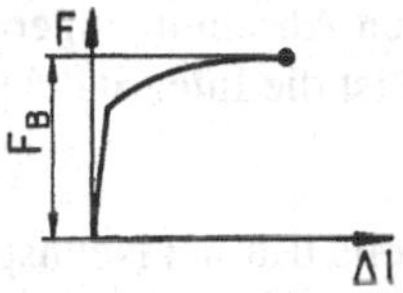 F, F_B, Δl	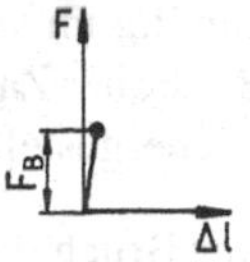 F, F_B, Δl
b	Bruchver-formung Δl_B	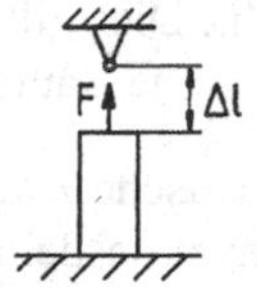 F, Δl	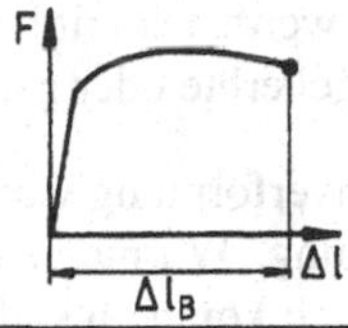 F, Δl, Δl_B	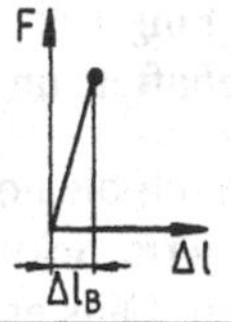 F, Δl, Δl_B
c	Bruch-arbeitsauf-nahme U_B	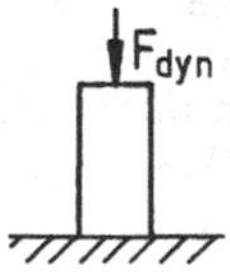 F_{dyn}	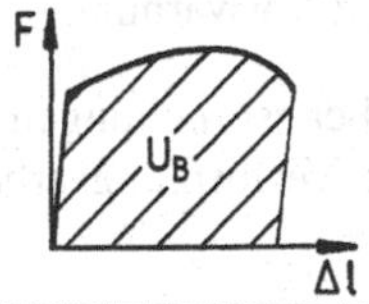 F, U_B, Δl	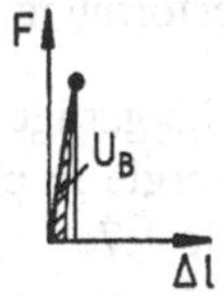 F, U_B, Δl
d	Rißstoppver-mögen		F, F_A, Δl	F, Δl

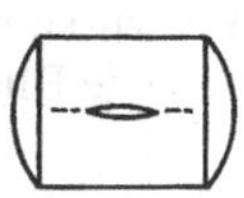

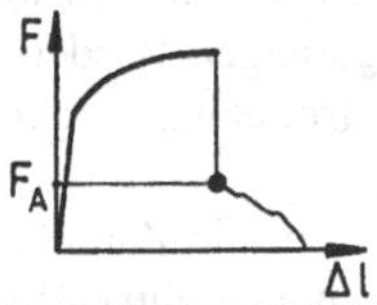

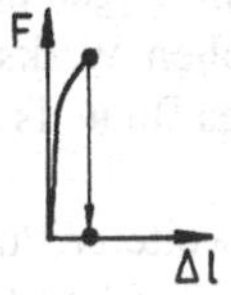

Bild 10.10 *Kriterien zur Definition der Bauteilzähigkeit*

Bruchnennspannung

a) Bruchlast F_B bzw. *Bruchnennspannung* σ_{nB} des Bauteils relativ zu den Festigkeitskennwerten des glatten Stabs (R_e, R_m). Dieses Kriterium ist besonders bei statischer mechanischer Belastung von Bedeutung.

Bruchverformung

b) Ausmaß der dem Bruch vorausgehenden *plastischen Verformung* (Bruchverlängerung Δl_B bzw. Bruchdehnung ε_B). Diese Definition ist anzuwenden bei mechanischer Belastung mit Zwangsverformung (z. B. Richtvorgänge) und bei thermischer Beanspruchung (z. B. Thermoschock).

Brucharbeitsaufnahme

c) *Arbeitsaufnahme* U_B bis zum Bruch (Fläche unter der Last-Verformungs-Kurve). Die Arbeitsaufnahme spielt insbesondere bei schlagartiger Belastung eine wichtige Rolle.

Rißstoppvermögen

d) *Rißstoppvermögen*. Hierunter versteht man die Fähigkeit des Werkstoffs bzw. des Bauteils einen instabil sich ausbreitenden Riß zu stoppen. Vom Rißstoppvermögen hängt die Vermeidung katastrophaler Schäden bei risikobehafteten Konstruktionen (z. B. Brücken, Schiffe, Flugzeuge, Druckbehälter) ab.

10.5.3 Sicherheitsrelevanz der Zähigkeit

Aus den in Abschnitt 10.5.2 vorgestellten Definitionen für das spröde und zähe Bauteilverhalten lassen sich unmittelbar die Gesichtspunkte für die Sicherheitsrelevanz der Zähigkeit ableiten. Die nachfolgenden Punkte a) bis d) sind der entsprechenden Bezeichnung im vorherigen Abschnitt zugeordnet, vergleiche Bild 10.10.

Bei hoher Zähigkeit ist die Integrität des Bauteils demzufolge durch folgende Faktoren sichergestellt:

a) Der Bruch des Bauteils tritt bei Nennspannungen im Bereich der Zugfestigkeit oder zumindest der Streckgrenze des Werkstoffs ein. Diese Spannungen liegen der Auslegung zugrunde und werden somit beherrscht. Dies gilt selbst für eigenspannungsbehaftete und scharf gekerbte oder gar angerissene Bauteile, siehe Bild 9.47.

b) Durch die hohe Bruchverformung werden plastische Zwangsdehnungen (z. B. überlagerte Sekundärbiegung, Wärme- und Relaxationsdehnungen) ohne Bruch ertragen. Falls es zum Bruch kommen sollte, tritt dieser erst nach deutlicher plastischer Verformung – also mit Vorwarnung – ein, siehe Bild 1.5.

c) Schlagartige Bauteilbeanspruchungen werden durch Umwandlung von kinetischer Energie in plastische Verformungsarbeit des Werkstoffs ohne Bruch ertragen, vgl. Bild 1.7.

d) Ein eingeleiteter und sich instabil ausbreitender Riß kann bei Betriebstemperatur im zähen Werkstoff aufgefangen werden, so daß es zu keiner vollständigen Trennung des Bauteils mit katastrophalen Folgen kommt, siehe Bild 10.19b und c.

Ein weiterer Punkt, bei dem die Zähigkeit inherent zur Sicherheit beiträgt, besteht in der Tatsache, daß verformungsfähige Werkstoffe i. d. R. weniger korrosionsempfindlich sind, z. B. Spannungsrißkorrosion, Wasserstoffangriff.

10.5.4 Einflußgrößen auf die Bauteilzähigkeit

Das Ausmaß an Verformungsfähigkeit eines Bauteils ist primär durch den Werkstoff (Herstellung, Weiterverarbeitung) vorgegeben. Die Zähigkeit ist jedoch nicht nur eine werkstoffspezifische Eigenschaft, sondern sie wird darüber hinaus durch weitere äußere Faktoren bestimmt. Im einzelnen können folgende *Einflußgrößen auf die Zähigkeit* des Bauteils unterschieden werden:

Einflußgrößen auf Bauteilzähigkeit

- Werkstofftyp und -zustand
- Temperatur
- Beanspruchungsgeschwindigkeit
- Spannungszustand

Die Wirkung der verschiedenen Faktoren auf die Zähigkeit kann anschaulich mit Hilfe der Mohrschen Darstellung in Bild 10.11 erläutert werden.

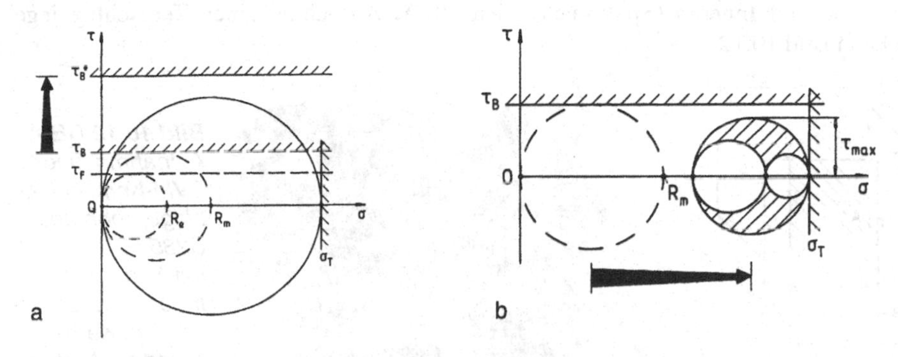

***Bild 10.11** Versprödungstendenzen im Bauteil in Mohrscher Darstellung*
a) Werkstoffversprödung b) Spannungszustandsversprödung

Bei gegebenen Werkstoffeigenschaften liegt das Verhältnis der zum zähen Bruch führenden kritischen Schubspannung τ_B und der – das spröde Versagen charakterisierenden – Trennfestigkeit des Werkstoffs σ_T fest. Wie in Bild 10.11a gezeigt, tritt bei ein- und zweiachsigem Spannungszustand Zähbruchversagen ein, wenn die Bedingung

$$\tau_B < \frac{\sigma_T}{2} \tag{10.14}$$

erfüllt ist. Im anderen Fall ($\tau_B{}^* \geq \sigma_T/2$) ist mit Sprödbruch zu rechnen.

Eine Erhöhung der kritischen Schubspannung von τ_B auf τ_B*, d. h. eine Blockierung der Versetzungsbewegungen bzw. Gleitvorgänge im Werkstoff, führt demnach zu einer *Versprödung des Werkstoffs*. Eine solche Werkstoffversprödung kann durch ungeeignete Herstellungsabläufe (z. B. ausgeprägte Seigerungen) und Weiterbehandlungsmaßnahmen (z. B. falsche Wärmebehandlung, extreme Kaltverformung) auftreten. Eine Erhöhung von τ_B auf τ_B* tritt bei kubisch-raumzentrierten (krz) Werkstoffen bei *tiefen Temperaturen* ein, da die wenigen Gleitebenen des krz-Gitters zunehmend blockiert werden, siehe Bild 9.47 und 10.19. Da für Gleitbewegungen eine gewisse Min-

Werkstoffversprödung

destzeit erforderlich ist, kommt es auch mit zunehmender *Verformungsgeschwindigkeit* zu einer Erhöhung der Schubspannungen für Fließen τ_F (d. h. der Streckgrenze) und für Bruch τ_B. Extreme Schlaggeschwindigkeiten führen demnach zu einer Erweiterung des elastischen Bereichs, allerdings auch zu einer Verringerung des plastischen Verformungsvermögens.

Spannungszustandsversprödung

Während es sich bei den oben beschriebenen Phänomenen um eine „Quasi-*Werkstoffversprödung*" durch Anheben der kritischen Schubspannung handelt, führt (wie bereits mehrfach erwähnt) auch ein dreiachsiger Zugspannungszustand zu einer *Spannungszustandsversprödung*. Durch die kleinen Hauptspannungsdifferenzen tritt nur eine relativ kleine Maximalschubspannung im Bauteil $\tau_{max} = (\sigma_{max}-\sigma_{min})/2$ auf und es kann hierdurch auch bei zähen Werkstoffen zu einem Erreichen der Trennfestigkeit σ_T kommen, bevor die Gleitvoraussetzung erreicht wird, Bild 10.11b.

Aufgrund des ebenen Spannungszustands an der lastfreien Bauteiloberfläche und des dreiachsigen Zugspannungszustands im Innern des Kerbquerschnitts zeigen Sprödbrüche am Beginn des Übergangsbereichs der Zähigkeit (Diagramm Typ a in Bild 10.19) einen 45°-Schersaum mit Zähbruchcharakter (Wabenbildung) und einen spröden Bruch im Inneren (Spaltbruch), siehe REM-Aufnahme einer Kerbschlagbiegeprobe in Bild 10.12.

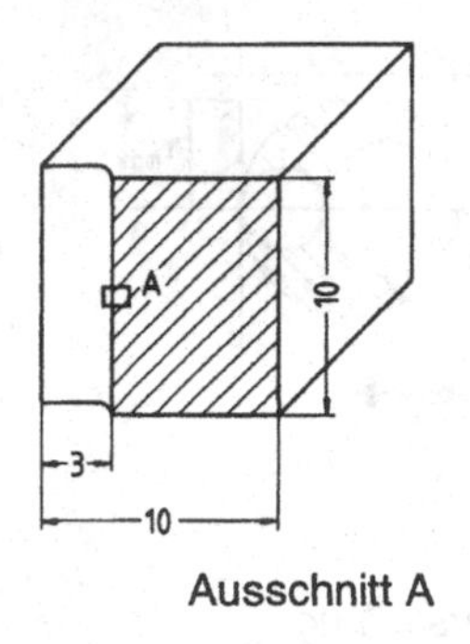

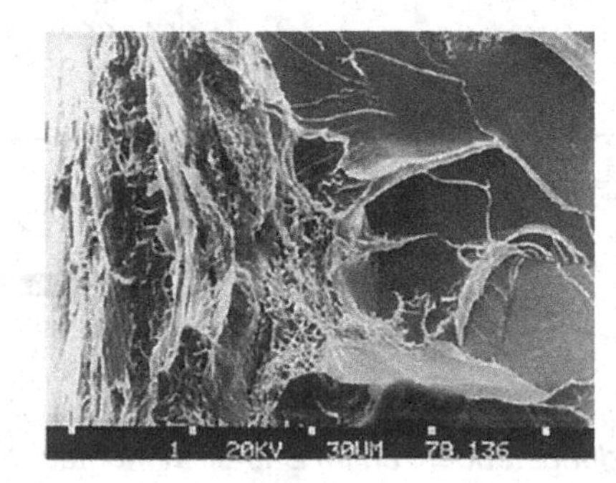

***Bild 10.12** REM-Aufnahme einer DVM-Kerbschlagbiegeprobe aus S235J2G3 (St 37) mit Spaltbruch im Innern und Scherlippe im Kerbgrund mit Wabenstruktur*

10.5.5 Experimentelle Ermittlung der Zähigkeitskennwerte

Die Bestimmung der Zähigkeitseigenschaften von Werkstoffen bzw. Bauteilen ist vor dem Hintergrund der komplexen und vieldeutigen Definition der Zähigkeit (Abschnitt 10.5.2) zu sehen. Die unterschiedlichen Zähigkeitsprüfungen lassen sich zweckmäßigerweise ebenfalls in Kategorien einteilen, die sich an den Kriterien a) bis d) der Abschnitte 10.5.2 und 10.5.3 orientieren. Die üblichen Versuche und die hieraus abgeleiteten Zähigkeitskennwerte sind in Tabelle 10.2 zusammengestellt. Weitere Zähigkeitskriterien lassen sich auch aus der Prüfung angerissener Proben (Bruchmechanik) ableiten.

***Tabelle 10.2** Konventionelle Versuche zur Bestimmung der Zähigkeit von Werkstoffen (vergleiche Bild 10.10)*

	Kriterium	Versuch	Kennwert
a	Bruchnennspannung	• Kerbzugversuch • Instrumentierter Kerbschlagbiege-versuch	• Kerbzugfestigkeit R_{mk} • Bruchbiegespannung σ_{bB}
b	Bruchverformung	• Zugversuch • Biege- / Faltversuch • Instrumentierter Kerbschlagbiege-versuch	• Bruchdehnung A_5 Gleichmaßdehnung A_g Brucheinschnürung Z • Biegewinkel bei Anriß α • Laterale Breitung ΔB
c	Bruchabeitsauf-nahme	• Kerbschlagbiegever-such	• Kerbschlagarbeit A_V
d	Rißstoppvermögen	• Instrumentierter Kerbschlagbiege-versuch • Fallgewichtsversuch	• Temperatur bei Rißauf-fangen bei 5 kN • NDT-Temperatur

Ein Versuch ist umso aussagekräftiger, je konsequenter er die zähigkeitsrelevanten Einflüsse simuliert. Dies erfordert eine Prüfung der kritischen Werkstoffbereiche mit gekerbten oder angerissenen Proben bei realistisch niedrigen Betriebstemperaturen unter schlagartiger Belastung unter Verwirklichung eines dreiachsigen Zugspannungszustands. Die genannten Parameter werden beispielsweise nicht annähernd im Zugversuch an glatten Proben verwirklicht (keine Spannungsspitze, niedrige Beanspruchungsgeschwindigkeit, weitgehend einachsiger Spannungszustand), weshalb Bruchdehnung und Brucheinschnürung keine verläßliche konservative Aussage für die Zähigkeit des Bauteils unter extremen Betriebsbedingungen erlauben. Sehr viel schärfer ist der Kerbschlagbiegeversuch, bei dem gekerbte Proben unter Schlagbeanspruchung geprüft werden.

Kerbzugversuch

Eine Beurteilung des Verformungsvermögens unter statischer Belastung ist mit dem Kerbzugversuch an Flach- oder Rundproben möglich, mit welchem die Reaktion des Werkstoffs auf eine Spannungsspitze in Verbindung mit einem dreiachsigen Spannungszustand deutlich wird. Als Zähigkeitkriterium dient hier die *Kerbzugfestigkeit* R_{mk} als Quotient aus Höchstlast F_{max} und Kerbquerschnitt A_k:

Kerbzugfestigkeit

$$R_{mk} = \frac{F_{\max}}{A_k} \quad . \qquad (10.15)$$

Die Kerbzugfestigkeit kann in Relation zur Zugfestigkeit der glatten Probe (R_{mk}/R_m) als Maß für die Zähigkeit herangezogen werden. *Ideal sprödes Verhalten* führt in der Kerbzugprobe zur Bruchbedingung $\sigma_{max} = K_t \cdot \sigma_{nk} = R_m$, siehe Bild 10.13b. Die Kerbzugfestigkeit R_{mk} entspricht der Nennspannung σ_{nk} beim Bruch:

$$R_{mk} = \frac{R_m}{K_t} \quad . \tag{10.16}$$

Brüche niedriger Nennspannungen

Gleichung (10.16) beschreibt einen hyperbolischen Abfall der Bruchnennspannung bzw. der Traglast mit der Formzahl, siehe Kerbzugfestigkeitsdiagramm in Bild 10.13c. Stark gekerbte spröde Bauteile versagen demzufolge bei Nennspannungen weit unterhalb der Zugfestigkeit (*Brüche niedriger Nennspannung*). So führt beispielsweise eine kleine Bohrung mit einer Formzahl $K_t = 3$ in einem ideal spröden Werkstoff (z. B. Keramik) zu einem Versagen bei einer Nennspannung $R_{mk} = R_m/3$.

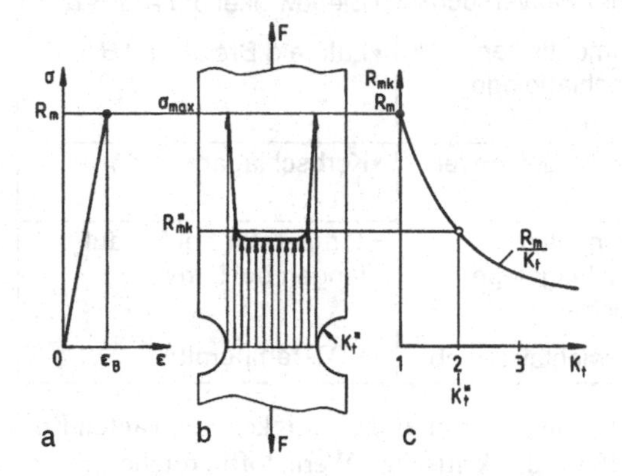

Bild 10.13 *Sprödbruch des gekerbten Zugstabs*
a) Spannungs-Dehnungs-Diagramm des glatten Stabs
b) Spannungsverteilung bei Bruch
c) Kerbzugfestigkeitsdiagramm

Kerbzugfestigkeitsdiagramm

Im *Kerbzugfestigkeitsdiagramm* in Bild 10.14 sind Versuchsergebnisse an gekerbten Zugproben aus Grauguß und martensitisch gehärtetem Stahl über der Formzahl K_t aufgetragen. Die Werte für den gehärteten Stahl folgen weitgehend dem theoretisch nach Gleichung (10.16) prognostizierten hyperbolischen Verlauf der Bruchlinie $R_{mk}/R_m = 1/K_t$, was auf ein ideal sprödes Verhalten schließen läßt. Die Ergebnisse an Grauguß liegen über der Grenzlinie für ideal sprödes Versagen, was durch das plastische Verformungsvermögen der zähen Matrix (Ferrit/Perlit) zu erklären ist.

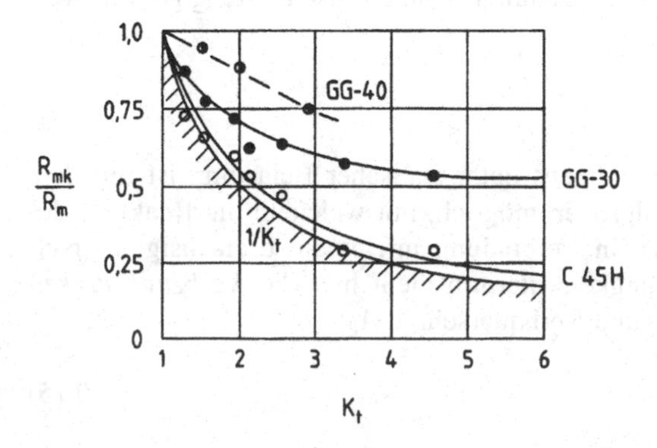

Bild 10.14 *Bezogene Kerbzugfestigkeit für spröde Werkstoffe, Wellinger und Dietmann [35] und eigene Versuche (GG-40)*

Bei *ideal zähem Verhalten* wird im Kerbzugversuch die theoretische Kollapsspannung erreicht, vgl. Abschnitt 9.3, die sich mit Hilfe des Constraint-Faktors L errechnen läßt:

$$R_{mk} = L \cdot R_m \quad \text{oder allgemein} \quad L \cdot \overline{R} \quad . \tag{10.17}$$

Ein Kennzeichen des zähen Verhaltens ist demnach, daß die Bruchnennspannung im Kerbquerschnitt im Bereich der Zugfestigkeit oder (durch den Constraint-Effekt) sogar darüber liegt, siehe Kerbzugfestigkeitsdiagramm in Bild 9.31 und 9.32.

Verlauf der Kerbzugfestigkeit

In Bild 10.15 ist zusammenfassend der *Verlauf der Kerbzugfestigkeit* bzw. der Traglast über der Zähigkeit aufgetragen. Die theoretische Bruchnennspannung bewegt sich zwischen den Grenzen nach Gleichung (10.16) und Gleichung (10.17).

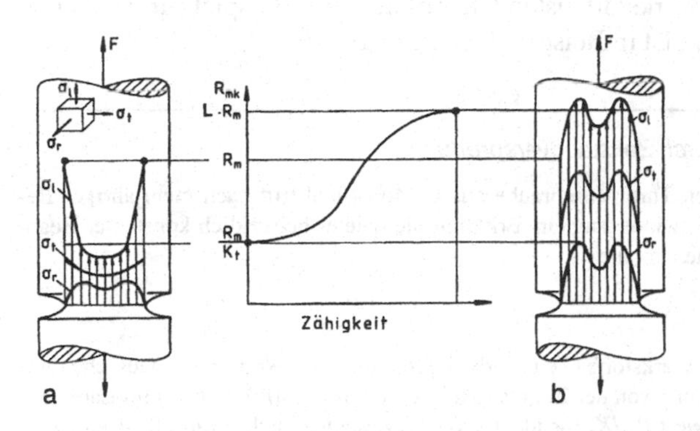

Bild 10.15 *Verlauf der Kerbzugfestigkeit über der Zähigkeit, schematisch, mit Spannungsverteilung beim Bruch a) ideal sprödes Verhalten b) ideal zähes Verhalten*

Wechselwirkung Festigkeit/Zähigkeit

Das Traglastvermögen eines Bauteils wird durch die *Wechselwirkung zwischen der Werkstoffestigkeit und der Werkstoffzähigkeit* bestimmt, siehe z. B. Bild 6.18 und 6.19. Optimale Werkstoffzustände zeichnen sich durch eine Kombination von hoher Festigkeit und guter Zähigkeit aus (z. B. Feinkornbaustähle). Diese Wechselwirkung wird beispielsweise aus Bild 10.16 deutlich, in dem die Ergebnisse von Zugversuchen an glatten und gekerbten Stäben eines Vergütungsstahles in verschiedenen Vergütungszuständen wiedergegeben sind. Die aufgetragenen unterschiedlichen Härten wurden durch abgestufte Anlaßtemperaturen erreicht.

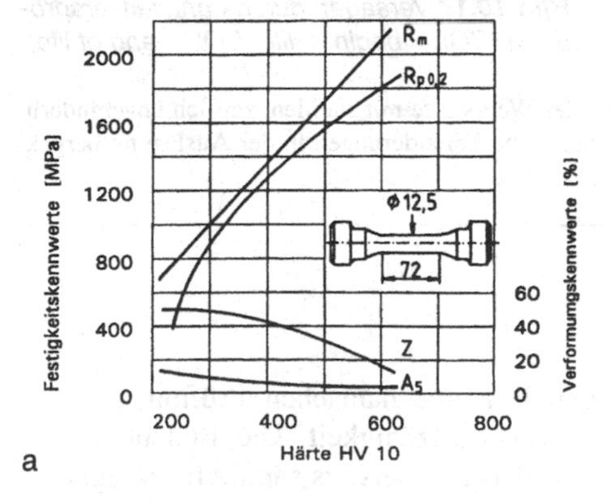

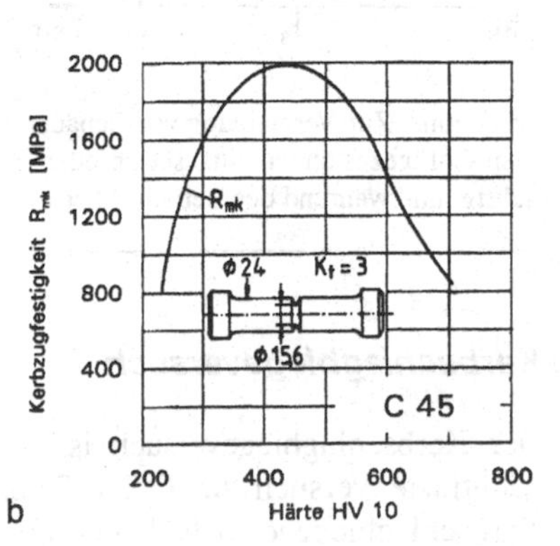

Bild 10.16 *Wechselwirkung Festigkeit/Zähigkeit für C45 in verschiedenen Wärmebehandlungszuständen a) Zugversuche glatter Stab b) Kerbzugversuche ($K_t = 3$) [166]*

Im Bereich niedriger Festigkeit (hoher Zähigkeit) wirkt sich die Kerbe nicht aus, so daß die Kerbzugprobe im Bereich der Zugfestigkeit versagt. Bei hohen Festigkeiten (niedrigen Zähigkeiten) fällt die Traglast durch die Kerbwirkung ab und nähert sich dem Wert R_m/K_t. Der optimale Vergütungszustand in bezug auf das Traglastverhalten liegt bei dem untersuchten C45V im Bereich von 450 HV10, bei dem die Kerbzugfestigkeit 30 % über der Zugfestigkeit liegt.

Der in 10.15 und Bild 10.10 dargestellte Zusammenhang macht deutlich, daß ein Bauteil, das unter der Annahme eines zähen Verhaltens ausgelegt wurde, im spröden Zustand versagt. Aus diesem Grund sind Kurz- oder Langzeitversprödungen im Laufe des Betriebs äußerst gefährlich. Solche Versprödungserscheinungen sind bei instabilen, energetisch unausgeglichenen Werkstoffzuständen möglich. Ein Beispiel für das Versagen durch Zeitstandversprödung ist in Beispiel 10.3 gezeigt.

***Beispiel 10.3** Bauteilversagen durch Zeitstandversprödung*

An einer zunächst richtig ausgelegten Turbinenschraube aus CrMoV-Stahl tritt nach mehrjähriger Betriebszeit ein Sprödbruch im ersten Gewindegang ein. Erklären Sie, wie es bei zeitlich konstanter Beanspruchung zu diesem Schaden kommen konnte.

Lösung

Durch zunehmende Versprödung des Werkstoffs (Zeitstandversprödung durch Korngrenzenausscheidungen) nähert sich die Bruchnennspannung von der Zugfestigkeit R_m (Constraintfaktor $L=1$) im Laufe der Betriebszeit zunehmend dem Grenzwert R_m/K_t für ideal sprödes Verhalten, siehe Bild 10.14 und Bild 10.15. Bruch tritt nach der Zeit t_B ein, wenn die Bruchnennspannung auf den Wert der Auslegungsnennspannung σ_{nA} abgefallen ist.

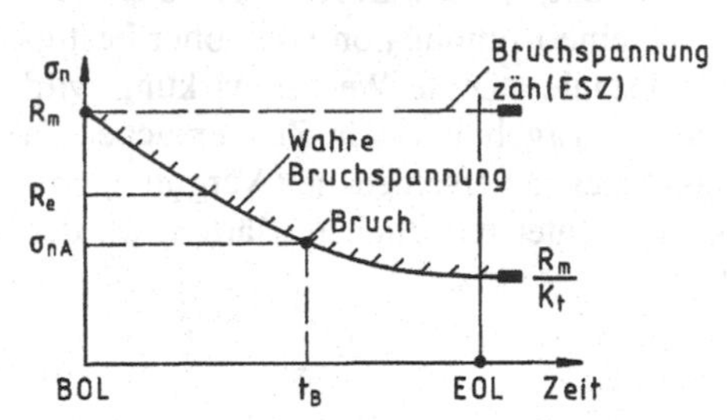

***Bild 10.17** Versagen durch Langzeitversprödung (BOL = begin of life, EOL = end of life)*

Erkenntnis: Zur Vermeidung von Schäden sind entweder Werkstoffe mit stabilen, zeitlich unveränderlichen Gefügezuständen einzusetzen oder es müssen mögliche Veränderungen in der Auslegung berücksichtigt und während des Betriebs überwacht werden.

Kerbschlagbiegeversuch

Der Kerbschlagbiegeversuch ist – neben den bruchmechanischen Prüfungen – der wichtigste Versuch zur Quantifizierung der Werkstoffzähigkeit. Die Bedeutung des Kerbschlagbiegeversuchs liegt darin begründet, daß er einerseits sämtliche zähigkeitsrelevanten Parameter vereinigt (vgl. Abschnitt 10.5.4) und andererseits inzwischen Erfahrungen mit diesem Versuch über etwa acht Jahrzehnte vorliegen. Der Versuch ist einfach und kostengünstig durchzuführen und außerdem ist – wie Tabelle 10.2 zeigt – aus dem Ergebnis des instrumentierten Kerbschlagbiegeversuchs eine Auswertung im Hinblick auf sämtliche Zähigkeitskriterien möglich.

Der Kerbschlagbiegeversuch ist in DIN 50 115 (EN 10 045) [214] genormt. Als Proben dienen kleine einseitig gekerbte Biegeproben, die auf nichtinstrumentierten oder zur Schlagkraftmessung mit DMS instrumentierten Pendelschlagwerken mit einer Schlaggeschwindigkeit von $v = 5{,}2\ m/s$ belastet werden, siehe Bild 10.18a. Die wichtigsten Probenformen sind die DVM-Probe mit Rundkerbe (Bild 10.12) und die ISO-V-Probe mit Spitzkerbe (Bild 10.18b und c).

a

b

c

***Bild 10.18** Kerbschlagbiegeversuch*
a) 300-J-Pendelschlagwerk (Roell Amsler Prüfmaschinen, Gottmadingen)
b) Bruchfläche einer spröden ISO-V-Probe
c) Bruchfläche einer zähen ISO-V-Probe

Als Kennwert für die Zähigkeit wird die zum Probenbruch erforderliche Schlagarbeit A_V bestimmt. Die Schlagarbeit wird in Joule (J) angegeben. Da es sich um eine absolute Größe handelt, muß der Versuch, um die Vergleichbarkeit sicherzustellen, an genormten Proben mit festen Abmessungen durchgeführt werden.

Instrumentierter Kerbschlagbiegeversuch

Zusätzliche Informationen liefert der *instrumentierte Kerbschlagbiegeversuch*, bei dem die Kraft an der Schlagfinne über der Zeit oder über dem Pendelweg aufgezeichnet wird. Wie aus Tabelle 10.2 hervorgeht, ist aus dem Ergebnis des instrumentierten Kerbschlagbiegeversuchs eine Auswertung im Hinblick auf sämtliche Bruchkriterien (Bruchkraft, Bruchverformung, Brucharbeit und Rißstoppverhalten) möglich.

Der Kerbschlagbiegeversuch wird in der Regel bei unterschiedlicher Temperatur durchgeführt und erlaubt so die Bestimmung der für den Werkstoff charakteristischen Kerbschlagarbeit-Temperatur-Kurve, siehe Beispiel in Bild 10.19. Der Kurvenverlauf ist bei tieftemperaturversprödenden (krz-) Werkstoffen durch Tief- und Hochlage mit einem Übergangsbereich gekennzeichnet.

Rißstoppverhalten

Die Information zum *Rißstoppverhalten* gewinnt man aus dem Kraft-Zeit- oder Kraft-Weg-Verlauf. Die instabile Rißausbreitung äußert sich hier durch einen plötzlichen Lastabfall. Ein Lastabfall auf Null bedeutet, daß der Riß nicht aufgefangen wird (Bild 10.19a). Mit zunehmender Temperatur stellt man im Übergangsbereich eine instabile Rißeinleitung mit Rißstopp bei einer bestimmten Kraft fest (Bild 10.19b und c). Im Bereich der Hochlage kommt es zu keinem instabilen Rißfortschritt, sondern der Zähbruch erfolgt durch stabilen Rißfortschritt ohne plötzlichen Lastabfall, Bild 10.19d.

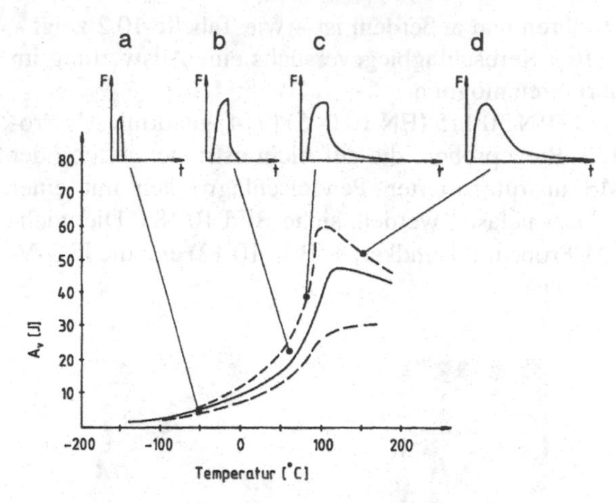

Bild 10.19 *Kerbschlagarbeit und Kraft-Zeit-Diagramme als Funktion der Temperatur für C45K*

Durch Versuche an unterschiedlichen Stählen wurde festgestellt, daß ein Zusammenhang zwischen der Temperatur, bei der ein Rißauffangen bei *5 kN* und der im Fallgewichtsversuch bestimmten NDT-Temperatur besteht, Berger et al. [47]. Im *Fallgewichtsversuch* (Drop Weight Test DWT) nach ASTM E 208 [202] bzw. Stahl-Eisen-Prüfblatt 1325 [225] wird überprüft, ob ein in einer spröden Schweißraupe durch Schlag mit festgelegter Probendurchbiegung eingeleiteter Riß im zu untersuchenden Werkstoff aufgefangen wird. Die Temperatur bei der gerade noch kein Rißauffangen festzustellen ist (jedoch 5°C höher), wird mit *Nil-Ductility-Transition (NDT)-Temperatur* bezeichnet.

Fallgewichtsversuch

NDT-Temperatur

Abschließend ist darauf hinzuweisen, daß – trotz der außerordentlich nützlichen Zähigkeitsinformation für die Praxis – die Schwächen des Kerbschlagbiegeversuchs im wissenschaftlichen Sinn darin bestehen, daß er keine direkte quantitative Übertragung auf das Bauteil erlaubt (wie beispielsweise die Bruchzähigkeit). Außerdem deckt er nicht in jedem Falle die Bauteilsituation (Beanspruchungsgeschwindigkeit, Schärfe des Spannungszustandes) konservativ ab.

10.6 Zusammenfassung

Der Inhalt dieses Kapitels, das eine Zusammenfassung des Festigkeitsnachweises bei statischer Beanspruchung darstellt, läßt sich wie folgt zusammenfassen:

- Eine tiefergehende Festigkeitsberechnung baut auf der Einteilung in Spannungskategorien auf, wobei einerseits in Primär- und Sekundärspannungen, andererseits in Membran-, Biege- und Spitzenspannungen unterschieden wird.
- Bei sprödem Bauteilverhalten muß zur Absicherung gegen Sprödbruch die maximale Vergleichsspannung nach der NH deutlich unter der Zugfestigkeit des Werkstoffes liegen.

- Bei zähem Bauteilverhalten ist in erster Linie gegen Fließbeginn auszulegen. Dazu ist die Vergleichsspannung nach der GH oder SH an der höchstbeanspruchten Stelle mit der Streckgrenze zu vergleichen.
- Zur Ausnützung der Zähigkeitsreserven kann zusätzlich lokal eine begrenzte plastische Verformung toleriert werden, was in der Auslegungspraxis über die Stützziffer berücksichtigt wird.
- Zusätzlich ist gegen Zähbruch mit den Methoden der vollplastischen Grenzlastberechnung abzusichern.

Neben der Auslegung durch Begrenzung der Spannung stellt die *Zähigkeit* eines Bauteils einen weiteren Grundpfeiler für die Sicherheit dar. Bei ausreichend hoher Zähigkeit ist sichergestellt, daß das gekerbte und sogar das gerissene Bauteil erst bei Nennspannungen im Bereich der Streckgrenze versagt, daß plastische Zwangsdehnungen ohne Bruch aufgenommen werden können und daß eine hohe Brucharbeitsaufnahme gewährleistet ist. Außerdem ist nur bei ausreichend hoher Zähigkeit mit einem Rißstopp zu rechnen. Die experimentelle Ermittlung und Absicherung der Zähigkeit erfolgt vornehmlich im (u. U. instrumentierten) Kerbschlagbiegeversuch.

10.7 Verständnisfragen

1. Welche Spannungskategorien gibt es? Wozu wurden sie eingeführt?
2. Eine auf Zug und Biegung beanspruchte Achse mit Absatz ($K_{tz} = K_{tb} = 1{,}5$) weist die in Bild 10.20 angegebenen Längsspannungen an den Stellen A und B des Kerbgrundes auf. Berechnen Sie die Membran-, Biege- und Spitzenspannung im Kerbquerschnitt.

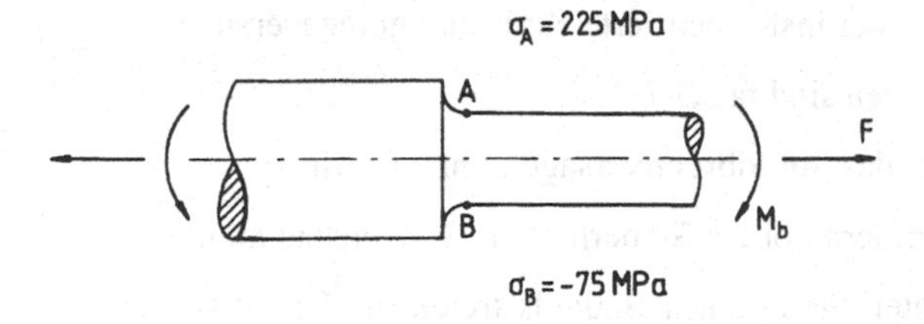

Bild 10.20 *Achse mit Absatz unter Zug- und Biegebeanspruchung*

3. Die Achse in Bild 10.20 sei aus folgenden Werkstoffen hergestellt:

   a) GG-40 ($R_m = 360\ MPa$)

   b) Vergütungsstahl 34Cr 4 ($R_m = 1000\ MPa$, $R_{p0,01} = 650\ MPa$, $R_{p0,2} = 700\ MPa$)

   Ist das Bauteil in beiden Fällen richtig ausgelegt?
4. Bei welchen Versagensarten spielen Eigenspannungen eine nicht zu vernachlässigende Rolle?

5. An einem Schnittelement werden an der höchstbeanspruchten Kerbstelle eines Bauteils aus Stahlguß GS 52 ($R_e = 260\ MPa$, $R_m = 520\ MPa$) die Spannungen $\sigma_{xk} = 80\ MPa$, $\tau_{xyk} = -60\ MPa$ festgestellt. Berechnen Sie die Sicherheiten gegen Fließbeginn.

6. Ein zugbelasteter Flachstab aus S235J2G3 (St 37) mit kleiner Bohrung ($K_t = 3$) soll mit einer Sicherheit $\hat{S}_{pl} = 1{,}5$ und einer begrenzten Gesamtdehnung von 0,4 % ausgelegt werden. Welche Nennspannung ist zulässig?

7. Zwei Werkstoffe *A* und *B* weisen die in Bild 10.21 skizzierten Spannungs-Dehnungs-Diagramme im Zugversuch und die gezeigten Kerbschlagarbeit-Temperatur-Kurven auf. Welcher Werkstoff ist für folgende Einsätze bei Betriebstemperatur (*BT*) geeigneter:

   - statisch belastete Schraube
   - durch Metallschmelze schlagartig beaufschlagte Kokille
   - schlagartig beanspruchtes Fahrwerksteil
   - innendruckbeanspruchter Gasbehälter?

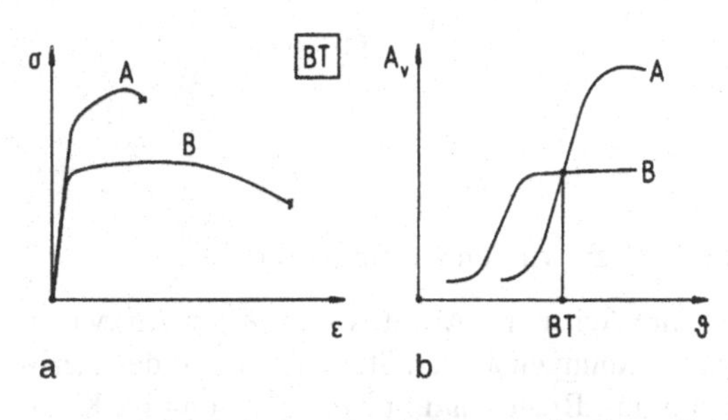

Bild 10.21 *Charakteristika für Werkstoffe A und B*
a) Spannungs-Dehnungs-Diagramme für Betriebstemperatur BT
b) Kerbschlagarbeit-Temperatur-Diagramme

8. Welche Faktoren beeinflussen die Bauteilzähigkeit? Nennen Sie Beispiele für extrem ungünstige und günstige Kombinationen.

9. Welche Informationen liefert der instrumentierte Kerbschlagbiegeversuch?

10. Welche der folgenden Aussagen sind falsch?

    - Eigenspannungen sind auf das Sprödbruchversagen ohne Einfluß.
    - Membranspannungen erfordern höhere Sicherheit als Spitzenspannungen.
    - An der höchstbeanspruchten Stelle eines Bauteils treten die Hauptspannungen $\sigma_1 = 300\ MPa$, $\sigma_2 = 0\ MPa$, $\sigma_3 = -80\ MPa$ auf. Die Auslegung ist für ein Werkstoff mit $R_{p0,2} = 450\ MPa$ und $R_m = 600\ MPa$ korrekt.
    - Eine Bruchdehnung $A_5 = 20\ \%$ genügt in jedem Fall zur Sicherstellung der Bauteilzähigkeit.
    - Für ein Bauteil mit den Werkstoffen aus Frage 3 und der Formzahl $K_t = 1{,}5$ ergeben sich folgende Kerbzugfestigkeiten:
      a) GG-40 : $R_{mk} = 180\ MPa$
      b) 34 Cr 4 : $R_{mk} = 1300\ MPa$

10.8 Musterlösungen

10.8.1 Auslegung einer Sollbruchstelle

An einer zugbeanspruchten zylindrischen Schaltstange ist eine Sollbruchstelle zu dimensionieren. An dieser Stelle S soll Bruch eintreten, bevor Fließen im Übergangsquerschnitt K eintritt, siehe Bild 10.22. Die Stange mit den im Bild eingetragenen Durchmessern ist aus Werkstoff C45N, der Bereich der Sollbruchstelle ist martensitisch gehärtet (C45H). Die Spannungs-Dehnungs-Diagramme für die beiden Werkstoffzustände sind in Bild 10.22 wiedergegeben.

a) Welche Kerbabmessungen sind an der Stelle S vorzusehen?

b) Welche Bruchlast erwarten Sie, wenn aus Versehen die Stelle S nicht gehärtet wurde?

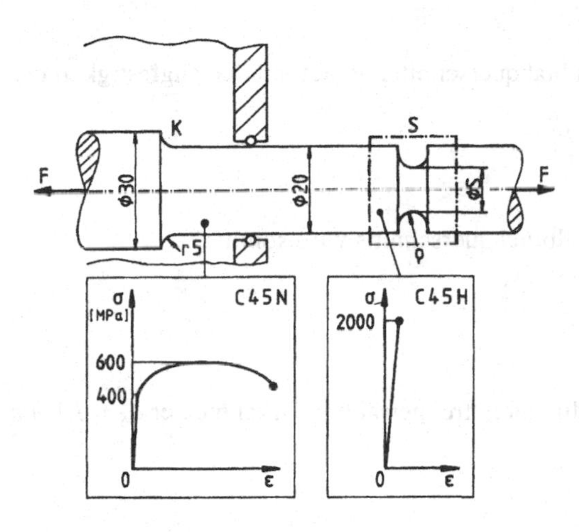

Bild 10.22 *Form und Abmessungen der Schaltstange mit Übergangsquerschnitt K und gehärteter Sollbruchstelle S mit Spannungs-Dehnungs-Diagrammen für C45N und C45H*

Lösung

a) Als Fließbedingung für den Querschnitt K ergibt sich:

$$\sigma_{max\,k} = R_e \quad . \tag{a}$$

Die Maximalspannung im Kerbgrund errechnet sich bei Fließlast zu:

$$\sigma_{max\,k} = K_t \cdot \sigma_{zn\,k} = K_t \cdot \frac{F_F}{A_k} \quad . \tag{b}$$

Aus den Gleichungen (a) und (b) erhält man die Fließlast:

$$F_F = \frac{R_e \cdot A_k}{K_t} \quad . \tag{c}$$

Die Formzahl kann aus dem Diagramm in B2.16 in Anhang B2 mit $d/D = 0{,}67$ und $r/t = 1$ zu

$$K_t = 1{,}5$$

gesetzt werden. Somit ergibt sich aus Gleichung (c):

$$F_F = \frac{400 \cdot 314}{1{,}5} N = 83{,}73 kN \quad .$$

Diese Kraft soll zu Sprödbruch an der Sollbruchstelle führen:

$$F_{FK} = F_{BS}$$

Die Sprödbruchbedingung für den Stabquerschnitt S lautet mit der Zugfestigkeit des gehärteten Werkstoffs R_{mS}:

$$\sigma_{max} = K_{tS} \cdot \sigma_{nS} = R_{mS} \quad .$$

Die erforderliche Formzahl des Sollbruchquerschnitts wird somit:

$$K_{tS} = \frac{R_{mS}}{\sigma_{nS}} = \frac{R_{mS} \cdot A_S}{F_{BS}} \quad .$$

Die Fläche A_S ist nicht bekannt. Mit einem frei gewählten Durchmesser $d_S = 10 mm$ wird die erforderliche Formzahl:

$$K_{tS} = \frac{2000 \cdot 78{,}5}{83730} = 1{,}875 \quad .$$

Aus dem Formzahldiagramm in B2.11 in Anhang B2 für den zugbelasteten Rundstab mit Umdrehungskerbe ergibt sich mit $d/D = 0{,}5$ und $K_t = 1{,}87$ ein Parameterwert

$$\frac{r}{t} = 0{,}5 \quad .$$

Somit errechnet sich ein Kerbradius von

$$r = 0{,}5 \cdot t = 0{,}5 \cdot 5 mm = 2{,}5 mm \quad .$$

b) Der Zähbruch tritt nach Gleichung (9.44) bei einer Nennspannung

$$\sigma_{nS} = R_{mK} = L \cdot \overline{R}$$

ein. Der Zähbruchkennwert R für den normalisierten Werkstoff ergibt sich aus Gleichung (9.42):

$$\overline{R} = \frac{R_e + R_m}{2} = \frac{400 + 600}{2} \, MPa = 500 \, MPa \quad .$$

Der Constraint-Faktor für C45N ergibt sich aus Bild 9.31 zu $L = 1{,}5$. Damit wird die Bruchnennspannung:

$$\sigma_{nS} = 1{,}5 \cdot 500 \, MPa = 750 \, MPa \quad .$$

Diese Nennspannung entspricht einer Bruchlast von

$$F_B = \sigma_{nS} \cdot A_{kS} = 750 \cdot 78{,}5 \, N = 58{,}9 \, kN \quad .$$

KAPITEL 11

Grundlagen der Schwingfestigkeit

Schwingbeanspruchung

In den vorangegangenen Kapiteln wurden ausschließlich statisch belastete Bauteile betrachtet. Die Mehrzahl der technischen Bauteile unterliegt im Betrieb jedoch einer zeitlich veränderlichen Belastung. Eine solche *Schwingbeanspruchung* geht auf mechanische und thermische Betriebslasten zurück, welche sich meist einer statischen Grundbelastung überlagern. Schwingungsbeanspruchungen entstehen beispielsweise durch Umlaufbiegung von Wellen, An- und Abfahrvorgängen von Maschinen, Fluktuationen von Betriebslasten bei Fahrzeugen sowie Vibrationen durch Anregungen im Resonanzbereich, siehe Beispiel in Bild 11.1. Es ist ausdrücklich darauf hinzuweisen, daß man im Sinne der Festigkeitsberechnung unter Schwingbelastung nicht nur hochfrequente Schwingungen, sondern auch sehr langsame Lastfluktuationen (z. B. einmal pro Stunde oder Tag) versteht.

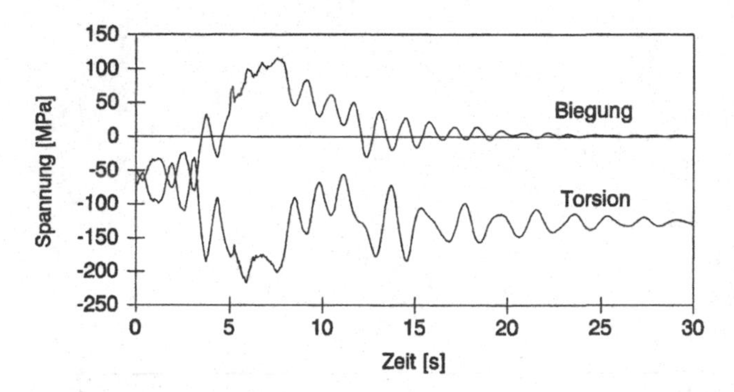

***Bild 11.1** Aus DMS-Messung bestimmter zeitlicher Biege- und Torsionsspannungsverlauf an der Vorderachse eines Nutzfahrzeugs beim Bremsvorgang*

Diese mehr oder weniger häufig wiederkehrenden Lastzyklen können zu einer zunehmenden Werkstoffschädigung (Ermüdung, engl. fatigue) und schließlich zum Anriß und Bruch des Bauteils führen. Für die festigkeitsmäßige Auslegung schwingend beanspruchter Bauteile ist von entscheidender Bedeutung, daß bereits Spannungen im elastischen Bereich einen Bruch (Dauerschwingbruch) verursachen können. Dies bedeutet, daß Bauteile, die statisch für eine bestimmte Betriebsspannung richtig ausgelegt sind, bei schwingender Beanspruchung unter derselben Spannung versagen können. Diese verminderte Widerstandsfähigkeit macht einen gesonderten Festigkeitsnachweis für schwingbeanspruchte Bauteile, zusätzlich zum statischen Nachweis, erforderlich.

11.1 Einteilung der Berechnungsverfahren

Die heute verfügbaren Berechnungsmethoden für Schwingbeanspruchung lassen sich nach folgenden Gesichtspunkten einteilen, siehe Bild 11.2:

- Zeitlicher Belastungsverlauf (konstante Lastgrenzen, Bild 11.2a / veränderliche Lastgrenzen, Bild 11.2b)
- Phasenlage der einzelnen Belastungskomponenten (synchron schwingende Belastungskomponenten, Bild 11.2c / nichtsynchron schwingende Komponenten, Bild 11.2d)

- Spannungs-Dehnungs-Zusammenhang (linear-elastisches Verhalten, Bild 11.2e / elastisch-plastisches Verhalten, Bild 11.2f)
- Berücksichtigung von Fehlstellen (anrißfrei, Bild 11.2g / rißartige Fehlstelle, Bild 11.2h).

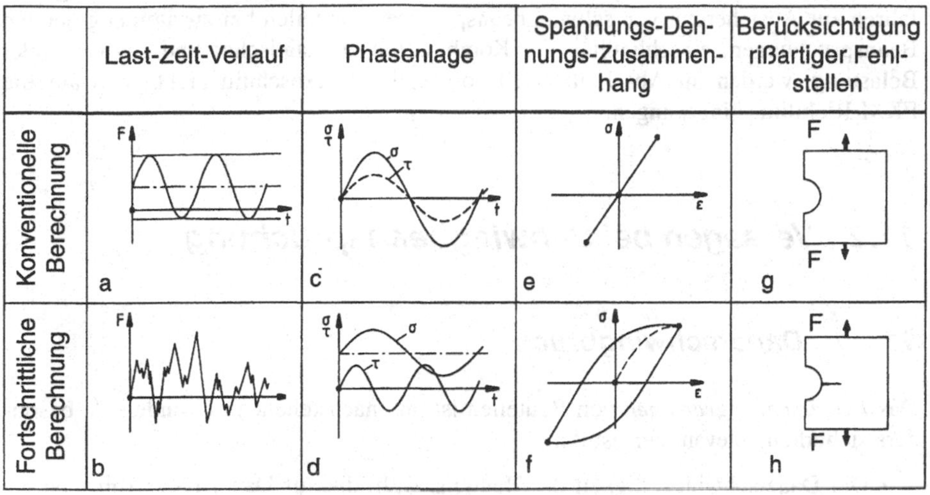

	Last-Zeit-Verlauf	Phasenlage	Spannungs-Dehnungs-Zusammenhang	Berücksichtigung rißartiger Fehlstellen
Konventionelle Berechnung	a	c	e	g
Fortschrittliche Berechnung	b	d	f	h

***Bild 11.2** Einteilung der Berechnungsverfahren für Schwingbeanspruchung in konventionelle und fortschrittliche Methoden*

Konventionelle Berechnungsverfahren

Die *konventionellen Berechnungsverfahren* setzen die in der oberen Reihe von Bild 11.2 dargestellten Randbedingungen voraus. Diese grundlegenden Berechnungsverfahren zum Festigkeitsnachweis bei Schwingbeanspruchung sind Gegenstand dieses Kapitels.

Fortschrittliche Berechnungsverfahren

Für komplexere Beanspruchungsverläufe (untere Reihe) wurden in jüngster Zeit *fortschrittliche Berechnungsverfahren* entwickelt und zunehmend experimentell abgesichert. Es handelt sich um die Berechnung bei veränderlichen Lastgrenzen (Bild 11.2b), bei der die Methoden der Betriebsfestigkeitsberechnung zum Einsatz kommen. Die Auslegung bei nichtsynchronen mehrachsigen Beanspruchungsverläufen (Bild 11.2d) erfordert eine Modifikation der klassischen Festigkeitshypothesen, da hier die Vergleichsspannung nicht mehr als skalare Größe betrachtet werden darf. Eine Erweiterung der Verfahren auf überelastische Beanspruchung (Bild 11.2f) ist mit dem örtlichen Konzept möglich, das zur Zeit wohl als das universellste Berechnungsverfahren anzusehen ist, siehe Abschnitt 11.11. Das hypothetische oder reale zyklische Fortschreiten von Rissen (Bild 11.2h) wird mit den Verfahren der Bruchmechanik abgedeckt.

In diesem Kapitel wird zunächst auf die werkstoffkundlichen Versagensmodelle bei Schwingbeanspruchung eingegangen, und es werden wichtige Begriffe definiert. Die anschließend behandelte Kennwertermittlung bei Schwingbelastung ist ungleich komplexer als bei statischer Belastung, da die Schwingfestigkeit von einer Vielzahl von Faktoren abhängt. Ausführlich beschrieben wird die Wöhlerlinie, das Dauerfestigkeitsschaubild sowie die Auswirkung von Oberfläche, Größe und Umgebung auf die Schwingfestigkeit. Mit der Einführung der Kerbwirkungszahl wird der Reaktion des schwingbeanspruchten Bauteils auf Kerben Rechnung getragen. Auf Grundlage der bisher beschriebenen Fakten läßt sich die sogenannte synthetische Bauteilwöhlerlinie rechnerisch aus den statischen Festigkeitskennwerten mit Hilfe von Korrelations- und Korrekturfaktoren ermitteln. Durch Vergleich mit den im Betrieb auftretenden Nennspannungen ist damit unmittelbar eine Festigkeitsaussage möglich. Berechnungsverfahren zur Absicherung von schwingbeanspruchten Bauteilen bei zusammengesetzten Beanspruchungen, einschließlich der Kombination aus statischer und schwingender Belastung, werden im Abschnitt 11.10 vorgestellt. In Abschnitt 11.11 wird auf die FKM-Richtlinie eingegangen.

11.2 Versagen bei Schwingbeanspruchung

11.2.1 Dauerschwingbruch

Dauerschwingversagen

Das *Dauerschwingversagen* von Bauteilen ist aus nachstehenden Gründen als besonders sicherheitsrelevant einzustufen:

- Die Dauerschwingfestigkeit des Bauteils, d. h. die auf Dauer ohne Versagen ertragbare Nennspannung, liegt deutlich unter der statischen Festigkeit, vergleiche Bild 11.3.

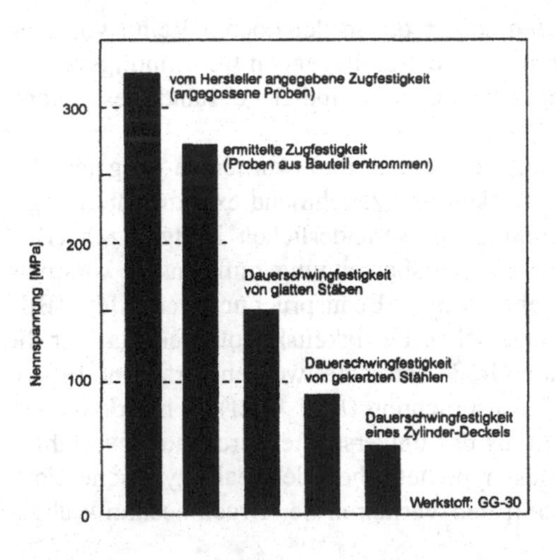

***Bild 11.3** Bruchnennspannungen eines Zylinderdeckels aus Grauguß GG-30 [166]*

- Der zeitliche Verlauf der Betriebsbelastung ist häufig nicht ausreichend bekannt und abgesichert.
- Die Schwingfestigkeitskennwerte für Bauteile stehen im Gegensatz zu den statischen Kennwerten nicht im gleichen Umfang zur Verfügung und zeigen deutlich größere Streubreiten.

- Die Konzepte zur Formulierung der Festigkeitsbedingung sind auch heute noch teilweise lückenhaft (z. B. Festigkeitshypothesen, Schadensakkumulation, Übertragungsfunktionen zwischen Probe und Bauteil).
- Die Dauerschwingfestigkeit bei Verschleiß und korrosiver Umgebung sinkt auf sehr kleine Werte (teils bis auf Null) ab.
- Der mechanischen Schwingbeanspruchung überlagern sich teils weitere komplexe Einflüsse (wie Temperatur, Korrosion), so daß mit zeitabhängigen Versagensmechanismen zu rechnen ist.
- Der Dauerschwingbruch tritt (auch bei zähen Bauteilen) vergleichbar mit dem Sprödbruch weitestgehend ohne Vorwarnung ein, sofern man von der Entdeckung des Anrisses absieht.
- Fehlstellen (wie z. B. Oberflächenkerben, Werkstoffimperfektionen) senken die Dauerschwingfestigkeit signifikant ab und sind daher häufig Ausgangsstellen für den Schwingbruch, siehe Beispiel in Bild 11.4. Insbesondere wirken sich rißartige Fehler stark festigkeitsmindernd aus.

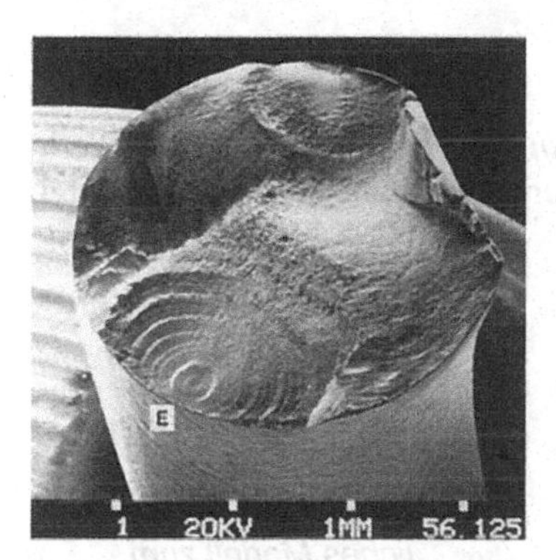

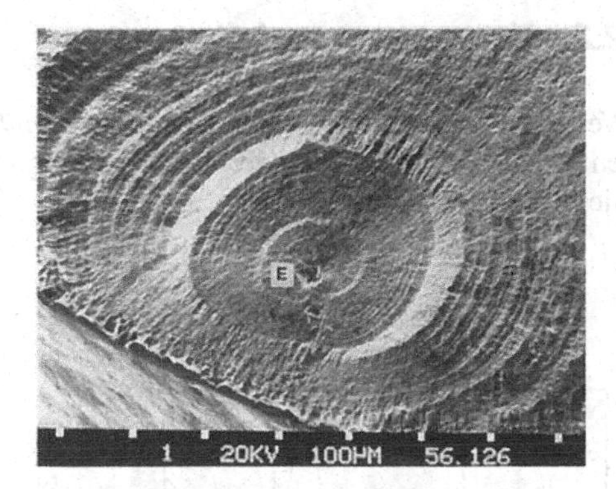

Bild 11.4 *Rasterelektronenmikroskopische Aufnahme des Dauerschwingbruchs einer Ventilfeder ausgehend von einem oxidischen Einschluß E*

Die Aufzählung macht deutlich, daß es sich bei der Schwingfestigkeitsrechnung um ein äußerst komplexes Fachgebiet handelt. Zur Vermeidung von Dauerschwingbrüchen sind daher vom Ingenieur fundierte theoretische und praktische Kenntnisse erforderlich. Dies gilt für die Versagensmechanismen, die Einflußgrößen, die Berechnungsverfahren und die Versuchstechnik auf dem Gebiet der Schwingfestigkeit. Diese komplexen Zusammenhänge sind auch mit eine Ursache dafür, daß der Dauerschwingbruch eine der häufigsten und schwerwiegendsten Schadensursachen von technischen Anlagen ist. Aus der in Bild 11.5 gezeigten Schadensstatistik eines Anlagenversicherers ist außerdem zu erkennen, daß Schäden durch Schwingbelastung sowohl unter mechanischer als auch unter thermischer und korrosionschemischer Belastung, einzeln oder kombiniert, auftreten können.

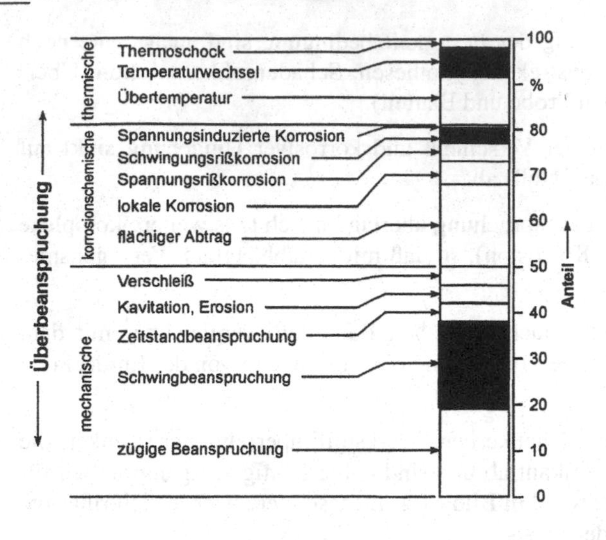

Bild 11.5 *Statistik primärer Schadensursachen aus 1002 Schadensfällen im Zeitraum von 1974–1977, Hagn und Schuëller [76] Schäden durch Schwingbeanspruchung schwarz unterlegt*

11.2.2 Versagensmodell

Ermüdung

Das Versagen unter Schwingbeanspruchung (*Ermüdung*) bei zähen metallischen Werkstoffen läßt sich in die Stadien der Rißentstehung (I) und der Rißausbreitung (II) einteilen, siehe Bild 11.6a.

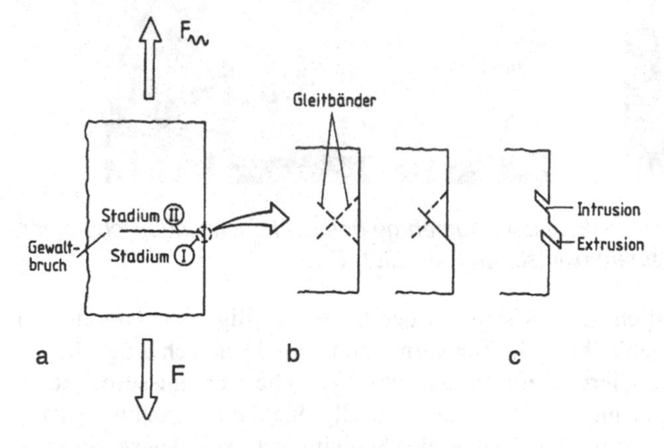

Bild 11.6 *Metallkundliches Modell zum Schwingbruchversagen*
a) Übersicht
b) Bildung von Gleitbändern
c) Ausbildung von Intrusionen und Extrusionen

Die Rißentstehung gliedert sich in folgende Phasen:

- Ausbildung von Gleitbändern im Mikrobereich in den Ebenen der maximalen Schubbeanspruchung, Bild 11.6b

Intrusionen Extrusionen

- Aufstau von Versetzungen an der Oberfläche mit Ausbildung von Gleitbändern in Form von *Intrusionen* und *Extrusionen* infolge von Wechselgleitungen, Bild 11.6c
- Entstehung und Ausbreitung von Mikrorissen entlang der Gleitbänder (parallel τ_{max}) ausgehend von den Intrusionen (Stadium I in Bild 11.6a)

Restbruch
Dauerbruchfläche

Der zyklischen Fortpflanzung eines oder mehrerer Makrorisse über dem Querschnitt senkrecht zur größten Hauptspannung (Stadium II in Bild 11.6a) schließt sich der *Restbruch* in Form eines Gewaltbruchs an. Bei der makroskopischen Betrachtung der *Dauerbruchfläche* sind nur die Merkmale der Stufe II zu beobachten. Kennzeichnend ist die Unterteilung des Bruchs in einen relativ glatten Bereich des zyklischen Rißfortschritts (D) und einen rauhen Bereich des Restbruchs (R), Beispiel in Bild 11.7 .

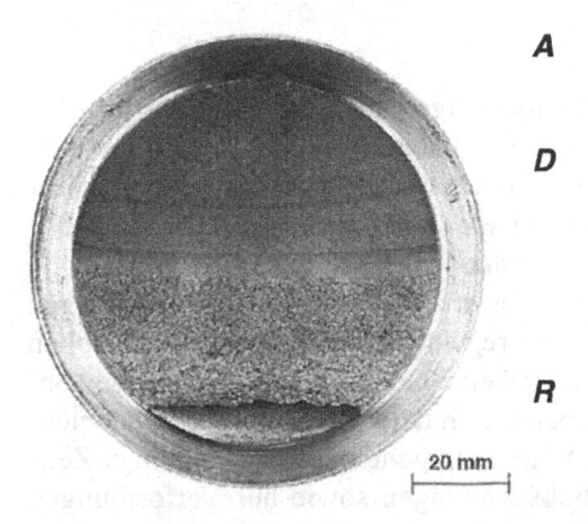

***Bild 11.7** Merkmale des Bruchs unter schwingender Beanspruchung (Biegeschwellbelastung einer Achse)*
***A** Bruchausgangsstelle*
***D** Dauerbruchfläche*
***R** Restbruchfläche*

Rastlinien
Schwingungsstreifen

Weiterhin sind auf der Dauerbruchfläche des im Betrieb unter veränderlicher Belastung gebrochenen Bauteils meist *Rastlinien* (Bereich D) zu erkennen, siehe Bild 11.7, welche auf Veränderungen im Belastungsspektrum (z. B. Wechsel im Lastniveau, Ruhezeiten und Überlastungsvorgänge) zurückgehen. Im Rasterelektronenmikroskop (REM) äußert sich der zyklische Rißfortschritt in sogenannten *Schwingungsstreifen* (Striations), welche die Rißerweiterung pro Schwingspiel (Stadium II) darstellen, siehe Bild 11.8a.

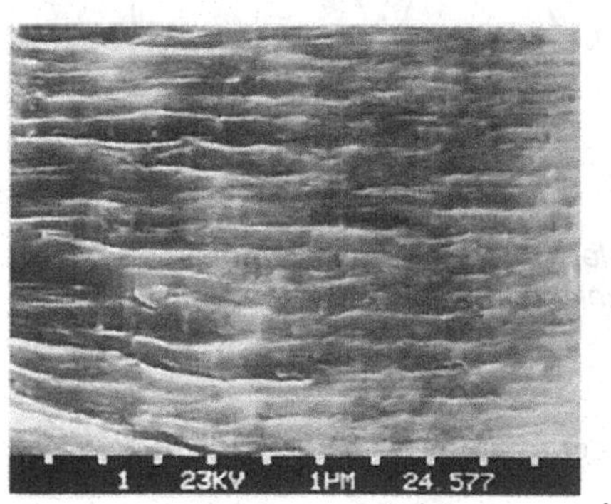

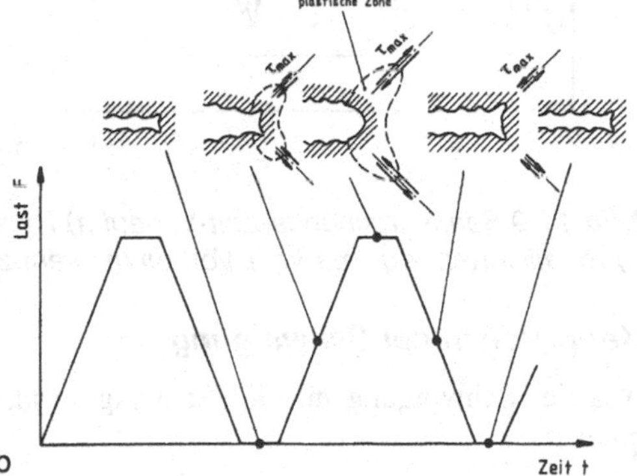

***Bild 11.8** Schwingungsstreifen a) REM-Aufnahme, b) Entstehungsmechanismus, Laird und Smith [109] (siehe auch Schwalbe [29])*

Der Entstehungsmechanismus der Schwingungsstreifen ist in Bild 11.8b schematisch dargestellt. Bei Belastung tritt eine Öffnung und Abstumpfung des Anrisses und eine Plastifizierung des Rißspitzenbereiches mit stabiler Rißerweiterung in Richtung der größten Schubspannung ein. Bei der nachfolgenden Entlastung erfolgt ein Zusammenpressen des erweiterten Risses mit Taschenbildung und Faltung der beidseitigen Rißspitzen. Dies erklärt die mikroskopisch wellige Bruchoberfläche.

11.3 Begriffsdefinitionen

Der zeitliche Verlauf der Belastung bzw. der Verformungen und Spannungen erfolgt im realen Betrieb mehr oder weniger unregelmäßig, vergleiche Bild 11.1. Legt man dem Festigkeitsnachweis diesen realen Verlauf zugrunde, erfordert dies aufwendige Klassierungsmaßnahmen und Annahmen über die Schadensakkumulation. Dies führt zur Betriebsfestigkeitsanalyse, die in einem späteren Band behandelt wird.

Idealisierung der Schwingung

Für einen elementaren Festigkeitsnachweis ist es erforderlich, den unregelmäßigen zeitlichen Verlauf der Beanspruchung durch eine regelmäßige Schwingung zwischen zwei Grenzwerten zu *idealisieren.* In Bild 11.9 sind eine reale sowie die daraus gewonnene idealisierte sinusförmige Schwingung schematisch dargestellt und die kennzeichnenden Größen eingetragen. Der beispielhaft aufgetragene Normalspannungs-Zeit-Verlauf läßt sich sinngemäß auf Lasten, Schubspannungen sowie auf Verformungen übertragen.

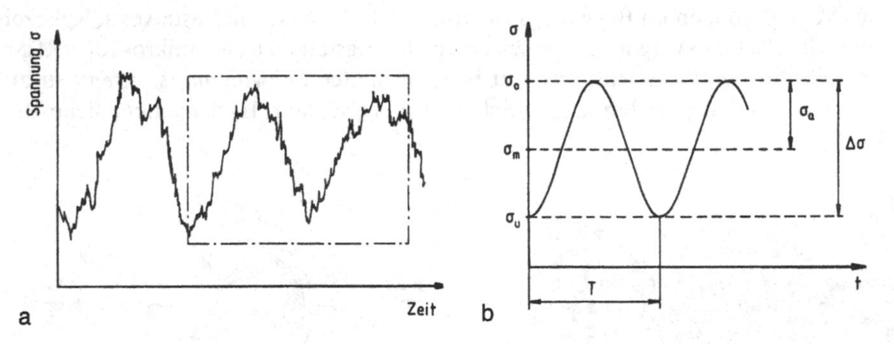

Bild 11.9 *Beanspruchungs-Zeit-Verlauf a) Realer, unregelmäßiger Verlauf b) Idealisierter, regelmäßiger Verlauf mit kennzeichnenden Größen der Schwingung*

Kenngrößen der Schwingung

Schwingungsfrequenz

Aus der Schwingung mit der Schwingungsdauer T ergibt sich die *Schwingungsfrequenz*:

$$f = \frac{1}{T} . \tag{11.1}$$

Schwingbreite

Die Oberspannung σ_o und die Unterspannung σ_u bestimmen die *Schwingbreite* der Schwingung:

$$\Delta\sigma = \sigma_o - \sigma_u . \tag{11.2}$$

Ein kennzeichnendes Maß für das Niveau der Schwingung ist das *Spannungsverhältnis* *R* („Ratio"), das manchmal auch mit κ bezeichnet wird:

Spannungsverhältnis

$$R = \frac{\sigma_u}{\sigma_o} \quad . \tag{11.3}$$

Alternativ zu Ober- und Unterspannung läßt sich die Schwingung auch durch ihre *Mittelspannung* σ_m und ihre *Spannungsamplitude* (Ausschlagsspannung) σ_a beschreiben. Zwischen den oben genannten Größen besteht folgender Zusammenhang:

$$\sigma_m = \frac{\sigma_o + \sigma_u}{2} \tag{11.4}$$

Mittelspannung

$$\sigma_a = \frac{\sigma_o - \sigma_u}{2} = \frac{\Delta\sigma}{2} \quad . \tag{11.5}$$

Spannungsamplitude

Der Zusammenhang zwischen Spannungsamplitude σ_a, Mittelspannung σ_m und Spannungsverhältnis *R* lautet mit den Gleichungen (11.3) bis (11.5):

$$\sigma_a = \frac{1-R}{1+R} \cdot \sigma_m \quad . \tag{11.6}$$

Die Anzahl der Schwingungen in einem vorgegebenen Zeitintervall Δt wird als *Schwingspielzahl N* (Lastspielzahl) bezeichnet. Sie berechnet sich zu:

Schwingspielzahl

$$N = \frac{\Delta t}{T} = \Delta t \cdot f \quad . \tag{11.7}$$

Unter Verwendung der *Kreisfrequenz*

Kreisfrequenz

$$\omega = \frac{2\pi}{T} = 2\pi f \tag{11.8}$$

läßt sich der zeitliche Verlauf der Spannung unter Zugrundelegung einer sinusförmigen Schwingung und unter Verwendung des Phasenwinkels δ (Phasenverschiebung) analytisch folgendermaßen darstellen:

$$\sigma(t) = \sigma_m + \sigma_a \sin(\omega t + \delta) \quad . \tag{11.9}$$

Da meist nur die Extremwerte der Schwingung von Interesse sind, wird anstelle von Gleichung (11.9) häufig die Kurzform gewählt:

$$\sigma(t) = \sigma_m \pm \sigma_a \quad . \tag{11.10}$$

Kennzeichnung des zeitlichen Belastungsverlaufs

Die Bezeichnung des zeitlichen Belastungsverlaufs hängt von der relativen Lage der Schwingung zur Nullinie ab. Grundsätzlich unterscheidet man zwischen wechselnder und schwellender Belastung. Unter Wechselbeanspruchung tritt eine Vorzeichenumkehr der Spannungen ein, während dies bei Schwellbeanspruchung nicht der Fall ist, d. h. daß die Beanspruchung entweder nur im Zug- oder im Druckbereich erfolgt, siehe Bild 11.10.

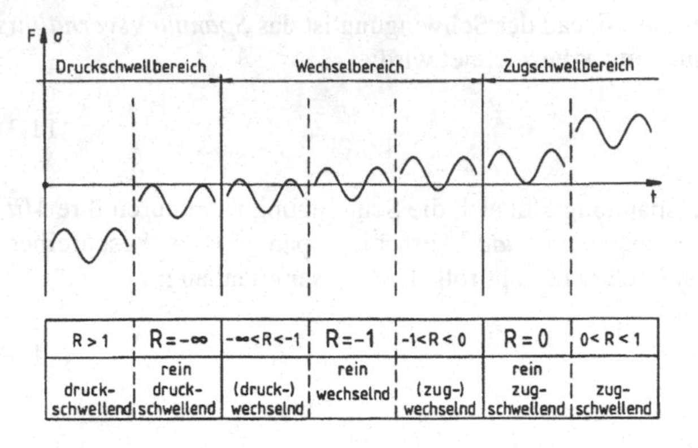

Bild 11.10 *Klassierung der Schwingbeanspruchung in unterschiedliche Beanspruchungsbereiche*

Grundbelastungsverläufe

Für besonders ausgezeichnete zeitliche Verläufe wurden die *Grundbelastungsverläufe* in Tabelle 11.1 eingeführt. Wie aus Bild 11.10 ersichtlich ist, lassen sich alle übrigen Beanspruchungsverläufe zwischen diesen Sonderfällen einordnen, vgl. auch Abschnitt 11.6. Formal kann die statische Belastung als Sonderfall einer Schwingung mit $\sigma_a = 0$ bzw. $R = 1$ aufgefaßt werden.

Tabelle 11.1 *Ausgezeichnete zeitliche Belastungsverläufe*

Bezeichnung	Grenzwert	Mittelspannung	R-Verhältnis
Rein druckschwellend	$\sigma_o = 0$	$\sigma_m = -\sigma_a$	$R \rightarrow -\infty$
Rein wechselnd	$\sigma_o = -\sigma_u$	$\sigma_m = 0$	$R = -1$
Rein zugschwellend	$\sigma_u = 0$	$\sigma_m = \sigma_a$	$R = 0$

In Bild 11.11 sind einige Bauteile mit typischen Belastungsverläufen vereinfacht dargestellt:

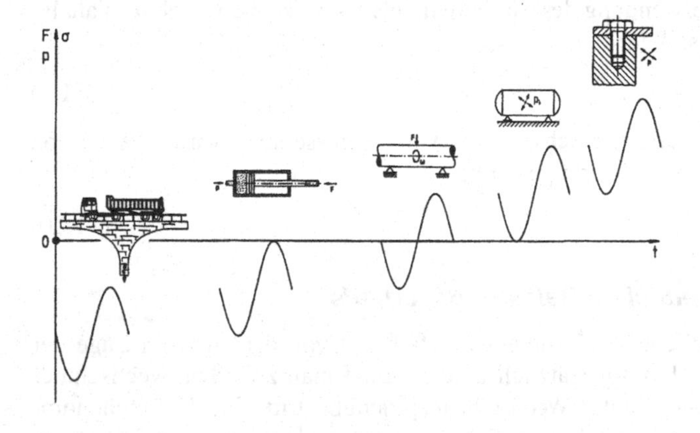

Bild 11.11 *Beispiele für Bauteilbeanspruchungen in unterschiedlichen Belastungsbereichen*

- Ein Brückenpfeiler erfährt durch das Brückengewicht und die veränderliche Verkehrsbelastung eine Druckschwellbeanspruchung.

- Die Kolbenstange eines einseitig wirkenden Hydraulikzylinders unterliegt einer reinen Druckschwellbeanspruchung.
- Bei doppelt wirkenden Zylindern liegt eine Wechselbeanspruchung der Kolbenstange vor.
- Einer reinen Wechselbeanspruchung unterliegt eine durch eine statische Radialkraft auf Biegung belastete umlaufende Welle.
- Ein rein schwellender Innendruck führt in einem Behälter in axialer und tangentialer Richtung zu reiner Zugschwellbeanspruchung.
- Die Zylinderkopfschrauben eines Motors erfahren infolge statischer Vorspannung und rein schwellendem Arbeitsdruck eine Zugschwellbeanspruchung.

11.4 Wöhlerlinie

Für die Festigkeitsberechnung unter schwingender Belastung ist – wie auch unter statischer Belastung – die auftretende Beanspruchung den Werkstoffkennwerten gegenüberzustellen. Während bei statischer Beanspruchung die Kennwerte das Versagen durch Fließen und Gewaltbruch beschreiben, kommt bei schwingender Beanspruchung als Versagensart der erste Anriß und der später folgende Bruch in Frage.

In diesem Abschnitt wird die experimentelle Ermittlung der Versagensgrenzen in Form der Wöhlerlinie beschrieben. Die Wöhlerlinie läßt sich als sogenannte synthetische Wöhlerlinie auch rechnerisch bestimmen, siehe Abschnitt 11.9.

11.4.1 Experimentelle Bestimmung

Der Zeitpunkt bzw. die Schwingspielzahl bei der ein Schwingbruch eintritt, hängt in erster Linie von der Höhe der schwingenden Belastung (Spannungsamplitude σ_a bzw. Spannungsschwingbreite $\Delta\sigma$) ab. Die Schwingbruchlinie wird daher als Zusammenhang $\sigma_A(N)$ zwischen Spannungsamplitude σ_A und Anzahl der ertragenen Schwingspiele bis zum Bruch N_B aufgetragen. Der Index A kennzeichnet eine ertragbare Amplitude für eine bestimmte Schwingspielzahl.

Diese Darstellung wird im deutschen Sprachraum nach dem Eisenbahningenieur August Wöhler, der zwischen 1850 und 1870 als einer der ersten Schwingversuche an Eisenbahnachsen durchführte [190] [191], als *Wöhlerlinie* bezeichnet. Die ersten Schwingprüfungen führte nach heutigem Kenntnisstand allerdings der Oberbergrat Albert in Clausthal im Jahr 1829 an geschweißten Ketten durch [38], siehe auch Mann [130] [131] und Schütz [168].

Wöhlerlinie

Verlauf der Wöhlerlinie

Versuchstechnisch wird die Wöhlerlinie aus einer Vielzahl von Versuchen an Proben oder Bauteilen gewonnen, die mit unterschiedlichen Spannungsamplituden σ_{Ai} geprüft werden. Jeder in Bild 11.12 dargestellte Punkt P_i stellt den Bruchpunkt für eine bestimmte Probe dar. Kennzeichnend für solche Versuche ist die meist große Streuung der Ergebnisse, was eine statistische Behandlung der Versuchsdaten erfordert. Das Streuband der Versuchsergebnisse weist einen hyperbelartigen Verlauf auf. Dies bedeutet, daß bei hohen Spannungsamplituden der Bruch nach relativ wenigen Schwingspielen auftritt, während im Bereich niedriger schwingender Beanspruchung auch nach extrem hohen Schwingspielzahlen nicht mit Bruch zu rechnen ist.

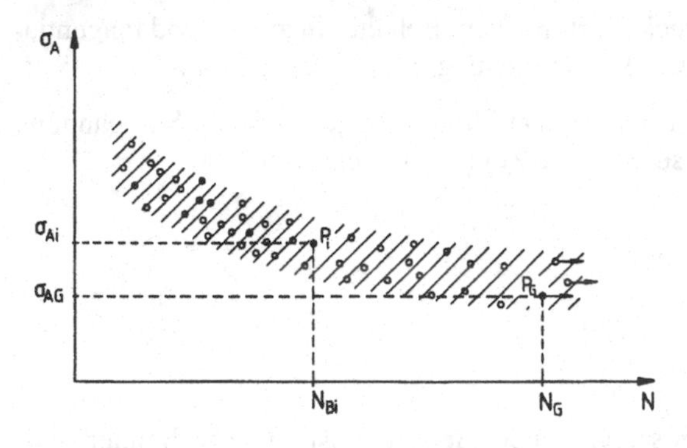

***Bild 11.12** Streuband der Bruchpunkte einer Wöhlerlinie*

Grenzschwingspielzahl
Durchläufer

Üblicherweise werden die Schwingversuche nur bis zu einer *Grenzschwingspielzahl* N_G durchgeführt. Proben, die bei N_G noch nicht gebrochen sind, werden als *Durchläufer* bezeichnet und besonders (z. B. mit Pfeil) gekennzeichnet (Punkt P_G in Bild 11.12). Bezüglich der Grenzschwingspielzahl unterscheiden sich die Eisenwerkstoffe mit kubisch raumzentriertem Gitter von den Nichteisenmetallen (NE-Metalle) mit kubisch flächenzentriertem Gitter, siehe Bild 11.13. Bei ersteren zeigt sich ab Schwingspielzahlen (bei Prüfung an Luft) zwischen $(1 \div 5) \cdot 10^6$ Schwingspielen ein annähernd horizontaler Verlauf. Demgegenüber weist das Streuband der NE-Metalle diesen Übergang in die Horizontale nicht oder sehr viel später auf. Aus diesem Grund sind für NE-Metalle Grenzschwingspielzahlen N_G um 10^7, in Ausnahmefällen sogar bis 10^8, üblich und erforderlich.

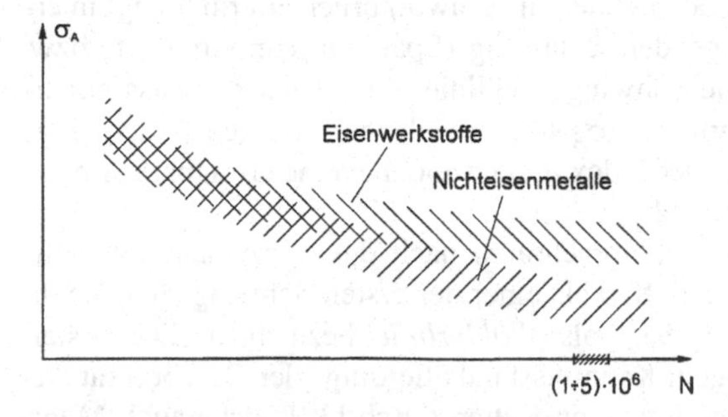

***Bild 11.13** Wöhler-Streubänder für Eisenwerkstoffe und NE-Metalle*

Die Auftragung der Wöhlerlinie erfolgt in halb- oder doppellogarithmischer Form. Hierbei wird für die Schwingspielzahl stets eine logarithmische Teilung verwendet, da bei linearer Auftragung eine vernünftige Auflösung der Versuchsergebnisse nicht möglich ist, Bild 11.14a. Die halblogarithmische Darstellung wird gewählt, um bezüglich der Schwingspiele eine bessere Auflösung zu erhalten, Bild 11.14b. Bei doppellogarithmischer Darstellung können die Versuchsergebnisse durch ein lineares Streuband angenähert werden, Bild 11.14c.

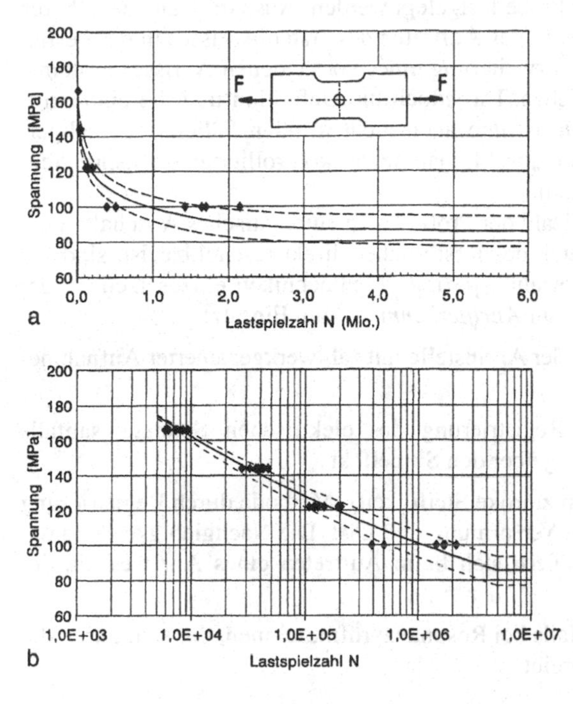

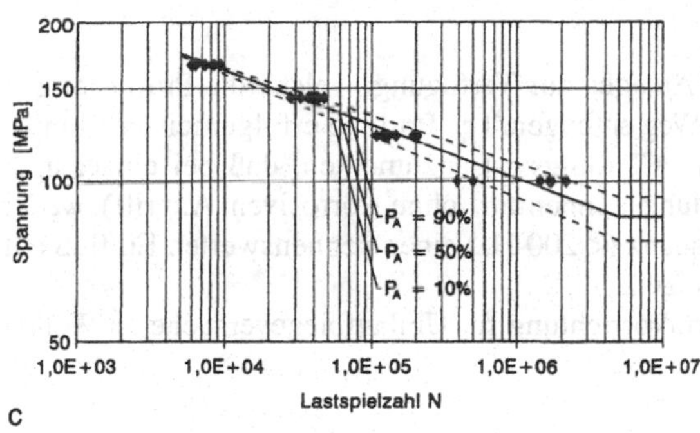

***Bild 11.14** Wöhlerlinie aus Zugschwellversuchen (R = 0,1) an gebohrten Flachproben aus Karosserieblech St 14.O3 mit Linien für 10 %, 50 % und 90 % Ausfallwahrscheinlichkeit*
a) Lineare Auftragung
b) Halblogarithmische Auftragung
c) Doppellogarithmische Auftragung

Zur experimentellen Bestimmung der Wöhlerlinie werden entweder glatte oder gekerbte Proben, bauteilähnliche Prüflinge oder reale Bauteile verwendet. Die Belastungsart (z. B. Zug, Druck, Biegung, Torsion, Innendruck) und der zeitliche Belastungsverlauf (R-Verhältnis) müssen entsprechend den Betriebsbedingungen gewählt werden. Außerdem kann es erforderlich sein, die Umgebungsbedingungen des Bauteils, wie z. B. Temperatur oder korrosive Medien, im Wöhlerversuch zu simulieren. Für eine ausreichende statistisch abgesicherte Belegung der Wöhlerlinie sollten zweckmäßigerweise etwa vier Lastniveaus mit jeweils fünf Prüflingen geprüft werden.

Versagenskriterium

Versagenskriterium

Das *Versagenskriterium* für das Versuchsende kann durch das erste Auftreten eines Anrisses oder durch den Bruch der Probe festgelegt werden. Aus Gründen der sicheren Auslegung wäre es eigentlich sinnvoll, das Auftreten des ersten Anrisses in der Festigkeitsrechnung abzusichern und die Erweiterung eines vorhandenen Anrisses systematisch in die Berechnung einzubeziehen. Da jedoch die Definition und die eindeutige Feststellung des Anrisses schwierig ist und auch nicht in allen Fällen notwendigerweise einen Funktionsverlust bedeutet, wählt man bei lastkontrollierten Beanspruchungen den Bruch als Versagenskriterium.

Anrißerkennung

Während die Bruchschwingspielzahl der Probe durch automatisches Abschalten der Schwingprüfmaschine beim Eintreten des Restbruches direkt feststellbar ist, sind zur Bestimmung der Anrißschwingspielzahl spezielle Meßtechniken einzusetzen. In der Praxis kommen folgende Verfahren zur *Anrißerkennung* zum Einsatz:

- Foto- oder Videoüberwachung der Anrißstelle mit zählwerkgesteuerter Aufnahmeintervallschaltung
- Potentialsondenmethode mit Registrierung des elektrischen Spannungsabfalls durch veränderten Stromlaufweg über den Skineffekt
- *Compliance* (Nachgiebigkeit, reziproke Steifigkeit) -Methode durch Registrierung des Zusammenhangs zwischen Verformung und Last. Die Nachgiebigkeit und damit der Maschinenweg vergrößern sich beim Auftreten eines Anrisses, da der Prüfkörper weicher wird
- Registrierung des Frequenzabfalls bei Resonanzprüfmaschinen, der sich durch die verringerte Probensteifigkeit ergibt.

Compliance

Schwingprüfmaschinen

Schwingprüfmaschinen

Als *Schwingprüfmaschinen* stehen Anlagen zur Verfügung, welche die Prüflasten auf mechanischem oder hydraulischem Weg erzeugen. Die Prüfung erfolgt meist mit sinusförmig veränderlicher Lastfunktion. Allerdings ist anzumerken, daß bei einachsiger Beanspruchung (unter Kristallerholungstemperatur, ohne korrosiven Angriff) weder die Schwingungsform noch die Frequenz (< 200 Hz) einen nennenswerten Einfluß auf das Schwingfestigkeitsverhalten besitzen.

In Bild 11.15 ist eine einfache Prüfvorrichtung für Umlaufbiegeversuche an Wellen dargestellt.

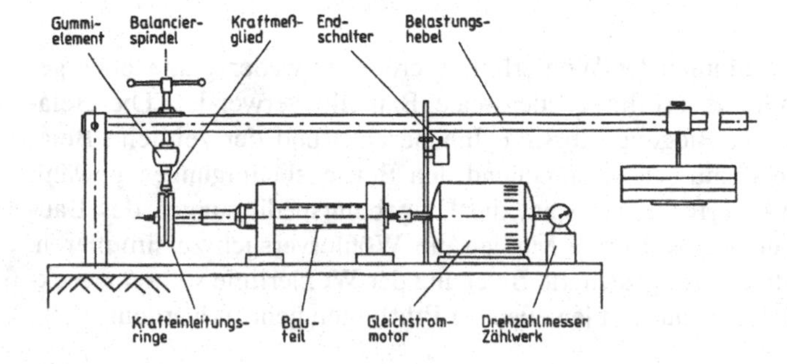

Bild 11.15 *Schematische Darstellung einer Prüfvorrichtung für Umlaufbiegeversuche an Wellen*

An dieser Vorrichtung sind die wichtigsten Elemente einer Schwingprüfeinrichtung gut erkennbar. Neben der Erzeugung, Messung und Anzeige der Prüfkraft sowie der Registrierung der Schwingspielzahl ist eine Abschaltvorrichtung notwendig, welche bei Versagen der Probe (tiefer Anriß, Bruch) automatisch den Versuch beendet.

Die mechanischen Schwingprüfanlagen sind als Exzenter-, Spindel- und Resonanzmaschinen ausgeführt. Auf hydraulischem Prinzip beruhen Pulsatoren und servohydraulische Prüfanlagen. Letztere werden mit Hilfe von Rechnersteuerungen auch für dehnungskontrollierte Belastung und zur Erzeugung unregelmäßiger Schwingungen in Betriebsfestigkeitsversuchen eingesetzt, siehe Bild 11.16.

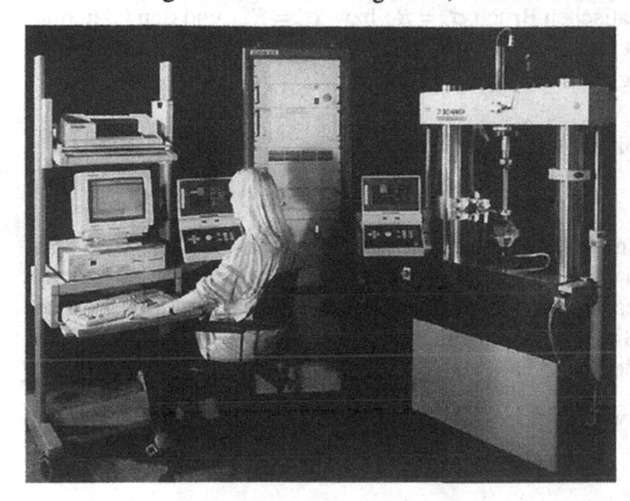

Bild 11.16 *Servohydraulische Prüfanlage mit Rechnersteuerung (Instron Schenck Testing Systems GmbH, Darmstadt)*

11.4.2 Mathematische Beschreibung der Wöhlerlinie

In Bild 11.17 ist in der doppellogarithmischen Darstellung der bisher besprochene mittlere Bereich der Wöhlerlinie um den Bereich des statischen Versagens und um den Bereich bei sehr hohen Schwingspielzahlen ergänzt. Demnach gibt es drei *Schwingspielzahlbereiche*:

Schwingspielzahlbereiche

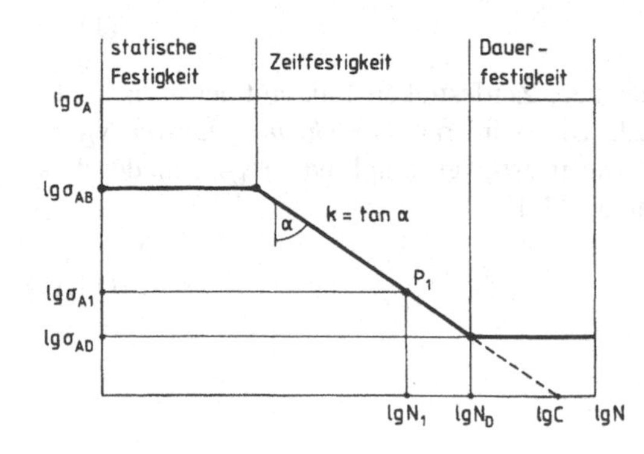

Bild 11.17 *Wöhlerlinie in doppellogarithmischer Darstellung mit Schwingspielzahlbereichen*

- Statische Festigkeit und Bereich der Kurzzeitfestigkeit $N \approx 10^0 \div 10^3$
- Zeitfestigkeitsbereich (Zeitschwingfestigkeitsbereich) $N \approx 10^3 \div 10^6$
- Dauerfestigkeitsbereich (Dauerschwingfestigkeitsbereich $N > 10^6$

Der Verlauf der Wöhlerlinie wird in doppellogarithmischer Darstellung lg$N$-lgσ_A durch drei Geradenabschnitte angenähert und folgendermaßen analytisch beschrieben, siehe Bild 11.17:

- Statische Festigkeit (Zugfestigkeit R_m bzw. Kerbzugfestigkeit R_{mk}):
  Aus der Bedingung für statischen Bruch $\sigma_o = R_m$ bzw. $\sigma_o = R_{mk}$ und den Gleichungen (11.3) und (11.5) läßt sich die zum Versagen führende Grenzamplitude im Bereich der statischen Festigkeit darstellen durch:

$$\sigma_A = \frac{1-R}{2} R_m = const. \text{ bzw. } \frac{1-R}{2} R_{mk} = const. \quad . \tag{11.11}$$

- Zeitfestigkeit:
  Die Vielzahl der vorliegenden Versuchsergebnisse hat gezeigt, daß sich die Versagenspunkte P (N/σ_A) bei doppellogarithmischer Auftragung lg$N$-lgσ_A gut durch eine Ausgleichsgerade beschreiben lassen. Die Gleichung dieser Geraden wird unter Verwendung des in Bild 11.17 eingetragenen *Neigungsexponenten* k und des Achsenabschnitts C auf der lg$N$-Achse ($\sigma_A = 10^0$) folgendermaßen formuliert:

Neigungsexponent

$$\begin{aligned} \lg N &= \lg C - k \cdot \lg \sigma_A \quad \text{bzw.} \\ N &= C \cdot \sigma_A^{-k} \quad . \end{aligned} \tag{11.12}$$

  Nach σ_A aufgelöst ergibt sich:

$$\sigma_A = \left(\frac{C}{N}\right)^{\frac{1}{k}} \quad . \tag{11.13}$$

- Dauerfestigkeit:
  Der Dauerfestigkeitsbereich wird durch eine horizontale Linie in Höhe der Dauerfestigkeitsamplitude σ_{AD} beschrieben:

$$\sigma_A = \sigma_{AD} = const. \quad . \tag{11.14}$$

Eckschwingspielzahl

- Der Abszissenwert des Schnittpunkts der Zeitfestigkeitslinie mit der horizontalen Linie der Dauerfestigkeitsamplitude σ_{AD} wird mit *Eckschwingspielzahl* N_D bezeichnet. Unter Verwendung der Dauerfestigkeitsamplitude σ_{AD} und der Eckschwingspielzahl N_D lautet Gleichung (11.13):

$$\sigma_{AD} = \left(\frac{C}{N_D}\right)^{\frac{1}{k}} \quad . \tag{11.15}$$

Die Zeitfestigkeitslinie wird oft auch unter Verwendung eines Stützpunktes $P_1(N_1/\sigma_{A1})$ angegeben, siehe Bild 11.17. Setzt man die Koordinaten von P_1 in Gleichung (11.12) ein, so ergibt sich $C = N_1 \cdot \sigma_{A1}{}^k$ und damit die Gleichung der Zeitfestigkeitslinie:

$$\frac{N}{N_1} = \left(\frac{\sigma_A}{\sigma_{A1}}\right)^{-k} . \tag{11.16}$$

Nach σ_A aufgelöst ergibt sich:

$$\frac{\sigma_A}{\sigma_{A1}} = \left(\frac{N}{N_1}\right)^{-\frac{1}{k}} . \tag{11.17}$$

Wählt man als Stützpunkt $P_D(N_D/\sigma_{AD})$ den Schnittpunkt der Zeitfestigkcitslinie mit der Dauerfestigkeitshorizontalen in Höhe σ_{AD}, so geht Gleichung (11.16) über in:

$$\frac{N}{N_D} = \left(\frac{\sigma_A}{\sigma_{AD}}\right)^{-k} . \tag{11.18}$$

***Beispiel 11.1** Gleichung der Wöhlerlinie*

a) Ermitteln Sie die Gleichung der Wöhlerlinie für 50 %-Ausfallwahrscheinlichkeit in (11.14)
b) Bestimmen Sie die Dauerfestigkeit bei einer Eckschwingspielzahl $N_D=5 \cdot 10^6$.

Lösung

a) Durch Logarithmieren der Gleichung (11.16)

$$\lg\left(\frac{N}{N_1}\right) = -k \cdot \lg\left(\frac{\sigma_A}{\sigma_{A1}}\right)$$

und Auflösen nach dem Neigungsexponenten k ergibt sich:

$$k = -\frac{\lg\left(\frac{N}{N_1}\right)}{\lg\left(\frac{\sigma_A}{\sigma_{A1}}\right)} .$$

Als Stützwerte $P(N/\sigma_A)$ werden die beiden Punkte $P_1(2{,}2 \cdot 10^4/150\ MPa)$ und $P_2(1{,}1 \cdot 10^6/100\ MPa)$ (vgl. (11.14)) verwendet. Somit ergibt sich der Neigungsexponent

$$k = -\frac{\lg\left(\frac{1{,}1 \cdot 10^6}{2{,}2 \cdot 10^4}\right)}{\lg\left(\frac{100}{150}\right)} = 9{,}65 .$$

b) Dauerfestigkeitsamplitude bei $N_D=5 \cdot 10^6$:
Durch Auflösung von Gleichung (11.18) nach σ_{AD} erhält man

$$\sigma_{AD} = \frac{\sigma_A}{\left(\frac{N_D}{N}\right)^{\frac{1}{k}}} \ .$$

Die Punktprobe mit $P_2(1{,}1 \cdot 10^6/100\ \text{MPa})$ ergibt die Dauerfestigkeitsamplitude (vgl. auch Bild 11.14):

$$\sigma_{AD} = \frac{100}{\left(\frac{5 \cdot 10^6}{1{,}1 \cdot 10^6}\right)^{\frac{1}{9{,}65}}} = 85\ MPa \ .$$

Normierte Wöhlerlinie

Da die Ermittlung einer kompletten Wöhlerlinie mit hohem Versuchsaufwand verbunden ist, gibt es zahlreiche Ansätze, die vorhandenen Ergebnisse systematisch aufzubereiten, um daraus eine Normierung der Wöhlerlinie für bestimmte Werkstoffe und Bauteile abzuleiten, Haibach und Matschke [77]. Dieses Konzept wird vor allem zur Beschreibung von Ergebnissen von Schweißverbindungen angewandt, Olivier und Ritter [152].

Normierte Wöhlerlinie

Das Grundprinzip der *normierten Wöhlerlinie* besteht darin, die Spannungsamplitude σ_A auf die Dauerfestigkeitsamplitude σ_{AD} zu beziehen und das Verhältnis $\eta = \sigma_{nA} / \sigma_{nD}$ logarithmisch aufzutragen, siehe Bild 11.18.

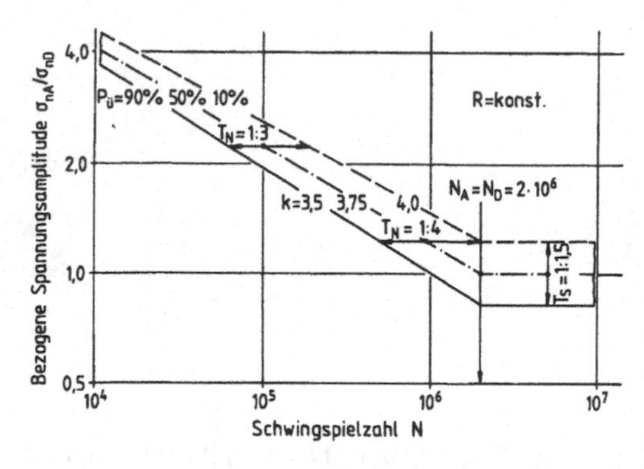

Bild 11.18 *Normierte Wöhlerlinie für Schweißverbindungen aus Baustahl mit Linien für 10 %, 50 % und 90 % Überlebenswahrscheinlichkeit, Haibach [16]*

Die Gleichung (11.18) der Zeitfestigkeitslinie lautet demnach in normierter Form:

$$N = N_D \cdot \eta^{-k} \ . \qquad (11.19)$$

In gleicher Weise kann auch die Schwingspielachse verändert werden, indem die Schwingspielzahl N auf die Eckschwingspielzahl N_D bezogen wird.

11.4.3 Statistische Auswertung

Ein besonderes Merkmal vieler Wöhlerlinien ist die relativ große Streuung der Versuchsergebnisse. Im Bereich der statischen Festigkeit und der Dauerfestigkeit handelt es sich um Streuungen der Last bzw. der Spannung, während im Zeitfestigkeitsbereich üblicherweise Streuungen der Lebensdauer von Bedeutung sind, Bild 11.19. Dies erfordert eine statistische Behandlung der Versuchsergebnisse. Mittelwert, Standardabweichung und weitere Kenngrößen werden auf Basis der Versuchspunkte und der Annahme eines bestimmten Verteilungsgesetzes ermittelt. Als *Verteilungsgesetz* für die Lebensdauerstreuungen finden neben der Gaußschen Normalverteilung hauptsächlich die Weibull-, Logit-, Sinus- und arcsin$\sqrt{P}$-Verteilung Anwendung, siehe z. B. Graf et al. [68] und Hück [91].

Verteilungsgesetz

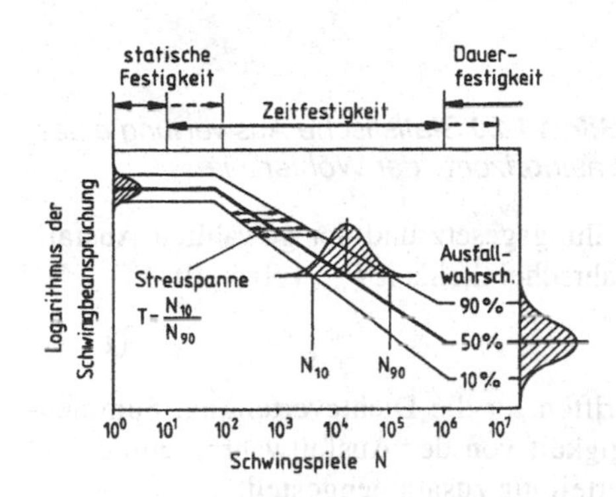

***Bild 11.19** Bereiche des Wöhler-Schaubilds mit eingetragenen Häufigkeitsverteilungen*

Prüft man m Proben auf einem bestimmten Lasthorizont σ_i, so berechnet sich der *logarithmische Mittelwert* der logarithmierten Bruchschwingzahlen N_i für diesen Lasthorizont aus den einzelnen Bruchschwingzahlen N_i ($i = 1$ *bis* m) zu, siehe Bild 11.20:

Logarithmischer Mittelwert

$$\lg N_{50} = \frac{1}{m}\sum_{i=1}^{m} \lg N_i \quad . \tag{11.20}$$

Die *Standardabweichung* berechnet sich aus den logarithmischen Schwingspielzahlen zu:

Standardabweichung

$$s = \sqrt{\frac{1}{m-1}\sum_{i=1}^{m} (\lg N_i - \lg N_{50})^2} \quad . \tag{11.21}$$

Unter Verwendung der standardisierten *logarithmischen Merkmalsgröße* (*Sicherheitsspanne*)

Logarithmische Merkmalsgröße (Sicherheitsspanne)

$$u = \frac{\lg N - \lg N_{50}}{s} \tag{11.22}$$

ergibt sich die zu erwartende Lebensdauer für eine bestimmte Ausfallwahrscheinlichkeit P_A:

$$\lg N_{P_A} = \lg N_{50} + u \cdot s \quad . \tag{11.23}$$

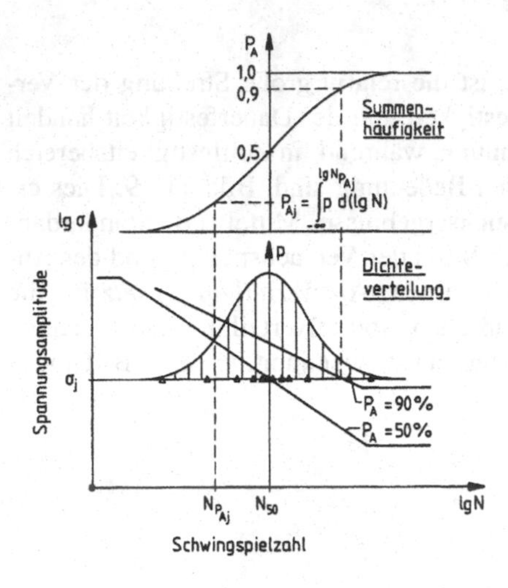

***Bild 11.20** Statistische Auswertung eines Lasthorizonts der Wöhlerlinie*

Die *Sicherheitsspanne u* hängt ab vom Verteilungsgesetz und der gewählten Ausfallwahrscheinlichkeit P_A bzw. der Überlebenswahrscheinlichkeit $P_ü$, wobei gilt:

$$P_ü = 1 - P_A \quad . \tag{11.24}$$

In Tabelle 11.2 sind die Berechnungsvorschriften für die Dichteverteilung, Summenhäufigkeit und Sicherheitsspanne in Abhängigkeit von der Ausfallwahrscheinlichkeit für die Normal-, Logit- und die $\arcsin\sqrt{P}$-Verteilung zusammengestellt.

***Tabelle 11.2** Dichteverteilung, Summenhäufigkeit und Sicherheitsspanne für verschiedene Verteilungsgesetze (P_A in Absolutwerten $0 \le P_A \le 1$)*

Verteilungsgesetz	Dichteverteilung $p_A(u)$	Summenhäufigkeit $P_A(u)$	Sicherheitsspanne u_{PA}
Normalverteilung	$\frac{1}{\sqrt{2\pi}} \cdot e^{-\frac{u^2}{2}}$	$\frac{1}{\sqrt{2\pi}} \cdot \int_{t=-\infty}^{u} e^{-\frac{t^2}{2}} dt$	siehe Tabelle 11.3
Logitverteilung	$\frac{\pi}{\sqrt{3}} \cdot \frac{e^{\frac{\pi}{\sqrt{3}} \cdot u}}{\left[1 + e^{\frac{\pi}{\sqrt{3}} \cdot u}\right]^2}$	$\frac{e^{\frac{\pi}{\sqrt{3}} \cdot u}}{1 + e^{\frac{\pi}{\sqrt{3}} \cdot u}}$	$\frac{\sqrt{3}}{\pi} \cdot \ln\left(\frac{P_A}{1 - P_A}\right)$
$\arcsin\sqrt{P}$ - Verteilung $-2{,}3 \le u \le 2{,}3$	$\sqrt{\frac{\pi^2}{16} - \frac{1}{2}} \cdot \sin\left[u \cdot \sqrt{\frac{\pi^2}{4} - 2} + \frac{\pi}{2}\right]$	$1 - \sin^2\left[u \cdot \sqrt{\frac{\pi^2}{16} - \frac{1}{2}} - \frac{\pi}{4}\right]$	$\frac{1}{\sqrt{\frac{\pi^2}{4} - 2}} \cdot \left[2 \cdot \arcsin\sqrt{P_A} - \frac{\pi}{2}\right]$

Da für die Normalverteilung keine geschlossene Lösung für u möglich ist, sind in Tabelle 11.3 die u-Werte für die in der Schwingfestigkeitspraxis üblichen Ausfall- und Überlebenswahrscheinlichkeiten angegeben.

Tabelle 11.3 *Sicherheitsspanne u (Gaußsche Normalverteilung)*

P_A [%]	0,1	1	5	10	50	90	95	99	99,9
$P_Ü$ [%]	99,9	99	95	90	50	10	5	1	0,1
u	-3,09	-2,33	-1,64	-1,28	0	1,28	1,64	2,33	3,09

Setzt man die u-Werte aus den Tabellen 11.2 und 11.3 in Gleichung (11.23) ein, erhält man die statistisch zu erwartenden Schwingspielzahlen für die gewählte Ausfallwahrscheinlichkeit. Die Auswertung von Schwingfestigkeitsversuchen mit den drei Verteilungsgesetzen ist mit *Programm P11_1* möglich, siehe Abschnitt 11.13.1.

Programm P11_1

In Bild 11.21 sind die Dichteverteilungen und Summenhäufigkeiten nach Tabelle 11.2 für die drei Verteilungsgesetze gegenübergestellt.

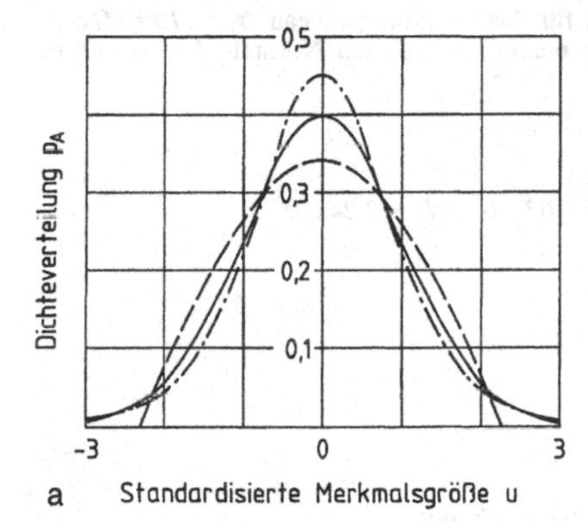

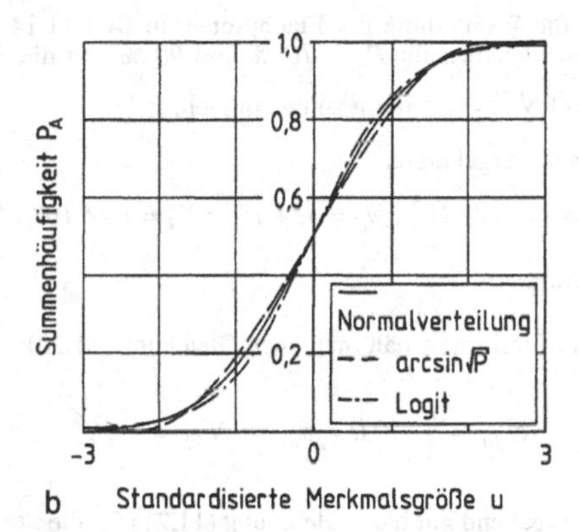

Bild 11.21 *Vergleich der Normal-, Logit- und* $\arcsin\sqrt{P}$ *-Verteilung*
a) Dichteverteilung b) Summenhäufigkeit

Die aus dem Konzept des schwächsten Gliedes abgeleitete Logit-Verteilung ist der Normalverteilung ähnlich. Die in der Schwingfestigkeitsprüfung ebenfalls verwendete $\arcsin\sqrt{P}$-Verteilung ist eine spezielle Form der Sinus-Verteilung. Im Gegensatz zu den oben beschriebenen Verteilungsgesetzen besitzt sie eine feste obere und untere Grenze bei $u = \pm 2{,}3$. Dies spricht gegen ihre Verwendung in der Schwingfestigkeit.

Streuspanne

Ein weiteres Maß für die Streuung ist die *Streuspanne*, welche die Schwingspielzahlen für $P_A = 10\ \%$ und $P_A = 90\ \%$ aufeinander bezieht, siehe Bild 11.19:

$$T_N = 1 : \frac{N_{90}}{N_{10}} = \frac{N_{10}}{N_{90}} \quad . \tag{11.25}$$

Die vom Verteilungsgesetz abhängige Streuspanne läßt sich auch mittels der Standardabweichung s ausdrücken. Für die Normalverteilung gilt beispielsweise:

$$T_N = 10^{-2,56 \cdot s} \quad . \tag{11.26}$$

Entsprechend läßt sich die Streuung im Dauerfestigkeitsbereich mit Spannungs-Streuspannen angeben, siehe Bild 11.19:

$$T_S = 1 : \frac{\sigma_{90}}{\sigma_{10}} = \frac{\sigma_{10}}{\sigma_{90}} \quad . \tag{11.27}$$

Als Richtwerte für auf die Spannung bezogene Streuspannen können folgende Angaben dienen, Buxbaum [7]:

- $T_S = 1{:}\ 1{,}20$ für sorgfältig spanend bearbeitete Teile
- $T_S = 1{:}1{,}35$ für serienmäßig spanend bearbeitete Teile
- $T_S = 1{:}1{,}50$ für Schmiede-, Guß- und Schweißkonstruktionen ohne Oberflächenbehandlung (siehe Bild 11.18).

***Beispiel 11.2** Statistische Auswertung der Ergebnisse von Schwingversuchen*

Für die Wöhlerlinie der Flachproben in Bild 11.14 sind für das Spannungsniveau $\sigma_A = 100\ MPa$ die Schwingzahlen für $P_A = 10\ \%$ und $90\ \%$ und die Streuspanne T_N nach der Normal-, Logit- und der $\arcsin\sqrt{P}$ -Verteilung zu bestimmen.

Versuchsergebnisse:

$$N_1 = 385 \cdot 10^3\ ;\ N_2 = 514 \cdot 10^3\ ;\ N_3 = 1{,}44 \cdot 10^6\ ;\ N_4 = 1{,}63 \cdot 10^6\ ;\ N_5 = 2{,}24 \cdot 10^6\ .$$

Lösung

Den Mittelwert erhält man nach Gleichung (11.20):

$$\lg N_{50} = \frac{1}{5} \cdot 30{,}0 = 6 \Rightarrow N_{50} = 1 \cdot 10^6 \quad .$$

Entsprechend gilt nach Gleichung (11.21) für die Standardabweichung:

$$s = \sqrt{\frac{1}{5-1} \cdot 0{,}453} = 0{,}336 \quad .$$

- Normalverteilung:

  Aus Gleichung (11.23) läßt sich unter Verwendung der Sicherheitsspanne u nach Tabelle 11.3 ansetzen:

$$\lg N_{10} = 6 - 1{,}28 \cdot 0{,}336 = 5{,}57 \Rightarrow N_{10} = 3{,}71 \cdot 10^5$$

$$\lg N_{90} = 6 + 1{,}28 \cdot 0{,}336 = 6{,}43 \Rightarrow N_{90} = 2{,}69 \cdot 10^6$$

Für die Streuspanne erhält man gemäß Gleichung (11.25):

$$T_N = 1 : \frac{N_{90}}{N_{10}} = 1 : \frac{2{,}69 \cdot 10^6}{3{,}71 \cdot 10^5} = 1 : 7{,}25 \quad .$$

- Logit-Verteilung:

  Mit dem Wert $u\,(P_A)$ aus Tabelle 11.2 und Gleichung (11.23) findet man:

$$\lg N_{10} = 6 + 0{,}336 \cdot \frac{\sqrt{3}}{\pi} \cdot \ln\left(\frac{0{,}1}{0{,}9}\right) = 5{,}59 \Rightarrow N_{10} = 3{,}92 \cdot 10^5$$

$$\lg N_{90} = 6 + 0{,}336 \cdot \frac{\sqrt{3}}{\pi} \cdot \ln\left(\frac{0{,}9}{0{,}1}\right) = 6{,}41 \Rightarrow N_{90} = 2{,}55 \cdot 10^6 \;.$$

  Für die Streuspanne erhält man mit Gleichung (11.25):

$$T_N = 1 : 6{,}5$$

- $\arcsin\sqrt{P}$-Verteilung:

  Einsetzen des Wertes $u\,(P_A)$ aus Tabelle 11.2 in Gleichung (11.23) ergibt:

$$\lg N_{10} = 6 + 0{,}336 \cdot \frac{1}{\sqrt{\frac{\pi^2}{4} - 2}} \cdot \left[2 \cdot \arcsin\sqrt{0{,}1} - \frac{\pi}{2}\right] = 5{,}54 \Rightarrow N_{10} = 3{,}5 \cdot 10^5$$

$$\lg N_{10} = 6 + 0{,}336 \cdot \frac{1}{\sqrt{\frac{\pi^2}{4} - 2}} \cdot \left[2 \cdot \arcsin\sqrt{0{,}9} - \frac{\pi}{2}\right] = 6{,}46 \Rightarrow N_{10} = 2{,}85 \cdot 10^6 \;.$$

  Die Streuspanne berechnet sich mit Gleichung (11.25):

$$T_N = 1 : 8{,}14 \;.$$

Die statistische Auswertung der Ergebnisse von Schwingversuchen und die Berechnung der Gleichung der Wöhlerlinie ist mit dem *Programm P11_1* möglich, siehe Beschreibung in Abschnitt 11.13.1.

Programm P11_1

11.5 Dauerfestigkeitskennwerte für reine Wechsel- und Schwellbeanspruchung

Als Referenzkennwert unter schwingender Belastung dient die Dauerfestigkeit unter reiner Wechselbeanspruchung. Rein schwellend werden Bauteile oder Proben dann geprüft, wenn die Betriebsbelastung rein schwellend wirkt, der Mittelspannungseinfluß zu untersuchen ist oder wenn Prüfkörper keine Druckbelastung ertragen (Knickgefahr).

11.5.1 Wechselfestigkeit

Wechselfestigkeit

Die *Wechselfestigkeit* $\sigma_W = \sigma_{A\,(R\,=\,-1)}$ ist die auf Dauer ertragbare Spannungsamplitude bei rein wechselnder Beanspruchung (σ_m= 0). Abhängig von der Beanspruchungsart werden als Kennwerte verwendet:

- Zug-Druck-Wechselfestigkeit σ_{zdW}
- Biegewechselfestigkeit σ_{bW}
- Torsionswechselfestigkeit τ_{tW}.

Diese Kennwerte werden im allgemeinen durch Schwingversuche an glatten polierten Kleinproben (Durchmesser meist um 10 mm) ermittelt. In der Literatur finden sich allerdings auch zahlreiche empirische Ansätze, welche die oben genannten Wechselfestigkeiten mit der Zugfestigkeit R_m oder der Streckgrenze $R_{p0,2}$ über eine Umrechnung in Verbindung bringen. Dieser Zusammenhang wird über den Verhältniswert C_W gemäß der Beziehung

$$\sigma_W = C_W \cdot R_m \;\; bzw. \;\; C_W \cdot R_{p0,2} \tag{11.28}$$

hergestellt. Einige Korrelationvorschläge zur Berechnung der Zug-Druck-Wechselfestigkeit aus Zugfestigkeit bzw. Streckgrenze für Eisenwerkstoffe finden sich im VDEh-Leitfaden für eine Betriebsfestigkeitsberechnung [118], siehe Tabelle 11.4.

Werkstoff	Zug-Druck-Wechselfestigkeit σ_{zdW} [MPa]
Stahl	$0{,}436 \cdot R_{p0,2} + 77$
Stahlguß	$0{,}27 \cdot R_m + 85$
Sphäroguß	$0{,}27 \cdot R_m + 100$
Schwarzer Temperguß	$0{,}27 \cdot R_m + 110$
Grauguß	$0{,}39 \cdot R_m$

***Tabelle 11.4** Korrelationsvorschläge für die Zug-Druck-Wechselfestigkeit (VDEh-Leitfaden für eine Betriebsfestigkeitsberechnung [118]), R_m, $R_{p0,2}$ in MPa*

Die in Tabelle 11.4 angegebenen Werte sind als empirisch ermittelte Näherungswerte aufzufassen, die nur für eine Abschätzung des Festigkeitsverhaltens verwendet werden sollten. Im Einzelfall können erhebliche Abweichungen auftreten, siehe beispielsweise Kompensationswert für Grauguß (*0,30* R_m) in FKM-Richtlinie [65], Tabelle A15.1. Grundsätzlich ist es immer empfehlenswert, zumindest die Wechselfestigkeit experimentell zu ermitteln.

Neuere Untersuchungen belegen den engen Zusammenhang zwischen der Wechselfestigkeit und der zyklischen Streckgrenze, Liu und Zenner [122]. Alternativ zu der für Stahl in Tabelle 11.4 angegebenen *Korrelation mit der Streckgrenze* stehen Anhaltswerte zur Verfügung, welche eine Verknüpfung mit der Zugfestigkeit R_m erlauben. So gilt beispielsweise für Stähle:

Korrelation für Stahl

$$\sigma_{zdW} = (0{,}40 \div 0{,}45) \cdot R_m \ , \tag{11.29}$$

siehe auch Bild 11.22.

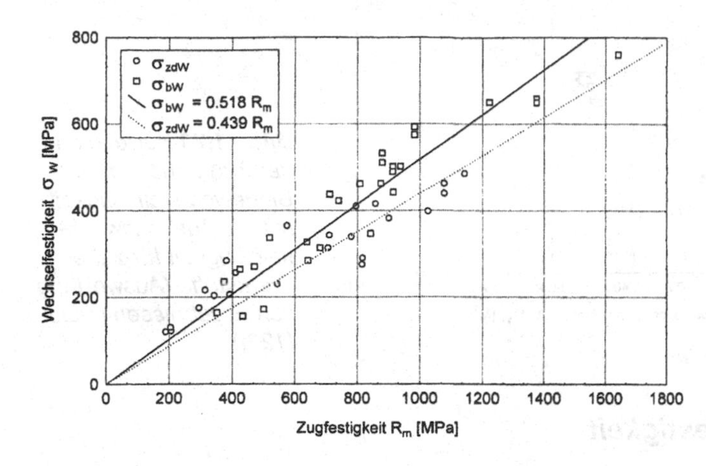

Bild 11.22 *Zug-Druck- und Biegewechselfestigkeit für Stähle über der Zugfestigkeit (Auswertung von Ergebnissen in Liu [122])*

Korrelation für Al-Legierungen

Für Nichteisenmetalle sind in der Literatur weniger Versuchsergebnisse verfügbar als für Eisenwerkstoffe. Für *Aluminiumknetlegierungen* kann für eine grobe Abschätzung folgende Korrelation verwendet werden:

$$\sigma_{zdW} = (0{,}25 \div 0{,}35) \cdot R_m \ . \tag{11.30}$$

In Gleichung (11.30) ist – wie auch in Gleichung (11.29) – der untere Korrelationswert für höherfeste, der obere Wert für niedrigfeste Werkstoffe zu verwenden, siehe auch Bild 11.37.

Biegewechselfestigkeit

Zur Bestimmung der Wechselfestigkeiten für andere Belastungsarten sind ebenfalls empirische Ansätze verfügbar. Die *Biegewechselfestigkeit* σ_{bW} läßt sich bei *zähen Werkstoffen* mit Hilfe der Zug-Druck-Wechselfestigkeit folgendermaßen abschätzen:

$$\sigma_{bW} = (1{,}1 \div 1{,}3) \cdot \sigma_{zdW} \ . \tag{11.31}$$

Das größere Verhältnis σ_{bW}/R_m verglichen mit σ_{zdW}/R_m ergibt sich auch aus Bild 11.22.

Torsionswechselfestigkeit

Die *Torsionswechselfestigkeit* τ_{tW} kann für zähe Werkstoffe nach der GH mit

$$\tau_{tW} = \frac{\sigma_{bW}}{\sqrt{3}} = 0{,}58 \cdot \sigma_{bW} \tag{11.32}$$

Wechselfestigkeitsverhältnis

angesetzt werden, siehe Gleichung (7.23). Die Auswertung einer Vielzahl von Schwingversuchen an unterschiedlichen Werkstoffen zeigt jedoch, daß im Mittel eher mit einem *Wechselfestigkeitsverhältnis* $\tau_{tW}/\sigma_{bW} = 0{,}62$ zu rechnen ist, siehe Bild 11.23. Dem Bild entnimmt man weiterhin, daß τ_{tW}/σ_{zdW} geringfügig größer ist als τ_{tW}/σ_{bW}.

Für *spröde Werkstoffe* ergibt sich nach der NH der theoretische Zusammenhang:

$$\tau_{tW} = \sigma_{zdW} \ . \tag{11.33}$$

Schwingversuche an Graugußproben stehen allerdings in besserer Übereinstimmung mit der Korrelation $\tau_{tW} = (0{,}8\text{–}0{,}9) \cdot \sigma_{zdW}$, siehe auch Tabelle A15.1.

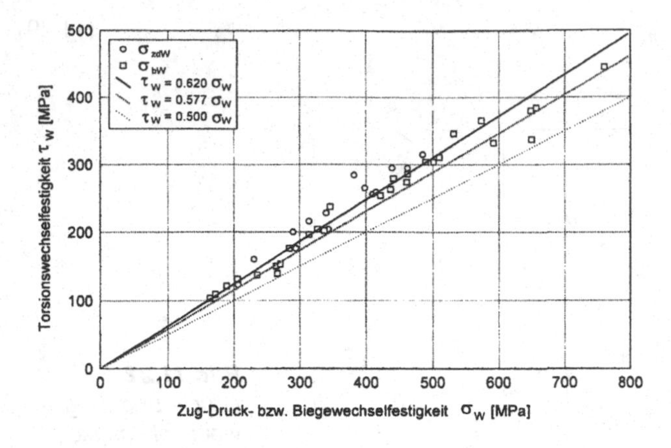

Bild 11.23 *Korrelation der Zug-Druck- bzw. Biegewechselfestigkeit mit der Torsionswechselfestigkeit für zähe Werkstoffe (Auswertung von Ergebnissen in Liu [122])*

11.5.2 Schwellfestigkeit

Schwellfestigkeit

Für rein schwellend beanspruchte Bauteile wird als Dauerfestigkeitskennwert die *Schwellfestigkeit* $\sigma_{Sch} = \sigma_{D\,(R\,=\,0)}$ verwendet. Es ist zu beachten, daß es sich hierbei um eine ertragbare *Schwingbreite* und um keine Amplitude wie bei der Wechselfestigkeit handelt. Analog zur Wechselfestigkeit wird abhängig von der Belastungsart in Zugschwellfestigkeit σ_{zSch}, Biegeschwellfestigkeit σ_{bSch} und Torsionsschwellfestigkeit τ_{tSch} unterschieden. Auch die Schwellfestigkeit kann durch Verhältniswerte aus der Zugfestigkeit errechnet werden, allerdings läßt sich diese auch über das Dauerfestigkeitsschaubild (Abschnitt 11.6) ermitteln. Für eine Vielzahl von Werkstoffen, besonders für niedrig- und mittelfeste Stähle, liegt die Zugschwellfestigkeit σ_{zSch} im Bereich der Streckgrenze R_e, was als Anhaltswert zur Abschätzung verwendet werden kann ($\sigma_{Sch} = (0{,}6 \div 0{,}7) \cdot R_m$).

11.6 Mittelspannungseinfluß (Dauerfestigkeitsschaubild)

Führt man Schwingversuche mit systematisch veränderten Mittelspannungen σ_m bzw. Spannungsverhältnissen R durch, so stellt man fest, daß eine Zugmittelspannung in der Regel die Schwingfestigkeitsamplitude gegenüber der rein wechselnden Beanspruchung erniedrigt, wogegen eine Druckmittelspannung zu einer höheren Schwingfestigkeit führt, siehe Bild 11.24a. Dies kann vereinfacht und anschaulich so erklärt werden, daß die zum Dauerbruch führenden Werkstoffgleitungen durch eine gleichzeitig auf der Gleitebene wirkende Normalspannung erleichtert, durch eine Druckspannung erschwert werden. Eine andere Erklärung, die den experimentell verifizierten Schädigungsmechanismus bei spannungskontrollierten Schwingversuchen berücksichtigt, ist, daß mit zunehmender Oberspannung verstärkt makroskopisches Fließen auftritt. Hierdurch kommt es zu einer zyklischen Dehnungszunahme und einer fortschreitenden Schädigung.

Trägt man die jeweiligen dauerfest ertragbaren Amplituden σ_A über der entsprechenden Mittelspannung σ_m auf, so erhält man das sogenannte *Dauerfestigkeitsschaubild* (DFS) nach Haigh [78], Bild 11.24b. Diese Art der Auftragung hat sich aufgrund der übersichtlichen grafischen Darstellung und der Möglichkeit zur einfachen analytischen Formulierung der Grenzlinie weitgehend durchgesetzt. Oftmals wird der Einfluß der Mittelspannung auf die Dauerfestigkeit in anderen Auftragungsarten, wie etwa nach Smith [178] oder Kommerell [112] dargestellt. Im folgenden sollen die Dauerfestigkeitsschaubilder nach Haigh und Smith näher erläutert werden.

Dauerfestigkeitsschaubild

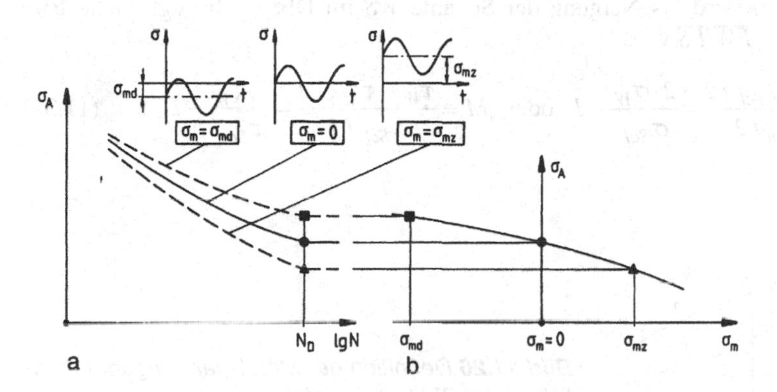

Bild 11.24 *Ermittlung des DFS a) Wöhlerlinien mit unterschiedlicher Mittelspannung b) Darstellung des Mittelspannungseinflusses nach Haigh*

11.6.1 Dauerfestigkeitsschaubild nach Haigh

Wie aus Bild 11.24b ersichtlich, wird im *DFS nach Haigh* [78] die Mittelspannung σ_m als Abszisse und die dauerfest ertragbare Amplitude σ_A als Ordinate aufgetragen. Beanspruchungen mit konstantem Spannungsverhältnis R sind nach Gleichung (11.6) im DFS nach Haigh Ursprungsgeraden mit der Steigung, siehe Bild 11.25:

DFS nach Haigh

$$\tan\alpha = \frac{\sigma_A}{\sigma_m} = \frac{1-R}{1+R} \quad . \tag{11.34}$$

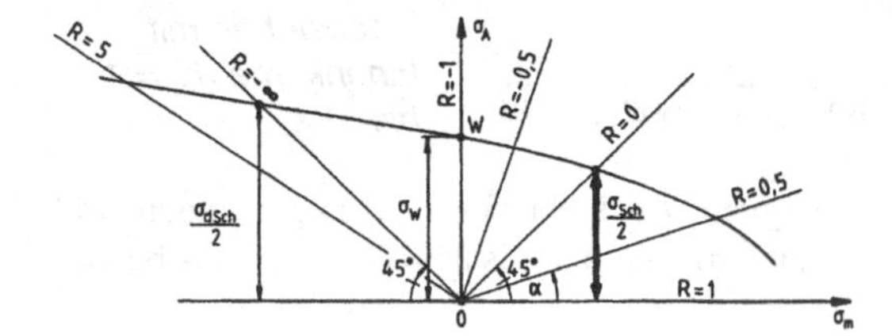

Bild 11.25 *Linien mit konstantem Spannungsverhältnis R im DFS nach Haigh*

Die Abszisse entspricht der statischen Belastung ($R = 1$), die Ordinate der rein wechselnden Beanspruchung ($R = -1$). Die Zugschwellfestigkeit σ_{Sch} ist der doppelte Spannungsausschlag, der sich beim Schnitt der Ursprungsgeraden für $R = 0$ (Steigungswinkel 45°) mit der Grenzlinie ergibt. Die Druckschwellfestigkeit σ_{dSch} ergibt sich analog als Schnittpunkt der Grenzlinie mit $R = -\infty$ (Steigungswinkel -45°).

Mittelspannungsempfindlichkeit

Mittelspannungsempfindlichkeit

Die Neigung der Grenzkurve des DFS spiegelt die *Mittelspannungsempfindlichkeit* wieder. Bei geringer Mittelspannungsempfindlichkeit ergibt sich eine relativ flache Grenzkurve entsprechend Linie *a* in Bild 11.26, bei starker Mittelspannungsempfindlichkeit stellt sich ein steilerer Verlauf entsprechend Linie *b* ein. Die Mittelspannungsempfindlichkeit *M* wird als Neigung der Sekante *WS* im DFS festgelegt, siehe Bild 11.26. Mit $\tan\alpha = \overline{FW/FS}$ wird

$$M \equiv \frac{\sigma_W - \sigma_{Sch}/2}{\sigma_{Sch}/2} = \frac{2 \cdot \sigma_W}{\sigma_{Sch}} - 1 \quad \text{oder} \quad M \equiv \frac{\tau_W - \tau_{Sch}/2}{\tau_{Sch}/2} = \frac{2 \cdot \tau_W}{\tau_{Sch}} - 1 \quad . \tag{11.35}$$

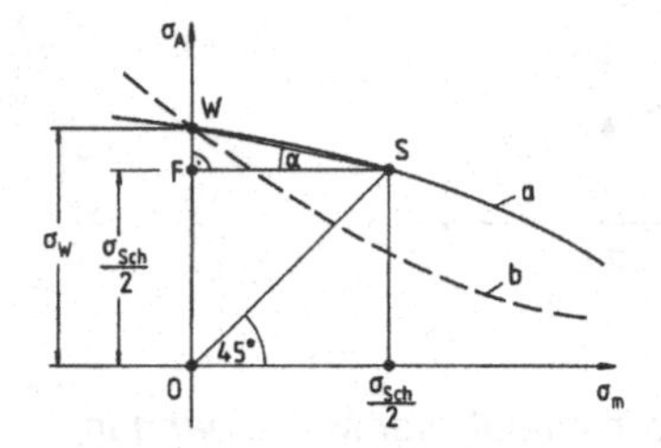

Bild 11.26 *Definition der Mittelspannungsempfindlichkeit im DFS nach Haigh a) M niedrig b) M hoch*

In Bild 11.27 ist die Mittelspannungsempfindlichkeit *M* für metallische Werkstoffe unter Zug-Druckbeanspruchung (glatte und gekerbte Proben) in Abhängigkeit von der Zugfestigkeit aufgetragen.

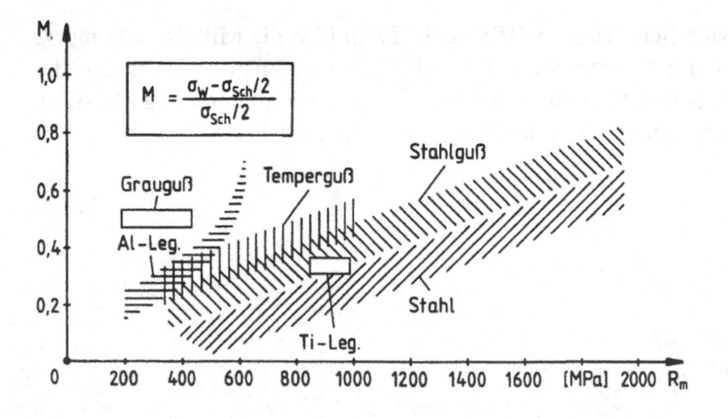

Bild 11.27 *Mittelspannungsempfindlichkeit für metallische Werkstoffe (nach Schütz [167]) mit Ergänzung für Grauguß und Titan. Versuche unter Axialbeanspruchung an Flachstäben mit Innenkerbe (K_t = 1 bis 5)*

Demnach nimmt *M* mit der Werkstoffestigkeit zu. Höherfeste Al-Legierungen und Grauguß sowie hochfeste Stähle erweisen sich mit Werten bis $M = (0{,}5 \div 0{,}7)$ als besonders mittelspannungsempfindlich.

Bei der Übertragung dieser Ergebnisse auf Bauteile ist zu beachten, daß besonders bei niedrig- und mittelfesten Werkstoffen mit zunehmender Mittelspannung lokales Fließen im Kerbgrund auftreten kann. Dadurch entstehen Druckeigenspannungen, welche die Zugmittelspannungen aus der äußeren Belastung örtlich vermindern. Diese Wechselwirkung von Last- und Eigenspannungen hat zur Folge, daß die Mittelspannungsempfindlichkeit streng genommen keinen echten Werkstoffkennwert darstellt. Mit diesem Effekt kann auch die experimentelle Beobachtung erklärt werden, daß die Mittelspannungsempfindlichkeit in Einzelfällen erheblich von den in Bild 11.27 dargestellten Werten abweichen kann, Bergmann und Heuler [48].

Form der Grenzlinien

Experimentelle Befunde haben gezeigt, daß sich für wichtige Werkstoffgruppen und Belastungsarten für eine grobe Abschätzung vereinfachte Grenzlinien zur Annäherung des DFS angeben lassen. In früheren Vorschlägen wird als Stützpunkt für die Konstruktion des DFS neben der Wechselfestigkeit σ_W auf der σ_A-Achse die Zugfestigkeit R_m als Scheitelpunkt auf der σ_m-Achse angenommen. In Bild 11.28 sind solche Grenzkurven für das DFS zäher und spröder Werkstoffe, jeweils für Beanspruchung durch Normal- (Zug, Biegung) und Schubspannungen (Torsion) zusammengestellt. Für zähe Werkstoffe wird ein parabolischer Verlauf für $\sigma_A(\sigma_m)$ bzw. ein elliptischer Verlauf für $\tau_A(\tau_m)$ angesetzt. Bei spröden Werkstoffen wird vereinfachend eine geradlinige Verbindung des Wechselfestigkeitspunkts *(σ_W auf σ_A-Achse)* und des Punkts der Zugfestigkeit *(R_m auf σ_m-Achse)* als Grenzlinie verwendet. Diese geradlinige Verbindung geht auf Goodman [67] zurück und wird daher als *Goodman-Gerade* bezeichnet.

Goodman-Gerade

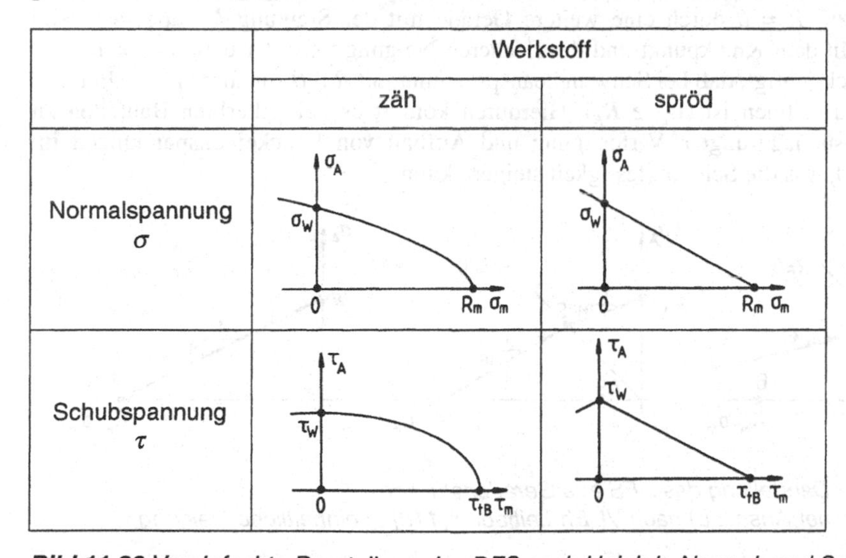

Bild 11.28 *Vereinfachte Darstellung des DFS nach Haigh in Normal- und Schubspannungen für zähe und spröde Werkstoffe, schematisch*

Die dargestellten DFS tragen dem experimentellen Befund Rechnung, daß spröde Werkstoffe stärker mittelspannungsempfindlich sind als zähe Materialien. Die zur τ_A-Achse symmetrische Grenzlinien berücksichtigen den Umstand, daß die Wirkung einer

Schubmittelspannung unabhängig von ihrem Vorzeichen ist, d. h. daß die statische Vorspannung eines schwingend belasteten Torsionsstabes in beiden Drehrichtungen dasselbe Ergebnis liefert.

Die Gleichungen der Grenzlinien aus Bild 11.28 sind in Tabelle 11.5 enthalten.

***Tabelle 11.5** Formeln der DFS-Grenzlinien nach Bild 11.28 in Normal- und Schubspannungen für zähe und spröde Werkstoffe*

	Werkstoff	
	zäh	spröd
Normalspannung σ	$\sigma_A = \sigma_W \sqrt{1-\left(\frac{\sigma_m}{R_m}\right)}$	$\sigma_A = \sigma_W \left(1-\frac{\sigma_m}{R_m}\right)$
Schubspannung τ	$\tau_A = \tau_W \sqrt{1-\left(\frac{\tau_m}{\tau_B}\right)^2}$	$\tau_A = \tau_W \left(1-\frac{\lvert\tau_m\rvert}{\tau_B}\right)$

Neuere Vorschläge nähern das DFS durch zwei oder drei Geradenstücke an. Ein Geradenstück mit der Steigung M nach Gleichung (11.35) geht durch den Wechselfestigkeitspunkt $W\,(0\,/\,\sigma_W)$. Diese Gerade wird meist im Schwellfestigkeitspunkt $S\,(\sigma_{Sch}/2\,/\,\sigma_{Sch}/2)$ bzw. $R = 0$ durch eine weitere Gerade mit der Steigung M' abgelöst, Bild 11.29a. Mit dem Knickpunkt und der flacheren Neigung wird der experimentelle Befund berücksichtigt, daß bei Schwingbeanspruchung mit $R > 0$ zunehmend mit Plastifizierung zu rechnen ist ($\sigma_o \geq R_e$). Hierdurch kommt es bei gekerbten Bauteilen zu Spannungsumlagerungen, Verfestigung und Aufbau von Druckeigenspannungen im Kerbgrund, was die Schwingfestigkeit steigern kann.

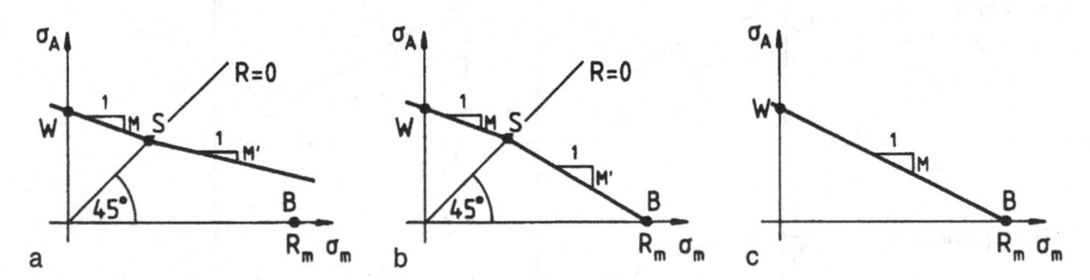

***Bild 11.29** Darstellung des DFS aus Geradenstücken*
a) allgemeiner Ansatz b) nach VDEh-Leitfaden [118] c) einheitliche Neigung

Das DFS in Bild 11.29a wird durch folgende Gleichungen beschrieben:

$$\sigma_A = \sigma_W - M \cdot \sigma_m \qquad \text{für} \quad \sigma_m \leq \sigma_{Sch}/2 \quad \text{bzw.} \quad \sigma_m \leq \sigma_W/(M+1) \qquad (11.36)$$

$$\sigma_A = \sigma_W \cdot \frac{1+M'}{1+M} - M' \cdot \sigma_m \quad \text{für } \sigma_m \geq \sigma_{Sch}/2 \text{ bzw. } \sigma_m \geq \sigma_W/(M+1) \qquad (11.37)$$

In der Literatur finden sich unterschiedliche Ansätze für M'. Im VDEh-Leitfaden [118] wird der Punkt S mit dem Punkt B $(R_m/0)$ verbunden, siehe Bild 11.29b. Die Neigung M' errechnet sich in diesem Fall zu

$$M' = \frac{\sigma_W}{R_m(1+M) - \sigma_W} \,. \qquad (11.38)$$

Andere Ansätze, vor allem für gekerbte Bauteile, gehen von $M' < M$ aus, was bei zähen Werkstoffen mit empirischen Ansätzen wie $M' = M/2$ oder $M' = M/3$ formuliert wird, z. B. Haibach [16].

In Bild 11.30 ist ein neuerer Vorschlag, FKM-Richtlinie [65], für den Verlauf des DFS bei zähen Stählen enthalten.

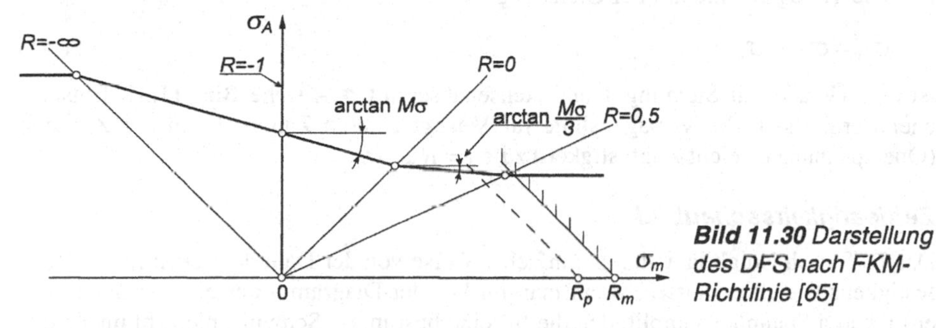

***Bild 11.30** Darstellung des DFS nach FKM-Richtlinie [65]*

Zwischen reiner Druckschwell- und reiner Zugschwellbelastung ($-\infty < R \leq 0$) verläuft das DFS mit einheitlicher Steigung M. Zwischen $0 < R \leq 0{,}5$ gilt die Steigung M/3. Für Druckschwellbeanspruchung ($1 < R \leq \infty$) und für Zugschwellbeanspruchung mit $0{,}5 < R \leq 1$ verlaufen die Grenzgeraden waagerecht.

Bei spröden Werkstoffen wird das DFS in guter Übereinstimmung mit Versuchsergebnissen durch eine Gerade durch die Punkte W und B beschrieben, Bild 11.29c und Bild 11.28. In diesem Fall ergibt sich eine einheitliche Neigung:

$$M = \frac{\sigma_W}{R_m} \,. \qquad (11.39)$$

Weitere Ansätze gehen von einem parabolischen Verlauf des DFS aus, wobei der Scheitel nicht notwendigerweise auf der σ_m-Achse liegt und die Zugfestigkeit nicht als Stützpunkt verwendet wird, z. B. Mertens und Hahn [134].

Fließbegrenzung

Im DFS läßt sich zusätzlich das Versagen durch Fließen kennzeichnen. Auf der Zugseite tritt Fließen ein, wenn die Oberspannung σ_o die Streckgrenze R_e erreicht. Die Fließgrenzkurve stellt eine Gerade mit dem Achsenabschnitt R_e und der Steigung -1 dar, Bild 11.31. Die Gleichung der Geraden ergibt sich aus der Fließbedingung $\sigma_o = \sigma_m + \sigma_A = R_e$ zu

$$\sigma_A = R_e - \sigma_m \quad . \tag{11.40}$$

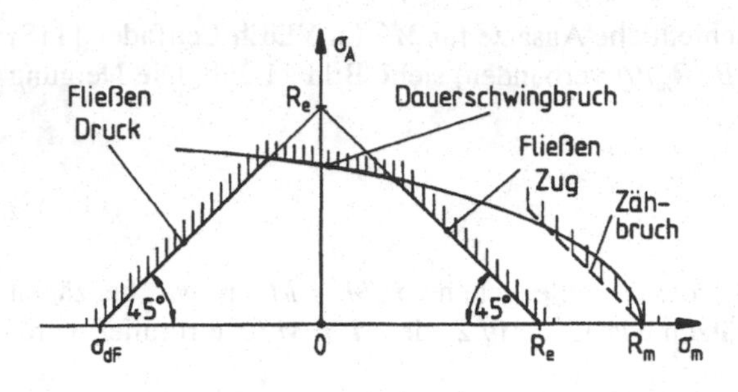

Bild 11.31 *Versagenslinien für Fließen, Zähbruch und Dauerbruch im DFS nach Haigh*

In analoger Weise tritt im Druckbereich Versagen durch Fließen für $\sigma_u = \sigma_m - \sigma_A = \sigma_{dF}$ ein. Die Versagenslinie mit der Gleichung

$$\sigma_A = \sigma_{dF} + \sigma_m \tag{11.41}$$

ist eine Gerade mit Steigung 1 und Achsenabschnitt σ_{dF}, siehe Bild 11.31. Entsprechend ergibt sich die Versagenslinie für Versagen durch Zähbruch auf der Zugseite (Oberspannung erreicht Zugfestigkeit) zu $\sigma_A = R_m - \sigma_m$.

Zeitfestigkeitsschaubild

Zeitfestigkeitsschaubild

Das DFS nach Haigh läßt sich in einfacher Weise von der Dauerfestigkeit in den Zeitfestigkeitsbereich erweitern, wenn man im Wöhler-Diagramm anstelle der auf Dauer ertragbaren Spannungsamplituden die für eine bestimmte Schwingspielzahl im Zeitfestigkeitsbereich ertragbaren Spannungsamplituden entnimmt und im DFS als Grenzlinien aufträgt. In Bild 11.32 ist die Konstruktion des *Zeitfestigkeitsschaubilds* in der Darstellung nach Haigh für zwei Spannungsverhältnisse und drei Schwingspielzahlen schematisch dargestellt.

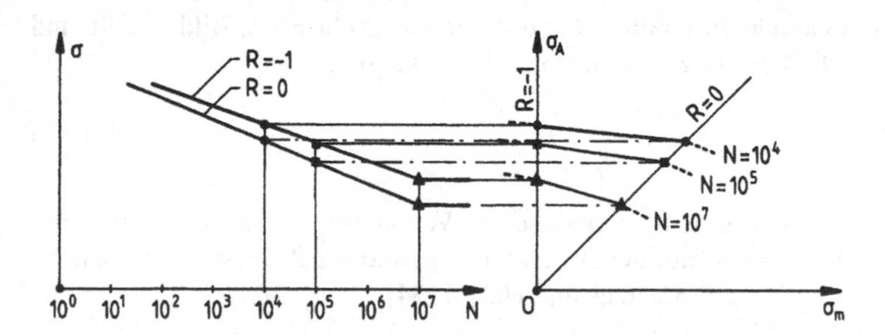

Bild 11.32 *Erweiterung des DFS nach Haigh zum Zeitfestigkeitsschaubild*

Programm P11_2
Programm PB3_1

Das DFS nach Haigh kann mit den *Programmen P11_2* und *PB3_1* ermittelt werden, siehe Abschnitt 11.13.2.

Beispiel 11.3 *DFS nach Haigh für Vergütungsstahl*

Das Schwingfestigkeitsverhalten von axialkraftbelasteten glatten polierten Bolzen aus Vergütungsstahl 30 CrMoV 9 ($R_{p0,2}$ = *1050 MPa*, R_m = *1350 MPa*) soll anhand des Haigh-Schaubilds zeichnerisch und rechnerisch für eine Mittelspannung σ_m^* = *600 MPa* analysiert werden.

a) Berechnen Sie die Schwellfestigkeit der Bolzen aus der Mittelspannungsempfindlichkeit *M*.
b) Ermitteln Sie die ertragbare Amplitude mit Hilfe des Parabelansatzes.
c) Wie groß ist die Grenzamplitude unter Annahme geradliniger Begrenzung mit $M' = M/3$?
d) Welche Grenzamplitude ergibt sich unter Verwendung des Vorschlags im VDEh-Leitfaden?

Lösung

Die Zug-Druck-Wechselfestigkeit σ_{zdW} wird gemäß Tabelle 11.4 aus der 0,2 %-Dehngrenze berechnet:
$\sigma_{zdW} = 0{,}436 \cdot R_{p0,2} + 77 = 535$ MPa.
Die Mittelspannungsempfindlichkeit ergibt sich mit R_m = 1350 MPa aus Bild 11.27 zu M = 0,3. Die zeichnerische Lösung findet sich im Bild 11.33.

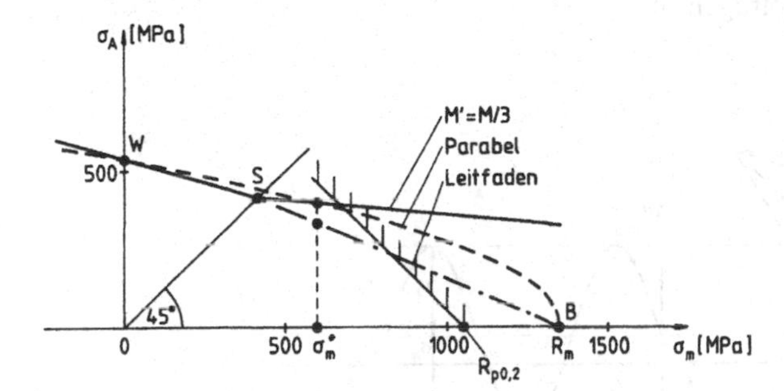

Bild 11.33 *DFS nach Haigh mit Grenzlinien für 30 CrMoV 9*

a) Die Schwellfestigkeit erhält man aus Gleichung (11.35):

$$\sigma_{Sch} = \frac{2 \cdot \sigma_W}{M+1} = \frac{2 \cdot 535}{1{,}3}\ MPa = 823\ MPa\ .$$

b) Für die parabolische Grenzkurve ergibt sich aus Tabelle 11.5:

$$\sigma_A = 535\sqrt{1 - \frac{\sigma_m}{1350}}\ MPa\ .$$

Für eine Mittelspannung σ_m^* = 600 MPa ergibt sich σ_A^* = 399 MPa, siehe auch Bild 11.33.
c) Bei Verwendung der Mittelspannungsempfindlichkeit $M' = M/3 = 0{,}1$ ist wegen $\sigma_m^* > \sigma_{Sch}/2$ die Gleichung (11.37) heranzuziehen:

$$\sigma_A^* = 535 \cdot \frac{1+0{,}1}{1+0{,}3} - 0{,}1 \cdot \sigma_m^* = 453 - 0{,}1 \cdot 600 = 393\ MPa\ .$$

d) Die Neigung M' bei Verwendung des VDEh- Leitfadens ergibt sich aus Gleichung (11.38) zu:

$$M' = \frac{535}{1350 \cdot (1+0{,}3) - 535} = 0{,}44\ .$$

Eingesetzt in Gleichung (11.37) erhält man

$$\sigma_A^* = 535 \cdot \frac{1+0,44}{1+0,3} - 0,44 \cdot \sigma_m = 593 - 0,44 \cdot 600 = 329 \ MPa \ .$$

Aus der in Bild 11.33 eingetragenen Fließbegrenzung ist abzulesen, daß kein Fließen auftritt.

11.6.2 Dauerfestigkeitsschaubild nach Smith

DFS nach Smith

Das früher meist verwendete *Dauerfestigkeitsschaubild nach Smith* [178] hat in erster Linie den Vorteil, daß der zeitliche Verlauf der Spannung im Beanspruchungsniveau direkt dem Schaubild zugeordnet werden kann. Dies wird durch Drehung der im Haigh-Schaubild waagerechten σ_m-Achse um 45° möglich, siehe Bild 11.34. Kennzeichnend für das Smith-Schaubild ist auch, daß sowohl die Grenzlinie für die Oberspannung als auch die Unterspannung eingetragen ist.

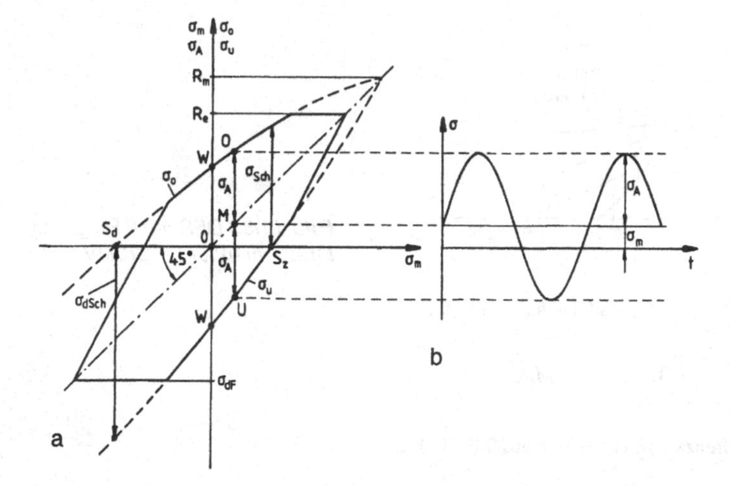

Bild 11.34 *DFS nach Smith a) Konstruktion b) Dauerfest ertragbare Amplitude für Punkt M*

Ausgehend von einer vorgegebenen Mittelspannung (Punkt *M*) ergeben sich mit der zugehörigen dauerfest ertragbaren Amplitude die Grenzpunkte für die Oberspannung (Punkt *O*) und die Unterspannung (Punkt *U*). Die Wechselfestigkeit σ_W erscheint als Schnittpunkt *W* der Grenzlinien mit der Ordinate, die Zugschwellfestigkeit σ_{Sch} ist die Schwingbreite am Schnittpunkt S_z der Unterspannungsgrenzlinie mit der Abszisse. Die Druckschwellfestigkeit ergibt sich entsprechend durch den Schnittpunkt S_d der Oberspannung mit der Abszisse. Um Fließen abzusichern, wird die Oberspannung in Höhe der Streckgrenze R_e sowie die Unterspannung durch die Druckfließgrenze σ_{dF} horizontal abgeschnitten. Im vorliegenden Beispiel ist $\sigma_{dSch} > \sigma_{dF}$. Aus dem etwa maßstäblich gezeichneten Bild 11.34 läßt sich folgern, daß die Druckschwellfestigkeit in der Regel in der Auslegungsrechnung ohne Bedeutung ist. Es ist vielmehr für Mittelspannungen im Druckbereich gegen Druck-Fließen und Knicken abzusichern.

Das Dauerfestigkeitsschaubild nach Smith entspricht dem Dauerfestigkeitsschaubild nach Haigh, wenn man sich die 45°-Winkelhalbierende als σ_m-Abszisse vorstellt und die Amplitudenwerte der Mittelspannung zuordnet. Dies bedeutet, daß sich die Grenzkurven im Smith-Diagramm entsprechend der Haigh-Darstellung in Bild 11.28 ebenfalls als lineare bzw. gekrümmte Verläufe einstellen, siehe Bild 11.35.

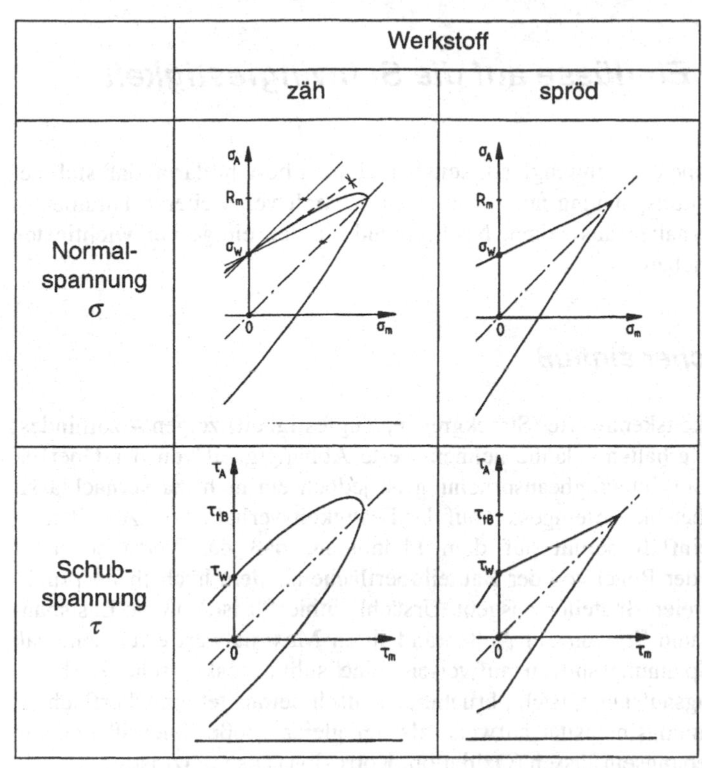

***Bild 11.35** Vereinfachte DFS nach Smith für Normal- und Schubspannungen für zähe und spröde Werkstoffe, schematisch (vgl. Bild 11.28)*

Als Vorteile des Smith-Diagramms gegenüber dem DFS nach Haigh lassen sich anführen:

- Die Schwingung läßt sich anschaulich in ihrem Niveau dem Schaubild zuordnen.
- Die Abgrenzung gegen Fließen wird durch waagerechtes Begrenzen der Ober- und Unterspannung einfach.
- Die Zug- und Druckschwellfestigkeiten erscheinen direkt als Schwingbreiten an den Stellen $\sigma_o = 0$ bzw. $\sigma_u = 0$.

Die Nachteile des Smith-DFS im Vergleich zum Haigh-Diagramm sind:

- Aufwendige analytische Formulierung der Grenzkurven.
- Aufwendige Darstellungsweise (obere und untere Grenzlinie).
- Erschwerte Eintragung von Betriebspunkten und Spannungsverhältnissen.

In der Fachliteratur finden sich zahlreiche DFS für metallische Werkstoffe, wobei bisher noch meist die Auftragung nach Smith üblich ist, siehe z. B. Roloff/Matek [27], FKM-Richtlinie [65]. Dauerfestigkeitsschaubilder können vom Leser individuell mit

Programm PB3_1
Programm P11_2

Programm PB3_1 erstellt werden. Die Auswertung und die grafische Darstellung des DFS nach Smith ist mit dem *Programm P11_2* möglich, siehe Abschnitt 11.13.2.

11.7 Weitere Einflüsse auf die Schwingfestigkeit

Eines der Kernprobleme der Schwingfestigkeitsberechnung besteht darin, daß sich neben Werkstoff und Mittelspannung noch eine große Vielfalt von weiteren Parametern auf das Festigkeitsverhalten auswirken. Nachfolgend werden einige der wichtigsten Einflußgrößen beschrieben.

11.7.1 Oberflächeneinfluß

Die statischen Festigkeitskennwerte (Streckgrenze, Zugfestigkeit) zeigen – zumindest bei zähem Werkstoffverhalten – keine nennenswerte Abhängigkeit von der Oberflächenbeschaffenheit. Bei Schwingbeanspruchung ist jedoch ein nicht zu vernachlässigender Einfluß der Oberflächenfeingestalt auf das Festigkeitsverhalten festzustellen.

Der Oberflächeneinfluß beruht auf dem Phänomen, daß das Versagen unter Schwingbelastung in der Regel von der Bauteiloberfläche als dem höchstbeanspruchten Bereich in fehlerfreien Bauteilen ausgeht. Ursächlich hierfür ist, daß die Lastspannungen bei Biegung und Torsion am Außenrand ihren Maximalwert erreichen, daß Kerbgrundbereiche Spannungsspitzen aufweisen, eine submikroskopische Kerbwirkung durch Versetzungsaufstau entsteht, bruchmechanisch betrachtet ein Oberflächenriß eine höhere Spannungsintensität aufweist als der gleich große Innenriß und die Oberfläche den Umgebungseinflüssen (Oxidation, Korrosion) ausgesetzt ist.

Generell erniedrigt sich mit abnehmender Oberflächenqualität (d. h. zunehmender Rauhtiefe) die Schwingfestigkeit, da sich die Rauheit der Oberfläche zusätzlich in lokalen Spannungsüberhöhungen infolge Mikrokerbwirkung auswirkt, was eine oberflächliche Mikrorißbildung begünstigt.

Oberflächenfaktor

In der Festigkeitsberechnung wird der Oberflächeneinfluß durch eine Korrektur der Schwingfestigkeitskennwerte mit einem *Oberflächenfaktor* C_O berücksichtigt. Prinzipiell sind die zeitlich veränderlichen Anteile, d. h. die Amplituden, zu korrigieren, wobei die polierte Oberfläche als Referenzzustand ($C_O = 1$) angesetzt wird:

$$\sigma_{AO} = C_O \cdot \sigma_{Apol} \; . \qquad (11.42)$$

Hierbei stellt σ_{AO} die bei einer bestimmten Oberfläche ertragbare Amplitude und σ_{Apol} die ertragbare Amplitude im polierten Zustand dar. Meist wird Gleichung (11.42) auf rein wechselnde Belastung angewandt, womit für die korrigierte Wechselfestigkeit gilt:

$$\sigma_{WO} = C_O \cdot \sigma_{Wpol} \; . \qquad (11.43)$$

Die Auswirkung einer Kerbe auf die Schwingfestigkeit ist von der Werkstoffzähigkeit in der Form abhängig, daß ein vermindertes Verformungsvermögen zu erhöhter Kerbempfindlichkeit führt (vgl. Abschnitt 11.8). Da die Steigerung der Werkstoffestigkeit in der Regel mit einer Verminderung der Zähigkeit verbunden ist, bedeutet dies, daß die Schwingfestigkeit hochfester Werkstoffe besonders stark durch Kerben, d. h. auch durch die Oberflächenrauheit, vermindert wird.

Zur Berücksichtigung des Oberflächeneinflusses in der Festigkeitsberechnung stehen Diagramme zur Verfügung, in denen der Oberflächenfaktor C_O für bestimmte Werkstoffgruppen in Abhängigkeit von der Oberflächenbeschaffenheit und der Werkstoffestigkeit (eigentlich Werkstoffzähigkeit!) aufgetragen ist. In Bild 11.36 ist ein solches Diagramm für Stähle mit unterschiedlichen Oberflächen wiedergegeben. Zur Beschreibung des Oberflächeneinflusses wird der Oberflächenfaktor in der Regel in Abhängigkeit von der gemittelten Rauhtiefe R_z nach DIN 4768 [207] angegeben.

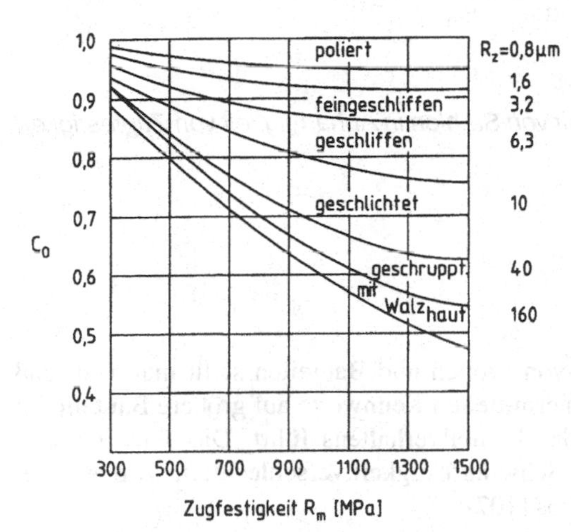

***Bild 11.36** Oberflächenfaktor für Stähle in Abhängigkeit von Zugfestigkeit und Oberflächenzustand, nach Siebel und Gaier [173], vgl. auch VDEh-Leitfaden [118]*

Für Bauteile aus Stählen und Eisengußwerkstoffen wird folgender Ansatz zur Ermittlung des Oberflächenfaktors in Abhängigkeit von Zugfestigkeit R_m (in MPa) und Rauhtiefe R_z (in μm) vorgeschlagen, Hück et al. [92]:

$$C_O = 1 - 0{,}22 \cdot (\lg R_z)^{0{,}64} \cdot \lg R_m + 0{,}45 \cdot (\lg R_z)^{0{,}53} \quad (11.44)$$

Die in der FKM-Richtlinie [65] vorgeschlagenen Oberflächenfaktoren für Walzstahl und Eisengußwerkstoff sind in Bild A15.4 in Anhang A15 dargestellt.

Trägt man, wie in Bild 11.37, die Zug-Druck-Wechselfestigkeit σ_{zdW} für Stähle über der Zugfestigkeit R_m für unterschiedliche Oberflächenzustände unter Verwendung von Tabelle 11.4 und Bild 11.36 auf, so zeigt sich eine degressive Zunahme der Schwingfestigkeit mit der Zugfestigkeit. Dies führt bei extrem rauhen Oberflächen sogar dazu, daß eine Steigerung der Zugfestigkeit des Werkstoffs nicht zu einer Verbesserung – unter ungünstigsten Umständen sogar zur Verschlechterung – der Schwingfestigkeit führt. Hieraus ergibt sich die wichtige Folgerung, daß bei Einsatz hochfester Werkstoffe für schwingend beanspruchte Bauteile der Aufwand zur Erzielung einer hohen Oberflächenqualität an höherbeanspruchten Bauteilbereichen erforderlich und wirtschaftlich gerechtfertigt ist bzw. nur dann den Einsatz eines hochfesten Werkstoffs rechtfertigt.

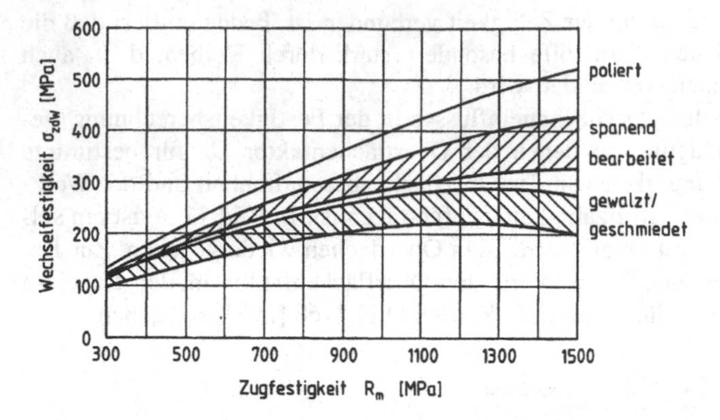

***Bild 11.37** Zug-Druck-Wechselfestigkeit von Stählen in Abhängigkeit von Zugfestigkeit und Oberflächenzustand*

11.7.2 Größeneinfluß

Ursachen

Beim Vergleich der Schwingfestigkeit von Proben und Bauteilen stellt man fest, daß eine Übertragung der an kleinen Proben ermittelten Kennwerte auf größere Bauteile im allgemeinen zu einer Überschätzung des Bauteilverhaltens führt. Die Tatsache, daß sich mit zunehmender Bauteilgröße die Schwingfestigkeit verschlechtert, wird auf drei Ursachen zurückgeführt, siehe z. B. Kloos [107]:

Statistischer Größeneinfluß

- Die Wahrscheinlichkeit, daß sich in einem größeren Volumen (oder besser einer größeren Oberflächenzone) eine größere Anzahl von Fehlstellen als Ausgangsstellen für den Dauerbruch befinden, ist höher als in einem kleineren Volumen (*statistischer Größeneinfluß*).

Spannungsmechanischer Größeneinfluß

- Bei Biegung und Torsion von glatten Bauteilen weist das größere Bauteil bei gleicher Randspannung σ_{max} den kleineren Spannungsgradienten $\chi = (d\sigma/dx)$ auf. Dies hat zur Folge, daß die in einer für die Schädigung relevanten Oberflächenschicht gemittelte Spannung bei der kleinen Probe mit rasch abfallender Spannung kleiner ist als bei der großen Probe, die einen flacheren Spannungsgradienten aufweist, siehe Bild 11.39 (*spannungsmechanischer* oder geometrischer Größeneinfluß). Es ist zu beachten, daß bei gekerbten Bauteilen auch bei Zugbeanspruchung ein Spannungsgradient und somit ein spannungsmechanischer Größeneinfluß vorliegt.

Technologischer Größeneinfluß

- Aufgrund fertigungsbedingter Besonderheiten (Erschmelzen, Gießen, Schmieden, Wärmebehandeln, Umformen) weisen Bauteile unterschiedlicher Größe verschiedene Werkstoffzustände (Gefügeausbildungen) und (Eigen-) Spannungszustände und damit auch unterschiedliche Eigenschaften auf. Dies geht auf größenabhängige Effekte (wie Seigerungs- und Erstarrungsverhalten, Umformgrad, Abkühlungsgeschwindigkeit) zurück (*technologischer Größeneinfluß*).

Oberflächentechnischer Größeneinfluß

Häufig wird als weiterer Größeneinfluß der *oberflächentechnische Größeneinfluß* definiert, der aus einer größenabhängigen Tiefenwirkung von Herstellungsprozessen zur Veränderung der Oberfläche (Oberflächenhärten, Oberflächenverdichten, Überzüge) herrührt. Die Abgrenzung zum technologischen Größeneinfluß ist allerdings fließend.

Die oben beschriebenen Ursachen für den Größeneinfluß lassen sich in der Regel nicht eindeutig voneinander trennen. Das größere Bauteil besitzt gegenüber dem kleineren Bauteil bzw. gegenüber der Probe sowohl unterschiedliche Eigenschaften aus der Herstellung als auch gleichzeitig ausgedehntere Bereiche mit hoher Beanspruchung durch die größere Oberfläche und den flacheren Spannungsgradienten.

Aus der Größenabhängigkeit der Schwingfestigkeit ist in letzter Konsequenz zu folgern, daß die Beanspruchung an der Bauteiloberfläche nicht als Absolutwert in der Festigkeitsberechnung verwendet werden kann, sondern mit dem schädigungsrelevanten Volumen zu modifizieren ist. Dies geht beispielsweise aus Bild 11.38 hervor, in dem Ergebnisse aus Biegeschwellversuchen anhand von Dehnungs-Wöhlerlinien von großen Achsträgern und kleinen Lagerdeckeln aus derselben Schmelze eines Sphärogusses dargestellt sind. Bei gleicher Dehnungsschwingbreite im höchstbeanspruchten Oberflächenbereich ist die Lebensdauer im Zeitfestigkeitsbereich für Anrißbeginn und Bruch sowie die Dauerfestigkeit beim großen Bauteil erheblich geringer als beim kleinen Bauteil.

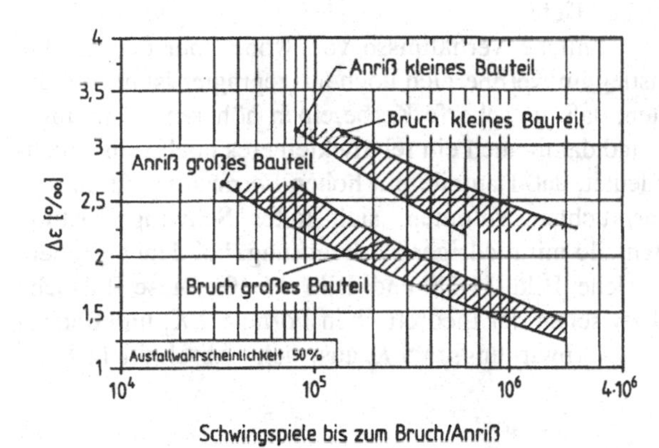

***Bild 11.38** Dehnungs-Wöhlerlinien aus Biegeschwellversuchen an Achsträgern (großes Bauteil) und Lagerdeckeln (kleines Bauteil) aus Sphäroguß GGG-50 gleicher Schmelze*

Einfluß des Spannungsgradienten

Bei der Quantifizierung des Größeneinflusses ist zu beachten, daß dieser nicht vom Absolutwert des Volumens, der Oberfläche oder der Dicke abhängt, sondern daß als wirksame Bauteilgröße nur die Bereiche einzusetzen sind, die mit oder nahezu mit der Maximalspannung beansprucht sind. Konsequenterweise gibt es Vorschläge, solche Bereiche als größeneinflußbestimmend zu definieren, die 95% (Kuguel [114]) oder 90% (Sonsino [179]) der Maximalspannung erreichen.

Hierdurch kommt – neben der Verteilung der Spannung entlang der Oberfläche – dem Gradient der Spannung senkrecht zur Oberfläche eine hohe Bedeutung zu. Schon bei glatten Proben weist die Biege- und Torsionsspannung bei kleinen und großen Proben einen unterschiedlichen Gradienten auf, wie in Bild 11.39 gezeigt ist.

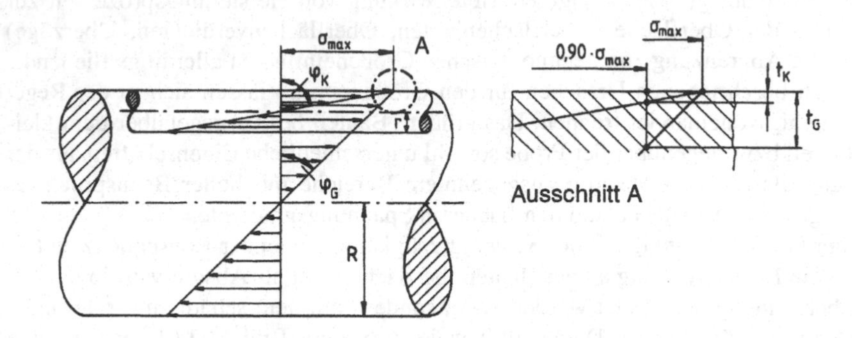

Bild 11.39 *Biegespannungsverteilung bei kleiner und großer Probe bei gleicher Maximalspannung mit Tiefenbereich t_K der kleinen Probe und t_G der großen Probe beansprucht mit 0,9 · σ_{max}*

Bei gleicher Randspannung führt das flachere Spannungsgefälle der großen Probe zu einem größeren Oberflächenbereich (Tiefe t_G) mit beispielsweise 90 % der Maximalspannung als bei der kleineren Probe (Tiefe t_K).

Bei gekerbten Bauteilen liegen ähnliche Verhältnisse vor, wobei hier der Einfluß durch den steileren Spannungsanstieg im Kerbbereich noch ausgeprägter ist als bei der glatten Probe. Hier ist zu beachten, daß die scharfe Kerbe einen höheren Spannungsgradienten als die sanfte Kerbe – und damit auch ein relativ kleineres hochbeanspruchtes Volumen – aufweist. Dies bedeutet, daß Bauteile mit hohen Formzahlen, d. h. vergleichsweise kleinem hochbeanspruchten Volumen, sich unter Schwingbelastung relativ günstiger verhalten, als Bauteile mit niedriger Kerbwirkung, bei denen größere Bereiche hochbeansprucht sind, siehe Bild 11.38 und Bild 11.40. Diese Tatsache drückt sich auch im Unterschied zwischen der theoretischen Formzahl K_t und der bei Schwingbeanspruchung wirksamen Kerbwirkungszahl K_f aus, siehe Abschnitt 11.8.

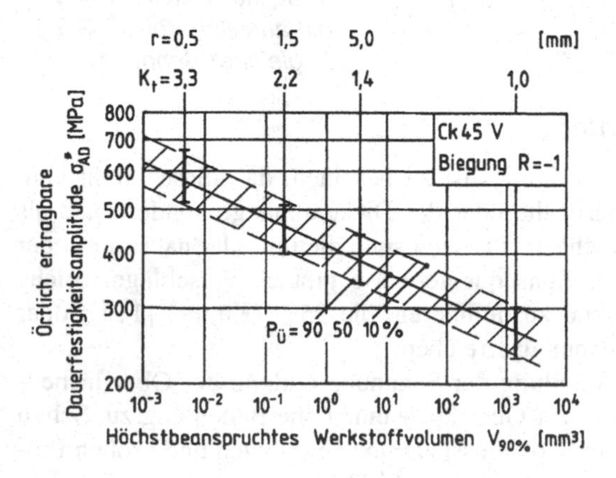

Bild 11.40 *Ergebnisse von Schwingversuchen an gekerbten Proben aus Ck45 V mit unterschiedlicher Kerbschärfe in Abhängigkeit vom hochbeanspruchten Volumen $V_{90\%}$ (Spannung > 0,9 σ_{max}), Sonsino [179]*

Größenfaktor

Der Größeneinfluß wird in der Festigkeitsberechnung, ähnlich dem Oberflächeneinfluß, dadurch berücksichtigt, daß die ertragbare Spannungsamplitude des Bauteils σ_{AB} mit Hilfe eines *Größenfaktors* aus der ertragbaren Amplitude der Probe σ_{AP} überschlägig berechnet wird:

Größenfaktor

$$\sigma_{AB} = C_G \cdot \sigma_{AP} \quad . \tag{11.45}$$

Die meisten Berechnungsverfahren für den Größenfaktor berücksichtigen nur den spannungsmechanischen Größeneinfluß über den Faktor C_{Gsm} (z. B. Wellinger und Dietmann [35]) und/oder den statistischen Größeneinfluß über den Faktor C_{Gst}. Der technologische und der oberflächentechnische Größeneinfluß wird rein empirisch über den an der Oberfläche vorliegenden Werkstoffzustand erfaßt und korrigiert (beispielsweise durch Zugversuche oder Härtemessung, siehe Kloos und Velten [109]). Der Gesamt-Größenfaktor C_G wird meist durch Multiplikation der Einzelfaktoren gebildet, siehe z. B. Liu und Zenner [124] und VDEh-Leitfaden [118]:

$$C_G = C_{Gst} \cdot C_{Gsm} \quad . \tag{11.46}$$

Ansätze für den statistischen Größenfaktor ergeben sich beispielsweise aus dem *Fehlstellenmodell nach Heckel* [50]:

Fehlstellenmodell nach Heckel

$$C_{Gst} = \left(\frac{A_P}{A_B} \right)^{\frac{1}{k}} \quad . \tag{11.47}$$

A_P steht für die Bezugsfläche der Probe, während A_B den Bauteilquerschnitt bezeichnet. Als Bezugsoberfläche wird $A_P = 800\ mm^2$ und als Weibull-Exponent $k = 10 \div 30$ für technische Werkstoffe (Stähle $k = 30$) vorgeschlagen.

Ähnliche Aussagen für den Größeneinfluß liefern *Volumenbeziehungen*, wie z. B. die Formel nach *Kuguel* [114], die für Stähle lautet:

Volumenbeziehung nach Kuguel

$$C_{Gst} = \left(\frac{V_B}{V_P} \right)^{-0{,}034} \tag{11.48}$$

In Gleichung (11.48) ist V_P das Volumen der Probe. Als Bauteilvolumen V_B ist der Bereich einzusetzen, der mindestens 95 % der Maximalspannung erreicht.

Ein weiteres *Fehlstellenmodell*, das den statistischen und den spannungsmechanischen Größeneinfluß erfaßt, ist das von *Kogaev und Serensen* [111], siehe auch Hänel und Wirthgen [73]. Dieses Verfahren geht vom Weibullschen Konzept des schwächsten Gliedes aus und beschreibt den schädigungsrelevanten Spannungsbereich durch die Formzahl K_t, das Spannungsgefälle χ^* (siehe Gleichung (11.61)) und eine wirksame Länge L entlang der Oberfläche, welche mit der Maximalspannung beansprucht ist. Aus diesen Größen wird ein *Gestalteinflußfaktor* K_σ' gebildet, der sowohl Kerb- als auch Größeneinflüsse enthält. Der Gestalteinflußfaktor, mit welchem die Wechselfestigkeit der glatten Kleinprobe abgemindert wird, wird mit Hilfe der Ähnlichkeitszahl F_Θ aus der Formzahl K_t gemäß

Fehlstellenmodell nach Kogaev und Serensen

Gestalteinflußfaktor

$$K_\sigma' = K_t \cdot F_\Theta \tag{11.49}$$

Ähnlichkeitszahl

errechnet. Die *Ähnlichkeitszahl* F_Θ hängt vom Verhältnis L/χ^* des Bauteils zu dem der Bezugsprobe $(L/\chi^*)_0$ und einer Werkstoffkonstanten ν_σ ab:

$$F_\theta = \frac{2}{1+\left(\frac{L/\chi^*}{\left(L/\chi^*\right)_0}\right)^{-\nu_\sigma}} \quad . \tag{11.50}$$

Für die übliche ungekerbte Umlaufbiegeprobe mit 7,5 mm Durchmesser wird das Verhältnis $(L/\chi^*)_0 = 88{,}3\ mm^2$. Die werkstoffabhängige Konstante ν_σ kann experimentell bestimmt oder aus der Zugfestigkeit berechnet werden:

$$\nu_\sigma = 0{,}2 - 0{,}0001 \cdot R_m \quad . \tag{11.51}$$

Hierbei ist R_m in MPa einzusetzen. Bei Torsion ist in Gleichung (11.50) der Wert $\nu_\tau = 1{,}5 \cdot \nu_\sigma$ zu verwenden.

Die Methode von Kogaev und Serensen kann offenbar auch zur Berücksichtigung des Größeneinflusses bei nitrierten Bauteilen erweitert und angewandt werden, siehe Spies et al. [180].

Da eine genaue Erfassung des Einflusses der Bauteilgröße in Abhängigkeit von Werkstoff, Abmessungen und Spannungsgradient sehr aufwendig ist, wird der Größeneinfluß bei Schwingbeanspruchung in der Praxis entweder nur über die Kerbwirkungszahl (siehe Abschnitt 11.8) oder rein pauschal und empirisch über einen Größenfaktor in die Festigkeitsrechnung einbezogen. Bei anderen Autoren wird der Größeneinfluß nicht berücksichtigt, z. B. Haibach [16].

Für eine grobe Abschätzung des Größenfaktors und eine überschlägige Auslegung finden sich in zahlreichen Büchern, z. B. Dubbel [12], Holzmann et al. [17], Roloff/ Matek [27] sowie Wellinger und Dietmann [35], Diagramme, in denen der Größenfaktor in Abhängigkeit von der Absolutgröße oder der auf die Kleinprobe bezogenen Bauteilgröße aufgetragen ist. In Bild 11.41 ist ein Diagramm wiedergegeben, in dem der Größenfaktor C_G über dem bezogenen hochbeanspruchten Volumen (Bauteil zu Probe) aufgetragen ist, z. B. $V_{90\%B}/V_{90\%P}$. Das Diagramm deckt die herkömmlichen Vorschläge ab und berücksichtigt neuere Versuchsergebnisse, siehe Bild 11.38 und 11.40.

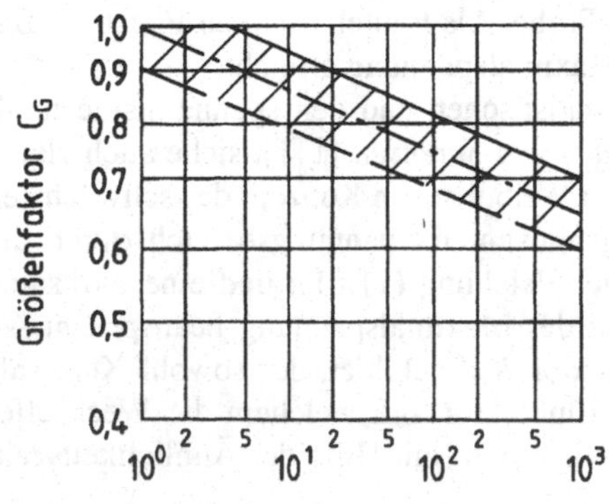

Bild 11.41 Anhaltswerte für den Größenfaktor

11.7.3 Umgebungseinflüsse

Die Schwingfestigkeit von Bauteilen wird auch durch die Umgebungsbedingungen, vor allem durch Temperatur und korrosive Medien bestimmt. Der *Temperatureinfluß* unterhalb der Kristallerholungstemperatur (d. h. des Kriechbereiches) spiegelt sich im wesentlichen im Verlauf der statischen Kennwerte wieder. Bei den meisten metallischen Werkstoffen ist demnach mit zunehmender Temperatur mit einer Abnahme der Schwingfestigkeit zu rechnen. Bei Schwingbeanspruchung oberhalb der Kristallerholungstemperatur wird der Schädigung durch Ermüdung eine Kriechschädigung überlagert (Kriechermüdung). In diesem Fall liegt ein Frequenzeinfluß in dem Sinne vor, daß eine Erniedrigung der Belastungsfrequenz zu einer verringerten Lebensdauer führt, da bei gleicher Schwingspielzahl eine längere Versuchszeit, d. h. auch eine verlängerte Kriechphase vorliegt.

Temperatureinfluß

Eine *korrosive Umgebung* (z. B. feuchte Luft, Meerwasser, chemische Agenzien) führt gegenüber nichtkorrosiver Umgebung ebenfalls zu einer zusätzlichen Schädigung und damit zu einer verringerten Schwingspielzahl bzw. Dauerfestigkeit. Der negative Korrosionseinfluß geht einerseits auf die Begünstigung der Ermüdungsmechanismen, andererseits auf eine Veränderung der Oberfläche (Aufrauhung durch Narben- und Mikrorißbildung) und auf die Beschleunigung des Rißwachstums zurück (Korrosionsermüdung, Schwingungsrißkorrosion). Kennzeichnend für Versuche in korrosiver Umgebung sind Wöhlerlinien, die auch bei hohen Schwingspielzahlen keine ausgeprägte Dauerfestigkeit aufweisen, sondern u. U. bis auf Null abfallen (weshalb nur noch von einer *Korrosionszeitfestigkeit* gesprochen werden kann), siehe Bild 11.42.

Korrosionseinfluß

Korrosions-zeitfestigkeit

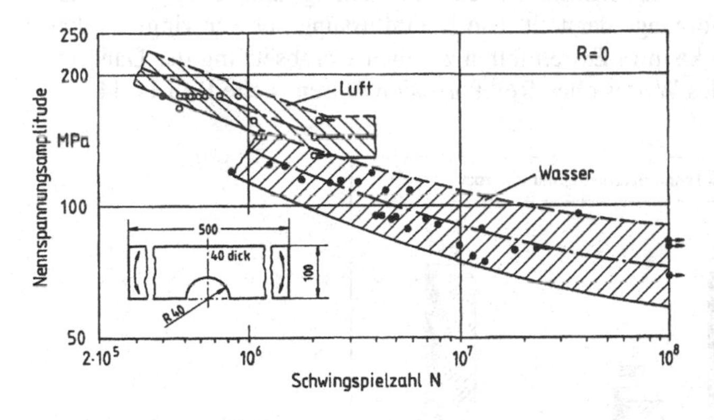

***Bild 11.42** Einfluß der Korrosion auf die Biegespannungsamplitude von Stahlguß G-X5CrNi134, Buxbaum [7]*

Wie bei Kriechermüdung ist auch bei Korrosionsermüdung ein ausgeprägter *Frequenzeinfluß* zu beobachten, wobei wiederum eine niedrige Frequenz bei gleicher Schwingspielzahl einen länger dauernden Korrosionsangriff, d. h. eine größere Schädigung bedeutet, siehe Bild 11.43. Schwingversuche mit Korrosionseinfluß müssen daher bei repräsentativen Betriebsfrequenzen durchgeführt werden, eine Zeitraffung zur Verkürzung der Versuchsdauer ist grundsätzlich unzulässig.

Frequenzeinfluß

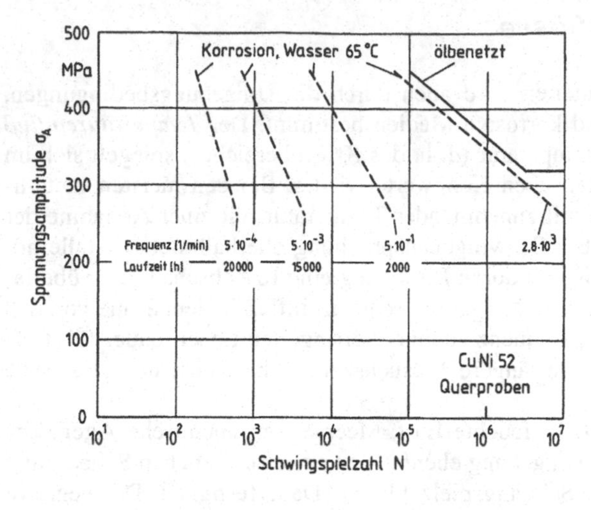

Bild 11.43 *Einfluß der Frequenz bzw. der Laufzeit auf die Biegewechselfestigkeit eines warmfesten Stahls [166]*

11.7.4 Weitere schwingfestigkeitsmindernde Einflüsse

Reibkorrosion

Jegliche ungünstige Änderung der Geometrie, des Gefüges und des Spannungszustandes im Oberflächenbereich muß zwangsläufig zu einer Verminderung der Schwingfestigkeit führen. Ein praktisches Beispiel hierfür ist die *Reibkorrosion* (Reibrost), welche eine Veränderung der Oberfläche durch Aufrauhung und Gefügeveränderung infolge tribologischer Vorgänge darstellt. Die Beeinflussung der Schwingfestigkeit ist werkstoffspezifisch und kann in Extremfällen zu einer Herabsetzung der Dauerfestigkeit bis auf ein Viertel des Wertes ohne Reibkorrosion führen, siehe Bild 11.44.

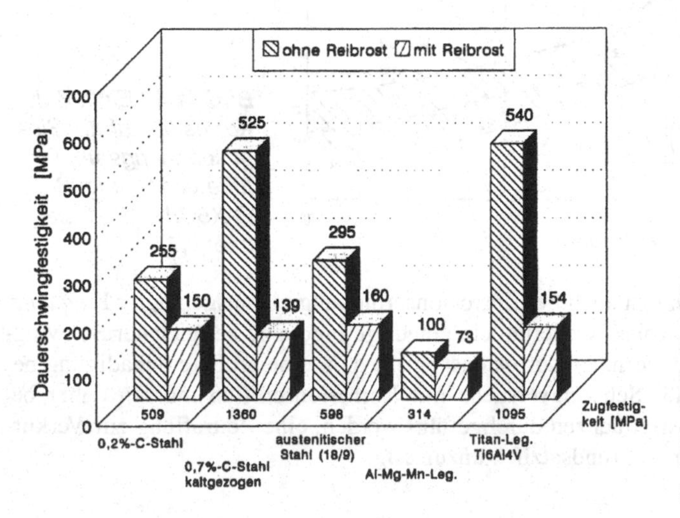

Bild 11.44 *Zug-Druck-Wechselfestigkeit unterschiedlicher Werkstoffe mit und ohne Reibkorrosion bei artgleicher Paarung, Taylor und Waterhouse [181]*

Randentkohlung

Ein weiteres Beispiel eines negativen Randeinflusses stellt die *Randentkohlung* dar, wie sie beispielsweise beim Warmumformen (z. B. Schmieden) und Glühen bei höheren Temperaturen (z. B. Normalisieren) auftreten kann. Die Verarmung an Kohlenstoff führt zu einem Abfall der Härte und damit auch der Streckgrenze und der Zugfestigkeit im Randbereich, was sich wiederum in einer verminderten Schwingfestigkeit auswirkt.

Eigenspannungen

Die Schwingfestigkeit von Bauteilen wird durch etwa vorhandene *Eigenspannungen* beeinflußt. Eigenspannungen wirken als statische Spannungskomponente und überlagern sich den Mittelspannungen aus der äußeren Belastung. Grundsätzlich sollte man davon ausgehen, daß im Sinne des im DFS dargestellten Mittelspannungseinflusses – bei nicht sehr hohen Lastmittelspannungen, siehe Bild 11.46 – Zugeigenspannungen die Schwingfestigkeit herabsetzen, während Druckeigenspannungen schwingfestigkeitssteigernd wirken. Die Annahme, daß sich die Lastmittelspannungen und die Eigenspannungen in gleicher Weise auf die Schwingfestigkeit auswirken, muß allerdings, wie neuere Ergebnisse zeigen, eingeschränkt werden. Grundsätzlich nimmt die *Eigenspannungsempfindlichkeit* M_{ei}, wie auch die Mittelspannungsempfindlichkeit M mit zunehmender Werkstoffestigkeit zu, sie ist jedoch geringer. Bei Stählen kann M_{ei} als untere Begrenzung der Streubänder in Bild 11.27 angenommen werden. Dies kann damit erklärt werden, daß die Eigenspannungen meist sehr inhomogen verteilt sind und daher ein lokaler Spannungsabbau durch Plastifizierung und eine dynamische Stützwirkung möglich ist. Außerdem wirken Eigenspannungen nicht notwendigerweise in Richtung der maximalen Lastspannungsamplitude.

Eigenspannungsempfindlichkeit

Ein technisch wichtiges Beispiel für die nachteilige Auswirkung von Zugeigenspannungen stellen Schweißverbindungen dar. In ungeglühten Nähten steht der Nahtbereich häufig unter Zugeigenspannungen (Bild 11.45a), siehe auch Bilder 9.41 und 9.43, die bei Schwingbeanspruchung im Sinne einer positiven Mittelspannung wirken und dadurch eine Verringerung der ertragbaren Amplitude verursachen, siehe Bild 11.45b.

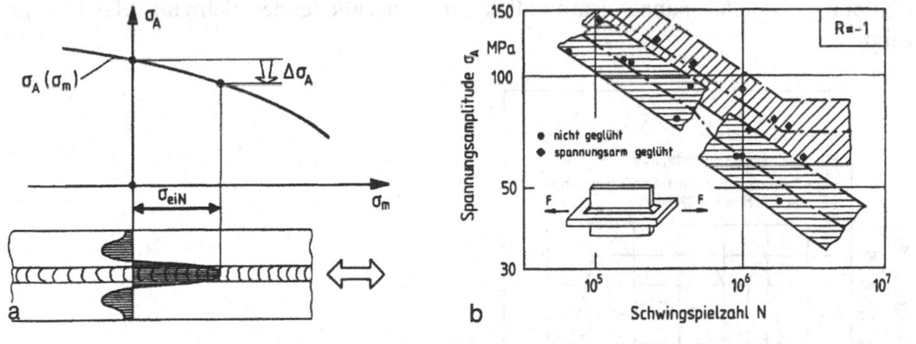

Bild 11.45 *Einfluß von Schweißeigenspannungen auf die Schwingfestigkeit*
a) Schematischer Verlauf der Eigenspannungen in Längsrichtung einer Schweißnaht und hierdurch verursachter Abfall der Schwingfestigkeit im DFS
b) Auswirkung des Spannungsarmglühens auf die Schwingfestigkeit von geschweißten Längssteifen, Olivier und Ritter [152]

Wechselwirkung Last- / Eigenspannung

Die in Bild 11.45 gezeigte Verminderung der *Wechselfestigkeit* durch Zug-Eigenspannungen kann nicht ohne weiteres auf mittelspannungsbehaftete Schwingbeanspruchung übertragen werden. Wie in Bild 11.46 schematisch dargestellt, wird die Neigung des DFS mit größer werdenden Eigenspannungen zunehmend flacher. Bei extrem hohen Zug-Eigenspannungen wirken sich die Last-Mittelspannungen nicht mehr aus (Delta-Sigma-Konzept, siehe auch [221]. Diese Tatsache kann dadurch erklärt werden, daß durch die Überlagerung von Last- und Eigenspannungen Fließen eintritt, was im Sinne der Vorzeichenumkehr zu einem Abbau der Eigenspannungsspitzen und zum Aufbau von Druckeigenspannungen führt, siehe auch Bild 9.50.

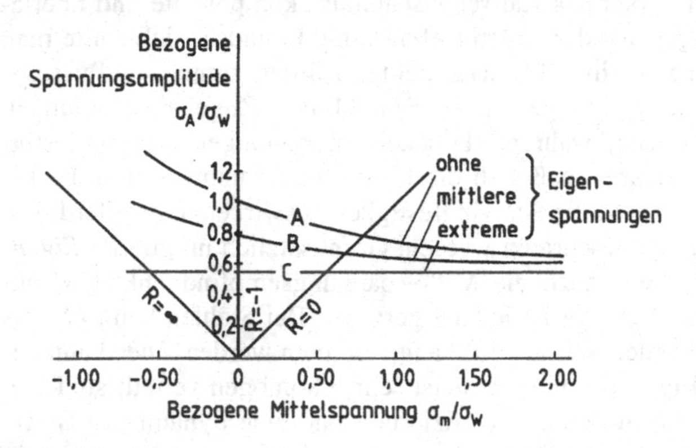

***Bild 11.46** DFS für Schweißverbindungen an Baustählen mit unterschiedlichen Zug-Eigenspannungsniveaus, Buxbaum [7]*

Eigenspannungsabbau durch Schwingbeanspruchung

Abschließend ist auf den Umstand hinzuweisen, daß bei eigenspannungsbehafteten schwingbeanspruchten Bauteilen ein *Abbau der Eigenspannungen* während der Lebensdauer *infolge der Schwingbeanspruchung* eintreten kann. Dieser Effekt tritt bei Beanspruchungen auch unterhalb der statischen Streckgrenze auf und läßt sich durch die niedriger liegende zyklische Streckgrenze sowie durch den Abbau von Eigenspannungen im Mikrobereich (II. und III. Art, siehe Bild 9.35) erklären. In Bild 11.47 ist für eine WIG-Naht an einem höherfesten Feinkornbaustahl der Abbau der Längs-Eigenspannungen durch Spannungsarmglühen und anschließender Schwingbelastung gezeigt.

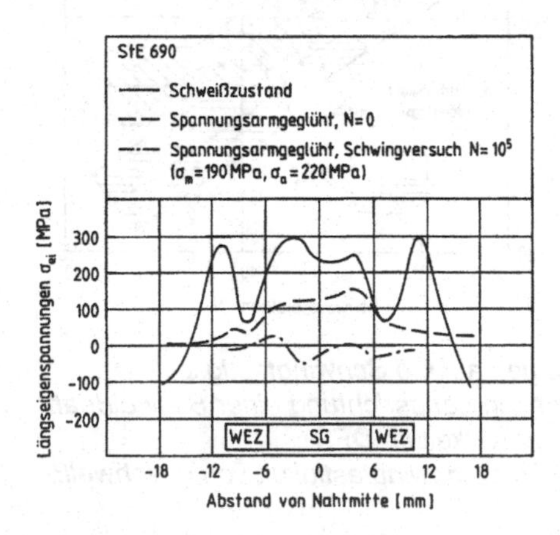

***Bild 11.47** Veränderung der Eigenspannungsverteilung in Längsrichtung von WIG-Stumpfnähten aus StE 690 durch Glühen und Schwingbelastung, Nitschke-Pagel und Wohlfahrt [149]*

11.7.5 Verfahren zur Steigerung der Schwingfestigkeit

Die Maßnahmen zur Steigerung der Schwingfestigkeit sind auf eine gezielte günstige Veränderung des Werkstoff- und Spannungszustandes an der Oberfläche sowie die Verbesserung der Oberflächenqualität in schwingbruchgefährdeten Bauteilbereichen ausgerichtet. Die üblicherweise angewandten Verfahren bewirken eine Steigerung der Festigkeit im Randbereich, eine Verbesserung der Oberflächengüte und einen Aufbau von Druckeigenspannungen, siehe Bild 11.48.

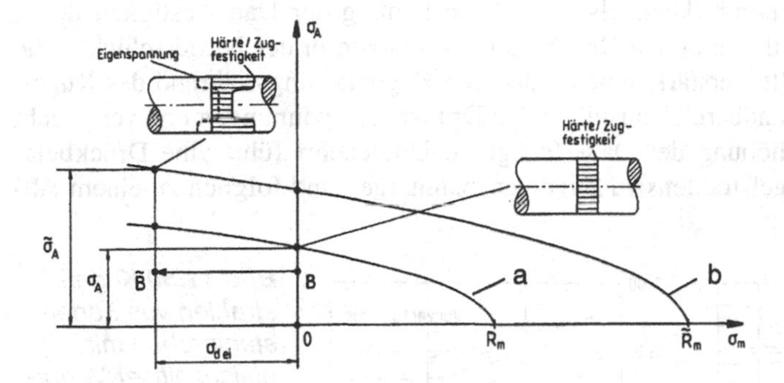

Bild 11.48 Schematische Darstellung der Schwingfestigkeitssteigerung durch Oberflächenbehandlung im DFS a) unbehandelt b) behandelt

Im DFS in Bild 11.48 ist schematisch gezeigt, daß es einerseits zu einer Erweiterung der Grenzlinien durch die erhöhte Festigkeit und andererseits zu einer Verschiebung der Mittelspannung zu negativen Werten um den Betrag der Druckeigenspannung an der Oberfläche kommt. Unter optimalen Voraussetzungen läßt sich eine Erhöhung der Dauerfestigkeit bis zu 150 % erzielen, Sonsino [179].

In der Praxis gebräuchliche Verfahren zur Erzielung dieser Effekte sind neben einem Polieren der hochbeanspruchten Kerbbereiche vor allem mechanische Maßnahmen wie Festwalzen, Rollen, Strahlen, Hartdrehen und Autofrettage. Außerdem kommen thermische oder thermochemische Behandlung wie Einsatzhärten, Nitrieren, Induktions- und Flammhärten der schwingbruchgefährdeten Bauteilbereiche in Frage. Eine optimale Verbesserung der Schwingfestigkeit setzt allerdings eine gezielte Einstellung und Kontrolle der Prozeßparameter voraus. Eine wichtige Rolle für die Steigerung der Schwingfestigkeit spielt hierbei die Tiefe der Randschicht in Verbindung mit dem Spannungsgefälle, siehe Beispiel für Einsatzhärtung in Bild 11.49.

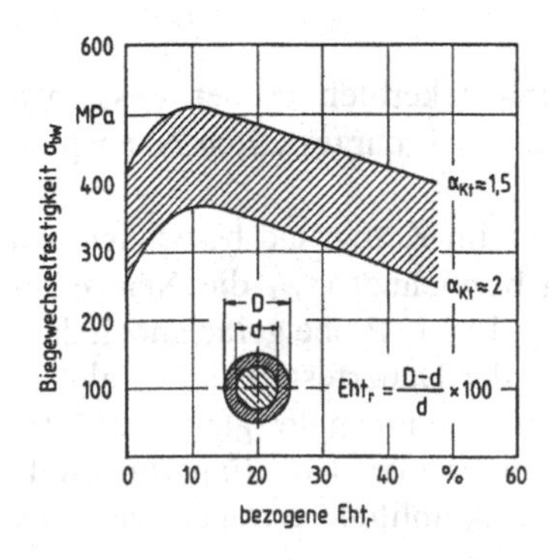

Bild 11.49 Biegewechselfestigkeit in Abhängigkeit von der bezogenen Einhärtetiefe, Liedtke [121]

So ziehlt beispielsweise eine zu große Einhärtetiefe die Gefahr eines ungünstigen Gefügezustandes und einer verstärkten Randoxidation nach sich. Bei zu dünner Randschicht besteht die Gefahr, daß sich der Daueranriß im Innern am Übergang Rand – Kern ohne nennenswerte Steigerung der Schwingfestigkeit entwickelt. Durch ungeeignete Parameter beim Sand- und Kugelstrahlen kann es zu einer Aufrauhung der Oberfläche und zu einer verstärkten Kerbempfindlichkeit durch Kaltverfestigung und folglich zu einem Abfall der Schwingfestigkeit durch die Strahlbehandlung kommen.

Druckeigenspannung

Neben der Festigkeitssteigerung im Randbereich sind die am Rand sich aufbauenden *Druckeigenspannungen* von wesentlicher Bedeutung für die Steigerung der Schwingfestigkeit. So beruht beispielsweise die Erhöhung der Dauerfestigkeit durch Nitrieren wesentlich auf den hohen Druckeigenspannungen in der Nitrierschicht. Wie in Bild 11.50 dargestellt, verstärkt eine zusätzliche Zugbelastung während des Kugelstrahlens die sich im Randbereich ausbildenden Druckeigenspannungen und verursacht damit eine weitere Erhöhung der Dauerfestigkeit. Umgekehrt führt eine Druckbelastung während des Kugelstrahlens zu Zugeigenspannungen und folglich zu einem Abfall der Dauerfestigkeit.

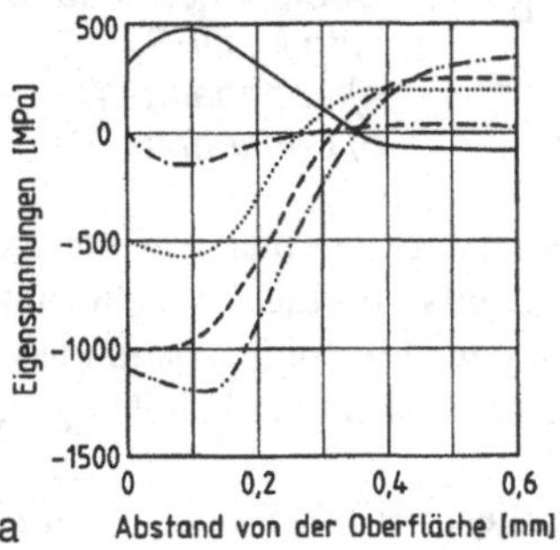

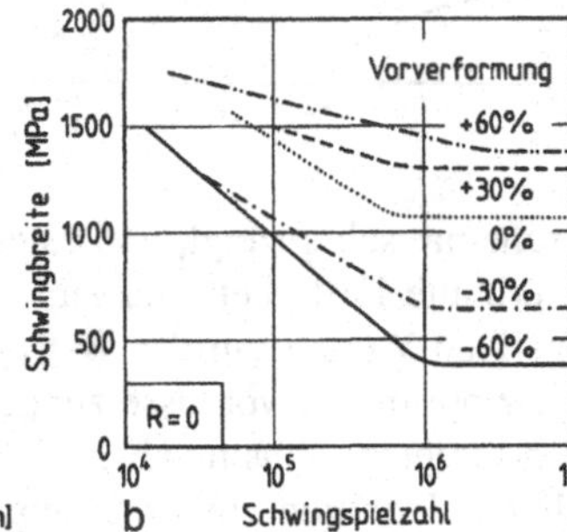

Bild 11.50 *Kugelstrahlen von Federstahlproben mit gleichzeitiger Verformung, nach Mattson und Roberts, siehe auch [16] [128] a) Eigenspannungsverlauf b) Wöhlerlinien für Schwellbelastung*

11.8 Kerbwirkung bei schwingender Beanspruchung

11.8.1 Kerbwirkungszahl

Problemstellung

Führt man Schwingfestigkeitsversuche an glatten und gekerbten Proben desselben Werkstoffs durch, erhält man die in Bild 11.51 schematisch dargestellten Nennspannungs-Wöhlerlinien.

Die maximale Spannungs- bzw. Dehnungsamplitude im Kerbgrund berechnet sich nach Gleichung (8.7) zu $\sigma_{amax} = K_t \cdot \sigma_{ank}$. Hierbei bezeichnet σ_{ank} die Nennspannungsamplitude im Kerbgrund. Man erwartet, daß die gekerbte Probe gerade noch dauerfest ist, wenn die maximale Amplitude σ_{amax} gleich der Dauerfestigkeit des glatten Stabes σ_{Dg} ist. Demnach wäre das Verhältnis der Nennspannungen des glatten und des gekerbten Stabs bei Dauerfestigkeit σ_{Dg}/σ_{Dk} gleich der Formzahl K_t. Experimentelle Befunde zeigen jedoch, daß beim Kerbstab meist eine Amplitude ertragen wird, die

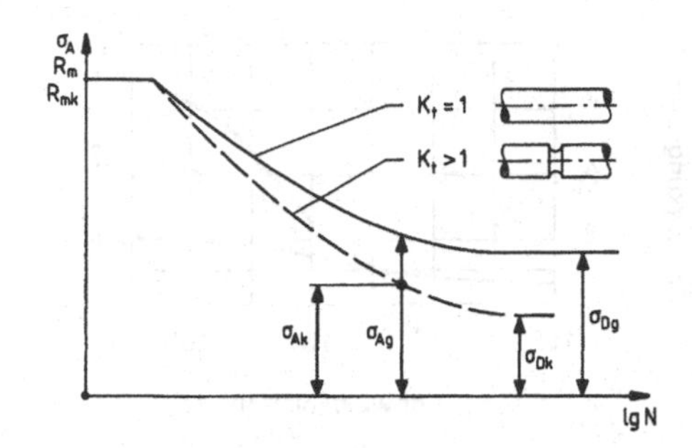

Bild 11.51 *Schematischer Verlauf der Nennspannungs-Wöhlerlinie bei Schwingversuchen an glatten und gekerbten Proben aus zähen Werkstoffen*

den Wert σ_{Dg}/K_t übersteigt. Mit einer Auslegung schwingend beanspruchter Bauteile unter Zuhilfenahme der Formzahl K_t gemäß $\sigma_{Dk} = \sigma_{Dg}/K_t$ liegt man daher in der Regel auf der sicheren Seite, allerdings führt dies häufig zu einer Überdimensionierung der Bauteile. Um das wirkliche Festigkeitsverhalten schwingend beanspruchter Bauteile zutreffender zu beschreiben, wird als neue Kenngröße die Kerbwirkungszahl K_f eingeführt. Der Index *f* steht für *fatigue* (Ermüdung).

Definition

Kerbwirkungszahl

Die *Kerbwirkungszahl* K_f, für welche auch das Formelzeichen β_k verwendet wird, ist definiert als Quotient aus der Dauerfestigkeit des glatten Stabes σ_{Dg} und der Dauerfestigkeitsnennspannung des gekerbten Stabes σ_{Dk}, siehe Bild 11.51:

$$K_f \equiv \frac{\sigma_{Dg}}{\sigma_{Dk}} \; . \qquad (11.52)$$

Mit Hilfe von Gleichung (11.52) ergibt sich demnach die Dauerfestigkeit des gekerbten Stabs zu:

$$\sigma_{Dk} = \frac{\sigma_{Dg}}{K_f} \; . \qquad (11.53)$$

Der mögliche Wertebereich von K_f im Bereich der Dauerfestigkeit ist durch die Ungleichung

$$1 \leq K_f \leq K_t \qquad (11.54)$$

gegeben. Eine Kerbwirkungszahl $K_f = 1$ bedeutet, daß sich eine Kerbe bei Schwingbeanspruchung gegenüber einem glatten Stab mit den Abmessungen des Kerbquerschnitts nicht festigkeitsmindernd auswirkt. Die obere Abgrenzung $K_f = K_t$ drückt aus, daß die theoretische Spannungsspitze im Kerbgrund schwingend voll schädigungswirksam ist.

Da bei zähen Werkstoffen die Kerbzugfestigkeit R_{mk} die Zugfestigkeit R_m des glatten Stabs erreicht oder gar übersteigt (siehe Abschnitt 9.3.3), kommt es zu einer Überschneidung der Wöhlerlinien der glatten und gekerbten Proben im mittleren Zeitfestigkeitsbereich, siehe Bild 11.52.

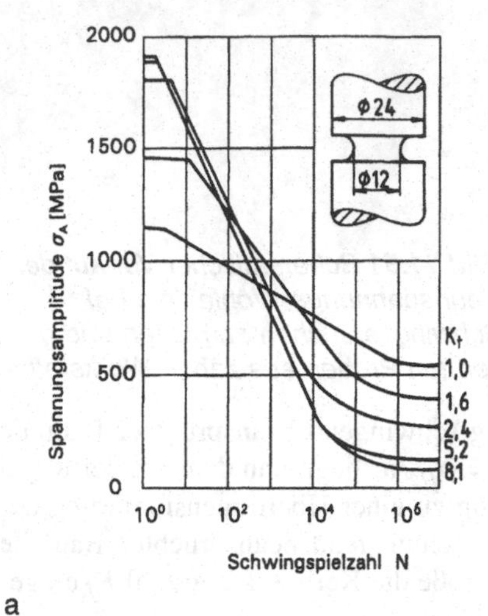

a

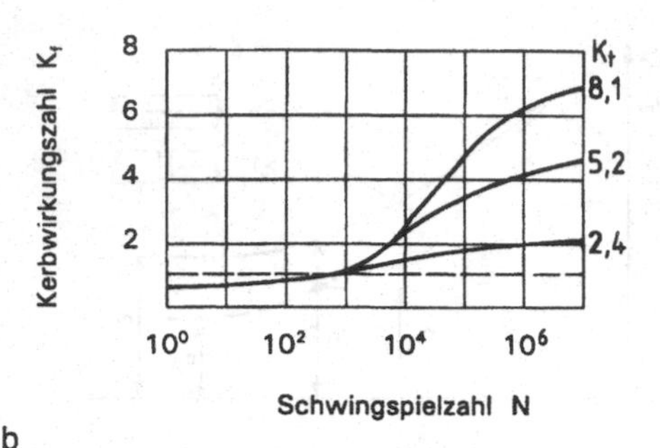

b

Bild 11.52 *Ergebnisse von Zug-Druck-Wechselversuchen an Vergütungsstahl 34 CrNiMo 6, Liebrich [120]*
a) Wöhlerlinien an Proben mit unterschiedlichen Formzahlen
b) Kerbwirkungszahlen im Zeit- und Dauerfestigkeitsbereich

Überträgt man rein formal die – strenggenommen nur für die Dauerfestigkeit definierte – Kerbwirkungszahl nach Gleichung (11.52) in den Zeitfestigkeitsbereich, so kann diese in formal gleicher Weise auch für die ertragbaren Zeitfestigkeits-Amplituden σ_{Ag} und σ_{Ak} definiert werden, siehe Bild 11.51:

$$K_f = \frac{\sigma_{Ag}}{\sigma_{Ak}} \ . \tag{11.55}$$

Wie aus Bild 11.52 hervorgeht, nimmt bei zähem Werkstoffverhalten K_f mit abnehmender Bruchschwingspielzahl N ab und nimmt im Bereich der statischen Festigkeit den Wert 1 – unter Berücksichtigung des Constraint-Effekts (Abschnitt 9.3.2) im oberen Zeitfestigkeitsbereich rein formal sogar kleiner als 1 – an.

Werkstoffmechanische Modellvorstellung

In der Literatur finden sich zahlreiche Ansätze, mit denen versucht wird zu erklären, weshalb sich die theoretische Formzahl K_t bei schwingbeanspruchten gekerbten Bauteilen nicht voll auswirkt. Die ersten Ansätze (insbesondere von Siebel und Mitarbeitern, um 1950 [174] [175]) erklären dieses Phänomen mit einer dynamischen Stützwirkung. Dieser Ansatz, der sich an den Begriff der statischen Stützwirkung (siehe Abschnitt 9.2) anlehnt, geht von der Vorstellung aus, daß für den Dauerbruch nicht die Spitzenspannung $K_t \cdot \sigma_n$ im Kerbgrund, sondern die kleinere effektive Spannung $K_f \cdot \sigma_n$ einer begrenzten *Prozeßzone* für das Versagen ursächlich ist, Bild 11.53.

Prozeßzone

Neuere Überlegungen versuchen, die Auswirkung einer Kerbe bei Schwingbeanspruchung über den Größeneinfluß bzw. über Fehlstellenmodelle zu erklären, siehe Abschnitt 11.7.2, insbesondere Bild 11.40. Das relativ günstigere Abschneiden einer scharfen Kerbe gegenüber einer weniger scharfen wird darauf zurückgeführt, daß das hochbeanspruchte Volumen im Kerbbereich geringer ist, da infolge des höheren Spannungsgradienten nur ein sehr eng begrenzter Bereich im Kerbgrund hohen Spannungen ausgesetzt ist. Demnach ist die Kerbwirkungszahl vom Spannungsgradient in dem

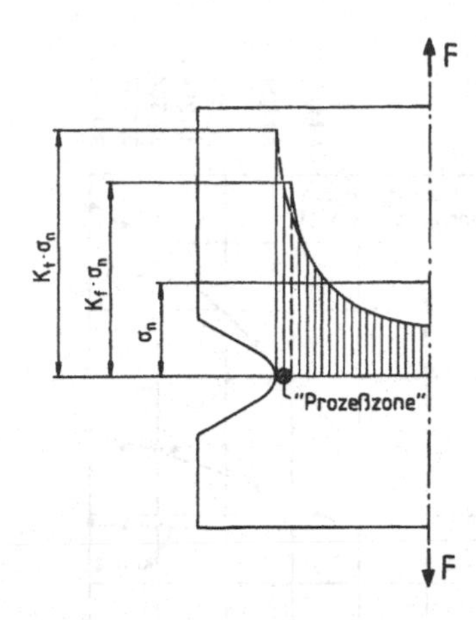

Bild 11.53 *Theoretische und schwingfestigkeitswirksame Spannungsüberhöhung im Kerbgrund*

Sinne abhängig, daß ein steileres Gefälle zu einem größeren Unterschied zwischen K_f und K_t führt. Welches Spannungsniveau sich relativ zur Spitzenspannung als festigkeitsrelevant auswirkt, hängt von Art und Zustand des Werkstoffs ab. Generell ist festzustellen, daß mit abnehmender Festigkeit, was in der Regel gleichbedeutend ist mit zunehmender Zähigkeit, sich die Kerbe schwingend weniger stark auswirkt, d. h., daß das Verhältnis K_f / K_t abnimmt.

Werkstoffeinfluß

Die Konsequenzen der Wechselwirkung zwischen Werkstoffestigkeit (-zähigkeit) und Kerbschärfe sind aus den Ergebnissen von Zug-Druck-Wechsel-Versuchen an gekerbten Flachstäben in Bild 11.54 (Stähle) und Bild 11.55 (Al-Knetlegierungen) ersichtlich. Mit zunehmender Zugfestigkeit R_m des Werkstoffs steigt die Zug-Druck-Wechselfestigkeit σ_{zdW} der glatten Probe (K_t = 1,0) annähernd proportional an. Beim scharf gekerbten Stab (K_t = 5,2) ist bei den höherfesten Werkstoffen jedoch mit zunehmendem R_m praktisch keine weitere Steigerung der Wechselfestigkeit festzustellen. Weiterhin ist abzulesen, daß bei scharfen Kerben aufgrund des höheren Spannnungsgradienten ein vergleichsweise geringerer Abfall der Wechselfestigkeit auftritt als bei sanften Kerben (vgl. Differenz der Linien für K_t = 1,0 gegen 2,5 mit Differenz K_t = 2,5 gegen 5,2).

Ähnliche Verläufe hatten sich schon beim Einfluß der Oberfläche auf die Schwingfestigkeit eingestellt, siehe Bild 11.37.

11.8.2 Berechnungsverfahren

Während es für die Bestimmung der Formzahl K_t analytische Lösungen gibt, beruht die rechnerische Ermittlung von K_f auf empirischen Ansätzen. Diese leiten sich aus den oben beschriebenen Modellvorstellungen ab und berücksichtigen neben der Kerbform (K_t) sowohl den Werkstoffeinfluß als auch den Spannungsgradienten im Kerbgrund, welcher von der Kerbschärfe und der Beanspruchungsart abhängt. Allen Verfahren ist gemeinsam, daß sie die Kerbwirkungszahl K_f aus der Formzahl K_t und einer dynamischen *Kerbempfindlichkeit q* bei schwingender Beanspruchung berechnen. Im Laufe der zurückliegenden Jahrzehnte wurden zahlreiche Berechnungsverfahren zur Berücksichtigung der Kerbwirkung bei Schwingbeanspruchung entwickelt, siehe Zusammen-

Kerbempfindlichkeit

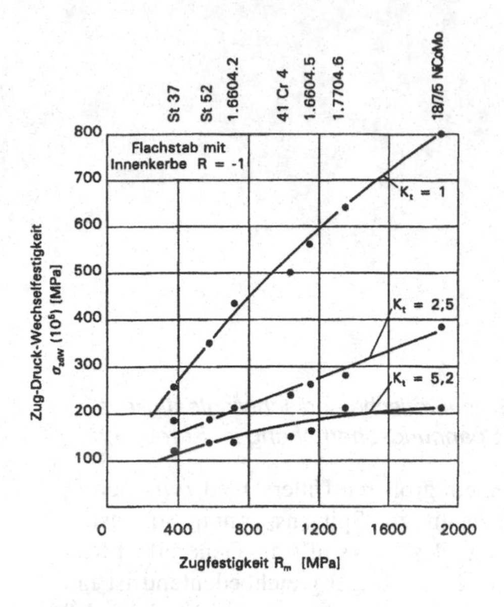

Bild 11.54 *Zug-Druck-Wechselzeitfestigkeit für N= 10^5 von glatten und gekerbten Flachstäben aus Stählen mit unterschiedlicher Kerbschärfe, Buxbaum [7]*

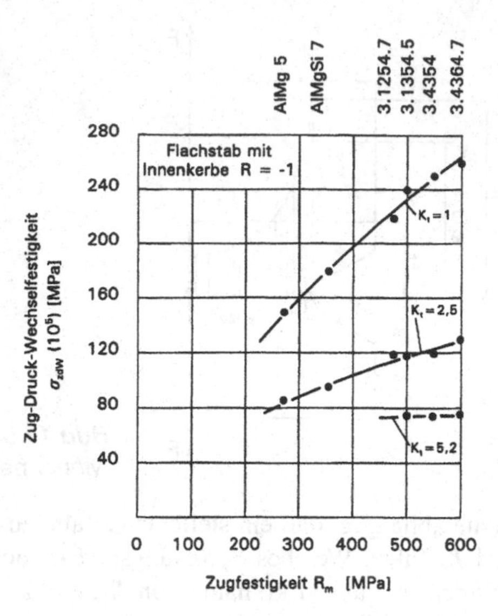

Bild 11.55 *Zug-Druck-Wechselzeitfestigkeit für N= 10^5 von glatten und gekerbten Flachstäben aus Al-Knetlegierungen mit unterschiedlicher Kerbschärfe, Buxbaum [7]*

stellungen in Jaenicke [100] und Kloos [108]. Einige wichtige Berechnungsverfahren werden nachfolgend vorgestellt. Diese Verfahren verwenden unterschiedliche Definitionen für die Kerbempfindlichkeit, Bild 11.56:

Spannungsspitze

- Verhältnis der theoretischen zur effektiv wirksamen *Spannungsspitze* im Kerbgrund:

$$q_1 \equiv \frac{K_t \cdot \sigma_n}{K_f \cdot \sigma_n} = \frac{K_t}{K_f} \qquad (\geq 1) \tag{11.56}$$

Spannungsüberhöhung

- Verhältnis der effektiv wirksamen zur theoretischen *Spannungsüberhöhung* im Kerbgrund:

$$q_2 \equiv \frac{(K_f - 1) \cdot \sigma_n}{(K_t - 1) \cdot \sigma_n} = \frac{K_f - 1}{K_t - 1} \qquad (\leq 1) \quad . \tag{11.57}$$

Verfahren unter Verwendung der Kerbempfindlichkeit q_1

Verfahren nach Siebel
Gleitschichtdicke

Das bekannteste Verfahren ist das nach *Siebel und Mitarbeitern* [174][175], welches davon ausgeht, daß die versagenskritische Spannung über eine bestimmte *Gleitschichtdicke* s_G erreicht werden muß, die werkstoffabhängig ist und etwa dem mittleren Korndurchmesser entspricht. Die Kerbempfindlichkeit q_1 nach Gleichung (11.56) wird als

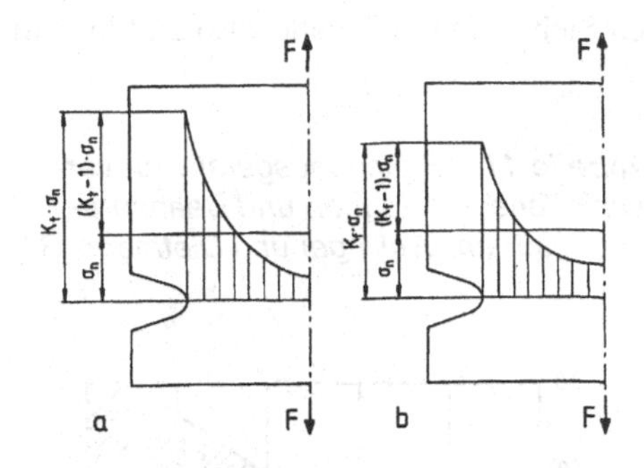

***Bild 11.56** Berechnung der Kerbwirkungszahl auf Grundlage der a) theoretischen Spannungsverteilung (K_t) b) effektiv wirksamen Spannungsverteilung (K_f)*

Dynamische Stützziffer

dynamische Stützziffer (eine sprachlich bessere Bezeichnung ist *Stützzahl* oder Stützfaktor) n_χ bezeichnet:

$$q_l = n_\chi \equiv \frac{K_t}{K_f} \,. \qquad (11.58)$$

Die Stützziffer hängt vom Werkstoff (Gleitschichtdicke) und vom Spannungsgradient χ im Kerbgrund ab. Die Kerbwirkungszahl berechnet sich aus Gleichung (11.58) zu:

$$K_f = \frac{K_t}{n_\chi} \qquad (11.59)$$

Aus Gleichung (11.54) ergibt sich als Wertebereich für n_χ:

$$1 \leq n_\chi \leq K_t \,. \qquad (11.60)$$

Der Grenzwert $n_\chi = 1$ bedeutet, daß volle Kerbempfindlichkeit bei Schwingbeanspruchung vorliegt. Keine Kerbempfindlichkeit ergibt sich für $n_\chi = K_t$.

Spannungsgefälle

Die Stützziffer n_χ wurde in umfangreichen Versuchen an zahlreichen Metallen in Abhängigkeit vom bezogenen Spannungsgradienten (*Spannungsgefälle*) χ^* und der Streckgrenze bestimmt. Das Spannungsgefälle ist der auf die Maximalspannung σ_{max} bezogene Spannungsgradient $\chi = (d\sigma/dx)$ im Kerbgrund , siehe Bild 11.57:

$$\chi^* \equiv \frac{1}{\sigma_{\max}} \left(\frac{d\sigma}{dx} \right) \bigg|_{x=0} \,. \qquad (11.61)$$

Die Einheit des Spannungsgefälles ist 1/mm. Es kann auch als der reziproke Wert der Strecke $\overline{KF}$ in Bild 11.57 gedeutet werden.

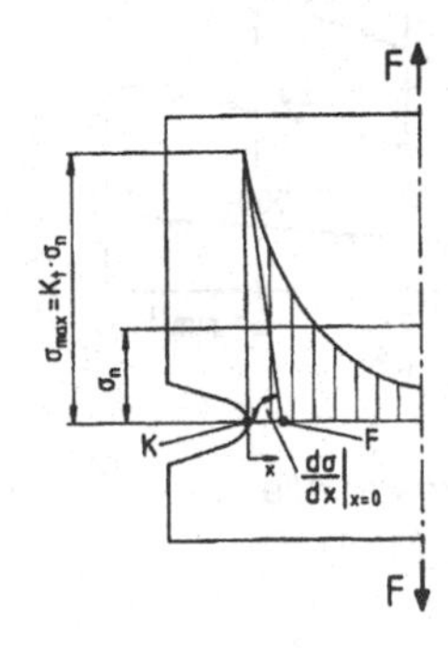

***Bild 11.57** Spannungsgradient am gekerbten Zugstab*

Die Arbeitsdiagramme für das Verfahren nach Siebel sind in Tabelle 11.6 und in Bild 11.58 und 11.59 zusammengestellt.

***Tabelle 11.6** Spannungsgefälle für verschiedene Kerbformen und Beanspruchungsarten, Wellinger und Dietmann [35]*

Kerbform	Beanspr.art	X^* [mm^{-1}]
	Zug-Druck	$\frac{2}{\rho}$
	Zug-Druck	$\frac{2}{\rho}$
	Biegung	$\frac{2}{b}+\frac{2}{\rho}$
	Zug-Druck	$\frac{2}{\rho}$
	Biegung	$\frac{2}{d}+\frac{2}{\rho}$
	Torsion	$\frac{2}{d}+\frac{1}{\rho}$
	Zug-Druck	$\frac{2}{\rho}$
	Biegung	$\frac{4}{D+d}+\frac{2}{\rho}$
	Torsion	$\frac{4}{D+d}+\frac{1}{\rho}$
	Torsion	$\frac{2}{D}+\frac{1}{\rho}$
$D \geq 2\rho$; $0 \leq d \leq D$	Biegung	$\frac{2}{D}+\frac{4}{\rho}$
	Torsion	$\frac{2}{D}+\frac{3}{\rho}$

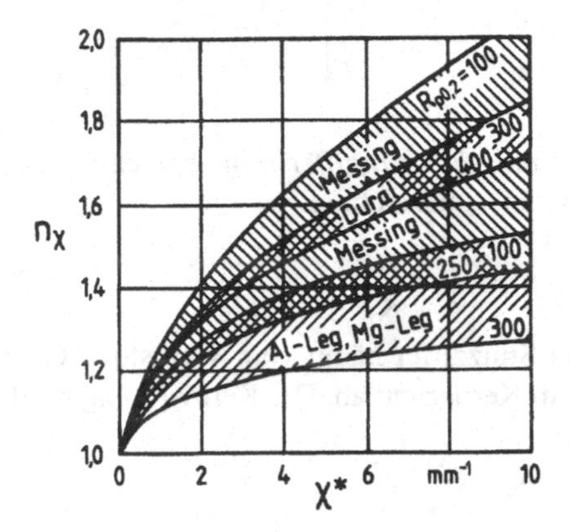

***Bild 11.58** Dynamische Stützziffer in Abhängigkeit vom Spannungsgefälle für Nichteisenmetalle ($R_{p0,2}$ in MPa), Wellinger und Dietmann [35]*

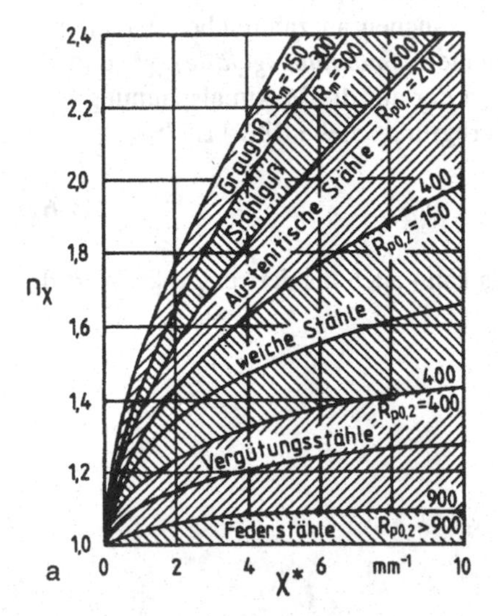

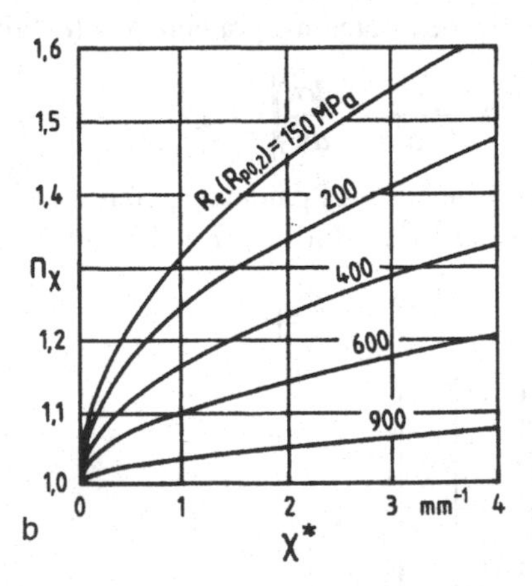

***Bild 11.59** Dynamische Stützziffer in Abhängigkeit vom Spannungsgefälle, Wellinger und Dietmann [35] a) Eisenwerkstoffe ($R_{p0,2}$ und R_m in MPa) b) Stähle (Ausschnitt von a)*

Beziehungen für χ^* für wichtige Kerbformen und Beanspruchungsarten sind in Tabelle 11.6 enthalten. Sie bestehen im allgemeinen aus zwei Summanden, wobei der erste Term den Spannungsgradienten aus der Beanspruchungsart beschreibt, welcher bei Zug- bzw. Druckbeanspruchung entfällt. Der zweite Term berücksichtigt den Beitrag aus dem inhomogenen Spannungsverlauf durch die Kerbe.

Bei bekanntem χ^* kann die dynamische Stützziffer n_χ für unterschiedliche Werkstoffe in Abhängigkeit von der Streckgrenze aus Bild 11.58 (NE-Metalle) und Bild 11.59 (Eisenwerkstoffe) entnommen werden. Aus den Kurvenscharen wird deutlich, daß die hochfesten Werkstoffe mit wenig Verformungsreserve wie z. B. Federstähle (Bild 11.59a) kleine Stützziffern aufweisen, also bei Schwingbeanspruchung stark kerbempfindlich sind, während bei niedrigfesten und zähen Werkstoffen (z. B. Austeniten) mit einer hohen dynamischen Stützwirkung gerechnet werden kann.

Dic überraschend hohen Werte von n_χ für den spröden *Grauguß* sind auf die starke innere Kerbwirkung durch die Graphitlamellen zurückzuführen, siehe Bild 11.60b.

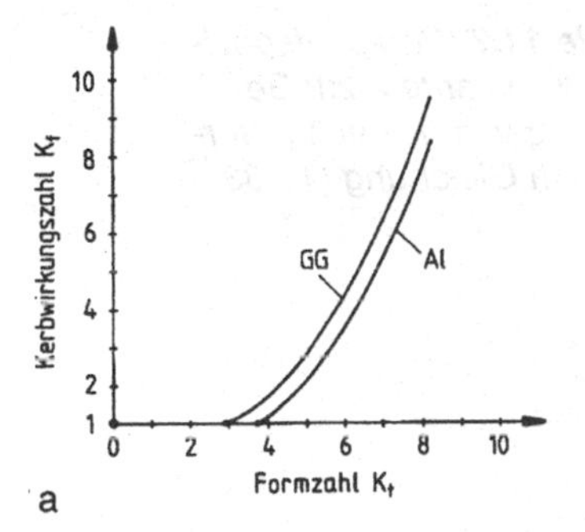

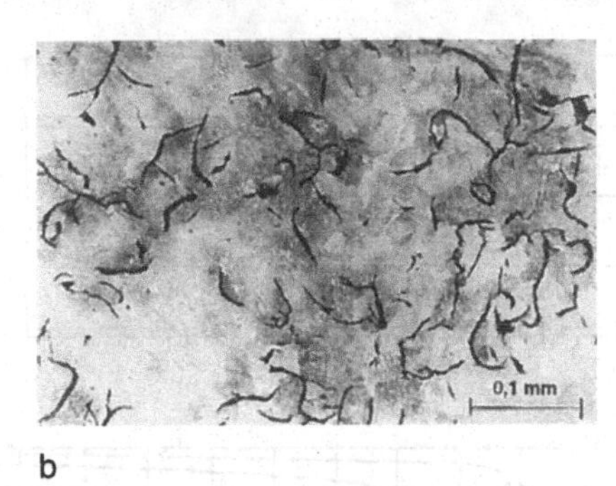

***Bild 11.60** Innere Kerbwirkung a) Kerbwirkungszahl von Grauguß GG-20 und Al-Gußlegierung G-AlSi 12, Radhakrishnan und Mukunda [161] b) Gefüge Grauguß GG-30*

Hierdurch stellt bereits der glatte Stab ein gekerbtes Bauteil dar. Eine zusätzliche geometrische Kerbe wirkt sich demnach nur dann schwingfestigkeitsmindernd aus, wenn die äußere Kerbwirkung die innere Kerbwirkung übersteigt. So führen beispielsweise bei den in Bild 11.60a gezeigten Ergebnissen an Grauguß nur äußerc Kerben mit Formzahlen $K_t \geq 3$ zu einem Schwingfestigkeitsabfall gegenüber dem glatten Stab. Ähnliche Verhältnisse liegen bei der mit eingetragenen eutektischen Al-Gußlegierung vor, bei der die eingelagerten spröden Siliziumpartikel als innere Kerbstellen wirken.

Weitere Verfahren, die auf dem Verhältnis K_t/K_f aufbauen sind die nach Bollenrath und Troost [51], Buch [53], Heywood [85] und Petersen [154].

Verfahren unter Verwendung der Kerbempfindlichkeit q_2

Das Verhältnis der Spannungsüberhöhungen als Maß für die Kerbempfindlichkeit q_2 wurde ursprünglich von Thum [182] [183] eingeführt und als *Kerbempfindlichkeitsziffer* η_k (sprachlich besser: Kerbempfindlichkeitszahl) bezeichnet. Seine Annahme, daß η_k nur vom Werkstoff abhängig ist, wurde z. B. von Neuber [147] und von Peterson [155] [156] auf den zusätzlichen Einfluß der Kerbgeometrie erweitert. Die Verfahren bauen auf Gleichung (11.57) auf, nach der sich die Kerbwirkungszahl berechnet zu

Kerbempfindlichkeitsziffer

$$K_f = \eta_k (K_t - 1) + 1 \quad . \tag{11.62}$$

Verfahren nach Peterson

Das Verfahren nach *Peterson* [155] geht davon aus, daß Versagen eintritt, wenn innerhalb eines bestimmten kritischen Bereichs die integrale Spannung die Dauerfestigkeit übersteigt. Daraus wurde eine Berechnungsvorschrift für η_k entwickelt, in der neben dem Kerbradius ρ eine werkstoffspezifische Konstante a enthalten ist, welche die Größe der Prozeßzone (Bild 11.53) charakterisiert:

$$q_2 = \eta_k \equiv \frac{K_f - 1}{K_t - 1} = \frac{1}{1 + \frac{a}{\rho}} \quad . \tag{11.63}$$

Mit den in Tabelle 11.7 wiedergegebenen Werten für a ergibt sich das in Bild 11.61 dargestellte Diagramm für η_k.

Werkstoffgruppe	a [mm]
Vergütungsstähle	0,062
Baustähle	0,25
Al-Legierungen	0,66

***Tabelle 11.7** Werkstoffspezifische Konstante a zur Berechnung von η_k nach Peterson nach Gleichung (11.63)*

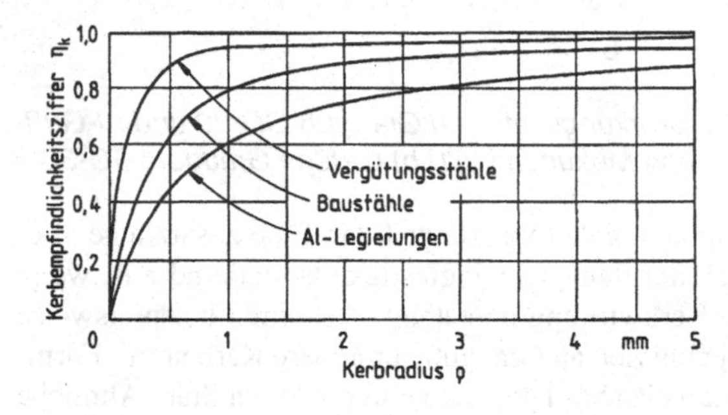

***Bild 11.61** Kerbempfindlichkeitsziffer für unterschiedliche Werkstoffgruppen, Peterson [156]*

Nach Bild 11.61 sind Al-Legierungen weniger kerbempfindlich als Stähle, was im Widerspruch zu Bild 11.58 und der praktischen Erfahrung steht. Offenbar besteht auf diesem Gebiet klärungsbedarf.

Zusammenfassend kann aus allen Verfahren gefolgert werden, daß für sehr spröde Werkstoffe (außer für Werkstoffe mit innerer Kerbwirkung) und für Bauteile mit geringem Spannungsgradient, d. h. mit großen Querschnittsabmessungen (z. B. > 100 mm, Haibach [16]) oder großen Kerbradien die Kerbwirkungszahl K_f gleich der Formzahl K_t gesetzt werden kann:

$$K_f = K_t \quad . \tag{11.64}$$

Gleichung (11.64) kann zur konservativen Abschätzung der Kerbwirkungszahl herangezogen werden.

Mit dem *Programm P11_3* ist die Berechnung der Kerbwirkungszahlen nach den oben beschriebenen Verfahren möglich, siehe Beschreibung in Abschnitt 11.13.3. Im nachfolgenden Beispiel ist die Bestimmung der Kerbwirkungszahl an einem Gewinderohr gezeigt.

Programm P11_3

Beispiel 11.4 *Kerbwirkungszahl K_f für ein Gewinderohr nach verschiedenen Verfahren aus einer FE-Analyse*

Das in Bild 11.62 gezeigte Gewinderohr aus Vergütungsstahl 42 CrMo 4 ($R_{p0,2}$ = *560 MPa*, R_m = *800 MPa*) ist im Betrieb durch die rein schwellende Axialkraft F belastet. Eine Finite-Elemente-Analyse ergibt die in Bild 11.63 gezeigte Axialspannungsverteilung im Kerbgrund des ersten Gewindegangs.

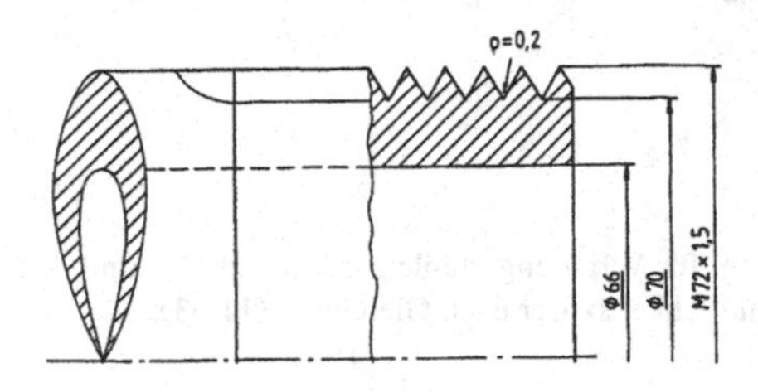

Bild 11.62 *Ausschnitt aus Gewinderohr*

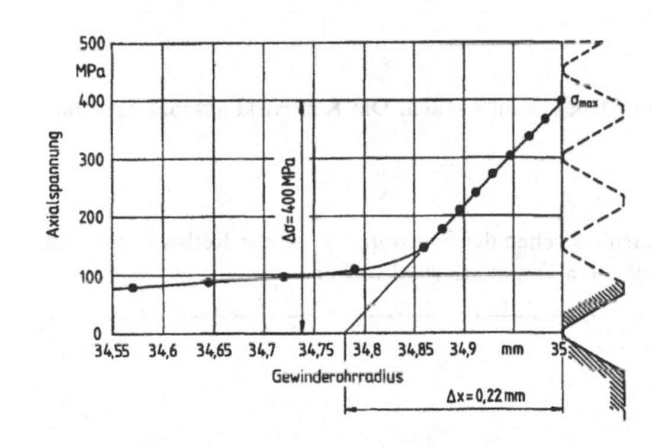

Bild 11.63 *Axialspannungsverlauf im ersten Gewindequerschnitt aus einer FE-Analyse (F = 30 kN)*

a) Bestimmen Sie die Formzahl K_t aus Bild 11.63.
b) Berechnen Sie die Kerbwirkungszahlen nach Siebel und nach Peterson.

Lösung

a) Die Formzahl berechnet sich nach Gleichung (8.5) zu:

$$K_t = \frac{\sigma_{max}}{\sigma_{nk}} \ .$$

Für die Nennspannung im Kerbquerschnitt ergibt sich mit $F = 30\ kN$:

$$\sigma_{nk} = \frac{F}{A_k} = \frac{F}{\frac{\pi}{4}\left(d_k^{\ 2} - d_i^{\ 2}\right)} = 70{,}2\ MPa \ .$$

Aus Bild 11.63 entnimmt man die Spannungsspitze im Kerbgrund σ_{max} = *400 MPa,* woraus sich die Formzahl berechnet zu

$$K_t = \frac{400}{70{,}2} = 5{,}7 \; .$$

b) Kerbwirkungszahlen

Siebel, Gleichung (11.59):
Das bezogene Spannungsgefälle χ^* bestimmt man gemäß Bild 11.57 und Gleichung (11.61) aus dem Spannungsverlauf in Bild 11.63:

$$\chi^* = \frac{1}{\sigma_{max}} \left(\frac{d\sigma}{dx} \right)\bigg|_{x=0} = \frac{1}{400} \left(\frac{400}{0{,}22} \right) mm^{-1} = 4{,}5 \; mm^{-1} \quad .$$

Die Stützziffer entnimmt man aus Bild 11.59b für $R_{p0,2} = 560 \; MPa$ zu $n_\chi = 1{,}25$. Mit Gleichung (11.59) ergibt sich damit die Kerbwirkungszahl zu:

$$K_f = \frac{K_t}{n_\chi} = 4{,}6 \quad .$$

Peterson, Gleichung (11.63):
Mit der werkstoffspezifischen Konstanten $a = 0{,}062$ mm für Vergütungsstähle aus Tabelle 11.7 und dem Kerbradius $\rho = 0{,}2$ mm findet man für die Kerbempfindlichkeitsziffer nach Gleichung (11.63):

$$\eta_k = \frac{1}{1 + \frac{0{,}062}{0{,}2}} = 0{,}76 \quad .$$

Der Wert für η_k kann auch direkt aus Bild 11.61 bestimmt werden. Die Kerbwirkungszahl berechnet sich mit Gleichung (11.62) zu:

$$K_f = 0{,}76 \cdot (5{,}7 - 1) + 1 = 4{,}6 \quad .$$

Im Beispiel ergibt sich ein deutlicher Unterschied zwischen der Formzahl K_t und der Kerbwirkungszahl K_f, da eine relativ scharfe Kerbe in einem mittelfesten Vergütungsstahl vorliegt.

11.8.3 Kerbspannungen

Bei der Berechnung der Maximalspannung im Kerbgrund bei Schwingbeanspruchung ist eine differenzierte Vorgehensweise notwendig, da sowohl die Mittel- und Amplitudenanteile als auch die Normal- und Schubspannungen entsprechend ihrer unterschiedlichen Auswirkung auf das Festigkeitsverhalten zu bewerten sind. Die wirksame Spannung im Kerbgrund ist aus jedem der genannten Anteile getrennt zu berechnen. Im folgenden Abschnitt 11.9 ist beschrieben, wie damit der Festigkeitsnachweis durchgeführt wird. Die Berechnung der unterschiedlichen Spannungsanteile beruht auf folgenden Überlegungen:

- Es erscheint sinnvoll, die statisch wirkenden Mittelspannungsanteile mit der Formzahl K_t und die wechselnden Spannungsanteile mit der Kerbwirkungszahl K_f zu bewerten, Bild 11.64.

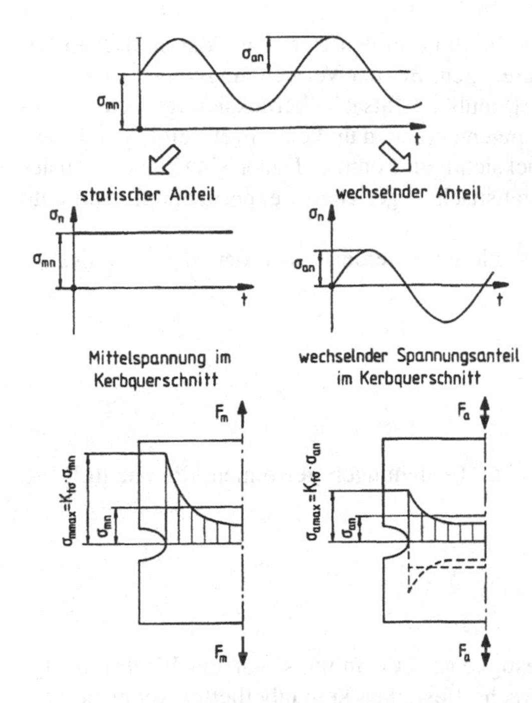

Bild 11.64 *Aufspaltung einer zeitlich veränderlichen Spannung in einem gekerbten Bauteil in ihren statischen und rein wechselnden Anteil*

- Die Normalspannungen in der Kerbe sind mit dem entsprechenden Überhöhungsfaktor $K_{t\sigma}$ bzw. $K_{f\sigma}$, die Schubspannungen mit $K_{t\tau}$ bzw. $K_{f\tau}$ zu bilden.

Maximalspannungsanteile im Kerbgrund

Damit ergeben sich für die *Maximalspannungsanteile im Kerbgrund* folgende Beziehungen:

$$\sigma_{m\max} = K_{t\sigma} \cdot \sigma_{mn} \; ; \qquad \sigma_{a\max} = K_{f\sigma} \cdot \sigma_{an}$$
$$\tau_{m\max} = K_{t\tau} \cdot \tau_{mn} \; ; \qquad \tau_{a\max} = K_{f\tau} \cdot \tau_{an} \quad . \tag{11.65}$$

11.9 Synthetische Bauteilwöhlerlinie

Die Bauteilwöhlerlinie kann experimentell, rechnerisch oder durch kombinierte experimentell/rechnerische Verfahren ermittelt werden. Zwar werden bei der experimentellen Kennwertermittlung am Bauteil sämtliche Einflußgrößen (Werkstoff, Geometrie, Oberfläche, Umgebung und Beanspruchung) weitgehend wirklichkeitsgetreu mit einbezogen, jedoch ist eine Bauteilprüfung durch folgende Problematik gekennzeichnet:

- Die Versuchstechnik kann sehr aufwendig sein (z. B. Einspannteile, Prüfanlage)
- In der Auslegungsphase sind meist keine realen Bauteile verfügbar
- Jede Bauteilmodifikation erfordert neue Versuche.

Man versucht daher, den Verlauf der Wöhlerlinie in den Bereichen der statischen Festigkeit, Zeit- und Dauerfestigkeit zu berechnen. Bei der Verwendung von solchen *synthetischen Wöhlerlinien* (Hück et al. [92]) muß die Tatsache berücksichtigt werden, daß sie weitgehend auf empirischen Beziehungen aufbauen und die unvermeidlichen Streuungen zwangsläufig nur pauschal berücksichtigen können. Daher sind für die Auslegung in jedem Fall gut belegte und statistisch abgesicherte experimentell ermittelte Bauteilwöhlerlinien vorzuziehen.

Synthetische Wöhlerlinie

Zur Berechnung der synthetischen Wöhlerlinie werden neben der statischen Festigkeit folgende Größen benötigt:

- Dauerfestigkeit
- Eckschwingspielzahl N_D
- Neigungsexponent k.

Diese Kenngrößen werden aus empirischen Beziehungen gewonnen, die nachfolgend beschrieben sind.

11.9.1 Dauerfestigkeit

Bei der Ermittlung der Bauteil-Dauerfestigkeit geht man meist von der Wechselfestigkeit des Werkstoffes aus. Falls für die Wechselfestigkeit kein tabellierter Kennwert verfügbar ist, kann sie entweder aus den Kennwerten des statischen Zugversuchs korreliert, siehe Tabelle 11.4, oder aus Schwingfestigkeitsversuchen an Kleinproben unter Wechselbelastung ermittelt werden.

Die Wechselfestigkeitsamplitude der glatten polierten Kleinprobe σ_W bzw. τ_W wird durch den Oberflächenfaktor C_O, den Größenfaktor C_G und mögliche weitere Einflüsse, welche hier im Faktor C zusammengefaßt sind, in der Regel multiplikativ abgemindert, Bild 11.65a.

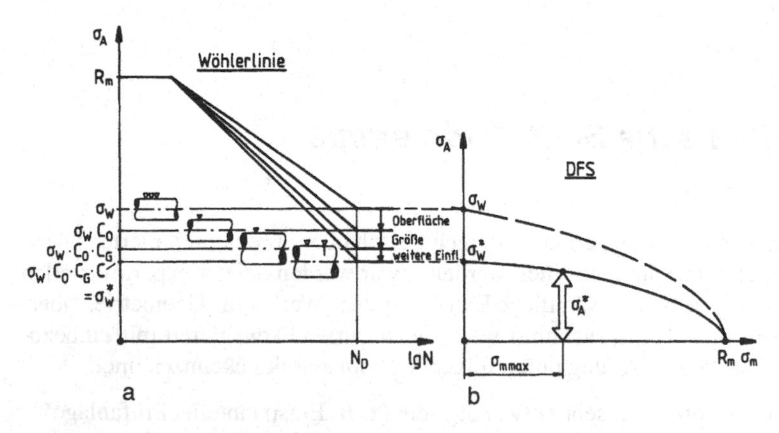

Bild 11.65 *Ermittlung des Schwingfestigkeitskennwerts $\sigma_A{}^*$*
a) Abminderung der Wechselfestigkeit durch unterschiedliche Einflüsse
b) Berücksichtigung der Mittelspannung zur Ermittlung der ertragbaren Amplitude $\sigma_A{}^*$

Damit berechnen sich die korrigierten Kennwerte für Beanspruchungen durch Normalspannungen zu:

$$\sigma_W^* = \sigma_W \cdot C_O \cdot C_G \cdot C = \sigma_W \cdot C_{ges} \quad . \tag{11.66}$$

Für Torsionsbeanspruchung gilt entsprechend:

$$\tau_W^* = \tau_W \cdot C_O \cdot C_G \cdot C = \tau_W \cdot C_{ges} \quad . \tag{11.67}$$

Liegt eine mittelspannungsbehaftete Beanspruchung vor, ist die korrigierte Wechselfestigkeit σ_W* bzw. τ_W* unter Berücksichtigung der maximalen Mittelspannung im Kerbgrund, Gleichung (11.65), in eine ertragbare Amplitude σ_A* bzw. τ_A* umzurechnen. Diese Umrechnung erfolgt z. B. mit den Gleichungen (11.36) und (11.37) oder Tabelle 11.5 für die Grenzlinien des DFS. Als Wechselfestigkeiten sind die korrigierten Werte σ_W* bzw. τ_W*, als Mittelspannungen die Spannungsspitzen im Kerbgrund σ_{mmax} bzw. τ_{mmax} nach Gleichung (11.65) einzusetzen. Die Berücksichtigung des Mittelspannungseinflusses ist in Bild 11.65b schematisch dargestellt.

Bei Vorhandensein einer Kerbe ist die Dauerfestigkeitsamplitude σ_A* mit der Kerbwirkungszahl K_f weiter zu reduzieren. Dies führt zur ertragbaren Nennspannungsamplitude im Kerbquerschnitt:

$$\sigma_{An}^* = \frac{\sigma_A^*}{K_f} \quad . \tag{11.68}$$

Bei dieser Vorgehensweise wird der experimentell festgestellte Befund nicht berücksichtigt, daß zumindest zwischen dem Oberflächenfaktor C_O und der Kerbwirkung (ausgedrückt durch K_f) eine Wechselwirkung besteht. Demnach reagiert ein glattes Bauteil auf die Oberfläche stärker als ein gekerbtes Bauteil. Dieser Effekt läßt sich durch die unterschiedliche Größe der Prozeßzone und durch das Zusammenspiel zwischen Mikro- und Makrokerbwirkung erklären („*Kerbe in der Kerbe*"). Die Wechselwirkung läßt sich berücksichtigen, indem in Gleichung (11.68) K_f durch eine korrigierte Kerbwirkungszahl K_f^* ersetzt wird, die von der Oberflächenrauheit über den Oberflächenfaktor C_O abhängt. Ein vorgeschlagener Ansatz für Stähle und Eisen-Gußwerkstoffe lautet beispielsweise nach Zenner und Donath [195]:

$$K_f^* = C_O \sqrt{K_f^2 - 1 + \frac{1}{C_O^2}} \quad . \tag{11.69}$$

Nach dem durch Gleichung (11.69) beschriebenen Zusammenhang vergrößert sich der Unterschied zwischen K_f* und K_f mit zunehmender Kerbschärfe und rauherer Oberfläche. Zur Berechnung der ertragbaren Nennspannungsamplitude ist K_f* in Gleichung (11.68) einzusetzen:

$$\sigma_{An}^* = \frac{\sigma_A^*}{K_f^*} \quad . \tag{11.70}$$

Gleichung (11.69) wurde zur Abminderung der Kerbwirkung bei gleichzeitig vorhandenem Oberflächen- und Technologieeinfluß entwickelt. Inwieweit weitere Faktoren durch C_{ges} mit einbezogen werden können, ist durch weitere Untersuchungen zu klären.

***Beispiel 11.5** Rechnerische Ermittlung der Dauerfestigkeit für einen Tragzapfen*

Ein auf Zug beanspruchter Tragzapfen mit 30 mm Durchmesser und geschlichteter Oberfläche aus Ck 35 ($R_{p0,2} = 450\ MPa$, $R_m = 700\ MPa$) mit der Formzahl $K_t = 1,5$ und der Kerbwirkungszahl $K_f = 1,4$ wird im Betrieb durch eine Nennmittelspannung $\sigma_{nm} = 20\ MPa$ und eine Nennspannungsamplitude $\sigma_{na} = 200\ MPa$ *auf Dauer* beansprucht. Ermitteln Sie den maßgebenden Schwingfestigkeitskennwert $\sigma_{nA}*$.

Lösung

Die Zug-Druck-Wechselfestigkeit des Werkstoffs ergibt sich nach Gleichung (11.29) zu

$$\sigma_{zdW} = 0,43 \cdot R_m = 301\ MPa\ .$$

Zur Berechnung von $\sigma_{zdW}*$ gemäß Gleichung (11.66) sind die Korrekturfaktoren C_O, C_G und C zu bestimmen. Der Oberflächenfaktor für geschlichtete Oberfläche ergibt sich aus Bild 11.36 mit $R_m = 700\ MPa$ zu $C_O = 0,82$.
Für den Größeneinflußfaktor wird gemäß Bild 11.41 der Wert $C_G = 0,94$ angenommen. Da keine weiteren Einflüsse vorliegen, gilt $C = 1$ und damit $C_{ges}=0,77$.
Mit Gleichung (11.66) folgt

$$\sigma_{zdW}^* = \sigma_{zdW} \cdot C_{ges} = 232\ MPa\ .$$

Der Mittelspannungseinfluß wird für den vorliegenden zähen Werkstoff über den parabolischen Ansatz in Tabelle 11.5 berücksichtigt. Die wirksame Mittelspannung im Kerbgrund ergibt sich mit Gleichung (11.65) zu

$$\sigma_{z\max} = K_t\, \sigma_{zmn} = 30\ MPa\ .$$

Damit berechnet sich die Dauerfestigkeitsnennspannungsamplitude des glatten Bauteils zu

$$\sigma_A^* = \sigma_{zdW}^* \sqrt{1 - \frac{\sigma_{z\max}}{R_m}} = 232 \cdot \sqrt{1 - \frac{30}{700}} = 227\ MPa\ .$$

Die korrigierte Kerbwirkungszahl ergibt sich mit Gleichung (11.69) zu

$$K_f^* = 0,82 \cdot \sqrt{1,4^2 - 1 + \frac{1}{0,82^2}} = 1,28\ .$$

Die gesuchte dauerfest ertragbare Nennspannungsamplitude erhält man aus Gleichung (11.70)

$$\sigma_{An}^* = \frac{227}{1,28} = 177\ MPa\ .$$

11.9.2 Zeitfestigkeit

Die Nennspannungs-Wöhlerlinie ist neben der statischen Festigkeit durch die Koordinaten des Dauerfestigkeit-Eckpunktes $P_D(N_D/\sigma_{An}^*)$ und den Neigungsexponenten k bestimmt, siehe Gleichung (11.18). Für Eisenwerkstoffe liegt die Eckschwingspielzahl im Bereich $N_D = 5 \cdot 10^5$ bis $5 \cdot 10^6$, im Mittel bei $N_D = 1 \cdot 10^6$, siehe Bild 11.66b.

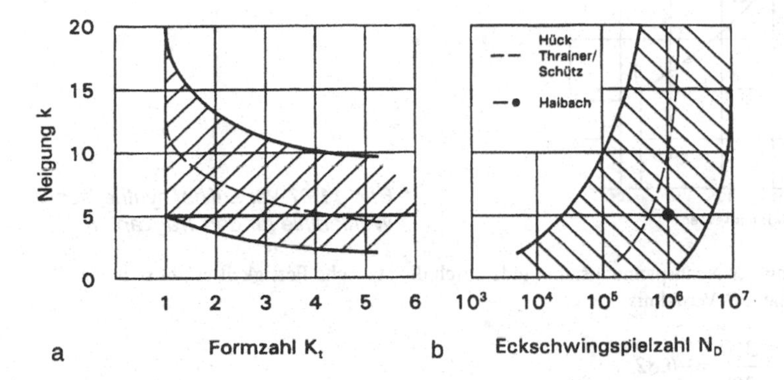

***Bild 11.66** Kenngrößen der Wöhlerlinie in Abhängigkeit von der Kerbschärfe für Stähle a) Neigungsexponent k b) Eckschwingspielzahl N_D, Haibach [16]*

Neigung der Wöhlerlinie

Die *Neigung der Wöhlerlinie* hängt von der Kerbschärfe ab, da mit zunehmender Kerbwirkung das Verhältnis von Dauerfestigkeit zu statischer Festigkeit abnimmt. Demnach verläuft die Wöhlerlinie für nichtgekerbte Proben und Bauteile relativ flach ($k = 10$ bis 15), bei mittlerer Kerbwirkung kann die Neigung Werte von $k = 6$ bis 10 und bei hoher Kerbwirkung von $k = 4$ bis 6 annehmen, siehe Bild 11.66a. Wie Bild 11.66b zeigt, deutet sich an, daß die Eckschwingspielzahl mit zunehmender Kerbschärfe, d. h. verringerter Neigung k, abfällt.

In einem Vorschlag nach Haibach [16] wird für Bauteile aus Stahl eine einheitliche Neigung $k=5$ und eine Eckschwingspielzahl $N_D = 1 \cdot 10^6$ empfohlen, siehe Bild 11.66.

Die Zeitfestigkeitslinie wird nach oben durch die statische Festigkeit begrenzt, wobei zusätzlich die Fließbedingung zu beachten ist. Die ertragbare Amplitude bis Bruch ist durch Gleichung (11.11) gegeben.

***Beispiel 11.6** Abschätzung der synthetischen Wöhlerlinie für einen Tragzapfen*

Für den Tragzapfen aus Beispiel 11.5 soll der Verlauf der synthetischen Wöhlerlinie ($P_A = 50$ %) ermittelt werden.

Lösung

Der Verlauf der synthetischen Wöhlerlinie für den Tragzapfen ist in Bild 11.67 dargestellt.

Die Wöhlerlinie ($P_A = 50$ %) wurde folgendermaßen berechnet. Die ertragbare Nennspannungsamplitude im Kerbquerschnitt wurde in Beispiel 11.5 mit $\sigma_{An}^* = 177\ MPa$ ermittelt. Für die Formzahl $K_t = 1{,}5$ ergibt sich aus Bild 11.66a ein mittlerer Neigungsexponent $k = 8$. Die zugehörige mittlere Eckschwingspielzahl liest man aus Bild 11.66b zu $N_D = 10^6$ ab.

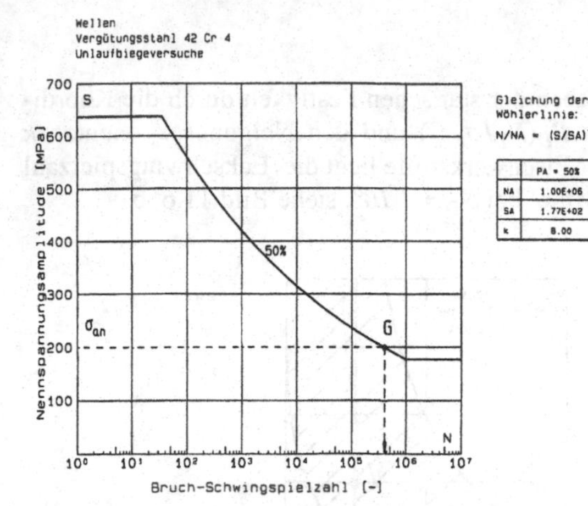

Bild 11.67 *Verlauf der synthetischen Wöhlerlinie für den Tragzapfen*

Die obere Begrenzung der Nennspannungsamplitude durch die statische Festigkeit ergibt sich aus Gleichung (11.11) mit einem R-Verhältnis

$$R = \frac{\sigma_{un}}{\sigma_{on}} = \frac{20-200}{20+200} = -0{,}82$$

und einem Constraintfaktor $L = 1$ zu:

$$\sigma_{AnB} = \frac{1-R}{2} L \cdot R_m = \frac{1+0{,}82}{2} 1{,}0 \cdot 700 \ MPa = 637 \ MPa \ .$$

Die Gleichung der Zeitfestigkeitslinie der Bauteilwöhlerlinie ergibt sich nach Gleichung (11.18) zu

$$N = N_D \left(\frac{\sigma_{an}}{\sigma_{zAn}^*} \right)^{-k} = 1 \cdot 10^6 \left(\frac{\sigma_{an}}{177} \right)^{-8} \ . \tag{a}$$

Fließen im Kerbgrund tritt ein bei einer Nennspannung:

$$\sigma_{nF} = \frac{R_{p0,2}}{K_t} = \frac{450}{1{,}5} = 300 \, MPa \ .$$

11.9.3 Sicherheitsnachweis

Der Sicherheitsnachweis baut auf der Gegenüberstellung der Bauteilwöhlerlinie und dem gleichmäßigen Beanspruchungskollektiv, gegeben durch Nennspannungsamplitude σ_{an} und der im Auslegungszeitraum auftretenden Schwingspielzahl n_{EOL} (End of Life) auf, siehe Bild 11.68.

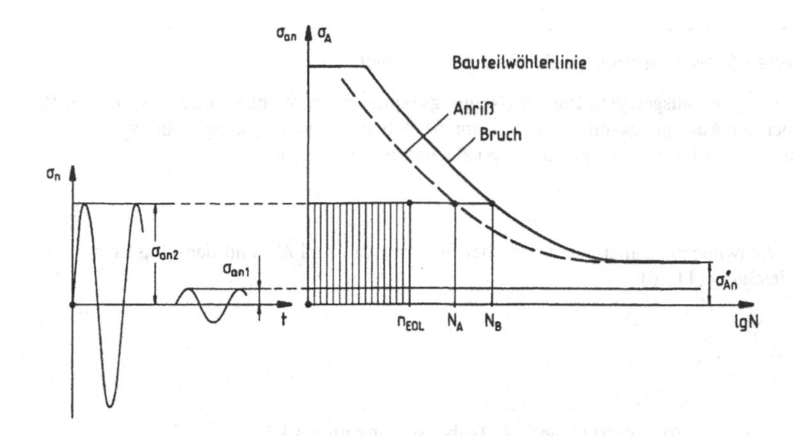

***Bild 11.68** Bauteilwöhlerlinie für Anriß und Bruch sowie Lastkollektive mit Amplituden über und unterhalb der Dauerfestigkeit*

Spannungssicherheit

Hieraus läßt sich eine *Spannungssicherheit*

$$S_D = \frac{\sigma_{An}^{\;*}}{\sigma_{an}} \tag{11.71}$$

als Quotient aus der in Nennspannungen ausgedrückten Dauerfestigkeit des Bauteils $\sigma_{An}^{\;*}$ und der Nennspannungsamplitude σ_{an} berechnen. Die so errechnete Sicherheit ist mit dem erforderlichen *Sicherheitsbeiwert gegen Dauerbruch* $\hat{S}_D$ zu vergleichen. Wegen den in Abschnitt 10.4 genannten Randbedingungen, die bei Schwingbeanspruchung teilweise noch wichtiger sind, ist die Angabe eines festen Sicherheitsbeiwerts nicht ohne weiteres möglich. Typische Anhaltswerte für zähes und für sprödes Werkstoffverhalten sind

Sicherheitsbeiwert gegen Dauerbruch

$$\hat{S}_D = 2 \div 3 \quad . \tag{11.72}$$

Übersteigt die Beanspruchung die Dauerfestigkeit ($S_D<1$) wird zusätzlich die Sicherheit durch Vergleich der ertragbaren Schwingspielzahl bis Anriß (N_A) bzw. bis Bruch (N_B) mit der Auslegungsschwingspielzahl n_{EOL} ermittelt. Meist erfolgt dies durch Division

Schwingspielzahlsicherheit

$$S_N = \frac{N_A}{n_{EOL}} \text{ bzw. } S_N = \frac{N_B}{n_{EOL}} \tag{11.73}$$

oder (seltener) durch Subtraktion der Schwingspielzahlen. Für die Schwingspielzahlsicherheiten $\hat{S}_N$ werden üblicherweise Werte ≥ 10 gefordert, was auf Grund des exponentiellen Verlaufs der Wöhlerlinie und der Streuung der Lebensdauer erforderlich ist, siehe Beispiel 11.7.

***Beispiel 11.7** Lebendauersicherheit im Zeitfestigkeitsbereich*

Bei einem auf Zeitfestigkeit ausgelegten Bauteil (Neigungsexponent der Wöhlerlinie $k = 8$) tritt im Betrieb eine gegenüber der Auslegungsamplitude σ_{aA} um 10 % höhere Spanungsamplitude σ_{aw} auf. Mit welchem Abfall der Lebensdauer im Vergleich zur Auslegung ist zu rechnen?

Lösung

Das Verhältnis der Schwingspielzahlen aus wirklicher Schwingspielzahl N_w und dem Auslegungswert N_A beträgt nach Gleichung (11.16):

$$\frac{N_w}{N_A} = \left(\frac{\sigma_{aw}}{\sigma_{aA}}\right)^{-k} .$$

Hierbei ist das Verhältnis σ_{aw}/σ_{aA} entsprechend Aufgabenstellung gleich 1,1.
Damit wird:

$$\frac{N_w}{N_A} = (1{,}1)^{-8} = 0{,}467 .$$

Der Bruch tritt demnach bei 46,7 % der der Auslegung zugrundegelegten Schwingspielzahl auf.

Zusätzlich zum Schwingfestigkeitsnachweis muß sichergestellt werden, daß eine ausreichende Sicherheit gegen statisches Versagen vorliegt. Demnach muß gegen Bruch und Fließen abgesichert werden. Als maßgebende Spannung ist die Oberspannung einzusetzen, womit sich folgende Sicherheiten ergeben (vgl. Abschnitt 10.2 und 10.3):

- Fließen

$$S_F = \frac{R_e}{\sigma_{o\max}} = \frac{R_e}{K_t(\sigma_{an} + \sigma_{mn})} \tag{11.74}$$

- Zähbruch

$$S_B = \frac{R_{mk}}{\sigma_{on}} = \frac{L \cdot \overline{R}}{\sigma_{on}} = \frac{L \cdot \overline{R}}{\sigma_{an} + \sigma_{mn}} \tag{11.75}$$

- Sprödbruch

$$S_B = \frac{R_{mk}}{\sigma_{o\max}} = \frac{R_m}{K_t(\sigma_{an} + \sigma_{mn})} \tag{11.76}$$

Diese Sicherheiten sind mit den in Tabelle 10.1 angegebenen Sicherheitsbeiwerten zu vergleichen.

Programm P11_4

Die Ermittlung der synthetischen Wöhlerlinie ist mit *Programm P11_4* (Abschnitt 11.13.4) möglich.

Beispiel 11.8 *Sicherheitsnachweis für einen Tragzapfen*

Nachzuprüfen sind für den Tragzapfen in Beispiel 11.5 und 11.6 die Sicherheiten gegen Dauerschwingversagen und gegen statisches Versagen durch Fließen und Bruch.

Lösung

Die im Kerbquerschnitt auftretende Nennspannungsamplitude $\sigma_{an} = 200\ MPa$ liegt über der Dauerfestigkeit $\sigma_{An}{}^* = 177\ MPa$. Für die Sicherheit gegen Dauerbruch erhält man nach Gleichung (11.71):

$$S_D = \frac{\sigma_{An}^*}{\sigma_{an}} = \frac{177}{200} = 0{,}88 \ .$$

Die ertragbare Schwingspielzahl N_B bis Bruch folgt aus Gleichung (a) von Beispiel 11.6 zu

$$N_B = 10^6 \left(\frac{200}{177} \right)^{-8} = 3{,}76 \cdot 10^5 \quad ,$$

siehe Punkt G in Bild 11.67.

Die Sicherheit gegen Fließbeginn im Kerbgrund ergibt sich zu:

$$S_F = \frac{R_{p0,2}}{\sigma_{o\max}} = \frac{450}{1{,}5 \cdot 220} = 1{,}36 \ .$$

Für die Sicherheit gegen Zähbruch gilt mit einem Constraintfaktor $L = 1$:

$$S_B = \frac{R_m \cdot L}{\sigma_{on}} = \frac{700 \cdot 1}{220} = 3{,}18 \ .$$

11.10 Berechnungsverfahren für synchrone Belastung

In den folgenden Abschnitten werden Verfahren zum Festigkeitsnachweis bei synchroner Schwingbelastung beschrieben. Dabei werden verschiedene Lastfälle, geordnet nach zunehmender Komplexität, behandelt. Eine Erweiterung auf nichtsynchrone Schwingbeanspruchung findet sich in einem späteren Band. In Anhang A15 werden die Grundzüge der 1994 erschienenen *FKM-Richtlinie* [65] „Rechnerischer Festigkeitsnachweis für den Maschinenbau" für den Schwingfestigkeitsnachweis beschrieben.

Anhang A15
FKM-Richtlinie

Dem nachfolgend beschriebenen rechnerischen Nachweis liegen folgende Prinzipien zugrunde:

- Die Sicherheitsbetrachtung baut auf einem Vergleich der auftretenden und der ertragbaren Amplitude im höchstbeanspruchten Bauteilelement auf.

- Die ertragbare Spannungsamplitude ist der Kennwert für das glatte Bauteil, d. h. mit Ausnahme der Kerbwirkung sind in ihr sämtliche Einflußgrößen - einschließlich der Mittelspannung - berücksichtigt.
- Die Kerbwirkung wird einbezogen, indem die Mittel- und Amplitudenspannungen im Kerbgrund gegenüber den Nennspannungen nach Gleichung (11.65) erhöht werden.

Um die Übersichtlichkeit zu gewährleisten, werden für die folgenden Abschnitte folgende Vereinbarungen getroffen:

- Bei den Kennwerten, z. B. σ_W, σ_A, wird weitgehend auf die Kennzeichnung mit dem Asterisk „*" verzichtet. Selbstverständlich muß jeweils der korrigierte Kennwert gemäß Gleichung (11.66) oder Gleichung (11.67) eingesetzt werden.
- Die Mittel- und Amplitudenspannungen sind als Kerbspannungen nach Gleichung (11.65) einzusetzen.

11.10.1 Belastung durch eine Komponente

Der Festigkeitsnachweis für ein Bauteil, das durch eine schwingende Komponente (Zug, Biegung oder Torsion) belastet wird, erfolgt mit Hilfe des entsprechenden Dauerfestigkeitsschaubilds. Bei der Grenzkurve des DFS in Bild 11.69 sind über den Kennwert σ_W* oder τ_W* (Gleichung (11.66) oder Gleichung (11.67)) die üblichen Einflußgrößen auf die Schwingfestigkeit berücksichtigt. Dieser Grenzkurve ist der Beanspruchungszustand an der zu betrachtenden höchstbeanspruchten Stelle des Bauteils gegenüberzustellen. Die Beanspruchung ist gegeben durch die örtlich wirkende Mittel- und Amplitudenspannung, welche den *Betriebspunkt B* in Bild 11.69 festlegen. Die höchstbeanspruchten Bauteilbereiche sind in der Regel Kerbstellen, d. h. die maßgebenden Spannungsspitzen im Kerbgrund σ_{amax} und σ_{mmax} ergeben sich aus Gleichung (11.65). Auf Grundlage dieser Darstellung ist eine qualitative Sicherheitsaussage möglich.

Betriebspunkt

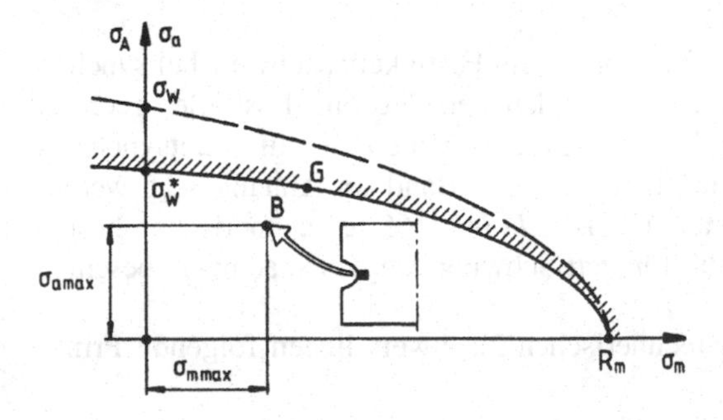

Bild 11.69 *Grenzkurve des DFS mit Betriebspunkt B und Grenzpunkt G*

Grenzpunkt

Zur Quantifizierung des Sicherheitsabstandes muß geklärt werden, mit welchem Punkt G auf der Grenzkurve der Betriebspunkt B zu vergleichen ist. Grundsätzlich ist jede Lage von G auf der Grenzkurve vorstellbar. Drei ausgezeichnete Fälle lassen sich unterscheiden:

- Mittelspannung konstant, Amplitude veränderlich (z. B. zunehmende Fluchtungsfehler), Punkt G_1 in Bild 11.70
- Mittelspannung und Amplitude ändern sich proportional (z. B. Rohr unter pulsierendem Innendruck), Punkt G_2 in Bild 11.70
- Amplitude konstant, Mittelspannung veränderlich (z. B. veränderliche Vorspannung durch Temperaturdifferenz), Punkt G_3 in Bild 11.70.

In diesen Fällen läßt sich die Sicherheit S_D gegen Dauerbruch aus einem Vergleich von Streckenabschnitten auf der Geraden durch B und G ermitteln, siehe Bild 11.70:

$$S_D = \frac{\overline{O_i G_i}}{\overline{O_i B}} \quad (i = 1,2,3) \ . \tag{11.77}$$

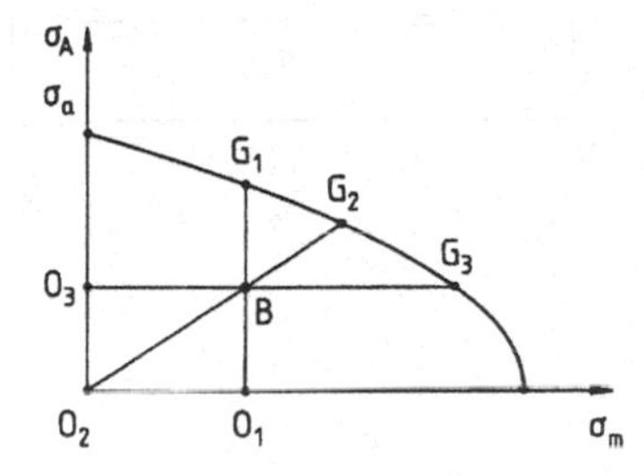

Bild 11.70 *Ermittlung der Sicherheit gegen Dauerbruch im DFS bei unterschiedlichen Grenzpunkten G*

Die Verwendung des Grenzpunkts G_2 führt normalerweise zu der konservativsten Sicherheitsaussage, d. h. zu der kleinsten Sicherheit. Üblicherweise wird zur Sicherheitsberechnung bei einer Lastkomponente jedoch der Grenzpunkt G_1 gewählt, um die bei der vorhandenen Mittelspannung ertragbare Amplitude $\sigma_A{}^*(\sigma_{mmax})$ bzw. $\tau_A{}^*(\tau_{mmax})$ mit der vorhandenen Amplitude σ_{amax} bzw. τ_{amax} zu vergleichen:

$$S_D = \frac{\sigma_A^*(\sigma_{mmax})}{\sigma_{amax}} \quad \text{bzw.} \quad \frac{\tau_A^*(\tau_{mmax})}{\tau_{amax}} \ . \tag{11.78}$$

Die ertragbaren Amplituden sind aus den Gleichungen der Grenzkurve des entsprechenden DFS zu ermitteln. Verwendet man Tabelle 11.5, so ergeben sich die in Tabelle 11.8 aufgeführten Sicherheiten gegen Dauerbruch. Die maximalen Spannungen im Kerbgrund berechnen sich dabei nach Gleichung (11.65).

In Bild 11.71 ist ein Schema wiedergegeben, in dem der Ablauf eines Festigkeitsnachweises für eine schwingende Lastkomponente zusammenfassend dargestellt ist. Auf der Beanspruchungsseite werden ausgehend vom Spannungs-Zeit-Verlauf (Bild 11.71a) die Maximalspannungen im Kerbgrund getrennt nach Mittel- und Amplitudenanteilen nach Gleichung (11.65) (Bild 11.71b) berechnet. Auf der Seite der Widerstandsfähigkeit ist mit Hilfe der korrigierten Wechselfestigkeit nach Gleichung (11.66) (Bild 11.71c) das DFS (Bild 11.71d) zu erstellen. Für die Sicherheitsanalyse ist die Grenzlinie des DFS dem aus den Kerbspannungen gebildeten Betriebspunkt B gegenüberzustellen (Bild 11.71e).

Programm P11_5

Die Berechnung der Sicherheit gegen Dauerbruch bei Belastung mit einer Komponente ist mit *Programm P11_5* (Abschnitt 11.13.5) möglich.

Tabelle 11.8 *Sicherheiten gegen Dauerbruch bei Beanspruchung durch eine Lastkomponente und unveränderlicher Mittelspannung (Grenzpunkt G_1 in Bild 11.70)*

Beanspruchung durch	Werkstoffverhalten zäh	spröd
Normalspannung σ	$S_D = \dfrac{\sigma_W^* \sqrt{1 - \dfrac{\sigma_{mmax}}{R_m}}}{\sigma_{amax}}$	$S_D = \dfrac{\sigma_W^* \left(1 - \dfrac{\sigma_{mmax}}{R_m}\right)}{\sigma_{amax}}$
Schubspannung τ	$S_D = \dfrac{\tau_W^* \sqrt{1 - \left(\dfrac{\tau_{mmax}}{\tau_B}\right)^2}}{\tau_{amax}}$	$S_D = \dfrac{\tau_W^* \left(1 - \dfrac{\lvert\tau_{mmax}\rvert}{\tau_B}\right)}{\tau_{amax}}$

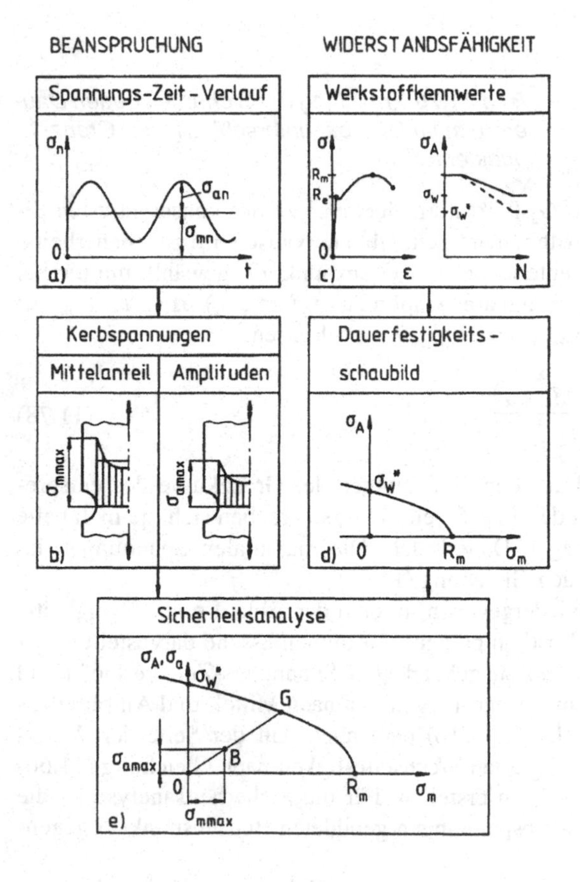

Bild 11.71 *Ablaufschema zur Ermittlung der Sicherheit gegen Dauerbruch bei einer schwingenden Komponente*

Beispiel 11.9 *Sicherheitsberechnung eines Bolzens bei einer schwingenden Normalspannung*

Das Schwingfestigkeitsverhalten von axialkraftbelasteten Bolzen aus 30 CrMoV 9 soll anhand des DFS analysiert werden. Die Bolzen mit Durchmesser 50 mm weisen eine radiale Schmierbohrung mit 4 mm Durchmesser auf ($C_o = 0{,}9$, $C_G = 0{,}9$, $K_t = 2{,}7$, $K_f = 2{,}6$). Die Form- und Kerbwirkungszahl bezieht sich auf den Nettoquerschnitt. Dazu ist das in Beispiel 11.3 mit dem Parabelansatz konstruierte DFS (Bild 11.33) entsprechend zu modifizieren.

a) Zeichnen Sie in das DFS den Betriebspunkt für die höchstbelastete Stelle für eine Axialkraft $F = 120$ $kN \pm 80\ kN$.

b) Ermitteln Sie zeichnerisch und rechnerisch die Sicherheit gegen Dauerbruch unter der Annahme:
b1) einer gleichbleibenden Mittelspannung
b2) eines proportionalen Anstiegs von σ_m und σ_a

Lösung

a) Nach Gleichung (11.69) wird die korrigierte Kerbwirkungszahl:

$$K_f^* = C_O\sqrt{K_f^2 - 1 + \frac{1}{C_O^2}} = 0{,}9\sqrt{2{,}6^2 - 1 + \frac{1}{0{,}9^2}} = 2{,}4 \quad .$$

Die Koordinaten des Betriebspunktes berechnen sich nach Gleichung (11.65) zu

$$\sigma_{m\max} = K_t \cdot \sigma_{mn} = K_t \frac{F_m}{A_k} = 2{,}7 \frac{120 \cdot 10^3\ N}{1763\ mm^2} = 184\ MPa$$

$$\sigma_{a\max} = K_f^* \cdot \sigma_{an} = K_f^* \frac{F_a}{A_k} = 2{,}4 \frac{80 \cdot 10^3\ N}{1763\ mm^2} = 109\ MPa \quad .$$

Für die korrigierte Wechselfestigkeit gilt nach Gleichung (11.66) (mit $C = 1$) und Beispiel 11.3:

$$\sigma_W^* = C_O \cdot C_G \cdot \sigma_{zdW} = 0{,}9 \cdot 0{,}9 \cdot 535 = 433\ MPa \quad .$$

b1) Konstante Mittelspannung
- zeichnerische Lösung:
Nach Gleichung (11.77) und Bild 11.72 gilt

$$S_D = \frac{\overline{O_1 G_1}}{\overline{O_1 B}} = 3{,}7 \quad .$$

- rechnerische Lösung:
Aus Tabelle 11.5 ergibt sich die ertragbare Amplitude:

$$\sigma_A^* = 433\sqrt{1 - \frac{184}{1350}} = 402\ MPa \quad .$$

Die Sicherheit wird demnach mit Gleichung (11.71):

$$S_D = \frac{402}{109} = 3{,}69 \ .$$

Der Vergleich mit dem DFS aus Mittelspannungsempfindlichkeit M nach Gleichung (11.36) ergibt:

$$\sigma_A^* = \sigma_W^* - M \cdot \sigma_{mmax} = 433 - 0{,}3 \cdot 184 \ [MPa] = 378 \ MPa$$

$$S_D = \frac{\sigma_A^*}{\sigma_{amax}} = \frac{378}{109} = 3{,}47 \ .$$

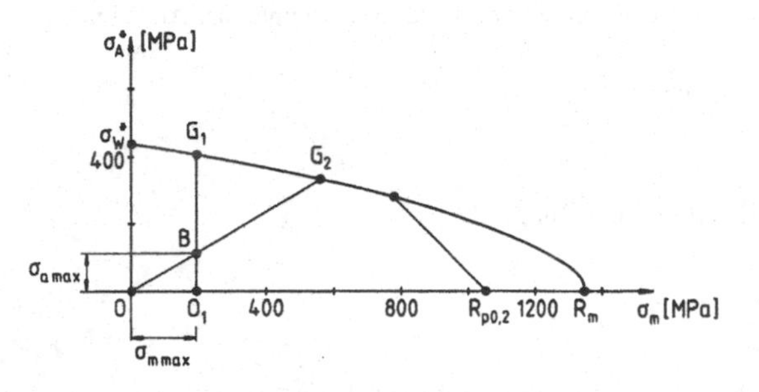

Bild 11.72 *Sicherheitsanalyse im DFS für den Bolzen*

b2) Proportionale Erhöhung von σ_m und σ_a
- zeichnerische Lösung:
Nach Gleichung (11.77) und Bild 11.72 gilt

$$S_D = \frac{\overline{OG_2}}{\overline{OB}} = 2{,}9 \ .$$

11.10.2 Problematik bei Belastung durch mehrere Komponenten

Der Festigkeitsnachweis von Bauteilen, die durch mehr als eine Lastkomponente beansprucht werden, ist ungleich schwieriger und aufwendiger als der bei Belastung durch eine Komponente. Dies ist auf folgende Tatsachen zurückzuführen:

- Die Festlegung des Werkstoffkennwerts ist nicht eindeutig, da meist jede einzelne Belastungsart (Zug, Biegung, Torsion) und jeder zeitliche Verlauf (statisch, wechselnd, schwingend mit Mittelspannungen) einen spezifischen Kennwert besitzt.
- Bei Anwendung der Festigkeitshypothesen müssen diese die Anpassung an ein variables Wechselfestigkeitsverhältnis σ_w/τ_w erlauben.
- Die Ermittlung einer Beanspruchungsgröße in Form einer Vergleichsspannung ist problematisch, da sich die Mittel- und Ausschlagsspannungen völlig unterschiedlich auf das Schädigungsverhalten auswirken. Außerdem treten die maximalen

Mittel- und Ausschlagsspannungen nicht notwendigerweise in derselben Schnittebene auf, so daß die Angabe der insgesamt höchstbeanspruchten Richtung nicht ohne weiteres möglich ist.

- Zusätzliche Probleme ergeben sich bei nichtsynchron schwingenden Lastspannungen durch den Richtungswechsel des Hauptspannungsgerüstes. Aus Bild 11.73 ist abzulesen, daß beispielsweise bei um 90°-phasenverschobenen rein wechselnden Biege- und Torsionsspannungen ein ständiger Richtungswechsel des Hauptspannungsgerüsts von +45° (negative Torsion) über 0° (reine Biegung) nach -45° (positive Torsion) eintritt. Die Behandlung der Vergleichsspannung – die als größte Hauptspannung (NH), als maximale Schubspannung (SH) oder als Oktaederschubspannung (GH) an das Hauptspannungssystem gebunden ist – als Skalar ist somit nicht mehr erlaubt.

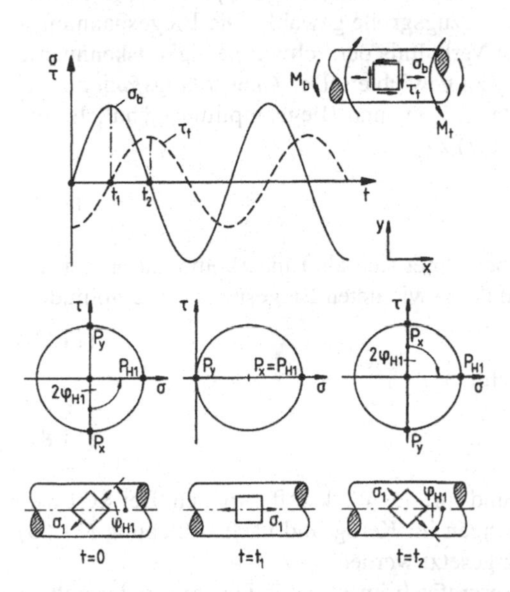

***Bild 11.73** Richtungswechsel der Hauptspannungen bei phasenverschobener Schwingbeanspruchung durch Biegung und Torsion, Issler [96]*

Allgemeingültige Lösungsansätze für diese Problematik haben sich bisher in der Praxis nicht durchgesetzt, obwohl in der Forschung mehrere treffsichere Ansätze entwickelt worden sind. Einzelne Berechnungsverfahren für unterschiedliche Lastfälle werden nachfolgend beschrieben. Die beiden oben angeführten Problembereiche werden bei diesen Ansätzen wie folgt gelöst:

- Für die Festlegung des Werkstoffkennwerts wird eine beliebige Lastkomponente als Referenzgröße festgelegt. Die restlichen Komponenten werden entsprechend gewichtet, um sie dem Referenzkennwert schädigungsäquivalent anzupassen.
- Zur Ermittlung der Beanspruchung erfolgt eine konsequente Trennung in Mittel- und Amplitudenspannungen. Die maßgebende Beanspruchungsgröße kann entweder in einer kritischen, höchstbeanspruchten Schnittebene (*Methode der kritischen Schnittebene*) oder als integrale Anstrengung des Bauteils (*Methode der integralen Beanspruchung*) ausgedrückt werden, Issler [98].

11.10.3 Zug und Biegung

Schon bei einem relativ einfachen Lastfall, der Überlagerung von schwingenden Zug/Druck- und Biegespannungen, ist ein angepaßtes Vorgehen zur Beurteilung der Dauerbruchsicherheit notwendig. Obwohl ein einachsiger Spannungszustand herrscht, muß berücksichtigt werden, daß bei Zug/Druck und Biegung unterschiedliche Schwingfestigkeitskennwerte vorliegen, siehe z. B. Gleichung (11.31). Dies erfordert eine Anpassung der Beanspruchung an die spezifischen Kennwerte. Das hier vorgestellte einfache Verfahren wird als *Hypothese der spezifischen Anstrengung* (HSA) bezeichnet. Das Wort „Anstrengung" wird gewählt, um auf den Grundgedanken des Anstrengungsverhältnisses nach Bach [41] zu verweisen, siehe Abschnitt 11.10.7. Bei diesem Verfahren wird einer der beiden Kennwerte als Referenzwert festgelegt. Beispielsweise wird die ertragbare Spannungsamplitude für Zug/Druckbelastung $\sigma_{zA}(\sigma_{zm})$ unter der Mittelspannung aus Zugbeanspruchung σ_{zm} als Bezugsgröße gewählt. Die Biegespannungsamplitude σ_{ba} ist dann entsprechend dem Verhältnis der Schwingfestigkeitskennwerte für reine Zug/Druck- und Biegebelastung zu gewichten. Der *Gewichtungsfaktor* κ ergibt sich aus dem Verhältnis der ertragbaren Zug- und Biegeamplitude (ähnlich dem Anstrengungsverhältnis in Abschnitt 11.10.7) zu

Hypothese der spezifischen Anstrengung

Gewichtungsfaktor

$$\kappa = \frac{\sigma_{zA}(\sigma_{zm})}{\sigma_{bA}(\sigma_{bm})} \quad . \tag{11.79}$$

Die Vergleichsspannungsamplitude σ_{va} berechnet sich als Linearkombination der ungewichteten Zugspannungsamplitude und der gewichteten Biegespannungsamplitude:

$$\sigma_{va} = \sigma_{za} + \kappa \cdot \sigma_{ba} \quad . \tag{11.80}$$

Für die Sicherheit gegen Dauerbruch erhält man:

$$S_D = \frac{\sigma_{zA}(\sigma_{zm})}{\sigma_{va}} \quad . \tag{11.81}$$

Das vorgestellte Verfahren gilt für zähes und sprödes Werkstoffverhalten. Bei Kerbwirkung müssen jeweils die Maximalspannungen im Kerbgrund nach Gleichung (11.65) in die Gleichungen (11.79) bis (11.81) eingesetzt werden.

In Bild 11.74 ist diese Vorgehensweise grafisch im σ_{zA}-σ_{bA}-Diagramm gezeigt. In dieser Darstellung ergibt sich als Grenzkurve für Dauerbruchversagen eine Gerade mit den Achsenabschnitten $\sigma_{zA}(\sigma_{zm})$ und $\sigma_{bA}(\sigma_{bm})$, welche aus den DFS für Zug und Biegung zu entnehmen sind. Die Gleichung der Grenzgeraden lautet:

$$\frac{\sigma_{za}}{\sigma_{zA}(\sigma_m)} + \frac{\sigma_{ba}}{\sigma_{bA}(\sigma_m)} = 1 \quad . \tag{11.82}$$

Gleichung (11.82) entsteht durch Anwendung der Gleichungen (11.79) bis (11.81), wobei $S_D = 1$ gesetzt wird.

Der Betriebspunkt B ist durch die beiden Amplituden σ_{za} und σ_{ba} gegeben. Die Sicherheit nach der HSA berechnet sich aus der Gegenüberstellung des Betriebspunkts B und des Grenzpunkts G (siehe Bild 11.74):

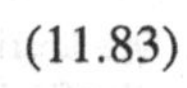

$$S_D = \frac{\overline{OG}}{\overline{OB}} = \frac{1}{\frac{\sigma_{za}}{\sigma_{zA}} + \frac{\sigma_{ba}}{\sigma_{bA}}} \quad . \tag{11.83}$$

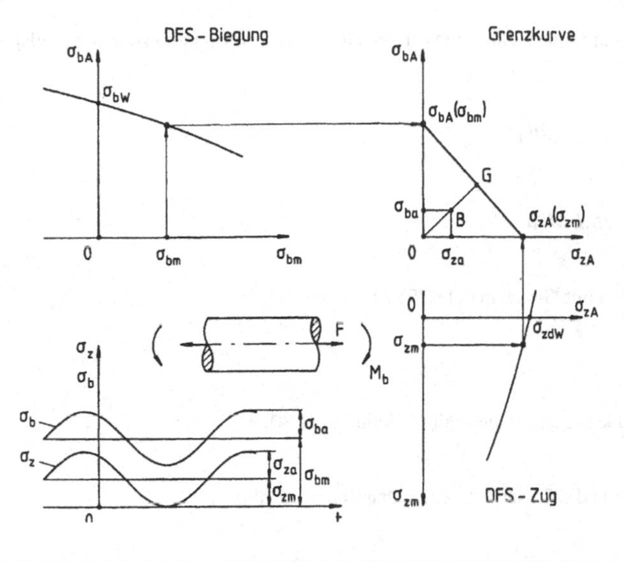

Bild 11.74 *Ermittlung der Sicherheit gegen Dauerbruch bei überlagerter Schwingbeanspruchung durch Zug/ Druck und Biegung (HSA)*

Beispiel 11.10 *Sicherheit gegen Dauerbruch eines Kragbalkens bei überlagerter Schwingbeanspruchung durch Zug und Biegung*

Der in Bild 11.75 dargestellte Kragbalken aus AlMg 5 mit Rechteckquerschnitt wird durch eine exzentrisch angreifende Längskraft $F = 80\ kN \pm 40\ kN$ belastet. Ermitteln Sie die Sicherheit gegen Dauerbruch (Kerbwirkung an Einspannstelle ist zu vernachlässigen).

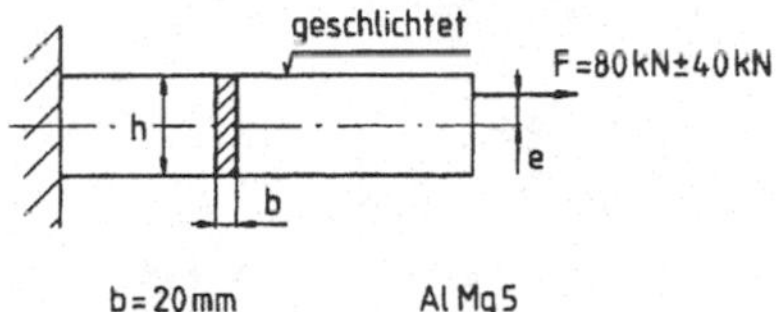

Bild 11.75 *Exzentrisch belasteter Kragbalken*

Lösung

Die Beanspruchung, welche über die Balkenlänge konstant ist, berechnet sich zu

$$\sigma_{zm} = \frac{F_m}{A} = \frac{80\ kN}{2000\ mm^2} = 40\ MPa \qquad \sigma_{za} = \frac{F_a}{A} = \frac{40\ kN}{2000\ mm^2} = 20\ MPa$$

$$\sigma_{bm} = \frac{M_{bm}}{W_b} = \frac{6 \cdot F_m \cdot e}{b\,h^2} = 72\ MPa \qquad \sigma_{ba} = \frac{M_{ba}}{W_b} = \frac{6 \cdot F_a \cdot e}{b\,h^2} = 36\ MPa \quad .$$

Für die Wechselfestigkeitskennwerte wird angesetzt:

$$\sigma_{zdW} = 0{,}3 \cdot R_m = 120\ MPa$$

$\sigma_{bW} = 0{,}4 \cdot R_m = 160$ MPa.

Die korrigierten Wechselfestigkeiten errechnen sich mit einem Größenfaktor $C_G = 0{,}75$ und einem Oberflächenfaktor von $C_O = 0{,}70$ gemäß Gleichung (11.66) mit $C = 1$ zu

$\sigma_{zdW}{}^* = 63$ MPa
$\sigma_{bW}{}^* = 84$ MPa.

Für die ertragbaren Spannungsamplituden findet man unter Annahme eines parabolischen Mittelspannungseinflusses mit Tabelle 11.5:

$$\sigma_{zA}{}^* = \sigma_{zdW}{}^* \sqrt{1 - \frac{\sigma_{zm}}{R_m}} = 59{,}8\ MPa$$

$$\sigma_{bA}{}^* = \sigma_{bW}{}^* \sqrt{1 - \frac{\sigma_{bm}}{R_m}} = 76{,}1\ MPa\ .$$

Der Gewichtungsfaktor ergibt sich mit Gleichung (11.79) zu

$$\kappa = \frac{\sigma_{zA}{}^*}{\sigma_{bA}{}^*} = 0{,}79\ ,$$

die Vergleichsspannungsamplitude berechnet sich mit Gleichung (11.80) zu

$\sigma_{va} = 48{,}3$ MPa,

womit sich nach Gleichung (11.81) die Sicherheit gegen Dauerbruch ergibt:

$$S_D = \frac{\sigma_{zA}{}^*}{\sigma_{va}} = 1{,}24\ .$$

Die zeichnerische Lösung, die eine Sicherheit $S_D = OG/OB = 1{,}25$ liefert, ist in Bild 11.76 dargestellt.

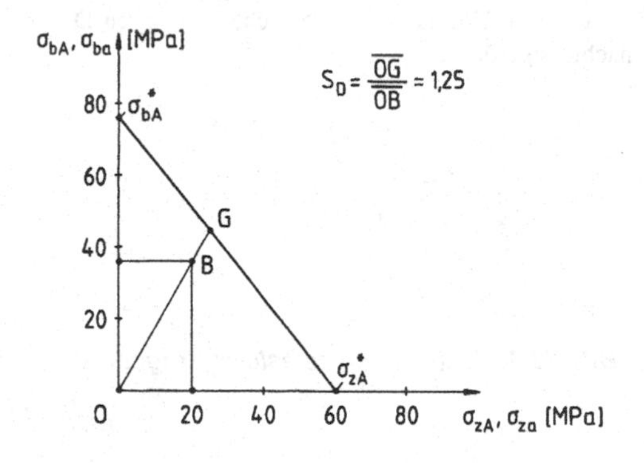

Bild 11.76 *Sicherheitsanalyse für Kragbalken mit der HSA*

11.10.4 Rein wechselnde Biegung und Torsion

Bevor der Festigkeitsnachweis für allgemeine, zweiachsige synchrone Schwingbeanspruchung behandelt wird, soll zunächst der Lösungsweg am Beispiel des technisch wichtigen Sonderfalls der Überlagerung von Biegung (bzw. Zug/Druck) und Torsion aufgezeigt werden. Analog zum Vorgehen bei statischer Beanspruchung, siehe Kapitel 7, muß auch bei schwingender Beanspruchung der mehrachsige Spannungszustand in einen gleichwertigen fiktiv einachsigen Spannungszustand überführt werden.

Zähes Werkstoffverhalten

Bei zähen Werkstoffen unter Schwingbeanspruchung ergibt die GH eine bessere Übereinstimmung mit Versuchsergebnissen als die SH, weshalb sie bevorzugt angewandt wird. Die Berechnung der Vergleichsspannung und die Wahl des Kennwerts ist nur dann einfach und eindeutig, wenn die Belastung rein wechselnd wirkt, siehe Bild 11.77.

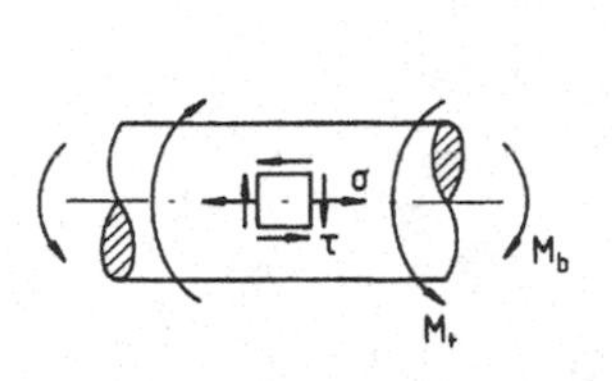

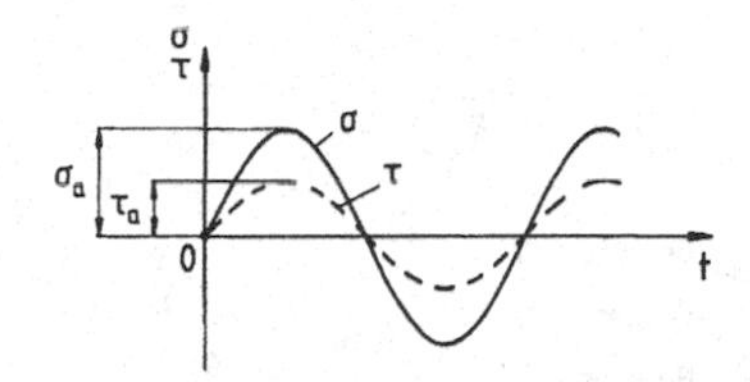

***Bild 11.77** Synchrone reine Wechselbeanspruchung durch Normalspannung σ und Schubspannung τ*

In diesem Fall ergibt sich ein körperfestes Hauptspannungsgerüst, da das Verhältnis τ/σ zu jedem Zeitpunkt konstant ist, was nach Gleichung (3.17) einen festen Hauptspannungswinkel bedeutet. Aus den Lastspannungsamplituden σ_a und τ_a läßt sich eine Vergleichsspannungsamplitude σ_{va} nach der GH entsprechend Gleichung (7.24) bilden:

$$\sigma_{va} = \sqrt{\sigma_a{}^2 + \left(\sqrt{3}\,\tau_a\right)^2} \,. \tag{11.84}$$

Entsprechend dem Verhältnis $\tau_{tF}/R_e = 1/\sqrt{3}$, Gleichung (7.23), geht die Anwendung der GH von dem festen Wechselfestigkeitsverhältnis $\tau_W/\sigma_W = 1/\sqrt{3} = 0{,}58$ aus. Experimentelle Befunde zeigen jedoch häufig ein davon abweichendes Verhältnis, siehe Bild 11.23. Eine Hypothese sollte daher eine Anpassung an das jeweilige werkstoffspezifische Wechselfestigkeitsverhältnis erlauben. Dies ist dann möglich, wenn in Gleichung (11.84) der Faktor $\sqrt{3}$ durch den Kehrwert des tatsächlichen Wechselfestigkeitsverhältnisses ersetzt wird:

$$\sigma_{va} = \sqrt{\sigma_a{}^2 + \left(\frac{\sigma_W}{\tau_W}\cdot\tau_a\right)^2} \,. \tag{11.85}$$

Die Vergleichsspannungsamplitude σ_{va} wird zur Sicherheitsberechnung mit dem Normalspannungskennwert, d. h. der Biege- bzw. Zug/Druckwechselfestigkeit σ_W, verglichen. Für die Sicherheit gegen Dauerbruch erhält man somit:

$$S_D = \frac{\sigma_W}{\sigma_{va}} \,. \tag{11.86}$$

Mit Gleichung (11.85) ergibt sich

$$S_D = \frac{1}{\sqrt{\left(\frac{\sigma_a}{\sigma_W}\right)^2 + \left(\frac{\tau_a}{\tau_W}\right)^2}} . \qquad (11.87)$$

Grenzellipse

Die Versagensbedingung $S_D = 1$ führt nach Gleichung (11.87) in einem σ_A-τ_A-Koordinatensystem zu einer *elliptischen Grenzkurve* mit den Halbachsen σ_W und τ_W, siehe Bild 11.78:

$$\left(\frac{\sigma_a}{\sigma_W}\right)^2 + \left(\frac{\tau_a}{\tau_W}\right)^2 = 1 . \qquad (11.88)$$

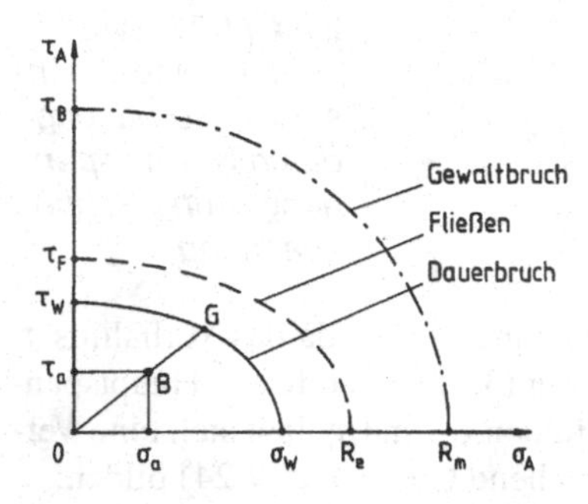

***Bild 11.78** Grenzkurven bei statischer und synchroner rein wechselnder Schwingbeanspruchung durch Biegung und Torsion*

Mit eingetragen sind die Grenzkurven für statisches Versagen durch Fließbeginn und Zähbruch. Außerdem ist der durch die Spannungsamplituden gegebene Betriebspunkt $B(\sigma_a/\tau_a)$ eingezeichnet. Eine proportionale Erhöhung der Spannungsamplituden ergibt den Grenzpunkt G auf der Grenzkurve. Die Sicherheit gegen Dauerbruch nach Gleichung (11.87) kann geometrisch wiederum als Streckenverhältnis

$$S_D = \frac{\overline{OG}}{\overline{OB}} \qquad (11.89)$$

gedeutet werden.

Die mit Gleichung (11.87) berechneten dauerfest ertragbaren Lastspannungsamplituden stehen in guter Übereinstimmung mit Versuchsergebnissen an zähen metallischen Werkstoffen, siehe z. B. Dietmann [57] und Liu [122].

Sprödes Werkstoffverhalten

Bei sprödem Werkstoffverhalten wird wie bei statischer Beanspruchung die Normalspannungshypothese (NH) verwendet. Wendet man diese auf schwingende Belastungen entsprechend Bild 11.77 an, so ist eine Vergleichsspannungsamplitude zu berechnen, für die mit Gleichung (7.6) gilt:

$$\sigma_{va} = \frac{\sigma_a}{2} + \sqrt{\frac{\sigma_a^{\,2}}{4} + \tau_a^{\,2}} \qquad (11.90)$$

Nach der NH ergibt sich ein festes Wechselfestigkeitsverhältnis $\tau_W/\sigma_W = 1$. Will man ein davon abweichendes Verhältnis berücksichtigen, so ist die Schubspannungsamplitude in Gleichung (11.90) im Verhältnis der Wechselfestigkeiten zu gewichten:

$$\sigma_{va} = \frac{\sigma_a}{2} + \sqrt{\frac{\sigma_a^2}{4} + \left(\frac{\sigma_W}{\tau_W} \cdot \tau_a\right)^2} \quad . \tag{11.91}$$

Zur Berechnung der Sicherheit wird entsprechend Gleichung (11.86) die Vergleichsspannungsamplitude σ_{va} mit der Wechselfestigkeit σ_W verglichen, was nach Gleichung (11.86) zum Ausdruck führt:

$$S_D = \frac{\sigma_W}{\dfrac{\sigma_a}{2} + \sqrt{\dfrac{\sigma_a^2}{4} + \left(\dfrac{\sigma_W}{\tau_W} \cdot \tau_a\right)^2}} \quad . \tag{11.92}$$

Grenzparabel

Die Versagensbedingung $S_D = 1$ in Gleichung (11.92) führt zu einer *parabolischen Grenzkurve* mit der Gleichung

$$\left(\frac{\sigma_a}{\sigma_W}\right) + \left(\frac{\tau_a}{\tau_W}\right)^2 = 1 \quad , \tag{11.93}$$

siehe Bild 11.79 a. Die Sicherheit gegen Dauerbruch ergibt sich auch hier aus dem Betriebspunkt B und dem Grenzpunkt G als Verhältnis der Strecken $\overline{OG}/\overline{OB}$.

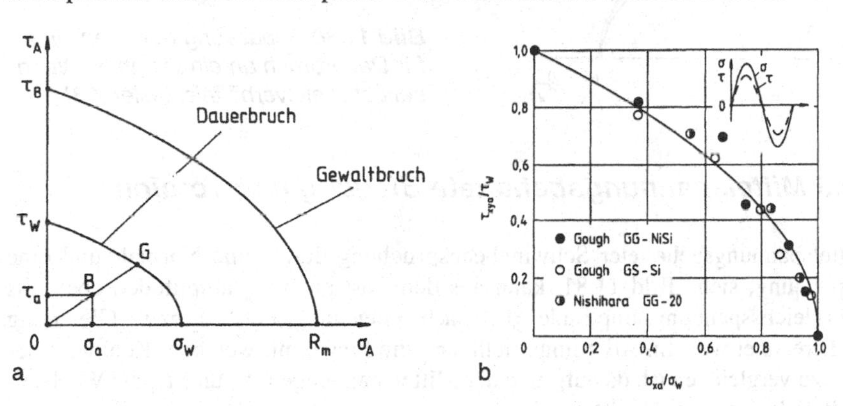

***Bild 11.79** Grenzkurven bei synchron wechselnden Lastspannungen σ und τ für sprödes Werkstoffverhalten a) Grenzkurve für Dauer- und Gewaltbruch b) Versuchsergebnisse von Wechselversuchen an Graugußproben im Vergleich mit Gleichung (11.93), Werte in Liu [122]*

Das beschriebene Verfahren führt zu einer guten Übereinstimmung mit Versuchsergebnissen an spröden Werkstoffen (siehe Dietmann [57], Liu [122]), vgl. Bild 11.79b.

Bruchrichtung

Der makroskopisch spröd erscheinende Ermüdungsbruch (Stadium II in Bild 11.6) tritt bei zähem und sprödem Werkstoffverhalten senkrecht zur größten Hauptspannungsamplitude σ_{1a} auf. Der Winkel zwischen der Längsrichtung x und der Normalen auf der Versagensebene beträgt nach Gleichung (3.17) im vorliegenden Fall

$$\varphi_{1,x} = \frac{1}{2}\arctan\left(\frac{-2\cdot\tau_a}{\sigma_a}\right). \tag{11.94}$$

Semiduktiles Werkstoffverhalten

Bei Werkstoffen mittlerer Zähigkeit (z. B. Temperguß, ausgehärtete Aluminiumlegierungen) stellt sich die Frage ob die Vergleichspannung mit einer Hypothese für zähes Verhalten (SH / GH) oder für sprödes Verhalten (NH) zu berechnen ist. Hier bietet es sich an, die wirkliche, z B. experimentell ermittelte Wechselfestigkeit τ_W als Ordinatenachsenabschnitt zu verwenden. Die auf σ_W bezogene angepaßte Grenzkurve verläuft dann zwischen den Achsenabschnitten 1 auf der σ-Achse und dem Wechselfestigkeitsverhältnis τ_W/σ_W auf der τ-Achse, Bild 11.80.

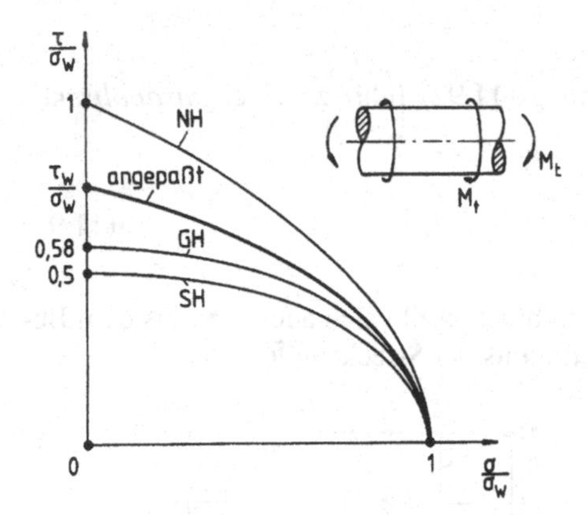

Bild 11.80 Anpassung der Grenzlinie für Dauerbruch an ein variables Wechselfestigkeitsverhältnis, Issler [98]

11.10.5 Mittelspannungsbehaftete Biegung und Torsion

Bei mittelspannungsbehafteter Schwingbeanspruchung durch eine Normal- und eine Schubspannung, siehe Bild 11.81, kann aus den Lastspannungsamplituden ebenfalls eine Vergleichsspannungsamplitude σ_{va} nach Gleichung (11.85) bzw. Gleichung (11.90) berechnet werden. Allerdings stellt sich die Frage, mit welchem Kennwert der Wert σ_{va} zu vergleichen ist, da aufgrund der Mittelspannungen σ_m und τ_m die Wechselfestigkeit nicht mehr verwendet werden kann.

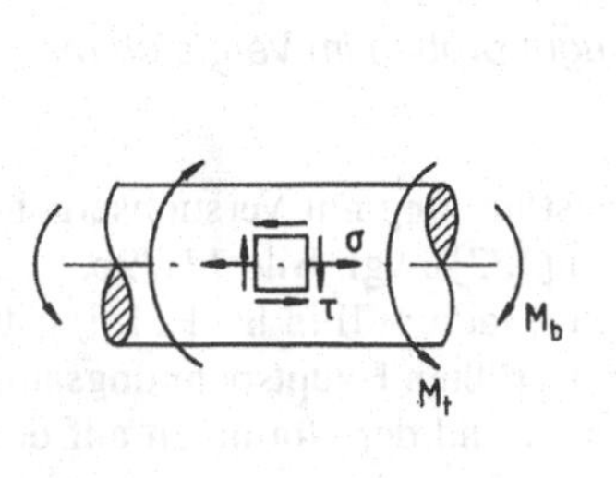

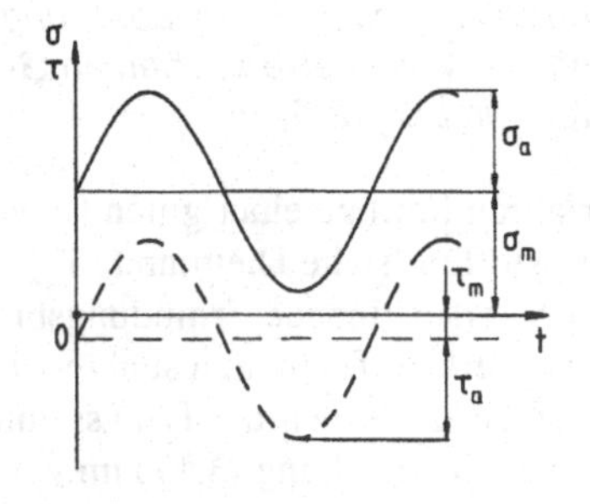

Bild 11.81 Synchrone mittelspannungsbehaftete Schwingbeanspruchung durch Normalspannung σ und Schubspannung τ

In Abschnitt 11.10.6 werden theoretisch fundierte und experimentell abgesicherte Berechnungsverfahren vorgestellt, mit denen sich die allgemeine zweiachsige synchrone Schwingbelastung durch die Lastspannungen σ_x, σ_y, τ_{xy} behandeln läßt. In diesem Abschnitt werden Verfahren beschrieben, die an die bisher beschriebene Vorgehensweise bei Wechselbeanspruchung anknüpfen und insbesondere die Grundidee der Gegenüberstellung des Betriebspunktes B und der Grenzkurve beibehalten.

Zähes Werkstoffverhalten (Modifizierte GH)

Modifizierte GH

Grundgedanke dieses Verfahrens, welches hier mit *Modifizierte Gestaltänderungsenergiehypothese* (MGH) bezeichnet werden soll, ist es, die für rein wechselnde Belastung erhaltene Grenzellipse nach Gleichung (11.88) durch den Mittelspannungseinfluß zu modifizieren, Zenner [194]. In Bild 11.82 ist schematisch das prinzipielle Vorgehen der Modifikation der elliptischen Grenzkurve bei zähem Werkstoffverhalten gezeigt.

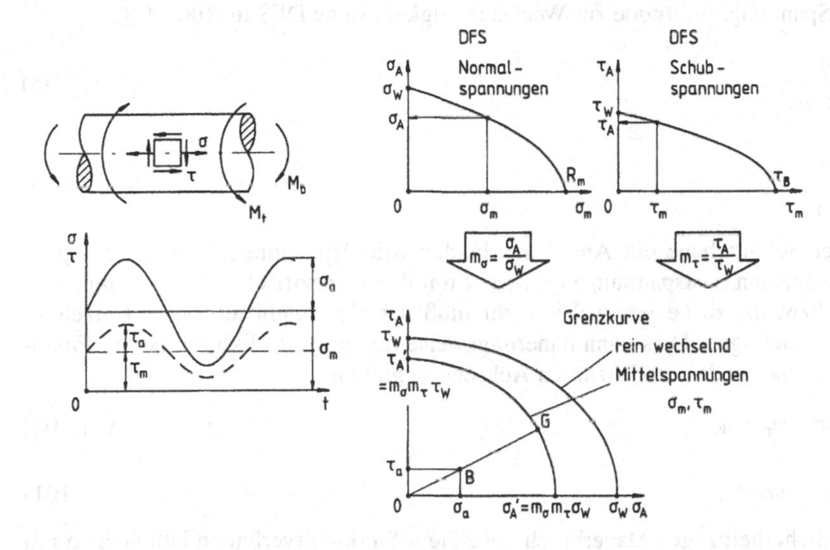

***Bild 11.82** Bestimmung der Sicherheit gegen Dauerbruch bei mittelspannungsbehafteter synchroner Schwingbelastung mit einer Normal- und einer Schubspannung (MGH)*

Unter Verwendung der entsprechenden Dauerfestigkeitsschaubilder für Normal- und Schubspannungen werden die ertragbaren Spannungsamplituden $\sigma_A(\sigma_m)$ und $\tau_A(\tau_m)$ für die vorliegenden Mittelspannungen ermittelt. Aus diesen werden die neuen Achsenabschnitte σ_A' und τ_A' der elliptischen Grenzkurve entsprechend Gleichung (11.88) gebildet:

$$\left(\frac{\sigma_a}{\sigma_A'}\right)^2 + \left(\frac{\tau_a}{\tau_A'}\right)^2 = 1 \qquad (11.95)$$

Die Vergleichsspannungsamplitude σ_{va} berechnet sich entsprechend Gleichung (11.85), wobei die Schubspannungsamplitude entsprechend dem Verhältnis der jetzt maßgebenden Schwingfestigkeitskennwerte σ_A' und τ_A' gewichtet wird:

$$\sigma_{va} = \sqrt{\sigma_a{}^2 + \left(\frac{\sigma_A{}'}{\tau_A{}'}\tau_a\right)^2} \,. \tag{11.96}$$

Die Sicherheit ergibt sich unter Verwendung des Normalspannungskennwerts $\sigma_A{}'$ zu

$$S_D = \frac{\sigma_A{}'}{\sigma_{va}} = \frac{1}{\sqrt{\left(\frac{\sigma_a}{\sigma_A{}'}\right)^2 + \left(\frac{\tau_a}{\tau_A{}'}\right)^2}} \,, \tag{11.97}$$

was wiederum dem Streckenverhältnis *OG*/*OB* in Bild 11.82 entspricht.

Die Kennwerte $\sigma_A{}'$ und $\tau_A{}'$ lassen sich aus den Wechselfestigkeiten über den Mittelspannungseinfluß der Normal- und der Schubspannungen berechnen. Der *Mittelspannungsfaktor* für die jeweiligen Lastspannungen wird definiert als Quotient der ertragbaren Spannungsamplitude zur Wechselfestigkeit, siehe DFS in Bild 11.82:

Mittelspannungsfaktor

$$m_\sigma \equiv \frac{\sigma_A}{\sigma_W} \tag{11.98}$$

$$m_\tau \equiv \frac{\tau_A}{\tau_W} \,. \tag{11.99}$$

Da in jeder Schnittebene ein Anteil aus beiden Mittelspannungen wirkt, genügt es nicht, die einzelnen Lastspannungen σ bzw. τ mit ihrem spezifischen Mittelspannungsfaktor m_σ bzw. m_τ zu bewerten. Vielmehr muß der Gesamteinfluß beide Einzeleinflüsse berücksichtigen. Dies kann näherungsweise durch Multiplikation beider Faktoren erfolgen, was zu den modifizierten Achsenabschnitten

$$\sigma_A{}' = m_\sigma \cdot m_\tau \cdot \sigma_W \tag{11.100}$$

$$\tau_A{}' = m_\sigma \cdot m_\tau \cdot \tau_W \tag{11.101}$$

führt. Die Sicherheit gegen Dauerbruch bei zähem Werkstoffverhalten läßt sich so mit Gleichung (11.97) ausdrücken als

$$S_D = \frac{1}{\sqrt{\left(\frac{\sigma_a}{m_\sigma m_\tau \sigma_W}\right)^2 + \left(\frac{\tau_a}{m_\sigma m_\tau \tau_W}\right)^2}} = \frac{m_\sigma m_\tau}{\sqrt{\left(\frac{\sigma_a}{\sigma_W}\right)^2 + \left(\frac{\tau_a}{\tau_W}\right)^2}} \,. \tag{11.102}$$

Die Mittelspannungsfaktoren m_σ und m_τ ergeben sich aus den Gleichungen (11.98) bzw. (11.99), wobei für σ_A bzw. τ_A die in Tabelle 11.5 angegebenen Beziehungen bzw. die Gleichungen (11.36) oder (11.37) eingesetzt werden können. Der Mittelspannungsfaktor m_τ für Schubbeanspruchung weicht wegen der geringeren Mittelspannungsempfindlichkeit (elliptische Grenzkurve des DFS) für die meisten Anwendungen nur wenig vom Wert 1,0 ab, siehe Beispiel 11.11.

Gleichung (11.102) läßt auch die Interpretation zu, daß nicht wie in Bild 11.83a die Grenzkurve verändert wird, sondern die Amplituden mit dem Faktor $1/(m_\sigma \cdot m_\tau)$ gewichtet werden. Diese Interpretation bedeutet, wie in Bild 11.83b dargestellt, daß die ursprüngliche Grenzkurve für reine Wechselbeanspruchung beibehalten und der Betriebspunkt $B(\sigma_a/\tau_a)$ nach $B_A'(\sigma_A'/\tau_A')$ verschoben wird.

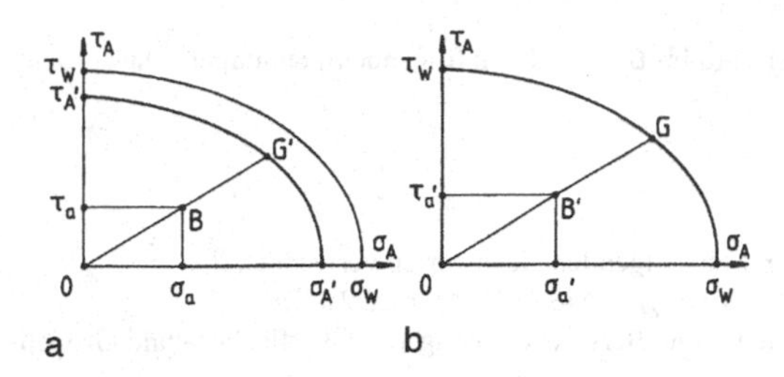

Bild 11.83 *Prinzip der Festigkeitsberechnung bei mittelspannungsbehafteter Schwingbeanspruchung durch eine Normal- und eine Schubspannung*
a) Anpassung der Grenzkurve
b) Anpassung des Betriebspunktes

Die relativ gute Treffsicherheit des beschriebenen Verfahrens belegt Bild 11.84. Darin sind die mit Gleichung (11.102) berechneten Sicherheiten gegen Dauerbruch unter Verwendung der Dauerfestigkeitswerte von 54 Versuchsreihen im Wahrscheinlichkeitsnetz aufgetragen. Die statistische Auswertung ergibt einen Mittelwert S_D = 1,008 und eine Standardabweichung von 6 %.

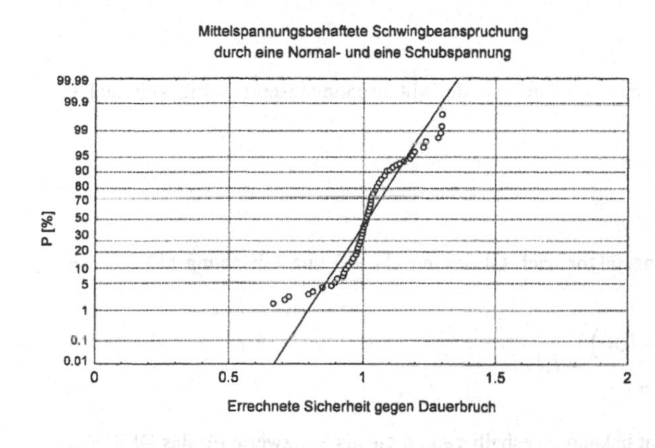

Bild 11.84 *Statistische Auswertung der nach der MGH berechneten Sicherheiten von Schwingfestigkeitsversuchen bei synchroner mittelspannungsbehafteter Schwingbeanspruchung, Auswertung von Ergebnissen in Liu [122]*

Kombination statisch /schwingend

Das vorgestellte Verfahren gilt auch für den Sonderfall der *Kombination aus statischer und schwingender Belastung*. In diesem Fall ist in Gleichung (11.102) für die statische Lastkomponente der entsprechende Amplitudenwert σ_a bzw. τ_a zu Null zu setzen. Beispielsweise ergibt sich für den wichtigen Anwendungsfall der Belastung von Wellen durch Umlaufbiegung und statische Torsion:

$$S_D = m_\tau \cdot \frac{\sigma_W}{\sigma_a} \quad . \qquad (11.103)$$

Für den Fall der wechselnden Torsion und statischen Biegung gilt:

$$S_D = m_\sigma \cdot \frac{\tau_W}{\tau_a} \quad . \qquad (11.104)$$

***Beispiel 11.11** Sicherheitsberechnung eines Rundstabs unter Beanspruchung durch schwingende Axialkraft und Torsion mit der MGH*

Ein glatter Rundstab mit 15 mm Durchmesser wird im Betrieb durch folgende Spannungen beansprucht:

$$\sigma_x = (-160 \pm 320)\ MPa$$

$$\tau_{xy} = (-160 \pm 160)\ MPa\ .$$

Als Werkstoff wird der Vergütungsstahl 34 Cr 4 mit folgenden Kennwerten verwendet:
$R_m = 858\ MPa,\ R_{p0,2} = 700\ MPa,\ \sigma_W = 415\ MPa,\ \sigma_{Sch} = 648\ MPa,\ \tau_W = 259\ MPa.$
Berechnen Sie die Sicherheit gegen Dauerbruch (ohne Berücksichtigung von Oberflächen- und Größeneinfluß).

Lösung

Die Sicherheit gegen Dauerbruch ergibt sich nach Gleichung (11.102) zu

$$S_D = \frac{m_\sigma\ m_\tau}{\sqrt{\left(\frac{\sigma_a}{\sigma_W}\right)^2 + \left(\frac{\tau_a}{\tau_W}\right)^2}}\ .$$

Den Mittelspannungsfaktor m_σ berechnet man mit Hilfe der Mittelspannungsempfindlichkeit nach Gleichung (11.35):

$$M = \frac{415 - 648/2}{648/2} = 0{,}28\ .$$

Damit ergibt sich der Mittelspannungsfaktor nach Gleichung (11.98) und Gleichung (11.36) (wegen $\sigma_m \leq \sigma_{Sch}/2$):

$$m_\sigma = 1 - M\frac{\sigma_m}{\sigma_w} = 1 - 0{,}28\frac{(-160)}{415} = 1{,}11\ .$$

Die Torsionsschwellfestigkeit ist nicht bekannt, weshalb τ_B und τ_W als Stützwerte für das DFS verwendet werden. Mit Tabelle 11.5 und Gleichung (11.99) findet man:

$$m_\tau = \sqrt{1 - \left(\frac{-160}{0{,}8 \cdot 858}\right)^2} = 0{,}97\ .$$

Damit ergibt sich als Sicherheit gegen Dauerbruch nach Gleichung (11.102):

$$S_D = \frac{1{,}11 \cdot 0{,}97}{\sqrt{\left(\frac{320}{415}\right)^2 + \left(\frac{160}{259}\right)^2}} = 1{,}09\ .$$

Die im Beispiel gewählten Zahlenwerte sind identisch mit einer dauerfest ertragbaren Lastkombination von Versuchen an Rundproben, Heidenreich et al. [81].

Sprödes Werkstoffverhalten (Modifizierte NH)

Bei mittelspannungsbehafteter synchroner Schwingbelastung spröder Bauteile kann das für zähes Verhalten beschriebene Verfahren nicht ohne weiteres auf die NH übertragen werden. Der Vergleich mit Versuchsergebnissen zeigt, daß die Festlegung der Achsenabschnitte der parabolischen Grenzkurve durch Multiplikation der Mittelspannungsfaktoren gemäß Gleichungen (11.98) und (11.99) – entsprechend zu dem Vorgehen bei zähem Werkstoffverhalten – den Mittelspannungseinfluß überbewertet. Eine bessere Übereinstimmung zwischen Rechnung und Experiment ergibt sich dadurch, daß die Grenzkurve zwischen den Schwingfestigkeitskennwerten des DFS, den Scheitelwerten $\sigma_A(\sigma_m)$ und $\tau_A(\tau_m)$ verläuft, siehe Bild 11.85. Dieses Verfahren wird hier als *Modifizierte Normalspannungshypothese* (MNH) bezeichnet.

Modifizierte NH

Die Gleichung der parabolischen Grenzkurve lautet somit:

$$\left(\frac{\sigma_a}{\sigma_A}\right)+\left(\frac{\tau_a}{\tau_A}\right)^2=1 \quad . \tag{11.105}$$

Die Vergleichsspannungsamplitude ergibt sich entsprechend Gleichung (11.91) zu

$$\sigma_{va}=\frac{\sigma_a}{2}+\sqrt{\left(\frac{\sigma_a}{2}\right)^2+\left(\frac{\sigma_A}{\tau_A}\tau_a\right)^2} \quad . \tag{11.106}$$

Für die Sicherheit gegen Dauerbruch erhält man

$$S_D=\frac{\sigma_A}{\sigma_{va}}=\frac{1}{\frac{1}{2}\left(\frac{\sigma_a}{\sigma_A}\right)+\sqrt{\left(\frac{1}{2}\frac{\sigma_a}{\sigma_A}\right)^2+\left(\frac{\tau_a}{\tau_A}\right)^2}} \quad , \tag{11.107}$$

was dem Streckenverhältnis $\overline{OG/OB}$ in Bild 11.85 entspricht.

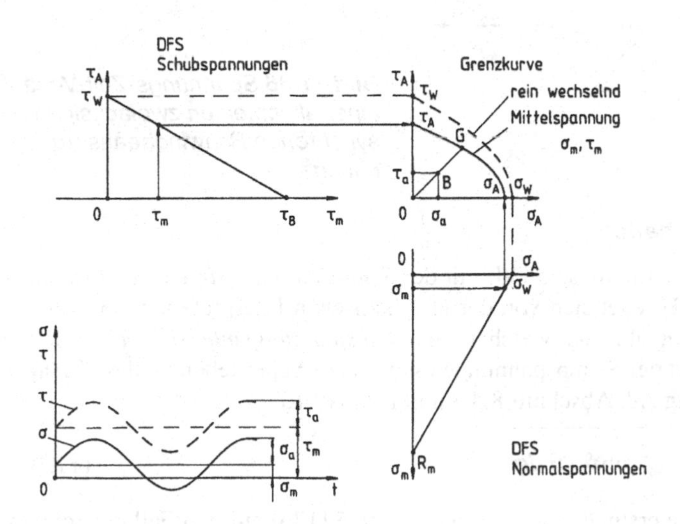

Bild 11.85 *Bestimmung der Sicherheit gegen Dauerbruch bei mittelspannungsbehafteter synchroner Schwingbeanspruchung von spröden Bauteilen (MNH)*

Die Berechnung der ertragbaren Spannungsamplituden aus den Wechselfestigkeiten erfolgt mit Tabelle 11.5 oder den Gleichungen (11.36) bis (11.37) unter Verwendung der entsprechenden Mittelspannungsempfindlichkeit.

11.10.6 Allgemeine zweiachsige synchrone Schwingbelastung

In neuerer Zeit wurden Berechnungsverfahren entwickelt, mit denen ein Festigkeitsnachweis bei allgemeiner zweiachsiger Schwingbeanspruchung möglich ist. Soweit bisher überprüft, gelten diese Verfahren uneingeschränkt, also beispielsweise auch für Schwingungen mit Phasenverschiebung, unterschiedlichen Frequenzen und Schwingungsformen. Nachfolgend wird je ein Verfahren für zähes und sprödes Werkstoffverhalten in der Anwendung auf den Sonderfall der synchronen Schwingbeanspruchung beschrieben.

Der schematische Spannungs-Zeit-Verlauf einer synchronen zweiachsigen Schwingbeanspruchung mit den Komponenten

$$\begin{aligned} \sigma_x(t) &= \sigma_{xm} + \sigma_{xa} f(t) \\ \sigma_y(t) &= \sigma_{ym} + \sigma_{ya} f(t) \\ \tau_{xy}(t) &= \tau_{xym} + \tau_{xya} f(t) \end{aligned} \tag{11.108}$$

ist in Bild 11.86 dargestellt.

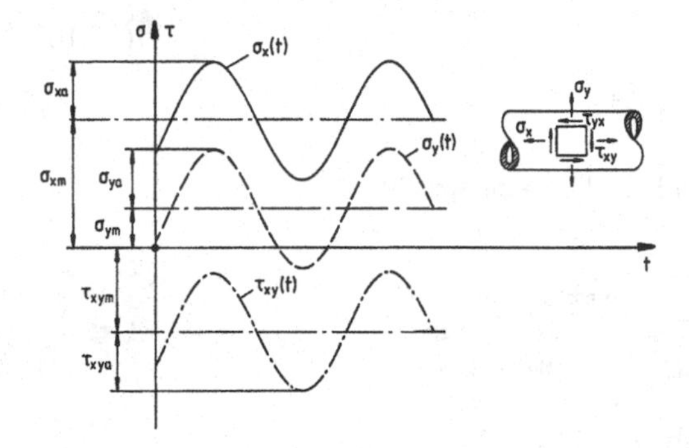

Bild 11.86 Spannungs-Zeit-Verlauf einer allgemeinen zweiachsigen synchronen Schwingbeanspruchung

Zähes Werkstoffverhalten

Schubspannungs-intensitätshypothese

Schubspannungs-intensität

Eine generelle Lösung ist in diesem Fall mit der *Schubspannungsintensitätshypothese* (SIH) möglich. Die SIH leitet sich von der physikalischen Interpretation der von Misesschen Fließbedingung ab, nach welcher die *Schubspannungsintensität* $\bar{\tau}^2$, d. h. der quadratische Mittelwert der Schubspannungen sämtlicher Schnittebenen, das Versagen bestimmt, siehe Anhang A8, Abschnitt 8.4.3 und Bild A8.13:

$$\bar{\tau} = \sqrt{\frac{1}{4\pi} \int_{\vartheta=0}^{\pi} \int_{\varphi=0}^{2\pi} \tau_{\vartheta\varphi}^{\;2} \sin\vartheta \, d\vartheta \, d\varphi} \; . \tag{11.109}$$

Diese Beziehung wurde erstmalig von Simbürger 1975 [176] auf den Fall der schwingenden Beanspruchung übertragen und von Zenner et al. [194] [196] zur SIH weiterentwickelt. In den letzten Jahren wurde der Ansatz nach Gleichung (11.109) dahingehend erweitert, daß ein variables Wechselfestigkeitsverhältnis τ_W/σ_W und der Mittelspannungseinfluß berücksichtigt werden können. Die Vergleichsspannungsamplitude berechnet sich nach diesem Vorschlag zu:

$$\sigma_{va} = \left\{ \frac{15}{8\pi} \int_{\vartheta=0}^{\pi} \int_{\varphi=0}^{2\pi} \left[a\tau_{\vartheta\varphi a}^{2}\left(1+m\tau_{\vartheta\varphi m}^{2}\right) + b\sigma_{\vartheta\varphi a}^{2}\left(1+n\sigma_{\vartheta\varphi m}\right)\right] \sin\vartheta \, d\vartheta \, d\varphi \right\}^{\frac{1}{2}} . \quad (11.110)$$

Hierbei gilt für die Konstanten:

$$a = \frac{1}{5}\left[3 \cdot \left(\frac{\sigma_W}{\tau_W}\right)^2 - 4\right]$$
$$b = \frac{1}{5}\left[6 - 2 \cdot \left(\frac{\sigma_W}{\tau_W}\right)^2\right] . \quad (11.111)$$

Die Vergleichspannung nach Gleichung (11.110) darf die zulässige Vergleichsspannungsamplitude unter reiner Wechselbeanspruchung nicht überschreiten. Diese ergibt sich mit dem Sicherheitsbeiwert $\hat{S}_D$ gegen Dauerbruch zu:

$$\sigma_{va\,zul} = \frac{\sigma_W}{\hat{S}_D} . \quad (11.112)$$

Die Spannungskomponenten $\tau_{\vartheta\varphi a}, \tau_{\vartheta\varphi m}$, $\sigma_{\vartheta\varphi a}$ und $\sigma_{\vartheta\varphi m}$ berechnen sich nach den in *Anhang A8* als Gleichungen (A8.45) und (A8.46) angegebenen Beziehungen. Die Koeffizienten a und b beschreiben das variable Wechselfestigkeitsverhältnis, der Mittelspannungseinfluß wird durch m und n berücksichtigt.

Anhang A8

Für den Sonderfall der synchronen zweiachsigen Schwingbeanspruchung läßt sich folgende explizite Beziehung für die Vergleichsspannungsamplitude herleiten:

$$\begin{aligned}
\sigma_{va} = \Bigg\{ & \sigma_{xa}^2 + \sigma_{ya}^2 + \left[2 - \left(\frac{\sigma_W}{\tau_W}\right)^2\right]\sigma_{xa}\cdot\sigma_{ya} + \left(\frac{\sigma_W}{\tau_W}\right)^2 \tau_{xya}^2 \\
& + \frac{a\cdot m}{21}\Big[\sigma_{xm}^2\left(4\sigma_{xa}^2 + 3\sigma_{ya}^2 - 4\sigma_{xa}\sigma_{ya} + 7\tau_{xya}^2\right) \\
& \qquad + \sigma_{ym}^2\left(3\sigma_{xa}^2 + 4\sigma_{ya}^2 - 4\sigma_{xa}\sigma_{ya} + 7\tau_{xya}^2\right) \\
& \qquad - 2\sigma_{xm}\sigma_{ym}\left(2\sigma_{xa}^2 + 2\sigma_{ya}^2 - 3\sigma_{xa}\sigma_{ya} + 3\tau_{xya}^2\right) \\
& \qquad + \tau_{xym}^2\left(7\sigma_{xa}^2 + 7\sigma_{ya}^2 - 6\sigma_{xa}\sigma_{ya} + 36\tau_{xya}^2\right) \\
& \qquad + 2\sigma_{xm}\tau_{xym}\left(5\sigma_{xa}\tau_{xya} - 3\sigma_{ya}\tau_{xya}\right) \\
& \qquad + 2\sigma_{ym}\tau_{xym}\left(-3\sigma_{xa}\tau_{xya} + 5\sigma_{ya}\tau_{xya}\right)\Big] \\
& + \frac{3b\cdot n}{14}\Big[\sigma_{xm}\left(5\sigma_{xa}^2 + \sigma_{ya}^2 + 2\sigma_{xa}\sigma_{ya} + 4\tau_{xya}^2\right) \\
& \qquad + \sigma_{ym}\left(\sigma_{xa}^2 + 5\sigma_{ya}^2 + 2\sigma_{xa}\sigma_{ya} + 4\tau_{xya}^2\right) \\
& \qquad + 8\tau_{xym}\left(\sigma_{xa} + \sigma_{ya}\right)\tau_{xya}\Big] \Bigg\}^{\frac{1}{2}} .
\end{aligned} \quad (11.113)$$

Die beiden Faktoren $a \cdot m$ und $b \cdot n$ berechnen sich aus den Werkstoffkennwerten zu

$$a \cdot m = \frac{\sigma_W{}^2 - \left(\frac{\sigma_W}{\tau_W}\right)^2 \cdot \left(\frac{\tau_{Sch}}{2}\right)^2}{\frac{12}{7}\left(\frac{\tau_{Sch}}{2}\right)^4}$$

$$b \cdot n = \frac{\sigma_W{}^2 - \left(\frac{\sigma_{Sch}}{2}\right)^2 - \frac{4}{21} a \cdot m \left(\frac{\sigma_{Sch}}{2}\right)^4}{\frac{15}{14}\left(\frac{\sigma_{Sch}}{2}\right)^3} \; . \tag{11.114}$$

Ist die Torsionsschwellfestigkeit in Gleichung (11.114) nicht bekannt, wird als Näherungsformel vorgeschlagen:

$$\tau_{Sch} = \frac{4\tau_W}{\frac{2\sigma_W}{\sigma_{Sch}} + 1} \; . \tag{11.115}$$

Programm P11_6

Die oben aufgeführten Gleichungen sind in *Programm P11_6*, siehe Abschnitt 11.13.6, aufgenommen.

***Beispiel 11.12** Anwendung der SIH auf Spannbolzen unter komplexer zweiachsiger Belastung*

Ein Spannbolzen aus dem Werkstoff Ck 45 ($R_m = 706$ *MPa*, $R_{p0,2} = 539$ *MPa*, $\sigma_{zdW} = 314$ *MPa*, $\tau_W = 216$ *MPa*, $\sigma_{Sch} = 490$ *MPa*, $\tau_{Sch} = 378$ *MPa*) wird durch eine statische Axialkraft und ein wechselndes Torsionsmoment beansprucht. Beurteilen Sie die Sicherheit gegen Dauerbruch, wenn im Betrieb eine Zugspannung $\sigma_{Zug} = \sigma_{xm} = 320$ *MPa* und eine Torsionsspannungsamplitude $\tau_t = \tau_{xya} = 180$ *MPa* auftreten? Größen- und Oberflächeneinfluß sollen unberücksichtigt bleiben.

Benützen Sie die SIH und vergleichen Sie das Ergebnis mit dem in Abschnitt 11.10.5 beschriebenen vereinfachten Verfahren der MGH.

Lösung

Bei Anwendung der SIH für diesen Sonderfall reduziert sich Gleichung (11.113) auf den Ausdruck:

$$\sigma_{va} = \tau_{xya}\sqrt{\left(\frac{\sigma_W}{\tau_W}\right)^2 + \frac{a\,m}{3}\sigma_{xm}{}^2 + \frac{6}{7} b\,n\,\sigma_{xm}} \; .$$

Unter Verwendung der Gleichungen (11.114) und (11.115) findet man $\sigma_{va} = 313$ *MPa*, vgl. auch Programm P11_6. Diese Spannung liegt knapp unter der Wechselfestigkeit $\sigma_{zdW} = 314$ *MPa*. Der vorgestellte Lastfall entspricht einer dauerhaften Kombination, die sich aus Versuchen nach Baier [43] an Hohlproben ergibt.

Das vereinfachte Verfahren nach Abschnitt 11.10.5 ergibt für die Sicherheit gegen Dauerbruch durch Umformung von Gleichung (11.102) mit $\sigma_a = 0$ und $m_\tau = 1$, siehe Gleichung (11.104):

$$S_D = m_\sigma \frac{\tau_w}{\tau_{xya}} = \sqrt{1 - \frac{\sigma_{xm}}{R_m}} \cdot \frac{\tau_W}{\tau_{xya}} = \sqrt{1 - \frac{320}{706}} \cdot \frac{216}{180} = 0{,}89 \; .$$

Verwendet man die Formeln für die Mittelspannungsempfindlichkeit nach Gleichung (11.35), so erhält man $M = 0{,}28$, $m_\sigma = 0{,}71$ und somit $S_D = 0{,}85$.

Sprödes Werkstoffverhalten (Erweiterte NH)

Im Gegensatz zu den Verhältnissen bei zähen Werkstoffen gestaltet sich der Festigkeitsnachweis bei spröden Werkstoffen bei allgemeiner zweiachsiger Schwingbeanspruchung einfacher und übersichtlicher. Nachfolgend wird ein Verfahren beschrieben, das sich auf den Lastspannungsverlauf in Bild 11.86, in gleicher Weise jedoch auch für kombinierte statisch/schwingende Belastung, sowie auf phasenverschobene und dreiachsige Beanspruchung übertragen läßt. Bei diesen Verfahren handelt es sich um eine konsequente Anwendung der Normalspannungshypothese, weshalb es als *Erweiterte Normalspannungshypothese* (ENH) bezeichnet werden soll, Grubisic und Sonsino [71], Troost und El-Magd [187], Issler [95]. Das Prinzip des Verfahrens ist in Bild 11.87 schematisch dargestellt.

Erweiterte NH

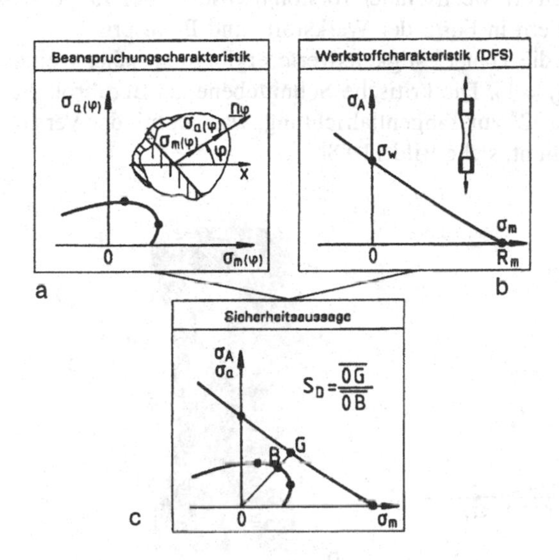

Bild 11.87 *Prinzipielles Vorgehen bei der ENH*

Als schädigungsrelevante Spannungen werden die in einer Schnittebene in Richtung φ wirkende mittlere Normalspannung $\sigma_m(\varphi)$ und die Normalspannungsamplitude $\sigma_a(\varphi)$ angenommen, siehe Bild 11.87a. Das Problem bei mittelspannungsbehafteter mehrachsiger Schwingbeanspruchung besteht nun darin, daß im allgemeinen Fall eine höchstbeanspruchte ausgezeichnete Ebene nicht angegeben werden kann, da die Richtung der maximalen Mittelspannung σ_{mmax} und der maximalen Amplitude σ_{amax} normalerweise nicht identisch sind. Aus diesem Grund müssen in jeder Schnittrichtung φ die Werte $\sigma_m(\varphi)$ und $\sigma_a(\varphi)$ berechnet werden und als *Beanspruchungscharakteristik* $\sigma_a(\varphi) = f(\sigma_m(\varphi))$ aufgetragen werden, Bild 11.87a. Diese Schnittspannungen ergeben sich mit Gleichung (3.9) zu:

Beanspruchungscharakteristik

$$\sigma_m(\varphi) = \frac{\sigma_{xm} + \sigma_{ym}}{2} + \frac{\sigma_{xm} - \sigma_{ym}}{2} \cos 2\varphi - \tau_{xym} \sin 2\varphi \qquad (11.116)$$

$$\sigma_a(\varphi) = \frac{\sigma_{xa} + \sigma_{ya}}{2} + \frac{\sigma_{xa} - \sigma_{ya}}{2} \cos 2\varphi - \tau_{xya} \sin 2\varphi \quad . \qquad (11.117)$$

Werkstoff-charakteristik

Der Beanspruchungscharakteristik ist die *Werkstoffcharakteristik* gegenüberzustellen, welche den Zusammenhang zwischen ertragbarer Amplitude σ_A und Mittelspannung σ_m darstellt, Bild 11.87b. Dies ist das DFS des Werkstoffs (siehe Abschnitt 11.6), das aus Zug-, Biege- oder Torsionsversuchen zu bestimmen ist. Wie in Bild 11.87c gezeigt, führt der Vergleich von Beanspruchungs- und Werkstoffcharakteristik zur Sicherheitsaussage. Die Sicherheit gegen Dauerbruch S_D und die höchstbeanspruchte Ebene φ_c ergeben sich aus dem kleinsten Abstand zwischen der Werkstoff- und der Beanspruchungscharakteristik.

Programm P11_6

In Abschnitt 11.13.6 ist das *Rechenprogramm P11_6* beschrieben, welches das geschilderte Verfahren zum Inhalt hat.

Ein Beispiel für die experimentelle Verifizierung der ENH ist in Bild 11.88 gezeigt, in dem die Ergebnisse von Versuchen mit wechselnder Torsion und statischer Tangentialspannung an Grauguß-Hohlzylindern in Form der Werkstoff- und Beanspruchungscharakteristik dargestellt sind. Für die Dauerfestigkeitswerte ergibt sich nahezu eine Berührung der Charakteristiken (S_D = 1). Die kritische Schnittebene als Berührpunkt der Charakteristiken liegt unter etwa 32° zur Tangentialrichtung, was gut mit der Versagensrichtung im Versuch übereinstimmt, siehe Bild 11.88b.

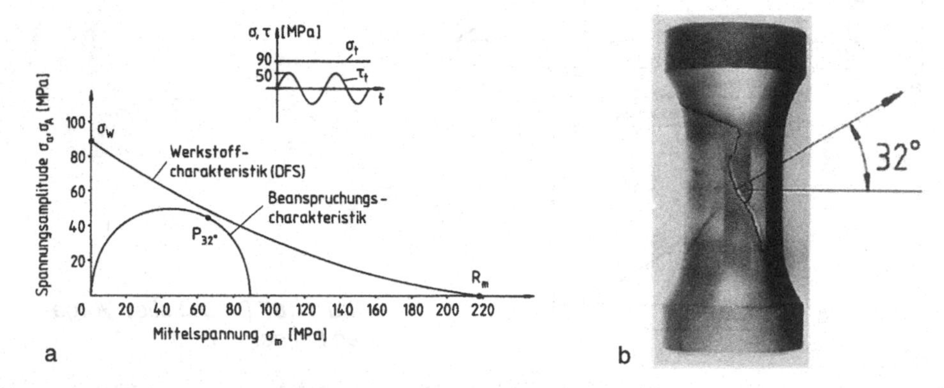

***Bild 11.88** Verifizierung der ENH an Hohlzylindern aus GG-20 unter rein wechselnder Torsion und statischem Innendruck, Issler [96].*
a) Vergleich Beanspruchungs- und Werkstoffcharakteristik für Dauerfestigkeitswerte
b) Bruchbild eines Hohlzylinders

Im nachfolgenden Beispiel wird die ENH für den Lastfall der Überlagerung einer statischen und einer schwingenden Lastkomponente gezeigt.

***Beispiel 11.13** Sicherheitsberechnung eines spröden Bolzens unter komplexer zweiachsiger Beanspruchung mit der ENH*

Ein martensitisch gehärteter glatter Bolzen (R_m=*2000 MPa*) mit feingeschliffener Oberfläche steht im Betrieb unter einer rein schwellenden Zugspannung und einer statischen Torsionsspannung:

$$\sigma_x = 400 \pm 400 \ MPa$$
$$\tau_{xy} = -600 \ MPa \ .$$

Berechnen Sie die Sicherheit gegen Dauerbruch und geben Sie die höchstbeanspruchte Ebene des Bolzens an.

Lösung

Es handelt sich um einen spröden Bolzen, der aufgrund seiner komplexen Belastung mit der ENH zu berechnen ist. Die Anwendung der Gleichungen (11.116) und (11.117) für den vorliegenden Fall führt zu folgenden Beziehungen für die Beanspruchungscharakteristik:

$$\sigma_m(\varphi) = \frac{\sigma_{xm}}{2} + \frac{\sigma_{xm}}{2}\cos 2\varphi - \tau_{xym}\sin 2\varphi = 200(1+\cos 2\varphi) + 600\sin 2\varphi$$

$$\sigma_a(\varphi) = \frac{\sigma_{xa}}{2} + \frac{\sigma_{xa}}{2}\cos 2\varphi = 200(1+\cos 2\varphi) \ .$$

Die schrittweise Berechnung der Schnittspannung in kleinen φ-Schritten führt zu einer schräg liegenden elliptischen Grenzkurve mit Mittelpunkt $M(200/200)$, siehe Bild 11.89.

Das Dauerfestigkeitsschaubild wird mit Hilfe der korrigierten Wechselfestigkeit nach Gleichung (11.66) mit den Gleichungen (11.29) und Bild 11.36

$$\sigma_W^* = C_0\,\sigma_{zdW} = 0{,}9 \cdot 0{,}4 \cdot 2000\ MPa = 720\ MPa$$

als geradlinige Verbindung zwischen $\sigma_W{}^*$ und R_m konstruiert, siehe Bild 11.89. Der kleinste Abstand zwischen Werkstoff- und Beanspruchungscharakteristik führt zur Sicherheit gegen Dauerbruch

$$S_D = \frac{\overline{O'G}}{\overline{O'B}} = \frac{470}{370} = 1{,}27$$

und zur höchstbeanspruchten Ebene unter dem Winkel

$$\varphi_c = 20° \ .$$

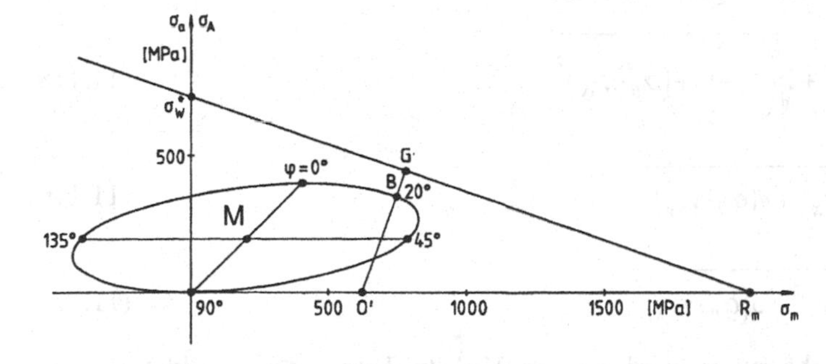

Bild 11.89 Beanspruchungs- und Werkstoffcharakteristik für den martensitisch gehärteten Bolzen

Die statische Absicherung gegen Sprödbruch erfolgt nach Gleichungen (11.76) und (7.6):

$$S_B = \frac{R_m}{\sigma_{vo\,maxNH}} = \frac{2000}{\frac{800}{2} + \sqrt{\left(\frac{800}{2}\right)^2 + (-600)^2}} = 1{,}78 \ .$$

11.10.7 Anstrengungsverhältnis

Das Anstrengungsverhältnis α_o wurde im Jahr 1921 durch Carl von Bach in die Schwingfestigkeitsberechnung eingeführt [41]. Die ursprüngliche Idee von Bach bestand in einer Berücksichtigung der Biege-Torsions-Anisotropie von Werkstoffen mit Längsstruktur (z. B. Schweißeisen, Holz) bei der Berechnung der Vergleichsspannung bei statischer Belastung. In diesen Fällen läßt sich das Verhältnis τ_B/R_m keiner Festigkeitshypothese zuordnen, da die Torsionsfestigkeit sehr niedrige Werte animmt. Dies ist damit zu erklären, daß die Längsschubspannungen von solchen anisotropen Werkstoffen nicht in gleicher Weise aufgenommen werden können wie die Längsnormalspannungen. Dieser Grundgedanke wurde etwas später auf die Kombination zeitlich unterschiedlicher Belastungsverläufe durch Biegung und Torsion bei isotropen Körpern erweitert.

Bach hat α_0 für die Kombination aus statischen, rein wechselnden und rein schwellenden Lastspannungsverläufen formuliert. Sämtliche α_0-Lastfälle lassen sich als Sonderfall der in den Abschnitten 11.10.5 und 11.10.6 beschriebenen Hypothesen viel allgemeiner behandeln, so daß heute keine Notwendigkeit der Verwendung von α_0 besteht. Da es jedoch in der Konstruktionspraxis nach wie vor ein übliches Verfahren darstellt, soll es hier kurz behandelt werden.

Das Problem, welcher Kennwert bei einem gemischt statisch/schwingenden Lastfall als die maßgebliche Größe der Vergleichsspannung gegenüberzustellen ist, wird mit α_0 so gelöst, daß die Normalspannung als die führende Größe festgelegt wird und die Schubspannung an den zeitlichen Verlauf der Normalspannung angepaßt wird. Der Gewichtungsfaktor wird mit *Anstrengungsverhältnis* α_0 bezeichnet und in die üblichen Festigkeitshypothesen eingesetzt. Bach hat das Anstengungsverhältnis ursprünglich auf die Größtdehnungshypothese angewandt, es wurde später von Wellinger auf die gängigen Hypothesen erweitert [189]. Die modifizierten Vergleichsspannungen nach den Gleichungen (7.6), (7.15) und (7.24) für Biege- und Torsionsbelastung lauten unter Verwendung des Anstrengungsverhältnisses:

Anstrengungsverhältnis

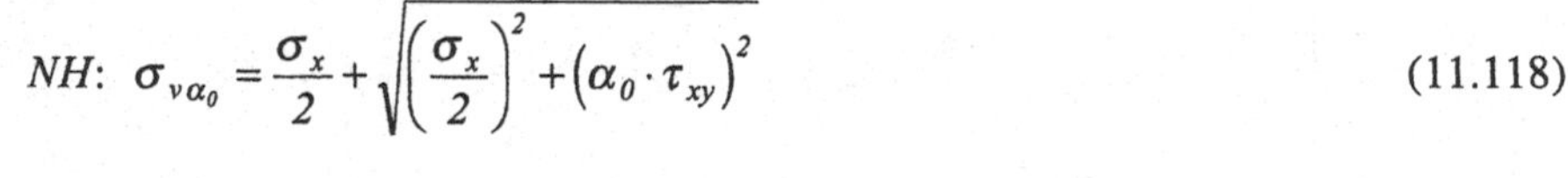

$$NH:\quad \sigma_{v\alpha_0} = \frac{\sigma_x}{2} + \sqrt{\left(\frac{\sigma_x}{2}\right)^2 + \left(\alpha_0 \cdot \tau_{xy}\right)^2} \qquad (11.118)$$

$$SH:\quad \sigma_{v\alpha_0} = \sqrt{\sigma_x^{\,2} + 4\left(\alpha_0 \cdot \tau_{xy}\right)^2} \qquad (11.119)$$

$$GH:\quad \sigma_{v\alpha_0} = \sqrt{\sigma_x^{\,2} + 3\left(\alpha_0 \cdot \tau_{xy}\right)^2} \quad . \qquad (11.120)$$

Das Anstrengungsverhältnis α_0 wird aus den Werkstoffkennwerten gebildet, die dem jeweiligen Lastspannungsverlauf angepaßt sind. Bach hat α_0 ursprünglich allerdings nicht mit den Kennwerten, sondern mit Hilfe der *zulässigen Spannungen* definiert, was bis heute teilweise beibehalten wurde:

$$\alpha_0 = \frac{zul.\,Spannung\ in\ \sigma\ entsprechend\ zeitl.\,Verlauf\ von\ \sigma}{zul.\,Spannung\ in\ \sigma\ entsprechend\ zeitl.\,Verlauf\ von\ \tau} = \frac{\sigma_{zul}(\sigma)}{\sigma_{zul}(\tau)} \quad . \qquad (11.121)$$

Die so errechnete Vergleichsspannung ist zur Beurteilung der Sicherheit gegen Versagen mit dem Werkstoffkennwert $K_\sigma(\sigma)$ zu vergleichen, der dem zeitlichen Normalspannungsverlauf entspricht:

$$S = \frac{K_\sigma(\sigma)}{\sigma_{v\alpha_0}} \ . \tag{11.122}$$

Neben dem generellen Problem, dem α_0-Ansatz eine physikalische Begründung zuzuordnen, ist die Definition über zulässige Spannungen nicht einsichtig. Nach anderen Vorschlägen werden daher in der Definition in Gleichung (11.121) nicht die zulässigen Spannungen, sondern unmittelbar die *Werkstoffkennwerte* eingesetzt, Wellinger und Dietmann [35]:

$$\alpha_0{}' = \frac{\textit{Werkstoffkennwert in } \sigma \textit{ entsprechend Lastfall von } \sigma}{\textit{Werkstoffkennwert in } \sigma \textit{ entsprechend Lastfall von } \tau} = \frac{K_\sigma(\sigma)}{K_\sigma(\tau)} \ . \tag{11.123}$$

Eine anschauliche Deutung des Anstrengungsverhältnisses, wenn auch keine physikalisch einleuchtende Erklärung, ist auf Grundlage der Darstellung in Bild 11.90 möglich, das für die Anwendung der modifizierten GH auf den Lastfall wechselnde Biegung und statische Torsion gilt. Demnach kann α_0 entweder als Verzerrungsmaßstab für den Betriebspunkt B bei unveränderter Grenzkurve, Bild 11.90a, oder als affiner Abbildungsmaßstab für die Verzerrung der elliptischen Grenzkurve bei gleichbleibendem Betriebspunkt, Bild 11.90b, interpretiert werden. Gegenüber dem Lastfall der synchronen Wechselbeanspruchung durch σ und τ erhöht sich erwartungsgemäß die Sicherheit, wenn τ statisch wirkt.

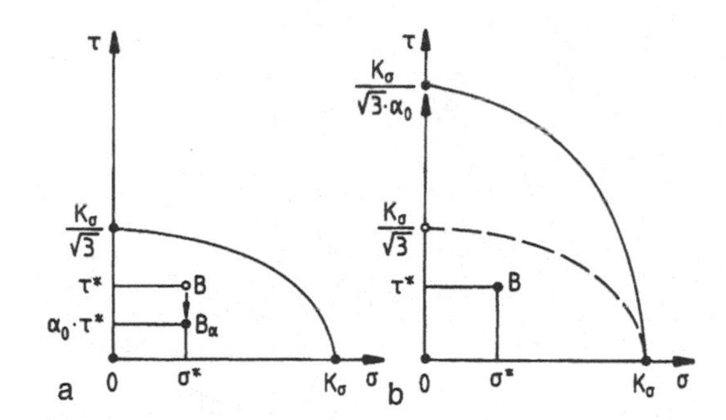

***Bild 11.90** Interpretation des Anstrengungsverhältnisses nach Bach für das Beispiel wechselnde Biegung/statische Torsion a) Veränderung des Betriebspunktes b) Affine Verzerrung der Grenzkurve*

In beiden Fällen lautet die Versagensbedingung unter Verwendung der Gleichung der elliptischen Grenzkurve, siehe Gleichung (11.88):

$$\left(\frac{\sigma}{K_\sigma}\right)^2 + \left(\frac{\tau}{\frac{K_\sigma}{\sqrt{3}\,\alpha_0}}\right)^2 = 1 \ . \tag{11.124}$$

In vielen Lehrbüchern, z. B. Dubbel [12], Roloff/Matek [27] und Holzmann et al. [17], wird das Anstrengungsverhältnis meist in der Form

$$\alpha_0^* = \frac{\sigma_{bzul}}{\varphi \cdot \tau_{tzul}} \tag{11.125}$$

formuliert ($\varphi = 1$ für NH, $\varphi = 2$ für SH und $\varphi = \sqrt{3}$ für GH). Oft werden für die klassischen Lastfälle für Wellen (Umlaufbiegung und statische Torsion bzw. statische Biegung und wechselnde Torsion) feste α_0*-Werte angegeben, in welchen die bekannten Korrelationsfaktoren für Werkstoffkennwerte pauschal berücksichtigt sind.

Die wichtigsten Anwendungen für α_0 sind die Kombination aus einer wechselnden Normalspannung (Biegung) und einer statischen Schubspannung (Torsion) sowie der umgekehrte Lastfall. Diese sollen nachfolgend kurz beschrieben werden.

Wechselnde Biegung mit überlagerter statischer Torsion

Die Versagensbedingung für diesen wichtigen Lastfall (Wellen unter Umlaufbiegung und konstantem Drehmoment) lautet unter Verwendung der Biegespannungsamplitude σ_a und der statischen Torsionsspannung τ_{stat} für die GH nach Gleichung (11.120):

$$\sigma_{v\,\alpha_0} = \sqrt{\sigma_a^2 + 3(\alpha_0 \cdot \tau_{stat})^2} \tag{11.126}$$

Diese Vergleichspannung ist dem in Normalspannungen ausgedrückten Kennwert $K_\sigma(\sigma)$, also der Wechselfestigkeit σ_W gegenüberzustellen. Die elliptische Grenzlinie verläuft bei Verwendung der Darstellung in Bild 11.91 zwischen den Werten σ_W und $\sigma_W/(\sqrt{3} \cdot \alpha_0) = \tau_W/\alpha_0$:

$$\left(\frac{\sigma_a}{\sigma_W}\right)^2 + \left(\frac{\tau_{stat}}{\frac{\sigma_w}{\sqrt{3} \cdot \alpha_0}}\right)^2 = 1\ . \tag{11.127}$$

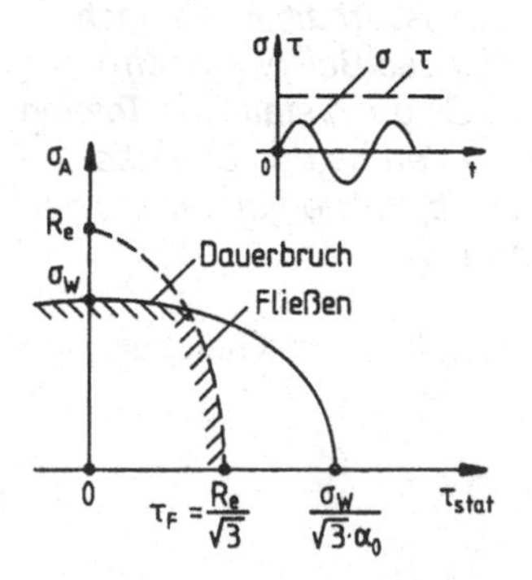

Bild 11.91 Grenzkurve für Dauerbruch und Fließen auf Grundlage des Anstrengungsverhältnisses für den Lastfall der wechselnden Biegung und statischen Torsion

Für das Anstrengungsverhältnis ist nach Gleichung (11.121)

$$\alpha_0 = \frac{\sigma_W / \hat{S}_D}{R_m / \hat{S}_B} \tag{11.128}$$

und nach Gleichung (11.123)

$$\alpha_0{}' = \frac{\sigma_W}{R_m} \tag{11.129}$$

einzusetzen. Unter Verwendung der für metallische Werkstoffe angegebenen Verhältnisse σ_w/R_m und der üblichen Sicherheitsfaktoren $\hat{S}_D$ und $\hat{S}_B$ ergeben sich Bereiche für das Anstrengungsverhältnis, die zwischen

$$\alpha_0 \text{ bzw. } \alpha_0{}' = 0{,}4\,..\,0{,}7$$

liegen. Der in Konstruktionsbüchern enthaltene Wert für Stähle von $\alpha_0{}^* = 0{,}7$ grenzt den Bereich nach oben ab, was im Sinne einer Gewichtung von τ eine erhöhte Vergleichsspannung und damit eine konservative Auslegung bedeutet.

In den Gleichungen (11.128) und (11.129) wurde als statischer Kennwert die Zugfestigkeit R_m eingesetzt, was im Sinne eines Bruchkriteriums physikalisch sinnvoller erscheint und in besserer Übereinstimmung mit Versuchsergebnissen steht, siehe Bild 11.90. Mit Rücksicht auf eine konservative Auslegung ist auch die Verwendung von R_e bzw. $R_e/\hat{S}_F$ gebräuchlich.

In Bild 11.92 sind die Grenzkurven nach Gleichung (11.127) für unterschiedliche α_0-Werte, sowie die nach dem Verfahren der elliptischen Grenzkurve nach Gleichung (11.102) berechnete Versagenskurve eingetragen. Der Vergleich mit den Versuchspunkten an Vergütungsstahl 34 Cr Mo 4 zeigt, daß die MGH in guter Übereinstimmung mit den Experimenten steht. Die Darstellung zeigt auch, daß der Verlauf der Grenzkurven stark von α_0 abhängt und daß die üblichen α_0-Werte eine sichere Auslegung bedeuten, allerdings die Widerstandsfähigkeit stark unterbewerten.

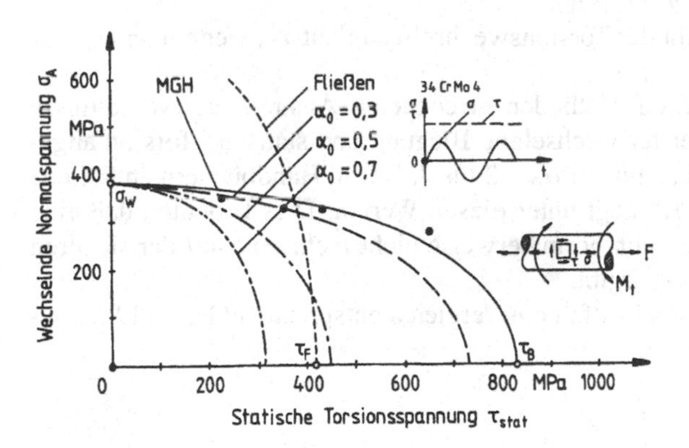

Bild 11.92 *Grenzkurven für unterschiedliche α_0-Werte im Vergleich mit der MGH nach Gleichung (11.102) und Versuchsergebnissen nach Baier [42] an 34 CrMo 4 unter Zug-Druck-Wechsel- und statischer Torsionsbelastung, Issler [91]*

Wechselnde Torsion mit überlagerter statischer Biegung

Für diesen Lastfall mit der statischen Normalspannung σ_{stat} und der Torsionsspannungsamplitude τ_a lautet die Versagensbedingung nach der GH unter Verwendung von α_0:

$$\sigma_{v\alpha_0} = \sqrt{\sigma_{stat}{}^2 + 3(\alpha_0 \cdot \tau_a)^2} = R_m \; . \tag{11.130}$$

Die Grenzkurven sind demnach wiederum Ellipsen, die sich durch

$$\left(\frac{\sigma_{stat}}{R_m}\right)^2 + \left(\frac{\tau_a}{\frac{R_m}{\sqrt{3}\,\alpha_0}}\right)^2 = 1 \qquad (11.131)$$

formulieren lassen, siehe Bild 11.93.

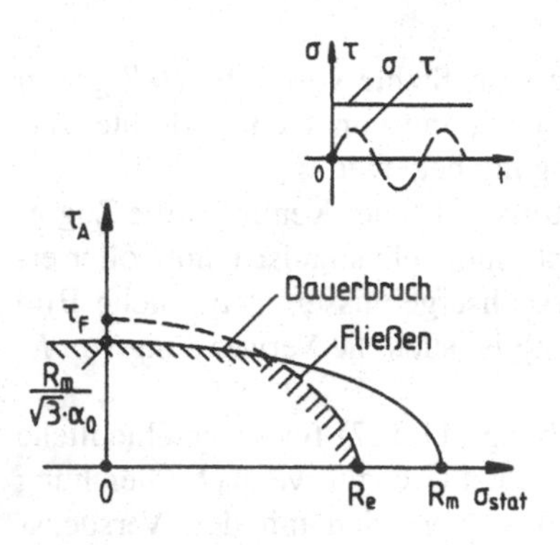

***Bild 11.93** Grenzkurve für Dauerbruch und Fließen auf Grundlage des Anstrengungsverhältnisses für den Lastfall der wechselnden Torsion und statischen Biegung*

Das Anstrengungsverhältnis berechnet sich nach Gleichung (11.121) bzw. (11.123)

$$\alpha_0 = \frac{R_m/\hat{S}_B}{\sigma_W/\hat{S}_D} \;\; bzw. \;\; \alpha_0{'} = \frac{R_m}{\sigma_W} \;\; . \qquad (11.132)$$

Der Ordinatenabschnitt entspricht der Torsionswechselfestigkeit τ_W, wenn man $\alpha_0{'}$ aus Gleichung (11.132) einsetzt.

Die nach den unterschiedlichen Methoden errechneten Anstrengungsverhältnisse nehmen den reziproken Wert der für wechselnde Biegung und statische Torsion angegebenen Bereiche an und liegen somit bei $\alpha_0 = 2$ bis 3. Der in Handbüchern enthaltene Wertebereich von $\alpha_0 = 1{,}5$ bis 1,7 liegt unter diesen Werten. Dies bedeutet, daß eine Rechnung mit diesen Kehrwerten nun normalerweise nicht mehr eine auf der sicheren Seite liegende Vergleichsspannung ergibt.

In Bild 11.94 ist auch für diesen Lastfall ein Vergleich entsprechend Bild 11.92 wiedergegeben.

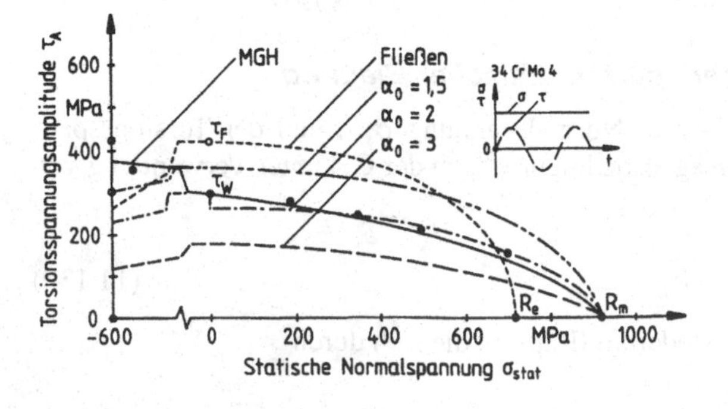

***Bild 11.94** Grenzkurven für unterschiedliche α_0-Werte im Vergleich mit der MGH nach Gleichung (11.102) und Versuchsergebnissen nach Baier [43] an 34 CrMo 4. Torsionswechsel- und statische Zug/Druckbelastung, Issler [96]*

Auch hier stimmt die VEG mit den Versuchsergebnissen gut überein. Die Grenzkurven für unterschiedliche α_0-Werte ergeben für $\alpha_0 < 2$ eine auf der unsicheren Seite liegende Abschätzung.

***Beispiel 11.14** Anwendung des Anstrengungsverhältnisses auf einen Spannbolzen*

Berechnen Sie für den Spannbolzen in Beispiel 11.12 die Sicherheit gegen Versagen mit Hilfe des Anstrengungsverhältnisses.

Lösung

Für den Lastfall des statischen Zuges und der rein wechselnden Torsion ergibt sich das Anstrengungsverhältnis nach Gleichung (11.121)

$$\alpha_0 = \frac{R_m/\hat{S}_B}{\sigma_W/\hat{S}_D} = \frac{706/2}{314/2{,}5} = 2{,}8 \quad .$$

Die Vergleichsspannung nach der GH errechnet sich nach Gleichung (11.120) zu:

$$\sigma_v = \sqrt{{\sigma_{Zug}}^2 + 3(\alpha_0 \cdot \tau_t)^2} = \sqrt{320^2 + 3(2{,}8 \cdot 180)^2}\ MPa = 930\ MPa \quad .$$

Die Sicherheit wird in diesem Fall mit dem statischen Kennwert R_m bestimmt:

$$S = \frac{R_m}{\sigma_v} = \frac{706}{930} = 0{,}76 \quad .$$

Die Rechnung mit $\alpha_0{}' = R_m/\sigma_W = 2{,}25$ ergibt eine Sicherheit von $S = 0{,}92$.

Das Beispiel und der Vergleich mit den Versuchsergebnissen nach Baier [43] bestätigt Bild 11.94, wonach sich bei α_0-Werten über 2 bei diesem Lastfall eine konservative Sicherheitsaussage ergibt.

Unterzieht man zusammenfassend die Rechnung mit dem Anstrengungsverhältnis einer kritischen Analyse, so ist festzustellen, daß dieses Konzept Mängel in der physikalischen Begründung aufzeigt, die Berechnungsvorschrift für α_0 nicht eindeutig ist und die Übereinstimmung mit Versuchsergebnissen unbefriedigend ist. Aus diesen Gründen wird vorgeschlagen, auch bei Kombination aus statischen und schwingenden Lastkomponenten die in den vorhergehenden Abschnitten beschriebenen Verfahren anzuwenden.

11.11 Festigkeitskonzepte

Die bisher beschriebene Festigkeitsberechnung basiert auf den Nennspannungen im Bauteil oder deren örtliche, linear-elastische Erhöhung durch die Kerbwirkungszahl (Nennspannungskonzept). In der Auslegungspraxis und Sicherheitsbeurteilung finden zunehmend weitere Konzepte Anwendung, die sich von der Art der betrachteten Schädigungsgröße ableiten.

Die grundsätzlich möglichen Schädigungsgrößen sind in Bild 11.95 am Beispiel eines geschweißten T-Stosses gezeigt:

- Nennspannung σ_n (Nennspannungskonzept)
- Strukturspannung oder geometrische Spannung σ_S (Strukturspannungskonzept)
- Örtliche Maximaldehnung ε_{max} (Örtliches- oder Kerbgrundkonzept)
- Rißspitzenparameter K_I, G, J-*Integral*, *CTOD* (Bruchmechanikkonzept)

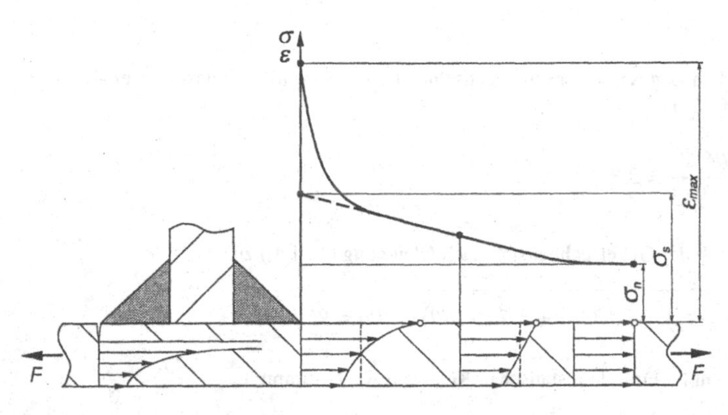

Bild 11.95 *Schädigungsgrößen für Festigkeitskonzepte*

Nennspannung

Die *Nennspannung* σ_n in einem zu definierenden Bauteilquerschnitt berechnet sich nach den elementaren Festigkeitsbeziehungen, siehe z. B. Tabelle 5.4.

Strukturspannung

Die *Strukturspannung* σ_S beinhaltet alle Spannungsüberhöhungen gegenüber der Nennspannung, die sich als Folge der Bauteilgeometrie einstellen, jedoch nicht die Spannungsspitzen an Kerbstellen. Der Verlauf der Strukturspannung in Bild 11.95 wird durch den in Richtung der Störstelle zunehmenden Biegeanteil bestimmt, der sich aus der unterschiedlichen Steifigkeit von Ober- und Unterseite ergibt. Die Höhe und Verteilung der Strukturspannung ergeben sich durch Dehnungsmessung nahe der Kerbstelle oder durch numerische Rechenverfahren.

Maximale Dehnung

Die *maximale Dehnung* ε_{max} im Kerbgrund läßt sich im plastischen Bereich mit den Beziehungen für die Fließkurve, z. B. der Neuber-Formel, Gleichung (9.32), berechnen. Es ist zu beachten, daß die Verwendung der Dehnungsformzahl K_ε zur Quantifizierung der Kerbwirkung nur für die Erstbelastung gilt. Die Dehnungsschwingbreiten der sich anschließenden Ent- und Wiederbelastungen sind mit Hilfe von spezifischen Werkstoffgesetzen (Masing- und Memory-Verhalten, Seeger [171], zu berechnen.

Die Kenngrößen der Bruchmechanik beschreiben das Spannungs-Dehnungs-Feld in der Rißspitzenumgebung, siehe Bild 11.95 links. Bei linear-elastischem Verhalten wird der Spannungsintensitätsfaktor K_I oder die Energiefreisetzungsrate G verwendet. Im elastisch-plastischen Bereich findet das J-Integral und das Rißöffnungskonzept (COD) Anwendung, Schwalbe [30].

Die auf diesen Schädigungsgrößen basierenden Konzepte werden nachfolgend kurz beschrieben. In Bild 11.96 sind für diese Konzepte die Beanspruchungsgrößen (links) und die für die Auslegung erforderlichen Grenzkurven (rechts) vereinfacht dargestellt.

Nennspannungskonzept

Das *Nennspannungskonzept* hat in der Praxis die größte Bedeutung, insbesondere bauen viele Regelwerke darauf auf, z. B. Eurocode 3 [221]. Die im höchstbeanspruchten Bauteilquerschnitt auftretende Nennspannung wird der in Nennspannungen aufge-

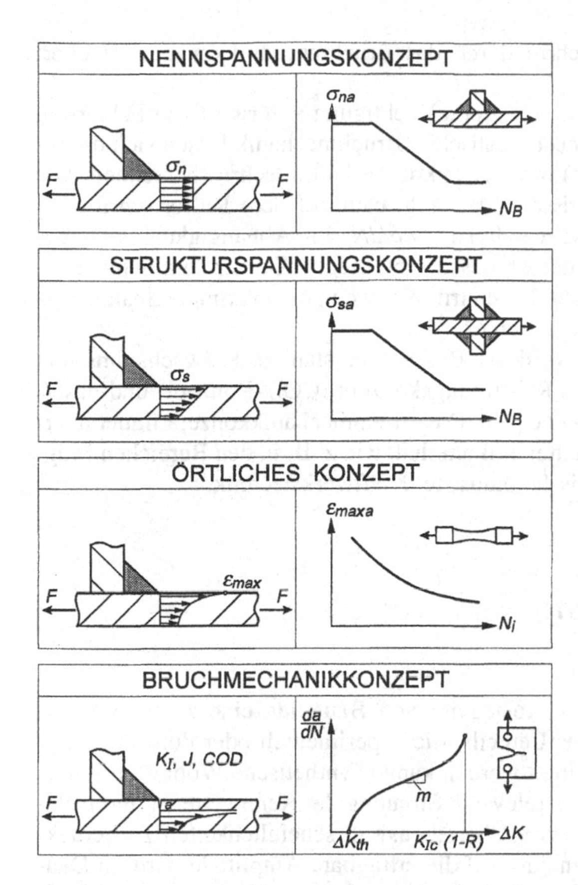

Bild 11.96 *Festigkeitskonzepte für schwingend beanspruchte Bauteile. Beanspruchung (links), Beanspruchbarkeit (rechts)*

tragenen Bauteilwöhlerlinie gegenübergestellt, welche somit sämtliche festigkeitsrelevanten Einflüsse (z. B. Kerben, Oberfläche, Größe, Sekundärspannungen, Imperfektionen) beinhaltet. Der einfachen Beanspruchungsermittlung stehen die möglicherweise aufwendigen Bauteilversuche gegenüber. Die Anwendung bei komplexen Geometrien ist immer dann problematisch, wenn es nicht möglich ist, eine eindeutige Nennspannung zu definieren.

Strukturspannungskonzept

Das *Strukturspannungskonzept* wird hauptsächlich für geschweißte Konstruktionen angewandt, Radaj [24]. Die für den Vergleich mit der Bauteilstrukturspannung erforderliche Wöhlerlinie muß, zumindest in der Kerbwirkung, der des Bauteils entsprechen, da die Kerbwirkung mit diesem Konzept nicht auf Seite der Beanspruchung erfaßt ist.

Örtliches Konzept

Beim *örtlichen Konzept* werden die örtlichen Spannungs-Dehnungs-Pfade werkstoffmechanisch detailliert berücksichtigt und dem Dehnungswechselverhalten der glatten Probe (Low Cycle Fatigue, LCF) gegenübergestellt, Seeger [170]. Der Vorteil gegenüber dem Nennspannungskonzept besteht in der relativ einfachen Ermittlung der Werkstoffkennwerte, jedoch kann der rechnerische Aufwand bei der Bestimmung der Beanspruchungspfade erheblich sein. Eine Erweiterung des Konzepts ist möglich durch die zusätzliche Berücksichtigung des Beanspruchungsgradienten in der Kerbe, Sonsino [179]. Das örtliche Konzept beschreibt die Phase der Rißinitiierung und kann für den makroskopischen Rißfortschritt durch das Bruchmechanikkonzept erweitert werden.

Bruchmechanikkonzept

Das *Bruchmechanikkonzept* erlaubt die Berücksichtigung von rißartigen Fehlern in Bauteilen. Mit den Methoden der linear-elastischen Bruchmechanik lassen sich die instabile Rißerweiterung (Sprödbruch) und der zyklische Rißfortschritt berechnen. Die Berechnung der Lebensdauer angerissener Bauteile baut auf dem Rißfortschrittsdiagramm auf, welches die Rißgeschwindigkeit da/dN in Abhängigkeit von der Schwingbreite der Spannungsintensität ΔK beschreibt. Liegt ΔK unter dem Schwellenwert ΔK_{th}, erweitert sich der Riß nicht. Bruch tritt ein, wenn die maximale Spannungsintensität K_{max} die Bruchzähigkeit K_{Ic} erreicht.

Im elastisch-plastischen Bereich wird der Beginn des stabilen Rißwachstums und die stabile Rißerweiterung durch das Rißöffnungskonzept (COD-Konzept) und das *J*-Integral-Konzept beschrieben, Schwalbe [30]. Das Bruchmechanikkonzept findet in erster Linie Anwendung bei risikobehafteten Bauteilen, wie z. B. in den Bereichen Flugzeugbau, Off-Shore-Technik, Chemische Industrie, Kraftwerkstechnik.

11.12 Zusammenfassung

Die Schwingfestigkeit spielt bei der Auslegung von Bauteilen eine zentrale Rolle. Grundlage bildet die Wöhlerlinie des Bauteils, die experimentell oder durch Korrelation aus Kennwerten an Proben ermittelt werden kann (Synthetische Wöhlerlinie). Die bei Schwingbeanspruchung besonders relevante Streuung der Kennwerte ist durch statistische Auswertungen mit Angabe von Überlebenswahrscheinlichkeiten zu berücksichtigen. Der Einfluß der Mittelspannung auf die ertragbare Amplitude wird im Dauerfestigkeitsschaubild bzw. durch die Mittelspannungsempfindlichkeit ausgedrückt.

Die Schwingfestigkeit wird durch den Oberflächenzustand und die Bauteilgröße beeinflußt, welche über Korrekturfaktoren in die Festigkeitsberechnung eingehen. Weiterhin sind Umgebungseinflüsse auf die Schwingfestigkeit zu berücksichtigen, wobei besonders auf korrosiven Angriff zu achten ist, da hier die Schwingfestigkeit bis auf Null abfallen kann. Die Auswirkung von Kerben bei Schwingbelastung wird durch die Kerbwirkungszahl K_f ausgedrückt, die sich über unterschiedliche Verfahren aus der Formzahl K_t, dem Spannungsgefälle und der Werkstoffestigkeit (eigentlich Zähigkeit) ermitteln läßt.

Der Sicherheitsnachweis bei Schwingbeanspruchung gestaltet sich relativ komplex, da die Berechnungsmethoden (vor allem die Festigkeitshypothesen) an Art und zeitlichen Verlauf der Belastungskomponenten anzupassen sind. Die hier beschriebenen Grundlagen beschäftigen sich mit dem Sicherheitsnachweis bei synchroner Belastung zwischen konstanten Lastgrenzen und der Kombination aus schwingender und statischer Belastung. Es werden Verfahren zur Behandlung der Kombination aus Zug und Biegung, Biegung und Torsion und des allgemeinen ebenen Spannungszustands gezeigt. Inzwischen stehen für mehrachsige Schwingbeanspruchung werkstoffmechanisch gut abgesicherte Konzepte für zähe und spröde Werkstoffe mit hoher Treffsicherheit zur Verfügung, welche den historisch gewachsenen, empirischen Methoden deutlich überlegen sind.

11.13 Rechnerprogramme

11.13.1 Statistische Auswertung von Schwingversuchen als Wöhlerlinie (Programm P11_1)

Grundlagen

Mit der Wöhlerlinie wird der Zusammenhang $S(N)$ zwischen Belastung S (F, M, σ, τ) und Bruch-Schwingspielzahl N dargestellt, vgl. Abschnitt 11.4. Sie dient in erster Linie der Ermittlung der auf Dauer ertragbaren Belastung. Sie kann aber auch bei Belastungen über der Dauerfestigkeit zur Vorhersage des Versagenszeitpunkts herangezogen werden. Da den Ausfällen duch Versagen bei schwingender Beanspruchung eine mehr oder weniger große Streuung anhaftet, reicht es nicht, zu einer vorgegebenen Belastung nur eine Bruch-Schwingspielzahl anzugeben, vielmehr müssen zur Beschreibung der statistischen Unschärfe mehrere, den jeweiligen Ausfallwahrscheinlichkeiten zugeordnete Schwingspielzahlen herangezogen werden, Abschnitt 11.4.3.

Programmbeschreibung

Zweck des Programms: Statistische Auswertung von Schwingversuchen mit Angabe der Linien für konstante Überlebenswahrscheinlichkeit.
Grafische Darstellung der Wöhlerlinien.

Programmstart: «FEST» und Auswahl von «P11_1»

Eingabedaten:
Allgemeine Versuchsbeschreibung
Eckschwingspielzahl N_D
Belastungsart (Spannung, Kraft etc.)
Statische Festigkeitskennwerte
Lasthorizonte und zugehörige Bruch-Schwingspielzahlen
Durchläufer

Ergebnisse:
Gleichungen der Wöhlerlinie für die Ausfallwahrscheinlichkeiten $P_A = 10\,\%, 50\,\%, 90\,\%$
Darstellung der Wöhlerlinie mit Vertrauensbereichen (halb- oder doppellogarithmisch), Bild 11.97
Schwingspielzahlen für vorgegebene Belastungen
Gleichung der Wöhlerlinie für beliebige Ausfallwahrscheinlichkeiten (für Logit- und arcsin $\sqrt{P}$ -Verteilung)

Besonderheiten:
Den Berechnungen der Vertrauensbereiche können folgende statistische Verteilungen zugrundegelegt werden: logit, arcsin $\sqrt{P}$, Gaußsche Normalverteilung.
Ein Versuch kann zur späteren Auswertung in einer Datei gespeichert werden. Es besteht die Möglichkeit, die Datei

„MUSTER“ mit den Daten der Musterlösung 11.15.1 aus dem Verzeichnis C:\FEST zu laden.

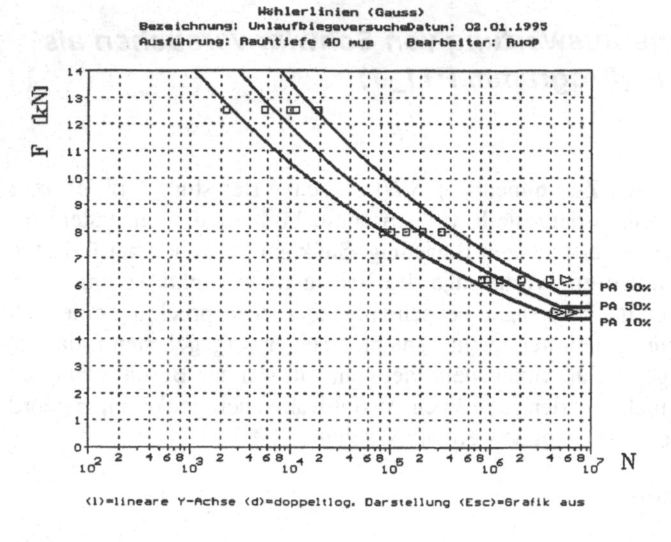

***Bild 11.97** Beispiel einer Auswertung mit Programm P11_1 (Wöhlerlinien für konstante Ausfallwahrscheinlichkeiten)*

11.13.2 Dauerfestigkeitsschaubild (Programm P11_2)

Grundlagen

Die ertragbare Schwingfestigkeitsamplitude σ_A hängt von der gleichzeitig wirkenden Mittelspannung σ_m ab. Dieser Mittelspannungseinfluß wird grafisch als Zusammenhang $\sigma_A(\sigma_m)$ im Dauerfestigkeitsschaubild (DFS) dargestellt. Da die experimentelle Ermittlung eines DFS aufwendig ist, wurden verschiedene Verfahren zur näherungsweisen Konstruktion des DFS vorgeschlagen, vergleiche Abschnitt 11.6.

Programmbeschreibung

Zweck des Programms: Darstellung des Mittelspannungseinflusses auf die Dauerfestigkeitsamplitude als Dauerfestigkeitsschaubild

Programmstart: «FEST» und Auswahl von «P11_2»

Eingabedaten:

Beanspruchungstyp (σ oder τ)
Werkstoffverhalten (zäh bzw. spröd)
Werkstoffkennwerte σ_W und R_m bzw. σ_W, R_m und σ_{Sch}
Streckgrenze R_e
Werkstoffkennwerte τ_W und τ_B bzw. τ_W, τ_B und τ_{Sch}
Schubfließgrenze τ_F
Mittelspannung σ_m bzw. τ_m

Ergebnisse: Dauerfestigkeitsschaubild nach Haigh oder nach Smith, Bild 11.98
Dauerfestigkeitsamplitude σ_A bzw. τ_A für vorgegebenes σ_m bzw. τ_m

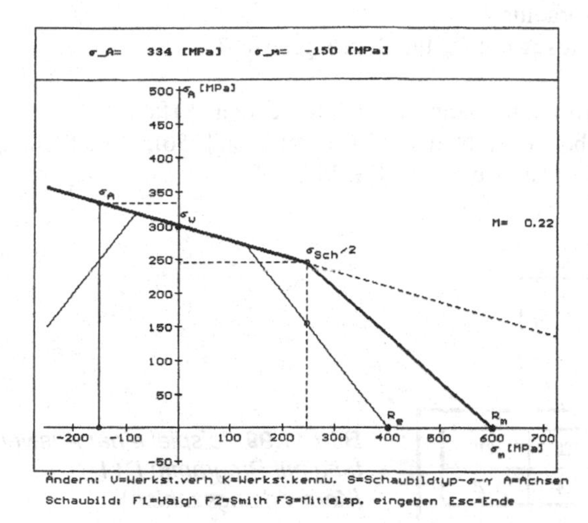

***Bild 11.98** Beispiel einer Auswertung mit Programm P11_2 (DFS nach Haigh)*

Besonderheiten: Ist die Schwellfestigkeit bekannt, so wird das DFS durch zwei Geradenstücke angenähert (zähes und sprödes Werkstoffverhalten), andernfalls durch eine Parabel (zähes Werkstoffverhalten) oder eine Gerade (sprödes Werkstoffverhalten).
Den Verlauf links der τ-Achse bei Torsion erhält man durch Spiegelung der Kurve an der τ_A-Achse (Haigh-Darstellung)
Bei zähem Werkstoffverhalten sind zusätzlich die Versagensgrenzen durch Fließen eingetragen.

11.13.3 Kerbwirkungszahl (Programm P11_3)

Grundlagen

Experimentelle Untersuchungen haben gezeigt, daß sich die durch die theoretische Formzahl K_t beschriebene Spannungserhöhung bei schwingbeanspruchten gekerbten Bauteilen im allgemeinen nicht voll auswirkt. Diese Tatsache wird durch die Angabe einer von K_t abweichenden Kerbwirkungszahl K_f bei Schwingbeanspruchung berücksichtigt, vgl. Abschnitt 11.8. Zur Ermittlung der Kerbwirkungszahl aus der theoretischen Formzahl gibt es verschiedene Ansätze, die im Abschnitt 11.8.2 beschrieben sind.

Programmbeschreibung

Zweck des Programms: Kerbwirkungszahl nach verschiedenen Verfahren

Programmstart: «FEST» und Auswahl von «P11_3»

Eingabedaten: Werkstoffgruppe
Beanspruchungsart (Zug/Druck, Biegung oder Torsion)
Kerbradius
Zugfestigkeit R_m und Streckgrenze R_e

Ergebnisse: Kerbwirkungszahl K_f nach folgenden Verfahren:
Siebel [175], Neuber [147], Peterson [156], TGL-Standard [226], Hück et al. [92], Bild 11.99.

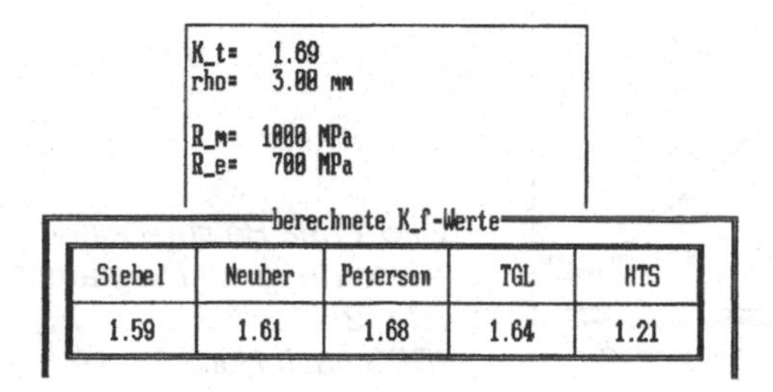
K_t= 1.69
rho= 3.00 mm

R_m= 1000 MPa
R_e= 700 MPa

berechnete K_f-Werte

Siebel	Neuber	Peterson	TGL	HTS
1.59	1.61	1.68	1.64	1.21

***Bild 11.99** Beispiel einer Auswertung mit Programm P11_3 (Kerbwirkungszahlen)*

11.13.4 Synthetische Wöhlerlinie (Programm P11_4)

Grundlagen

Unter einer synthetischen Bauteilwöhlerlinie versteht man eine aus wenigen Bauteil- und Werkstoffdaten berechnete Linie unter Berücksichtigung empirischer Beziehungen, siehe Abschnitt 11.9. Im wesentlichen ist die synthetische Wöhlerlinie durch ihren unteren rechten Eckpunkt $P_D(N_D/\sigma_{nA}^*)$ und durch ihren Neigungsexponenten k bestimmt. Sie wird nach oben durch die statische Festigkeit begrenzt. Zur Ermittlung der Dauerfestigkeitsamplitude σ_{nA}^* ist die Wechselfestigkeit σ_W gemäß Gleichung (11.66) zu korrigieren und anschließend durch die effektive Kerbwirkungszahl K_f^* zu dividieren, Gleichung (11.69). Die Berechnung der Wechselfestigkeit lehnt sich eng an das Konzept von Hück et al [92] an. Das Spannungsgefälle χ^* wird vereinfachend mit $\chi^* = 2/\rho$ berechnet. Für die Wöhlerlinienneigung k und die Grenzschwingspielzahl N_D wurden empirische Beziehungen abhängig von der Kerbschärfe aus den Mittellinien in Bild 11.66 abgeleitet, siehe Abschnitt 11.9.2.

Programmbeschreibung

Zweck des Programms: Ermittlung und grafische Darstellung der synthetischen (Nennspannungs-) Wöhlerlinie für reine Wechselbeanspruchung eines Bauteils

Programmstart: «FEST» und Auswahl von «P11_4»

Eingabedaten:

- Werkstoffgruppe
- Kerbradius und Durchmesser
- Formzahl K_t
- Rauhtiefe R_z
- Zusätzlicher Korrekturfaktor
- Zugfestigkeit R_m und Streckgrenze R_e
- Korrelation von σ_W aus R_m oder R_e

Ergebnisse:

- Nenn-Dauerfestigkeit
- Eckschwingspielzahl N_D
- Neigungsexponent der Wöhlerlinie k
- Kerbwirkungszahl K_f
- Grafische Darstellung der synthetischen Wöhlerlinie (halb-- oder doppellogarithmisch), Bild 11.100

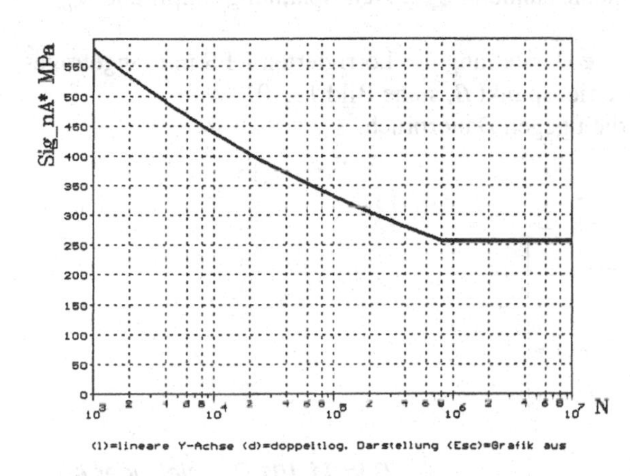

Bild 11.100 *Beispiel einer Auswertung mit Programm P11_4 (Synthetische Wöhlerlinie)*

11.13.5 Sicherheit bei schwingender Beanspruchung mit einer Komponente (Programm P11_5)

Grundlagen

Zur Ermittlung der Sicherheit eines schwingend beanspruchten Bauteils gegen Dauerbruch nach Gleichung (11.71) wird der Betriebspunkt B (aus maximaler Mittelspannung und maximaler Spannungsamplitude) dem durch Oberfläche und Größe korrigierten ertragbaren Spannungsamplituden-Mittelspannungs-Zusammenhang (DFS) gegenübergestellt und damit die Sicherheit gegen Dauerbruch $S_D = \overline{O_2G_2} \,/\, \overline{O_2B}$ berechnet, vgl. Abschnitt 11.10 Bild 11.70, Gleichung (11.77), $i = 2$.

Programmbeschreibung

Zweck des Programms:	Ermittlung der Sicherheit gegen Dauerbruch eines durch eine σ-Komponente schwingend beanspruchten Bauteils
Programmstart:	«FEST» und Auswahl von «P11_5»
Eingabedaten:	Wahl der DFS-Konstruktion (mit oder ohne Schwellfestigkeit) Werkstoffgruppe Wechselfestigkeit σ_W, Zugfestigkeit R_m, Schwellfestigkeit σ_{Sch}, Streckgrenze R_e Kerbradius und Durchmesser Rauhtiefe R_z Zusätzlicher Korrekturfaktor Mittelnennspannung σ_{mn}, Nennspannungsamplitude σ_{an}
Ergebnisse:	Grafische Darstellung des korrigierten DFS mit eingetragenem Betriebspunkt B, siehe Bild 11.101 Sicherheit gegen Dauerbruch.

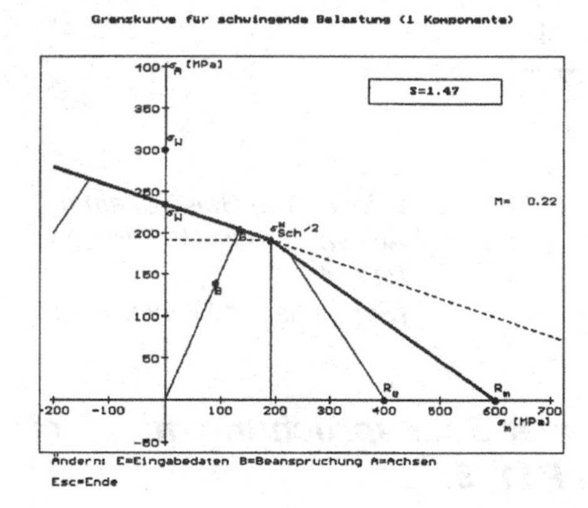

Bild 11.101 *Beispiel einer Auswertung mit Programm P11_5 (Sicherheitsnachweis bei Belastung durch eine Komponente im DFS nach Haigh)*

11.13.6 Sicherheit bei schwingender Beanspruchung mit maximal drei Komponenten (Programm P11_6)

Grundlagen

Bei einer Bauteilbeanspruchung durch mehrere mittelspannungsbehaftete synchron schwingende Spannungskomponenten ist der Sicherheitsnachweis, abhängig vom Werkstoffverhalten nach Abschnitt 11.10.6 durchzuführen.

Bei zähem Verhalten wird der Wechselfestigkeit eine Vergleichsspannungsamplitude gegenübergestellt, welche nach Gleichung (11.113) zu ermitteln ist, und daraus die Sicherheit berechnet. Die Gleichungen stellen einen Sonderfall der Schubspannungsintensitätshypothese SIH für ebenen Spannungszustand und synchrone Beanspruchung dar.

Demgegenüber wird bei sprödem Werkstoffverhalten die ENH angewandt, nach dem jene Schnittrichtung kritisch ist, für die der aus Schnitt-Mittelnormalspannung und Schnitt-Amplitudennormalspannung gebildete Betriebspunkt der Grenzkurve des DFS am nächsten liegt. Als Sicherheit gegen Dauerbruch wird das Verhältnis der in Richtung des kleinsten Abstandes liegenden Geradenstücke $\overline{O'G}$ und $\overline{O'B}$ ermittelt.

Programmbeschreibung

Zweck des Programms:	Ermittlung der Sicherheit gegen Dauerbruch bei drei synchron schwingenden mittelspannungsbehafteten Spannungskomponenten σ_x, σ_y, τ_{xy}
Programmstart:	«FEST» und Auswahl von «P11_6»
Eingabedaten:	Werkstoffverhalten (zäh oder spröd) Dauerfestigkeiten σ_W, σ_{Sch}, τ_W, τ_{Sch} (bei zähem Verhalten) bzw. Kennwerte σ_W, (σ_{Sch}), R_m (bei sprödem Verhalten) Ausschlagspannungskomponenten σ_{xa}, σ_{ya}, τ_{xya} Mittelspannungskomponenten σ_{xm}, σ_{ym}, τ_{xym}
Ergebnisse:	Vergleichsspannungsamplitude σ_{va} und Sicherheit S_D (zähes Verhalten) Grafische Darstellung des DFS, Kurve der Beanspruchungscharakteristika für die verschiedenen Schnittrichtungen, kritische Schnittrichtung, Sicherheit S_D (bei sprödem Verhalten), siehe Bild 11.102.

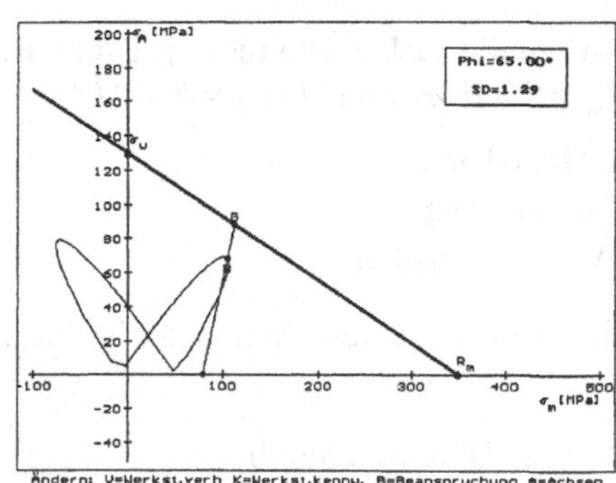

***Bild 11.102** Beispiel einer Auswertung mit Programm P11_6. (ENH für spröde Werkstoffe)*

11.14 Verständnisfragen

1. Warum deckt ein statischer Festigkeitsnachweis nicht automatisch den Schwingfestigkeitsnachweis mit ab?
2. Mit welcher Modellvorstellung wird das Versagen unter schwingender Belastung erklärt?
3. Eine Schwingung mit der Frequenz 12/Tag ist durch die Mittelspannung $\sigma_m = 120$ *MPa* und die Oberspannung $\sigma_o = 180$ *MPa* festgelegt. Berechnen Sie sämtliche übrigen Größen, durch welche die Schwingung charakterisiert werden kann.
4. Was versteht man unter der Wöhlerlinie? Wie lautet ihre Gleichung?
5. Bei Schwingversuchen an Schrauben auf zwei Lasthorizonten ($R = -1$) wurden folgende Ergebnisse erzielt:

Lastamplitude F_a [kN]	Schwingspielzahl Probe			
	Probe 1	Probe 2	Probe 3	Probe 4
18	58700	52200	40800	6800
10	1320000	1780200	2120000	2710800

   a) Berechnen Sie die Gleichung der Wöhlerlinie für $P_ü = 10\ \%$, $P_ü = 50\ \%$ und $P_ü = 90\ \%$ unter Annahme einer Normalverteilung.
   b) Welche Dauerfestigkeitslasten liegen bei einer Eckschwingspielzahl $N_D = 5 \cdot 10^6$ vor?
   c) Mit welcher Lebensdauer ist bei einer Betriebslast von $F_a = 14\ kN$ bei $P_ü = 90\ \%$ zu rechnen?
6. Schätzen Sie die Zug-Druck-Wechselfestigkeiten folgender Werkstoffe ab: St 52, 16 MnCr 5, GS-52, GGG-50, GTS-50, GG-40, Al Mg 5.
7. Konstruieren Sie das Dauerfestigkeitsschaubild nach Haigh für Zug-Druck-Belastung für einen Vergütungsstahl mit $R_m = 1000\ MPa$ und $R_{p0,2} = 800\ MPa$

   a) auf Grundlage einer parabolischen Grenzkurve
   b) mit Hilfe der Mittelspannungsempfindlichkeit
   c) auf Grundlage des Vorschlags im VDEh-Leitfaden.

   Wie lautet die Gleichung der jeweiligen Grenzkurven? Wie groß ist die Zugschwellfestigkeit?
8. Konstruieren Sie für Aufgabe 7a) und c) das DFS nach Smith.
9. Eine Welle mit 60 mm Durchmesser aus Ck 35 V erfährt im Betrieb eine Umlaufbiegebelastung. Die Oberfläche der Welle ist geschlichtet (Rauhtiefe 20 μm).

   a) Mit welcher Wechselfestigkeit der glatten Welle ist zu rechnen?

b) Welche Nennspannungsamplitude kann ertragen werden, wenn eine Kerbe mit Kerbwirkungszahl $K_f = 2{,}4$ vorliegt?

c) Zur Steigerung der Schwingfestigkeit wird der Kerbgrund in Teilaufgabe b) gerollt. Hierdurch entstehen Eigenspannungen $\sigma_{ei} = -200\ MPa$. Welche Dauerfestigkeitssteigerung kann hierdurch erwartet werden?

10. Warum liegt man bei der Prüfung von Proben einer Offshore-Struktur mit Hochfrequenz-Prüfmaschinen nicht auf der sicheren Seite?

11. Warum muß zur Beurteilung der Kerbwirkung bei Schwingbeanspruchung ein von der Formzahl K_t abweichender Kennwert K_f eingeführt werden?

12. Aus einer Dehnungsmessung wird an einer Schweißverbindung der in Bild 11.103 dargestellte Spannungsverlauf in einem Übergangsquerschnitt ermittelt.

    a) Berechnen Sie die Kerbwirkungszahl K_f für die Werkstoffe
    - StE 690 ($R_{p0,2} = 690\ MPa$)
    - Al-Legierung ($R_{p0,2} = 300\ MPa$)

    mit den Verfahren nach Siebel und nach Peterson

    b) Wie groß ist in beiden Fällen die Sicherheit gegen Dauerbruch bei reiner Zugschwellbelastung?

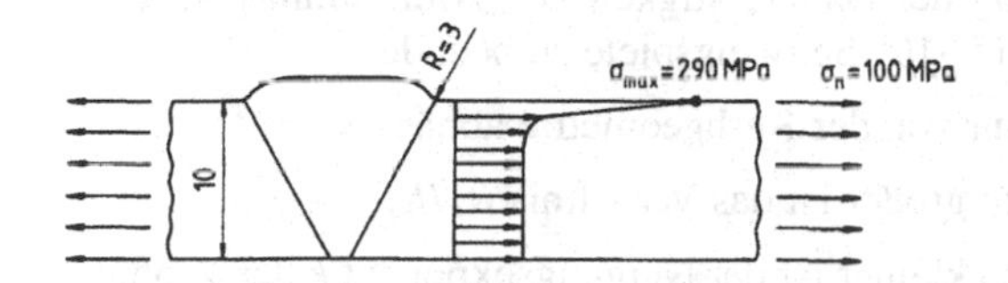

***Bild 11.103** Spannungsverlauf an zugbelasteter Schweißverbindung*

13. Im höchstbeanspruchten Kerbquerschnitt mit Durchmesser 50 mm eines biegebeanspruchten Bauteils aus Temperguß GTW-45 tritt im Betrieb eine Nennspannung $\sigma_{mn} = 80\ MPa$, $\sigma_{an} = 40\ MPa$ auf. Die Oberfläche hat eine Rauhtiefe von $R_z = 50\ \mu m$. Die Kerbwirkung läßt sich durch $K_t = 1{,}8$ und $K_f = 1{,}6$ beschreiben.

    c) Ermitteln Sie die synthetische Bauteilwöhlerlinie für $R = -1$ und $R = 0{,}33$ und geben Sie die Steigung der Wöhlerlinien an.

    d) Wie groß ist die Sicherheit gegen Dauerbruch?

14. Warum ist der Schwingfestigkeitsnachweis bei Belastung eines Bauteils durch mehrere Komponenten problematisch? Welcher grundsätzliche Lösungsweg bietet sich an?

15. Für die höchstbeanspruchte Stelle einer kerbfreien Blattfeder mit 10 mm Dicke, Oberfläche geschliffen, aus dem Werkstoff 50 CrV4 mit $R_m = 1500\ MPa$, $R_{p0,2} = 1200\ MPa$ und $\sigma_{bW} = 720\ MPa$ soll ein Schwingfestigkeitsnachweis für folgende Belastungsfälle durchgeführt werden:

    a) Zug und Biegung $\sigma_z = 0 \pm 160\ MPa$, $\sigma_b = 0 \pm 280\ MPa$.

    b) Biegung und Torsion $\sigma_b = 150 \pm 280\ MPa$, $\tau_t = 0 \pm 200\ MPa$.

    c) Biegung und Torsion $\sigma_b = 150 \pm 280\ MPa$, $\tau_t = 200 \pm 0\ MPa$.

16. Ein Rohr aus 34 Cr 4 ($R_m = 1000\ MPa$, $R_{p0,2} = 700\ MPa$) wird durch ein statisches Torsionsmoment und ein wechselndes Biegemoment beansprucht, was zu folgenden Spannungen führt: $\tau_t = 260\ MPa$, $\sigma_{bx} = \pm 140\ MPa$. Berechnen Sie die Sicherheit gegen Versagen mit der im Abschnitt 11.10.5 beschriebenen Methode und mit dem Anstrengungsverhältnis.
17. Infolge Innendrucks tritt bei dem Rohr aus Aufgabe 16 zusätzlich eine schwingende Umfangsspannung $\sigma_{by} = 80 \pm 80\ MPa$ auf. Wie hoch sind nun die Sicherheiten gegen Fließen und gegen Dauerbruch?
18. Welche der folgenden Aussagen sind falsch?
    - Ein Hörsaalklappstuhl der von den Studierenden mit einer Frequenz 1/Stunde beansprucht wird muß nur gegen statisches Versagen ausgelegt werden.
    - Aus einer Wöhlerlinie kann die Mittelspannungsempfindlichkeit bestimmt werden.
    - Bei dem Schwellfestigkeitskennwert handelt es sich um eine ertragbare Schwingbreite.
    - Bei einem zugschwellbelasteten Rohr mit 5 mm Wandstärke und einem Durchmesser von 60 mm muß der Größeneinfluß nicht berücksichtigt werden.
    - Zur experimentellen Ermittlung der Dauerfestigkeit von Aluminium genügt es nicht, den Schwingversuch bei $5 \cdot 10^6$ Schwingspiele zu beenden.
    - Die Kerbwirkungszahl K_f ist nur von der Kerbgeometrie abhängig.
    - Je schärfer eine Kerbe ist, desto größer ist das Verhältnis K_f / K_t.
    - Je schärfer eine Kerbe ist, desto kleiner ist der Neigungsexponent k der Wöhlerlinie.

11.15 Musterlösung

11.15.1 Schwingfestigkeit von Wellen

An Wellen aus Vergütungsstahl 42 CrMo 4 (1.4525) werden Umlaufbiegeversuche entsprechend Bild 11.104 durchgeführt. Die Ergebnisse der Versuche sind in Tabelle 11.9 wiedergegeben. Der Werkstoff besitzt eine 0,2%-Dehngrenze $R_{p0,2} = 850\ MPa$ und eine Zugfestigkeit $R_m = 1050\ MPa$.

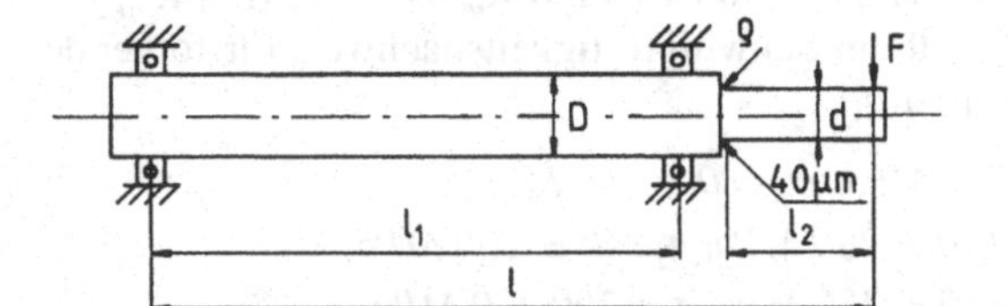

$d = 40\ mm$, $l = 1400\ mm$
$D = 50\ mm$, $l_1 = 1000\ mm$
$\rho = 3\ mm$, $l_2 = 280\ mm$

Bild 11.104 Form und Abmessungen der Welle

Tabelle 11.9 *Ergebnisse der Umlaufbiegeversuche*

Kraftniveau j	Kraft F [kN]	Bruchschwingspielzahl N [-]					
		Probe 1	Probe 2	Probe 3	Probe 4	Probe 5	Probe 6
1	12,5	$2{,}3 \cdot 10^3$	$5{,}6 \cdot 10^3$	$9{,}8 \cdot 10^3$	$11{,}3 \cdot 10^3$	$18{,}7 \cdot 10^3$	
2	8,0	$84{,}1 \cdot 10^3$	$102 \cdot 10^3$	$143 \cdot 10^3$	$210 \cdot 10^3$	$320 \cdot 10^3$	
3	6,2	$812 \cdot 10^3$	$936 \cdot 10^3$	$1{,}24 \cdot 10^6$	$2{,}04 \cdot 10^6$	$3{,}87 \cdot 10^6$	$5{,}5 \cdot 10^6$ ↗
4	5,0	$4{,}5 \cdot 10^6$ ↗	$6{,}2 \cdot 10^6$ ↗				

↗ Durchläufer

a) Ermitteln Sie aus den Versuchsergebnissen die Gleichungen der Bauteilwöhlerlinie mit den Linien für die Ausfallwahrscheinlichkeiten $P_A = 5\,\%, 50\,\%, 95\,\%$ (Normalverteilung).

b) Berechnen Sie aus den Versuchen die Dauerfestigkeit für $P_A = 50\,\%$ und $N_D = 5 \cdot 10^6$ und vergleichen Sie das Ergebnis mit dem Wert, den Sie aus der rechnerisch ermittelten synthetischen Wöhlerlinie entnehmen können.

c) Im Betrieb tritt an der Welle eine Kraft $F_B = 6{,}5\ kN$ auf. Mit welchen Bruchschwingspielzahlen ist bei den oben angegebenen Ausfallwahrscheinlichkeiten zu rechnen?

d) Berechnen Sie die Sicherheit gegen Versagen bei ruhender Welle unter der Wirkung einer schwingenden Last $F = 1 \pm 2\ kN$.

e) Wie verändert sich die Sicherheit der Frage d), wenn durch Rollen im Kerbgrund eine Druckeigenspannung $\sigma_{ei} = -400\ MPa$ erzeugt wurde (ohne Berücksichtigung des Verfestigungseffekts)?

f) Zusätzlich zur schwingenden Last F in Frage d) soll ein synchron rein wechselndes Torsionsmoment $M_t = 1000\ Nm$ wirken. Welche Sicherheit liegt in diesem Fall vor? Die Kerbwirkung ist mit $K_{tt}=K_{tb}$ und mit $K_{ft} = K_{fb}$ zu berücksichtigen.

g) Zusätzlich zur schwingenden Kraft F der Frage d) wirkt ein statisches Torsionsmoment $M_t = 2000\ Nm$. Berechnen Sie die Sicherheit gegen Versagen.

Lösung

a) Die Wöhlerlinien der Umlaufbiegeversuche sind in halblogarithmischer Auftragung in Bild 11.105 dargestellt.

Die Linienzüge für konstante Ausfallwahrscheinlichkeit werden aus den Versuchspunkten folgendermaßen ermittelt: Für die drei Lastniveaus wird der Mittelwert nach Gleichung (11.20) und die Standardabweichungen nach Gleichung (11.21) berechnet. Unter Verwendung von Gleichung (11.23) ergibt sich aus Tabelle 11.3 die Sicherheitsspanne $u = \pm 1{,}64$ für die Schwingspiele für 5%- bzw. 95%- Ausfallswahrscheinlichkeit.

Die Ergebnisse für die drei Lastniveaus $j = 1$ bis 3 mit Auswertung der Bruchpunkte sind in Tabelle 11.10 zusammengestellt.

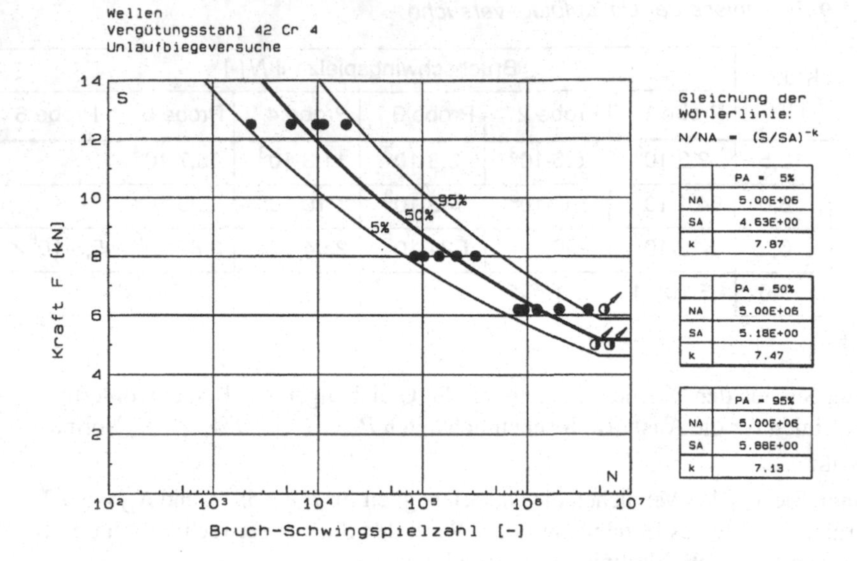

Bild 11.105 *Wöhlerlinie für Ausfallwahrscheinlichkeiten P_A = 5 %, 50 %, 95 %*

Tabelle 11.10 *Statistische Auswertung der Lastniveaus*

Kraftniveau j	Kraft F_j [kN]	$y_j = lg\ F_j$	i = 5%	50%	95%	S_j
			$x_{ij} = lg\ N_{ij}$			
1	12,5	1,097	3,316	3,885	4,454	0,3470
2	8,0	0,903	4,799	5,183	5,569	0,2346
3	6,2	0,792	5,720	6,174	6,629	0,2770

Die drei Linien konstanter Ausfallswahrscheinlichkeit P_A (i = 5, 50, 95 %) erhält man durch Regressionsrechnung nach der Methode der kleinsten Fehlerquadrate unter Verwendung der Stützpunkte (x_{ij}/y_j). Die allgemeinen Gleichungen der Ausgleichsgeraden lauten

$$y_i = m_i \cdot x_i + c_i \quad , \tag{a}$$

wobei die Steigung m_i und der Achsenabschnitt c_i wie folgt berechnet werden (r = Anzahl der Lastniveaus):

$$m_i = \frac{r \cdot \sum_{j=1}^{r} x_{ij} \cdot y_j - \sum_{j=1}^{r} x_{ij} \cdot \sum_{j=1}^{r} y_j}{r \cdot \sum_{j=1}^{r} x_{ij}^{\,2} - \left(\sum_{j=1}^{r} x_{ij} \right)^2} \tag{b}$$

$$c_i = \frac{1}{r}\left(\sum_{j=1}^{r} y_j - m_i \sum_{j=1}^{r} x_{ij}\right) \quad . \tag{c}$$

Die Ergebnisse der Regressionsrechnung sind in Tabelle 11.11 wiedergegeben.

P_A [%] i	m_i	c_i
5	-0,1271	1,517
50	-0,1339	1,611
95	-0,1403	1,710

***Tabelle 11.11** Steigungen und Achsenabschnitte der drei Ausgleichsgeraden*

Die endgültige Formulierung der Gleichung der Wöhlerlinie nach Gleichung (11.16) in der Form

$$\frac{N}{N_A} = \left(\frac{F}{F_A}\right)^{-k}$$

erfordert eine Umsetzung der m- und c-Werte:

$$F_A = 10^{m \cdot \lg N_A + c} \tag{d}$$

$$k = -1/m \quad . \tag{e}$$

Nimmt man speziell für N_A die Eckschwingspielzahl $N_D = 5 \cdot 10^6$ und für F_A die Dauerfestigkeitslast F_D, so gilt nach Gleichung (11.18):

$$\frac{N}{N_D} = \left(\frac{F}{F_D}\right)^{-k} \quad .$$

Die Werte k und F_D (allgemein S_A) für die drei Ausfallwahrscheinlichkeiten sind in den Tabellen von Bild 11.105 eingetragen.

b) Die Dauerfestigkeit F_D für die Eckschwingspielzahl $N_D = 5 \cdot 10^6$ ergibt sich aus Gleichung (d) zu

$$F_D = 10^{m \cdot \lg N_D + c} \quad .$$

Setzt man die m- und c-Werte nach Tabelle 11.11 für $P_A = 50$ % ein, ergibt sich $F_D = 5{,}18\ kN$, siehe auch Bild 11.105.

Zur Konstruktion der synthetischen Wöhlerlinie ist der Dauerfestigkeitseckpunkt (N_D/F_{Dsyn}) und der Neigungsexponent k_{syn} erforderlich.

Für rein wechselnde Biegebeanspruchung gilt nach Gleichung (11.70) für die ertragbare Nennspannungsamplitude bei Dauerfestigkeit:

$$\sigma_{nA}{}^{*} = \frac{\sigma_W{}^{*}}{K_f{}^{*}} \quad . \tag{e}$$

Die korrigierte Wechselfestigkeit ergibt sich unter Berücksichtigung des Oberflächen- und Größeneinflusses aus Gleichung (11.66):

$$\sigma_W^{*} = \sigma_W \cdot C_0 \cdot C_G = \sigma_W \cdot C_{ges} \quad . \tag{f}$$

Die Biegewechselfestigkeit der glatten polierten Kleinprobe wird mit Gleichung (11.31) und Tabelle 11.4:

$$\sigma_{bW} = 1{,}2 \cdot \sigma_{zdW} = 1{,}2\left(0{,}436 \cdot R_{p0,2} + 77\ MPa\right) = 537\ MPa \quad . \tag{g}$$

Aus Gleichung (11.44) erhält man den Oberflächenfaktor

$$C_O = 1 - 0{,}22(\lg R_z)^{0,64} \cdot \lg R_m + 0{,}45(\lg R_z)^{0,53} \tag{h}$$

Mit $R_Z = 40\ \mu m$ aus Bild 11.104 und $R_m = 1050\ MPa$ wird $C_O = 0{,}68$.

Der Größeneinfluß wird pauschal über Bild 11.41 berücksichtigt: $C_G = 0{,}8$. Der Gesamtkorrekturfaktor wird damit $C_{ges} = C_O \cdot C_G = 0{,}54$. Die korrigierte Wechselfestigkeit ergibt sich mit den Gleichungen (f) und (g):

$$\sigma_W{}^{*} = C_{ges} \cdot \sigma_W = 290\ MPa$$

Die korrigierte Kerbwirkungszahl errechnet sich aus Gleichung (11.69)

$$K_f{}^{*} = C_O \sqrt{K_f{}^2 - 1 + \frac{1}{C_O^2}} \quad . \tag{i}$$

Die Kerbwirkungszahl K_f wird aus der Formzahl K_t und der Stützziffer n_χ nach Siebel berechnet. Die Formzahl der abgesetzten Welle unter Biegung kann in Anhang B2, Bild B2.17, unter Verwendung von $d/D = 0{,}8$ und $r/t = 0{,}6$ entnommen werden: $K_t = 1{,}75$. Aus Bild 11.59 erhält man für $\chi^* = 0{,}71$ (Tabelle 11.6) und $n_\chi = 1{,}04$ den Wert $K_f = 1{,}7$. Somit wird mit Gleichung (i) $K_f{}^* = 1{,}37$.

Für die ertragbare Nennspannungsamplitude nach Gleichung (e) erhält man $\sigma_{nA}{}^* = 290\ MPa\ /\ 1{,}37 = 212\ MPa$. Der Zusammenhang zwischen der Einzelkraft am Wellenstummel und der Nennspannung im Kerbquerschnitt ist durch folgende Beziehung gegeben, siehe Gleichung (5.16):

$$\sigma_n = \frac{M_b}{W_b} = \frac{F \cdot l_2}{W_b} \quad .$$

Aus Tabelle 5.1 erhält man $W_b = \pi/32 \cdot d^3 = 6283\ mm^3$. Die rechnerisch ertragbare Last wird somit

$$F_{Dsyn} = \frac{\sigma_{nA}{}^{*} \cdot W_b}{l_2} = 4{,}76\ kN$$

Neigungsexponent k_{syn} :

Die mittlere Neigung der synthetischen Wöhlerlinie läßt sich für K_t = 1,75 aus Bild 11.66a mit $k_{syn} = 8$ bzw. $N_{Dsyn} = 8 \cdot 10^5$ ablesen. Somit lautet die Gleichung der synthetischen Wöhlerlinie:

$$\frac{N}{8 \cdot 10^5} = \left(\frac{F}{4{,}76\ kN} \right)^{-8} .$$

c) Die Betriebskraft $F_B = 6{,}5\ kN$ liegt über der dauerfest ertragbaren Last $F_D = 5{,}18\ kN$ ($P_A = 50\ \%$). Demnach ist mit einem Versagen im Zeitfestigkeitsbereich zu rechnen. Die voraussichtlichen Bruchschwingspielzahlen N_B können mit Gleichung (11.18) bestimmt werden und sind aus Tabelle 11.12 ersichtlich, siehe auch Bild 11.105.

P_A [%]	5	50	95
N_B	$346 \cdot 10^3$	$917 \cdot 10^3$	$2446 \cdot 10^3$

Tabelle 11.12 *Berechnete Bruchschwingspielzahlen für Lastniveau 6,5 kN*

d) Die Lösung erfolgt entsprechend Bild 11.69, wonach die Beanspruchung im Kerbgrund (Betriebspunkt *B*) mit der Grenzlinie des DFS (Grenzlinie *G*) verglichen wird. Die Sicherheit berechnet sich, nach Gleichung (11.78) zu:

$$S_D = \frac{\sigma_A^*}{\sigma_{a\max}} .$$

Die ertragbare Amplitude σ_A* ergibt sich aus der Mittelspannungsempfindlichkeit *M* nach Gleichung (11.36):

$$\begin{aligned} \sigma_{A0}^* &= \sigma_W^* - M \cdot \sigma_{m\max} \\ &= \sigma_W^* - M \cdot K_t \cdot \sigma_{mn} . \end{aligned}$$

Setzt man die Werte $\sigma_W^* = 290\ MPa$ und $K_t = 1{,}75$ aus Teilfrage a), sowie $\sigma_{mn} = F_m \cdot l_2/W_b = 44{,}6\ MPa$ und $M = 0{,}3$ (Bild 11.27) ein, so wird

$$\sigma_{A0}^* = (290 - 0{,}3 \cdot 1{,}75 \cdot 44{,}6)\ MPa = 267\ MPa$$

Die maximale Spannungsamplitude im Kerbgrund berechnet sich gemäß Gleichung (11.65) mit korrigiertem K_f* zu

$$\begin{aligned} \sigma_{a\max} &= K_f^* \cdot \sigma_{an} = K_f^* \cdot \frac{F_a \cdot l_2}{W_b} \\ &= 1{,}37 \cdot \frac{2000 \cdot 280}{6283}\ MPa = 122\ MPa . \end{aligned}$$

Somit wird nach Gleichung (11.70) die Sicherheit

$$S_D = \frac{267}{122} = 2{,}2 \ .$$

e) Die Eigenspannung im Kerbgrund überlagert sich der Mittelspannung, die auftretende Spannungsamplitude gilt unverändert. Die effektiv wirkende Mittelspannung ergibt sich annähernd aus Überlagerung der Lastmittelspannung und der Eigenspannung:

$$\sigma_{mges} = \sigma_{m\max} + \sigma_{ei} = K_t \cdot \sigma_{mn} + \sigma_{ei}$$
$$= (1{,}75 \cdot 44{,}6 + (-400))\ MPa = -322\ MPa \ .$$

Die ertragbare Spannungsamplitude für diese Mittelspannung wird nach Gleichung (11.36)

$$\sigma_{Aei}^{\ *} = (290 - 0{,}3 \cdot (-322))\, MPa = 387\ MPa \ .$$

Die Sicherheit gegen Dauerbruch erhöht sich durch die Druckeigenspannung von $S_D = 2{,}2$ auf $S_D = 3{,}2$. Die grafische Lösung für Teilfrage d) und e) ist aus Bild 11.106 ersichtlich.

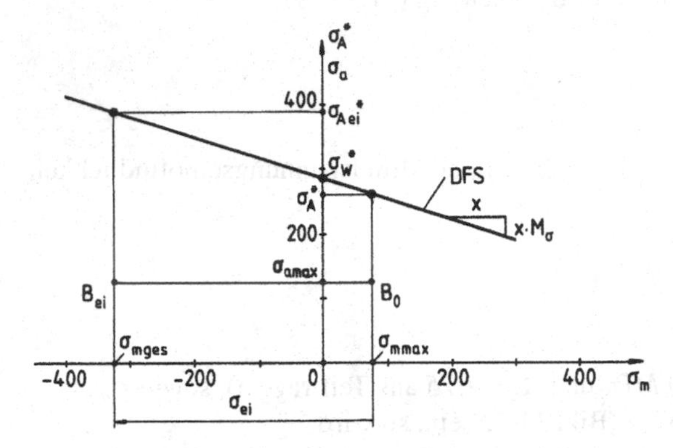

Bild 11.106 *Sicherheitsanalyse für Welle bei Biegebelastung mit Betriebspunkten B_0 ohne (Teilfrage d)) und B_{ei} mit Eigenspannung (Teilfrage e))*

f) Für den Fall der mittelspannungsbehafteten Biegung und Torsion ergibt sich die Sicherheit gegen Dauerbruch mit der MGH nach Gleichung (11.102):

$$S_D = \frac{m_\sigma m_\tau}{\sqrt{\left(\frac{\sigma_{a\max}}{\sigma_W^{\ *}}\right)^2 + \left(\frac{\tau_{a\max}}{\tau_W^{\ *}}\right)^2}} \ .$$

Dabei ist

$$m_\sigma = \frac{\sigma_A^*}{\sigma_W^*} = \frac{\sigma_{AO}^*}{\sigma_W^*} = \frac{267}{290} = 0{,}92 \quad ,$$

$$m_\tau = \sqrt{1 - \left(\frac{\tau_{m\max}}{\tau_B}\right)^2} = 1 \text{ (rein wechselnd)} \quad ,$$

$$\tau_W^* = \frac{\sigma_W^*}{\sqrt{3}} = \frac{290}{\sqrt{3}} \, MPa = 167 \, MPa \quad ,$$

$$\tau_{a\max} = K_{ft}^* \cdot \tau_{tn} = K_{ft}^* \cdot \frac{M_t}{W_t} = 1{,}37 \cdot \frac{1 \cdot 10^6}{12566} \, MPa = 109 \, MPa \ .$$

Eingesetzt ergibt sich

$$S_D = \frac{0{,}92 \cdot 1}{\sqrt{\left(\frac{122}{290}\right)^2 + \left(\frac{109}{167}\right)^2}} = 1{,}2 \ .$$

Zur Kontrolle ist die Sicherheit gegen Fließen mit den Oberspannungen zu berechnen:

$$S_F = \frac{R_{p0,2}}{\sigma_{vo}} \ .$$

Die Vergleichsspannung berechnet sich nach der GH mit Gleichung (7.24):

$$\sigma_{vo} = \sqrt{\sigma_{o\max}^2 + 3 \cdot \tau_{o\max}^2} \ .$$

Die maximalen Oberspannungen im Kerbgrund erhält man mit Gleichung (8.7):

$$\sigma_{o\max} = K_{tb} \cdot \sigma_{on} = K_{tb} \cdot \frac{M_{bo}}{W_b} = 1{,}75 \cdot 133{,}7 \, MPa = 234 \, MPa$$

$$\tau_{o\max} = K_{tt} \cdot \tau_{on} = K_{tt} \cdot \frac{M_{to}}{W_t} = 1{,}75 \cdot 79{,}6 \, MPa = 139{,}3 \, MPa \ .$$

Die Vergleichsspannung wird

$$\sigma_{vo} = \sqrt{234^2 + 3 \cdot 139{,}3^2} \, MPa = 336 \, MPa$$

und die Sicherheit gegen Fließen

$$S_F = \frac{850}{336} = 2{,}5 \ .$$

g) Für den Fall der kombiniert statisch-schwingenden Belastung gilt ebenfalls Gleichung (11.102), welche sich wegen $\tau_{amax} = 0$ vereinfacht:

$$S_D = \frac{m_\sigma \, m_\tau}{\sigma_{a\max}} \cdot \sigma_W^{\;*} \; .$$

Der Mittelspannungsfaktor m_σ behält seinen Wert 0,92 aus Frage f).
Für m_τ nach Gleichung (11.95) erhält man mit dem Ellipsenansatz aus Tabelle 11.5:

$$m_\tau = \sqrt{1 - \left(\frac{\tau_{m\max}}{\tau_B} \right)^2} \; .$$

Mit $\tau_B = 0{,}8 \cdot R_m = 840\ MPa$ und

$$\tau_{m\max} = K_{tt} \cdot \tau_{tn} = K_{tt} \cdot \frac{M_t}{W_t} = 278{,}6\ MPa$$

wird $m_\tau = 0{,}94$.
Damit ergibt sich die Sicherheit

$$S_D = \frac{0{,}92 \cdot 0{,}94}{122} \cdot 290 = 2{,}1 \; .$$

Die Kontrollrechnung gegen Fließen erfolgt entsprechend Teilfrage f) mit $\tau_{omax} = 278{,}6\ MPa$ und ergibt $\sigma_{vo} = 536{,}3\ MPa$ und schließlich $S_F = 1{,}6$.

Ergänzende Grundlagen

A1 Verformungen in beliebiger Richtung

In diesem Abschnitt werden die Gleichungen (2.3) und (2.4) hergeleitet. Bei bekannten Verformungsgrößen in x- und y-Richtung können damit die unter einem Winkel φ zur x-Richtung auftretenden Verformungen berechnet werden. Man betrachtet dazu das in Bild A1.1a im unverformten und verformten Zustand dargestellte Winkelelement. Gesucht ist die Dehnung ε_φ des Linienelements OR sowie die Winkelverzerrung γ_φ des Winkelelements ROS in Abhängigkeit von den Verformungsgrößen ε_x, ε_y und γ_{xy} in O und dem Winkel φ.

Die Verschiebung des Winkelelements ROS nach $\bar{R}\ \bar{O}\ \bar{S}$ setzt sich aus einer reinen Translation mit dem Translationsvektor $\underline{u} = \underline{O\bar{O}}$ sowie einer Drehung und Streckung zusammen. Da die reine Translation keine Verformung verursacht, kann das Winkelelement $\bar{R}\ \bar{O}\ \bar{S}$ für die weiteren Betrachtungen als $R^*O^*S^*$ parallel nach O verschoben werden, siehe Bild A1.1b.

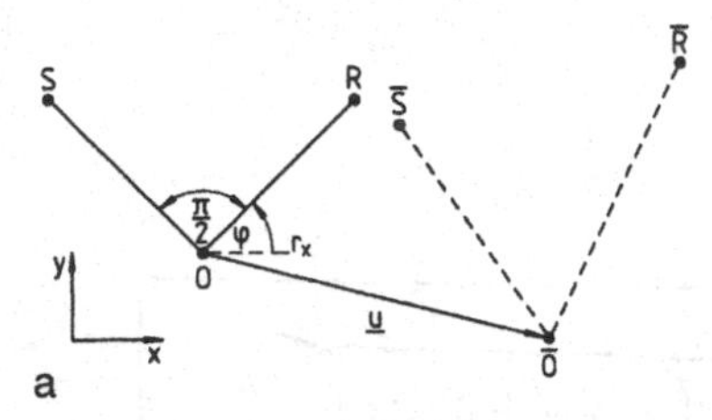

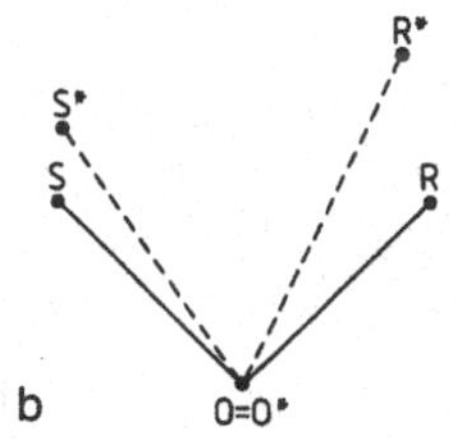

Bild A1.1 *Winkelelement ROS*
a) Im unbelasteten(—) sowie im belasteten (---) Bauteilzustand
*b) Gedrehtes und gestrecktes Winkelelement R*O*S* nach Elimination der Translation*

Für die Streckung von OR nach O^*R^* lassen sich aus Bild A1.2 unter der Voraussetzung kleiner Verschiebungen folgende Beziehungen ableiten:

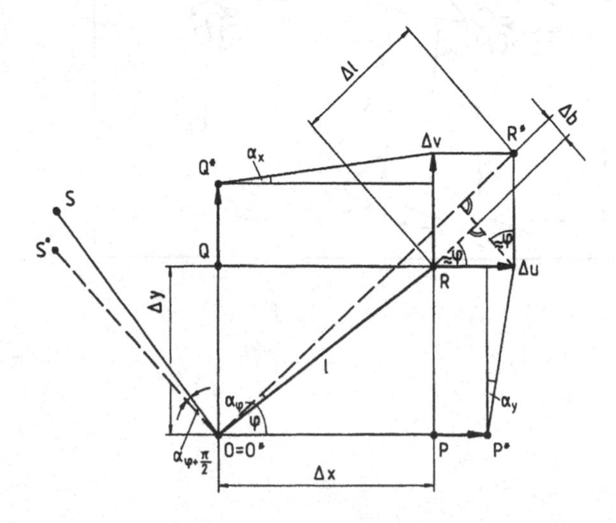

Bild A1.2 *Linienelement OR im Ausgangszustand (—) sowie im gedrehten und gestreckten Zustand O*R* (- -)*

$$\overline{RR^*} \approx \Delta l = \Delta u \cdot \cos\varphi + \Delta v \cdot \sin\varphi \tag{A1.1}$$

Hierbei ist

$$\begin{aligned} \Delta u &= \overline{PP^*} + \alpha_y \cdot \Delta y = \varepsilon_x \cdot \Delta x + \alpha_y \cdot \Delta y \\ \Delta v &= \overline{QQ^*} + \alpha_x \cdot \Delta x = \varepsilon_y \cdot \Delta y + \alpha_x \cdot \Delta x \quad . \end{aligned} \tag{A1.2}$$

Die Längenänderung Δl ergibt sich nach Einsetzen von Gleichung (A1.2) in Gleichung (A1.1) zu

$$\Delta l = (\varepsilon_x \cdot \Delta x + \alpha_y \cdot \Delta y)\cos\varphi + (\varepsilon_y \cdot \Delta y + \alpha_x \cdot \Delta x)\sin\varphi \quad . \tag{A1.3}$$

Die gesuchte Dehnung unter dem Winkel φ berechnet sich mit Gleichung (2.1) zu:

$$\varepsilon_\varphi \equiv \frac{\Delta l}{l} = \varepsilon_x \cdot \frac{\Delta x}{l} \cdot \cos\varphi + \alpha_y \cdot \frac{\Delta y}{l} \cdot \cos\varphi + \varepsilon_y \cdot \frac{\Delta y}{l} \cdot \sin\varphi + \alpha_x \cdot \frac{\Delta x}{l} \cdot \sin\varphi \quad . \tag{A1.4}$$

Mit den Beziehungen $\cos\varphi = \Delta x/l$ *und* $\sin\varphi = \Delta y/l$ ergibt sich dann:

$$\varepsilon_\varphi = \varepsilon_x \cos^2\varphi + \varepsilon_y \sin^2\varphi + (\alpha_x + \alpha_y)\sin\varphi\cos\varphi \quad . \tag{A1.5}$$

Der ursprünglich rechte Winkel des Winkelelements QRP hat sich bei der Deformation um den Winkel ($\alpha_x + \alpha_y$) verkleinert. Für die Winkelverzerrung ergibt sich daraus mit Gleichung (2.2):

$$\gamma_{xy} = \angle(Q^* R^* P^*) - \frac{\pi}{2} = \left[\frac{\pi}{2} - (\alpha_x + \alpha_y)\right] - \frac{\pi}{2} = -(\alpha_x + \alpha_y) \quad . \tag{A1.6}$$

Eingesetzt in Gleichung (A1.5) erhält man zunächst

$$\varepsilon_\varphi = \varepsilon_x \cos^2\varphi + \varepsilon_y \sin^2\varphi - \gamma_{xy} \sin\varphi\cos\varphi \quad ,$$

woraus nach einigen trigonometrischen Umformungen die gesuchte Beziehung (2.3) für die *Dehnung in beliebiger Richtung* folgt:

Dehnung in beliebiger Richtung

$$\varepsilon_\varphi = \frac{\varepsilon_x + \varepsilon_y}{2} + \frac{\varepsilon_x - \varepsilon_y}{2}\cos 2\varphi - \frac{\gamma_{xy}}{2}\sin 2\varphi. \tag{A1.7}$$

Für die Winkelverzerrung γ_φ nach Gleichung (2.4) werden die Drehungen α_φ und $\alpha_{\varphi+\pi/2}$ der Linienelemente OR und OS benötigt. Unter der Annahme kleiner Verformungen entnimmt man Bild A1.2:

$$\Delta b = \Delta v \cdot \cos\varphi - \Delta u \cdot \sin\varphi \tag{A1.8}$$

Mit Gleichung (A1.2) wird daraus:

$$\Delta b = \left(\varepsilon_y \,\Delta y + \alpha_x \,\Delta x\right)\cos\varphi - \left(\varepsilon_x \,\Delta x + \alpha_y \,\Delta y\right)\sin\varphi \quad .$$

Die Drehung α_φ berechnet sich zu:

$$\alpha_\varphi = \frac{\Delta b}{l} = \varepsilon_y \cdot \frac{\Delta y}{l} \cdot \cos\varphi + \alpha_x \cdot \frac{\Delta x}{l} \cdot \cos\varphi - \varepsilon_x \cdot \frac{\Delta x}{l} \cdot \sin\varphi - \alpha_y \cdot \frac{\Delta y}{l} \cdot \sin\varphi \quad .$$

Mit $\cos\varphi = \Delta x / l$ und $\sin\varphi = \Delta y / l$ wird daraus:

$$\alpha_\varphi = \alpha_x \cos^2\varphi - \alpha_y \sin^2\varphi + (\varepsilon_y - \varepsilon_x)\sin\varphi\cos\varphi . \tag{A1.9}$$

Ersetzt man in Gleichung (A1.9) φ durch $(\varphi + \pi/2)$ erhält man die Drehung des Linienelements OS zu

$$\begin{aligned}\alpha_{\varphi+\pi/2} &= \alpha_x \cdot \underbrace{\cos^2(\varphi+\pi/2)}_{\sin^2\varphi} - \alpha_y \cdot \underbrace{\sin^2(\varphi+\pi/2)}_{\cos^2\varphi} \\ &\quad + (\varepsilon_y - \varepsilon_x) \cdot \underbrace{\sin(\varphi+\pi/2)}_{\cos\varphi} \cdot \underbrace{\cos(\varphi+\pi/2)}_{-\sin\varphi}\end{aligned} \tag{A1.10}$$

$$\alpha_{\varphi+\pi/2} = \alpha_x \sin^2\varphi - \alpha_y \cos^2\varphi - (\varepsilon_y - \varepsilon_x)\sin\varphi\cos\varphi \ .$$

Die Winkelverzerrung des Winkelelements ROS ergibt sich aus den Gleichungen (A1.9) und (A1.10) als Differenz der Drehungen von OS und OR:

$$\gamma_\varphi = \alpha_{\varphi+\pi/2} - \alpha_\varphi = (\alpha_x + \alpha_y)\sin^2\varphi - (\alpha_x + \alpha_y)\cos^2\varphi - 2(\varepsilon_y - \varepsilon_x)\sin\varphi\cos\varphi \ .$$

Winkelverzerrung in beliebiger Richtung

Die gesuchte Beziehung (2.4) für die *Winkelverzerrung in beliebiger Richtung* folgt daraus mit Gleichung (A1.6) sowie einigen trigonometrischen Umformungen:

$$\frac{\gamma_\varphi}{2} = \frac{\varepsilon_x - \varepsilon_y}{2}\sin 2\varphi + \frac{\gamma_{xy}}{2}\cos 2\varphi \ . \tag{A1.11}$$

A2 Spannungszustand in Matrizendarstellung

Wird ein Bauteil durch eine Ebene mit Normaleneinheitsvektor $\underline{n}$, die den Bauteilpunkt P enthält, geschnitten, so wird in der entstandenen Schnittebene der Spannungsvektor $\underline{s}$ frei. Bei festem Punkt P hängt der Spannungsvektor $\underline{s}$ von der Lage der Ebene und damit vom Normalenvektor $\underline{n}$ ab. Im folgenden soll diese Funktion $\underline{s} = \underline{s}(\underline{n})$ näher untersucht werden. Zunächst sind zwei Vorüberlegungen nötig:

Normaleneinheitsvektor

a) Gemäß Bild A2.1 kann der *Normaleneinheitsvektor* $\underline{n}$ in Komponenten durch seine Richtungskosinus dargestellt werden:

$$\underline{n} = \begin{bmatrix} n_1 \\ n_2 \\ n_3 \end{bmatrix} = \begin{bmatrix} \cos\alpha \\ \cos\beta \\ \cos\gamma \end{bmatrix} . \tag{A2.1}$$

Dabei sind α, β und γ die Winkel zwischen $\underline{n}$ und den Koordinatenachsen. Unter Beachtung der Normierungsbedingung $|\underline{n}| = 1$ folgt aus Gleichung (A2.1):

$$|\underline{n}| = n_1^2 + n_2^2 + n_3^2 = \cos^2\alpha + \cos^2\beta + \cos^2\gamma = 1 . \tag{A2.2}$$

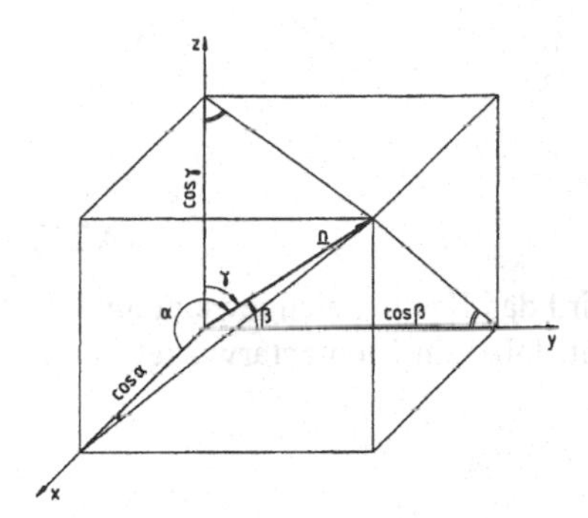

Bild A2.1 *Zerlegung des Normaleneinheitsvektors* $\underline{n}$

Mit den drei Einheitsvektoren in Richtung der Koordinatenachsen

$$\underline{e}_x = [1\,0\,0]^T , \quad \underline{e}_y = [0\,1\,0]^T , \quad \underline{e}_z = [0\,0\,1]^T$$

kann anstelle von z. B. cos α auch das skalare Produkt

$$\underline{e}_x^T \cdot \underline{n} = \cos\alpha \tag{A2.3}$$

geschrieben werden. Entsprechendes gilt für cos β und cos γ, d. h. Gleichung (A2.1) kann auch dargestellt werden durch:

$$\underline{n} = \left[\underline{e}_x^T \cdot \underline{n} \quad \underline{e}_y^T \cdot \underline{n} \quad \underline{e}_z^T \cdot \underline{n}\right] . \tag{A2.4}$$

b) Schneidet man ein Bauteil gemäß Bild A2.2, so werden an den Schnittflächen ΔA_1 und ΔA_2 der beiden Teilkörper k_1 und k_2 die Spannungsvektoren $\underline{s}$ frei.

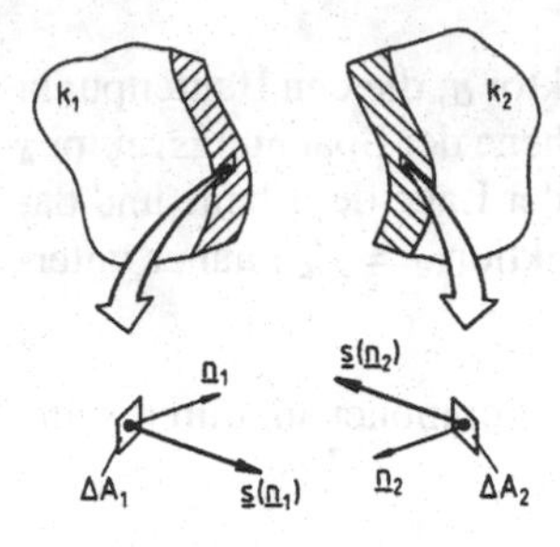

Bild A2.2 *Spannungs- und Normalenvektoren nach Bauteilschnitt*

Für die auf die beiden Schnittflächen ΔA_1 und ΔA_2 wirkenden Kräfte gilt nach dem 3. Newtonschen Gesetz (actio = reactio):

$$\Delta A_1 \cdot \underline{s}(\underline{n}_1) = -\Delta A_2 \cdot \underline{s}(\underline{n}_2) \ .$$

Mit

$$\Delta A_1 = \Delta A_2 = \Delta A \quad \text{und} \quad \underline{n}_1 = -\underline{n}_2 = \underline{n}$$

folgt daraus

$$\Delta A \cdot \underline{s}(\underline{n}) = -\Delta A \cdot \underline{s}(-\underline{n})$$

oder

$$\underline{s}(\underline{n}) = -\underline{s}(-\underline{n}) \ . \tag{A2.5}$$

Um eine Beziehung zwischen $\underline{s}$ und $\underline{n}$ zu finden, wird das Kräftegleichgewicht am Tetraeder betrachtet, welches nach Bild A2.3 entsteht, falls ein Elementarwürfel durch eine Ebene mit Normalenvektor $\underline{n}$ geschnitten wird.

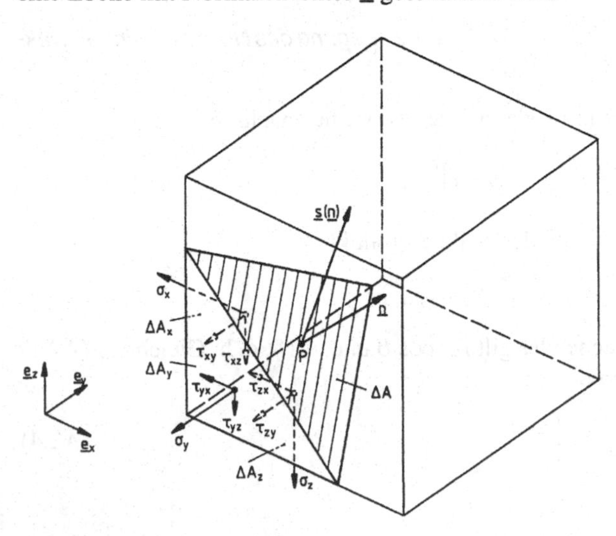

Bild A2.3 *Spannungen am Tetraeder*

Kräftegleichgewicht am Tetraeder ergibt:

$$\underline{s}(\underline{n}) \cdot \Delta A + \underline{s}(-\underline{e}_x) \cdot \Delta A_x + \underline{s}(-\underline{e}_y) \cdot \Delta A_y + \underline{s}(-\underline{e}_z) \cdot \Delta A_z = 0 \ . \tag{A2.6}$$

Um den gesuchten Zusammenhang $\underline{s}(\underline{n})$ zu finden, müssen die Flächenelemente eliminiert werden. Ist ΔA der Flächeninhalt der schraffierten Schnittfläche, so ergibt sich das Flächenelement ΔA_x durch Projektion auf die Würfelebene parallel zu $\underline{e}_y$ und $\underline{e}_z$, d. h. es gilt:

$$\Delta A_x = \Delta A \cdot \cos(\angle(\underline{e}_x, \underline{n})) = \Delta A \cdot \cos\alpha \ .$$

Mit Gleichung (A2.3) ergibt sich daraus:

$$\Delta A_x = \underline{e}_x^T \cdot \underline{n} \cdot \Delta A .$$

Analog lassen sich die beiden anderen Flächenelemente ausdrücken als:

$$\Delta A_y = \underline{e}_y^T \cdot \underline{n} \cdot \Delta A$$

$$\Delta A_z = \underline{e}_z^T \cdot \underline{n} \cdot \Delta A \ .$$

Damit lautet die Gleichgewichtsbedingung (A2.6):

$$\underline{s}(\underline{n}) \cdot \Delta A = -\underline{s}(-\underline{e}_x) \cdot \underline{e}_x^T \cdot \underline{n} \cdot \Delta A - \underline{s}(-\underline{e}_y) \cdot \underline{e}_y^T \cdot \underline{n} \cdot \Delta A - \underline{s}(-\underline{e}_z) \cdot \underline{e}_z^T \cdot \underline{n} \cdot \Delta A \ .$$

Division durch ΔA und Berücksichtigung von Gleichung (A2.5) ergibt:

$$\underline{s}(\underline{n}) = \underbrace{\left[\underline{s}(\underline{e}_x) \cdot \underline{e}_x^T + \underline{s}(\underline{e}_y) \cdot \underline{e}_y^T + \underline{s}(\underline{e}_z) \cdot \underline{e}_z^T\right]}_{\underline{S}^T} \cdot \underline{n} \ . \tag{A2.7}$$

Die Komponentendarstellung der zu den Einsvektoren $\underline{e}_x$, $\underline{e}_y$ und $\underline{e}_z$ gehörenden Spannungsvektoren lautet:

$$\underline{s}(\underline{e}_x) = \begin{bmatrix} \sigma_x \\ \tau_{xy} \\ \tau_{xz} \end{bmatrix}, \quad \underline{s}(\underline{e}_y) = \begin{bmatrix} \tau_{yx} \\ \sigma_y \\ \tau_{yz} \end{bmatrix} \quad \text{und} \quad \underline{s}(\underline{e}_z) = \begin{bmatrix} \tau_{zx} \\ \tau_{zy} \\ \sigma_z \end{bmatrix} .$$

Faßt man in Gleichung (A2.7) den Ausdruck in der eckigen Klammer zur 3x3-transponierten *Spannungsmatrix*[1] $\underline{S}^T$ zusammen, so ergibt sich hierfür:

Spannungsmatrix

$$\underline{S}^T = \begin{bmatrix} \sigma_x \\ \tau_{xy} \\ \tau_{xz} \end{bmatrix} [1\,0\,0] + \begin{bmatrix} \tau_{yx} \\ \sigma_y \\ \tau_{yz} \end{bmatrix} [0\,1\,0] + \begin{bmatrix} \tau_{zx} \\ \tau_{zy} \\ \sigma_z \end{bmatrix} [0\,0\,1] = \begin{bmatrix} \sigma_x & \tau_{yx} & \tau_{zx} \\ \tau_{xy} & \sigma_y & \tau_{zy} \\ \tau_{xz} & \tau_{yz} & \sigma_z \end{bmatrix} . \tag{A2.8}$$

[1] Die korrekte Bezeichnung ist *Spannungstensor*. Tensoren sind mathematische Gebilde, welche bestimmten Transformationseigenschaften genügen. Bei dem in Gleichung (A2.8) bzw. Gleichung (A2.10) dargestellten Zahlenschema aus den 9 Spannungen handelt es sich um einen Tensor 2. Stufe, welcher sich in der gezeigten Art und Weise als 3x3-Matrix darstellen läßt.

Spannungstensor

In Abschnitt 3.3 wurde die Gleichheit der zugeordneten Schubspannungen (Gleichung (3.6)) und damit die Symmetrie der Spannungsmatrix gezeigt, d. h.:

$$\underline{S} = \underline{S}^T \quad . \tag{A2.9}$$

Spannungsvektor

Mit den Gleichungen (A2.7) bis (A2.9) findet man für den gesuchten Zusammenhang zwischen dem *Spannungsvektor* $\underline{s}$, der *Spannungsmatrix* $\underline{S}$ und dem Normaleneinheitsvektor $\underline{n}$:

$$\underline{s}(\underline{n}) = \underline{S}\,\underline{n} \qquad \text{mit} \quad \underline{S} = \begin{bmatrix} \sigma_x & \tau_{xy} & \tau_{xz} \\ \tau_{xy} & \sigma_y & \tau_{yz} \\ \tau_{xz} & \tau_{yz} & \sigma_z \end{bmatrix} . \tag{A2.10}$$

Nach Gleichung (A2.10) ist mit der Angabe der Spannungsmatrix $\underline{S}$ der Spannungszustand in einem Punkt des Bauteils vollständig bestimmt. Für jede Schnittrichtung $\underline{n}$ läßt sich daraus der Spannungsvektor $\underline{s}$ berechnen. Die Normal- und Schubspannungsanteile findet man entsprechend Bild A2.4 durch eine Zerlegung des Spannungsvektors $\underline{s}$ in Komponenten normal und tangential zur Schnittebene.

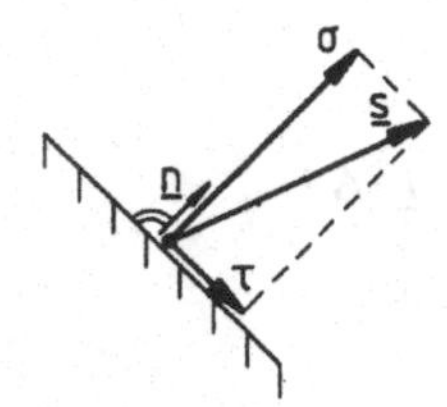

***Bild A2.4** Zerlegung des Spannungsvektors in Normal- und Schubspannungskomponenten*

Normalspannung

Die senkrechte Projektion von $\underline{s}$ auf den Normaleneinheitsvektor $\underline{n}$, rechnerisch ermittelt durch das Skalarprodukt, liefert die *Normalspannung*:

$$\sigma = \underline{s}^T \cdot \underline{n} \quad . \tag{A2.11}$$

Schubspannung

Für den Betrag der *Schubspannung* ergibt sich nach Pythagoras:

$$|\tau| = \sqrt{|\underline{s}|^2 - \sigma^2} \, . \tag{A2.12}$$

Vorzeichenfestlegung für Schubspannungen

Die *Vorzeichenfestlegung der Schubspannungskomponenten* wird abschließend anhand eines Beispiels geklärt, siehe Bild A2.3. Der zur Schnittfläche ΔA_x gehörende Normalenvektor -$\underline{e}_x$ zeigt in negative x-Richtung. Die in dieser Fläche liegenden Schubspannungen τ_{xy} und τ_{xz} sind dann positiv, wenn sie ebenfalls in negative Achsenrichtungen, d. h. in negative y- bzw. z-Richtung zeigen. Zeigt der Ebenennormalenvektor in positive Achsenrichtung, sind die Schubspannungen, die in positive y- und z-Richtung weisen, positiv. Gemäß dieser Vorzeichenfestlegung sind alle in Bild A2.3 eingezeichneten Schubspannungen positiv.

A3 Spannungen in beliebiger Richtung (ebener Spannungszustand)

In diesem Abschnitt werden die Gleichungen (3.9) und (3.10) zur Berechnung der Spannungen in beliebiger Schnittrichtung für einen ebenen Spannungszustand hergeleitet. Wird der in Bild A3.1a dargestellte Spannungswürfel senkrecht zur x-y-Ebene so geschnitten, daß der Schnittebenennormalenvektor $\underline{n}_\varphi$ (zugehörige Richtung r_φ) mit der positiven x-Achse den Winkel φ bildet, so werden in dieser Schnittebene die Schnittspannungen σ_φ und τ_φ frei, Bild A3.1b.

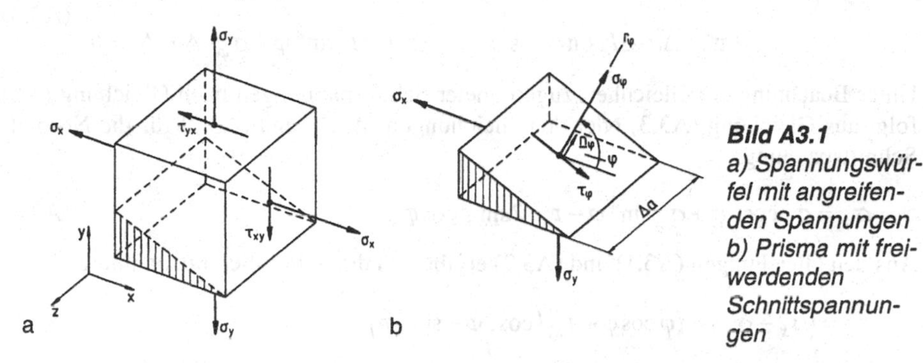

Bild A3.1 *a) Spannungswürfel mit angreifenden Spannungen b) Prisma mit freiwerdenden Schnittspannungen*

Die Größe dieser Spannungen ergibt sich durch eine Gleichgewichtsbetrachtung am Prisma. Bild A3.2 zeigt die Projektion des Prismas in die x-y-Ebene mit den angreifenden Spannungen.

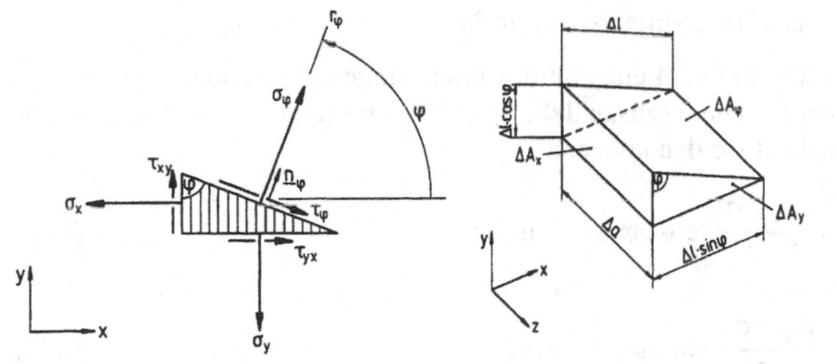

Bild A3.2 *Prisma mit angreifenden Spannungen, (Projektion in x-y-Ebene)*

Die drei Schnittflächen haben folgende Flächeninhalte:

Schnittfläche mit Normalenrichtung r_x: $\Delta A_x = \Delta a \cdot \Delta l \cdot \cos\varphi$
Schnittfläche mit Normalenrichtung r_y: $\Delta A_y = \Delta a \cdot \Delta l \cdot \sin\varphi$
Schnittfläche mit Normalenrichtung r_φ: $\Delta A_\varphi = \Delta a \cdot \Delta l$.

Kräftegleichgewicht am Prisma liefert die Beziehungen:

$$\sum \underline{F}_x = 0: \; -\sigma_x \cdot \Delta a \cdot \Delta l \cdot \cos\varphi + \tau_{yx} \cdot \Delta a \cdot \Delta l \cdot \sin\varphi + \sigma_\varphi \cdot \Delta a \cdot \Delta l \cdot \cos\varphi + \tau_\varphi \cdot \Delta a \cdot \Delta l \cdot \sin\varphi = 0 \tag{A3.1}$$

$$\sum \underline{F}_y = 0: \; -\sigma_y \cdot \Delta a \cdot \Delta l \cdot \sin\varphi + \tau_{xy} \cdot \Delta a \cdot \Delta l \cdot \cos\varphi + \sigma_\varphi \cdot \Delta a \cdot \Delta l \cdot \sin\varphi - \tau_\varphi \cdot \Delta a \cdot \Delta l \cdot \cos\varphi = 0 \tag{A3.2}$$

$$\sum \underline{F}_\varphi = 0: \; -\sigma_x \cdot \Delta a \cdot \Delta l \cdot \cos^2\varphi + \tau_{xy} \cdot \Delta a \cdot \Delta l \cdot \sin\varphi\cos\varphi + \tau_{yx} \cdot \Delta a \cdot \Delta l \cdot \sin\varphi\cos\varphi - \sigma_y \cdot \Delta a \cdot \Delta l \cdot \sin^2\varphi + \sigma_\varphi \cdot \Delta a \cdot \Delta l = 0. \tag{A3.3}$$

Unter Beachtung der Gleichheit zugeordneter Schubspannungen nach Gleichung (3.6) folgt aus Gleichung (A3.3) oder den Gleichungen (A3.1) und (A3.2) für die Normal-Schnittspannung:

$$\sigma_\varphi = \sigma_x \cos^2\varphi + \sigma_y \sin^2\varphi - \tau_{xy}\, 2\sin\varphi\cos\varphi \; . \tag{A3.4}$$

Aus den Gleichungen (A3.1) und (A3.2) ergibt sich die Schub-Schnittspannung:

$$\tau_\varphi = \left(\sigma_x - \sigma_y\right)\sin\varphi\cos\varphi + \tau_{xy}\left(\cos^2\varphi - \sin^2\varphi\right) \; . \tag{A3.5}$$

Mit den trigonometrischen Beziehungen

$$\cos^2\varphi = \frac{1}{2}(1+\cos 2\varphi), \quad \sin^2\varphi = \frac{1}{2}(1-\cos 2\varphi) \qquad \cos^2\varphi - \sin^2\varphi = \cos 2\varphi, \; 2\sin\varphi\cos\varphi = \sin 2\varphi \tag{A3.6}$$

Spannungen in beliebiger Richtung

folgen daraus die in Abschnitt 3.4 eingeführten Gleichungen (3.9) und (3.10), mit welchen für einen ebenen Spannungszustand die *Spannungen* σ_φ und τ_φ für eine *beliebige Schnittrichtung* berechnet werden können:

$$\sigma_\varphi = \frac{\sigma_x + \sigma_y}{2} + \frac{\sigma_x - \sigma_y}{2}\cos 2\varphi - \tau_{xy}\sin 2\varphi \tag{A3.7}$$

$$\tau_\varphi = \frac{\sigma_x - \sigma_y}{2}\sin 2\varphi + \tau_{xy}\cos 2\varphi \; . \tag{A3.8}$$

Nachfolgend wird gezeigt, wie sich die Gleichungen (A3.7) und (A3.8) aus Gleichung (A2.10) für den Spezialfall des in Bild A3.3a dargestellten ebenen Spannungszustands herleiten lassen. Mit dem Normaleneinheitsvektor aus Bild A3.3b

$$\underline{n} = \left[\cos\varphi \;\; \sin\varphi \;\; 0\right]^T \tag{A3.9}$$

ergibt sich der Spannungsvektor für den ebenen Spannungszustand in Bild A3.3 mit τ_{xy}=τ_{yz}=σ_z= 0 aus Gleichung (A2.10) zu:

$$\underline{s} = \begin{bmatrix} \sigma_x \cos\varphi + \tau_{xy} \sin\varphi \\ \sigma_y \sin\varphi + \tau_{xy} \cos\varphi \\ 0 \end{bmatrix} . \tag{A3.10}$$

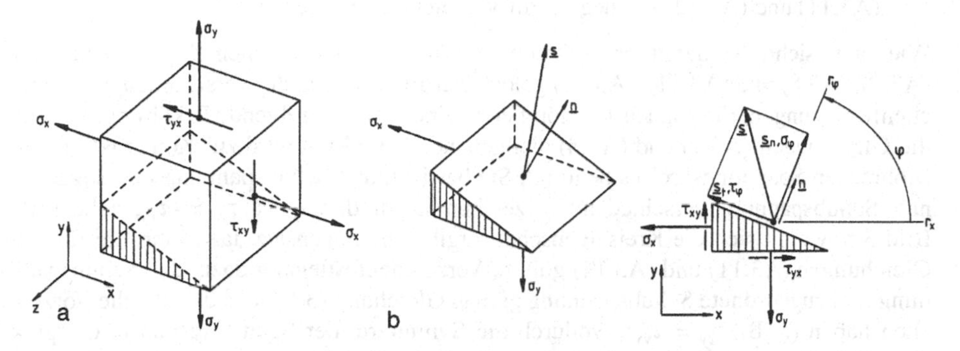

Bild A3.3 *Ebener Spannungszustand in x,y*
a) Spannungswürfel b) Prisma mit Spannungsvektor $\underline{s}$ *und Zerlegung in Normal- und Tangentialspannungskomponente*

Die Normalspannungen findet man als Skalarprodukt der Gleichungen (A3.9) und (A3.10) gemäß Gleichung (A2.11) zu:

$$\sigma_\varphi = \sigma_x \cos^2\varphi + \sigma_y \sin^2\varphi + \tau_{xy} 2 \sin\varphi \cos\varphi \quad .$$

Mit Gleichung (A3.6) erhält man:

$$\sigma_\varphi = \frac{\sigma_x + \sigma_y}{2} + \frac{\sigma_x - \sigma_y}{2} \cos 2\varphi + \tau_{xy} \sin 2\varphi \quad . \tag{A3.11}$$

Die Schubspannung ergibt sich nach Pythagoras entsprechend Gleichung (A2.12) mit den Gleichungen (A3.6), (A3.10) und (A3.11) zu

$$\tau_\varphi = \frac{\sigma_x - \sigma_y}{2} \sin 2\varphi - \tau_{xy} \cos 2\varphi \quad . \tag{A3.12}$$

Die Gleichungen (A3.11) und (A3.12) unterscheiden sich von den Gleichungen (A3.7) und (A3.8) durch das Vorzeichen vor dem Term, der die Schubspannung τ_{xy} enthält. Dieser scheinbare Widerspruch hat seine Ursache in den *unterschiedlichen Vorzeichendefinitionen für die Schubspannungen*, die den Gleichungen (A3.7) und (A3.8) bzw. (A3.11) und (A3.12) zugrunde liegen. Die den Gleichungen (A3.7) und (A3.8) zugrunde liegende Vorzeichendefinition wurde in Abschnitt 3.4.1 erläutert, während die für Gleichung (A3.11) maßgebende Vorzeichenfestlegung im Abschnitt 3.3 und am Ende des Anhangs A2 beschrieben wird. Am Beispiel des Spannungszustands in Bild A3.3 werden die unterschiedlichen Definitionen nochmals erläutert:

Unterschiedliche Vorzeichenfestlegungen für Schubspannungen

- Gleichungen (A3.7) und (A3.8): Bei Blick in Richtung von τ_{xy} in Bild A3.3b liegt die zugehörige Schnittfläche rechts, d. h. τ_{xy} ist in Gleichungen (A3.7) und (A3.8)

positiv einzusetzen. (Oder: τ_{xy} bewirkt ein rechtsdrehendes, also in mathematisch negativem Sinn drehendes Moment; somit ist τ_{xy} positiv).

- Gleichungen (A3.11) und (A3.12): In Bild A3.3b liegt τ_{xy} in einer Schnittfläche mit Normalenvektor $\underline{e}_x$ in negativer Achsrichtung. Die Richtung von τ_{xy} selbst fällt mit der positiven y-Achsrichtung zusammen; somit ist τ_{xy} in den Gleichungen (A3.11) und (A3.12) mit negativem Vorzeichen einzusetzen.

Wie man sieht, ist damit der scheinbare Widerspruch zwischen den Gleichungen (A3.7), (A3.8) und (A3.11), (A3.12) gelöst. Zur Begründung der verschiedenen Vorzeichenfestlegungen, die zunächst unnötig erscheinen, gibt es folgende Erklärung: Die für die Gleichungen (A3.7) und (A3.8) maßgebende Definition wird zur Konstruktion des Mohrschen Spannungskreises benötigt. Sie bewirkt, daß Schubspannung und zugeordnete Schubspannung verschiedene Vorzeichen haben, d. h. es ist $\tau_{yx} = -\tau_{xy}$, siehe z. B. Bild 3.8, womit sich die Kreiseigenschaft ergibt. Im Gegensatz dazu führt die für die Gleichungen (A3.11) und (A3.12) gültige Vorzeichenfestlegung dazu, daß Schubspannung und zugeordnete Schubspannung gemäß Gleichung (3.6) stets das gleiche Vorzeichen haben (z. B. $\tau_{xy} = \tau_{yx}$), wodurch die Symmetrie der Spannungsmatrix entsprechend Gleichung (3.7) bzw. Gleichung (A2.10) gewährleistet wird.

A4 Hauptspannungen und Hauptspannungsrichtungen

Ist in einem Punkt eines Bauteils die Spannungsmatrix $\underline{S}$ bekannt, so erhält man den auf eine beliebige Ebene mit Normalenvektor $\underline{n}$ wirkenden Spannungsvektor $\underline{s}$ aus der Beziehung (A2.10), d. h. die Spannungsmatrix $\underline{S}$ bildet den Normaleneinheitsvektor $\underline{n}$ auf den Spannungsvektor $\underline{s}$ ab. Die Richtungen der beiden Vektoren $\underline{s}$ und $\underline{n}$ sind im allgemeinen nicht parallel. Wie in Abschnitt 3.5 bereits erläutert, zeichnen sich Hauptspannungsrichtungen dadurch aus, daß der (Haupt-)Spannungsvektor $\underline{s}_H$ senkrecht auf der Schnittfläche, d. h. parallel zum Normalenvektor $\underline{n}_H$, steht. Mit dem skalaren Vielfachen σ_H läßt sich dies ausdrücken als:

$$\underline{s}_H = \sigma_H \, \underline{n}_H \ . \tag{A4.1}$$

Mit Gleichung (A2.10) ergibt sich:

$$\underline{S} \, \underline{n}_H = \sigma_H \, \underline{n}_H \ .$$

Multipliziert man beide Seiten obiger Gleichung mit der 3x3-Einheitsmatrix

$$\underline{E} = \begin{bmatrix} 1 & 0 & 0 \\ 0 & 1 & 0 \\ 0 & 0 & 1 \end{bmatrix} ,$$

erhält man die sogenannte *Eigenwertaufgabe* in der Form:

Eigenwertaufgabe

$$(\underline{S} - \sigma_H \underline{E}) \underline{n}_H = 0 \ . \tag{A4.2}$$

Der *Eigenwert* σ_H entspricht hier gerade der Größe der Hauptspannung. Der zu σ_H gehörende *Eigenvektor* $\underline{n}_H$ ist identisch mit der Hauptspannungsrichtung.

Eigenwert
Eigenvektor

Die Gleichung (A4.2) stellt ein homogenes, lineares Gleichungssystem für die gesuchten Hauptspannungsrichtungen $\underline{n}_H$ dar. Es hat nur dann nichttriviale Lösungen, wenn die Determinante der Koeffizientenmatrix ($\underline{S}$ - σ_H $\underline{E}$) verschwindet. Dies führt auf die sogenannte *charakteristische Gleichung*

Charakteristische Gleichung

$$\det(\underline{S} - \sigma_H \underline{E}) = \begin{vmatrix} \sigma_x - \sigma_H & \tau_{xy} & \tau_{xz} \\ \tau_{xy} & \sigma_y - \sigma_H & \tau_{yz} \\ \tau_{xz} & \tau_{yz} & \sigma_z - \sigma_H \end{vmatrix} = 0 \ , \tag{A4.3}$$

deren Lösung die drei Eigenwerte $\sigma_{H\alpha}$ ($\alpha = 1, 2, 3$) sind. Die Berechnung der Determinante kann durch Entwickeln nach einer Zeile oder mit Hilfe der Sarruschen Regel erfolgen.

Alternativ dazu kann die charakteristische Gleichung (A4.3) mit Hilfe der Grundinvarianten I_1, I_2 und I_3 eines Tensors zweiter Stufe aufgestellt werden, wobei gilt:

$$\det(\underline{S} - \sigma_H \, \underline{E}) = -(\sigma_H^3 - I_1 \sigma_H^2 + I_2 \sigma_H - I_3) = 0 \ . \tag{A4.4}$$

Grundinvarianten des Spannungstensors

Die *Grundinvarianten* I_α ($\alpha = 1, 2, 3$) der Spannungsmatrix (Spannungstensor zweiter Stufe), welche unabhängig vom jeweiligen Koordinatensystem sind[1], berechnen sich wie folgt:

I_1 = Summe der einreihigen Hauptabschnittsdeterminanten von $\underline{S}$
I_2 = Summe der zweireihigen Hauptabschnittsdeterminanten von $\underline{S}$
I_3 = Summe der dreireihigen Hauptabschnittsdeterminanten von $\underline{S}$.

Ausgedrückt in den Spannungskomponenten ergibt sich:

$$I_1 = \sigma_x + \sigma_y + \sigma_z = \mathrm{Spur}(\underline{S}) \tag{A4.5}$$

$$I_2 = \begin{vmatrix} \sigma_x & \tau_{xy} \\ \tau_{xy} & \sigma_y \end{vmatrix} + \begin{vmatrix} \sigma_y & \tau_{yz} \\ \tau_{yz} & \sigma_z \end{vmatrix} + \begin{vmatrix} \sigma_x & \tau_{xz} \\ \tau_{xz} & \sigma_z \end{vmatrix} = \sigma_x\sigma_y + \sigma_y\sigma_z + \sigma_x\sigma_z - \tau_{xy}^2 - \tau_{yz}^2 - \tau_{xz}^2 \tag{A4.6}$$

$$I_3 = \det \underline{S} = \sigma_x\sigma_y\sigma_z + 2\tau_{xy}\tau_{yz}\tau_{xz} - \sigma_x\tau_{yz}^2 - \sigma_y\tau_{xz}^2 - \sigma_z\tau_{xy}^2 \quad . \tag{A4.7}$$

Die kubische Gleichung (A4.4) hat stets drei reelle Lösungen – die drei Hauptspannungen σ_{H1}, σ_{H2} und σ_{H3}. Hinsichtlich dieser drei Hauptspannungen müssen drei Fälle unterschieden werden:

I alle Hauptspannungen sind verschieden, d. h. es ist $\sigma_{H1} \neq \sigma_{H2} \neq \sigma_{H3}$

II zwei Hauptspannungen sind gleich, d. h. es ist z. B. $\sigma_{H1} = \sigma_{H2} \neq \sigma_{H3}$

III alle drei Hauptspannungen sind identisch, d. h. es ist $\sigma_{H1} = \sigma_{H2} = \sigma_{H3}$.

Auf Besonderheiten bei der Berechnung und auf die grafische Veranschaulichung der entsprechenden Spannungszustände wird in den Beispielen A4.1 bis A4.3 näher eingegangen.

Hauptspannungsrichtung

Um die zugehörigen *Hauptspannungsrichtungen* zu erhalten, setzt man nacheinander die Eigenwerte $\sigma_{H\alpha}$ ($\alpha = 1, 2, 3$) in die Eigenwertaufgabe Gleichung (A4.2) ein und erhält daraus unter Beachtung der Normierungsbedingung

$$|\underline{n}_{H\alpha}| = 1 \text{ oder } \sqrt{n_{H\alpha 1}^2 + n_{H\alpha 2}^2 + n_{H\alpha 3}^2} = 1 \qquad (\alpha = 1,2,3) \tag{A4.8}$$

die Komponenten der Hauptrichtungsvektoren $\underline{n}_{H1}$, $\underline{n}_{H2}$ und $\underline{n}_{H3}$.

Aus der Matrizentheorie ist bekannt, daß in einer symmetrischen Matrix die zu verschiedenen Eigenwerten gehörenden Eigenvektoren zueinander orthogonal sind, siehe z. B. Brenner und Lesky [6]. Aufgrund der Symmetrie der Spannungsmatrix $\underline{S}$ bilden die drei Hauptrichtungsvektoren $\underline{n}_{H\alpha}$ stets ein orthogonales Hauptachsensystem. In diesem Hauptachsensystem besitzt die *Spannungsmatrix Diagonalgestalt*, die Hauptdiagonalelemente sind identisch mit den Hauptspannungen $\sigma_{H\alpha}$, während die Nebendiagonalelemente Null werden:

Spannungsmatrix im Hauptachsensystem

$$\underline{S}_H = \mathrm{diag}\{\sigma_{H\alpha}\} = \begin{bmatrix} \sigma_{H1} & 0 & 0 \\ 0 & \sigma_{H2} & 0 \\ 0 & 0 & \sigma_{H3} \end{bmatrix} . \tag{A4.9}$$

[1] Diese Tatsache beruht auf den in Anhang A2 angeführten Tensoreigenschaften von $\underline{S}$.

Hinweis: Zur Kontrolle kann die erste Grundinvariante I_1 herangezogen werden, d. h. es muß gelten:

$$\mathrm{Spur}\,\underline{S} = \mathrm{Spur}\,\underline{S}_H \quad \text{oder} \quad \sigma_x + \sigma_y + \sigma_z = \sigma_{H1} + \sigma_{H2} + \sigma_{H3} \ . \qquad \text{(A4.10)}$$

Beispiel A4.1 *Eigenwertaufgabe für den Fall dreier verschiedener Hauptspannungen (Fall I auf Seite 458)*

Ein Spannungszustand ist definiert durch die Spannungsmatrix

$$\underline{S} = \begin{bmatrix} \sigma_x & \tau_{xy} & \tau_{xz} \\ \tau_{xy} & \sigma_y & \tau_{yz} \\ \tau_{xz} & \tau_{yz} & \sigma_z \end{bmatrix} = \begin{bmatrix} 20 & 0 & 0 \\ 0 & 30 & 40 \\ 0 & 40 & -30 \end{bmatrix} MPa \ .$$

a) Ermitteln Sie die Hauptspannungen $\sigma_{H\alpha}$ $(\alpha = 1, 2, 3)$.

b) Geben Sie die zugehörigen Einsvektoren $\underline{n}_{H\alpha}$ $(\alpha = 1, 2, 3)$ der drei Hauptrichtungen an.

c) Zeichnen Sie in ein Schaubild das Ausgangskoordinatensystem (x, y, z) sowie das gedrehte Hauptachsensystem mit Hauptspannungswürfel und angreifenden Hauptspannungen ein.

Lösung

a) Die charakteristische Gleichung (A4.3) ergibt sich durch direktes Berechnen der Determinante oder mit Hilfe der Grundinvarianten Gleichungen (A4.4) bis (A4.7):

$$-\left(\sigma_H^{\,3} - 20\,\sigma_H^{\,2} - 2500\,\sigma_H + 50000\right) = (\sigma_H - 50)(\sigma_H - 20)(\sigma_H + 50) = 0 \ .$$

Die drei Hauptspannungen findet man daraus zu

$$\sigma_{H1} = 50\ MPa, \ \sigma_{H2} = 20\ MPa, \ \sigma_{H3} = -50\ MPa \ .$$

Die Kontrolle mit Gleichung (A4.10) ergibt eine Übereinstimmung beider Seiten.

b) Die den Hauptrichtungsvektoren entsprechenden Eigenvektoren erhält man durch Einsetzen der $\sigma_{H\alpha}$ in Gleichung (A4.2). Für die 1. Hauptspannungsrichtung zur 1. Hauptspannung σ_{H1} findet man:

$$(\underline{S} - \sigma_{H1}\underline{E})\,\underline{n}_{H1} = 0$$

oder

$$\begin{bmatrix} 20-50 & 0 & 0 \\ 0 & 30-50 & 40 \\ 0 & 40 & -30-50 \end{bmatrix} \begin{bmatrix} n_{H11} \\ n_{H12} \\ n_{H13} \end{bmatrix} = \begin{matrix} -30\,n_{H1} & & = 0 \\ & -20\,n_{H12} & +40\,n_{H13} = 0 \\ & +40\,n_{H12} & -80\,n_{H13} = 0 \end{matrix} \ .$$

Diese drei linearen, homogenen Gleichungen für die n_{H1i} sind linear abhängig, da die Koeffizientendeterminante verschwindet. Eine nichttriviale einparametrige Lösung ergibt sich z. B. durch die Wahl $n_{H13} = t$, damit :

$$\underline{n}_{H1} = t\,[0 \ 2 \ 1]^T \ .$$

Den Parameter t bestimmt man mit der Normierungsbedingung Gleichung (A4.8) zu $t = \sqrt{5}/5$. Der zur 1-Achse des Hauptachsensystems gehörende Einheitsvektor läßt sich damit schreiben als

$$\underline{n}_{H1} = \frac{1}{5}\sqrt{5}\,[0 \;\; 2 \;\; 1]^T \;.$$

Analoge Berechnung der beiden anderen Hauptspannungsrichtungen ergibt:

$$\underline{n}_{H2} = [1 \;\; 0 \;\; 0]^T \;; \quad \underline{n}_{H3} = \frac{1}{5}\sqrt{5}\,[0 \;\; 1 \;\; -2]^T \;.$$

c) Das Ausgangskoordinatensystem (*x, y, z*), das gedrehte Hauptachsensystem (*1, 2, 3*) sowie der Hauptspannungswürfel mit den angreifenden Hauptspannungen sind in Bild A4.1 dargestellt.

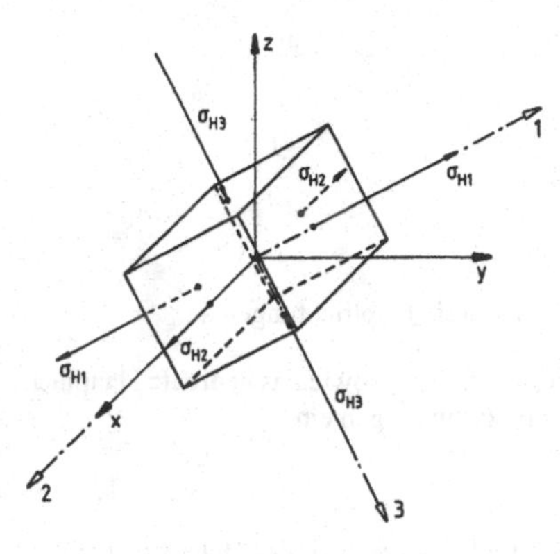

***Bild A4.1** Ausgangssystem (x, y, z), Hauptspannungssystem (1, 2, 3) und Hauptspannungswürfel für den Fall I ($\sigma_{H1} \neq \sigma_{H2} \neq \sigma_{H3}$)*

***Beispiel A4.2** Eigenwertaufgabe für den Fall zweier identischer Hauptspannungen (Fall II auf Seite 458)*

Lösen Sie A4.1 für folgenden Spannungszustand

$$\underline{S} = \begin{bmatrix} 20 & 40 & -20 \\ 40 & 20 & -20 \\ -20 & -20 & -10 \end{bmatrix} MPa \;.$$

Lösung

Für die drei Hauptspannungen findet man

$$\sigma_{H1} = 70\ MPa, \; \sigma_{H2} = \sigma_{H3} = -20\ MPa.$$

Die zur einfachen Hauptspannung σ_{H1} gehörende Hauptspannungsrichtung berechnet sich analog zu A4.1:

$$\underline{n}_{H1} = \frac{1}{3}[2 \;\; 2 \;\; -1]^T \;.$$

Die zu dem doppelten Eigenwert $\sigma_{H2} = \sigma_{H3} = -20\ MPa$ gehörenden Eigenvektoren versucht man nun in entsprechender Weise zu erhalten, d. h. durch Lösen des Gleichungssystems $(\underline{S} - \sigma_{H2/3}\,\underline{E})\underline{n}_{H2/3} = \underline{0}$ oder

$$\begin{array}{llll|l|l} 40\,n_{H\alpha 1} & +40\,n_{H\alpha 2} & -20\,n_{H\alpha 3}=0 & & \cdot 1 & \cdot 1 \\ 40\,n_{H\alpha 1} & +40\,n_{H\alpha 2} & -20\,n_{H\alpha 3}=0 & & \cdot(-1) \;\lrcorner\oplus & \;\lrcorner\oplus \\ -20\,n_{H\alpha 1} & -20\,n_{H\alpha 2} & +10\,n_{H\alpha 3}=0 & & & \cdot 2 \end{array} \qquad (a)$$

mit $\alpha = 2, 3$.

Um aus diesem Gleichungssystem die zwei Eigenvektoren $\underline{n}_{H2}$ und $\underline{n}_{H3}$ bestimmen zu können, müssen in der allgemeinen Lösung zwei Parameter enthalten sein. Der Rang der zugehörigen Koeffizientenmatrix muß also eins sein, d. h. zwei der obigen Gleichungen müssen linear abhängig sein. Ohne Beweis sei hier erwähnt, daß bei symmetrischen Matrizen (d. h. insbesondere bei der stets symmetrischen Spannungsmatrix $\underline{S}$) der Rang der Matrix ($\underline{S}$ - $\sigma_H\,\underline{E}$) immer entsprechend der Vielfachheit des jeweiligen Eigenwerts abnimmt (d. h., daß z. B. bei einem doppelten Eigenwert der Rangabfall zwei beträgt). Durch Umformen des Gleichungssystems ergibt sich

$$2n_{H\alpha 1} + 2n_{H\alpha 2} - n_{H\alpha 3} = 0 \;.$$

Somit sind zwei Lösungen frei wählbar und man erhält z. B. mit $n_{H\alpha 1} = s_\alpha$ und $n_{H\alpha 2} = r_\alpha$ die allgemeine Lösung

$n_{H\alpha 1} = s_\alpha$, $n_{H\alpha 2} = r_\alpha$, $n_{H\alpha 3} = 2s_\alpha + 2r_\alpha$ ($\alpha = 2, 3$)

oder

$$\underline{n}_{H2} = \begin{bmatrix} s_2 & r_2 & 2s_2 + 2r_2 \end{bmatrix}^T$$
$$\underline{n}_{H3} = \begin{bmatrix} s_3 & r_3 & 2s_3 + 2r_3 \end{bmatrix}^T \;.$$

Aus dieser allgemeinen Lösung mit den vier Unbekannten s_2, r_2, s_3 und r_3 müssen nun zwei Eigenvektoren gebildet werden, die zueinander orthogonal und normiert sind, d. h. es sind folgende Bedingungen zu erfüllen:

$$\begin{array}{lll} \underline{n}_{H2}^T \cdot \underline{n}_{H3} = 0 & \text{oder} & s_2 s_3 + r_2 r_3 + 4(s_2 + r_2)(s_3 + r_3) = 0 \\ \underline{n}_{H2}^T \cdot \underline{n}_{H2} = 1 & \text{oder} & s_2^2 + r_2^2 + 4(s_2 + r_2)^2 = 1 \\ \underline{n}_{H3}^T \cdot \underline{n}_{H3} = 1 & \text{oder} & s_3^2 + r_3^2 + (s_3 + r_3)^2 = 1 \;. \end{array} \qquad (b)$$

Da für die vier Variablen nur drei Gleichungen zur Verfügung stehen, kann eine Variable frei gewählt werden. Geometrisch bedeutet dies, daß die aus den zur doppelten Hauptspannung $\sigma_{H2} = \sigma_{H3}$ gehörenden Hauptspannungs(richtungs)vektoren $\underline{n}_{H2}$ und $\underline{n}_{H3}$ aufgespannte σ_{H2}-σ_{H3}-Hauptspannungsebene in ihrer Lage im Raum nicht eindeutig festliegt. Sie ist lediglich bestimmt durch die Orthogonalitätsbeziehung zwischen $\underline{n}_{H1}$ und $\underline{n}_{H2}$ (bzw. $\underline{n}_{H3}$) und ansonsten um die $\underline{n}_{H1}$-Achse frei drehbar.

Da die Hauptspannungen stets in Richtung der zugehörigen Hauptspannungsvektoren zeigen, der Hauptspannungsvektor $\underline{n}_{H2}$ jedoch außer der Bedingung $\underline{n}_{H2}^T \cdot \underline{n}_{H1} = 0$ bezüglich seiner räumlichen Lage keiner weiteren Bedingung genügen muß, wirkt in jeder zur $\underline{n}_{H1}$-Achse parallelen Ebene lediglich die Hauptspannung $\sigma_{H2} = \sigma_{H3}$, siehe Bild A4.2. Für $\underline{n}_{H3}$ gelten die entsprechenden Überlegungen, welche jedoch wegen $\sigma_{H2} = \sigma_{H3}$ nicht zusätzlich durchgeführt werden müssen.

Wählt man in Gleichung (a) z. B. $s_2 = -r_2$, so erhält man die folgenden normierten und orthogonalen Hauptspannungsvektoren:

$$\underline{n}_{H2} = \frac{1}{2}\sqrt{2}\begin{bmatrix} 1 & -1 & 0 \end{bmatrix}^T, \quad \underline{n}_{H3} = \frac{1}{6}\sqrt{2}\begin{bmatrix} 1 & 1 & 4 \end{bmatrix}^T.$$

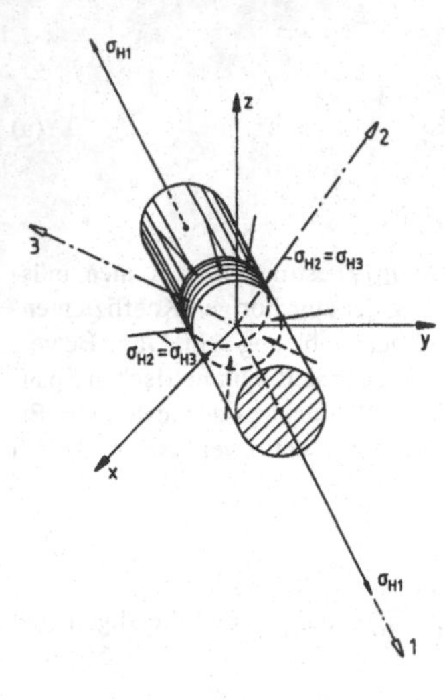

Bild A4.2 *Hauptachsensystem (1, 2, 3) und räumlicher Spannungszustand für den Fall II zweier gleicher Hauptspannungen* $\sigma_{H2} = \sigma_{H3} \neq \sigma_{H1}$

Beispiel A4.3 *Eigenwertaufgabe für den Fall dreier identischer Hauptspannungen (Fall III auf Seite 458)*

Bei einem durch

$$\underline{S} = \begin{bmatrix} \sigma_m & 0 & 0 \\ 0 & \sigma_m & 0 \\ 0 & 0 & \sigma_m \end{bmatrix}$$

gegebenen Spannungszustand lautet die charakteristische Gleichung (A4.3)

$$(\sigma_m - \sigma_H)^3 = 0 \quad .$$

Hydrostatischer Spannungszustand

Daraus ergeben sich die drei identischen Hauptspannungen $\sigma_{H1} = \sigma_{H2} = \sigma_{H3} = \sigma_m$, Fall III. Ein Spannungszustand mit drei gleichen Hauptspannungen wird *hydrostatischer Spannungszustand* genannt. Er ist dadurch gekennzeichnet, daß die hydrostatische Spannung σ_m gleichmäßig nach allen Seiten wirkt, siehe Bild A4.3. Man kann sich eine derartige Beanspruchung z. B. durch allseitigen Flüssigkeitsdruck entstanden denken. Dieser Spannungszustand wird bei der Herleitung der Fließbedingung in Anhang A8 noch eine Rolle spielen. Entsprechend dem dreifachen Eigenwert beträgt der Rangabfall der Koeffizientenmatrix drei. Somit sind in der allgemeinen Lösung der drei Hauptspannungsvektoren drei Parameter enthalten. Das bedeutet, daß das Hauptachsensystem bezüglich seiner Lage im Raum bis auf die Orthogonalitätsbedingungen keiner weiteren Beschränkung unterliegt, in jeder Raumrichtung wirkt daher die Hauptspannung $\sigma_{H1} = \sigma_{H2} = \sigma_{H3} = \sigma_m$, siehe Bild A4.3.

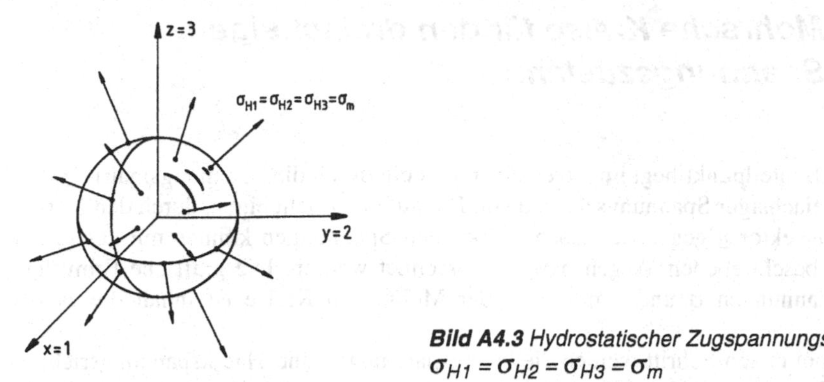

Bild A4.3 *Hydrostatischer Zugspannungszustand,* $\sigma_{H1} = \sigma_{H2} = \sigma_{H3} = \sigma_m$

A5 Mohrsche Kreise für den dreiachsigen Spannungszustand

In einem Bauteilpunkt liegt im allgemeinen Fall ein durch die Spannungsmatrix $\underline{S}$ definierter dreiachsiger Spannungszustand vor. Die auf einer beliebigen, durch den Normaleneinheitsvektor $\underline{n}$ gegebenen Ebene wirkenden Spannungen können mit der in Anhang A2 beschriebenen Vorgehensweise berechnet werden. Die grafische Ermittlung dieser Spannungen σ und τ mit Hilfe der Mohrschen Kreise ist Inhalt dieses Abschnitts.

In einem ersten Schritt werden die Hauptspannungen und Hauptspannungsrichtungen von $\underline{S}$ entsprechend dem in Anhang A4 gezeigten Vorgehen bestimmt. Die Hauptspannungen werden gemäß Gleichung (7.3) ihrer algebraischen Größe nach geordnet, d. h. im folgenden gilt $\sigma_1 > \sigma_2 > \sigma_3$. Dargestellt in Koordinaten des durch die drei Hauptspannungsrichtungen aufgespannten Hauptachsensystems besitzt die *Spannungsmatrix* entsprechend Gleichung (A4.9) Diagonalgestalt:

Spannungsmatrix in Hauptachsendarstellung

$$\underline{S}_H = \mathrm{diag}\{\sigma_\alpha\} = \begin{bmatrix} \sigma_1 & 0 & 0 \\ 0 & \sigma_2 & 0 \\ 0 & 0 & \sigma_3 \end{bmatrix} . \tag{A5.1}$$

Das Hauptachsensystem ist somit so orientiert, daß die *1*-Achse parallel zur Richtung der größten Hauptspannung σ_1 ist, usw. Die Ebene, in welcher die Spannungen ermittelt werden sollen, ist gegeben durch die Richtungskosinus $n_\alpha(\alpha=1,2,3)$ ihres Normaleneinheitsvektors $\underline{n}$ entsprechend Gleichung (A2.1). Der in dieser Ebene wirkende *Spannungsvektor* ergibt sich mit den Gleichungen (A2.1), (A2.10) und (A5.1) zu:

Spannungsvektor

$$\underline{s}^T = [\sigma_1 n_1 \;\; \sigma_2 n_2 \;\; \sigma_3 n_3] . \tag{A5.2}$$

Normalspannung

Die *Normalspannung* σ berechnet sich mit den Gleichungen (A2.1), (A2.11) und (A5.2):

$$\sigma = \sigma_1 n_1^2 + \sigma_2 n_2^2 + \sigma_3 n_3^2 . \tag{A5.3}$$

Schubspannung

Für die in der Ebene wirkende *Schubspannung* findet man mit den Gleichungen (A2.12), (A5.2) und (A5.3):

$$\tau^2 = \sigma_1^2 n_1^2 + \sigma_2^2 n_2^2 + \sigma_3^2 n_3^2 - \sigma^2 . \tag{A5.4}$$

Aufgelöst nach den Quadraten der Richtungskosinus ergibt sich aus den Gleichungen (A2.2), (A5.3), und (A5.4):

$$n_1^2 = \frac{(\sigma_2-\sigma)(\sigma_3-\sigma)+\tau^2}{(\sigma_2-\sigma_1)(\sigma_3-\sigma_1)} \tag{A5.5}$$

$$n_2^2 = \frac{(\sigma_3-\sigma)(\sigma_1-\sigma)+\tau^2}{(\sigma_3-\sigma_2)(\sigma_1-\sigma_2)} \tag{A5.6}$$

$$n_3^2 = \frac{(\sigma_1 - \sigma)(\sigma_2 - \sigma) + \tau^2}{(\sigma_1 - \sigma_3)(\sigma_2 - \sigma_3)} \quad . \tag{A5.7}$$

Umgeformt erhält man daraus die *Kreisgleichungen:*

Kreisgleichungen

$$\tau^2 + \left(\sigma - \frac{\sigma_2 + \sigma_3}{2}\right)^2 = \left(\sigma_1 - \frac{\sigma_2 + \sigma_3}{2}\right)^2 n_1^2 + \left(\frac{\sigma_2 - \sigma_3}{2}\right)^2 (1 - n_1^2) \tag{A5.8}$$

$$\tau^2 + \left(\sigma - \frac{\sigma_3 + \sigma_1}{2}\right)^2 = \left(\sigma_2 - \frac{\sigma_3 + \sigma_1}{2}\right)^2 n_2^2 + \left(\frac{\sigma_3 - \sigma_1}{2}\right)^2 (1 - n_2^2) \tag{A5.9}$$

$$\tau^2 + \left(\sigma - \frac{\sigma_1 + \sigma_2}{2}\right)^2 = \left(\sigma_3 - \frac{\sigma_1 + \sigma_2}{2}\right)^2 n_3^2 + \left(\frac{\sigma_1 - \sigma_2}{2}\right)^2 (1 - n_3^2). \tag{A5.10}$$

Die Gleichungen (A5.8) bis (A5.10) stellen jeweils eine Schar von Kreisen in der σ-τ-Ebene dar. So definiert z. B. Gleichung (A5.8) eine Kreisschar mit dem Scharparameter n_1. Für den Kreisradius und den Kreismittelpunkt liest man ab:

$$r_{23}(n_1) = \sqrt{\left(\sigma_1 - \frac{\sigma_2 + \sigma_3}{2}\right)^2 n_1^2 + \left(\frac{\sigma_2 - \sigma_3}{2}\right)^2 (1 - n_1^2)}$$
$$M_{23}\left(\sigma = \frac{\sigma_2 + \sigma_3}{2}, \tau = 0\right). \tag{A5.11}$$

Für den Richtungskosinus gilt $0 \le n_1 \le 1$, d. h. der Wertebereich des Radius ergibt sich mit Gleichung (A5.11) zu

$$\frac{\sigma_2 - \sigma_3}{2} \le r_{23} \le \sigma_1 - \frac{\sigma_2 + \sigma_3}{2},$$

siehe schraffierter Bereich in Bild A5.1a.

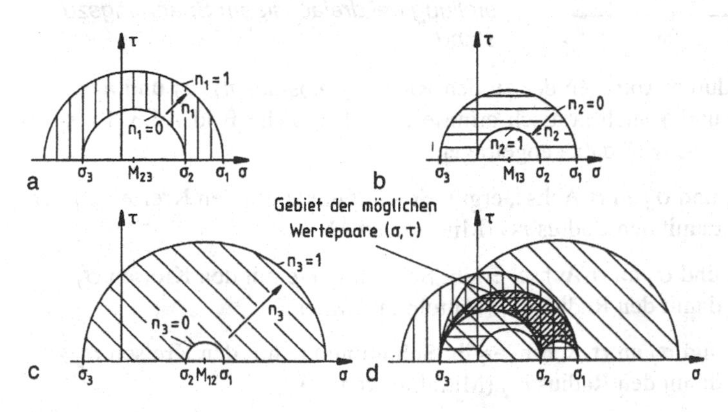

Bild A5.1 *Spannungskreise in der σ-τ-Ebene*
a-c) Bereiche der Kreise nach den Gleichungen (A5.11)–(A5.13)
d) Sichelförmiges Gebiet als möglicher Bereich für die Spannungen

Die Gleichungen (A5.9) und (A5.10) stellen Kreise mit folgenden Radien und Mittelpunkten dar, siehe Bild A5.1b und Bild A5.1c:

$$r_{13}(n_2)=\sqrt{\left(\sigma_2-\frac{\sigma_3+\sigma_1}{2}\right)^2 n_2^{\,2}+\left(\frac{\sigma_3-\sigma_1}{2}\right)^2(1-n_2^{\,2})}\,,\quad M_{13}\left(\frac{\sigma_3+\sigma_1}{2},0\right) \quad \text{(A5.12)}$$

$$r_{12}(n_3)=\sqrt{\left(\sigma_3-\frac{\sigma_1+\sigma_2}{2}\right)^2 n_3^{\,2}+\left(\frac{\sigma_1-\sigma_2}{2}\right)^2(1-n_3^{\,2})}\,,\quad M_{12}\left(\frac{\sigma_1+\sigma_2}{2},0\right). \quad \text{(A5.13)}$$

Möglicher Bereich für $P(\sigma,\tau)$

Der Bildpunkt $P(\sigma,\tau)$ der gesuchten Spannungen in der Ebene mit den Richtungskosinus n_1, n_2 und n_3 muß sowohl im Bereich der Kreise mit $0 \le n_1 \le 1$ als auch $0 \le n_2 \le 1$ und $0 \le n_3 \le 1$ liegen. Überträgt man die zugehörigen Bereiche der Bilder A5.1a–c in ein gemeinsames Diagramm, ergibt sich der mögliche Bereich für $P(\sigma,\tau)$ als Schnittmenge der drei Einzelbereiche als das sichelförmige Gebiet in Bild A5.1d, dessen Scheitel durch die drei Hauptspannungen auf der σ-Achse gegeben sind.

Ermittlung von $P(\sigma, \tau)$

Grafische Ermittlung der Spannungen

Um den *Bildpunkt* $P(\sigma,\tau)$ im sichelförmigen Bereich *grafisch* zu ermitteln, zeichnet man zunächst bei bekannten Hauptspannungen die drei Spannungskreise entsprechend Bild A5.2. Für die Ebene $\underline{n} = [n_1\ n_2\ n_3]^T$ berechnet man mit den Gleichungen (A5.11) bis (A5.13) die Radien r_{12}, r_{23} und r_{13} und erhält damit die Spannungen σ und τ aus den Schnittpunkten der zugehörigen Kreise gemäß Bild A5.2. Kontrolle: Die drei Kreise schneiden sich in einem Punkt $P(\sigma,\tau)$.

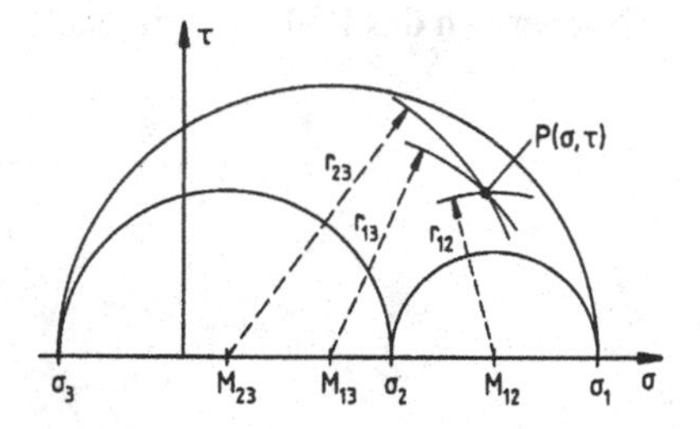

Bild A5.2 *Grafische Ermittlung der Spannungen σ und τ für eine gegebene Ebenenstellung bei dreiachsigem Spannungszustand*

Die Radien können durch Abtragen der zu den Richtungskosinus n_1, n_2 und n_3 gehörenden Winkel α, β und γ auch grafisch ermittelt werden, siehe Bild A5.3. Entsprechend den Bildern 5.3a–c wird dabei abgetragen:

- Winkel α bei σ_3 und σ_2 an σ-Achse, ergibt Schnittpunkte mit den Kreisen σ_3 - σ_1 und σ_2 - σ_1 und damit den Radius r_{23} (Mittelpunkt M_{23})
- Winkel β bei σ_1 und σ_3 an σ-Achse, ergibt Schnittpunkte mit den Kreisen σ_1 - σ_2 und σ_3 - σ_2 und damit den Radius r_{13} (Mittelpunkt $M_{,3}$)
- Winkel γ bei σ_2 und σ_1 an σ-Achse, ergibt Schnittpunkte mit den Kreisen σ_2 - σ_3 und σ_1 - σ_3 und damit den Radius r_{12} (Mittelpunkt M_{12})

Die konstruierten drei Kreisbögen schneiden sich im gesuchten Punkt P(σ,τ). Bild A5.3d zeigt diese Konstruktion mit dem gesuchten Spannungspunkt $P(\sigma,\tau)$ in einem Schaubild zusammengefaßt.

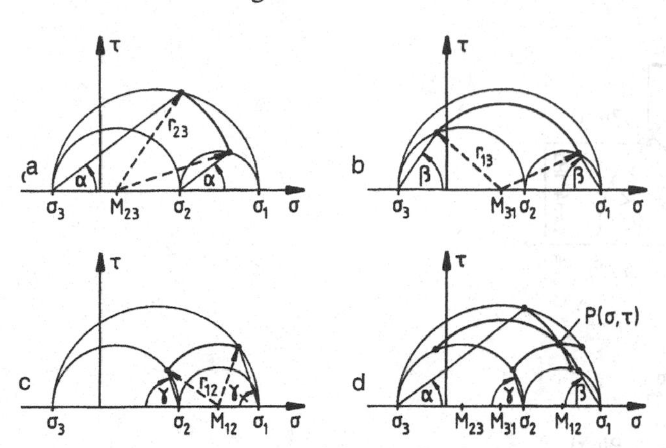

Bild A5.3 *Grafische Ermittlung der Radien und des Punktes P(σ,τ) für eine gegebene Ebenenstellung*

Beispiel A5.1 *Grafische und rechnerische Spannungsermittlung*

Bestimmen Sie für den in A4.1 gegebenen Spannungszustand die Spannungen, die in einer Bauteilebene auftreten, deren Ebenennormalenvektor durch $\alpha = \angle(\underline{e}_1,\underline{n}) = 30°$ und $\beta = \angle(\underline{e}_2,\underline{n}) = 70°$ gegeben ist, wobei $\underline{e}_1$ und $\underline{e}_2$ die Einsvektoren des Hauptachsensystems sind.

a) Ermitteln Sie auf zeichnerischem Weg die gesuchten Spannungen
   a1) durch Berechnen der Radien,
   a2) durch Konstruieren der Radien.

b) Verifizieren Sie die in a)a) gefundenen Spannungswerte durch einen rechnerischen Lösungsansatz.

Lösung

a) Die Hauptspannungen wurden in A4.1a zu $\sigma_1 = 50\ MPa$, $\sigma_2 = 20\ MPa$ und $\sigma_3 = -50\ MPa$ berechnet. Die fehlende dritte Koordinate des Normalenvektors erhält man aus der Normierungsbedingung (A2.2) mit $\alpha = 30°$ und $b = 70°$ zu

$n_3 = \cos\gamma = 0{,}365$.

Somit lautet der Normalenvektor in Koordinaten des 1-2-3-Hauptachsensystems:

$$\underline{n} = \begin{bmatrix} n_1 \\ n_2 \\ n_3 \end{bmatrix} = \begin{bmatrix} \cos\alpha \\ \cos\beta \\ \cos\gamma \end{bmatrix} = \begin{bmatrix} 0{,}866 \\ 0{,}342 \\ 0{,}365 \end{bmatrix} . \qquad \text{(a)}$$

Die Kreisradien ergeben sich mit den Gleichungen (A5.11) bis (A5.13):

$$r_{23}(n_1 = 0{,}866) = 58{,}9\ MPa,\ r_{13} = 47{,}5\ MPa,\ r_{12} = 34{,}0\ MPa \ .$$

a1) Entsprechend Bild A5.2 kann damit der gesuchte Punkt $P(\sigma,\tau)$ grafisch ermittelt werden, siehe Bild A5.14a. Man findet für die Spannungen: $\sigma = 33\ MPa$, $\tau = 34\ MPa$.

a2) Mit den Winkeln α, β, γ lassen sich die Radien entsprechend Bild A5.3 konstruieren um den Punkt $P(\sigma,\tau)$ zu finden, siehe Bild A5.14b. Für die Spannungen liest man dieselben Werte ab: $\sigma = 33\ MPa$, $\tau = 34\ MPa$.

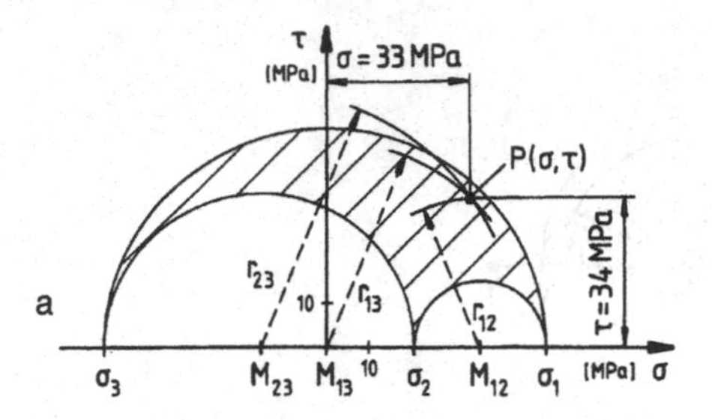

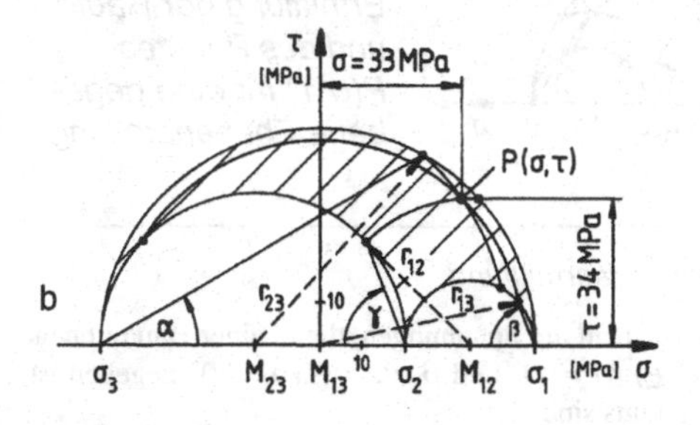

Bild A5.14 *Konstruktion des Punktes $P(\sigma,\tau)$*
a) Mit berechneten Radien
b) Durch Konstruieren der Radien aus den Richtungswinkeln

b) Die Normal- und die Schubspannung berechnen sich in der Schnittebene mit den Gleichungen (A5.3) und (A5.4) zu:

$$\sigma = 50 \cdot 0{,}866^2 + 20 \cdot 0{,}342^2 + (-50) \cdot 0{,}365^2 = 33{,}2\ MPa$$

$$\tau = \left((50 \cdot 0{,}866)^2 + (20 \cdot 0{,}342)^2 + (50 \cdot 0{,}365)^2 - 33{,}2^2 \right)^{1/2} = 34{,}0\ MPa\ .$$

A6 Zusammenhang zwischen den elastizitätstheoretischen Konstanten E, μ und G

Wie in Abschnitt 4.1.4 bereits angeführt, sind die drei elastizitätstheoretischen Konstanten Elastizitätsmodul E, Querkontraktionszahl μ und Schubmodul G bei isotropen Werkstoffen nicht unabhängig voneinander. Der Zusammenhang wird durch Betrachtung des einfachen Torsionsversuchs (vgl. Abschnitt 5.4) hergeleitet. Einfache Schubbeanspruchung führt zu einem zweiachsigen Spannungs- und Verformungszustand. Die Mohrschen Kreise mit den zugehörigen Spannungs- und Verformungselementen sind in Bild A6.1 dargestellt.

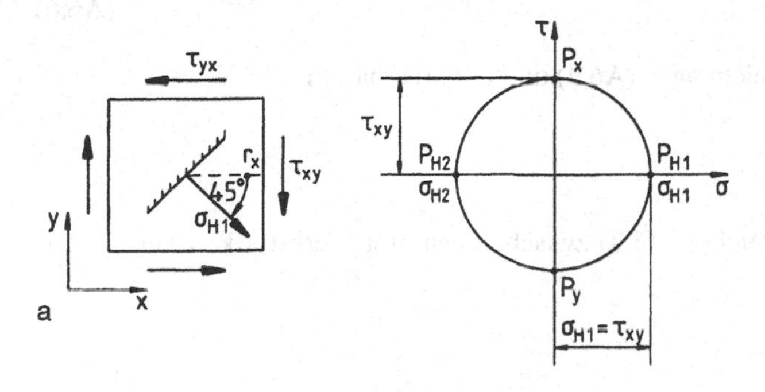

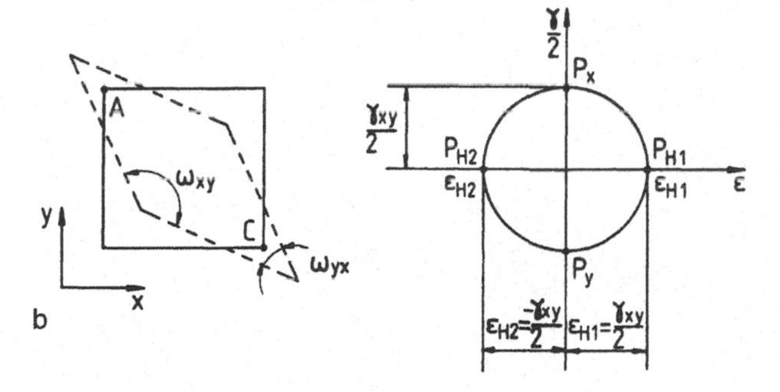

***Bild A6.1** Einfache Schubbeanspruchung*
a) Mohrscher Spannungskreis bei einfacher Schubbeanspruchung
b) Mohrscher Verformungskreis bei einfacher Schubbeanspruchung

Gemäß Gleichungen (4.16) und (4.19) gelten nach dem Hookeschen Gesetz folgende Beziehungen:

$$\varepsilon_{H1} = \frac{1}{E}\left[\sigma_{H1} - \mu\sigma_{H2}\right] \tag{A6.1}$$

$$\gamma_{xy} = \frac{1}{G}\tau_{xy} \, . \tag{A6.2}$$

Dem Mohrschen Spannungskreis in Bild A6.1a entnimmt man:

$$\sigma_{H1} = \tau_{xy} \, , \quad \sigma_{H2} = -\tau_{xy} \, . \tag{A6.3}$$

Eingesetzt in Gleichung (A6.1) berechnet sich die Hauptdehnung zu

$$\varepsilon_{H1} = \frac{\tau_{xy}(1+\mu)}{E} \quad . \tag{A6.4}$$

Für den Zusammenhang zwischen der Hauptdehnung und der Winkelverzerrung gilt nach Bild A6.1b außerdem:

$$\varepsilon_{H1} = \frac{\gamma_{xy}}{2} \quad . \tag{A6.5}$$

Nach Einsetzen in Gleichung (A6.2) ergibt sich:

$$\varepsilon_{H1} = \frac{\tau_{xy}}{2G} \quad . \tag{A6.6}$$

Durch Gleichsetzen der Gleichungen (A6.4) und (A6.6) erhält man:

$$\frac{\tau_{xy}(1+\mu)}{E} = \frac{\tau_{xy}}{2G} \quad .$$

Umformen führt zu der Gleichung (4.7) zwischen den drei Werkstoffkonstanten E, μ und G:

$$G = \frac{E}{2(1+\mu)} \quad .$$

A7 Allgemeines Hookesches Gesetz in Matrizendarstellung

Das in Kapitel 4 beschriebene Hookesche Gesetz soll hier für den dreiachsigen Spannungszustand in Matrizendarstellung gezeigt werden.

Das Hookesche Gesetz für den allgemeinen Spannungszustand Gleichungen (4.8) bis (4.11) läßt sich mit Gleichung (4.7) schreiben als:

$$\begin{aligned}
\varepsilon_x &= \frac{1}{E}\left[\sigma_x - \mu\sigma_y - \mu\sigma_z\right] & \gamma_{xy} &= \frac{1}{E}2(1+\mu)\tau_{xy} \\
\varepsilon_y &= \frac{1}{E}\left[-\mu\sigma_x + \sigma_y - \mu\sigma_z\right] & \gamma_{yz} &= \frac{1}{E}2(1+\mu)\tau_{yz} \\
\varepsilon_z &= \frac{1}{E}\left[-\mu\sigma_x - \mu\sigma_y + \sigma_z\right] & \gamma_{zx} &= \frac{1}{E}2(1+\mu)\tau_{zx} \; .
\end{aligned} \tag{A7.1}$$

Eingeführt werden der 6x1-Vektor der *Verformungsgrößen*

Vektor der Verformungsgrößen

$$\underline{\varepsilon} = \left[\varepsilon_x \;\; \varepsilon_y \;\; \varepsilon_z \,\middle|\, \gamma_{xy} \;\; \gamma_{yz} \;\; \gamma_{zx}\right]^T \;, \tag{A7.2}$$

der 6x1-Vektor der *Spannungen*

Vektor der Spannungen

$$\underline{\sigma} = \left[\sigma_x \;\; \sigma_y \;\; \sigma_z \,\middle|\, \tau_{xy} \;\; \tau_{yz} \;\; \tau_{zx}\right]^T \tag{A7.3}$$

und die 6x6-Matrix mit den elastizitätstheoretischen Konstanten:

$$\underline{H}^{-1} = \frac{1}{E}\left[\begin{array}{ccc|ccc}
1 & -\mu & -\mu & 0 & 0 & 0 \\
-\mu & 1 & -\mu & 0 & 0 & 0 \\
-\mu & -\mu & 1 & 0 & 0 & 0 \\
\hline
0 & 0 & 0 & 2(1+\mu) & 0 & 0 \\
0 & 0 & 0 & 0 & 2(1+\mu) & 0 \\
0 & 0 & 0 & 0 & 0 & 2(1+\mu)
\end{array}\right] . \tag{A7.4}$$

Mit den Gleichungen (A7.2) bis (A7.4) läßt sich das Hookesche Gesetz nach Gleichung (A7.1) als Matrizengleichung schreiben in der Form

$$\underline{\varepsilon} = \underline{H}^{-1}\underline{\sigma} \tag{A7.5}$$

oder

$$\begin{bmatrix} \varepsilon_x \\ \varepsilon_y \\ \varepsilon_z \\ \hline \gamma_{xy} \\ \gamma_{yz} \\ \gamma_{zx} \end{bmatrix} = \frac{1}{E} \left[\begin{array}{ccc|ccc} 1 & -\mu & -\mu & & & \\ -\mu & 1 & -\mu & & \underline{0} & \\ -\mu & -\mu & 1 & & & \\ \hline & & & 2(1+\mu) & 0 & 0 \\ & \underline{0} & & 0 & 2(1+\mu) & 0 \\ & & & 0 & 0 & 2(1+\mu) \end{array} \right] \begin{bmatrix} \sigma_x \\ \sigma_y \\ \sigma_z \\ \hline \tau_{xy} \\ \tau_{yz} \\ \tau_{zx} \end{bmatrix} .$$

Dies läßt sich durch Ausmultiplizieren einfach bestätigen.

Um bei gegebenen Verformungen die Spannungen zu berechnen, multipliziert man Gleichung (A7.5) mit der Inversen $(\underline{H}^{-1})^{-1} = \underline{H}$:

$$\underline{H}\,\underline{\varepsilon} = \underline{H}\,\underline{H}^{-1}\,\underline{\sigma} = \underline{\sigma}$$

oder

$$\underline{\sigma} = \underline{H} \cdot \underline{\varepsilon} \quad . \tag{A7.6}$$

Für die 6x6-Matrix $\underline{H}$ findet man durch Inversion von $\underline{H}^{-1}$

$$\underline{H} = \frac{E}{1+\mu} \left[\begin{array}{ccc|ccc} 1+\frac{\mu}{1-2\mu} & \frac{\mu}{1-2\mu} & \frac{\mu}{1-2\mu} & & & \\ \frac{\mu}{1-2\mu} & 1+\frac{\mu}{1-2\mu} & \frac{\mu}{1-2\mu} & & \underline{0} & \\ \frac{\mu}{1-2\mu} & \frac{\mu}{1-2\mu} & 1+\frac{\mu}{1-2\mu} & & & \\ \hline & & & \frac{1}{2} & 0 & 0 \\ & \underline{0} & & 0 & \frac{1}{2} & 0 \\ & & & 0 & 0 & \frac{1}{2} \end{array} \right] . \tag{A7.7}$$

Von der Richtigkeit dieser Beziehung überzeugt man sich wiederum durch Ausmultiplizieren und Vergleich mit dem allgemeinen Hookeschen Gesetz in der Form der Gleichungen (4.12) bis (4.15).

Hauptspannungen, Hauptdehnungen

Interessiert man sich speziell für die Hauptdehnungen oder die Hauptspannungen, so behalten die Gleichungen (A7.5) und (A7.6) ihre Gültigkeit, wenn man den 6x1-Vektor der *Hauptdehnungen*

Vektor der Hauptdehnungen

$$\underline{\varepsilon} = \underline{\varepsilon}_H \equiv \left[\varepsilon_{H1} \;\; \varepsilon_{H2} \;\; \varepsilon_{H3} \,|\, 0 \;\; 0 \;\; 0\right] \tag{A7.8}$$

sowie den 6x1-Vektor der *Hauptspannungen*

Vektor der Hauptspannungen

$$\underline{\sigma} = \underline{\sigma}_H \equiv \left[\sigma_{H1} \;\; \sigma_{H2} \;\; \sigma_{H3} \,|\, 0 \;\; 0 \;\; 0\right] \tag{A7.9}$$

einführt. Gleichung (A7.5) lautet damit

$$\underline{\varepsilon}_H = \underline{H}^{-1} \underline{\sigma}_H \ . \tag{A7.10}$$

Aus dem Aufbau des Hookeschen Gesetzes als Matrizengleichung in der Form von Gleichung (A7.5) bzw. Gleichung (A7.6) ist ersichtlich, daß im Fall eines isotropen Werkstoffs (nur dann haben die Matrizen $\underline{H}$ bzw. $\underline{H}^{-1}$ Nullmatrizen $\underline{0}$ als Submatrizen) die Hauptachsen der Spannungen mit denen der Verzerrungen zusammenfallen. Diese Tatsache ist unmittelbar einsichtig, da in den Hauptrichtungen der Spannungen nur Normalspannungen wirken, so daß offensichtlich zwischen den Hauptrichtungen keine Winkeländerungen auftreten, da dies sonst Anisotropie der elastischen Eigenschaften bedeuten würde.

Isotrop
Homogen
Anisotropie

Das allgemeine Hookesche Gesetz in der beschriebenen Form mit zwei unabhängigen elastizitätstheoretischen Konstanten gilt nur unter der Voraussetzung, daß das Material des betrachteten Bauteils *isotrop* (d. h. keine Richtungsabhängigkeit der elastischen Eigenschaften) und *homogen* (d. h. keine Ortsabhängigkeit der elastischen Eigenschaften) ist. Im Fall größtmöglicher *Anisotropie*, d. h. größtmöglicher Richtungsabhängigkeit, gibt es 21 unabhängige elastische Konstanten. In diesem allgemeinsten Fall sind sämtliche Elemente der Matrix $\underline{H}$ bzw. $\underline{H}^{-1}$ von Null verschieden. Die Erfahrung zeigt, daß die metallischen Konstruktionswerkstoffe selbst nach Umformprozessen (z. B. Walzen) meist nur relativ geringe Anisotropie aufweisen. Das einfachste Modell des ideal isotropen und homogenen Materials stellt somit häufig eine ebenso wichtige wie brauchbare Näherung dar. Bei anderen Werkstoffen wie z. B. glasfaserverstärkten Werkstoffen, Holz etc. darf jedoch die relativ starke Anisotropie nicht vernachlässigt werden.

Das Hookesche Gesetz in Matrizendarstellung Gleichungen (A7.5) und (A7.6) bietet im Vergleich zu den Gleichungen (4.8) bis (4.15) eine Vielzahl rechentechnischer Vorteile. Diese Darstellungsform wird daher vor allem im Bereich der rechnergestützten Festigkeitsberechnung, z. B. bei der Finite-Elemente-Methode, verwendet.

***Beispiel A7.1** Anwendung des Hookeschen Gesetzes*

Der Spannungszustand für jeden Punkt $P(x,y,z)$ mit $-1 \le x \le +1, -1 \le y \le +1, -1 \le z \le +1$ für einen Würfel mit der Kantenlänge 2 aus St 37 ($E = 210\ GPa$, $\mu = 0{,}3$) ist gegeben durch

$$\underline{S}(x,y,z) = 36 \begin{bmatrix} x^2+y^2 & -24\,xyz+1 & 5(z^2-1)(x^2-1) \\ -24\,xyz+1 & x^2-4z^2 & (z^2-1)(y^2-1) \\ 5(z^2-1)(x^2-1) & (z^2-1)(y^2-1) & z^2-1 \end{bmatrix} MPa \ .$$

a) Geben Sie für den Punkt $P_1(1/2,\ 1/3,\ 1/4)$ die Spannungsmatrix $\underline{S}_1$ sowie den 6x1-Vektor der Spannungen $\underline{\sigma}_1$ und der Verformungen $\underline{\varepsilon}_1$ an.

b) Im folgenden wird die durch $z = +1$ gegebene Würfelfläche betrachtet:

b1) Charakterisieren Sie den dort herrschenden Spannungszustand durch Angabe der Spannungsmatrix $\underline{S}_2$. Wie nennt man einen solchen Spannungszustand? Skizzieren Sie den zugehörigen Spannungswürfel.

b2) An einem Punkt P_3 $(x, y, +1)$ der Würfelfläche $z = 1$ wurden mit einer DMS-Rosette Messungen durchgeführt, die folgendes Ergebnis lieferten:

$\varepsilon_x = 0{,}246$ ‰, $\varepsilon_y = -0{,}659$ ‰, $\gamma_{xy} = 1{,}783$ ‰.

Durch ein Versehen wurden die Koordinaten des Meßpunktes P_3 nicht protokolliert, man weiß lediglich, daß die x-Koordinate von P_3 positiv war. Bestimmen Sie die Koordinaten x_3 und y_3 von P_3. Geben Sie damit die zugehörige Spannungsmatrix $\underline{S}_3$ und den Spannungsvektor σ_3 an.

Lösung

a) Für die Spannungsmatrix findet man durch Einsetzen der Koordinaten:

$$\underline{S}_1\left(\frac{1}{2}, \frac{1}{3}, \frac{1}{4}\right) = 36 \begin{bmatrix} \frac{13}{36} & 0 & \frac{225}{64} \\ 0 & 0 & \frac{5}{6} \\ \frac{225}{64} & \frac{5}{6} & -\frac{15}{16} \end{bmatrix} = \begin{bmatrix} 13 & 0 & \frac{2025}{16} \\ 0 & 0 & 30 \\ \frac{2025}{16} & 30 & -\frac{135}{4} \end{bmatrix} MPa \ .$$

Mit Gleichung (A7.3) ergibt sich damit der Spannungsvektor zu:

$$\underline{\sigma}_1 = \left[13 \ \ 0 \ \ -\frac{135}{4} \,\middle|\, 0 \ \ 30 \ \ \frac{2025}{16} \right]^T MPa \ .$$

Der gesuchte Vektor $\underline{\varepsilon}_1$ berechnet sich mit Gleichung (A7.5):

$$\underline{\varepsilon}_1 = \left[0{,}110 \ \ 0{,}030 \ \ -0{,}179 \mid 0 \ \ 0{,}371 \ \ 1{,}567 \right]^T ‰ \ .$$

b1) Einsetzen von $z = +1$ in die Spannungsmatrix $\underline{S}$ ergibt

$$\underline{S}_2(x, y, +1) = 36 \begin{bmatrix} x^2 + y^2 & -24\,xy + 1 & 0 \\ -24\,xy + 1 & x^2 - 4 & 0 \\ 0 & 0 & 0 \end{bmatrix} MPa \ .$$

Bei der betrachteten Würfelebene handelt es sich mit $\sigma_z = \tau_{xz} = \tau_{yz} = 0$ um eine lastfreie Oberfläche – es liegt demnach ein ebener Spannungszustand in x, y vor. Der zugehörige Spannungswürfel ist in Bild A7.1 dargestellt.

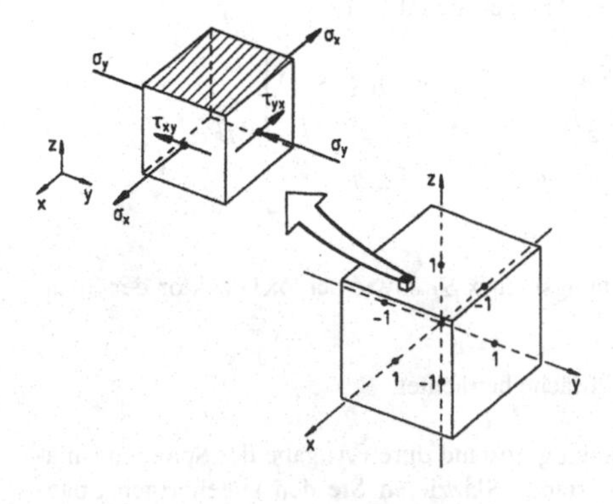

Bild A7.1 *Betrachteter Schnittwürfel und zugehöriger Spannungswürfel*

b2) Der Vektor $\underline{\sigma}$ wird für diesen Fall:

$$\underline{\sigma} = 36 \cdot \left[x^2 + y^2 \quad x^2 - 4 \quad 0 \;\middle|\; -24xy + 1 \quad 0 \quad 0 \right]^T \; MPa \quad .$$

Für den Vektor $\underline{\varepsilon}$ wird für diesen Fall:

$$\underline{\varepsilon} = \left[0{,}246 \quad -0{,}659 \quad \varepsilon_z \;\middle|\; 1{,}783 \quad 0 \quad 0 \right]^T \; ‰ \quad .$$

Eingesetzt in Gleichung (A7.5) erhält man:

$$0{,}246 \cdot 10^{-3} \cdot 2{,}1 \cdot 10^5 = 36 \cdot \left(x^2 + y^2 \right) - 36 \cdot 0{,}3 \cdot \left(x^2 - 4 \right)$$

$$-0{,}659 \cdot 10^{-3} \cdot 2{,}1 \cdot 10^5 = -36 \cdot 0{,}3 \cdot \left(x^2 + y^2 \right) + 36 \cdot \left(x^2 - 4 \right)$$

$$\frac{1{,}783 \cdot 10^{-3} \cdot 2{,}1 \cdot 10^5}{2{,}6} = 36 \cdot (-24xy + 1) \quad .$$

Unter Beachtung von $x > 0$ findet man daraus für die gesuchten Koordinaten von P_3: $x_3 = 0{,}50$, $y_3 = -0{,}25$, $z_3 = 1$.
Die Dehnung in z-Richtung wird:

$$\varepsilon_z = \frac{-36 \cdot 0{,}3 \left(x_3^{\,2} + y_3^{\,2} \right) - 36 \cdot 0{,}3 \left(x_3^{\,2} + 4 \right)}{2{,}1 \cdot 10^5} = -0{,}235 \; ‰ \quad .$$

Beispiel A7.2 *Analyse eines Spannungszustandes*

Das nachfolgende Beispiel zur Analyse eines Spannungszustands umfaßt den Inhalt der Anhänge A2 bis A7.

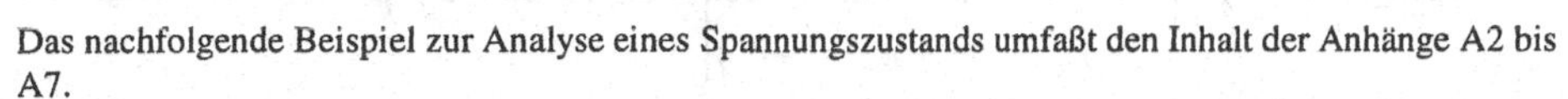

Gegeben sind die in Bild A7.2 dargestellten Schnittspannungen und die Beträge der angreifenden Spannungen:

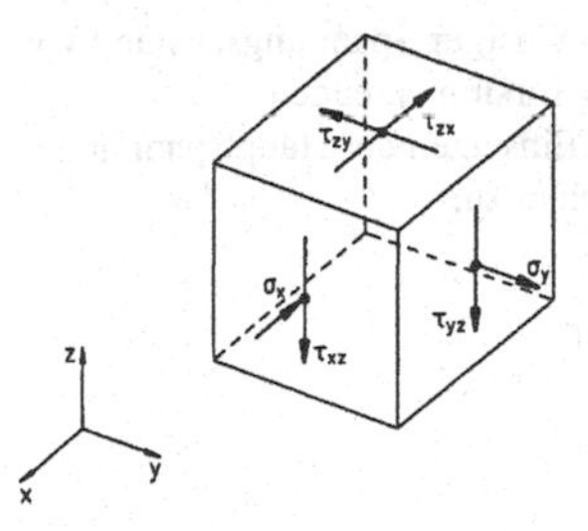

Bild A7.2 *Spannungswürfel*

$$\left| \sigma_x \right| = \left| \sigma_y \right| = 30 \; MPa \qquad \left| \sigma_z \right| = 0 \; MPa$$

$$\left| \tau_{xy} \right| = \left| \tau_{yx} \right| = 0 \; MPa \qquad \left| \tau_{xz} \right| = \left| \tau_{zx} \right| = 60 \; MPa \qquad \left| \tau_{yz} \right| = \left| \tau_{zy} \right| = 60 \; MPa$$

a) Geben Sie die zugehörige Spannungsmatrix $\underline{S}$ an. Beachten Sie dabei die entsprechenden Vorzeichendefinitionen.

b) Ermitteln Sie die Hauptspannungen und Hauptspannungsrichtungen. Welcher Spannungszustand liegt demnach vor? Durch welche Belastungsart läßt sich dieser Spannungszustand erzeugen?

c) Zeichnen Sie in das (x, y, z)-Koordinatensystem das $(1, 2, 3)$-Hauptachsensystem mit dem Hauptspannungswürfel. Geben Sie die Spannungsmatrix in Koordinaten des Hauptachsensystems an.

d) Der Normalenvektor $n_1=1/\sqrt{26}\ [1\ 3\ 4]^T$ gibt eine Ebene in Koordinaten des Hauptachsensystems vor. Bestimmen Sie zeichnerisch und rechnerisch die in dieser Bauteilebene wirkenden Spannungen.

e) Es gibt Bauteilebenen, die normalspannungsfrei sind, in denen also nur Schubspannungen wirken. Charakterisieren Sie diese Bauteilebenen durch Angabe ihres Normaleneinheitsvektors $\underline{n}_\tau$ in Koordinaten des $(1,2,3)$-Hauptachsensystems. Ermitteln Sie die zugehörige Schubspannung.

f) Ermitteln Sie den Vektor $\varepsilon = [\varepsilon_x\ \varepsilon_y\ \varepsilon_z \mid \gamma_{xy}\ \gamma_{yz}\ \gamma_{zx}]^T$ der Verformungen sowie den Vektor der Hauptdehnungen $\varepsilon_H = [\varepsilon_1\ \varepsilon_2\ \varepsilon_3 \mid 0\ 0\ 0]^T$ $(G = 80770\ MPa,\ \mu = 0{,}3)$.

Lösung

a) Für die Spannungsmatrix ergibt sich aus Bild A7.2 in Verbindung mit der Vorzeichendefinition aus Anhang A2 die Darstellung

$$\underline{S} = \begin{bmatrix} -30 & 0 & -60 \\ 0 & 30 & -60 \\ -60 & -60 & 0 \end{bmatrix} MPa\ .$$

b) Aus der charakteristischen Gleichung (A4.3)

$$\det(\underline{S} - \sigma_H\ \underline{E}) = \begin{vmatrix} -30-\sigma_H & 0 & -60 \\ 0 & 30-\sigma_H & -60 \\ -60 & -60 & -\sigma_H \end{vmatrix} = \sigma_H\left(8100-\sigma_H^2\right) = 0$$

erhält man die nach der Größe geordneten Hauptspannungen zu

$\sigma_1 = 90\ MPa,\ \sigma_2 = 0\ MPa,\ \sigma_3 = -90\ MPa.$

Zur Kontrolle kann Gleichung (A4.10) herangezogen werden.

Mit zwei von Null verschiedenen Hauptspannungen liegt ein zweiachsiger Spannungszustand vor. Ein Spannungszustand mit $\sigma_1 = -\sigma_3$ und $\sigma_2 = 0$ läßt sich durch reine Torsion erzeugen.

Die Hauptspannungsrichtungen $n_\alpha\ (\alpha = 1, 2, 3)$ findet man durch Einsetzen der Hauptspannungen σ_α in Gleichung (A4.3), entsprechend dem in A4.1b gezeigten Vorgehen zu:

$$\underline{n}_1 = \frac{1}{3}[1\ \ 2\ \ -2]^T,\ \underline{n}_2 = \frac{1}{3}[-2\ \ 2\ \ 1]^T,\ \underline{n}_3 = \frac{1}{3}[2\ 1\ 2]^T.$$

c) Der gesuchte Spannungswürfel ist in Bild A7.3 dargestellt.
In Hauptachsendarstellung besitzt die Spannungsmatrix Diagonalgestalt, damit mit Gleichung (A4.9):

$$\underline{S}_H = \text{diag}\{\sigma_{H\alpha}\} = \begin{bmatrix} 90 & 0 & 0 \\ 0 & 0 & 0 \\ 0 & 0 & -90 \end{bmatrix} MPa\ .$$

d) Entsprechend der in Anhang A5 beschriebenen Vorgehensweise läßt sich der Spannungspunkt $P(\sigma,\tau)$ durch Berechnen oder durch Konstruieren der Radien ermitteln, siehe auch Bild A5.1a.

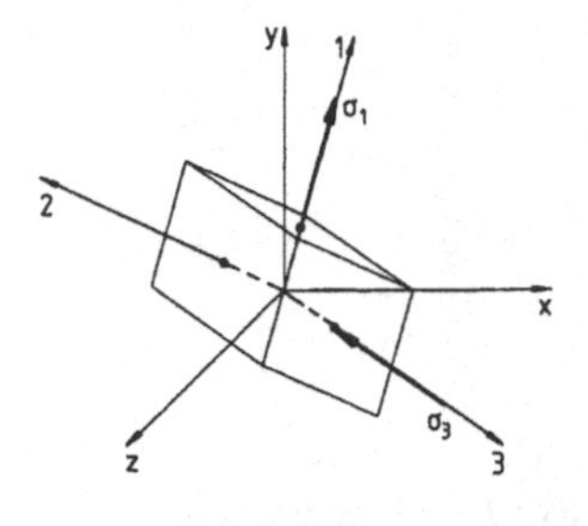

Bild A7.3 *Hauptachsensystem mit Hauptspannungswürfel*

• Berechnen der Radien

Werden die Radien mit den Gleichungen (A5.11) bis (A5.13) berechnet, erhält man r_{23} = 51,5 MPa, r_{13} = 72,8 MPa, r_{12} = 109,5 MPa.

Damit läßt sich der gesuchte Punkt $P(\sigma,\tau)$ entsprechend Bild A5.2 konstruieren, siehe Bild A7.4a. Für die Spannungen liest man ab: σ = -52 MPa, τ = 51 MPa.

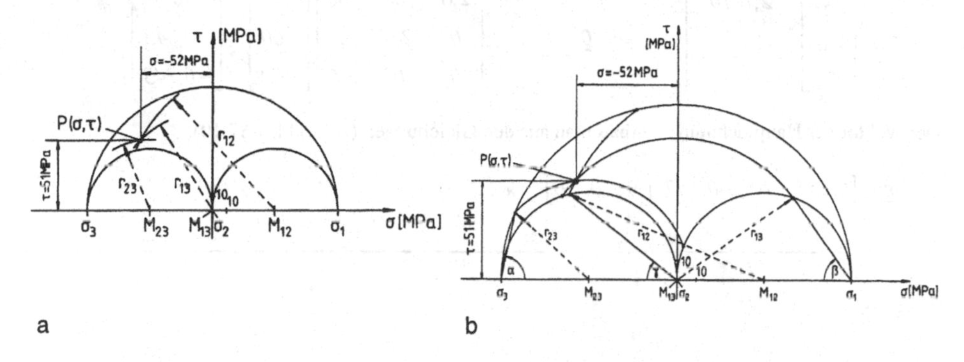

Bild A7.4 *Ermittlung von $P(\sigma,\tau)$ a) Mit berechneten Radien b) Mit konstruierten Radien*

• Konstruieren der Radien

Die Winkel α, β und γ erhält man aus den Richtungskosinus des Normalenvektors:

$$\alpha = \arccos\frac{1}{\sqrt{26}} = 78{,}7°\,,\quad \beta = 54{,}0°\,,\quad \gamma = 38{,}3° \quad .$$

Entsprechend Bild A5.3 läßt sich damit der Punkt $P(\sigma,\tau)$ ermitteln, siehe Bild A7.4b.

• Rechnerische Lösung

Für die Normal- und die Schubspannung erhält man mit den Gleichungen (A5.3) und (A5.4): $\sigma = -51{,}9\ MPa,\ \tau = 51{,}0\ MPa$.

e) Mit $\underline{n}_\tau = [n_1\ n_2\ n_3]^T$ folgt für die Normalspannung mit Gleichung (A5.3)

$$\sigma = 90\,(n_1 - n_3)(n_1 + n_3)\ MPa \quad .$$

Mit $n_\alpha\ (\alpha = 1,2,3) > 0$ folgt aus der Bedingung $\sigma = 0$: $n_3 = n_1$, n_2 = beliebig .
Aus der Normierungsbedingung (A2.2) erhält man:

$$2n_1^2 + n_2^2 = 1, \qquad 0 \le n_1 \le 1/\sqrt{2} \quad .$$

Der gesuchte Normalenvektor ergibt sich damit zu:

$$\underline{n}_\tau = \begin{bmatrix} n_1 & \sqrt{1-2n_1^2} & n_1 \end{bmatrix}^T .$$

Die Schubspannung ergibt sich daraus mit Gleichung (A5.4) zu

$$\tau = 90\sqrt{2}\, n_1 \ MPa, \qquad 0 \le n_1 \le 1/\sqrt{2} .$$

f) Mit $E=2\cdot(1+\mu)\cdot G=2{,}1\cdot 10^5$ MPa aus Gleichung (4.7) und Gleichung (A7.5) findet man:

$$\underline{\varepsilon} = \begin{bmatrix} \varepsilon_x \\ \varepsilon_y \\ \varepsilon_z \\ \gamma_{xy} \\ \gamma_{yz} \\ \gamma_{zx} \end{bmatrix} = \frac{1}{2{,}1\cdot 10^5} \left[\begin{array}{ccc|ccc} 1 & -0{,}3 & -0{,}3 & & & \\ -0{,}3 & 1 & -0{,}3 & & \underline{0} & \\ -0{,}3 & -0{,}3 & 1 & & & \\ \hline & & & 2{,}6 & 0 & 0 \\ & \underline{0} & & 0 & 2{,}6 & 0 \\ & & & 0 & 0 & 2{,}6 \end{array}\right] \left[\begin{array}{c} -30 \\ 30 \\ 0 \\ \hline 0 \\ -60 \\ -60 \end{array}\right] = \left[\begin{array}{c} -0{,}186 \\ 0{,}186 \\ 0 \\ \hline 0 \\ -0{,}743 \\ -0{,}743 \end{array}\right] ‰.$$

Den Vektor der Hauptdehnungen erhält man aus den Gleichungen (A7.8) bis (A7.10):

$$\underline{\varepsilon} = \left[0{,}557 \quad 0 \quad -0{,}557 \mid 0 \quad 0 \quad 0\right]^T ‰ .$$

A8 Fließbedingungen und deren physikalische Interpretationen

In diesem Abschnitt werden zunächst die Grundlagen zur Formulierung von Fließbedingungen bereitgestellt. Mit den Fließbedingungen nach von Mises [136] und nach Tresca [186] werden zwei für den Fließbeginn metallischer Werkstoffe häufig verwendete Kriterien vorgestellt. Darüberhinaus wird gezeigt, wie sich das von Mises-Kriterium in vielfältiger Weise physikalisch interpretieren läßt.

Fließbedingung

Eine *Fließbedingung* gibt an, wann ein Werkstoff bei einem beliebigen mehrachsigen Spannungszustand seine Fließgrenze erreicht, also plastisch wird. Die mathematische Formulierung von Fließbedingungen baut auf einer Reihe von Voraussetzungen und Annahmen auf. Eine dieser Voraussetzungen berücksichtigt die Tatsache, daß Formänderungen im plastischen Zustand unter Volumenkonstanz ablaufen. Es erscheint daher sinnvoll, zunächst den Spannungstensor aufzuspalten in einen Anteil, welcher nur eine Volumenänderung bewirkt und in einen volumendehnungsfreien Anteil.

A8.1 Hydrostatischer und deviatorischer Anteil des Spannungstensors

Um die unterschiedlichen Anteile des Spannungstensors zu erhalten, macht man sich zunächst klar, daß eine nach allen Richtungen gleich große Beanspruchung (z. B. Gasdruck in einem Luftballon, Flüssigkeitsdruck), eine sogenannte *hydrostatische Beanspruchung*, lediglich das Volumen, nicht jedoch die Form des Körpers ändert. Der entsprechende Anteil des Spannungstensors wird *hydrostatischer Anteil* genannt. Der davon abweichende *deviatorische Anteil* (deviare (lateinisch) = abirren, abweichen) repräsentiert eine Beanspruchung mit Volumenkonstanz und ist damit für die Formulierung einer Fließbedingung wesentlich.

Hydrostatischer Anteil

Deviatorischer Anteil

Wie diese beiden Anteile aus dem Spannungstensor hervorgehen, ergibt sich durch eine einfache Überlegung, aufbauend auf der in Abschnitt 2.3 hergeleiteten Volumendehnung. Mit den Gleichungen (2.13), (2.14), (2.16) bis (2.18) und (A4.5) läßt sich die relative Volumenänderung (für $\varepsilon \ll l$) des in Bild 2.6 gezeigten Würfelelements in Abhängigkeit von den Lastspannungen darstellen als:

$$e_V = \frac{\Delta V}{V} = \frac{1-2\mu}{E}\left(\sigma_x + \sigma_y + \sigma_z\right) = \frac{1-2\mu}{E}\, I_1 \quad . \qquad \text{(A8.1)}$$

Die Volumenänderung ist demnach proportional der 1. Invarianten I_1 des Spannungstensors nach Gleichung (A4.5). Umgekehrt läßt sich daraus die für die vorliegende Problemstellung wichtige Schlußfolgerung ableiten: Der Anteil des Spannungstensors, dessen 1. Invariante verschwindet, charakterisiert den volumendehnungsfreien, d. h. den deviatorischen Anteil. Der restliche Anteil repräsentiert den hydrostatischen Beanspruchungszustand. Aus dem oben Gesagten ergibt sich der *hydrostatische Anteil* $\underline{S}^0$ mit der *mittleren Normalspannung*

Hydrostatischer Anteil
Mittlere Normalspannung

$$\sigma_m = \frac{1}{3}\left(\sigma_x + \sigma_y + \sigma_z\right) = \frac{1}{3}\mathrm{Spur}(\underline{S}) = \frac{1}{3} I_1 \tag{A8.2}$$

zu:

$$\underline{S}^0 = \sigma_m \, \underline{E} = \begin{bmatrix} \sigma_m & 0 & 0 \\ 0 & \sigma_m & 0 \\ 0 & 0 & \sigma_m \end{bmatrix} . \tag{A8.3}$$

Der Tensor $\underline{S}^0$ beschreibt einen hydrostatischen Spannungszustand, bei welchem die hydrostatische Spannung σ_m, wie in Bild A4.3 dargestellt, gleichmäßig nach allen Richtungen hin wirkt. Die grafische Darstellung des hydrostatischen Spannungszustands in Bild A4.3 erklärt auch, weshalb ein Tensor der Form Gleichung (A8.3) als *Kugeltensor* bezeichnet wird.

Kugeltensor

Spannungsdeviator

Den *Spannungsdeviator* $\underline{S}'$, welcher die Abweichung des Spannungszustands von der mittleren Spannung beschreibt, findet man durch Abspalten des hydrostatischen Anteils $\underline{S}^0$ zu:

$$\underline{S}' = \underline{S} - \underline{S}^0 = \begin{bmatrix} \sigma_x - \sigma_m & \tau_{xy} & \tau_{xz} \\ \tau_{xy} & \sigma_y - \sigma_m & \tau_{yz} \\ \tau_{xz} & \tau_{yz} & \sigma_z - \sigma_m \end{bmatrix} . \tag{A8.4}$$

In Bild A8.1 ist diese Aufteilung des Spannungstensors zusammenfassend dargestellt:

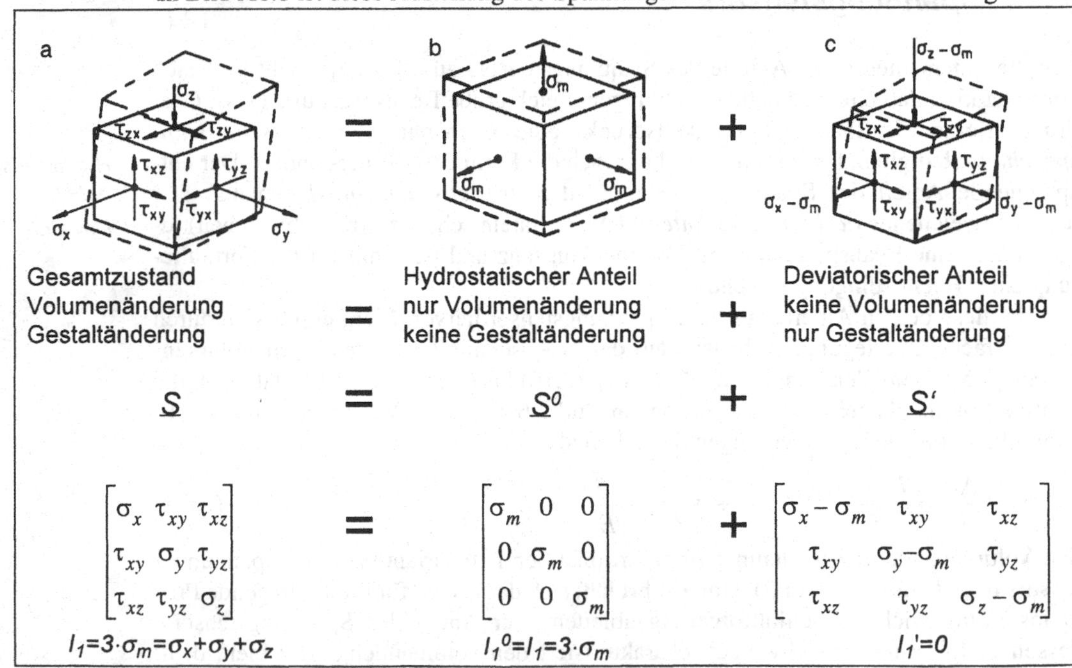

***Bild A8.1** Aufspalten eines beliebigen Spannungszustands $\underline{S}$ in seinen hydrostatischen Anteil $\underline{S}^0$ und seinen deviatorischen Anteil $\underline{S}'$*

Bei dem in Bild A8.1a dargestellten Ausgangsspannungszustand ist die 1. Invariante I_1, welche nach Gleichung (A8.1) die Volumenänderung bestimmt, ungleich Null. Die Schubspannungen, welche Verzerrungen verursachen, sind ebenfalls von Null verschieden. Bei einem derart beanspruchten Würfelelement ändert sich folglich sowohl das Volumen als auch die geometrische Form. Bei dem hydrostatischen Anteil in Bild A8.1b verschwinden die Nebendiagonalelemente des Spannungstensors $\underline{S}^0$, während die 1. Invariante $I_1^0 = I_1$ unverändert bleibt. Der eingezeichnete Spannungswürfel ist somit lediglich einer Volumenänderung bei gleichbleibender äußerer Gestalt unterworfen.

Beim Spannungsdeviator, Bild A8.1c, nimmt die Spur I_1' den Wert Null an. Im Sinne der physikalischen Interpretation dieser Größe nach Gleichung (A8.1) handelt es sich folglich um den volumendehnungsfreien Anteil, bei welchem die Schubspannungen lediglich eine Gestaltänderung verursachen. Der deviatorische Anteil eines beliebigen Spannungszustands charakterisiert also eine reine Schubbeanspruchung.

Der hydrostatische und der deviatorische Anteil besitzen ebenfalls Tensoreigenschaften. Eine zusammenfassende Darstellung der drei Tensoren $\underline{S}$, $\underline{S}^0$ und $\underline{S}'$ sowie deren Invarianten ist in Tabelle A8.1 gegeben.

A8.2 Grundlegende Eigenschaften von Fließbedingungen

Ein Spannungszustand läßt sich durch die Angabe der sechs voneinander unabhängigen Elemente des Spannungstensors charakterisieren. Für die praktische Anwendung interessiert häufig die Frage, ob man sich mit einer Beanspruchung noch im elastischen Bereich des vorliegenden Werkstoffs befindet oder ob bereits Fließen eingesetzt hat.

Beim einachsigen Spannungszustand läßt sich diese Frage leicht beantworten. Beim Zugversuch liegen beispielsweise rein elastische Formänderungen vor, solange die Zugnormalspannung kleiner als die Streckgrenze ist, während bei Erreichen der Streckgrenze Fließen einsetzt. Dieser Sachverhalt läßt sich mathematisch formulieren als:

$$\begin{aligned} &\text{Elastischer Zustand } (\textit{kein Fließen}) \quad && \sigma^2 < R_e^2 \\ &\text{Plastischer Zustand } (\textit{Fließen}) \quad && \sigma^2 = R_e^2 \; . \end{aligned} \qquad \text{(A8.5)}$$

Durch die Verwendung einer quadratischen Versagensbedingung gilt Gleichung (A8.5) sowohl im Zug- als auch im Druckbereich. Dabei wird vorausgesetzt, daß die Druckfließgrenze σ_{dF} betragsmäßig mit der Streckgrenze R_e übereinstimmt, siehe Bild A8.2.

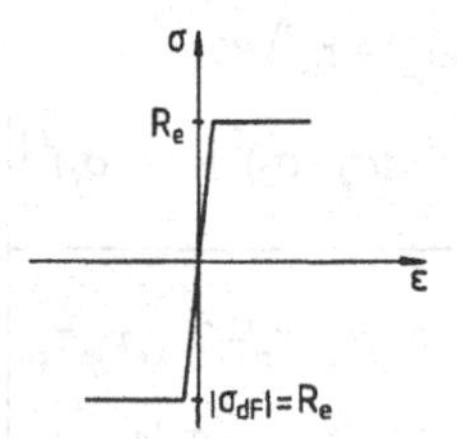

Bild A8.2 *Spannungs-Dehnungs-Diagramm für ideal-plastisches Werkstoffverhalten und Zug/Druck-Isotropie*

***Tabelle A8.1** Spannungstensor, hydrostatischer Anteil und Spannungsdeviator dargestellt in Last- und in Hauptspannungen sowie deren Invarianten*

	Spannungstensor $\underline{S}$	hydrostatischer Anteil $\underline{S}^0$	Spannungsdeviator $\underline{S}'$
Lastspannungen	$\underline{S} = \begin{bmatrix} \sigma_x & \tau_{xy} & \tau_{xz} \\ \tau_{xy} & \sigma_y & \tau_{yz} \\ \tau_{xz} & \tau_{yz} & \sigma_z \end{bmatrix}$	$\underline{S}^0 = \begin{bmatrix} \sigma_m & 0 & 0 \\ 0 & \sigma_m & 0 \\ 0 & 0 & \sigma_m \end{bmatrix}$ $\sigma_m = \frac{1}{3}(\sigma_x + \sigma_y + \sigma_z)$	$\underline{S}' = \begin{bmatrix} \sigma_x' & \tau_{xy} & \tau_{xz} \\ \tau_{xy} & \sigma_y' & \tau_{yz} \\ \tau_{xz} & \tau_{yz} & \sigma_z' \end{bmatrix}$ $\sigma_x' = \sigma_x - \sigma_m = \frac{1}{3}(2\sigma_x - \sigma_y - \sigma_z)$ $\sigma_y' = \sigma_y - \sigma_m = \frac{1}{3}(-\sigma_x + 2\sigma_y - \sigma_z)$ $\sigma_z' = \sigma_z - \sigma_m = \frac{1}{3}(-\sigma_x - \sigma_y + 2\sigma_z)$
Hauptspannungen	$\underline{S}_H = \begin{bmatrix} \sigma_1 & 0 & 0 \\ 0 & \sigma_2 & 0 \\ 0 & 0 & \sigma_3 \end{bmatrix}$	$\underline{S}_H^0 = \begin{bmatrix} \sigma_m & 0 & 0 \\ 0 & \sigma_m & 0 \\ 0 & 0 & \sigma_m \end{bmatrix}$ $\sigma_m = \frac{1}{3}(\sigma_1 + \sigma_2 + \sigma_3)$	$\underline{S}_H' = \begin{bmatrix} \sigma_1' & 0 & 0 \\ 0 & \sigma_2' & 0 \\ 0 & 0 & \sigma_3' \end{bmatrix}$ $\sigma_1' = \sigma_1 - \sigma_m = \frac{1}{3}(2\sigma_1 - \sigma_2 - \sigma_3)$ $\sigma_2' = \sigma_2 - \sigma_m = \frac{1}{3}(-\sigma_1 + 2\sigma_2 - \sigma_3)$ $\sigma_3' = \sigma_3 - \sigma_m = \frac{1}{3}(-\sigma_1 - \sigma_2 + 2\sigma_3)$
Invarianten			
	$I_1 = \sigma_x + \sigma_y + \sigma_z$ $I_1 = \sigma_1 + \sigma_2 + \sigma_3$	$I_1^0 = \sigma_x + \sigma_y + \sigma_z$ $I_1^0 = \sigma_1 + \sigma_2 + \sigma_3$	$I_1' = 0$
	$I_2 = \sigma_x\sigma_y + \sigma_y\sigma_z + \sigma_z\sigma_x - (\tau_{xy}^2 + \tau_{yz}^2 + \tau_{zx}^2)$ $I_2 = \sigma_1\sigma_2 + \sigma_2\sigma_3 + \sigma_3\sigma_1$	$I_2^0 = \frac{1}{3}(\sigma_x + \sigma_y + \sigma_z)^2$ $I_2^0 = \frac{1}{3}(\sigma_1 + \sigma_2 + \sigma_3)^2$	$I_2' = -\frac{1}{6}\left[(\sigma_x - \sigma_y)^2 + (\sigma_y - \sigma_z)^2 + (\sigma_z - \sigma_x)^2\right] - (\tau_{xy}^2 + \tau_{yz}^2 + \tau_{zx}^2)$ $I_2' = -\frac{1}{6}\left[(\sigma_1 - \sigma_2)^2 + (\sigma_2 - \sigma_3)^2 + (\sigma_3 - \sigma_1)^2\right]$
	$I_3 = \det \underline{S} = \sigma_x\sigma_y\sigma_z + 2\tau_{xy}\tau_{yz}\tau_{zx} - (\sigma_x\tau_{yz}^2 + \sigma_y\tau_{zx}^2 + \sigma_z\tau_{xy}^2)$ $I_3 = \sigma_1\sigma_2\sigma_3$	$I_3^0 = \frac{1}{27}(\sigma_x + \sigma_y + \sigma_z)^3$ $I_3^0 = \frac{1}{27}(\sigma_1 + \sigma_2 + \sigma_3)^3$	$I_3' = \det \underline{S}' = \sigma_x'\sigma_y'\sigma_z' + 2\tau_{xy}\tau_{yz}\tau_{zx} - (\sigma_x'\tau_{yz}^2 + \sigma_y'\tau_{zx}^2 + \sigma_z'\tau_{xy}^2)$ $I_3' = \sigma_1'\sigma_2'\sigma_3'$

Bei beliebigen, mehrachsigen Spannungszuständen sind die Verhältnisse nicht mehr so einfach. Im folgenden wird gezeigt, wie sich dafür eine mathematische Beziehung in Form einer *Fließbedingung* aufstellen läßt, welche die Spannungszustände, bei welchen Fließen eintritt, angibt.

Für eine Formulierung entsprechend Gleichung (A8.5) benötigt man dazu eine die Beanspruchung charakterisierende Größe f als Funktion des Spannungszustands. Dieser wird repräsentiert durch den Spannungstensor $\underline{S}$ bzw. durch seine Komponenten σ_{ij}, d. h. $f = f(\underline{S}) = f(\sigma_{ij})$[1]. Weiterhin ist eine Konstante k erforderlich, welche die Widerstandsfähigkeit bzw. hier speziell die Fließgrenze des Werkstoffs beschreibt. Damit läßt sich Gleichung (A8.5) allgemein ausdrücken als:

$$\begin{aligned}&\text{Elastischer Zustand } (\textit{kein Fließen}) \quad f(\underline{S}) = f(\sigma_{ij}) < k \\ &\text{Plastischer Zustand } (\textit{Fließen}) \quad f(\underline{S}) = f(\sigma_{ij}) = k\ .\end{aligned} \tag{A8.6}$$

Die Fließbedingung selbst, welche das Ende des elastischen Bereichs bzw. den Beginn des plastischen Zustands beschreibt, lautet:

$$f(\underline{S}) = f(\sigma_{ij}) = k\ . \tag{A8.7}$$

Weitere Aussagen bezüglich der Form der Fließbedingung (A8.7) können mit den zwei folgenden Voraussetzungen getroffen werden:

1) Der Werkstoff verhält sich isotrop.
2) Plastische Verformungen laufen unter Volumenkonstanz ab.

Aus der 1. Voraussetzung folgt, daß die mathematische Formulierung der Fließbedingung von der Lage des Koordinatensystems unabhängig sein muß, d. h. der Wert der Fließfunktion f in Gleichung (A8.7) muß invariant gegen eine Koordinatentransformation sein. Eine Formulierung mit den *invarianten* Gleichungen (A4.5) bis (A4.7) genügt dieser Bedingung, womit sich Gleichung (A8.7) schreiben läßt als:

Invarianz

$$f(I_1, I_2, I_3) = k\ . \tag{A8.8}$$

Wegen der 2. Voraussetzung kann beim Aufstellen der Fließbedingung der hydrostatische Spannungsanteil nach Gleichung (A8.3) vernachlässigt werden. Die Fließfunktion läßt sich damit als Funktion der Invarianten des Spannungsdeviators Gleichung (A8.4) formulieren:

$$f(I_1', I_2', I_3') = k\ . \tag{A8.9}$$

Wird weiterhin berücksichtigt, daß beim Spannungsdeviator die 1. Invariante I_1' voraussetzungsgemäß verschwindet, siehe Bild A8.1 und Tabelle A8.1, läßt sich obige Gleichung weiter reduzieren. Damit kann die *Fließbedingung allgemein ausgedrückt* werden als:

Allgemeine Formulierung der Fließbedingung

$$f(I_2', I_3') = k\ . \tag{A8.10}$$

[1] Es ist zu beachten, daß diese Formulierung unter der Voraussetzung eines homogenen, ideal-plastischen Werkstoffs mit zeit- und temperaturunabhängigen Festigkeitseigenschaften gilt.

Weitere Aussagen über die Eigenschaften der Fließbedingung lassen sich durch eine geometrische Betrachtung gewinnen. Ausgangspunkt ist die aus der Invarianzforderung erhaltene Fließbedingung (A8.8). Anstelle der drei Invarianten können auch die drei Hauptspannungen, welche ebenfalls von der Orientierung des Koordinatensystems unabhängig sind, benutzt werden. Gleichung (A8.6) läßt sich damit schreiben als:

$$\text{Elastischer Zustand } (\textit{kein Fließen}) \qquad f(\sigma_1,\sigma_2,\sigma_3) < k \tag{A8.11}$$

$$\text{Plastischer Zustand } (\textit{Fließen}) \qquad f(\sigma_1,\sigma_2,\sigma_3) = k \ , \tag{A8.12}$$

d. h. im folgenden lassen sich weitere Eigenschaften der Fließbedingung geometrisch anschaulich im Hauptspannungsraum der drei Hauptspannungen σ_α ($\alpha = 1, 2, 3$) herleiten.

Zunächst soll die in Abschnitt 8.1 vorgenommene Aufspaltung des Spannungstensors in seinen hydrostatischen und seinen deviatorischen Anteil gemäß

$$\underline{S}_H = \underline{S}_H{}^0 + \underline{S}_H{}'$$

$$\begin{bmatrix} \sigma_1 & 0 & 0 \\ 0 & \sigma_2 & 0 \\ 0 & 0 & \sigma_3 \end{bmatrix} = \begin{bmatrix} \sigma_m & 0 & 0 \\ 0 & \sigma_m & 0 \\ 0 & 0 & \sigma_m \end{bmatrix} + \begin{bmatrix} \sigma_1 - \sigma_m & 0 & 0 \\ 0 & \sigma_2 - \sigma_m & 0 \\ 0 & 0 & \sigma_3 - \sigma_m \end{bmatrix} \tag{A8.13}$$

geometrisch gedeutet werden. Der durch $\underline{S}$ gegebene Spannungszustand läßt sich im Hauptspannungsraum durch den „Spannungspunkt" $P(\sigma_1, \sigma_2, \sigma_3)$ oder durch den Vektor $\underline{r}$ darstellen, siehe Bild A8.3.

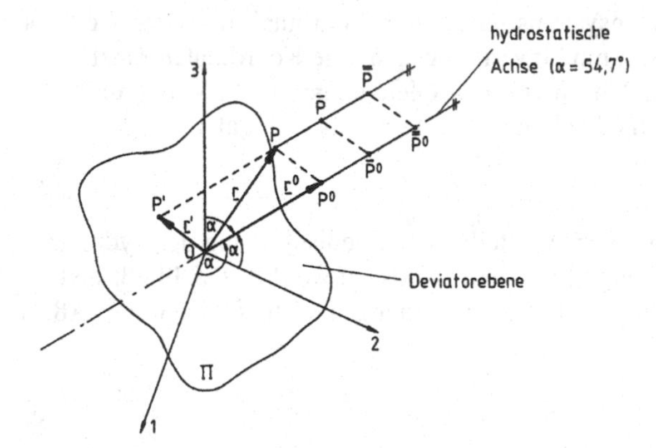

***Bild A8.3** Zerlegung eines beliebigen Spannungszustands im Hauptspannungsraum in seinen hydrostatischen und deviatorischen Anteil*

Die Punkte $P^0(\sigma_m,\sigma_m,\sigma_m)$, welche den hydrostatischen Spannungszustand ($\underline{S}^0$) charakterisieren, sind gekennzeichnet durch $\sigma_1 = \sigma_2 = \sigma_3 = \sigma_m$. Sie liegen damit alle auf der Geraden, welche die drei Koordinatenachsen unter dem gleichen Winkel α schneidet, der sogenannten *hydrostatischen Achse*. Die für den Spannungsdeviator charakteristische Eigenschaft $\sigma_1 + \sigma_2 + \sigma_3 = 0$ beschreibt im Hauptachsensystem eine Ebene Π (*Deviatorebene*) mit Normalenvektor $\underline{n}=[1\ 1\ 1]^T$ durch den Koordinatenursprung, wel-

Hydrostatische Achse

Deviatorebene

che senkrecht auf der hydrostatischen Achse steht. Sämtliche in ihr liegenden Punkte $P'(\sigma_1\text{-}\sigma_m, \sigma_2\text{-}\sigma_m, \sigma_3\text{-}\sigma_m)$ repräsentieren deviatorische Spannungszustände.

Entsprechend der Aufspaltung (A8.13) läßt sich im Hauptspannungsraum jeder Vektor $\underline{r}$ in die beiden Anteile $\underline{r}^0$ und $\underline{r}'$ zerlegen, welche dem hydrostatischen bzw. dem deviatorischen Anteil des Spannungstensors entsprechen, siehe Bild A8.3.

Die Fließbedingung (A8.12) beschreibt im Hauptspannungsraum die sogenannte *Fließgrenzfläche*. Die Bedingung für elastisches Verhalten nach Gleichung (A8.11) stellt das Innere des von dieser Fläche umschlossenen *Fließkörpers* dar. Diese Vorstellung erlaubt folgende geometrische Deutung: Solange sich der Punkt P entsprechend Gleichung (A8.11) im Innern des Fließkörpers befindet, liegt elastisches Verhalten vor. Liegt P hingegen auf der Fließfläche, befindet man sich nach Gleichung (A8.12) im plastischen Bereich. Punkte außerhalb des Fließkörpers sind bei ideal-plastischem Werkstoffverhalten nicht möglich.

Fließgrenzfläche

Fließkörper

Um eine Aussage über die Form des Fließkörpers zu bekommen, vergegenwärtigt man sich die Tatsache, daß für Fließbeginn nur der deviatorische Anteil maßgebend ist. Geometrisch bedeutet dies, daß sich der Punkt P bei gleichbleibendem deviatorischen Anteil und sich änderndem hydrostatischen Anteil lediglich parallel zur hydrostatischen Achse bewegt, siehe Punkte P und $\overline{\overline{P}}$ in Bild A8.3. Da dies offensichtlich das Erreichen des Fließbeginns nicht beeinflußt, muß es sich bei dem Fließkörper um einen nach oben offenen prismatischen Körper handeln, siehe Bild A8.4.

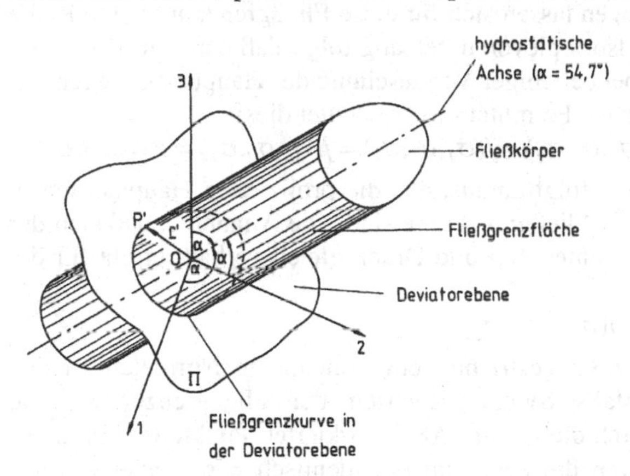

Bild A8.4 *Beliebige Fließgrenzfläche im Hauptspannungsraum*

Da ein prismatischer Körper überall den gleichen Querschnitt aufweist, genügt zur eindeutigen Charakterisierung der Fließbedingungen die Angabe der Durchdringungskurve durch die Deviatorebene Π oder eine dazu parallele Ebene. Diese Tatsache leuchtet auch ein, wenn man sich in Erinnerung ruft, daß Punkte auf dieser Ebene den für das Fließen maßgebenden deviatorischen Spannungszustand repräsentieren.

Fließgrenzkurve in der Oktaederebene als Deviatorebene

Die in diese Deviatorebene Π projizierten Hauptspannungsrichtungen schneiden sich jeweils im Winkel von 120°, Bild A8.5. Die Durchdringungskurve durch diese Ebene, die *Fließgrenzkurve*, ist der geometrische Ort der Endpunkte P'_i aller Vektoren $\underline{r}_i'$ des deviatorischen Spannungszustands, bei welchem Fließen eintritt, siehe Bild A8.4.

Fließgrenzkurve

Spannungspunkte innerhalb dieser Kurve charakterisieren dagegen elastische Spannungszustände.

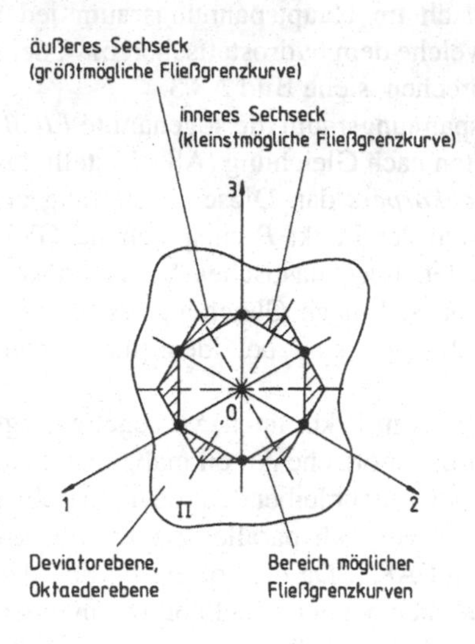

Bild A8.5 *Deviatorebene des Bildes A8.4 mit projizierten Hauptspannungsrichtungen und Symmetrieachsen für die Fließgrenzkurven, kleinst- und größtmögliche Fließgrenzkurve*

Mit den getroffenen Voraussetzungen lassen sich für diese Fließgrenzkurve eine Reihe von Aussagen herleiten: Aus der Isotropievoraussetzung folgt, daß der Wert der Fließfunktion f in Gleichung (A8.12) bei beliebiger Vertauschung der Hauptspannungen unverändert bleibt. Bei sechs möglichen Permutationen bedeutet dies:

$$f(\sigma_1,\sigma_2,\sigma_3) = f(\sigma_2,\sigma_3,\sigma_1) = f(\sigma_3,\sigma_1,\sigma_2) = f(\sigma_1,\sigma_3,\sigma_2) = f(\sigma_3,\sigma_2,\sigma_1) = f(\sigma_2,\sigma_1,\sigma_3) .$$

Für die geometrische Interpretation folgt daraus, daß die projizierten Hauptachsen in Bild A8.5 die Symmetrieachsen der Fließgrenzkurve sind. Die Annahme, daß sich der Werkstoff entsprechend Bild A8.2 unter Zug und Druck gleich verhält, ergibt für die Fließfunktion f die Bedingung:

$$f(\sigma_1,\ \sigma_2,\ \sigma_3) = f(-\sigma_1,\ \sigma_2,\ \sigma_3) = f(\sigma_1,\ -\sigma_2,\ \sigma_3) .$$

Demnach sind die drei in Bild A8.5 gestrichelt eingezeichneten Normalen zu den Hauptspannungsrichtungen ebenfalls Symmetrieachsen der Fließgrenzkurve. Die Fließgrenzkurve muß folglich durch die in Bild A8.5 markierten Punkte (•) hindurchgehen. Diese Punkte repräsentieren die betragsmäßig identischen einachsigen Zug- bzw. Druckfließspannungen. Mit Hilfe des *Druckerschen Stabilitätskriteriums* [62] läßt sich weiterhin zeigen, daß die Fließgrenzkurve überall konvex sein muß. Fließgrenzkurven, welche sämtliche dieser Forderungen erfüllen, müssen im schraffierten Bereich zwischen den beiden Sechsecken von Bild A8.5 liegen. In den nächsten Abschnitten werden diese allgemeinen Betrachtungen anhand zweier in der Praxis häufig angewandter Fließbedingungen konkretisiert.

Druckersches Stabilitätskriterium

A8.3 Fließbedingung nach von Mises

Grundlegende Überlegungen führten von Mises [136] auf eine quadratische Form für die Spannungskomponenten in der Fließbedingung Gleichung (A8.10). Ein Vergleich mit den Invarianten des Spannungsdeviators in Tabelle A8.1 ergibt, daß die Fließfunktion f damit nur von der 2. Invarianten I_2' abhängen kann, d. h. Gleichung (A8.10) läßt sich vereinfacht schreiben als:

$$f(I_2') = k \ . \tag{A8.14}$$

Physikalisch bedeutet die fehlende Abhängigkeit der Fließbedingung von I_3', daß Fließen unter Zug- und unter Druckbelastung bei betragsmäßig gleich großen Fließspannungen einsetzt. Die *von Misessche Fließbedingung* ergibt sich dabei als die mathematisch einfachste Formulierung mit $f(I_2') = -I_2'$ aus Gleichung (A8.14) zu:

Fließbedingung nach von Mises

$$-I_2' = k \ . \tag{A8.15}$$

Fließen tritt demnach ein, wenn die 2. Invariante I_2' des Spannungsdeviators $\underline{S}'$ einen konstanten Wert k erreicht. Der Wert für diese Konstante ergibt sich aus den Randbedingungen für den Fließbeginn bei einfachen Beanspruchungen, die nachfolgend betrachtet werden.

Reine Schubbeanspruchung

Bei reiner Schubbeanspruchung ergibt sich die 2. Invariante des Spannungsdeviators aus Tabelle A8.1 zu:

$$-I_2' = \tau_{xy}^2 \ .$$

Mit der Randbedingung, daß bei reinem Schub bei Erreichen der Fließschubspannung τ_F Fließen einsetzt, findet man die Konstante k in Gleichung (A8.15) zu:

$$k = \tau_F^2 \ . \tag{A8.16}$$

Die von Misessche Fließbedingung geht damit über in

$$-I_2' = \tau_F^2 \ . \tag{A8.17}$$

Einachsiger Spannungszustand

Die 2. Invariante des Spannungsdeviators Gleichung (A8.4) bei einachsiger Zug- oder Druckbeanspruchung in x-Richtung berechnet sich mit Tabelle A8.1 zu

$$-I_2' = \frac{\sigma_x^2}{3} \ .$$

Unter der Annahme gleichen Verhaltens im Zug- und im Druckbereich setzt Fließen bei $\sigma_x = R_e = |\sigma_{dF}|$ ein, woraus sich die Konstante k mit Gleichung (A8.15) zu

$$k = \frac{1}{3} R_e^2 \tag{A8.18}$$

ergibt. Die von Misessche Fließbedingung (A8.15) lautet damit:

$$-I_2' = \frac{1}{3} R_e^2 \ . \tag{A8.19}$$

Fließgrenzenverhältnis nach von Mises

Aus dem Vergleich der Gleichungen (A8.17) und (A8.19) folgt, daß die Fließgrenzen bei reinem Schub und bei einachsigem Zug oder Druck nicht unabhängig voneinander sind. Nach der Fließbedingung nach von Mises verhalten sich die Fließschubspannung τ_F und die Streckgrenze R_e wie:

$$\frac{\tau_F}{R_e} = \frac{1}{\sqrt{3}} = 0{,}578 \ . \tag{A8.20}$$

Ebener Spannungszustand

Für einen zweiachsigen Spannungszustand mit z. B. $\sigma_3 = 0$ findet man mit Tabelle A8.1:

$$-I_2' = \frac{1}{3}\left(\sigma_x^2 - \sigma_x\sigma_y + \sigma_y^2 + 3\tau_{xy}^2\right) = \frac{1}{3}\left(\sigma_1^2 - \sigma_1\sigma_2 + \sigma_2^2\right) .$$

Die von Misessche Fließbedingung ergibt sich daraus mit den Gleichungen (A8.15), (A8.16) und (A8.18) zu:

$$\sigma_x^2 - \sigma_x\sigma_y + \sigma_y^2 + 3\tau_{xy}^2 = 3\tau_F^2 = R_e^2 \tag{A8.21}$$

$$\sigma_1^2 - \sigma_1\sigma_2 + \sigma_2^2 = 3\tau_F^2 = R_e^2 \ . \tag{A8.22}$$

Gleichung (A8.22) beschreibt im $(1,2)$-Hauptachsensystem die in Bild A8.6 dargestellte Ellipse. Spannungspunkte im Innern der Ellipse repräsentieren elastische Verformungen. Alle auf der Ellipse liegenden Punkte erfüllen die Fließbedingung Gleichung (A8.22). Sie charakterisieren somit das Ende des elastischen bzw. den Beginn des plastischen Bereichs. In diesem Zusammenhang wird auf den Abschnitt 7.4.2 und das Bild 7.18 verwiesen.

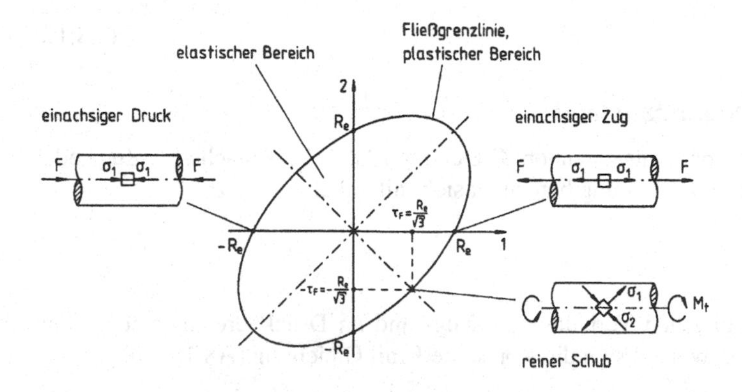

Bild A8.6 *Fließgrenzlinie für einen ebenen Spannungszustand ($\sigma_3=0$) nach der von Misesschen Fließbedingung*

Dreiachsiger Spannungszustand

Für einen allgemeinen Spannungszustand ergibt sich mit Tabelle A8.1 und den Gleichungen (A8.15), (A8.16) und (A8.18) die von Misessche Fließbedingung zu:

$$\frac{1}{2}\left[\left(\sigma_x-\sigma_y\right)^2+\left(\sigma_y-\sigma_z\right)^2+\left(\sigma_z-\sigma_x\right)^2+6\left(\tau_{xy}^{\;2}+\tau_{yz}^{\;2}+\tau_{zx}^{\;2}\right)\right] = 3\tau_F^{\;2}=R_e^{\;2} . \tag{A8.23}$$

In Hauptspannungen ausgedrückt erhält man:

$$\frac{1}{2}\left[\left(\sigma_1-\sigma_2\right)^2+\left(\sigma_2-\sigma_3\right)^2+\left(\sigma_3-\sigma_1\right)^2\right]=3\tau_F^{\;2}=R_e^{\;2} . \tag{A8.24}$$

Wird $\sigma_v = R_e$ als einachsige Vergleichsspannung gesetzt, so ist das von Mises-Kriterium in der Form (A8.21) bis (A8.24) identisch mit der Gestaltänderungsenergiehypothese, siehe Abschnitt 7.4.

Die Gleichung (A8.24) beschreibt im Hauptspannungsraum, wie nach den allgemeinen Betrachtungen im Anhang A8.2 zu erwarten war, einen nach oben offenen Fließzylinder mit Radius

$$R=\sqrt{2}\cdot\tau_F=\sqrt{\frac{2}{3}}\cdot R_e , \tag{A8.25}$$

dessen Achse mit der hydrostatischen Achse (Raumdiagonale) identisch ist, siehe Bild A8.7a. Als Durchdringungskurve mit einer zur hydrostatischen Achse senkrechten Ebene, wie der in Bild A8.5 eingezeichneten Oktaederebene, ergibt sich der in Bild A8.7b gezeichnete Kreis mit Radius R. Eine solche Ebene charakterisiert nach den Bildern A8.3 bis A8.5 deviatorische Spannungszustände. Die Durchdringungskurve genügt demnach zur vollständigen Beschreibung der Fließbedingung.

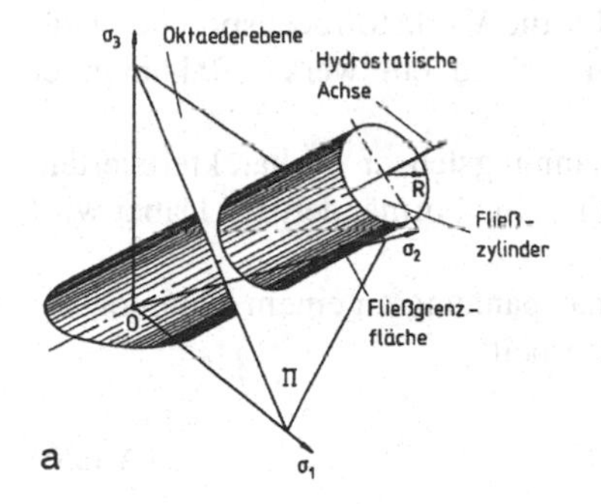

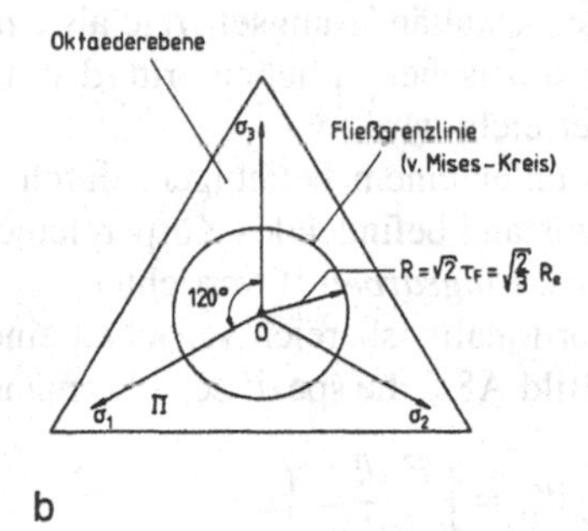

Bild A8.7 *Geometrische Veranschaulichung der Fließbedingung nach von Mises*
a) Fließgrenzfläche nach von Mises im Hauptachsensystem
b) Durchdringungskurve mit der Oktaederebene

Fließzylinder

Der *Fließzylinder* weist eine Reihe charakteristischer Eigenschaften auf:

- Elastische Verformungen liegen vor für Spannungspunkte $(\sigma_1,\sigma_2,\sigma_3)$ innerhalb des Zylinders.
- Jeder auf der Mantelfläche des Zylinders liegende Punkt erfüllt die Fließbedingung nach von Mises und bedeutet Fließen.

- Der hydrostatische Spannungszustand ($\sigma_1 = \sigma_2 = \sigma_3$) führt nicht zum Fließen (Spannungspunkte liegen auf der hydrostatischen Achse und somit im Zylinder).
- Der Fließzylinder schneidet aus den drei Hauptachsenebenen ($\sigma_1\sigma_2$), ($\sigma_2\sigma_3$), ($\sigma_3\sigma_1$) jeweils eine Ellipse aus. Die Ellipsenhalbachsen bilden mit den Hauptachsen Winkel von 45°, siehe Bild A8.6.
- Bei ideal-plastischem Werkstoffverhalten sind Spannungszustände, welche außerhalb des Fließzylinders liegen, nicht möglich.

A8.4 Physikalische Deutungen der von Mises Fließbedingung

Die Fließbedingung (A8.15) war zunächst das Ergebnis einer rein mathematischen Überlegung. Sie stellt die mathematisch einfachste Formulierung dar, die mit den Forderungen, welche eine Fließbedingung erfüllen muß, in Einklang steht. Da sie in guter Übereinstimmung mit experimentell gefundenen Ergebnissen für den Fließbeginn der meisten zähen Werkstoffe steht, wurde versucht, der Invarianten I_2' physikalische Deutungen zuzuordnen. Diese „physikalischen Deutungen" gehen davon aus, daß Fließen eintritt, wenn eine bestimmte physikalisch interpretierbare Größe einen zu I_2' proportionalen Grenzwert erreicht.

A8.4.1 Gestaltänderungsenergie (Maxwell 1856 [132], Huber 1904 [90], Hencky 1924 [83])

Ausgangspunkt dieses „Deutungsversuchs" ist, die in einem verformten Körperelement gespeicherte Gestaltänderungsenergie als ein Maß für die Werkstoffbeanspruchung zäher Körper anzusehen. Fließen tritt demnach ein, sobald ein werkstoffabhängiger Grenzwert erreicht wird.

Ein sich unter einem beliebigen, durch den Spannungstensor $\underline{S}$ charakterisierten, Spannungszustand befindendes Körperelement erfährt eine Formänderung. Dabei wird eine *Formänderungsarbeit* W verrichtet.

Formänderungsarbeit

Im Proportionalitätsbereich verrichtet eine Normalspannung an einem Volumenelement nach Bild A8.8 die spezifische Formänderungsarbeit:

$$w_\sigma = \frac{1}{V} W_\sigma = \int \frac{F}{A} \frac{dl}{l} = \int \sigma \, d\varepsilon = \frac{1}{2} \sigma \varepsilon \quad . \tag{A8.26}$$

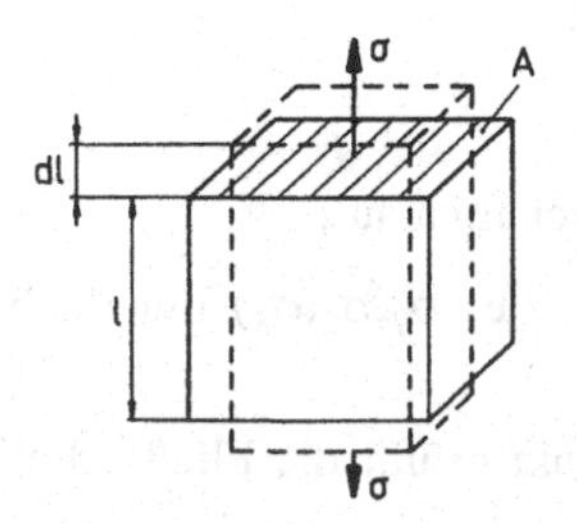

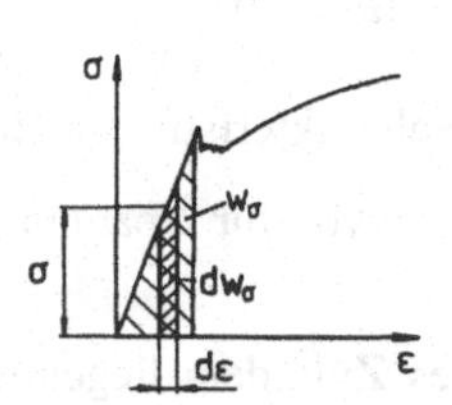

Bild A8.8 *Spezifische Formänderungsarbeit einer Normalspannung*

Für eine Schubspannung erhält man dafür nach Bild A8.9:

$$w_\tau = \frac{1}{V} W_\tau = \int \frac{F}{A} \frac{ds}{l} = \int \tau \, d\gamma = \frac{1}{2} \tau \gamma \ . \tag{A8.27}$$

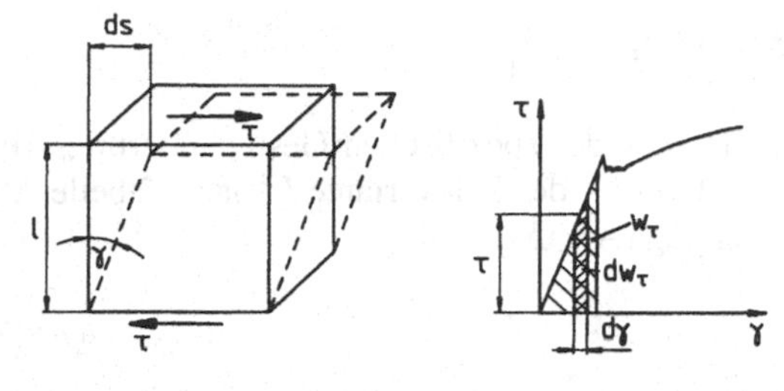

***Bild A8.9** Spezifische Formänderungsarbeit einer Schubspannung*

Für den allgemeinen dreiachsigen Spannungszustand ergibt sich die gesamte spezifische Formänderungsarbeit durch Superposition der Einzelbeträge zu:

$$w = \frac{1}{2}\left(\sigma_x \varepsilon_x + \sigma_y \varepsilon_y + \sigma_z \varepsilon_z + \tau_{xy}\gamma_{xy} + \tau_{yz}\gamma_{yz} + \tau_{zx}\gamma_{zx}\right). \tag{A8.28}$$

Durch Einsetzen des allgemeinen Hookeschen Gesetzes, Gleichungen (4.8) bis (4.11), erhält man:

$$\begin{aligned} w = {} & \frac{1-2\mu}{6E}\left(\sigma_x + \sigma_y + \sigma_z\right)^2 \\ & + \frac{1}{12G}\left[\left(\sigma_x - \sigma_y\right)^2 + \left(\sigma_y - \sigma_z\right)^2 + \left(\sigma_z - \sigma_x\right)^2 + 6\left(\tau_{xy}{}^2 + \tau_{yz}{}^2 + \tau_{zx}{}^2\right)\right] \ . \end{aligned} \tag{A8.29}$$

Die Formänderung kann in eine *Gestalt-* und eine *Volumenänderung* aufgespalten werden. Entsprechendes gilt für die spezifischen Arbeiten, d. h. es ist:

$$w = w_G + w_V \ . \tag{A8.30}$$

Eine solche Aufspaltung findet sich bereits bei Maxwell [132]. Eine reine Volumenänderung entsteht, falls sich das Körperelement unter einem hydrostatischen Spannungszustand befindet. Maßgebend hierfür ist der hydrostatische Volumendehnungsanteil $\underline{S}^0$ Gleichung (A8.3) des Spannungstensors $\underline{S}$, während der eine reine Gestaltänderung verursachende Spannungszustand durch den Spannungsdeviator $\underline{S}'$ nach Gleichung (A8.4) beschrieben wird. Da plastische Verformungen stets unter Volumenkonstanz ablaufen, kann durch die spezifische Volumenänderungsarbeit w_V kein Fließen hervorgerufen werden. Diese Tatsache wird auch unmittelbar ersichtlich, wenn man sich in Erinnerung ruft, daß ein dem hydrostatischen Spannungszustand entsprechender Spannungspunkt im Fließzylinder auf der hydrostatischen Achse liegt, Bild A8.7, und damit nicht zum Fließen führt. Die *spezifische Volumenänderungsarbeit* erhält man durch Einsetzen des hydrostatischen Spannungszustands, Gleichung (A8.3), $\sigma_x = \sigma_y = \sigma_z = \sigma_m$, Bild A8.1b, in Gleichung (A8.29):

Spezifische Volumenänderungsarbeit

$$w_V = \frac{1-2\mu}{6E}\left(\sigma_x + \sigma_y + \sigma_z\right)^2 \ . \tag{A8.31}$$

Spezifische Gestaltänderungsarbeit

Für die *spezifische Gestaltänderungsarbeit* findet man mit den Gleichungen (A8.29) bis (A8.31):

$$\begin{aligned} w_G &= \frac{1}{12G}\left[(\sigma_x-\sigma_y)^2+(\sigma_y-\sigma_z)^2+(\sigma_z-\sigma_x)^2+6\left(\tau_{xy}{}^2+\tau_{yz}{}^2+\tau_{zx}{}^2\right)\right] \\ &= \frac{1}{12G}\left[(\sigma_1-\sigma_2)^2+(\sigma_2-\sigma_3)^2+(\sigma_3-\sigma_1)^2\right] \ . \end{aligned} \tag{A8.32}$$

Durch Vergleich der physikalischen Größe – der spezifischen Gestaltänderungsarbeit Gleichung (A8.32) – mit der abstrakten Größe – der 2. Invariante I_2' nach Tabelle A8.1 – ergibt sich als Fließbedingung (Gleichung (A8.15)):

$$w_G = \frac{-I_2'}{2G} = \frac{k}{2G} \ . \tag{A8.33}$$

Spezifische Gestaltänderungsarbeit bei Fließbeginn

Mit den Gleichungen (A8.17) und (A8.19) läßt sich die *spezifische Gestaltänderungsarbeit bei Fließbeginn* schreiben als:

$$w_G = \frac{\tau_F^2}{2G} = \frac{R_e^2}{6G} \ . \tag{A8.34}$$

Nach dieser Interpretation der von Misesschen Fließbedingung tritt Fließen genau dann ein, wenn die gespeicherte spezifische Gestaltänderungsarbeit den durch Gleichung (A8.34) gegebenen werkstoffabhängigen Grenzwert erreicht.

Aus obigen Betrachtungen läßt sich abschließend die Beziehung für die Vergleichsspannung nach der Gestaltänderungsenergiehypothese (GH) ableiten. Eine Festigkeitshypothese führt bekanntlich einen beliebigen Spannungszustand auf einen äquivalenten einachsigen unter der Spannung σ_v zurück, vergleiche Abschnitt 7.1. Für die spezifische Gestaltänderungsarbeit ergibt sich unter einachsiger Beanspruchung durch die Hauptspannung $\sigma_1 = \sigma_v$, $\sigma_2 = \sigma_3 = 0$ mit Gleichung (A8.32):

$$w_G = \frac{1}{12G}\, 2\sigma_v^2 \ . \tag{A8.35}$$

Für die Vergleichsspannung findet man durch Gleichsetzen der Arbeitsausdrücke Gleichungen (A8.32) und (A8.35):

$$\sigma_{vGH} = \frac{1}{\sqrt{2}}\sqrt{(\sigma_x-\sigma_y)^2+(\sigma_y-\sigma_z)^2+(\sigma_z-\sigma_x)^2+6\left(\tau_{xy}{}^2+\tau_{yz}{}^2+\tau_{zx}{}^2\right)} \tag{A8.36}$$

$$\sigma_{vGH} = \frac{1}{\sqrt{2}}\sqrt{(\sigma_1-\sigma_2)^2+(\sigma_2-\sigma_3)^2+(\sigma_3-\sigma_1)^2} \ . \tag{A8.37}$$

A8.4.2 Oktaederschubspannung *(Nádai 1933, 1950)*

Nádai [141], [143] nahm bei seinem „Interpretationsversuch" den Grundgedanken der Schubspannungshypothese auf, welche Schubspannungen für den Fließvorgang verantwortlich macht. Er betrachtete dazu innerhalb eines unter Belastung stehenden Körpers im $(\sigma_1,\sigma_2,\sigma_3)$-Hauptachsensystem die Ebene Π, deren Normale mit der hydrostatischen Achse zusammenfällt. Wie aus Bild A8.10 ersichtlich, kann diese Ebene als eine der acht Flächen eines regelmäßigen Oktaeders aufgefaßt werden.

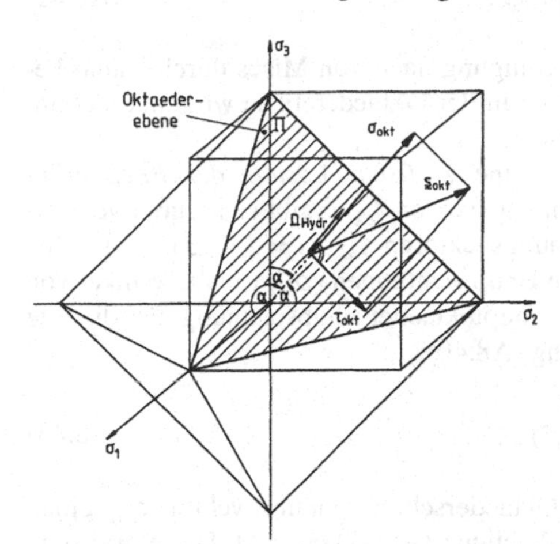

***Bild A8.10** Normal- und Schubspannungen in der Oktaederebene*

Der in der Oktaederebene Π freiwerdende Spannungsvektor $\underline{s}_{okt}$ berechnet sich mit Gleichung (3.8) und Tabelle A8.1 zu:

$$\underline{s}_{okt} = \underline{S}_H \, \underline{n}_{Hydr} = \begin{bmatrix} \sigma_1 & 0 & 0 \\ 0 & \sigma_2 & 0 \\ 0 & 0 & \sigma_3 \end{bmatrix} \begin{bmatrix} 1/\sqrt{3} \\ 1/\sqrt{3} \\ 1/\sqrt{3} \end{bmatrix} = \frac{1}{\sqrt{3}} \begin{bmatrix} \sigma_1 \\ \sigma_2 \\ \sigma_3 \end{bmatrix} . \qquad (A8.38)$$

Der Normaleneinheitsvektor $\underline{n}_{Hydr}$ zeigt dabei in Richtung der hydrostatischen Achse. Die senkrecht auf Π wirkende *Oktaedernormalspannung* erhält man mit Gleichung (A2.11):

Oktaedernormalspannung

$$\sigma_{okt} = \underline{s}_{okt}^T \cdot \underline{n}_{Hydr} = (\sigma_1 + \sigma_2 + \sigma_3)/3 . \qquad (A8.39)$$

Die Oktaedernormalspannung entspricht also gerade der mittleren Normalspannung σ_m nach Gleichung (A8.2).

Für die *Oktaederschubspannung* τ_{okt} ergibt sich mit den Gleichungen (A2.12), (A8.38) und (A8.39):

Oktaederschubspannung

$$\tau_{okt} = \frac{1}{3}\sqrt{(\sigma_1 - \sigma_2)^2 + (\sigma_2 - \sigma_3)^2 + (\sigma_3 - \sigma_1)^2} . \qquad (A8.40)$$

Den Zusammenhang zwischen der Oktaederschubspannung und der 2. Invarianten des Spannungsdeviators findet man mit Gleichung (A8.40) und Tabelle A8.1:

$$\tau_{okt} = \sqrt{\frac{2}{3}(-I_2')} . \qquad (A8.41)$$

Mit den Gleichungen (A8.17) und (A8.19) ergibt sich der werkstoffabhängige Grenzwert für die *Oktaederschubspannung bei Fließbeginn*:

Oktaederschubspannung bei Fließbeginn

$$\tau_{okt\,F} = \sqrt{\frac{2}{3}} \cdot \tau_F = \frac{\sqrt{2}}{3} \cdot R_e = 0{,}471 \cdot R_e \quad . \tag{A8.42}$$

Die physikalische Interpretation der Fließbedingung nach von Mises durch Nádai besagt also, daß Fließen dann einsetzt, wenn die in der Oktaederebene wirkende Schubspannung den kritischen Wert $0{,}471 \cdot R_e$ erreicht.

Grafische Lösung der Fließbedingung

Die Oktaederschubspannungen gestatten eine *grafische Lösung der Fließbedingung*. Der resultierende Oktaederschubspannungsvektor τ_{okt} ergibt sich durch vektorielle Addition der Hauptoktaederschubspannungsvektoren τ_{okti} ($i = 1, 2, 3$). Diese wirken in den in die Oktaederebene projizierten Hauptrichtungen (σ_i), welche Winkel von 120° einschließen, siehe Bild A8.7b. Die Hauptoktaederschubspannung für die i-te Hauptspannung berechnet sich mit Gleichung (A8.40):

$$\tau_{okt\,i} = \frac{\sqrt{2}}{3} \cdot \sigma_i = 0{,}471 \cdot \sigma_i \qquad (i = 1,2,3) \quad . \tag{A8.43}$$

Fließen tritt ein, wenn der resultierende Oktaederschubspannungsvektor τ_{okt} einen Fließkreis mit Radius $\tau_{oktF} = \sqrt{2}/3\ R_e$ nach Gleichung (A8.42) erreicht. Diese grafische Lösung ist in Bild A8.11 am Beispiel des dünnwandigen Hohlzylinders unter Innendruck gezeigt.

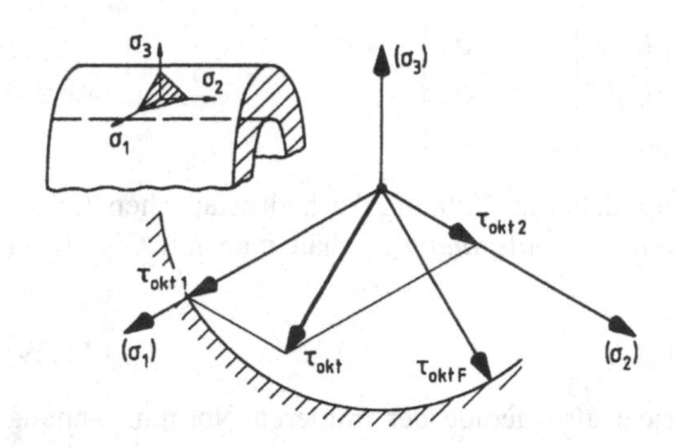

Bild A8.11 *Vektorielle Addition der Oktaederschubspannungen für den dünnwandigen geschlossenen Hohlzylinder unter Innendruck*

Beim offenen Zylinder tritt neben der Radialspannung lediglich eine Umfangsspannung σ_1 auf, welche beim in Bild A8.11 gezeigten Beispiel gerade zum Fließen führt, da die zugehörige Oktaederschubspannung $\tau_{okt1} = \tau_{oktF}$ nach Gleichung (A8.42) gerade den Grenzkreis erreicht. Wird der Zylinder mit Böden verschlossen, tritt eine zusätzliche Axialspannung $\sigma_2 = \sigma_1/2$ und damit eine zusätzliche Oktaederschubspannung $\tau_{okt2} = \tau_{okt1}/2$ auf. Die Gesamtschubbeanspruchung in der Oktaederebene reduziert sich damit um 15 % auf τ_{okt}, d. h. es tritt kein Fließen ein, vgl. Bild A8.11.

A8.4.3 Schubspannungsintensität *(Novozhilov 1952, 1961)*

Die Interpretation der Fließbedingung nach von Mises durch Novozhilov [150], [151] geht davon aus, daß die Schubspannungen in sämtlichen Schnittebenen eines Volumenelements zum Fließbeginn beitragen. Der Beginn plastischer Deformationen zeichnet sich dadurch aus, daß die kennzeichnende Größe – „der quadratische Mittelwert der

Schubspannungen sämtlicher Schnittebenen eines Volumenelements" $\overline{\tau^2}$ einen der 2. Invarianten des Spannungsdeviators proportionalen Grenzwert erreicht. Der quadratische Mittelwert der Schubspannungen $\overline{\tau^2}$ wird im folgenden als *Schubspannungsintensität* bezeichnet.

Schubspannungs-intensität

Die Oberfläche einer *Einheitskugel* ($r = 1$) repräsentiert sämtliche Schnittebenen eines Volumenelements. Es muß daher zunächst die Größe der an der Kugeloberfläche wirkenden Schubspannung $\tau_{\vartheta\varphi}$ ermittelt werden. Die Lage der Schnittfläche mit der Normalen $\underline{n}$ wird durch die Kugelkoordinaten ϑ (Breitenkreis) und φ (Längenkreis) festgelegt, Bild A8.12.

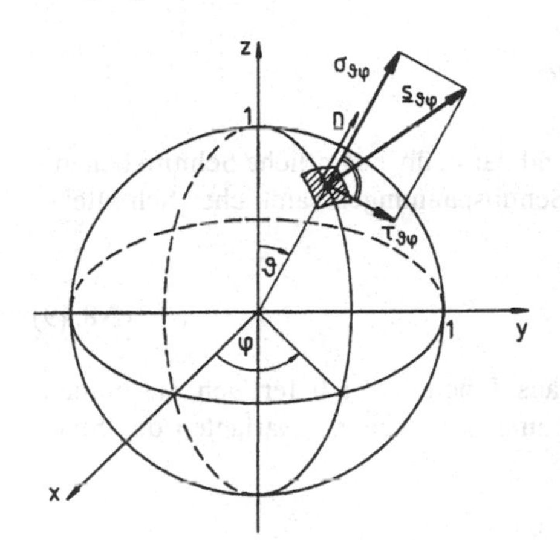

Bild A8.12 *Schnittspannungen in beliebiger Schnittfläche mit der Normalen $\underline{n}$ auf der Einheitskugel*

Im rechtwinkligen Koordinatensystem (x, y, z) gilt für den Normaleneinheitsvektor $\underline{n}$:

$$\underline{n} = [\sin\vartheta\cos\varphi \quad \sin\vartheta\sin\varphi \quad \cos\vartheta]^T \quad . \tag{A8.44}$$

Die Schubspannungsintensität wird im folgenden für den *ebenen Spannungszustand in* (x, y) ($\sigma_z = \tau_{yz} = \tau_{xz} = 0$) hergeleitet. Mit den Gleichungen (A2.10) und (A8.44) findet man für den Spannungsvektor:

$$\underline{s}_{\vartheta\varphi} = \begin{bmatrix} \sigma_x \sin\vartheta\cos\varphi + \tau_{xy}\sin\vartheta\sin\varphi \\ \tau_{xy}\sin\vartheta\cos\varphi + \sigma_y\sin\vartheta\sin\varphi \\ 0 \end{bmatrix} \quad . \tag{A8.45}$$

Die Größe der Normalspannungskomponente $\sigma_{\vartheta\varphi}$ erhält man mit Gleichung (A2.11):

$$\sigma_{\vartheta\varphi} = \sin^2\vartheta \left\{ \frac{\sigma_x + \sigma_y}{2} + \frac{\sigma_x - \sigma_y}{2}\cos 2\varphi + \tau_{xy}\sin 2\varphi \right\} \quad . \tag{A8.46}$$

Das Quadrat der gesuchten Schubspannung $\tau_{\vartheta\varphi}$ ergibt sich mit den Gleichungen (A2.12), (A8.45) und (A8.46):

$$\tau_{\vartheta\varphi}^2 = \sin^2\vartheta \left\{ \left(\frac{\sigma_x - \sigma_y}{2} \sin 2\varphi - \tau_{xy} \cos 2\varphi \right)^2 + \cos^2\vartheta \left(\frac{\sigma_x + \sigma_y}{2} + \frac{\sigma_x - \sigma_y}{2} \cos 2\varphi + \tau_{xy} \sin 2\varphi \right)^2 \right\} . \tag{A8.47}$$

Die Schubspannungsintensität berechnet sich durch Integration der Schubspannungen über die Oberfläche O:

$$\bar{\tau}^2 = \frac{1}{O} \int_O \tau_{\vartheta\varphi}^2 \, dO = \frac{1}{4\pi} \int_{\vartheta=0}^{\pi} \int_{\varphi=0}^{2\pi} \tau_{\vartheta\varphi}^2 \sin\vartheta \, d\vartheta \, d\varphi \ . \tag{A8.48}$$

Nach Integration über die Kugeloberfläche – und damit über sämtliche Schnittebenen – ergibt sich der „quadratische Mittelwert der Schubspannungen sämtlicher Schnittebenen", die *Schubspannungsintensität*, zu:

Schubspannungsintensität bei ebenem Spannungszustand

$$\bar{\tau}^2 = \frac{2}{15} \left(\sigma_x^2 - \sigma_x \sigma_y + \sigma_y^2 + 3\tau_{xy}^2 \right) \ . \tag{A8.49}$$

Ein Vergleich von Gleichung (A8.49) mit I_2' aus Tabelle A8.1 liefert den Zusammenhang zwischen der Schubspannungsintensität und der zweiten Invarianten des Spannungsdeviators:

$$\bar{\tau}^2 = \frac{2}{5} (-I_2') \ . \tag{A8.50}$$

Schubspannungsintensität bei Fließbeginn

Mit den Gleichungen (A8.17) und (A8.19) findet man für die *Schubspannungsintensität bei Fließbeginn*:

$$\bar{\tau}^2 = \frac{2}{5} \tau_F^2 = \frac{2}{15} R_e^2 \ . \tag{A8.51}$$

Im Sinne der Interpretation der Fließbedingung Gleichung (A8.15) nach Novozhilov wird das Ende des elastischen, bzw. der Beginn des plastischen Zustands dann erreicht, wenn die Schubspannungsintensität den kritischen Wert $2/15 \cdot R_e^2$ annimmt.

In Tabelle A8.2 sind die wichtigsten Versuche, die abstrakte Formulierung der Fließbedingung nach von Mises, Gleichung (A8.15), durch gleichwertige physikalische Interpretationen zu ergänzen, zusammengestellt.

Tabelle A8.2 *Physikalische Interpretation der Fließbedingungen nach von Mises*

physikalische Größe	spezifische Gestaltänderungsenergie w_G Maxwell [132] Huber [90] Hencky [83]	Oktaederschubspannung- τ_{okt} Nádai [141] [143]	Schubspannungsintensität $\bar{\tau}^2$ Novozhilov [150] [151]
Zusammenhang mit I_2'	$\bar{\tau}^2 = \frac{-I_2'}{2G}$	$\tau_{okt} = \sqrt{\frac{2}{3}\left(-I_2'\right)}$	$\bar{\tau}^2 = \frac{5}{2}\cdot\left(-I_2'\right)$
Wert bei Fließbeginn	$w_G = \frac{\tau_F^2}{2G} = \frac{R_e^2}{6G}$	$\tau_{okt} = \sqrt{\frac{2}{3}}\cdot\tau_F = \frac{\sqrt{2}}{3}\cdot R_e$	$\bar{\tau}^2 = \frac{5}{2}\cdot\tau_F^2 = \frac{2}{15}\cdot R_e^2$
	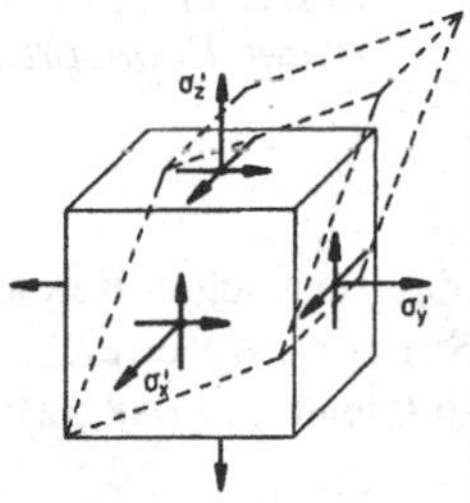	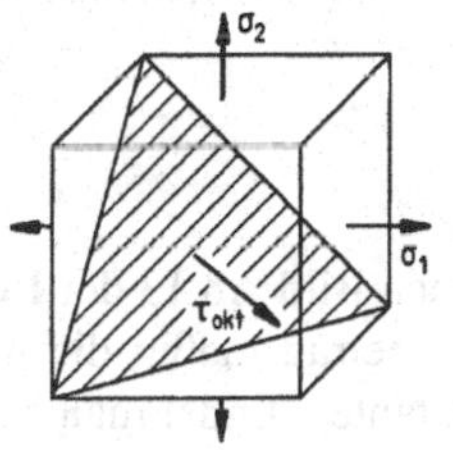	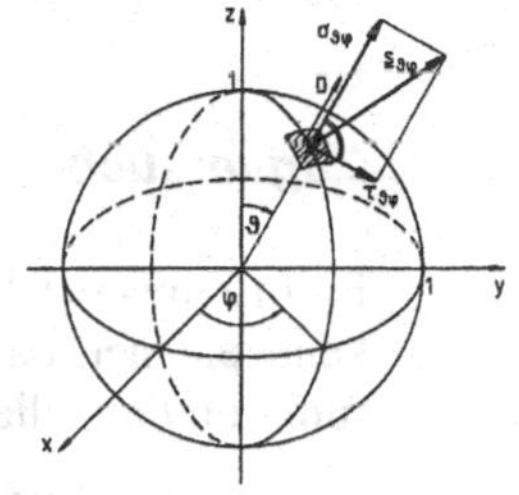

A8.5 Fließbedingung nach Tresca

Fließbedingung nach Tresca

Ausgehend von Experimenten postulierte Tresca [186], daß plastisches Fließen dann einsetzt, wenn die maximale Schubspannung τ_{max} im Bauteil einen kritischen Wert τ_{krit} erreicht. Die *Fließbedingung* Gleichung (A8.12) läßt sich damit formulieren als

$$f(\sigma_1,\sigma_2,\sigma_3) = \tau_{\max} = \tau_{krit} = k \ . \tag{A8.52}$$

Der Wert für die Konstante k wird analog zur Vorgehensweise bei der von Misesschen Fließbedingung in Abschnitt A8.3 aus der Randbedingung für den Fließbeginn bei Grundbelastungsfällen ermittelt.

Reine Schubbeanspruchung

Fließbeginn tritt bei reinem Schub ein, wenn die maximale Schubspannung die Fließschubspannung τ_F erreicht, siehe Bild A8.12. Die Fließbedingung Gleichung (A8.52) und die Konstante k ergeben sich damit zu:

$$f = \tau_{\max} = \frac{1}{2}\left|\sigma_1 - \sigma_3\right| = \tau_F$$

$$k = \tau_F \tag{A8.53}$$

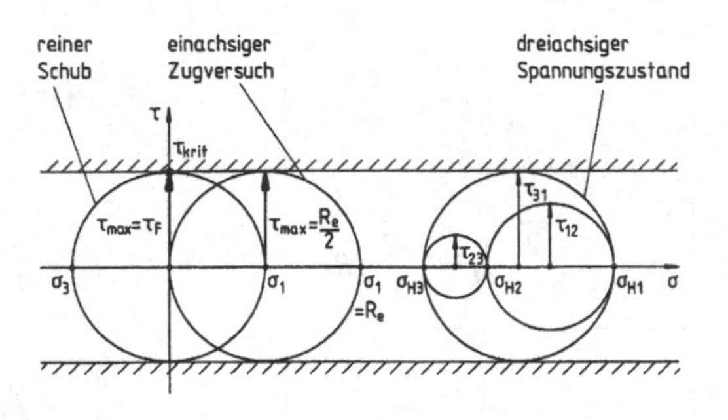

***Bild A8.13** Mohrsche Spannungskreise für plastisches Fließen nach der SH bei verschiedenen Beanspruchungen*

Zugversuch

Beim Zugversuch ist nach Bild A8.13 der Beginn des plastischen Bereichs dadurch gekennzeichnet, daß τ_{max} betragsmäßig die halbe Streckgrenze erreicht. Für die Fließfunktion f und die Konstante k findet man dafür mit Gleichung (A8.52):

$$f = \tau_{\max} = \frac{1}{2}\sigma_1 = \frac{1}{2}R_e$$

$$k = \frac{1}{2}R_e \ . \tag{A8.54}$$

Fließgrenzenverhältnis nach Tresca

Wie bei der von Misesschen Fließbedingung sind auch bei der Fließbedingung nach Tresca die Fließschubspannung τ_F und die Streckgrenze R_e voneinander abhängig. Abweichend von dem für das Mises-Kriterium gefundenen Wert in Gleichung (A8.20) ergibt sich mit den Gleichungen (A8.53) und (A8.54):

$$\frac{\tau_F}{R_e} = 0{,}5 \ . \tag{A8.55}$$

Dreiachsiger Spannungszustand

Bei der Festigkeitsanalyse eines Problems läßt sich in der Regel von vornherein keine Aussage über die algebraische Größe der Hauptspannungen machen. Die Fließbedingung Gleichung (A8.52) muß daher zunächst für alle drei Hauptschubspannungen getrennt aufgestellt und ausgewertet werden. Mit Bild A8.12 findet man dafür:

$$f_{12} = \tau_{12} = \frac{1}{2}\left|\sigma_{H1} - \sigma_{H2}\right| = \tau_F \tag{A8.56}$$

$$f_{23} = \tau_{23} = \frac{1}{2}\left|\sigma_{H2} - \sigma_{H3}\right| = \tau_F \tag{A8.57}$$

$$f_{31} = \tau_{31} = \frac{1}{2}\left|\sigma_{H3} - \sigma_{H1}\right| = \tau_F \ . \tag{A8.58}$$

siehe auch Bild 7.11. Plastisches Fließen tritt ein, sobald eine der drei Fließbedingungen (A8.56) bis (A8.58) erfüllt ist, d. h. sobald die maximale Hauptschubspannung τ_{max} den kritischen Wert τ_F erreicht. Damit läßt sich die Fließbedingung auch folgendermaßen formulieren:

$$f = \tau_{\max} = \max\left\{\frac{1}{2}\left|\sigma_{H1} - \sigma_{H2}\right|, \frac{1}{2}\left|\sigma_{H2} - \sigma_{H3}\right|, \frac{1}{2}\left|\sigma_{H3} - \sigma_{H1}\right|\right\} = \tau_F \ . \tag{A8.59}$$

Um für die Trescasche Fließbedingung eine geschlossene Darstellung zu finden, stellt man die Gleichungen (A8.56) bis (A8.58) betragsfrei dar:

$$f_{12} = (\sigma_{H1}' - \sigma_{H2}')^2 - 4\tau_F^{\,2} = 0$$
$$f_{23} = (\sigma_{H2}' - \sigma_{H3}')^2 - 4\tau_F^{\,2} = 0$$
$$f_{31} = (\sigma_{H3}' - \sigma_{H1}')^2 - 4\tau_F^{\,2} = 0 \ .$$

Mit Tabelle A8.1 überzeugt man sich leicht, daß obige Beziehungen unverändert auch für Deviatorhauptspannungen $\sigma_{H\alpha}'$ ($\alpha = 1, 2, 3$) gelten. Fließen tritt demnach ein, falls eine der Fließfunktionen f_{ij} ($i, j = 1, 2, 3, i \neq j$) den Wert Null annimmt. Damit kann auch gesagt werden, daß plastisches Fließen einsetzt, wenn das Produkt $f_{12}{\cdot}f_{23}{\cdot}f_{31}$ zu Null wird. Die geschlossene Darstellung für die Fließbedingung nach Gleichung (A8.12) lautet damit:

$$\left[(\sigma_{H1}' - \sigma_{H2}')^2 - 4\tau_F^{\,2}\right]\left[(\sigma_{H2}' - \sigma_{H3}')^2 - 4\tau_F^{\,2}\right]\left[(\sigma_{H3}' - \sigma_{H1}')^2 - 4\tau_F^{\,2}\right] = 0 \tag{A8.60}$$

Fließbedingung nach Tresca

Mit Tabelle A8.1 läßt sich die *Fließbedingung* (A8.60) in der Form (A8.10) als Funktion der Invarianten des Spannungsdeviators darstellen:

$$4(I_2')^3 - 27(I_3')^2 - 36\tau_F^{\,2}(I_2')^2 + 96\tau_F^{\,4}(I_2') - 64\tau_F^{\,6} = 0 \ . \tag{A8.61}$$

Der Aufbau dieser Fließbedingung, welche 1870 von dem französichen Ingenieur und Mathematiker M. Lévy (1838–1910) [119] angegeben wurde, ist wesentlich komplizierter als die vergleichbare Darstellung des Mises-Kriteriums Gleichung (A8.17). Die Fließbedingung nach Tresca hängt zusätzlich von der 3. Deviatorinvarianten I_3' ab. Durch das Quadrieren dieser Größe ist jedoch kein Vorzeichenwechsel möglich, d. h. die Zug- und Druckfließgrenzen sind betragsmäßig gleich groß.

Grafische Darstellung

Jede der drei Fließbedingungen (A8.56) bis (A8.58) definiert eine Fließgrenzfläche im Hauptspannungsraum, der gesuchte Fließkörper ergibt sich als der von diesen Einzelgrenzflächen gebildete Körper. Die 1. Fließbedingung (A8.56) ist maßgebend, falls die maximale Schubspannung in der (*H1*, *H2*)-Ebene auftritt, siehe Bild A8.14a.

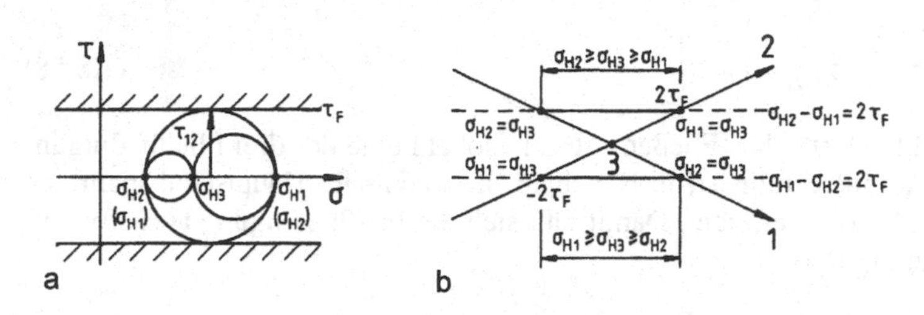

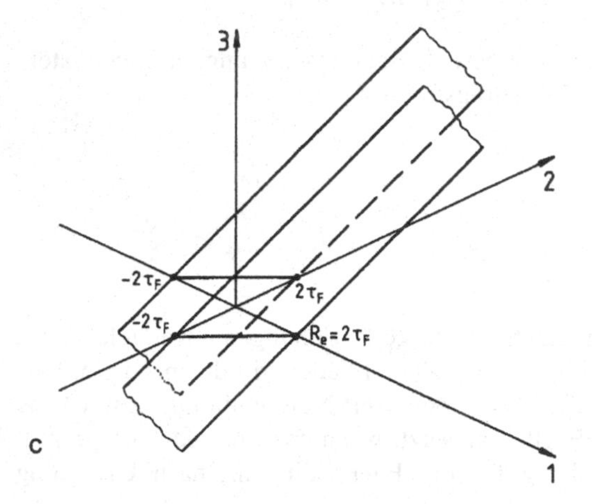

Bild A8.14 *Fließbedingung nach Tresca*
a) Mohrsche Spannungskreise für Spannungszustand mit $\tau_{max} = \tau_{12}$ *in der (H1,H2)-Ebene*
b) Schnittgeraden der Fließgrenzstreifen nach Tresca mit der (H1,H2)-Ebene für $\tau_{max} = \tau_{12} = \tau_F$
c) Fließgrenzstreifen nach Tresca für $\tau_{max} = \tau_{12} = \tau_F$

In betragsfreier Darstellung ergibt sich dafür

$$\sigma_{H1} - \sigma_{H2} = 2\tau_F \quad \text{für} \quad \sigma_{H1} \geq \sigma_{H3} \geq \sigma_{H2}$$
$$\sigma_{H2} - \sigma_{H1} = 2\tau_F \quad \text{für} \quad \sigma_{H2} \geq \sigma_{H3} \geq \sigma_{H1} \; .$$

Diese Gleichungen beschreiben im Hauptspannungsraum zwei parallele Ebenenstreifen mit Abstand $\sqrt{2}\tau_F$ vom Ursprung. Bild A8.13b zeigt die Schnittgeraden dieser Ebenen mit der (*1,2*)-Ebene, die Streifen sind in Bild A8.13c dargestellt.

Fließkörper nach Tresca

Trescasechseck

Verfährt man in analoger Weise mit den restlichen zwei Fließbedingungen (A8.57) und (A8.58), findet man vier weitere solcher Streifen, welche das in Bild A8.14a dargestellte gleichseitige Sechskantprisma bilden. Für diesen *Fließkörper nach Tresca* gelten die gleichen Überlegungen wie für den von Mises-Fließzylinder in Bild A8.7. Bild A8.14b zeigt das sogenannte *Trescasechseck*, welches sich als Schnittkurve des Prismas mit der Oktaederebene ergibt.

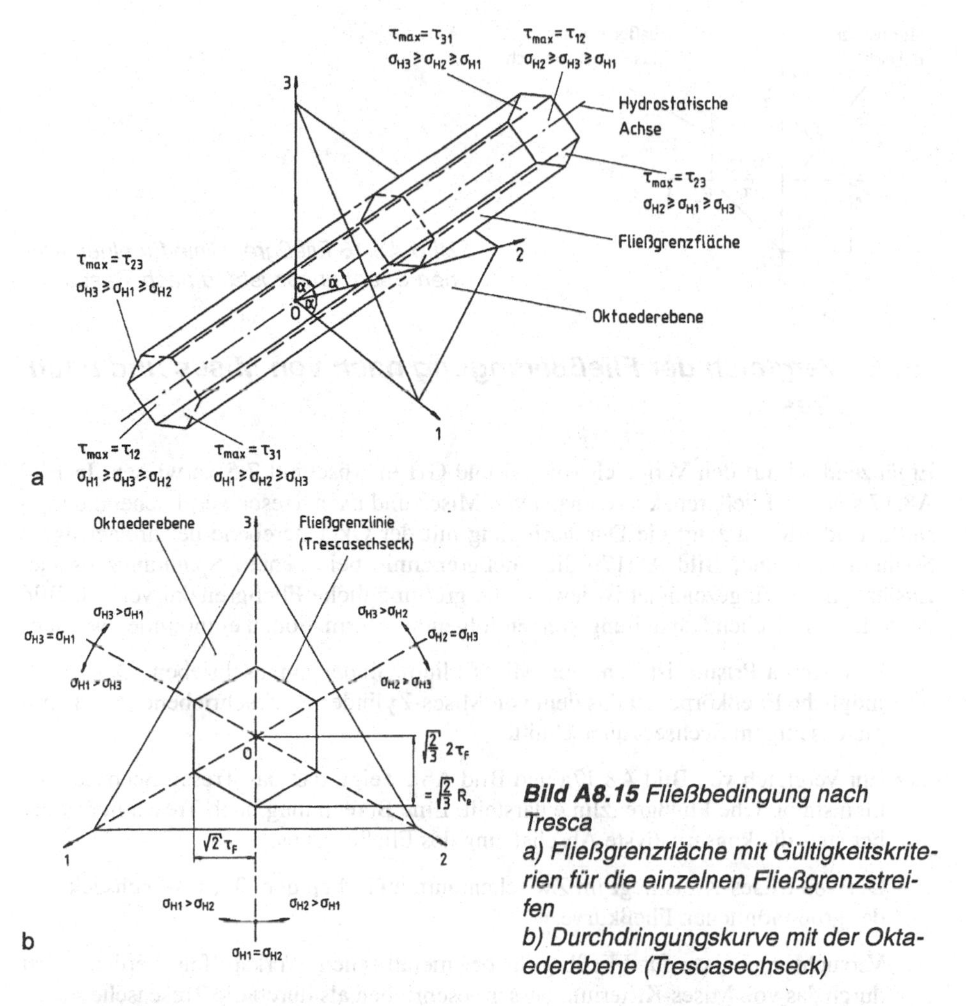

***Bild A8.15** Fließbedingung nach Tresca*
a) Fließgrenzfläche mit Gültigkeitskriterien für die einzelnen Fließgrenzstreifen
b) Durchdringungskurve mit der Oktaederebene (Trescasechseck)

Ebener Spannungszustand

Die Fließgrenzlinie nach Tresca für einen ebenen Spannungszustand ($\sigma_{H3} = 0$) ergibt sich als Durchdringungskurve des Fließkörpers in Bild A8.14a mit der (*1,2*)-Ebene, siehe Bild A8.15. Man findet diese Fließgrenzlinie leicht durch Auswertung der Gleichungen (A8.56) bis (A8.58) mit $\sigma_{H3} = 0$ entsprechend obigem Vorgehen.

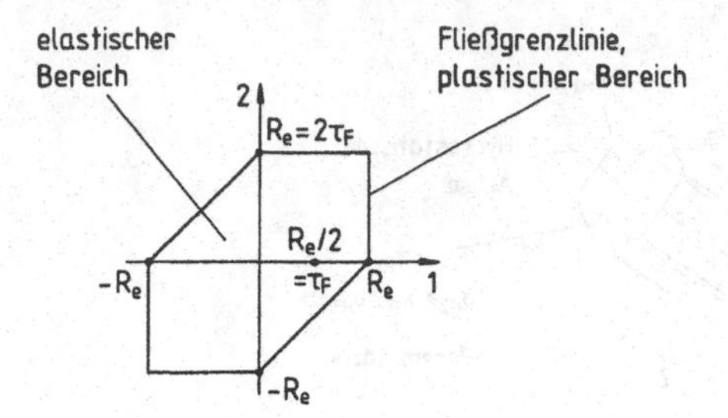

Bild A8.16 *Fließgrenzlinie für einen ebenen Spannungszustand nach Tresca*

A8.6 Vergleich der Fließbedingung nach von Mises und nach Tresca

Ergänzend sei auf den Vergleich von SH und GH in Abschnitt 7.5 verwiesen. In Bild A8.17 sind die Fließgrenzkurven nach von Mises und nach Tresca vergleichend dargestellt. Bild A8.17a zeigt die Durchdringung mit der Oktaederebene bei dreiachsigem Spannungszustand, Bild A8.17b die Fließgrenzlinie bei ebenem Spannungszustand. Zusätzlich mit eingezeichnet ist jeweils die größtmögliche Fließgrenzkurve, vgl. Bild A8.5. Der grafischen Darstellung können folgende Informationen entnommen werden:

- Das Tresca-Prisma ist dem von Mises-Fließzylinder einbeschrieben. Der größtmögliche Fließkörper ist das dem von Mises-Zylinder umbeschriebene Prisma mit gleichseitigem Sechseckquerschnitt.
- Ein Vergleich von Bild A8.17a und Bild A8.5 zeigt, daß das Tresca-Sechseck die kleinstmögliche Fließgrenzlinie darstellt. Eine Berechnung nach Tresca liefert daher stets die konservativste Abschätzung des Fließbeginns.
- Der von Mises-Kreis liegt im Zwischenraum zwischen dem Tresca-Sechseck und der größtmöglichen Fließkurve.
- Versuchsergebnisse für Fließbeginn bei metallischen Werkstoffen werden meist durch das von Mises-Kriterium besser beschrieben als durch die Trescasche Fließbedingung.
- Die maximale Abweichung von 15 % zwischen den beiden Theorien tritt auf bei reiner Schubbeanspruchung ($\sigma_2/\sigma_1 = -1$) bzw. bei einem dünnwandigen Rohr unter Innendruck ($\sigma_2/\sigma_1 = 0{,}5$), siehe Bild A8.17b.

Beide Theorien liefern identische Aussagen bei einachsiger Zug- oder Druckbelastung sowie bei zweiachsiger Zug- und Druckbeanspruchung und gleicher Richtung der Lastspannungen. Weitere formale Unterschiede können den analytischen Beziehungen für die Fließbedingungen entnommen werden:

- Während das von Mises-Kriterium Gleichung (A8.24) für den Fließbeginn alle drei Hauptspannungen berücksichtigt, wird beim Tresca-Kriterium Gleichungen (A8.56) bis (A8.60) der mittleren Normalspannung keine Bedeutung für das Eintreten plastischen Fließens beigemessen.

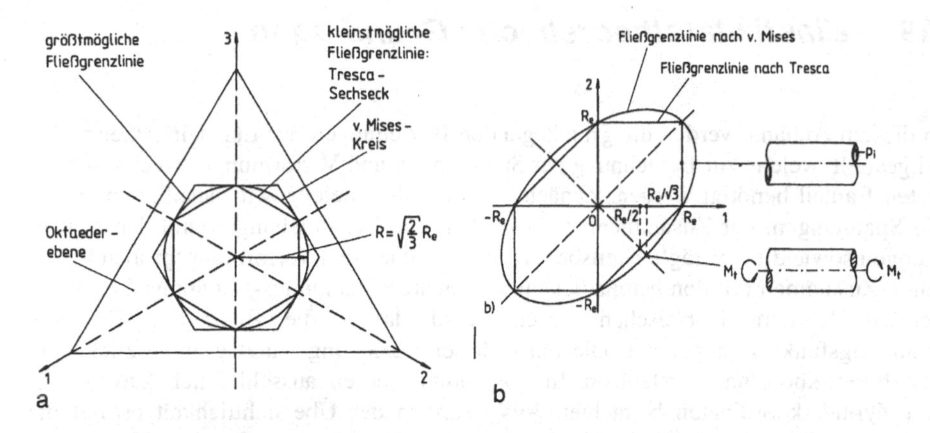

***Bild A8.17** Vergleichende Darstellung der Fließgrenzlinien nach von Mises und nach Tresca*
a) Schnittkurven der Fließkörper mit der Oktaederebene
b) Fließgrenzlinien bei ebenem Spannungszustand

- Die Fließbedingung nach von Mises läßt sich durch eine einzige, jedoch nichtlineare Funktion nach den Gleichungen (A8.23) und (A8.24) darstellen. Die grafische Darstellung im Hauptspannungsraum führt auf glatte, geometrisch einfache Kurven oder Flächen, Bild A8.7 und Bild A8.16.
- Abgesehen von den Gleichungen (A8.60) bzw. (A8.61) muß die Trescasche Fließbedingung in der Form (A8.56) bis (A8.58) stückweise dargestellt werden, was Fallunterscheidungen nötig macht. Vorteilhaft ist allerdings, daß diese Beziehungen bereichsweise linear sind.
- Beide Fließbedingungen sind in der vorgestellten Form nicht anwendbar bei Werkstoffen, welche sich bei Zug- und bei Druckbeanspruchung anders verhalten. Durch entsprechende Modifikationen lassen sich die Fließbedingungen an ein solches anisotropes Verhalten anpassen, siehe dazu Abschnitt 7.6.

A9 Elastizitätstheoretische Grundlagen

In diesem Anhang werden die grundlegenden Beziehungen der Elastizitätstheorie bereitgestellt, welche zur Berechnung der Spannungen und Verformungen in einem belasteten Bauteil benötigt werden. Zunächst werden die Gleichgewichtsbedingungen für die Spannungen, der Zusammenhang zwischen den Verschiebungen und den Verformungen sowie die Verträglichkeitsbedingung zwischen den Verformungsgrößen hergeleitet. Zusammen mit den bereits bekannten linearen Spannungs-Dehnungs-Beziehungen, d. h. dem Hookeschen Gesetz, wird daraus die Bedingung für eine Spannungsfunktion abgeleitet. Die Form dieser Beziehung hängt grundsätzlich vom gewählten Koordinatensystem ab. Im folgenden werden ausschließlich kartesische- und Zylinderkoordinaten betrachtet. Aus Gründen der Übersichtlichkeit erfolgt die Herleitung für den zweidimensionalen Fall. Die Beziehungen für den allgemeinen räumlichen Fall werden ebenfalls angegeben. Für das gesamte Kapitel gilt die Voraussetzung kleiner Verformungen, eine getrennte Formulierung in Koordinaten des deformierten und des undeformierten Körpers erübrigt sich damit. Dies ist darauf zurückzuführen, daß bei kleinen Deformationen die Beschreibung in Lagrangeschen Koordinaten (materielle Koordinaten) und in Eulerschen Koordinaten (momentane Ortskoordinaten) identisch ist.

A9.1 Gleichgewichtsbedingungen für Spannungen

In den bisherigen Kapiteln wurde lediglich der Spannungszustand an einem Punkt betrachtet. Die Gleichgewichtsbetrachtungen wurden an ausreichend kleinen Elementen durchgeführt unter der Annahme, daß die Spannungen als konstant angesehen werden können. Diese Betrachtung wird nun dahingehend erweitert, daß die Spannungen innerhalb eines Elements stetig verteilt sind. Wegen der infinitesimalen Größe des betrachteten Elements werden die Spannungen auf einer Schnittfläche weiterhin als konstant angenommen und zu einer Resultierenden zusammengefaßt.

Kartesische Koordinaten

Zunächst wird das in Bild A9.1 dargestellte Spannungselement für einen ebenen Spannungszustand betrachtet.

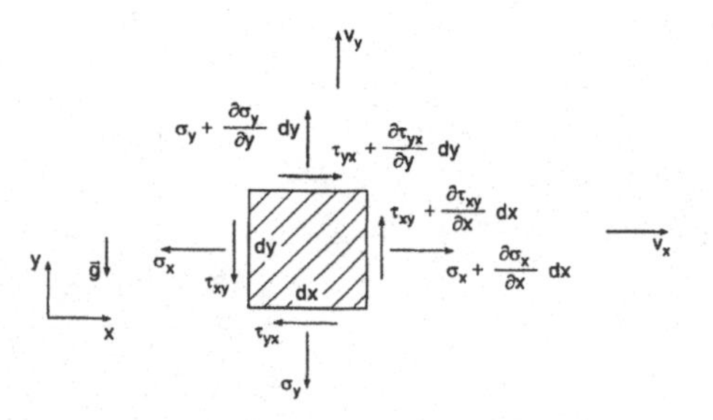

__Bild A9.1__ Spannungsänderungen und Volumenkräfte an einem kleinen Element bei ebenem Spannungszustand in kartesischen Koordinaten

An dem Element mit den kleinen, aber endlichen Kantenlängen dx und dy und der beliebigen Dicke t greifen die eingezeichneten Normal- und Schubspannungen sowie die *Volumenkräfte* v_x und v_y an. Bei den Volumenkräften mit der Einheit N/m^3 handelt es sich z. B. um Trägheitskräfte oder um Gewichtskräfte:

Volumenkräfte

$$v_y = -\rho \cdot g \ , \tag{A9.1}$$

wobei ρ die Dichte des Materials und g die Erdbeschleunigung bezeichnet.

Zur Erklärung wird beispielsweise die x-Richtung betrachtet. Am linken Schnittufer wirkt die Spannung σ_x. Um die Spannung am rechten Schnittufer zu erhalten, benötigt man eine Angabe wie stark sich σ_x ändert, wenn man ausschließlich in x-Richtung fortschreitet. Diese Steigerungsrate, der Gradient der Spannungsverteilung in x-Richtung, wird durch die partielle Ableitung $\partial\sigma_x/\partial x$ gegeben. Unter der Annahme, daß die Elementkantenlängen klein genug sind, damit der Spannungsgradient als konstant angesehen werden kann, ergibt sich die Spannungsänderung $\delta\sigma_x$ am rechten Schnittufer durch Multiplikation mit der Elementlänge dx zu

$$\delta\sigma_x = \frac{\partial\sigma_x}{\partial x}dx \ , \tag{A9.2}$$

d. h. die resultierende Spannung beträgt

$$\sigma_x + \delta\sigma_x = \sigma_x + \frac{\partial\sigma_x}{\partial x}dx \ . \tag{A9.3}$$

Gleichung (A9.3) stellt eine Taylorentwicklung mit Abbruch nach dem ersten Glied dar.

Befindet sich das Element im statischen Gleichgewicht, müssen das Kräfte- und Momentengleichgewicht erfüllt sein. Kräftegleichgewicht in x-Richtung liefert:

$$\sum F_x = 0:$$

$$-\sigma_x dy\,t + \left(\sigma_x + \frac{\partial\sigma_x}{\partial x}dx\right)dy\,t - \tau_{yx}dx\,t + \left(\tau_{yx} + \frac{\partial\tau_{yx}}{\partial y}dy\right)dx\,t + v_x dx\,dy\,t = 0 \ .$$

Nach Streichung sich aufhebender Glieder und Kürzen des Elementvolumens $dx{\cdot}dy{\cdot}t$ ergibt sich daraus der Ausdruck:

$$\frac{\partial\sigma_x}{\partial x} + \frac{\partial\tau_{yx}}{\partial y} + v_x = 0 \ . \tag{A9.4}$$

Analoges Vorgehen in y-Richtung liefert:

$$\frac{\partial\sigma_y}{\partial y} + \frac{\partial\tau_{xy}}{\partial x} + v_y = 0 \ . \tag{A9.5}$$

Wie man leicht nachprüft, folgt aus der Forderung nach verschwindendem Moment um einen beliebigen Punkt die bereits in Abschnitt 3.3 als Gleichung (3.6) gezeigte Gleichheit zugeordneter Schubspannungen:

$$\tau_{yx} = \tau_{xy} \ . \tag{A9.6}$$

Gleichgewichtsbedingung für ebenen Spannungszustand

Werden die Volumenkräfte vernachlässigt, ergeben sich aus den Gleichungen (A9.3) bis (A9.5) die beiden *Gleichgewichtsbedingungen* für den *ebenen Spannungszustand*:

$$\begin{aligned} \frac{\partial \sigma_x}{\partial x} + \frac{\partial \tau_{xy}}{\partial y} &= 0 \\ \frac{\partial \sigma_y}{\partial y} + \frac{\partial \tau_{xy}}{\partial x} &= 0 \; . \end{aligned} \tag{A9.7}$$

Mit Gleichung (A9.7) stehen erst zwei Gleichungen für die drei unbekannten Spannungskomponenten zur Verfügung. Zusätzliche Gleichungen werden weiter unten hergeleitet.

Die resultierenden Spannungskomponenten an den Schnittflächen eines Volumenelements für einen allgemeinen räumlichen Spannungszustand sowie die Volumenkräfte sind in Bild A9.2 dargestellt.

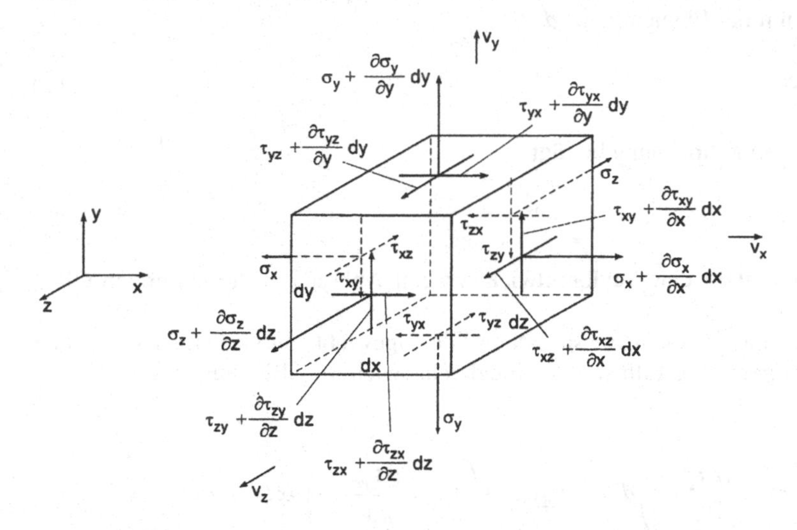

Bild A9.2 *Spannungsänderungen und Volumenkräfte an einem kleinen Volumenelement bei allgemeinem räumlichen Spannungszustand in kartesischen Koordinaten*

Gleichgewichtsbedingung für räumlichen Spannungszustand

Aus dem Kräftegleichgewicht $\Sigma F_x = \Sigma F_y = \Sigma F_z = 0$ ergeben sich durch analoges Vorgehen wie beim ebenen Spannungszustand die *Gleichgewichtsbedingungen für den räumlichen Spannungszustand*:

$$\begin{aligned} \frac{\partial \sigma_x}{\partial x} + \frac{\partial \tau_{xy}}{\partial y} + \frac{\partial \tau_{xz}}{\partial z} + v_x &= 0 \\ \frac{\partial \tau_{yx}}{\partial x} + \frac{\partial \sigma_y}{\partial y} + \frac{\partial \tau_{yz}}{\partial z} + v_y &= 0 \\ \frac{\partial \tau_{zx}}{\partial x} + \frac{\partial \tau_{zy}}{\partial y} + \frac{\partial \sigma_z}{\partial z} + v_z &= 0 \; . \end{aligned} \tag{A9.8}$$

Zylinderkoordinaten

Viele technische Bauteile haben die Form eines Rotationskörpers. Zylinderkoordinaten (r, θ, z) eignen sich sehr gut zur Beschreibung solcher Bauteile. Die Gleichgewichtsbedingungen werden zunächst wieder für den zweidimensionalen Fall in Polarkoordinaten hergeleitet, wofür das in Bild A9.3 dargestellte, von den Flächen $\theta = const.$ und $r = const.$ begrenzte Flächenelement mit Dicke t betrachtet wird.

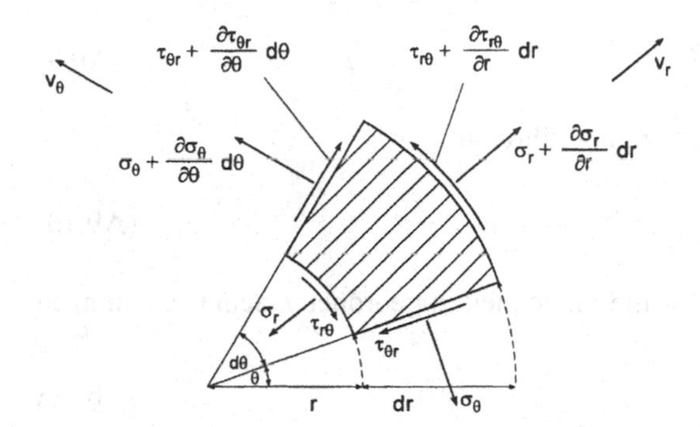

***Bild A9.3** Spannungsänderungen und Volumenkräfte in Polarkoordinaten*

Für die Gleichgewichtsbetrachtung in radialer Richtung wird zunächst die resultierende Kraft aufgrund der Änderung der Radialspannung σ_r angesetzt, was auf

$$F_r(\sigma_r) = -\sigma_r\, r\, d\theta \cdot t + \left(\sigma_r + \frac{\partial \sigma_r}{\partial r} dr\right)(r + dr)\, d\theta \cdot t$$

führt. Vernachlässigung von kleinen Gliedern ergibt:

$$F_r(\sigma_r) = \left(\frac{\sigma_r}{r} + \frac{\partial \sigma_r}{\partial r}\right) r\, dr\, d\theta\, t \ .$$

Für die resultierende Kraft der Tangentialspannung σ_θ in Radialrichtung findet man nach Kräftezerlegung:

$$F_r(\sigma_\theta) = -\left(2\sigma_\theta + \frac{\partial \sigma_\theta}{\partial \theta} d\theta\right) dr\, t \sin\left(\frac{d\theta}{2}\right) \ .$$

Mit der Näherung für kleine Winkel

$$\sin\left(\frac{d\theta}{2}\right) \approx \frac{d\theta}{2}$$

und der Vernachlässigung von Gliedern höherer Ordnung ergibt sich:

$$F_r(\sigma_\theta) = -\frac{\sigma_\theta}{r} r\, dr\, d\theta\, t$$

Die Variation der Schubspannung $\tau_{\theta r}$ in radialer Richtung liefert die resultierende Kraft:

$$F_r(\tau_{\theta r}) = \frac{\tau_{\theta r}}{\partial \theta} d\theta\, dr\, t \cos\left(\frac{d\theta}{2}\right) \approx \left(\frac{1}{r}\frac{\partial \tau_{\theta r}}{\partial \theta}\right) r\, dr\, d\theta\, t\ .$$

Zusammen mit der Volumenkraft v_r ergibt sich die Gleichgewichtsbedingung in radialer Richtung zu:

$$\frac{\partial \sigma_r}{\partial r} + \frac{1}{r}\frac{\partial \tau_{\theta r}}{\partial \theta} + \frac{\sigma_r - \sigma_\theta}{r} + v_r = 0\ . \qquad \text{(A9.9)}$$

Kräftegleichgewicht in tangentialer Richtung führt auf

$$\frac{1}{r}\frac{\partial \sigma_\theta}{\partial \theta} + \frac{\partial \tau_{r\theta}}{\partial r} + 2\frac{\tau_{r\theta}}{r} + v_\theta = 0\ , \qquad \text{(A9.10)}$$

während das Momentengleichgewicht die Gleichheit zugeordneter Schubspannungen liefert:

$$\tau_{r\theta} = \tau_{\theta r}\ . \qquad \text{(A9.11)}$$

Gleichgewichtsbedingung in Polarkoordinaten

Vernachlässigt man die Volumenkräfte, ergeben sich mit den Gleichungen (A9.9) bis (A9.11) die *Gleichgewichtsbedingungen in Polarkoordinaten* zu

$$\begin{aligned} &\frac{\partial \sigma_r}{\partial r} + \frac{1}{r}\frac{\partial \tau_{r\theta}}{\partial \theta} + \frac{\sigma_r - \sigma_\theta}{r} = 0 \\ &\frac{1}{r}\frac{\partial \sigma_\theta}{\partial \theta} + \frac{\partial \tau_{r\theta}}{\partial r} + \frac{2\tau_{r\theta}}{r} = 0\ . \end{aligned} \qquad \text{(A9.12)}$$

Gleichgewichtsbedingung in Zylinderkoordinaten

Eine Gleichgewichtsbetrachtung an dem in Bild A9.4 dargestellten Element, welches aus Gründen der Übersichtlichkeit nur die Spannungskomponenten der sichtbaren Schnittflächen enthält, liefert die *Gleichgewichtsbedingungen in Zylinderkoordinaten* (r, θ, z) für den allgemeinen räumlichen Spannungszustand:

$$\begin{aligned} &\frac{\partial \sigma_r}{\partial r} + \frac{1}{r}\frac{\partial \tau_{r\theta}}{\partial \theta} + \frac{\partial \tau_{rz}}{\partial z} + \frac{\sigma_r - \sigma_\theta}{r} + v_r = 0 \\ &\frac{\partial \tau_{r\theta}}{\partial r} + \frac{1}{r}\frac{\sigma_\theta}{\partial \theta} + \frac{\partial \tau_{\theta z}}{\partial z} + \frac{2\tau_{r\theta}}{r} + v_\theta = 0 \\ &\frac{\partial \tau_{rz}}{\partial r} + \frac{1}{r}\frac{\partial \tau_{\theta z}}{\partial \theta} + \frac{\partial \sigma_z}{\partial z} + \frac{\tau_{rz}}{r} + v_z = 0\ . \end{aligned} \qquad \text{(A9.13)}$$

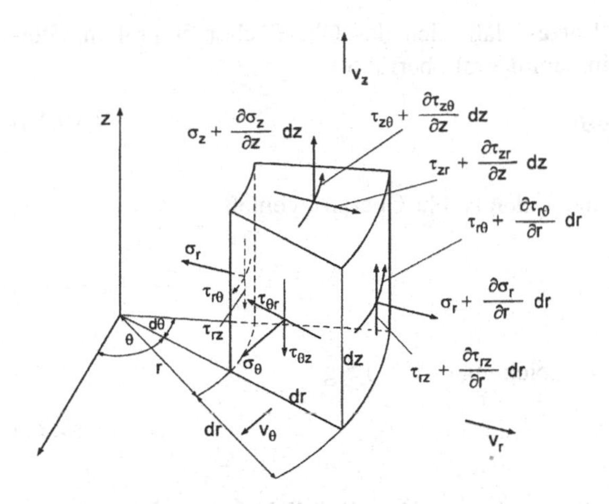

***Bild A9.4** Spannungsänderungen und Volumenkräfte in Zylinderkoordinaten*

Herleitung über globales Kräftegleichgewicht

Die aus einer lokalen Gleichgewichtsbetrachtung an einem kleinem Körperelement hergeleiteten Gleichgewichtsbedingungen lassen sich sehr schnell und elegant aus einer globalen Kräftegleichgewichtsbetrachtung herleiten. Dazu wird der in Bild A9.5 dargestellte Körper mit Volumen V und Oberfläche A betrachtet. An dem Oberflächenelement dA greift der Spannungsvektor $\underline{s}$ mit der resultierenden Kraft $\underline{s}dA$, am Volumenelement dV des Volumenkraftvektor $\underline{v}$ mit der resultierenden Kraft $\underline{v}dV$ an.

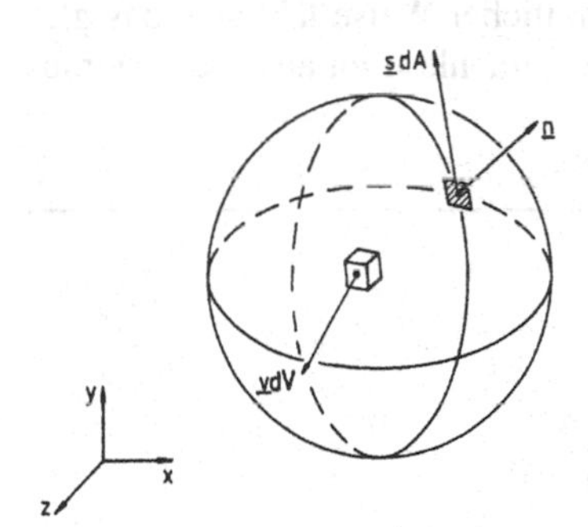

***Bild A9.5** Oberflächenkräfte und Volumenkräfte*

Aus der Forderung nach globalem Kräftegleichgewicht ergibt sich nach Integration über das Gesamtvolumen bzw. die Gesamtoberfläche:

$$\int_V \underline{v}\, dV + \int_A \underline{s}\, dA = \underline{0} \ . \tag{A9.14}$$

Drückt man den Spannungsvektor $\underline{s}$ in Gleichung (A9.14) mit Hilfe des Spannungstensors $\underline{S}$ und des Normalenvektors $\underline{n}$ gemäß Gleichung (3.8) aus, folgt:

$$\int_V \underline{v}\, dV + \int_A \underline{S} \cdot \underline{n}\, dA = \underline{0} \ . \tag{A9.15}$$

Mit Hilfe des Gaußschen Integralsatzes[1] läßt sich das Oberflächenintegral in Gleichung (A9.15) wie folgt in ein Volumenintegral überführen:

$$\int_A \underline{S} \cdot \underline{n}\, dA = \int_V \operatorname{div} \underline{S}\, dV = \int_V \underline{\nabla} \cdot \underline{S}\, dV \quad . \tag{A9.16}$$

Dabei bedeutet div die Divergenz und $\underline{\nabla}$ den Nabla-Operator gemäß

$$\underline{\nabla} = \left(\frac{\partial}{\partial_x} \quad \frac{\partial}{\partial_y} \quad \frac{\partial}{\partial_z} \right)^T \quad . \tag{A9.17}$$

Einsetzen von Gleichung (A9.16) in Gleichung (A9.15) ergibt:

$$\int_V \left(\underline{v} + \underline{\nabla} \cdot \underline{S} \right) dV = \underline{0} \ . \tag{A9.18}$$

Da das Integrationsgebiet, das Körpervolumen *V*, willkürlich ist, muß Gleichung (A9.18) auch für jedes beliebige Teilvolumen gelten, d. h. jeder Teil des Körpers ist im Gleichgewicht. Der Integrand des Volumenintegrals Gleichung (A9.18) muß demnach an jedem Körperpunkt verschwinden, was zu der Gleichgewichtsbedingung

$$\underline{v} + \underline{\nabla} \cdot \underline{S} = \underline{0} \tag{A9.19}$$

führt.

Wie sich zeigen läßt, ergibt sich nach Anwendung des Nabla-Operators, Gleichung (A9.17), auf den Spannungstensor Gleichung (3.7) aus obiger Gleichung die Gleichgewichtsbedingung in der Form Gleichung (A9.8). In ähnlicher Weise läßt sich das globale Momentengleichgewicht aus Oberflächen- und Volumenkräften ansetzen, woraus die Gleichheit zugeordneter Schubspannungen folgt.

Beispiel A9.1 *Gleichgewichtsbedingung*

Die Spannungsmatrix eines Spannungstensors ist gegeben durch

$$\underline{S} = \begin{bmatrix} y^2 + A\left(x^2 - y^2\right) & -2\,A\,x\,y & 0 \\ -2\,A\,x\,y & x^2 + A\left(y^2 - x^2\right) & 0 \\ 0 & 0 & A\left(x^2 + y^2\right) \end{bmatrix} ,$$

wobei *A* eine beliebige Konstante ist. Prüfen Sie nach, ob die Gleichgewichtsbedingungen erfüllt sind, falls keine Volumenkräfte auftreten.

---

[1] Mit dem Vektor $\underline{a}=[a_x\, a_y\, a_z]^T$ und dem Einheitsnormalenvektor $\underline{n}=[n_x\, n_y\, n_z]^T$ lautet der Gaußsche Integralsatz:

$$\int_A \underline{a} \cdot \underline{n}\, dA = \int_V \operatorname{div} \underline{a}\, dV = \int_V \underline{\nabla} \cdot \underline{a}\, dV = \int_V \left(\frac{\partial a_x}{\partial n_x} + \frac{\partial a_y}{\partial n_y} + \frac{\partial a_z}{\partial n_z} \right) dV \ .$$

Lösung

Die Auswertung der Gleichgewichtsbedingung Gleichung (A9.8) oder Gleichung (A9.19) ergibt:

$$\begin{aligned} 2Ax \quad -2Ax \quad &= 0 \\ -2Ay \quad +2Ay \quad &= 0 \\ 0 \quad &= 0 \;, \end{aligned}$$

d. h. die gegebene Spannungsverteilung erfüllt die Gleichgewichtsbedingungen.

A9.2 Verschiebungen und Verformungen

In diesem Abschnitt wird der Zusammenhang zwischen den Verschiebungen, repräsentiert durch die Komponenten u_x, u_y und u_z parallel zu den Koordinatenachsen, und den Verformungen, d. h. den Dehnungen ε und Schiebungen γ, hergeleitet. Die Herleitung beschränkt sich auf den Bereich kleiner Verformungen, d. h. $\varepsilon \ll 1$, $\gamma \ll 1$. Die Voraussetzung kleiner Rotationen gilt bei flexiblen Bauteilen wie dünnen Platten, Schalen oder Stäben nicht notwendigerweise. Bei der Anwendung der nachfolgend hergeleiteten Zusammenhänge auf dünne flexible Körper muß daher sorgfältig überprüft werden, ob insbesondere die Annahme kleiner Rotationen gewährleistet ist, da andernfalls Fehler entstehen können.

Analog zu obigem Vorgehen werden die Zusammenhänge ausführlich für den ebenen Fall in kartesischen Koordinaten gezeigt, ehe auf allgemeine räumliche Zustände und Zylinderkoordinaten eingegangen wird.

Kartesische Koordinaten

In Bild A9.6 ist ein Körperelement im unverformten und verformten Zustand dargestellt.

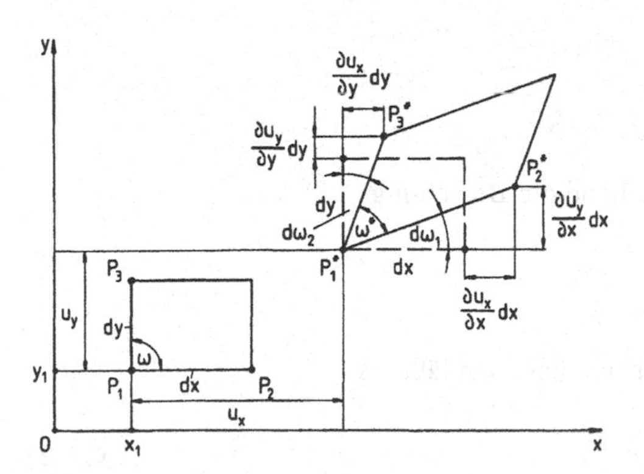

***Bild A9.6** Rechteckelement im unverformten und verformten Zustand*

Die gesamte Deformation kann man sich zusammengesetzt denken aus

- Starrkörpertranslation
- Starrkörperrotation
- geometrische Formänderung,

siehe Tabelle 2.1. Die beiden ersten Starrkörperbewegungen sind für eine Festigkeitsberechnung i. a. uninteressant, da bei ihnen keine Verformungen und somit keine Spannungen auftreten.

Die Dehnung der Strecke P_1P_2 in x-Richtung ergibt sich nach Gleichung (2.1) als die auf die Ausgangslänge bezogene Verlängerung:

$$\varepsilon_x = \frac{\left(dx + \frac{\partial u_x}{\partial x}dx\right) - dx}{dx} = \frac{\partial u_x}{\partial x} \,. \tag{A9.20}$$

Analog erhält man die Dehnung der Strecke P_1P_3 in y-Richtung:

$$\varepsilon_y = \frac{\partial u_y}{\partial y} \,. \tag{A9.21}$$

Die Schiebung γ_{xy} des rechtwinkligen Winkelelements $P_2P_1P_3$ ($\omega = 90°$) ergibt sich entsprechend Gleichung (2.2) als Winkeländerung $\omega^*\text{-}\omega = -(d\omega_1+d\omega_2)$, siehe Bild A9.6. Für den Winkel $d\omega_1$ gilt:

$$\tan d\omega_1 = \frac{\frac{\partial u_y}{\partial x}dx}{dx + \frac{\partial u_x}{\partial x}dx} \,.$$

Nach Kürzen und Einsetzen von Gleichung (A9.20) folgt daraus:

$$\tan d\omega_1 = \frac{\frac{\partial u_y}{\partial x}}{1+\varepsilon_x} \,.$$

Mit der eingangs getroffenen Voraussetzung kleiner Längen- und Winkeländerungen gilt $\tan d\omega_1 \approx d\omega_1$ und $(1+\varepsilon_x)\approx 1$, damit:

$$d\omega_1 = \frac{\partial u_y}{\partial x} \,.$$

Für den Winkel $d\omega_2$ erhält man entsprechend die Beziehung

$$d\omega_2 = \frac{\partial u_x}{\partial y} \,,$$

womit sich der Betrag der Winkelverzerrung angeben läßt als

$$\gamma_{xy} = \frac{\partial u_x}{\partial y} + \frac{\partial u_y}{\partial x} \,. \tag{A9.22}$$

Verformungs-Verchiebungs-Beziehung für den ebenen Fall

Zusammengefaßt ergeben sich für den ebenen Fall folgende kinematischen Beziehungen zwischen den *Verschiebungen und den Verformungen*:

$$\varepsilon_x = \frac{\partial u_x}{\partial x}$$
$$\varepsilon_y = \frac{\partial u_y}{\partial y} \qquad \text{(A9.23)}$$
$$\gamma_{xy} = \frac{\partial u_x}{\partial y} + \frac{\partial u_y}{\partial x} \ .$$

Eine geometrische Verträglichkeitsbedingung zwischen den Verformungen wird im Abschnitt 9.3 hergeleitet.

Analoges Vorgehen für den *räumlichen Fall* führt zu

Verformungs-Verschiebungs-Beziehungen für den räumlichen Fall

$$\varepsilon_x = \frac{\partial u_x}{\partial x} \qquad \gamma_{xy} = \frac{\partial u_x}{\partial y} + \frac{\partial u_y}{\partial x}$$
$$\varepsilon_y = \frac{\partial u_y}{\partial y} \qquad \gamma_{yz} = \frac{\partial u_y}{\partial z} + \frac{\partial u_z}{\partial y} \qquad \text{(A9.24)}$$
$$\varepsilon_z = \frac{\partial u_z}{\partial z} \qquad \gamma_{zx} = \frac{\partial u_z}{\partial x} + \frac{\partial u_x}{\partial z} \ .$$

Für die Verformungen gilt die in Tabelle 2.2 getroffene Vorzeichenfestlegung.

Polarkoordinaten

Bezeichnet man entsprechend Bild A9.7 die Verschiebungen in radialer bzw. tangentialer Richtung mit u_r bzw. u_θ, so ergeben sich die *Verformungs-Verschiebungs-Beziehungen in Polarkoordinaten* für den ebenen Fall zu

Verformungs-Verschiebungs-Beziehungen in Polarkoordinaten

$$\varepsilon_r = \frac{\partial u_r}{\partial r}$$
$$\varepsilon_\theta = \frac{u_r}{r} + \frac{1}{r}\frac{\partial u_\theta}{\partial \theta} \qquad \text{(A9.25)}$$
$$\gamma_{r\theta} = \frac{1}{r}\frac{\partial u_r}{\partial \theta} + \frac{\partial u_\theta}{\partial r} - \frac{u_\theta}{r} \ .$$

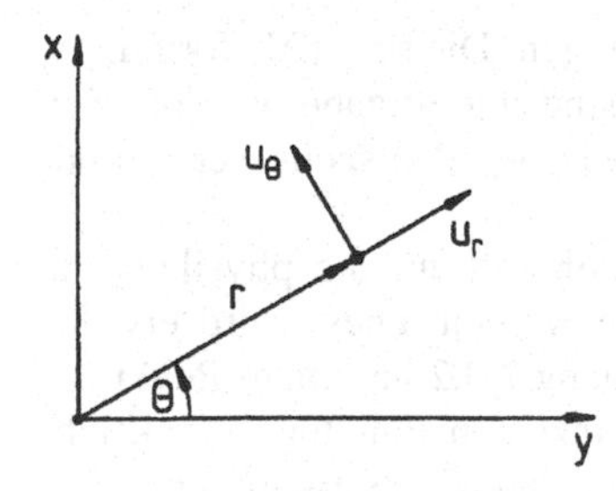

Bild A9.7 *Radial- und Tangentialverschiebungen in Polarkoordinaten*

Zylinderkoordinaten

Verformungs-Verschiebungs-Beziehungen in Zylinderkoordinaten

Führt man für den räumlichen Fall zusätzlich die Verschiebung u_z in axialer Richtung ein, siehe Bild A9.8, lassen sich die *Verformungs-Verschiebungs-Beziehungen in Zylinderkoordinaten* wie folgt angeben:

$$\begin{aligned}
\varepsilon_r &= \frac{\partial u_r}{\partial r} & \gamma_{r\theta} &= \frac{1}{r}\frac{\partial u_r}{\partial \theta} + \frac{\partial u_\theta}{\partial r} - \frac{u_\theta}{r} \\
\varepsilon_\theta &= \frac{u_r}{r} + \frac{1}{r}\frac{\partial u_\theta}{\partial \theta} & \gamma_{\theta z} &= \frac{\partial u_\theta}{\partial z} + \frac{1}{r}\frac{\partial u_z}{\partial \theta} \\
\varepsilon_z &= \frac{\partial u_z}{\partial z} & \gamma_{zr} &= \frac{\partial u_r}{\partial z} + \frac{\partial u_z}{\partial r} .
\end{aligned} \tag{A9.26}$$

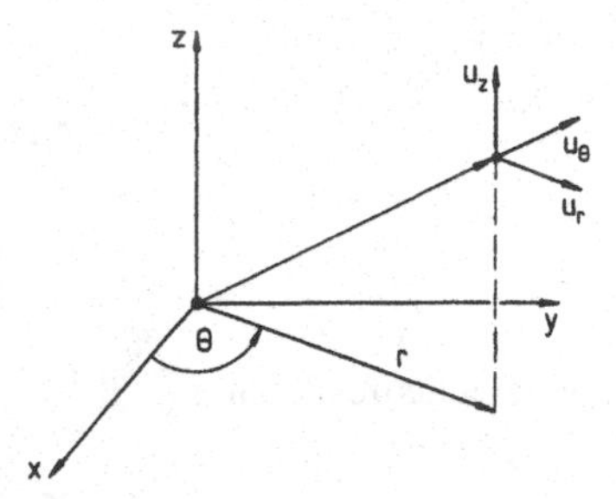

Bild A9.8 *Verschiebungen in Zylinderkoordinaten*

A9.3 Kompatibilitätsbedingungen

Die Verformungs-Verschiebungs-Beziehungen für den ebenen Fall Gleichung (A9.23) zeigen, daß die drei Verformungsgrößen ε_x, ε_y und γ_{xy} von nur zwei Verschiebungsgrößen u_x und u_y abhängen. Der Formänderungszustand läßt sich daher mit den zwei Größen u_x und u_y vollständig beschreiben. Dies bedeutet jedoch, daß zwischen den drei Verformungen eine Abhängigkeit bestehen muß. Lediglich zwei dieser Größen sind frei wählbar, die dritte Verformungsgröße ist dadurch automatisch festgelegt. Der Zusammenhang wird durch die sogenannten Kompatibilitätsbedingungen hergestellt, welche erstmals von dem französischen Bauingenieur und Mathematiker Saint-Venant (1797–1886) hergeleitet wurden.

Für den räumlichen Fall gelten die gleichen Überlegungen: Die sechs Verformungsgrößen und somit der gesamte Formänderungszustand sind mit Angabe der drei Verschiebungskomponeneten vollständig bestimmt, d. h. zwischen den sechs Verformungen müssen zusätzliche Abhängigkeiten bestehen.

Vor der eigentlichen Herleitung dieser Abhängigkeiten soll auf die physikalische Bedeutung der Kompatibilitätsgleichungen eingegangen werden. Diese wird ersichtlich, wenn man die Verformungen nicht nur wie in Anhang A9.2 an einem Punkt betrachtet, sondern die Verformungsänderung zwischen einzelnen Punkten berücksichtigt, ähnlich wie bei der Herleitung der Spannungs-Gleichgewichts-Bedingungen in Anhang A9.1. Die *physikalische Interpretation* bedeutet dann, daß das Material bei ei-

Physikalische Interpretation

ner geometrischen Formänderung zusammenhängend bleiben muß, d. h. es dürfen weder Materialtrennungen noch Überlappungen entstehen.

Kartesische Koordinaten

Die gesuchte Verträglichkeitsbedingung erhält man für den ebenen Verformungszustand aus Gleichung (A9.23), indem man ε_x zweimal nach y, ε_y zweimal nach x und γ_{xy} einmal nach x und einmal nach y ableitet:

$$\frac{\partial^2 \varepsilon_x}{\partial y^2} = \frac{\partial^3 u_x}{\partial x \, \partial y^2}$$

$$\frac{\partial^2 \varepsilon_y}{\partial x^2} = \frac{\partial^3 u_y}{\partial x^2 \, \partial y}$$

$$\frac{\partial^2 \gamma_{xy}}{\partial y \, \partial x} = \frac{\partial^3 u_x}{\partial x \, \partial y^2} + \frac{\partial^3 u_y}{\partial x^2 \, \partial y} \; .$$

Die Verschiebungen können eliminiert werden, indem die beiden ersten Gleichungen in die letzte eingesetzt werden. Dies führt auf folgende Differentialgleichung für die geometrische Verträglichkeit zwischen den drei Verformungen, welche die zulässige Änderung dieser Größen beschreibt:

Kompatibilitätsbedingung für ebenen Verformungszustand

$$\frac{\partial^2 \varepsilon_x}{\partial y^2} + \frac{\partial^2 \varepsilon_y}{\partial x^2} = \frac{\partial^2 \gamma_{xy}}{\partial x \, \partial y} \; . \qquad \text{(A9.27)}$$

Die *Kompatibilitätsbedingungen für den räumlichen Fall*, welche in analoger Weise hergeleitet werden können, lauten:

Kompatibilitätsbedingung für räumlichen Fall

$$\frac{\partial^2 \gamma_{xy}}{\partial x \, \partial y} = \frac{\partial^2 \varepsilon_x}{\partial y^2} + \frac{\partial^2 \varepsilon_y}{\partial x^2}; \quad \frac{\partial^2 \gamma_{yz}}{\partial y \, \partial z} = \frac{\partial^2 \varepsilon_y}{\partial z^2} + \frac{\partial^2 \varepsilon_z}{\partial y^2}; \quad \frac{\partial^2 \gamma_{zx}}{\partial z \, \partial x} = \frac{\partial^2 \varepsilon_z}{\partial x^2} + \frac{\partial^2 \varepsilon_x}{\partial z^2}$$

$$2\frac{\partial^2 \varepsilon_x}{\partial y \, \partial z} = \frac{\partial}{\partial x}\left(-\frac{\partial \gamma_{yz}}{\partial x} + \frac{\partial \gamma_{zx}}{\partial y} + \frac{\partial \gamma_{xy}}{\partial z}\right)$$

$$2\frac{\partial^2 \varepsilon_y}{\partial x \, \partial z} = \frac{\partial}{\partial y}\left(\frac{\partial \gamma_{yz}}{\partial x} - \frac{\partial \gamma_{zx}}{\partial y} + \frac{\partial \gamma_{xy}}{\partial z}\right) \qquad \text{(A9.28)}$$

$$2\frac{\partial^2 \varepsilon_z}{\partial x \, \partial y} = \frac{\partial}{\partial z}\left(\frac{\partial \gamma_{yz}}{\partial x} + \frac{\partial \gamma_{zx}}{\partial y} - \frac{\partial \gamma_{xy}}{\partial z}\right) \; .$$

Polarkoordinaten

Die *Kompatibilitätsbedingung in Polarkoordinaten* ergibt sich aus Gleichung (A9.25) entsprechend der Herleitung von Gleichung (A9.27):

Kompatibilitätsbedingung in Polarkoordinaten

$$\frac{\partial^2 \varepsilon_r}{\partial \theta^2} - r\frac{\partial \varepsilon_r}{\partial r} + r\frac{\partial^2 (r\,\varepsilon_\theta)}{\partial r^2} = \frac{\partial^2 (r\,\gamma_{r\theta})}{\partial r \, \partial \theta} \; . \qquad \text{(A9.29)}$$

Beispiel A9.2 *Kompatibilitätsbedingung und Verschiebungsfeld*

Ein ebener Verformungszustand ist gegeben durch

$$\begin{aligned}\varepsilon_x &= A + B\left(x^2 + y^2\right) + x^4 + y^4\\ \varepsilon_y &= C + D\left(x^2 + y^2\right) + x^4 + y^4\\ \gamma_{xy} &= E + F\,xy\left(x^2 + y^2 - G\right)\ ,\end{aligned}$$

mit den Konstanten A bis G.

a) Ermitteln Sie die Bedingungen für die Konstanten A bis G, damit das Verschiebungsfeld die Kompatibilitätsbedingung erfüllt.

b) Berechnen Sie das Verschiebungsfeld.

Lösung

a) Die geometrische Verträglichkeitsbedingung ist gegeben durch Gleichung (A9.27). Für die entsprechenden Ableitungen der Verformungskomponenten findet man:

$$\frac{\partial^2 \varepsilon_x}{\partial y^2} = 2B + 12y^2;\quad \frac{\partial^2 \varepsilon_y}{\partial x^2} = 2D + 12x^2;\quad \frac{\partial^2 \gamma_{xy}}{\partial x \partial y} = 3Fx^2 + 3Fy^2 - FG\ .$$

Eingesetzt in die Kompatibilitätsbedingung ergibt sich:

$$2B + 2D + 12x^2 + 12y^2 = 3Fx^2 + 3Fy^2 - FG\ .$$

Durch Koeffizientenvergleich findet man die gesuchten Bedingungen zu
$F = 4$
$B+D+2G = 0$
$A, C, E =$ *beliebige Konstanten.*

b) Das Verschiebungsfeld erhält man durch Integration der Verformungs-Verschiebungs-Bedingung Gleichung (A9.23) zu

$$\begin{aligned}u_x &= \int \varepsilon_x\, dx = \int\left[A + B\left(x^2 + y^2\right) + x^4 + y^4\right] dx = Ax + B\left(\frac{x^3}{3} + y^2 x\right) + \frac{x^5}{5} + y^4 x + f(y)\\ u_y &= \int \varepsilon_y\, dy = Cy + D\left(x^2 y + \frac{y^3}{3}\right) + x^4 y + \frac{y^5}{5} + g(x),\end{aligned}$$

wobei $f(y)$ und $g(x)$ Funktionen in x bzw. y sind, welche die Starrkörperbewegung repräsentieren. Das Verschiebungsfeld muß zusätzlich Gleichung (A9.22) für die Schiebung erfüllen:

$$Fxy\left(x^2 + y^2 - G\right) + E = 4xy\left(x^2 + y^2 + \frac{B+D}{2}\right) + \left(\frac{df(y)}{dy} + \frac{dg(x)}{dx}\right)\ .$$

Koeffizientenvergleich liefert die Beziehungen:

$$F = 4$$

$$B + D + 2G = 0$$

$$E = \frac{df(y)}{dy} + \frac{dg(x)}{dx} \quad .$$

Die beiden ersten Gleichungen entsprechen den in Teil a) gefundenen Beziehungen. Aus der letzten Bedingung folgt, daß die Funktionen $f(y)$ und $g(x)$ linear in y bzw. x sein müssen, d. h.:

$$f(y) = Hy + I$$

$$g(x) = Kx + L \quad .$$

Dabei sind H–L Konstanten, mit $H+K = E$. Zusammenfassend erhält man folgendes Verschiebungsfeld:

$$u_x = Ax + B\left(\frac{x^3}{3} + xy^2\right) + \frac{x^5}{5} + xy^4 + Hy + I$$

$$u_y = Cy + D\left(\frac{y^3}{3} + x^2y\right) + \frac{y^5}{5} + x^4y + Kx + L \quad .$$

Die Konstanten müssen durch Anpassung an die Randbedingungen ermittelt werden.

A9.4 Spannungs-Verformungs-Beziehungen

Bisher wurden die Gleichgewichtsbedingungen für die Spannungen, die Beziehungen zwischen den Verformungen und den Verschiebungen sowie die geometrische Verträglichkeitsbedingung zwischen den Verformungen hergeleitet. Die letzte der noch fehlenden Grundgleichungen muß konsequenterweise den Zusammenhang zwischen den Spannungen und den Verformungen herstellen. Dieser Zusammenhang ist im linearelastischen Bereich durch das Hookesche Gesetz gegeben. Die entsprechenden Gleichungen wurden bereits in den Abschnitten 4.2 und 4.3 angegeben und werden nachfolgend, aufgelöst nach Spannungen bzw. Dehnungen, zusammenfassend wiederholt.

Kartesische Koordinaten

Für den Fall des *ebenen Spannungszustandes*, entsprechend Bild 4.7, gilt:

Ebener Spannungszustand

$$\sigma_x = \frac{E}{1-\mu^2}(\varepsilon_x + \mu\varepsilon_y) \qquad \varepsilon_x = \frac{1}{E}(\sigma_x - \mu\sigma_y)$$

$$\sigma_y = \frac{E}{1-\mu^2}(\varepsilon_y + \mu\varepsilon_x) \qquad \varepsilon_y = \frac{1}{E}(\sigma_y - \mu\sigma_x)$$

$$\varepsilon_z = \frac{-\mu}{E}(\sigma_x + \sigma_y) \tag{A9.30}$$

$$\tau_{xy} = G\gamma_{xy} = \frac{E}{2(1+\mu)}\gamma_{xy} \qquad \gamma_{xy} = \frac{1}{G}\tau_{xy} = \frac{2(1+\mu)}{E}\tau_{xy}$$

$$\sigma_z = \tau_{yz} = \tau_{zy} = 0 \qquad \gamma_{yz} = \gamma_{zx} = 0 \quad .$$

Ebener Verformungszustand

Beim *ebenen Verformungszustand* erhält man:

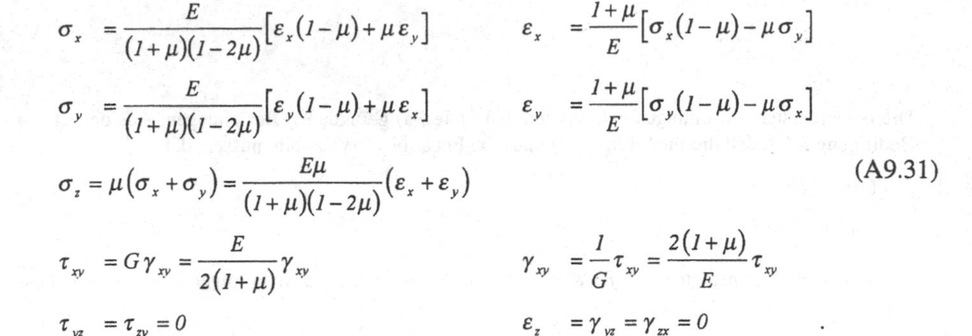

$$\sigma_x = \frac{E}{(1+\mu)(1-2\mu)}\left[\varepsilon_x(1-\mu)+\mu\varepsilon_y\right] \qquad \varepsilon_x = \frac{1+\mu}{E}\left[\sigma_x(1-\mu)-\mu\sigma_y\right]$$

$$\sigma_y = \frac{E}{(1+\mu)(1-2\mu)}\left[\varepsilon_y(1-\mu)+\mu\varepsilon_x\right] \qquad \varepsilon_y = \frac{1+\mu}{E}\left[\sigma_y(1-\mu)-\mu\sigma_x\right]$$

$$\sigma_z = \mu\left(\sigma_x+\sigma_y\right) = \frac{E\mu}{(1+\mu)(1-2\mu)}\left(\varepsilon_x+\varepsilon_y\right) \qquad \text{(A9.31)}$$

$$\tau_{xy} = G\gamma_{xy} = \frac{E}{2(1+\mu)}\gamma_{xy} \qquad \gamma_{xy} = \frac{1}{G}\tau_{xy} = \frac{2(1+\mu)}{E}\tau_{xy}$$

$$\tau_{yz} = \tau_{zy} = 0 \qquad \varepsilon_z = \gamma_{yz} = \gamma_{zx} = 0 \; .$$

Für den allgemeinen räumlichen Fall gelten die Gleichungen (4.8) bis (4.15).

Polar- und Zylinderkoordinaten

Obige Spannungs-Dehnungs-Beziehungen lassen sich in Polar- bzw. Zylinderkoordinaten schreiben, indem die kartesischen Koordinatenrichtungen x, y und z durch die entsprechenden Radial-, Tangential- und Axialkomponenten r, θ und z ersetzt werden.

A9.5 Randbedingungen

An jedem Punkt der äußeren Berandung eines belasteten Körpers müssen entweder die Spannungen oder die Verschiebungen festgelegt sein. Es ist nicht zulässig, am gleichen Punkt sowohl die Spannung als auch die Verschiebung vorzugeben.

Mit Hilfe der Randbedingungen werden die Integrationskonstanten des Spannungs- bzw. Verschiebungsfeldes bestimmt. Im Bereich der Elastostatik unterscheidet man meist zwischen drei verschiedenen Randwertproblemen, den sogenannten *Fundamentalproblemen* der Elastizitätstheorie, je nachdem welche Randbedingungen für die äußere Berandung Γ des in Bild A9.9 beispielhaft dargestellten ebenen Körpers angegeben werden:

Fundamentalproblem

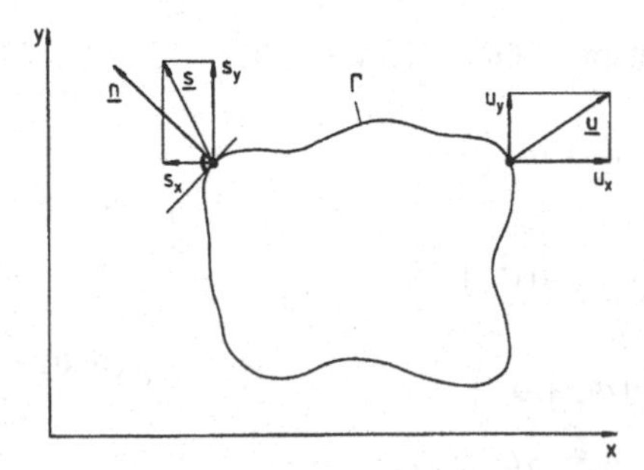

Bild A9.9 *Randbedingung auf dem Rand Γ eines ebenen Körpers*

- 1. Fundamentalproblem: An jeder Stelle des Randes ist der Spannungsvektor $\underline{s}$ (oder die Last) gegeben, im Körperinneren sind die Volumenkräfte bekannt. Der

Zusammenhang zwischen dem Spannungstensor, dem Einheitsnormalenvektor und dem Spannungsvektor ist gegeben durch Gleichung (3.8):

$$\underline{s} = \underline{\underline{S}} \cdot \underline{n} \quad \text{auf } \Gamma . \tag{A9.32}$$

- 2. Fundamentalproblem: An jedem Punkt der Berandung Γ ist der Verschiebungsvektor $\underline{u}=[u_x \; u_y]^T$ durch eine Funktion vorgegeben, d. h.:

$$\underline{u} = \begin{bmatrix} u_x \\ u_y \end{bmatrix} = \begin{bmatrix} f_x(x,y) \\ f_y(x,y) \end{bmatrix} \quad \text{auf } \Gamma. \tag{A9.33}$$

- Ein gemischtes Randwertproblem liegt vor, wenn auf einem Teil Γ_1 des Randes die Verschiebungen, auf einem Teilgebiet Γ_2 die Randspannungen vorgegeben sind, wobei $\Gamma = \Gamma_1 + \Gamma_2$.

A9.6 Eindeutigkeit und Superposition

Es kann gezeigt werden, daß für ein gegebenes Randwertproblem im Bereich der linearen Elastizitätstheorie nur eine einzige, eindeutige Lösung existiert. Der Beweis, welcher hier nicht gezeigt wird (siehe z. B. Sokolnikoff [31]), basiert auf der positiven Definitheit der Formänderungsenergie und wurde 1859 von dem deutschen Physiker Kirchhoff (1824–1887) [105] vorgestellt.

Aufgrund dieser Eindeutigkeit der Lösung und der Linearität des Problems kann von dem Prinzip der Superposition Gebrauch gemacht werden. Dazu werden die Randbedingungen des gegebenen Randwertproblems aufgeteilt in mehrere einzelne Probleme, welche in der Summe das ursprüngliche Problem ergeben. Die gesuchte Lösung findet man durch lineare Überlagerung der Teillösungen.

A9.7 Verschiebungs- und Spannungsformulierung

In Anhang A9.5 wurden die beiden fundamentalen Randwertprobleme der Elastizitätstheorie vorgestellt, bei welchen entweder die Verschiebungen oder die Spannungen auf dem Rand vorgegeben sind. Das gemischte Randwertproblem läßt sich entsprechend des in Anhang A9.6 beschriebenen Superpositionsprinzips in die beiden fundamentalen Randwertprobleme aufteilen. Es liegt demnach nahe, die vorgestellten Grundgleichungen der Elastizitätstheorie zum einem ausschließlich in Verschiebungen, zum anderen nur in Spannungen auszudrücken. Diese Vorgehensweise erlaubt gleichzeitig eine deutliche Reduzierung der Anzahl der Gleichungen. Im räumlichen Fall können beispielsweise die 15 Gleichungen (drei Gleichgewichtsbedingungen, sechs Kompatibilitätsbedingungen, sechs Spannungs-Dehnungs-Beziehungen) für die Verschiebungsformulierung auf drei reduziert werden, im ebenen Fall auf zwei. Die Herleitung wird nachfolgend exemplarisch für den ebenen Fall in kartesischen Koordinaten gezeigt.

A9.7.1 Verschiebungsformulierung

Bei der Herleitung muß zwischen dem ebenen Spannungs- und dem ebenen Verformungszustand unterschieden werden.

Ebener Spannungszustand

Einsetzen der Verformungs-Verschiebungs-Beziehung (A9.23) in das Hookesche Gesetz (A9.30) ergibt die Beziehungen zwischen den Spannungen und den Verschiebungen in der Form:

$$\begin{aligned}\sigma_x &= \frac{E}{1-\mu^2}\left(\frac{\partial u_x}{\partial x}+\mu\frac{\partial u_y}{\partial y}\right)\\ \sigma_y &= \frac{E}{1-\mu^2}\left(\frac{\partial u_y}{\partial y}+\mu\frac{\partial u_x}{\partial x}\right)\\ \tau_{xy} &= \frac{E}{2(1+\mu)}\left(\frac{\partial u_x}{\partial y}+\frac{\partial u_y}{\partial x}\right)\;.\end{aligned} \tag{A9.34}$$

Eine Formulierung ausschließlich in Abhängigkeit der Verschiebungen u_x und u_y findet man nach Einsetzen von Gleichung (A9.34) in die beiden Gleichgewichtsbedingungen (A9.4) und (A9.5):

$$\begin{aligned}&\left(\frac{\partial^2 u_x}{\partial x^2}+\frac{\partial^2 u_x}{\partial y^2}\right)+\frac{1+\mu}{1-\mu}\frac{\partial}{\partial x}\left(\frac{\partial u_x}{\partial x}+\frac{\partial u_y}{\partial y}\right)+v_x=0\\ &\left(\frac{\partial^2 u_y}{\partial x^2}+\frac{\partial^2 u_y}{\partial y^2}\right)+\frac{1+\mu}{1-\mu}\frac{\partial}{\partial y}\left(\frac{\partial u_x}{\partial x}+\frac{\partial u_y}{\partial y}\right)+v_y=0\;.\end{aligned} \tag{A9.35}$$

Mit dem Laplace Operator[1] für den zweidimensionalen Fall,

$$\nabla^2=\frac{\partial^2}{\partial x^2}+\frac{\partial^2}{\partial y^2}\quad, \tag{A9.36}$$

läßt sich Gleichung (A9.35) ausdrücken als:

$$\begin{aligned}&\nabla^2 u_x+\frac{1+\mu}{1-\mu}\frac{\partial}{\partial x}\left(\frac{\partial u_x}{\partial x}+\frac{\partial u_y}{\partial y}\right)+v_x=0\\ &\nabla^2 u_y+\frac{1+\mu}{1-\mu}\frac{\partial}{\partial y}\left(\frac{\partial u_x}{\partial x}+\frac{\partial u_y}{\partial y}\right)+v_y=0\;.\end{aligned} \tag{A9.37}$$

Die Beziehungen (A9.35) sind die gesuchten zwei gekoppelten Differentialgleichungen für die beiden unbekannten Verformungen u_x und u_y für den ebenen Spannungszustand.

[1] Für den Laplace Operator ist statt ∇^2 auch das Formelzeichen Δ üblich

Ebener Verformungszustand

Analog ergibt sich für den ebenen Verformungszustand mit den Gleichungen (A9.4), (A9.5), (A9.23), (A9.31) und (A9.36):

$$\nabla^2 u_x + \frac{1}{1-2\mu}\frac{\partial}{\partial x}\left(\frac{\partial u_x}{\partial x}+\frac{\partial u_y}{\partial y}\right)+v_x=0$$
$$\nabla^2 u_y + \frac{1}{1-2\mu}\frac{\partial}{\partial y}\left(\frac{\partial u_x}{\partial x}+\frac{\partial u_y}{\partial y}\right)+v_y=0 \;. \qquad \text{(A9.38)}$$

Navier-Gleichungen

Obige Beziehungen (A9.37) und (A9.38) gehen auf den französischen Ingenieur Navier (1785–1836) [144] zurück; für sie ist daher auch die Bezeichnung *Navier-Gleichungen* üblich.

Bei der Herleitung der Navier-Gleichungen wurde die Kompatibilitätsbedingung Gleichung (A9.27) nicht benötigt, da sie nur die geometrische Verträglichkeit zwischen den Verformungen beschreiben. Das zweite Fundamentalproblem der Elastizitätslehre kann nunmehr gelöst werden, wenn eine Lösung für die Navier-Gleichungen (A9.37) und (A9.38) gefunden und an die Verschiebungs-Randbedingung angepaßt wird. Aus dem erhaltenen Verschiebungsfeld läßt sich mit Gleichung (A9.23) das Verformungsfeld und mit dem Hookeschen Gesetz (A9.30), (A9.31) der Spannungszustand bestimmen.

A9.7.2 Spannungsformulierung

Zur Lösung des ersten Fundamentalproblems müssen die Grundgleichungen in Abhängigkeit der Spannungen ausgedrückt werden. Dabei muß beachtet werden, daß nicht jede Lösung der Spannungs-Gleichgewichtsbedingung Gleichungen (A9.4) und (A9.5) ein zulässiges Verformungsfeld ergibt, da Verformungskomponenten zusätzlich die Kompatibilitätsbedingung Gleichung (A9.27) erfüllen müssen. Im folgenden wird daher die Verträglichkeitsbedingung in Abhängigkeit der Spannungen hergeleitet.

Ebener Spannungszustand

Einsetzen der Spannungs-Dehnungs-Beziehung Gleichung (A8.30) in die Kompatibilitätsbedingung Gleichung (A9.27) ergibt:

$$\frac{\partial^2 \sigma_x}{\partial y^2}+\frac{\partial^2 \sigma_y}{\partial x^2}-\mu\left(\frac{\partial^2 \sigma_x}{\partial x^2}+\frac{\partial^2 \sigma_y}{\partial y^2}\right)=2(1+\mu)\frac{\partial^2 \tau_{xy}}{\partial x\,\partial y} \;. \qquad \text{(A9.39)}$$

Differenziert man die erste Gleichung der Gleichgewichtsbedingung (A9.4) nach x, die zweite Gleichung (A9.5) nach y erhält man zunächst:

$$\frac{\partial^2 \sigma_x}{\partial x^2}+\frac{\partial^2 \tau_{xy}}{\partial x\,\partial y}+\frac{\partial v_x}{\partial x}=0$$
$$\frac{\partial^2 \sigma_y}{\partial y^2}+\frac{\partial^2 \tau_{xy}}{\partial x\,\partial y}+\frac{\partial v_y}{\partial y}=0 \;. \qquad \text{(A9.40)}$$

Nach Addition der beiden Gleichungen ergibt sich folgende Beziehung:

$$2\frac{\partial^2 \tau_{xy}}{\partial x\,\partial y} = -\left(\frac{\partial^2 \sigma_x}{\partial x^2} + \frac{\partial^2 \sigma_y}{\partial y^2}\right) - \left(\frac{\partial v_x}{\partial x} + \frac{\partial v_y}{\partial y}\right) \quad . \tag{A9.41}$$

Ersetzt man die rechte Seite von Gleichung (A9.39) durch Gleichung (A9.41) findet man:

$$\left(\frac{\partial^2 \sigma_x}{\partial x^2} + \frac{\partial^2 \sigma_x}{\partial y^2}\right) + \left(\frac{\partial^2 \sigma_y}{\partial x^2} + \frac{\partial^2 \sigma_y}{\partial y^2}\right) = -(1+\mu)\left(\frac{\partial v_x}{\partial x} + \frac{\partial v_y}{\partial y}\right) \quad . \tag{A9.42}$$

Mit dem zweidimensionalen Laplace-Operator Gleichung (A9.36) läßt sich obige Gleichung ausdrücken als:

$$\nabla^2\left(\sigma_x + \sigma_y\right) = -(1+\mu)\left(\frac{\partial v_x}{\partial x} + \frac{\partial v_y}{\partial y}\right) . \tag{A9.43}$$

Gleichung (A9.43) bildet mit den beiden Spannungs-Gleichgewichtsbedingungen (A9.4) und (A9.5) ein System von drei Differentialgleichungen für die drei unbekannten Spannungen σ_x, σ_y und τ_{xy}. Zusammen mit der Randbedingung (A9.32) kann damit eine Lösung für das erste Fundamentalproblem gefunden werden.

Beltrami-Michell-Gleichung für ebenen Spannungszustand

Für die Gleichung (A9.43) ist die Bezeichnung *Beltrami-Michell-Gleichung* üblich. Für den Fall verschwindender Volumenkräfte wurde sie 1892 von dem italienischen Mathematiker Beltrami (1835–1900) [46] aufgestellt, der australische Mathematiker Michell (1863–1943) [135] erweiterte sie 1900 auf Volumenkräfte.

Ebener Verformungszustand

Beltrami-Michell-Gleichung für ebenen Verformungszustand

Die *Beltrami-Michell-Gleichung für ebenen Verformungszustand* erhält man durch analoges Vorgehen aus den Gleichungen (A9.4), (A9.5), (A9.27), (A9.31) und (A8.36):

$$\nabla^2\left(\sigma_x + \sigma_y\right) = -\left(\frac{1}{1-\mu}\right)\left(\frac{\partial v_x}{\partial x} + \frac{\partial v_y}{\partial y}\right) \quad . \tag{A9.44}$$

Verschwindende oder konstante Volumenkräfte

Bei konstanten oder verschwindenden Volumenkräften sind die Beltrami-Michell-Gleichungen (A9.43) und (A9.44) identisch für den ebenen Spannungs- und den ebenen Verformungszustand:

$$\nabla^2\left(\sigma_x + \sigma_y\right) = 0 \quad . \tag{A9.45}$$

Als zusätzliche Gleichung stehen sie Gleichgewichtsbedingungen (A9.7) zur Verfügung. In diesem Fall enthalten die Gleichungen (A9.7) und (A9.45) keine der elastizitätstheoretischen Konstanten E, G oder μ, d. h. bei gleichen Randbedingungen ist die Spannungsverteilung bei isotropen Körpern unabhängig von den elastischen Eigenschaften des Materials.

Anmerkung: Eine Gleichung der Form

$$\nabla^2 (\sigma_x + \sigma_y) = 0 \tag{A9.46}$$

mit dem Laplace-Operator nach Gleichung (A9.36) heißt *Laplacesche Differentialgleichung*. Jede Funktion *f*, welche der Bedingung $\nabla^2 f = 0$ genügt ist eine *Potentialfunktion* oder eine *harmonische Funktion*. Im Fall konstanter oder verschwindender Volumenkräfte ist nach Gleichung (A9.45) die Spannungssumme $(\sigma_x+\sigma_y)$ eine Potentialfunktion.

Laplacesche Differentialgleichung

Potentialfunktion, harmonische Funktion

A9.8 Spannungsfunktionen

Im vorherigen Abschnitt wurde gezeigt, wie die Anzahl der Grundgleichungen der Elastizitätstheorie reduziert werden kann, wenn man sie entweder speziell für die Verschiebungen oder für die Spannungen formuliert. Im Bereich der Festkörpermechanik interessiert man sich vornehmlich für die Spannungen. Im folgenden wird gezeigt, wie man ausgehend von der Spannungsformulierung in Abschnitt 9.7.2 durch Einführung sogenannter Spannungsfunktionen die Anzahl der zu lösenden Differentialgleichungen weiter reduzieren kann. Dies läßt sich erreichen, indem die Spannungsfunktionen so gewählt werden, daß sie automatisch die Gleichgewichtsbedingungen erfüllen. Der schottische Physiker Maxwell (1831–1879) zeigte 1870 [133], daß im räumlichen Fall dazu drei Spannungsfunktionen gefunden werden müssen. Die sechs Spannungen lassen sich daraus durch entsprechende Ableitungsvorschriften ermitteln. Die daraus berechneten Verformungen müssen zusätzlich die Kompatibilitätsbedingungen erfüllen. Das resultierende System partieller Differentialgleichungen ist sehr komplex und läßt sich nur für sehr einfache Probleme lösen, weshalb dieser Ansatz für dreidimensionale Spannungszustände nur ein untergeordnete Bedeutung besitzt. Im ebenen Fall läßt sich, wie nachfolgend gezeigt wird, mit Hilfe von Spannungsfunktionen die Lösung eines elastischen Problems mitunter wesentlich vereinfachen.

A9.8.1 Airysche Spannungsfunktion

Unter der Voraussetzung verschwindender Volumenkräfte gilt die im folgenden hergeleitete Spannungsfunktion für den ebenen Fall sowohl für den ebenen Spannungs- als auch für den ebenen Verformungszustand.

Kartesische Koordinaten

Die Ermittlung der Spannungsverteilung in diesem Fall ist gemäß Abschnitt 9.7.2 reduziert auf die Integration der Spannungs-Gleichgewichtsbedingungen (A9.7) und der in Spannungen ausgedrückten Verträglichkeitsbedingung (A9.45). Das zu lösende Differentialgleichungssystem lautet damit:

$$\frac{\partial \sigma_x}{\partial x} + \frac{\partial \tau_{xy}}{\partial y} = 0; \quad \frac{\partial \sigma_y}{\partial y} + \frac{\partial \tau_{xy}}{\partial x} = 0; \quad \nabla^2 (\sigma_x + \sigma_y) = 0 \quad . \tag{A9.47}$$

Die Integrationskonstanten werden durch Anpassung an die Randbedingungen ermittelt.

Airysche Spannungsfunktion

Zur Lösung des obigen Systems führte der englische Astronom Airy (1801–1891) im Jahre 1862 [37], die nach ihm benannte *Airysche Spannungsfunktion* $U(x,y)$ ein, welche mit den Spannungskomponenten über folgende Ableitungsvorschriften verknüpft ist:

$$\sigma_x = \frac{\partial^2 U}{\partial y^2}; \quad \sigma_y = \frac{\partial^2 U}{\partial x^2}; \quad \tau_{xy} = -\frac{\partial^2 U}{\partial x \, \partial y}. \tag{A9.48}$$

Durch Einsetzen prüft man leicht nach, daß mit der Beziehung (A9.48) die beiden Gleichgewichtsbedingungen (A9.7) (d. h. die beiden ersten Gleichungen des Differentialgleichungssystems (A9.47)) von jeder beliebigen Spannungsfunktion $U(x,y)$ identisch erfüllt werden. Zusätzlich muß der Ansatz (A9.48) noch die in Spannungen ausgedrückte Kompatibilitätsbedingung (Beltrami-Michell-Gleichung) (A9.45), d. h. die letzte Differentialgleichung des Systems (A9.47), erfüllen. Einsetzen der Gleichung (A9.48) in Gleichung (A9.45) liefert:

$$\frac{\partial^4 U}{\partial x^4} + 2\frac{\partial^4 U}{\partial x^2 \, \partial y^2} + \frac{\partial^4 U}{\partial y^2} = 0 \; . \tag{A9.49}$$

Mit dem Laplace-Operator (A9.36) ergibt sich:

$$\nabla^2\left(\nabla^2 U(x,y)\right) = \nabla^4 U(x,y) = 0 \; . \tag{A9.50}$$

Biharmonische Funktion, Bipotentialfunktion

Eine Funktion $U(x,y)$ welche die biharmonische Gleichung bzw. Bipotentialgleichung (A9.50) erfüllt, heißt *biharmonische Funktion* oder *Bipotentialfunktion*.

Polarkoordinaten

Die Formulierung der Bipotentialgleichung (A9.50) in Polarkoordinaten findet man einfach durch Transformation der Differentialoperatoren ∇^2 bzw. ∇^4 von kartesischen in polare Koordinaten. Für den Laplace-Operator Gleichung (A9.36) ergibt sich:

$$\nabla^2 = \frac{\partial^2}{\partial r^2} + \frac{1}{r}\frac{\partial}{\partial r} + \frac{1}{r^2}\frac{\partial^2}{\partial \theta^2} \; . \tag{A9.51}$$

Die biharmonische Gleichung (A9.50) läßt sich damit schreiben als:

$$\begin{aligned} \nabla^2\left(\nabla^2 U(r,\theta)\right) &= \nabla^4 U(r,\theta) \\ &= \left(\frac{\partial^2}{\partial r^2} + \frac{1}{r}\frac{\partial}{\partial r} + \frac{1}{r^2}\frac{\partial^2}{\partial \theta^2}\right)\left(\frac{\partial^2 U}{\partial r^2} + \frac{1}{r}\frac{\partial U}{\partial r} + \frac{1}{r^2}\frac{\partial^2 U}{\partial \theta^2}\right) \; . \end{aligned} \tag{A9.52}$$

Die Spannungen lassen sich aus folgenden Ableitungsvorschriften berechnen:

$$\sigma_r = \frac{1}{r}\frac{\partial U}{\partial r} + \frac{1}{r^2}\frac{\partial^2 U}{\partial \theta^2}$$

$$\sigma_\theta = \frac{\partial^2 U}{\partial r^2} \qquad \text{(A9.53)}$$

$$\tau_{r\theta} = \frac{1}{r^2}\frac{\partial U}{\partial \theta} - \frac{1}{r}\frac{\partial^2 U}{\partial r\,\partial \theta} = -\frac{\partial}{\partial r}\left(\frac{1}{r}\frac{\partial U}{\partial \theta}\right) .$$

In *Anhang A10* wird für eine Platte mit Bohrung die Spannungsfunktion in Polarkoordinaten ermittelt und daraus die Spannungsverteilung bestimmt.

Anhang A10

Zusammengefaßt läßt sich sagen, daß bei verschwindenden oder vernachlässigbaren (oder konstanten) Volumenkräften jedes ebene elastische Problem darauf zurückgeführt werden kann, eine Spannungsfunktion $U(x,y)$ zu finden welche die biharmonische Gleichung (A9.50) bzw. (A9.52) und die Randbedingungen erfüllt. Die Spannungen erhält man aus den Ableitungsvorschriften (A9.48) bzw. (A9.53), welche die Gleichgewichtsbedingungen automatisch befriedigen. Mit Hilfe des Hookeschen Gesetzes, Gleichung (A9.30) bzw. Gleichung (A9.31), lassen sich die Verformungen berechnen. Über die in Spannungen formulierte Verträglichkeitsbedingung Gleichung (A9.45) ist die Kompatibilitätsbedingung, Gleichung (A9.27), ebenfalls erfüllt. Durch Integration der Verformungs-Verschiebungs-Beziehungen, Gleichung (A9.23), und Anpassung an die Randbedingungen ergeben sich die Verschiebungen.

A9.8.2 Lösungsmethoden

Für das Auffinden einer Spannungsfunktion, welche die biharmonische Gleichung (A9.50) und die Randbedingung des Problems erfüllt, läßt sich keine systematische Vorgehensweise angeben. Man ist bei der Lösungsfindung auf mehr oder weniger gezieltes Probieren angewiesen. Zunächst muß eine Bipotentialfunktion $U(x,y)$ gefunden werden, welche die Gleichung (A9.50) erfüllt. Anschließend werden die Spannungen über die Ableitungsvorschriften Gleichung (A9.48) berechnet. Widersprechen diese den gegebenen Randbedingungen oder lassen sich die Integrationskonstanten nicht an das Problem anpassen, muß der Ansatz für die Spannungsfunktion geändert werden. Durch Berücksichtigung von z. B. Symmetrien oder der Geometrie lassen sich u. U. Rückschlüsse auf die Form der Spannungsfunktion ziehen.

Dennoch lassen sich nur für relativ einfache Geometrien und Belastungsverhältnisse analytische Lösungen finden. Weitaus mehr Probleme können mit der Methode der Spannungsfunktion gelöst werden, wenn *komplexe Spannungsfunktionen* verwendet werden, d. h. Funktionen welche aus einem realen und einem imaginären Teil bestehen. Der Grund liegt darin, daß es im Bereich der komplexen Zahlentheorie eine Vielzahl von Funktionen gibt, welche die Bipotentialgleichung (A9.50) automatisch erfüllen. Damit lassen sich eine Vielzahl von Randproblemen lösen, für welche mit realen Spannungsfunktionen keine Lösung gefunden werden kann. Darauf soll an dieser Stelle jedoch nicht näher eingegangen werden, vielmehr sei auf die entsprechende Literatur verwiesen, z. B. England [63], Muskelishvili [140], Sokolnikoff [31]. Darüber hinaus ist der Ansatz mit Spannungsfunktionen gut geeignet, um eine numerische Lösung für

Komplexe Spannungsfunktion

ein Randwertproblem zu finden. Nachfolgend werden zwei Typen von Ansätzen für Spannungsfunktionen gezeigt.

Polynomansätze

Polynomansätze der Form

$$U(x,y) = \sum_i \sum_j a_{ij}\, x^i\, y^j \tag{A9.54}$$

stellen die einfachste Möglichkeit für die Lösung der Gleichung (A9.50) dar. Um eine nichttriviale Lösung, d. h. von Null verschiedene Spannungen, zu erhalten, muß das Polynom wegen Gleichung (A9.48) mindestens vom Grad zwei sein. Ein solches Polynom zweiten Grades

$$U(x,y) = \frac{a_{20}}{2} x^2 + a_{11}\, x\, y + \frac{a_{02}}{2} y^2 \tag{A9.55}$$

erfüllt trivialerweise die Bipotentialfunktion (A9.50) und ergibt mit Gleichung (A9.48) eine konstante Spannungsverteilung der Form

$$\begin{aligned} \sigma_x &= \frac{\partial^2 U}{\partial y^2} = a_{02} \\ \sigma_y &= \frac{\partial^2 U}{\partial x^2} = a_{20} \\ \tau_{xy} &= -\frac{\partial^2 U}{\partial x\, \partial y} = -b\ . \end{aligned} \tag{A9.56}$$

Bei einem Polynom dritten Grades mit

$$U(x,y) = \frac{a_{30}}{6} x^3 + \frac{a_{21}}{2} x^2 y + \frac{a_{12}}{2} x y^2 + \frac{a_{03}}{6} y^3 \tag{A9.57}$$

handelt es sich ebenfalls um eine biharmonische Gleichung, welche mit Gleichung (A9.48) zu einer Spannungsverteilung mit linear veränderlichen Gliedern führt:

$$\begin{aligned} \sigma_x &= a_{12} x + a_{03} y \\ \sigma_y &= a_{30} x + a_{21} y \\ \tau_{xy} &= -a_{21} x - a_{12} y \quad . \end{aligned} \tag{A9.58}$$

Allgemein läßt sich sagen, daß bei einem Polynom vom Grad $(i+j) \leq 3$ jeder einzelne Term die biharmonische Gleichung (A9.50) erfüllt, d. h. die Konstanten a_{ij} sind unabhängig voneinander frei wählbar. Ist jedoch $(i+j) > 3$, ergibt sich mit Gleichung (A9.54) und Gleichung (A9.50) eine Bedingung, die zwischen den Koeffizienten erfüllt sein muß. Setzt man beispielsweise das Polynom vierten Grades

$$U(x,y) = \frac{a_{40}}{24} x^4 + \frac{a_{22}}{8} x^2 y^2 + \frac{a_{04}}{24} y^4 \tag{A9.59}$$

in Gleichung (A9.50) ein, erhält man die Beziehung:

$$a_{40} + a_{22} + a_{04} = 0 \ . \tag{A9.60}$$

Trigonometrische Ansätze und Fourierreihen

Die Polynomansätze sind lediglich bei relativ einfachen Spannungsverteilungen erfolgversprechend, bei ungleichmäßigen Verteilungen versagen sie jedoch. Einen sehr mächtigen und anpassungsfähigen Lösungsansatz stellen in solchen Fällen Fourierreihen dar, worauf an dieser Stelle jedoch nicht näher eingegangen werden soll.

***Beispiel A9.3** Balken unter einer Biegebelastung*

Gegeben ist der in Bild A9.10 dargestellte Balken mit Rechteckquerschnitt. Ermitteln Sie die Spannungsfunktion, die Spannungs- und Dehnungsverteilung sowie das Verschiebungsfeld.

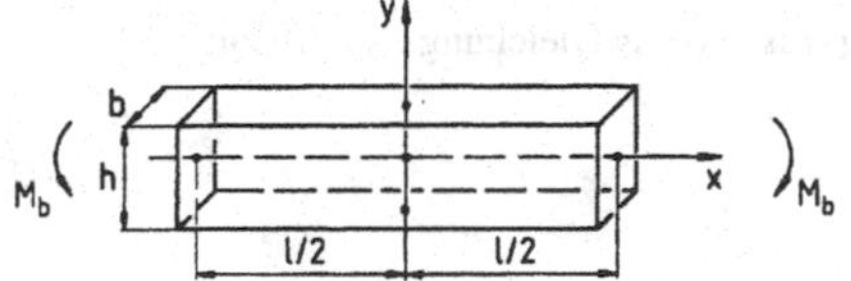

***Bild A9.10** Balken unter reiner Biegebelastung*

Lösung

Die Randbedingungen lauten

$$\sigma_y\left(x, \pm \tfrac{h}{2}\right) = \tau_{xy}\left(x, \pm \tfrac{h}{2}\right) = 0 \tag{a}$$

$$\tau_{xy}\left(\pm \tfrac{l}{2}, y\right) = 0 \tag{b}$$

$$b \int_{-h/2}^{+h/2} \sigma_x(x,y)\, dy = 0 \tag{c}$$

$$b \int_{-h/2}^{+h/2} \sigma_x(x,y)\, y\, dy = M_b \ . \tag{d}$$

Aus der Bedingung (c), daß die resultierende Kraft in Längsrichtung verschwinden muß, folgt, daß σ_x eine ungerade Funktion in y ist. Dies bedeutet wegen Gleichung (A9.48) gleichzeitig, daß die Spannungsfunktion selbst eine ungerade Funktion in y ist. Da das ganze Problem symmetrisch in x ist, wird eine bezüglich x symmetrische Spannungsfunktion gewählt.

Die Randbedingungen entlang $y=\pm h/2$ zeigen, daß wenn U unabhängig von x gewählt wird, σ_y und τ_{xy} verschwinden. Der einfachste Ansatz lautet daher:

$$U = \frac{a_{03}}{6} y^3 \ . \tag{e}$$

Die Spannungen berechnen sich mit Gleichung (A9.48) zu:

$$\begin{aligned} \sigma_x &= a_{03} y \\ \sigma_y &= \tau_{xy} = 0 \ . \end{aligned} \tag{f}$$

Die letzte noch verbleibende Randbedingung, die Momentenbedingung (d) ergibt mit Gleichung (f):

$$b \int_{-h/2}^{+h/2} a_{03}\, y^2\, dy = M_b \quad oder \quad a_{03} = 12\,\frac{M_b}{b\,h^3}\ .$$

Für die Spannungsverteilung erhält man damit:

$$\sigma_x(y) = \frac{M_b}{\left(\frac{b\,h^3}{12}\right)}\,y\ . \tag{g}$$

Mit dem axialen Flächenträgheitsmoment I aus Tabelle 5.1 kann man Gleichung (g) auch schreiben als:

$$\sigma_x = \frac{M_b}{I}\,y\ . \tag{h}$$

Die Verformungen ergeben sich für den ebenen Spannungszustand aus Gleichung (A9.30) zu:

$$\varepsilon_x = \frac{M_b}{E\,I}\,y\ ,\quad \varepsilon_y = -\frac{\mu\,M_b}{E\,I}\,y \tag{i}$$

$$\gamma_{xy} = 0\ . \tag{j}$$

Das gesuchte Verschiebungsfeld ergibt sich daraus durch Integration der Verformungs-Verschiebungs-Beziehungen Gleichung (A9.23):

$$u_x = \int \frac{M_b}{E\,I}\,y\,dx = \frac{M_b}{E\,I}\,x\,y + f(y) \tag{k}$$

$$u_y = \int -\frac{\mu\,M_b}{E\,I}\,y\,dy = -\frac{\mu\,M_b}{2\,E\,I}\,y^2 + g(x)\ . \tag{l}$$

Aus der Gleichung (A9.22) für die Schiebung erhält man mit den Gleichungen (j) bis (l):

$$\frac{\partial u_x}{\partial y} + \frac{\partial u_y}{\partial x} = \frac{M_b x}{E\,I} + \frac{df(y)}{dy} + \frac{dg(x)}{dx} = 0\ .$$

Die Integrationskonstanten ergeben sich zu:

$$f(y) = \omega_o y + u_{x0} \tag{m}$$

$$g(x) = -\frac{M_b\,x^2}{2\,E\,I} - \omega_o x + u_{y0}\ . \tag{n}$$

Damit läßt sich das Verschiebungsfeld Gleichungen (k) und (l) schreiben als:

$$u_x = \frac{M_b}{E\,I}\,x\,y + \omega_o y + u_{x0} \tag{o}$$

$$u_y = -\frac{\mu\,M_b}{2\,E\,I}\,y^2 - \frac{M_b\,x^2}{2\,E\,I} - \omega_o x + u_{y0}\ . \tag{p}$$

Die Konstanten der Starrkörperverschiebung werden nun so bestimmt, daß folgende Randbedingungen erfüllt sind:

$$u_x\left(-\tfrac{l}{2},0\right)=0\,;\quad u_y\left(\pm\tfrac{l}{2},0\right)=0\quad .$$

Damit folgt aus Gleichung (o) und Gleichung (p):

$$u_{x0}=\omega_o=0\,;\quad u_{y0}=\frac{M_b}{8EI}l^2\quad .$$

Das gesuchte Verschiebungsfeld findet man damit zu:

$$u_x=\frac{M_b}{EI}x\,y \tag{q}$$

$$u_y=\frac{M_b}{2EI}\left[\frac{l^2}{4}-\left(x^2+\mu y^2\right)\right]\quad . \tag{r}$$

A9.9 Zusammenfassung

In Tabelle A9.1 sind zusammenfassend die Grundgleichungen der linearen Elastizitätstheorie für den ebenen Fall für kartesische Koordinaten zusammengestellt. Um für den ebenen Spannungs- und Verformungszustand die gleiche Formelschreibweise verwenden zu können, wurden E^* und μ^* eingeführt und wie folgt definiert:

$$E^*=\begin{cases}E & \text{ebener Spannungszustand}\\ \dfrac{E}{1-\mu^2} & \text{ebener Dehnungszustand}\end{cases} \tag{A9.11}$$

$$\mu^*=\begin{cases}\mu & \text{ebener Spannungszustand}\\ \dfrac{\mu}{1-\mu} & \text{ebener Dehnungszustand}\end{cases}\quad . \tag{A9.12}$$

Tabelle A9.1 *Grundgleichungen der linearen Elastizitätstheorie für den ebenen Fall in kartesischen Koordinaten*

Gleichgewichtsbedingung (A9.4), (A9.5)	$\frac{\partial\sigma_x}{\partial x}+\frac{\partial\tau_{yx}}{\partial y}+v_x=0\ ,\ \frac{\partial\sigma_y}{\partial y}+\frac{\partial\tau_{xy}}{\partial x}+v_y=0$
Verformungs-Verschiebungs-Beziehung (A9.23)	$\varepsilon_x=\frac{\partial u_x}{\partial x}\ ,\ \varepsilon_y=\frac{\partial u_y}{\partial y}\ ,\ \gamma_{xy}=\frac{\partial u_x}{\partial y}+\frac{\partial u_y}{\partial x}$
Kompatibilitätsbedingung (A9.27)	$\frac{\partial^2\varepsilon_x}{\partial y^2}+\frac{\partial^2\varepsilon_y}{\partial x^2}=\frac{\partial^2\gamma_{xy}}{\partial x\,\partial y}\ .$
Spannungs-[1] Verformungs-Beziehungen (A9.30), (A9.31)	$\sigma_x=\frac{E^*}{1-\mu^{*2}}(\varepsilon_x+\mu^*\varepsilon_y)\ ;\ \sigma_y=\frac{E^*}{1-\mu^{*2}}(\varepsilon_y+\mu^*\varepsilon_x)$ $\sigma_z=\begin{cases}0 & \text{ebener Spannungszustand}\\ \frac{E\mu}{(1+\mu)(1-2\mu)}(\varepsilon_x+\varepsilon_y) & \text{ebener Dehnungszustand}\end{cases}$ $\tau_{xy}=G\gamma_{xy}=\frac{E}{2(1+\mu)}\gamma_{xy}\ ;\ \tau_{yz}=\tau_{zy}=0$
	$\varepsilon_x=\frac{1}{E^*}(\sigma_x-\mu^*\sigma_y)\ ;\ \varepsilon_y=\frac{1}{E^*}(\sigma_y-\mu^*\sigma_x)$ $\varepsilon_z=\begin{cases}\frac{-\mu}{E}(\sigma_x+\sigma_y) & \text{ebener Spannungszustand}\\ 0 & \text{ebener Dehnungszustand}\end{cases}$ $\gamma_{xy}=\frac{1}{G}\tau_{xy}=\frac{2(1+\mu)}{E}\tau_{xy}\ ;\ \gamma_{yz}=\gamma_{zx}=0$
Navier-Gleichung[1)] (A9.37), (A9.38)	$\nabla^2u_x+\frac{1+\mu^*}{1-\mu^*}\frac{\partial}{\partial x}\left(\frac{\partial u_x}{\partial x}+\frac{\partial u_y}{\partial y}\right)+v_x=0$ $\nabla^2u_y+\frac{1+\mu^*}{1-\mu^*}\frac{\partial}{\partial y}\left(\frac{\partial u_x}{\partial x}+\frac{\partial u_y}{\partial y}\right)+v_y=0$
Beltrami-Michell-Gleichung[1)] (A9.43), (A9.44)	$\nabla^2(\sigma_x+\sigma_y)=-(1+\mu^*)\left(\frac{\partial v_x}{\partial x}+\frac{\partial v_y}{\partial y}\right)$
Airysche Spannungsfunktion (keine oder konstante Volumenkräfte) (A9.49), (A9.50)	$\frac{\partial^4U}{\partial x^4}+2\frac{\partial^4U}{\partial x^2\partial y^2}+\frac{\partial^4U}{\partial y^2}=0$ $\nabla^4U(x,y)=0$
Spannungen (keine Volumenkräfte), (A9.48)	$\sigma_x=\frac{\partial^2U}{\partial y^2}\ ,\ \sigma_y=\frac{\partial^2U}{\partial x^2}\ ;\ \tau_{xy}=-\frac{\partial^2U}{\partial x\,\partial y}$

[1] siehe Gleichung (A9.11) und Gleichung (A9.12) für E^* und μ^*

A10 Formzahl einer Platte mit kreisförmiger Öffnung

Für die lokale Spannungsüberhöhung durch das Vorhandensein von Kerben läßt sich nur für wenige Fälle eine analytische Lösung finden. Die Anwendung der Elastizitätstheorie auf solche Probleme führt in der Regel auf Differentialgleichungen, für welche im allgemeinen keine geschlossene Lösung angegeben werden kann. Die Spannungsüberhöhung durch Diskontinuitäten muß daher zumeist experimentell oder numerisch ermittelt werden, siehe Kapitel 8.

Im folgenden wird am Beispiel einer unendlichen Platte mit kreisförmiger Bohrung gezeigt, wie die Formzahl mit den in Anhang A9 vorgestellten Methoden der Elastizitätstheorie hergeleitet werden kann. Außerdem werden für eine Platte mit elliptischem Loch einige Ergebnisse vorgestellt.

A10.1 Unendlich große Platte mit kreisförmigem Loch

Die analytische Lösung für die Spannungsüberhöhung in der Nähe einer kreisförmigen Öffnung der in Bild A10.1 dargestellten unendlich großen Platte unter gleichförmiger Belastung in y-Richtung durch die Spannung σ wurde erstmals von G. Kirsch [98] im Jahre 1898 angegeben.

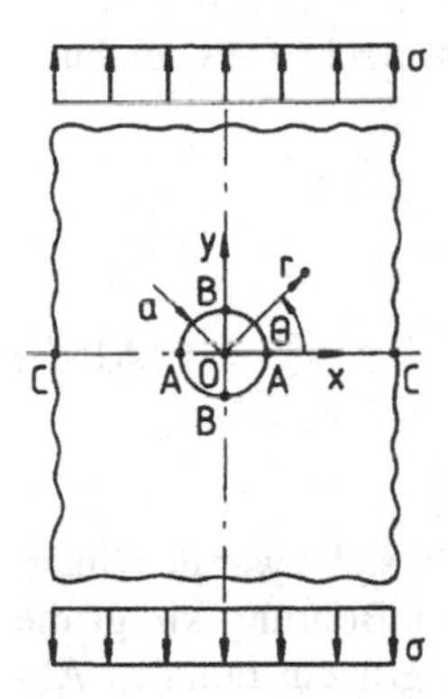

Bild A10.1 *Kreisförmige Öffnung mit Radius a in einer unendlich großen Platte unter gleichförmiger Zugbelastung in y-Richtung*

Im Anhang A9 wurde gezeigt, daß sich bei verschwindenden Volumenkräften jedes ebene, linear-elastische Problem darauf zurückführen läßt, eine Spannungsfunktion U zu finden, welche die Bipotentialfunktion, Gleichung (A9.50) bzw. (A9.52), und die Randbedingungen erfüllt. Um für das vorliegende Problem die Airysche Spannungsfunktion zu finden, wird zunächst die Platte ohne Loch betrachtet. Mit den in Bild A10.1 dargestellten Belastungsverhältnissen ergibt sich für die Randbedingungen und die konstante Spannungsverteilung innerhalb der Platte:

$$\begin{aligned} \sigma_x(\infty) &= \sigma_x(x,y) = 0 \\ \sigma_y(\infty) &= \sigma_y(x,y) = \sigma = \text{const.} \\ \tau_{xy}(\infty) &= \tau_{xy}(x,y) = 0\ . \end{aligned} \tag{A10.1}$$

Es ist unmittelbar ersichtlich, daß ein Polynom zweiten Grades nach Gleichung (A9.55) von der allgemeinen Form

$$U(x,y) = \frac{a_{20}}{2}x^2 + a_{11}xy + \frac{a_{02}}{2}y^2 \qquad \text{(A10.2)}$$

auf eine konstante Spannungsverteilung entsprechend Gleichung (A9.56) führt. Die Konstanten ergeben sich aus Gleichung (A9.56) nach Anpassung an die Randbedingungen, Gleichung (A10.1), zu:

$$a_{20} = \sigma \,; \quad a_{11} = a_{02} = 0 \quad . \qquad \text{(A10.3)}$$

Die Spannungsfunktion für die ungestörte Platte läßt sich damit schreiben als:

$$U_0(x,y) = \frac{1}{2}\sigma x^2 \quad . \qquad \text{(A10.4)}$$

Für das weitere Vorgehen erscheint die Verwendung von Polarkoordinaten sinnvoll. Mit der Transformation, siehe z. B. Bild A9.3,

$$x = r\cos\theta \qquad \text{(A10.5)}$$

ergibt sich für die Spannungsfunktion in Polarkoordinaten

$$U(r,\theta) = \frac{1}{4}\sigma r^2 + \frac{1}{4}\sigma r^2 \cos 2\theta \quad . \qquad \text{(A10.6)}$$

Die Spannungen berechnen sich daraus mit der Ableitungsvorschrift, Gleichung (A9.53):

$$\begin{aligned} \sigma_r(r,\theta) &= \frac{\sigma}{2}(1-\cos 2\theta) \\ \sigma_\theta(r,\theta) &= \frac{\sigma}{2}(1+\cos 2\theta) \\ \tau_{r\theta}(r,\theta) &= \frac{\sigma}{2}\sin 2\theta \quad . \end{aligned} \qquad \text{(A10.7)}$$

Wird nun in die Platte ein kreisförmiges Loch eingebracht, ändert sich zwar der Spannungszustand in der Platte, mit wachsender Entfernung von der Bohrung klingt die Störung des Spannungsfeldes jedoch rasch ab. Bei ausreichend großem radialen Abstand (theoretisch im Unendlichen) werden die durch Gleichung (A10.7) gegebenen Werte der ungestörten Platte erreicht. Damit lassen sich die Randbedingungen für den Plattenrand und den lastfreien Bohrungsrand in Polarkoordinaten wie folgt angeben:

$$\begin{aligned} \sigma_r(\infty,\theta) &= \frac{\sigma}{2}(1-\cos 2\theta) \\ \sigma_\theta(\infty,\theta) &= \frac{\sigma}{2}(1+\cos 2\theta) \\ \tau_{r\theta}(\infty,\theta) &= \frac{\sigma}{2}\sin 2\theta \\ \sigma_r(a,\theta) &= 0 \\ \tau_{r\theta}(a,\theta) &= 0. \end{aligned} \qquad \text{(A10.8)}$$

Ziel ist es nun, eine Spannungsfunktion U zu finden, welche die Bipotentialgleichung, Gleichung (A9.52), und die Randbedingungen, Gleichung (A10.8), erfüllt.

Ausgehend von der Annahme, daß die Spannungsfunktion für die gelochte Platte identisch aufgebaut ist wie diejenige der ungelochten Platte, Gleichung (A10.6), d. h. als Summe zweier nur vom radialen Abstand r abhängiger Funktionen, wobei die zweite mit dem Faktor $\cos 2\theta$ multipliziert wird, ergibt sich folgender Ansatz:

$$U(r,\theta) = f_1(r) + f_2(r)\cos 2\theta \quad . \tag{A10.9}$$

Eingesetzt in Gleichung (A9.52) findet man

$$\left\{\left(\frac{\partial^2}{\partial r^2}+\frac{1}{r}\frac{\partial}{\partial r}\right)\left(\frac{\partial^2 f_1}{\partial r^2}+\frac{1}{r}\frac{\partial f_1}{\partial r}\right)\right\} + \left\{\left(\frac{\partial^2}{\partial r^2}+\frac{1}{r}\frac{\partial}{\partial r}-\frac{4}{r^2}\right)\left(\frac{\partial^2 f_2}{\partial r^2}+\frac{1}{r}\frac{\partial f_2}{\partial r}-\frac{4 f_2}{r^2}\right)\right\}\cos 2\theta = 0 \ .$$

Beachtet man, daß obige Gleichung nur dann erfüllt ist, wenn die beiden in geschweiften Klammern stehenden Summanden verschwinden, erhält man folgende zwei entkoppelte Differentialgleichungen für die gesuchten Funktionen[1] f_1 und f_2 :

$$\begin{aligned}
&\left(\frac{d^2}{dr^2}+\frac{1}{r}\frac{d}{dr}\right)\left(\frac{d^2 f_1}{dr^2}+\frac{1}{r}\frac{df_1}{dr}\right)=0\\
&\left(\frac{d^2}{dr^2}+\frac{1}{r}\frac{d}{dr}-\frac{4}{r^2}\right)\left(\frac{d^2 f_2}{dr^2}+\frac{1}{r}\frac{df_2}{dr}-\frac{4 f_2}{r^2}\right)=0 \ .
\end{aligned} \tag{A10.10}$$

Wie man durch Einsetzen bestätigt, lauten die allgemeinen Lösungen:

$$\begin{aligned}
&f_1(r) = c_1 r^2 \ln r + c_2 r^2 + c_3 \ln r + c_4\\
&f_2(r) = c_5 r^2 + c_6 r^4 + \frac{c_7}{r^2} + c_8 \ .
\end{aligned} \tag{A10.11}$$

Die Spannungsfunktion findet man nach Einsetzen von Gleichung (A10.11) in Gleichung (A10.9), woraus sich mit Gleichung (A9.53) folgende Spannungsverteilung ergibt:

$$\begin{aligned}
&\sigma_r(r,\theta) = c_1(1+2\ln r) + 2c_2 + \frac{c_3}{r^2} - \left(2c_5 + \frac{6c_7}{r^4} + \frac{4c_8}{r^2}\right)\cos 2\theta\\
&\sigma_{\theta(r,\theta)} = c_1(3+2\ln r) + 2c_2 - \frac{c_3}{r^2} + \left(2c_5 + 12c_6 r^2 + \frac{6c_7}{r^4}\right)\cos 2\theta\\
&\tau_{r\theta(r,\theta)} = \left(2c_5 + 6c_6 r^2 - \frac{6c_7}{r^4} - 2\frac{c_8}{r^2}\right)\sin 2\theta \quad .
\end{aligned} \tag{A10.12}$$

---

[1] Da die Funktionen f_1 und f_2 nur von der Variablen r abhängen, kann auf die partiellen Ableitungen verzichtet werden.

Die Integrationskonstanten bestimmt man durch Anpassung von Gleichung (A10.12) an die Randbedingungen, Gleichung (A10.8). Aus der Forderung, daß die Spannungskomponenten σ_r, σ_θ und $\tau_{r\theta}$ für r endlich bleiben müssen, folgt zunächst $c_1 = c_6 = 0$. Für die restlichen Konstanten ergibt sich:

$$c_2 = \frac{\sigma}{4},\; c_3 = -\frac{\sigma}{2}a^2,\; c_5 = \frac{\sigma}{4},\; c_7 = \frac{\sigma}{4}a^4,\; c_8 = -\frac{\sigma}{2}a^2 \;.$$

Die Spannungskomponenten lassen sich damit ausdrücken als:

$$\begin{aligned} \sigma_r(r,\theta) &= \frac{\sigma}{2}\left(1-\frac{a^2}{r^2}\right)-\frac{\sigma}{2}\left(1+3\frac{a^4}{r^4}-4\frac{a^2}{r^2}\right)\cos 2\theta \\ \sigma_\theta(r,\theta) &= \frac{\sigma}{2}\left(1+\frac{a^2}{r^2}\right)+\frac{\sigma}{2}\left(1+3\frac{a^4}{r^4}\right)\cos 2\theta \\ \tau_{r\theta}(r,\theta) &= \frac{\sigma}{2}\left(1+2\frac{a^2}{r^2}-3\frac{a^4}{r^4}\right)\sin 2\theta \;. \end{aligned} \tag{A10.13}$$

Um den Einfluß des Lochs auf die Spannungsverteilung zu untersuchen, wird die Tangentialspannung an zwei ausgewählten Stellen betrachtet:

a) Tangentialspannung im Querschnitt C-C ($\theta = 0, \pi$), Bild A10.2

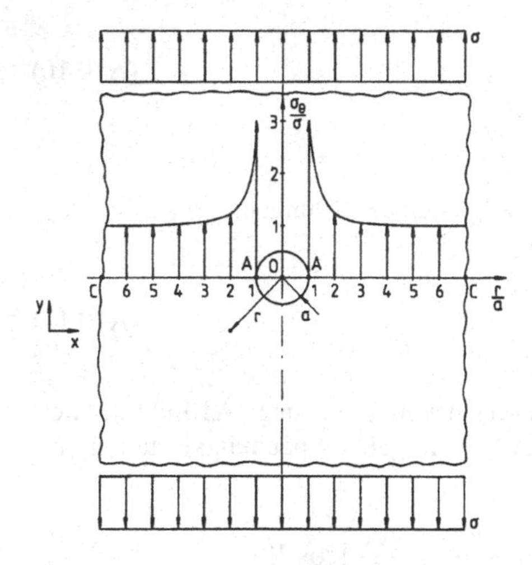

***Bild A10.2** Verlauf der bezogenen Tangentialspannung im Querschnitt C-C einer unendlich großen Platte mit kreisförmigem Loch unter gleichförmiger Zugbelastung in y-Richtung*

Aus Gleichung (A10.13) erhält man für $\theta = 0$ und $\theta = \pi$:

$$\sigma_\theta(r,\theta)\Big|_{\theta=0,\pi} = \frac{\sigma}{2}\left\{2+\left(\frac{a}{r}\right)^2+3\left(\frac{a}{r}\right)^4\right\} \;. \tag{A10.14}$$

In Bild A10.2 ist der auf die äußere Beanspruchung σ bezogene Tangentialspannungsverlauf dargestellt. Am Lochrand im Punkt A ist die Spannungsüberhöhung maximal. Die Formzahl K_t nach Gleichung (8.5), d. h. der Quotient aus der maximalen Spannung und der Nennspannung, welche an der gleichen Stelle ohne das Loch auftreten würde, ergibt sich mit Gleichung (8.5) und Gleichung (A10.14) mit $r = a$:

$$K_t = \frac{\sigma_{k\max}}{\sigma_n} = \frac{\sigma_\theta(a,0)}{\sigma} = 3 \ . \qquad \text{(A10.15)}$$

Man sieht weiterhin, daß die Spannungsüberhöhung mit wachsendem Abstand vom Lochrand sehr stark abnimmt, d. h. die Spannungskonzentration ist stark auf den Bohrungsrand lokalisiert.

b) Tangentialspannung entlang des Lochrands $r = a$
Aus Gleichung (A10.13) ergibt sich für $r = a$ der in Bild A10.3 dargestellte Tangentialspannungsverlauf entlang des Lochrands:

$$\sigma_\theta(a,\theta) = \sigma(1 + 2\cos 2\theta) \quad . \qquad \text{(A10.16)}$$

Vom Maximalwert 3σ im Punkt A für $\theta = 0$ und $\theta = \pi$ nimmt σ_θ mit wachsendem Winkel θ schnell ab. Für $60° < \theta < 120°$ und für $240° < \theta < 300°$ wirkt die Tangentialspannung als Druckspannung und erreicht für $\theta = \pi/2$ und $\theta = 3\pi/2$ im Punkt B ihren Minimalwert $\sigma_{\theta min} = -\sigma$.

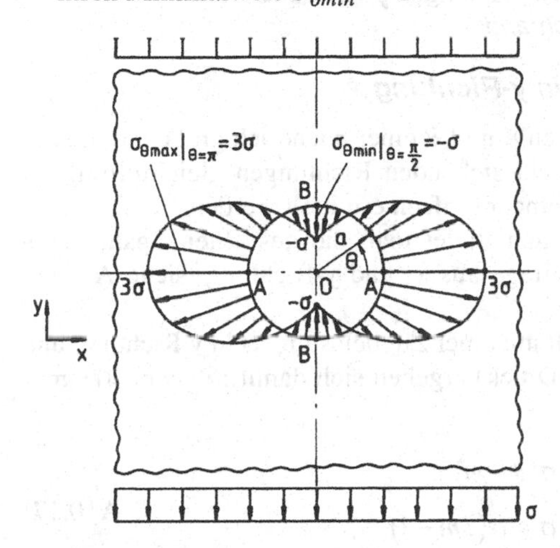

***Bild A10.3** Verlauf der Tangentialspannung am Lochrand einer unendlich großen Platte mit kreisförmigem Loch unter gleichförmiger Zugbelastung in y-Richtung*

Druckbelastung in y-Richtung

Bei einer gleichförmigen Druckbelastung in y-Richtung können die oben erhaltenen Ergebnisse unmittelbar übernommen werden, wenn die äußere Belastung σ mit negativem Vorzeichen eingesetzt wird. Wie in Bild A10.4 dargestellt, ergibt sich als Tangentialspannung im Punkt A die minimale Druckspannung $\sigma_{\theta min} = -3\sigma$, während im Punkt B die maximale Zugspannung $\sigma_{\theta max} = +\sigma$ auftritt.

Bei spröden Werkstoffen unter Druckbelastung, welche hohe Druckspannungen, jedoch nur geringe Zugspannungen ertragen, siehe z. B. Bild 6.24, versagt die Platte daher nach der NH im Punkt B senkrecht zur maximalen Zugspannung, d. h. überraschenderweise parallel zur Lastangriffsrichtung, siehe Bild A10.4b.

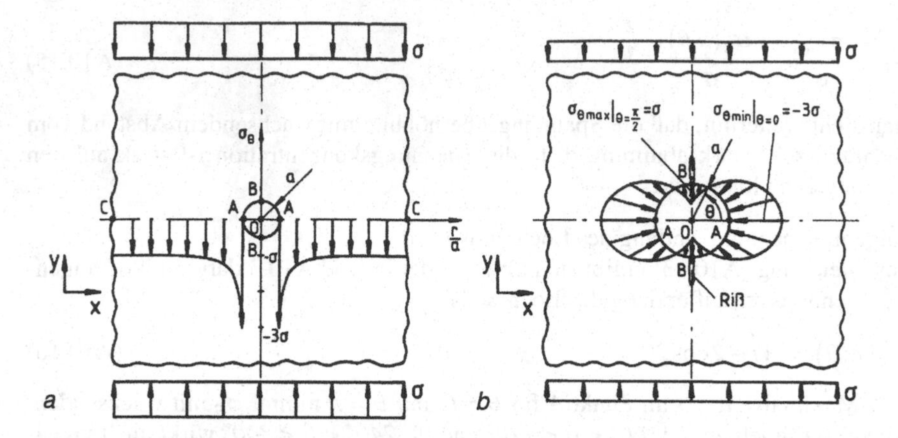

Bild A10.4 *Verlauf der Tangentialspannung für eine unendlich große Platte mit kreisförmigem Loch unter gleichförmiger Druckbelastung in y-Richtung*
a) im Querschnitt C-C b) entlang des Lochrands

Biaxiale Beanspruchung in x- und in y-Richtung

Die extremalen Spannungen in den Punkten A und B einer unendlich großen Platte mit Loch, welche in zwei zueinander senkrecht stehenden Richtungen gleichförmig auf Zug oder Druck belastet wird, können nunmehr einfach ermittelt werden.

Bei linear-elastischem Werkstoffverhalten findet man die gesuchten Spannungen durch lineare Superposition der Einzelbeträge aus x- und y-Richtung, siehe Anhang A9.6.

Für den in Bild A10.5 dargestellten Fall mit einer Zugbelastung σ in y-Richtung und $m\sigma$ in x-Richtung [1] ($m > 0$: Zug, $m < 0$: Druck) ergeben sich damit folgende Tangentialspannungen:

$$\begin{aligned}
&\text{Punkt } A\text{: } \sigma_{\theta\,\max}\big|_{\theta=0,\pi} = 3\sigma - m\sigma = \sigma(3-m) \\
&\text{Punkt } B\text{: } \sigma_{\theta\,\max}\big|_{\theta=\frac{\pi}{2},\frac{3\pi}{2}} = 3m\sigma - \sigma = \sigma(3m-1)\,.
\end{aligned} \tag{A10.17}$$

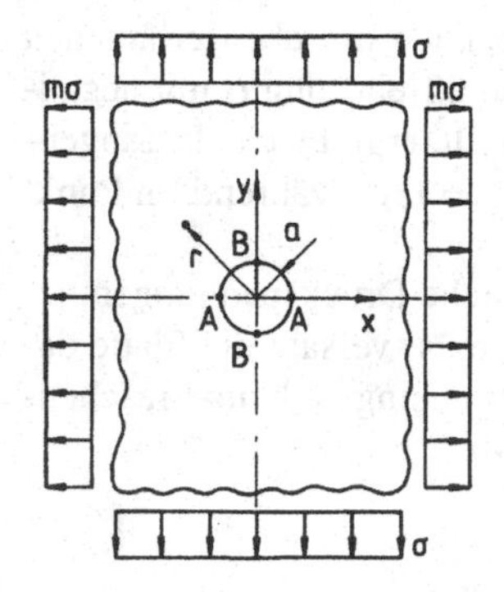

Bild A10.5 *Unendlich große Platte mit kreisförmigem Loch unter biaxialer Belastung in x- und y-Richtung*

[1] Bei Druck wird vorausgesetzt, daß die (beliebige) Dicke der Platte ausreicht, um Knicken zu verhindern

Der Fall gleichmäßiger Zug-Druck-Beanspruchung, d. h. $m = -1$, entspricht dem einer reinen Scher- bzw. Torsionsbelastung. Die maximale Spannungsüberhöhung ergibt sich dafür aus Gleichung (A10.17) zu:

$$\begin{aligned} &\text{Punkt } A\text{:}\ \sigma_{\theta\,\max}\big|_{\theta=0,\pi} = 4\sigma \\ &\text{Punkt } B\text{:}\ \sigma_{\theta\,\max}\big|_{\theta=\frac{\pi}{2},\frac{3\pi}{2}} = -4\sigma\ . \end{aligned} \tag{A10.18}$$

Bei reiner Schubbeanspruchung ist demnach für die vorliegende Geometrie die Formzahl $K_t = 4$. In Bild A10.6 sind die Verläufe der Tangentialspannung in den Querschnitten *C-C* und *D-D* sowie entlang des Lochrands *A-B* skizziert.

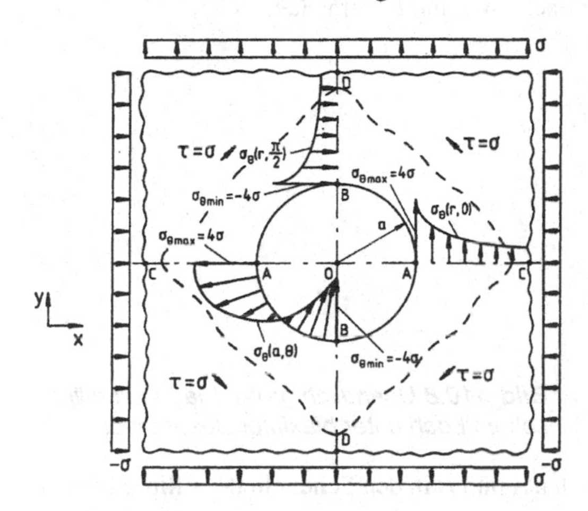

Bild A10.6 *Reine Schubbeanspruchung einer unendlich großen Platte mit kreisförmigem Loch. Verlauf der Tangentialspannungen in den Querschnitten C-C und D-D (oben) und entlang des Lochrands A-B (unten)*

Eine solche Spannungsüberhöhung tritt, wie in Bild A10.7 dargestellt, bei einem dünnwandigen Hohlzylinder mit kleinem kreisförmigen Ausschnitt unter Torsionsbeanspruchung auf.

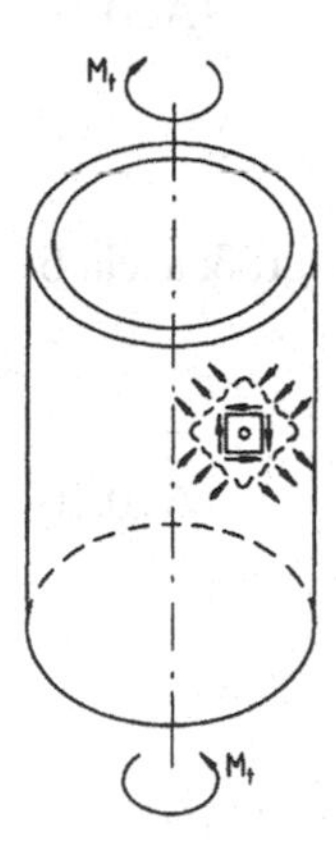

Bild A10.7 *Dünnwandiger Zylinder mit kleinem Loch unter Torsionsbelastung*

A10.2 Unendlich große Platte mit ellipsenförmigem Loch

Die Spannungskonzentration in der Umgebung eines elliptischen Loches in einer unendlich großen Platte wurde erstmals 1913 von dem britischen Mechaniker Inglis (1875–1952) [94] angegeben. Inglis verwendete krummlinige elliptische Koordinaten für die Herleitung. Das Problem kann auch unter Verwendung von komplexen Spannungsfunktionen, siehe Anhang A9.8.2, gelöst werden. Auf die Herleitung und die Angabe der allgemeinen Lösung wird nachfolgend verzichtet, es werden lediglich die Lösungen für einige ausgewählte Belastungsfälle angegeben.

Dazu wird die in Bild A10.8 dargestellte Platte unter biaxialer Beanspruchung mit einer elliptischen Öffnung mit den Halbachsen a und b betrachtet.

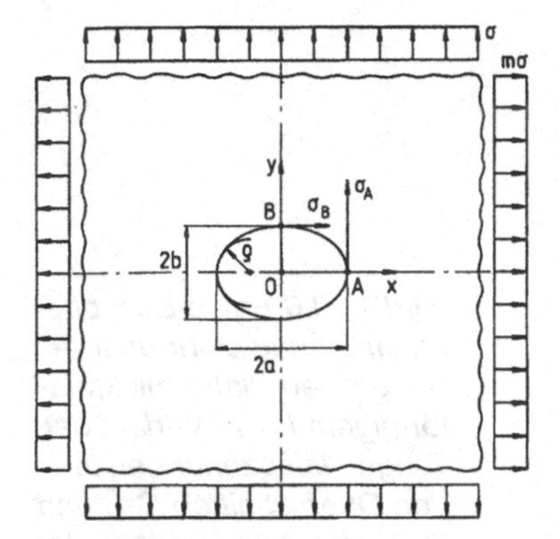

***Bild A10.8** Unendlich große Platte mit elliptischem Loch unter biaxialer Beanspruchung*

Die Tangentialspannungen in den Punkten A und B in den Scheiteln der Ellipse berechnen sich zu:

$$\sigma_A = \sigma\left[(1-m) + \frac{2a}{b}\right]$$
$$\sigma_B = \sigma\left[m\left(1+\frac{2b}{a}\right) - 1\right] . \tag{A10.19}$$

Für den Kreis ergeben sich daraus mit $a/b = 1$ die Gleichungen (A10.17).

Für den Spezialfall einer Zugbelastung in y-Richtung senkrecht zur großen Halbachse ergibt sich aus Gleichung (A10.19) mit $m = 0$:

$$\sigma_A = \sigma_{\max} = \sigma\left(1+\frac{2a}{b}\right)$$
$$\sigma_B = \sigma_{\min} = -\sigma . \tag{A10.20}$$

Die Formzahl beträgt somit

$$K_t = 1 + \frac{2a}{b} . \tag{A10.21}$$

Für $a/b = 1$ ergibt sich daraus die für den Kreis gefundene Formzahl $K_t = 3$, siehe Gleichung (A10.15). Mit wachsendem Verhältnis a/b, d. h. bei schlanker werdender Ellipse, ergeben sich zunehmend hohe Spannungskonzentrationen. Beispielsweise erhält man bei einem Halbachsenverhältnis von $a/b = 10$ eine Spannungsüberhöhung von $K_t = 21$, siehe auch Bild 8.8.

Die Spannungen können auch mit dem Krümmungskreisradius ρ am Hauptscheitel A der Ellipse, siehe Bild A10.8, ausgedrückt werden. Mit

$$\rho = \frac{b^2}{a} \tag{A10.22}$$

ergibt sich beispielsweise für den Fall einer reinen Zugbelastung in y-Richtung aus Gleichung (A10.20):

$$\sigma_A = \sigma\left(1 + 2\sqrt{\frac{a}{\rho}}\right) \quad . \tag{A10.23}$$

Die Formzahl wird:

$$K_t = 1 + 2\sqrt{\frac{a}{\rho}} \quad . \tag{A10.24}$$

Im Grenzfall $a/b \to \infty$ wird aus der Ellipse ein Riß mit dem Krümmungskreisradius $\rho = 0$. Am Scheitelpunkt A liegt dann eine Singularität der Spannung vor, die Tangentialspannung geht gegen unendlich. Eine konventionelle Festigkeitsberechnung ist in diesem Fall nicht mehr möglich. Man muß auf Methoden der Bruchmechanik zurückgreifen. Diese Verfahren werden in einem späteren Band behandelt, wobei die Spannungsintensität als Maß für die Beanspruchung eingeführt wird.

A11 Fließkurve des Biegebalkens mit Rechteckquerschnitt

In diesem Anhang wird die Fließkurve des glatten Biegebalkens für den Sonderfall des Rechteckquerschnitts und des elastisch-idealplastischen Werkstoffverhaltens hergeleitet. Fließkurven für weitere symmetrische Querschnitte und beliebigem σ-ε-Verhalten können mit dem *Programm P9_1* berechnet werden, siehe Abschnitt 9.6.

Programm P9_1

Das Biegemoment zu der in Bild A11.1 gezeigten Spannungsverteilung wird durch Integration getrennt nach elastischem und plastischem Anteil ermittelt. Der Balken sei bis zur Faser mit Abstand y_F zur Balkenmitte geflossen.

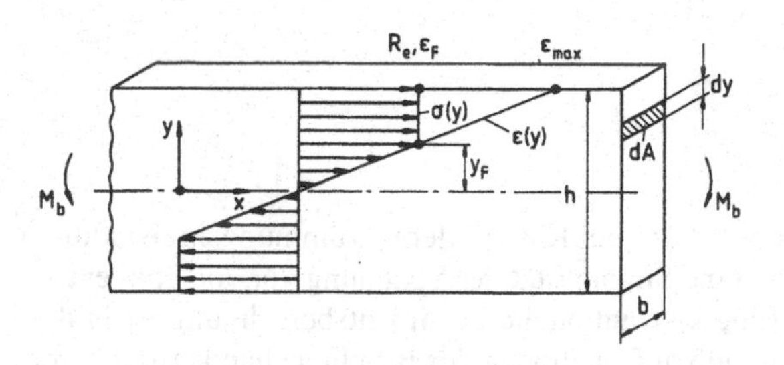

***Bild A11.1** Dehnungs- und Biegespannungsverteilung des teilplastisch beanspruchten Balkens*

- Elastischer Anteil ($|y| \leq y_F$):

  Nach dem Strahlensatz gilt für den Spannungsverlauf:

$$\sigma_b y_g = R_e \cdot \frac{y}{y_F} \quad . \tag{A11.1}$$

  Das zugehörige Biegemoment ergibt sich durch Integration:

$$M_{bel} = \int_{A_{el}} \sigma(y) \cdot y \cdot dA = 2 \cdot b \int_{y=0}^{y_F} \sigma(y) \cdot y \cdot dy \quad . \tag{A11.2}$$

  Setzt man Gleichung (A11.1) in Gleichung (A11.2) ein, so erhält man:

$$M_{bel} = \frac{2}{3} \cdot R_e \cdot b \cdot y_F^2 \quad . \tag{A11.3}$$

  Dieser Ausdruck hätte sich auch direkt als elastische Lösung des Balkens mit der Höhe $h=2 \cdot y_F$ ergeben, siehe Gleichung (5.16) und Tabelle 5.1

- Plastischer Anteil ($y_F \leq |y| \leq h/2$):

  Der Spannungsverlauf ist konstant:

$$\sigma_b y_g = R_e \quad . \tag{A11.4}$$

  Der Integralausdruck für das plastische Biegemoment lautet:

$$M_{b\,pl} = \int_{A_{pl}} R_e \cdot y \cdot dA = 2 \cdot b \int_{y\,=\,y_F}^{h/2} R_e \cdot y \cdot dy$$

$$M_{b\,pl} = R_e \cdot b \cdot \left(\frac{h^2}{4} - y_F^2 \right) \quad . \tag{A11.5}$$

- Gesamtbiegemoment:

Das Gesamtbiegemoment ergibt sich aus Gleichung (A11.3) und (A11.5) zu:

$$M_b = M_{bel} + M_{b\,pl} = R_e \cdot b \cdot \left(\frac{h^2}{4} - \frac{y_F^2}{3} \right) \quad . \tag{A11.6}$$

Als Sonderfall von Gleichung (A11.6) erhält man das Biegemoment für Fließbeginn am Außenrand ($y_F = h/2$):

$$M_{b\,F} = R_e \cdot \frac{b \cdot h^2}{6} \quad . \tag{A11.7}$$

Das vollplastische Biegemoment wird ($y_F = 0$):

$$M_{b\,vpl} = R_e \cdot \frac{b \cdot h^2}{4} \quad . \tag{A11.8}$$

- Zusammenhang zwischen Biegemoment und Randdehnung (*Fließkurve*):

Fließkurve

Wendet man den Strahlensatz auf den Dehnungsverlauf in Bild A11.1 an, ergibt sich:

$$\varepsilon = \frac{\frac{h}{2}}{y_F} \cdot \varepsilon_F \quad . \tag{A11.9}$$

Gleichung (A11.9) in (A11.6) eingesetzt führt zu:

$$M_b = R_e \cdot \frac{b \cdot h^2}{4} \left[1 - \frac{1}{3} \left(\frac{\varepsilon_F}{\varepsilon_{max}} \right)^2 \right] \quad . \tag{A11.10}$$

Mit $M_{b\,F} = R_e \cdot \frac{b \cdot h^2}{6}$ aus Gleichung (A11.7) ergibt sich:

$$M_b = M_{b\,F} \left[1{,}5 - 0{,}5 \left(\frac{\varepsilon_F}{\varepsilon_\mu} \right)^2 \right] \quad . \tag{A11.11}$$

Die Fließkurve in bezogener Form nach Gleichung (A11.11) ist in Bild 9.10 dargestellt. Das Verhältnis des Kollaps-Biegemoments zum Biegemoment bei Fließbeginn ergibt sich aus den Gleichung (A11.7) und (A11.8) oder aus Gleichung (A11.11) für $\varepsilon_{max} \to \infty$:

$$\frac{M_{b\,vpl}}{M_{b\,F}} = 1{,}5 \quad , \tag{A11.12}$$

siehe auch vollplastische Stützziffer in Tabelle 9.1.

A12 Kollaps des schwach gekerbten Zugstabs

A12.1 Kollapslast

Am Beispiel des schwach gekerbten Rundstabs soll in diesem Anhang die Integrationsmethode zur Bestimmung der Kollapslast beschrieben werden. Die Geometrie und die schematischen Verläufe der Längs- (σ_l), Tangential- (σ_t) und Radialspannung (σ_r) im vollplastischen Zustand sind in Bild A12.1 dargestellt.

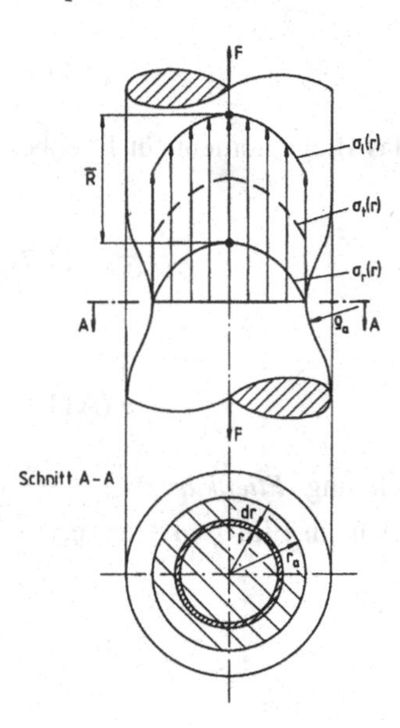

***Bild A12.1** Schwach gekerbter Zugstab mit Spannungsverläufen im vollplastischen Zustand*

Als Kollapsbedingung gilt nach der SH nach Gleichung (7.12):

$$\sigma_{vSH} = \sigma \quad - \sigma \quad = \sigma_l(r) - \sigma_r(r) = \overline{R} \quad . \tag{A12.1}$$

R ist der Kollapskennwert nach Gleichung (9.42). Aus einer Gleichgewichtsbetrachtung an der Einschnürstelle ergibt sich für den Verlauf der Radialspannung über dem Radius r:

$$\sigma_r(r) = \frac{\overline{R}}{\rho_a \cdot r_a} \cdot \frac{r_a^2 - r^2}{2} \quad . \tag{A12.2}$$

Die Längsspannung ergibt sich nach Gleichung (A12.1) zu:

$$\sigma_l(r) = \sigma_r(r) + \overline{R} = \overline{R}\left(1 + \frac{r_a^2 - r^2}{2 \cdot \rho_a \cdot r_a}\right) \quad . \tag{A12.3}$$

Die Kollapslast errechnet sich nach Gleichung (9.43) durch Integration der Längsspannung über den Stabquerschnitt:

$$F_{vpl\,k} = \int_A \sigma_l(r)\, dA \quad , \qquad \text{(A12.4)}$$

wobei $dA = 2\pi \cdot r \cdot dr$, siehe Bild A12.1.

Durch Einsetzen von Gleichung (A12.2) in (A12.4) und Auflösen des Integrals erhält man:

$$F_{vpl\,k} = \overline{R} \cdot \pi \cdot r_a^2 \left(1 + \frac{r_a}{4 \cdot \rho_a} \right) = \overline{R} \cdot A_k \left(1 + \frac{r_a}{4 \cdot \rho_a} \right) \quad . \qquad \text{(A12.5)}$$

Obige Herleitung für die Spannungsverteilung im eingeschnürten Stab wurde 1925 von E. Siebel [172] vorgestellt. Eine andere Vorgehensweise führte Davidenkov und Spiridonova [55] 1946 zum gleichen Ergebnis.

Bridgman [52] führte ebenfalls eine Gleichgewichtsbetrachtung an der Einschnürstelle durch. Im Gegensatz zu Siebel berücksichtigte er auch die Tangentialspannung σ_T durch Anwendung der GH. Dies führt zu folgender Spannungsverteilung über dem Einschnürquerschnitt:

$$\sigma_r(r) = \overline{R} \cdot \ln\left(\frac{r_a^2 + 2 r_a \rho_a - r^2}{2 r_a \rho_a} \right) \qquad \text{(A12.6)}$$

$$\sigma_l(r) = \overline{R} \cdot \left[1 + \ln\left(\frac{r_a^2 + 2 r_a \rho_a - r^2}{2 r_a \rho_a} \right) \right] \quad . \qquad \text{(A12.7)}$$

Die Kollapslast ergibt sich aus Gleichung (A12.7) durch Integration entsprechend Gleichung (A12.4):

$$F_{vpl\,k} = \overline{R} \cdot A_k \left(1 + \frac{2 \cdot \rho_a}{r_a} \right) \cdot \ln\left(1 + \frac{r_a}{2 \cdot \rho_a} \right) \quad . \qquad \text{(A12.8)}$$

A12.2 Constraint-Faktor

Die Kollapslast des glatten Zugstabes mit gleichem Nettoquerschnitt wie der Kerbstab ergibt sich zu:

$$F_{vpl\,g} = \overline{R} \cdot A_k \quad . \qquad \text{(A12.9)}$$

Der Constraint-Faktor nach Gleichung (9.4) berechnet sich mit den Gleichung (A12.5) und (A12.6):

$$L = \frac{F_{vpl\,k}}{F_{vpl\,g}} = 1 + \frac{r_a}{4 \cdot \rho_a} \quad . \qquad \text{(A12.10)}$$

Unter Verwendung der Lösung nach Bridgman, Gleichung (A12.8) ergibt sich:

$$L = \left(1 + \frac{2 \cdot \rho_a}{r_a}\right) \cdot \ln\left(1 + \frac{r_a}{2 \cdot \rho_a}\right) \quad . \tag{A12.11}$$

Die Constraint-Faktoren nach Siebel, Gleichung (A12.10), und Bridgman, Gleichung (A12.11), sind in Bild A12.2 über r_a/ρ_a dargestellt.

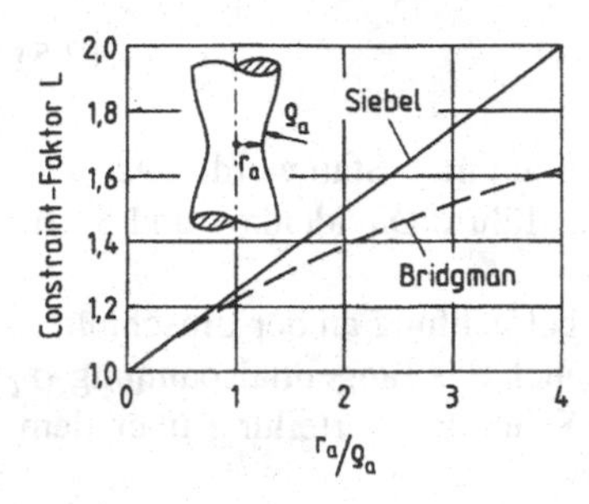

***Bild A12.2** Constraint-Faktor nach Siebel und nach Bridgman*

Typische Werte einer eingeschnürten Zugprobe aus weichem Baustahl sind r_a/ρ_a= 0,5÷1, siehe Bild A12.3. Hiermit ergibt sich nach Gleichung (A12.10) ein Wert von L=1,13÷1,25. Die deutlich höhere Kollapsspannung von $\sigma_{v\,pl} \approx 2 \cdot R_m$ ist auf die Werkstoffverfestigung zurückzuführen, siehe Härtewerte in Bild A12.3.

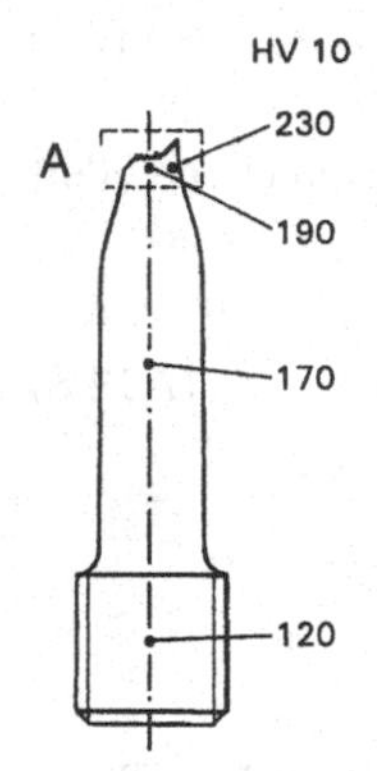

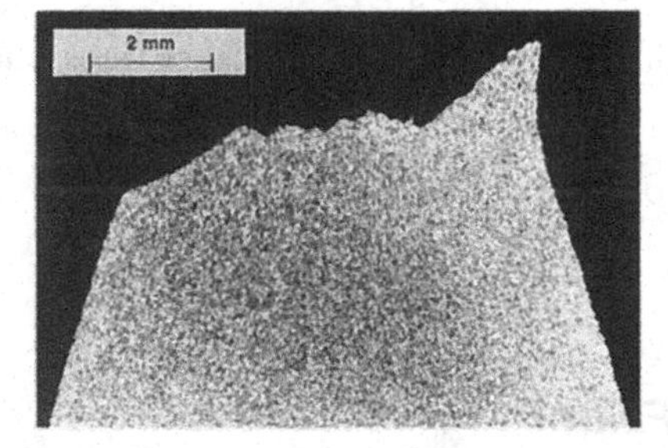

***Bild A12.3** Gebrochene Zugprobenhälfte aus Werkstoff C 15 N mit Härtewerten und Längsschliff am Bruchrand (Ausschnitt A), Fließkurve siehe Bild A12.4*

A12.3 Fließspannung aus Zugversuch

Fließspannung

Die in Anhang A12.1 hergeleitete Beziehung (A12.5) kann zur experimentellen Ermittlung der *Fließspannung* k_f im Zugversuch herangezogen werden. Die Fließspannung entspricht der Vergleichsspannung nach der SH, d. h. im nicht eingeschnürten Zustand direkt der Längsspannung (σ_r = 0) und bei der eingeschnürten Zugprobe der Differenz aus Längs- und Radialspannung, siehe Gleichung (A12.1). Überträgt man die Lösung des gekerbten Rundstabs auf die eingeschnürte Zugprobe, so gilt:

$$k_f = \overline{R} \quad . \qquad \text{(A12.12)}$$

Damit läßt sich k_f aus Gleichung (A12.5) (Siebel) bestimmen:

$$k_f = \frac{F}{\pi \cdot r_a^2 \left(1 + \frac{r_a}{4 \cdot \rho_a}\right)} \quad . \qquad \text{(A12.13)}$$

Mit Gleichung (A12.8) (Bridgman) ergibt sich entsprechend:

$$k_f = \frac{F}{\pi \cdot r_a^2 \left(1 + \frac{2 \cdot \rho_a}{r_a}\right) \ln\left(1 + \frac{r_a}{2 \cdot \rho_a}\right)} \quad . \qquad \text{(A12.14)}$$

Zur Ermittlung von k_f ist im Zugversuch der Durchmesser $2 \cdot r_a$ des Einschnürquerschnitts und der Radius der Probenkontur ρ_a an der dünnsten Stelle in Abhängigkeit von der Prüfkraft F zu bestimmen. Die *Werkstofffließkurve* stellt den Zusammenhang zwischen der Fließspannung k_f und der wahren Dehnung φ dar. Die Formänderung φ wird in diesem Fall aus Gleichung (9.9) mit Hilfe der Beziehung für Volumenkonstanz ($A_0 \cdot l_0 = A \cdot l$) gebildet:

Werkstofffließkurve

$$\varphi = \ln\left(\frac{l}{l_0}\right) = \ln\left(\frac{A_0}{A}\right) = \ln\left(\frac{r_0}{r_a}\right)^2 = 2 \ln\left(\frac{r_0}{r_a}\right) \quad . \qquad \text{(A12.15)}$$

In Bild A12.4 ist die mit dem Verfahren nach Siebel, Gleichung (A12.13), experimentell ermittelte Fließkurve des Werkstoffs C 15 N zusammen mit dem Verlauf der Längs- und Radialspannung dargestellt.

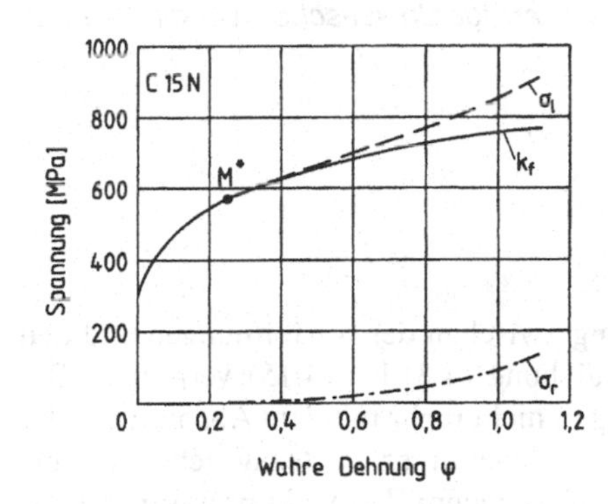

Bild A12.4 *Fließkurve für Werkstoff C 15 N (Probendurchmesser 12 mm)*

Die Längsspannung im Einschnürquerschnitt wird bestimmt durch die Werkstoffverfestigung, welche durch k_f beschrieben wird, und der Constraint-Wirkung, welche sich im Verlauf der Querspannung σ_r widerspiegelt. Beim Bruch der Probe beträgt das Verhältnis $r_a/\rho_a = 0{,}6$, siehe Bild A12.3, was einem Constraint-Faktor $L = 1{,}15$ entspricht.

A13 Gleitlinientheorie

Inhalt dieses Anhangs ist eine Einführung in die Grundlagen der Gleitlinientheorie und deren Anwendung. Weitergehende Ausführungen finden sich z. B. bei Hill [84], Prager und Hodge [156], Johnson und Mellor [101], Johnson, Sowerby und Venter [99].

Physikalisch gesehen bestehen Gleitlinienfelder aus zueinander orthogonalen Kurven, deren Richtungen an jedem Punkt mit denen der maximalen Schubspannungen übereinstimmen. Die Gleitlinienfelder lassen sich grafisch darstellen und erlauben damit unter gewissen Bedingungen eine anschauliche Lösung plastomechanischer Problemstellungen. Die Gleitlinientheorie ist an folgende zwei Voraussetzungen gebunden:

- Ebener Formänderungszustand
- Starr-idealplastisches Werkstoffverhalten.

Ein ebener Formänderungszustand, z. B. in *x-y*, ist dadurch gekennzeichnet, daß die Dehnungen und Verzerrungen in *z*-Richtung verschwinden, d. h. $\varepsilon_z=\gamma_{xz}=\gamma_{zy}=0$. Bei dem in Bild A13.1 dargestellten starr-idealplastischen Werkstoffverhalten werden sowohl die elastischen Dehnungsanteile als auch Verfestigungseffekte vernachlässigt.

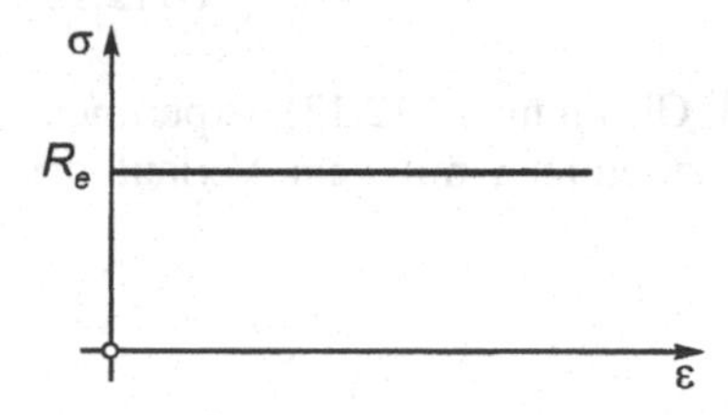

***Bild A13.1** Starr-idealplastischesWerkstoffverhalten*

A13.1 Grundgleichungen

Spannungs-Verformungs-Beziehungen

Im elastischen Bereich wird der Zusammenhang zwischen den Verformungen und den Spannungen durch das Hookesche Gesetz Gleichung (4.8) bis (4.15) vermittelt. Bei plastischen Verformungen dürfen die Spannungen nicht mehr mit dem Absolutwert der Verformungen, sondern nur mit den Verformungsänderungen in Bezug gebracht werden. Die plastischen Verzerrungsinkremente sind zu jedem Zeitpunkt proportional der Deviatorspannung, damit:

$$\frac{d\varepsilon_x}{\sigma'_x}=\frac{d\varepsilon_y}{\sigma'_y}=\frac{d\varepsilon_z}{\sigma'_z}=\frac{d\gamma_{yz}}{\tau_{yz}}=\frac{d\gamma_{zx}}{\tau_{zx}}=\frac{d\gamma_{xy}}{\tau_{xy}}=d\lambda \qquad \text{(A13.1)}$$

$$d\varepsilon_{ij}=\sigma'_{ij}d\lambda \quad .$$

Die Proportionalität zur Deviatorspannung σ'_{ij} und nicht zur gesamten Spannung σ_{ij} ergibt sich aus der Tatsache, daß plastische Formänderungen unter Volumenkonstanz ablaufen und der Spannungsdeviator den volumendehnungsfreien Anteil des Spannungszustandes repräsentiert, siehe Anhang A8.1.

Es ist darauf hinzuweisen, daß der nicht negative Proportionalitätsfaktor $d\lambda$ in Gleichung A13.1 keine Werkstoffkonstante (wie E, G und μ beim Hookeschen Gesetz) darstellt, sondern neben den Stoffeigenschaften wesentlich von der Verformung abhängt. Die Beziehungen A13.1 wurden 1870 erstmalig von dem französischen Ingenieur und Mathematiker M. Lévy (1838–1910) [119] und im Jahre 1913 unabhängig davon von R. von Mises [136] aufgestellt und werden daher als *Lévy-von Mises-Gleichungen* bezeichnet.

Lévy-von Mises-Gleichungen

Die elastischen Verzerrungsanteile werden bei diesen Gleichungen nicht berücksichtigt. Die additive Zusammensetzung des Gesamtdehnungsinkrements aus der elastischen- und der plastischen Dehnungsänderung wird von den *Prandtl-Reuß-Gleichungen* beschrieben.

Mit dem Spannungsdeviator nach Gleichung A8.4 bzw. Tabelle A8.1 lassen sich die Lévy-von Mises-Gleichungen schreiben als:

$$
\begin{aligned}
d\varepsilon_x &= d\lambda \cdot \frac{1}{3}\left(2\sigma_x - \sigma_y - \sigma_z\right) & d\gamma_{xy} &= d\lambda \cdot \tau_{xy} \\
d\varepsilon_y &= d\lambda \cdot \frac{1}{3}\left(-\sigma_x + 2\sigma_y - \sigma_z\right) & d\gamma_{yz} &= d\lambda \cdot \tau_{yz} \\
d\varepsilon_z &= d\lambda \cdot \frac{1}{3}\left(-\sigma_x - \sigma_y + 2\sigma_z\right) & d\gamma_{zx} &= d\lambda \cdot \tau_{zx} \quad .
\end{aligned}
\tag{A13.2}
$$

Die eingangs angesprochene Voraussetzung einer ebenen Formänderung z. B. in x-y ergibt die Verträglichkeitsbedingung $d\varepsilon_z = d\gamma_{yz} = d\gamma_{zx} = 0$. Für die Spannungen erhält man damit aus Gleichung A13.2:

$$\sigma_z = \sigma_m = \frac{1}{2} \cdot \left(\sigma_x + \sigma_y\right) \tag{A13.3}$$

$$\tau_{yz} = \tau_{zx} = 0 \quad . \tag{A13.4}$$

Die Normalspannung σ_z, welche wegen der verschwindenden Schubspannung zugleich Hauptspannung ist, entspricht hier der mittleren (hydrostatischen) Normalspannung σ_m nach Gleichung A8.2. Für die drei unbekannten Spannungen σ_x, σ_y, τ_{xy} stehen die nachfolgend aufgeführten drei statischen Gleichungen der ebenen Formänderung zur Verfügung.

Gleichgewichtsbedingungen

Die Gleichgewichtsbedingungen in x- und y-Richtung findet man mit den Gleichung (A9.8) und (A13.4) ($v_x = v_y = 0$):

$$\frac{\partial \sigma_x}{\partial x} + \frac{\partial \tau_{xy}}{\partial y} = 0 \tag{A13.5}$$

$$\frac{\partial \tau_{xy}}{\partial x} + \frac{\partial \sigma_y}{\partial y} = 0 \quad . \tag{A13.6}$$

Fließbedingung

Die Bedingung für plastisches Fließen ergibt die noch fehlende dritte Gleichung. Für den ebenen Formänderungszustand erhält man nach der GH mit den Gleichung (A13.3), (A13.4) und (A8.23) (bzw. (7.19)):

$$\sqrt{\left(\frac{\sigma_x - \sigma_y}{2}\right)^2 + \tau_{xy}^{\ 2}} = \frac{R_e}{\sqrt{3}} = \tau_F \ . \qquad \text{(A13.7)}$$

Nach der SH ergibt sich entsprechend:

$$\sqrt{\left(\frac{\sigma_x - \sigma_y}{2}\right)^2 + \tau_{xy}^{\ 2}} = \frac{R_e}{2} = \tau_F \ . \qquad \text{(A13.8)}$$

A13.2 Grafische Veranschaulichung im Mohrschen Spannungskreis

Die Mohrschen Spannungskreise für den vorliegenden Spannungszustand sind in Bild A13.2 dargestellt.

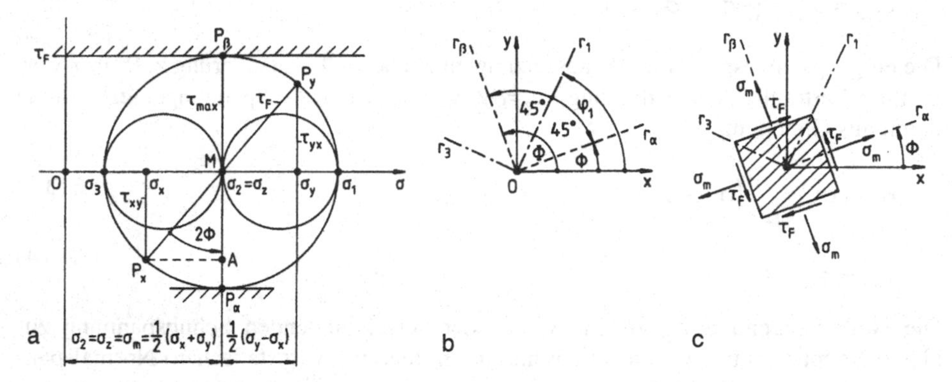

***Bild A13.2** Mohrsche Spannungskreise für ebenen plastischen Formänderungszustand a) Bildplan b) Lageplan c) Spannungswürfel*

Dem Mohrschen Spannungskreis entnimmt man folgende Hauptspannungen und maximale Schubspannungen, siehe auch Gleichung (A13.15), (A13.16) und (A13.18):

$$\sigma_1 = \frac{\sigma_x + \sigma_y}{2} + \sqrt{\left(\frac{\sigma_x - \sigma_y}{2}\right)^2 + \tau_{xy}^{\ 2}} \qquad \text{(A13.9)}$$

$$\sigma_2 = \sigma_z = \sigma_m = \frac{\sigma_x + \sigma_y}{2} \qquad \text{(A13.10)}$$

$$\sigma_3 = \frac{\sigma_x + \sigma_y}{2} - \sqrt{\left(\frac{\sigma_x - \sigma_y}{2}\right)^2 + \tau_{xy}^{\ 2}} \qquad \text{(A13.11)}$$

$$\tau_{max} = \tau_F = \pm\sqrt{\left(\frac{\sigma_x - \sigma_y}{2}\right)^2 + \tau_{xy}^{\ 2}} \ . \qquad \text{(A13.12)}$$

Obige Beziehungen beschreiben den Spannungszustand während des plastischen Fließens, welcher sich auch mit der hydrostatischen Spannung σ_m und der (konstanten) Fließschubspannung τ_F vollständig beschreiben läßt:

$$\sigma_1 = \sigma_m + \tau_F \qquad \text{(A13.13)}$$

$$\sigma_2 = \sigma_m \qquad \text{(A13.14)}$$

$$\sigma_3 = \sigma_m - \tau_F \ . \qquad \text{(A13.15)}$$

Bei ebenem Formänderungszustand und ideal-plastischem Werkstoffverhalten haben demnach sämtliche Mohrsche Spannungskreise im Zustand plastischen Fließens den gleichen Radius τ_F, aber unterschiedliche Abstände vom Ursprung. Der Abstand des Mittelpunkts vom Ursprung entspricht gerade der hydrostatischen Spannung $\sigma_m = \sigma_z$, welche keinen Beitrag zum Fließen leistet, siehe Anhang A8.

A13.3 Gleitlinien

Die Punkte P_α und P_β im Mohrschen Spannungskreis in Bild A13.2a repräsentieren Spannungszustände, welche im vorliegenden Zustand des plastischen Fließens der Fließschubspannung τ_F entsprechen. Die plastischen Abgleitvorgänge finden entlang der zugehörigen Richtungen r_α und r_β statt, welche gegenüber den Hauptrichtungen r_1 und r_2 um $45°$ gedreht sind, siehe Bild A13.2b. Die Richtungen r_α und r_β werden daher *Gleitrichtungen* genannt. Der Spannungszustand eines in diesen Richtungen liegenden Elements ist in Bild A13.2c gezeigt: Auf allen Flächen wirkt die hydrostatische Normalspannung σ_m und die Schubspannung $\tau = \tau_F$.

Gleitrichtungen

Üblicherweise gilt folgende Konvention zur Festlegung der *Orientierung der Gleitrichtungen:* Die beiden Richtungen r_α und r_β bilden ein rechtshändiges Koordinatensystem, in welchem die Richtung der maximalen Hauptspannung r_1 durch den 1. und den 3. Quadranten verläuft, siehe Bild A13.2c. Die Gleitrichtung r_α ist demnach die um $45°$ im Uhrzeigersinn gegenüber der ersten Hauptrichtung r_1 gedrehte Richtung. Die β-Richtung geht aus der α-Richtung durch eine $90°$-Drehung gegen den Uhrzeigersinn hervor.

Orientierungen der Gleitrichtungen

Der Winkel ϕ zwischen der x-Achse und der α-Richtung ergibt sich aus dem rechtwinkligen Dreieck MP_xA in Bild A13.2a zu:

$$\tan 2\phi = \frac{\sigma_y - \sigma_x}{2\tau_{xy}} \ . \qquad \text{(A13.16)}$$

Den Winkel zur zweiten Richtung in der plastisches Fließen auftritt, d. h. zur β-Richtung, findet man entsprechend Bild A13.2 zu:

$$\Phi = \phi + \frac{\pi}{2} \quad . \tag{A13.17}$$

Bild A13.2 entnimmt man weiterhin, daß der Zusammenhang zwischen ϕ und dem Winkel φ_I zur maximalen Hauptspannung gegeben ist durch:

$$\varphi_I = \phi + 45° \quad . \tag{A13.18}$$

Mit den Winkeln ϕ und Φ aus den Gleichungen (A13.16) und (A13.17) lassen sich bei gegebenem Spannungszustand für jeden Punkt der x-y-Ebene die zugehörigen α- und β-Richtungen maximaler Schubspannung τ_{max} bestimmen.

Die erhaltenen zwei Kurvenscharen stehen wegen Gleichung (A13.17) senkrecht aufeinander. Wegen $\tau_{max}=\tau_F$ entlang der Kurven geben sie an jedem Punkt die Richtung des plastischen Fließens an und werden als *Gleitlinien* oder als *Fließlinien* bezeichnet. Bild A13.3 zeigt eine aus α- und β-Gleitlinien bestehende Gleitlinienschar in der x-y-Ebene und ein von Gleitlinien begrenztes Element mit den angreifenden Spannungen.

Gleitlinien

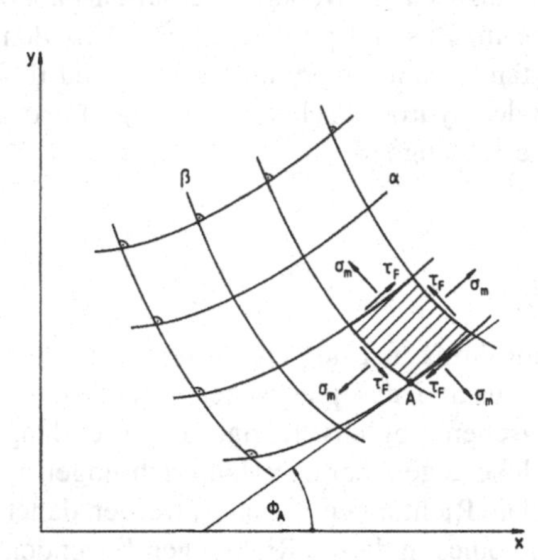

Bild A13.3 *Gleitlinienfeld und Spannungen an einem von Gleitlinien umgrenzten Element*

Um beispielsweise den Kraftbedarf für einen bestimmten plastischen Deformationszustand berechnen zu können, müssen zunächst einige charakteristische Eigenschaften der Gleitlinien hergeleitet werden. Das in Bild A13.3 eingezeichnete Element ist bestimmt durch die angreifende hydrostatische Normalspannung σ_m, die Fließschubspannung τ_F und den Winkel ϕ. Während τ_F bei dem vorausgesetzten ideal-plastischen Werkstoffverhalten konstant ist, ändern sich die Werte für σ_m und ϕ entlang der Gleitlinien. Es stellt sich damit die Frage, wie sich σ_m entlang der α- und β-Linien ändert, bzw. wie σ_m mit dem Winkel ϕ zusammenhängt.

Mit Hilfe des Mohrschen Spannungskreises in Bild A13.2a läßt sich der durch σ_x, σ_z und τ_{xy} gegebene Spannungszustand mit den drei Größen σ_m, τ_F und ϕ wie folgt ausdrücken:

$$\sigma_x = \sigma_m - \tau_F \cdot \sin 2\phi \tag{A13.19}$$

$$\sigma_y = \sigma_m + \tau_F \cdot \sin 2\phi \tag{A13.20}$$

$$\tau_{xy} = \tau_F \cdot \cos 2\phi \quad . \tag{A13.21}$$

Obige Gleichungen lassen sich dimensionslos machen durch Einführen der bezogenen mittleren Normalspannung:

$$\omega = \frac{\sigma_m}{2\tau_F} \quad . \tag{A13.22}$$

Eingesetzt in die Gleichungen (A13.19) bis (A13.21) ergeben sich die dimensionslosen Beziehungen:

$$\frac{\sigma_x}{2\tau_F} = \omega - \frac{1}{2} \cdot \sin 2\phi \tag{A13.23}$$

$$\frac{\sigma_y}{2\tau_F} = \omega + \frac{1}{2} \cdot \sin 2\phi \tag{A13.24}$$

$$\frac{\tau_{xy}}{2\tau_F} = \frac{1}{2} \cdot \cos 2\phi \quad . \tag{A13.25}$$

Der durch die drei unbekannten Spannungen σ_x, σ_y und τ_{xy} gegebene Spannungszustand läßt sich somit vollständig durch ω und ϕ beschreiben. Damit lassen sich auch die Gleichgewichtsbedingungen durch ω und ϕ ausdrücken. Einsetzen der Gleichungen (A13.23) bis (A13.25) in die Gleichgewichtsbedingungen (A13.5) und (A13.6) liefert:[1]

$$\frac{\partial \omega}{\partial x} - \frac{\partial \phi}{\partial x} \cdot \cos 2\phi - \frac{\partial \phi}{\partial y} \cdot \sin 2\phi = 0 \tag{A13.26}$$

$$\frac{\partial \omega}{\partial y} - \frac{\partial \phi}{\partial x} \cdot \sin 2\phi + \frac{\partial \phi}{\partial y} \cdot \cos 2\phi = 0 \tag{A13.27}$$

Für das weitere Vorgehen ist es sinnvoll, die (beliebige) Lage des x-y-Kordinatensystems so zu wählen, daß an jedem Punkt die x-Richtung mit der α-Richtung und die y- mit der β-Richtung zusammenfällt, womit sich $\phi=0$ ergibt. Im folgenden wird daher anstelle x die Kurvenkoordinate s_α entlang der α-Linien und anstelle y die Kurvenkoordinate s_β entlang der β-Linien verwendet. Die Differentialgleichungen (A13.26) und (A13.27) vereinfachen sich damit zu:

$$\frac{\partial \omega}{\partial s_\alpha} - \frac{\partial \phi}{\partial s_\alpha} \cdot \cos 0 - \frac{\partial \phi}{\partial s_\beta} \cdot \sin 0 = 0$$

---

[1] Die Gleichungen (A13.26) und (A13.27) sind hyperbolische Differentialgleichungen, welche nach der Methode der Charakteristiken gelöst werden können. Die beiden charakteristischen Richtungen sind orthogonal und stimmen mit den Gleitlinienrichtungen überein, d. h. die Gleitlinien sind *Charakteristiken* der partiellen Differentialgleichungen (A13.26) und (A13.26).

Charakteristiken

$$\frac{\partial \omega}{\partial s_\beta} - \frac{\partial \phi}{\partial s_\alpha} \cdot \sin 0 + \frac{\partial \phi}{\partial s_\beta} \cdot \cos 0 = 0$$

oder

$$\frac{\partial}{\partial s_\alpha}(\omega - \phi) = 0$$

$$\frac{\partial}{\partial s_\beta}(\omega + \phi) = 0 \quad .$$

Integrieren führt zu:

$$\omega - \phi = f_1(s_\beta) + c_\alpha$$

$$\omega + \phi = f_2(s_\alpha) + c_\beta \quad .$$

Die beiden Funktionen $f_1(s_\beta)$ und $f_2(s_\alpha)$ sind identisch Null, da für $\phi=0$ die bezogene mittlere Normalspannung ω den gleichen Wert für beide Gleichungen ergeben muß. Damit ergeben sich die von Hencky [82] aufgestellten Fundamentalbeziehungen für Gleitlinien bei ebenem Formänderungszustand (*Hencky-Gleichungen*):

Hencky-Gleichungen

$$\omega - \phi = c_\alpha = \text{const.} \qquad \text{längs } \alpha-\text{Gleitlinien} \tag{A13.28}$$

$$\omega + \phi = c_\beta = \text{const.} \qquad \text{längs } \beta-\text{Gleitlinien} \quad . \tag{A13.29}$$

Mit Gleichung (A13.22) ergibt sich daraus:

$$\sigma_m - 2\tau_F\phi = c_\alpha = \text{const.} \qquad \text{längs } \alpha-\text{Linien} \tag{A13.30}$$

$$\sigma_m + 2\tau_F\phi = c_\beta = \text{const.} \qquad \text{längs } \beta-\text{Linien} \quad . \tag{A13.31}$$

Die Gleichungen (A13.28) und (A13.29) bzw. (A13.30) und (A13.31) entsprechen den mit σ_m, τ_F und ϕ bzw. mit ω und ϕ ausgedrückten Gleichgewichtsbedingungen für vollplastischen Zustand bei ebenem Formänderungszustand. Die Konstanten c_α und c_β können von Gleitlinie zu Gleitlinie verschiedene Werte annehmen.

A13.3.1 Formänderungen und Geschwindigkeitsfelder

Nach den Lévy-von Mises-Gleichungen (A13.1) sind die Dehnungsinkremente $d\varepsilon_i$ proportional dem Spannungsdeviator σ'_{ij}. Da ein Element, welches von Gleitlinien umgrenzt wird, von der hydrostatischen Normalspannung σ_m beansprucht wird (siehe Bild A13.3), verschwinden nach Gleichung (A8.4) die entsprechenden Normalspannungskomponenten des Spannungsdeviators. Längs der Gleitlinien treten demnach keine Dehnungen auf ($d\varepsilon_\alpha = d\varepsilon_\beta = 0$), während die Winkelverzerrungen $\gamma_{\alpha\beta}$ extremal werden.

Ausgehend von der Tatsache, daß auch die Dehnungsgeschwindigkeiten längs der Gleitlinien verschwinden ($d\varepsilon_\alpha / dt = d\varepsilon_\beta / dt = 0$), läßt sich eine Verträglichkeitsbedingung für das Geschwindigkeitsfeld längs der Gleitlinien angeben, siehe z. B. Johnson und Mellor [101]:

$$dv_\alpha - v_\beta \cdot d\phi = 0 \qquad \text{entlang } \alpha\text{-Gleitlinien} \qquad \text{(A13.32)}$$

$$dv_\beta + v_\alpha \cdot d\phi = 0 \qquad \text{entlang } \alpha\text{-Gleitlinien} \quad . \qquad \text{(A13.33)}$$

Geiringer-Gleichungen

In obigen Gleichungen, welche auf *Geiringer* [66] zurückgehen, bezeichnen v_α und v_β die Geschwindigkeitskomponenten längs der α- bzw. β-Gleitlinien, dv_α und dv_β sind die entsprechenden Inkremente, siehe Bild A13.4.

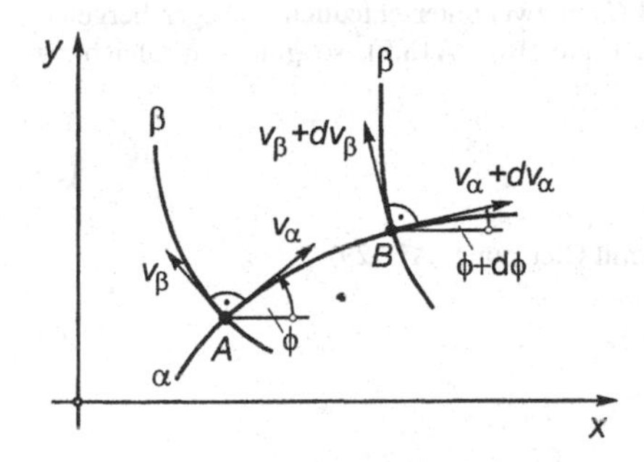

***Bild A13.4** Geschwindigkeitskomponenten in den Punkten A und B des Linienelements AB auf einer α-Gleitlinie*

A13.3.2 Geometrische Eigenschaften des Gleitlinienfeldes

Satz von Hencky

Eine wichtige geometrische Gesetzmäßigkeit des Gleitlinienfeldes, welche häufig in der Anwendung der Gleitlinientheorie zur numerischen und grafischen Konstruktion von Gleitlinienfeldern Verwendung findet, enthält der *Satz von Hencky* [82], siehe Bild A13.5:

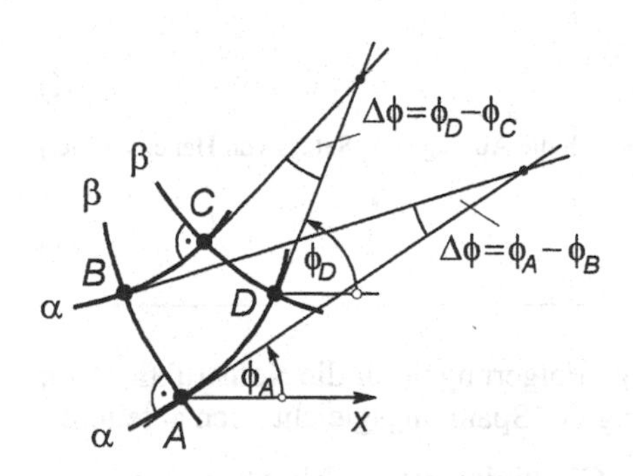

***Bild A13.5** Geometrische Eigenschaften von Gleitlinienfeldern zweier Paare von α- und β-Gleitlinien zur Veranschaulichung des Henckyschen Satzes*

- Werden zwei α-Gleitlinien von einer β-Gleitlinie geschnitten, so ist der Winkel $\Delta\phi$ zwischen den Tangenten in den Schnittpunkten unabhängig von der Lage der β-Linie, d. h. $\Delta\phi$ ist konstant entlang der α-Linien:

$$\Delta\phi = \phi_A - \phi_B = \phi_D - \phi_C = \text{const.} \qquad \text{längs } \alpha-\text{Gleitlinien} \tag{A13.34}$$

Werden zwei β-Gleitlinien von einer α-Linie geschnitten, gilt umgekehrt dasselbe.

Beispiel A13.1 *Beweis des Satzes von Hencky*

Beweisen Sie den Satz von Hencky mit Hilfe der Henckyschen-Gleichungen.

Lösung

Der Beweis läßt sich einfach führen, indem mit Hilfe der Henckyschen-Gleichungen die Differenz des bezogenen hydrostatischen Drucks in den Punkten A und C auf zwei unterschiedlichen Wegen hergeleitet wird. Bewegt man sich von A nach D auf einer α-Linie (Bild A13.5), so gilt nach Gleichung (A13.28):

$$\omega_A - \phi_A = \omega_D - \phi_D \quad . \tag{a}$$

Geht man auf der β-Linie weiter bis Punkt C, findet man mit Gleichung (A13.29):

$$\omega_D + \phi_D = \omega_C + \phi_C \; . \tag{b}$$

Die gesuchte Differenz der bezogenen Drücke ist damit

$$\omega_C - \omega_A = 2\phi_D - \phi_C - \phi_A \quad . \tag{c}$$

Geht man zuerst auf einer β-Linie von A nach B, gilt:

$$\omega_A + \phi_A = \omega_B + \phi_B \quad . \tag{d}$$

Auf der α-Linie zwischen B und C gilt der Zusammenhang:

$$\omega_B - \phi_B = \omega_C - \phi_C \quad . \tag{e}$$

Die Differenz beträgt damit:

$$\omega_C - \omega_A = \phi_A + \phi_C - 2\phi_B \quad . \tag{f}$$

Durch Vergleich der beiden Ausdrücke (c) und (f) ergibt sich die Aussage des Satzes von Hencky, (Gleichung (A13.34)):

$$\phi_A - \phi_B = \phi_D - \phi_C = \Delta\phi \quad . \tag{g}$$

Aus dem Henckyschen Satz lassen sich wichtige Folgerungen für die Konstruktion von Gleitlinienfeldern, d. h. für die grafische Lösung der Spannungsgleichungen ableiten:

- Ist eine Gleitlinie eine Gerade, so sind alle Gleitlinien dieser Schar Geraden.

Diese Aussage folgt unmittelbar aus Gleichung (A13.34). Ist beispielsweise die α-Linie durch die Punkte A und D in Bild A13.5 eine Gerade, so ist $\phi_A = \phi_D$. Aus Gleichung (A13.34) ergibt sich dann $\phi_B = \phi_C$, d. h. die α-Gleitlinie durch B und C ist ebenfalls eine Gerade.

Aus der Orthogonalität der α- und β-Linien lassen sich für diesen Fall, daß eine Gleitlinienschar aus Geraden besteht, zwei weitere Folgerungen ableiten:

- Sind die Geraden einer Gleitlinienschar nicht parallel, wird das zugehörige Gleitlinienfeld als *Fächer* bezeichnet. Ein wichtiger Spezialfall liegt dann vor, wenn die Geraden in einem Punkt O zusammenlaufen. Die Linien der anderen Gleitlinienschar besteht dann aus konzentrischen Kreisen, siehe Bild A13.6a. Man spricht dann von einem *zentrierten Fächer* oder *Kreisbogenfächer*, wobei der Fächermittelpunkt O ein singulärer Punkt ist. Da entlang einer α-Linie der Winkel ϕ konstant ist, ist nach Gleichung (A13.30) auch die mittlere Normalspannung σ_m längs einer α-Linie, d. h. in radialer Richtung, konstant.

Fächer

Zentrierte Fächer
Kreisbogenfächer

- Sind die Geraden einer Schar parallel, so sind auch die Gleitlinien der anderen Schar parallele Geraden, siehe Bild A13.6b. Der Winkel ϕ ist im ganzen Gleitlinienfeld konstant, womit sich aus den Henckyschen Gleichungen auch σ_m=*const.* ergibt. Ein aus zwei Scharen paralleler Geraden (*Geradenfeld*) bestehendes Gleitlinienfeld charakterisiert demnach einen *homogenen Spannungszustand*, siehe Zugstab in Bild A13.7.

Geradenfeld
Homogener Spannungszustand

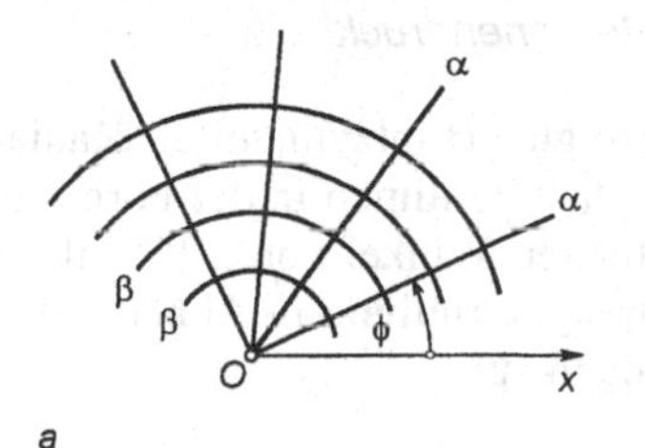

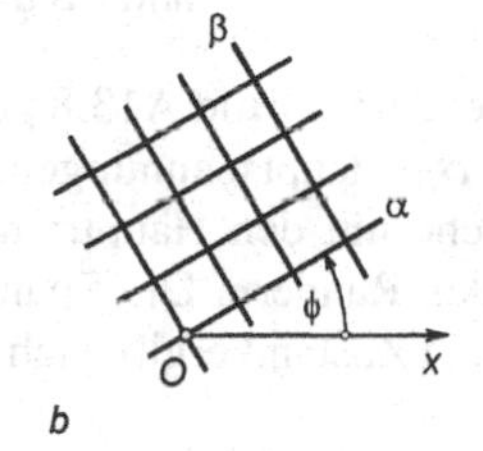

Bild A13.6 *Spezielle Gleitlinienfelder mit Geraden*
a) Zentrierter Fächer (Kreisbogenfächer)
b) Geradenfeld bei homogenem Spannungszustand

Eine weitere Eigenschaft folgt aus Gleichung (A13.16):

- Für eine *last-* bzw. *schubfreie Oberfläche* ergibt sich $\phi=\pm 45°$, d. h. die Gleitlinien schließen mit der Oberfläche einen Winkel von $\pm 45°$ ein, siehe Lüdersche Linien in Bild 6.5 sowie Bild A13.7.

Lastfreie Oberfläche

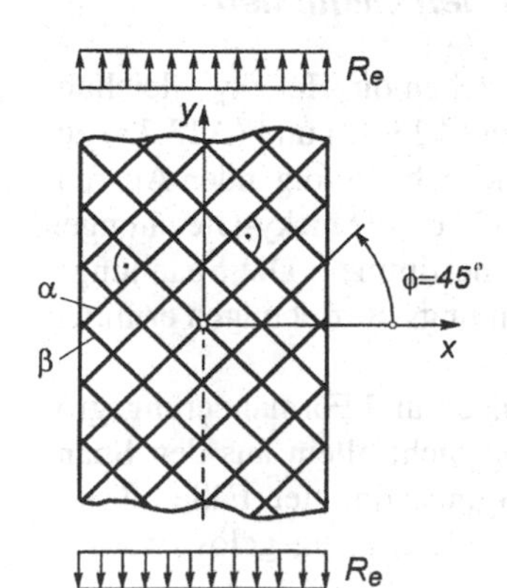

Bild A13.7 *Homogener Spannungszustand beim Zugstab. Gleitlinien münden unter ±45° in die lastfreien Ränder*

Logarithmische Spiralen

Ein weiteres, für technische Bauteile wichtiges Gleitlinienfeld tritt in der Nähe von kreisförmigen Rändern auf, die entweder lastfrei sind oder rotationssymmetrisch belastet sind. Die Gleitlinien bilden dann *logarithmische Spiralen*. Beispiele für solche Bauteile sind Druckbehälter (Bild A13.8), Scheiben mit kreisrunden Bohrungen und Kerbstäbe mit Rundkerben.

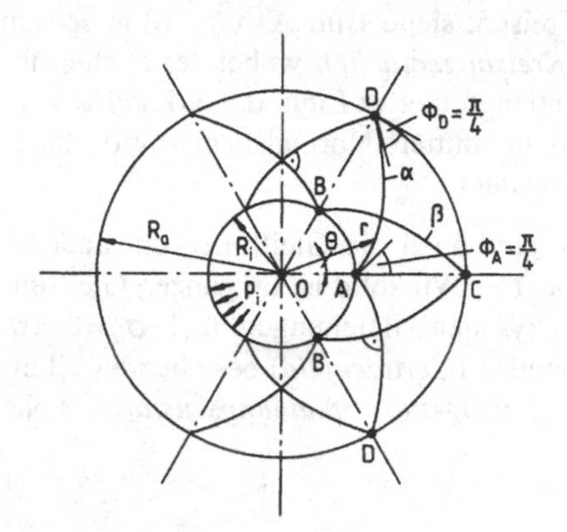

Bild A13.8 *Logarithmische Spiralen als Gleitlinienfeld eines dickwandigen Hohlzylinders unter Innendruck*

Aus Symmetriegründen sind bei dem in Bild A13.8 gezeigten Hohlzylinder die Radial- (σ_r) und Tangentialspannung (σ_θ) Hauptspannungen. Die Gleitlinien in der Form von logarithmischen Spiralen, welche mit den Hauptrichtungen Winkel von $\pm 45°$ bilden, münden daher unter $\pm 45°$ an den Rändern. Die Spannungsverteilung in Abhängigkeit vom Radius r bei vollplastischem Zustand ergibt sich dann zu:

$$\sigma_r(r) = 2\tau_F \ln\frac{r}{R_a} \tag{A13.35}$$

$$\sigma_\theta(r) = 2\tau_F\left(1 + \ln\frac{r}{R_a}\right) \quad . \tag{A13.36}$$

A13.3.3 Ermittlung der Spannungsverteilung aus den Gleitlinien

Zur Ermittlung der Spannungen oder der äußeren Lasten stehen die Hencky-Gleichungen (A13.28) bis (A13.31) und die Geiringer-Gleichungen (A13.32) und (A13.33) zur Verfügung. Bei statisch bestimmten Problemen, auf welche sich die folgenden Ausführungen beschränken, lassen sich die Konstanten c_α und c_β in den Hencky-Gleichungen für die Randpunkte aus den Spannungsrandbedingungen bestimmen. Die Spannungsverteilung kann ohne Verwendung der Spannungs-Verformungs-Beziehungen ermittelt werden.

Bestehen hingegen die Randbedingungen aus Spannungen und Formänderungsgrößen, können die Gleitlinien und die Spannungsverteilung nicht allein aus den Spannungsrandbedingungen ermittelt werden. Für die statisch unbestimmten Fälle müssen die Hencky-Gleichungen und die Geiringer-Gleichungen gleichzeitig gelöst werden, was ungleich schwieriger ist.

Für statisch bestimmte Fälle kann die Spannungsverteilung wie folgt aus dem Gleitlinienfeld bestimmt werden, Pawelski [153]:

- Konstruktion des Gleitlinienfeldes. Dabei werden die geometrischen Eigenschaften der Gleitlinien in Anhang A13.3.2 sowie die Randbedingungen (z. B. last- oder schubspannungsfreie Ränder) und Symmetrien berücksichtigt.
- Der Winkel ϕ wird für das gesamte Gleitlinienfeld bestimmt.
- Mit den Spannungsrandbedingungen werden für eine Randgleitlinie die Konstanten c_α und c_β in den Hencky-Gleichungen (A13.28) bis (A13.31) ermittelt.
- Die bezogene mittlere Normalspannung ω bzw. σ_m wird mit den Hencky-Gleichungen für das gesamte Feld berechnet.
- Berechnung der Spannungsverteilung aus ω bzw. σ_m und ϕ mit Hilfe der Gleichungen (A13.19) bis (A13.21) oder (A13.23) bis (A13.25).
- Ermittlung der äußeren Lasten (z. B. Traglast, Umformkraft) durch Integration der Spannungsgrößen.

A13.4 Beispiele zur Anwendung der Gleitlinientheorie

Zugstab mit Außenschlitzen

Für den in Bild A13.9 dargestellten Zugstab mit Außenschlitzen soll mit Hilfe der Gleilinientheorie der Constraint-Faktor L nach Gleichung (9.44) gefunden werden, d. h. das Verhältnis aus der Traglast des gekerbten Stabes bei vollplastischem Zustand (Kollapslast) F_{vplk} zur Traglast F_{vplg} des glatten Stabes mit gleichem tragenden Querschnitt, d. h. mit der Breite $2W\text{-}2a$.

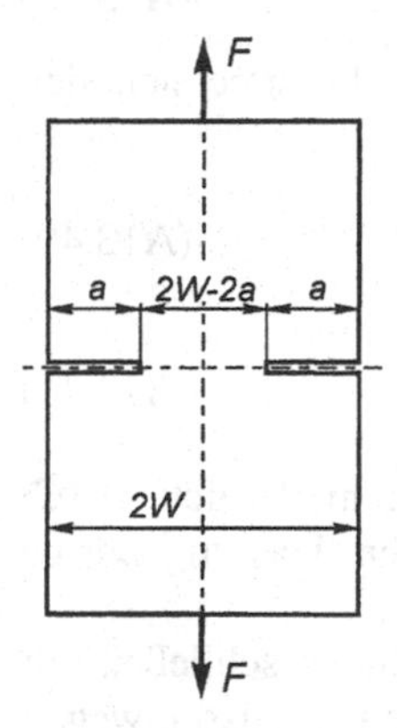

Bild A13.9 *Zugstab mit Außenschlitzen*

Die Gleitlinien münden an den unbelasteten Schlitzrändern AB (siehe Bild A13.10a) unter $\pm 45°$.

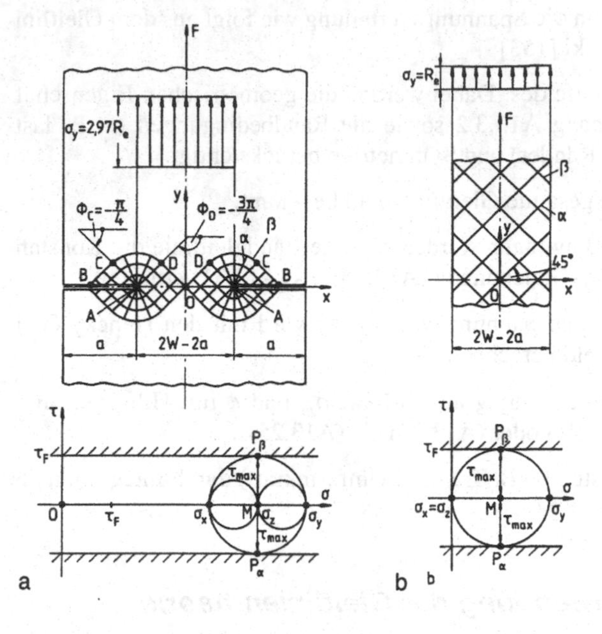

***Bild A13.10** Gleitlinienfelder und Mohrsche Spannungskreise von Zugstäben*
a) Zugstab mit tiefen Außenschlitzen
b) Ungekerbter Zugstab mit gleichem tragenden Querschnitt

Mit den Randbedingungen $\sigma_y=\tau_{xz}=0$ ergeben sich aus den Gleichung (A13.19) bis (A13.21) folgende Größen im Gebiet *ABC*:

Winkel zur α-Richtung $\qquad \phi=-\dfrac{\pi}{4}$ (A13.37)

Mittlere Normalspannung $\qquad \sigma_m=\tau_F$ (A13.38)

Normalspannung in x-Richtung $\qquad \sigma_x=2\tau_F$. (A13.39)

Die Konstanten in den Hencky-Gleichungen (A13.30) und (A13.31) berechnen sich damit zu:

$$c_\alpha=\tau_F\cdot\left(1+\frac{\pi}{2}\right) \tag{A13.40}$$

$$c_\beta=\tau_F\cdot\left(1-\frac{\pi}{2}\right) \quad . \tag{A13.41}$$

Da σ_m und ϕ entlang *AB* konstant sind, liegt diese Strecke in einem Bereich (*ABC*) konstanten Zustands, d. h. der Spannungszustand ist dort homogen. Das zugehörige Gleitlinienfeld ist die in Bild A13.10a dargestellte Geradenschar.

Die Strecke *AO* ist eine Symmetrielinie ($\tau_{xy}=0$), d. h. die Gleitlinien schließen mit *AO* einen Winkel von $\pm\pi/4$ ein. Da die α-Gleitlinie *AC* eine Gerade ist, müssen wegen der Folgerungen aus dem Satz von Hencky auch die anderen α-Gleitlinien des zugehörigen Feldes (z. B. Gleitlinie *AD*) Geraden sein. Wegen ϕ = *const.* entlang *AO* ist das Gleitlinienfeld im Bereich *AOD* eine Geradenschar, d. h. dort herrscht ebenfalls ein homogener Spannungszustand. Die Verbindung zwischen den beiden Geradenscharen ist der zentrierte Fächer *ACD* mit dem singulären Punkt *A* als Mittelpunkt.

Die mittlere Normalspannung entlang der β-Linie CD findet man mit Hilfe der Hencky-Gleichung (A13.31), der Konstanten c_β aus Gleichung (A13.41) und $\phi_D = -3\pi/4$:

$$\sigma_{mD} = c_\beta - 2\tau_F \phi_D = \tau_F(1+\pi) \quad . \tag{A13.42}$$

Die Spannungen σ_x, σ_y und σ_z im Bereich AOD findet man daraus mit den Gleichungen (A13.19) bis (A13.21) und (A13.3):

$$\sigma_x = \sigma_{mD} - \tau_F \cdot \sin 2\phi_D = \tau_F \pi \tag{A13.43}$$

$$\sigma_y = \sigma_{mD} + \tau_F \cdot \sin 2\phi_D = \tau_F(2+\pi) \tag{A13.44}$$

$$\sigma_z = \frac{1}{2}(\sigma_x + \sigma_y) = \tau_F(1+\pi) \tag{A13.45}$$

$$\tau_{xy} = 0 \quad . \tag{A13.46}$$

Die Traglast F_{vplk} des gekerbten Stabes der Dicke t bei vollplastischem Zustand erhält man durch Integration der Längsspannung σ_y über den Kerbquerschnitt A_k:

$$F_{v\,plk} = \int_{A_k} \sigma_y \, dA = \tau_F(2+\pi) \cdot (2W - 2a) \cdot t = \tau_F(2+\pi) \cdot A_k \quad . \tag{A13.47}$$

Ein glatter Stab (Bild A13.10b) mit gleichem tragenden Querschnitt $A=A_k=(2W-2a)\cdot t$ hat bei Verwendung des Misesschen Fließkriteriums ($\tau_F = R_e \cdot \sqrt{3}$) bei vollplastischem Zustand die Traglast $F_{vplg} = R_e \cdot A_k = \tau_F \sqrt{3} \cdot (2W-2a) \cdot t$. Den Constraint-Faktor erhält man mit Gleichung (9.44):

$$L = \frac{F_{v\,plk}}{F_{v\,plg}} = \frac{2}{\sqrt{3}} \cdot \left(1 + \frac{\pi}{2}\right) = 2{,}97 \quad . \tag{A13.48}$$

Es ist zu beachten, daß dieser Constraint-Faktor nur bei ausreichender Schlitztiefe erreicht wird. Bei ebenem Formänderungszustand muß für die vorliegende Probengeometrie das Verhältnis $2a/2W$ die kritische Größe $9{:}1$, Knott [110], überschreiten, was in der Praxis selten erreicht wird, siehe auch Bild 9.29b.

In Bild A13.10 sind die Gleitlinienfelder für den geschlitzten Zugstab und den glatten Stab, die Verteilung der Längsspannung σ_y und die Mohrschen Spannungskreise im vollplastischen Zustand vergleichend gegenübergestellt.

Es ist nochmals darauf hinzuweisen, daß der Constraint-Faktor $L > 1$ nicht dahingehend fehlinterpretiert werden darf, daß durch das Einbringen einer Kerbe eine Erhöhung der Traglast erzielt werden kann, da sich die jeweils ertragbare Last auf den Nettoquerschnitt (Kerbquerschnitt) bezieht, siehe dazu Beispiel 9.5.

***Beispiel A13.2** Anwendung der Gleitlinientheorie am Beispiel der Härteprüfung*

Bei der Härteprüfung dringt ein Stempel in die Oberfläche des zu prüfenden Werkstücks ein. Dieser Vorgang läßt sich idealisieren als das Eindringen eines geschmierten, flachen, starren Stempels in einen unendlichen Halbraum. Ermitteln Sie das zugehörige Gleitlinienfeld und berechnen Sie den Stempeldruck für beginnendes plastisches Fließen bei ebenem Formänderungszustand unter der Annahme, daß zwischen Stempel und Werkstück keine Reibung auftritt.

Lösung

Die Lösung für dieses Problem geht auf Prandtl [160] und Hill [87] zurück. Mit der obigen Vorgehensweise für den geschlitzten Zugstab läßt sich die Lösung leicht finden, da sich das gleiche Gleitlinienfeld mit umgekehrtem Vorzeichen ergibt. An den lastfreien Oberflächen *AB* (Bild A13.11) münden die Gleitlinien unter $\pm 45°$. Entsprechend den Gleichungen (A13.37) bis (A13.39) ergibt sich im Gebiet ABC: $\phi=\pi/4$, $\sigma_m=-\tau_F$, $\sigma_m=-2\tau_F$. Für die Konstanten c_α und c_β findet man: $c_\alpha=-\tau_F\cdot(1+\pi/2)$, $c_\beta=-\tau_F\cdot(1-\pi/2)$. Wegen $\sigma_m=const.$ und $\phi=const.$ entlang *AB* herrscht im Gebiet *ABC* ein homogener Spannungszustand, d. h. als Gleitlinienfeld ergibt sich die in Bild A13.11 dargestellte Geradenschar.

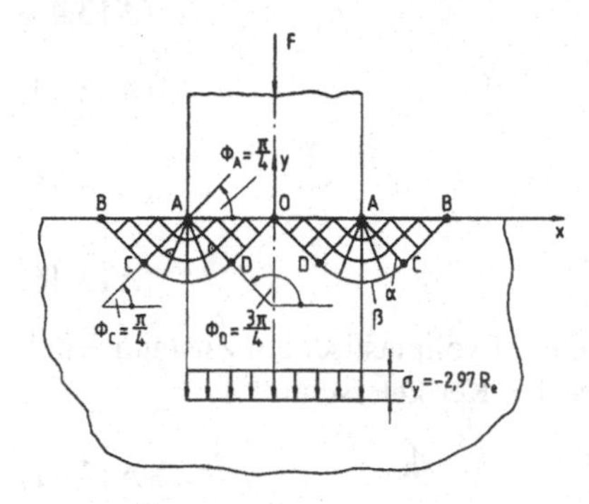

Bild A13.11 *Gleitlinienfeld für das Eindringen eines geschmierten flachen Stempels in einen unendlichen Halbraum*

Wegen der Voraussetzung der Reibungsfreiheit unter dem geschmierten Stempel verschwinden die Schubspannungen τ_{xy} entlang *AO*, d. h. die Gleitlinien münden in diesem Bereich ebenfalls unter $\pm 45°$. Damit kann das Vorgehen beim geschlitzten Zugstab unmittelbar übernommen werden. Entsprechend Bild A13.10a erhält man das in Bild A13.11 dargestellte Gleitlinienfeld. Der zentrierte Fächer mit dem singulären Punkt *A* als Mittelpunkt verbindet die beiden Geradenscharen in den Bereichen *ABC* und *OAD* mit homogenem Spannungszustand.

Die mittlere Spannung im Bereich OAD findet man zu $\sigma_m=-\tau_F\cdot(1+\pi)$. Die Längsspannung für einsetzendes plastisches Fließen berechnet sich mit Gleichung (A13.20) zu $\sigma_y=-\tau_F\cdot(2+\pi)$. Mit $\tau_F=R_e/\sqrt{3}$ nach von Mises ergibt sich damit:

$$\sigma_y = -2{,}97 \cdot R_e \quad . \tag{a}$$

Bei starr-idealplastischem Werkstoffverhalten beginnt der Stempel demnach dann einzudringen, wenn die Druckspannung unter dem Stempel das dreifache der Streckgrenze erreicht. Umgekehrt ergibt sich aus Gleichung (a) $R_e=0{,}34\cdot|\sigma_y|$. Setzt man σ_y gleich der Vickers-Härte *HV* oder der Brinell-Härte *HB*, kann daraus die bekannte Korrelation zwischen der Härte und der Zugfestigkeit (womit sich die Verfestigung pauschal berücksichtigen läßt) abgeleitet werden, siehe DIN 50 150 [218]:

$$R_m \approx \left(0{,}33 \div 0{,}35\right) HV \quad . \tag{b}$$

Zugstab mit Mittelschlitz

Befinden sich die Schlitze mit der Gesamtlänge *2a* nicht außen, sondern in der Mitte des Zugstabs (Bild A13.12), lassen sich die Spannungsverteilung im vollplastischen Zustand bei ebenem Formänderungszustand und der Constraint-Faktor *L* ebenfalls mit Hilfe des zugehörigen Gleitlinienfeldes herleiten.

Am lastfreien Außenrand *CD* münden die Gleitlinien unter $\pm 45°$. Aus Symmetriegründen ist *AB* Hauptrichtung ($\tau_{xy}=0$), d. h. die Gleitlinien bilden mit *AB* ebenfalls Winkel von $\pm 45°$. Damit erhält man als Gleitlinienfeld die in Bild A13.12 dargestellte

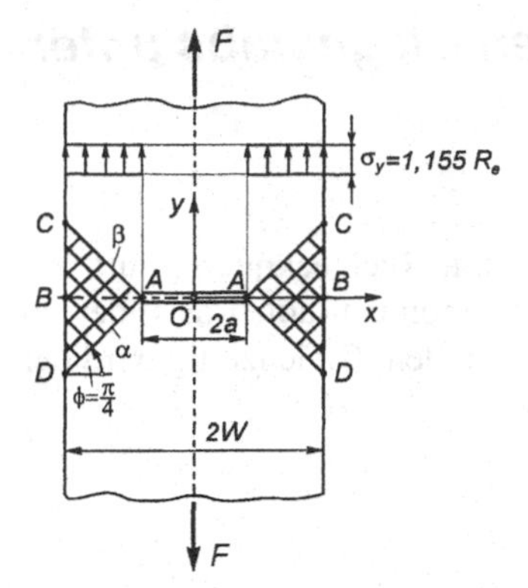

Bild A13.12 *Gleitlinienfeld für einen symmetrischen Zugstab mit Mittelschlitz*

Geradenschar, d. h. im Gebiet *ACD* herrscht ein homogener Spannungszustand mit $\sigma_x=\tau_{xy}=0$. Aus den Gleichungen (A13.19) bis (A13.21) erhält man damit $\phi=\pi/4$, $\sigma_m=\tau_F$, $\sigma_y=2\tau_F$. Durch Integration der Längsspannung σ_y über den tragenden Kerbquerschnitt mit der Breite *t* findet man die Traglast des geschlitzten Stabs zu $F_{vplk}= 2\tau_F\cdot(2W\text{-}2a)\cdot t$. Mit der Traglast $F_{vplg}= R_e\cdot(2W\text{-}2a)\cdot t$ für den glatten Stab mit gleichem tragenden Querschnitt berechnet sich der Constraint-Faktor mit Gleichung (9.44) zu:

$$L=\frac{F_{v\,plk}}{F_{v\,plg}}=\frac{2\tau_F}{R_e}=\frac{2}{\sqrt{3}}=1{,}155 \quad . \tag{A13.12}$$

Biegestab mit Spitzkerbe

In Anhang A14 wird eine untere und obere Schranke für das Biegemoment bei Kollaps des in Bild A13.13 dargestellten Biegestabs mit Spitzkerbe hergeleitet. Die Grenzen des Constraint-Faktors ergeben sich für die SH zu $1 \leq L \leq 1{,}38$, siehe Gleichung (A14.10). Der Lasterhöhungsfaktor läßt sich auch mit dem von Green [69] gefundenen Gleitlinienfeld bestimmen. Das in Bild A13.13 gezeigte Feld zeigt, daß sich bei dem Biegestab bei Kollaps ober- und unterhalb des starren Gebietes *ABCD* zwei vollplastische Bereiche ausbilden. Ähnlich wie beim Ellbogen drehen sich bei Kollaps die zwei starren Arme *I* und *II* des Biegestabs um das starre Gebiet auf den zwei sogenannten plastischen Gelenken *BC*, die wie Scharniere wirken. Für $\delta \leq 90°$ ergibt sich der Constraint-Faktor zu $L=1{,}26$.

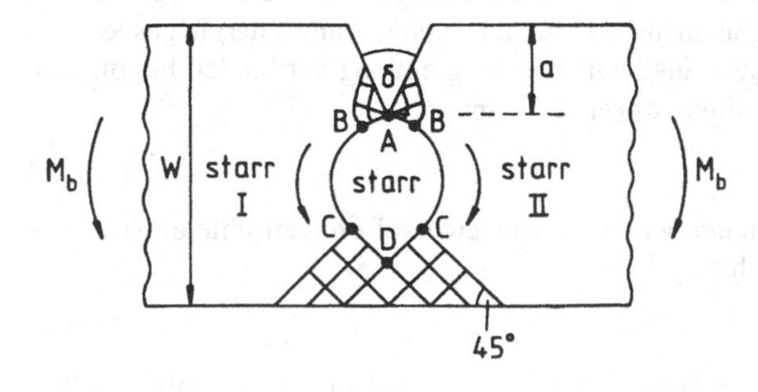

Bild A13.13 *Gleitlinienfeld für einen Biegestab mit Spitzkerbe bei ebenem Formänderungszustand (6,4° ≤ δ ≤ 114,6°)*

A14 Kollaps des einseitig gekerbten Biegestabs unter EDZ

Am Beispiel des einseitig scharf gekerbten Biegestabs mit Rechteckquerschnitt soll eine obere und untere Schranke für das Kollapsbiegemoment auf Basis der in Abschnitt 9.3.3 vorgestellten Schrankensätze hergeleitet werden. Gleichzeitig wird der Begriff des plastischen Gelenks eingeführt.

A14.1 Obere Schranke

Bei dem in Bild A14.1 dargestellten Biegestab wird davon ausgegangen, daß die Breite B ausreichend groß ist, damit ebener Dehnungszustand im Kerbquerschnitt vorliegt.

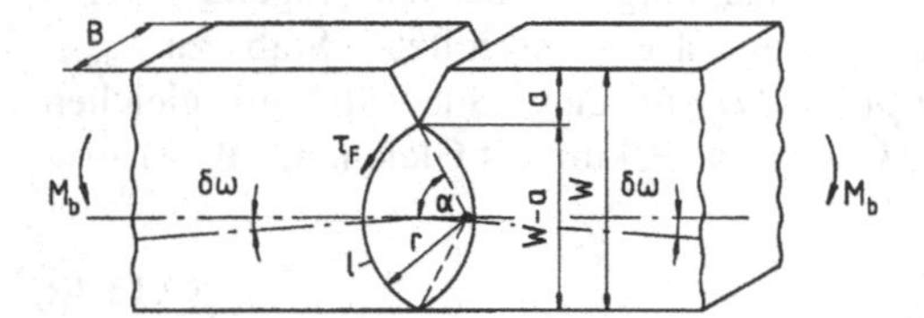

***Bild A14.1** Einseitig gekerbter Biegestab mit plastischem Gelenk*

Eine mögliche Lösung ist, daß Fließen entlang zweier Kreisbögen (Radius r, Mittelpunktswinkel 2α, Bogenlänge l) eintritt. Aus Bild A14.1 ergeben sich folgende Zusammenhänge:

$$r = \frac{W-a}{2 \cdot \sin\alpha} \tag{A14.1}$$

$$l = 2 \cdot r \cdot \alpha \ . \tag{A14.2}$$

Plastisches Gelenk

Die beiden starren äußeren Arme drehen sich um den ebenfalls starren, stationären inneren Bereich, das sogenannte *plastische Gelenk*. Entlang der Fließlinien tritt dabei eine Diskontinuität der Tangentialgeschwindigkeit von der Größe $r \cdot \dot{\omega}$ auf. Eine Kraft senkrecht zu den Kreisbögen verrichtet in diesem Fall keine Arbeit. Die gesamte, bei diesem Abgleiten im Innern irreversibel umgesetzte Energie (welche im Gegensatz zu einer elastischen Balkenbiegung nicht als elastische Formänderungsenergie gespeichert wird) ergibt sich damit als Produkt aus Kraft und Weg entlang der beiden Fließlinien. Für einen inkrementellen Biegewinkel $\delta\omega$ erhält man:

$$\delta W_i = 2 \cdot \tau_F \cdot l \cdot B \cdot r \cdot \delta\omega \ . \tag{A14.3}$$

Die von dem äußeren Biegemoment bei einem Biegewinkel $\delta\omega$ verrichtete inkrementelle äußere Arbeit berechnet sich zu:

$$\delta W_a = 2 \cdot M_b \cdot \delta\omega \ . \tag{A14.4}$$

Aus der Gleichheit von innerer und äußerer Arbeit $\delta W_i = \delta W_a$ erhält man mit den Gleichungen (A14.1) bis (A14.4) das vollplastische Biegemoment zu:

$$M_b = \tau_F \cdot B \cdot \frac{(W-a)^2}{4 \cdot \sin^2 \alpha} \cdot 2\alpha \quad . \tag{A14.5}$$

Minimiert man diese Kollapslast bezüglich des Winkels α, ergibt sich mit der notwendigen Bedingung

$$\frac{dM_b}{d\alpha} = 0 \tag{A14.6}$$

aus Gleichung (A14.5) die Lösung:

$$\alpha = 66°47' \quad . \tag{A14.7}$$

Eingesetzt in Gleichung (A14.5) ergibt sich als obere Schranke für das Kollaps-Biegemoment:

$$M_{bvplo} = 0{,}69 \cdot \tau_F \cdot B \cdot (W-a)^2 \quad . \tag{A14.8}$$

A14.2 Untere Schranke

Eine untere Schranke erhält man aus der in Bild A14.2 dargestellten Spannungsverteilung für den vollplastischen Zustand für ideal-plastisches Verhalten. Während die Bereiche rechts und links der Kerbe spannungsfrei sind, ist der Bereich unterhalb des Einschnitts einer einfachen Biegung ausgesetzt. Die Spannungsdiskontinuität an der neutralen Faser, d. h. der Sprung von $+R_e$ auf $-R_e$ ist statisch zulässig, da die Fließbedingung und die Gleichgewichtsbedingung überall erfüllt sind.

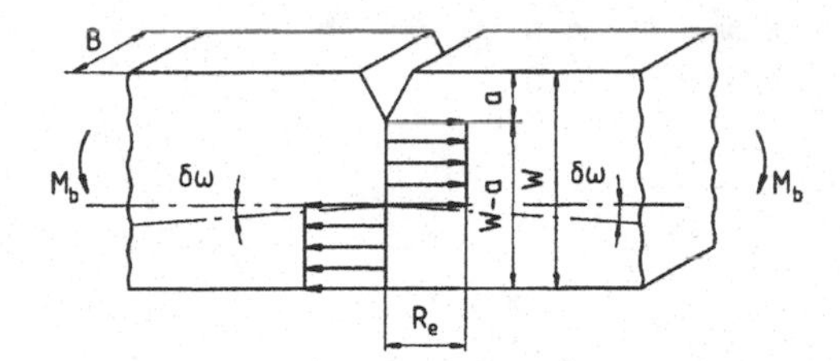

***Bild A14.2** Spannungsverteilung im gekerbten Biegestab bei vollplastischem Zustand und ESZ (statisch zulässiges Spannungsfeld)*

Das zugehörige Biegemoment erhält man aus Gleichung (A11.8) oder (9.19):

$$M_{bvplu} = R_e \frac{B \cdot (W-a)^2}{4} \quad . \tag{A14.9}$$

Die untere Schranke für das Kollapsbiegemoment nach Gleichung (A14.9) entspricht dem vollplastischen Biegemoment des glatten Stabes mit gleichem Nettoquerschnitt ($M_{bvplg} = M_{bvplu}$). Die obere Schranke für den Constraint-Faktor ergibt sich demnach aus den Gleichung (9.44), (A14.8) und (A14.9):

$$L = \frac{M_{bvplo}}{M_{bvplg}} = 2{,}76 \cdot \left(\frac{\tau_F}{R_e}\right) \quad . \tag{A14.10}$$

Bei Verwendung der SH ($\tau_F/R_e = 0,5$) ergibt sich $L = 1,38$, während man mit der GH ($\tau_F/R_e = 1/\sqrt{3}$) $L = 1,59$ erhält. Das in Anhang A13.4 vorgestellte Gleitlinienfeld nach Green [64] ergibt für diesen Fall eine obere Schranke von $L = 1,26$.

A15 Ermüdungsnachweis nach der FKM-Richtlinie

Die 1994 erstmals vorgestellte Richtlinie „Rechnerischer Festigkeitsnachweis für den Maschinenbau" [65] (FKM-Richtlinie) entstand auf Grundlage der ehemaligen staatlichen Normen der DDR (TGL-Standards [226]), die am Institut für Leichtbau Dresden erarbeitet wurden. Ihr Anwendungsbereich entspricht in etwa der zurückgezogenen VDI-Richtlinie 2226 [228]. Die FKM-Richtlinie wurde mit der Zielsetzung weiterentwickelt, eine einheitliche Vorschrift für die Festigkeitsberechnung im Maschinenbau zu schaffen. Hinzuweisen ist auf den Abschlußbericht [64], der Benutzern mit Interesse an Hintergrundinformationen weiterführende Erläuterungen zu den einzelnen Ansätzen gibt.

A15.1 Merkmale der Richtlinie

Die Richtlinie strebt eine einheitliche Festigkeitsberechnung von Bauteilen im Maschinenbau an. Kennzeichnend ist der Versuch, möglichst keine „weiße Flecken" im Algorithmus zu hinterlassen, was verständlicherweise nicht voll gelingen konnte (z. B. Werkstoffgruppen, Korrosion, komplexe Belastungen). Kritisch ist außerdem anzumerken, daß die Gliederung und Nomenklatur (z. B. Indizierung) der Richtlinie ohne Zweifel gewöhnungsbedürftig sind. In der nachfolgenden Beschreibung wird – abweichend von den im Buch verwendeten Bezeichnungen – die originale Nomenklatur übernommen.

Die *Randbedingungen* der Richtlinie lassen sich durch folgende wesentlichen Merkmale charakterisieren:

- Die Richtlinie gilt nur für Eisenwerkstoffe (Walzstähle, Gußwerkstoffe) im ungeschweißten und geschweißten Zustand. Eine Erweiterung auf Aluminium ist derzeit in Bearbeitung.
- Sie umfaßt sowohl den statischen als auch den Ermüdungsfestigkeitsnachweis (high cycle fatigue, HCF) unter Einbeziehung von Betriebsfestigkeitsansätzen.
- Sie ist anwendbar für korrosionsfreie Umgebung im Temperaturbereich von -40 °C bis +500 °C und Beanspruchungsfrequenzen bis 100 Hz.
- Die Richtlinie baut auf einer Koppelung von experimentellen und theoretischen Ergebnissen auf.

Spezifische Merkmale der zugrunde liegenden Lösungsansätze sind:

- Empfohlen wird der Nennspannungsnachweis (Nennspannungskonzept), allerdings kann auch mit örtlichen Spannungen oder Dehnungen (Örtliches Konzept) gerechnet werden, siehe Abschnitt 11.11.
- Die Kerbwirkung wird nicht als Erhöhung der Nennspannung, Gleichung (8.7), sondern als Erniedrigung der Bauteilbeanspruchbarkeit angesetzt.

- Bei der statischen Auslegung wird von der plastischen Verformungsreserve des zähen Bauteils (Stützwirkung) Kredit genommen, siehe Abschnitt 9.2.
- Die Modifikation der Festigkeitshypothesen – in Form einer Koppelung von NH und GH – erlaubt eine Anpassung an das reale Werkstoffverhalten, insbesondere die Ausweitung auf semiduktile Werkstoffe, siehe auch Abschnitt 9.6 und Bild 11.80.
- Die Sicherheitsfaktoren werden als Funktion von Verformungsvermögen, Gleichung (10.12), Inspektionshäufigkeit und Schadensrisiko angesetzt.
- Die Ermüdungsanalyse berücksichtigt unterschiedliche Überlastungsfälle, z. B. mit konstantem Spannungsverhältnis oder konstanter Mittelspannung, siehe auch Bild 11.70.
- Durch Einführung von Kombinationsfaktoren werden Beanspruchungsgrößtwerte, die aus unterschiedlichen Belastungen kommen und nicht in der denkbar ungünstigsten Art zusammenwirken, überlagert, siehe auch Eurocode 3 [221].

Der grundsätzliche Aufbau der Richtlinie und der Rechengang wird aus dem in Bild A15.1 dargestellten Ablauf des Ermüdungsfestigkeitsnachweises deutlich. Die vertikale Anordnung der Blöcke soll auch als zeitlicher Ablauf verstanden werden.

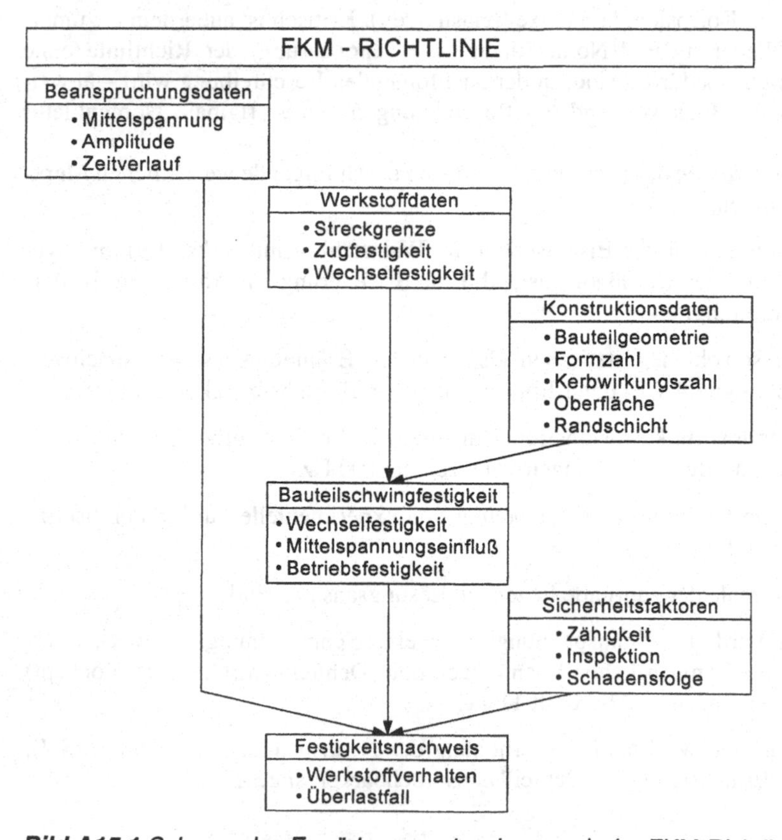

Bild A15.1 *Schema des Ermüdungsnachweises nach der FKM-Richtlinie*

A15.2 Beanspruchungsdaten

In der Richtlinie werden die Nennspannungen mit S (Normalspannung) und T (Schubspannung), die örtlichen Spannungen mit σ und τ bezeichnet.

A15.2.1 Lastspannungen

Die Beanspruchung wird in den linearen (S_x, T_{xy}), ebenen (S_x, S_y, T_{xy}) und räumlichen Fall (S_1, S_2, S_3) unterteilt.

Der zeitliche Verlauf eines Beanspruchungszyklus ist durch die Mittelspannungen und die Spannungsamplituden der Normal- und Schubspannungen zu kennzeichnen. Die Beanspruchung kann entweder einstufig mit konstanten Mittelspannungen und Spannungsamplituden sein oder aus einem unregelmäßigen Beanspruchungsverlauf bestehen. Die Richtlinie setzt synchrone gleichfrequente Schwingbelastung voraus, siehe Bild 11.86.

Eine Beanspruchung mit veränderlichen Spannungsamplituden ist durch das Beanspruchungskollektiv zu kennzeichnen, dessen Bestimmung grundsätzlich über experimentelle Verfahren (z. B. DMS-Messung), Kollektivbeiwerte p, Beanspruchungsgruppen (z. B. DIN 15018 [208]) oder Äquivalentspannungsamplituden erfolgen kann.

A15.2.2 Vergleichsspannungen

Die Berechnung der Vergleichsspannung zur Reduktion des mehrachsigen Spannungszustands auf einen fiktiv einachsigen Spannungszustand erfolgt mit den in Kapitel 7 beschriebenen Festigkeitshypothesen.

Für die Beanspruchung durch eine Normalspannung S_x (Zug und Biegung) und eine Schubspannung T_{xy} (Torsion und Scherung) gilt nach der GH mit Gleichung (7.24):

$$S_{v,GH} = \sqrt{S_x^2 + 3 \cdot T_{xy}^2} \quad . \tag{A15.1}$$

Entsprechend lautet die NH nach Gleichung (7.6):

$$S_{v,NH} = 0{,}5 \cdot \left(S_x + \sqrt{S_x^2 + 4 \cdot T_{xy}^2} \right) \quad . \tag{A15.2}$$

In der FKM-Richtlinie ist ein bemerkenswertes Vorgehen enthalten, welches auch die Berücksichtigung *semiduktiler Werkstoffzustände* bei der Vergleichsspannungsberechnung erlaubt. Aus dem Verhältnis der Schubwechselfestigkeit $\tau_{W,s}$ zur Zug-Druck-Wechselfestigkeit $\sigma_{W,zd}$

Semiduktiler Werkstoff

$$r = \frac{\tau_{W,s}}{\sigma_{W,zd}} \tag{A15.3}$$

wird ein Faktor q gebildet:

$$q = \frac{\sqrt{3} - \frac{1}{r}}{\sqrt{3} - 1} \quad . \tag{A15.4}$$

Der Wert q steuert die Vergleichsspannungsformel zähigkeitsabhängig:

$$S_v = q \cdot S_{v,NH} + (1-q) \cdot S_{v,GH} \quad . \tag{A15.5}$$

Die r- und q-Werte für die unterschiedlichen Werkstoffgruppen sind in Tabelle A15.1 zusammengestellt.

Als Sonderfall für $r = 1/\sqrt{3}$ oder $q = 0$ ergibt sich Gleichung (A15.1) der GH. Für $r = 1$ oder $q = 1$ entsteht Gleichung (A15.2) der NH, siehe auch Darstellung der Grenzkurven im Hauptspannungs- und Lastspannungsdiagramm in Bild A15.2.

***Tabelle A15.1** Werkstoffspezifische Faktoren zur Anwendung der FKM-Richtlinie*

	Walzstahl	Einsatz-stahl	Stahlguß GS	Sphäroguß GGG	Temperguß GT	Grauguß GG
$f_w = \sigma_{W,zd} / R_m$	0,45	0,40	0,34	0,34	0,28	0,26[1]
$f_b = \sigma_{W,b} / \sigma_{W,zd}$	1,10	1,10	1,15	1,30	1,40	1,50
$r = \tau_{W,s} / \sigma_{W,zd}$	0,58	0,58	0,58	0,65	0,75	0,85
$q = \dfrac{\sqrt{3} - \frac{1}{r}}{\sqrt{3} - 1}$	0	0	0	0,25	0,55	0,75
a_M	0,00035	–	0,00035	0,00035	0,00035	0
b_M	-1	–	0,05	0,08	1,13	0,5

[1]Nach einer neueren Untersuchung, siehe FKM Heft 221 (1996), darf der fW-Wert für Grauguß von 0,26 auf 0,30 vergrößert werden.

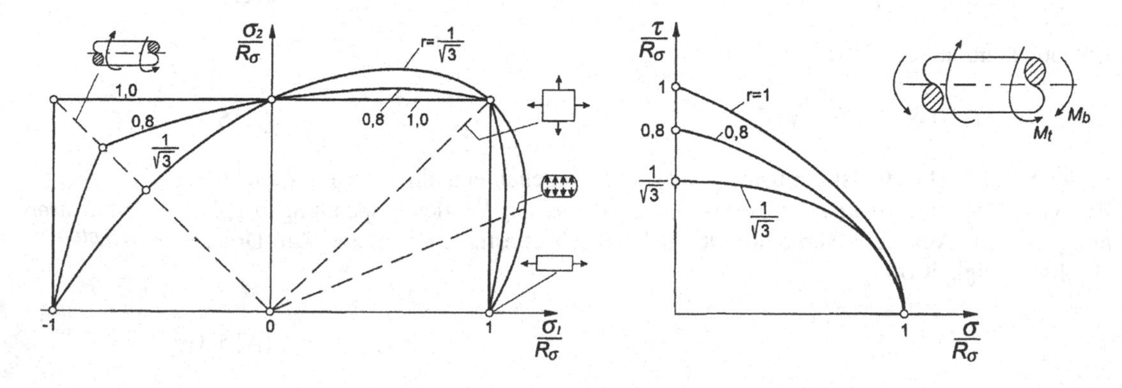

***Bild A15.2** Grenzkurven in Haupt- und Lastspannungsdarstellung nach der FKM-Vergleichsspannungsbeziehung*

A15.3 Werkstoffdaten

A15.3.1 Basisdaten

Grundlage des Festigkeitsnachweises bilden die statischen Festigkeitskennwerte R_N der Normprobe, nämlich die Zugfestigkeit R_m und die Streckgrenze R_p. Diese werden entweder im Zugversuch bestimmt oder als gewährleistete Mindestwerte aus einschlägigen Werkstofftabellen und Normen entnommen. Die Richtlinie setzt Kennwerte mit einer Überlebenswahrscheinlichkeit von 97,5 % voraus.

Die Übertragung der Kennwerte auf das Bauteil erfordert häufig Korrekturen der Normkennwerte R_N, welche als technologische Größenfaktoren K_d, Anisotropiefaktoren K_A und Temperatureinflußfaktoren K_T im Schrifttum verfügbar sind und auch in die FKM-Richtlinie aufgenommen wurden. Somit ergibt sich der *statische Bauteilkennwert R* gemäß

statischer Bauteilkennwert

$$R = K_d \cdot K_A \cdot K_T \cdot R_N \quad . \tag{A15.6}$$

Die erforderlichen Schubfestigkeiten R_τ werden aus den Normalspannungskennwerten R_σ bestimmt. Für das Verhältnis von Schubfestigkeit zu Zugfestigkeit kann bei zähen Werkstoffen etwa 0,8, bei spröden Materialien 1,0 angesetzt werden. Die Schubfließgrenze nimmt zähigkeitsabhängig im Verhältnis zur Streckgrenze Werte zwischen 0,58 und 0,8 an.

A15.3.2 Wechselfestigkeit

Die Festigkeitsberechnung bei Schwingbeanspruchung baut in der Regel auf der Zug-Druck-Wechselfestigkeit $\sigma_{W,zd,N}$ auf. Diese ist entweder aus Schwingversuchen an Normproben zu ermitteln oder aus der Zugfestigkeit der Normprobe $R_{m,N}$, seltener auch aus der zügigen oder der zyklischen Streckgrenze, Liu und Zenner [123], zu korrelieren:

$$\sigma_{W,zd,N} = f_W \cdot R_{m,N} \quad . \tag{A15.7}$$

f_W-Werte für unterschiedliche Werkstoffgruppen sind in Tabelle A15.1 zusammengestellt.

Mit Hilfe des werktsoffspezifischen Faktors f_b, siehe Tabelle A15.1, ergibt sich die Biegewechselfestigkeit der Normprobe zu

$$\sigma_{W,b,N} = f_b \cdot \sigma_{W,zd,N} \tag{A15.8}$$

Die Schubwechselfestigkeit der Normprobe $\tau_{W,s,N}$ läßt sich nach Gleichung (A15.3) aus der Zug-Druck-Wechselfestigkeit $\sigma_{W,zd,N}$ ableiten:

$$\tau_{W,s,N} = r \cdot \sigma_{W,zd,N} \tag{A15.9}$$

Der Umrechnungsfaktor r hängt von der Werkstoffzähigkeit ab, wobei für ideal zähe Werkstoffe nach der Gestaltänderungsenergiehypothese (GH) der Wert $r = 1/\sqrt{3}$ und für ideal spröde Werkstoffe nach der Normalspannungshypothese (NH) $r = 1$ gilt. In der FKM-Richtlinie sind für die einzelnen Werkstoffgruppen spezifische r-Werte angegeben, siehe Tabelle A15.1.

Die an dünnen Normproben gültigen Festigkeitskennwerte $\sigma_{W,N}$ sind den Verhältnissen des Bauteils und den Umgebungsbedingungen anzupassen. Solche Einflüsse rühren – wie in Abschnitt 15.3.1 schon ausgeführt – aus dem technologischen Größeneinfluß (K_d), einer möglichen Anisotropie (K_A) sowie Temperatur- (K_T) und Frequenzabhängigkeiten (K_{Fr}) her. Dies führt in der FKM-Richtlinie zu einer *Wechselfestigkeit* σ_W *des glatten Bauteils* gemäß der Beziehung:

Wechselfestigkeit glattes Bauteil

$$\sigma_W = K_d \cdot K_A \cdot K_T \cdot K_{Fr} \cdot \sigma_{W,N} \quad . \qquad \text{(A15.10)}$$

A15.3.3 Mittelspannungseinfluß

In der Richtlinie werden zur Kennzeichnung des Mittelspannungseinflusses eines Werkstoffs die *Mittelspannungsempfindlichkeiten* M_σ und M_τ verwendet, welche in Gleichung (11.35) einheitlich mit M bezeichnet werden. Die Mittelspannungsempfindlichkeit beschreibt die Neigung des Dauerfestigkeitsschaubilds (DFS) zwischen Druckschwellfestigkeit ($R = -\infty$) und Zugschwellfestigkeit ($R = 0$) und ist über die Wechselfestigkeit σ_W und die Zugschwellfestigkeit σ_{Sch} definiert:

Mittelspannungsempfindlichkeiten

$$M_\sigma = \frac{\left(\sigma_W - \frac{\sigma_{Sch}}{2}\right)}{\frac{\sigma_{Sch}}{2}} \quad . \qquad \text{(A15.11)}$$

M_σ kann in Abhängigkeit von Werkstoffgruppe und Zugfestigkeit aus dem in Bild 11.27 enthaltenen Diagramm entnommen oder nach der Beziehung

$$M_\sigma = a_M \cdot R_m + b_M \qquad \text{(A15.12)}$$

mit den in Tabelle A15.1 wiedergegebenen Konstanten a_M und b_M errechnet werden.

Bei Torsion ist auf die Gleichwertigkeit von positiver und negativer Mittelspannung, d.h. auf die Symmetrie des DFS zur τ_A-Achse, zu achten, siehe Bild 11.28. In der FKM-Richtlinie wird eigenartigerweise eine Korrelation über den Faktor r (Tabelle A15.1) vorgeschlagen.

Der Verlauf des DFS der FKM-Richtlinie ist in Bild 11.30 enthalten. Es besteht aus vier Geradenstücken mit den Steigungen 0, M_σ und $M_\sigma /3$. Für größere geschweißte Bauteile mit Eigenspannungen (ungeglüht) wird nach dem *„Delta-Sigma-Konzept"* kein Mittelspannungseinfluß angesetzt ($M_\sigma = 0$), siehe Bild 11.46.

Delta-Sigma-Konzept

A15.4 Konstruktionsdaten

Zu den Einflüssen der Konstruktion auf die Schwingfestigkeit zählen in der FKM-Richtlinie Bauteilgestalt (Kerbwirkung), Oberfläche (Rauheit und Randschicht) und mögliche Schweißeinflüsse. In der Richtlinie werden diese Einflüsse über einen Konstruktionsfaktor für die Wechselfestigkeit K_{WK} berücksichtigt, der den Unterschied zwischen der Wechselfestigkeit der Probe σ_W (Anhang A15.3.2) und dem Bauteil S_{WK} beschreibt. Für die *Bauteilwechselfestigkeit* gilt demnach:

Bauteilwechselfestigkeit

$$S_{WK} = \frac{\sigma_W}{K_{WK}} \quad . \qquad \text{(A15.13)}$$

Der Faktor K_{WK} kann für die Belastungsarten Zug/Druck, Biegung, Scherung und Torsion gebildet werden.

In der FKM-Richtlinie findet sich folgende Beziehung zur Berechnung des *Konstruktionsfaktors*:

Konstruktionsfaktor

$$K_{WK} = \left(K_f + \frac{1}{K_F} - 1 \right) \cdot \frac{K_{f,W}}{K_V \cdot K_{SM}} \quad . \qquad \text{(A15.14)}$$

Die Ermittlung der Einflußfaktoren für die Kerbwirkung (K_f), die Oberfläche (K_F), eines nichtverschweißten Nahtquerschnitts ($K_{f,W}$), die Randschicht (K_V) und die Fließbehinderung (K_{SM}) wird in den folgenden Abschnitten A15.4.1 bis A15.4.3 beschrieben.

A15.4.1 Kerbeinfluß

Der Kerbeinfluß bei schwingender Belastung wird über die Kerbwirkungszahl K_f berücksichtigt, welche mit den bekannten Verfahren aus der Formzahl K_t unter Beachtung des Werkstoffs und des Spannungsgradienten abzuleiten ist, siehe Abschnitt 11.8. Die Kerbwirkungszahlen des Bauteils für Zug/Druck, Biegung, Torsion und Scherung werden aus der Formzahl K_t gemäß dem Verfahren nach Siebel/Stieler [175] bestimmt. In der Richtlinie errechnet sich die *Kerbwirkungszahl* für Biegung beispielsweise zu

Kerbwirkungszahl

$$K_{f,b} = \frac{K_{t,b}}{n_\sigma(r) \cdot n_\sigma(d)} \quad . \qquad \text{(A15.15)}$$

Die Stützzahlen des gekerbten Bauteils $n_\sigma(r)$ und des nicht gekerbten Bauteils $n_\sigma(d)$ sind aus dem bezogenen Spannungsgefälle $\overline{G}_\sigma$ zu ermitteln. Hierfür sind in der Richtlinie Gleichungen und Diagramme enthalten.

Es ist darauf hinzuweisen, daß in der FKM-Richtlinie die Kerbwirkungszahl K_f sowohl die Auswirkung der Spannungsspitze als auch den Einfluß aus der Bauteilgröße über das Spannungsgefälle (spannungsmechanischer Größeneinfluß) enthält.

Der Aufbau der Gleichung (A15.14) bezieht die Wechselwirkung zwischen geometrischer Kerbe (K_f) und Mikrokerbe durch die Oberfläche (K_F) mit ein. Somit wird die experimentelle Erfahrung berücksichtigt, wonach sich eine rauhe Oberfläche am glatten oder mild gekerbten Bauteil stärker auswirkt als am stark gekerbten Bauteil.

Die Kerbwirkungszahl sollte – wenn irgend möglich – experimentell bestimmt werden. In der FKM-Richtlinie finden sich allerdings neben den Formzahlen für typische Geometrien zahlreiche Diagramme für Kerbwirkungszahlen wichtiger Wellengeometrien (Rundstäbe mit Absatz, Spitzkerbe, Querbohrung, Paßfedernut und Nabensitz sowie Keil-, Kerbzahn- und Zahnwellen), siehe Beispiel in Bild A15.3.

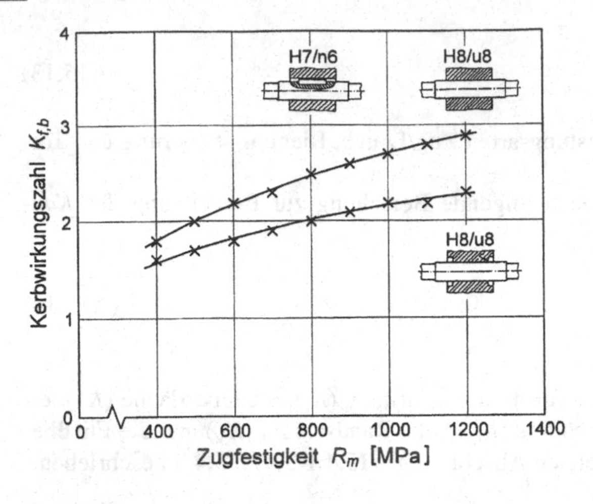

Bild A15.3 *Kerbwirkungszahlen in der FKM-Richtlinie, Beispiel biegebeanspruchte Preßpassungen*

A15.4.2 Oberflächeneinfluß

Oberflächenrauheitsfaktor

Zur Bestimmung des *Oberflächenrauheitsfaktors* K_F stehen die bekannten Diagramme zur Verfügung, siehe z. B. Bild 11.36. In der FKM-Richtlinie können die K_F-Werte für Walzstahl und Gußwerkstoffe aus entsprechenden Diagrammen entnommen werden, siehe Bild A15.4.

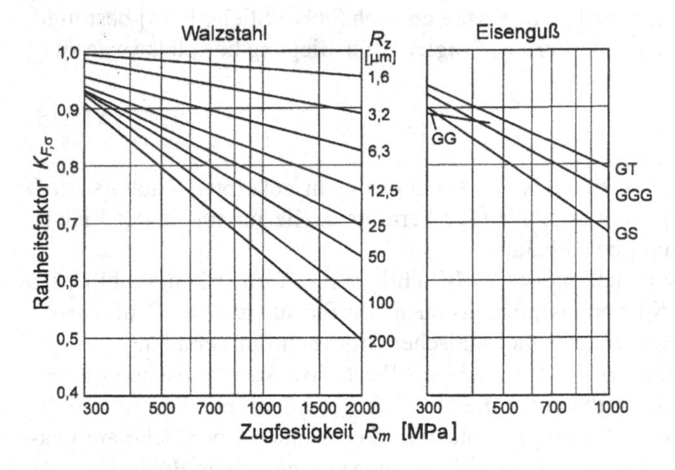

Bild A15.4 *Oberflächenrauheitsfaktor für Normalspannungen für Stähle und Gußwerkstoffe in der FKM-Richtlinie*

A15.4.3 Randschichteinfluß

Randschichtfaktor

Der *Randschichtfaktor* K_V beschreibt die Steigerung der Schwingfestigkeit infolge Randverfestigung und Druckeigenspannungen durch spezifische Oberflächenbehandlungen. In der FKM-Richtlinie ist eine Tabelle für die K_V-Werte durch Nitrieren, Einsatzhärten, Karbonitrieren, Rollen, Kugelstrahlen, Induktiv- und Flammhärten enthalten. Sie liegen beispielsweise für gekerbte Bauteile aus Walzstahl mit 30 bis 40 mm Durchmesser im Bereich K_V = *1,1–2,5*, für nichtgekerbte Bauteile zwischen *1,1–1,5* siehe Tabelle A15.2.

***Tabelle A15.2** Randschichtfaktoren K_V für Bauteile aus Walzstahl mit 30–40 mm Durchmesser*

Verfahren	Nitrieren	Einsatzhärten	Karbonitrieren	Rollen	Kugelstrahlen	Induktivhärten
Glattes Bauteil	1,1–1,5	1,1–1,5	(1,8)	1,1–1,25	1,1–1,2	1,2–1,5
Gekerbtes Bauteil	1,3–2,0	1,2–2,0	–	1,3–1,8	1,1–1,5	1,5–2,5

Die Fließbehinderung bei zähen Werkstoffen durch den (sekundär) dreiachsigen Spannungszustand im Bereich von tiefen, scharfen Kerben (z. B. Umlaufkerben) wird durch eine Konstante K_{SM} berücksichtigt. Diese ist formzahlabhängig und nimmt beispielsweise für $K_t > 3$ den Wert $K_{SM} = 1{,}15$ an.

Die „zusätzliche statische Kerbwirkungszahl" $K_{f,W}$ berücksichtigt bei Schweißnähten die Festigkeitsminderung durch den nichtverschweißten Nahtquerschnitt. Für querschnittsdeckende Schweißnähte gilt $K_{f,W} = 1$.

A15.5 Ertragbare Bauteildauerfestigkeit

Die Bauteilwechselfestigkeit S_{WK} beschreibt die ertragbare Amplitude bei reiner Wechselbeanspruchung ($S_m = 0$). Die bei einer bestimmten Mittelspannung ertragbare Amplitude, die *Bauteildauerfestigkeit* S_{AK} wird aus der Wechselfestigkeit S_{WK} gebildet, indem ein Mittelspannungsfaktor K_{AK} eingeführt wird:

Bauteildauerfestigkeit

$$S_{AK} = K_{AK} \cdot S_{WK} \quad . \tag{A15.16}$$

In der FKM-Richtlinie wird ein besonderes Problem der Mittelspannungskorrektur ausführlich behandelt. Dieser Problemkreis leitet sich von dem Umstand ab, daß die im DFS zu bestimmende ertragbare Amplitude vom Beanspruchungspfad – also der hypothetischen Überlastungsart – abhängt. In der FKM-Richtlinie wird in folgende Überlastungsfälle unterschieden:

- F1: Mittelspannung S_m konstant
- F2: Spannungsverhältnis R_S konstant
- F3: Minimalspannung S_{min} konstant
- F4: Maximalspannung S_{max} konstant.

Nicht enthalten ist der Fall F5, der ebenfalls zu betrachten ist und meist zum Fließen führen wird, daß die Amplitude S_a konstant bleibt und die Mittelspannung S_m ansteigt, siehe auch Bild 11.70.

Die fünf Überlastungspfade sind in Bild A15.5 im DFS dargestellt. Die Darstellung macht deutlich, daß bei der Sicherheitsbetrachtung streng genommen der Überlastungspfad berücksichtigt werden muß.

Die bei einer bestimmten Mittelspannung am Bauteil ertragbare Amplitude S_{AK} kann in Abhängigkeit vom Überlastfall direkt aus der Konstruktion des Grenzpunkts G im DFS gemäß Bild A15.5 bestimmt werden. In der FKM-Richtlinie sind in großer Ausführlichkeit für alle möglichen Schnittpunkte mit den Grenzlinien direkte Bezie-

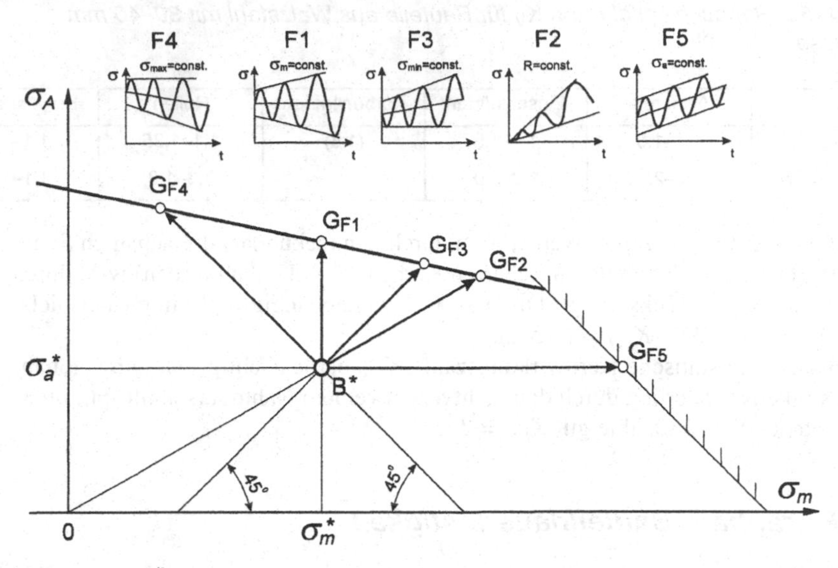

***Bild A15.5** Überlastungsfälle F1 bis F4 nach FKM-Richtlinie, ergänzt durch F5*

hungen für den Mittelspannungsfaktor K_{AK} angegeben. So gilt beispielsweise für Überlastfall F2 (konstantes Spannungsverhältnis) für $R \geq 0{,}5$:

$$K_{AK} = \frac{3 + M_\sigma}{3 \cdot (1 + M_\sigma)^2} \quad . \tag{A15.17}$$

Bei mehrachsiger Beanspruchung ist eine Vergleichsmittelspannung S_{vm} nach Abschnitt 15.2.2 zu bilden. Dies ist ein fragwürdiges Vorgehen, da die Schnittebenen der maximalen Mittel- und Amplitudenspannungen in der Regel nicht identisch sind, Issler [97], siehe auch Abschnitt 11.10.2.

A15.6 Beanspruchung im Zeitfestigkeitsgebiet

Bauteilbetriebsfestigkeit

Die ertragbare Amplitude der Bauteilbetriebsfestigkeit S_{BK} wird aus der ertragbaren Amplitude der Bauteildauerfestigkeit S_{AK} gemäß der Beziehung

$$S_{BK} = K_{BK,S} \cdot S_{AK} \tag{A15.18}$$

berechnet. Hierbei bedeutet $K_{BK,S}$ den Betriebsfestigkeitsfaktor, der vom Beanspruchungskollektiv und der Bauteil-Wöhlerlinie abhängt.

Die Bauteil-Wöhlerlinie ist neben der Dauerfestigkeit S_{AK} durch die Knickpunktzyklenzahl N_D und den Neigungsexponenten k_σ zu beschreiben, siehe Bild A15.6

Die Gleichung der Zeitfestigkeitsgeraden der Wöhlerlinie lautet:

$$N = N_D \cdot \left(\frac{S_A}{S_{AK}} \right)^{-k_\sigma} \quad . \tag{A15.19}$$

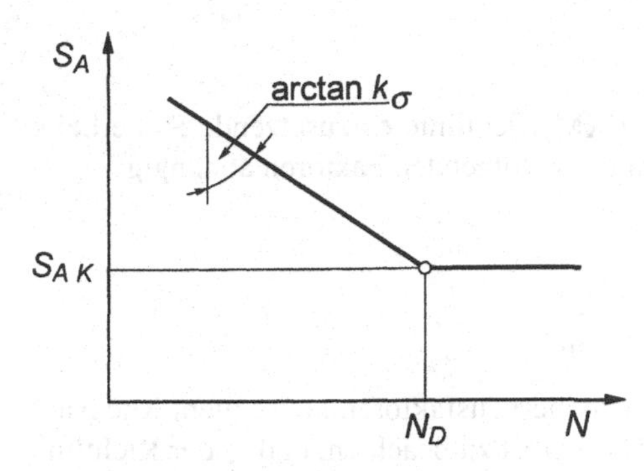

***Bild A15.6** Bestimmungsgrößen der Wöhlerlinie*

In der Richtlinie wird die Verwendung von festen Werten für N_D und k im Sinne von *synthetischen Wöhlerlinien* vorgeschlagen, siehe auch Abschnitt 11.9. Die entsprechenden Kenngrößen sind in Tabelle A15.3 zusammengestellt..

Synthetische Wöhlerlinie

***Tabelle A15.3** Kenngrößen für synthetische Wöhlerlinien in FKM-Richtlinie*

Kenngröße	N_D	k_σ	k_τ
Nichtgeschweißte Bauteile	10^6	5[1]	8
Geschweißte Bauteile	$5*10^6$	3	5

[1] Für Grauguß gilt nach FKM Heft 221 (1996): $k_\sigma = 7$

Die ertragbare Amplitude der Bauteildauerfestigkeit ist für eine gegebene Mittelspannung folgendermaßen zu berechnen:

$$\hat{S}_{BK} = K_{BK,S} \cdot S_{AK} \quad . \tag{A15.20}$$

Der Betriebsfestigkeitsfaktor berechnet sich für Einstufenbeanspruchung folgendermaßen:

Betriebsfestigkeitsfaktor

$$K_{BK,S} = \left(\frac{N_D}{N}\right)^{\frac{1}{k}} = \frac{S_A}{S_{AK}} \quad . \tag{A15.21}$$

Für eine Beanspruchung in Höhe der Dauerfestigkeit ergibt sich $K_{BK,S} = 1$.

Weitere Betriebsfestigkeitsfaktoren sind in der Richtlinie für die Verfahren

- Miner konsequent
- Miner Eurocode [221]
- Miner elementar

angegeben.

A15.7 Sicherheitsfaktoren

Der in die Festigkeitsberechnung nach der FKM-Richtlinie einzusetzende Sicherheitsfaktor gegen Dauerbruch j_D ist in erster Linie von folgenden Faktoren abhängig:

- Werkstofftyp (Duktilität)
- Inspektionsintervalle
- Schadensfolgen (Verlust an Menschenleben).

Die FKM-Richtlinie nimmt in der Wahl der Sicherheitsfaktoren konsequent Rücksicht auf diese spezifischen Randbedingungen. Hierbei ist zu beachten, daß in der Richtlinie von Kennwerten mit 97,5 % Überlebenswahrscheinlichkeit ausgegangen wird.

Wie aus Tabelle A15.4 hervorgeht, beträgt der Grundsicherheitsfaktor gegen Dauerbruch bei Walzstahl $j_D = 1{,}5$. Für größere geschweißte ungeglühte Bauteile gilt ein zusätzlicher Teilsicherheitsfaktor von $j_E = 1{,}25$. Bei regelmäßiger Inspektion darf der Sicherheitsfaktor um 10 % vermindert werden.

Bei Eisen-Gußwerkstoffen sind generell höhere Sicherheitsfaktoren anzusetzen. Sie können im günstigsten Fall (ungeschweißt, regelmäßige Inspektion, geringe Schadensfolgen) $j_D = 1{,}5$, im ungünstigsten Fall $j_D = 2{,}5$ betragen, siehe Tabelle A15.4. Bei Gußwerkstoffen mit Bruchdehnungen $A_5 < 12{,}5\ \%$ wird ein bruchdehnungsabhängiger Zuschlag auf die Sicherheitsfaktoren für $A_5 \geq 12{,}5\ \%$ vorgenommen.

A15.8 Festigkeitsnachweis

Der Festigkeitsnachweis für Schwingbeanspruchung lautet in allgemeiner Form unter Verwendung des Bauteilkennwerts S_{BK} oder T_{BK}, den auftretenden Einzelspannungsamplituden S_a oder T_a und dem erforderlichen Mindestsicherheitsfaktor j_D:

$$\frac{S_a}{S_{BK}} < \frac{1}{j_D} \tag{A15.22}$$

$$\frac{T_a}{T_{BK}} < \frac{1}{j_D} \quad . \tag{A15.23}$$

Dieser Nachweis ist für jede der einzelnen Spannungskomponenten getrennt zu führen.

Außerdem ist die zusammengesetzte Beanspruchung über die Bildung einer Vergleichsspannungsamplitude abzusichern. Hierzu werden die auftretenden Spannungsamplituden S_a und T_a auf ihre spezifischen Kennwerte S_{BK} oder T_{BK} bezogen und das Wechselfestigkeitsverhältnis r eingeführt, was zu einer bezogenen Vergleichsspannung s_v führt. Die Beziehungen für GH und NH lauten folglich entsprechend Gleichungen (A15.1) und (A15.2):

$$s_{v,GH} = \sqrt{\left(\frac{S_a}{S_{BK}}\right)^2 + 3 \cdot r^2 \cdot \left(\frac{T_a}{T_{BK}}\right)^2} \tag{A15.24}$$

Tabelle A15.4 *Sicherheitsfaktoren j_D gegen Dauerbruch , Zusammenstellung nach FKM-Richtlinie*

Werkstoffgruppe			Bauteil	Inspektionen	Schadensfolgen	Sicherheitsfaktoren bei Dauerfestigkeit j_D
Walzstahl			Grundwerkstoff	nicht regelmäßig	groß	1,5
					gering	1,3
				regelmäßig	groß	1,35
					gering	1,2
			Schweißung	nicht regelmäßig	groß	1,9
					gering	1,6
				regelmäßig	groß	1,7
					gering	1,5
Eisen-Gußwerkstoffe	Nicht geprüfte Gußstücke		Grundwerkstoff	nicht regelmäßig	groß	2,1
					gering	1,8
				regelmäßig	groß	1,9
					gering	1,7
			Schweißung	nicht regelmäßig	groß	2,6
					gering	2,25
				regelmäßig	groß	2,4
					gering	2,1
	Zerstörungsfrei geprüfte Gußstücke	Bruchdehnung $A_5 > 12,5\,\%$	Grundwerkstoff	nicht regelmäßig	groß	2,0
					gering	1,6
				regelmäßig	groß	1,7
					gering	1,5
			Schweißung	nicht regelmäßig	groß	2,5
					gering	2,0
				regelmäßig	groß	2,1
					gering	1,9
		Bruchdehnung $A_5 \le 12,5\,\%$	$j_D = j_D(A_5 > 12,5\,\%) + 0,5 - \sqrt{\frac{A_5[\%]}{50\,\%}}$			

$$s_{v,NH} = 0,5 \cdot \left(\frac{S_a}{S_{BK}} + \sqrt{\left(\frac{S_a}{S_{BK}}\right)^2 + 4 \cdot r^2 \cdot \left(\frac{T_a}{T_{BK}}\right)^2} \right) \quad . \tag{A15.25}$$

Somit ergibt sich als Auslegungsbedingung nach Gleichung (A15.5):

$$q \cdot s_{v,NH} + (1-q) \cdot s_{v,GH} < \frac{1}{j_D} \tag{A15.26}$$

Werte für q können aus Tabelle A15.1 entnommen werden.

Der Quotient aus linker Seite und rechter Seite in Beziehung (A15.26) wird auch als *Auslastung a* bezeichnet.

Auslastung

A15.9 Zusammenfassung

Die FKM-Richtlinie ist ein erster Schritt zu einer einheitlichen Festigkeitsberechnung im Maschinenbau. Sie gilt für Eisenwerkstoffe und enthält sowohl die statische Absicherung als auch den Schwingfestigkeitsnachweis einschließlich der Betriebsfestigkeitsberechnung. Die Richtlinie enthält einige bemerkenswerte und fortschrittliche Ansätze, wie z. B. die Berücksichtigung von plastischen Verformungsreserven, eine Anpassung der Festigkeitshypothesen an das Zähigkeitsniveau und inspektions-, risiko- und werkstoffabhängige Sicherheitsfaktoren.

Eine Erweiterung der FKM-Richtlinie ist wünschenswert, wobei Themenkreise wie beispielsweise nichtsynchrone Schwingbeanspruchung, Korrosionseinflüsse und Nichteisenmetalle einbezogen werden sollten.

Datensammlung

B1 Physikalische Eigenschaften und Werkstoffkennwerte

In der nachfolgenden Übersicht sind physikalische Eigenschaften verschiedener fester Stoffe sowie Werkstoffkennwerte von einigen technisch wichtigen Eisen- und Nichteisenwerkstoffen zusammengestellt. Die Angaben verstehen sich als Anhaltswerte. Maßgebend sind die jeweils gültigen Werkstoffspezifikationen in den zitierten DIN-Normen und sonstigen Werkstoff-Datenblättern.

Da eine Vielzahl der Kennwerte von der Erzeugnisdicke abhängt, wurde hier exemplarisch ein mittlerer Wanddickenbereich (20–40 mm) ausgewählt. Die Werte des Zugversuchs beziehen sich in der Regel auf Querproben (T-Richtung).

Übersicht über die in Anhang B1 enthaltenen Tabellen

Tabelle	Inhalt
B.1.1	Physikalische Eigenschaften einiger wichtiger Metalle und Nichtmetalle
B.1.2	Zugversuchskennwerte und Anwendungsbeispiele von Stählen
B.1.3	Zugversuchskennwerte und Anwendungsbeispiele von Stahlguß
B.1.4	Zugversuchskennwerte und Anwendungsbeispiele von Gußeisen
B.1.5	Zugversuchskennwerte und Anwendungsbeispiele von Aluminium-Legierungen
B.1.6	Zugversuchskennwerte und Anwendungsbeispiele von Kupfer-Legierungen
B.1.7	Zugversuchskennwerte und Anwendungsbeispiele von Titan- und Magnesium-Legierungen
B.1.8	Eigenschaften und Anwendungsbeispiele von Keramik und Diamant
B.1.9	Eigenschaften von Holz
B.1.10	Eigenschaften von Kunststoffen

Tabelle B1.1 *Physikalische Eigenschaften einiger wichtiger Metalle und Nichtmetalle*

	Werkstoff	Dichte ρ [kg/dm^3]	Elastizitätsmodul E [GPa]	Querkontraktionszahl μ [-]	Wärmeausdehnungskoeffizient $\alpha \cdot 10^6$ [1/K]	Schmelztemperatur [°C]	Elektrische Leitfähigkeit [m/Ωmm^2]
Metalle	Aluminium	2,7	65	0,33	23,8	660	37
	Blei	14,4	17,5	0,42	29	327	5
	Bronze (CuSn 2)	8,55	120	0,35	19	1100	22
	Eisen	7,85	215	0,3	12	1536	10
	Grauguß	7,2	100–120	0,26	12	1200	1,4
	Kupfer	8,96	100–130	0,34	17	1083	35–58
	Magnesium	1,74	45	0,35	25	649	23
	Messing (CuZn 37)	8,47	80–125	0,35	20	≈900	
	Silber	10,5	80	0,38	19,1	961	67
	Sphäroguß	7,1	170	0,28	12,5	1200	2
	Titan	4,5	110	0,36	9,0	1670	0,024
	Zink	7,14	95	0,29	29,8	419	17
	Zinn	7,28	42,4	0,33	27	232	8,8
Nichtmetalle	Beton	2,32	25–30	0,15	10		
	Diamant	3,5	900		1		
	Eis (Firn) (10 m Tiefe)	0,6	2,5	0,29			
	Epoxidharz	1,2	2,6–3,5				
	Gießharz	1,25	3	0,35	100		
	Glasfaser	2,5	70–85	0,18	4,6		
	Gummi	0,9		0,5	162		
	Holz (Fichte)	0,3–0,7	10	0,33	3 - 4		
	Kalknatronglas	2,5	70–80	0,17	9		
	Kohlenstoffaser	2,0	18–500				
	PA 6 trocken	1,12–1,14	1,5–3,2	0,32	70–110		
	PC	1,20	2–2,5	0,32	60–70		
	PE-HD	0,918–0,96	0,4–1,5	0,38	130–200		
	PMMA	1,18	2,4–4,5	0,32	70–90		
	POM	1,41	2,5–3,5	0,32	110–130		
	Porzellan	2,5	70–80		5		
	PP	0,9	0,7–1,4	0,34	100–180		
	PTFE	2,14–2,2	0,4–0,7		100–160		
	PS	1,05	3–3,6	0,33	70–80		
	PVC hart	1,3–1,5	3–3,5	0,36	70		
	PVC weich	1,2–1,4	0,45–0,6	0,36	180–210		

Tabelle B1.2 *Zugversuchskennwerte und Anwendungsbeispiele von Stählen (Klammerwerte: neue Bezeichnungen nach DIN EN 10025)*

Werkstoff-gruppe	Werkstoff	Zugfestigkeit R_m [MPa]	Streckgrenze $R_{p0,2}$ [MPa]	Bruchdehnung A_5 [MPA]	Anwendungen
Allgemeine Baustähle DIN 17100	St 37-3 (S235J2G3)	340–470	215–235	24–26	Anlagenteile des allgemeinen Maschinen-, Anlagen- und Fahrzeugbaus
	St 52-3 (S355J2G3)	490–630	315–355	18–20	
	St 70-2 (E360)	670–830	325–365	8–10	
Hochfeste schweißbare Feinkornstähle DIN 17102 SEW 088	StE 355	490–630	295–355	22	Kräne, Brücken, Fahrwerksteile, Offshore, Transportgeräte
	StE 690 (S690QL)	790–960	690	16	
	StE 890 V (S890QL)	940–1100	890	16	
	StE 960 V (S960QL)	1000–1130	960	15	
Vergütungs-stähle DIN 17200	Ck 35 V	600–750	370	19	Schrauben, Wellen, Getriebe, Fahrwerksteile
	34 Cr 4 V	800–950	590	14	
	30 CrMoV 9 V	1200–1450	1020	9	
Einsatz-stähle DIN 17210	Ck 10	500–650	300	16	Getriebeteile, Gelenke, Wellen
	16 MnCr 5	800–1100	600	10	
	17 CrNiMo 6	1050–1350	780	8	
Feder-stähle DIN 17221	60 SiCr 7	1320–1570	1130	6	Federringe, Tellerfedern, Blattfedern
	50 CrV 4	1370–1670	1180	6	
Kaltzähe Stähle SEW 680-70 DIN 17280	T StE 355 (N)	490–630	355	22	Druckbehälter, Rohrleitungen, Pumpen, Behälter
	X 8 Ni 9 (V)	640–840	480	18	
Warmfeste Stähle DIN 17175	15 Mo 3	450–600	270	22	Kesselbau, Kraftwerksbau
	13 CrMo 44	440–590	290	22	
	10 CrMo 9 10	450–600	280	20	
	X 20 CrMoV 12 1	690–840	490	17	
Korrosionsfeste Stähle DIN 17440	X 6 Cr 17	450–600	270	18	Chemischer Apparatebau, Maritimtechnik, Nahrungsmittelindustrie, Medizintechnik
	X 10 CrNiTi 18 10	500–700	210	35	
	X 20 CrNi 17 2	750–950	550	10	
Höchstfeste Stähle	38 NiCrMoV 7 3	1800	1500	6	Höchstbeanspruchte Teile des Maschinen- und Fahrzeugbaus
	X 2 NiCoMo 18 9 5 (wa)	1950–2100	1850–2000	5	
	X 41 CrMoV 5 1 (V tm)	2600	2250	6	

***Tabelle B1.3** Zugversuchskennwerte und Anwendungsbeispiele von Stahlguß*

Werkstoffgruppe	Werkstoff	Streckgrenze R_e [MPa] RT	Streckgrenze R_e [MPa] 450 °C	Zugfestigkeit R_m [MPa]	Bruchdehnung A_5 [%]	Anwendungen
Allgemeine Zwecke DIN 1681	GS-38	200		380	25	Allgemeiner Maschinenbau
	GS-52	260		520	18	
	GS-60	300		600	15	
Warmfest DIN 17245	GS-C25	245	125	440–590	22	Dampfturbinengehäuse, Armaturen, Herdplatten, Roste
	GS-17 CrMo 5 5	315	190	490–640	20	
	GS-17 CrMoV 5 11	440	320	590–780	15	
	GS-X 22 CrMoV 12 1	590	420	690–880	15	
Nichtrostend DIN 17445	G-X 5 CrNi 13 4	830	680[1]	900–1100	12	chem. Industrie, Armaturen, Pumpen, Leitungen
	G-X 5 CrNiNb 18 9	175	115	440–640	20	

[1] bei 350 °C

***Tabelle B1.4** Zugversuchskennwerte und Anwendungsbeispiele von Gußeisen*

Werkstoffgruppe	Werkstoff	Zugfestigkeit R_m [MPa]	Streckgrenze $R_{p0,2}$ [MPa]	Bruchdehnung A_5 [%]	Anwendungen
Gußeisen mit Lamellengraphit DIN 1691	GG-15	110[1]	–	< 3	Gehäuse, Ständer, Laufbuchsen
	GG-35	280[1]	–	< 1	
Gußeisen mit Kugelgraphit DIN 1693	GGG-40	400	250	15	Kurbelwellen, Getriebeteile Armaturen
	GGG-80	800	500	2	
Temperguß DIN 1692	GTS-35	350	200	10	Triebwerksteile, Kolben, Zahnräder
	GTS-65	650	430	2	
	GTW-45	450	260	7	Fittings, Fahrzeugteile
	GTW-65 (V)	650	430	3	

[1] Gußstück 20–40 mm

Tabelle B1.5 *Zugversuchskennwerte und Anwendungsbeispiele von Aluminium-Legierungen*

Werkstoffgruppe	Werkstoff	Zugfestigkeit R_m [MPa]	Streckgrenze $R_{p0,2}$ [MPa]	Bruchdehnung A_5 [%]	Anwendungen
Reinaluminium DIN 1790	Al 99,5 F10	100	70	6[1]	E-Technik, Fließpreßteile, Folien
Knet-legierungen DIN 1745	Al Mn 1 F14	140–180	120	5	Apparate-,Schiff-, Fahrzeugbau, Bauwesen, Flugzeugbau
	AlMg 3 F24	240–280	190	5	
	AlMgSi 1 F21	205	110	14	
	AlCuMg 2 F44	440	290	13	
	AlZnMgCu 1,5 F53	530	450	5	
Gußlegierungen DIN 1725	G-AlSi 12	160–210	70–100	5–10	Maschinengehäuse, Flugzeugbau, Fahrzeugbau
	G-AlMg 5	160–220	100–120	3–8	
	G-AlCu 4 TiMg	350–420	240–350	3–10	

[1]Bruchdehnung A_{10}

Tabelle B1.6 *Zugversuchskennwerte und Anwendungsbeispiele von Kupfer-Legierungen*

Werkstoffgruppe	Werkstoff	Zugfestigkeit R_m [MPa]	Streckgrenze $R_{p0,2}$ [MPa]	Bruchdehnung A_5 [%]	Anwendungen
Messing DIN 17670	CuZn 36 F37	370–440	200	28	Rohre, Drehteile
Sn-Bronze DIN 17662	CuSn 6 F48	480–580	450	20	Rohre, Federn, Membranen, Gleitelemente, Spindeln
	G-CuSn 12 Pb	280	150	5	
Al-Bronze DIN 17665	CuAl 8 F37	370	120	35	Chemische Industrie
	G-CuAl 10 Ni	600	270	12	Propeller, Laufräder
Ni-Bronze DIN 17664	CuNi 30 Fe F30	280–320	80–120	30–40	Rohre, Platten

Tabelle B1.7 *Zugversuchskennwerte und Anwendungsbeispiele von Titan und Magnesium-Legierungen*

Werkstoffgruppe	Werkstoff	Zugfestigkeit R_m [MPa]	Streckgrenze $R_{p0,2}$ [MPa]	Bruchdehnung A_5 [%]	Anwendungen
Reintitan DIN 17860	Ti 99,8	290–410	180	30	Tanks, Rohre, Armaturen
	Ti 99,5	540–740	390	16	chem. Industrie, Medizintechnik
Titanlegierung DIN 17860	TiAl 5 Sn 2 F79	790	760	6	Luft- und Raumfahrt
	TiAl 6 V 4 F89	890	820	6	Luft- und Raumfahrt, Chemie, Implantate
	TiV13Cr11Al 3	1300–1400	≥ 1180	5	Raketenteile, hochfeste Verbindungen
Magnesiumleg. DIN 1729 / DIN 9715	MgAl 6 Zn F27	270	175	8	Fahrzeugbau, Raumfahrt, Feinwerktechnik
	G-MgAl 9 Zn 1 (wa)	240–300	150–190	2–7	

Tabelle B1.8 *Eigenschaften und Anwendungsbeispiele von Keramik, Diamant und Glas*

Werkstoff	Elastizitätsmodul E [GPa]	Zugfestigkeit R_m [MPa]	Druckfestigkeit σ_{dB} [MPa]	Biegefestigkeit σ_{bB} [MPa]	Anwendung
Hartporzellan	50	25	450	40	Geschirr, Keramik, Isolationsteile
Oxidkeramik Al_2O_3	370		2500	350	Schneidkeramik, Zündkerzen, Ziehsteine
Diamant	900			300	Werkzeuge, Lagersteine
Glas	80	50–90	400–1300		Flach-, Behälterglas, Flaschen, Geschirr

Tabelle B1.9 *Eigenschaften von Holz*

Werkstoff	Lage zur Faser	Elastizitätsmodul E [GPa]	Zugfestigkeit R_m [MPa]	Druckfestigkeit σ_{dB} [MPa]	Biegefestigkeit σ_{bB} [MPa]	Schubfestigkeit τ_B [MPa]
Holz	längs	10	40–240	30–70	40–120	5–10
(Fichte)	quer		3	5–10		25

Tabelle B1.10 Eigenschaften von Kunststoffen

	Werkstoff	Zugfestigkeit R_m [MPa]	Bruchdehnung [%]	Elastizitätsmodul E [GPa]	Maximale Temperatur [°C]	Bemerkungen
Thermoplaste	PE-HD	25	400–800[1]	0,4–1,5	95-105	Lupolen
	PVC hart	25	15–30[1]	3,0–3,5	60	Hostalit
	PA 6	43	200[1]	1,5–3,2	100	Nylon, Ultramid B
	POM	70	12–42	2,5–3,5	100	Hostaform, Ultraform
	PC	60	110[1]	2,0–2,5	130	Makrolon
	PP	20	800[1]	0,7–1,4	140	Norolen, Vestolen PP
	PS	40–60	3	3,0–3,6	60	Polystyrol, Vestyron
	PMMA	60–80	4	2,4–4,5	65	Plexiglas
	PTFE	25	250–400[1]	0,4–0,7	260-280	Teflon, Hostaflon
Duroplaste	PF	25	1,4	11	130-150	Bakelit, Melopas
	UF/MF	30	0,5[1]	9	80-130	Resopal
	EP	60	0,6–1,2	16–19	80[2] 130-180[3]	Araldit, Epoxin
Elastomere	NR	22	600	–	-60	
	CR	11	400	0,14–0,42	-30 ... 90	Chlorypren, Neopren, Buna C
	AU	20	450	0,009–0,62	-30 ... 100	Vulkollan
	Si	1	250	–	-80 ... 180	Silastic

[1]Reißdehnung
[2]kaltgehärtet
[3]heißgehärtet

B2 Formzahldiagramme

Die hier zusammengestellten Formzahldiagramme basieren auf Beziehungen, die der Formelsammlung von Roark [25] entnommen sind. Die nachfolgenden zwei Tabellen geben eine Übersicht über die Kerbgeometrien und Beanspruchungsarten.

Übersicht über die in Anhang B2 enthaltenen Formzahldiagramme

Flachstab	Bildnummern		
	Zug	Biegung	Flachbiegung
Flachstab mit beidseitigen U-förmigen Außenkerben	*B2.1*	*B2.2*	*B2.3*
Flachstab mit einseitiger U-förmiger Außenkerbe	*B2.4*	*B2.5*	
Flachstab mit einseitiger V-Kerbe (Öffnungswinkel 45°)		*B2.6*	
Flachstab mit einseitiger V-Kerbe (Öffnungswinkel 90°)		*B2.7*	
Flachstab mit mittiger kreisförmiger Bohrung	*B2.8*		*B2.9*
Flachstab mit elliptischer Innenkerbe	*B2.10*		

Rundstab	Bildnummern		
	Zug	Biegung	Torsion
Rundstab mit U-förmiger Umdrehungskerbe	*B2.11*	*B2.12*	*B2.13*
Rundstab mit V-förmiger Umdrehungskerbe (Öffnungswinkel 45°)			*B2.14*
Rundstab mit V-förmiger Umdrehungskerbe (Öffnungswinkel 90°)			*B2.15*
Abgesetzter Rundstab	*B2.16*	*B2.17*	*B2.18*
Rohr mit Querbohrung	*B2.19*	*B2.20*	*B2.21*

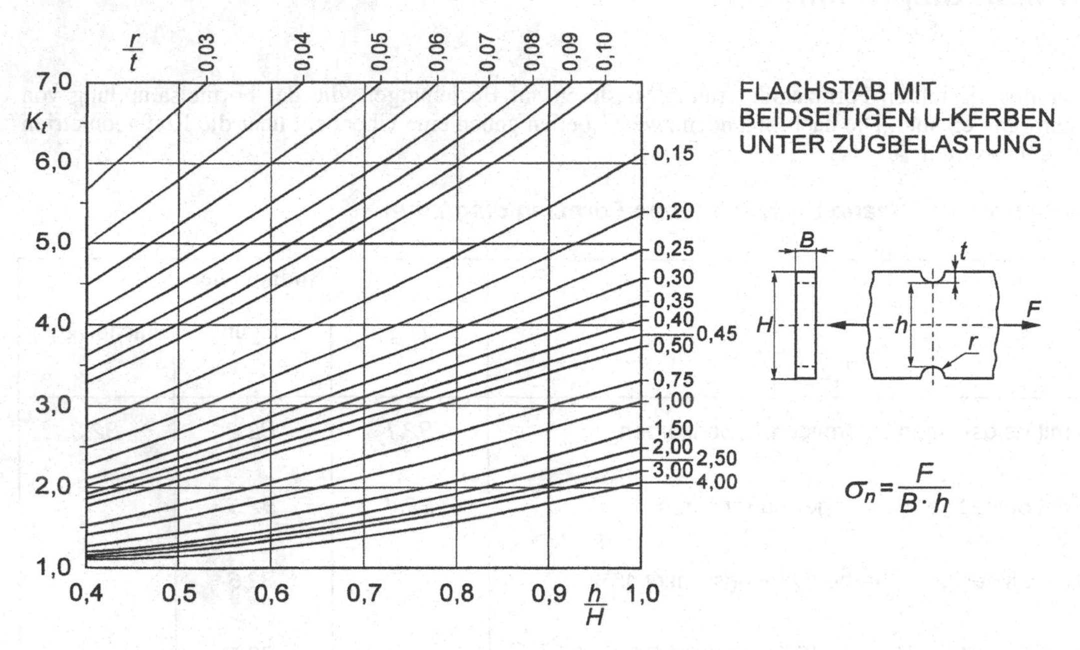

Bild B2.1 *Formzahldiagramm für Flachstab unter Zugbelastung mit beidseitigen U-förmigen Außenkerben*

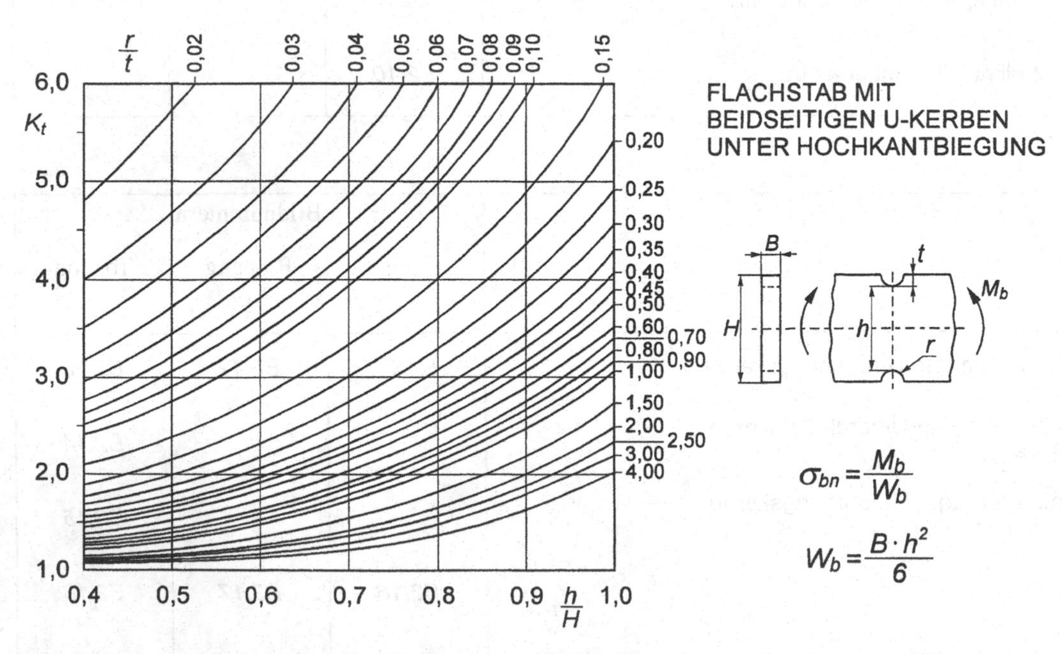

Bild B2.2 *Formzahldiagramm für Flachstab unter Biegebelastung mit beidseitigen U-förmigen Außenkerben*

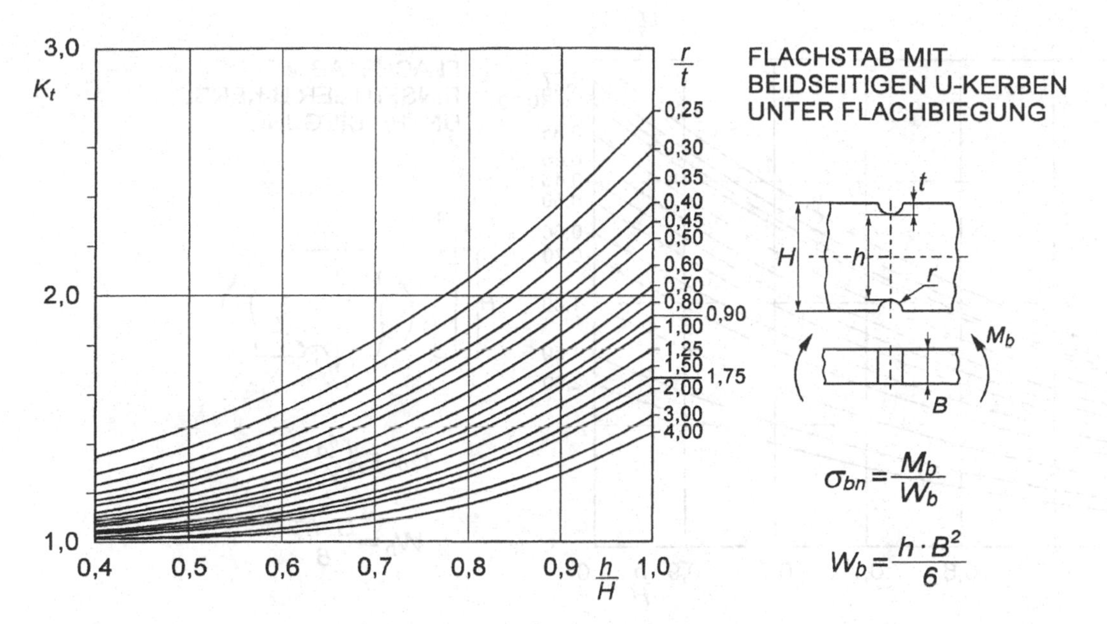

Bild B2.3 *Formzahldiagramm für Flachstab unter Flachbiegebelastung mit beidseitigen U-förmigen Außenkerben*

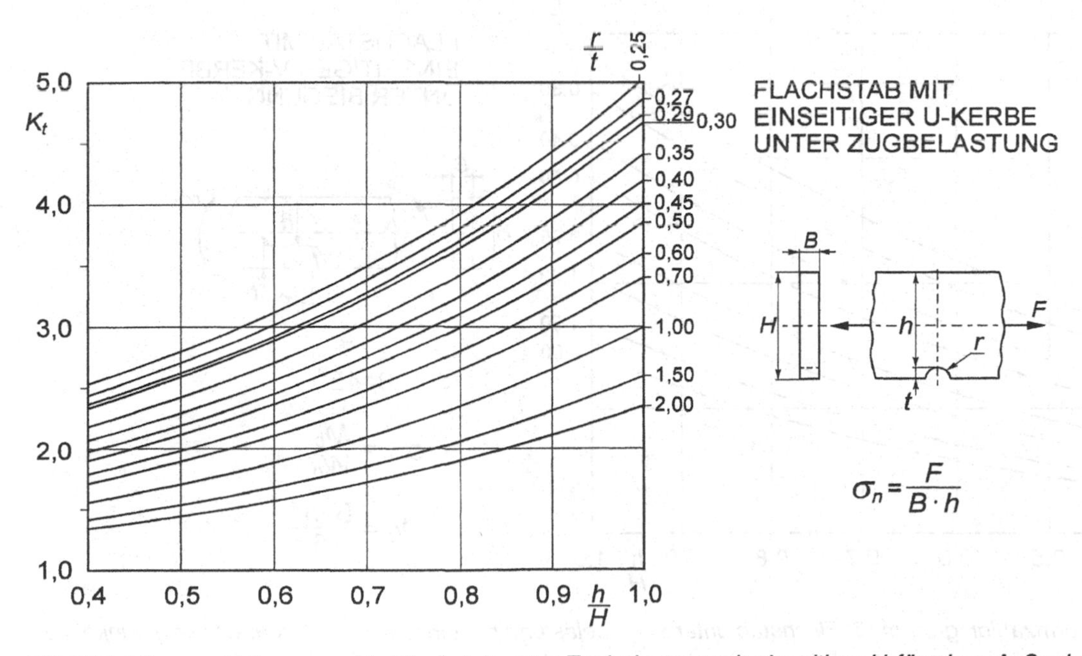

Bild B2.4 *Formzahldiagramm für Flachstab unter Zugbelastung mit einseitiger U-förmiger Außenkerbe*

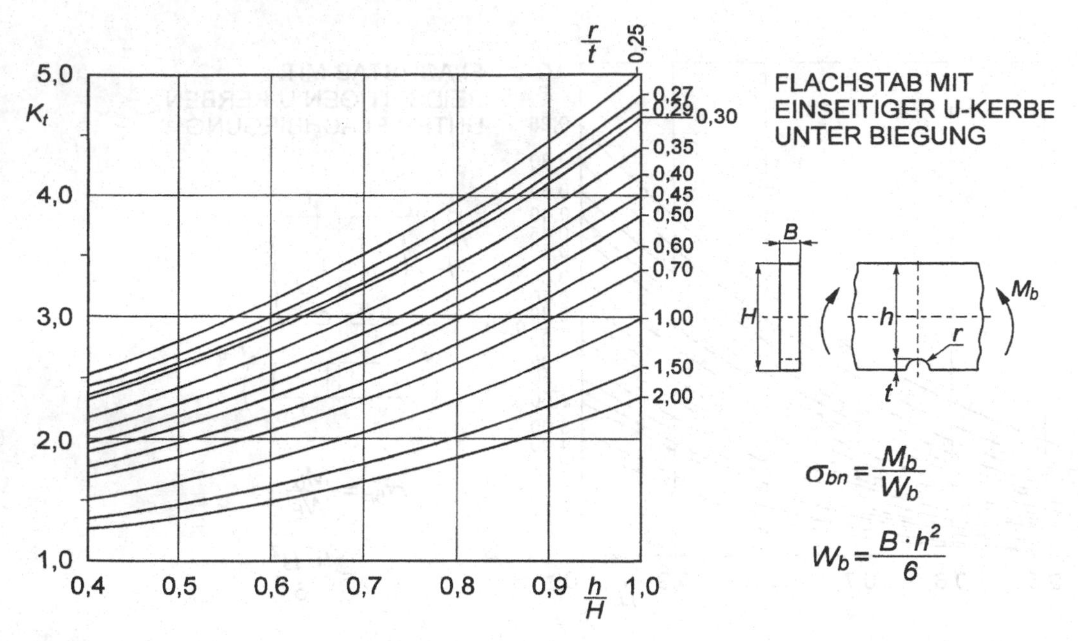

Bild B2.5 *Formzahldiagramm für Flachstab unter Biegebelastung mit einseitiger U-förmiger Außenkerbe*

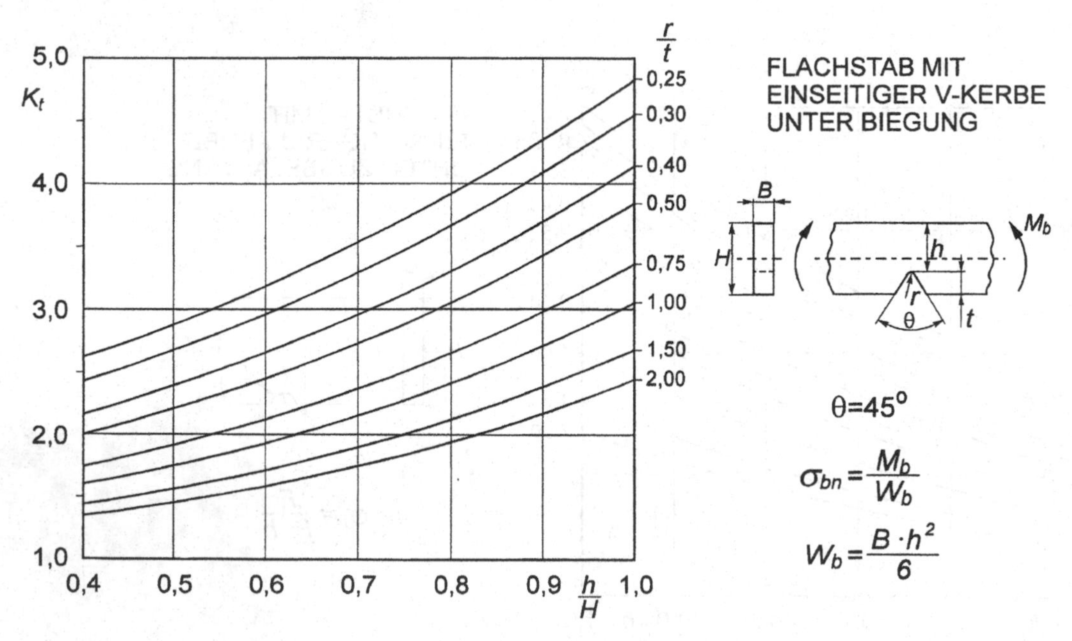

Bild B2.6 *Formzahldiagramm für Flachstab unter Biegebelastung mit einseitiger V-Kerbe, Öffnungswinkel 45°*

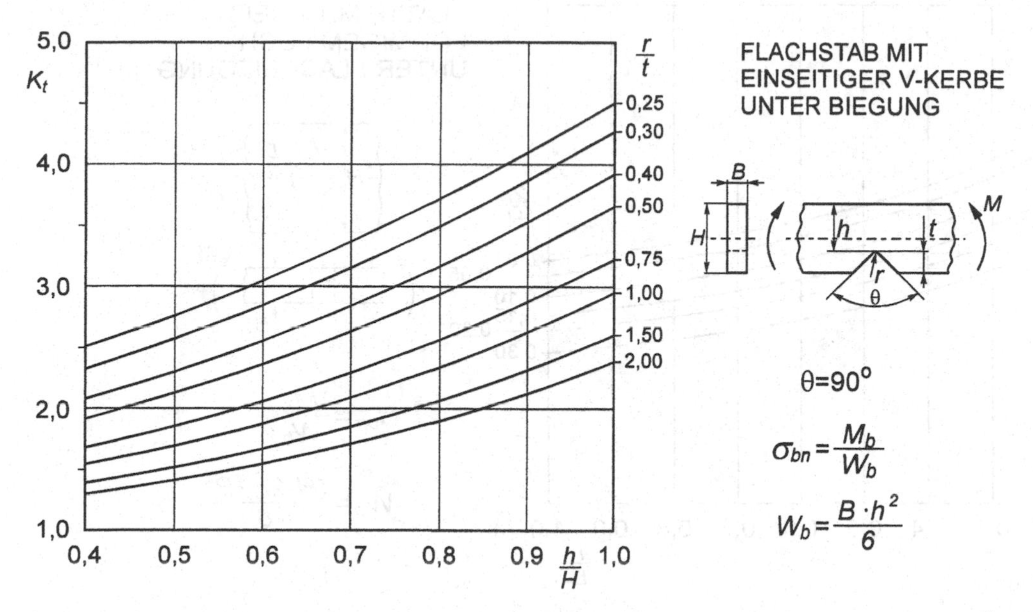

Bild B2.7 *Formzahldiagramm für Flachstab unter Biegebelastung mit einseitiger V-Kerbe, Öffnungswinkel 90°*

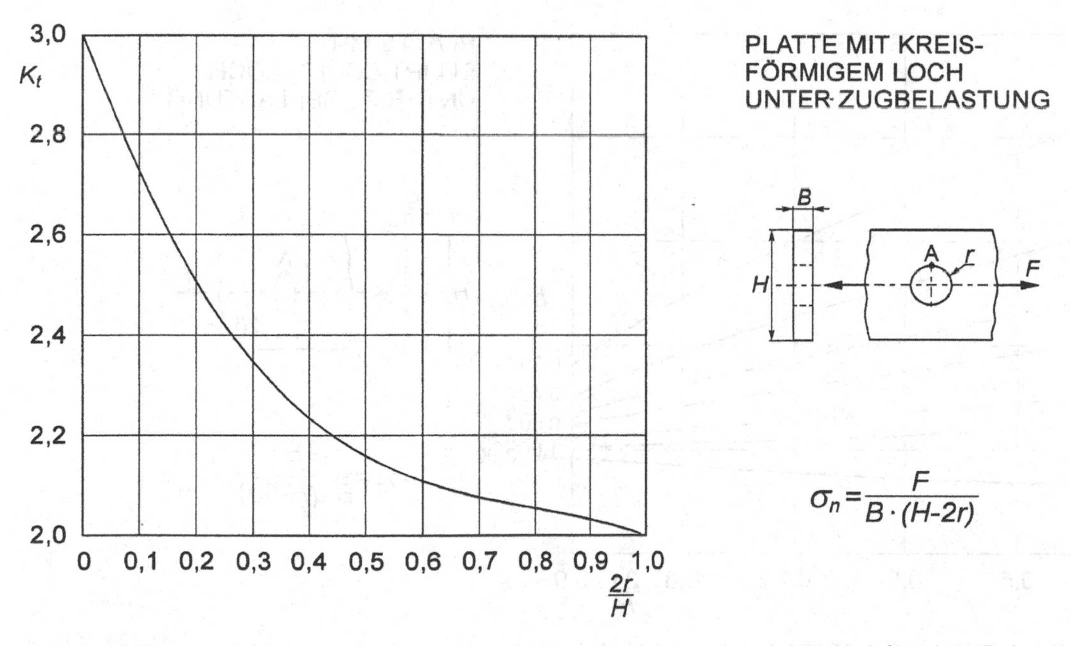

Bild B2.8 *Formzahldiagramm für Flachstab unter Zugbelastung mit mittiger kreisförmiger Bohrung*

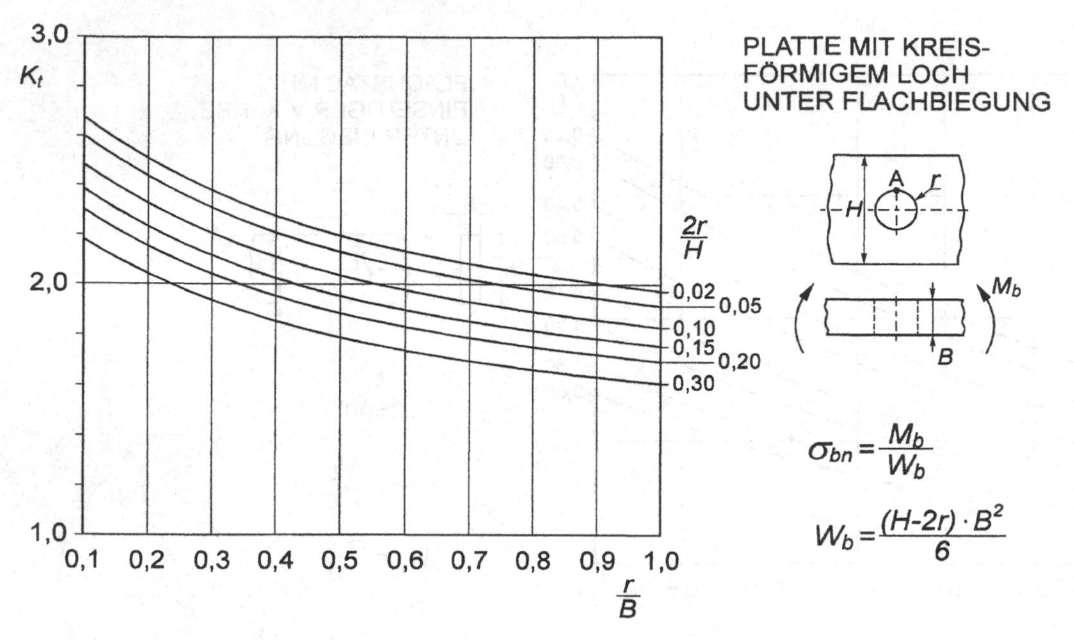

Bild B2.9 *Formzahldiagramm für Flachstab unter Flachbiegebelastung mit mittiger kreisförmiger Bohrung*

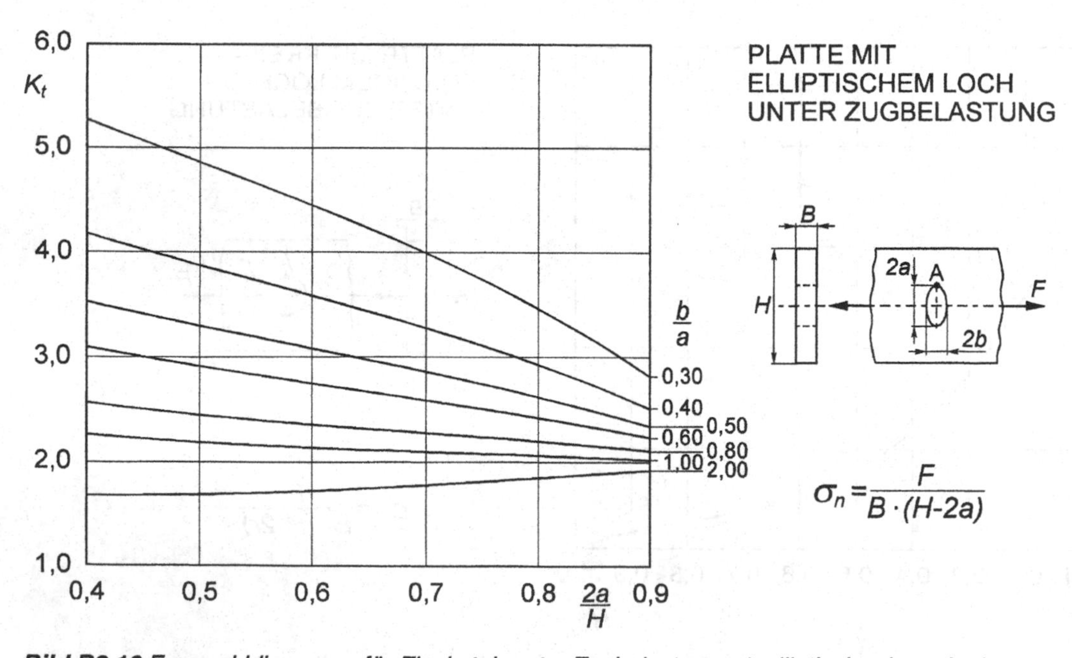

Bild B2.10 *Formzahldiagramm für Flachstab unter Zugbelastung mit elliptischer Innenkerbe*

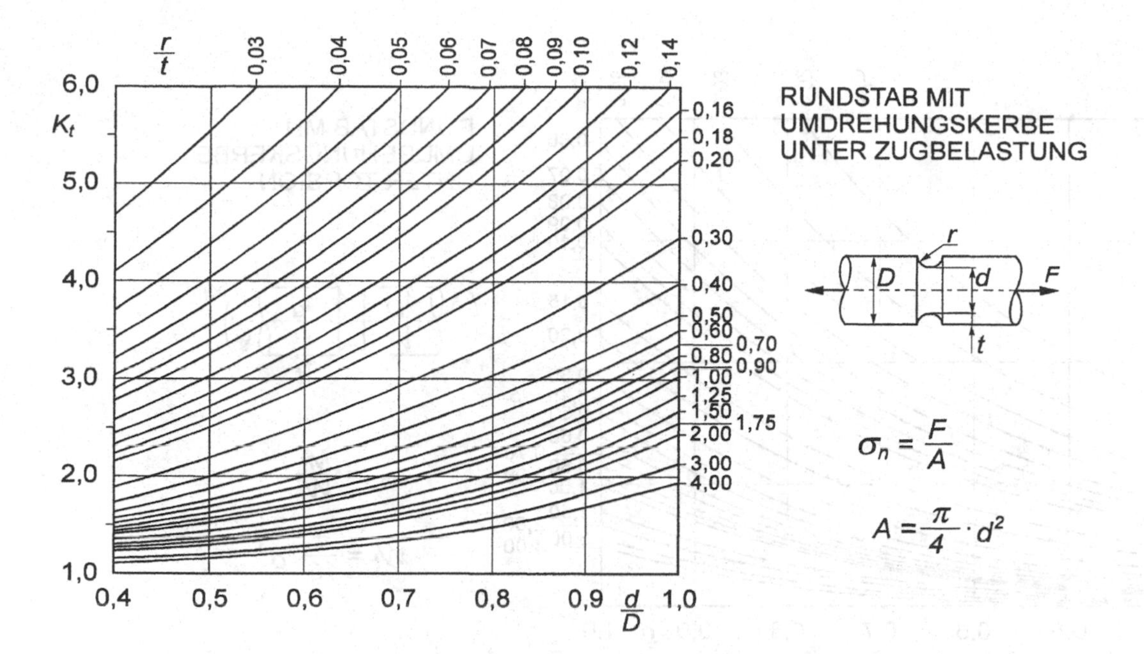

Bild B2.11 *Formzahldiagramm für Rundstab unter Zugbelastung mit U-förmiger Umdrehungskerbe*

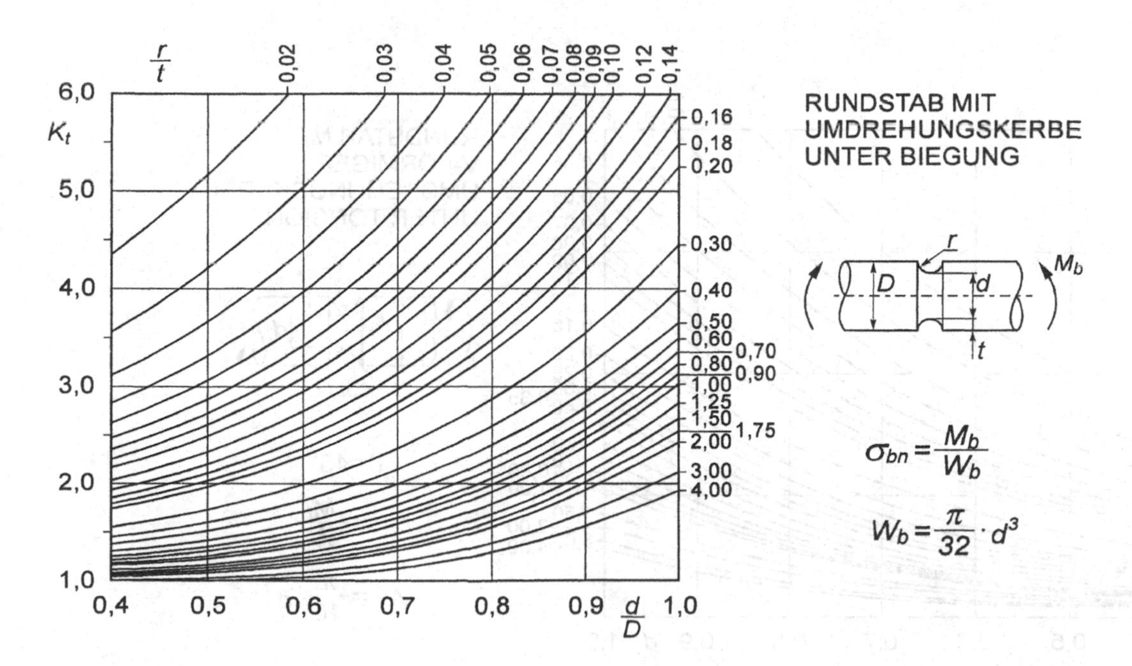

Bild B2.12 *Formzahldiagramm für Rundstab unter Biegebelastung mit U-förmiger Umdrehungskerbe*

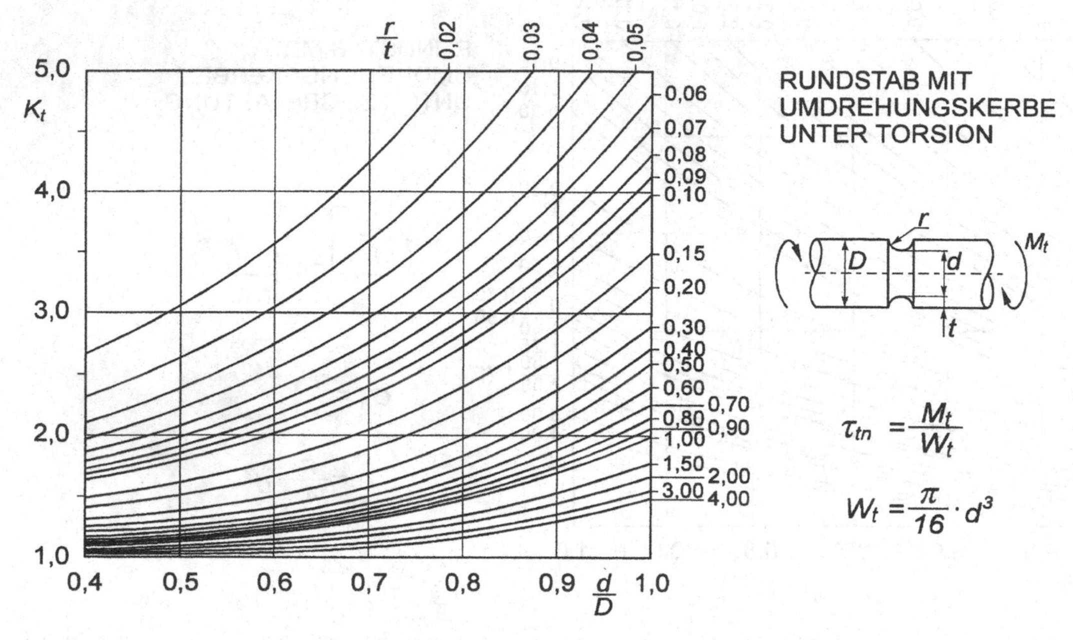

Bild B2.13 *Formzahldiagramm für Rundstab unter Torsionsbelastung mit U-förmiger Umdrehungskerbe*

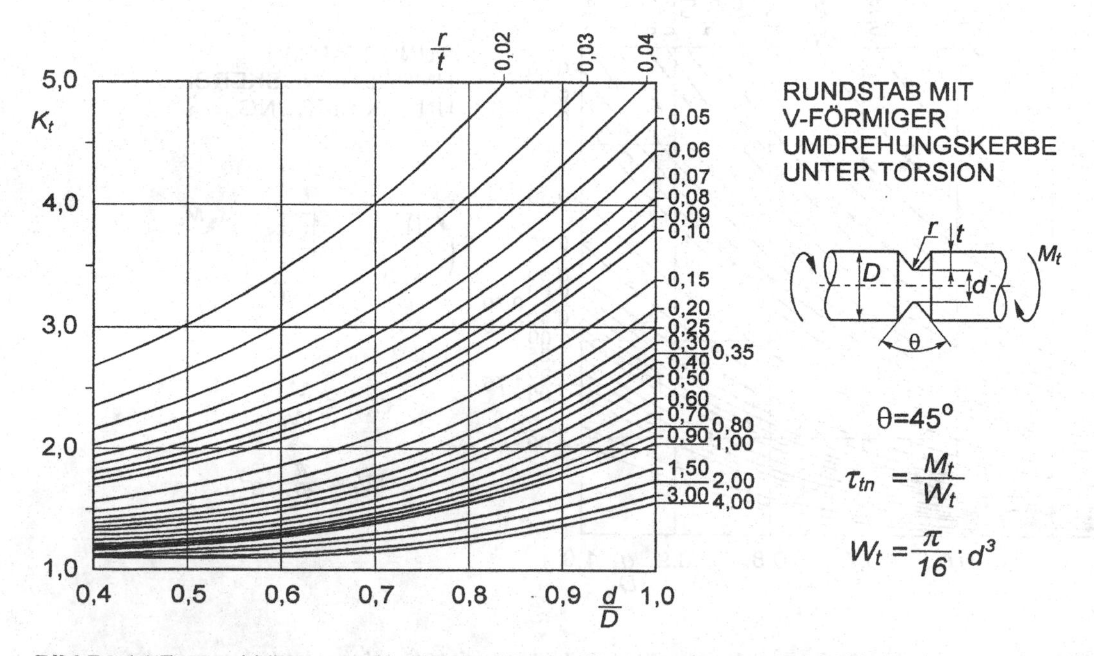

Bild B2.14 *Formzahldiagramm für Rundstab unter Torsionsbelastung mit V-förmiger Umdrehungskerbe (45°)*

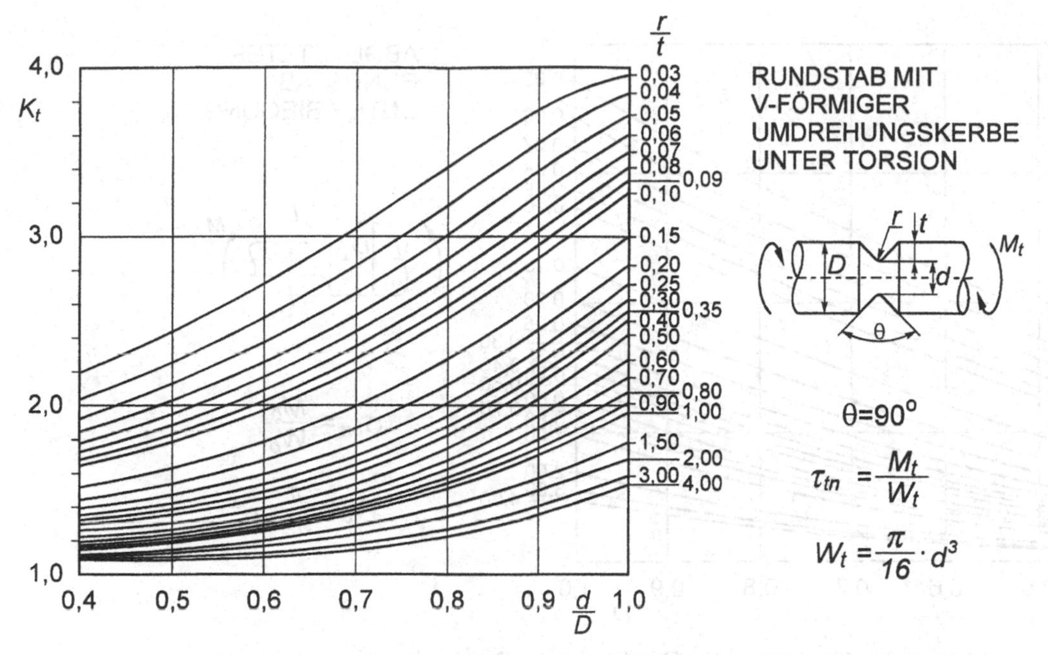

Bild B2.15 *Formzahldiagramm für Rundstab unter Torsionsbelastung mit V-förmiger Umdrehungskerbe (90°)*

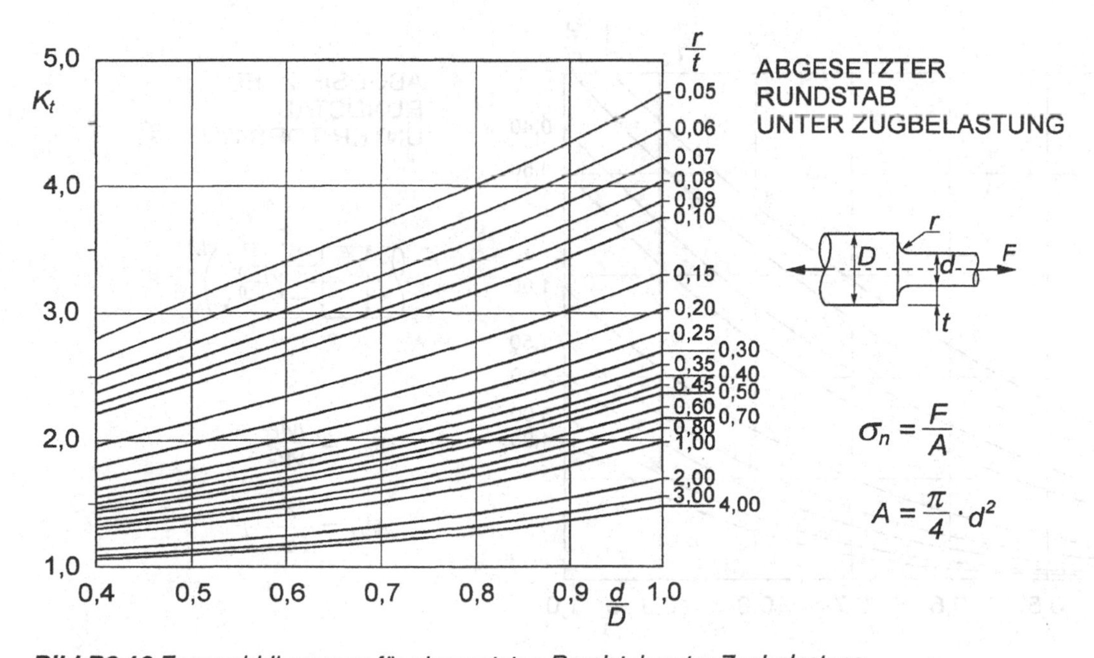

Bild B2.16 *Formzahldiagramm für abgesetzten Rundstab unter Zugbelastung*

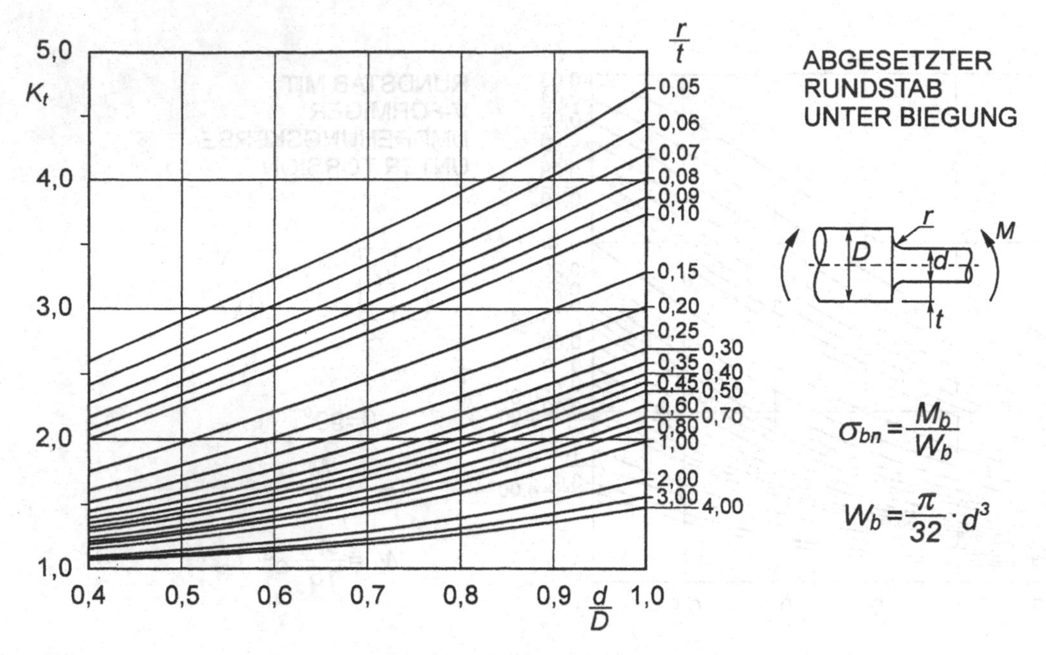

Bild B2.17 *Formzahldiagramm für abgesetzten Rundstab unter Biegebelastung*

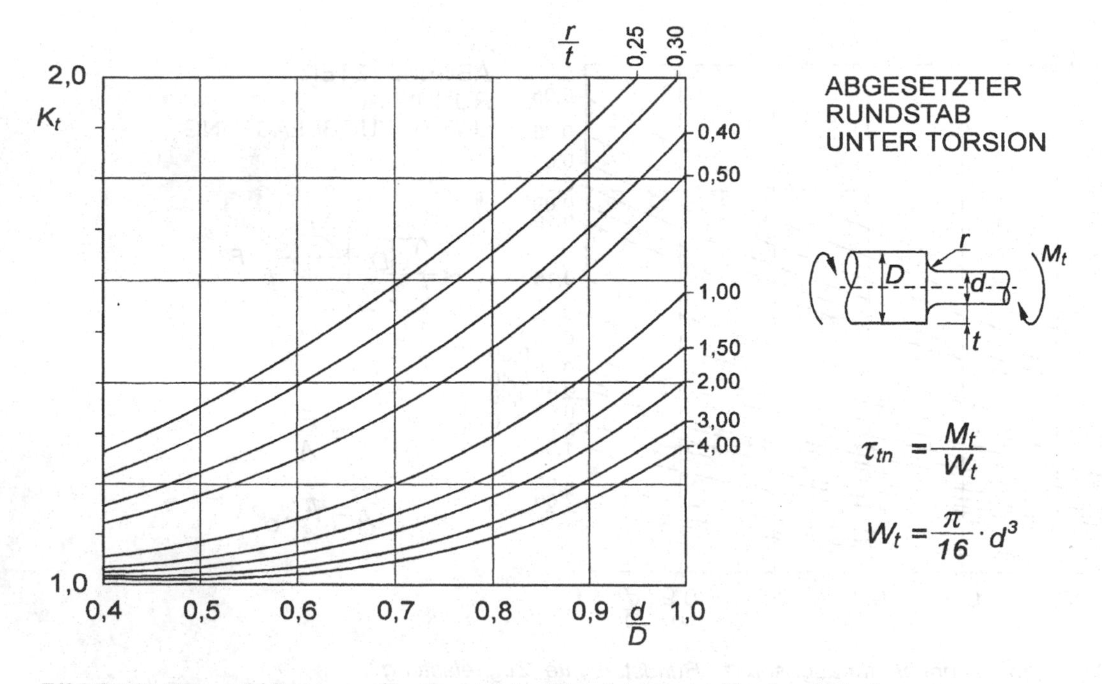

Bild B2.18 *Formzahldiagramm für abgesetzten Rundstab unter Torsionsbelastung*

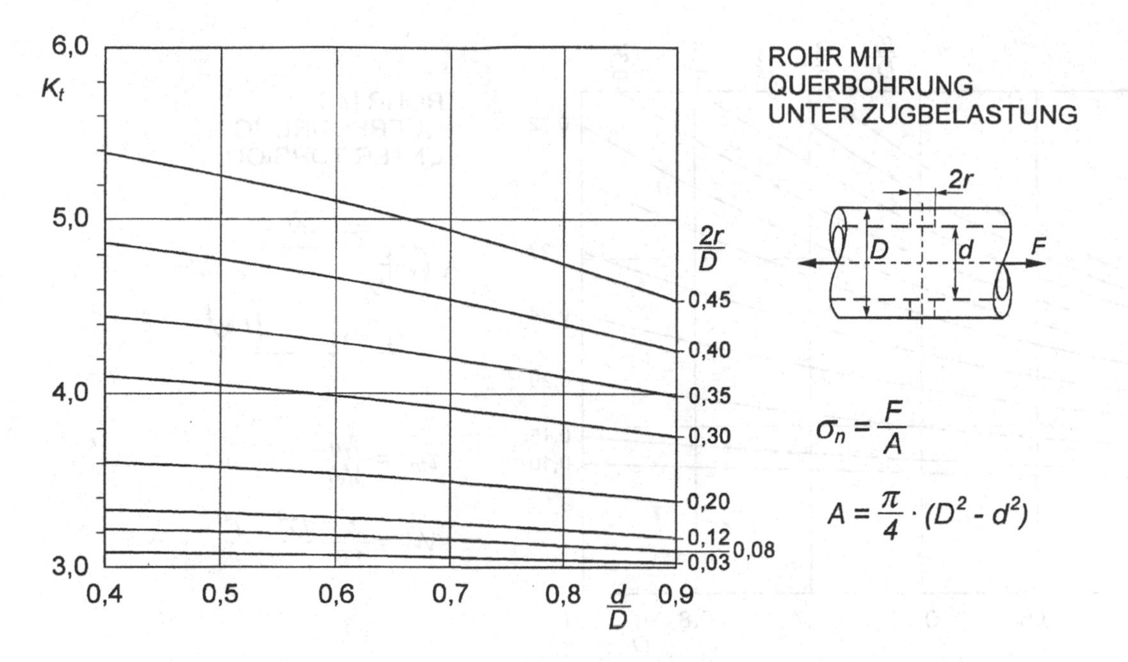

Bild B2.19 *Formzahldiagramm für Rohr mit Querbohrung unter Zugbelastung*

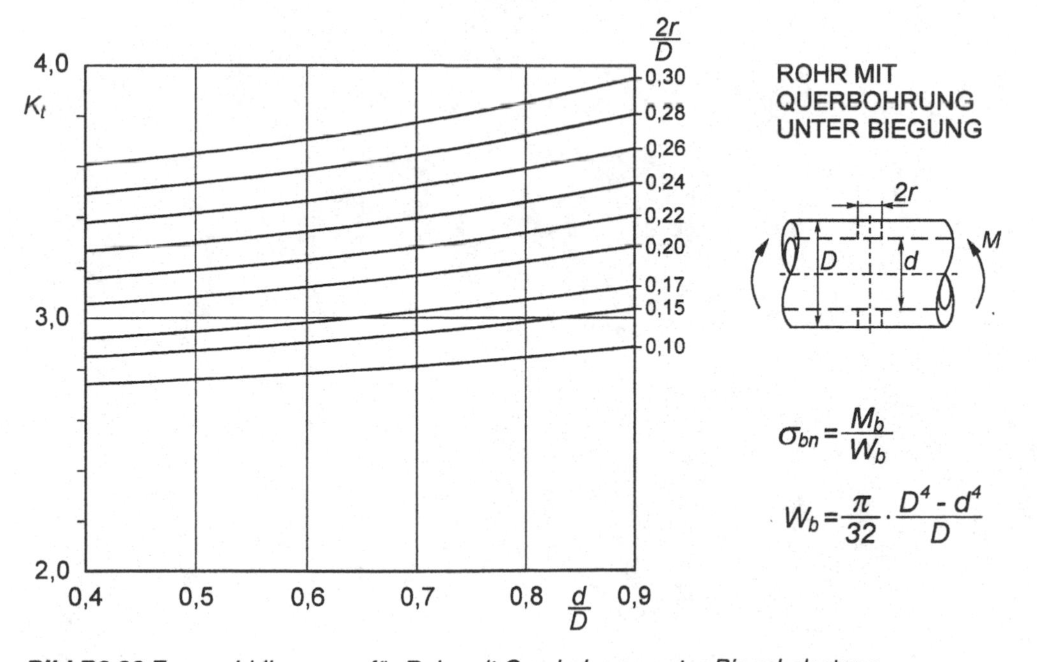

Bild B2.20 *Formzahldiagramm für Rohr mit Querbohrung unter Biegebelastung*

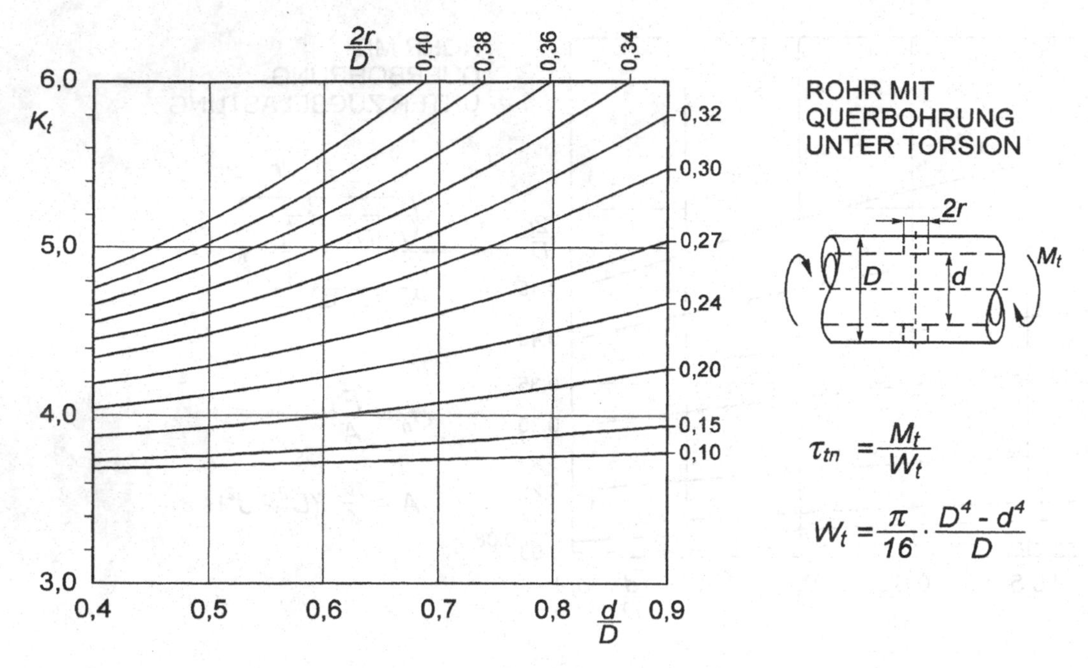

Bild B2.21 *Formzahldiagramm für Rohr mit Querbohrung unter Torsionsbelastung*

Literatur

Die Literaturliste ist unterteilt in drei Teile. Im ersten Teil sind Lehrbücher zur Festigkeitslehre, Werkstoffkunde und -prüfung aufgeführt sowie eine Auswahl von Fachbüchern zur Vertiefung spezieller, im Text behandelter Themen. Diese Bücher sind nicht notwendigerweise im Text referenziert. Im zweiten Teil finden sich spezielle Literaturstellen, insbesondere Zeitschriftenaufsätze, welche in den einzelnen Abschnitten erwähnt sind. Dieser Teil enthält auch eine Auswahl wichtiger historischer Arbeiten zur Elastizitäts- und Plastizitätstheorie, Festigkeitslehre und Werkstoffprüfung. Eine Auswahl wichtiger Normen und Regelwerke ist im letzten Teil enthalten.

Lehr- und Fachbücher

[1] Adam, J.: *Festigkeitslehre und FEM-Anwendungen. Grundlagen der Festigkeitslehre und Einführung in die Anwendung der Finite-Elemente-Methode.* Heidelberg: Hüthig-Verlag, 1991

[2] Assmann, B.: *Technische Mechanik. Band 2: Festigkeitslehre.* 11. Auflage, München: Oldenbourg-Verlag, 1988

[3] Bargel, H. J. und Schulze, G. (Hrsg.): *Werkstoffkunde.* 6. Auflage, Düsseldorf: VDI-Verlag, 1994

[4] Bergmann, W.: *Werkstofftechnik. Teil 1: Grundlagen.* 2. Auflage, München: Carl Hanser-Verlag, 1989

[5] Böge, A.: *Mechanik und Festigkeitslehre.* 22. Auflage, Wiesbaden: Vieweg-Verlag, 1992

[6] Brenner, J. und Lesky, P.: *Mathematik für Ingenieure und Naturwissenschaftler.* 1. Nachdruck, 3. Auflage, Wiesbaden: AULA-Verlag, 1989

[7] Buxbaum, O.: *Betriebsfestigkeit. Sichere und wirtschaftliche Bemessung schwingbruchgefährdeter Bauteile.* 2. Auflage, Düsseldorf: Verlag Stahleisen, 1992

[8] Dahl, W., Kopp, R. und Pawelski, O. (Hrsg.): *Umformtechnik. Plastomechanik und Werkstoffkunde.* Berlin: Springer-Verlag und Düsseldorf: Verlag Stahleisen, 1993

[9] Dieter, G. E.: *Mechanical Metallurgy.* 3rd Edition, New York: McGraw-Hill, 1986

[10] Dietmann, H.: *Einführung in die Elastizitäts- und Festigkeitslehre.* 2. Auflage, Stuttgart: Kröner-Verlag, 1988

[11] Domke, W.: *Werkstoffkunde und Werkstoffprüfung.* 10. Auflage, Düsseldorf: Cornelsen-Verlag Schwann-Girardet, 1986

[12] Dubbel: *Taschenbuch für den Maschinenbau.* Beitz, W. und Küttner, K. H. (Hrsg.). 17. Auflage, Berlin: Springer-Verlag, 1990

[13] Fehling, J.: *Festigkeitslehre.* Düsseldorf: VDI-Verlag, 1986

[14] Göldner, H.: *Lehrbuch Höhere Festigkeitslehre. Band 1: Grundlagen der Elastizitätstheorie*. 3. Auflage, Leipzig: Fachbuchverlag, 1991

[15] Göldner, H.: *Lehrbuch Höhere Festigkeitslehre. Band 2: Probleme der Elastizitäts-, Plastizitäts- und Viskoelastizitätstheorie*. 3. Auflage, Leipzig: Fachbuchverlag, 1992

[16] Haibach, E.: *Betriebsfestigkeit. Verfahren und Daten zur Bauteilberechnung*. Düsseldorf: VDI-Verlag, 1989

[17] Holzmann, G., Meyer, H. und Schumpich, G.: *Technische Mechanik. Teil 3: Festigkeitslehre*. 7. Auflage, Stuttgart: Teubner-Verlag, 1990

[18] Hütte: *Die Grundlagen der Ingenieurwissenschaften*. Czichos, H. (Hrsg.). Berlin: Springer-Verlag, 1991

[19] Köhler, G. und Rögnitz, H.: *Maschinenteile*. Pokorny, J. (Hrsg.). Band 1, 8. Auflage, Band 2, 7. Auflage, Stuttgart: Teubner-Verlag, 1992 und 1986

[20] Kreißig, R.: *Einführung in die Plastizitätstheorie*. Leipzig: Fachbuchverlag, 1992

[21] Lange, G. A.: *Systematic Analysis of Technical Failures*. Oberursel: DGM-Informationsgesellschaft mbH, 1986

[22] Neuber, H.: *Kerbspannungslehre. Theorie der Spannungskonzentration. Genaue Berechnung der Festigkeit*. 3. Auflage, Berlin: Springer-Verlag, 1985

[23] Radaj, D.: *Wärmewirkungen des Schweißens*. Berlin: Springer-Verlag, 1988

[24] Radaj, D.: *Ermüdungsfestigkeit*. Berlin: Springer-Verlag, 1995

[25] *Roark's Formulas for Stress & Strain*. Young, W. C. (ed.). 6th Edition, New York: McGraw- Hill, 1989

[26] Rohrbach, C. (Hrsg.): *Handbuch für experimentelle Spannungsanalyse*. Düsseldorf: VDI-Verlag, 1989

[27] Roloff, H. und Matek, W.: *Maschinenelemente. Normung, Berechnung, Gestaltung*. 11. Auflage, Braunschweig: Vieweg-Verlag & Sohn, 1992

[28] Sähn, S. und Göldner, H.: *Bruch- und Beurteilungskriterien in der Festigkeitslehre*. 2. Auflage, Leipzig: Fachbuchverlag, 1993

[29] Schwaigerer, S.: *Festigkeitsberechnung im Dampfkessel-, Behälter- und Rohrleitungsbau*. 4. Auflage, Berlin: Springer-Verlag, 1983

[30] Schwalbe, K.-H.: *Bruchmechanik metallischer Werkstoffe*. München: Carl Hanser Verlag, 1980

[31] Sokolnikoff, I. S.: *Mathematical Theory of Elasticity*. 2nd Edition, Melbourne: Krieger Publishing, 1982

[32] Timoshenko, S. und Goodier, J. N.: *Theory of Elasticity*. 3rd Edition, New York: McGraw-Hill, 1970

[33] Timoshenko, S.: *Strength of Materials. Part 1: Elementary Theory & Problems*. 3rd Edition, Melbourne: Krieger Publishing, 1976

[34] Timoshenko, S.: *Strength of Materials. Part 2: Advanced Theory & Problems*. Melbourne: Krieger Publishing, 1976

[35] Wellinger, K. und Dietmann, H.: *Festigkeitsberechnung – Grundlagen und technische Anwendung*. 3. Auflage, Stuttgart: Kröner-Verlag, 1976

[36] Zammert, W. U.: *Betriebsfestigkeit. Grundlagen, Verfahren und technische Anwendungen*. Braunschweig: Vieweg-Verlag & Sohn, 1985

Weiterführende Literatur (Zeitschriftenaufsätze, Dissertationen, Tagungsbände, Fachbücher, historische Arbeiten)

[37] Airy, G. B.: *On the Strains in the Interior of Beams*. Rept. Brit. Assoc. Advan. Sci., (1862), S. 82

[38] Albert, W. A. J.: *Über Treibseile am Harz*. Archiv für Mineralogie, Geognosie, Bergbau und Hüttenkunde, 10 (1837), S. 215–234

[39] Argyris, J. H., Szimmat, J. und Willam, K. J.: *Finite Element Analysis of Arc Welding Processes*. In: Lewis, R. W. (ed.): *Numerical Methods in Heat Transfer*. Vol. 3, S. 1–34. New York: John Wiley & Sons, 1985

[40] Arnold, G.: *Die Brücke am Tay. Ein folgenschwerer Brückeneinsturz vor 100 Jahren*. Der Maschinenschaden, 52 (1979) 6, S. 212–215

[41] Bach, C.: *Die Maschinen-Elemente. Ihre Berechnung und Konstruktion. Mit Rücksicht auf die neueren Versuche*. 1. Band, 11. Auflage, Leipzig: Kröner-Verlag, 1913

[42] Bach, C. und Baumann, R.: *Elastizität und Festigkeit*. Berlin: Springer-Verlag, 1921

[43] Baier, F.-J.: *Zeit- und Dauerfestigkeit bei überlagerter statischer und schwingender Zug-, Druck- und Torsionsbelastung*. Dissertation. Stuttgart: Universität, 1970

[44] Baumann, R.: *Wissenschaft, Geschäftsgeist und Hookesches Gesetz*. VDI-Z., 61 (1917) 6, S.117–124

[45] Bausinger, R. und Kuhn, G.: *Die Boundary-Element-Methode. Theorie und industrielle Anwendung*. Bartz, W. und Wippler, E. (Hrsg.): *Kontakt und Studium*. Band 227, Ehningen: Expert-Verlag, 1987

[46] Beltrami, E.: Roma, Acc. Lincei Rend.. Ser. 5, 1 (1892)

[47] Berger, C., Ewald, J., Wiemann, W. und Wojaczyk, H. G.: *Ermittlung von Sprödbruch und Bruchmechanischen Kennwerten mittels Kerbschlagbiegeproben*. Stuttgart: DVM-Arbeitskreis Bruchvorgänge, S. 187–195, 1979

[48] Bergmann, J. W. und Heuler, J.: *Übertragbarkeit – ein zentrales Problem der Lebensdauervorhersage schwingbelasteter Bauteile*. Mat.-wiss. u. Werkstofftech., 25 (1994), S. 3–10

[49] Beste, A.: *Elastisch plastisches Spannungs-Dehnungs- und Anrißverhalten in statisch und zyklisch belasteten Kerbscheiben. – Ein Vergleich zwischen experimentellen Ergebnissen und Näherungsrechnungen*. Dissertation. Darmstadt: TH, 1981

[50] Böhm, J. und Heckel, K.: *Die Vorhersage der Dauerschwingfestigkeit unter Berücksichtigung des statistischen Größeneinflusses*. Z. Werkstofftechnik, 13 (1982), S. 120–128

[51] Bollenrath, F. und Troost, A.: *Wechselbeziehungen zwischen Spannungs- und Verformungsgradient. Teil 1 bis 3*. Arch. Eisenhüttenwesen, 21 (1950) 11/12, S. 431–436; 22 (1951) 9/10, S. 327–335; 23 (1952) 5/6, S. 193–201

[52] Bridgman, P. W.: *Stress Distribution at the Neck of a Tension Specimen*. Trans. Am. Soc. Metals, 32 (1944), S. 553–574

[53] Buch, A.: *Zweiparametergleichung zur Abschätzung der Kerbwirkung bei Stahlproben mit verschiedenen Kerbformen*. Arch. Eisenhüttenwesen, 45 (1974) 5, S. 321–329

[54] Dahl, W. und Anton, W. (Hrsg.): *Werkstoffkunde Eisen und Stahl. Teil 1: Grundlagen der Festigkeit, der Zähigkeit und des Bruchs*. Band 1 und 2. Kontaktstudium Werkstoffkunde Eisen und Stahl. Düsseldorf: Verlag Stahleisen, 1983

[55] Davidenkov, N. N. und Spiridonova, N. I.: *Mechanical Methods of Testing, Analysis of the State of Stress in the Neck of a Tension Test Specimen*. Proc. ASTM, 46 (1946), S. 1147–1158

[56] Dietmann, H.: *Berechnung der Fließkurven von Bauelementen bei kleinen Verformungen*. Habilitationsschrift. Stuttgart: Universität, 1969

[57] Dietmann, H.: *Spannungszustand und Festigkeitsverhalten. 1. Teil: Statische Beanspruchung*. Techn.-wiss. Bericht, Heft 68-04. Stuttgart: Universität, Staatliche Materialprüfungsanstalt (MPA), 1968. *2. Teil: Schwingende Beanspruchung*. Techn.-wiss. Bericht, Heft 71-02. Stuttgart: Universität, Staatliche Materialprüfungsanstalt (MPA), 1971

[58] Dietmann, H.: *Zur rechnerischen Bestimmung der Dehnungsformzahl nach der Neuberschen Formel* $\alpha_\sigma \alpha_\varepsilon = \alpha_k^2$. Materialprüfung, 17 (1975) 2, S. 44–46

[59] Dietmann, H.: *Angenäherte Bestimmung von Stützziffern in der Festigkeitsberechnung*. Konstruktion, 32 (1980) 5, S. 179–184

[60] Dietmann, H.: *Methoden der elastisch-plastischen Festigkeitsberechnung*. Vorlesungsmanuskript, Stuttgart: Universität, MPA, 1994

[61] Dixon, J. R. und Strannigan, J. S.: *Effect of Plastic Deformation on the Strain Distribution around Cracks in Sheet Materials*. J. Mech. Eng. Sci., 6 (1964), S. 132–136

[62] Drucker, D. C.: *A More Fundamental Approach to Plastic Stress-Strain Relations*. Proc. 1st US Nat. Congr. Appl. Mech., S. 487–491. Chicago, USA, 1951. Edward Brothers Inc.

[63] England, A. H.: *Complex Variable Methods in Elasticity*. New York: John Wiley & Sons, 1971

[64] *Festigkeitsnachweis, Vorhaben Nr. 154, Rechnerischer Festigkeitsnachweis für Maschinenbauteile*. Abschlußbericht, Forschungsheft 183_1. Frankfurt: Forschungskuratorium Maschinenbau, 1994

[65] FKM-Richtlinie: *Festigkeitsnachweis, Rechnerischer Festigkeitsnachweis für Maschinenbauteile*. Forschungsheft 183. Frankfurt: Forschungskuratorium Maschinenbau, 1994

[66] Geiringer, H.: *Complete Solution to the Plane Plasticity Problem*. Stockholm: Proc. 3rd Int. Congr. Appl. Mech., Vol. 2, S. 185, 1930

[67] Goodman, J.: *Mechanics Applied to Engineering*. London: Longmans, Green & Co., 1899

[68] Graf, U., Henning, H.-J. und Stange, K.: *Formeln und Tabellen der mathematischen Statistik*. 2. Auflage, Berlin: Springer-Verlag, 1966

[69] Green, A. P.: *The Plastic Yielding of Notched Bars due to Bending*. Q. J. Mech. appl. Maths., 6 (1953), S. 223

[70] Grosch, J. (Hrsg.): *Schadenskunde im Maschinenbau*. Kontakt & Studium, Band 308. Renningen: ewpert verlag, 1995

[71] Grubisic, V. und Sonsino, C. M.: *Rechenprogramm zur Ermittlung der Werkstoffanstrengung bei mehrachsiger Schwingbeanspruchung mit konstanten und veränderlichen Hauptspannungsrichtungen*. Technische Mitteilung TM 79/76. Darmstadt: Laboratorium für Betriebsfestigkeit (LBF)

[72] Grubisic, V. und Sonsino, C. M.: *Einflußgrößen der Betriebsfestigkeit geschmiedeter Bauteile*. VDI-Z., (1992), S. 105–112

[73] Hänel, B. und Wirthgen, G.: *Die Berechnung der Dauerfestigkeit nach dem Verfahren von Kogaev und Serensen*. IfL-Mitteilungen 22 (1981) 3, S. 65–74

[74] Hänel, B.: *Rechnerischer Festigkeitsnachweis für Maschinenbauteile*. Konstruktion 47 (1995), S. 143–150. Springer-Verlag, 1995

[75] Hänel, B., Keding, H. und Wirthgen, G.: *„Wechselfestigkeit von Flachproben aus Grauguß."* Forschungshefte Forschungskuratorium Maschinenbau e.V. (FKM). Heft 221. Frankfurt: FKM, 1996

[76] Hagn, L. und Schuëller, H. J.: *Analyse von Schadensfällen*. In: [54], Band 2, S. 792–815. Siehe auch: Allianz Zentrum für Technik. Broschüre der Allianz Versicherungs-AG, 1980

[77] Haibach, E. und Matschke, C.: *Normierte Wöhlerlinien für ungekerbte und gekerbte Formelemente aus Baustahl.* Stahl Eisen, 101 (1981), S. 21–27

[78] Haigh, B. P.: *Report on Alternating Stress Tests of a Sample of Mild Steel.* Received from the British Association Stress Committee. 85. Rep. Brit. Assoc. Manchester, S. 163–170, 1915

[79] Hardrath, H. F. und Ohman, H.: *A Study of Elastic Plastic Stress Concentration Factors Due to Notches and Fillets in Flat Plates.* NACA TN 2566, 1951

[80] Hauk, V., Hougardy, H. und Macherauch, E.: *Residual Stresses. Measurement, Calculation, Evaluation.* DGM, 1991

[81] Heidenreich, R., Zenner, H. und Richter, I.: *Berechnung der Dauerschwingfestigkeit bei mehrachsiger Beanspruchung.* Forschungshefte Forschungskuratorium Maschinenbau e. V. (FKM), Heft 105, 1983

[82] Hencky, H.: *Über einige statisch bestimmte Fälle des Gleichgewichts in plastischen Körpern.* Z. angew. Math. Mech., 3 (1923), S. 241–251

[83] Hencky, H.: *Zur Theorie plastischer Deformationen und der hierdurch im Material hervorgerufenen Nachspannungen.* Z. angew. Math. Mech., 4 (1924), S. 323–334

[84] Hencky, H.: *Ermüdung, Bruch, Plastizität.* Stahlbau, 16 (1943), S. 95–97

[85] Heywood, R. B.: *The Relationship between Fatigue and Stress Concentration.* Aircraft Engineering, Vol. XIX (1947), S. 81–84

[86] Heywood, R. B.: *Stress Concentration Factors Relating Theoretical and Practical Factors in Fatigue Loading.* Engng., 4645 (1955), S. 146

[87] Hill, R.: *The Mathematical Theory of Plasticity.* Oxford: Clarendon Press, 1950 und 1964

[88] Hoffmann, K.: *Eine Einführung in die Technik des Messens mit Dehnungsmeßstreifen.* Darmstadt: Hottinger Baldwin Meßtechnik GmbH, 1987

[89] Hooke, R.: *De Potentia Restitutiva.* London, England: 1678

[90] Huber, M. T.: *Wlascviwa praca odkształcenia jako miara wytezenia materyalu (Die spezifische Formänderungsarbeit als Maß der Anstrengung eines Materials).* Czasopismo Techniczne (Lwów), 22 (1904), S. 38–40, 49–50, 61–62, 80–81

[91] Hück, M.: *Statistik im Ingenieurswesen.* Vorlesungsmanuskript. Clausthal: Technische Universität, Institut für Maschinelle Anlagentechnik und Betriebsfestigkeit, 1990

[92] Hück, M., Thrainer, L. und Schütz, W.: *Berechnung von Wöhlerlinien für Bauteile aus Stahl, Stahlguß und Grauguß – Synthetische Wöhlerlinien.* 3. überarbeitete Fassung. Bericht ABF 11, 1983

[93] Huhnen, J.: Interner Bericht der Robert Bosch AG, Stuttgart, 1991

[94] Inglis, C. E.: *Stresses in a Plate Due to the Presence of Cracks and Sharp Notches.* Trans. Inst. Naval Arch., London, 55 (1913), S. 219–230

[95] Issler, L: *Festigkeitsverhalten metallischer Werkstoffe bei mehrachsiger phasenverschobener Schwingbeanspruchung.* Dissertation. Stuttgart: Universität, 1973

[96] Issler, L.: *Festigkeitsverhalten unter komplexer Schwingbeanspruchung.* 2. MPA-Seminar. Stuttgart: Universität, Staatliche Materialprüfungsanstalt (MPA), 1976

[97] Issler, L.: *Festigkeitsverhalten bei mehrachsiger phasengleicher und phasenverschobener Schwingbeanspruchung.* VDI-Berichte Nr. 268, 1976

[98] Issler, L.: *Gültigkeitsgrenzen der Festigkeitshypothesen bei allgemeiner mehrachsiger Schwingbeanspruchung.* In: Berichtsbände zu Sitzungen des DVM-Arbeitskreises Betriebsfestigkeit, 7. Sitzung, 1982, S. 295–314

[99] Issler, L.: *Kritische Analyse des Anstrengungsverhältnisses nach Bach.* Z. Werkstofftechnik, 18 (1987), S. 43–49

[100] Jaenicke, B.: *Stützwirkungskonzepte.* VDI-Berichte Nr. 661 (1988), S. 27–66

[101] Johnson, W. und Mellor, P. B.: *Engineering Plasticity.* London: van Nostrand Reinhold Company, 1980

[102] Johnson, W., Sowerby, R. und Venter, R. D.: *Plane Strain Slip Line Fields for Metal Deformation Processes.* Oxford: Pergamon Press, 1982

[103] Karlsson, L.: *Thermal Stresses in Welding.* In: Hetnarski, R. B. (ed.): *Thermal Stresses.* Bd. 1, S. 299–389. Amsterdam: North-Holland, 1986

[104] Kirchhoff, G.: *Über das Gleichgewicht und die Bewegung eines unendlich dünnen elastischen Stabes.* J. Math. (Crelle J.), 56 (1859)

[105] Kirchhoff, G.: *Vorlesungen über mathematische Physik. Bd. 1: Mechanik.* 3. Auflage, Leibzig: Teubner-Verlag, 1883

[106] Kirsch, G.: *Die Theorie der Elastizität und die Bedürfnisse der Festigkeitslehre.* VDI, 42 (1898), S. 797

[107] Kloos, K.-H.: *Einfluß des Oberflächenzustandes und der Probengröße auf die Schwingfestigkeitseigenschaften.* VDI-Berichte, Nr. 268 (1976), S. 63–76

[108] Kloos, K.-H.: *Kerbwirkung und Schwingfestigkeitseigenschaften.* In: DVM-Berichtsband: *Kerben und Betriebsfestigkeit.* S. 7–95, 1989

[109] Kloos, K.-H. und Velten, E.: *Berechnung der Dauerschwingfestigkeit von plasmanitrierten und bauteilähnlichen Proben unter Berücksichtigung des Härte- und Eigenspannungsverlaufs.* Konstruktion, 36 (1984), S. 181–188

[110] Knott, J. F.: *Fundamentals of Fracture Mechanics.* London: Butterworth & Co., 1973

[111] Kogaev, V. P. und Serensen S. V.: *Statisticeskaja metodika ocenki vlijanija koncentracii naprazenij absolutnych rasmerov na soprotivlenije ustalosti.* Zavodskaja Laboratorija, 28 (1962), S. 79-87

[112] Kommerell, O.: *Verfahren zur Berechnung von Fachwerkstäben und auf Biegung beanspruchte Träger bei wechselnder Belastung.* Bautechnik, 11 (1933), S. 114–116

[113] Kühnapfel, K. F.: *Kerbdehnungen und Kerbspannungen bei elastoplastischer Beanspruchung; rechnerische Ermittlung, Vergleich mit Versuchsergebnissen.* Dissertation. Aachen: RWTH, Fakultät für Maschinenwesen, 1976

[114] Kuguel, R.: *A Relation Between Theoretical Stress Concentration Factor and Fatigue Notch Factor Deduced from the Concept of Highly Stressed Volume.* Proc. Am. Soc. Test. Mater. Proc., 61 (1961), S. 732–748

[115] Kumar, V., German, M. D. und Shih, C. F.: *An Engineering Approach for Elastic-Plastic Fracture Analyses.* EPRI Topical Report NP-1931. Schenectady, USA: General Electric Company, July 1981

[116] Kußmaul, K. und Issler, L.: *Werkstoffmechanische Grundlagen.* In: Kußmaul, K. (Hrsg.): *Werkstoffe, Fertigung und Prüfung drucktragender Komponenten von Hochleistungsdampfkraftwerken.* S. 13–70. Essen: Vulkan-Verlag, 1981

[117] Laird, C. und Smith, G. C.: *Crack Propagation in High Stress Fatigue.* Phil. Mag. Ser. 8, 7 (1962), S. 847

[118] *Leitfaden für eine Betriebsfestigkeitsrechnung. Empfehlung zur Lebensdauerabschätzung von Maschinenbauteilen.* Verein Deutscher Eisenhüttenleute (VDEh) (Hrsg.), 3. Auflage, Düsseldorf: Verlag Stahleisen, 1995

[119] Lévy, M.: *Mémoire sur les Équations Génerales des Mouvements Intérieurs des Corps Solides Ductiles au delà des Limites ou l'Elasticité pourrait les ramener à leur premier État.* Paris: C. R. Acad. Sci., 70 (1870), S. 1323–1325

[120] Liebrich, M.: *Kerbempfindlichkeit von Stählen im Gebiet der Zeitfestigkeit.* Techn.-wiss. Bericht, Heft 68-05. Stuttgart: Universität, Staatliche Materialprüfungsanstalt (MPA), 1968

[121] Liedtke, D.: *Gefüge- und Eigenschaftsänderungen in Eisen-Kohlenstoff-Legierungen.* Z. wirtsch. Fertigung, 75 (1980), S. 33–48

[122] Liu, J.: *Beitrag zur Verbesserung der Dauerfestigkeitsberechnung bei mehrachsiger Beanspruchung.* Dissertation. Clausthal: TU, Fakultät für Bergbau, Hüttenwesen und Maschinenwesen, 1991

[123] Liu, J. und Zenner, H.: *Dauerfestigkeit und zyklisches Werkstoffverhalten.* Mat.-wiss. und Werkstofftech., 20 (1989), S. 327–332

[124] Liu, J. und Zenner, H.: *Berechnung der Dauerschwingfestigkeit unter Berücksichtigung der spannungsmechanischen und statistischen Stützziffer.* Mat.-wiss. u. Werkstofftech., 22 (1991), S. 187–196

[125] Liu, J. und Zenner, H.: *Berechnung der Dauerfestigkeit bei mehrachsiger Beanspruchung.* Mat.-wiss. u. Werkstofftech., 24 (1993), S. 240–249 und S. 296–303

[126] Ludwik, P.: *Elemente der technologischen Mechanik.* Berlin, 1909

[127] Macherauch, E. und Hauk. V. (eds.): *Residual Stresses in Science and Technology.* Vol. 1 and 2. Oberursel: DGM-Informationsgesellschaft mbH, 1987

[128] Macherauch, E. und Wohlfahrt, H.: *Eigenspannungen und Ermüdung.* In: *Ermüdungsverhalten metallischer Werkstoffe.* S. 237–283, Oberursel: Deutsche Gesellschaft für Metallkunde e. V., 1985

[129] Magin, W.: *Untersuchung des geometrischen Größeneinflusses bei Umlaufbiegung unter besonderer Berücksichtigung technologischer Einflüsse.* Dissertation. Darmstadt: TH, 1981

[130] Mann, J. Y.: *The Historical Development of Research on the Fatigue of Materials and Structures.* J. Austr. Inst. Met., III (1958) 3, S. 222–241

[131] Mann, J. Y.: *Bibliography on the Fatigue of Materials, Components and Structures.* Vol. 1. Oxford: Pergamon Press, 1970. Vol. 2. Oxford: Pergamon Press, 1978

[132] Maxwell, J. C.: *Brief an William Thomson.* Proc. Cambridge Phil. Soc., 32, 1856

[133] Maxwell, J. C.: Trans. Roy. Soc. Edinburgh, 26 (1870), S. 27

[134] Mertens, H. und Hahn, M.: *Vergleichsspannungshypothese zur Schwingfestigkeit bei zweiachsiger Beanspruchung ohne und mit Phasenverschiebungen.* Konstruktion, 45 (1993), S. 196–202

[135] Michell, J. H.: Proc. Lond. Math. Soc.. 31 (1900), S. 100

[136] Mises, R. v.: *Mechanik der festen Körper im plastisch deformablen Zustand.* Nachr. Königl. Ges. Wiss. Göttingen, Math.-phys. Kl., (1913), S. 582–592

[137] Mises, R. v.: *Mechanik der plastischen Formänderung von Kristallen.* Z. angew. Math. Mech., 8 (1928), S. 161–185

[138] Mohr, O.: *Beitrag zur Theorie des Fachwerks.* Z. Archit.- Ing.ver. Hannover, 1874

[139] Mohr, O.: *Abhandlungen aus dem Gebiete der Technischen Mechanik.* 2. Auflage, Berlin: Ernst & Sohn, 1914

[140] Muskelishvili, N. J.: *Some Basic Problems of the Mathematical Theory of Elasticity.* 3rd Edition, Groningen, Holland: P. Noordhoff, 1953

[141] Nádai, A.: *Theories of Strength.* J. Appl. Mech., 1 (1933) 3, S. 111–129

[142] Nádai, A.: *Plastic Behaviour of Metals in the Strainhardening Range*. J. Appl. Phys., 8 (1937), S. 205–213

[143] Nádai, A.: *Theory of Flow and Fracture of Solids*. Vol. 1, 2nd Edition, New York: McGraw-Hill, 1950

[144] Navier, C. L. M. H.: *Mémoire sur les Lois de l'Equilibre et du Mouvement des Corps Solides Elastiques*. Paris: Mém. Acad. Sci., 7, 1827, (vorgetragen am 14. Mai 1821)

[145] Neuber, H.: *Zur Theorie der Kerbwirkung bei Biegung und Schub*. Ing. Arch., 5 (1934), S. 238–244

[146] Neuber, H.: *Theory of Stress Concentration for Shear-Strained Prismatical Bodies with Arbitrary Nonlinear Stress-Strain Law*. Trans. ASME, J. Appl. Mech., 28 (1961), S. 544–550

[147] Neuber, H.: *Über die Berücksichtigung der Spannungskonzentration bei Festigkeitsberechnungen*. Konstruktion, 20 (1968) 7, S. 245–251

[148] Niemann, G. und Winter, H.: *Maschinenelemente*. Band 1. Nachdruck der 2. Auflage, Berlin: Springer-Verlag, 1981

[149] Nitschke-Pagel, T. und Wohlfahrt, H.: *Einfluß von Eigenspannungen auf die Dauerschwingfestigkeit von Schweißverbindungen*. DVS-Berichte Bd. 133 (1991), S. 101–107. Düsseldorf: DVS-Verlag

[150] Novozhilov, V. V.: Prikl. Mat. i. Mek. 16 (1952), S. 617–619 (siehe auch Hodge in *Elasticity and Plasticity*. S. 140, New York: John Wiley & Sons, 1958)

[151] Novozhilov, V. V.: *Theory of Elasticity*. (Übersetzung aus dem Russischen). Oxford: Pergamon Press, 1961

[152] Olivier, R. und Ritter, W.: *Wöhlerlinienkatalog für Schweißverbindungen aus Baustählen*. DVS-Berichte Band 56, I bis V, Düsseldorf: Deutscher Verlag für Schweißtechnik, 1979–1985

[153] Pawelski, O.: *Plastomechanik*. Düsseldorf: Max-Planck-Institut für Eisenforschung, Vorlesungsmanuskript RWTH Aachen, 1994

[154] Petersen, C.: *Die Vorgänge im zügig und wechselnd beanspruchten Metallgefüge. Teil 3 und 4*. Z. Metallkunde, 42 (1951), S. 161–170; 43 (1952), S. 429–433

[155] Peterson, R. E.: *Analytical Approach to Stress Concentration Effect of Aircraft Materials*. In: Proc. *Fatigue of Aircraft Structures*. S. 273–299, WADC TR 59–507, 1959

[156] Peterson, R. E.: *Notch Sensitivity*. In: Sines, G. und Waismann, J. L. (eds.): *Metal Fatigue*. New York: McGraw-Hill, 1959

[157] Peterson, R. E.: *Stress Concentration Design Factors*. New York: John Wiley & Sons, 1974

[158] Poisson, S. D.: *Mémoire sur l'Equilibre et le Mouvement des Corps Elastiques*. Paris: Mém. de l'Acad., 1829, t. 8

[159] Prager, W. und Hodge, P. G. jr.: *Theorie ideal plastischer Körper*. Wien: Springer-Verlag, 1954

[160] Prandtl, L.: *Über die Härte plastischer Körper*. Gött. Nachr., math.-phys. Kl., (1920), S. 74–85

[161] Radhakrishnan, V. M. und Mukunda, K. S.: *Notch Sensitivity of LM 13 Aluminium Alloy and Cast Iron*. J. Inst. Eng., 62 (1982), S. 165–168

[162] Ramberg, W. und Osgood, W. R.: *Description of Stress-Strain-Curves by Three Parameters*. Technical Report, Technical Note No. 902, NACA, 1943

[163] Rankine, W. J. M.: *A Manual of Applied Mechanics*. London, 1861

[164] Richter, F.: *Die wichtigsten physikalischen Eigenschaften von 52 Eisenwerkstoffen*. Stahleisen-Sonderberichte Heft 8. Düsseldorf: Verlag Stahleisen, 1973

[165] Saal, H.: *Näherungsformeln für die Dehnungsformzahl.* Materialprüfung, 17 (1975) 11, S. 395–398

[166] *Schadenskunde.* Vorlesungsmanuskript. Stuttgart: Universität, MPA, 1983

[167] Schütz, W.: *Über eine Beziehung zwischen der Lebensdauer bei konstanter und veränderlicher Beanspruchungsamplitude und ihre Anwendbarkeit auf die Bewertung von Flugzeugbauteilen.* Z. Flugwiss., 15 (1967), S. 407–419

[168] Schütz, W.: *Zur Geschichte der Schwingfestigkeit.* Mat.-wiss. u. Werkstofftech., 24 (1993), S. 203–232

[169] Seeger, T. und Beste, A.: *Zur Weiterentwicklung von Näherungsformeln für die Berechnung von Kerbbeanspruchungen im elastisch-plastischen Bereich.* Fortschr.–Ber. VDI–Z., Reihe 18 (1977), S. 1–56

[170] Seeger, T., Beste, A. und Amstutz, H.: *Elastic-Plastic Stress-Strain Behaviour of Monotonic and Cyclic Loaded Notched Plates.* Proc. Int. Conf. Fracture, Waterloo, Canada, 1977

[171] Seeger, T. und Heuler, P.: *Generalized Application of Neuber's Rule.* J. Testing Evaluation, 8 (1980), S. 199–204

[172] Siebel, E.: *Einfluß der Einschnürung beim Zerreißversuch auf die Verfestigung der Metalle. A. Formänderungsfestigkeit und Spannungsverteilung im eingeschnürten Stabe.* Berichte der Fachausschüsse des Vereins deutscher Eisenhüttenleute. Werkstoffausschuß. Bericht Nr. 71 (1925), S. 1–3

[173] Siebel, E. und Gaier, M.: *Untersuchungen über den Einfluß der Oberflächenbeschaffenheit auf die Dauerfestigkeit metallischer Bauteile.* VDI-Z., 98 (1956), S. 1751–1774

[174] Siebel, E. und Pfender, M.: *Weiterentwicklung der Festigkeitsberechnung bei Wechselbeanspruchung.* Stahl Eisen, 66/67 (1947), S. 318–321

[175] Siebel, E. und Stieler, M.: *Ungleichförmige Spannungsverteilung bei schwingender Beanspruchung.* VDI-Z., 97 (1955), S. 121–152

[176] Simbürger, A.: *Festigkeitsverhalten zäher Werkstoffe bei einer mehrachsigen, phasenverschobenen Schwingbeanspruchung mit körperfesten und veränderlichen Hauptrichtungen.* LBF-Bericht Nr. FB-121, 1975

[177] Smith, E.: Proc. *Conf. on Physical Basis of Yield and Fracture.* S. 36–46, Oxford: Inst. of Physics, 1966

[178] Smith, J. H.: *Some Experiments on Fatigue of Metals.* J. Iron Steel Inst., 82 (1910) 2, S. 246–318

[179] Sonsino, C. M.: *Zur Bewertung des Schwingfestigkeitsverhaltens von Bauteilen mit Hilfe örtlicher Beanspruchungen.* Konstruktion, 45 (1993), S. 25–33

[180] Spies, H.-J., Kern, T. U. und Tan, N. D.: *Beitrag zur Abschätzung der Dauerfestigkeit nitrierter bauteilähnlicher Proben.* Mat.-wiss. u. Werkstofftech., 25 (1994), S. 191–198

[181] Taylor, D. E. und Waterhouse, R. B.: *Wear, Fretting and Fatigue.* In: Curioni, S., Waterhouse, B. und Kirk, D. (eds.): *Metal Behaviour & Surface Engineering.* S. 13–35. Gournay-Sur-Marne, France: IITT-International, 1989

[182] Thum, A. und Bautz, W.: *Zur Frage der Formziffer.* VDI-Z., 79 (1935), S. 1303–1306

[183] Thum, A.: *Die Entwicklung der Lehre von der Gestaltfestigkeit.* VDI-Z., 88 (1944), S. 609–615

[184] Timoshenko, S. P.: *History of Strength of Materials With a Brief Account of the History of Theory of Elasticity & Theory of Structure.* New York: McGraw-Hill, 1983

[185] Toyooka, T. und Terai, K.: *On the Effects of Postweld Heat Treatment.* Welding J., 52 (1973), S. 247-s–254-s

[186] Tresca, H.: *Mémoire sur l'Ecoulement des Corps Solides Soumis des Fortes Pressions.* Paris: C. R. Acad. Sci., 59 (1864), S. 754–758

[187] Troost, A. und El-Magd, E.: *Neue Auffassung der Normalspannungshypothese bei schwingender Beanspruchung.* Metall, 28 (1974) 4, S. 339–345

[188] Weibull, W.: *A Statistical Theory of the Strength of Materials.* Ingeniörs Vetenskaps Akademiens Handlingar Nr. 151. Stockholm: Generalstabens Litografiska Anstalts Förlag, 1939

[189] Wellinger, K.: *Das Anstrengungsverhältnis nach C. Bach. Anwendung bei verschiedenen Hypothesen.* VDI- Z., 95 (1953), S. 377–378

[190] Wöhler, A.: *Resultate der in der Central-Werkstatt der Niederschlesisch-Märkischen Eisenbahn zu Frankfurt a. d. O. angestellten Versuche über die relative Festigkeit von Eisen, Stahl und Kupfer.* Z. Bauwesen, XVI, (1866), Sp. 67–84

[191] Wöhler, A.: *Über die Festigkeitsversuche mit Eisen und Stahl.* Z. Bauwesen, XX (1866), Sp. 73–106

[192] Young, T.: *A Course of Lectures on Material Philosophy and the Mechanical Arts.* London, 1807

[193] Zenner, H.: *Festigkeitshypothese – Literaturrecherche.* Forschungsberichte Forschungskuratorium Maschinenbau e. V. (FKM), Heft 25. Frankfurt: Maschinenbau-Verlag GmbH, 1973

[194] Zenner, H.: *Neue Berechnungsvorschläge für die Dauerfestigkeit bei mehrachsiger Beanspruchung.* Konstruktion, 35 (1983), S. 313–318

[195] Zenner, H. und Donath, G.: *Dauerfestigkeit von Kurbelwellen – Ein neues Berechnungsverfahren unter besonderer Berücksichtigung der Bauteilgröße.* Motortech. Z., 38 (1977), S. 75–81

[196] Zenner, H., Heidenreich, R. und Richter J.: *Schubspannungsintensitätshypothese – Erweiterung und experimentelle Abstützung einer neuen Festigkeitshypothese für schwingende Beanspruchung.* Konstruktion, 32 (1980), S. 143–152

[197] Ziebart, W.: *Ein Verfahren zur Berechnung des Kerb- und Größeneinflusses bei Schwingbeanspruchung.* Dissertation. München: TU, 1976

Regelwerke und Normen

[198] AD-Merkblätter, B0 bis B13. Arbeitsgemeinschaft Druckbehälter.Vereinigung der Technischen Überwachungs-Vereine e. V. (Hrsg.). Berlin: Beuth-Verlag, 1994

[199] AD-Merkblatt S2: *Berechnung gegen Schwingbeanspruchung.* Berlin: Beuth-Verlag, 1982

[200] ASM, Metals Handbook, Vol.10: *Failure Analysis and Prevention* Vol. 11: Fractography. ASM International, Materials Park, 1975

[201] ASME Boiler and Pressure Vessel Code, Section III, 1989

[202] ASTM E 208: *Standard Method for Conducting Drop Weight Test to Determine Nil-Ductility Transition Temperature of Ferritic Steels*

[203] ASTM Standard: *Metals-Mechanical Testing; Elevated and Low-Temperature Tests; Metallography.* Volume 03.01. Philadelphia, PA, USA, 1995

[204] DIN Taschenbuch 19: *Materialprüfnormen für metallische Werkstoffe 1.* Band 19. Berlin: Beuth-Verlag, 1985

[205] DIN Taschenbuch 401 bis 405: *Stahl und Eisen; Gütenormen 1–5.* Berlin: Beuth-Verlag, 1993

[206] DIN 4113: Teil 1 und 2: *Aluminiumkonstruktionen unter vorwiegend ruhender Belastung. Berechnung und bauliche Durchbildung.* Berlin: Beuth-Verlag, Mai 1980

[207] DIN 4768: *Ermittlung der Rauheitskenngrößen R_a, R_z, R_{max} mit elektrischen Tastschnittgeräten. Begriffe, Meßbedingungen.* Berlin: Beuth-Verlag, Mai 1990

[208] DIN 15018: Teil 1 bis 3: *Krane. Grundsätze für Stahltragwerke.* Berlin: Beuth-Verlag, Nov. 1984

[209] DIN 18800: Teil 1 bis 4: *Stahlbauten.* Berlin: Beuth-Verlag, Nov. 1990

[210] DIN 50100: *Dauerschwingversuch. Begriffe, Zeichen, Durchführung, Auswertung.* Berlin: Beuth-Verlag, Feb. 1978

[211] DIN 50106: *Prüfung metallischer Werkstoffe, Druckversuch.* Berlin: Beuth-Verlag, Dez. 1978

[212] DIN 50109: *Prüfung von Gußeisen mit Lamellengraphit (Grauguß); Zugversuch.* Berlin: Beuth-Verlag, April 1989

[213] DIN 50111: *Prüfung metallischer Werkstoffe; Technologischer Biegeversuch (Faltversuch).* Berlin: Beuth-Verlag, Sept. 1987

[214] DIN 50115 (EN 10045): *Prüfung metallischer Werkstoffe; Kerbschlagbiegeversuch; besondere Probenform und Auswerteverfahren.* Berlin: Beuth-Verlag, April 1991

[215] DIN 50121: *Prüfung metallischer Werkstoffe; Technologischer Biegeversuch an Schweißverbindungen und Schweißplattierungen. Teil 1: Schmelzschweißverbindungen. Teil 2: Preßschweißverbindungen. Teil 3: Schmelzschweißplattierungen.* Berlin: Beuth-Verlag, Januar 1978

[216] DIN 50125: *Prüfung metallischer Werkstoffe; Zugproben.* Berlin: Beuth-Verlag, April 1991

[217] DIN 50141: *Prüfung metallischer Werkstoffe; Scherversuch.* Berlin: Beuth-Verlag, Jan. 1982

[218] DIN 50150: *Umwertungstabelle für Vickershärte, Brinellhärte, Rockwellhärte und Zugfestigkeit.* Berlin: Beuth-Verlag, Dez. 1976

[219] DIN EN 10002: *Zugversuch.* Teil 1 bis 5, April 1991

[220] DIN EN 10025: *Warmgewalzte Erzeugnisse aus unlegierten Baustählen.* Berlin: Beuth-Verlag, März 1994

[221] DIN ENV 1993 (Eurocode 3): *Bemessung und Konstruktion von Stahlbauten.* Teil 1-1: Allgemeine Bemessungsregeln, Bemessungsregeln für Hochbau. Berlin: Beuth-Verlag, 1993

[222] ISO 2566-1-1984: *Stahl – Umrechnung von Bruchdehnungswerten – Teil 1: Unlegierte und niedrig legierte Stähle*

[223] ISO 2566-2-1984: *Stahl – Umrechnung von Bruchdehnungswerten – Teil 2: Austenitische Stähle*

[224] Stahl-Eisen-Prüfblatt 1315: *Kerbschlagbiegeversuch mit Ermittlung von Kraft und Weg.* Düsseldorf: Verlag Stahleisen, Mai 1987

[225] Stahl-Eisen-Prüfblatt 1325: *Fallgewichtsversuch nach W. S. Pellini.* Düsseldorf: Verlag Stahleisen, Dez. 1982

[226] TGL 19340: *Ermüdungsfestigkeit, Dauerfestigkeit der Maschinenbauteile.* Teil 01: Dauerfestigkeits-Diagramm, Teil 02: Werkstoff-Festigkeitskennwerte, Teil 03: Berechnung, Teil 04: Formzahlen und Kerbwirkungszahlen. Berlin: Staatsverlag der DDR, 1975

[227] TRD 300 bis 309: Technische Regeln für Dampfkessel. Berlin: Beuth-Verlag, Aug. 1994

[228] VDI-Richtlinie 2226: *Empfehlung für die Festigkeitsberechnung metallischer Bauteile.* Düsseldorf: VDI-Verlag, 1965

[229] VDI-Richtlinie 2227 (Entwurf 1974): *Festigkeit bei wiederholter Beanspruchung; Zeit- und Dauerfestigkeit metallischer Werkstoffe, insbesondere von Stählen.* Düsseldorf: VDI-Verlag

[230] VDI-Richtlinie 3822 – Blatt 1 bis 6: *Schadensanalyse.* Berlin: Beuth-Verlag, 1984

Sachverzeichnis

G

H

N

O

P

Q

R

Z